CHEMISCHES ZENTRALBLATT

1830 gegründet
1897—1945 von der Deutschen Chemischen Gesellschaft fortgeführt

Herausgegeben im Auftrage
der Deutschen Akademie der Wissenschaften zu Berlin,
der Chemischen Gesellschaft in der DDR,
der Akademie der Wissenschaften zu Göttingen
und der Gesellschaft Deutscher Chemiker
von Prof. Dr. HEINRICH BERTSCH und Prof. Dr. Dr. h. c. WILHELM KLEMM

Chefredakteure
Dr. HELGA VÖLZ und Dr.-Ing. CHRISTIAN WEISKE

REFERAT 0001–2106
SEITE 1–216
140. JAHRGANG

10/1969

5. MÄRZ 1969

AKADEMIE-VERLAG GMBH · BERLIN · VERLAG CHEMIE GMBH · WEINHEIM/BERGSTRASSE

Inhalt

Stellvertretende Herausgeber: Prof. Dr.-Ing. Dr. rer. nat. h. c. Eberhard Leibnitz, 104 Berlin, Schiffbauerdamm 19, Fernsprecher: 425571
Prof. Dr.-Ing. Bertold Reuter, 1 Berlin 30, Geisbergstraße 39, Fernsprecher: 2119091

Chefredakteure: Dr. Helga Völz, 104 Berlin, Schiffbauerdamm 19, Fernsprecher: 425571
Dr.-Ing. Christian Weiske, 1 Berlin 30, Geisbergstraße 39, Fernsprecher: 2119091

Stellvertretender Chefredakteur: Dr.-Ing. Günter Pötzscher, 1 Berlin 30, Geisbergstraße 39, Fernsprecher: 2119091

Redaktionsstab des Wochenheftes:

Teil A: Dr. Dieter Hoene, Dr.-Ing. Arno Jaeschke, Dr. Horst Liepack, Dipl.-Chem. Horst Roschkowski, Dipl.-Phys. Herbert Weber
Wissenschaftliche Redaktionsmitglieder: Dr. Armand Blaschette, Braunschweig; Dr. Gerhard Schmitt, Berlin

Teil B: Dipl.-Ing. Henryk Bajor, Dipl.-Ing. Inge Lasch, Dipl.-Ing. Joachim Richter, Dr. Dieter Schmidt, Dipl.-Ing. Wolfgang Sobieski

Teil C: Dipl.-Chem. Rosika Dahl, Dr. Peter Golinske, Dipl.-Ing. Burglind Priem, Ass. d. L. Renate Richter, Dipl.-Chem. Ingrid Schwandt, Dipl.-Chem. Elfriede Sidow, Dr.-Ing. Ilse Spaeth
Wissenschaftliche Redaktionsmitglieder: Dr. Georg Froelich, Berlin; Dr. Eugen Herr, Berlin; Dipl.-Chem. Wolfgang Liebscher, Berlin

Teil D: Dipl.-Chem. Heinz Czech
Wissenschaftliches Redaktionsmitglied: Dr. Georg Froelich, Berlin

Teil E: Christiane Jürgens
Wissenschaftliche Redaktionsmitglieder: Dr. Willi Barz, Potsdam; Dipl.-Ing. Otto Lebtag, Berlin; Dr. Paul Loch, Berlin; Dipl.-Lebensmittelchem. Klaus Schmidt

Teil F: Dipl.-Ing. Frigga Thomas
Wissenschaftliches Redaktionsmitglied: Dr. Georg Froelich, Berlin

Teil G: Dipl.-Chem. Wolfgang Räck
Wissenschaftliches Redaktionsmitglied: Dr.-Ing. Gerhard Schulze, Berlin

Teil H: Dipl.-Chem. Else Heinemann, Dipl.-Ing. Frigga Thomas

Formel- und Sachregister:
Dr. Else Arnold, Dipl.-Chem. Wolfgang Betcke, Helga Bohn, Dr. Else Brandt, Dipl.-Ing. Ingeborg Buchta, Dipl.-Chem. Hugo Christen, Dr. Irmgard Delius, Dr. Heinz Donath, Dr. Helene Fröhlich, Dipl.-Ing. Ingrid Froelich, Chem.-Ing. Dorothea Garbe, Dipl.-Chem. Karla Gottwald, Dipl.-Chem. Achim Günther, Dipl.-Chem. Margarete Hartmann, Dipl.-Chem. Hildegard Heckner, Dipl.-Chem. Christel Hemmann, Dipl.-Chem. Vera Henklein, Dipl.-Chem. Gertraut Herper, Rolf Heyer, Dipl.-Chem. Eva Hunger, Chem.-Ing. Marlis Ihme, Chem.-Ing. Heinz Jablokoff, Dr. Dieter Jäkel, Hannelore Jehne, Dipl.-Chem. Renate John-Bilal, Dr. Armin Jungblut, Dipl.-Chem. Christel Kahler, Dr. Hermien Kartono, Dipl.-Ing. Uta Knappe, Dipl.-Chem. Ilse Kördel, Dipl.-Chem. Margret Koppe, Dr. Werner Krietsch, Dipl.-Chem. Edith Kronacher, Dipl.-Chem. Eva Krüger, Dipl.-Lebensmittelchem. Christel Lehmann, Dr. Fritz Lemme, Dr. Ruth Levi, Dr. Horst Liepack, Dipl.-Chem. Brigitte Lukanoff, Dr. Ada Markwald, Dipl.-Ing. Ruth Mattner, Dipl.-Ing. Zbigniew Mika, Dipl.-Ing. Marietta Moldenschardt, Dipl.-Chem. Hildegard Neumann, Dipl.-Min. Hildtraut Noack, Anneliese Nuck, Dipl.-Chem. Sylvia Oelsner, Dr. Evelyn Otto, Hans-Georg Peter, Dr.-Ing. Günter Pötzscher, Dipl.-Chem. Heidrun Pomrehn, Dipl.-Chem. Vera Prill, Lebensmittelchem. Werner Püschel-Emden, Dipl.-Chem. Wolfgang Räck, Margarete Reiff, Dipl.-Chem. Asta Reisner, Dipl.-Ing. Joachim Richter, Margret Rodegast, Dipl.-Chem. Erhard Roßner, Chem.-Ing. Ilse Sarow, Dipl.-Chem. Ingrid Schmidt, Dr. Dieter Schmitt, Dipl.-Phys. Hans Dietrich Schwarz, Chem.-Ing. Rita Senß, Dipl.-Ing. Galip Sertcan, Dr. Horst Sternberg, Dipl.-Chem. Siglinde Stiehl, Dr. Ingeborg Störig, Chem.-Ing. Waltraud Storck, Dietmar Strauch, Dipl.-Chem. Joseph Stumbek, Dr. Edit Ulbrich, Dr.-Ing. Nikolaus Ullmann, Dipl.-Chem. Ursula Venske, Gisela Völter, Dipl.-Phys. Herbert Weber, Dipl.-Chem. Rosemarie Werner, Dr. Harry Wielgosch, Dr. Irma Wilke, Dr. Maria Winter, Dipl.-Lebensmittelchem. Edeltraut Witke, Dipl.-Chem. Dieter Wolke, Dipl.-Ing. Fritz Wolter, Chem.-Ing. Armin Wosche, Dipl.-Lebensmittelchem. Margot Zander, Dipl.-Ing. Henning Zimmermann, Dr. Ilse Zoll

Autoren- und Patentregister:
Alice Hellmann, Erika Krannich

Entwicklung: Dr.-Ing. Fritz Ehrhardt, Peter Frenzel, Dr. Horst Pagel, Dipl.-Chem. Asta Reisner, Dipl.-Ing. Gerhard Reisner, Dr. Hans-Georg Scharnow, Dr. Irma Wilke, Dr. Maria Winter, Dipl.-Chem. Christian Zechel

Außenredaktionen:

Zeitschriftenreferate: Mgr. Dipl.-Chem. Antoni Babczyński, Mikolow (VR Polen); Ing. Dr. Otokar Mikeš, Prag; Dr.-Ing. Rudolf Karl Müller, Heidelberg; Prof. Dr. Jenö Plank, Budapest

Patentreferate: Berlin: Dr. Julius Gante, Dr.-Ing. Hans-Jürgen Nitzschke
München: Dr. Hanns Donle, Dr. Walther Ganzlin, Dipl.-Ing. Walter Gengenbach, Dr.-Ing. Georg Krauß, Dr. Gerhard Langer, Dr.-Ing. Fritz Vier
Prag: Ing. Miloš Švančar
Nagoya-Syôwa (Japan): Prof. Dr. Eturô Maekawa

Ständiger wissenschaftlicher Berater der Redaktion Geisbergstraße: Dr. Eugen Klever

Informationsdienst für Referenten: 1 Berlin 30, Geisbergstraße 39: Dr. Dieter Hoene, Dipl.-Ing. Joachim Richter
104 Berlin, Schiffbauerdamm 19: Dipl.-Min. Hildtraut Noack

Namenregister Nr. 10

Patentregister

Australische Patente (Aust. P.)

Nr.	Ref. Nr.	Bezugspatent
239 360	2049	(U.S.P. 3 167 543)
252 453	1841	(Can.P 682 011)
261 028	2054	(U.S.P. 3 167 532)
266 252	1897	
920	1876	
267 512	2005	(Brit.P. 1 005 728)
552	2053	(D.A.S. 1 191 374)
268 255	1983	(Brit.P 949 998)
256	2032	(D.A.S. 1 173 904)
292	1462	(U.S.P 3 056 784)
407	1508	(U.S.P. 3 179 671)
426	2020	(Brit.P 1 001 754)
480	2026	(Brit.P 1 003 648)
496	1468	(Oe.P 229 321)
521	1460	(Brit.P. 1 018 381)
579	1453	(Brit.P 1 037 642)
595	2044	(Oe.P. 235 302)
605	1482	(Brit.P. 984 810)
684	1456	(U.S.P 3 125 578)
700	2027	(F.P 1 271 997)
740	1499	(U.S.P. 3 152 956)
269 006	1485	(U.S.P. 3 160 643)
042	1442	(Brit.P. 998 286)
053	1428	(D.A.S. 1 166 766)
075	1517	(Brit.P. 982 250)
147	2023	(D.A.S. 1 154 096)
148	1908	
156	2012	(Belg.A.S. 621 338)
171	1455	(Brit.P. 948 860)
198	1503	(Brit.P. 982 730)
427	1448	(Oe.P. 230 371)
473	1854	(Brit.P 1 017 446)
705	1441	(Brit.P. 956 615)
722	2038	(F.P. 1 316 126)
270 377	1991	(Brit.P. 985 474)
516	1500	(D.A.S. 1 179 202)
577	1425	(D.A.S. 1 215 170)
655	1464	(Brit.P. 974 717)
689	1451	(U.S.P 3 150 148)
700	1493	(F.P. 1 259 501)
271 897	1344	
272 620	2036	(Brit.P. 1 035 171)
273 358	1478	(Brit.P. 997 637)
360	1481	(Brit.P 1 039 537)
436	1839	(Brit.P. 1 001 615)
544	1452	(Brit.P. 1 048 104)
650	1850	(Brit.P 1 001 003)
718	1837	(Brit.P. 990 172)
967	1845	(D.A.S 1 193 021)
274 099	1848	(F.P. 1 376 266)
110	1844	(D.A.S. 1 193 021)
309	2008	(Brit.P 1 007 665)

Belgische Auslegeschriften (Belg. A. S.)

Nr.	Ref. Nr.	Bezugspatent
633 336	2034	(Brit.P. 990 102)
643 451	1327	
648 866	2089	(Brit.P 1 024 493)
654 473	2073	(D.A.S. 1 235 468)

Britische Patente (Brit. P.)

Nr.	Ref. Nr.	Bezugspatent
952 490	2054	
968 254	1332	(U.S.P 3 167 532)
1 006 131	2082	(F P 1 322 452)
1 015 628	1892	
629	1893	
1 016 900	1941	
1 017 988	1924	
1 018 799	1928	
1 024 398	1920	
399	1887	
1 025 055	2104	
759	1873	
1 027 749	1985	(D.A.S. 1 237 086)
1 030 197	1906	
1 031 019	1907	
369	1922	
486	1926	
1 033 298	1934	
1 034 197	1878	
1 035 100	1336	
1 036 345	1967	
1 037 002	1883	
340	1921	
984	1939	
1 038 597	1937	
911	1518	(U.S.P 3 167 474)
1 039 937	2011	(Oe.P 238 153)
964	1914	
1 040 161	1964	
738	1381	
1 041 237	1898	
1 042 891	1972	
1 043 054	1896	
1 044 146	1918	
1 045 187	1927	
1 046 260	1382	
417	1895	
1 049 111	2004	(D.A.S. 1 259 874)
1 050 863	2092	(F.P 1 430 091)
883	1492	(D.A.S. 1 260 467)
1 051 058	1889	
084	1904	
617	2088	(F.P 1 367 748)
1 052 081	2079	(Schwz.P 427 093)
1 053 928	2081	(F.P. 1 374 163)
1 054 519	1810	
766	2091	(F.P 1 364 566)
1 055 100	1371	
190	1806	

Nr.	Ref. Nr.	Bezugspatent
1 056 125	1802	
297	1419	
1 057 447	1367	
612	1374	
1 059 174	1390	
241	1803	
719	1422	
1 060 139	1474	(D.A.S. 1 235 327)
1 062 122	2072	(D.A.S. 1 230 152)
256	2087	(Schwz.P. 426 056)
354	1347	
548	1818	
1 063 465	1328	
750	2096	(Belg.A.S. 668 146)
1 064 262	1449	(U.S.P. 3 190 889)
293	1351	
1 065 189	1397	
191	1379	
744	1423	
829	1509	(D.A.S. 1 198 008)
896	1433	(U.S.P. 3 226 440)
984	1816	
1 066 750	2094	(D.A.S. 1 205 550)
1 068 229	1337	
1 069 860	1815	
1 070 324	1809	
620	1365	
676	1421	
1 071 124	1354	
435	1414	
473	2080	(Oe.P. 247 480)
514	1814	
870	1807	
1 072 374	1415	
579	1420	
916	2067	
1 073 282	2068	
491	1835	
1 074 082	1338	
309	1436	(D.P.[DDR] 42 081)
435	1349	
1 074 436	1349	
437	1516	(1 190 139)
1 075 191	1394	
447	1855	(D.A.S. 1 228 596)
613	1339	
1 076 109	1359	
833	1343	
867	1373	
966	1345	
1 077 008	1805	
173	1363	
177	1360	
800	1369	
928	2009	(D.A.S. 1 259 337)
936	1333	
983	1376	
1 078 119	1447	(D.A.S. 1 217 967)
286	1362	
1 079 076	1377	
322	1519	(D.A.S. 1 216 488)
534	1331	
747	1330	
1 080 148	1329	
274	1330	
729	1830	
764	2062	
850	2066	
979	1388	
994	1514	(D.A.S. 1 229 677)
1 081 235	1811	
317	1342	
325	2002	(D.A.S. 1 257 773)
360	1389	
588	1346	
634	1384	
797	2064	
1 082 395	1813	
444	1383	
1 083 277	1515	(D.A.S. 1 245 037)
404	2045	(D.A.S. 1 234 730)
561	1387	
1 084 247	1355	
343	1372	
439	1375	
697	2017	(D.A.S. 1 236 506)
898	1831	
1 085 066	1364	
698	2103	
956	1513	(D.A.S. 1 249 455)
1 086 588	1340	
1 087 359	1352	
1 092 059	1417	
1 093 162	1856	(D.A.S. 1 230 409)

Auslegeschriften der Patentanmeldungen des Deutschen Patentamtes München (D. A. S.)

Nr.	Ref. Nr.	Bezugspatent
1 169 939	1332	
1 242 200	1978	(Brit.P. 962 071)
1 245 971	1418	
1 257 151	2046	(F.P 1 228 639)
1 258 408	1998	(Brit.P. 1 010 175)
		(Schwz.P 397 634)
1 261 493	1980	(F.P 1 348 262)
1 266 764	2016	(Brit.P. 982 903)
1 268 129	1990	(Brit.P. 880 433)
142	2028	(F.P 1 345 138)
151	2030	(Brit.P. 887 426)
291	2084	(Brit.P. 926 710)
586	2065	
617	2021	(Oe.P. 234 660)
1 271 074	2056	
283	2083	(Brit.P. 909 843)
		(F.P. 1 247 768)
		(U.S.P. 3 097 198)
706	1995	(U.S.P. 3 177 243)
709	2022	(Brit.P. 1 028 490)
1 272 302	2024	(Aust.P. 248 093)
931	2047	(U.S.P. 3 201 419)
1 273 094	2085	(U.S.P. 3 092 615)
512	1979	(U.S.P. 2 910 522)
526	2000	(Belg.A.S. 654 417)
		(U.S.P. 3 219 693)
1 274 767	2090	(Brit.P. 984 110)
		(F.P. 1 375 315)

Deutsche Patente (D.P. [DDR])

Nr.	Ref. Nr.	Bezugspatent
36 418	1332	
42 071	1486	(D.A.S. 1 236 501)
45 683	1459	(F.P. 82 307)
		(F.P. 82 308)
57 116	1829	
594	1820	

Französische Patente (F. P.)

Nr.	Ref. Nr.	Bezugspatent
41	1498	(D.A.S.[Med.] ADD 1 232 958)
135	1385	[Med.] ADD
136	1341	[Med.] ADD
137	1350	[Med.] ADD
143	1361	[Med.] ADD
150	1370	[Med.] ADD
2 770	1332	[Med.]
3 822	1445	(Port.P.[Med.] 42 402)
853	1424	(D.P.[DDR] [Med.] 43 649)
954	1484	(Brit.P.[Med.] 1 004 029)
977	1488	(Brit.P.[Med.] 1 002 247)
995	1501	(U.S.P.[Med.] 3 250 793)
4 301	1487	(F.P.[Med.] 1 404 474)
1 216 929	1450	(Oe.P. 204 031)
1 229 756	1463	(U.S.P. 2 995 554)
1 230 866	2042	(Oe.P. 211 837)
1 231 623	2041	(Brit.P. 807 687)
686	1461	(D.A.S. 1 118 218)
1 237 949	2040	(U.S.P. 2 995 525)
1 238 239	1430	(Aust.P. 234 872)
		(Belg.P. 571 001)
466	2050	(Brit.P. 878 728)
1 313 863	2082	(D.A.S. 1 175 673)
1 318 046	2019	(Brit.P. 935 412)
1 337 496	1986	(D.A.S. 1 186 051)
1 358 820	2034	(Brit.P. 990 102)
1 376 091	2007	(U.S.P. 3 235 600)
1 377 388	2025	(U.S.P 3 240 829)
1 384 312	1506	(Brit.P. 1 016 961)
1 386 248	1987	(Brit.P. 986 047)
1 395 093	1458	(D.A.S. 1 216 878)
		(Port.P. 42 243)
		(D.A.S. 1 098 001)
1 413 978	1475	(D.A.S. 1 239 704)
1 414 188	1981	(Brit.P. 1 022 737)
1 426 702	1824	
757	2031	(Brit.P. 1 027 949)
1 429 596	1823	
679	1827	
1 437 845	1836	
1 442 007	1833	
012	1834	
1 445 261	1497	(D.A.S. 1 236 502)
342	2064	
1 447 177	1491	(D.A.S. 1 257 138)
182	1490	(Brit.P. 1 042 857)
1 451 404	1817	
1 452 384	1822	
1 455 552	1502	(D.A.S. 1 235 316)
1 456 151	1826	
1 471 142	1819	
1 477 424	1496	(Brit.P 1 049 317)
1 482 764	2057	
1 510 951	1828	

Indische Patente (Ind. P.)

Nr.	Ref. Nr.	Bezugspatent
91 002	1885	

Italienische Patente (It. P.)

Nr.	Ref. Nr.	Bezugspatent
629 540	1880	

Niederländische Patente (Niederl. P.)

Nr.	Ref. Nr.	Bezugspatent
122 477	1982	(Brit.P. 916 684)
481	2003	(D.A.S. 1 157 210)
484	2037	(F.P. 1 343 270)
489	1479	(Brit.P. 978 531)
495	1489	(D.A.S. 1 212 081)
		(D.A.S. 1 212 082)
637	1393	
998	1840	(Oe.P. 216 533)
123 004	2014	(D.A.S. 1 130 432)
180	2015	(Brit.P. 942 418)
298	1395	
306	1480	(Brit.P. 992 738)
338	1512	(Brit.P. 997 727)
452	1392	
456	1413	

Oesterreichische Patente (Oe. P.)

Nr.	Ref. Nr.	Bezugspatent
238 155	1332	
159	1332	
160	1332	
244 973	1471	(D.P.[DDR] 40 700)
974	1472	(D.P.[DDR] 45 713)
250 971	1431	(Brit.P. 1 018 445)
251 577	1358	
252 274	1825	
447	1511	(Port.P. 42 741)
253 484	1348	
497	1366	
254 393	1510	(D.A.S. 1 223 106)
255 028	1504	(D.A.S. 1 213 569)
257 008	2057	
851	1412	

Schweizer Patente (Schwz. P.)

Nr.	Ref. Nr.	Bezugspatent
398 589	1950	
610	2029	(U.S.P. 3 197 463)
401 064	1469	(Brit.P. 856 529)
403 770	1380	
404 671	1380	
408 925	1470	(D.A.S. 1 161 902)
409 928	1997	(Brit.P. 983 755)
415 643	1380	
416 643	1382	
417 546	1804	
418 494	2083	(Brit.P. 909 843)
		(F.P 1 247 768)
		(U.S.P. 3 097 198)
419 095	2054	(U.S.P. 3 167 532)
420 078	1821	
424	2060	
421 930	1522	(D.A.S. 1 167 328)
972	1465	(D.P.[DDR] 31 005)
422 754	1440	(U.S.P. 2 991 304)
424 036	2059	
039	2055	(Brit.P. 955 854)
738	1808	
425 768	2006	(Brit.P. 946 147)
426 825	1357	
826	1357	
427 803	1454	(U.S.P. 3 242 190)
428 040	2063	
431 547	2043	(D.A.S. 1 224 747)
432 542	1432	(D.A.S. 1 190 469)
679	2061	
434 280	2033	(Brit.P. 980 886)
435 305	1466	(Brit.P. 1 033 383)
510	2095	(F.P. 1 345 341)
436 317	1467	(D.A.S. 1 221 228)
319	1520	(D.A.S. 1 191 383)
322	1446	(Brit.P. 956 848)
335	1353	
338	1388	
341	1426	(Brit.P. 1 024 482)
524	2074	(D.P.[DDR] 45 786)
526	2076	(Brit.P. 1 016 089)
437 262	1483	(D.A.S. 1 247 229)
266	1334	
267	1335	
299	1381	
316	1437	(Port.P 43 032)
320	2070	(U.S.P. 3 256 282)
349	1435	(Brit.P. 1 048 084)
350	1429	(D.A.S. 1 191 830)
353	1443	(U.S.P 3 254 123)
576	2086	(Ind.P. 76 698)
579	2058	
592	2077	(D.A.S. 1 098 648)
594	2093	(F.P. 1 410 274)
648	1521	(D.A.S. 1 178 554)
438 245	1852	(D.A.S. 1 067 794)
252	2018	(D.A.S. 1 173 449)
270	1327	
307	2105	
836	1473	(Brit.P. 1 040 548)
439 232	1842	(Brit.P 977 847)
531	2069	
440 286	1368	

Nr.	Ref. Nr.	Bezugspatent
441 256	2010	(U.S.P. 3 184 495)
262	2013	(Brit.P. 967 024)
263	1989	(D.A.S. 1 188 577)
345	1476	(Brit.P. 1 048 868)
549	2075	(D.A.S. 1 133 051)
443 321	1477	(Brit.P. 1 048 869)
444 181	1439	(U.S.P. 3 103 515)
446 287	1988	(D.A.S. 1 189 539)
309	1438	(Brit.P. 1 039 373)
566	2078	(Brit.P 988 958)
452 086	2071	(F.P. 1 355 988)

Tschechoslowakische Patente (Tschech. P.)

Nr.	Ref. Nr.	Bezugspatent
120 264	1332	
123 592	1457	(Brit.P 1 042 638)
125 339	1434	(Oe.P. 233 013)
402	2039	(D.P. [DDR] 32 599)

U.S.A.-Patente (U. S. P.)

Nr.	Ref. Nr.	Bezugspatent
3 198 787	1505	(Brit.P. 938 066)
3 228 929	1970	
3 230 198	1905	
3 232 792	1847	(D.A.S. 1 209 113)
3 234 263	1911	
3 238 239	1994	(D.A.S. 1 179 929)
3 242 186	1938	
3 247 201	1956	
234	1932	
3 248 420	1894	
432	1984	(D.A.S. 1 173 075)
3 249 635	1919	
3 250 791	1940	
800	1915	
802	1910	
3 251 873	1912	
3 253 042	1925	
3 255 199	1958	
3 256 298	1945	
300	1961	
310	2106	
316	1935	
333	1936	
3 258 468	1951	
492	1917	
3 259 636	1948	
3 260 725	2104	
3 262 962	1996	(Brit.P. 984 370)
3 265 714	1960	
715	1946	
3 267 084	1963	
3 268 545	1957	
560	1947	
582	1427	(D.A.S. 1 166 766)
3 271 377	1962	
478	1971	
3 275 617	1955	
619	2048	(F.P. 1 205 878)
3 277 174	1893	
3 278 560	1942	
561	1943	
569	1929	
591	2100	
597	2102	
617	1933	
3 280 182	1992	(Brit.P. 961 468)
198	1931	
3 281 418	1967	
3 282 905	1993	(Schwz.P. 404 638)
3 285 928	1356	
3 287 354	1944	
358	1959	
371	1954	
3 288 782	2101	
801	2034	(Brit.P. 990 102)
3 290 280	2099	(D.A.S. 1 252 826)
295	1495	(Brit.P. 1 003 938)
385	1930	
3 291 830	1444	(Brit.P. 1 038 240)
3 296 008	2098	(D.A.S. 1 254 577)
3 298 783	1812	
3 300 398	1891	
3 301 637	1832	
3 328 117	1853	(D.A.S. 1 252 645)
127	1843	(D.A.S. 1 226 548)
3 330 620	1849	(D.A.S. 1 197 859)
3 336 109	1851	(Brit.P. 922 277)
110	1838	(D.A.S. 1 182 215)
3 340 020	1846	(D.A.S. 1 250 796)
3 341 524	1408	
526	1494	(Brit.P. 1 020 309)
527	1406	
3 342 795	1507	(Brit.P. 1 037 893) (F.P. 1 344 583)
3 344 136	1386	
149	1405	
159	1402	
192	2051	(Brit.P. 1 030 946)
3 345 362	1399	
3 346 559	1378	
3 347 854	1396	
861	1416	
862	1416	
3 349 085	1398	
3 350 391	1391	
3 351 590	1410	
600	2097	(Belg.A.S. 662 236) (Brit.P. 1 081 542)
626	1478	(Brit.P. 997 637)
642	1407	
3 352 853	1401	
855	1400	
891	1411	
892	1409	
907	2002	(D.A.S. 1 257 773)
3 355 461	1403	
3 359 280	1404	
3 360 541	2001	(D.A.S. 1 252 652)

Ungarische Patente (Ung. P.)

Nr.	Ref. Nr.	Bezugspatent
153 937	1999	(D.P. [DDR] 41 961)

Sowjetische Patente (UdSSR. P.)

Nr.	Ref. Nr.	Bezugspatent
151 323	1879	
177 899	1952	
178 368	1875	
380	1966	
387	1916	
807	1888	
812	1877	
816	1909	
817	1900	
819	1901	
820	1965	
822	1968	
823	1969	
824	1886	
179 333	1953	
180 583	1882	
585	1913	
593	1973	
602	1949	
181 064	1890	
098	1976	
099	1976	
100	1976	
101	1974	
104	1975	
628	1977	(D.P [DDR] 28 052)
650	2035	(D.P. [DDR] 33 621)
184 269	1899	
185 341	1903	
883	1881	
897	1874	
898	1923	
900	1884	
919	1902	

CHEMISCHES ZENTRALBLATT

Nr. 10 · 5. März 1969
Referat 0001–2106
Seite 1–216

A. Allgemeine, physikalisch-anorganische und anorganische Chemie

0001 **Grundbegriffe der Chemie und des internationalen Systems der Einheiten.** A. V. Korovina. (Izvest. vysšich učebnych Zavedenij [Ivanovo], Chim. i chim. Technol. **11** (1968) 2, 245–46; Doneckij med. inst. im. Gor'kogo, Kaf. obsc. chim.; russ.) — In der Sowjetunion wurde am 1. 1. 1963 das internationale Einheitensyst. eingeführt, in dem das Gew. in Newton u. die Masse in kg ausgedrückt wird, das Gew. von der geograph. Breite des Ortes abhängig, die Masse jedoch unabhängig ist. Die Konsequenzen der Einführung dieses Syst. auf die Formulierung der chem. Grundgesetze werden zusammengefaßt.
J. J. Pohl 8

0002 **DARC-System. Eigenschaften einer Gattung von Korrelationen und physikalisch-chemische Wirkungsparameter.** Jacques-Émile Dubois, Alain Bienvenüe, Géo Barbier und Hubert Tavernier. (C. R. hebd. Séances Acad. Sci., Sér. C **266** (1968) 14, 997–1000; Labor. de Chim. org. phys., Fac. des Sci., Paris; franz.) — Das für eine Gattung homogener Korrelationen C/C repräsentative Netz von Regressionsgeraden wird analysiert. Es ergibt sich Korrespondenz zwischen der Morphologie der Geradenschar (beliebige, parallele oder konvergierende Geraden) u. dem Ausdruck für die Wrkg.-Parameter einer physikal.-chem. Eig. oder einer Reaktivität.
A. Blaschette 8

0003 **Bemerkungen zu chemischen DIN-Normen.** E. Baum, H. Behrens, K. Brodersen, E. Hayek, L. Holleck, E. Lange und K. Schwabe. (Chemiker-Ztg./Chem. Apparatur **92** (1968) 15, 541–43; dt.) — Diskussion zum DIN-Entwurf 5498 (Chem. Thermodynamik).
D. Hoene 8

0004 **Dimensionslose Gruppen.** George D. Fulford und John P. Catchpole. (Ind. Engng. Chem. int. Edit. **60** (1968) 3, 71–78; Chem. Engng. Univ., of Waterloo, Ont.; engl.) — Ergänzung der früher veröffentlichten Liste (C. **1967**, 7-2246) von 210 Gruppen um weitere 75 dimensionslose Maßzahlen (z. B. Absorptionszahl, Einstein-Zahl, Strahlungsparameter, Schubkoeff., hydraul. Widerstandsgruppe).
Herbert Weber 8

0005 **Neue Atomgewichtstabelle.** H. Remy. (Chemiker-Ztg./Chem. Apparatur **92** (1968) 14, 493–95; Inst. für Angew. Chem., Univ. Hamburg; dt.) — Berücksichtigung der Verbesserungen seit 1962 (vgl. C. **1963**, 5321).
Herbert Weber 8

A–1. Physik der Atomkerne

0006 **Durch kosmische Strahlung entstandene Radioaktivität in Laborchemikalien.** L. Husain und P. K. Kuroda. (J. inorg. nuclear Chem. **30** (1968) 5, 1121–24; Fayetteville/Ark., Univ. of Ark., Dep. of Chem.; engl.) — Vf. beschreiben die radiochem. Abtrennung von ^{127}Te u. ^{32}P aus mehreren kg KJ bzw. HCl u. H_2SO_4, die kosm. Strahlung ausgesetzt waren. Sie erhielten folgende spezif. Aktivitäten (Faktor 10^{-5} s): ^{127}Te: 1,1 pro g J, ^{32}P: 3,8 pro g S u. 2,0 pro g Cl. Diese Werte stimmen mit ber. Werten u. mit früheren Messungen gut überein.
D. Ertel 20

0007 **Halbwertszeit von ^{35}S.** E. J. Woodhouse und T. H. Norris. (J. inorg. nuclear Chem. **30** (1968) 6, 1373–76; Dep. of Chem., Oreg. State Univ., Corvallis, Oreg.; engl.) — Neubest. zu 87,39 ± 0,10 d.
Herbert Weber 20

0008 **Zerfall von ^{94}Ru.** G. G. J. Boseell und T. McGee. (J. inorg. nuclear Chem. **30** (1968) 5, 1139–43; Salford/Lancs., Univ. of Salford; engl.) — Durch Abmelken des Tc-Tochternuclides mittels Cyclohexanonextraktion u. γ-spektroskop. Unters. bestimmten Vf. die Halbwertszeit von ^{94}Ru zu 51,8 ± 0,6 Minuten.
D. Ertel 20

0009 **Massenspektrometrische Bestimmung der relativen Querschnitte der Reaktion ^{133}Cs(p, 2pxn)$^{132-x}$Xe.** L. K. Levskij, A. N. Murin und I. A. Jutlandov. (Radiochimija **10** (1968) 2, 265–68; russ.) — CsCl wurde mit Protonen von 660 MeV bestrahlt u. beim Schmelzen des bestrahlten Targets das gebildete Xe an Aktivkohle adsorbiert u. massenspektrometr. analysiert. Die relativen Wrkg.-Querschnitte für die Bldg. der Xe-Isotopen 124, 126, 127, 128, 129, 130 (= 1,00), 131 u. 132 wurden bestimmt. Die Kernrk.-Ketten, die zu den einzelnen Isotopen führen, wurden diskutiert.
M. Wiedemann 20

0010 **Neutroneneinfang-Resonanzintegrale von ^{55}Mn, ^{115}In, ^{121}Sb, ^{123}Sb und ^{139}La.** E. Orvini, G. Gaggero, L. Lesca, A. M. Bresesti und M. Bresesti. (J. inorg. nuclear Chem. **30** (1968) 6, 1353–60; Radiochem. Labor., Univ. of Pavia; engl.) — Messung durch Aktivierungsverfahren.
Herbert Weber 20

0011 **Massenspektrometrische Messungen der Neutroneneinfang-Querschnitte von ^{142}Nd, ^{143}Nd, ^{144}Nd und ^{145}Nd für Reaktor- und Maxwell-Neutronen.** M. J. Cabell und M. Wilkins. (J. inorg. nuclear Chem. **30** (1968) 4, 897 bis 905; Analyt. Sci. Div., AERE, Harwell, Berks.; engl.)
Herbert Weber 20

0012 **Massenverteilung bei der Spaltung von ^{232}Th durch 14,8-MeV-Neutronen.** M. Thein, M. N. Rao und P. K. Kuroda. (J. inorg. nuclear Chem. **30** (1968) 5, 1145 bis 50; Fayetteville/Ark., Univ. of Arkansas, Chem. Dep.; engl.) — Durch radiochem. Isolierung verschiedener Spaltprod. im Lanthanidenbereich bei der ^{232}Th-Spaltung durch 14,8-MeV-Neutronen konnten Vf. deren abs. Aktivitäten u. kumulative Spaltausb. (relativ zu ^{99}Mo) bestimmen. Auf Grund dieser experimentellen Ergebnisse läßt sich der Anstieg der rechten Seite des Schwermassenpeaks der Masse/Ausb.-Kurve genau bestimmen. Die Ergebnisse werden mit denen der 14-MeV-Spaltung von ^{237}Np u. ^{238}U qual. verglichen u. diskutiert.
D. Ertel 20

0013 **Über die Berechnung der Mengen von Spalt-, Neutroneneinfang-, Zerfalls- und anderen Produkten, die während der Neutronenbestrahlung von spaltbaren Materialien gebildet werden.** E. A. C. Crouch. (J. inorg. nuclear Chem. **30** (1968) 4, 907–17; Chem. Div., AERE, Harwell, Didcot, Berks.; engl.) — Beschreibung einer Meth. zur Gewinnung der expliziten Lösungen der Differentialgleichungen des Anwachsens u. des Zerfalls individueller Nuclide bei der Neutronenbestrahlung von spaltbaren Materialien. Die Lösungen sind in einer direkt für Fortran geeigneten Form. Die Meth. wird z. B. auf die Prod. des Neutroneneinfangs (Transurane) angewendet.
Herbert Weber 20

0014 **Vorläufer verzögerter Neutronen. 1. Mitt. Trennung von Antimon- und Arsenisotopen durch Elektrolyse.** L. Tomlinson und M. H. Hurdus. (J. inorg. nuclear Chem. **30** (1968) 5, 1125–38; Harwell/Berks., AERE, Chem. Div.; engl.) — In Fortsetzung früherer Unters. über die Emission verzögerter Neutronen aus As- u. Sb-Isotopen haben Vf. die Halbwertszeiten von ^{135}Sb u. ^{85,86}As ermittelt (vgl. nachst. Ref.). Bei der therm. ^{235}U-Spaltung liefern diese Nuclide folgende abs. Neutronenausb. (Neutronen/10^4 Spaltungen): ^{135}Sb 3,6 ± 0,5 u. ^{85,86}As 9,4 ± 1,3. Der kürzlich entdeckte Emitter verzögerter Neutronen mit $t_{1/2}$ = 14 ± 4 s gehört der Elementgruppe Sb, As, Sn, Ge, Se oder Te an; er scheint aus

2 Komponenten zu bestehen, von denen die eine $t_{1/2}$ = 9–12 s hat. D. Ertel 20

0015 **Vorläufer verzögerter Neutronen.** 2. Mitt. **Chemisch getrennte Antimon- und Arsenvorläufer.** L. Tomlinson und M. H. Hurdus. (J. inorg. nuclear Chem. **30** (1968) 7, 1649–61; engl.) — 1. vgl. vorst. Referat. — Vf. beschreiben eine Meth. zur chem. Schnelltrennung von As-, Sb- u. Ge-Spaltprodukten. Die Hydride dieser Elemente werden innerhalb des Reaktors durch Einw. von Zn + H_2SO_4 freigesetzt u. mit Trägergas aus dem Reaktor transportiert. Vf. untersuchen ferner die Emission verzögerter Neutronen aus Sb- u. As-Spaltprod. der therm. ^{235}U-Spaltung. Die ermittelten Halbwertszeiten u. Neutronenausb. stimmen mit den Ergebnissen früherer Unters. gut überein; es ergeben sich folgende gewichtete Mittelwerte für die Halbwertszeiten (in s): ^{85,86}As 2,028 ± 0,012, ^{134}Sb 11,3 ± 0,3, ^{135}Sb 1,696 ± 0,021 u. für die Ausb. verzögerter Neutronen (Neutronen/10^4 Spaltungen): ^{85,86}As 9,7 ± 0,8, ^{134}Sb 0,028 ± 0,004, ^{135}Sb 3,5 ± 0,3. Vers. zur Entdeckung anderer Sb-, As- oder Ge-Vorläufer mit Halbwertszeiten bis herab zu 0,5 s verliefen negativ. D. Ertel 20

0016 **Kerneigenschaften von ^{246}Am und ^{247}Am.** P. R. Fields, I. Ahmad, R. K. Sjoblom, R. F. Barnes und E. P. Horwitz. (J. inorg. nuclear Chem. **30** (1968) 6, 1345–52; Chem. Div., Argonne Nat. Labor., Argonne, Ill.; engl.) — ^{247}Am u. ein Isomer mit hohem Spin von ^{246}Am wurden durch ^{4}He-Bestrahlung von ^{244}Pu erzeugt. Die Halbwertszeiten der β-Zerfälle wurden zu 39 ± 3 Min. u. 20 ± 4 Min. für ^{246}Am bzw. ^{247}Am bestimmt. γ-Spektren wurden zugeordnet. Das Zerfallsschema ^{246*}Am → ^{246}Cm wird wiedergegeben. Herbert Weber 20

A–2. Physik der Atome und Moleküle

0017 **Fortschritte in der Quantenchemie.** Per-Olov Löwdin (Hrsg.). (Advances in Quantum Chemistry; Bd. **3.** New York, London: Academic Press 1967, I–XIV, 1–392; engl.) — Näherungs-Hartree-Fock-Berechnungen an kleinen Molekülen (R. K. Nesbet; 1–24); Einzentrum-Molekül-Wellenfunktionen (D. M. Bishop; 25–59); MO-Theorie (F. E. Harris; 61–127); Nichtadditivität der intermolekularen Kräfte (H. Margenau und J. Stamper; 129–160); Quantentheorie der chemischen Reaktivität (R. Daudel; 161–208); Elektronentheorien der Wasserstoffbindung (S. Bratož; 209 bis 237); MO-Berechnungen von π-Elektronensystemen (K. Ohno; 239–322); Behandlung der zeitabhängigen Phänomene mit einer Entwicklungs-Operator-Technik (P.-O. Löwdin; 323–381). D. Hoene 22

0018 **Fortschritte in der Quantenchemie.** Per-Olov Löwdin (Hrsg.). (Advances in Quantum Chemistry; Bd. **4.** New York, London: Academic Press 1968, I–XIV, 1–334; engl.) — Vgl. vorst. Referat. — Funktionalanalyse für Quantentheoretiker (B. A. Lengyel; 1–82); Einfache Darstellung der Symmetriegruppen (A. J. Coleman; 83–108); Feldtheoretische Näherung für atomares Helium (D. H. Kobe; 109–140); Atomare Intensitäten: Ein Vergleich der theoretischen und experimentellen f-Werte für Zn I, Cd I und Hg I (T. M. Bieniewski, T. K. Krueger, und S. J. Czyzak; 141–152); Wahrscheinlichkeit von Singulett–Triplett-Übergängen (L. Goodman und B. J. Laurenzi; 153–169); MO-Theorien anorganischer Komplexverbindungen (J. P. Dahl und C. J. Ballhausen; 170–226); Paramagnetische Eigenschaften und Elektronenstruktur von Eisen in Häm-Proteinen (M. Kotani; 227–266); Elektronenstruktur der Purin- und Pyrimidinbasen von Nucleinsäuren und ihre Wechselwirkungen (A. Pullman und B. Pullman; 267–325). D. Hoene 22

0019 **Fehlergrenzen für Erwartungswerte, Anwendungen und Verallgemeinerungen.** Philip Jennings und E. Bright Wilson jun. (J. chem. Physics **47** (1967) 6, 2130–36; Dep. of Chem., Harvard Univ., Cambridge, Mass.; engl.) H. Liepack 22

0020 **Anwendung der SCF-Methode auf die Untersuchung von Komplexsubstanzen auf Grund des MO-Verfahrens.** Veronica Brezuleanu. (Studii Cercetări Chim. [București] **15** (1967) 9, 697–717; București, Centr. de chim. fiz.; rum.) — Übersicht über die Grundlagen u. Gleichungen der Meth., die Roothaan-Näherung im LCMO-Syst. u. die Verallgemeinerung von Pople u. Nesbet [1954]. — 29 Literaturangaben. R. K. Müller 22

0021 **Eine Funktion des interelektronischen Abstandes enthaltende molekulare Einzentrenzweielektronen-Integrale.** Friedrich Grein und Margaret H. Hawton. (J. chem. Physics **46** (1967) 10, 4121–28; Dep. of Chem., Univ. of New Brunswick, Fredericton, Neu-Brunswick, Canada; engl.) — Lösungen für beliebige Einzentrenfunktionen von r_1, r_2 u. r_{12}, kombiniert mit sphär. Harmon. der Winkelkoordinaten. Anwendung auf den Grundzustand u. niedrigsten angeregten $^1A'_1$-Zustand von H_3^+. A. Jaeschke 22

0022 **Untersuchung kleiner Moleküle mit Hilfe der 1s-Gauß-Grundfunktion.** 1. Mitt. **Orientierende Berechnungen.** Maurice E. Schwartz und L. J. Schaad. (J. chem. Physics **46** (1967) 10, 4112–20; Dep. of Chem., Vanderbilt Univ., Nashville, Tenn., engl.) — Mit Hilfe der 1s-Gauß-Orbitale werden die Grundzustände von H_2^+, H_2, He_2^{2+} u. HeH^+ ber. (einschließlich Lage u. Größe aller Orbitale). A. Jaeschke 22

0023 **Resonanzvalenzzustand.** D. P. Craig und T. Thirunamachandran. (Proc. Roy. Soc. [London], Ser. A **303** (1968) 1473, 233–57; William Ramsay and Ralph Forster Labor., Univ. Coll., London; engl.) — Vf. schlagen eine neue Definition der Atomvalenzzustände vor. Sie basiert auf einer VB-Wellenfunktion für Mol. AX_n, bei der die Äquivalenz der Bindungen durch die Resonanz zwischen gepaarten Gruppen für Ligandenorbitale bei X, gepaart mit natürlichen s-, p- u. d-Orbitalen bei A, gegeben ist. Der Valenzzustand von A ist dann entweder der niedrigste Term der Valenzkonfig. oder eine Linearkombination von Termen höchster Multiplizität. Die Valenzzustandsenergie kann in vielen Fällen direkt aus spektroskop. Termwerten entnommen werden. R. Blank 22

0024 **Valenzzustände der Atome in gasförmigen anorganischen Verbindungen.** 2. Mitt. **Dissoziationsenergie der Bindungen in den Molekülionen MX_k^+, MA_n^+ und $MX_{k'}Y_n^+$ der Elemente der Untergruppen Ib–Vb.** O. P. Čarkin und M. E. Djatkina. (Ž. strukturnoj Chim. **9** (1968) 1, 111–15; Inst. novych chim. problem AN SSSR; russ.) — 1. vgl. C. **1968,** 24-0066. — Die Beziehung zwischen den Energien der Valenzzustände des Zentralatoms M^+ u. den Dissoziationsenergien der Bindungen $D(X_{k-1}M^+{-}X)$ in gasförmigen Mol.-Ionen MX_k^+, MY_n^+ u. $MX_{k'}Y_{n'}^+$ der Elemente der Untergruppen Ib–Vb wird theoret. analysiert. H. Roschkowski 22

0025 **Ladungsdichteanalyse der chemischen Bindung; das Ladungsdichte-Bindungsmodell.** Bernard J. Ransil und John J. Sinai. (J. chem. Physics **46** (1967) 10, 4050 bis 4074; Dep. of Phys., Univ. of Chicago, Chicago, Ill.; engl.) — Gesamt-Ladungsdichtediagramme (P-Diagramme) werden auf Grund von MO- u. genauen SCF-Näherungen für die Grundzustände von Li_2, N_2, F_2, HF u. LiF angegeben u. analysiert. A. Jaeschke 22

0026 **Bindungsbildung auf der Basis von Molekülladungsverteilungen.** R. F. W. Bader und A. K. Chandra. (Canad. J. Chem. **46** (1968) 6, 953–66; Dep. of Chem., McMaster Univ., Hamilton, Ontario/Canada; engl.) — Interpretation des Bindungsbldg.-Prozesses als Funktion des Zwischenkernabstands für H_2 u. Li_2 durch Betrachtung der Änderungen der Ladungsverteilungen u. der Kräfte, die sie auf die Kerne ausüben. Die D.-Verteilungen u. Kräfte werden mit He_2 verglichen, um den Unterschied zwischen stabilen u. instabilen Spezies aufzuzeigen. R. Blank 22

0027 **Kernbewegungskorrekturen zur Bindungsenergie in Wasserstoff. Eine Methode des effektiven Potentials.** H. Grotch und D. R. Yennie. (Z. Physik **202** (1967) 425–35; Labor. for Nucl. Stud., Cornell Univ., Ithaca, N.Y.; engl.) — Zur Best. der Kernrückstoß- u. Kerngrößenkorrekturen zur HFS in atomarem H wurde eine Meth. entwickelt, die im wesentlichen auf der Breit-Gleichung beruht. Herbert Weber 22

0028 **Zusammenhang der mittleren Amplitudengrößen σ_r mit der Kovalenz einer chemischen Bindung.** W. A. Yeranos. (Z. Naturforsch. **23a** (1968) 4, 617—18; New England Inst. for Medical Res. Ridgefield, Conn.; engl.) — Vf. gibt eine empir., theoret. noch nicht begründete Beziehung zwischen der mittleren Amplitudengröße σ_r u. dem prozentualen Ionencharakter (% I.c.) an, wobei letzterer aus den Paulingschen Elektronegativitäten ber. werden kann: $\sigma_r^{-1} = k(\% \text{ J.C.} + \Theta)$ mit $\Theta = 0{,}0$ für die *Chloride*, *Bromide* u. *Jodide* sowie $\Theta = -10{,}5$ für die *Fluoride* der Elemente *C*, *Si*, *Sn*, *Ge*, *In*, *Ga*, *Tl*, *Zn*, *Cd* u. *H*. R. Blank 22

0029 **Voraussage der Wurzeln der mittleren Amplitudenquadrate von XeO_4.** Walter A. Yeranos. (Z. Naturforsch. **23a** (1968) 4, 618—20; engl.) — Vgl. vorst. Referat. — Ber. u. tabellierte Werte einschließlich der ber. IR-Frequenzen von XeO_4. R. Blank 22

0030 **Normalkoordinatenanalyse von Salpetersäure und Nitrylhalogeniden.** 1. Mitt. **Berechnung von Bereichen der Symmetriekraftkonstanten planarer XZY_2-Moleküle mit einem Digitalrechner.** L. Nemes. (Acta chim. Acad. Sci. hung. **52** (1967) 2, 169—78; Budapest, Hung. Acad. of Sci., Central Res. Inst. for Chem.; engl.) — Normalkoordinatenanalyse für die ebenen Schwingungen planarer XZY_2-Mol. u. Grundlagen zur Lsg. der unterbestimmten Säkulargleichung durch Bereichsabschätzung der Nebendiagonalglieder nach dem Ellipsenverfahren mit Hilfe eines Digitalrechners. Hans Bürger 22

0031 **Normalkoordinatenanalyse von Salpetersäure und Nitrylhalogeniden.** 2. Mitt. **Ergebnisse der Normalkoordinatenanalyse für die Moleküle NO_2Cl, NO_2F und $NO_2(OH)$. Anwendung des Hybridorbital-Kraftfeldes auf das sp^2-hybridisierte zentrale Stickstoffatom.** L. Nemes. (Acta chim. Acad. Sci. hung. **52** (1967) 2, 179—88; engl.) — 1. vgl. vorst. Referat. — Aus Literaturdaten abgeschätzte Erwartungsbereiche der Kraftkonst. von NO_2Cl, NO_2F u. NO_2OH werden verglichen mit Werten, die mit Hilfe eines Digitalrechners unter Verw. eines Hybridorbital-Potentialansatzes errechnet wurden. Es ergeben sich u. a. folgende Valenzkraftkonst.: NO_2Cl 10,25/4,19; NO_2F 11,00/3,50; NO_2OH 10,30/3,80 mdyn/Å (f NO/f NX). Aus $NO_2 \cdot OD$ zugängliche Isotopendaten bestätigen die Brauchbarkeit des nach Mills übernommenen Potentialansatzes. Hans Bürger 22

0032 **Normalkoordinatenanalyse von Salpetersäure und Nitrylhalogeniden.** 3. Mitt. **Berechnung von Schwingungsformen; Untersuchung der Multiplizität und der Zuordnungsprobleme.** L. Nemes. (Acta chim. Acad. Sci. hung. **52** (1967) 2, 189—200; engl.) — 2. vgl. vorst. Referat. — Berechnung der Schwingungsformen für die A_1-Schwingungen der Mol. NO_2Cl, NO_2F u. $NO_2(OH)$ aus den in vorst. Ref. beschriebenen Kraftkonst.-Rechnungen nach der Hybridorbital–Potentialfeld-Methode. Die Schwingungsformen selbst sind kaum anfällig gegen geringe Änderungen der Kraftkonstanten. Von den sechs möglichen Zuordnungen der A_1-Schwingungen sind nur zwei sinnvoll. Für NO_2Cl u. $NO_2(OH)$ ermöglichen die Kraftkonst.-Rechnungen eine eindeutige Zuordnung. Hans Bürger 22

0033 **Streichungen in Franck-Condon-Integralen.** W. L. Smith. (J. Physics, B (Proc. physic. Soc.) [2] 1 (1968) 1, 89—96; William Ramsay and Ralph Forster Labor., Univ. Coll., London; engl.) — Theoret. Unters., wonach bestimmte Laguerre-Polynome gewissen Bandenlagen mit geringster Intensität von gleichen Schwingungsfrequenzen niedriger u. höherer Zustände entsprechen u. dadurch gewisse totalsymm. Entw.-Glieder in den Elektronenspektren wegfallen. Ist das Intensitätsverhältnis der (1,0)- u. (0,0)-Banden gleich m, so fehlt die (m,l)-Bande im Spektrum. Ist das Intensitätsverhältnis der (1,0)- u. (0,0)-Banden gleich einem der Nullglieder des Laguerre-Polynoms $L_n(x)$, so fehlen die Folgeglieder (n,n) im Spektrum. Dies wird am 2500-Å-Syst. von *PN*, am zweiten, positiven Syst. von N_2 u. am 2600-Å-Syst. von *Bzl.* bestätigt. R. Blank 22

0034 **Aus spektroskopischen Daten berechneter Einfluß der Temperaturänderung auf mittlere Schwingungsamplituden und Schrumpfungseffekte in C_3O_2.** J. Brunvoll, S. J. Cyvin, I. Elvebredd und G. Hagen. (Chem. Physics Letters [Amsterdam] **1** (1968) 12, 566; Inst. of Phys. Chem., TU of Norway, Trondheim; engl.) — Berechnung für Temp. von 0—1000 °K. H. Liepack 22

0035 **Berechnung der Schwingungs-Rotationsenergie von Molekülen.** 2. Mitt. **Ableitung von S-Funktionen für mehratomige Moleküle.** M. R. Aliev und V. T. Aleksanjan. (Optika i Spektroskopija **24** (1968) 5, 695—702; russ.) — 1. vgl. ibid. **24** (1968) 4, 520. H. Roschkowski 22

0036 **Beziehungen zwischen verschiedenen Störungstheorien der zwischenmolekularen Kräfte.** R. E. Johnson und S. T. Epstein. (Chem. Physics Letters [Amsterdam] **1** (1968) 12, 599—601; Theoret. Chem. Inst. and Phys. Dep., Univ. of Wis., Madison, Wis.; engl.) — Die Störungstheorien von Murrell u. Shaw sowie Musher u. Amos sind äquivalent, die HAV-Meth. nach Hirschfelder ist äquivalent einer Rayleigh-Schrödinger-Entw. der Van-der-Avoird-Methode. H. Liepack 22

0037 **Anwendung von Störungstheorien für Austauschkräfte auf ein einfaches Modell.** S. T. Epstein und R. E. Johnson. (Chem. Physics Letters [Amsterdam] **1** (1968) 12, 602—04; Theoret. Chem. Inst. and Phys. Dep., Univ. of Wis., Madison, Wis.; engl.) — Anwendung verschiedener Störungstheorien zwischenmol. Kräfte auf ein exakt lösbares Spinmodell. H. Liepack 22

0038 **Störungstheorie für zwischenmolekulare Kräfte bei endlicher Orbitalüberlappung.** A. Ažman. (Croat. chem. Acta **39** (1967) 4, 299—300; King's Coll., Cambridge, England; engl.) — Die vom Vf. vorgeschlagene Meth. bei geringer, aber nicht zu vernachlässigender Orbitalüberlappung liefert ähnliche Resultate wie die bisher benutzten Verfahren. P. Weiland 22

0039 **Statistische Mechanik linearer Moleküle.** 1. Mitt. **Potentialenergiefunktionen.** John R. Sweet und William A. Steele. (J. chem. Physics **47** (1967) 8, 3022—28; Dep. of Chem., Whitmore Labor., Pa. State Univ., Univ. Park, Pa.; engl.) — Theorie für zwei sich in der Wechselwrkg. unterscheidende Modelle; 1. das Kihara-Rumpfpotential u. 2. ein Modell, wonach jedes Mol. aus einem Paar atomarer Wechselwrkg.-Zentren besteht. Die lage- u. abstandsabhängigen Eig. (Dielektrizitätskonst. u. magnet. Suszeptibilität) der Mol.-Paare werden als Funktion der Mol.-Länge untersucht. R. Blank 22

0040 **Statistische Mechanik linearer Moleküle.** 2. Mitt. **Korrelationsfunktionen und zweite Virialkoeffizienten.** John R. Sweet und William A. Steele. (J. chem. Physics **47** (1967) 8, 3029—35; Dep. of Chem., Whitmore Labor., Pa. State Univ., University Park, Pa.; engl.) — 1. vgl. vorst. Referat. — Anwendung der zwei im vorst. Ref. beschriebenen Modelle auf N_2, O_2, CO, C_2H_6, C_3H_8, n-C_4H_{10}, C_2H_4 u. Vgl. mit experimentellen Literaturdaten sowie Diskussion der Verw. dieser Funktionen bei der Berechnung der Intensität der depolarisierten Lichtstreuung. R. Blank 22

0041 **Röntgen-K-Absorptionsspektren des Schwefels in Metallkomplexen mit schwefelhaltigen Liganden.** A. P. Sadovskij und S. V. Larionov. (Ž. strukturnoj Chim. **9** (1968) 3, 533—35; Inst. neorg. chim. SO AN SSSR; russ.) — Zur Unters. des Charakters der Bindung zwischen Metall u. Liganden wurden die SK-Absorptionskanten in folgenden Komplexen u. organ. Verb. untersucht u. als Intensitätskurven $\mu_d(E)$ dargestellt: *Thioharnstoff* (TH), $[Co(TH)_2]Cl_2$, $[Co(TH)_2](ClO_4)_2$ *Co(II)*, *Ni(II)*-, *Fe(III)*-, *Cr(III)*-, *Cu(II)*-, *Zn(II)*-, *Cd(II)*- u. *Co(III)-Äthylxanthogenat*, *Kaliumisoamylxanthogenat*, *Na-*, *Cu(II)*- u. *Fe(III)-Diäthyldithiocarbamat*. Die Intensitätsverhältnisse der beiden Hauptmaxima auf der kurzwelligen Seite der Kante, die jeweils Thiol- u. Thionschwefel im Liganden zugeordnet werden, gestatten qual. Aussagen über die Delokalisierung der Elektronendichte. A. Meisel 24

0042 **Messungen der optischen Lebensdauer unter Verwendung eines Van-de-Graaff-Beschleunigers für positive Ionen.** L. L. Nichols und W. E. Wilson. (Appl. Optics **7** (1968) 1, 167—70; Battelle Memorial Inst., Richland, Wash.; engl.) — Ein Syst. zur direkten Beobachtung der mittleren Lebensdauer angeregter opt. Zustände, das eine verzögerte Koinzidenzzähltechnik verwendet, wird beschrieben. Das Syst. benutzt einen gepulsten Protonenstrahl zur Anregung, einen Zeit-zu-Amplituden-Konverter u. einen on-line-Digitalrechner zur Datenreduktion. Eine mittlere Lebensdauer von > 1 ns kann gemessen werden. Vorläufige Meßergebnisse des 3^1P-, 4^3S- u. 4^1D-Niveaus von *He* u. einiger Schwingungsbanden von N_2 werden angegeben. H. D. Schwartz 26

0043 **Übergangswahrscheinlichkeiten in Ar I.** C. H. Corliss und J. B. Shumaker jun. (J. Res. nat. Bur. Standards, Sect. A **71A** (1967) 6, 575–81; Inst. for Basic Standards, NBS, Washington, D.C.; engl.) — Neue Übergangswahrscheinlichkeiten für 26 Linien aus hohen Niveaus in Ar I wurden mit einem eingeschränkten Bogen mit hohem Strom gemessen. Herbert Weber 26

0044 **Das fünfte Spektrum von Pr.** Victor Kaufman und Jack Sugar (J. Res. nat. Bur. Standards, Sect. A **71A** (1967) 6, 583–85; Inst. for Basic Standards, NBS, Washington, D.C.; engl.) — 12 Spektrallinien von vierfach ionisiertem Pr im Bereich 840–2250 Å wurde mitgeteilt. 5 Terme ($4f^2F$, $5d^2D$, $6s^2S$, $6p^2P$, $7s^2S$) u. die Hyperfeinaufspaltung des $6s^2S$-Terms werden wiedergegeben. Eine Berechnung der Ionisationsenergie ($Pr^{4+} \rightarrow Pr^{5+}$) wurde durchgeführt, sie ergibt sich zu 57,44 ± 0,05 eV. Herbert Weber 26

0045 **Fundamentale Energieniveaus von neutralem Pm (Pm I).** Joseph Reader und Sumner P. Davis. (J. Res. nat. Bur. Standards, Sect. A **71A** (1967) 6, 587–99; Inst. for Basic Standards, NBS, Washington, D.C.; engl.) — Die Analyse des Spektrums zeigt, daß die Grundkonfig. des neutralen Pm-Atoms $4f^56s^2$ ist. Die relativen Lagen der niedrigen Niveaus dieser Konfig. werden wiedergegeben. Daten über 209 obere Niveaus gerader Parität u. 714 klassifizierter Linien wurden erfaßt. Herbert Weber 26

0046 **Das zweite Spektrum von Ytterbium (Yb II).** William F. Meggers. (J. Res. nat. Bur. Standards, Sect. A **71A** (1967) 6, 396–544; Atom. Phys. Div., NBS, Washington, D.C.; engl.) — Mehr als 5000 Linien von Yb II werden tabelliert, 80% davon wurden klassifiziert u. 95% der totalen Intensität wurden erfaßt. Beobachtete Zeeman-Daten für über 1000 Linien ergaben g-Werte für 258 Niveaus. Die Gesamtzahl der Energieniveaus ist 315 (141 gerade u. 174 ungerade). Eine Grenze von 98150 K, die ein Ionisationspotential von 12,17 eV für Yb II ergibt, wurde abgeleitet. Herbert Weber 26

0047 **Verbesserte Beschreibung der Technetium-Spektren (Tc I und Tc II), 2000 bis 9000 Å.** W. R. Bozman, W. F. Meggers und C. H. Corliss. (J. Res. nat. Bur. Standards, Sect. A **71A** (1967) 6, 547–65; Inst. for Basic Standards, NBS, Washington, D.C.; engl.) — Durch Beobachtung mit Bogen- u. Funkenquellen wurde die Anzahl der mitgeteilten Linien (4500) mehr als verdoppelt. Die Intensitäten werden über einen Bereich von 1–20000 bestimmt. Die relativen Stärken im Bogen u. Funken erlauben Zuordnungen des Ursprungs der Linien zu neutralen Atomen (3300 Linien) oder Ionen (1200 Linien). Herbert Weber 26

0048 **Lebensdauern der Energieniveaus in neutralem Fe.** C. H. Corliss und J. L. Tech. (J. Res. nat. Bur. Standards, Sect. A **71A** (1967) 6, 567–73; Inst. for Basic Standards, NBS, Washington, D.C.; engl.) — Mittlere Strahlungslebensdauern für 408 Energieniveaus von neutralem Fe werden aus bekannten Übergangswahrscheinlichkeiten von 3288 Linien von Fe I berechnet. Herbert Weber 26

0049 **Das System A der UV-Absorptionsbanden des Ag-In-Moleküls.** Michel Biron. (C. R. hebd. Séances Acad. Sci., Sér. A et B **265** (1967) 19, B 1026–B 1028; Fac. des Sci., Bordeaux; franz.) — Unter Ar auf 2000° geheiztes AgIn gibt im Spektralbereich 2960–3170 Å ein neues Bandenspektrum mit zwei Syst. A u. B. Syst. A wird dem AgIn-Mol. zugeordnet; eine Schwingungsanalyse mit Isotopeneffekt wird ausgeführt. A. Meixner 26

0050 **UV-Spektrum des ClOO-Radikals.** E. D. Morris jun. und Harold S. Johnston. (J. Amer. chem. Soc. **90** (1968) 7, 1918–20; Dep. of Chem., Univ. of Calif., Berkeley, Calif.; engl.) — Die Prod. der Blitzlichtphotolyse von Cl_2 (1,8 Torr)/O_2 (1 atm)-Mischungen wurden mit einer für Messungen im UV-Bereich modifizierten Mol.-Modulationsapp. erneut untersucht. Im Bereich 2100 bis 3000 Å tritt neben der bekannten Bande des *ClO*-Radikals eine weitere, schwächere Bande von wesentlich geringerer Lebensdauer auf. Das zugehörige Amplituden- bzw. Modulationsspektrum entspricht weder OClO oder ClOCl noch O_3, so daß die neue Bande dem *ClOO* zugeordnet wird. A. Blaschette 26

0051 **Fluoreszenzeigenschaften und erzwungene Emission in substituierten Europiumchelaten.** Erhard J. Schimitschek, Richard B. Nehrich jun. und John A. Trias. (J. Chim. physique Physico-Chim. biol. **64** (1967) 1, 173–82; U. S. Navy Electron. Labor., San Diego, Calif.; engl.) — Beschreibung der Darst. von Eu(III)-Verb. der Zus. $[(CH_3)_2NH_2][Eu(L)_4]$ [HL = *o-*, *m-*, *p-X*$-C_6H_4COCH_2COCF_3$; (X =) *F*, (F =) 27–29°; 41–43°; 41–43°; –*Cl*, Fl., n_D^{25} 1,526; 42–44°; 59–61°. – *Br*, Fl., n_D^{25} 1,541; 45–47°; 59–61°. – F. der Komplexe (in der gleichen Reihenfolge): 115–116°; 129–130°; 164–165°; 194–195°; 124–125°; 196–197°; 181–182°; 134–135°; 206–207°] aus dem entsprechenden monosubstituierten Benzoyltrifluoraceton. Unters. von Fluoreszenz u. Absorption (Abb., Tabellen) ergibt Herabsetzung der Schwellenenergie für erzwungene Emission bei o-Substitution. K. Krüger 26

0052 **Lumineszenzuntersuchungen an Addukten des Tris-[dibenzoylmethanato]-europium(III).** E. Butter, W. Seifert und H. Holzapfel. (Z. Chem. **7** (1967) 1, 23–24; Inst. für Anorg. Chem., Karl-Marx-Univ., Leipzig; dt.) — Durch zusätzliche Koordination von Liganden (*1.10-Phenanthrolin, 2.2'-Dipyridyl, Py., en, Methylamin, 2.2'-Dipyridyl-N.N'-dioxid, Pyridin-N-oxid, Methylendiphosphonsäurediäthylester, Methylenphosphonsäurediäthylester*) am *Tris-[dibenzoylmethanato]-europium(III)* wird die relative Lumineszenzintensität des $^5D_0-^7F_2$-Übergangs erhöht. Die Lumineszenzintensität der Addukte wird in Abhängigkeit von der Konz. der Liganden in benzol. Lsg. u. in methanol. Lsg. bestimmt. Die Unters. zeigen, daß eine hohe Lumineszenzintensität nur bei maximaler Koordination erreicht wird. Die schwach komplexbildenden Liganden bewirken keine Erhöhung der Intensität. Offensichtlich spielt die Elektronendonatorfunktion der Liganden eine entscheidende Rolle. Die Fähigkeit der Liganden zu einer Mitbeteiligung an der Energieübertragung ist nicht von Bedeutung. Die Lumineszenzintensität wird durch polare Lsgm. stark beeinflußt, da diese durch Solvatisierung eine gesteigerte Dissoziation der Addukte begünstigt. M. Steidinger 26

0053 **Berechnung der Absorptionsspektren von tetraedrischen Mangan(II)-Komplexen nach der Ligandenfeldtheorie.** Dumitru Negoiu. (An. Univ. Bucureşti, Ser. Ştiinţ. naturii, Chim. **16** (1967) 1, 25–33; rum.) — Das Energiediagramm der Quadruplett-Terme der $(3d)^5$-Konfig. wird berechnet. $MnBr_2 \cdot 2\,OP(C_6H_4CH_3)_3$ u. $[(CH_3C_6H_4)_3PH]_2[MnBr_4]$ werden dargestellt, ihre Spektren im sichtbaren Bereich werden bestimmt. Die beobachteten Linien werden $^6A_1 \rightarrow 4\Gamma$-Übergängen zugeordnet. D. Hoene 26

0054 **Absorptionsspektren von makroheterocyclischen Verbindungen mit phthalocyaninähnlichem Aufbau.** R. P. Smirnov. (Izvest. vysšich učebnych Zavedenij [Ivanovo], Chim. i chim. Techn. **10** (1967) 11, 1262–66; Ivanovskij chim.-technol. inst., Kaf. technol. org. krasitelej i promežutočnych prod.; russ.) — Die Absorptionsspektren der in der Abb. wiedergegebenen makrocycl. Verb. RH_2 sowie ihrer Komplexe *CuR*, *CoR*, *ZnR* u. *CdR* wurden bei 220–320 mμ u. 22–24° aufgenommen. Die Spektren unterschieden sich prinzipiell von denen der Metallphthalocyanine trotz des scheinbar gleichen Cha-

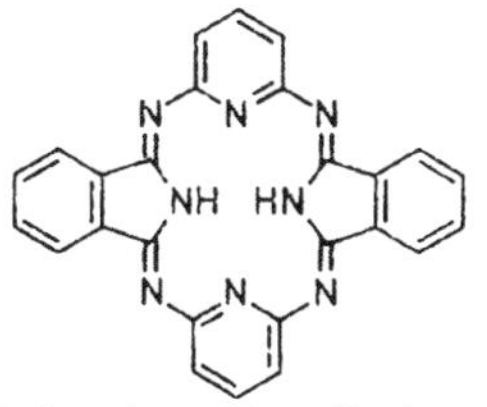

RH2

rakters der Makroringe. Das Spektrum der dargestellten Metallkomplexe enthält nur Banden der Py.- u. Isiondolreste, jedoch keine Banden eines neuen Chromophors.
J. J. Pohl 26

0055 **Bedeutung der Absorptionslinienbreite in einem optischen Pump-Experiment.** M. Rozwadowski. (Bull. Acad. polon. Sci., Sér. Sci. math., astronom. physiques **15** (1967) 11, 829–32; Phys. Labor., Engng. School, Bydgoszcz; engl.) — In der vorliegenden Arbeit wurde der Einfl. der *Cs*-Absorptionslinienverbreiterung bei verschiedenen Drücken eines *Ne*-Puffergases auf die Größe des opt. Pumpsignals untersucht. Hierzu wurden die Absorptions- u. Emissionsspektren mit einem Perot-Fabry-Interferometer aufgenommen. Es zeigt sich, daß der Verlauf der Absorptionskoeff. k, mit der Frequenz ν sehr stark vom Druck des Puffergases abhängt. Dies wirkt sich auch auf die insgesamt absorbierte Energie aus. Kurven hierzu werden angegeben. Das Verh. des opt. Pumpsignals u. der Relaxationszeit in Abhängigkeit vom Puffergasdruck wird dargestellt. Danach ist es nicht empfehlenswert, die Signalgröße als Parameter in einem Experiment mit einem Puffergas-Resonanzgefäß zu benutzen; auch zeigt sich, daß es für ein opt. Pumpexperiment nicht notwendig ist, eine Lampe mit schmaler Emissionslinie zu benutzen. G. Richard 28

0056 **Zusammenstöße mit Phasenänderung beim optischen Pumpen in Na-Dampf.** M. Łukaszewski und K. Rosiński. (Bull. Acad. polon. Sci., Sér. Sci. math., astronom. physiques **16** (1968) 4, 359–63; Inst. Exper. Phys., Univ., Warsaw; engl.) — Durch Anwesenheit von Fremdgas im Resonanzgefäß kann die atomare Fluoreszenzstrahlung auf 3 verschiedene u. unabhängige Arten verändert werden: 1. durch strahlungslose Übergänge des angeregten Atoms in den Grundzustand; 2. durch Übergänge des angeregten Atoms in ein anderes Zeeman-Unterniveau des gleichen Anregungszustandes u. 3. durch Änderung der Phase der Wellenfunktion des angeregten Zustandes ohne Energieänderung. In der vorliegenden Arbeit wurde die Änderung der Phase durch Beobachtung der Modulation des Resonanzlichtes im Vgl. mit der Intensität des π-polarisierten Fluoreszenzlichtes bei Stößen zwischen Na(3^2P)- u. Ar-Atomen nachgewiesen.
G. Richard 28

0057 **Einschwingvorgänge der magnetischen Resonanz und subharmonische Resonanzen beim optischen Pumpen an ^{201}Hg.** U. Cappeller und L. Dellit. (Ann. Physik [7] **21** (1968) 5/6, 318–20; Marburg, Phys. Inst. der Univ.; dt.) — Unters. der dynam. Gleichungen für opt. Pumpen im Fall des ^{201}Hg-Alignments. Die Einschwingungsvorgänge der magnet. Resonanz im Grundzustand (I = 3/2) u. subharmon. Resonanzen in einem linear polarisierten H_1-Feld wurden beobachtet (Meßkurven).
Herbert Weber 28

0058 **Hyperfeinstruktur des Niveaus v = 0, I = 1 in ^{85}RbF, ^{87}RbF, ^{39}KF und ^{41}KF durch die Methode der elektrischen Resonanz im Molekularstrahl.** P. A. Bonczyk und V. W. Hughes. (Physic. Rev. [2] **161** (1967) 1, 15–22; Gibbs Labor., Yale Univ., New Haven, Conn.; engl.) — Vf. bestimmen die Quadrupolwechselwrkg.-Konst. von ^{85}RbF u. ^{87}RbF zu $(eq_1Q_1)/h = -70{,}3405 \pm 0{,}0004$ bzw. $-34{,}0313 \pm 0{,}0010$ MHz u. vergleichen die Werte mit den Konst. der entsprechenden Rb-Chloride; dabei ergibt sich kein Hinweis auf einen Beitrag einer elektr. Kernpolarisation. Für beide Verb. werden außerdem die Konst. der Spin-Rotations-Wechselwrkg. (Rb- bzw. K-Kern) gemessen. Für ^{39}KF u. ^{41}KF ist $(eq_1Q_1)/h = -7932{,}9 \pm 0{,}2$ bzw. $-9656{,}9 \pm 0{,}6$ kHz.
G. Richard 28

0059 **Quadrupolmomente einiger einfacher Moleküle.** A. D. Buckingham, R. L. Disch und D. A. Dunmur. (J. Amer. chem. Soc. **90** (1968) 12, 3104–07; School of Chem., Univ. of Bristol, Bristol; engl.) — Der Betrag der Doppelbrechung, die in Gasen durch Anlegen eines inhomogenen elektr. Feldes entsteht, setzt sich aus einem temperaturabhängigen, durch die Orientierung der Mol. mit Quadrupolmoment bestimmten Anteil u. einem temperaturunabhängigen Term B zusammen. Der temperaturabhängige Anteil (bei Vernachlässigung von B damit das Quadrupolmoment) wurde für CO_2, N_2, O_2, H_2, C_2H_6 u. C_2H_4 berechnet. Bei isotrop polarisierbaren Mol. trägt nur B zur Doppelbrechung bei; es wurde mit einem He-Ne-Gaslaser als Lichtquelle bei verschiedenen Feldgradienten (bis 500 esu) u. verschiedenen Gasdrücken (bis 80 atm) für CH_4, *Ar* u. SF_6 gemessen. Der Einfl. von B auf anisotrope Mol. wurde diskutiert; B von H_2 wurde gemessen, von *H* ber. u. von C_2H_6 abgeschätzt. An *OCS*, *CO* u. N_2O wurden die effektiven Quadrupolmomente gemessen u. mit den aus den Rotations-g-Faktoren u. Anisotropien der magnet. Suszeptibilitäten ber. Schwerpunktsquadropolmomenten verglichen. Die Differenz beider Werte liefert Information über die Verteilung der Anisotropie der Polarisierbarkeit u. die Richtung des Dipolmoments der Moleküle. B. Stender 28

0060 **Cotton-Mouton-Effekt in optisch orientierten Alkalimetalldämpfen.** L. N. Novikov. (Ž. èksper. teoret. Fiz.-Pis'ma v Redakciju **6** (1967) 1, 473–76; Ural. politechn. inst. im. Kirova; russ.) — Kurznachricht über die Entdeckung des Cotton-Mouton-Effektes (lineare Doppelbrechung der Lichtstrahlung senkrecht zum Magnetfeld) in ^{133}Cs-Dämpfen bei 25°. Bei der orientierten Strahlung erscheint eine ellipt. Polarisation, die entsprechend der Theorie der Nähe der magnet. Resonanz des ^{133}Cs-Atomsyst. schwindet. Die Polarisation besitzt eine quadrat. Abhängigkeit von der Strahlungsintensität.
J. Tůmová 28△

0061 **Formal-logische Methode zur Interpretation von IR-Spektren über charakteristische Frequenzen.** M. E. Ėljašberg und L. A. Gribov. (Ž. prikl. Spektroskopii **8** (1968) 2, 296–301; russ.) — Beschreibung eines Verf. zur Interpretation von IR-Spektren mit Hilfe von Korrelationstabellen der charakterist. Frequenzen. Das Verf. eignet sich für Auswertungen an Elektronenrechnern.
H. Roschkowski 30

0062 **Ermittlung mathematischer Funktionen zur Wiedergabe von Infrarot-Bandenkonturen.** J. Pitha und R. Norman Jones. (Canad. J. Chem. **45** (1967) 20, 2347 bis 2352; Div. of Pure Chem., Nation. Res. Council Ottawa, Canada; engl.) — Es wurde nach mathemat. Funktionen gesucht, die die Konturen von nicht überlappenden IR-Absorptionsbanden für Syst. in kondensierter Phase möglichst gut wiedergeben. Dabei wurde sowohl die Spaltfunktion des Spektrophotometers sowie eine evtl. auftretende konst. Untergrundabsorption berücksichtigt. Geprüft wurden eine reine Cauchy-, eine Cauchy-Gauß-Prod.- u. eine Cauchy-Gauß-Summenfunktion. Die letztgenannte lieferte die besten Ergebnisse, wobei zur Vereinfachung für zwei der sechs in dieser Funktion auftretenden variablen Parameter ein konst. Verhältnis angenommen werden kann, ohne das Resultat dadurch wesentlich zu verschlechtern.
W. Sawodny 30

0063 **Schwingungsspektren der Wasserstoffdihalogenid-Ionen. 4. Mitt. $BrHBr^-$ und $BrDBr^-$.** J. C. Evans und G. Y.-S. Lo. (J. physic. Chem. **71** (1967) 12, 3942–47; Chem. Phys. Res. Labor., The Dow Chemical Co., Midland, Mich.; engl.) — 3. vgl. C. **1967**, 24-0126. — IR- u. Raman-Spektren der Salze $R_4N^+ \cdot BrHBr^-$ (R = CH_3, C_2H_5, n-C_3H_7, n-C_4H_9, n-C_5H_{11}) wurden im festen Zustand u. in Lsg. untersucht. Einige Spektren wurden außer bei Raumtemp. auch bei 100 °K aufgenommen. Die Daten zeigen, daß das Anion je nach Umgebung in linear-symm. oder linear-unsymm. Form vorliegt. Das breite Absorptionsgebiet zwischen 500 u. 1300 cm^{-1}, welches bei den symm. Formen auftritt, wird den Kombinationen $\nu_3 \pm n\nu_1$ zugeordnet (ν_3 = antisymm., ν_1 = symm. Valenzschwingung). Es wird vorgeschlagen, diese Zuordnung auf die Verb.-Klasse mit starken (—*OHO*—)-Brücken auszudehnen, welche ähnliche breite Absorptionsgebiete zeigen. F. Langenbucher 30

0064 **Infrarot-Spektren der Digermanylhalogenide und verwandter Verbindungen.** K. M. Mackay, P. Robinson und R. D. George. (Inorg. chim. Acta [Padova] 1 (1967) 2, 236–38; Nottingham, Univ., Dep. of Inorg. Chem.; engl.) — Es werden die IR-Gasspektren folgender Verb. im Bereich von 2500–250 cm^{-1} mitgeteilt u. zugeordnet: GeH_3GeH_2Cl (auch Raman-Daten), GeD_3GeD_2Cl, $GeH_3 \cdot GeH_2Br$, GeH_3GeH_2J, GeH_3GeH_2D u. GeD_3GeD_2H.
Hans Bürger 30

0065 **Einfluß der Temperatur auf das nahe Infrarotabsorptionsspektrum von Molekülen im kondensierten Zustand. 1. Mitt. Kohlendioxid.** W. C. Waggener, A. J. Weinberger und R. W. Stoughton. (J. physic. Chem. **71** (1967) 13, 4320–25; Chem. Div., ORNL, Oak Ridge, Tenn.; engl.) — Unters. der Hauptmerkmale im Absorptionsspektrum von fl. CO_2 im Bereich 1,2–2,5 μ in Abhängigkeit von Temp. u. Druck. Aus der Temp.-Abhängigkeit des Spektrums zwischen 1,19 u. 1,66 μ in einer gefrorenen Probe bei — 80° u. 0,9 atm u. beim Tripelpunkt (— 56,6°; 5,1 atm), in der Fl. vom Tripelpunkt bis zum krit. Punkt (31,1°; 72,9 atm) sowie des Gases vom krit. Punkt bis 65° u. 136 atm folgt eine Verbreiterung von $\Delta\nu_{1/2}$ oberhalb des Tripelpunktes mit der Temp., wogegen bei Abkühlung unterhalb des Tripelpunktes die Bandenbreite ab- u. die Bandenhöhe zunimmt. Die Bande bei 1,6 μ hat Lorentz-Pofil über den gesamten Fl.-Bereich, u. ihre Intensität steigt nichtlinear mit steigender Temp. u. abnehmender D., wobei letzteres überwiegt u. mit der Lorentz-Theorie der Bandenverbreiterung nichtassoziierter Mol. übereinstimmt. R. Blank 30

0066 **Peroxokomplexe von Übergangsmetallen.** 5. Mitt. **Peroxooxalate.** W. P. Griffith und T. D. Wickins. (J. chem. Soc. [London], Sect. A **1967** 4, 590–92, Dep. of Chem., Imp. Coll., London; engl.) — 4. vgl. C. **1966**, 17-0642. — Von nachst. Peroxooxalatokomplexen im festen Zustand werden die IR-Spektren (400–2000 cm^{-1}, Nujol- u. Hexachlorbutadien-Verreibungen) u. die Raman-Spektren (mit Ausnahme der tieffarbigen Ti- u. U-Verb.) mitgeteilt u. diskutiert: $K_2[MoO(O_2)_2ox]$, $K_2[WO(O_2)_2ox]$, $K_2[Mo(O)_2(O_2)ox(H_2O)]$, $K_2[W(O)_2(O_2) \cdot ox(H_2O)]$, $K_2[Mo_2O_5ox_2(H_2O)_2]$, $(NH_4)_2[UO_2(O_2)ox(H_2O)]$, $K_3[Nb(O_2)ox_3]$, $K_2[Ti(O_2)ox_2(H_2O)]$. Die Anionen des Typs $[Mo(O_2)ox_3]^{3-}$ sind wahrscheinlich dodekaedr. koordiniert u. demnach Deriv. von $[M(O_2)_4]^{3-}$ (M = Nb, Ta). Die übrigen untersuchten Komplexanionen dürften die KZ 7 aufweisen [pentagonale Bipyramide mit O_2^{2-}-Gruppe(n) in der Ebene des pentagonalen Rings]. Die Analogie in der Reihe $[MO(O_2)_2ox]^{2-}$, $[M(O_2)ox_2(H_2O)]^{2-}$, $[MO(O_2)_2F_2]^{2-}$ u. $[M(O_2)F_5]^{n-}$ wird diskutiert (^{19}F-NMR-Spektren wss. Lsg. mit M = Mo, W, Ti).
A. Blaschette 30

0067 **IR-Spektrum von Natriumpentacyanonitroferrat(II).** D. X. West. (J. inorg. nuclear Chem. **29** (1967) 4, 1163–64; Central Mich. Univ., Mount Pleasant, Mich.; engl.) — Absorptionen bei 1320, 1238, 840 u. 625 cm^{-1} im IR-Spektrum von $Na_4[Fe(CN)_5NO_2]$ beweisen eindeutig das Vorliegen der Nitrostruktur in dieser Verbindung.
E. Beßler 30

0068 **Das Schwingungsspektrum des Hexacyanoplatinat(IV)-Ions.** Hans Siebert und Albert Siebert. (Z. Naturforsch. **22b** (1967) 6, 674–75; Anorgan.-chem. Inst., Univ. Heidelberg; dt.) — Von festem $K_2[Pt(CN)_6]$ wurde das Raman-Spektrum u. das IR-Spektrum im Bereich 200–4000 cm^{-1} (KBr-Preßling) aufgenommen, von der wss. Lsg. des $Na_2[Pt(CN)_6]$ das Raman-Spektrum. Die Grundschwingungen des Ions $[Pt(CN)_6]^{2-}$ wurden zugeordnet u. Kraftkonst. nach einem modifizierten Valenzkraftmodell berechnet. Sowohl f_{CN} = 17,5 mdyn/Å, wie auch f_{PtC} = 2,91 mdyn/Å haben, verglichen mit anderen Hexacyanometallaten, hohe Werte. Wegen der hohen Kernladung des Pt(IV) liegt eine starke Pt–C-σ-Bindung vor. W. Sawodny 30

0069 **Stereochemie von Trihalogenphosphorderivaten des Eisencarbonyls.** J. B. Pd. Tripathi und M. Bigorgne. (J. organometallic Chem. [Amsterdam] **9** (1967) 2, 307–23; Labor. de Chim. minérale, École Nat. Supér. de Chim., Paris; engl.) — Vf. untersuchten die IR-Spektren (4200–400 cm^{-1}) der Verb. $Fe(CO)_{5-n}(PF_3)_n$ (n = *1, 2, 3* u. *4*) u. $Fe(CO)_4(PCl_3)$. Alle für eine trigonal-pyramidale Struktur zu erwartenden geometr. Isomeren sind nach den IR-Spektren in den Rk.-Gemischen enthalten. Die Isolierung dieser Isomere gelang nicht.
H.-J. Schönherr 30

0070 **Intermetallische Bindung in einigen Carbonylverbindungen mit heterogener Metall–Metall-Bindung.** R. Ugo, S. Cenini und F. Bonati. Inorg. chim. Acta [Padova] 1 (1967) 3, 451–61; Ist. di Chim. Gen., Univ. of Milan, Milano; Italy; engl.) — Unters. der intermetall. Bindung der Verb. $(CO)_5M-M'R_3$ ($M = Mn, Re$; $M' = C, Si, Ge, Sn, Pb$) u. π-$C_5H_5(CO)_nMM'R_3$ ($M = Fe, Mo$; $M' = Ge, Sn, Pb$; n = 2, 3) mittels der infraroten $C=O$- u. $M-C$-Valenzschwingungen zwischen 4000 u. 200 cm^{-1} u. der τ-Werte des π-C_5H_5-Rings in den NMR-Spektren sowie der Dipolmomente in verschiedenen Lsgm. $Mn(CO)_5X$ (X = $SnCl_3$, $SnBr_3$, $SnCl_2C_6H_5$, $SnCl(C_6H_5)_2$, $SnCl(CH_3)_2$, $Sn(C_6H_5)_3$, $Sn(C_2H_5)_3$, $Sn(CH_3)_3$, $Pb(C_6H_5)_3$, $Pb(C_2H_5)_3$, $Ge(C_6H_5)_3$, $Si(C_6H_5)_3$, Cl, Br, J, H, CH_3, C_6H_5, $COCH_3$, CF_3, $C_6H_5CH_2$); $[Mn(CO)_5]_2SnCl_2$, $[Mn(CO)_5]_2Sn(C_6H_5)_2$, *trans*-$Mn(CO)_4P(C_6H_5)_3SnCl_3$, *trans*-$Mn(CO)_4P(C_6H_5)_3Sn(C_6H_5)_3$, $Re(CO)_5X$ (X = $SnCl_3$, $SnBr_3$, $Sn(C_6H_5)_3$, $Sn(CH_3)_3$, $Ge(C_6H_5)_3$, $C(C_6H_5)_3$ (F. 98–100°), $Si(C_6H_5)_3$, $Pb(C_6H_5)_3$, Cl, Br, J, H, CH_3, C_6H_5, $COCH_3$, $C_6H_5CH_2$); π-$C_5H_5Fe(CO)_2X$ (X = $SnCl_3$, $Sn(C_6H_5)_3$, $Sn(C_2H_5)_3$, $Pb(C_6H_5)_3$ (F. 130°), $Pb(C_2H_5)_3$, $Ge(C_6H_5)_3$, $SnBr_3$, SnJ_3, $SnCl_2(C_6H_5)$, $Sn(CH_3)_3$, Cl, J, CF_3, CH_3, C_2H_5, n-C_3H_7, *iso*-C_3H_7, C_6H_5, $COCH_3$, $COO \cdot CH_3$, CH_2COCH_3); π-$C_5H_5Mo(CO)_3X$ (X = $SnCl_3$, $SnCl(CH_3)_2$, $Sn(CH_3)_3$, $Sn(C_6H_5)_3$, Cl, Br, J, CF_3, H, CH_3, C_2H_5, *iso*-C_3H_7). Lediglich induktive Effekte der R-Gruppen hatten Einfl. auf die Elektronendichte der Übergangsmetalle. Die Polarität der Metall–Metall-Bindungen war niedrig u. hatte die Ladungsverteilung $\overset{\delta+}{M}-\overset{\delta-}{M'}$. Jedoch scheinen die Metall–Metall-Bindungen in der Reihe M–Si < M–Ge < M–Sn < M–Pb ansteigend sehr polarisierbar zu sein. R. Blank 30

0071 **Komplexe von Organoaluminium-Verbindungen. Ihre Struktur und Reaktivität.** S. Pasynkiewicz und K. Starowieyski. (Abh. dtsch. Akad. Wiss. Berlin, Kl. Chem., Geol. Biol. **1966** (1967) 6a, 76–82; Dep. of Org. Technol. I, Polytechnic, Warszawa; engl.) — Donator-Akzeptor-Komplexe aluminiumorgan. Verb. des Typs R_nAlCl_{3-n} (R = C_2H_5, CH_3; n $\leqq$ 3) mit Benzo- **(I)**, Propio- u. Acetonitril im Mol-Verhältnis 1 : 1 zeigen im IR-Spektrum (IR) gegenüber den freien Nitrilen eine charakterist. Verschiebung der C≡N-Valenzschwingung um 40–70 cm^{-1} nach höheren Frequenzen, die mit steigender Acidität der aluminiumorgan. Verb. zunimmt. Das Mol-Verhältnis der Komponenten (1 : 2, 1 : 1, 2 : 1) hat keinen Einfl. auf die $\nu_{C\equiv N}$-Frequenz. Im Mol-Verhältnis 1 : 1 ist die Struktur des **I**/Trimethylaluminium **(II)**-Komplexes linear u. der Stickstoff sp-hybridisiert; $C_6H_5-C\equiv\overset{\oplus}{\underset{sp}{N}}-\overset{\ominus}{Al}R_3$. Im Mol-Verhältnis 1 : 2 ist eine der beiden Al–C-Al-Brückenbindungen des **II** aufgebrochen u. es liegt der Komplex $(CH_3)_2Al^{\ominus}(N^{\oplus}(C_6H_5)(\mu$-$CH_3) \cdot Al(CH_3)_3$ vor. Ein 2:1-Komplex existiert nicht. Die Rk.-Wärme der Komplexbldg. wurde an **I** gemessen u. ist wie die Verschiebung der $\nu_{C\equiv N}$-Bande ein Maß für die relative Acidität der aluminiumorgan. Verbindung. Komplexe aluminiumorgan. Verb. des genannten Typs mit Benzoe- **(III)** u. Caprylsäureäthylester **(IV)** zeigen im IR gegenüber den freien Estern gleichfalls charakterist. Verschiebungen der C=O- u. der =C–O-Valenzschwingungen (bei **III** $\nu_{C=O}$ um 61–109 cm^{-1} nach niederen u. ν_{C-O} um 52–64 cm^{-1} nach höheren Frequenzen verschoben, bei **IV** um 79–130 cm^{-1} u. 161–170 cm^{-1}. Die Verschiebungen nehmen auch hier mit steigender Acidität der aluminiumorgan. Verb. zu. An Hand von IR von 1:1- u. 1:2-Komplexen von **IV**/**II** wird gezeigt, daß ein Mol. der aluminiumorgan. Verb. am Sauerstoff der C=O-Gruppe angreift, wodurch die Verschiebung der $\nu_{C=O}$-Bande nach niederen Frequenzen hervorgerufen wird.
D. Jahnke 30△

0072 **Infrarot-Absorptionsspektren und Normalkoordinatenanalyse von Koordinationskomplexen der Uranylhalogenide mit N.N-Dimethylformamid.** Gérard Kaufmann, Maurice J. F. Leroy und Raymond Rohmer.

(Bull. Soc. chim. France **1967**, 3, 900–03; Labor. de Chim. Minér., Fac. des Sci., Strasbourg; franz.) — Von $UO_2Cl_2 \cdot 3\,DMF$ u. $UO_2Br_2 \cdot 3\,DMF$ wurden die IR-Spektren im Bereich von 200–4000 cm^{-1} (Nujolverreibung u. KBr-Pillen) u. die Raman-Spektren (nur eine Linie beobachtbar) aufgenommen u. zugeordnet. Für den Rest $(CH_3)_2NCHO-U$ (CH_3 als Massenpunkt) wurden Kraftkonst. nach einem modifizierten Valenzkraftmodell berechnet. Die erhaltenen Konst. werden mit denen des freien DMF verglichen. W. Sawodny 30

0073 **Infrarotabsorptionsspektren von ^{18}O-mrkierten Acetylacetonaten von Cr(III) und Mn(III).** S. Pinchas, Brian L. Silver und I. Laulicht. (J. chem. Physic. **46** (1967) 4, 1506–10; Weizmann Inst. of Sci., Rehovoth, Israel; engl.) — Im Wellenlängenbereich 400–1650 cm^{-1} werden die durch ^{18}O-Markierung (über 90% ^{18}O) verursachten Isotopenverschiebungen in den IR-Absorptionsbanden von *Cr(acac)*$_3$ u. *Mn(acac)* (Hacac = *Acetylaceton*) gemessen (Abb., Tabellen). Die bisher angenommenen Bandenzuordnungen werden diskutiert u. korrigiert. K. H. Bielicki 30

0074 **Spektren im fernen Infrarot und Metall–Ligand-Kraftkonstanten von Acetylacetonaten der Übergangsmetalle.** M. Mikami, I. Nakagawa und T. Shimanouchi. (Spectrochim. Acta [Oxford], Part A **23** A (1967) 4, 1037–53; Dep. of Chem., Tokyo Univ. Hongo, Tokyo; engl.) — Die IR-Spektren von *Cu(acac)*$_2$ (I), *Pd(acac)*$_2$ (II), *Pt(acac)*$_2$, *Cd(acac)*$_2$, *Mn(acac)*$_2$, *Mn(acac)*$_3$, *Fe(acac)*$_3$ (III), *Cr(acac)*$_3$, *Co(acac)*$_3$ u. *Rh(acac)*$_3$ (Hacac = *Acetylaceton*) wurden im Bereich von 60–4000 cm^{-1} aufgenommen u. zugeordnet. Von I wurde außerdem von 200–1500 cm^{-1} der IR-Dichroismus gemessen u. das deuterierte Deriv. $Cu(CH_3COCDCOCH_3)_2$ untersucht. Für I–III wurden Kraftkonst. nach einem Urey-Bradley-Feld berechnet. Die Metall-O-Valenzkraftkonst. haben die Werte K_{CuO} 1,45; K_{PdO} 1,85 u. K_{FeO} 1,30 mdyn/Å. W. Sawodny 30

0075 **Infrarotspektren von 1-Benzazolyl-3.5-diphenylformazanen und ihrer Komplexe mit Nickel und Kupfer.** G. N. Lipunova, K. V. Aglickaja und N. P. Bednjagina. (Izvest. sibirskogo Otd. Akad. Nauk SSSR, Ser. chim. Nauk **1967**, 9, 50–54; Ural'skij politechn. inst. im. Kirova, Sverdlovsk; russ.) — Die IR-Spektren der in der Abb. wiedergegebenen Formazane I–IV sowie ihrer

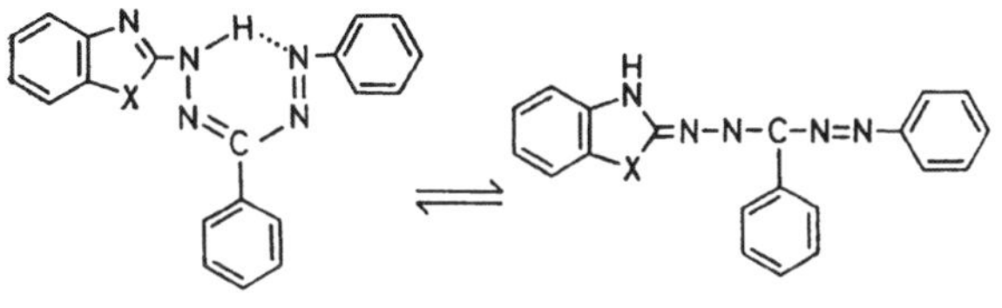

A B

I X: $-NCH_2C_6H_5$

II X: =S

III X: =O

IV

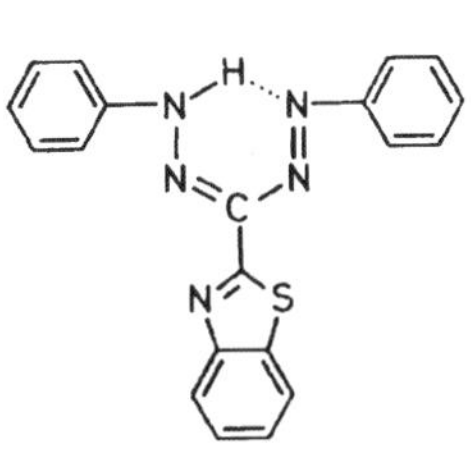

Komplexe mit Ni(II) u. Cu(II) im Bereich von 3800 bis ca. 700 cm^{-1} werden aufgenommen. Aus den Daten wird geschlossen, daß I in krist. Zustand u. in CCl_4 die „offene" tautomere Struktur B besitzt, II u. III jedoch ebenso wie IV die „Chelatstruktur" A annehmen. H. Roschkowski 30

0076 **Oszillatorenstärken für hochangeregte Übergänge in Wasserstoff.** Donald H. Menzel. (Nature [London] **218** (1968) 5143, 756–57; Harvard Coll. Obs., Smithsonian Astrophys. Obs., Cambridge, Mass.; engl.) — Elektronenübergänge zwischen hochangeregten Quantenzuständen von *H* erzeugen Spektrallinien, welche im Radiowellengebiet liegen. Es wird eine asymtot. Formel für die Oszillatorenstärke $f_{n+c,n}$ für die Quantenübergänge $n + c \rightarrow n$ beschrieben ($n > c$): $f_{n+c,n} \sim nM(c)\ (1 + 1{,}5c/n)$ mit $M(c) = 4/3c^2\ J_c(c)\ J_c'(c)$, wobei $J_c(c)$ u. $J_c'(c)$ eine Bessel-Funktion u. ihre Ableitg. darstellt. Es werden numer. Werte für M(c) angegeben sowie die Gültigkeit der Summenregel $\Sigma f = 1$ diskutiert. G. Buttgereit 32

0077 **Zeeman-Effekt in einem Multimoden-He–Ne-Laser, der gleichzeitig bei den Wellenlängen 0,63 und 3,39 μ arbeitet.** S. A. Fridrichov, D. K. Terechin und E. Ju. Andreeva. (Ž. techn. Fiz. **38** (1968) 7, 1101–07; Leningradskij politechn. inst. im. Kalinina; russ.) — Experimentelle Unters. der Energiecharakteristik eines He–Ne-Lasers im Magnetfeld bei gleichzeitiger Laserwrkg. der konkurrierenden Übergänge $3\,S_2 - 2\,P_4$ u. $3\,S_2 - 3\,P_4$. H. Roschkowski 34

0078 **Sättigungserscheinung aktiver Übergänge in Ar II.** I. K. Babaev, A. N. Sviridov und V. P. Tyčinskij. (Ž. prikl. Spektroskopii **9** (1968) 1, 77–84; russ.) — Für Gaslaser wurde der Sättigungskoeff. der Verstärkung des akt. Mediums u. die Strahlungsleistung berechnet. Die Sättigungsparameter für die Übergänge bei 5145, 4880 u. 4765 Å wurden experimentell u. theoret. in guter Übereinstimmung erhalten. Ferner wurden der innere Verlust des Resonators u. auch die Abhängigkeit des Verstärkungskoeff. vom Entladungsstrom untersucht. M. Wiedemann 34

0079 **Laser mit reinem Sauerstoff.** L. N. Tunickij und E. M. Čerkasov. (Ž. techn. Fiz. **38** (1968) 7, 1200–02; russ.) — Die Laserwrkg. des 3^3P-3^3S-Übergangs in reinem Sauerstoff bei der Temp. des fl. N_2 wird beschrieben. H. Roschkowski 34

0080 **Stochastische Prozesse in Spin-Systemen.** F. Noack, G. J. Krüger, W. Müller-Warmuth und R. Van Steenwinkel. (Z. Naturforsch. **22a** (1967) 12, 2102–08; I. Phys. Instit. der TH Stuttgart. — Die bisher benutzten statist. Modelle für die Beschreibung von Relaxation u. dynam. Polarisation in Spinsyst. wurden auf allgemeinere stochast. Prozesse ausgedehnt. Es zeigt sich, daß das Campbell-Theorem ein gutes Hilfsmittel für die Berechnung einer großen Zahl von spektralen Intensitätsfunktionen ist. Fast alle gemessenen frequenzu. temperaturabhängigen Relaxationszeiten u. die dynam. Polarisations-Kopplungsparameter können auf diese Weise mit Hilfe einfacher molekularphysikal. Argumente diskutiert werden. G. Richard 36

0081 **Analyse des NMR-Spektrums mit einem kleinen Digitalrechner.** Osamu Yamamoto und Kikuko Hayamizu. (Rep. Government chem. ind. Res. Inst., Tokyo **62** (1967) 10, 388–403; jap., Auszug: engl.) — Beschreibung eines Verf. zur Analyse komplexer NMR-Spektren eines kleinen digitalen Rechners. Als Beispiel wird das ^1H-NMR-Spektrum von *Nitrobenzol* analysiert. J. M. Spaeth 36

0082 **Protonen-Spinrelaxation in paramagnetischen Ionenlösungen: Isotopie-Effekt von Deuterium.** V. L. Pollak und R. R. Slater. (Z. Naturforsch. **22a** (1967) 12, 2110–11; Dep. of Phys., Oklahoma State Univ., Stillwater, Okla.; engl.) — In wss. Lsg. paramagnet. Ionen wird die Protonen-Spinrelaxation $1/T_2$ bestimmt durch die Relaxation in der prim. Hydratationsschale des paramagnet. Ions u. durch den Protonenaustausch zwischen der Hydratationsschale u. dem Lösungsmittel. Untersucht wurden $Cr(NO_3)_3$- u. $VOSO_4$-Lsg., bei welchen der hauptsächliche Austauschmechanismus durch die Protonenübertragung über die Wasserstoffbindungen verläuft. Es wurde nach einer Veränderung von T_2 für Protonen (Deuteronen) bei Änderung der Isotopenzus. der Lsg. gesucht. G. Richard 36

0083 **^{17}O-NMR-Verschiebungen in flüssigem und gasförmigem $H_2{}^{17}O$.** Alan E. Florin und Mohammed Alei jun. (J. chem. Physics **47** (1967) 10, 4268–69; Univ. of Calif., LASL, Los Alamos, N.Mex.; engl.) — Die ^{17}O-NMR in auf 30% angereichertem fl. $H_2{}^{17}O$ ist diamagnet. u. nimmt im Bereich von Zimmertemp. – 215° linear zu; die Verschiebung über das gesamte Temp.-

Intervall beträgt 9 ± 1 ppm. Die ^{17}O-NMR des W.-Dampfs im Gleichgew. mit der Fl. ist ein 1:2:1 Triplett mit einer Aufspaltung von 79 ± 2 Hz; die Verschiebung gegenüber W. bei Zimmertemp. beträgt bei 175° u. 215° 36 ± 1 ppm. Die Beziehungen zwischen der H-Bindung u. der diamagnet. Abschirmung des O-Kerns werden diskutiert. Das ^{1}H-NMR-Signal von W.-Dampf ist durch die Wechselwrkg. mit ^{17}O in ein Sextett aufgespalten; die Aufspaltung beträgt 75–80 Hz.
B. Stender 36

0084 **Chlor-35-Kernquadrupolresonanz und Struktur des Dichloridions im Tetramethylammoniumhydrogendichlorid.** T. E. Haas und S. M. Welsh. (J. physic. Chem. **71** (1967) 10, 3363–65; Medford, Mass., Tufts Univ., Dep. of Chem.; engl.) – Durch ^{35}Cl-NQR-Messungen an $[(CH_3)_4 \cdot N]ClHCl$ u. $[(CH_3)_4N]ClDCl$ können Vf. die von Evans u. Lo [vgl. ibid. **70** (1966) 11] postulierte unsymm. Struktur des Dichloridanions bestätigen. Die für den H–Cl-Gleichgew.-Abstand im symm. strukturierten Anion ber. Kopplungskonst. sind nicht in Übereinstimmung mit den Meßergebnissen. G. O. Jäger 36△

0085 **Heteronukleare Doppelresonanz. Vorzeichen der ^{29}Si–^{1}H-Kopplungskonstante.** W. McFarlane. (J. Chem. Soc. [London], Sect. A **1967**, 8, 1275–76; Div. of Mol. Sci., Nat. Phys. Labor., Teddington; engl.) – Bei 25,14 u. 19,87 MHz werden Doppelresonanzvers. an den Kernen ^{13}C u. ^{29}Si von $^{12}CH_3{}^{28}SiHCl_2$ (**I**), $^{13}CH_3{}^{28}SiHCl_2$ (**II**), $^{12}CH_3{}^{29}SiHCl_2$ (**III**) u. $^{13}CH_3{}^{29}SiHCl_2$ (**IV**) durchgeführt. Es ergeben sich folgende Kopplungskonst. (in Hz) für die gekoppelten Kerne: ^{13}C–^{1}H 124,3; ^{13}C–Si–^{1}H 15,0; ^{29}Si–^{1}H– 281,1; ^{29}Si–C–^{1}H +8,0; ^{29}Si–^{13}C –66 u. ^{1}H–C–Si–^{1}H +2,3. E. Hechler 36

0086 **Protonenmagnetische Resonanzspektren von di- und trisubstituierten Derivaten des Methylsilans.** E. A. V. Ebsworth und S. G. Frankiss. (Trans. Faraday Soc. **63** (1967) 535, 1574–83; Cambridge, Univ. Chem. Labor.; engl.) – Es werden chem. Verschiebungen, Kopplungskonst. u. die Verdünnungsshifts folgender Methylsilanderiv. (R = CH_3) mitgeteilt: $RSiHF_2$, $RSiHCl_2$, $RSi \cdot HBr_2$, $RSiHJ_2$, $(RSiHF)_2O$, R_2SiH_2, R_2SiHF, R_2SiHCl, R_2SiHBr, R_2SiHJ, $(R_2SiH)_2O$, $(R_2SiH)_2S$, $(R_2SiH)_2NH$, $(R_2SiH))_3N$, R_3SiH, R_3SiCl, R_3SiF, R_3SiBr, R_3SiJ, $(R_3Si)_2O$, $(R_3Si)_2S$, $(R_3Si)_2NH$, R_4Si. Während die SiH-Verschiebungen nicht additiv von den Si-Substituenten abhängen, ist dies (außer bei den Fluoriden) für δ SiCH der Fall. Die CH, SiH u. HSiH-Kopplungskonst. sind nahezu additiv abhängig von den elektropositiven Substituenten. Während die HSiH-Kopplungskonst. mit steigender Substituentenelektronegativität sinken, sind die SiH-Kopplungskonst. unempfindlich gegen einen Wechsel der Substituenten. Hans Bürger 36

0087 **NMR-Untersuchung von Aluminiumfluoridkomplexen bei hoher Auflösung.** Mitsuru Yamazaki und Tsugio Takeuchi. (J. chem. Soc. Japan, ind. Chem. Sect. [Kôgyô Kagaku Zasshi] **70** (1967) 5, 656–65; Dep. of Synth. Chem., Fac. of Engng., Nagoya Univ. Chikusa-ku, Nagoya, Japan; jap., Auszug: engl.) – Die ^{19}F-NMR-Spektren von wss. HF–$Al(NO_3)_3$-Lsg. wurden bei verschiedenen Komponentenverhältnissen zwischen 20 u. –50° aufgenommen. Lsg. mit HF/Al · $(NO_3)_3 \leqq 2{,}0$ geben bei 20° Resonanzlinien von AlF^{2+} u. AlF_2^+, Lsg. mit > 3,0 nur eine Resonanzlinie. Bei 10 bis –5° u. einem Komponentenverhältnis zwischen 1,5 u. 2,0 treten drei Linien von AlF_2^+, AlF^{2+} u. von einem höheren Komplexion auf. Bei 2 bis –12° u. 3,0 wurden die Linien von AlF^{2+} u. AlF_2^+ beobachtet. Das Mol-Verhältnis der Formen AlF_2^+ u. AlF^{2+} wurde auch in Ggw. verschiedener HNO_3-Konz. durch Messungen im Bereich der Max. im genannten Temp.-Bereich bestimmt. J. J. Pohl 36

0088 **Untersuchung von Organoaluminiumverbindungen mit Hilfe der NMR-Spektroskopie.** Koichi Hatada. (J. synth. org. Chem., Japan **25** (1967) 10, 843–57; Osaka Univ., Dep. of Chem., Fac. of Engng. Sci. (1–1, Machikaneyama-machi, Toyonaka-shi, Osaka-fu, Japan; jap.) – Übersicht über NMR-Unters. über die Struktur der Organoaluminiumverb. in Lsg., deren Alkylaustauschrk. u. katalyt. Aktivität als Ziegler-Katalysatoren. H.-S. Park 36

0089 **Untersuchung von Austauschvorgängen in Lösungen durch kernmagnetische Resonanz an Komplexen von N.N-Dimethylformamid mit Aluminiumchlorid, -bromid und -jodid.** Anthony Fratiello und Ronald Schuster. (J. physic. Chem. **71** (1967) 6, 1948–50; Dep. of Chem., Calif. State Coll. Los Angeles, Calif.; engl.) – An in Lsg. hergestellten Komplexen von $AlCl_3$, $AlBr_3$ u. AlJ_3 mit *DMF* wird die Resonanz des Formylprotons von komplex gebundenem DMF in Abhängigkeit von der Temp. verfolgt. Dabei wurde festgestellt, daß ein Aluminiumhalogenidmol. mit 5,7 ± 0,3 Mol. DMF koordiniert ist. Die Aktivierungsenergien der Komplexe in obiger Reihenfolge werden zu 15,3, 16,6 u. 17,6 kcal bestimmt, jedoch ist der in diesen Werten angedeutete Trend bei einem Fehler von ± 10 % unsicher. Außerdem wird auch die chem. Verschiebung des Aldehydprotonsignals in den obigen drei Komplexen beobachtet, sie beträgt 53, 41 u. 40 Hz gegenüber dem festem Zustand. E. Hechler 36

0090 **NMR-Untersuchung von Austauschvorgängen am System Tributylphosphat/Metallnitrat und an ähnlichen Systemen.** T. H. Siddall III und W. E. Stewart. (Inorg. nuclear Chem. Letters **3** (1967) 8, 279–84, Suppl. zu: J. inorg. nuclear Chem.; Savannah River Labor., E. I. du Pont de Nemours Co., Aiken, S.C.; engl.) – Bei –50° wird die ^{1}H-NMR von Tributylphosphat (TBP) in Lsg. mit einem Metallnitrat in $CDCl_3$ untersucht. Nur die α-Protonen von TBP können zur Bestimmung des Anteils an freiem u. gebundenem TBP herangezogen werden. Die Austauschzeit für die Rk. $UO_2(NO_3)_2 \cdot 2\,TBP + 2\,TBP^+ \rightarrow UO_2(NO_3)_2 \cdot 2\,TBP^+ + 2\,TBP$ beträgt bei –10° 10^{-3} s u. die Aktivierungsenergie 10 kcal/Mol. Die Austauschrk. von $UO_2(NO_3)_2$ mit Tris-[propyl-(2)]-phosphat u. Tris-[4-methylamyl-(3)]-phosphat laufen langsamer ab. Außerdem werden die Rk. $Me(NO_3)_2 \cdot 2\,TBP + TBP \rightarrow Me(NO_3)_2 \cdot 3\,TBP$ mit $Me = UO_2^{2+}$ u. Pr^{3+} sowie $Me^1(NO_3)_2 \cdot 3\,TBP + Me^2 \cdot (NO_3)_2 \cdot 2\,TBP \rightarrow Me^1(NO_3)_2 \cdot 2\,TBP + Me^2(NO_3)_2 \cdot 3\,TBP$ mit $Me^1 = UO_2^{2+}$, $Me^2 = Pr^{3+}$; $Me^1 = Th^{4+}$, $Me^2 = Pr^{3+}$; bzw. $Me^1 = La^{3+}$ u. $Me^2 = Pr^{3+}$ untersucht. Als Komplexbildner wird außer TBP noch Tris-[propyl-(2)]-phosphat (TPP) verwandt, um das Gleichgew. der Rk. $UO_2(NO_3)_2 \cdot 2\,TBP + 2\,TPP \rightleftharpoons UO_2(NO_3)_2 \cdot 2\,TPP + 2\,TBP$ zu untersuchen. Die Gleichgew.-Konst. beträgt $k_c = 4$. E. Hechler 36

0091 **^{1}H-NMR-Spektren von [(Trimethylsilyl)-methylamino]-stannanen.** O. J. Scherer und P. Hornig. (J. organometallic Chem. [Amsterdam] **8** (1967) 3, 465–68; Würzburg, Univ., Inst. für Anorg. Chem.; dt.) – Es werden die ^{1}H-NMR-Spektren von $[(CH_3)_3SiN(CH_3)]_n \cdot Sn(CH_3)_{4-n}$ mit $n = 1-4$ tabellar. mitgeteilt. Alle Parameter zeigen einen stetigen Gang mit steigendem n; alle chem. Verschiebungen verkleinern sich, ebenso vergrößern sich alle Kopplungskonst. zwischen H u. Sn, während die Kopplungskonst. zwischen H u. N bzw. Si um maximal +0,25 Hz variieren. Folgende Verb. wurden erstmals dargestellt: *Tris-[(trimethylsilyl)-methylamino]-methylstannan*, $C_{13}H_{39}N_3Si_3Sn$, F. 22–23°, Kp.$_{0,5}$ 83–85°, in 55 % Ausb. aus $(CH_3)_3SiNHCH_3$, LiC_4H_9 u. CH_3SnBr_3; analog mit $SnBr_4$: *Tetrakis-[(trimethylsilyl)-methylamino]-stannan*, $C_{16}H_{48}N_4Si_4Sn$, F. 90–92°, Kp.$_{0,5}$ 129–132°; 57 %. Hans Bürger 36

0092 **Protonmagnetische Resonanzspektren einiger Dimethylblei(IV)-Komplexe.** Y. Kawasaki. (J. organometallic Chem. [Amsterdam] **9** (1967) 3, 549–52; Osaka, Japan, Osaka Univ., Dep. of Appl. Chem.; engl.) – Die Lage der Resonanzsignale der CH_3-Gruppen u. die Spin–Spin-Kopplungskonst. J(^{207}Pb–CH_3) werden für folgende Verb. (in $CHCl_3$) bestimmt: *Bis-[acetonylacetonato]-*, *Bis-[tropolonato]-* u. *Bis-[oxinato]-dimethylblei.* Sie werden mit den Literaturdaten für Dimethylbleidichlorid (**I**), -diperchlorat u. -dihydroxid u. Tetramethylblei (**II**) verglichen. Vf. führt die im Vgl. zu **II** relativ hohen J-Werte (ca. 150 bzw. 62 cps) der Dimethylblei(IV)-Komplexe auf eine Erhöhung des s-Charakters der Pb-Orbitale u. eine Vergrößerung des hfs-Terms $[a_{Pb} \cdot (6s)]$ zurück.

Versuche: Dimethylblei(IV)-Komplexe: *Bis-[oxinato]-*, $C_{20}H_{18}N_2O_2Pb$, Zers. > 147° ($CHCl_3$ u.

Ligroin), durch Zugeben von wss. NH_4OH zu I in wss. 8-Hydroxychinolin; gelbes Pulver. — Analog: *Bis-[tropolonato]-*, $C_{16}H_{16}O_4Pb$, Zers. $>191^0$ ($CHCl_3$ u. Ligroin). G. O. Jäger 36△

0093 **Stereochemisch nichtstarre organometallische Verbindungen. 6. Mitt. Konfigurationsgleichgewichte von π-$C_5H_5Mo(CO)_2$-allylkomplexen.** A. Davison und W. C. Rode. (Inorg. Chem. [Washington] **6** (1967) 11, 2124—25; Cambridge, Mass., MIT, Dep. of Chem.; engl.) — Die Temp.-Abhängigkeit (— 50 bis 130°) des NMR-Spektrums von $(\pi\text{-}C_5H_5)Mo(CO)_2(\pi\text{-}C_3H_5)$ (s. Orig.) wird untersucht. Auf Grund der bei Temp. zwischen — 10 u. — 50° NMR-spektroskop. beobachtbaren unterschiedlichen π-Allylgruppierungen, nehmen Vf. an, daß bei vorst. Komplex ein Gleichgew. zwischen 2 Konformeren existiert. G. O. Jäger 36△

0094 **Kernmagnetisches Resonanzspektrum von orientiertem Cyclobutadieneisentricarbonyl.** Constantino S. Yannoni, Gerald P. Ceasar und Benjamin P. Dailey. (J. Amer. chem. Soc. **89** (1967) 12, 2833—36; N.Y., Columbia Univ., Dep. of Chem.; engl.) — Das nemat. ^{1}H-NMR-Spektrum von *Cyclobutadieneisentricarbonyl* in *4.4'-Di-n-hexyloxyazoxybenzol* wird bei 76° untersucht u. das symm. 6-Linienmultiplett analysiert. Das Spektrum führt auf eine Geometrie des Mol. mit nur 2 unabhängigen direkten magnet. Dipolkopplungskonstanten. Die Aufspaltungen weichen von einer quadrat. Geometrie ab. Computerrechnungen zeigen, daß es sich um eine rechtwinklige Geometrie mit einem Seitenverhältnis von 0,9977 entsprechend einer Änderung des Winkels C—C—H um 0,5° handelt. B. I. 36△

0095 **Protonenmagnetische Resonanzspektren von Malonat enthaltenden Kobalt(III)-Komplexen.** H. Yoneda und Y. Morimoto. (Inorg. chim. Acta [Padova] **1** (1967) 3, 413—14; Chem. Dep., Wakayama Univ., Masagocho, Wakayama, Japan; engl.) — Bei der Messung der protonenmagnet. Resonanz von $[Co(mal)en]_3NO_3$ u. $K[Co(mal)_2en]$ (I) (*mal* = *Malonat*, *en* = *Äthylendiamin*) in D_2O fanden Vf. folgende zwei Effekte beim CH_2-Signal der Malonat-Gruppe: 1. Die Intensität des CH_2-Signals nimmt mit der Zeit ab u. verschwindet ganz beim Stehen über Nacht. 2. Das CH_2-Signal des Chelatrings in I tritt als Quartett auf, d. h. es befinden sich zwei verschiedene Wasserstoff-Atome in derselben CH_2-Gruppe. R. Blank 36

0096 **^{1}H-NMR-Untersuchungen einiger Kobalt(III)-Äthylendiamin-Komplexe. Nachweis für die zweite Koordinationsschale.** B. M. Fung. (J. Amer. chem. Soc. **89** (1967) 23, 5788—92; Dep. of Chem., Tufts Univ., Medford, Mass.; engl.) — Die ^{1}H-NMR von $[Co(en)_3]Cl_3$ u. *cis-* u. *trans-*$[CoCl_2(en)_2]Cl$ in D_6-DMSO u. D_2O-D_2SO_4 werden mitgeteilt. Das Auftreten verschiedener axialer u. äquatorialer NH-^{1}H-NMR kann durch das Einfrieren der Bewegung der Protonen des en durch H-Brückenbindung mit dem Lsgm. erklärt werden. Die Existenz der 2. Koordinationsphäre wird auch durch die Änderung der chem. Verschiebung der ^{1}H-NMR der NH-Protonen mit der Zus. des D_2O–D_2SO_4-Gemisches wahrscheinlich gemacht. Die Aktivierungsenergie für die Inversion des Rings zwischen dem Zentralatom u. dem Liganden in $[Co(en)_3]Cl_3$ in D_6-DMSO wird zu 10,5 ± 0,5 kcal/Mol bestimmt. E. Hechler 36

0097 **Quadrupolwechselwirkung von ^{59}Co in Kobalt(III)-Komplexen.** V. Saraswati und R. Vijayaraghavan. (Proc. Indian Acad. Sci., Sect. A **66** (1967) 5, 253—63; Tata Inst. of Fund. Res., Bombay, India; engl.) — Messung der Quadrupolkopplungskonst. u. chem. Verschiebung von ^{59}Co in folgenden Kobalt(III)-Verb.: $K_3[Co\cdot(CN)_6]$, $[Co(dipy)_3]ClO_4)_3$, $[Co(NH_3)_3(NO_2)_3]$, $[Co(en)_3]Cl_3$, *trans-*$[Co(NH_3)_4(NO_2)_2]NO_3$, $Na_3[Co(NO_2)_6]$, $[Co(NH_3)_6)]\cdot Cl_3$, $[Co(NH_3)_6](NO_3)_3)$, *Kobaltoxinat* u. *Kobaltacetylacetonat*. Die Verb. sind diamagnet. u. polykristallin. Die Änderung der Kopplungskonst. mit der Temp. steht in Beziehung zur Natur der Co—Ligand-Bindung u. den Mol.-Bewegungen im Festkörper. R. Blank 36

0098 **Isotrope Kernresonanzverschiebungen in einigen trigonalen Co(II)- und Ni(II)-Chelatsystemen.** J. P. Jesson. (J. chem. Physics **47** (1967) 2, 582—91; Central Res. Dep., E. I. du Pont de Nemours & Co., Exper. Stat., Wilmington, Del.; engl.) — Unters. der hochaufgelösten Protonenresonanzspektren von folgenden *Poly-(1-pyrazolyl)-borat*-Chelatsyst. (A) in $CDCl_3$: **I**: $R = H$, $X = Y = H$,

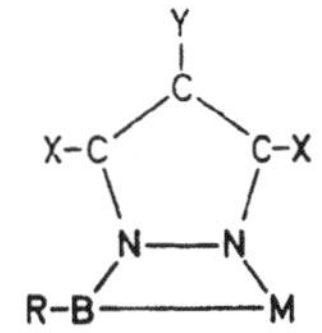

A

II: $R = C_6H_5$, $X = Y = H$, **III**: R = *n-Butyl*, $X = Y = H$, **IV**: R = *1-Pyrazolyl*, $X = Y = H$, **V**: $R = H$, $X = H$, $Y = Cl$, **VI**: $R = H$, $X = H$, y = *i-Propyl*, **VII**: $R = H$, $X = CH_3$, $Y = H$, **VIII**: $R = H$, $X = Y = CH_3$, **IX**: $R = H$, $X = CH_3$, Y = *n-Butyl*, M = *Co*, *Zn*, *Ni*. Durch Verb. der NMR-, EPR- u. opt. Daten werden die dipolaren Beiträge zur Protonenresonanzverschiebung in den Liganden berechnet. Dadurch können die dipolaren u. skalaren Beiträge zur Verschiebung getrennt werden. Die skalaren Beiträge in den Co-Verb. sind ähnlich denjenigen in den entsprechenden *Ni*-Verbindungen. Die g-Tensorkomponenten sind unempfindlich auf den Einfl. der Ligandensubstituenten. R. Blank 36

0099 **Spektren und Struktur einiger Übergangsmetall-Poly-(1-pyrazolyl)-borate.** J. P. Jesson, S. Trofimenko und D. R. Eaton. (J. Amer. chem. Soc. **89** (1967) 13, 3148—58; Central Res. Dep., Exp. Stat., E. I. du Pont de Nemours & Comp., Wilmington, Del.; engl.) — Aus der von Trofimenko [ibid. **88** (1966) 1842] beschriebenen Gruppe der Übergangsmetallchelatverb. mit *Poly-(1-pyrazolyl)-borat*-Liganden werden die Strukturen der Komplexe von Mn^{2+}, Fe^{2+}, Co^{2+}, Ni^{2+}, Cu^{2+} u. Zn^{2+} mit Hilfe der NMR, magnet. Suszeptibilitäten u. Elektronenspektren untersucht. Die Komplexe zerfallen in zwei Gruppen (Abb. I bzw. II). In der ersten

I

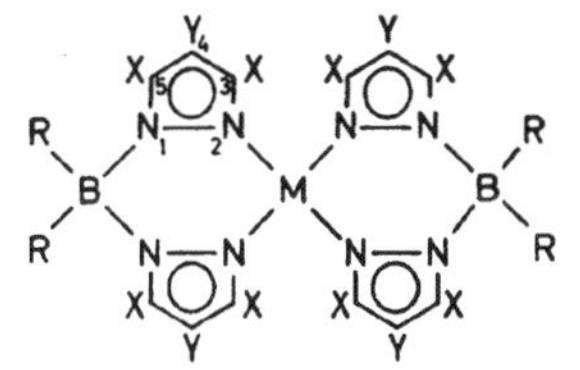

II

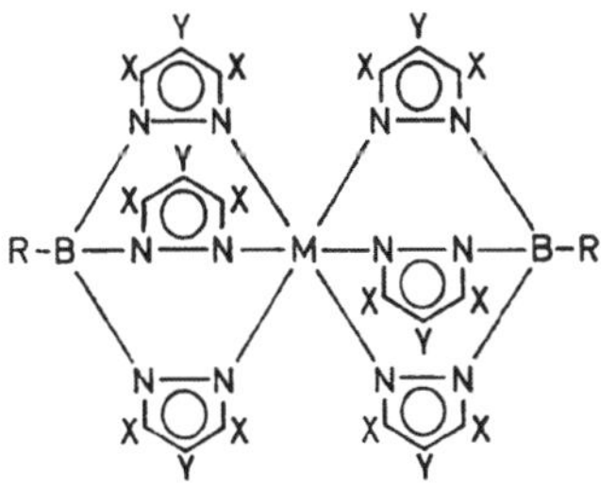

Gruppe verhalten sich die *Bis-[1-pyrazolyl]-borat*-Einheiten wie ein zweizähniger Chelatligand, von denen jeweils zwei Einheiten nach der Formel $M[R_2B(pz)_2]_2$ (M = Metallion, $R = H$, *Alkyl* oder *Aryl*, pz = *1-Pyrazolyl* mit zusätzlichen Substituenten) bei Ni^{2+} u. Cu^{2+} eben u. bei den übrigen Metallionen tetraedr. gebunden sind. In der zweiten Gruppe sind jeweils zwei dreizähnige *Tris-[1-pyrazolyl]-borat*-Einheiten bei allen Metallionen oktaedr. nach $M[RB(pz)_3]_2$ gebunden. Die physikal. Eig. dieser Komplexe mit verschiedener geometr. Anordnung, aber im wesentlichen konst. Ligandencharakteristik werden ausführlich an Hand der tabellar. aufgeführten Daten diskutiert. Im einzelnen wurden nachst. Verb. untersucht: $M[H_2B(pz)_2]_2$, $M(HB(pz)_3]_2$ u. $M[B(pz)_4]_2$ mit M = *Mn*, Fe^{2+}, *Co*, *Ni*, *Cu* u. X = Y = *H*; $Fe[H_2B(pz)_2]_2$ mit $X = CH_3$; $Y = H$ $Co[H_2B(pz)_3]_2$ mit $X = CH_3$, $Y = H$ (X, Y vgl. Abb.). R. Blank 36

0100 **Spingleichgewichte in oktaedrischen Eisen(II)-Poly-(1-pyrazolyl)-boraten.** J. P. Jesson, S. Trofimenko und D. R. Eaton. (J. Amer. chem. Soc. 89 (1967) 13, 3158–64; engl.) — Vgl. vorst. Referat. — Vf. untersuchen das in den Fe^{2+}-Komplexen mit *Tris-[1-pyrazolyl]-borat*-Liganden auftretende „Spingleichgew." zwischen den Formen mit hohem u. niedrigem Spin. Durch geeignete Substitution in den Liganden von $M[RB(pz)_3]_2$ ($R = H$, pz u. *Phenyl* sowie weitere Substitution im Pyrazolring) lassen sich Komplexe mit Grundzuständen von hohem bzw. niedrigem Spin ohne Änderung der Mol.-Geometrie darstellen. Diese Gleichgew. werden mit Hilfe von opt. Spektren, Suszeptibilitätsdaten u. NMR-Messungen interpretiert. Untersucht werden im einzelnen fünf der Abb. II im vorst. Ref. entsprechenden Verb. mit M = Fe(II) u. R = 1-Pyrazolyl, X = Y = H; R = C_6H_5, X = Y = H; R = H, X = Y = H; R = H, X = CH_3, Y = H u. R = H, X = Y = CH_3.
R. Blank 36

0101 **Durch protonenmagnetische Resonanz bestimmte Struktur–Ligandenfeldstärke-Effekte bei der Kovalenz in pseudotetraedrischen Komplexen von Kobalt(II)- und Nickel(II)-dihalogeniden.** Gerd N. La Mar. (Inorg. Chem. [Washington] 6 (1967) 10, 1939–41; Phys. Chem. Labor., Swiss Federal Inst. fo Technol., Zürich, Switzerland; engl.) — In Komplexen des Typs CoX_2L_2 mit X = Cl, Br u. J u. L = Py., 3-CH_3–Py. 4-CH_3–Py., 3-C_2H_5–Py., 4-Vinyl–Py., 3.4-Dimethyl–Py. u. 3.5-Dimethyl–Py. wurde die chem. Verschiebung der ^1H-NMR bei 60 MHz gemessen. Die chem. Verschiebung der ^1H-NMR nimmt in der Reihenfolge Cl, Br, J u. Py., 4-Vinyl–Py., 4-CH_3–Py., 3-CH_3–Py., 3.4-Dimethyl–Py., 3-C_2H_5–Py., 3.5-Dimethyl–Py. zu. Für die beobachteten Verschiebungen werden strukturelle Veränderungen verantwortlich gemacht, über die keine näheren Aussagen gemacht werden können, da die Strukturen der Komplexe nicht bekannt sind.
E. Hechler 36

0102 **Kontaktverschiebungsuntersuchungen und Delokalisationsmechanismen von Nickel(II)–Benzylamin-Komplexen.** Ronald J. Fitzgerald und Russell S. Drago. (J. Amer. chem. Soc. 89 (1967) 12, 2879–83; William Albert Noyes Labor., Univ. of Ill., Urbana, Ill.; engl.) — Die ^1H-NMR-Kontaktverschiebungen des Komplexes $[Ni(C_6H_5CH_2NH_2)_6]^{2+}$ (Vorliegen bei Lösen von **I** in Nitromethan) werden untersucht, um festzustellen, ob ungepaarter Spin im Phenyl-π-Syst. delokalisiert werden kann, wenn die Ligand–Metall-Wechselwrkg. im wesentlichen eine σ-Wechselwrkg. ist. Im ^1H-NMR-Spektrum werden die Amino-, Methylen- u. aromat. Protonen nachgewiesen u. ihre Kontaktverschiebungen u. Elektronenspin–Kernspin-Kopplungskonst. mitgeteilt. Die Messungen zeigen, daß der Elektronenspin in das π-Syst. der Phenylgruppen des Liganden delokalisiert wird. Ein Delokalisationsmechanismus wird diskutiert. Die Ergebnisse aus spektroskop., magnet u.. Leitfähigkeitsmessungen werden mitgeteilt. $[Ni(C_6H_5 \cdot CH_2 \cdot NH_2)_5 \cdot BF_4](BF_4)$ (**I**), $[Ni\text{-}(p\text{-}CH_3C_6H_4CH_2NH_2)_5BF_4](BF_4)$ u. $[Zn(C_6H_5 \cdot CH_2 \cdot NH_2)_4](BF_4)_2$ werden aus hydratisiertem $Ni(BF_4)_2$ u. dem entsprechenden Amin dargestellt.
K.-J. Zwietasch 36

0103 **Kernmagnetisches Resonanzspektrum von Nickeldiäthyl-Dipyridyl.** S. Castellano und H. Günther. (J. physic. Chem. 71 (1967) 7, 2368–70; Pittsburgh, Pa., Melon Inst.; engl.) — Vf. diskutieren die von Saito et al. [J. Amer. Chem. Soc. 88 (1966) 5198] durchgeführte ^1H-NMR-Analyse von *$Ni(C_2H_5)_2 \cdot$ 2,2'-Dipyridyl*. Unstimmigkeiten im Aromatenbereich konnten geklärt werden.
B. I. 36△

0104 **Interpretation der kernmagnetischen Resonanz von Diäthylnickelkomplexen mit substituiertem Dipyridyl.** T. Saito, M. Araki, Y. Uchida und A. Misono. (J. physic. Chem. 71 (1967) 7, 2370–71; Hongo, Tokyo, Japan, Univ. of Tokyo, Dep. of Industrial Chem.; engl.) — Vgl. vorst. Referat. — Die im vorst. Ref. vorgeschlagene ^1H-NMR-Analyse von *$Ni(C_2H_5)_2 \cdot$ 2.2'-Dipyridyl* wird mit Hilfe der NMR-Spektren von L = *4.4'-Dimethyl-* u. *4.4'-Dimethoxy-2.2'-dipyridyl* sowie $Ni \cdot (C_2H_5)_2 \cdot L$ bestätigt. $Ni(C_2H_5)_2 \cdot$ 4.4'-Dimethyl-2.2'-dipyridyl entsteht aus Nickelacetylacetonat, 4.4'-Dimethyl-2.2'-dipyridyl u. $Al(C_2H_5)_2(OC_2H_5)$ in Ae., Zers. 125°.
B. I. 36△

0105 **Spindelokalisierung in mit Bis-[1.1.1-Trifluor-2.4-pentandionato]-Kupfer(II) koordiniertem γ-Picolin-N-oxid.** Rudolp W. Kluiber und William De W. Horrocks jun. (Inorg. Chem. [Washington] 6 (1967) 7, 1427–29; Frick Chem. Labor., Princeton Univ., N.J.; engl.) — $Cu(CF_3COCHCOCH_3)_2$ reagiert mit *γ-Picolin-N-oxid* (**I**) in Toluol zu einem 1:1-Komplex, F. 149,5–150°, der durch magnet. Messungen, Massen-, opt., ESR- u. ^1H-NMR-Spektren charakterisiert wird. Aus den chem. Verschiebungen der β- u. γ-Protonen von **I** imKomplex resultiert, daß bei tiefen Temp. nur geringe Spindelokalisierung im **I**-Ring auftritt, während bei erhöhter Temp. eine niedersymm. Form vorliegt, in der durch den Übergang eines ungepaarten Elektrons aus den Cu-Orbitalen eine Delokalisierung im π-Syst. bewirkt wird. Ähnliche Eig. zeigt der analog darstellbare Zn-Komplex $Zn(CF_3COCHCOCH_3)_2 \cdot \gamma$-Picolin-N-oxid, F. 135,5 bis 136,5°.
M. Weidenbruch 36

0106 **Temperaturabhängigkeit des NMR-Spektrums von Bis-[π-allyl]-palladium.** J. K. Becconsall und S. O'Brien. (J. organometallic Chem. [Amsterdam] 9 (1967) 3, P27–P29; Imperial Chem. Ind. Ltd. Petrochem. u. Polymer Labor., Runcorn Cheshire, Great Britain; engl.) — Die Temp.-Abhängigkeit des ^1H-NMR-Spektrums der Titelverb. $Pd(C_3H_5)_2$, wird durch ein Sessel–Wannenform-Gleichgew. u. ein Austauschgleichgew. zwischen der Syn- u. Antiprotonenlage beschrieben. Die detaillierteren Messungen zum Linienverlauf des Spektrums u. Doppelresonanzmessungen zwischen 9 u. 60° in Bzl. (auch in $CHCl_3$) zeigen, daß beide Austauschprozesse für die beobachtete Linienverbreiterung verantwortlich sind.
Helmut Schneider/Darmstadt 36

0107 **^1H-NMR-Spektren von Trimethylplatin(IV)-Spezies und Nachweis eines trans-Effektes.** D. E. Clegg und J. R. Hall. (Austral. J. Chem. 20 (1967) 9, 2025–28; Chem. Dep., Univ. of Queensland, Brisbane; engl.) — Die chem. Verschiebungen, Kopplungskonst. der ^{195}Pt–C–H-Bindung u. die Frequenz der Pt–CH_3-Valenzschwingung der kation. Komplexe des Typs $[Pt(CH_3)_3X_3]^+$ ($X = H_2O$, NH_3, $MeNH_2$ u. *Py.*) u. der anion. des Typs $[Pt(CH_3)_3X_3]$ (mit X = SCN^-, NO_2^- u. CN^-), die durch Lösen von $[Pt(CH_3)_3]_2SO_4 \cdot 4\,H_2O$ in überschüssigem Liganden erhalten werden, werden in Lsg. untersucht. Mit Ausnahme des Thiocyanatokomplexes zeigen die Pt–CH_3-Valenzschwingung u. die ^{195}Pt–C–H-Kopplungskonst. gleiche Richtung der Verschiebung. Ferner werden die Rk. $[Pt(CH_3)_3(H_2O)_3]^+ \xrightarrow[-H_2O]{+Py} [Pt(CH_3)_3Py(H_2O)_2]^+ \xrightarrow[-H_2O]{+Py}$ $Pt(CH_3)_3Py_2H_2O \xrightarrow[-H_2O]{+Py} [Pt(CH_3)_3Py_3]^+$ untersucht u. die auftretenden NMR-Spektren als Superposition der Spektren der vier vorst. aufgeführten Spezies gedeutet.
E. Hechler 36

0108 **Kernmagnetische Resonanz-Untersuchungen von Dichloro-(pyridin-1-oxid)-olefin(alkin)-platin(II)-Komplexen.** Phyllis D. Kaplan und Milton Orchin. (Inorg. Chem. [Washington] 6 (1967) 6, 1096–98; Dep. of Chem., Univ., Cincinnati, O.; engl.) — NMR-Unters. der Komplexe $[PtCl_2(L)(4\text{-}RC_5H_4NO)]$ [(R =) CH_3; (L =) $CH_3CH{=}CH_2$, $C_3H_7CH{=}CH_2$, $C_6H_5 \cdot COOCH{=}CH_2$, $(CH_3)_3CC{=}CCH_3$ (**I**), $C_3H_7COOCH{=}CH_2$, $CH_2{=}CH_2$; H; $(CH_3)_3CC{\equiv}CCH_3$ (**II**); — CH_3O; $(CH_3)_2C(OH)C{\equiv}C(OH)(CH_3)_2$. — L = $(CH_3)_3CC{=}CCH_3$, (R =) Cl (**III**), CH_3COO] sowie der Komplexe $K[PtCl_3 \cdot (CH_3)_3CC{\equiv}CCH_3)]$ (**IV**) u. $[PtCl_2L]$ [L = $CH_2{=}CH{-}CH_2{-}CH_2{-}CH{=}CH_2$). Die NMR-Daten sind tabelliert u. werden mit denen der freien Olefine u. Alkine verglichen. Die Verb. **I**–**IV** haben die F. 75°, 95°, 87° u. 204–218° (Zers.).
B. Degen 36

0109 **Protonmagnetische Resonanzuntersuchung von Schiffschen Basen aus β-Diketodiiminen und deren diamagnetischen Metallchelaten.** Paul J. McCarthy und Arthur E. Martell. (Inorg. Chem. [Washington] 6 (1967) 4, 781–87; Buffalo, N.Y., Canisius Coll., Dep. of Chem.; engl.) — Die ^1H-NMR-Spektren von *Acetylaceton* (Hacac), $[Pd(acac)_2]$, $[Pt(acac)_2]$, *N.N'-äthylen-*

bis-[acetylacetonimin] (H_2A), *[NiA]*, *[PdA]*, *[PtA]*, *N.N'-propylen-bis-[acetylacetonimin]* (H_2B), *[NiB]*, *[PdB]*, *N.N'-trimethylen-bis-[acetylacetonimin]* (H_2C), *[PdC]*, *N.N'-dl-stilben-bis-[acetylacetonimin]* (H_2D), *[NiD]*, *N.N'-meso-stilben-bis-[acetylacetonimin]* (H_2E), *[NiE]*, *N.N'-propylen-bis-[1.1.1-trifluoracetylacetonimin]* (H_2F), *[NiF]*, *N.N'-äthylen-bis-[benzoylacetonimin)* (H_2G), *[NiG]*, *N.N'-propylen-bis-[benzoylacetonimin]* (H_2H), *[NiH]*, *N.N'-trimethylen-bis-[benzoylacetonimin]*, *N.N'-2-hydroxytrimethylen-bis-[benzoylacetonimin]*, *N.N'-tetramethylen-bis-[benzoylacetonimin]*, *N.N'-pentamethylen-bis-[benzoylacetonimin]*, *N.N'-propylen-bis-[p-brombenzoylacetonimin]* (H_2I), *[NiI]* u. *N.N'-äthylen-bis-[p-methoxybenzoylacetonimin]* werden untersucht u. analysiert. Die Liganden liegen hauptsächlich in der Ketaminform vor. In den Benzoylacetondiiminliganden tritt Bldg. der Schiffschen Base eher am Acetyl- als Benzoyl-CO ein. Die Spektren der meso- u. dl-Formen der Stilbendiimine sowie deren Ni-Chelate unterscheiden sich merklich. Dieser Effekt wird diskutiert.

Versuche: *N.N'-trimethylen-bis-[acetylacetonimin]* (I), F. 50—52°, aus Acetylaceton u. Trimethylendiamin bei 0°. *Pd-Verb.*, $C_{13}H_{20}N_2O_2Pd$, F. 190—191°, durch Kochen von I, $PdCl_2$ u. wss. KOH; 24% (Ausb.). $[Pt(acac)_2]$, Zers. 230°. — *N.N'-propylen-bis-[acetylacetoniminato]-palladium* $C_{13}H_{20}N_2O_2Pd$, F. 169—171°, analog vorvorst. Verb.; 7%. — *N.N'-äthylen-bis-[p-methoxybenzoylacetonimin]*, F. 171—172,5°, aus p-Methoxybenzoylaceton u. Äthylendiamin. B. I. 36△

0110 **Berechnung der chemischen Verschiebungen in den Mössbauer-Spektren einiger Zinn(IV)-Verbindungen.** N. N. Greenwood, P. G. Perkins und D. H. Wall. (Sympos. Faraday Soc. Nr. **1** (1967) 51—68; Dep. of Chem., Univ., Newcastle upon Tyne; engl.) — Mit Hilfe der Pople-Segal-Santry-Meth. werden die Elektronenstrukturen folgender Sn(IV)-Verb. ber. (Grundterm, Ss-, Sp-, Sd-Orbitale von Sn): *$SnCl_4$*, *$SnBr_4$*, *SnJ_4*, *SnH_4*, *$SnF(CH_3)_3$*, *$SnCl(CH_3)_3$*, *$SnBr(CH_3)_3$*, *$SnJ(CH_3)_3$*, *$SnCl_2(CH_3)_2$*, *$SnH(CH_3)_3$*, *$SnH_2(CH_3)_2$*, *SnH_3CH_3*, *$[SnF_6]^{2-}$*, *$[SnCl_6]^{2-}$*, *$[SnBr_6]^{2-}$*, *$[SnJ_6]^{2-}$*. Der $\Delta R/R$-Wert für den ^{119}Sn-Kern beträgt bei Anregung des 23,8-keV-Niveaus $3{,}5 \cdot 10^{-4}$. I. Zoll 37

0111 **Kern-Monopol- und -Quadrupol-Hyperfeinwechselwirkung in Organozinnhalogeniden und Perfluororganozinnverbindungen.** Hans A. Stöckler und Hirotoshi Sano. (Trans. Faraday Soc. **64** (1968) 543, 577—81; Hightstown, N.J., Nat. Lead Comp. Res. Labor.; engl.) — Mit Hilfe der Mössbauer-Spektroskopie wurden bei 80 °K die folgenden Verb. untersucht: *$(C_6H_5)_nSnCl_{4-n}$* für n = 1 bis 4, *$(CH_3)_nSnCl_{4-n}$* für n = 2 bis 4, *$(CH_3)_nSnBr_{4-n}$* für n = 1 bis 3, *$(C_6F_5)_nSn(C_6H_5)_{4-n}$* für n = 1 bis 4, *$(C_6F_5)_nSn(CH_3)_{4-n}$* für n = 2, 3, *$(C_6F_5)_3 \cdot Sn(p\text{-}tolyl)$* u. *$(C_6F_5)_2Sn(p\text{-}tolyl)_2$*. Die Ergebnisse zeigen, daß die s-Elektronendichte am Sn-Kern in $(C_6F_5)_4Sn$ kleiner ist als in $(C_6H_5)_4$ Sn oder $(CH_3)_4Sn$. In Verb., des Typs R_nSnX_{4-n}, wobei R = $(CH_3)(C_6H_5)$ u. p-tolyl u. X = Cl, Br u. C_6G_5 ist, ergibt sich der größte Betrag der Quadrupolaufspaltung u. der Isomerieverschiebung für n = 2. Dieses Verh. wurde als von Polarisationseffekten über die $p\pi - p\pi$ u. $p\pi - d\pi$-Bindung u. dem Einfl. mikrokrist. Struktureffekte herrührend interpretiert. J. M. Spaeth 37

0112 **Chemische Isomerieverschiebungen der Mössbauer-γ-Linien in isoelektronischen Zinn-, Antimon- und Tellurverbindungen.** V. S. Shpinel, V. A. Bryukhanov, V. Kothekar, B. Z. Iofa und S. I. Semenov. (Sympos. Faraday Soc. Nr. **1** (1967) 69—76; Inst. of Nuclear Phys., Moscow State Univ., Moscow, USSR; engl.) — Die chem. Verschiebungen der Mössbauer-γ-Linie von ^{119}Sn (23,8 keV), ^{121}Sb (37,2 keV), ^{125}Te (35,6 keV) werden in den isoelektron. Komplexen $[SnHal_6]^{2-}$, $[SbHal_6]^-$ u. $[TeHal_6]^{2-}$ sowie einigen Sb-Verb. untersucht. Die chem. Verschiebungen dieser Verb. sind linear von den unterschiedlichen Elektronegativitäten des Mössbauer-Atoms u. Liganden abhängig. Untersuchte Verb.: *$Na_2[SnF_6]$*, *$H_2[SnCl_6] \cdot xH_2O$*, *$(NH_4)_2[SnCl_6]$*, *$K_2[SnCl_6]$*, *$Rb_2[SnCl_6]$*, *$Cs_2[SnCl_6]$*, *$(NH_4)_2[SnBr_6]$*, *$K_2 \cdot [SnBr_6]$*, *$Rb_2[SnJ_6]$*, *$Na_2[Sn(OH)_6]$*, *$K_2[Sn(OH)_6]$*, *$[TeF_6]^{2-}$*, *$[TeCl_6]^{2-}$*, *$[TeBr_6]^{2-}$*, *$[TeJ_6]^{2-}$*, *$Na[Sb(OH)_6]$*, *$H \cdot [SbCl_6] \cdot xH_2O$*, *$Na[SbF_6]$*, *$SbCl_5$*, *$Sb_2O_3$*, *$Sb_2O_5$*, *InSb*, *Sb*. I. Zoll 37

0113 **Isomerieverschiebungen in Neptuniumverbindungen.** J. A. Stone und W. L. Pillinger. (Sympos. Faraday Soc. Nr. **1** (1967) 77—85; Savannah River Labor., E. I. du Pont de Nemours & Co., Aiken, S.C.; engl.) — Charakterist. Isomerieverschiebungen (IV) für einige Valenzzustände von Np wurden mit Hilfe der Mössbauer-Resonanz der 59,54-keV-γ-Linie von ^{237}Np gemessen. IV wurde für verschiedene Np-Verb. als Absorber beobachtet mit einer ^{241}Am–Th-Leg. als Einlinienquelle sowie für Ladungszustände, die durch α-Zerfall verschiedener ^{241}Am-Verb. als Quellen erzeugt wurden mit Einlinien-NpO_2 als Absorber. Im Vgl. zu NpO_2 ergaben sich IV für die O-, +3-, +4-, +5- u. +6-Valenzen von Np zu 0,0; +4,1; +0,2; —1,5 u. —3,5 cm/s. Die ungewöhnlich weiten, mehr als 2000 Linienbreiten umfassenden IV sind eine äußerst empfindliche Unters.-Meth. für die chem. Bindung in Np-enthaltenden Systemen. Untersucht wurden folgende Verb.: *Np* (Metall), *$NpAl_2$*, *$NpAl_4$*, *NpC*, *Np_2S_3*, *$NpCl_3$*, *$NpPr_3$*, *NpO_2*, *$NpCl_4$*, *$NpBr_4$*, *$Np[(C_2H_5)_2NCS]_4$*, *Np_3O_8*, *$K(NpO_2)CO_3$*, *$(NpO_2)C_2O_4H \cdot 2\,H_2O$*, *$(NpO_2)OH \cdot xH_2O$*, *$Na(NpO_2)(C_2H_3O_2)_3$*, *$Rb(NpO_2)(NO_3)_3$*, *$(NH_4)_2Np_2O_7 \cdot H_2O$*. I. Zoll 37

0114 **Mössbauer-Effekt und Chemie. 2. Mitt. Komplexe von Eisen(II) und Eisen(III) mit N.N'-Äthylen-bis-[salicylidenamin], 1.10-Phenanthrolin und verwandten Verbindungen.** Roger R. Berrett, Brian W. Fitzsimmons und Albert A. Owusu. (J. chem. Soc. [London], Sect. A **1968**, 7, 1575—79; Birkbeck Coll., Univ. of London, London W.C.1; engl.) — 1. vgl. ibid. **1967**, 525. — Mössbauer-Spektren wurden für folgende Komplexe aufgenommen: α- u. *β-$FephenCl_3$* (I), *$Fe_2phen_3Cl_6$* (II), *$[Fephen_2Cl_2]ClO_4$* (III), *$[N(C_2H_5)_4][FephenCl_4]$* (IV), $[N \cdot (C_2H_5)_4][FeCl_4]$, $[Co(NH_3)_6][FeCl_6]$; *$[Fesalen]_2O$* (V), *$[phen_2FeX(O)XFephen_2]X_2 \cdot 4\,H_2O$* mit X = *Cl* (VI) oder *NO_3* (VII), $K_4[Fe(CN)_6] \cdot 3\,H_2O$ (VIII), $K_2[Febipy(CN)_4]$ (IX), $[Fephen_2(CN)_2]$ (X), $[Fephen_3](ClO_4)_2$ (XI); $[Fe \cdot phen_3](ClO_4)_3 \cdot H_2O$ (XII), $[Febipy_3](ClO_4)_3 \cdot 3\,H_2O$ (XIII), $[Febipy_2(CN)_2]X$ mit X = ClO_4 oder NO_3, $[Fetripam_2] \cdot (ClO_4)_2$ (XIV), $[Fetripam_2][FeCl_4]$ (XV) u. $[Febdh]_3 \cdot [FeCl_4]$, wobei phen = 1.10-Phenanthrolin, salen-N.N'-äthylen-bis-[salicylidenamin], bipy = Bipyridyl, tripam = Tripyridylamin u. bdh = Biacetyldihydrazon ist. Für die beiden röntgenograph. verschiedenen Modifikationen von I wird eine Struktur mit Chlorbrücken, $Cl_2phen \cdot FeCl_2FephenCl_2$, für II die Struktur des Salzes $[Fephen_2 \cdot Cl_2][FephenCl_4]$ auf Grund dessen Ähnlichkeit mit III u. IV vorgeschlagen. In V, VI u. VII liegt nach den Ergebnissen oktaedr. koordiniertes Fe(III) mit S = 5/2 vor. Für die Verb.-Reihe VIII, IX, X u. XI sind die Werte für die chem. Verschiebungen additiv. Für die Verb. mit Fe(III) wie XII u. XIII werden große Werte für die Quadrupolsplitting-Konst. ΔE gefunden. In XIV u. XV liegt Fe(II) mit S = 0 für das Kation u. S = 2 für das Anion vor; in XV allerdings erst nach Kühlen auf 80 °K. Im bdh-Komplex ist der Ligand ein besserer π-Akzeptor als tripam; auch hier sind die $[FeCl_4]^{2-}$-Peaks erst bei 80 °K sichtbar.

Versuche: α-I, Zugabe einer wss. Suspension von phen · H_2O zu $FeCl_3$ (1:1) in 2n HCl, Rühren bis zum Lösen, Zugabe von konz. HCl unter Rühren u. Umkrist. aus Methanol (XVI), orangefarben; β-I, Zugabe von phen · H_2O in Eisessig zu $FeCl_3$ in Eisessig u. Umkrist. aus XVI, orangefarben; II, Zugabe einer wss. Suspension von phen · H_2O zu $FeCl_3$ (1:2) in 2n HCl, Rühren bis zum Lösen, 12std. Stehenlassen der braunen Lsg. u. Umkrist. aus XVI, gelb; III, durch Behandeln von II in XVI mit $LiClO_4$, 1std. Kochen u. Kristallisierenlassen, orangefarben; IV, durch Erhitzen von II u. $(C_2H_5)_4NCl$ u. langsames Abkühlen, dunkelorangefarben; VII, Behandeln einer wss. Lsg. von $Fe(NO_3)_3 \cdot 9\,H_2O$ mit einer wss. Suspension von phen · H_2O, Zugabe von wss. $NH_4 \cdot NO_3$ u. 12std. Stehenlassen, dunkelgrün. G. Heller 37

0115 **Mössbauer-Spektroskopie stereochemisch nicht starrer und verwandter Organometallmoleküle.** Rolfe H. Herber. (Sympos. Faraday Soc. Nr. **1** (1967) 86—102;

School of Chem., Rutgers, State Univ., New Brunswick, N.J.; engl.) — Best. der Mössbauer-Parameter von *Tricarbonylcyclooctatetraeneisen* $C_8H_8Fe(CO)_3$, *Tricarbonylcyclobutadieneisen* $C_4H_4Fe(CO)_3$, *Tricarbonyl-bis-[1.8-methoxy]-cyclooctatetraeneisen* $C_8H_6(CO_2CH_3)_2Fe(CO)_3$, *Tricarbonylnorbornadieneisen* $C_7H_8Fe(CO)_3$, *Tricarbonylcyclooctadien-(1.5)-eisen* $C_8H_{12}Fe(CO)_3$, *Cyclooctatetraenbis-[eisentricarbonyl]* $C_8H_8[Fe(CO)_3]$ u. von $C_8H_6(COOCH_2)\cdot Fe(CO)_3$ (Cyclooctatetraenlactonbindung) für den reinen Festkörper sowie gefrorener Lsg. mit Lsgm., die eine „glasige" Matrix bilden. I. Zoll 37

0116 **Mössbauer-Spektren von Verbindungen mit Fe(II) in tetragonalen Umgebungen mit starkem Feld.** B. W. Dale, R. J. P. Williams, P. R. Edwards und C. E. Johnson. (Trans. Faraday Soc. **64** (1968) 543, 620—29; Inorg. Chem. Labor., Oxford, England; engl.) — Messungen der Isomerieverschiebungen (IS) u. Quadrupolaufspaltungen (QS) (Quelle: ^{57}Co in metall. Cr, Meßtemp.: 77 u. teilweise 293 °K) in den ^{57}Fe-Mössbauer-Spektren der Fe(II)-Porphyrin-Modellverb. FeR_2X_2, $FeR_2(Im)_2$, $FeR_2(NH_3)_2$, $FeR_2(but)_2$, $K_2FeR_2(CN)_2$, $KFeR_2(Im)$. CN, $FeR_2(Im)CO$ (but = n-Butylamin, H_2R = 1.2-Cyclohexandiondioxim; X = py, 3-Methyl-, 3-Äthyl-, 4-Methyl-, 3-Hydroxy-, 3-Formyl-, 4-Formyl-, 4-Cyanopyridin, Im = Imidazol), *Fe(II)-Phthalocyanin* · Y_2 (Y = py (I), Imidazol, n-Butylamin, Piperidin, KCN) u. tabellar. Angabe der Meßdaten (IS-Werte relativ gegen Fe-Absorber). Die IS- u. QS-Werte zeigen in beiden Verb.-Reihen einen annähernd linearen Zusammenhang, der in bezug auf den π-Akzeptor- bzw. σ-Donatorcharakter der axialen Liganden diskutiert wird. H.-U. Chun 37

0117 **Ferromagnetische Ni–Ni-Wechselwirkungen im trimeren Bis-[acetylacetonato]-nickel(II).** A. P. Ginsberg, R. L. Martin und R. C. Sherwood. (Chem. Commun. **1967**, 17, 856—58; Bell Telephone Labor., Inc., Murray Hill, N.J.; engl.) — Ertsmaliger Nachw. einer ferromagnet. Spinkopplung in einer magnet. isolierten Mol.-Gruppe an $[Ni_3(acac)_6]$ (Hacac = Acetylaceton) auf Grund von Messungen der magnet. Suszeptibilität zwischen 1,5 u. 300 °K. R. Blank 38

0118 **Magnetische Eigenschaften des Bis-[4-(pyridyl-(2)-amino)-2-(pyridyl-(2))-thiazolato]-eisen(II).** R. N. Sylva und H. A. Goodwin. (Austral. J. Chem. **21** (1968) 4, 1081 bis 1084; School of Chem., Univ. of New South Wales, Kensington, N.S.W.; engl.) — Die magnet. Suszeptibilität von $[Fe(papt)_2]$ (I), **I** · C_6H_6 (**II**) u. **I** · 4/3 $CHCl_3$ (**III**) [papt H = 4-(Pyridyl-(2)-amino)-2-(pyridyl-(2))-thiazol] wurde zwischen 100 u. 300 °K gemessen. Die drei Komplexe, in denen papt als dreizähniger Ligand wirkt, haben bei 300 °K das für 4 ungepaarte Elektronen erwartete magnet. Moment von ca. 5 BM. **II** u. **III** gehorchen im angegebenen Temp.-Bereich dem Curie-Weiss-Gesetz. Das magnet. Moment des nicht solvatisierten **I** jedoch nimmt von 5 BM bei Raumtemp. auf 1,55 BM bei 94 °K ab. Diese Anomalie ist reversibel u. wird einem therm. Gleichgew. der energet. nahezu gleichen $^1A_1$- u. $^5T_2$-Terme des komplexierten Fe(II) zugeschrieben. Mit der Abnahme des magnet. Moments bei tieferen Temp. ist eine Farbänderung von Rotbraun nach Purpur verbunden. **II** u. **III** zeigen keine Farbänderung. Der deutliche Unterschied im magnet. Verh. zwischen **I** u. **II**, **III** wird mit Unterschieden in den Krist.-Gitterkräften erklärt.

Versuche: Eine wss. Lsg. von $[Fe(paptH)_2]Cl_2$ wird bis zur schwachen Gelbfärbung mit verd. NH_3 versetzt. Der N wird mit H_2O gewaschen u. getrocknet. Durch Kristallisation aus C_6H_6 oder $CHCl_3$ erhält man **II** bzw. **III**. **III** zersetzt sich bei 110° zu **I**. E. Schrage 38

0119 **Einfluß der Ungenauigkeit der Eingabeparameter auf die Größe der bestimmten Parameter in der Gas-Elektronenbeugung.** L. V. Vilkov. (Ž. strukturnoj Chim. **9** (1968) 3, 518—20; Mosk. gos. univ. im. Lomonosova; russ.) — Theoret. Untersuchung. H. Roschkowski 40

0120 **Deutung der Elektronogramme von Dämpfen unter Berücksichtigung der Bewegung der Kerne der Moleküle. 4. Mitt. Allgemeine Beziehungen für den Fall asymmetrischer Wahrscheinlichkeitsfunktionen der Verteilung der Kerne der Moleküle.** N. G. Rambidi und Ju. S. Ežov. (Ž. strukturnoj Chim. **9** (1968) 3, 363—71; Inst. vysokich temp. AN SSSR; russ.) — 3. vgl. C. **1966, 30-0166.** H. Roschkowski 40

0121 **Elektronographische Untersuchung der Struktur von Selen- und Tellurmolekülen in der Dampfphase.** P. P. Barzdajn und N. V. Alekseev. (Ž. strukturnoj Chim. **9** (1968) 3, 520—22; russ.) — Bei Verdampfungstemp. von 450° für Se u. 600° für Te wurden Elektronenbeugungsdiagramme der Gasphase erhalten u. die Radialverteilungskurven berechnet. Se scheint in der Dampfphase hauptsächlich als Se_6, daneben wenig Se_2, vorzuliegen, Te hauptsächlich als Te_2. Angabe der Atomabstände u. Valenzwinkel. H. Roschkowski 40

0122 **Elektronographische Untersuchung der Struktur von Diphenylquecksilbermolekülen in der Dampfphase.** L. V. Vilkov, M. G. Anaškin und G. I. Mamaeva. (Ž. strukturnoj Chim. **9** (1968) 3, 372—78; Mosk. gos. univ. im. Lomonosova; russ.) — Durch Sektormikrophotometrie der Elektronenbeugungsdiagramme wird die Mol.-Struktur von $Hg(C_6H_5)_2$ in der Dampfphase bestimmt. Die Atomabstände sind $r(Hg-C) = 2{,}092 \pm 0{,}005$ (Å) bzw. $r(C-C) = 1{,}415 \pm 0{,}006$. Innerhalb der Vers.-Fehlergrenzen kann kein Unterschied der Hg—C-Bindungslängen tetraedr. bzw. ebenen Typs, wie z. B. in $(CH_3)_2Hg$ u. $(C_6H_5)_2Hg$, nachgewiesen werden. H. Roschkowski 40

0123 **Elektronographische Untersuchung der Struktur der Moleküle von VF_5, NbF_5 und TaF_5.** G. V. Romanov und V. P. Spiridonov. (Izvest. sibirskogo Otd. Akad. Nauk SSSR, Ser. chim. Nauk **1968**, 1, 126—30; Mosk. gos. univ. im. Lomonosova; russ.) — Die Elektronenbeugungsdaten von VF_5 lassen annehmen, daß in der Dampfphase monomere VF_5-Mol. vorliegen. Die Mol. haben die Konfig. von regulären, trigonalen Bipyramiden, der V—F-Abstand beträgt $1{,}71 \pm 0{,}01$ Å. Das Elektrogramm von NbF_5- u. TaF_5-Dämpfen ändert sich stark in Abhängigkeit von der Temperatur. Bei 30—50° liegen tetramere Mol. vor, deren Struktur mit der der Krist. analog ist. Bei 200—250° besteht der Dampf aus monomeren Mol., die regulär trigonal bipyramidal mit $r(Nb-F) = 1{,}88 \pm 0{,}02$ bzw. $r(Ta-F) = 1{,}86 \pm 0{,}02$ Å sind. J. J. Pohl 40

0124 **Untersuchung stoßinduzierter Erscheinungen mit einem Dempster-Massenspektrometer.** 1. Mitt. **Theorie.** Harold H. Harris und M. E. Russell. (J. chem. Physics **47** (1967) 7, 2267—69; Dep. of Chem., Mich. State Univ., East Lansing, Mich.; engl.) — Ableitung von Gleichungen zur Messung der Wrkg.-Querschnitte stoßinduzierter Rk. u. der totalen Wrkg.-Querschnitte. H. Liepack 42

0125 **Untersuchung stoßinduzierter Erscheinungen mit einem Dempster-Massenspektrometer.** 2. Mitt. **Versuche.** Harold H. Harris und M. E. Russell. (J. chem. Physics **47** (1967) 7, 2270—75; engl.) — 1. vgl. vorst. Referat. — Es wurden folgende Rk. untersucht (Rk.-Wrkg.-Querschnitte in cm²): $Ar^{2+} + Ar \rightarrow Ar^+ + Ar^+$ ($3{,}6 \cdot 10^{-16}$), $CO^+ + CO_2 \rightarrow C^+ + O + CO_2$ ($6{,}6 \cdot 10^{-17}$), $N_2^+ + N_2 \rightarrow N^+ + N + N_2$ ($3{,}5 \cdot 10^{-17}$), $N_2O^+ + N_2O \rightarrow NO^+ + N + N_2O$ ($6{,}3 \cdot 10^{-17}$), $CO^{2+} + CO \rightarrow C^+ + (O^+) + (CO^+)$ ($1{,}4 \cdot 10^{-17}$), Beschleunigungsspannung der Ionen 1000 V. Ferner wurden folgende totale Stoßquerschnitte (in cm²) bestimmt: CO^+ in CO $2{,}4 \cdot 10^{-16}$, O^+ in CO $5{,}0 \cdot 10^{-17}$, C^+ in CO $1{,}8 \cdot 10^{-16}$, Ar^+ in Ar $2{,}2 \cdot 10^{-15}$ u. Ar^{2+} in Ar $1{,}2 \cdot 10^{-15}$. H. Liepack 42

0126 **Wirkungsquerschnitte für Fragmentierung durch Elektronenstoß und Dissoziationsenergien der Dimeren und Tetrameren von Wismut.** Fred J. Kohl, O. Manuel Uy und K. Douglas Carlson. (J. chem. Physics **47** (1967) 8, 2667—76; Dep. of Chem., Case Western Reserve Univ., University Circle, Cleveland, O.; engl.) — Massenspektrometr. Unters., wobei das Problem der Ionenstromverteilung berücksichtigt wird, wenn sowohl direkte Ionisation als auch Elektronenstoßfragmentierung vergleichbare Ströme zu einer bestimmten Ionenart beitragen. Neben Messungen der Dissoziationswärme von Bi_4 wurde die Atomisierungswärme von Bi_4 bei 298 °K zu $139{,}7 \pm 1{,}9$ kcal/Mol bestimmt. Die thermodynam. Werte für das Dimere u. Monomere bestätigen frühere Untersuchungen. H. Liepack 42

0127 **Ortho-Effekt in den Massenspektren von carbonylsubstituierten Phenylferrocenen.** Durward T. Roberts jun., William F. Little und Maurice M. Bursey. (J. Amer. chem. Soc. **89** (1967) 19, 4917—23; Venable Chem. Labor., Univ. of N.C., Chapel Hill, N.C.; engl.) — Die massenspektroskop. Unters. der im folgenden aufgeführten substituierten Ferrocenylbenzole ergibt bei den o-substituierten Verb. einen ungewöhnlichen Typ der massenspektroskop. Zers. unter Verlust von Formaldehyd, der als allg. Rk.-Klasse mit Orthoeffekt anzusehen ist. Rk.-Schemata u. massenspektroskop. Bruchstücke (Tabellen) sind wiedergegeben u. werden unter Einschluß ster. Bedingungen in den untersuchten Verb. diskutiert. Untersuchte Verb.: *o-* u. *m-Ferrocenylbenzoesäuremethylester*, F. 74—75° (Heptan) bzw. 73—74,2° (Hexan); *o-* u. *m-Ferrocenylbenzoesäure*, F. 128—130° bzw. 169—172° (Hexan); *o-Ferrocenylbenzoesäuretrideuteromethylester*, F. 60—62° (Hexan); *o-* u. *m-Ferrocenylbenzoesäureäthylester*, F. 50,5—51,2° (Hexan); IR- u. NMR-Daten). — (NMR-Daten); *o-*, *m-* u. *p-Ferrocenylphenylessigsäuremethylester*, F. 41,1—42,1°, 67—69° bzw. 87,0—87,7° (Hexan; IR- u. NMR-Daten); *o-Ferrocenylphenylessigsäure*, F. 100—103° (Hexan; IR- u. NMR-Daten); *o-Ferrocenylphenylessigsäuretrideuteromethylester*, F. 42—44°; *o-* u. *m-Ferrocenylacetophenon*, F. 90—91° (75—77°, 2. Modifikation) bzw. 73—75,5° (Hexan; IR- u. NMR-Daten); *p-Ferrocenylacetophenon*, F. 174—174,5° (Hexan); *o-Ferrocenyl-2.2.2-trideuteroacetophenon*. J. Oguntke 42

0128 **Elastische Streuung von Photonen durch ein H-Atom.** Mihai Gavrila. (Physic. Rev. [2] **163** (1967) 1, 147—55; Dep. of Phys., Bucharest Univ., Bucharest, Romania; engl.) — Ableitung eines exakten analyt. Ausdrucks für das Kramers-Heisenberg-Matrixelement, der die elast. Streuung von Photonen durch ein H-Atom in der Dipolnäherung beschreibt. Es wird eine sehr genaue numer. Berechnung durchgeführt. H. Liepack 44

0129 **Photonen-Streuquerschnitte für He und Ne bei der Lyman-α-Linie (1215,7 Å).** Shardanand und Y. Mikawa. (J. quantitative Spectroscopy radiative Transfer **7** (1967) 4, 605—09; Dep. of Geology and Geophys. and Res. Labor. of Electronics, MIT, Cambridge, Mass.; engl.) — Erstmals werden durch Beobachtung der rechtwinkligen Streuung die relativen Photonen-Streuquerschnitte für He u. Ne bei der Lyman-α-Linie gemessen. Es wird eine Mikrowellen-H-Lichtquelle mit Sauerstofffilter zur Isolierung der H_α-Strahlung u. ein hochempfindliches NO-gefülltes Geiger-Zählrohr verwendet. Relative Querschnittsmessungen werden auch für *Ar*, N_2 u. H_2 durchgeführt. G. Buttgereit 44

0130 **Totale Wirkungsquerschnitte für unelastische Streuung geladener Teilchen durch Atome und Moleküle.** 1. Mitt. **Summenregel für die Bethe-Wirkungsquerschnitte und ihre Anwendung auf das Helium-Atom.** Mitio Inokuti, Yong-Ki Kim und Robert L. Platzman. (Physic. Rev. [2] **164** (1967) 1, 55—61; ANL, Argonne, Ill.; engl.) H. Liepack 44

0131 **Differentielle Spin-Austausch-Streuung von Atomen.** David E. Pritchard, David C. Burnham und Daniel Kleppner. (Physic. Rev. Letters **19** (1967) 24, 1363—66; Res. Labor. of Electron., MIT, Cambridge, Mass.; engl.) — Mit Hilfe der Meth. gekreuzter Atomstrahlen konnte eine differentielle Spin-Austausch-Streuung von *Na* an *Cs* beobachtet werden. Die Winkelabhängigkeit der Austauschwahrscheinlichkeiten liefert Einzelheiten über die Singulett–Triplett-Potentialdifferenzen einschließlich der Tiefe u. der Lage des Triplettpotentialminimums. Es werden ebenfalls die Ergebnisse der Streuung von *K* an O_2 angegeben. G. Richard 44

0132 **Elastische differentielle Spin-Austausch-Wirkungsquerschnitte für die Streuung langsamer Elektronen an Kalium.** Richard E. Collins, Marvin Goldstein, Benjamin Bederson und Kenneth Rubin. (Physic. Rev. Letters **19** (1967) 24, 1366—68; New York Univ., Univ. Heights, New York, N.Y.; engl.) — Es wurde der differentielle Spin-Austausch-Wrkg.-Querschnitt $\sigma_x(\Theta)$ relativ zum differentiellen Streuquerschnitt $\sigma(\Theta)$ für die Streuung von 0,5-eV-Elektronen an K für Winkel zwischen 10 u. 180° des Elektronenpolarstreuwinkels bestimmt. Das Verhältnis $\sigma_x(\Theta)/\sigma(\Theta)$ wächst monoton von ≈ 0 bei 10° bis $0{,}7 \pm 0{,}1$ bei 180°. G. Richard 44

0133 **Entartung der Molekül-Schwingungsenergie durch Wandstöße.** T. F. Hunter. (J. chem. Soc. [London], Sect. A **1967**, **11**, 1804—09; Dep. of Chem., Univ., Edinburgh; engl.) — Durch Schwingungen angeregte Mol. in der Gasphase gehen über Emissionsprozesse, Schwingungs–Translationsenergie-Übergänge u. Energieübergang durch Wandstöße in den Grundzustand über. Zur Messung der Wirksamkeit von Wandstößen auf die Entartung einzelner Schwingungen wird eine Meth. beschrieben. Für die V_3-Zustände von CH_4, CO_2 u. N_2O u. die Oberschwingung von *Chlortrifluormethan* bei 2400 cm^{-1} auf einer polierten NaCl-Oberfläche werden Ergebnisse mitgeteilt. G. Malow 44

0134 **Schwingungsrelaxationszeiten in CO_2.** David Weaner, J. Frank Roach und Wesley R. Smith. (J. chem. Physics **47** (1967) 8, 3096—97; Phys. Dep., Shippensburg State Coll., Shippensburg, Pa.; engl.) — Die Schwingungsrelaxationszeiten wurden in einer Stoßröhre durch Beobachtung des Gleichgew. der Emission in der 4,3-μ-IR-Bande hinter den Stoßwellen in reinem CO_2 u. des gleichzeitigen Gleichgew. der Gasdichte mit einem Mach-Zender-Interferometer gemessen. Die Landau-Teller-Darst. der Relaxationszeiten τ_3 (IR) u. τ_E (Energie) ergeben zwischen 450 u. 1000 °K keinen Unterschied zwischen τ_3 u. τ_E. H. Liepack 44

0135 **Molekularstrahl-Flugzeitmessungen zur Untersuchung metastabiler und abstoßender Elektronenzustände.** Robert S. Freund und William Klemperer. (J. chem. Physics **47** (1967) 8, 2897—2904; Dep. of Chem., Harvard Univ., Cambridge, Mass.; engl.) — Die Flugzeitverteilung in einem elektr. neutralen Mol.-Strahl wurde untersucht u. die Masse der Mol. im Strahl bestimmt (Genauigkeit ca. 5%). Die Vers. wurden an *He*, *Ne*, *CO*, N_2, *Ar*, *Bzl.* (**I**), *Kr*, *Toluol* (**II**), *o-Xylol* (**III**) u. *Xe* n metastabilen Elektronenzuständen durchgeführt; die Anregung erfolgte durch Elektronenbeschußimpulse, der Nachw. durch einen Auger-Prozeß. Messungen der Masse, die Anregungsfunktionen u. Messungen der elektr. Ablenkung zeigen, daß Mol.-Strahlen von metastabilem **I**, **II** u. **III** gebildet werden können. Die Mol.-Dissoziation von N_2O u. CO_2 durch Elektronenstoß wurde durch Auger-Nachw. der Dissoziationsprod. mit hoher translator. kinet. Energie beobachtet. Als Prod. konnten metastabiles N_2 bzw. CO nachgewiesen werden. H. Liepack 44

0136 **Mehrfache Ionisationsprozesse in Helium.** F. W. Byron jun. und Charles J. Joachain. (Physic. Rev. [2] **164** (1967) 1, 1—9; Dep. of Phys., Univ. of Mass., Amherst, Mass.; engl.) — Unters. der Zweifachionisation durch Photonen- u. Elektronenstoß. Die Photoionisation über den gesamten Bereich der Photonenenergien wird eingehend ber. u. das asymptot. Verh. des Wkrg.-Querschnitts im Grenzfall großer Photonenenergien diskutiert. H. Liepack 44

0137 **Geometrische Betrachtungen für negative Ionenprozesse.** E. E. Ferguson, F. C. Fehsenfeld und A. L. Schmeltekopf. (J. chem. Physics **47** (1967) 8, 3085 bis 3086; Inst. for Telecommunication Sci. and Aeronomy, Environmental Sci. Services Administration, Boulder, Colo.; engl.) — Vf. untersuchen an mehreren Beispielen die Bldg.-Möglichkeiten negativer dreiatomiger Ionen aus dem neutralen Mol. u. einem Elektron vom Standpunkt geometr. Änderungen u. Bedingungen an CO_2, N_2O, C_3, N_3, O_3, SO_2, S_2O, NF_2, ClO_2 u. H_2. R. Blank 44

0138 **Dissoziation von N_2^+ und O_2^+ durch Elektronenstoß.** Bert Van Zyl und Gordon H. Dunn. (Physic. Rev. [2] **163** (1967) 1, 43—45; Joint Inst. for Labor. Astrophys., Boulder, Colo.; engl.) — Messung der Wrkg.-Querschnitte für Wechselwrkg.-Energien zwischen 10 u. 500 eV bzw. 15 u. 500 eV. Der Wrkg.-Querschnitt in Abhängigkeit von der Wechselwrkg.-Energie hat Max. in der Nähe von 75 eV u. nimmt bei höheren Energien monoton mit einer (A/E) log BE-Abhängigkeit ab. Die maximalen Wrkg.-Querschnitte betragen für N_2^+ 4,3 πa_0^2 u. für O_2^+ 4,1 πa_0^2.

Bei höheren Wechselwrkg.-Energien sind die Kurven auffallend ähnlich. H. Liepack 44

0139 **Elektroneneinfang in den 4s-Zustand von H durch Beschuß von Gasen mit schnellen H^+.** R. H. Hughes, H. R. Dawson und B. M. Doughty. (Physic. Rev. [2] **164** (1967) 1, 166–70; Dep. of Phys., Univ. of Ark., Fayetteville, Ark.; engl.) – Die Wrkg.-Qerschnitte wurden für den Beschuß von He, Ar, Ne, N_2, H_2 u. O_2 mit 5- bis 120-keV-Protonen gemessen. Es wurden ferner verbesserte Messungen für den Elektroneneinfang in den 3s-Zustand von H durchgeführt. Oberhalb 80 keV scheinen die Wrkg.-Querschnitte für den Einfang in die 3s- u. 4s-Zustände proportional zu n^{-3} zu sein, n Hauptquantenzahl des Endzustandes. Für den Stoß auf schwerere Gase (Ar, Ne, N_2, O_2) tritt unterhalb 7 keV eine Sekundärstruktur in den 3s- u. 4s-Anregungsfunktionen auf. H. Liepack 44

0140 **Einfang thermischer Elektronen durch Sauerstoff.** J. A. Stockdale, L. G. Christophorou und G. S. Hurst. (J. chem. Physics **47** (1967) 9, 3267–70; Health Phys. Div., ORNL, Oak Ridge, Tenn.; engl.) – Es wurde die Wrkg. von H_2O u. C_2H_4 als dritter Stoßpartner bei der O_2^--Bldg. durch Einfang therm. Neutronen in C_2H_4–O_2–H_2O- u. C_2H_4–O_2-Mischungen untersucht. Es wird folgendes Rk.-Schema betrachtet: $e + O_2 + O_2 \rightarrow O_2^- + O_2 +$ Energie, $e + O_2 + H_2O \rightarrow O_2^- + H_2O +$ Energie, $e + O_2 + C_2H_4 \rightarrow O_2^- + C_2H_4 +$ Energie. Die Geschw.-Konst. werden angegeben mit $k_1 = 0{,}20 \pm 0{,}02$, $k_2 = 1{,}4 \pm 0{,}5$ u. $k_3 = 0{,}34 \pm 0{,}04 \cdot 10^{-29}\ cm^6\ s^{-1}$. H. Liepack 44

0141 **Ionen-Lebensdauern in bestrahltem, gasförmigem HCl.** D. A. Armstrong und R. A. Back. (Canad. J. Chem. **15** (1967) 24, 3079–82; Div. of Pure Chem., Nation. Res. Council of Canada, Ottawa; engl.) – Die Ionenlebensdauern in gasf. HCl im Druckbereich 119 bis 600 Torr unter γ-Bestrahlung mit Dosisraten von 5,5 bis $86 \cdot 10^{10}\ eV\ cm^{-3}\ s^{-1}$ bei 23° reichen von 6–30 ms. Die Abhängigkeit von der Dosisrate u. dem Druck zeigt, daß die Neutralisation der Ionen meist vollständig in der Gasphase eintritt. Der Gasphasenkombinationskoeff. α ist bei Drücken > 246 Torr eine Konst. u. beträgt $(3{,}1 \pm 0{,}3) \cdot 10^{-6}\ cm^3$ Ionen$^{-1}\ s^{-1}$. Ein SF_6-Zusatz beeinflußt den Wert für α nur wenig, während eine Temp.-Erniedrigung auf –79° den Wert für α auf $5{,}1 \cdot 10^{-6}$ ansteigen läßt. G. Malow 44

0142 **Zerfall angeregter Spezies in einer gepulsten Entladung in Kr.** R. Turner. (Physic. Rev. [2] **158** (1967) 1, 121–29; Div. of Appl. Phys., Nat. Res. Council, Ottawa, Canada; engl.) – In der Emission des Nachleuchtens wurden Zerfallszeiten der Resonanzstrahlung bei λ 1236 Å u. eine diffuse mol. Strahlung bei λ 1250 Å u. längere Wellenlängen als Funktionen des Druckes bei 295 u. 196 °K gemessen. Die Koeff. der Konversion metastabiler Atome zu Mol. in Zwei- u. Dreikörperstößen mit normalen Atomen wurden bestimmt. Der Zweikörperteil der Mol.-Bldg. wird nach einem zwischenatomaren Potential diskutiert. Herbert Weber 46

0143 **Optische Bestimmung der Grundzustandsverarmung von Cs in Cs–Ar-Niederdruckgleichstromentladungen.** R. Bleekrode. (J. appl. Physics **38** (1967) 13, 5062–65; Philips Res. Labor. N.V. Philips' Gloeilampenfabrieken, Eindhoven, Netherlands; engl.) – Experimentelle Unters. der Absorptionseig. von *Cs* in *Cs–Ar*-Niederdruckentladungen unter verschiedenen Entladungsbedingungen. Dabei wurde die Gesamtkonz. von *Cs* im entladungsfreien Zustand zwischen 1,5 u. $15 \cdot 10^{12}\ cm^{-3}$ geändert. Aus der Absorptionsmessung der 4555-Å- u. 8521-Å-Linien von *Cs* konnte die stationäre Konz. des $6^2S_{1/2}$-Zustands abgeleitet werden. R. Blank 46

0144 **Einfluß der Kapazität leuchtender Entladungen auf die Ausbeute an Stickstoffoxiden. 2. Mitt. Abhängigkeit der Ausbeute an erzeugtem NO in der Volumeneinheit von der Entladungsintensität.** Iwo Pollo. (Zeszyty naukowe Politechn. Śląskiej, Chem. **1967,** 35, 83–96; Kat. Technol. Wielkiego Przemysłu Nieorg.; pol.) – 1. vgl. C. **1967,** 38-0221. – Untersucht wurde der Einfl. der Entladung bei konst. Stromstärke u. bei konst. Druck. Dabei wurde festgestellt, daß die kinet. Energie der aus der Kathode emittierten Elektronen entscheidend für die Synth. von endothermen Verb. ist. Die Ausb. an NO bei konst. Stromstärke wächst mit der Entladungsintensität, bei konst. Druck durchläuft der Prozeß ein Maximum. Rolf Heyer 46

0145 **Elektrodenerosion beim Vakuumdurchschlag mit Nanosekundenimpulsen.** G. A. Mesjac und V. I. Ėškenazi. (Izvest. vysšich učebnych Zavedenij [Tomsk], Fiz. **11** (1968) 2, 123–25, 1 Tafel; Tomskij politechn. inst. im. Kirova; russ.) – Unters. der Erosion von *Cu*-Kathoden u. *Mo*-Anoden nach Entladungsimpulsen (35 kV) der Dauer zwischen 0,6 u. 300 ns. H. Roschkowski 46

A–3. Physik der Festkörper und Flüssigkeiten

Struktur

0146 **Einfluß der thermischen Gitterschwingungen auf die Streuung schneller Elektronen in Kristallen.** M. Horstmann. (Fortschr. Physik **16** (1968) 3, 75–136; Inst. für angew. Phys., Univ. Hamburg; dt.) – Übersichtsartikel mit 82 Literaturangaben. G. Ertl 51

0147 **Kristallstrukturbestimmung mittels Elektronenbeugung.** J. M. Cowley. (Progr. Mater. Sci. **13** (1967, herausg. 1968) 6, 269–321; School of Phys., Univ. of Melbourne, Victoria; engl.) – Übersicht mit 101 Literaturangaben. G. Ertl 51

0148 **Verwendung der anomalen Neutronenstreuung in der Kristallstrukturanalyse.** 1. Mitt. **Nicht zentrosymmetrische Strukturen. Erratum.** A. K. Singh und S. Ramaseshan. (Acta crystallogr. [Copenhagen], Sect. B **24,** (1968) 6, 881; Nat. Aeronaut. Labor., Bangalore; engl.) – Vf. zeigen, daß unter bestimmten Bedingungen ein Term ihrer früher (C. **1969,** 5-0125, **1,** 35) angegebenen Gleichung (23) unbestimmt bleibt. H. Roschkowski 51

0149 **Konvergenz-Kriterien beim „least-squares"-Verfahren.** Hajo Onken. (Acta crystallogr. [Copenhagen], Sect. B **24** (1968) 6, 880–81; Lehrst. für Kristallogr., Univ. des Saarlandes, Saarbrücken; dt.) – Konvergenzkriterien für den Abbruch einer Strukturverfeinerungsberechnung nach dem least-squares-Verf. an Elektronenrechnern werden mitgeteilt. H. Roschkowski 51

0150 **Polymorphie des Natriumorthoniobats.** Yvette Bouillaud. (Bull. Soc. chim. France **1967,** 10, 3879 bis 3880; Bordeaux, CNRS, Inst. de Magnétochim., Labor. de Cristallogr.; franz.) – In einer früheren Unters. (vgl. Bull. Soc. chim. **99** (1965), 519), wurden für Na_3NbO_4 2 allotrope Formen festgestellt u. über die kub. Form C berichtet. Pulveraufnahmen ergaben für die Form A monokline Symmetrie mit a $11{,}095 \pm 0{,}005$ (Å); b $12{,}993 \pm 0{,}005$; c $5{,}730 \pm 0{,}005$; $\beta = 108{,}9° \pm 0{,}5°$. Die für $Z = 8$ ber. D. beträgt 3,84. C. Gottfried 52△

0151 **Technik zur hydrothermalen Kristallzüchtung unter Verwendung großer Edelmetalltiegel.** R. R. Monchamp, R. C. Puttbach und J. W. Nielsen. (J. Crystal Growth [Amsterdam] **2** (1968) 3, 178–80; Airtron Div., Morris Plains, N.J.; engl.) H. Roschkowski 54

0152 **Stationäre Beimengungsverteilung in einer Kristallisationskolonne.** I. A. Meržanov und A. G. Anikin. (Vestnik Moskovskogo Univ., Ser. II **23** (1968) 2, 30–33; Kaf. fiz. chim.; russ., Auszug: engl.) – Ableitung von Beziehungen für die stationäre Beimengungsverteilung. H. Roschkowski 54

0153 **Wachstumsgeschwindigkeit von Eis in unterkühltem Wasser und wäßrigen Zuckerlösungen.** W. C. Macklin und B. F. Ryan. (Philos. Mag. [8] **17** (1968) 145, 83–87; Dep. of Phys., Univ. of Western Australia; engl.) – Vgl. ibid. **14** (1966) 847. – Bei Unterkühlungen bis zu 10° wurde die Wachstumsgeschw. parallel u. senkrecht zur Basisfläche des Eises gemessen. Die Ergebnisse lassen vermuten, daß in wss. Zuckerlsg. bei einer Unterkühlung von ca. 5° eine Änderung des Wachstumsmechanismus eintritt. W. Laqua 54

0154 **Kinetik der Kristallisation von Selen.** S. I. Mechtieva, D. Š. Abdinov und G. M. Aliev. (Ž. fiz. Chim.

42 (1968) 1,243—45; Inst. fiz. AN Azerbajdž. SSR, Baku; russ.) — Die Kristallisation von Se verläuft in zwei Stufen, in der ersten bilden sich Keime mit E = 15,6 kcal/Mol, in der zweiten findet Krist.-Wachstum mit E = 10,4 statt. Die Keimbldg. ist bei ca. 130° optimal, das Krist.-Wachstum bei ca. 210°. Der Kristallisationsprozeß wurde bei 100, 110, 130, 180 u. 210° durch Messung der Wärmeleitfähigkeit verfolgt. J. J. Pohl 54

0155 **Kristallisation von kubischem Bornitrid und synthetischem Diamant.** G. N. Bezukov, V. P. Butuzov, T. P. Nikitina, L. I. Fel'dgun, N. E. Filonenko und G. V. Chatelišvili. (Doklady Akad. Nauk SSSR **179** (1968) 6, 1326—28; VNII, abrazivov i šlifovanija; russ.) — Der Mechanismus des Krist.-Wachstums von kub. BN unterscheidet sich von dem von synthet. Diamant. Polierte Schliffe der beiden Substanzen wurden mkr. untersucht. Die Keimbldg. u. das Wachstum der Diamantkrist. erfolgen aus der Lsgm.-Schmelze, während die Keimbldg. der Krist. des kub. Bornitrid unter Beteiligung der Lsgm.-Schmelze mit der Umwandlung α-Bornitrid → β-Bornitrid verknüpft ist. J. J. Pohl 54

0156 **Perfekte einkristalline Siliciumfilme auf Sapphir.** V. P. Kločkov, V. Ju. Kosenko und A. V. Stadnyk. (Ukraïns'kyj fiz. Ž. **13** (1968) 4, 665—70; Inst. napivprovidnykiv AN URSR, Kyïv; ukrain., Auszug: engl.) — Perfekte einkrist. Si-Filme auf Sapphirsubstraten wurden durch Aufdampfen im Vakuum von $1 \cdot 10^{-6}$ Torr bei Abscheidungsgeschw. von 0,05 μ/min erhalten. Die Filme haben nach Elektronen- u. Röntgenbeugungsunters. bei Substrattemp. von 1050° (111) parallel zur Sapphiroberfläche. Ihre geringe Versetzungsdichte erklärt sich durch Ausheilen infolge Wiederverdampfung. H. Roschkowski 54

0157 **Abscheidung von Verunreinigungen in geschmolzenen Salzen durch zellulare Konvektion und ihr Einfluß auf das Kristallwachstum.** M. Hämäläinen. (J. Crystal Growth [Amsterdam] **2** (1968) 3, 131—35; Dep. of Phys., Turku Univ., Turku, Finland; engl.) — Unters. der Verunreinigungsverteilung, die durch konvektive Strömung der Schmelze auftritt, am Beispiel von *(K, Na)* · *(Br, Cl)*-Mischkrist. mit *MgO* u. *Ni*-Pulver, *AgCl* u. $BaCl_2$ als Beimengung. H. Roschkowski 54

0158 **Zellulare Vorerstarrungs- und Vorschmelzerscheinungen bei Alkalimetallhalogeniden.** M. Hämäläinen. (J. Crystal Growth [Amsterdam] **2** (1968) 3, 181—83; engl.) — Vgl. vorst. Referat. — Das Schmelzen u. Erstarren von 1:1-Mischkrist. von KCl u. NaBr mit Zusätzen von 0,3 Gew.-% AgCl wurde lichtmkr. untersucht. H. Roschkowski 54

0159 **Kristallisation von KCl aus wäßrigen Lösungen in Gegenwart von Bleiionen. 1. Mitt. Kalorimetrische Untersuchung.** A. Glasner und J. Kenat. (J. Crystal Growth [Amsterdam] **2** (1968) 3, 119—27; Dep. of Inorg. and Anal. Chem., Hebrew Univ., Jerusalem; engl.) — Die Temp. des Kristallisationsbeginns u. die Übersättigungswerte kristallisierender KCl-Lsg. in Ggw. von Pb^{2+}-Ionen werden durch Aufnahme von Abkühlungskurven bestimmt. Die Verteilung von Pb^{2+} wird ermittelt. H. Roschkowski 54

0160 **Gerichtete Kristallisation wäßriger KCl-Lösungen.** A. N. Kirgincev, B. M. Šavinskij und E. D. Abramovič. (Ž. fiz. Chim. **42** (1968) 5, 1092—97; Inst. neorg. chim. SO AN SSSR, Novosibirsk; russ.) — Eine Meth. zur horizontalen gerichteten Kristallisation bei niedrigen Temp. wurde ausgearbeitet. Die gerichtete Kristallisation wss. KCl-Lsg. wurde in einem breiten Konz.- u. Geschw.-Bereich verfolgt. J. J. Pohl 54

0161 **Kristallisation von Kaliumchlorid in Gegenwart von Cd^{2+}-Ionen.** U. Steinike. (Kristall u. Techn. **3** (1968) 1, K 5—K 8; Inst. für phys. Chem., DAW, Berlin-Adlershof; dt.) — In Ggw. von $CdCl_2$ krist. KCl aus gesätt. wss. Lsg. in Form gut ausgebildeter glasklarer Würfel aus. Ab 10 g Cd^{2+}/l KCl-Lsg. zeigen die KCl-Krist. Einschlüsse von $K_4[CdCl_6]$, bei höheren Cd^{2+}-Konz. in der Lsg. tritt nur noch diese Verb. krist. auf. H. Roschkowski 54

0162 **Einbau der zweiwertigen Metallchloride des Cu, Co und Ni in das NH_4Cl-Gitter.** K. Jancke und U. Steinike. (Kristall u. Techn. **3** (1968) 1, K 9—K 13; dt.) — Vgl. vorst. Referat. — Die Verteilung von $CuCl_2 \cdot 2\,H_2O$, $CoCl_2 \cdot 6\,H_2O$ u. $NiCl_2 \cdot 6\,H_2O$ zwischen wss. NH_4Cl-Lsg. u. krist. NH_4Cl wurde untersucht. Die Verteilung von $CuCl_2 \cdot 2\,H_2O$ ist bis zur Bldg. von $(NH_4)_2 \cdot [CuCl_4] \cdot 2\,H_2O$ linear, die Verteilung der restlichen Chloride entspricht $C_k = A \cdot C_a^n$. Alle Chloride rufen eine Habitusänderung von NH_4Cl hervor. H. Roschkowski 54

0163 **Einbau von Thallium in KBr und seine Lumineszenz.** N. I. Ivanova, V. I. Izotov und L. I. Tarasova. (Izvest. Akad. Nauk SSSR, Ser. fiz. **32** (1968) 1, 24—26; russ.) — Durch Markierung mit ^{204}Tl wurde der Einbau von Tl^+ durch die feste KBr-Phase aus wss. Lsg. untersucht. Der Kristallisationskoeff. D, die Adsorptionskinetik von Tl u. der Einfl. von HBr wurde diskutiert. Der Einbau von Tl wird hauptsächlich durch einen Sorptionsmechanismus bedingt. Die Anregungs- u. Lumineszenzspektren der Krist. (200—600 nm) werden angegeben. V. Burjan 54△

0164 **Wachstumsgeschwindigkeit von $NH_4H_2PO_4$- und KH_2PO_4-Kristallen.** Edward Józefowicz und Krystyna Sobierajska. (Roczniki Chem. [Ann. Soc. chim. Polonorum] **42** (1968) 4, 585—89; Kat. chem. Nieorg. Politechn., Łódź; pol.) — Die krit. Wachstumsgeschw. von $NH_4H_2PO_4$- u. KH_2PO_4-Krist., d. h. die maximale Wachstumsgeschw., bei der noch keine Vol.-Fehlstellen entstehen, wurde an der Prismenfläche {100} von $NH_4 \cdot H_2PO_4$- u. KH_2PO_4-Krist. bestimmt. Die Fehlstellenbldg. ist nicht nur von der Wachstumsgeschw., sondern auch von der Krist.-Größe abhängig. J. J. Pohl 54

0165 **Züchtung von Bariumsulfat-Einkristallen durch eine Schmelzmethode mit chemischer Reaktion.** A. R. Patel und Jacob Koshy. (J. Crystal Growth [Amsterdam] 2 (1968) 3, 128—30; Phys. Dep., Sardar Patel Univ., Vallabh Vidyanagar, Gujarat State, India; engl.) — $BaSO_4$-Einkrist. wurden durch Schmelzen u. Abkühlen eines Na_2SO_4–$BaCl_2$-Gemisches erhalten. Die Krist. sind nach Röntgenbeugungs-, Ätz- u. Spaltungsunters. perfekt. H. Roschkowski 54

0166 **Beobachtung von acht-, neun- und zwölfseitigen Wachstumsspiralen an Kristallen trigonaler Symmetrie.** R. K. Jain und G. C. Trigunayat. (J. Crystal Growth [Amsterdam] **2** (1968) 3, 185—87; Dep. of Phys. and Astrophys., Univ. of Delhi, India; engl.) — An CdJ_2-Krist. werden Wachstumsspiralen mit 8, 9 oder 12 Seitenflächen beobachtet u. beschrieben. Ihr Bldg.-Mechanismus wird besprochen. H. Roschkowski 54

0167 **Dampfphasenzüchtung von CdS-Kristallen aus den elementaren Bestandteilen im geschlossenen System.** Naim Hemmat und Martin Weinstein. (J. electrochem. Soc. **114** (1967) 8, 851—56; Tyco Labor., Inc., Bear Hill, Waltham, Mass.; engl.) — Hochreine CdS-Einkrist. von 150 g Gew., 9 cm Länge u. 25 mm Ø wurden in geschlossenen Quarzampullen bei 1200° aus den Elementen gezüchtet. Eine homogene Dotierung während dieser Züchtung aus der Dampfphase mit *Cu* (ca. 55 ppm) wurde ebenfalls durchgeführt. Außerdem wird ein Verf. beschrieben, um Krist. mit 10^3 Versetzungen/cm^2 herzustellen. A. Jaeschke 54

0168 **Bildung von Mn-dotierten Einkristallen von α-Korund aus der Gasphase.** W. Franke, R. Heimann und A. Willgallis. (J. Crystal Growth [Amsterdam] 2 (1968) 3, 160—64; Miner. Inst., Freie Univ., Berlin-Dahlem; engl.) — Rot gefärbte α-Al_2O_3-Einkrist. wurden durch Hydrolyse des Dampfes erhalten, der aus der Rk. einer MnF_2-Schmelze mit festem α-Al_2O_3 bei Temp. bis 950° in Ggw. von Luft resultiert. Die rote Farbe der Krist. entspricht einem Mn-Geh. von 0,9—1,7%. H. Roschkowski 54

0169 **Einige Grenzflächen-Wachstumsbesonderheiten von Czochralski-Sapphirkristallen.** S. O'Hara. (J. Crystal Growth [Amsterdam] 2 (1968) 3, 145—48, Dep. of Mater. Sci., Stanford Univ., Stanford, Calif.; engl.) — Besonderheiten der Morphologie von nach Czochralski gezüchteten Sapphir- u. *Rubin*-Krist. werden beschrieben. H. Roschkowski 54

0170 **Einkristallzüchtung mit einer Wanderisothermentechnik.** J. M. Robertson und R. G. F. Taylor. (J. Crystal Growth [Amsterdam] 2 (1968) 3, 171—72; Phys. Dep., Portsmouth Coll. of Technol., Portsmouth; engl.) — Eine Meth. zur Züchtung von $MgAl_2O_4$-Spinelleinkrist. aus Schmelzen des Syst. $MgO–Al_2O_3–PbF_2$ durch kontrollierte Verdampfung des Flußmittels wird beschrieben. Diese Verdampfung erfolgt durch die Bewegung einer isothermen Temp.-Zone (1200°) durch den Tiegel im Verlauf einiger Tage. H. Roschkowski 54

0171 **Durch die Flüssigkeitseinschlußmethode gezüchtete Galliumphosphidkristalle.** S. J. Bass, P. E. Oliver und F. E. Birbeck. (J. Crystal Growth [Amsterdam] 2 (1968) 3, 169—70; Serv. Electron. Res. Labor., Baldock, Herts.; engl.) — GaP-Krist. wurden nach Czochralski aus einer Schmelze gezogen, die sich zum Zweck der Vermeidung der Abgabe von P unter einer B_2O_3-Schicht („Flüssigkeitseinschlußmeth.") befand. H. Roschkowski 54

0172 **Züchtung und Eigenschaften von einkristallinem Kupfermolybdat.** K. Nassau und S. C. Abrahams. (J. Crystal Growth [Amsterdam] 2 (1968) 3, 136—40; Bell Telephone Labor., Inc., Murray Hill, N.J.; engl.) — $CuMoO_4$-Einkrist. wurden nach Bridgman aus der Schmelze erhalten. Die Krist. sind triklin, a = 9,903; b = 6,783; c = 8,359 Å; α = 101,08°, β = 96,88°; γ = 107,05°; P$\bar{1}$, die Struktur ähnelt etwas der von $ZnMoO_4$. Das Transmissionsspektrum (0,3—10 μ) wird angegeben. $CuMoO_4$ zersetzt sich langsam bei Temp. bis 800° unter He u. N_2, jedoch nicht unter O_2 oder Luft. H. Roschkowski 54

0173 **Röntgenbeugung durch entstehende Silberbromid-Mikrokristalle.** Chester R. Berry und David C. Skillman. (J. Crystal Growth [Amsterdam] 2 (1968) 3, 141 bis 144; Res. Labor., Eastman Kodak Co., Rochester, N.Y.; engl.) — AgBr-Mikrokrist. wurden in einem Strömungssyst. aus $AgNO_3$- bzw. KBr + Gelatinelsg. gebildet u. 2 Sek. bzw. 5 Min. nach ihrer Bldg. röntgenograph. untersucht. In Ggw. von NH_3 als Wachstumsbeschleuniger entstanden durch schnelle Ostwald-Reifung perfektere Kristalle. H. Roschkowski 54

0174 **Synthetische faserige Fluoramphibole mit isomorph substituierten Kationen und ihre Haupteigenschaften.** A. D. Fedoseev, L. F. Grigorjeva, O. G. Ohigareva, Z. V. Krupenikova und D. P. Romanov. (Kristall u. Techn. 3 (1968) 1, 85—94, 1 Tafel, Inst. für Silicatchem., Akad. der Wiss. der UdSSR, Leningrad; dt.) — Aus Oxid-Fluoridschmelzen wurden unter Zusatz von Flußmitteln Fluoramphibole der allg. Zus. $X_{2-3}Y_5 \cdot Z_8O_{22}F_2$ hergestellt, wobei Y = Mg u. X = Na, K, Rb, Sr, Ba oder X = Na u. Y = Mg mit teilweiser Substitution durch Cu, Mn, Fe, Co, Ni, Fe u. Cr ist. Gitterparameter, Erhitzungskurven u. Festigkeitsparameter sowie Brechungsindizes für einige der untersuchten Proben wie $Na_2Mg_6[Si_4O_{11}]_2F_2$, $Na_2Cu_{0.5}Mg_{5,5}[Si_4O_{11}]_2F_2$, $Na_2Mn \cdot Mg_5[Si_4O_{11}]_2F_2$, $Na_2(Fe^{2+}, Mg)_{5,25}Fe^{III}_{0,5}[Si_4O_{11}]_2F_2$, $Na_2 \cdot Co^{II}Mg_5[Si_4O_{11}]_2F_2$, $Na_2NiMg_5[Si_4O_{11}]_2F_2$, $Na_3Mg_4Fe^{III} \cdot [Si_4O_{11}]_2F_2$, $Na_{2,5}Mg_5Cr^{III}_{0,5}[Si_4O_{11}]_2F_2$, $LiMg_{6,5}[Si_4O_{11}]_2F_2$, $BaMg_6[Si_4O_{11}]_2F_2$, $SrMg_6[Si_4O_{11}]_2F_2$ u. $KMg_{6,5}[Si_4O_{11}]_2F_2$ werden angegeben. H. Roschkowski 54

0175 **Hydrothermalsynthese faseriger Amphibole und Untersuchung einiger ihrer Eigenschaften.** A. D. Fedoseev, T. A. Makarova, N. I. Nesterčuk und D. P. Sipovskij. (Kristall u. Techn. 3 (1968) 1, 95—102; dt.) — Vgl. vorst. Referat. — Die Optimalbedingungen für die Hydrothermalsynth. von Faseramphibolen aus Oxidgemischen in alkal. Lsg. werden ermittelt. Für die erhaltenen Amphibole $Na_{2,52}H_{0,58}Fe^{3+}_{0,02}Mg_{5,36}Si_8O_{22}(OH)_2$; $Na_{2,58}Ni_{5,65}Si_8O_{22}(OH)_2$ u. $Na_{2,65}H_{0,22}Fe^{3+}_{0,06}Co_{5,43}Si_8O_{22} \cdot (OH)_2$ werden die Brechungsindices u. Röntgen-d-Werte angegeben. H. Roschkowski 54

0176 **Versetzungswechselwirkung in unmittelbarer Nähe einer freien Oberfläche.** J. F. Prins und H. G. F. Wilsdorf. (Canad. J. Physics 45 (1967) 2 Part 3, 1177—87; Dep. of Mater. Sci., Univ. of Va., Charlottesville, Va.; engl.) — Theoret. Betrachtung über die Wechselwrkg. zwischen 2 Versetzungen in der Nähe paralleler Gleitebenen, die die freie Oberfläche in einem Winkel schneiden. I. Zoll 56

0177 **Gleiten und die Vorstellung über Versetzungsaufspaltung in kubisch-raumzentrierten Metallen.** F. Kroupa und V. Vítek. (Canad. J. Physics 45 (1967) 2 Part 3, 945—71; Inst. of Phys., Czechoslovakian Acad. of Sci., Prague; engl.) — Übersicht über Besonderheiten der Gleitgeometrie in kub.-raumzentrierten Metallen. Diskussion über feste u. gleitende Aufspaltungen von Schraubenversetzungen an (110)- u. (112)-Ebenen sowie Entw. einer Versetzungstheorie der Gleitgeometrie in kub.-raumzentrierten Metallen, die auf therm. aktivierten fest-gleitenden Umwandlungen der Schraubenversetzungen zu verschiedenen (110)- u. (112)-Ebenen beruht. I. Zoll 56

0178 **Dissoziierte Versetzungen und Schmid-Gesetz aufgelöster Scherspannungen in kubisch-raumzentrierten Metallen.** F. R. N. Nabarro und T. R. Duncan. (Canad. J. Physics 45 (1967) 2 Part 3, 939—43; Dep. of Phys., Univ. of Witwatersrand, Johannesburg, South Africa; engl.) — Die Dissoziation von Schraubenversetzungen in (11$\bar{2}$)-Ebenen in kub.-raumzentrierten Metallen kann zu ungleichen Scherspannungen für das Gleiten in entgegengesetzten Richtungen führen, im Gegensatz zur Dissoziation in (01$\bar{1}$)-Ebenen. Ein Gleiten kann in den vorst. Konfig. nur dann auftreten, wenn der Kern der partiellen Versetzung um $3^{1/2}$ größer ist als der Radius der symm. dissoziierten Versetzung. I. Zoll 56

0179 **Interpretation abgeschlossener Versetzungen.** J. D. Eshelby und T. Laub. (Canad. J. Physics 45 (1967) 2 Part 3, 887—92; Cavendish Labor., Cambridge, England; engl.) — Physikal. Interpretation der abgeschlossenen Versetzung nach Li (1964) in Analogie zur Interpretation des magnet. Feldes nach Heaviside. I. Zoll 56

0180 **Fehlerhaltige Defekte und Stapelfehlerenergie.** L. M. Clarebrough, P. Humble und M. H. Loretto. (Canad. J. Physics 45 (1967) 2 Part 3, 1135—46, 3 Tafeln; CSIRO, Univ. of Melbourne, Melbourne; engl.) — Diskussion über 4 direkte Meth. zur Best. der Stapelfehlerenergie in kub.-flächenzentrierten Metallen (*Ag, Au, Cu, Ni*) aus Beobachtungen der fehlerhaltigen Defekte. Es wird gezeigt, daß die Meth., die auf Beobachtung 3facher Knoten beruht, gut mit der Meth. übereinstimmt, die auf der Beobachtung dreieckiger Frank-Versetzungsschleifen u. tetraedr. Stapelfehler in deformierten Metallen basiert. Die 3. Meth. beruht auf der Zusammenbruchsgröße der Stapelfehlertetraeder in gehärteten Metallen u. die 4. Meth. auf der Ausheilgeschw. fehlerhaltiger Versetzungsschleifen. Sie kann nur bei Metallen mit großer Stapelfehlerenergie unter bestimmten Voraussetzungen angewendet werden. I. Zoll 56

0181 **Wulffs Theorem und bestimmte Greensche Funktionen in der Versetzungstheorie.** L. M. Brown. (Canad. J. Physics 45 (1967) 2 Part 3, 893—901; Cavendish Labor. Univ. of Cambridge, Cambridge, England; engl.) — Mit Hilfe Greenscher Funktionen wird die Wechselwrkg.-Energie zwischen „kinks" u. „jogs" auf einer Versetzungslinie u. die Energie einer allg. winkligen Schleife berechnet. Im Fall prismat. Schleifen fester Frank-Versetzungen in *Al* u. *Cu* kann die Theorie ohne zusätzliche Ausdrücke die Schleifenform nicht erklären. I. Zoll 56

0182 **Natur der in Silicium durch Diffusion gebildeten Sekundärversetzungen.** V. M. Al'tšuller. (Fiz. tverdogo Tela 10 (1968) 4, 1136—39; russ.) — Durch Unters. der anomalen Röntgentransmission wird gezeigt, daß die nach der Diffusion von *P* u. *B* in Si auftretenden Sekundärversetzungen nicht auf durch die diffundierenden Fremdatome erzeugten Gitterverzerrungen zurückzuführen sind, sondern auf Abschreckeffekte nach der Diffusion u. auf Oberflächenverformungen. K. Jaeger 56

0183 **Substruktur von Quarzkristallen nach Ätzen im Autoklaven.** G. V. Kleščev, A. N. Bryzgalov, K. F. Kaškurov, G. M. Safronov, A. V. Simonov und P. P. Butorin. (Izvest. Akad. Nauk SSSR, Neorg. Mater. 4

(1968) 3, 362—68; Inst. obščej i neorg. chim. im. Kurnakova AN SSSR; russ.) — Durch Ätzen von natürlichen u. künstlichen *Quarzkrist.* bei 150—300° u. 155—700 atm innerhalb 3—90 Std. mit Sodalsg. erhält man eine feine Substruktur; deren Bldg. u. die Verteilung der Verunreinigungen wird besprochen. Eine komplizierte Schichtgittersubstruktur wird durch Verunreinigungen verursacht. U. Strobel 56

0184 **Thermische Ätzung von NaCl-Spaltflächen im Vakuum.** Jürgen Budke. (J. Amer. ceram. Soc. **51** (1968) 4, 238; Res. Inst., Univ. of Dayton, Dayton, Ohio; engl.) — Auf NaCl-Spaltflächen entstehen nach 15minütigem Erhitzen auf 593° im Vakuum (10^{-5} bis 10^{-6} Torr) Ätzgrübchen. Die beobachteten Ätzgrübchenmuster (3 Typen) lassen sich nicht allein mit der Annahme erklären, daß die Ätzgrübchenbldg. durch Austreten von Versetzungen aus den Spaltflächen hervorgerufen wird. W. Laqua 56

0185 **Partielle und vollständige Reaktionen in dotierten Kaliumchloridkristallen.** Walter P. Gomes. (C. R. hebd. Séances Acad. Sci., Sér. A et B **265** (1967) 25, B 1445—B 1448, Labor. voor Kristallograf. en Studie van de Vaste Stof, Gent, Belgien; franz.) — Mkr. Unters. wurden an dekorierten u. gleichzeitig mit Ag^+, NO_2^- u. NO_3^- dotierten u. in H_2 erhitzten KCl-Krist. durchgeführt. Die Erhitzungstemp. lagen bei 566 bzw. 710°. Die Ionenfraktionen der Dotierungssubstanzen lagen größenordnungsmäßig bei 10^{-4} für Ag^+ u. für $NO_2^- + NO_3^-$. Es wurde festgestellt, daß im Gegensatz zu früher untersuchten Rk. an nur mit Ag bzw. nur mit NO_2^- u. NO_3^- dotiertem KCl sowohl das Ag^+ als auch Nitrit u. Nitrat vollständig reagieren. C. Gottfried 56△

0186 **Einfluß von Versetzungen auf die elektrolytische Färbung von Kristallen.** V. D. Beljaev, G. B. Sěmuškin und A. N. Cikin. (Fiz. tverdogo Tela **10** (1968) 4, 1160—65; Leningradskij politechn. inst. im. Kalinina; russ.) — Messung der Stromkinetik ($\lesssim 10^4$ s; 523°) von KBr-Einkrist. als Funktion der Versetzungdichte ($2 \cdot 10^4$ bis $1{,}6 \cdot 10^7$ cm^{-2}). Es wird gezeigt, daß die Leerstellenbldg. an den Versetzungen stattfindet. K. Jaeger 56

0187 **Strukturänderung im Zinkoxid beim mechanischen Behandlungsprozeß.** Hiroshi Takahashi und Kazuo Tsutsumi. (Bull. chem. Soc. Japan **40** (1967) 1, 7—11; Dep. of Chem., Fac. of Sci., Univ. of Tokyo, Hongo, Tokyo; engl.) — ZnO wurde gemahlen. Im Verlauf des Mahlvorgangs verminderte sich die röntgenograph. gemessene Krist.-Größe u. Gitter-Ordnung, indem amorphe Anteile auftraten. Diese Änderungen hängen von der Darst.-Temp. des ZnO ab, indem bei höherer Temp. hergestellte Proben stärkere Änderungen zeigen. Elektronenmkr. Beobachtungen bestätigten das. Erhöhung oder Verminderung der BET-Oberfläche hängen von den Herst.-Bedingungen ab. Auch die Pyknometerdichte änderte sich monoton mit der mechan. Behandlungsdauer. A. Jaeschke 56

0188 **Verteilung der Strukturdefekte in synthetischen Korundkristallen.** L. E. Ageeva, M. I. Abaev und A. I. Koljadin. (Fiz. tverdogo Tela **10** (1968) 4, 1089—93; russ.) — Unters. der Beugung von polarisiertem u. nichtpolarisiertem Licht (540 u. 650 nm) an Rubin- u. Saphir-Krist. als Funktion des Einfallwinkels zeigten, daß die meisten Defekte in Richtung der Ziehachse ([0001]) orientiert waren. K. Jaeger 56

0189 **Flächeneffekte in nach Czochralski gezüchteten Galliumantimonid-Einkristallen.** M. S. Mirgalovskaja, G. V. Kukuladze und V. A. Kokoškin. (Izvest. Akad. Nauk SSSR, Neorg. Mater. **4** (1968) 5, 694—700; Inst. metallurg. im. Bajkova AN SSSR; russ.) — Ätztechn. u. elektr. wird die Verteilung der Dotierungselemente in der Krist.-Matrix von GaSb-Einkrist., die nach dem Czochralski-Verf. gezogen wurden, untersucht. Die Krist. waren Zn- oder Te-dotiert im Konz.-Bereich von 10^{17}—10^{18} cm^{-3}. H. Richter 56

0190 **Einfluß eines Umschmelzens auf die Versetzungsdichte in Einkristallen: GaSb.** R. S. Mroczkowski, A. F. Witt und H. C. Gatos. (J. electrochem. Soc. **115** (1968) 5, 545—47; Dep. of Metallurgy, MIT, Cambridge, Mass.; engl.) — GaSb-Einkrist. mit chem. polierten (211)-, (111)- u. (110)-Flächen werden in H_2 mit Hilfe von streifenförmigen Graphitheizelementen partiell geschmolzen. In den fl. Bereichen erfolgt durch geeignet kontrollierte Abkühlung mit Geschw. von 1—10 in./Std. erneut einkrist. Wachstum. Anschließend wird an polierten Flächen die Versetzungsdichte (VD) mit Hilfe von Ätzgrübchenzählung sowie durch Röntgentopographie nach Lang bestimmt. Durch einfaches u. bes. mehrfaches Umschmelzen wird VD von 10^3—10^4 cm^{-2} auf nahezu Null vermindert. Die Verringerung von VD wird unter Berücksichtigung von Wärmespannungen u. Temp.-Gradienten während des Krist.-Wachstums diskutiert. Herbert Müller 56

0191 **Auftreten von Versetzungen in Einkristallen des Lanthanfluorids.** L. A. Dolomanov, N. M. Ponomarev, Ju. A. Rachštadt und B. V. Sinicyn. (Zav. Labor. **34** (1968) 4, 456—57; Gos. n.-i. i proektnyj inst. redkometall. prom.; russ.) — Zur Unters. der Versetzungsstruktur in LaF_3-Einkrist. werden die Proben am besten in 96%ig. H_2SO_4 bei 120° 10 Sek. bis 3 Min. lang geätzt. H. Hochstein 56

0192 **Einfluß stöchiometrischer Abweichungen auf die Umwandlung Ordnung–Unordnung in Zinkorthotitanat.** P. Delamoye, Y. Billiet, I. Morgenstern-Badarau und A. Michel. (Bull. Soc. franç. Minéralog. Cristallogr. **90** (1967) 4, 585—91; Labor. de Chim. min. Fac. des Sci., Orsay; franz.) — Das 1 : 1-Verhältnis zwischen Zn u. Ti in dem inversen Spinell $Zn[ZnTi]O_4$ wird durch nicht-stöchiometr. Abweichungen u. Substitution des Kations zerstört. Die Ordnung in der Spinellphase $Zn[Zn_{1-x}\square_{x/2}Ti_{1+x/2}]O_4$ geht verloren, wenn $x > 0{,}094$. Am Übergangspunkt zwischen der geordneten tetragonalen u. der ungeordneten kub. Form wird nur eine Phase beobachtet. Dieselben Erscheinungen treten in den festen Lsg. $Zn[Zn_{1-x}Me_xTi]O_4$ (Me = Ni, Co, Mg) auf. Der Übergangspunkt ist von der Art des substituierten Elements abhängig. I. Zoll 56

0193 **Vanadin–Sauerstoff-Bronzen.** J. Galy, M. Pouchard, A. Casalot und P. Hagenmuller. (Bull. Soc. franç. Minéralog. Cristallogr. **90** (1967) 4, 544—48; Serv. de Chim. minérale structurale, Fac. des Sci., CNRS, Bordeaux; franz.) — Die Unters. an den V-Bronzen $M_xV_2O_5$ (M = Li, Na, K, Cu, Ag, Mg, Co, Ni, Zn, Ca, Cd, Pb, Al, Cr, Fe) ergeben, daß die Homogenitätsbereiche der $M_xV_2O_5$-Phasen von Ladung u. Ionenradius der eingelagerten Elemente M sowie von x abhängen. In diesen Strukturen bilden die O-Atome verzerrte Oktaeder u. Bipyramiden, die in parallelen 2- u. 3-dimensionalen Ketten angeordnet sind. I. Zoll 56

0194 **Eigenschaften von auf Zirkoniumlegierungen mit 2,7 % Niob im Temperaturbereich 300—500° gebildeten Oxidschichten.** M. G. Cowgill und W. W. Smeltzer. (J. electrochem. Soc. **115** (1968) 5, 471—74; McMaster Univ., Hamilton, Ontario; engl.) — An Proben aus Zr-Leg. mit 2,7% Nb, die nach dem Verf. von Cowgill et al. [ibid. **114** (1967) 1089] hergestellt u. bei 300—500° an Luft ox. waren, werden Morphologie u. Struktur der gebildeten Oxidschichten mit Elektronenmikroskopie u. -beugung untersucht. Die Proben, die je nach Herst.-Verf. martensit. oder Widmanstätten-Strukturen aufweisen, liefern Schichten von monoklinem u. tetragonalem ZrO_2, die zu Beginn der Ox. die Oberflächenmorphologie der Leg. wiedergeben. Bei zunehmender Oxidschichtdicke wird Bläschen- u. Rißbldg. beobachtet; die Rißbldg. tritt an martensit. Proben oberhalb 2500 Å auf. Die Krist.-Größe hängt von der Orientierung der Leg.-Matrix ab. An den Krist.-Grenzen der Phasenumwandlung von martensit. Leg. werden 50—150 Å große Kristallite eines tetragonalen, Nb-haltigen Oxids beobachtet. Herbert Müller 56

0195 **Ursprung einer exponentiellen Leerstellenverteilung in angelassenen Ta/Ta_2O_5-Strukturen.** K. Lehovec. (J. electrochem. Soc. **115** (1968) 5, 520—24; Sprague Electric Co., North Adams, Mass.; engl.) — Vf. diskutiert unter Berücksichtigung der Meßwerte von **Smyth** et al. [ibid. **111** (1964) 1331] die Leerstellenverteilung in Ta/Ta_2O_5-Strukturen, die durch anod. Ox. hergestellt

u. bei 400° angelassen waren. Bei Annahme einer Boltzmann-Verteilung für die Leerstellen während des Anlassens wird gezeigt, daß die O_2-Aufnahme im wesentlichen durch Elektronentransport u. weniger durch O^{2-}-Diffusion bestimmt wird. Da die Elektronenleitfähigkeit bei Raumtemp. größer ist als bei der Anlaßtemp., ist zusätzlich eine Bldg. von Leerstellenanhäufungen anzunehmen. Herbert Müller 56

0196 **Herstellung von Ionenverbindungen mit Leerstellen durch Austauschreaktion im festen Zustand.** J.-C. Joubert. (Bull. Soc. franç. Minéralog. Cristallogr. **90** (1967) 4, 598—602; Labor. d'Electrostat. et de phys. du métal, CNRS; franz.) — Die Austauschrk. im festen Zustand: 2 Li → Me^{2+} + □ erlaubt eine Herst. von Ionenverb. mit geordneten Leerstellen (□), bei der die ursprüngliche Anordnung im Krist. erhalten bleibt. Anwendung auf Spinelle: $[Ti_3Li](CoLi)O_8$ (Ausgangssubstanz), $CoSO_4$ (Austauschagens), $[Ti_3\square]$ $(Co_2)O_8$ (Endprod.); $[Ti_3Li](MnLi)O_8$, $MnSO_4$, $[Ti_3\square](Mn_2)O_8$; $[Ti_3Li]\cdot(ZnLi)O_8$, $ZnSO_4$, $[Ti_3\square]$ $(Zn_2)O_8$; $[Ti_3Li](ZnLi)O_8$, $CdSO_4$, $[Ti_3\square](ZnCd)O_8$; $[Ti_3Li](ZnLi)O_8$, $MnSO_4$, $[Ti_3\square]\cdot(Zn, Mn)O_8$; $[Ge_3Li](ZnLi)O_8$, $ZnSO_4$, $[Ge_3\square](Zn_2)O_8$; $[Ge_3Li](CoLi)O_8$, $CoSO_4$, $[Ge_3\square](Co_2)O_8$; $[Ge_3Li](ZnLi)\cdot O_8$, $MnSO_4$, $[Ge_3\square](ZnMn)O_8$; $[Ge_3Li](ZnLi)O_8$, $MgSO_4$, $[Ge_3\square](ZnMg)O_8$; $[Mn_3Li](LiZn)O_8$, $ZnSO_4$, $[Mn_3\square]\cdot(Zn_2)O_8$. I. Zoll 56

0197 **Nicht stöchiometrische Probleme in gewissen Hydraten der Zink-, Kobalt- und Nickelmolybdate.** H. Pezerat. (Bull. Soc. franç. Minéralog. Cristallogr. **90** (1967) 4, 549—57; Labor. de Chim. des solides, Fac. des Sci., Paris; franz.) — Unters. an $MeMoO_4$, H_2O (Me = Zn, Co, Ni) sowie Strukturbest. u. Interpretation der Hydratphasen von NH_4- u. K-Me-Molybdaten. Es zeigt sich, daß in den Verb. Leerstellen auftreten können, die durch Protonenüberschuß u. anion. Leerstellen kompensiert werden können. I. Zoll 56

0198 **Theoretische und experimentelle Untersuchung der Jahn-Teller-verzerrten Perowskit-Struktur.** Christine M. Iserentant. (Verh. Kon. vlaamse Acad. Wetensch., Letteren schone Kunsten België, Kl. Wetensch. **30** (1968) 102, 1—91; niederl.) — Die Eig. von Verb. mit Perowskit (I)-Struktur des Typs ABO_3 werden erörtert. Die ideale I-Struktur tritt selten auf; vielfach zeigt sich eine starke, orthorhomb. Krist.-Verzerrung, die stark von der Temp. abhängt. Unters. über die Krist.-Verzerrung von Verb. der Zus. $La_{1-x}Ca_xMnO_3$ als Funktion von Temp. u. Mn^{4+}-Geh. zeigen, daß einer der möglichen, für die Verzerrung verantwortlichen Einfl. in einer kooperativen Ordnung der Jahn-Teller-Verzerrung in unmittelbarer Umgebung bestimmter Übergangsmetallionen liegt. Ein angenähertes Modell, das auf der paarweise erfolgenden Wechselwrkg. benachbarter, Jahn-Teller-verzerrter $Mn^{3+}O_6$-Komplexe beruht, wird beschrieben. Die Konfig.-Energie des Modells wird durch Gleichungen ausgedrückt, die zur Ableitung der Struktur der verzerrten Phase dienen; sie ergibt sich aus der Ordnung der Oktaeder bei niedriger Temperatur. Bei hohen Temp. (u. vorherrschender, therm. Bewegung) tritt eine statist. kub. Struktur auf. Für die hauptsächlichen, thermodynam. Funktionen u. die Temp.-Abhängigkeit der Gitterparameter werden Gleichungen angegeben. Die Ergebnisse ermöglichen eine Verallgemeinerung der Theorie bei Berücksichtigung der Zus.-Abhängigkeit u. der gleichzeitigen Ggw. verschiedener Arten von akt. oder inakt. Jahn-Tellerschen Ionen. Die Herst. einer Anzahl $La_{1-x}Ca_xMnO_3$-Verb. wird beschrieben u. zeigt den starken Einfl. der Erhitzungsbedingungen auf die Zusammensetzung. Der Anteil der in den Verb. vorhandenen Mn^{4+}-Ionen u. die Zellabmessungen der Proben werden bestimmt. Auf Grund von Wärmedehnungsmessungen wird das Verh. der Verb. bei den Phasenumwandlungen verfolgt. W. Wesly 56

0199 **Nicht-Stöchiometrie und Leerstellen-Ordnung in den Sulfiden, Seleniden und Telluriden der Übergangsmetalle.** M. Chevreton. (Bull. Soc. franç. Minéralog. Cristallogr. **90** (1967) 4, 592—97; Inst. nat. des Sci. appl., Villeurbanne, Rhône; franz.) — Zusammenfassender Überblick u. Diskussion der nicht-stöchiometr. zusammengesetzten Übergangsmetallchalkogenide MX, MX_2, M_pX_q (M = Ti, V, Cr, Mn, Fe, Co, Ni; X = S, Se, Te) u. ihrer von der Leerstellenordnung abhängigen elektr. u. magnet. Eigenschaften. — 19 Literaturangaben. I. Zoll 56

0200 **Neue Fortschritte in der kristallchemischen Untersuchung der Sulfide, Selenide und Telluride von Übergangsmetallen.** Y. Jeannin. (Bull. Soc. franç. Minéralog. Cristallogr. **90** (1967) 4, 528—36; Dep. de Chim. inorg., CNRS, Fac. des Sci. Toulouse; franz.) — Unters. über Leerstellen u. Einlagerungen in bin. nicht-stöchiometr. Verb. vom Typ MX, MX_2 u. M_pX_q (M = Übergangsmetall, X = S, Se, Te). Analyse homogener nicht-stöchiometr. Domänen der im CdJ_2- u./oder im NiAs-Typ krist. Sulfide, Selenide u. Telluride des Ti, V, Cr, Fe, Co, Ni, Zr, Rh, Pd, Hf, Ta, Ir, Pt, Mn. — 55 Literaturangaben. I. Zoll 56

0201 **Versetzungsdichte und Geschwindigkeitseffekte bei der Zwillingsbildung von Zink.** R. C. Blish II und T. Vreeland jun. (Philos. Mag. [8] **17** (1968) 148, 849—50; W. M. Keck Labor. of Engng. Mater., Calif. Inst. of Technol., Pasadena, Calif.; engl.) — Untersucht wurde die Deformationszwillingsbldg. von Zn-Einkrist., deren Basisversetzungsd. auf $\{10\bar{1}0\}$-Flächen 10^5 bzw. 10^3—10^4 cm^{-2} betrug. Die auf $[10\bar{1}24]$-Flächen bestimmte pyramidale Versetzungsdichte war wesentlich kleiner. Für eine Orientierung der Einkrist., die pyramidales $\{\bar{1}2\bar{1}2\}\langle 1\bar{2}13\rangle$-Gleiten erlaubt, wird die Druckspannung entlang [0001], die eine Zwillingsbldg. hervorruft, bei den Krist. mit der größeren Versetzungsd. um den Faktor 3 erhöht. W. Laqua 56

0202 **Spannungsfelder um Stufenmultipole und um Multipolanordnungen in anisotropen, hexagonal-dichtgepackten Kristallen.** P. Kratochvíl. (Philos. Mag. [8] **17** (1968) 148, 695—702; Dep. of Solid State Phys., Charles Univ., Prague; engl.) — Das Spannungsfeld eines $11\bar{2}0$-Multipols in der Basisebene läßt sich näherungsweise durch das Spannungsfeld eines Superdipols beschreiben. Für anisotropes *Cd* werden die Spannungsfelder unterschiedlicher Superdipole angegeben. Die Komponenten des Spannungsfeldes eines Superdipols in Richtung der sek. Gleitsyst. $(1\bar{1}00)$, 1/3 $[\bar{1}\bar{1}20]$, $(\bar{2}112)$, 1/3 $[2\bar{1}\bar{1}3]$ u. $(1\bar{1}01)$, 1/3 $[\bar{1}\bar{1}20]$ werden berechnet. Die Größe dieser Komponente ist sowohl mit dem Wert der Fließspannung im sek. Gleitsyst. als auch mit dem Wert der analogen Komponente des Spannungsfeldes einer Versetzungskaskade vergleichbar. W. Laqua 56

0203 **Verknüpfung von Versetzungsnetzwerken durch spannungsinduziertes Klettern in einer Aluminium–Magnesium-Legierung.** V. K. Lindroos und H. M. Miekk-Oja. (Philos. Mag. [8] **17** (1968) 145, 119—33; Inst. of Technol., Otaniemi-Helsinki; engl.) — Zwischen 25 u. 500° wurde die Spannungs–Dehnungs-Kurve einer Al–2 % Mg-Leg. unter Zug bei konst. Verformungsgeschw. $(1{,}1 \cdot 10^{-3}s^{-1})$ bestimmt. Die verformten Proben wurden mkr., elektronenmkr. u. röntgenograph. untersucht. Bei ca. 300° tritt eine plötzliche Änderung des Verlaufs der plast. Verformung ein. Oberhalb dieser Temp. bleibt die Fließspannung nach anfangs rascher Verfestigung der Proben bis zu hohen Dehnungsspannungen relativ konst.; bei tieferen Temp. tritt nach beendetem Verfestigungsprozeß sofort Einschnürung der Proben auf. Das Verh. oberhalb 300° wird auf einen spannungsinduzierten Verknüpfungsprozeß von Versetzungen in Verb. mit einem Ausheilen von Versetzungen zurückgeführt, sobald die während der Verformung erzeugten Leerstellen im Bereich der höheren Temp. zerstört werden. Die Struktur bleibt zu allen Zeiten polygonal. Sie besteht aus einzelnen Zellen, die durch ein bemerkenswert reguläres zweidimensionales Versetzungsnetzwerk getrennt sind. W. Laqua 56

0204 **Rolle der kohärenten Bindung im Zerfallsprozeß übersättigter Mischkristalle von Zink in Aluminium.** G. V. Kleščev und A. I. Šejnkman. (Doklady Akad. Nauk SSSR **179** (1968) 3, 653—55; russ.) — Die diffuse Röntgenstreuung an AlZn-Einkrist. mit 40 Gew.-% Zn wurde nach Abschrecken der Proben von 450° u. Anlassen während 20 Min. bei 130° u. 5 Min. bei 200° untersucht. Die Wrkg. kohärenter Bindungen auf die Bldg. metastabiler Phasen u. Zustände sowie auf ihre Beteiligung im Übergangsmechanismus zwischen Zerfallsstufen der übersättigten

Mischkrist. wird unter Zuhilfenahme von Modellvorstellungen diskutiert. J. J. Pohl 56

0205 **Elektronenmikroskopische Untersuchung der Grenzflächenstruktur semikohärenter Ausscheidungen.** G. C. Weatherly und R. B. Nicholson. (Philos. Mag. [8] **17** (1968) 148, 801—31; Dep. of Metallurg., Univ. of Cambridge; engl.) — Untersucht werden die Θ'-, S-, β'- u. γ'-Phasenausscheidungen in *Al–Cu-*, *Al–Cu–Mg-*, *Al–Mg–Si-* bzw. *Ni–Cr–Ti–Al*-Legierungen. An der Grenzfläche der semikohärenten Ausscheidungen zur Matrix existiert eine Versetzungsstruktur, die auf die Nichtverträglichkeit der Gitter von Ausscheidung u. Matrix zurückzuführen ist. Die Versetzungsstruktur an den γ'-Übergangsflächen besteht aus einem hexagonalen Netzwerk von a/2[110]-Versetzungen; die nadelförmigen S- u. β'-Ausscheidungen besitzen Anordnungen von Versetzungsschleifen in Längsrichtung mit a/2[101]-Burgers-Vektoren für Nadelachsen parallel [100]. An den Grenzflächen der scheibchenförmigen Θ'-Ausscheidungen existieren orthogonale Anordnungen von Versetzungsschleifen mit a[100]- u. a[010]-Burgers-Vektoren für (001)-Ausscheidungen. Der Verlust der Kohärenz der γ'-, S- u. β'-Ausscheidungen ist auf Anziehung von Versetzungen der Matrix durch die Grenzfläche Ausscheidung/Matrix u. anschließendes Klettern der Versetzungen an der Übergangsfläche u. ihre Wechselwrkg. zurückzuführen. Θ'-Ausscheidungen verlieren ihre Kohärenz durch Bldg. von Versetzungsschleifen innerhalb der Ausscheidungen wahrscheinlich aus zusammengebrochenen Punktdefektclustern, gefolgt von einem Klettern der Versetzungen an der Grenzfläche. Die Geschw. des Kohärenzverlustes der γ'-, S- u. β'-Ausscheidungen wird durch Nachlieferung von Versetzungen aus der Matrix bestimmt. In Abwesenheit von Matrixversetzungen können die Ausscheidungen beträchtliche Größe unter Beibehaltung einer metastabilen Kohärenz erreichen. Kriechverformung unter diesen Bedingungen kann zu einem raschen Verlust der Kohärenz durch Bldg. von Versetzungen in der Matrix führen. W. Laqua 56

0206 **Lebensdauer von Leerstellen in dünnen, aus abgeschreckten Proben hergestellten Folien.** J. E. Harris und B. C. Masters. (Philos. Mag. [8] **17** (1968) 146, 217—23; Central Electr. Generating Board, Berkeley Nuclear Labor., Berkeley, Gloucestershire; engl.) — Die von Eikum et al. (vgl. ibid. **15** (1967) 261) bei der Unters. des Auswanderns von Leerstellen an die Oberfläche dünner *Al*–5 Gew.-% *Au*-Folien erhaltenen Ergebnisse werden krit. analysiert. Vf. zeigen, daß sich aus der Abhängigkeit des Wachstums von Versetzungsschleifen von der reziproken abs. Temp. nicht die Aktivierungsenergie der Leerstellendiffusion erhalten läßt. Das beobachtete Wachstum prismat. Versetzungsschleifen ist vielmehr nur dadurch möglich, daß die Oberfläche der Leg.-Folien mit einem dünnen Oxidfilm bedeckt ist, der ein Auswandern von Leerstellen verhindert. W. Laqua 56

0207 **Bildung von Leerstellen in Aluminiumlegierungen durch Oxydation.** P. S. Dobson, S. Kritzinger und R. E. Smallman. (Philos. Mag. [8] **17** (1968) 148, 769—79; Dep. of Phys. Metallurg. and Sci. of Mater., Univ., Birmingham; engl.) — Untersucht wurde das Klettern prismat. Versetzungsschleifen in verd. *Al–Mg-*, *–Zn-*, *–Ag-* bzw. *–Ge*-Leg. während des isothermen Ausheizens dünner Leg.-Folien bei Temp. bis 200⁰ als Funktion der Zusammensetzung. Mit Ausnahme der Al–Mg-Leg., in der ein Wachstum der Versetzungsschleifen während des Ausheizens beobachtet wurde, heilen die Versetzungsschleifen durch Schrumpfung aus. Es wird vermutet, daß die für das Schleifenwachstum notwendige Übersättigung der Leg. mit Leerstellen durch Leerstellenbldg. in oberflächennahen Bereichen beim Auswandern von Mg Atomen in einen auf der Oberfläche wachsenden Oxidfilm zustande kommt. Dieses Modell wird durch Best. der Wachstumsgeschw. der Schleifen als Funktion der Ausheiztemp., -zeit u. des O_2-Partialdruckes bestätigt. In 0,65 Gew.-% Mg enthaltenden Leg. ist die Diffusion von Mg in oberflächennahe Bereiche geschwindigkeitsbestimmend; in Al-Leg. mit 3,3 u. 6,6 Gew.-% Mg ist der geschwindigkeitsbestimmende Schritt der Leerstellenbldg. die Oberflächenoxydation. W. Laqua 56

0208 **Untersuchung der Goldverteilung in dendritischen Germaniumbändchen durch Neutronenaktivierungs-Autoradiographie.** L. P. Kalnač, L. Ja. Graudinja und A. É. Ozols. (Izvest. Akad. Nauk SSSR, Neorg. Mater. **4** (1968) 5, 643—49; Inst. fiz. AN Latv. SSR; russ.) — Die breiten Flächen der Ge-Dendriten mit Au-Dotierung zeigen autoradiograph. nach Reaktorneutronenbestrahlung 2 Bereiche: 1. Gleichmäßig dotierte Oberflächenschicht, 2. stark dotierter Vol.-Bereich. Die Dicke der gleichmäßig dotierten Oberflächenschicht beträgt in Abhängigkeit von der Geometrie der Dendritenbänder ca. 0,35—0,45 der Banddicke. Die Dicke des stark dotierten Bereiches hängt ab von der Au-Konz. in der Schmelze u. von der Geometrie des Dendriten. Die Au-Verteilung im Vol.-Bereich hängt stark ab von der Zwillingsstruktur u. vom Dotierungsgrad. H. Richter 56

0209 **Goldsegregation in bandförmigen Germaniumdendriten.** L. P. Kalnač, L. Ja. Graudinja und A. É. Ozols. (Izvest. Akad. Nauk SSSR, Neorg. Mater. **4** (1968) 5, 650—54; russ.) — Vgl. vorst. Referat. — Die autoradiograph. Unters. zeigen, daß der Segregationskoeff. k von Au in Ge-Dendriten nicht von der Zwillingsstruktur, sondern von der Dendritengeometrie u. der Au-Konz. in der Schmelze abhängt. Bei Vergrößerung der letzteren wird k verkleinert. k wächst mit Vergrößerung des Dendritenquerschnittes (bei gleichem Verhältnis Breite/Dicke) sowie mit der Ziehgeschwindigkeit. H. Richter 56

0210 **Versetzungsverteilung in deformiertem Germanium.** H. Alexander und P. Haasen. (Canad. J. Physics **45** (1967) 2 Part 3, 1209—12, 2 Tafeln; Inst. für Metallphys., Univ. Göttingen, Germany; engl.) — Unters. der Versetzungsverteilung in bei 520⁰ verformten u. unter Belastung abgekühlten Ge-Einkrist. durch Elektronentransmission u. die Ätzgrübchenmeth. bei verschiedenen Stufen der Spannungs–Dehnungs-Kurve. Die Versetzungsanordnung in Ge ist der in kub.-flächenzentrierten Krist. ähnlich. Es sind vornehmlich Kantenversetzungen, die im 1. Stadium hauptsächlich in prim. Gleitebenen liegen, mit Versetzungen an gekreuzten Gleitebenen in Wechselwrkg. stehen, Zöpfe bilden und so weiter. Versetzungswälder konzentrieren sich in Zonen parallel zu gewissen prim. Gleitebenen, die von prim. Versetzungen anscheinend gemieden werden. I. Zoll 56

0211 **Bildung der α-Phase in der Supraleiterlegierung Ti mit 47 Gewichtsprozent Nb beim Erwärmen unter dem Elektronenmikroskop.** V. A. Vozilkin, V. G. Rakin und N. N. Bujnov. (Fiz. Metallov Metallovedenie **25** (1968) 2, 372—74; Inst. fiz. metallov AN SSSR; russ.) — Bei einer Erwärmung unter 600⁰ dünner Metallfolien der Ti-Leg. mit 47% Nb, die aus dem Einphasengebiet abgeschreckt war, wird die α-Phase ausgeschieden, die ein hexagonales Krist.-Gitter besitzt. H. Hochstein 56

0212 **Struktur und Phasenzusammensetzung der Silicidschichten auf Niob.** G. V. Zemskov, R. L. Kogan, V. M. Luk'janov und V. S. Viderman. (Fiz. Metallov Metallovedenie **25** (1968) 4, 762—64; Odesskij politechn. inst.; russ.) — Mitteilung der Ergebnisse einer mkr. u. einer Röntgenstrukturunters. von Zwei- u. Dreikomponentendiffusionsschichten, die durch Oberflächenlegieren von Nb mit Cr, Ti u. Si erhalten werden, u. zwar 1. durch Chromieren mit nachfolgendem Silizieren, 2. durch Titanisieren mit anschließendem Silizieren u. 3. durch eine vereinigte Chromier- u. Titanierbehandlung mit nachfolgendem Silizieren. Die Phasenanalyse der dabei erhaltenen Silicidschichten wird mittels Röntgendiffraktometer durchgeführt. In der nach diesen drei Behandlungsweisen erhaltenen Oberflächenschicht werden je nach der Behandlung $NbCr_2$, $NbSi_2$, $CrSi_2$, $TiCr_2$ u. $TiSi_2$ festgestellt, deren Gitterparameter ermittelt werden. Den kompliziertesten Aufbau besitzt eine nach 3. erhaltene Diffusionsschicht. Diese besteht aus drei Zonen. In der äußeren Zone befinden sich stengelartige Silicidkrist., die senkrecht zur Oberfläche orientiert sind u. deren Mikrohärte 11 000 MN/m² beträgt. In der Oberfläche treten komplizierte Silicide der drei Elemente

(Nb, Cr, Ti) oder deren feste Lsg. auf. Die Dreikomponentenschicht besitzt die höchsten Schutzeigenschaften. Eine Ox. tritt um das 40—50fache langsamer als eine Ox. der Zweikomponentenschichten Ti–Si u. Cr–Si auf. Die Dreikomponentenschicht enthält in der Oberfläche komplizierte Silicide, die in den Zweikomponentenschichten fehlen. H. Hochstein 56

0213 **Elektronenoptische Untersuchung der Struktur von durch Kathodenzerstäubung erhaltenen Tantalschichten.** U. S. Urazaliev, R. D. Ivanov und B. D. Galkin. (Izvest. Akad. Nauk SSSR, Ser. fiz. **32** (1968) 6, 1082 bis 1086; russ.) — Auf Sitall (Pyrokeramik) u. frische NaCl-Spaltflächen mit einer mittleren Aufwachsrate von 5 Å/s aufgestäubte feindisperse Ta-Schichten von 50 bis 4500 Å Dicke werden durch Elektronenmikroskopie, Elektronen- u. Röntgenbeugung untersucht. Beugungsaufnahmen in Durchstrahlung liefern wegen chem. Rk. bei der Präparation keine zuverlässigen Informationen über die Struktur, weswegen auch Beugungsbilder in Reflexion aufgenommen werden. Nach Ox. an Luft tritt neben den Reflexen der β-Modifikation von Ta_2O_5 eine neue Phase mit einem Netzebenenabstand von 5,32 Å auf. Die abgelösten u. durchstrahlten dünnen (< 300 Å) Schichten bestehen aus mindestens zwei Phasen, α-Ta u. vermutlich einem Suboxid. In den nicht von der Unterlage abgelösten dickeren Schichten (> 300 Å) wird neben α-Ta im Beugungsdiagramm in Reflexion zunächst keine weitere Phase beobachtet. Die dickeren Schichten zeigen eine Textur mit der (111)-Richtung als Texturachse. In sehr dicken Schichten (> 1500 Å) ist ferner der (220)-Reflex von TaC zu erkennen. F. Lenz 56

0214 **Stapelfehler in Wolfram.** R. I. Garber, Ž. I. Dranova und I. M. Michajlovskij. (Fiz. tverdogo Tela **10** (1968) 4, 1012—15; russ.) — Feldionenmkr. Unters. von Versetzungen in den Flächen {111} u. {110}. Die Versetzungsaufspaltung führt zu Stapelfehlern mit den Energien 137 ({111}) bzw. 50 erg · cm^{-2} ({110}). Die Aufspaltungen sind $\lesssim 8-10$ Å. K. Jaeger 56

0215 **Versetzungsstruktur in unbearbeiteten hochreinen Eisen-Einkristallen.** S. Kadečková und B. Šesták. (Canad. J. Physics **45** (1967) 2 Part 3, 1041—45, 6 Tafeln; Inst. of Phys., Czechoslovak. Acad. of Sci., Prague; engl.) — Unters. der Versetzungsstruktur in mit Hilfe eines „stat." bzw. eines „dynam." Dehnungsanlaßverf. hergestellten Fe-Einkrist., dessen Ausgangsmaterial 2 verschiedene Reinheitsgrade besaß, mit Hilfe der Ätzgrübchenmethode. In vor der Krist.-Züchtung zonengereinigten Proben werden mittlere Versetzungsdichten von $2{,}6 \cdot 10^5$ bis $7 \cdot 10^5$ cm^{-2} beobachtet. Mittlere Versetzungsdichten von $8{,}6 \cdot 10^5$ bis $3{,}3 \cdot 10^6$ cm^{-2} u. das Auftreten von breiten Subgrenzen sind charakterist. für vorher nicht zonengereinigte Fe-Einkristalle. Wahrscheinlich sind Verunreinigungen für die beobachteten Versetzungsdichten verantwortlich. I. Zoll 56

0216 **Thermische Effekte beim Erwärmen von plastisch verformtem, hochreinem Eisen.** N. V. Dubovickaja, L. N. Larikov und Ju. F. Jurčenko. (Fiz. Metallov Metallovedenie **25** (1968) 3, 513—17; Inst. metallofiz. AN USSR; russ.) — Durch kalorimetr., dilatometr., elektronenmkr. u. röntgenograph. Meth. werden die Prozesse der Entfestigung von plast. verformtem, hochreinem (99,99%) Carbonyleisen beim Erwärmen untersucht. Durchgeführt werden quant. Berechnungen der Vol.-Veränderungen, der Wärmeabgabe u. ihrer Beziehungen zueinander beim Verlauf der Vorgänge der Erholung, Polygonisation u. Rekristallisation. Der Einfl. der Beimengungen u. der Art des Krist.-Gitters auf den Verlauf dieser Prozesse wird bestimmt. Festgestellt wird die große Bedeutung von C als Akkumulator der Defekte des Krist.-Aufbaus im Fe. Auch eine kleine C-Menge (z. B. von Armcoeisen) führt zu einer Erhöhung des Energiewertes um das Doppelte im Vgl. zu dem hochreinen Eisen, wobei nicht nur der Wärmeeffekt der Rekristallisation, sondern auch die Vorrekristallisationswärmeabgabe bedeutend erhöht wird. H. Hochstein 56

0217 **Natürliche Alterung von elektrolytischem Eisen.** V. V. Karjakin, V. M. Kozlov, E. A. Mamontov und Ju. N. Petrov. (Fiz. Metallov Metallovedenie **25** (1968) 3, 497—500; Inst. prikl. fiz. AN MSSR; russ.) — Aus einem aus 500 (g/l) $FeCl_2 \cdot 4\,H_2O$ u. 1 HCl oder aus 415 $FeSO_4 \cdot 7\,H_2O$ u. 1,4 H_2SO_4 bestehenden Elektrolyten erhaltenes elektrolyt. Fe unterliegt einer natürlichen Alterung. Die Alterung der Ausscheidungen verläuft in zwei Etappen, die sich hinsichtlich Dauer u. Charakter der Veränderung der submkr. Struktur unterscheiden. Die Intensität der Alterung hängt von der durch die Elektrolysebedingungen bestimmten Ausgangsstruktur des elektrolyt. Fe ab. Die erhaltenen Gesetzmäßigkeiten werden durch die H-Wanderung u. durch die Neuverteilung der Störstellen des Fe-Krist.-Gitters erklärt. H. Hochstein 56

0218 **Einfluß einer plastischen Verformung auf die Intensität der Röntgeninterferenzen von Eisen.** G. M. Vorob'ev und A. D. Ljučkov. (Izvest. vysšich učebnych Zavedenij [Tomsk], Fiz. **11** (1968) 4 (71), 103—09; Dnepropetrovskij metallurg. inst.; russ.) — Im Falle des Ausschlusses des Textureinfl. u. des Extinktionseffektes auf die Linienintensität nach einer plast. Verformung werden zwei Arten von Linienschwächung beobachtet: 1. Schwächung nach demselben Gesetz wie bei einer Temp.-Erhöhung u. 2. Schwächung analog dem Auftreten einer neuen Phase. Die erste Art der Schwächung wird durch eine ungleichmäßige, durch Spannungsfelder von Versetzungen bedingte elast. Verformung erklärt. Die zweite Art der Schwächung wird dadurch erklärt, daß ein gewisser Bereich in der Nähe der Versetzungslinien soviel verzerrt ist, daß er nicht an der Röntgenbeugung teilnimmt. H. Hochstein 56

0219 **Intensitätsänderung der Beugungslinien von verformtem Eisen während des Glühens.** G. M. Vorob'ev und A. D. Ljučkov. (Fiz. Metallov Metallovedenie **25** (1968) 3, 553—55; russ.) — Vgl. vorst. Referat. — Ein Vgl. der Beugungslinienintensität von verformtem u. von geglühtem Eisen nach einer Verformung beweist, daß nach der plast. Verformung die Verzerrungen des Krist.-Gitters die Intensität der Röntgeninterferenzen verringern. Wenn in einer Fe-Probe der Effekt der Primärextinktion fehlt, dann wird nach der plast. Verformung der Probe eine Schwächung der Beugungslinien deutlich beobachtet. H. Hochstein 56

0220 **Einfluß der C-Konzentration auf den Mechanismus und die Kinetik des Martensitzerfalls beim Anlassen von gehärtetem Stahl.** L. I. Lysak und A. G. Dračinskaja. (Fiz. Metallov Metallovedenie **25** (1968) 2, 341 bis 349; Inst. metallofiz. AN USSR; russ.) — In Stählen mit 1,5—1,75% C bilden sich beim Anlassen im Temp.-Bereich von 60—120° aufeinanderfolgend zwei Phasen von Anlaßmartensit, nämlich die α_1- u. α_2-Phase, die sich durch ihren C-Geh. voneinander unterscheiden. Das wird durch Ausscheidung zweier Carbidphasen aus fester Lsg. bedingt. Die Zunahme der C-Konz. bewirkt eine Abnahme der Geschw. des ersten Martensitzerfallstadiums u. beeinflußt prakt. nicht das zweite Stadium. H. Hochstein 56

0221 **Röntgenographische Untersuchung der Gitterperiode von Austenit bei Temperaturen der Zwischenstufenumwandlung.** L. I. Kogan und R. I. Éntin. (Fiz. Metallov Metallovedenie **25** (1968) 2, 383—84; Inst. metallovedenija i fiz. metallov CNIIČERMET im. Bardina; russ.) — Während der Zwischenstufenumwandlung wird der Austenit hinsichtlich seines C-Geh. inhomogen u. bei seiner Abkühlung bis auf Raumtemp. bildet sich Martensit bevorzugt in den Gebieten, die C-ärmer sind. Eine Analyse der Linienbreite von Austenit während der isothermen Hochtemp.-Behandlung ergibt, daß die inhomogene C-Verteilung im Austenit zu Beginn der Umwandlung entsteht. Es wird bestätigt, daß bei der Zwischenstufenumwandlung der martensit. $\gamma \to \alpha$-Übergang unter Bedingungen eines C-Entzuges in den nichtumgewandelten Austenitanteil verwirklicht wird. Die Carbidausscheidung aus dem Austenit oder Ferrit ist ein sek. Vorgang, der nicht gleichzeitig mit der Zwischenstufenumwandlung ablaufen muß. H. Hochstein 56

0222 **Einfluß einer plastischen Verformung auf die Veränderung der physikalischen Eigenschaften beim Altern**

einer austenitischen Legierung. K. A. Malyšev und A. I. Uvarov. (Fiz. Metallov Metallovedenie **25** (1968) 3, 518—21; Inst. fiz. metallov AN SSSR; russ.) — Unters. der Vorgänge, die bei der Vereinigung von Alterung u. plast. Verformung in einer austenit. Fe–Ni–Ti-Leg. mit 0,03(%) C, 0,35 Si, 0,30 Mn, 1,61 Cr, 24,64 Ni u. 2,70 Ti (Martensitpunkt M_s bei -130^0) auftreten. Hierbei zeigt sich, daß die Anwendung der plast. Verformung eine Verfestigung der ausalternden Leg. bewirkt. Beim Abkühlen auf die Temp. von fl. N von Proben, die bei 600 u. 650° ohne u. mit Verformung gealtert wurden, ist die Menge des erhaltenen Martensits unterschiedlich. In dem durch plast. Verformung stabilisierten Austenit erhält die martensit. Umwandlung eine bedeutend geringere Entwicklung. H. Hochstein 56

0223 **Veränderung der Struktur und Koerzitivkraft während der Alterung einer Alni-Legierung.** M. P. Arbuzov, R. Ja. Musienko, A. A. Pavljukov und B. V. Chaenko. (Fiz. Metallov Metallovedenie **25** (1968) 4, 677—80; Inst. problem materialovedenija AN USSR; russ.) — Durchgeführt werden Gefüge- u. magnet. Unters. einer Alni-Leg. mit 56,6(%) Fe, 29,7 Ni u. 15 Al während der Ausalterung nach einer Abschreckung von 1200° u. einer Alterung bei verschiedenen (400—800°) Temperaturen. Es zeigt sich, daß der Zerfallsprozeß mit der Bldg. von sphär. Guinier-Preston-Zonen beginnt. In den Anfangsstadien der Alterung bilden sich sphär. Guinier-Preston-Zonen, deren Entw. zur Bldg. einer neuen Strukturphase führt, die ähnlich der Matrix ist, aber bez. der Konz. heterogen ist. Die Struktur der Leg. mit Höchstwerten der Koerzitivkraft (460 Oe) entspricht dem Stadium der Bldg. der Ausscheidungsphase mit einer großen Konz.-Inhomogenität u. mit kleinen Teilchenabmessungen. H. Hochstein 56

0224 **Mechanismus der Vanadincarbidbildung bei der $\gamma \to \alpha$-Diffusionsumwandlung.** E. L. Kolosova, M. I. Gol'dštejn und G. D. Susloparov. (Fiz. Metallov Metallovedenie **25** (1968) 4, 681—88; Ural NIIČM; russ.) — Elektronenmkr. wird der VC-Bldg.-Vorgang bei der $\gamma \to \alpha$-Diffusionsumwandlung im untereutektoiden Stahl 20 G2V mit 0,19(%) C, 1,52 Mn u. 0,18 V sowie ohne V-Zusatz untersucht. Die VC-Bldg. tritt in einigen Stadien auf, nämlich direkt im unterkühlten Austenit vor Beginn des Perlitzerfalls, im überschüssigen Ferrit sowie im Ferrit des Eutektoids. Die Form u. Abmessungen der ersten Ausscheidungen im Austenit u. Ferrit werden durch die Orientierungsverhältnisse der Gitter des VC u. der festen Lsg. sowie aber auch durch den Typ der Fehlordnungen des krist. Matrixaufbaus bestimmt. Unter bestimmten kinet. u. thermodynam. Voraussetzungen bilden sich außer den üblichen (direkten) Ausscheidungen im Ferrit an der in den Austenit hinein wandernden Grenze fadenförmige (diskontinuierliche) VC-Ausscheidungen. H. Hochstein 56

0225 **Einige Gesetzmäßigkeiten der Kristallerholung von Nickel und Kupfer.** V. I. Ivegronova und N. N. Osipenko. (Fiz. Metallov Metallovedenie **25** (1968) 3, 549 bis 551; Mosk. gosuniv. im. Lomonosova; russ.) — Die Geschw. des Erholungsprozesses nimmt bei Ni mit Zunahme des Verformungsgrades ab u. nimmt merklich mit einer Temp.-Erhöhung zu. Die Aktivierungsenergie Q des Prozesses liegt nahe bei der Aktivierungsenergie des Abganges von Leerstellen beim Niedertemperaturglühen. Es wird angenommen, daß der Prozeß der Verschiebung von Versetzungen im Verlauf eines solchen Glühens, der zur ersten Polygonisationsetappe führt, unmittelbar mit dem Prozeß des Leerstellenabzuges zusammenhängt. H. Hochstein 56

0226 **Neutronographische Untersuchung der Ordnung von Nichrom.** I. S. Beljackaja und E. Z. Vintajkin. (Fiz. Metallov Metallovedenie **25** (1968) 4, 748—51; Inst. metallovedenija i fiz. metallov; russ.) — Neutronograph. Unters. des Ordnungsvorganges, der in einer Ni-Leg. mit 34,5 Atom-% Cr nach einem Glühen bei 480° auftritt. Den Beobachtungen ist zu entnehmen, daß der elektr. Widerstand etwa proportional dem Nahordnungsgrad so lange zunimmt, bis die Fernordnung sich zu bilden beginnt. H. Hochstein 56

0227 **Versetzungsstrukturen in durch Hochtemperaturkriechen verformten Kupfer-Einkristallen.** V. P. Gupta und P. R. Strutt. (Canad. J. Physics **45** (1967) 2 Part 3, 1213—20, 2 Tafeln; Indian Inst. of Technol., Kharagpur, India; engl.) — Mit Hilfe der Ätzgrübchenmeth. werden Versetzungen u. Substrukturen in Cu-Einkrist. untersucht, die durch prim. u. sek. Kriechen bei 550° bei einer aufgelösten krit. Scherspannung von 250 g · mm^{-2} verformt wurden. Im Anfangszustand des prim. Kriechens bilden die Versetzungen gut zu definierende Zellen. Dann entwickeln sich Subgrenzen u. eine gut entwickelte Substruktur mit beliebiger Versetzungsverteilung innerhalb der Subkörner. Die Versetzungsdichte nimmt während des prim. Kriechens um den Faktor 2 ab. I. Zoll 56

0228 **Ausheilen von Versetzungen in polykristallinem Kupfer während der Herstellung dünner Filme für elektronenmikroskopische Untersuchungen.** C. T. B. Foxon und J. G. Rider. (Philos. Mag. [8] **17** (1968) 148, 729 bis 734; Dep. of Phys., Univ. of Surrey, London; engl.) — Fließspannung τ, spezif. elektr. Widerstand ϱ u. Versetzungsdichte N von polykrist. Cu (99,996%) wurden als Funktion der plast. Dehnungsspannung ε für Verformungsgrade bis zu 10% bestimmt. Zwischen τ u. $(\Delta\varrho)^{1/2}$, wobei $\Delta\varrho$ die Zunahme von ϱ bei 4,2 °K der verformten Leg.-Folien gegenüber verformten u. anschließend ausgeheizten Folien ist, besteht ein linearer Zusammenhang. Für N bis zu ca. $1,1 \cdot 10^{10}$ cm^2 existieren lineare Beziehungen zwischen τ u. $N^{1/2}$, $\Delta\varrho$ u. N bzw. $\log \varepsilon$ u. $\log N$. Oberhalb des angegebenen N-Wertes setzt eine plötzliche, starke Zunahme von τ, $\Delta\varrho$ bzw. ε ein, während sich N nur noch geringfügig ändert. Aus den Unters. folgt, daß während der Herst. der Leg.-Filme für die elektronenmkr. Best. der Versetzungsdichte oberhalb einer krit. Versetzungsdichte ein Ausheilen von Versetzungen auftritt, u. zwar um so stärker, je größer die ursprüngliche Versetzungsdichte war. W. Laqua 56

0229 **Adsorption in der Oberflächenschicht eines geordneten Mischkristalls vom β-Messingtyp.** N. V. Koževjakin und L. E. Popov. (Fiz. Metallov Metallovedenie **25** (1968) 5, 801—10; Sibir. fiz.-techn. inst. im. Kuznecova; russ.) — Die Möglichkeit der Adsorption einer der Leg.-Komponenten durch die Oberflächenschicht eines derartigen Mischkrist. wird für (100)- u. (011)-Oberflächen erörtert. Es wird theoret. gezeigt, daß in der Nähe der Oberflächen beider Orientierungen beträchtliche Abweichungen von der mittleren Zus. vorliegen können. H. Roschkowski 56

0230 **Versetzungsverteilung in deformierten Silber-Einkristallen.** D. L. Moon und W. H. Robinson. (Canad. J. Physics **45** (1967) 2 Part 3, 1017—30, 22 Tafeln; Dep. of Metallurg. and Mater. Sci., Carnegie Inst. of Technol., Pittsburgh, Pa.; engl.) — Transmissionselektronenmkr. Unters. an kaltverformten Ag-Einkristallen. In der Verformungsstufe I treten Kantenversetzungsbündel des prim. Syst. auf. Mit fortschreitender Deformation nehmen die Bündel sowie die Versetzungen in jedem Bündel zu. Im II. Deformationszustand bildet sich eine Zellstruktur, deren Größe kontinuierlich abnimmt. Es resultiert ein dichtes Netzwerk von Lomer-Cottrell-Versetzungen in lokalen Bereichen. Diskussion über die Bedeutung der Stapelfehlerenergie bei Deformation kub.-flächenzentrierter Kristalle. I. Zoll 56

0231 **Theorie der Koagulation überschüssiger Leerstellen beim Anlassen gehärteter Metalle.** V. I. Vladimirov und Š. Ch. Channanov. (Fiz. Metallov Metallovedenie **25** (1968) 4, 614—21; Fiz.-techn. inst. im. Joffe AN SSSR; russ.) — Entw. der Theorie u. Anwendung auf Vers.-Ergebnisse an *Au*. H. Roschkowski 56

0232 **Gleichgewichtsform von Versetzungs-Ätzgrübchen.** M. McLean und J. P. Hirth. (Surface Sci. [Amsterdam] **11** (1968) 1, 25—36; Dep. of Metallurg. Engng., Ohio State Univ., Columbus, O.; engl.) — Es wird eine Theorie zur Beschreibung der Gleichgew.-Form von Ätzgrübchen, die an den Durchstoßpunkten von Versetzungen gebildet werden, abgeleitet; dabei wird sowohl eine isotrope als auch eine anisotrope Verteilung der Oberflächenenergie angenommen. Vorläufige experiementelle Daten (*Au–Ag*-Leg.) werden bez. der Theorie analysiert u. daraus Abschätzungen über die relative Größe von Versetzungslinienenergie u. Oberflächendrehmomente gewonnen. G. Ertl 56

0233 **Kinetik des Ausheilens von Leerstellen an Versetzungen.** R. W. Balluffi und D. N. Seidman. (Philos. Mag. [8] **17** (1968) 148, 843–48; Dep. of Mater. Sci. and Engng., Cornell Univ., Ithaca, N.Y.; engl.) — Unter Verw. von Literaturdaten wird die Kinetik des Ausheilens in *Al*, *Au* u. *α-Fe* bei Vorhandensein überschüssiger Leerstellen u. Versetzungen krit. analysiert, die nach einer Beziehung der Form $\exp(-kt^m)$ verläuft (t = Zeit, k = Konst.), wobei m, eine Zahl < 1, durch die Wechselwrkg. von Leerstellen mit Versetzungen bei Ausheilung von Leerstellen an Versetzungen bestimmt werden soll. Vf. kommen zu folgenden Schlußfolgerungen: 1. Es existiert keine theoret. Grundlage für die Existenz des angegebenen Ausheilungsgesetzes, falls nicht ungewöhnlich hohe Driftbedingungen berücksichtigt werden. Dagegen sollte unter normalen Bedingungen in einem einfachen Syst., das eine bestimmte Anzahl statist. verteilter Versetzungen enthält, die mit konst. Wirksamkeit als einzige Senken für Leerstellen in Frage kommen, ein Ausheilungsgesetz 1. Ordnung existieren. 2. Es ist nicht möglich, den experimentell beobachteten Wert $m \approx 1/2$ auf der Basis einer Wechselwrkg. Leerstelle/Versetzung vom Typ $1/r^2$ zu erklären. 3. Für die experimentell erhaltenen Abweichungen von einem Ausheilungsgesetz 1. Ordnung lassen sich unterschiedliche Begründungen angeben. Für die Ausheilungskinetik von *Au* wurde unter ähnlichen experimentellen Bedingungen, bei denen von anderen Autoren der Wert m = 1/2 erhalten wurde, von Vf. m zu 0,7 bestimmt. W. Laqua 56

0234 **Kristallstruktur von $NOSO_3Cl$.** Th. Höhle und F. C. Mijlhoff. (Recueil Trav. chim. Pays-Bas **87** (1968) 2, 144; Labor. of Inorg. Chem., Univ., Amsterdam; engl.) — Erratum zu ibid. **86** (1967) 1156, die Anordnung der SO_3Cl^-- u. NO^+-Ionen in der Struktur betreffend (Abb.). A. Blaschette 58

0235 **Röntgenographische Untersuchung eines sogenannten Disilylhexamethylcyclotrisilazans. Kristall- und Molekülstruktur eines Disilyltetramethylcyclodisilazans.** G. Chioccola und J. J. Daly. (J. chem. Soc. [London], Sect. A **1968**, 7, 1658–63; Monsanto Res. S.A., Zürich; engl.) — Durch doppelte Silylierung von Hexamethylcyclotrisilazan mit $ClSi(CH_3)(C_6H_5)_2$ wird nicht ein 1.3-disilylsubstituiertes Cyclotrisilazan erhalten, sondern *1-Methyldiphenylsilyl-3-[1.1.3-trimethyl-3.3-diphenylsilazanyl]-2.2.4.4-tetramethylcyclodisilazan* (**I**), $C_{32}H_{45}N_3 \cdot Si_5$, F. 66–67°, farblose Nadeln. **I** krist. monoklin in $P2_1/c$ mit a = 15,790, b = 8,443, c = 27,944 Å, β = 103,9°, D_{exp} 1,122, D_R 1,124 g/cm³, Z = 4. Der R-Faktor für 2726 Reflexe beträgt 0,087. Der viergliedrige Si–N-Ring ist planar. Die Si–C(Methyl)- u. Si–C(Phenyl)-Bindungen unterscheiden sich in ihrer Länge nicht; die entsprechenden Mittelwerte betragen 1,876 bzw. 1,879 Å. Die vom viergliedrigen Ring abgehende N–Si-Bindung ist mit 1,719 Å signifikant kürzer als die Si–N-Bindungen im Ring (1,744 Å) bzw. in der Seitenkette (1,738 Å). A. Blaschette 58

0236 **System Be_3N_2–Si_3N_4.** 4. Mitt. **Kristallstruktur von $BeSiN_2$.** P. Eckerlin. (Z. anorg. allg. Chem. **353** (1967) 5/6, 225–35; dt.) — C. vgl. 3. **1969,** 10-0768. — Vf. berichtet über Züchtung u. röntgenograph. Unters. (Weissenberg-Aufnahmen mit CuKα- u. MoKα-Strahlung) von $BeSiN_2$-Krist., die verdrillingt vorliegen. $Be \cdot SiN_2$ krist. orthorhomb., a = 4,977, b = 5,747, c = 4,674 Å, Z = 4 Raumgruppe $Pna2_1$. Die Struktur stellt eine Überstruktur des Wurtzits dar, bei der Be u. Si eine Ordnung anstreben, die der Ordnung der Metallatome im $CuFeS_2$ (Chalkopyrit) entspricht, dessen Atomgerüst auf dem Zinkblendegitter aufbaut. Jedes N wird von zwei Be- u. zwei Si-Atomen tetraedr. umgeben. R. Braun 58

0237 **Zelldimensionen von Ammoniumcadmiumchlorid und Kaliumcadmiumchlorid.** K. S. Chandrasekaran und S. K. Mohanlal. (Acta crystallogr. [Copenhagen] **23** (1967) 3, 503; Madurai-2, India, Madurai Univ., Phys. Dep.; engl.) — Für die rhomboedr. krist. Verb. $NH_4Cl \cdot CdCl_2$ (**I**) u. $KCl \cdot CdCl_2$ (**II**) werden mit Hilfe von Weissenberg-Aufnahmen die Gitterdimensionen **I** a 8,842 ± 0,005 (Å); α 88° 48′ ± 10′; D_R 1,923 u. **II** a 8,601 ± 0,001; α 89° 57′ ± 5′; D_R 2,581, in beiden Fällen $R\bar{3}m$ u. Z = 4 ermittelt. C. Gottfried 58△

0238 **Neue Siliciumsauerstoffradikale $[Si_3O_{10}]$ in der $Na_4Cd_2[Si_3O_{10}]$-Struktur.** M. A. Simonov, Ju. K. Egorov-Tismenko und N. V. Belov. (Doklady Akad. Nauk SSSR **179** (1968) 6, 1329–32; Mosk. gos. univ. im. Lomonosova; russ.) — $Na_4Cd_2[Si_3O_{10}]$ wurde bei 450° u. 2000 atm aus den Oxiden in 30–40%ig. NaOH hergestellt u. röntgenograph. untersucht. Die Verb. krist. nach Röntgenbeugungsdaten monoklin mit a = 10,00 ± 0,03; b = 5,83 ± 0,02; c = 16,80 ± 0,05 Å; β = 80°; D. 3,71 g/cm³; Z = 4 in C2/c. Mit Patterson- u. Fourier-Synth. werden neben Si–O-Tetraedern Cd-Polyoktaeder festgestellt. Die $Na_4Cd_2[Si_3O_{10}]$-Struktur wird durch $[Si_3O_{10}]$-Radikale charakterisiert, die jeweils aus drei Si-Tetraedern mit O:Si = **3,33** bestehen. Die Winkel Si–O–Si sind gleich 130° 52′. H. Korn 58

0239 **Kristallstruktur von $CdAs_2$.** Jerzy Horn und Kazimierz Łukaszewicz. (Roczniki Chem. [Ann. Soc. chim. Polonorum] **42** (1968) 6, 993–99; Inst. Niskich Temp. i Badań Struct. Pol. Akad. Nauk, Wroclaw; pol.) — $CdAs_2$ krist. nach Röntgenbeugungsdaten tetragonal mit a = 7,954 ± 0,003; c = 4,678 ± 0,002 Å; Z = 4 in D_4^{10}–$I4_122$. Patterson- u. Fourier-Synth. ergeben, daß Cd die Lagen 4e u. As die Lagen 8f einnimmt. Für As wird x = 0,440 erhalten. Cd u. As sind tetraedr. koordiniert, wobei Cd von 4As-Atomen umgeben ist u. As im Zentrum eines Tetraeders mit 2As- u. 2 Cd-Atomen an den Ecken liegt. H. Roschkowski 58

0240 **Auftreten eines Hg-Halogen-Assoziationseffekts in einigen halogenierten quecksilberorganischen Verbindungen.** T. A. Babuškina, E. V. Brjuchova, F. K. Veličko, V. I. Pachomov und G. K. Semin. (Ž. strukturnoj Chim. **9** (1968) 2, 207–12; Inst. élementoorg. soedinenij AN SSSR; russ.) — Durch NQR-Spektroskopie u. Röntgenstrukturanalyse werden einige Trichlormethyl–Hg-Deriv. untersucht. Die ³⁵Cl- u. ⁸¹Br-NQR-Spektren von $Hg(Cl_3C)_2$, $ClHgCCl_3$, $BrHgCCl_3$, *trans*-$ClCHCHHgCl$, $Cl_3CCOOAg$, $Cl_3CCOONa$, $Hg_2(Cl_3CCOO)_2$, $Cl_3CCOONHHgC_6H_5$ u. $Cl_3CCOOHgC_6H_5$ werden bestimmt u. röntgenograph. für Cl_3CHgBr u. Cl_3CHgCl die Strukturen ermittelt. Cl_3CHgBr krist. mit (a =) 18,28; (b) = 10,66; (c =) 6,56 Å; Cl_3CHgCl isomorph dazu mit 18,22; 10,72; 6,56 in Pbnm. Die Cl-Atome der CCl_3-Gruppe in Cl_3CHgBr liegen in verschiedenen Abständen zum Hg-Atom. Ebenso wie die NQR-Spektren weisen die Röntgenbeugungsdaten auf eine intramol. Koordination eines der Cl-Atome der CCl_3-Gruppe an das Hg-Atom hin. H. Roschkowski 58

0241 **Zusammensetzung und mögliche Struktur der quaternären Phase in hoch tonerdehaltigem Zement und deren Beziehung zu anderen Phasen des Systems CaO–MgO–Al_2O_3.** H. G. Midgley. (Trans. Brit. ceram. Soc. **67** (1968) 1, 1–13; Building Res. Stat., Garston, Watford, Herts.; engl.) — Die Zus. der als Pleochroit bekannten quatern. Phase in Zementklinkern mit hohem Al_2O_3-Geh. wurde auf Grund von Elektronensonden-Mikroanalysen zu $Ca_{22}Fe_3Al_{14}(Al_2O_7)_8(AlO_4)_4(SiO_4)_2$ (**I**) bestimmt. Es wird vermutet, daß die Struktur aus Lagen von Al_2O_7-Gruppen u. AlO_4- u. SiO_4-Gruppen mit Zwischenlagen von Ca besteht. Die Zus. der quatern. MgO-Phase im gleichen Material wird zu $Ca_{35}Mg_4Al_{24}(Al_2O_7)_8 \cdot (AlO_4)_{13}(SiO_4)_5$ bestimmt. Auch diese Struktur besteht aus Al_2O_7-, AlO_4- u. SiO_4-Gruppen, die jedoch anders als in **I** angeordnet sind. Auch andere Phasen des Syst. CaO–Al_2O_3–SiO_2–MgO, wie $5\,CaO \cdot 7\,Al_2O_3$, $33\,CaO \cdot 5\,MgO \cdot 22\,SiO_2$ u. $3\,CaO \cdot 2\,Al_2O_3 \cdot MgO$ lassen sich auf einer solchen Basis strukturell beschreiben. H. Roschkowski 58

0242 **Struktur von Gadolinium(III)-sulfid.** C. T. Prewitt und A. W. Sleight. (Inorg. Chem. [Washington] **7** (1968) 6, 1090–93; Wilmington, Del., E. I. du Pont de Nemours & Comp., Experimental Stat., Central

Res. Dep.; engl.) — Bei der Umsetzung von Gd mit S u. J_2 im Atomverhältnis 1:1:1 im Vakuum entsteht prim. GdSJ, das sich bei Temp.-Erhöhung auf 1200° zersetzt, wobei beim Abkühlen Einkrist. von Gd_2S_3 (**I**) aus einer Schmelze von GdJ_3 auskristallisieren. Rotes **I** krist. rhomb. mit Z = 4 in Pnam—D_{2h}^{16}: a = 7,339 ± 0,007, b = 15,273 ± 0,002, c = 3,9318 ± 0,0004 Å; D_R. 6,187, $D_{\cdot exp}$ 6,14 g/cm³. Unter Verw. dreidimensionaler Röntgendaten wurde die Struktur von **I** mit Patterson-Synth. bestimmt u. nach der Meth. der kleinsten Quadrate bis auf R = 0,019 verfeinert; die Parameter u. anisotropen Temp.-Faktoren sind tabelliert. In **I** liegen GdS_7- u. GdS_8-Koordinationspolyeder vor: Gd(1)–S = 2,90 Å trigonal prismat. (tp) mit 1 S oberhalb einer Prismenfläche (PF); Gd(2)–S = 2,82 Å tp mit 2 S oberhalb 2 PF. Die S-Atome in **I** sind alle von 5 Gd koordiniert. — Die Curie-Weiss-Konst. von **I** beträgt $\Theta = -8$ °K; das magnet. Moment ist 7,94 ± 0,01 BM.

G. Gattow 58

0243 **Struktur des komplexen Ions in Piperidinium-tetrakis-[benzoylacetonato]-gadolinat.** L. A. Butman, L. A. Aslanov und M. A. Poraj-Košic. (Ž. strukturnoj Chim. **9** (1968) 2, 332—33; Mosk. gos. univ. im. Lomonosova; russ.) — Eine vorl. weitere Auswertung von Röntgenbeugungsdaten der Verb. (Gitterkonst. vgl. Butman et al., Ž. neorg. Chim. **11** (1966) 2400) ergibt, daß die Gd-Atome von 8 O-Atomen der Benzoylacetonreste an den Spitzen eines tetragonalen Antiprismas umgeben sind. Die Benzoylringe des Liganden liegen parallel zur Ebene des Chelatrings.

H. Roschkowski 58

0244 **Kristallstruktur von Tris-[acetylacetonato]-holmiumtrihydrat.** L. A. Aslanov, E. F. Korytnyj, M. A. Poraj-Košic und A. I. Vyrkė. (Ž. strukturnoj Chim. **9** (1968) 2, 331—32; russ.) — Vgl. vorst. Referat. — $[Ho(acac)_3] \cdot 3\,H_2O$ krist. monoklin mit a = 10,65; b = 20,0; c = 11,04 Å; β = 90° 45′ in $P2_1/n$. Eins der W.-Mol. in der Verb. ist bes. leicht gebunden. Die interatomaren Abstände von Ho zu den O-Atomen werden tabellar. angegeben. H. Roschkowski 58

0245 **Kristallstruktur von Kaliumtrifluorostannat(II)-Hemihydrat, $KSnF_3 \cdot 1/_2\,H_2O$.** G. Bergerhoff, L. Goost und E. Schultze-Rhonhof. (Acta crystallogr., [Copenhagen], Sect. B **24** (1968) 6, 803—07; Bonn, Univ., Anorg.-chem. Inst.; dt.) — $KSnF_3 \cdot 1/_2\,H_2O$ (**I**) krist. tetragonal mit Z = 8 in I4/m—C_{4h}^5: a = 13,33 ± 0,05, c = 4,43 ± 0,03 Å; $D_{\cdot exp}$ 3,71 g/cm³. Unter Verw. dreidimensionaler Röntgendaten wurde die Struktur von **I** mit Patterson- u. Fourier-Synth. bestimmt u. mit Differenzsynth. bis auf R = 10,3 u. R′ = 13,9% verfeinert; die Parameter u. isotropen Temp.-Faktoren sind tabelliert. Die Struktur von **I** wird aufgebaut aus verzerrten vierseitigen SnF_4-Pyramiden (VP), deren Grundflächen von 4 F-Atomen gebildet werden; die Abstände betragen Sn–F = 2,01—2,27 Å. Die VP sind derart miteinander verknüpft, daß unendliche $[SnF_3]$-Ketten (Sn–Sn = 3,96 Å) in Richtung der kristallograph. [001]-Richtung resultieren; die H_2O befinden sich in der einen Hälfte der gebildeten Kanäle. K ist von 9 F u. 1 H_2O koordiniert (K–F = 2,66—3,29 Å; K–H_2O = 2,80). G. Gattow 58

0246 **Neutronenbeugungsuntersuchungen der Struktur und der Phasenumwandlungen in Niobhydriden und -deuteriden.** V. A. Somenkov, A. V. Gurskaja, M. G. Zemljanov, M. E. Kost, N. A. Černoplekov und A. A. Čertkov. (Fiz. tverdogo Tela **10** (1968) 5, 1355 bis 1363; russ.) — Neutronenbeugungsunters. u. therm. Analysen von NbH_x (x = 0,84 u. 0,94) u. NbD_y (y = 0,86 u. 0,95) zeigten bei ca. 160° eine Umwandlung, die durch eine Ordnung der leichten Atome auf den Zwischengitterplätzen des Metalles gedeutet wird. Der Isotopen- u. Konz.-Effekt der Umwandlungstemp. werden untersucht.

K. Jaeger 58

0247 **Röntgenographische Daten über einige π-Komplexe von Metallen der V. Gruppe mit Tolan.** G. G. Aleksandrov, A. I. Gusev und Ju. T. Stručkov. (Ž. strukturnoj Chim. **9** (1968) 2, 333; Inst. ėlementoorg. soedinenij AN SSSR; russ.) — Die Gitterkonst. u. Raumgruppen nachst. Komplexe wurden ermittelt: *π-Cyclopentadienylniobcarbonyl-2 Tolan*, $C_5H_5Nb(CO) \cdot 2\,(C_6H_5)_2C_2$, triklin, (a =) 11,72; (b =) 11,80; (c =) 10,05; (α =) 100,5°; (β =) 103,4°; (γ =) 78,6°; ($D_{\cdot exp}$) 1,37; ($D_{\cdot R}$) 1,38; (Z =) 2; $P\bar{1}$; *π-Cyclopentadienyltantalcarbonyl-2 Tolan*, triklin, $C_5H_5Ta(CO) \cdot 2\,(C_6H_5)_2C_2$; 11,59; 11,68; 10,00; 100,9°; 102,6°; 78,0°; 1,58; 1,64; 2; $P\bar{1}$; *Bis-[π-cyclopentadienylniobcarbonyl-Tolan]*, $\{(C_5H_5)Nb(CO)[(C_6H_5)_2C_2]\}_2$ (**I**), triklin, 10,43; 9,60; 9,12; 110,4°; 73,1°; 114,1°; 1,54; 1,58; 1; $P\bar{1}$; *1:1-Solvat* von **I** mit *Bzl.*; triklin; 11,91; 9,32; 8,59; 109,3°; 94,7°; 90,5°; 1,42; 1,44; 1. Für die drei erstgenannten Verb. werden die Parameter der Metallatome angegeben. H. Roschkowski 58

0248 **Kristallstruktur von Dikaliumtrimolybdat(VI), $K_2Mo_3O_{10}$; eine Verbindung mit fünffach koordiniertem Molybdän(VI).** B. M. Gatehouse und P. Leverett. (J. chem. Soc. [London], Sect. A **1968**, 6, 1398—1405; Clayton, Victoria, Australia, Monash Univ., Dep. of Chem.; engl.) — $K_2Mo_3O_{10}$ (**I**), hergestellt durch Zusammenschmelzen von K_2CO_3 u. MoO_3 im Mol-Verhältnis 1:3, krist. monoklin mit Z = 4 in C2/c: a = 13,902 ± 0,010, b = 7,914 ± 0,008, c = 8,845 ± 0,008 Å, β = 98,84 ± 0,10°; $D_{\cdot R}$ 3,64, $D_{\cdot exp}$ 3,60 ± 0,05 g/cm³. Unter Verw. dreidimensionaler Röntgendaten wurde die Struktur von **I** mit Patterson- u. Fourier-Synth. bestimmt u. nach der Meth. der kleinsten Quadrate bis auf R = 0,100 verfeinert; die Parameter u. anisotropen Temp.-Faktoren sind tabelliert. In **I** liegen verzerrte MoO_6-Oktaeder u. MoO_5-Gruppen mit tetragonal-pyramidaler Anordnung vor, die untereinander über gemeinsame Kanten derart verknüpft sind, daß in Richtung der kristallograph. c-Achse Ketten resultieren; die Abstände betragen: Mo—O = 1,70—2,19 in den MoO_5-Gruppen u. 1,66—2,00 Å in den MoO_6-Oktaedern. K ist von 10 O-Atomen im Abstand von K—O = 2,64 —3,47 Å unregelmäßig koordiniert. — $Rb_2Mo_3O_{10}$ (**II**) u. $Cs_2Mo_3O_{10}$ (**III**) sind mit **I** isostrukturell; für die Gitterdimensionen von monoklinem **II** u. **III** folgt: a = 14,19 u. 14,55, b = 8,12 u. 8,43, c = 9,23 u. 9,52 Å, β = 99 u. 99°. $Ag_2Mo_3O_{10}$ krist. triklin mit a = 7,60, b = 8,30, c = 11,34 Å, α = 105°, β = 91°, γ = 100°. G. Gattow 58

0249 **Chemie der UO_2^{2+}-Gruppe.** 1. Mitt. **Struktur von Dioxodinitrato-bis-[triphenylarsinoxid]-uran(VI).** C. Panattoni, R. Graziani, U. Croatto, B. Zarli und G. Bombieri. (Inorg. chim. Acta [Padova] **2** (1968) 1, 43—48; Centro Strutturistica Chim., Centro Chim. Radiazioni e Radiochimenti CNR, Padova; engl.) — $UO_2(NO_3)_2 \cdot 2\,(C_6H_5)_3PO$ u. $UO_2(NO_3)_2 \cdot 2\,(C_6H_5)_3AsO$ (**I**) werden durch Rk. von Uranylnitrathexahydrat mit Triphenylphosphinoxid bzw. Triphenylarsinoxid in organ. Lsgm. dargestellt. Die Röntgenbeugungsunters. von **I** liefert folgende Krist.-Strukturdaten: monoklin, a = 11,09 ± 0,04, b = 19,28 ± 0,06, c = 10,88 ± 0,04 Å, β = 128° 10′ ± 10′, Z = 2, $P2_1/c$. Dabei hat nach den Ergebnissen von Fourier-Synth. das U-Atom Achterkoordination mit zwei zweizähnigen Nitrationen u. zwei Sauerstoffatomen von den in der Ebene senkrecht zur Uranyl-Gruppe koordinierten Liganden. R. Blank 58

0250 **Strukturuntersuchung der Diaquo-[N.N.N′.N′-tetramethyl-o-phenylendiamin]-nickel(II)-dihalogenid-komplexe.** G. Bombieri, E. Forsellini, G. Bandoli, L. Sindellari, R. Graziani und C. Panattoni. (Inorg. chim. Acta [Padova] **2** (1968) 1, 27—32; engl.) — Vgl. vorst. Referat. — Strukturunters. der isomorphen Verb. $[NiL(H_2O)_2]Cl_2$ (**I**) u. $[NiL(H_2O)_2]Br_2$ (**II**) mit L = *N.N.N′.N′-Tetramethyl-o-phenylendiamin* durch dreidimensionale Einkrist.-Röntgenbeugung sowie IR-, sichtbare u. UV-Spektren. Danach hat das *Ni*-Atom eine gestörte oktaedr. Koordinationskonfig. mit den Stickstoffatomen des Liganden u. den Halogenatomen in einer Ebene parallel zu (001) u. den beiden W.-Mol. an den Spitzen. Die Ni—N-Bindung ist 2,12 Å in **I** u. 2,15 Å in **II** u. die Ni—O-Bindung ist 2,12 Å in **I** u. 2,04 Å in **II**. Nach den spektroskop. Daten sind die Mol. über Wasserstoffbrücken in Mol.-Ketten parallel zur c-Achse angeordnet. Krist.-Daten: **I**: rhomb., Cmcm oder $Cmc2_1$, a = 14,28 ± 0,02, b = 10,93 ± 0,02, c = 8,90 ± 0,02 Å, $D_{\cdot R}$ = 1,89 g/cm³ bei Z = 4; **II**: rhomb., Raumgruppe wie I, a = 14,71 ± 0,02, b = 11,21 ± 0,02, c = 8,93 ± 0,02 Å D_{R} = 1,89 g/cm³. R. Blank 58

0251 **Die Kristallstruktur von Ir_4Ge_5.** G. Fischer, H. Völlenkle und H. Nowotny. (Mh. Chem. **99** (1968) 3, 877—83; Wien, Univ., Inst. für phys. Chem.; dt.) — Ir_4Ge_5 (I), hergestellt durch Zusammenschmelzen der Komponenten mit anschließender Temperung bei 1000° (20 Std.), krist. tetragonal mit a = 5,615 u. c = 18,308 Å in $P\bar{4}c2$–D_{2d}^{6}. Die Struktur von I wurde mit Fourier-Synth. bestimmt u. mit Differenz-Verf. bis auf R = 0,103 verfeinert, die Parameter sind tabelliert. Die Struktur von I läßt sich von der des $TiSi_2$ ableiten. Ir ist von 6 Ge u. 4 Ir im Abstande von Ir—Ge = 2,519 u. Ir—Ir = 3,038 Å umgeben. G. Gattow 58

0252 **Kristallstruktur von W_2FeB_2 (Hochtemperaturform).** H. Jedlicka, H. Nowotny und P. Benesovsky. (Mh. Chem. **99** (1968) 3, 1068—69; dt.) — Vgl. vorst. Referat. — Die Hochtemperaturmodifikation von $W_2 \cdot FeB_2$ (I) wurde durch Zusammenschmelzen der Komponenten im Lichtbogen hergestellt. I krist. trigonal mit a = 5,690, c = 3,162 Å u. gehört strukturell dem geordneten U_3Si_2-Typ an; ermittelte Parameter in I: x_w = 0,183, x_B = 0,394. Eine ausgewertete röntgenograph. Pulveraufnahme von I ist tabellar. wiedergegeben. G. Gattow 58

0253 **Röntgenuntersuchungen einiger Wolframoxid–Phosphat-Gläser.** Anne Skancke und Peder Kierkegaard. (Ark. Kemi **27** (1967) 197—212; Inst. of Inorg. and Physical Chem., Univ. of Stockholm, Stockholm, Sweden; engl.) — Vf. geben eine allg. Diskussion von Intensitätsmeßfehlern u. deren Auswrkg. auf die radiale Atomverteilungskurve sowie Möglichkeiten der Kompensierung dieser Fehler. An Wolframoxid–Phosphat-Gläsern der Zus. $WO_{3-x} \cdot yP_2O_5$ mit 1,22 ≧ y ≧ 0,24 u. x ≦ 0,02 wurden Röntgenbeugungsunters. durchgeführt. Die Gläser wurden aus den krist. Verb. $W_2O_3 \cdot (PO_4)_2$ u. $NaWO_2PO_4$ dargestellt. Die aus Diffraktometerdiagrammen resultierenden radialen Verteilungsfunktionen weisen für alle Zus. u. auch für die krist. $W_2O_3(PO_4)_2$-Phase starke Ähnlichkeiten auf, während die entsprechende Funktion für krist. $NaWO_2PO_4$ starke Unterschiede zeigt. Diese Unterschiede sind in Übereinstimmung mit den bereits bekannten Strukturen der krist. Verbindungen. Die Beobachtungen zeigen in allen Gläsern das Vorhandensein von WO_6-Oktaeder-Aggregaten, die über Ecken miteinander verbunden sind, analog dem Strukturmotiv im krist. $W_2O_3(PO_4)_2$. Die wichtigsten Atomabstände innerhalb der $W_2O_3(PO_4)_2$-Krist.-Struktur werden tabelliert angegeben u. an Hand graph. Darst. der Atomverteilungskurven der Gläser vergleichend diskutiert. P. Zäske 60

Mechanische und thermische Eigenschaften

0254 **Elektronenzustände allgemeiner Mischkristalle.** Jaroslav Koutecký und Sydney G. Davison. (Int. J. Quantum Chem. **2** (1968) 1, 73—88; Dep. of Chem., Johns Hopkins Univ., Baltimore, Md.; engl.) — Berechnungen für Krist., deren Elementarzellen eine beliebige Zahl verschiedener Atome in beliebiger, geordneter Folge enthält. Die Chemisorptionszustände werden mit Oberflächenzuständen in Beziehung gebracht. H. Liepack 72

0255 **Berechnung von Oberflächenzuständen für einige Kristalltypen nach der tight-binding-Methode.** L. Künne. (Czechoslov. J. Physics, Sect. B **17** (1967) 10, 894—905; Inst. für phys. Chem., Friedrich Schiller-Univ., Jena; dt.) — Berechnungen der Oberflächenzustände für kub.-raumzentrierte (100), kub.-flächenzentrierte (111) u. hexagonale Gitter vom Co-Typ (0001). H. Roschkowski 72

0256 **Wechselwirkungen zwischen einem gelösten Atom und einer Anordnung von Kantenversetzungen.** G. J. Cosgrove und H. W. Liu. (J. appl. Physics **38** (1967) 8, 3337—40; Div. of Engng. Sci. and Technol., Suffolk County Comm. Coll., Seldon, N.Y.; engl.) — Die elast. u. elektrostat. Wechselwrkg. zwischen einem Verunreinigungsatom u. einer Kantenversetzungsanordnung wurde untersucht. Die elast. Wechselwrkg. wurde aus der Vol.-Differenz des gelösten Atoms u. des Spannungsfeldes einer Kantenversetzungsanordnung berechnet. Der Bereich der elast. Wechselwrkg. einer Versetzungsanordnung mit einer Verunreinigung ist sehr viel größer als der einer isolierten Versetzung. Zur Unters. der Wechselwrkg. zwischen einem geladenen Verunreinigungsatom u. einer Kantenversetzungsanordnung wurde die klass. elektrostat. Theorie herangezogen. E. Schulte 72△

0257 **Relaxation der Schwingungsanregung in Kristallen.** E. D. Trifonov. (Fiz. tverdogo Tela **9** (1967) 12, 3395 bis 3399; Leningradskij gos. univ. im. Ždanova; russ.) — Angabe einer einfachen Lsg. der kinet. Gleichung für die Dichtematrix einer lokalen Schwingungswechselwrkg. in Übereinstimmung mit einem anharmon. Gesetz über Gitterschwingungen am abs. Nullpunkt. Die Niveaubesetzung der lokalen Schwingung während der Abnahme angeregter Zustände kann durch eine Bernouilli-Verteilung ausgedrückt werden. Die Lebensdauer eines angeregten Zustands ist umgekehrt proportional zur Anzahl seiner Niveaus. I. Zoll 72

0258 **Temperaturveränderung der thermischen Schwingungsfrequenzen im Silbergitter.** Rajendra Lal Banerjee, Janine Pons-Corbeau und Hubert Hervet. (C. R. hebd. Séances Acad. Sci., Sér. A et B **266** (1968) 5, B294—B296; Labor. de Phys. des milieux crist.; 11, place Marcelin-Berthelot, Paris; franz.) — Durch Photometrie der gestreuten Röntgenstrahlung wurden die Frequenzen der therm. Schwingungen bestimmt, die sich bei den Temp. 77, 293 u. 580 °K in einem Ag-Krist. entlang der 4 u. 3zähligen Symmetrieachsen ausbreiten. G. Richard 72

0259 **Frequenzverteilung der Phononen in der Tieftemperaturphase von festem HCl.** J. W. Leech und C. J. Peachey. (Chem. Physics Letters [Amsterdam] **1** (1968) 13, 643—44; Queens Mary Coll., Univ. of London, U.K.; engl.) — Gitterdynam. Berechnungen für die beiden möglichen Raumgruppen Pnma u. $Cmc2_1$. Die Kraftkonst. wurden ermittelt. Für die wahrscheinlichere $Cmc2_1$-Struktur wird eine Frequenzverteilung angegeben. H. Liepack 72

0260 **Niederfrequente Schwingungen in festen SO_2-Hydraten.** A. W. Naumann und G. J. Safford. (J. chem. Physics **47** (1967) 2, 867—68; Union Carbide Corp., Tuxedo, N.Y.; engl.) — Unelast. Neutronenstreuung wurde zur Best. des niederfrequenten intermol. Schwingungsspektrum (800—8 cm^{-1}) von H_2O-Mol. in festen SO_2-Hydraten verwendet. Das Spektrum wurde mit dem des Eises verglichen. Es zeigt sich, daß die Spektren sich in den Banden bei 560 u. im Bereich zwischen 300 u. 100 cm^{-1} entsprechen, während sie sich im breiten Max. unterhalb 100 cm^{-1} in Profil u. Intensität unterscheiden (69 cm^{-1} für SO_2, 49 cm^{-1} für Eis). K. Berg 72

0261 **Molwärme von Deuteroammoniumbromid zwischen 17 und 300 °K.** C. C. Stephenson und A. M. Karo. (J. chem. Physics **48** (1968) 1, 104—08; Dep. of Chem., MIT, Cambridge, Mass.; engl.) — Die C_p–T-Kurve von ND_4Br ist im Temp.-Bereich 17—300 °K durch zwei Max. charakterisiert, die mit polymorphen Umwandlungen des Krist.-Gitters u. mit Ordnungsvorgängen der ND_4^+-Ionen zwischen den beiden Gleichgew.-Lagen in der Elementarzelle zusammenhängen. Die den Max. entsprechende Überschußentropie stimmt mit der OD-Natur des bei höherer Temp. (ca. 215 °K) auftretenden Umwandlungsprozesses überein. Aus der Debye-Einstein-Funktion für die Molwärme unterhalb 100 °K wird für die Torsionsschwingungsfrequenz des ND_4^+-Ions ein Wert von 345 °K = 240 cm^{-1} abgeleitet, in guter Übereinstimmung mit dem IR-spektroskop. Wert von 248 cm^{-1}. A. Blaschette 74

0262 **Uranmonosulfid. Ferromagnetische Umwandlung. Molwärme und thermodynamische Eigenschaften von 1,5 bis 350 °K.** Edgar F. Westrum jun., Robert R. Walters, Howard E. Flotow und Darrell W. Osborne. (J. chem. Physics **48** (1968) 1, 155—61; Dep. of Chem., Univ. of Mich., Ann Arbor, Mich.; engl.) —

Die Molwärme von Uranmonosulfid wurde bei 1,5 bis 22 °K mit einer isothermen (Isoperibol), bei 6—350 °K mit einer adiabat. Meth. gemessen. Die ferromagnet. Umwandlung bei 180,1 °K ist vom λ-Typ. Die entsprechenden Entropie- u. Enthalpieinkremente für die magnet. Ordnung betragen $1{,}6_2 \pm 0{,}2$ cal/Grad · Mol bzw. 231 ± 20 cal/Mol (im Temp.-Bereich 0—230 °K). Die Korrelation der therm. mit den magnet. Daten wird diskutiert. Die Molwärme unterhalb 9 °K ist gegeben durch $C_p = 5{,}588 \cdot 10^{-3}\,T + 2{,}627 \cdot 10^{-4}\,T^{3/2} + 6{,}752 \cdot 10^{-5} \cdot T^3$ cal/Grad · Mol, wobei die aufeinanderfolgenden Glieder den Leitungselektronen-, magnet. bzw. Gitterbeitrag darstellen. Bei 298,15 °K ist $S^0 = 18{,}64 \pm 0{,}05$, $(H^0 - H_0{}^0)/T = 8{,}94 \pm 0{,}02$ u. $(G^0 - H_0{}^0)/T = -9{,}70 \pm 0{,}02$ cal/Grad · Mol. Die Freie Bldg.-Enthalpie bei 298,15 °K beträgt $-72{,}9 \pm 3{,}5$ kcal/Mol.
A. Blaschette 74

0263 **Spezifische Wärme von wasserfreiem Nickelchlorid bei niedrigen Temperaturen.** M. O. Kostrjukova und O. A. Zarubina. (Ž. ėksper. teoret. Fiz. — Pis'ma v Redakciju 7 (1968) 1, 16—20; Mosk. gos. univ. im. Lomonosova; russ.) — Im Temp.-Bereich von 1,8 °K bis 16 °K wurde die Wärmekapazität *C* zur Klärung der Eigentümlichkeiten des Energiespektrums der geschichteten Antiferromagnetika gemessen. Im Bereich von 1,8—5 °K wurde eine quadrat. Abhängigkeit des *C*-Werts von der Temp. gefunden, was mit den angeführten Eigentümlichkeiten zusammenhängt. V. Burjan 74△

0264 **Konzentrationsabhängigkeit der Debye-Temperatur im System Kupfer–Nickel.** Alwin Brandstetter, Horst Ebel und Franz Lihl. (Z. Metallkunde **59** (1968) 5, 436—38; Inst. für Angew. Phys., TH Wien; dt.) — Die Konz.-Abhängigkeit der auf Zimmertemp. bezogenen Debye-Temp. weist bei ca. 70 Atom-% Ni eine Richtungsänderung auf. Da die Curie-Temp. dieser Leg. bei Zimmertemp. liegt, ist eine Beeinflussung der charakterist. Temp. durch die ferromagnet. Ordnung anzunehmen. M. Frenzel 74

0265 **Emission und Nachweis von Ultraschallwellen durch Alkalimetallhalogenid-Einkristalle.** Ch. M. Chalilov, A. I. Agaev, V. M. Zuev und Ja. Š. Palagašvili. (Fiz. tverdogo Tela **10** (1968) 4, 1231—33; Inst. fiz. AN Az SSR, Baku; russ.) — Untersucht wurde an *KCl*-, *NaCl*- u. *KBr*-Einkrist. die Umwandlung akust. (10 MHz) in elektr. Schwingungen u. umgekehrt in Abhängigkeit der Stärke eines äußeren elektrostat. Feldes (≦ 7 kV/cm). Die Ergebnisse sind stark probenabhängig.
K. Jaeger 76

0266 **Einfluß des äußeren elektrischen Feldes auf die Schallgeschwindigkeit in CdS.** A. M. D'jakonov und Ju. V. Ilisavskij. (Ž. ėksper. teoret. Fiz. — Pis'ma v Redakciju 7 (1968) 1, 6—9; Inst. poluprov. AN SSSR; russ.) — Bei 250 MHz wurde die Abhängigkeit der Schallgeschw. *v* vom Driftfeld *E* oszillograph. für CdS-Proben mit Leitfähigkeiten von 10^{-3} bis 10^{-1} $\Omega \cdot cm^{-1}$ gemessen.
V. Burjan 76△

0267 **Hyperschallabsorption in CdS bei tiefen Temperaturen.** E. M. Ganapol'skij und V. V. Tarakanov. (Fiz. tverdogo Tela **10** (1968) 4, 933—99; NII radiofiz. i ėlektron. AN USSR, Char'kov; russ.) — Messung der Elektronen- u. Phononenabsorption in Richtung der hexagonalen Achse (2—70 °K; 10^9 Hz). Bei 4,2 °K beträgt die Absorption 24 dB/cm u. nimmt mit zunehmender Temp. ab. Die Elektronenabsorption wird durch Absorption an photoangeregten Nichtgleichgew.-Ladungsträgern erklärt, die Phononenabsorption durch Dreiphononenprozesse mit therm. Phononen.
K. Jaeger 76

0268 **Akustoelektrische Wechselwirkung in CdS_xSe_{1-x}-Einkristallen.** A. D. Boljaov, N. I. Vitrichovskij und A. I. Morozov. (Fiz. Techn. Poluprovodnikov **2** (1968) 2, 189—92; Inst. poluprov. AN USSR, Kiev; russ.) — Messung des akustoelektr. Effektes sowie der Ultraschallabsorption u. -verstärkung (25—30 MHz) im Bereich $0 \leq x \leq 1$. Die experimentellen Daten lassen sich durch die lineare Theorie der Ultraschallabsorption u. -verstärkung beschreiben. K. Jaeger 76

0269 **Einfluß von Kohlenstoff auf die Festigkeit von Thorium.** D. T. Peterson und R. L. Skaggs. (Trans. metallurg. Soc. AIME **242** (1968) 5, 922—29; Ames, Ia., Ia State Univ., Dep. of Metallurgy and Inst. for Atom. Res.; engl.) — Der Einfl. von C in fester Lsg. auf das plast. Verh. von Th wurde mit Hilfe der Messung von Fließspannungen von Th–C-Leg. von 4,2 bis 573 °K bei verschiedenen Dehnungsgeschw. untersucht. Es wurde gefunden, daß Th durch C verfestigt wird, vor allem durch die Zunahme der therm. aktivierten Komponente der Fließspannung. Die Verfestigung durch C ist dem C-Geh. direkt proportional; sie nimmt schnell bei steigender Temp. bis zu 423 °K ab. Die Fließspannung nimmt ebenfalls mit steigender Dehnungsgeschw. zu. Die Verfestigung kommt durch Nahbereichswechselwrkg. zwischen den C-Atomen u. Versetzungen zustande. Der Fließpunkt der Leg. steigt mit zunehmender Temp. an. E. Schulte 78△

0270 **Untersuchung des Elastizitätsmoduls von Germaniumeinkristallen bei Erwärmung und Belichtung.** P. A. Maksimjuk und Ju. V. Ušankin. (Fiz. Techn. Poluprovodnikov **2** (1968) 3, 449—51; Kievskij gos. univ. im. Ševčenko; russ.) — Messung des Elastizitätsmoduls E von n-Ge-Einkrist. als Funktion der Ladungsträgerkonz. (20—550°; $\lesssim 2 \cdot 10^{15}$ cm^{-3} Photoelektronen). E läßt sich als lineare Funktion sowohl der therm. als auch der opt. aktivierten Ladungsträger darstellen.
K. Jaeger 78

0271 **Fluß von polykristallinem Blei unter einfacher Scherung bei höheren Temperaturen.** E. N. Da, C. Andrade und D. Margrave. (Proc. Roy. Soc. [London], Ser. A **304** (1968) 1476, 1—24; Imp. Coll. of Sci. and Technol., Dep. of Metallurg.; engl.) — Der Fluß von polykrist. Pb wurde mit Hilfe der einfachen Schermeth., die Andrade u. Jolliffe (1963) anwandten, bei Temp. von 27—80° u. bei 150° im Detail untersucht. Die Ergebnisse wurden mit früher erhaltenen Resultaten von Dehnungsspannungsunters. an Drähten u. Stäben verglichen, von denen sie sich in bestimmter Hinsicht wie den zur Rekristallisation u. den damit verbundenen Effekten führenden Bedingungen unterscheiden. Die Meth. der einfachen Scherung weist gegenüber den Meth. der Unters. des Dehnungsverh. einige Vorteile auf; zur Aufklärung der den Fluß bewirkenden Mechanismen ergänzen die beiden Meth. sich. E. Schulte 78△

0272 **Kriechmechanismus einer Fe-Legierung mit 4 Gewichtsprozent Si.** C. Y. Cheng, A. Karim, T. G. Langdon und J. E. Dorn. (Trans. metallurg. Soc. AIME **242** (1968) 5, 890—95; Argonne, Ill., ANL, Metallurgy Div.; engl.) — Der Einfl. von Änderungen der Temp. u. der Beanspruchung auf das Kriechverh. einer Fe-Leg. mit 4 Gew.-% Si wurde im Temp.-Bereich 650—1175 °K untersucht. Über den Temp.-Bereich 799—1101 °K gehorcht die Scherspannung, $\dot{\gamma}$, der Beziehung $\dot{\gamma} = K(\tau^{5,75}/TG^{4,75})\exp(-g/RT)$. K = Konst., τ = angewandte Scherspannung, G = Schermodul, g = freie Aktivierungsenergie der Diffusion, R = Gaskonst., T = abs. Temperatur. Aus den Ergebnissen wird abgeleitet, daß das Kriechen in dieser Leg. durch einen Verzugs-Klettermechanismus kontrolliert wird. E. Schulte 78△

0273 **Versetzungsdichte in Einkristallen von siliciumhaltigem Eisen bei Ermüdung mit geringer Periode.** K. R. Carson und J. Weertman. (Trans. metallurg. Soc. AIME **242** (1968) 1, 956—58; Houston, Tex., Rice Univ., Dep. of Mechan. and Aerospace Engng. and Mater. Sci.; engl.) — Änderungen der Gleitbandmorphologie u. der Versetzungsdichte während der initialen Ermüdungshärtung bei der Verformung bei kleinen Perioden von Fe-Einkrist. mit 3,25% Si werden mitgeteilt. Die period. Verformung wurde bei 298 °K u. 425 °K durchgeführt, die Proben wurden dann elektronenmkr. untersucht. Die Versetzungsdichte nimmt etwa mit dem Logarithmus der Anzahl der Verformungsperioden zu. E. Schulte 78△

0274 **Gespeicherte Energie, elektrischer Widerstand und Dehnungseigenschaften von kaltbearbeitetem Gold.** John H. Smith und Michael B. Bever. (Trans. metallurg. Soc. AIME **242** (1968) 5, 880—84; Monroeville, Pa.,

U. S. Steel Corp., Appl. Res. Labor.; engl.) — Reines Au wurde durch Drahtziehen bei Raumtemp. u. bei 78 °K verformt. Nach der Verformung bei Raumtemp. erreichen die gespeicherte Energie u. der elektr. Widerstand bei hohen Beanspruchungen nahezu konst. Niveaus, während die Fließspannung mit der Beanspruchung zunimmt. Nach der Verformung bei 78 °K sind die gespeicherte Energie, das Widerstandsinkrement u. die Fließspannung größer als nach Verformung bei Raumtemp. u. nehmen kontinuierlich mit der Beanspruchung zu. Anlassen bei Raumtemp. nach Verformen bei 78 °K beeinflußt die Fließspannung nicht merklich. Die gespeicherte Energie, das Widerstandsinkrement u. die Fließspannung nach Verformen bei Raumtemp. können in erster Linie durch Versetzungen erklärt werden, während für die Änderungen dieser Eig. nach Verformung bei 78 °K Punktdefekte u. Versetzungen einen Beitrag liefern.
E. Schulte 78△

0275 **Durch Kaltbearbeitung und darauffolgendes Erhitzen hervorgerufene Phasenumwandlungen der β-Phasen von AuMn.** J. Levoska und E. Suoninen. (Suomalaisen Tiedeakatemian Toimituksia [Ann Acad. Sci. fenn.], Ser. A, VI **1968**, **279**, 1—10; Inst. of Technic. Phys., Univ. of Oulu, Oulu, Finland; engl.) — β-AuMn-Phasen (45—60 Atom-% Mn), die durch langsames Abkühlen der Schmelze hergestellt worden waren, wurden nach Kaltbearbeitung von daraus gewonnenen Feilspänen unter Druck röntgenograph. untersucht. Die gebildete kub.-flächenzentrierte martensit. Struktur ist ungeordnet; nur Proben mit 60% Mn ergaben schwache Überstrukturreflexe. Die Stapelfehlerwahrscheinlichkeit liegt in der Größenordnung 0,03—0,05. Die Rückwandlung der α- in eine β-Phase wurde als Funktion der Zeit bei verschiedenen Temp. verfolgt. Die Umwandlungsgeschw. hängt von der Zus. u. der Temp. ab. Sie ist jeweils über einen längeren Zeitraum konst.; eine Anlaufzeit konnte nicht beobachtet werden. Vf. schließen, daß in den Feilspänen bereits Keime des Umwandlungsprozesses vorhanden sind u. daß das Wachstum eindimensional erfolgt. Die Aktivierungsenergie liegt zwischen 15 u. 30 kcal/Mol. W. Laqua 78

0276 **Änderung des Schubmoduls von Au_3Cu und Cu_3Au durch Ordnungsprozesse.** G. R. Platerink. (Philos. Mag. [8] **17** (1968) 146, 327—31; Labor. voor Metaalkunde, TH, Delft; engl.) — Untersucht wurde der Einfl. von Fernbereichsordnungsprozessen auf den Schubmodul G durch Messung der Zeitabhängigkeit von G während des isothermen Ausheizens der zuvor von Temp. zwischen 500 u. 800° abgeschreckten Proben. Die beobachtete Abnahme von G nach Durchlaufen eines Max. wird auf das Verschwinden von Antiphasengrenzen zurückgeführt.
W. Laqua 78

0277 **Elastizitätskonstanten von polykristallinem Argon.** C. Feldman und M. L. Klein. (Philos. Mag [8] **17** (1968) 145, 135—40; Dep. of Phys., Rutgers Univ., New Brunswick, N.J.; engl.) — Zur Berechnung des Elastizitätsmoduls, des Schubmoduls u. der longitudinalen Wellengeschw. für polykrist. Ar wird die von Barron et al. [vgl. Proc. physic. Soc. **85** (1965) 533] durchgeführte Berechnung der expliziten Temp.-Abhängigkeit der quasiharmon. Elastizitätskonst. 2. Ordnung in kub.-flächenzentrierten Gittern für willkürliche Zentralkräfte zwischen nächsten Nachbarn verwendet. Ausgehend von einem (12—6)-Mie-Lennard-Jones-Potential wird für den Bereich $0 < T \lesssim 60$ °K befriedigende Übereinstimmung mit verfügbaren Literaturdaten erhalten. Für die oberen Temp. folgt aus einem Vgl. von theoret. u. gemessenem Elastizitätsmodul, daß in festem Ar anharmon. Effekte höherer Ordnung eine Rolle spielen.
W. Laqua 78

0278 **Elastische Moduln von Eis-Einkristallen.** G. Dantl. (Physik kondens. Materie **7** (1968) 5, 390—97; 1. Phys. Inst., Univ., Stuttgart; dt.) — Mit 2 voneinander unabhängigen Ultraschall-Impuls-Meth. wurden die Schallgeschw. in Eis vom F. bis —140° gemessen u. daraus für diesen Temp.-Bereich der vollständige Satz der 5 elast. Moduln berechnet. Ferner wird das Modell eines Alterungsprozesses vorgeschlagen, durch den unterschiedliche Ergebnisse beim Piezoeffekt, der D. u. den elast. Moduln geklärt werden. D. Hoene 78

0279 **Elastische Eigenschaften von isotropem Graphit.** J. R. Cost, K. R. Janowski und R. C. Rossi. (Philos. Mag. [8] **17** (1968) 148, 851—54; Purdue Univ., Lafayette, Ind.; engl.) — Als Funktion der Porosität wurden Young-Modul u. Schub-Modul von isotropem Graphit (Anisotropie < 3%) gemessen, dessen maximale Teilchengröße 0,001 in. betrug. Die bei Raumtemp. durch Extrapolation auf die Porosität Null erhaltenen Werte betragen 255 bzw. 97 kbar; das Poisson-Verhältnis wurde zu 0,31 bestimmt. W. Laqua 78

0280 **Bruchareit in Natriumchloridkristallen, die Hohlräume enthalten.** C. T. Forwood. (Philos. Mag. [8] **17** (1968) 148, 657—67; School of Phys., Univ . of Warwick, Coventry; engl.) — Aus Messungen der Fortpflanzungsgeschw. von Rissen während des Spaltens von NaCl-Krist. unter dynam. Bedingungen wird das Verhältnis γ_2/γ_1 der Brucharbeit in normalen bzw. Hohlräume enthaltenden Krist. bestimmt. Die Hohlraumdurchmesser betrugen 1 μm; die Hohlraumabstände lagen zwischen 25 u. 50 μm. Obwohl sich das γ_2/γ_1-Verhältnis nur größenordnungsmäßig bestimmen läßt, folgt, daß die Brucharbeit in Krist. mit Hohlraumabständen < 30 μm um wenigstens zwei Größenordnungen zunehmen kann. Das wird auf die Bldg. von Spaltstufen beim Zusammentreffen eines Risses mit einem Hohlraum zurückgeführt.
W. Laqua 78

0281 **Anwendung von NaCl-Kristallen als Härtestandard.** P. G. Strelkov, A. A. Špunt und O. A. Nabutovskaja. (Zav. Labor. **34** (1968) 5, 599—601; russ.) — Vf. zeigen, daß die stationäre Härte von NaCl-Krist. je nach Probe unterschiedlich sein kann, was ihre Anwendbarkeit als Härtestandards verschlechtert.
H. Roschkowski 78

0282 **Einfluß von Normalprozessen auf die Wärmeleitfähigkeit endlicher Isolatoren.** B. Alascio, H. Nazareno und G. Carabelli. (Nuovo Cimento, B [10] **55** (1968) 2, 362—70; Centro Atóm Bariloche (CNEA), Inst. de Fís. „Dr. J. A. Balseiro" (CNEA and UNC); engl.) — Es wird ein Modell zur Berechnung des Einfl. von Normalprozessen zwischen Phononen auf die Wärmeleitfähigkeit eines endlichen dielektr. Materials bei tiefen Temp. angegeben. Explizite Berechnungen werden unter Annahme einer scheiben- bzw. zylinderförmigen Probengeometrie für die beiden Grenzfälle durchgeführt, daß die mittlere freie Phononen-Phononen-Weglänge sehr viel größer bzw. sehr viel kleiner als die charkterist. Probendimensionen ist. W. Laqua 82

0283 **Wärmeleitfähigkeit von vier temperaturbeständigen Legierungen.** T. W. Watson und D. R. Flynn. (Trans. metallurg. Soc. AIME **242** (1968) 5, 844—46; Washington, D.C., NBS, Inst. for Appl. Technol., U. S. Dep. of Commerce; engl.) — Neben den chem. Analysen werden die Leitfähigkeitswerte für 2 Proben *Stahl* AISI Typ 316 im Temp.-Bereich —150 bis +800°, für 3 Proben Stahl AISI Typ 347 (—150 bis +150°), für Stahl Carpenter 20 (100—800°) u. für *Inconel 702* (—150 bis +800°) angegeben. E. Schulte 82△

0284 **Wärmeleitfähigkeit komplexer magnetischer Strukturen mit Versetzungen.** V. V. Tarasenko. (Fiz. tverdogo Tela **10** (1968) 5, 1486—91; Fiz.-techn. inst. AN USSR, Char'kov; russ.) — Theorie der Streuung von Spinwellen an Versetzungen in Proben mit fester magnet. Spiralstruktur (*Dy*, $MnAu_2$). Der Koeff. der Spin-Wärmeleitfähigkeit ist proportional T^2c^{-1} (c = Versetzungskonzentration). K. Jaeger 82

0285 **Theorie über den Einfluß der Kristallitgrenzen auf die Hauptwärmeleitfähigkeiten hochorientierten Graphits.** B. T. Kelly. (Carbon [Oxford] **6** (1968) 1, 71—80; United Kingdom Atom. Energy Authority, Reactor Mater. Labor., Culcheth, Warrington, Lancs.; engl.) — Die therm. Leitfähigkeit (L) parallel u. senkrecht zur hexagonalen Achse wird mittels des Modells von Komatsu hergeleitet. Parallel zu den Gitterebenen ist der Beitrag der 3 akust. Schwingungen zu L ungefähr gleich. Die Kristallitgrenzen parallel zur hexagonalen Achse haben

Einfl. auf L in Richtung der Gitterebene. In der Richtung parallel zur hexagonalen Achse ergibt sich ein bedeutender Beitrag zu L von der akust. Schwingung, bei welcher die Atomschwingungen zur hexagonalen Achse parallel polarisiert sind. Die Kristallitgrenzen parallel zur hexagonalen Achse sind bei hohen Temp., diejenigen parallel zu den Gitterebenen bei niedrigen Temp. einflußreich. Die theoret. Ergebnisse werden mit experimentellen Daten verglichen. L. Leonhardt 82

0286 **Gitter- und Elektronenwärmeleitfähigkeit von PbTe, PbSe und PbS.** S. S. Šalyt, V. M. Muždaba und A. D. Galeckaja. (Fiz. tverdogo Tela **10** (1968) 5, 1277–85; Inst. poluprov. AN SSSR, Leningrad; russ.) — Messungen von 3–100 °K bei Unterdrückung der elektron. Komponente durch starke magnet. Querfelder. Die Analyse der Daten zeigt unelast. Streuung in allen Proben oberhalb 30 °K. Elast. Streuung tritt erst < 15 °K auf (Bereich der vorherrschenden Störstellenstreuung). K. Jaeger 82

0287 **Oberflächendiffusion von auf Nickel chemisorbiertem Wasserstoff.** Charles N. Satterfield und Hiroshi Iino. (Ind. Engng. Chem., Fundamentals **7** (1968) 2, 214–18; Cambridge, Mass., MIT, Dep. of Chem. Engng.; engl.) — Aus Messungen der Gleichgew.-Strömung durch eine poröse Ni-Scheibe wurde der Oberflächendiffusionskoeff. von H_2 in Ni bei 37° direkt bestimmt zu ca. $3 \cdot 10^{-8}$ cm² s⁻¹. Der Wert stimmt mit dem Ergebnis von Gomer et al. (1957) aus feldemissionsmkr. Messungen überein, ist jedoch viel kleiner als der durch indirekte thermodynam. Berechnungen von Rideal et al. [Proc. Roy. Soc. A **257** (1960) 291] vorhergesagte Wert. E. Schulte 84△

0288 **Bestimmung des Koeffizienten der Reaktionsdiffusion von Schwefel bei der Sulfidierung von Eisen.** K. V. Gorev und S. L. Livšic. (Izvest. Akad. Nauk Beloruss. SSR, Ser. fiz.-techn. Nauk **1968, 2**, 119–21; Fiz.-techn. inst. AN BSSR; russ.) — Auf Grund metallograph. Unters. an Armco-Fe-Proben nach Sulfidieren in Pyritpulver bei 400 u. 480° lautet die allg. Gleichung der Abhängigkeit des S-Diffusionskoeff. von der Temp.: $D = 3{,}4 \cdot 10^{-5} \exp(-17000/RT)$ cm²/s. H. Hochstein 84

0289 **Diffusion in kubischen Sulfaten.** 1. Mitt. **Einwertige Kationen in reinem Lithiumsulfat.** Arnold Kvist und Ante Bengtzelius. (Z. Naturforsch. **23a** (1968) 5, 679–82; Dep. of Phys., Chalmers Univ. of Technol., Göteborg; engl.) — Gemessen wurden die Diffusionskoeff. D von Na^+, Ag^+, K^+, Rb^+ u. Tl^+ in reinem, kub.-flächenzentriertem Li_2SO_4, das durch Erstarren einer Li_2SO_4-Schmelze erhalten worden war. Im untersuchten Temp.-Bereich (590–820°) ist eine Abnahme von D u. der Aktivierungsenergie Q in dem gleichen Maße zu beobachten, wie der Radius der diffundierenden Ionensorte zunimmt. Folgende Werte wurden für $D_0 \cdot 10^5$ (in cm²/s) u. Q (in cal/Mol) für Na^+, Ag^+, K^+, Tl^+ u. Rb^+ erhalten: 132,5, 7250; 86,0, 6970; 18,0, 4380; 16,0, 4460; 2,7, 1740. Na^+- u. Ag^+-Ionen diffundieren wahrscheinlich über Oktaederplätze. Die Diffusion der übrigen Ionen scheint über Kristallfeldstellen zu gehen. W. Laqua 84

0290 **Selbstdiffusion in Gallium.** A. C. Carter und C. G Wilson. (J. Physics, D. (Brit. J. appl. Physics) [2] **1** (1968) 4, 515–18; Rutherford Labor., Royal Military Coll. of Sci., Shrivenham, Swindon, Wilts., England; engl.) — Die gemessenen Diffusionskoeff. der Selbstdiffusion in Ga-Einkrist. u. grobgemahlenen Proben sind extrem niedrig ($4{,}7 \cdot 10^{-13}$ bis $2 \cdot 10^{-12}$ cm² s⁻¹ bei 20°). Es konnte keine ausgeprägte Anisotropie der Selbstdiffusion gefunden werden. R. Blank 84

0291 **Untersuchung des Einflusses des Argonionenbeschusses auf Silber durch niederenergetische Elektronenbeugung.** A. E. Curzon und T. E. Gallon. (J. Physics, D (Brit. J. appl. Physics) [2] **1** (1968) 4, 437–40; Dep. of Phys., Imperial Coll., London; engl.) — LEED-Unters. der (111)-Fläche eines Ag-Einkrist., der mit Ar-Ionen mit Energien bis zu 200 eV senkrecht zur (111)-Krist.-Fläche bei Raumtemp. beschossen wurde, zeigten unter bestimmten Bedingungen bei der Beugung „Sterne" mit hexagonaler Symmetrie, die durch bevorzugten Austritt von Ag-Atomen in [110]-Richtung gedeutet werden. R. Blank 86

0292 **Messungen der Dichten von bei tiefer Temperatur bestrahlten UO_2- und UC-Proben.** W. D. Kingery, Y. Kauffmann, M. Bruet und B. de Bernardy de Sigoyer. (J. nuclear Mater. [Amsterdam] **26** (1968) 2, 204–07; Dép. de Métallurg., CEN, Grenoble, France; franz.) — UO_2- u. UC-Proben wurden bei Temp. des fl. Stickstoffs bestrahlt (Reaktor) u. anschließend bei 21 oder 400° getempert. Die Änderung der D. im Verlauf dieser Temperungen wurde gemessen u. mit Werten verglichen, die andere Autoren als Messungen der Gitterkonst. hergeleitet haben. Für UO_2 bei $0{,}86 \cdot 10^{16}$ Spaltungen/cm² stimmen die Verminderungen der Dichte gemäß der beiden Verf. überein, während bei $0{,}83 \cdot 10^{17}$ Spaltungen/cm² die gemessene D.-Abnahme höher als der hergeleitete Wert ist. Daraus wird geschlossen, daß die Atome, die durch die Spaltung auf Zwischengitterplätze gelangen, sich als Versetzungsschleifen anordnen. Herbert Weber 86

0293 **Schwellung von Uranlegierungen unter Bestrahlung.** J. Lohmann, P. Paoli und N. Azam. (J. nuclear Mater. [Amsterdam] **26** (1968) 2, 238–40; Dép. de Métallurg., Centre d'Études Nucl. de Saclay, France; franz.) — Unters. des Temp.-Bereiches von 400–550° für hydrostat. Drücke von 1, 25 u. 40 bar bei Ausbrenngraden von 500, 1000 u. 4000 MWd/t. Die Schwellung wurde durch Messung der Dichte bestimmt. Die untersuchten Leg. sind U mit 1,1 (Gew.-%) Mo; U mit 1,1 Mo, 0,05 Al, 0,05 Sn; Sicral F1 (U mit 0,07 Al, 0,03 Fe, 0,012 Si, 0,008 Cr) u. Sicral F2 (U mit 0,08 Al, 0,03 Fe, 0,035 Si, 0,020 Cr). Die Ergebnisse zeigen für die 4 Leg. ein Max. der Schwellung zwischen 450 u. 500°. Herbert Weber 86

0294 **Wichtige Rolle der Spaltprodukte mit größeren Atomradien bei der Schwellung von Uran: Cs, Sr, Ba, Ce und Nd.** P. Blanchard. (J. nuclear. Mater. [Amsterdam] **26** (1968) 2, 241–25; Dép. de Métallurg., Centre d'Études Nucl. de Saclay, France; franz.) — Vf. diskutieren u. a. den Einfl. der Spaltprod. mit größeren Atomradien auf die Oberflächenenergie der gebildeten Blasen während der Schwellung. Herbert Weber 86

0295 **Wechselwirkung von Versetzungen und Bestrahlungsdefekten in Germanium.** V. V. Chajnovskaja und L. S. Smirnov. (Fiz. tverdogo Tela **10** (1968) 5, 1549 bis 1550; Inst. fiz. poluprovodnikov SO AN SSSR, Novosibirsk; russ.) — Proben von n- u. p-Ge (5 $\Omega \cdot$ cm) wurden durch Biegen plast. verformt (10^4 Versetzungen/cm²), getempert (10 Min., 100–450°), abgeschreckt u. mit 3,5-MeV-Elektronen bestrahlt. Die beobachtete Verschiebung der Versetzungen nach der Bestrahlung wird durch eine Wechselwrkg. der Versetzungen mit den bei der Bestrahlung gebildeten Zwischengitteratomen beschrieben. K. Jaeger 86

0296 **Einfluß einer γ-Bestrahlung auf die Dichte von Alkalimetallhalogenidkristallen.** G. A. Andreev und G. Ja. Vasil'ev. (Fiz. tverdogo Tela **10** (1968) 5, 1292–97; Fiz.-techn. inst. im. Ioffe AN SSSR, Leningrad; russ.) — Mittels einer Flotationsmeth. wurden die D. bestrahlter ($1 \cdot 10^8$–$3 \cdot 10^8$ r; 200 r/s) *LiF*-, *NaF*-, *NaCl*- u. *KCl*-Einkrist. bestimmt. Die relative D.-Änderung nimmt in der genannten Reihenfolge der Krist. ab. Der Einfl. von Fremdionen (O^{2-}, OH^-, Mg^{2+}, Ca^{2+}, Sr^{2+}, Ba^{2+}) wird auf die Hemmung der Defektrekombination zurückgeführt. K. Jaeger 86

0297 **Einfluß von Laserstrahlung auf additiv verfärbte NaCl-Kristalle.** H. Kuzmany und C. J. Ritter. (Z. Naturforsch. **23a** (1968) 6,944–45; Nat. Phys. Res. Labor., Pretoria, South Africa; dt.) — Vorl. Mitt. über Beobachtungen, die auf eine vollständige oder teilweise Neuverteilung von kolloidalen Ausscheidungen in additiv verfärbten NaCl-Krist. hinweisen, wenn dieses Material mit gepulstem Rubinlaserlicht bestrahlt wird. Herbert Weber 86

0298 **Einfluß des Impulses eines Lasers mit modulierter Güteschaltung auf Stahl.** L. N. Kaporskij, A. N. Kokora, G. A. Romanenkova und A. A. Uglov. (Fiz. Chim.

Obrabotki Mater. **1968,** 1, 3—10; Moskva; russ.) — Die Zerstörung von Stahlproben im Vakuum oder Luft unter der Einw. des Lichts eines Nd-Glaslasers wurde untersucht. Die Zerstörung beginnt allg. an Korngrenzen. H. Roschkowski 86

Optische Eigenschaften

0299 **Unelastische Photonenstreuung.** P. Bergé. (Bull. Soc. franç. Minéralog. Cristallogr. **90** (1967) 4, 508—16; Serv. de Phys. du solide et de résonance magn., Centre d'Études nucléaires de Saclay; franz.) — Vf. bringt eine vereinfachte phänomenolog. Theorie zur Erklärung der unelast. Lichtstreuung durch Konz.-Fluktuationen in binären Mischungen nahe der krit. Entmischungstemperatur. I. Zoll 91

0300 **Dynamik der Dipol–Dipol-Wechselwirkung.** I. A. Nagibarova. (Optika i Spektroskopija **24** (1968) 6, 937—42; russ.) — Der Vorgang der Energiewanderung in Lsg. infolge elektr. Dipol–Dipol-Wechselwrkg. wurde mittels Korrelationsfunktionen behandelt. Es wurde eine allg. Formel für die Wahrscheinlichkeit der Wanderung der elektron. Anregungsenergie unter Berücksichtigung der Brownschen Bewegung erhalten. Die unter Berücksichtigung der Rotations- u. Translationsdiffusion erhaltenen Ergebnisse stimmen mit Literaturangaben überein. M. Wiedemann 91

0301 **Experimentelle Untersuchung des Einflusses des Ähnlichkeitsfaktors auf das Strahlungsvermögen von Metallen.** I. I. Kovalev, A. R. Gordon, F. M. Tartakovskaja und I. A. Mel'nikova. (Teplofiz. vysokich Temperatur **6** (1968) 3, 436—41; Moskva; russ.) — Experimentell wird an Nb- u. Mo-Oberflächen nachgewiesen, daß für geometr. ähnliche Oberflächen das Strahlungsvermögen nicht von der Höhe der Unebenheiten abhängt. H. Roschkowski 92

0302 **Spektrales Strahlungsvermögen von Molybdän, Tantal, Niob und Zirkonium im Infrarotbereich des Spektrums.** V. D. Dmitriev und G. K. Cholopov. (Teplofiz. vysokich Temperatur **6** (1968) 3, 550—51; Kazan'; russ.) — Angabe von Meßdaten für das Emissionsvermögen von Mo, Ta, Nb, Zr u. *W* bei ca. 1—5 μ im Vgl. zum schwarzen Körper. H. Roschkowski 92

0303 **Die Bildung von Fluorphlogopit mit kleinem optischem Winkel.** Isao Tate und Nobutoshi Daimon. (J. chem. Soc. Japan, ind. Chem. Sect. [Kōgyō Kagaku Zasshi] **70** (1967) 9, 1470—72; Dep. of Ind. Chem., Fac. of Engng., Shinshu Univ., Wakasato, Nagano-shi, Japan; jap., Auszug: engl.) — In *Fluorphlogopit* treten zwei Arten von Krist. auf, solche mit großem u. solche mit kleinem opt. Winkel. Bei der Krist.-Züchtung senkrecht zur Spaltebene von Glimmer nach der Stockbarger-Meth. wurde manchmal Wachstum in schiefen Richtungen zur Spaltebene beobachtet. Die opt. Winkel der in diesen Richtungen gewachsenen Krist. waren klein. Die Unters. der opt. Winkel u. der Orientierung der α-Achsen der Krist. führten zu dem Schluß, daß Krist. mit kleinem opt. Winkel schnellerer Kristallisation unterliegen u. weniger geordnete Strukturen (Stapelfehler oder polysynthet. Zwillinge) zeigen als krist. mit großem opt. Winkel. E. Schulte 92△

0304 **Einfluß der Locherhitzung in starken elektrischen Feldern auf die optische Transparenz von Germanium.** M. A. Vasil'eva, L. E. Vorob'ev und V. I. Stafeev. (Fiz. Techn. Poluprovodnikov **1** (1967) 3, 333—39; Leningradskij politechn. inst. im. Kalinina; russ.) — Die Änderung der Absorption von polarisiertem oder nicht polarisiertem Licht in Ge-Proben bei 1,7—13 μ in Feldern bis 1710 V/cm wird untersucht. Der Einfl. des Felds auf die Energieverteilung der Löcher wird ermittelt. H. Roschkowski 92

0305 **Pseudokreuzung von Dispersionskurven.** 2. Mitt. L. E. Solov'ev und V. S. Rudakov. (Vestnik Leningradskogo Univ., Ser. fiz. Chim. **23** (1968) 4, Ser. Nr. 1, 23—26; russ., Auszug: engl.) — 1. vgl. ibid. **16** (1967) 170. — Durch Messung der Doppelbrechung von *CdS*- u. *CdSe*-Krist. wird der l. c. beschriebene Effekt der Pseudokreuzung der Dispersionskurven nachgewiesen. H. Roschkowski 92

0306 **Doppelbrechung und Dichroismus von Mikrowellen durch heiße Elektronen in n-Ge und n-Si.** A. B. Davydov und R. V. Pomorcev. (Fiz. tverdogo Tela **10** (1968) 4, 1098—1103; Inst. fiz. metallov AN SSSR, Sverdlovsk; russ.) — Messung der nichtlinearen Effekte bei 78 °K u. 9,4 GHz. Die Tensorkomponenten der DK im Bereich heißer Elektronen werden berechnet. K. Jaeger 92

0307 **Erzwungene Doppelbrechung in n-Germanium.** A. D. Remenjuk, Ju. I. Uchanov, V. M. Tučkevič und Ju. V. Šmarcev. (Fiz. Techn. Poluprovodnikov **1** (1967) 7, 1113—16; Leningrad, Fiz.-techn. Inst. im. Ioffe AN SSSR; russ.) — In einer skizzierten Anordnung wird bei Zimmertemp. von *n-Ge* mit n = 3,5 · 10^{17} u. 1,5 · 10^{17} cm^{-3} die spektrale Verteilung der Doppelbrechung bei $\lambda = 2-5\ \mu$ u. geringer einachsiger Deformation längs [111] untersucht. Die Phasendifferenz $\Delta\varphi$ nimmt bei einem Druck χ von 0—200 kg/cm² linear mit χ zu, die Neigung der $(\Delta\varphi, \chi)$-Kurven nimmt mit abnehmendem n ab. Aus den $(\Delta\varphi, \lambda)$-Kurven wird das Deformationspotential zu 18 ± 2 eV bestimmt. Heinz Vogel 92

0308 **Kontinuierliche Ablenkung von Laserstrahlen.** E. G. H. Lean, C. F. Quate und H. J. Shaw. (Appl. Physics Letters **10** (1967) 2, 48—51; Stanford Univ., Stanford, Calif.; engl.) — Der Laserstrahl (*Ne–He*, 0,6328 μ) wird in einem doppelbrechenden Sapphirkrist. (n^0 = 1,765 u. B = 0,008) mehrfach unter einem Winkel 4° abgelenkt, wobei eine Schallwelle (1,28—1,83 GHz) in Richtung der opt. Achse durch den Krist. geht. Wegen der Änderung der Polarisation des Lichtes bei der Reflexion sind der resultierende Ablenkungswinkel u. die Strahlintensität von der Schallfrequenz abhängig. Hierzu wird eine graph. Darst. angegeben. R. Fuchs 92

0309 **Durch Phasenverzögerung entstandene Streifen in CdS-Kristallen.** Tohru Miyake. (Jap. J. appl. Physics **6** (1967) 8, 1015; Matsushita Res. Inst., Tokyo, Inc., Ikuta, Kawasaki; engl.) — In CdS-Einkrist. werden bei Bestrahlung mit polarisiertem He–Ne-Laserlicht Streifenmuster beobachtet. Diese Erscheinung entsteht durch Phasenverzögerung zwischen den ordentlichen u. außerordentlichen Strahlen in einem CdS-Kristall. I. Zoll 92

0310 **Photoelastische Eigenschaften ausgewählter Materialien und ihre Bedeutung für Anwendungen als akustische Lichtmodulatoren und -deflektoren.** R. W. Dixon. (J. appl. Physics **38** (1967) 13, 5149—53; Bell Telephone Labor., Inc., Murray Hill, N.J.; engl.) — Vf. mißt die Komponenten des photoelast. Tensors u. den Wrkg.-Grad von SiO_2, *GaP*, *GaAs*, TiO_2, $LiNbO_3$, $LiTaO_3$, *Yttriumaluminiumgranat*, *Yttriumeisengranat*, As_2S_3, β-*ZnS*, α-Al_2O_3, *CdS*, H_2O u. *Te* bez. möglicher Anwendungen in akust. Lichtmodulatoren u. -deflektoren. Es ergibt sich, daß für Wellenlängen oberhalb 0,58 μ GaP um nahezu zwei Zehnerpotenzen dem SiO_2 überlegen ist u. daß GaAs ähnlich überlegen ist für Wellenlängen über 1 μ. K. H. Härdtl 92

0311 **Einige Ergebnisse der Untersuchung von RDP · (RbH_2PO_4)-Kristallen als Frequenzverdoppler für Laserstrahlung.** E. V. Nilov und I. L. Jačnev. (Ž. prikl. Spektroskopii **7** (1967) 6, 943—45; russ.) — Die Frequenzverdopplung der IR-Strahlung eines Neodymglaslasers in 1—2 cm langen RbH_2PO_4-Krist. wird untersucht. Die Bldg. der 2. opt. Harmon. erfolgt nur in 2 bestimmten Richtungen der Kristalle. Die Umformungskoeff. der Primärstrahlung wird bestimmt. Die RbH_2PO_4-Krist. werden durch Einfallsstrahldichten bis zu 1 GW nicht zerstört. H. Roschkowski 92

0312 **Ein mittels Rubinlaser gepumpter, optischer, parametrischer Oszillator mit Abstimmung durch den elektrooptischen Effekt.** L. B. Kreuzer. (Appl. Physics Letters **10** (1967) 12, 336—38; Bell Telephone Labor., Murray Hill, N.J.; engl.) — Parametr. Oszillation (1—1,08 μm) wurde in $LiNbO_3$ mit maximaler parametr. Intensität von 38 · 10^3 W erhalten. Die beobachtete elektroopt.

Abstimmung entsprach der theoret. aus den experimentellen Koeff. berechneten. K. Jaeger 92

0313 **Quadratischer elektrooptischer Effekt in Strontiumtitanat-Einkristallen.** L. B. Mejsner und A. S. Sonin. (Fiz. tverdogo Tela **10** (1968) 4, 1252—53; russ.) — Theoret. Berechnung der Temp.-Abhängigkeit (— 200 bis + 40^0) der elektroopt. Koeff. $R^x{}_{33} - R^x{}_{13}$ u. $R^x_{33} - R^x_{13}$ von $SrTiO_3$. Gute Übereinstimmung mit experimentellen Literaturdaten. K. Jaeger 92

0314 **Elektrooptische Koeffizienten in Calciumdiniobat.** R. D. Rosner und E. H. Turner. (Appl. Optics **7** (1968) 1, 171—73; Bell Telephone Labor., Inc., Holmdel, N.J.; engl.) — Sechs der acht elektroopt. Koeff. von $Ca_2Nb_2O_7$ (r_{12}, r_{22}, r_{32}, r_{41}, r_{52} u. r_{63}) wurden gemessen. Einige Koeff. sind für eine Verw. des Materials als opt. Modulator groß genug, aber andere Eig. (z. B. die opt. Qualität) sind schlechter als die von bekannten Modulatorkristallen. Die Geometrie bei der Messung einiger schiefsymm. Koeff. wird diskutiert, so u. a. Meth. zur Best. des relativen Vorzeichens der Koeffizienten.
H. D. Schwartz 92

0315 **Spontaner elektrooptischer Effekt in Triglycinsulfatkristallen.** L. G. Lomova, A. S. Sonin und T. A. Regul'skaja. (Kristallografija **13** (1968) 1, 90—94; russ.) — Die Abhängigkeit des Brechungsindex u. der Doppelbrechung von der Temp. ober- u. unterhalb des Curie-Punkts wird an Triglycinsulfateinkrist. untersucht. Die Konst. des spontanen elektroopt. Effekts werden ber. u. der Zusammenhang zwischen den Änderungen der opt. Indikatrix u. der Struktur analysiert.
H. Roschkowski 92

0316 **Elektrooptischer Effekt in Wurtzit, ZnS.** V. S. Dneprovskij, V. N. Parygin, I. I. Kisil', L. A. Sysoev und V. S. Solomatin. (Kristallografija **13** (1968) 1, 174—75; Mosk. gos. univ. im. Lomonosova; russ.) — Der lineare elektroopt. Effekt in hexagonalem ZnS bei 6330 Å wird gemessen. Für die Differenz der elektroopt. Koeff. $r_{13} - r_{33}$ wird $(1 \pm 0{,}15) \cdot 10^{-10}$ cm/V erhalten. H. Roschkowski 92

0317 **Anwendung der Green-Funktionen zur Berechnung von Jahn-Teller-Effekten.** H. A. M. Van Eekelen und K. W. H. Stevens. (Proc. physic. Soc. **90** (1967) 567 Pt. 1, 199—205; Dep. of Phys., Univ., Nottingham; engl.) — Theorie der Anwendung der Green-Funktionen zur Beschreibung des Absorptionsspektrums eines bahnentarteten, paramagnet. Ions, das mit Gitterphononen gekoppelt ist. K. Jaeger 94

0318 **Emission dünner KBr-Schichten im fernen Infrarot.** J. E. Mooij. (Physics Letters [Amsterdam] **24A** (1967) 5, 249—51; Labor. voor Techn. Natuurkunde TH, Delft; engl.) — An auf Pt-Träger aufgedampften, ca. 3,5 μ dicken KBr-Schichten werden bei Temp. zwischen 100 u. 780 °K die IR-Emissionsspektren im Wellenlängenbereich 60—128 μ untersucht. Die Frequenzen der Maxima sowie die Dämpfungskonst. werden unter Berücksichtigung der theoret. Angaben von Cowley (Adv. in Physics **12** [1963] 421) diskutiert.
Herbert Müller 94

0319 **Spektrale Verteilung des photomagnetischen Effektes in dünnen Germaniumschichten.** B. P. Kozyrev und Ju. V. Osipov. (Fiz. Techn. Poluprovodnikov **2** (1968) 1, 134—36; Leningradskij ėlektrotechn. inst. im. Ul'janova (Lenina); russ.) — Messung der Spektren (0,5—2,0 μm; 77 u. 297 °K) an $(11\bar{2})$-orientierten Ge-Aufdampfschichten (4—15 μm). Die beobachtete Vorzeichenumkehr des photomagnet. Effektes wird durch Oberflächeneffekte erklärt. K. Jaeger 94

0320 **Optische Eigenschaften von Kupferchloridfilmen.** R. N. Kurdjumova und D. T. Sviridov. (Kristallografija **13** (1968) 1, 185—88; Inst. kristallogr. AN SSSR; russ.) — Die Extinktion von CuCl-Filmen mit Stärken von 0,1—5 μ wird spektrophotometr. im Bereich 350 bis 12500 nm gemessen. Die Brechungsindizes werden ebenfalls bestimmt. Die Breite der verbotenen Zone von CuCl wird zu 3,02 eV berechnet. Der Einfl. von Cu^{2+}-Beimengungen wird erörtert. H. Roschkowski 94

0321 **Kollektivschwingungen in dünnen Silberschichten.** N. Emeric und A. Emeric. (Thin solid Films [Amsterdam] **1** (1967) 1, 13—30; Fac. des Sci., Marseille; franz.) — Auf Quarzglasträger werden bei Restgasdrücken von $3 \cdot 10^{-7}$ Torr Ag-Schichten mit mittleren Dicken d zwischen 10 u. 320 Å aufgedampft. Von den Schichten werden die Transmissionsspektren mit natürlichem u. linear polarisiertem Licht der Wellenlängen λ von 0,28—1,2 μ unter Einfallswinkeln φ von 0,45 u. 70^0 im Vakuum sowie an Luft untersucht. Die Abhängigkeit der Lage der anomalen Absorptionsbanden von d, Polarisationsrichtung u. φ wird unter Berücksichtigung der Theorie opt. Eig. dünner, inhomogener Schichten diskutiert. Die Plasmaresonanz in Ag-Kugeln, die auf SiO_2 abgeschieden sind, tritt unter den Vers.-Bedingungen im Vakuum bei 3,25 (eV) u. in Luft bei 2,90 auf. Herbert Müller 94

0322 **Optische und magnetooptische Untersuchungen von PbSe- und CdS-Filmen.** E. P. Andreeva, L. K. Dijkov, M. S. Kozyreva und N. N. Kolpakova. (Izvest. sibirskogo Otd. Akad. Nauk SSSR, Ser. chim. Nauk **1967,** 9, 5—8; russ.) — Die Absorptions- u. Reflexionsspektren von p-PbSe- u. n-CdS-Filmen im opt. u. IR-Bereich sowie der Faraday-Effekt der Proben in Feldern von 6,5 bis 14 kG wurden untersucht. Die für PbSe aus dem Hall-Effekt, den Reflexionsspektren u. dem Faraday-Effekt bestimmten Trägerkonz. stimmen auf ±5% überein.
H. Roschkowski 94

0323 **Magnetooptische und optische Untersuchung einiger Halbleitermaterialien.** M. S. Kozyreva, N. N. Kolpakova und E. P. Andreeva. (Izvest. sibirskogo Otd. Akad. Nauk SSSR, Ser. chim. Nauk **1967,** 9, 37—41; russ.) — Vgl. vorst. Referat. — Der Faraday-Effekt, die Reflexionsspektren u. Brechungsindizes von *n-InSb*, *n-GaAs*, *n-Ge*, *n-Si* u. *n-CdS* bei 0,4—15 μ werden untersucht. Aus den magnetoopt. u. opt. Messungen werden die Trägerkonz. der Proben bestimmt. Die Werte aus beiden Meßmeth. stimmen auf ±5% überein.
H. Roschkowski 94

0324 **Kristallfeldaufspaltung der Normalschwingungen im Raman-Spektrum von rhomboedrischem Schwefel.** A. T. Ward. (J. physic. Chem. **72** (1968) 2, 744—46; Res. Labor., Xerox Corp., Rochester, N.Y.; engl.) — Das mit einem *He-Ne*-Laser erzeugte hochaufgelöste (0,6 cm^{-1}) Raman-Spektrum von S_8 in rhomboedr. Schwefel zwischen 500 u. 20 cm^{-1} wird bez. der kleinen Störungen durch Van-der-Waals-Kräfte zwischen gegenüberliegenden Nachbaratomen im Gitter diskutiert. Die auf Grund der Platzsymmetrie ber. Zahl u. Aktivität der Normalschwingungen stimmt nicht mit dem bei Raumtemp. gewonnenen Spektrum überein, sollte aber nach Ansicht von Vf. bei niedrigeren Temp. erreichbar sein. R. Blank 94

0325 **Optische Absorption von Bor.** Š. Z. Džamagidzo, R. R. Švangiradze und M. F. Gvilava. (Fiz. Techn. Poluprovodnikov **2** (1968) 3, 382—86; russ.) — Absorptionsspektren (0,7—25 μm; —160 bis 400^0) von β-B. Der opt. Bandabstand u. der nicht monoton temperaturabhängige Temp.-Koeff. des Bandabstandes werden berechnet. Die Temp.- u. Photonenenergieabhängigkeit der Transparenzverminderung bei Bestrahlung von B-Proben im Bereich 0,7—1 μm wird gemessen. K. Jaeger 94

0326 **Infrarotabsorption von Lithiumfluoridkristallen.** Z. G. Achvlediani. (Izvest. Akad. Nauk SSSR, Ser. fiz. **32** (1968) 1, 37—38; Inst. fiz. Akad. nauk Gruz. SSR; russ.) — Im Gebiet von 4—6 μ wurden die IR-Absorptionsspektren von Proben, die im Reaktor mit der gemischten Neutronen- u. γ-Strahlung bestrahlt wurden, gemessen. Die Resultate werden für die Bestrahlungsdosen von $8 \cdot 10^6$ bis $1{,}76 \cdot 10^8$ r der γ-Strahlung u. $(1{,}33-8{,}7) \cdot 10^{16}$ Neutronen/cm^2 tabelliert.
V. Burjan 94△

0327 **Elektron-Magnon-Wechselwirkung für die Ni^{2+}-Absorptionsbanden in magnetisch geordneten Kristallen.** A. I. Beljaeva und V. V. Eremenko. (Ž. ėksper. teoret. Fiz. **54** (1968) 5, 1303—09, 1 Tafel; Fiz.-techn. inst. nizkich temp. AN Ukr. SSR; russ., Auszug: engl.) — Die Feinstruktur der $^3A_{2g} \rightarrow {}^1T^a_{2g}$ u. $^3A_{2g} \rightarrow {}^3T^b_{1g}$-Übergänge in Ni^{2+}-haltigen Verb. $KNiF_3$, K_2NiF_4, $RbNiF_3$

u. NiF_2 mit verschiedenen kristallograph. u. magnet. Strukturen wird untersucht. Die Temp. variierte zwischen 1,3 u. 77 °K. Es wird gezeigt, daß bei niedrigen Temp. $T \ll T_N$ die Temp.-Abhängigkeiten der Verschiebung u. Verbreiterung aller untersuchten Nichtmagnonabsorptionsbanden dem T^4-Gesetz gehorchen. Die nichtlineare Beziehung zwischen Verschiebung u. Verbreiterung der 20622 cm^{-1}-Bande von NiF_2 wird als zusätzlicher Beweis für die Elektron–Magnon-Natur ausgelegt.
E. Otto 94

0328 **Rotationsschwingungsbande der zweiten Harmonischen von flüssigem, kubischem u. rhombischem HCl.** Parviz Khatibi, Haï Vu und Boris Vodar. (C. R. hebd. Séances Acad. Sci., Sér. A et B **265** (1967) 25, B 1419—B 1422; Labor. des Hautes Pressions, CNRS, Bellevue, Hauts-de-Seine; franz.) — Neben der in der fl. Phase bei Raumtemp. auftretenden breiten Bande bei 8235 cm^{-1} wird bei tiefen Temp. eine zweite Bande bei 7800 cm^{-1} beobachtet. Diese tritt bes. bei den krist. Phasen in Erscheinung. Auf Grund einer genaueren Analyse wird die längerwellige Bande als eigentliche Oberschwingung, die kurzwellige hingegen als simultaner Übergang von 2 Mol. interpretiert.
F. Langenbucher 94

0329 **Ultraviolett-Absorptionsspektren von SnBr und SnJ.** G. A. Oldershaw und K. Robinson. (Trans. Faraday Soc. **64** (1968) 543, 616—19; Dep. of Chem., Univ., Hull; engl.) — Durch Blitzlichtphotolyse (1600 J) einer Mischung von 0,2 Torr $SnBr_4$ u. 200 Torr N_2 bei Raumtemp. entsteht SnBr, dessen $B^2\Sigma - X^2\Pi$-Elektronenübergang in Absorption spektroskop. gemessen wird. Im Gegensatz zum bekannten Emissionsspektrum lassen sich hier im angeregten Zustand Schwingungsniveaus bis $v'' = 3$ erkennen. Damit lassen sich zusätzlich die numer. Werte folgender Mol.-Konst. ber.: $\omega'_e = 304{,}3$ u. $\omega_e'x_e' = 0{,}7_1$ cm^{-1}. Die Frequenzen der Bandenmaxima lassen sich nach folgender Formel ber.: $\nu = 33062{,}4 + 304{,}3\,(v' + 1/2) - 0{,}7_1\,(v' + 1/2)^2 - 246{,}7\,(v'' + 1/2) + 0{,}6_4\,(v'' + 1/2)^2$ cm^{-1}. In analogem Experiment wird SnJ_4 der Blitzlichtphotolyse unterworfen. Hierbei resultiert ein ähnliches Elektronenspektrum wie bei der $SnBr_4$-Photolyse mit 20 zum Kurzwelligen hin abfallenden Banden. Daher wird das Spektrum dem $B^2\Sigma$–$X^2\Pi$-Syst. von SnJ zugeordnet. Aus der Schwingungsanalyse lassen sich folgende Mol.-Konst. ableiten: $T_e = 32172{,}8$; $\omega_e' = 241{,}1$; $\omega_e'x_e' = 0{,}1_7$; $\omega_e'' = 199{,}0$ u. $\omega_e''x_e'' = 0{,}5_5$ cm^{-1}. Analog, wie für SnBr, läßt sich mit diesen Mol.-Konst. die Formel für die Frequenzen der Bandenmaxima aufstellen.
G. Buttgereit 94

0330 **Absorptionskante von $GeSe_2$.** N. P. Gavaleško, M. V. Kurik und A. J. Savčuk. (Fiz. Techn. Poluprovodnikov **1** (1967) 7, 1099—1101; Kiev, Inst. poluprovodnikov; russ.) — $GeSe_2$ wird bei 1300 °K aus den Elementen hergestellt. Einkrist. entstehen nach dem Bridgman-Verfahren. Bei 300, 77, 20,4 u. 4 °K werden die Absorptionsspektren ermittelt u. Bandbreiten von 2,690 eV bei 0 °K bzw. 2,485 eV bei 300 °K berechnet.
Heinz Vogel 94

0331 **Optische Eigenschaften von Cadmiumtellurid im fernen Infrarot.** Atsushi Manabe, Akiyoshi Mitsuishi, Hiroshi Yoshinaga, Yoichi Ueda und Hideo Sei. (Technol. Rep. Osaka Univ. **17** (1967) 769—800, 263—75; Dep. of Appl. Phys.; engl.) — Im Bereich von 20—200 μ werden das Reflexionsspektrum von mit In dotiertem CdTe u. das Transmissionsspektrum von reinem CdTe gemessen. Der Einfl. der freien Ladungsträger auf die Reststrahlenbande von CdTe wird an Hand der klass. Dispersionsgleichung nach Drude diskutiert. Das Transmissionsspektrum wird versuchsweise Zweiphononenkombinationsbanden zugeschrieben.
I. Zoll 94

0332 **Interpretation der Infrarotspektren von festen Alkalimetalloxalaten und deren Hydraten und Perhydraten.** Berit F. Pedersen. (Acta chem. scand. **21** (1967) 3, 801—11; Central Inst. for Ind. Res., Blindern, Oslo; engl.) — Im Spektralbereich von 650—4000 cm^{-1} wurden die IR-Spektren von $Li_2C_2O_4$, $Li_2C_2O_4 \cdot H_2O_2$, $Na_2 \cdot C_2O_4$, $Na_2C_2O_4 \cdot H_2O_2$, $Na_2C_2O_4 \cdot D_2O_2$, $K_2C_2O_4 \cdot H_2O$, $K_2C_2O_4 \cdot D_2O$, $K_2C_2O_4 \cdot H_2O_2$, $K_2C_2O_4 \cdot D_2O_2$, $Rb_2C_2O_4 \cdot H_2O$, $Rb_2C_2O_4 \cdot D_2O$, $Rb_2C_2O_4 \cdot H_2O_2$, $Rb_2C_2O_4 \cdot D_2O_2$, $Cs_2C_2O_4 \cdot H_2O$ u. $Cs_2C_2O_4 \cdot H_2O_2$ aufgenommen u. durch Vgl. zugeordnet. Daraus lassen sich Aussagen über unterschiedliche H_2O_2-Konform. ableiten. Die beobachteten νOH-Frequenzverschiebungen stehen in guter Übereinstimmung mit Bindungslängenberechnungen aus Krist.-Strukturen.
A. Meixner 94

0333 **Einfluß eines elektrischen Feldes auf die Eigenabsorptionskante von Seignetteelektrika.** L. N. Strel'cov und V. I. Čmyrev. (Izvest. Akad. Nauk SSSR, Neorg. Mater. **4** (1968) 2, 299—302; Mosk. inst. stali i splavov; russ.) — Die Absorptionsspektren (2,6—2,9 eV) von *Bi*- u. *Ba-Titanat* werden ohne bzw. in Ggw. elektr. Felder aufgenommen. Das Anliegen des Feldes führt zu einer Verschiebung der Eigenabsorptionskante in das langwelligere Gebiet. Die Größe der Verschiebung stimmt mit der Veränderung der Breite der verbotenen Zone überein.
H. Roschkowski 94

0334 **Nichtlineare Absorption kohärenter Resonanzstrahlung in rosa Rubin.** Robert C. Mitchell und Jerald R. Izatt. (Appl. Optics **7** (1968) 1, 77—81; N.Mex. State Univ., Lascruces, N.Mex.; engl.) — Das R_1-Dublett im Absorptionsspektrum von rosa Rubin wurde in hoher Auflösung untersucht, wobei ein Rubinlaser mit variabler Frequenz als monochromat. Lichtquelle verwendet wurde. Der Quellen- u. der Probenkrist. wurden zur Messung der Absorption der α-polarisierten Strahlung ausgerichtet. Der Absorptionskoeff. nahm ab, wenn die Intensität des einfallenden Strahles erhöht wurde. Bei einer Intensität des Laserstrahls von 100 J/cm^2 wurde eine bedeutende Herabsetzung des spektralen Abstandes der R_1 ($\pm 3/2$)- u. R_1 ($\pm 1/2$)-Komponenten des Absorptionsdubletts beobachtet. Die beobachtete Abnahme der Absorptionskoeff. konnte auf der Grundlage der Entleerung des Grundzustandes ber. werden.
H. D. Schwartz 94

0335 **Farbe und Pleochroismus von Baryt.** G. Isetti. (Periodico Mineralog. **36** (1967) 1, 25—41; Genova, Univ., Ist. di Mineralog.; ital.) — An nach (110) u. (001) geschnittenen Flächen eines Baryts von Montevecchio (Sardinien) wurden die Absorptionsspektren in natürlichem u. polarisiertem Licht gemessen. Diese Messungen ermöglichten die Best. des pleochroit. Schemas des Minerals im Spektralbereich zwischen 320 u. 620 nm. Der Prozeß der Bldg. der für die Färbung verantwortlichen Farbzentren u. ihre Anisotropie wurde untersucht.
C. Gottfried 94△

0336 **Schwingungsspektren und Struktur von Silicatgläsern, die Arsen- oder Antimonoxide enthalten.** T. A. Sidorov und N. A. Prudnikova. (Ž. prikl. Spektroskopii **8** (1968) 1, 105—108; russ.) — Infrarot- u. Raman-Spektren von Gläsern, die neben SiO_2 u. Na_2O As_2O_3, As_2O_5, Sb_2O_3 oder Sb_2O_5 enthielten, wurden aufgenommen. Ein Vgl. mit geschmolzenem Quarz u. mit Zweikomponenten-Alkaligläsern zeigte, daß die Sb- u. As-Atome auf die Schwingung des Si–O-Teils des Glases keinen Einfl. hatten u. ein eigenes Glasgitter bildeten.
M. Wiedemann 94

0337 **Strahlungseinfang durch Störstellen in Halbleitern.** J. S. Blakemore. (Physic. Rev. [2] **168** (1967) 3, 809 bis 815; Fla. Atlantic Univ., Boca Raton, Fla.; engl.) — Die Beziehungen zwischen Photoionisationsquerschnitt u. dem Querschnitt für strahlenden Einfang werden für Übergänge zwischen Leitungsbandzuständen u. dem Grundzustand lokalisierter Donatoren mit Betrachtungen über detaillierte Gleichgew. untersucht. Das Auftreten eines Spektrums angeregter Zustände, kompensierender Störstellen u. konkurrierender Prozesse verbietet nicht die Aufstellung einer einfachen Beziehung. Aus dieser Beziehung ergibt sich, daß die Einfanglängen eines wechselwirkenden Photons u. eines wechselwirkenden Elektrons umgekehrt proportional zu ihren Impulsen sind.
K. H. Härdtl 96

0338 **Apparatur zur Untersuchung des Spektrums und der Kinetik der Rekombinationsstrahlung von Halbleitern bei elektronischer Anregung.** I. I. Gejci, A. A. Nesterov und N. N. Gerasimenko. (Pribory Techn. Ėksperimenta **1968**, 2, 209—11; Inst. fiz. poluprovodnikov SO AN SSSR, Novosibirsk; russ.)
H. Roschkowski 96

0339 **Strahlungsrekombination an Bestrahlungsstrukturdefekten in Silicium.** M. V. Bortnik, V. D. Tkačev und A. V. Juchnevič. (Fiz. Techn. Poluprovodnikov **1** (1967) 3, 353—58; Beloruss. gos. univ. im. Lenina, Minsk; russ.) — Die Spektren der Rekombinationsstrahlung von Si-Einkrist. mit durch γ-Quanten erzeugten Strahlungsschäden werden untersucht. Im Störstellenbereich des Spektrums treten zwei Bandengruppen auf, die sich in Form u. Temp.-Abhängigkeit unterscheiden. Die Vers. zeigen, daß in Si zwei Arten der Strahlungsrekombination verlaufen können: Rekombination freier Träger bzw. Rekombination unter Beteiligung lokalisierter Zustände. H. Roschkowski 96

0340 **Lumineszenzzentren in Einkristallen KCl: Tb^{3+}–Se^{2-} und KCl: Tb^{3+}–S^{2-}.** A. V. Dolgopolova und B. S. Skorobogatov. (Optika i Spektroskopija **24** (1968) 2, 201—06; russ.) — Die Einkrist. wurden im Vakuum gezüchtet mit verschiedenen Konz. an Aktivator u. Coaktivator. Die Lumineszenz konnte stets auf Tb^{3+} zurückgeführt werden. Nach den Ergebnissen ist sie sensibilisiert. M. Wiedemann 96

0341 **Thermische Aktivierungsenergien in Lithiumfluorid-, Natriumfluorid- und Natriumchlorid-Kristallen.** H. Levin, C. C. Berggren und V. R. Honnold. (J. physic. Chem. **71** (1967) 13, 4228—32; Hughes Aircraft Comp., Culver City, Calif.; engl.) — An *LiF*-, *NaF*- u. *NaCl*-Einkrist. wurden Thermolumineszenzmessungen nach Röntgenbestrahlung in Luft bei 293 u. 373 °K ausgeführt. Die Glow-Kurven wurden analysiert, um die therm. Aktivierungsenergien für die Glow-Maxima zu erhalten, die die therm. Freisetzung von Elektronen aus Haftstellen darstellen. Eine provisor. Identifizierung der Haftstellenniveaus beruht auf der Berechnung der Elektroneneinfangquerschnitte. Hiernach bestehen F-Niveaus bei 1,06 eV in LiF, 0,72 eV in NaF u. 0,62 eV in NaCl. A. Becker 96

0342 **Anstiegszeit der Photoszintillationen von KBr–In.** A. K. Tale. (Izvest. Akad. Nauk Latv. SSR, Ser. fiz. techn. Nauk **1967**, 6, 39—42; Inst. fiz. AN Latv. SSR; russ., Auszug: engl.) — Die Photoszintillationen von KBr–In bei 80 °K zeigen eine Anstiegszeit für die langsame Komponente (langwelliges Emissionsband) u. die schnelle Komponente (kurzwelliges Emissionsband), die von der des Anregungsimpulses differiert. Die Anstiegszeit für beide Komponenten verringert sich bei Temp.-Abnahme u. behält den gleichen Wert bei Anregung in A, B, C-Bändern. I. Zoll 96

0343 **Komplexe Aktivatorzentren im KJ: Cu-Phosphor.** I. A. Parfianovič, E. I. Šuraleva, L. P. Smol'skaja und L. A. Koženkova. (Izvest. vysšich učebnych Zavedenij [Tomsk], Fiz. **11** (1968) 4 (71), 151—53; Irkutskij gosuniv. im. Ždanova; russ.) — Untersucht werden die Absorptions-, Anregungs- u. Lumineszenzspektren bei ca. 2—5 eV von nach Stockbarger oder Kyropoulos aus der Schmelze gezüchteten KJ : Cu-Krist., bzw. von KJ-Krist. die durch Elektrothermodiffusion mit Cu aktiviert wurden. Die Natur der Aktivatorzentren wird besprochen. H. Roschkowski 96

0344 **Elektrolumineszenz von ZnSe–ZnTe-Sperrschicht-Dioden.** Yoshinobu Tsujimoto und Masakazu Fukai. (Jap. J. appl. Physics **6** (1967) 8, 1024—25; Central Res. Labor., Matsushita Electrical Industrial Co., Kadoma, Osaka; engl.) — Nach der Beschreibung des Herst.-Verf. (epitakt. Aufwachsen von p-ZnTe auf {111}-Flächen von ZnSe), der Geometrie u. der Kontaktierung des heterogenen Halbleiterüberganges werden neben einem Energiediagramm die gemessene Strom–Spannungs-Charakteristik u. die spektrale Intensitätsverteilung der Photoemission des Überganges diskutiert. E. Butzke 96

0345 **Photolumineszenzspektrum von ZnTe mit anomaler Temperaturabhängigkeit.** Naozo Watanabe und Setsuo Usui. (Jap. J. appl. Physics **6** (1967) 10, 1253 bis 1254; Sony Corp. Res. Labor. 174, Fujitsukacho, Hodogayaku, Yokohama; engl.) — Das an P-dotiertem ZnTe auftretende 523,53 nm-Lumineszenzmax., das keine Phononensatelliten aufweist u. wesentlich breiter ist als die Exzitonenlinien, hat eine von den anderen Maxima abweichende Temp.-Abhängigkeit. Während mit wachsender Temp. die Intensität der Exzitonenlinien monoton abnimmt, durchläuft hier die Intensität ein Max., das bei schwach dotierten Krist. um 150 °K u. bei stark dotierten um 100 °K auftritt. E. Butzke 96

0346 **Spektroskopie der Lumineszenz-Zentren in mit quecksilberähnlichen Ionen aktivierten Phosphaten.** N. E. Luščik und I. A. Meriloo. (Ž. prikl. Spektroskopii **8** (1968) 2, 277—82; russ.) — Auf der Basis von β-$Ca_3(PO_4)$ wurden Phosphore, aktiviert mit In, Sn, Tl, Pb u. Ge hergestellt u. ihre Anregungs- u. Emissionsspektren im Bereich 1,8—8 eV verglichen. Bei der Aktivierung mit Sn, Pb u. Ge wurden zwei Typen von Lumineszenzzentren beobachtet, im Gegensatz zu Phosphaten mit einwertigem Aktivator. Die Ähnlichkeit mit den Spektren von Phosphoren auf der Grundlage von KF u. KCl mit denselben Aktivatoren wird betont. Zu den Elektronenübergängen $^1S_0 \rightarrow {}^3P_1$ u. $^1S_0 \rightarrow {}^1P_1$ in freien Hg-ähnlichen Ionen wird eine Beziehung hergestellt. M. Wiedemann 96

0347 **Thermolumineszenz und Farbzentren bei gammabestrahltem glasigem und kristallinem Natriummetaphosphat.** Carlo Bettinali. (Z. physik. Chem. [Frankfurt/M.] [N.F.] **55** (1967) 5/6, 234—42; Roma, Univ., Ist. di Chim. Gen. ed Inorg.; engl.) — Unters. der Farbzentren durch Remissionsspektren, Elektronenspinresonanzabsorption, Thermolumineszenzspektren u. durch Analyse der spektralen Zus. der Glow-Kurven. In krist. Na-Methaphosphat ist die Rk. der Farbzentrenbldg. durch Gitterdiffusion von Kationen weniger begünstigt. Vf. ber. Aktivierungsenergien aus den Glow-Kurven. Der Thermolumineszenzmechanismus wird durch Rekombination von Elektronen mit Zentren verschiedener Tiefe u. unterschiedlichen Querschnitten erklärt. D. Ertel 96

0348 **Eu^{2+}-Aktivierung einiger Erdalkalimetallstrontiumphosphate.** M. V. Hoffman. (J. electrochem. Soc. **115** (1968) 5, 560—63; Lighting Res. Labor., Gen. Electr. Comp., Cleveland, O.; engl.) — Die bei 900—1100° anfangs in Luft, darauf in H_2/N_2-Atmosphäre aus Mischungen der entsprechenden Phosphate, Carbonate u. Oxide hergestellten, Eu^{2+}-aktivierten Phosphore $SrMg \cdot P_2O_7$, α-$Sr_3(PO_4)_2$, α-$Sr_2P_2O_7$, $Sr_3P_4O_{13}$, $SrMg_2(PO_4)_2$ u. $Sr_2Mg_3P_4O_{15}$ besitzen in der genannten Reihenfolge nach Anregung mit 254 nm-Strahlung folgende Fluoreszenzmaxima: 393, 405, 415, 415, 410 bzw. 440 nm. Den größten Wrkg.-Grad besitzt $SrMgP_2O_7$. Eu^{2+}-aktivierte $SrZn_2(PO_4)_2$- u. $SrZnP_2O_7$-Phosphore besitzen keine sichtbare bzw. UV-Fluoreszenz. Substitution von Eu in β-$(SrMg)_3(PO_4)_2$ führt zu einer Fluoreszenz im blauen u. roten Bereich: das wird auf die Existenz von Eu in den Valenzzuständen +2 u. +3 zurückgeführt. Der Einfl. einer Substitution von Ba^{2+} u. Ca^{2+} für Sr^{2+} bzw. von Zn^{2+} für Mg^{2+} in $SrMgP_2O_7$ auf das Fluoreszenzspektrum wird untersucht. W. Laqua 96

0349 **Thermische Ausleuchtkurven von Calciumhalogenidphosphaten.** A. E. Skrebljukov und T. I. Morozova. (Ž. prikl. Spektroskopii **8** (1968) 2, 345—47; russ.) — Die Kurven der Thermolumineszenz von Calciumhalogenidphosphat, Marke L-34, bei Aktivierung mit Sb (blaue Bande) u. Aktivierung mit Mn (orange Bande) wurden aufgenommen u. ähnlich befunden. Der Rekombinationscharakter wird diskutiert. M. Wiedemann 96

0350 **Einfluß der chemischen Bindung von Mangan(II) mit Liganden auf die Lumineszenz-Eigenschaften von Fluoroberyllatgläsern.** G. A. Curikova. (Optika i Spektroskopija **24** (1968) 2, 290—91; russ.) — Die Lumineszenz von Gläsern der Zus. $60\,BeF_2 \cdot 10\,AlF_3 \cdot 10\,CaF_2 \cdot 20\,MeF$ (Me = *Li*, *Na*, *K*, *Rb*, *Cs*) sowie aus BeF_2 allein u. mit Zugabe von 0,05 Mol + MnF_2 wurde gemessen. Die mittleren Feinstrukturkonst. dieser Gläser sind tabelliert. Die Verschiebung der Lumineszenzbande ist durch den Charakter der chem. Bindung von Mn(II) mit den Liganden bedingt. M. Wiedemann 96

0351 **Lumineszenz von Gläsern des Systems PbO–SiO_2–K_2O.** Carlo Bettinali, Gastone Ferraresso und Giuseppe Virtuoso. (Atti Accad. naz. Lincei, Rend., Cl. Sci. fisiche, mat. natur. [81] **43** (1967) 6, 545—57;

CNEN, Ist. di. Chim., Gen. ed Inorg., Univ. di Roma; engl.) — Alle untersuchten Gläser des Syst. PbO–SiO_2–K_2O zeigten Emission, wenn sie bei 120 °K mit UV-Licht von 2537 Å angeregt wurden. Die spektrale Zus. des emittierten Lichtes, das durch Pb verursacht wird, ändert sich mit dem PbO-Gehalt. Das Max. des Spektrums verschiebt sich mit steigendem PbO-Geh. von 440 bis 510 nm. Proben mit konst. SiO_2/PbO-Verhältnis zeigten mit steigendem K_2O-Geh. ein Anwachsen der Lumineszenzintensität. Die Kurvenformen (Intensität gegen Temp.) ändern sich in Übereinstimmung mit der chem. **Zus.** der Probe. Drei Arten der Temp.-Abhängigkeit der **Lumineszenzintensität** werden als Funktion des Pb-Geh. ermittelt. E. Otto 96

0352 **Sensibilisation der Lumineszenz von Erbium(III) in Oxid-Gläsern durch Ionen der anderen Seltenerdmetalle.** P. I. Kudrjašov, V. P. Kolobkov und T. I. Vejnberg. (Ž. prikl. Spektroskopii 8 (1968) 2, 249—55; russ.) — Die Möglichkeit der Sensibilisation der Lumineszenz von Er^{3+} in Silicatglas (56% SiO_2; 5,7 Al_2O_3; 29,6 MgO; 7,4 Li_2O) durch Zusätze von *Ce*-, *Pr*-, *Nd*-, *Sm*-, *Eu*-, *Gd*-, *Tb*-, *Dy*-, *Ho*-, *Tm*- u. *Yb*-Ionen wurde untersucht. Wichtig ist das metastabile Niveau $^4I_{13/2}$ von Er. Sensibilisierung erfolgt nur beim Paar Yb^{3+}–Er^{3+}, wo ein unmittelbarer Energieübergang beobachtet wurde. Die Anregungsspektren für Gläser mit verschiedenem Gehalt der beiden Aktivatoren wurden aufgenommen. M. Wiedemann 96

0353 **Konversionswirksamkeit von Photoluminophoren im Spektralbereich 15—90 nm.** O. M. Sorokin. (Ž. prikl. Spektroskopii 8 (1968) 3, 439—42; russ.) — Die spektrale Verteilung der relativen Konversionswirksamkeit wurde für folgende Luminophore bestimmt: gelbes Lumogen, *CsJ : Tl* (I) u. mit Anthracen aktivierter plast. Szintillator. Die Wirksamkeit war bei I am höchsten, auch die Abhängigkeit von der Dicke des Einkrist. wurde bestimmt. I hatte 2 Nachteile: die Trägheit der Lichtabgabe u. die hohe Hygroskopizität. Als Vgl.-Substanz diente Na-Salicylat. M. Wiedemann 96

0354 **Möglichkeit der radiospektroskopischen Beobachtung von Exzitonen in Kristallen.** S. G. Ryžanov. (An. ştiinţ. Univ. „Al. I. Cuza", Iaşi, Secţ. I, b 13 (1967) 105—07; russ.) — Vorgeschlagen wird ein Verf. zur spektroskop. Beobachtung von Exzitonen (10^{16}—10^{18} cm^{-3}) im Bereich 10^5 MHz mittels Gaslaser. Das Verf. ist einfacher zu handhaben als herkömmliche Absorptionsverfahren. K. Jaeger 98

0355 **Beobachtung der Hyperfeinstrukturwechselwirkungskonstanten in $KMnF_3$.** Kazumichi Egashira und Kinshiro Hirakawa. (J. physic. Soc. Japan 22 (1967) 1, 344; Departm. of Electron., Kyushu Univ., Fukuoka; engl.) — Aus den beobachteten anisotropen Hfs-Wechselwrkg.-Konst. wurde die Differenz der ungepaarten Spin-Dichten $f_\sigma - f_\pi$ für die 2pσ- u. die 2pπ-Bahn des F^--Ions berechnet. Diese Differenz war in $KMnF_3$ viel kleiner als in K_2NaCrF_6 u. $KNiF_3$. Die von Shulman et al. (C. **1961,** 21) gegebene Erklärung hierfür ist in besserer Übereinstimmung mit den Meßergebnissen als die Erklärung von Marshall et al. (Proc. physic. Soc, 86 (1965) 561). Die benutzte App. wird kurz beschrieben. G. Richard 98

0356 **Temperaturabhängigkeit der Hyperfeinkopplung von Mn^{2+} in den Oxiden: Versuche und Theorie.** R. Calvo und R. Orbach. (Physic. Rev. [2] **164** (1967) 2, 284—87; Univ. of Calif., San Diego, La Jolla, Calif.; engl.) — Es wurde die Temp.-Abhängigkeit der Hyperfeinkopplungskonst. von $^{55}Mn^{2+}$ in *CaO* u. *SrO* zwischen 1,4 u. 300 °K gemessen. Die experimentellen Ergebnisse sind in guter Übereinstimmung mit dem Debye-Modell nach Simanek u. Orbach; die Parameter für die beste Übereinstimmung werden angegeben. Die Konst. der Bahn-Gitter-Wechselwrkg. wurden ermittelt. Nach dem Debye-Modell u. dem halbempir. Modell wurde die Abnahme der Hyperfeinkonst. durch Nullpunktschwingungen ermittelt. Der Nullpunkt–Phononenbeitrag ist in CaO größer als in SrO. H. Liepack 98

0357 **NQR von ^{35}Cl in tetramerem Phosphornitridchlorid.** M. Dixon, H. D. B. Jenkins, J. A. S. Smith und D. A. Tong. (Trans. Faraday Soc. 63 (1967) 540, 2852—57; School of Mol. Sci., Univ. of Warwic, Coventry; engl.) — Das ^{35}Cl-NQR-Spektrum der beiden krist. Formen (K u. T) des $(PNCl_2)_4$ wurde zwischen 77 °K u. dem F. untersucht. Die Punktsymmetrie $\bar{4}$ des Mol. in der K- u. $\bar{1}$ in der T-Form, die sich am F. der 2/m-Symmetrie nähert, wird bestätigt. Die Temp. des Übergangs der Form mit der Punktsymmetrie $\bar{4}$ in die Form mit der Punktsymmetrie $\bar{1}$ wurde zu 63 ± 1,5° bestimmt. Die großen NQR-Frequenzdifferenzen zwischen axialen u. äquatorialen Chlorkernen in der Form mit der $\bar{1}$-Punktsymmetrie wird auf große Differenzen im π-Charakter der P–Cl-Bindung zurückgeführt. E. Hechler 98

0358 **Paramagnetische Zentren in Siliciumpulvern.** N. A. Meščerjakov, L. Ja. Al't und V. F. Anufrienko. (Fiz. tverdogo Tela 9 (1967) 12, 3379—83; Inst. mat. SO AN SSSR, Novosibirsk; russ.) — EPR-Unters. paramagnet. Zentren in Si-Pulvern bei 77, 293 u. 550 °K. Unter dem Einfl. von O, H u. Wasserdampf ändert sich Form u. Intensität der Signale. Es ist anzunehmen, daß sich paramagnet. Defekte in p- u. n-Si bei Verunreinigungskonz. zwischen $3 \cdot 10^{11}$ u. 10^{17} cm^{-3} bilden. Sie werden durch SiO_x-Komplexe nahe der Oberfläche verursacht. Die paramagnet. Zentren, die die Doppellinie der EPR von mit P dotiertem Si (Konz. zwischen $4 \cdot 10^{17}$ u. $5 \cdot 10^{18}$ cm^{-3}) hervorrufen, hängen mit der Ggw. von O zusammen u. werden qual. durch effektive 4-Niveausyst. beschrieben. I. Zoll 98

0359 **Trigonalspektrum der paramagnetischen Resonanz des Gd^{3+}-Ions in einem CdF_2-Einkristall.** J.-M. Moret, J. Weber und R. Lacroix. (Helv. physica Acta **41** (1968) 2, 243—50; Inst. de Phys. exper., Univ. de Genève; franz.) — Gd^{3+}-dotierte CdF_2-Krist. wurden hydrolysiert u. durch PMR untersucht. Das beobachtete Spektrum von trigonaler Symmetrie wird einer Ladungskompensation durch ein O^{2-}-Ion zugeschrieben, das ein F^- in der Nähe von Gd^{3+} substituiert. Die Konst. des Spin-Hamilton-Operators wurden bestimmt. Herbert Weber 98

0360 **Paramagnetische Resonanz austauschgekoppelter Mn^{2+}-Ionenpaare in gemischten Kristallen von ZnS und CdS.** Yuichiro Ishikawa. (Sci. Rep. Tôhoku Univ., Ser. I **50** (1967) 4, 242—48; Coll. of Arts and Sci., Tohoku Univ.; engl.) — Das in den pulverförmigen Syst. *ZnS*, *7 ZnS · 3 CdS*, *5 ZnS · 5 CdS*, *3 ZnS · 7 CdS* u. *CdS* mit je 1 Gew.-% Mn bei Zimmertemp. beobachtete EPR-Signal wurde Mn^{2+}-Ionenpaaren mit starker Austauschkopplung zugeordnet. Die magnet. Dipol–Dipol-Kopplung zwischen Ionen eines Paars ist vernachlässigbar. B. Stender 98

0361 **Antiferromagnetische Resonanz neuen Typs in α-Fe_2O_3.** V. I. Ožogin und V. G. Šapiro. (Ž. èksper., teoret. Fiz.-Pis'ma v Redakciju **6** (1967) 1, 467—71; russ.) — Es wird theoret. der Einfl. eines Querfeldes auf ein einfaches Antiferromagnetikum mit der Anisotropie einer „leichten Achse" untersucht u. die Abhängigkeit der magnet. Resonanz vom Feld dargestellt. Es ergibt sich, daß bei kleinen Abweichungen der Magnetisierungsvektoren zwei Eigenschwingungsfrequenzen bestehen müssen. Diejenige, bei welcher $H_x = H_{c\perp}$ wurde an α-Fe_2O_3 experimentell bewiesen; bei 77 °K beträgt der krit. $H_{c\perp}$-Wert 132 ± 4 kOe. Ähnlich müssen bei $H_x \sim H_{c\perp}$ weitere Anomalien bestehen (die „lineare" Magnetostriktion muß bei $H_x \geqq H_{c\perp}$ verschwinden, während bei $H_x = H_{c\perp}/\sqrt{2}$ die Höchstverformung erscheint. J. Tůmová 98△

0362 **EPR von Fe^{3+} und Ni^{3+} in $KTaO_3$.** D. M. Hannon. (Physic. Rev. [2] **164** (1967) 2, 366—71; Gordon McKay Labor., Harvard Univ., Cambridge, Mass.; engl.) — Beide Störstellenionen befinden sich substitutionell auf den zwei Kationenplätzen des Wirtes. Bei Zimmertemp. beträgt der a-Wert für Fe^{3+} auf dem Ta^{5+}-Platz (288 ± 5) · 10^{-4} u. für Fe^{3+} auf dem K^+-Platz (30 ± 1) · 10^{-4} cm^{-1}. Die Temp.-Abhängigkeit dieser Parameter wird diskutiert. Ni^{3+} auf Ta^{5+} befindet sich in einer Konfig. mit kleinem Spin u. unterliegt einer axialen Jahn-Teller-Verzerrung. Die 10Dq-Werte werden abgeschätzt. Die Resonanz von Ni^{3+} am K^+-Platz deutet ein negatives Krist.-Feld mit 10Dq = 7400 cm^{-1} an. H. Liepack 98

0363 **Breite und Form der EPR-Linien in Bariumtitanat im Bereich des Phasenübergangs.** É. V. Bursian und V. V. Šapkin. (Izvest. Akad. Nauk SSSR, Ser. fiz. **31** (1967) 7, 1120—21; Leningradskij gos. ped. inst.; russ.) — Auf Grund der Veränderungen des Spektrums der Gitterschwingungen beim Phasenübergang im $BaTiO_3$ (I) muß auch eine Änderung der Spin–Gitter-Relaxationszeit T_1 angenommen werden. Zur Prüfung dieser Annahme wurde die Temp.-Abhängigkeit der im wesentlichen von T_1 bestimmten Linienbreite von paramagnet. Ionen in pulverförmigen I untersucht. Im Falle von Fe^{3+} u. Mn^{2+} wurden keine Veränderungen der Linienbreite festgestellt. Bei $BaTiO_3$ + 0,1 Mol-% Cd^{2+} ergibt sich aus der Veränderung des Spektrums eine Curie-Temp. von $(105 \pm 3)^0$. Bei großen Einkrist. ändert sich bei Annäherung an den Phasenübergang die Linienform, es kommt zu einer Inversion der Linie, deren Ursachen vorläufig noch unbekannt sind. A.-R. Grimmer 98

0364 **Elektronenspinresonanz von Eu^{2+} in der kubischen und tetragonalen Phase von $BaTiO_3$.** Takeshi Takeda und Akihori Watanabe. (J. physic. Soc. Japan **22** (1967) 6, 1424; Kadoma, Osaka, Matsushita Electr. Ind. Co., Ltd., Central Res. Labor.; engl.) — Unters. der ESR-Spektren von Eu^{2+} in $BaTiO_3$ bei 300 °K (tetragonale Phase) u. 431 °K (kub. Phase) im X-Band. Es ergeben sich folgende Spin-Hamilton-Parameter für die tetragonale Phase: $g = 1{,}991 \pm 0{,}002$, $3B_2^0 = (-269{,}5 \pm 3) \cdot 10^{-4}\ cm^{-1}$, $60\ B_4^0 = (56{,}4 \pm 2) \cdot 10^{-4}\ cm^{-1}$, $1260\ B_6^0 = (-1{,}0 \pm 3) \cdot 10^{-4}\ cm^{-1}$; für die kub. Phase: $g = 1{,}991 \pm 0{,}002$, $3B_2^0 = 0$, $60\ B_4^0 = (67{,}2 \pm 3) \cdot 10^{-4}\ cm^{-1}$, $1260\ B_6^0 = (0{,}5 \pm 3) \cdot 10^{-4}\ cm^{-1}$. Diese Ergebnisse werden mit den entsprechenden Daten für Gd^{3+} in $BaTiO_3$ u. $SrTiO_3$ verglichen. J. M. Spaeth 98

0365 **NMR der Protonen in einigen paramagnetischen Salzen.** V. A. Stoljarov. (Ž. èksper. teoret. Fiz.-Pis'ma v Redakciju **6** (1967) 1, 476—79; russ.) — Die PMR-Spektren von $KCr(SO_4)_2$, $NH_4Fe(SO_4)_2$, $(NH_4)_2Cu(SO_4)_2$ u. $(NH_4)_2Mn(SO_4)_2$ (Einkristalle) wurden aufgenommen. Bei 10—20 °K zeigen alle Salze eine einheitliche, nicht verschobene Linie der Breite von $\Delta H \cong 20$ Hz, die im Intervall zwischen 1,1—2,8 kHz vom Feld nicht abhängt. Bei 1,5—4,2 °K verschiebt sich die NMR-Linie u. die Verschiebung hängt von der Orientierung ab. Der größte Wert von 200 Hz wurde bei $NH_4Fe(SO_4)_2$ u. 100 Hz bei $(NH_4)_2Cu(SO_4)_2$ bei H_0 2,2, bzw. 2,7 kHz bei 1,5 °K gefunden. J. Tůmová 98△

0366 **Paramagnetische Elektronenresonanzuntersuchung der Rolle von Austauschwechselwirkungen bei der Lumineszenzextinktion.** Jean-Pierre Gayda, Alain Junqua und Jacques Hervé. (C. R. hebd. Séances Acad. Sci., Sér. A et B **265** (1967) 9, B 561—B 564; Labor. de Paramagnét. des Solides, Fac. des Sci., Poitiers, Vienne; franz.) — Die Aminhydrochlorid-Komplexe von $MnCl_2$: $MnCl_2 \cdot [(C_2H_5)_3N \cdot HCl]$, $MnCl_2 \cdot 2[(CH_3)_2NH \cdot HCl]$, $MnCl_2 \cdot [(CH_3)_3N \cdot HCl]$, $MnCl_2 \cdot [(CH_3)_2NH \cdot HCl]$, $MnCl_2 \cdot 2[(C_2H_5)NH_2 \cdot HCl]$, $MnCl_2 \cdot 2[(CH_3)NH_2 \cdot HCl]$ u. $MnCl_2 \cdot [(CH_3)_3N \cdot HCl] \cdot H_2O$ wurden EPR-spektroskop. untersucht. Die beobachteten spektralen Gesetzmäßigkeiten sind mit der Theorie von Dexter (1954) über die Extinktionswrkg. der Austauschwechselwrkg. in Übereinstimmung. J. J. Pohl 98

0367 **Eingefangene Elektronen, die durch Abscheidung von Alkalimetallatomen auf Eis und festen Alkoholen bei 77 °K erzeugt werden.** 1. Mitt. **Optische Spektren und Elektronenspinresonanzspektren.** J. E. Bennett, B. Mile und A. Thomas. (J. chem. Soc. [London], Sect. A **1967**, **9**, 1393—99; Chester, „Shell" Res. Ltd., Thornton Res. Centre; engl.) — Die Absorptions- (λ_{max}) u. ESR-Daten (g-Werte, Linienbreite) der beim Aufdampfen von *K* oder *Na* auf H_2O, D_2O u. feste aliphat. Alkohole (*$CH_3 \cdot OH$, A., Isopropanol, tert.-Butanol, Dodecanol*) bei 77 °K in einem rotierenden Kryostaten erzeugten farbigen Abscheidungen (eingefangene Elektronen, durch Übertragung ungepaarter Elektronen von K bzw. Na auf die feste Matrix) werden untersucht. Das ESR-Spektrum des Prod. vom Eis zeigt eine Hyperfeinstruktur, die auf eine Wechselwrkg. des Elektrons mit 6 H-Atomen benachbarter W.-Mol. zurückgeführt wird. G. O. Jäger 98△

0368 **Eingefangene Elektronen, die durch Abscheidung von Alkalimetallatomen auf Eis und festen Alkoholen bei 77 °K erzeugt werden.** 2. Mitt. **Chemische Reaktionen während der thermischen und photolytischen Entfärbung.** J. E. Bennett, B. Mile und A. Thomas. (J. chem. Soc. [London], Sect. A **1967**, **9**, 1399—1403; Chester, „Shell" Res. Ltd., Thornton Res. Centre; engl.) — 1. vgl. vorst. Ref. — Beim Erwärmen bzw. beim Bestrahlen mit sichtbarem Licht der durch Aufdampfen von Alkalimetallen auf feste Alkoholmatrizen bei 77 °K (vgl. l.c.) gebildeten farbigen Abscheidungen, die eingefangene Elektronen (e_t^-) enthalten, wird Entfärbung der Prod. u. eine Änderung der ESR-Spektren beobachtet. Die ESR-Spektren können den entsprechenden *α-Hydroxyalkylradikalen* $R^1R^2\dot{C}OH$ zugeordnet werden. Die Umwandlungsgeschw. ist erster Ordnung bez. $[e_t^-]$. Für die verschiedenen Alkohole werden Aktivierungsenergien von 4—5 kcal/Mol u. Präexponentialfaktoren von 10^4—$10^7\ s^{-1}$ ermittelt. Vf. nehmen an, daß es sich bei der Umlagerung der Elektronenfalle um einen einstufigen Prozeß handelt: $e_t^- + 2\ R^1 \cdot R^2CHOH \rightarrow R^1R^2\dot{C}OH + R^1R^2CHO^- + H_2$. G. O. Jäger 98△

0369 **ESR-Untersuchung der Übergänge zwischen der antiferromagnetischen und paramagnetischen Phase in Goethit.** J. Stankowski, W. Wolski und B. Klimaszewski. (Bull. Acad. polon. Sci., Sér. Sci. math., astronom. physiques **15** (1967) 12, 875—79; Poznań, Polish Acad. of Sci., Inst. of Phys., Radiospectroscopy Labor.; engl.) — Unters. der ESR in Goethit-Proben im X- u. K-Band. Es wurden Spektren von Proben aufgenommen, die vor der Messung bei verschiedenen Temp. zwischen 20 u. 600° erhitzt wurden u. somit sich in verschiedenen Dehydratisierungszuständen befanden. Die Ergebnisse zeigen, daß sich mit abnehmendem W.-Geh. der Probe die Fe^{3+}-Ionenumgebung verändert. Proben, die bis zu 150° erhitzt wurden, haben einen g-Faktor von 1,85, während der g-Faktor höher erhitzter Proben nur wenig vom Wert des freien Elektrons abweicht. Die Linienbreite nimmt bei Messung bei Raumtemp. mit zunehmender Tempertemp. zu. Aus den Linienbreiten u. g-Faktoren schließen Vf. auf 2 Arten von Goethit: die eine verschwindet oberhalb 175°, während die andere bei Tempertemp. von 200—600° entsteht. Die Messung der Linienbreite bei verschiedenen Temp. zeigt, daß Goethit bei 2 Temp. Phasenübergänge besitzt. Die Temp. der Phasenübergänge sind eine Funktion der Tempertemperatur. Die Temp. des 1. Phasenübergangs springt unstetig beim Übergang von Goethit der 1. zur 2. Art u. verläuft dann monoton. Vf. schließen aus den Ergebnissen, daß die Wechselwrkg. zwischen den antiferromagnet. Untergittern zuerst schwach ist, dann zunimmt u. schließlich mit weiter anwachsender Tempertemp. wieder abnimmt. Die Ergebnisse zeigen, daß die Unters. der ESR-Linienbreiten als Funktion der Meßtemp. eine gute Meth. zur Best. der Néel-Temp. in nichtkollinearen Antiferromagneten darstellt. J. M. Spaeth 98

0370 **„Elektrische Effekte" in der paramagnetischen Resonanz.** O. B. Rojcyn. (Ukrains'kyj fiz. Ž. **13** (1968) 4, 610—16; Inst. napivprovidnykiv AN URSR, Kyïv; ukrain., Auszug: engl.) — Mit Hilfe numer. Berechnungen für das *Cr^{3+}*-Ion in *$ZnWO_4$* wird der Einfl. von Ionenverschiebungen aus der Gleichgew.-Lage u. des äußeren elektr. Feldes auf die EPR untersucht. H. Roschkowski 98

0371 **Gegenüber dem elektrische Felde nichtlineare Prozesse bei der paramagnetischen Resonanz.** A. B. Rojcin. (Fiz. tverdogo Tela **10** (1968) 3, 948—50; Inst. poluprovodnikov AN USSR, Kiev; russ.) — Theoret. Untersuchung. H. Roschkowski 98

0372 **Theorie der paramagnetischen Resonanz von Verunreinigungen in Metallen.** B. Giovannini. (Helv. physica Acta **41** (1968) 2, 151—70; Inst. de Phys. Expér., Univ. Genève; franz.) — Störungstheoret. Untersuchung. Herbert Weber 98

0373 **Wechselwirkung quasistationärer Zustände mit Phononen.** V. N. Griban'. (Izvest. vysšich učebnych

Zavedenij [Tomsk], Fiz. **11** (1968) 1 (68), 63—68; Nežinskij gospedinst. im. Gogolja; russ.) — Die Dämpfung quasistationärer Zustände durch Wechselwrkg. mit Phononen wird theoret. behandelt. In der Spinwellennäherung wird die Linienbreite der ferromagnet. Resonanz ber., ihre Temp.-Abhängigkeit untersucht u. die Ergebnisse werden mit Vers.-Daten zur ferromagnet. Resonanz von *Ni* u. *Supermalloy* aus der Literatur verglichen.
H. Roschkowski 98

0374 **Linienbreiten paraelektrischer Resonanzübergänge.** C. Y. Fong. (Physic. Rev. [2] **165** (1968) 2, 462—68; Dep. of Phys., Univ. of Calif., Berkeley, Calif.; engl.) — Berechnung der Linienbreiten der paraelektr. Resonanzübergänge von OH^- als Verunreinigung in *KCl*. Die Breite der schmalen Linie in den Vers. von Feher, Shephard u. Shore ist durch Dipol–Dipol-Wechselwrkg. u. wahrscheinlich auf Versetzungen zurückzuführende Spannungen bedingt. Die breite Linie ist vorwiegend spannungsverbreitert. H. Liepack 98

0375 **Nichtlineare negative Lichtabsorption in einem Halbleiter mit unhomogener Besetzungsinversion.** L. A. Rivlin. (Ž. ėksper. teoret. Fiz.-Pis'ma v Redakciju **6** (1967) 11, 966—67; russ.) — Es wird die Änderung des Koeff. der negativen Lichtabsorption in einem Halbleiterlaser während der Laserwrkg. berechnet.
V. Burjan 100△

0376 **Verwendung eines Lasers zur Messung des Wirkungsquerschnitts der induzierten Strahlung einer Substanz.** V. R. Belan, V. V. Grigor'janc und M. E. Žabotinskij. (Ž. ėksper. teoret. Fiz.-Pis'ma v Redakciju **6** (1967) 7, 721—24; Akad. nauk SSSR; russ.) — Für den Wrkg.-Querschnitt σ_{32} der induzierten Strahlung eines 4-Niveaus-Lasers wird ein Ausdruck abgeleitet. Als Beispiel wurde der Wrkg.-Querschnitt des *Silicatglases KGSS-3* zu $2 \cdot 10^{-20}$ bestimmt. Durch diese Meth. zur Unters. der Besetzungszahlen des metastabilen Niveaus aus der Änderung der Lumineszenz unter Einfl. eines Laserimpulses kann man unmittelbar auf die Kinetik der Prozesse im Laser schließen. H.-D. Schwartz 100

0377 **Löschverhalten eines GaAs-Dual-Lasers.** Hiroo Yonezu, Akira Kawaji und Yoshihiro Yasuoka. (Jap. J. appl. Physics **6** (1967) 8, 1018; Central Res. Labor., Nippon Electric Co., Kawasaki; engl.) — In einem GaAs-Krist. werden zwei elektr. voneinander isolierte p–n-Übergänge hergestellt. Das Löschverh. u. die Erholung von der Löschung werden bei 77 °K untersucht. Die Ansprechzeiten liegen unterhalb 0,4 ns.
K. H. Härdtl 100

0378 **Direkte Umformung der Strahlungsfrequenz eines Lasers mit Hilfe des elektrooptischen Effekts.** G. V. Krivoščekov, S. I. Marennikov und E. V. Pestrjakov. (Izvest. sibirskogo Otd. Akad. Nauk SSSR, Ser. chim. Nauk **1967**, **9**, 57—60; Inst. fiz. poluprovodnikov SO AN SSSR, Novosibirsk; russ.) — Die Möglichkeit der Frequenzumformung der Strahlung eines Nd-Glaslasers mit Hilfe des elektroopt. Effekts in einem KH_2PO_4-Krist. wird besprochen. H. Roschkowski 100

Elektrische Eigenschaften

0379 **Bedeutung von Modell-Hamilton-Operatoren in der Energiebänder-Theorie.** J. C. Phillips. (Advances in Physics **17** (1968) 65, 79—92; Inst. for the Study of Metals, Univ. of Chicago, Chicago, Ill.; engl.) — Überblick.
H. Liepack 111

0380 **Durch Elektronenstreuung an Spinwellen unter Berücksichtigung von Interbandübergängen hervorgerufene Thermo-EMK ferromagnetischer Metalle.** P. A. Markov. (Fiz. Metallov Metallovedenie **25** (1968) 6, 1043—48; Mosk. gos. univ. im. Lomonosova; russ.) — Quantenmechan. Berechnung der Thermo-EMK mit Angabe numer. Daten für *Fe* bei ca. 10—200 °K.
H. Roschkowski 112

0381 **Thermokraft von Tungstenit (WS_2)-Einkristallen.** S. R. Guha Thakurta. (Indian J. Physics Proc. Indian Assoc. Cultivat. Sci. **41/50** (1967) 12, 940—42; Calcutta, Indian Assoc. for the Cultiv. of Sci., Dep. of Magnetism; engl.) — Die Thermokraft von WS_2-Krist. wurde entlang verschiedener kristallograph. Richtungen im Temp.-Bereich 300—820 °K gemessen. Die vorläufigen Ergebnisse sind graph. dargestellt. Ernst Schulte 112△

0382 **Thermoelektrische Eigenschaften einiger Mischkristalle.** Ja. N. Nasirov, A. A. Zejnalov und V. A. Nagiev. (Doklady Akad. Nauk Azerbajdž. SSR **23** (1967) 9, 7—9; russ.) — Die Abhängigkeit der Thermo-EMK, Trägerkonz. u. -beweglichkeit sowie der Wärmeleitfähigkeit von Mischkrist. der Syst. $(GeTe)_{1-x}$-$(CuAsTe_2)_x$; $(GeTe)_{1-y}$-$(CuSbTe_2)_y$ u. $(GeTe)_{1-z}$-$(CuBiTe_2)_z$ mit x = y z ≦ 0,08 von der Zus. bei Raumtemp. wird untersucht.
H. Roschkowski 112

0383 **Methode zur Messung der Mikro-Thermo-EMK von Legierungen.** O. M. Ignat'ev. (Zav. Labor. **34** (1968) 6, 695—97; Doneckij fiz.-techn. inst. AN USSR; russ.) — Beschreibung einer Meßsonde zur Best. der Thermo-EMK lokaler Mikroteile von Leg.-Oberflächen.
H. Roschkowski 112

0384 **Neukonstruktion einer Zelle zur Messung von Kontaktpotentialdifferenzen.** Ju. N. Rufov. (Kinetika i Kataliz **9** (1968) 2, 458—59; Inst. chim. fiz. AN SSSR, Moskva; russ.) — Beschreibung der Meßzelle u. Verw. zur Best. der Änderung der Austrittsarbeit von *NiO* u. *Ge* bei der Adsorption von O_2, CO, NO, SO_2, C_2H_2, $(CH_3)_2 \cdot CO$ u. C_5H_5N bei Raumtemperatur.
H. Roschkowski 114

0385 **Methodik zur Messung der Austrittsarbeit von Schlackenschmelzen.** V. V. Pokrovskij, V. A. Kalmykov und P. Ja. Ageev. (Zav. Labor. **34** (1968) 5, 560—61; Leningradskij politechn. inst. im. Kalinina; russ.) — Beschreibung einer entsprechenden Apparatur. Für Schmelzen der Zus. 37,36 (%) CaO; 47,18 SiO_2; 11,87 Al_2O_3 u. 3,59 CaF_2 sind für Temp. von 1460—1622 °K gemessene u. ber. Austrittsarbeiten tabellar. zusammengestellt, ebenso für feste Proben gleicher Zus. bei 1319—1436 °K.
H. Roschkowski 114

0386 **Reinigung der Siliciumoberfläche durch ein starkes Feld und Erwärmung.** Eizi Sugata und Hyunwoo Kim. (Technol. Rep. Osaka Univ. **17** (1967) 769/800, 237—47; Electronic Dep.; engl.) — Feldemissionsmkr. Unters. der Oberflächenstruktur u. der Feldemissionscharakteristiken von atomar reinem Si. Beschreibung der Vorgänge bei Beseitigung der Si-Oxidschichten von der Oberfläche des Halbleiters durch Erwärmen (bei Temp. > 1600 °K erhält man therm. reine Abb.) u. durch Felddesorption. Die Nichtlinearität der Strom–Spannung-Charakteristiken wird bestätigt. I. Zoll 114

0387 **Elektronen-Ejektion aus Festkörpern durch atomare Teilchen mit kinetischer Energie.** Karl Heinz Krebs. (Fortschr. Physik **16** (1968) 8, 419—90; Sekt. Phys. der Humboldt-Univ. zu Berlin; engl.) — Zusammenstellung experimenteller u. theoret. Unters., bes. seit 1950. — 237 Literaturangaben.
Herbert Weber 114

0388 **Ionen–Elektronen-Emission von NaCl- und KCl-Einkristallen bei unter verschiedenen Winkeln auftreffenden langsamen Edelgasionen.** N. N. Petrov, N. F. Volkov und A. I. Kondrašev. (Fiz. tverdogo Tela **10** (1968) 4, 1053—57; Leningradskij politechn. inst. im. Kalinina; russ.) — Beschuß der (001)-Oberflächen unter —60° bis +60° zu [001] u. [011] mit *He*- u. *Ne*-Ionen (70—700 eV). Die nicht monotone Abhängigkeit des Emissionskoeff. vom Einfallwinkel wird auf der Basis durchlässiger Richtungen im Gitter diskutiert. K. Jaeger 114

0389 **Messung der Lichtintensität und der Quantenausbeute der Photoemission aus einigen Photokathoden in absoluten Einheiten im Spektralbereich von 30 bis 100 nm.** O. M. Sorokin. (Ž. prikl. Spektroskopii **8** (1968) 2, 209 bis 215; russ.) — In einem direkten, auf der Photoionisation von Gasen beruhenden Verf. werden die Strom–Spannung-Kennlinien des Photostroms und des Ionenstroms sowie die Abhängigkeit dieser Ströme vom Gasdruck in der Ionisationskammer gemessen. Die abs. Quantenausb. von Pt bei 30 u. 38 nm wird bei verschiedenen Füllungen einer Ionisationskammer (He, Ne, Ar, Kr, Xe) mit Fenster bestimmt. Die Ergebnisse bestätigen die Annahme einer 100%ig. Ausb. der Ionisation in Gasen, wenn die Photonenenergie die Ionisierungsenergie der Gasatome übersteigt. Die spektrale Verteilung der abs.

Empfindlichkeit in Elektronen je Quant wird für Photokathoden aus Pb, Au u. LiF im Spektralbereich von 15 bis 20 nm für Strahlungseinfall unter 45° mitgeteilt.
F. Lenz 114

0390 **Laserinduzierte Elektronenemission aus Wolfram, Tantal und Lanthanhexaborid unter Verwendung von Rubin- und Argonlaser.** L. G. Pittaway, J. Smith, E. D. Fletcher und B. W. Nicholls. (J. Physics, D (Brit. J. appl. Physics) [2] 1 (1968) 6, 711–19; Mullard Res. Labor., Redhill, Surrey; engl.) — Mit einem Rubinlaser wurden Stromdichten bis zu 10^4 Acm^{-2} erhalten. Vers. mit einem gepulsten Ar-Laser zeigten, daß diese Stromdichten erst beim Schmelzen des Kathodenmaterials auftraten. LaB_6 zeigte bei wiederholter Impulsbelastung Oberflächenänderungen, so daß die reinen Metalle W u. Ta zu bevorzugen sind. Von diesen Metallen wurden stabile Emissionsströme bis zu 1 mA von Flecken von ca. 15 μm ∅ (d. h. 570 Acm^{-2}) für mehrere Std. ohne Oberflächenschäden gezogen. Diese Stromdichten sind nahe denen aus der Richardson-Gleichung für Temp. dicht unterhalb der Schmelzpunkte. H. Liepack 114

0391 **Elektronenoptische Untersuchungen von W–Mo-Legierungen.** V. M. Pumpurs, B. V. Spivak und B. B. Siškin. (Izvest. Akad. Nauk SSSR, Ser. fiz. 32 (1968) 6, 1035–38; russ.) — Die Unters. der Elektronenemission von W–Mo-Kathoden im Elektronenemissionsmikroskop mit therm. Elektronenauslösung bei $5 \cdot 10^{-6}$ Torr wird dadurch erheblich vereinfacht, daß die gut polierbaren W-Mo-Oberflächen kaum Unebenheiten aufweisen u. gut leiten. Die Emission von mehreren hundert verschiedenen Stellen jeder Probenoberfläche wird bei 1650 bis 1850 °K gemessen u. daraus die lokale Austrittsarbeit bestimmt. Die Verteilungsfunktion der Austrittsarbeit über die Objektoberfläche hat unmittelbar nach einer Entgasung auf 1600° ein steiles Max. bei ca. 4,5 eV. Nach längerem Halten ($2^1/_2$ Std.) bei derselben Temp. wird die Verteilungskurve breiter u. flacher, u. ihr Max. verschiebt sich zu niedrigeren Werten für die Austrittsarbeit.
F. Lenz 114

0392 **Bestimmung der Haftniveaukonzentration durch die Methode thermostimulierter Leitung in Halbleitern.** M. K. Šejnkman und N. O. Korsuns'ka. (Ukraïns'kyj fiz. Ž. 12 (1967) 12, 2039–48; Inst. napivprovidnykiv AN URSR, Kyïv; ukrain., Auszug: engl.) — Die Meth. zur Best. der Haftniveaukonz. von Majoritätsträgern aus Messungen des Bereichs unterhalb der thermostimulierten Leitungskurve erfordert die Kenntnis der Lebensdauer τ u. der Beweglichkeiten μ der Majoritätsträger. Es werden 2 voneinander unabhängige, eine kinet. u. eine stationäre, Best.-Meth. von τ vorgeschlagen. Anwendung auf *CdS*.
I. Zoll 116

0393 **Green-Funktion-Näherung der Theorie für effektive Massen.** T. Lukes und M. Roberts. (Proc. physic. Soc. 92 (1967) 577, 758–63; Dep. of Appl. Mathem. and Mathem. Phys., Univ. Coll. of South Wales and Monmouth, Cardiff; engl.) — Mit Hilfe der Ein-Elektron-Green-Funktion wurde die Theorie für effektive Massen neu formuliert. Dies führt zu einer Verallgemeinerung u. zu einer angenäherten Green-Funktion für ein period. Gitter. Die Green-Funktion wurde für ein Zwei-Band-Modell ermittelt u. zur Best. der Energieniveaus von *H*-Verunreinigungen benutzt. G. Richard 116

0394 **Erweiterung des Anwendungsbereichs der Theorie kleiner Beweglichkeit.** I. G. Lang und Ju. A. Firsov. (Fiz. tverdogo Tela 9 (1967) 12, 3422–40; Inst. poluprov. AN SSSR, Leningrad; russ.) — Neue Gleichung für die Wahrscheinlichkeit eines aktivierten Übergangs eines Polarons mit kleinem Radius, die auf größere Breiten des Grundbandes anwendbar ist. Es wird gezeigt, daß das exakte quantenmechan. Problem eine quasiklass. Behandlung erlaubt, u. daß aus einer asymptot. Lsg. der erhaltenen Gleichung die Übergangsamplituden für einen beliebigen Wert des Parameters η_2 erhalten werden können. I. Zoll 116

0395 **Einfangeffekte bei Versuchen zur Driftbeweglichkeit.** Wayne E. Tefft. (J. appl. Physics 38 (1967) 13, 5265–72; Res. Labor., Xerox Corp., Rochester, N.Y.; engl.) — Ableitung theoret. Ausdrücke für die Ladungsverteilungsfunktion u. die resultierende Spannungsabklingkurve, die auf Driftbeweglichkeitsvers. in Ggw. von Haftstellen anwendbar sind. Die Ergebnisse beziehen sich auf den Grenzfall niedriger Trägerdichte.
H. Liepack 116

0396 **Theorie des photomagnetischen Effekts an heißen Elektronen.** R. I. Ljaguščenko und I. N. Jassievič. (Fiz. tverdogo Tela 9 (1967) 12, 3547–58; Leningradskij gos. univ. im. Ždanova; russ.) — Kinet. Theorie des photomagnet. Effekts für durch Licht erhitzte Elektronen. Es werden 2 Grenzfälle betrachtet: a) keine Energierelaxation während der Lebensdauer der Photoelektronen, b) starke elektron. Wechselwrkg., so daß alle Elektronen der Maxwellschen Verteilungsfunktion gehorchen mit einer effektiven lageabhängigen Temp. $T_e(x) \neq T_{Gitter}$. Unter Berücksichtigung des Elektronengleichgew.-Untergrunds zeigt sich, daß in beiden Fällen das Auftreten von Oszillationen im photomagnet. Strom durch Frequenzänderung des einfallenden Lichts erklärt werden kann, auch für n-Halbleiter.
I. Zoll 116

0397 **Instabilität des Dunkelstromes eines Elektrolumineszenzphosphors.** Gabriel Lorente Páramo. (Rev. Ci. apl. 21 (1967) 116, 206–11; Inst. Catól. de Artes e Ind., Madrid; span.) — Übersicht über die theoret. Grundlagen. Die Vers.-Anordnung sowie die Kurven der Zeitabhängigkeit der Stromintensität sind angegeben. Die Leitfähigkeit von Halbleitern, der Gunn-Effekt u. seine Wrkg. auf die beobachteten Fluktuationen werden diskutiert. J. J. Pohl 116

0398 **Bestimmung der Gleichgewichtsladungsträgerkonzentration im Basisbereich eines Transistors.** N. K. D. Choudhury und A. N. Daw. (Int. J. Electronics [1] 23 (1967) 2, 183–86; Inst. of Radio Phys. and Electron., Calcutta Univ., Calcutta; engl.) — Vf. schlagen eine Meßmeth. zur Best. der Gleichgew.-Konz. von Löchern u. Elektronen im Basisbereich eines Transistors vor. Die Meth. basiert auf einer Best. des Basistransportfaktors β u. der Emitterausb. γ durch eine Messung der gespeicherten Basisenergie Q. Die experimentellen Ergebnisse zeigen gute Übereinstimmung mit der Theorie.
K. H. Härdtl 116

0399 **UV-Photoempfindliche Planarbauelemente aus p-Silicium mit Inversionsschicht.** J. Kassabov und I. Stoev. (Doklady bolgarskoj Akad. Nauk 20 (1967) 4, 265–67; Inst. of Phys., Bulg. Acad. of Sci.; engl.) — Scheiben von 0,5 Ohm · cm *p-Si* werden nach dem Läppen u. chem. Polieren mit H_2O bei 1000° oxydiert. In Planartechnologie werden auf diesen Scheiben pn-Strukturen erzeugt. Diese, Inversionsschichten enthaltenden, Zellen sind bis zu 2500 Å photoempfindlich u. für UV-Messungen einzusetzen. Heinz Vogel 116

0400 **Bestimmung der energetischen Lage des Rekombinationszentrums in der Basis einer aus thermisch gehärtetem Silicium hergestellten Diode.** S. A. Zajdman, V. I. Gaman, V. M. Osinenko und G. I. Zajdman. (Izvest. vysšich učebnych Zavedenij [Tomsk], Fiz. 10 (1967) 8 (63), 137–39; Sibir. fiz.-techn. inst. im. Kuznecova; russ.) — An einer Al-Legierungsdiode mit 15 Ohm · cm *n-Si* wird die Abhängigkeit der Minoritätsträgerlebensdauer von Temp. u. Injektionsniveau bestimmt. Der Energieabstand des Rekombinationszentrums von einer der Zonen nimmt mit der seit dem Härten vergangenen Lagerzeit von ca. 0,13 eV auf ca. 0,2 eV zu. Der Einfl. von Versetzungen u. Dotierungen wird untersucht.
Heinz Vogel 116

0401 **Anregung von Stromschwingungen in Oszillistoren.** I. M. Vikulin, L. L. Ljuze, V. A. Presnov und N. S. Muchačeva. (Fiz. Techn. Poluprovodnikov 1 (1967) 10, 1462–65; russ.) — Am Beispiel [111]-orientierter *n-Ge*-Oszillistoren wird gezeigt, daß die beobachteten Stromschwingungen eine Folge eines transversalen Verteilungsgradienten der Ladungsträgerkonz. sind.
K. Jaeger 116

0402 **Einfluß des Injektionsniveaus auf die Anregungsschwelle eines Oszillistors.** I. M. Vikulin, L. L. Ljuze, V. A. Presnov und B. N. Polonjankin. (Fiz. Techn. Poluprovodnikov 1 (1967) 10, 1466–68; russ.) — Vgl. vorst. Referat. — Mit höher werdendem Injektionsniveau

in *n-Ge*-Proben wird das elektr. Schwellenfeld kleiner, das zum Auftreten von Stromschwingungen erforderlich ist.
K. Jaeger 116

0403 **Einfluß eines anisotropen Drucks auf die Parameter von Germaniumdioden.** V. I. Gaman und V. F. Agafonnikov. (Izvest. vysšich učebnych Zavedenij [Tomsk], Fiz. **10** (1967) 8 (63) **144**—**46**; Sibir. fiz.-techn. inst. im. Kuznecova; russ.)—Die Abhängigkeit der Minoritätsträger-Lebensdauer τ, Ladungskapazität des pn-Übergangs C u. des Rückstroms i von aus 10 $\Omega\cdot$cm *n-Ge* hergestellten Dioden von der Druckbelastung P zwischen 0 u. $6\cdot 10^9$ dyn/cm² werden bei Raumtemp. untersucht. Die Zunahme von i durch P ist bei hochohmigem Ausgangsmaterial geringer als bei niederohmigem. Die durch P hervorgerufene Verkleinerung von τ ist vergleichbar mit dem Einfl., den durch die Herst.-Technologie bedingte Spannungen auf τ haben. Die durch P hervorgerufenen Änderungen von C werden mittels der Gleichung $C_{jp}/C_j = (N_{op}/N_o)^{1/2}(\varphi_k/\varphi_{kp})^{1/2}$ diskutiert, wobei N = Donatorkonz. in der Basis, φ = Kontakt-Potentialdifferenz des pn-Übergangs, Index p = Druckbelastung.
Heinz Vogel 116

0404 **Einfluß von Versetzungen auf die elektrischen Eigenschaften von legierten p—n-Ge-Übergängen.** Ja. V. Kalnač, I. A. Feltyn' und U. Ja. Èptelis. (Izvest. Akad. Nauk Latv. SSR, Ser. fiz. techn. Nauk **1967**, 6, **16**—**20**; Fiz.-ènerget. inst. AN Latv. SSR; russ., Auszug: engl.) — Es wird der Einfl. der Versetzungsdichte in Ge auf die Strom–Spannung-Charakteristiken von mit In legierten p–n-Übergängen untersucht. Für eine Versetzungsdichte von $2\cdot 10^4$—$8\cdot 10^5$ wird eine Änderung der Durchschlagsspannung u. des Stroms in Sperrichtung beobachtet. I. Zoll 116

0405 **Bestimmung der Beziehung der Konzentration der Elektronen und Löcher in n-Ge im Übergangsgebiet der Leitfähigkeit.** A. Allanazarov. (Izvest. Akad. Nauk Turkm. SSR, Ser. fiz.-techn., chim. geol. Nauk **1967**, 6, **109**—**11**; Fiz. techn. inst. Akad. nauk Turkm. SSR; russ.) — Durch Messung der Temp.-Abhängigkeit der Hall-Beweglichkeit der Stromträger in n-Ge-Einkrist. im Bereich von 77—500 °K wurde diese Beziehung der Konz. als eine Funktion der Temp. im Übergangs- u. Eigenleitfähigkeitsgebiet ermittelt. V. Burjan 116△

0406 **Herstellung ohmscher Kontakte, die von 4,2 bis 500 °K stabil sind, an Silicium und Germanium.** M. I. Iglicyn, E. F. Fedotova und E. V. Kolat. (Zav. Labor. **33** (1967) 8, **993**; Gos. naučno-issl. i proektnyj inst. redkometall. prom.; russ.) — Die Kontakte werden an Luft erzeugt. Bei *Ge* verwendet man granuliertes Sn in Milchsäure oder einer gesätt. alkohol. Lsg. von Chlorpropionsäure als Flußmittel. Kontakte an *p-Si* bzw. *n-Si* werden erzeugt mit Eutektika aus 90% Au + 7% Si + 3% Sb bzw. 90% Au + 7 % Si + 3% Al.
Heinz Vogel 116

0407 **Anisotropie der Piezothermo-EMK bei Silicium und Germanium.** A. G. Samojlovyč, M. V. Nicovyč und V. M. Nicovyč. (Ukraïns'kyj fiz. Ž. **12** (1967) 7, **1213** bis **1215**; Cernivec'kyj derzuniv.; ukrain.) — Für die Anisotropie $(\alpha_{11}-\alpha_{22})$ der Piezothermo-EMK von Si u. Ge bei Anlegen einer Spannung P werden Gleichungen mitgeteilt. Bei kleinen Deformationen ist $\alpha_{11}-\alpha_{22}$ proportional P, die Temp.-Abhängigkeit ist komplizierter. Bei P = 10^8 dyn/cm² u. T = 300 °K ergibt sich für Ge $\alpha_{11}-\alpha_{22} = -14{,}5$ (μV/°K), für Si $\alpha_{11}-\alpha_{22} = -5{,}5 \cos 2\beta$ mit $\beta = \pi/8$, $\alpha_{21} = -1{,}4$. R. K. Müller 116

0408 **Sauerstoffeinfluß auf die Leitfähigkeit von Lithiumfluorid.** Ju. B. Vladimirski, T. I. Nikitinskaja und P. A. Cirul'nik. (Fiz. tverdogo Tela **9** (1967) 7, **2122** bis **2124**; Leningradskij politechn. inst. im. Kalinina; russ.) — Nach der Methode von Kyropoulos wird im Vakuum u. an Luft einkrist. *LiF*, das als Dotierungen Pb, Mg ($\leq$ 10—3%), Si, Al, Ca u. Fe enthält, hergestellt. Die Temp.-Abhängigkeit der Gleichstromleitfähigkeit σ wird bei einer Aufheizgeschw. von 300°/h gemessen. Die aus reinen Ausgangsmaterialien im Vakuum hergestellten Proben haben ähnliches σ wie mit zweiwertigen Metallen dotierte Proben. Der hohe Widerstand von an Luft hergestelltem Material wird durch in das Gitter eingebaute OH-Gruppen erklärt. Durch Röntgenbestrahlung nimmt σ sauerstoffhaltiger Krist. infolge Bldg. von F-Zentren ab; in mit Me^{2+} dotierten Proben ist diese Abnahme durch Bldg. von V-Zentren zu deuten. Heinz Vogel 116

0409 **Elektrische Leitfähigkeit von Ca-, Sr- und Ba-Fluorid mit TR^{3+}-Zusätzen.** T. I. Nikitinskaja, E. V. Suncov und M. S. Tjutin. (Fiz. tverdogo Tela **9** (1967) 7, **2111**—**13**; Leningradskij politechn. inst. im. Kalinina; russ.) — Einkrist. *CaF_2*, *SrF_2* bzw. *BaF_2* werden mit 0,01 bis 0,2 Mol-% Gd^{3+} dotiert u. die Temp.-Abhängigkeit der elektr. Leitfähigkeit σ zwischen ca. 100 u. 450° gemessen. Bei CaF_2 nimmt σ mit zunehmender Dotierungskonz. ab, SrF_2 u. BaF_2 zeigen entgegengesetztes Verhalten. Die Aktivierungsenergien von σ werden bei den verschiedenen Dotierungskonz. bestimmt. Heinz Vogel 116

0410 **Piezowiderstandskonstanten von n-leitendem α-SiC.** I. V. Rapackaja, G. E. Rudaševskij, M. G. Kasaganova, M. I. Iglicin, M. B. Rejfman und E. F. Fedotova. (Fiz. tverdogo Tela **9** (1967) **12**, **3600**—**03**; russ.) — Die Piezowiderstandskonst. der diamantähnlichen Hochtemp.-Form von n-α-SiC-Einkrist. (Polytype 6 H) werden für verschiedene Widerstandsänderungen bestimmt. Das Widerstandsverh. von α-SiC-Proben bei einaxialer Deformation zeigt, daß α-SiC in Tensometern verwendet werden kann. I. Zoll 116

0411 **Züchtung und Untersuchung einiger Mischkristalle auf der Grundlage von Galliumarsenid.** N. A. Gorjunova, S. Mamaev, A. Nazarov, V. D. Pročuchan und Ju. V. Rud'. (Izvest. Akad. Nauk Turkm. SSR, Ser. fiz.-techn., chim. geol. Nauk **1967**, 5, **79**—**83**; Fiz.-techn. inst. im. Ioffe AN SSSR; russ.) — Krist. der Syst. 2 GaAs–$ZnGeAs_2$ bzw. 2 GaAs–$ZnSiAs_2$ wurden durch chem. Transportrk. unter Verw. von Halogenen als Transpormittel erhalten u. an den Proben der Hall-Koeff., die elektr. Leitfähigkeit u. die Lochbeweglichkeit in Abhängigkeit von Temp. u. Zus. bestimmt. Der Trägerstreumechanismus wird besprochen.
H. Roschkowski 116

0412 **p—n-Tunnelübergänge in Galliumantimonid.** M. F. Badalov, M. A. Rzaev und M. I. Aliev. (Izvest. Akad. Nauk Azerbajdž. SSR, Ser. fiz.-techn. mat. Nauk **1967**, 1, **62**—**68**; russ.) — Die elektr. Leitfähigkeit von Tunneldioden aus *p-GaSb*, legiert mit 10^{19}—10^{20} Zn/cm³, wird zwischen 77 u. 380 °K untersucht u. die Temp.-Abhängigkeit der Diodencharakteristiken gemessen. Im Bereich des Injektionsstroms ändern sich Rekombinationsstrom u. Diffusionsstrom mit der Spannung u nach $1 \sim \exp(e\cdot u/\beta kT)$ mit $\beta = 1$—1,2 bzw. 2,5—3.
Heinz Vogel 116

0413 **Druckgesinterte GaSb-GaAs-Legierungen. Verdichtung und thermoelektrische Eigenschaften.** P. R. Sahm und T. V. Pruss. (Trans. metallurg. Soc. AIME **239** (1967) 10, **1523**—**26**; RCA Labor., Princeton, N.J.; engl.) — Gemische von feingemahlenem *GaSb* (**I**) u. *GaAs*- (**II**) Pulvern (Teilchengröße < 500 μm) wurden bei 690° u. 25000 psi u. vorlegierte *$GaSb_{1-x}As_x$*-Pulver (**III**) bei 710° u. 50000 psi heiß gepreßt. Aus Mischungen mit 20 Mol-% **II** erhielten Vf. homogene Leg. mit einem Zus.-Gradienten < 5%. Bei X < 0,2 steigt der Gradient u. bei x = 0,2 tritt in der Mikrostruktur eine an **II** reiche zweite Phase auf. Seebeck-Koeff. wurden bestimmt. Sowohl Homogenisierung als auch die Leg.-Mechanismen werden durch Dissoziation u. Ox.-Rk. der Pulver begünstigt. Die Homogenisierung von grobem **III** hängt prim. von plast. Fließphenomenen ab u. erfordert Temp. direkt unterhalb der Soliduskurve sowie Drücke bis zu 50000 psi. Die therm. Leitfähigkeit der so behandelten Proben von **III** sind besser als die aus Schmelzen gezüchteten Proben.
R. Blank 116

0414 **Abhängigkeit der Elektronenbeweglichkeit in Indiumantimonid-Filmen von der Kristallorientierung.** V. A. Vlasov und S. A. Semiletov. (Kristallografija **12** (1967) 4, **734**—**35**; Inst. kristallogr. AN SSSR; russ.) — Auf polykrist. *Korund* u. einkrist. *Si*, *Ge* bzw. *GaAs* werden 0,5—20 μ dicke *InAs*-Schichten epitakt. erzeugt. Bei polykrist. Unterlage ändert sich die Elektronenbeweglichkeit μ mit wachsender Schichtdicke von 1130 nach

6280 $cm^2/V \cdot s$, die Elektronenkonz. n nimmt dabei von $1,8 \cdot 10^{18}$ auf $2,9 \cdot 10^{17}$ cm^{-3} ab. Bei einkrist. Unterlage wächst μ unter gleichen Bedingungen von 5710 auf 17100 $cm^2/V \cdot s$, n verkleinert sich von $4 \cdot 10^{17}$ auf $3,6 \cdot 10^{16}$ cm^{-3}. Die Unterschiede werden auf gute Kontakte der einzelnen Kristallite der epitakt. Schichten zurückgeführt. Heinz Vogel 116

0415 **Verstärkung des Effekts der Magneto-Thermo-EMK in Halbleitern.** Ja. Agaev, O. Mosanov und O. Ismailov. (Izvest. Akad. Nauk Turkm. SSR, Ser. fiz.-techn., chim. geol. Nauk **1967**, **6**, 101–04; Fiz.-techn. inst. Akad. nauk Turkmen. SSR; russ.) — Durch Messung der Abhängigkeit der Magneto-EMK vom Magnetfeld bei 77–308 °K für *n-InSb* wurde es gezeigt, daß die Wrkg. des Magnetfeldes auf die Thermo-EMK eines Halbleiters durch den Nernst-Ettingshausen-Effekt verstärkt werden kann. V. Burjan 116△

0416 **Photomagnetischer Effekt in n-InSb im Falle der Erhitzung von Elektronen.** R. I. Ljaguščenko, D. N. Nasledov, Ju. G. Popov und I. N. Jassievič. (Ž. ėksper. teoret. Fiz. — Pis'ma v Redakciju **6** (1967) 9, 845 bis 849; Fiz. inst. im. Lebedeva AN SSSR; russ.) — Vf. weisen darauf hin, daß die Oszillationen der Photoleitfähigkeit u. des photomagnet. Effektes von n-InSb nicht einfach durch Elektronenerhitzung erklärt werden können, sondern gleichzeitig mit der Elektronenerhitzung das Rauschen der Gleichgew.-Elektronen in Betracht gezogen werden muß. Die Theorie wird dargestellt u. mit Messungen der Intensität des photomagnet. Stromes von n-InSb belegt; die Elektronenbeweglichkeit erreicht entsprechend der Theorie bis $1,1 \cdot 10^5$ $cm^2/V \cdot s$ bei 7 °K. J. Tůmová 116△

0417 **Einfluß von hohem Druck und hoher Temperatur auf Hall-Konstante und elektrische Leitfähigkeit von Indiumantimonid.** N. N. Sirota und V. B. Šipilo. (Doklady Akad. Nauk Beloruss. SSR **11** (1967) 8, 677–80; Inst. fiz. tverdogo tela i poluprov. AN SSSR; russ.) — Die Messungen erfolgen bei p = 0–21000 bar u T = 286–573 °K. Mit zunehmendem p nimmt die elektr. Leitfähigkeit σ bis zu $\lg\sigma = 0,9$ linear ab, bei weiterer Erniedrigung von σ wird ein von p unabhängiger Sättigungswert erreicht. Mit zunehmendem T nimmt der Neigungswinkel der (lg σ, p)-Kurven ab. Die Hall-Konst. R nimmt mit p zu, bei $T \leq 323$ °K durchlaufen die (lg R, p)-Kurven ein Max. u. erreichen nach Durchlaufen eines Minimums bei Inversion des Leitungstyps nach erneutem Ansteigen einen Sättigungswert. Mit zunehmendem p nimmt die Ladungsträgerbeweglichkeit mit sinkendem T immer schneller ab. Heinz Vogel 116

0418 **Kristallstruktur und elektrische Eigenschaften von nach der Dreitemperaturmethode aufgedampften Indiumantimonidschichten.** K. V. Šalimova, A. M. Guljaev und S. A. Inozemcev. (Kristallografija **12** (1967) **4**, 653–55; Mosk. ėnerget. inst.; russ.) — Bei 10^{-5} bis 10^{-6} Torr werden *In* bei 880–1050° u. *Sb* bei 500–670° auf Glas u. Glimmer gedampft, die auf 380–500° erhitzt sind. Mit steigender Substrattemp. ändern sich Hall-Koeff. von ca. 1 nach 800 cm^3/coul, Thermo-EMK von ca. 0 nach ca. –320 μV/Grad, spezif. Leitfähigkeit von ca. 180 nach ca. 2 $\Omega^{-1} \cdot cm^{-1}$ u. Hall-Beweglichkeit von ca. 10^2 nach ca. 10^4 $cm^2/V \cdot s$. Den größten Einfl. auf die Schichteig. hat die Wachstumsgeschw., die bei den untersuchten Verdampfungstemp. zwischen 30 u. 300 Å/s liegt. Heinz Vogel 116

0419 **Elektrische Eigenschaften von Cerdioxid-Einkristallen.** I. V. Vinokurov, Z. N. Zonn und V. A. Ioffe. (Fiz. tverdogo Tela **9** (1967) 12, 3369–74; Inst. chim. silikatov im. Grebenščikova AN SSSR, Leningrad; russ.) — Unters. der elektrolyt. Red. von CeO_2-Einkristallen. Der Anodenstrom wird quant. durch Änderung des Drucks in der abgedichteten App. während des Stromdurchgangs durch den Krist. bestimmt. Zur qual. Beschreibung der bebachteten Effekte wird ein Modell über den Leistungsmechanismus vorgeschlagen. I. Zoll 116

0420 **Elektronenleitfähigkeit, Ionenleitfähigkeit und thermische Diffusion in MnO bei Temperaturen von 900 bis 1150°.** Jean-Pierre Bocquet, Masanori Kawahara und Paul Lacombe. (C. R. hebd. Séances Acad. Sci., Sér. C **265** (1967) 23, 1318–21; Centre de Rech. métallurg., École des Mines, Paris; franz.) — Die Elektronenleitfähigkeit u. der Diffusionskoeff. von *Mn* in MnO bei hohen Temp. hängen stark vom O_2-Druck ab. Bei O_2-Drücken unter dem Gleichgew.-Druck ist MnO ein n-Halbleiter, bei O_2-Drücken darüber ein p-Halbleiter. Die erhaltenen Ergebnisse, die bei Einkrist. u. gepreßten Probekörpern dieselben sind, erlauben ein Modell der Punktfehler im MnO aufzustellen. Die Unters. des Stromtransportes in MnO liefert ebenfalls einen Zugang zur Unters. dieser Punktfehler. Die Resultate stimmen mit den bei den beiden anderen Unters. erhaltenen überein. W. Gauster 116

0421 **Langzeitige Photoleitfähigkeit in Cu_2O.** L. Syrnev und P. Stojanova. (Doklady bolgarskoj Akad. Nauk **20** (1967) 3, 169–72; Inst. po obščej i neorg. chim. Bolgarskoj AN; russ.) — In spektralreinem Cu_2O ist die langzeitige Änderung der Photoleitung $\Delta\sigma$ im langwelligen Bereich vom Oberflächenzustand unabhängig. Langsame Relaxation der Photoleitung wird sowohl bei –76° als auch bei 320° beobachtet. Die Effekte werden durch Haftstellen für Elektronen gedeutet, die aus Sauerstoffionen bestehen, welche sich im Krist.-Inneren an der Stelle assoziierter Cu-Leerstellen befinden. Heinz Vogel 116

0422 **Phasenübergang im hochohmigen Halbleiter Sb_2S_3.** A. P. Grigas und A. S. Karpus. (Kristallografija **12** (1967) 4, 719–21; Vil'njusskij gos. univ.; russ.) — Bei 290,7 °K erreichen tg δ u. DK infolge einer Phasenumwandlung 1. Ordnung Maximalwerte. Heinz Vogel 116

0423 **Stromoszillationen in Piezohalbleitern.** V. I. Bajbakov und G. S. Pado. (Fiz. tverdogo Tela **9** (1967) 7, 2135–36; russ.) — Das akust. Rauschen u. dessen Zusammenhang mit angelegten Spannungsimpulsen wird an photoempfindlichen *CdS* u. *CdSe* untersucht. Heinz Vogel 116

0424 **Wechselwirkung von Ultraschall-Oberflächen und Volumenwellen mit Leitungselektronen in CdS-Kristallen.** I. A. Viktorov. (Doklady Akad. Nauk SSSR **174** (1967) 3, 556–59; Akust. inst.; russ.) — Die elektr. Leitfähigkeit σ von aus der Druckschmelze hergestellten großen, mit In kontaktierten *CdS*-Krist. wird durch Belichtung mit $\lambda = 5000–7200$ Å variiert u. die Dämpfungskonst. α von Ultraschallimpulsen, die in verschiedenen Richtungen auf die rechtwinkligen Krist. gegeben werden, gemessen. Die (α, σ)-Kurven haben Relaxationscharakter. Maximale Wechselwrkg. wird bei $\sigma = 10^{-3}$ bis 10^{-4} $\Omega^{-1} \cdot cm^{-1}$ beobachtet. Bei σ = konst. ist α abhängig vom Spektrum des eingestrahlten Lichtes. Die Unterschiede zwischen experimentellen u. theoret. Werten werden diskutiert. Durch Oberflächenwellen können Informationen über Löcher, die sich in der Oberflächenschicht des Krist. befinden, erhalten werden. Heinz Vogel 116

0425 **Wenig träge Photowiderstände aus CdS + Te-Polykristallen.** V. Stojanov, St. Kynev und E. Konstantinova. (Doklady bolgarskoj Akad. Nauk **20** (1967) 3, 165–68; Fiz. inst. Bolgarskoj AN; russ.) — Polykrist. *CdS* u. vorzugsweise 10% *Te* verschiedenen Reinheitsgrads werden gemischt, tablettiert u. bei 1080° unter begrenztem Luftzutritt 15 Min. getempert. Das Alterungsverh. wird durch kathod. in H_2 aufgestäubtes Cu u. Tempern bei 550° an Luft verbessert. Die Dunkelwiderstände der Proben betragen $10^9–10^{10}$ Ω, bei Belichtung kann sich ϱ bis um den Faktor 10^8 ändern. Die maximal erreichbaren Arbeitsspannungen betragen 500 V Die spektrale Empfindlichkeit hat bei 650 mμ ein Maximum. Die Trägheit beträgt $5 \cdot 10^{-3}$ s. Die Charakteristiken der Elemente werden denen von Elementen anderer Herkunft gegenübergestellt. Heinz Vogel 116

0426 **Einfluß von Elektronenbestrahlung auf die Leitfähigkeit dünner Bleisulfidfilme.** O. M. Artamonov und G. A. Judovina. (Vestnik Leningradskogo Univ. **22** (1967) 4, Ser. Fiz. Chim. Ser. Nr. 1, 130–31; russ., Auszug: engl.) — Polykrist., 0,3–0,8 μ dicke *PbS*-Schichten werden mit $0,5 \cdot 10^{-6}–2 \cdot 10^{-6}$ A 20–2500 eV-Elektronen beschossen. Der Charakter der Leitfähigkeitsänderung zeigt, daß durch den Elektronenbeschuß adsorbierter Sauerstoff desorbiert wird, wenn die Proben vorher bei 200° an Luft aktiviert werden. Auf bei 560 bis 600° aktivierten Proben wird eine negativ geladene Schicht erzeugt. Heinz Vogel 116

0427 **Einfluß der thermischen Behandlung auf die elektrische Leitfähigkeit des glasförmigen As_2Se_5.** M. Él' Mosli und Z. U. Borisova. (Vestnik Leningradskogo Univ. **22** (1967) Ser. Fiz. Chim. 10 Ser. 2, 154—56; russ., Auszug: engl.) — Die Stabilität des glasförmigen As_2Se_5 wird durch die Unbeeinflußbarkeit von elektr. Leitfähigkeit, D. u. Mikrohärte durch therm. Bedingungen bei der Synth. nachgewiesen. As_2Se_5 wird als chem. Verb. betrachtet. Bez. der Beständigkeit der Verb. im Syst. As–Se ergibt sich die Reihe $As_2Se_3 > As_2Se_5 >$ AsSe. Heinz Vogel 116

0428 **Gunn-Effekt in ZnSe.** G. W. Ludwig und M. Aven. (J. appl. Physics **38** (1967) 13, 5326—30; General Electr. Res. and Developm. Center, Schenectady, N.Y.; engl.) — In n-ZnSe-Krist., die sich in gepulsten elektr. Feldern befanden, wurde der Gunn-Effekt beobachtet. Bei Zimmertemp. beträgt das Schwellenfeld ca. 38 kV/cm. In Proben mit Spiking-Verh. der Strominstabilität betrug das Feld außerhalb der Domäne $E_1 \approx 22$ kV/cm, das Domänenfeld $E_2 \approx 100$ kV/cm, die Domänendriftgeschw. $v_{dd} \approx 1{,}0 \cdot 10^7$ cm/s u. das Stromverhältnis zwiscchen Max. u. Tal ca. 3:2. H. Liepack 116

0429 **Akustisches Rauschen in CdSe.** V. I. Bajbakov. (Fiz. tverdogo Tela **9** (1967) 7, 2109—10; russ.) — Die Stärke des akust. Rauschens im *CdSe*, $Q_R = (C_vTv_s/6\alpha)(\hbar\omega'/k\Theta)^3$ bei $T > \Theta$ mit $C_v \approx 0{,}125$ J/g · Grad, $\Theta = 260$ °K, $v_s = 1{,}52 \cdot 10^5$ cm/s, ist proportional $n^{3/2}$ (n = Elektronenkonz.). Heinz Vogel 116

0430 **Elektrische Leitfähigkeit und Thermo-EMK der antiferromagnetischen Halbleiter MnS und MnSe.** I. G. Kerimov, A. G. Rustamov und L. M. Valiev. (Izvest. Akad. Nauk Azerbajdž. SSR, Ser. fiz.-techn. mat. Nauk **1967**, 1, 69—72; russ.) — Im Vakuum entstehen aus 99,99999 %ig. S bzw. Se u. elektrolyt. Mn bei 900 bzw. 600° *MnSe* bzw. *MnS*. Beide Verb. krist. im NaCl-Gitter mit a = 5,46 Å (MnSe) u. a = 5,22 Å (MnS). Es werden Temp.-Abhängigkeit der elektr. Leitfähigkeit u. der Thermo-EMK bestimmt. Beide Parameter zeigen an der Stelle der antiferromagnet. Umwandlung starke Änderungen. Heinz Vogel 116

0431 **Einfluß einer Temperung in verschiedenen Medien auf die Eigenschaften photoempfindlicher CdTe-Filme.** M. I. Korsunskij und S. S. Kiseleva. (Izvest. Akad. Nauk Kaz. SSR, Ser. fiz.-mat. Nauk **5** (1967) 4, 13—16; russ.) — *CdTe*-Filme werden an Luft 10 Min. bei hohen Temp. oder 25—50 Std. bei 60—80° oder in Hg-Dampf oder He–Hg bzw. Ar–Hg getempert u. der Einfl. dieser Behandlungen auf Kurzschlußstrom i, Photospannung v u. Widerstand R untersucht. Wenig zu beeinflussen ist v; zwischen der Änderung von i u. R wird keine Korrelation gefunden. Die Art der Veränderung von R deutet auf die Anwesenheit von Bereichen mit verschiedenem Leitungstyp. Durch das Tempern werden instabile Strukturzustände stabilisiert. Heinz Vogel 116

0432 **Einfluß von Röntgenstrahlung auf die elektrische Leitfähigkeit von Quecksilberchalkogenid-Schichten in Abhängigkeit von der Güte des Vakuums.** L. I. Ivankiv und A. G. Mikolajčuk. (Ž. fiz. Chim. **41** (1967) 7, 1824—25; L'vovskij gos. univ.; russ.) — Bei 10^{-5} Torr werden auf Glasunterlagen *HgS*-, *HgSe*- bzw. *HgTe*-Schichten aufgedampft. Der elektr. Widerstand ϱ der p-leitenden Schichten nimmt bei deren Bestrahlung mit Röntgenlicht in Luft zu, bestrahlt man bei 10^{-2} Torr, so nimmt ϱ ab. Die Effekte werden durch Adsorption u. Desorption von Sauerstoff erklärt. Heinz Vogel 116

0433 **Ohmige, elektrische Kontakte auf p-leitendem ZnTe und $ZnSe_xTe_{1-x}$.** M. Aven und W. Garwacki. (J. electrochem. Soc. **114** (1967) 10, 1063—66; General Electric Res. and Dev. Center, Schenectady, N.Y.; engl.) — Niederohmige elektr. Kontakte können auf p-ZnTe u. $ZnSe_xTe_{1-x}$ hergestellt werden, indem *Li* aus einem Li-Salz ($LiNO_3$) in die gewünschte Krist.-Fläche eindiffundiert u. anschließend eine *Au*-Schicht auf die diffundierte Stelle aufgebracht wird. Die Li-Au-Kontakte zeigen bis zu 35 °K nahezu ohmiges Verh. u. können bis zu Ladungsträgerkonz. unterhalb 10^9 cm^{-3} verwendet werden. Es wird vermutet, daß das außergewöhnliche Verh. der Li–Au-Kontakte von einer hohen Konz. flacher Akzeptoren im Li-diffundierten Bereich herrührt, die die Potentialbarriere zwischen dem Valenzband von ZnTe u. dem Kontaktmaterial genügend erniedrigt, um Ladungsträgertunnelung sogar bei tiefen Temp. zu erlauben. K. H. Härdtl 116

0434 **Bandstruktur von Quecksilbertellurid.** M. I. Daunov. (Doklady Akad. Nauk Azerbajdž. SSR **23** (1967) 3, 10—15; Inst. fiz. Dagestanskogo filiala AN SSSR; russ.) — Die Abhängigkeiten der elektr. Leitfähigkeit u. des Verhältnisses der Hall-Koeff. bei 77 u. 293 °K R_{77}/R_{293} von $1/R_{77}$ u. die Funktion $R_t = f(T)$ werden analysiert. Eigenleitendes u. *n-HgTe* sind Halbmetalle, bis zu hohen Temp. erfolgt der Stromstransport durch Elektronen u. schwere Löcher. Bei genügend hohen Temp. u. großen Konz. an überschüssigen Akzeptoren ist p-HgTe mehr Halbleiter als Halbmetall, der Stromtransport erfolgt durch Elektronen u. leichte Löcher, deren Anteil mit wachsender Temp. u. Akzeptorkonz. schneller als der der schweren Löcher wächst. Heinz Vogel 116

0435 **Elektrische Leitfähigkeit des Systems Arsen–Germanium–Tellur im glasförmigen Zustand.** V. R. Panus und Z. U. Borisova. (Ž. prikl. Chim. **40** (1967) 5, 998 bis 1003; russ.) — Es werden Mikrohärte N, D., elektr. Leitfähigkeit σ u. deren Aktivierungsenergie ΔE, Phasenzus., Konz. an Bindungen Ge—Te, As—Te u. As—As, Konz. an kovalenten Bindungen u. ster. Faktor $\beta \approx$ O der Gläser $AsGe_xTe_y$ (x = 0—0,7, y = 0,5—1,7) untersucht. Für σ findet man zusammensetzungsabhängige Werte von 10^{-4} bis 10^{-8} $\Omega^{-1} \cdot$ cm^{-1}, $\Delta E = 0{,}9$—1,3 eV. Mit zunehmendem Ge-Anteil sinkt σ, ΔE nimmt zu, Te hat entgegengesetzten Einfluß. N des $AsTe_x$ ist größer als die entsprechenden Werte von $AsSe_x$. Heinz Vogel 116

0436 **Thermoelektrische Eigenschaften der ternären diamantähnlichen Verbindungen Cu_2GeTe_3 und Cu_2SnTe_3 im festen und flüssigen Zustand.** O. P. Astachov, L. I. Berger, K. Dovletov und É. I. Kovaleva. (Izvest. Akad. Nauk Turkm. SSR, Ser. fiz.-techn., chim. geol. Nauk **1967**, 6, 111—13; Vsesojuz. nauč.-issled. inst. chim. reaktivov i osobo čist. chim. veščestv IREA; russ.) — Im Temp.-Bereich von 370—1000 °K wurde die Temp.-Abhängigkeit der elektr. Leitfähigkeit σ u. der Thermo-EMK α nach der Kompensationsmeth. in He-Atmosphäre bei 2 atm gemessen. Beim Übergang vom festen in den fl. Zustand wird ein Abfall von σ u. ein Anstieg von α beobachtet. V. Burjan 116△

0437 **Anomaler Widerstand einiger Donator–Akzeptor-Komplexe.** A. Ottenberg und M. E. Browne. (J. Polymer Sci., Part C **1967**, 17, 135—49; Lockheed Palo Alto Res. Labor., Palo Alto, Calif.; engl.) — Der Gleichstromwiderstand der 1:1-Donator–Akzeptor-Komplexe *Bis-[tetrahydroindenyl]-eisen · Tetracyanoäthylen* (I), *Cobaltocen · Tetracyanoäthylen* (II) u. *p-Phenylendiamin · Dinitrodurol* (III) wurde in Abhängigkeit von Druck u. elektr. Feld bestimmt. Bei **I, II** u. **III** steigt der Widerstand mit zunehmendem Druck im Bereich 260—2600 psi reversibel an. Bei **I** u. **III** nimmt der Widerstand mit wachsender Feldstärke zu; dieses Verh. ist, abgesehen vom Auftreten eines Relaxationsprozesses, im wesentlichen reversibel. Die Erscheinungen werden durch einen Mechanismus mit schwacher Reorientierung der Mol.-Bausteine im Krist.-Gitter, ähnlich den für ferroelektr. Verh. verantwortlichen Prozessen, gedeutet. Es wird angenommen, daß die beobachteten Erscheinungen für die Unters. des Einfl. der Mol.-Ordnung in Krist. auf den Leitungsmechanismus wesentliche Bedeutung besitzen. — 31 Literaturangaben. — Diskussionsbemerkungen. P. Theml 116△

0438 **Oberflächenleitfähigkeit von Glimmer.** M. S. Kosman und R. Ch. Kalimullin. (Izvest. Akad. Nauk SSSR, Ser. fiz. **31** (1967) 11, 1902—04; Leningradskij gos. ped. inst. im. Gercena; russ.) — Die Messungen wurden an Naturglimmer (Muskovit) der Dicke von 5 bis 50 μm u. einer anfänglichen Oberflächenleitfähigkeit σ von $10^{12}-10^{14}$ Ω^{-1} vorgenommen. Nach Erhitzen auf 300 bis 400° u. raschem Abkühlen steigt σ bei einschichtigen Proben vorübergehend, bei mehrschichtigen dauernd um einige Größenordnungen an. Im Magnetfeld von 1500—2000 Oe fällt σ ca. um 1 %, im Feld von 10 V · cm^{-1} in einigen Std. um einige Potenzen, wobei eine bedeutende Polarisation erscheint. Alle Effekte können als Folge von adsorbiertem W. u. Oberflächenpolarisation erklärt werden. J. Tůmová 116△

0439 **Berechnung der Polarisierbarkeit halbleitender, im IR durchlässiger Gläser.** L. A. Bajdakov, L. N. Blinov und L. P. Strachov. (Vestnik Leningradskogo Univ. **22** (1967) Ser. Fiz. Chim. 10 Ser. 2, 159—60; russ., Auszug: engl.) — Ausgehend von der diamagnet. Suszeptibilität wird zunächst die stat. Polarisierbarkeit von As u. daraus in additiver Näherung die Polarisierbarkeit von As_2S_3, $AsS_{10,01}$, As_2Se_3, As_2Se_5, $AsSe_{1,0}$ u. $As_2Se_3 \cdot As_2Te_3$ mit einer Genauigkeit von ± 1,6 % berechnet. Ähnliche Berechnungen werden für SeS_x(x = 0—24,9) durchgeführt. Heinz Vogel 116

0440 **Automatisierte Apparatur zur Bestimmung der Temperaturabhängigkeit der elektrischen Leitfähigkeit und des Hall-Koeffizienten.** F. F. Charachorin und P. K. Bojarincev. (Zav. Labor. **33** (1967) 7, 896—97; russ.) — Die konstruierte Anordnung registriert Spannungen an Thermoelement, ohmschen Kontakten u. Hall-Sonden. Innerhalb von $1^1/_2$—2 Std. kann die Temp.-Abhängigkeit von σ u. R zwischen 77 u. 600 °K bestimmt werden. Heinz Vogel 116

0441 **Nichtlokaler Effekt bei der Dispersion von stehenden Helikon-Wellen.** S. W. Hui. (Physics Letters [Amsterdam] **24 A** (1967) 5, 265—66; Dep. of Phys., Monash Univ., Clayton, Victoria, Australia; engl.) — Abweichungen von der lokalen Dispersionsbeziehung für Helikonwellen wurden bei der Messung der HF-Oberflächenimpedanz von *Na* gefunden. Die Ergebnisse stimmen mit der nichtlokalen Theorie überein, welche auf dem Modell freier Elektronen beruht. G. Richard 118

0442 **Leitfähigkeit ultradünner Filme, hergestellt durch Vakuumverdampfung von Tantal.** D. I. Lajner und V. A. Cholmjanskij. (Izvest. Akad. Nauk SSSR, Neorg. Mater. **3** (1967) 9, 1673—75; Giprocvetmetobrabotka; russ.) — Durch Elektronenstrahlverdampfung werden bei 5 · 10^{-6} Torr einige Å dicke *Ta*-Filme auf poliertem amorphem Quarz bei Unterlagentemp. von 20, 250, 450 u. 650° erzeugt. Die (log ϱ, 1/T)-Kurven bestehen aus zwei linearen Bereichen mit unterschiedlichen Neigungswinkeln. Der Einfl. adsorbierter Restgase auf ϱ wird diskutiert. Durch Tempern der Schichten werden Aktivierungsenergie u. vorexponentieller Faktor infolge irreversibler Strukturänderungen beeinflußt. Heinz Vogel 118

0443 **Kritische Stärke dünner Wismut- und Zinnfilme.** Ju. F. Komnik. (Fiz. Metallov Metallovedenie **25** (1968) 5, 817—20; Fiz.-techn. inst. nizkich temp. AN SSSR; russ.) — Die Temp.-Abhängigkeit der krit. Stärke (Übergang in das Verh. massiver Proben) von Bi- u. Sn-Filmen bei 160—400 °K sowie die Abhängigkeit der Stärke von Filmen, die ihre Leitfähigkeit nach Erwärmen auf Raumtemp. beibehalten, von der Kondens.-Temp. wird bestimmt. H. Roschkowski 118

0444 **Elektrische Eigenschaften von durch Verdampfen von Nickel oder Nickel–Chrom-Legierungen gewonnenen Filmen.** M. V. Belous, V. G. Permjakov und V. I. Popov. (Fiz. Metallov Metallovedenie **25** (1968) 4, 657—63; Kievskij politechn. inst.; russ.) — Die Temp.-Abhängigkeit des elektr. Widerstands von Aufdampffilmen aus *Al*, *Ag*, Ni sowie Ni-Leg. mit 0,89—25,75 % Cr wird vergleichend untersucht. H. Roschkowski 118

0445 **Elektrischer Widerstand und thermoelektrische Kraft der Legierung Ni_3Ge.** Graziella Airoldi. (C. R. hebd. Séances Acad. Sci., Sér. A et B **266** (1968) 3, B 115—B 118; Centro Informazioni Studi Esperienze, Segrate, Milano, Italie; franz.) — Im Temp.-Intervall von 77 °K < T < 1300 °K wurde das elektr. Widerstandsverh. u. die Thermokraft der Leg. Ni_3Ge gemessen. Beide Größen zeigen ein anderes Verh. als bei Übergangsmetallen gefunden wurde. G. Richard 118

0446 **Magnetfeldabhängigkeit des Kondo-Widerstandsminimums in CuFe- und CuMn-Legierungen.** P. Monod. (Physic. Rev. Letters **19** (1967) 19, 1113—17; Dep. of Phys., Univ. of Calif., San Diego, La Jolla, Calif.; engl.) — Vf. besprechen quant. Messungen von Widerstand, Widerstandsänderungen durch Magnetfelder u. Magnetisierung in verd. CuFe- u. CuMn-Legierungen. Die magnet. Anteile im Cu liegen in sehr geringer Konz. vor. Die Messung des Widerstandes erfolgt nach einer Vierpunktmeth. mit einer relativen Genauigkeit von 10^{-4} u. einer abs. Genauigkeit von 10^{-3}. Für eine Best. des negativen Anteiles der magnet. Widerstandsänderung bestimmen Vf. durch direkte Messung im Temp.-Bereich von 15 bis 20 °K, wo der negative Anteil vernachlässigbar klein ist, die positive Widerstandsänderung im Magnetfeld. Dieser gemessene Wert wird als konst. angenommen u. von den bei tieferen Temp. erhaltenen Meßwerten subtrahiert. Auf diese Weise wird eine quant. Betrachtung der negativen Widerstandsänderung, deren Ursache in der Ggw. magnet. Verunreinigungen zu suchen ist, möglich. Aus dem Verlauf der negativen Widerstandsänderung als Funktion des Quadrats der Magnetisierung wird ein Wert für die s–d-Austauschwechselwrkg. abgeleitet. D. Scherbaum 118

0447 **Einfluß der magnetischen Ordnung auf den elektrischen Widerstand bei tiefer Temperatur von verdünnten Cd–Mn- und Zn–Mn-Legierungen.** F. T. Hedgcock und C. Rizzuto. (Physic. Rev. [2] **163** (1967) 2, 517—22; Eaton Electronics Res. Labor., McGill Univ., Montreal, Quebec; engl.) — Elektr. Widerstand ϱ u. krit. Temp. der Supraleitung wurden an einer Reihe von Cd–Mn-Leg. (maximal 0,38 Atom-% Mn) gemessen, ebenso ϱ von Zn–Mn-Leg. (maximal 0,30 Atom-% Mn). Im untersuchten Temp.-Bereich (0,4—30 °K) werden Widerstandsmaxima u. -minima in beiden Syst. beobachtet. Beide Leg. zeigen auch eine ln T-Kondo-Term. Die Cd–Mn-Daten werden unter Verw. der Theorie von Silverstein analysiert (Temp.-Abhängigkeit der magnet. Ordnung wird durch ein T^{-1}-Verh. bestimmt.) H. Fahlenbrach 118

0448 **Widerstand im gemischten Zustand von Supraleitern 2. Art.** J. S. Willis, J. F. Schenck und R. W. Shaw. (Appl. Physics Letters **10** (1967) 3, 101—03; Phys. Dep., Rensselaer Polytechn. Inst., Troy, N.Y.; engl.) — Für das Haften der Flußbündel durch räumliche Inhomogenitäten im Kappa-Wert der Ginzburg-Landau-Gleichung wird ein Mechanismus entworfen. Dieser Mechanismus wird auf das Widerstandsverh. im gemischten Zustand für *Tl–Pb-* u. *Pb–In*-Leg. angewendet. F. Wendler 120

0449 **Messungen der Elektronentunnelung an Pb in der Nähe der Sprungtemperatur.** J. P. Franck und W. J. Keeler. (Physic. Rev. [2] **163** (1967) 2, 373—75; Dep. of Phys., Univ. of Alberta, Edmonton, Canada; engl.) — Die normierte Leitfähigkeit $\sigma = (di/dv)_s/(di/dv)_n$ eines Pb–Isolator–Al-Tunnelübergangs u. $\Delta_0(t)$ wurden für $0{,}92 \leq t \leq 1$ bestimmt. Die Ergebnisse werden mit einer Theorie stark koppelnder Supraleiter bei Temp. $\neq 0$ nach Scalapino, Swihart u. Wada verglichen. σ ist in guter Übereinstimmung mit der Theorie. Eine Struktur nach der Elektron–Quasiteilchen-Rekombination ist sehr viel kleiner als ber. u. fehlt vielleicht vollständig. In der Nähe von T_c liegt eine lineare Beziehung zwischen $\Delta_0^2(t)$ u. t vor; der Anstieg ist mit $d[\Delta_0(t)/kT_c]^2/dt = 14{,}6 \pm 0{,}3$ in ausgezeichneter Übereinstimmung mit der Theorie. H. Liepack 120

0450 **Supraleitungs-Sprungtemperaturen von halbleitendem $SrTiO_3$.** C. S. Koonce, Marvin L. Cohen, J. F. Schooley, W. R. Hosler und E. R. Pfeiffer. (Physic. Rev. [2] **163** (1967) 2, 380—90; Dep. of Phys., Univ. of

Calif., Berkeley, Calif.; engl.) — T_c wurde für $SrTiO_3$ mit Elektronenkonz. n_e von $6,9 \cdot 10^{18}$ bis $5,5 \cdot 10^{20}$ cm^{-3} gemessen. T_c hat ein Max. für $n_e \approx 9 \cdot 10^{19}$ cm^{-3}. Die Ergebnisse sind in guter Übereinstimmung mit der ber. Kurve. H. Liepack 120

0451 **Besonderheiten des Verhaltens des kritischen Stroms von Drähten supraleitender Legierungen auf Niobbasis in Abhängigkeit vom Magnetfeld und der Temperatur.** B. G. Lazarev, L. S. Lazareva und S. I. Goridov. (Doklady Akad. Nauk SSSR **177** (1967) 6, 1310—12; Fiz.-techn. inst. AN USSR; russ.) — Bei plast. verformten Nb–Ti- u. Nb–Zr–Ti-Leg. in Form gewalzter verkupferter bzw. emaillierter Drähte (≈ 0,3 mm ∅) tritt an Stelle des üblichen monotonen Abfalls von I_k mit zunehmendem Magnetfeld ein Minimum u. ein Max. u. bei aus diesen Drähten hergestellten Spulen mit 10 u. 100 Windungen je Schicht ein „Plateau" auf. Vf. deuten dieses Verh. durch Überlagerung des Oberflächenstroms bei schwachen Feldern durch den inneren stromführenden Mechanismus bei starken Feldern: Bei den untersuchten Deformationssyst. bildet sich ein räumliches Netz einer der Gleichgew.-Phasen mit hoher Stromdichte in den durch dieses Netz bedingten Stromfäden aus. R. Amberger 120

0452 **Magnetokalorischer Effekt und oberes kritisches Feld des supraleitenden Niobs.** Taiichiro Ohtsuka und Nobuyoshi Takano. (J. physic. Soc. Japan **23** (1967) 5, 983—98; Inst. for Solid State Phys., Univ. of Tokyo, Roppongi, Tokyo; engl.) — Es wird gezeigt, daß der reversible magnetokalor. Effekt, beobachtet im gemischten Zustand eines reinen Nb-Einkrist., präzise Werte für das obere krit. Feld H_{c2} bez. eines Phasenüberganges 2. Ordnung zusammen mit anderen Eig. des gemischten Zustandes liefert. Aus den Messungen von H_{c2} zwischen 0,3 °K u. T_c = 9,23 °K ergibt die Extrapolation auf 0 °K ein H_{c2} von 4035 Oe. F. Wendler 120

0453 **Paramagnetischer Verunreinigungs-Effekt in verdünnten supraleitenden La-Legierungen.** Tadashi Sugawara und Hiroko Eguchi. (J. physic. Soc. Japan **23** (1967) 5, 965—74; Inst. for Solid State Phys., Univ. of Tokio, Roppongi, Minato-ku, Tokio; engl.) — Der magnet. Verunreinigungseffekt in verd. supraleitenden *La–Ce-* u. *La–Gd*-Leg. wurde durch die magnet. Meßmeth. der Übergangstemp. u. der krit. Feldstärken gemessen. Die Abhängigkeit der Übergangstemp. von der Konz. zeigt eine Abweichung zur Bornschen Approximation der Abrikosov-Gorkov-Theorie. Diese Abweichung ist abhängig vom Vorzeichen des s–f-Austauschintegrals der Verunreinigung. Der Ginzburg-Landau-Parameter von α-La bei T_c liegt bei 3,4 u. fällt mit ansteigender Verunreinigungskonz. gemäß der theoret. Vorhersage von Maki ab. F. Wendler 120

0454 **Proximity-Effekt von supraleitenden überlagerten Schichten.** Hideki Tsuya. (J. physic. Soc. Japan **23** (1967) 5, 975—82; Central Res. Labor., Nippon Electric Co., Ltd., Kawasaki; engl.) — Der Proximity-Effekt an überlagerten Schichten wurde mit Hilfe des Tunneleffekts am Übergang Supraleiter/Normalleiter untersucht. Lückenlose Supraleitung wurde in den Syst. *Ag–Sn* u. *Fe–Sn* direkt aus den Strom–Spannungs-Kurven beobachtet; ebenso in *Pb–Ag* u. *Pb–Fe*, jedoch in diesen Syst. mit Hilfe der Widerstands–Spannungs-Kurven. Ein magnet. Metall wie Fe hat einen größeren Einfl. auf die Energielücke u. die D. der Zustände als ein normales Metall wie Ag. Die Übereinstimmung mit der Theorie von Fulde-Maki ist gut im Syst. nichtmagnet. Normalleiter/Supraleiter, weniger gut jedoch im Syst. magnet. Normalleiter/Supraleiter. F. Wendler 120

Dielektrische und magnetische Eigenschaften

0455 **Thermische Schwingungen und Mössbauer-Effekt im Phasenübergangsbereich von Ferroelektrika.** V. G. Vaks, V. M. Galickij und A. I. Larkin. (Ž. èksper. teoret. Fiz. **54** (1968) 4, 1172—82; russ., Auszug: engl.) — Therm. Schwingungsanomalien u. die Wahrscheinlichkeit der Mössbauer-Absorption im Phasenübergangsbereich in Ferroelektrika werden untersucht. Für Übergänge vom Verschiebungstyp können die Anomalien durch dielektr. Charakteristika u. einige Konst., die für das niederfrequente Spektrum des Krist. definiert sind, ausgedrückt werden. Eine Schwingungsanisotropie unterhalb des Umwandlungspunktes wird beobachtet. Abschätzungen für Ordnungs–Unordnungs-Übergänge werden gegeben. E. Otto 134

0456 **Einfluß eines äußeren Feldes auf die Verschiebung des Curie-Punktes bei ferroelektrischen Phasenübergängen.** B. N. Rolov. (Izvest. Akad. Nauk Latv. SSR, Ser. fiz. techn. Nauk **1967**, 6, 24—27; Latvijskij gos. univ. im. Stučki; russ., Auszug: engl.) — Betrachtet wird der Einfl. eines äußeren Feldes auf die Verteilung der Kanzig-Bereiche. Durch das Feld erfolgt eine Verschiebung des Curie-Punktes zu höheren Temperaturen. Die theoret. Ergebnisse werden mit experimentellen Daten von $BaTiO_3$ verglichen. I. Zoll 134

0457 **Bildung des polarisierten Zustandes in polykristallinen Seignetteelektrika.** I. S. Želudev, T. N. Lezginceva und N. B. Fel'dman. (Izvest. Akad. Nauk SSSR, Ser. fiz. **31** (1967) 11, 1909—11; russ.) — Vf. diskutieren den polarisierten Zustand der Seignetteelektrika im Niederspannungsfeld u. führen Ergebnisse der Unters. an $Pb(Ti_{0,49}Zr_{0,51})O_3$ an. Diese Verb. zeigt nach Erhitzen auf 400—500° (oberhalb der Curie-Temp.) nach raschem Abkühlen eine einfache Hystereseschleife, nach langsamem eine Schleife des antiseignetteelektr. Typs mit zwei Maxima. Eine der Ursachen ist die Verteilung der Gitterstörungen beim Erhitzen vor der Feldanlegung. J. Tůmová 134△

0458 **Barkhausen-Effekt als Methode zur Untersuchung seignetteelektrischer Kristalle.** V. N. Rudjak. (Izvest. Akad. Nauk SSSR, Ser. fiz. **31** (1967) 7, 1171—74; Kalininskij ped. inst. im. M. I. Kalinina; russ.) — Aus Amplitude, Dauer u. Zahl der Impulse beim Barkhausen-Effekt (BE) kann die mittlere Sprungdimension, das bei einem Sprung umpolarisierte Vol. u. der durch die Sprünge umpolarisierte Anteil des Krist.-Vol. ermittelt werden. Diese Daten werden für $BaTiO_3$, *Seignettesalz* u. *Triglycinsulfat* tabellar. mitgeteilt. Der BE kann benutzt werden, um die Umbauprozesse der Domänenstruktur nicht nur an der Oberfläche, sondern im ganzen Vol. eines seignetteelektr. Krist. zu beurteilen. Der dem äußeren angelegten Feld entsprechende elektr. Zustand stellt sich allerdings nicht sofort ein, sondern erst in einer bestimmten Zeit. Auch eine Fixierung des depolarisierten Zustands u. des Phasenübergangs kann mittels des BE erfolgen. R. K. Müller 134

0459 **Einige Eigenschaften von Seignetteelektrika mit komplizierter Zusammensetzung und Antiseignetteelektrika mit Perowskitstruktur bei ultrahohen Frequenzen.** N. P. Chučua, L. N. Šamileva und V. V. Mal'ceva. (Izvest. Akad. Nauk SSSR, Ser. fiz. **31** (1967) 11, 1891 bis 1893; russ.) — Vf. untersuchen die DK u. tg δ des Antiseignetteelektrikums $PbZrO_3$ (**I**) u. der Seignetteelektrika $PbFe_{1/2}Nb_{1/2}O_3$ u. $PbMg_{1/3}Nb_{2/3}O_3$ bei Frequenzen bis zu 10^{10} Hz u. 300°. Das DK-Temp.-Max. von **I** (10^{-1} bei ca. 240°) hängt nicht von der Frequenz ab, die Dispersion fehlt bei den para- u. seignetteelektr. Phasen, besteht aber unterhalb der Curie-Temperatur. Bei **II** u. **III** ist das DK-Temp.-Max. frequenzunabhängig, der Absolutwert steigt mit der Temp. u. tg δ nimmt höhere Werte an. Ferner wird gezeigt, daß eine bedeutende Rolle bei der DK-Dispersion bei ultrahohen Frequenzen die Bewegung der Domänengrenzen u. die Grenzen isolierter polarer Gebiete beim Phasenübergang spielen. J. Tůmová 134△

0460 **Strukturelle und dielektrische Untersuchung des $PbTiO_3$–$BaZrO_3$-Systems.** Norman H. Harris und Victor J. Tennery. (J. Amer. ceram. Soc. **50** (1967) 8, 404—07; Dep. of Ceram. Engng., Univ. of Ill., Urbana, Ill.; engl.) — Messung der therm. Ausdehnungskoeff., Best. der dielektr. Eig. sowie röntgenograph. Unters. des Systems. $BaZrO_3$-Zusätze zum $PbTiO_3$ bewirken Abnahmen der Curie-Temp. der festen Lösungen. Ein Max. der DK von 11,300 wurde für $Pb_{0,80}Ba_{0,20} \cdot Ti_{0,80}Zr_{0,20}O_3$ bei der Curie-Temp. gefunden. Andere

$BaZrO_3$-Konz. verursachen geringere DK-Werte. Die ermittelten Daten liegen dabei wesentlich höher als die aus der Literatur bekannten. Der Übergang von einer ferroelektr. tetragonalen Phase zu einer paraelektr. kub. ist für die Bleititanate mit 10, 20 u. 30 Mol-% $BaZrO_3$ von erster Ordnung. Röntgenograph. (bei 25°) wird die Transformation tetragonal → kub. bei 44 $BaZrO_3$ gefunden.
M. Hähnert 134

0461 **Umpolarisierungsprozesse eines Bariumtitanat-Einkristalls bei Einwirkung zweier Frequenzen.** É. S. Popov und S. L. Rapoport. (Kristallografija **13** (1968) 2, 278—83; Volgogradskij ped. inst.; russ.) — Durch Zweifrequenzeinw. wird die Bewegung von Domänengrenzen in $BaTiO_3$-Einkrist. in Feldern von 50—100 V/cm u. höher bei Frequenzen bis 10^9 Hz nachgewiesen. Ein Mechanismus für die Bewegung der Domänengrenzen („trockene Reibung") wird eingeführt.
H. Roschkowski 134

0462 **Entpolungseigenschaften von $Pb(Zr, Sn, Ti)O_3$-Keramiken.** Mary Ellen Rander und William R. Cook jun. (J. appl. Physics **38** (1967) 4, 1977—78; Electron. Res. Div., Clevite Corp., Cleveland, O.; engl.) — Vf. untersuchen an 4 Proben der allg. Zus. $Pb_{0,99}(Zr, Sn, Ti)_{0,98}Nb_{0,02}O_3$ die Widerstandsfähigkeit gegenüber Entpolungsfeldern von der Größe der halben Koerzitivfelder. Die Feld–lg (Zeit)-Kurven für 100%ig. Entpolen sind nahezu linear mit einer geringen Aufwärtskrümmung, die jedoch bei niedrigen Feldern u. entsprechend langen Zeiten (10^3—10^4 min) nicht in die senkrechten Asymptoten übergeht (d. h. ein bestimmtes Koerzitivfeld besitzt). Es wird unter diesen Umständen eine Vorspannung aufgebaut, die dem Entpolen entgegenwirkt. Die Vorspannung wird zwar nicht beim 1std. Tempern bei 500° (150° oberhalb des Curie-Punktes) aufgehoben, wohl aber beim längeren Aufheizen auf höhere Temperaturen. Die Ähnlichkeit der Feld–lg(Zeit)-Kurven für alle 4 Zus. zeigt, daß jedenfalls für Keramiken keine Abhängigkeit des Entpolungsverh. von der Nähe zu einer ferroelektr. oder antiferroelektr. Phasengrenze besteht. Keramiken dieser Art sind nicht zur Speicherung geeignet, sofern die Speicherdauer in der Größenordnung von Min. liegt.
H.-D. Schenke 134

0463 **Curie-Temperatur und Doppelbrechungsänderung in ferroelektrischem Lithiummetatantalat als Funktion der Schmelzstöchiometrie.** A. A. Ballman, H. J. Levinstein, C. D. Capio und H. Brown. (J. Amer. ceram. Soc. **50** (1967) 12, 657—59; Bell Telephone Labor., Inc., Murray Hill, N.J.; engl.) — Curie-Temp. zwischen 700 u. 540° wurden bei einer Änderung der Zus. der Schmelze von ±6 Mol-% Abweichung von der Stöchiometrie an daraus erhaltenen $LiTaO_3$-Einkrist. gemessen. Hohe Curie-Temp. wurden bei hohen Li_2O-Konz. erhalten. Die Curie-Temp. von $LiTaO_3$ aus einer stöchiometr. Schmelze betrug 618 ± 5°. Die Doppelbrechung des $LiTaO_3$ ist ebenfalls eine lineare Funktion der Schmelzzusammensetzung. Die gemessenen Werte lagen zwischen + 0,006 bis —0,004 u. entsprechen den obengenannten Schmelzzus.-Änderungen. Die positive Doppelbrechung entspricht der tiefen Curie-Temperatur.
G. Malow 134

0464 **Protonenrelaxationszeiten und Translationsdiffusion in ferroelektrischem Kaliumcyanoferrat(II)-trihydrat.** D. E. O'Reilly und Tung Tsang. (J. chem. Physics **47** (1967) 10, 4072—76; Argonne Nat. Labor., Argonne, Ill.; engl.) — Auf Grund neuerer Neutronenbeugungsunters. von ferroelektr. $K_4[Fe(CN)_6] \cdot 3\,H_2O$ (**I**) haben Vf. die Protonen–Spin–Gitter-Relaxationszeiten (T_1) u. die Relaxationszeiten entlang des angelegten Feldes ($T_{1\varrho}$) zwischen 120 u. 330 °K gemessen. T_1 zeigt bei 220 °K ein einzelnes Minimum, das einer Kippbewegung des W.-Mol. um 180° zugeschrieben wird. $T_{1\varrho}$ zeigt zwei Minima, eins bei 140 °K in Verb. mit der gleichen Kippbewegung wie oben u. ein anderes bei 285 °K, das einem Austausch der W.-Mol. durch die Translationsdiffusion zugeordnet wird in Übereinstimmung mit Messungen des D_2O-Austausches von I. Durch die verbesserten Unters. werden die Proton- u. Deuteronresonanzdaten neu interpretiert.
R. Blank 134

0465 **Untersuchung des pyroelektrischen Effektes von Ferroelektrika im Bereich des Curie-Punktes bei schnell veränderlichen Temperaturen.** L. S. Kremenčuhs'kyj und V. B. Samojlov. (Ukraïns'kyj fiz. Ž. **13** (1968) 2, 215—18; Inst. fiz. AN URSR, Kyïv; ukrain., Auszug: engl.) — Messung der dynam. pyroelektr. Koeff. von *Triglycinsulfat* (1,5—10 grd/s, 0—10 kV/cm). Der Einfl. einer Vorspannung auf den Pyrostrom wird untersucht.
K. Jaeger 134

0466 **Pyroelektrischer Effekt in Antimontrisulfid-Einkristallen.** V. S. Rinkjavičjus und M. P. Mikalkevičjus. (Fiz. tverdogo Tela **9** (1967) 10, 2997—98; Vil'njusskij gos. univ. im. Kapsukasa; russ.) — Die in Richtung [001] mit Pt kontaktierten Krist. werden mit 250 V/cm polarisiert, auf 77 °K abgekühlt, u. beim Aufheizen mit 0,06—0,6 °/min wird der Pyrostrom I gemessen. Bei 325 °K erreicht I Maximalwerte. Die Richtung von I ist abhängig von der Polarisationstemp. T_p; bei $315 < T_p < 323$ °K erhält man ein pyroelektr. Signal mit zwei Maxima entgegengesetzter Richtung, wobei das bei tieferer Temp. auftretende Max. entgegengesetzte Polarität gegenüber dem Polarisationsfeld hat. Das pyroelektr. Signal nimmt bei der Curie-Temp. von ca. 325 °K nicht wesentlich ab.
Heinz Vogel 134

0467 **Wechselwirkung transversaler Wellen in piezoelektrischen Materialien in der Gegenwart angelegter elektrischer und magnetischer Felder.** L. Solymar und C. N. Lashmore-Davies. (Int. J. Electronics [1] **22** (1967) 6, 549—56; Standard Telecommunication Labor., Harlow, Essex; engl.) — Die Wechselwrkg. transversaler akust. Wellen mit anderen Anregungsarten (Zyklotron- oder Helikonwellen) wird untersucht, u. die Bedingungen für das Anwachsen von Wellen werden diskutiert. Die mathemat. Lösungen werden mit Hilfe der üblichen Annahmen bei niedrigen Leistungen erhalten. Die daraus abgeleiteten Dispersionsbeziehungen werden mit der Wechselwrkg. von nicht mehr als zwei Wellen diskutiert.
K. H. Härdtl 134

0468 **Raumgruppen-Auswahlregeln für magnetische Kristalle.** Arthur P. Cracknell. (Progr. theoret. Physics [Kyoto] **38** (1967) 6, 1252—69; Dep. of Phys., Univ. of Singapore, Singapore 10; engl.) — Die Theorie der Auswahlregeln für Phononenprozesse in zu einer gewöhnlichen (Fedorov)-Raumgruppe gehörenden Krist. wird für Krist. erweitert, die zu einer magnet. (Shubnikov)-Raumgruppe gehören. Als Beispiel wird MnF_2 behandelt, das zur magnet. Raumgruppe $P4'_2/mnm'$ gehört. Für diese Gruppe haben Dimmock u. Wheeler die irreduziblen Codarst. bestimmt.
P. Weiland 136

0469 **Symmetrieänderungen bei kontinuierlichen Übergängen. Anwendung einer vereinfachten Theorie auf V_3Si.** E. Ascher. (Chem. Physics Letters [Amsterdam] 1 (1967) 2, 69—72; Battelle Inst., Advanced Studies Center, Geneva; engl.) — Es wird eine vereinfachte Theorie kontinuierlicher Phasenübergänge entwickelt u. auf den V_3Si-Übergang angewandt. Die Shubnikov-Raumgruppe der tetragonalen Phase von V_3Si ist entweder $P4_2/m'mc$ oder $P4_2/n'mc$.
H. Liepack 136

0470 **Bemerkungen zum auf einen lokalisierten Spin in Metallen zurückzuführenden Singulett-Bindungszustand.** Kei Yosida. (Physic. Rev. [2] **164** (1967) 3, 879—80; Solid State Div., ORNL, Oak Ridge, Tenn.; engl.) — Diskussionsbemerkungen zu einem Beitrag von Kondo (ibid. **161** [1967] 598).
H. Liepack 136

0471 **Grundzustand einer magnetischen Verunreinigung in einem Metall.** Philip W. Anderson. (Physic. Rev. [2] **164** (1967) 2, 352—59; Bell Telephone Labor., Murray Hill, N.J.; engl.) — Es wird eine neue Wellenfunktion für den Grundzustand einer magnet. Verunreinigung in einem Metall postuliert, deren Parameter nach einer Variationsmeth. bestimmt wurden. Es ergibt sich eine Phasenverschiebung, die in der Nähe der Fermi-Fläche proportional $(E - E_F)^{1/2}$ ist; die Bindungsenergie ist größer als nach anderen Methoden.
H. Liepack 136

0472 **Exakte Beziehungen zwischen Triplettwahrscheinlichkeiten und Paarkorrelationen in binären AB-Legierungen und Spin-1/2-Ising-Systemen.** Philip C. Clapp.

(Physic. Rev. [2] 164 (1967) 3, 1018—20; Ledgemont Labor., Kennecott Copper Corp., Lexington, Mass.; engl.) — Unters. für *CuAu*. H. Liepack 136

0473 **Elastische und magnetische Felder in der Nähe von Versetzungen in Ferromagneten.** A. M. Kosevič und É. P. Fel'dman. (Fiz. tverdogo Tela 9 (1967) 12, 3415—21; Inst. radiofiz. i élektron. AN SSSR, Char'kov; russ.) — Entw. einer Meth. zur Berechnung elast. u. magnet. Felder an Versetzungen in Ferromagneten mit beliebiger Anisotropie. I. Zoll 136

0474 **Kern-Abkühlprozeß an Indium und Kernquadrupolwechselwirkung.** O. G. Symko. (Physics Letters [Amsterdam] **25 A** (1967) 5, 385—86; Clarendon Labor., Univ., Oxford, England; engl.) — Ausgehend von 32 kG u. 0,012 °K wurde die adiabat. Kernentmagnetisierung an In u. an mit In in therm. Kontakt stehendem *Cu* beobachtet. Es wird das Abkühlen der In-Kernspins, des Gitters u. des umgebenden Cu gemessen. Infolge der Kernquadrupolwechselwrkg. zeigen die In-Spins eine hohe Wärmeabsorptionsgeschw. u. sind für Kernkühlprozesse im Bereich 10^{-4} °K bes. geeignet. B. Stender 136

0475 **Einfluß des nichtlinearen de-Haas-van-Alphen-Effekts auf die Linienbreite von Riesenoszillationen.** V. A. Štejnberg. (Fiz. Metallov Metallovedenie **24** (1967) 6, 1107—09; VNIPJ čermetėnergoočistka; russ.) — Entw. einer Theorie des Einfl. des nichtlinearen de-Haas-van-Alphen-Effekts auf die in Metallen im starken Magnetfeld beobachteten Riesenquantenoszillationen der Absorption von Schall- u. elektromagnet. Wellen. H. Roschkowski 136

0476 **De-Haas-van-Alphen-Effekt und Elektronenbandstruktur von Nickel.** D. C. Tsui. (Physic. Rev. [2] **164** (1967) 2, 669—82; Dep. of Phys. and James Franck Inst., Univ. of Chicago, Chicago, Ill.; engl.) — Unters. des de-Haas-van-Alphen-Effekts in Ni mit Hilfe einer Feldmodulationstechnik bei niedrigen Frequenzen in Magnetfeldern bis zu 38 kG u. Temp. bis zu 0,3 °K. Diskussion über Bandstrukturmodelle von ferromagnet. Ni. I. Zoll 136

0477 **Magnetischer Zusammenbruch in Zink und seinen Legierungen, beobachtet am de-Haas-van-Alphen-Effekt.** R. J. Higgins und J. A. Marcus. (Physic. Rev. [2] **161** (1967) 3, 589—97; Mater. Sci. Dep., Northwestern Univ., Evanston, Ill.; engl.) — Die Amplitude der längsten Periode der de-Haas-van-Alphen-Schwingung wurde in Abhängigkeit vom Magnetfeld u. von der Feldrichtung an reinem Zn u. an Zn-Leg. gemessen. Die bei großen Feldstärken anomale Feldabhängigkeit wird durch den Lifshitz-Kosewich-Ausdruck dann gut beschrieben, wenn dieser den Pippardschen Korrekturfaktor enthält u. damit den magnet. Zusammenbruch einschließt. Diese Übereinstimmung gilt für Richtungen bis zu 70° zu [0001]. Der Parameter H_0 des Feldes beim Zusammenbruch beträgt bei Zn 2,2 kOe in [0001] u. 10 kOe bei 70°. Diese Winkelabhängigkeit wird dem Geschw.-Term im Blount-Ausdruck für H_0 zugeschrieben. Die Dingle-Streutemp. (X = 1,5 °K) ist winkelunabhängig. Die Relaxationszeit der Streuung ist daher am zentralen Drittel der Nadel, wo der Gitter-Bandspalt konst. ist, isotrop, im Gegensatz zu früheren Messungen. Die Unstimmigkeit wird durch den zu sehr kleinen Feldern hin anhaltendem magnet. Zusammenbruch erklärt. Bei Amplitudenmessungen an unreinerem Zn(0,14(%) Cu; 0,21 Cu; 0,11 Al; 0,008 Mn) macht sich der magnet. Zusammenbruch weit weniger bemerkbar. Dabei sind auch H_0-Werte größer als 5 kOe zur Anpassung an den modifizierten Lifshitz-Kosewich-Ausdruck notwendig. Daraus wird geschlossen, daß der Pippard-Faktor bei solchen Verunreinigungen nicht angesetzt werden darf. Es wird daher auf der Basis eines verallgemeinerten Dingleschen Streufaktors u. einer Condonschen Wahrscheinlichkeit für die Zusammenbruchstreuung eine andere Zusammenbruchkorrektur abgeleitet. H. Fahlenbach 136

0478 **Messung des de-Haas-van-Alphen-Effektes an SiP_2.** S. M. Marcus. (Physics Letters [Amsterdam] **25 A** (1967) 6, 468—69; Central Res. Dep., E. I. du Pont de Nemours and Comp., Exp. Stat., Wilmington, Del.; engl.) — Der de-Haas-van-Alphen-Effekt wurde bei 1,1—2,1 °K an *SiP_2* gemessen. SiP_2 hat Pyritstruktur. Es wurden 2 Oszillationsgebiete beobachtet. Bei dem unteren Frequenzgebiet (3,5—9 kG) beträgt die effektive Elektronenmasse m^+ 0,15 m_e u. die Dingle-Temp. 0,33 °K. Bei hohen Feldstärken (9—50 kG) beträgt m^+ 0,25 m_e, wenn H parallel zur zweizähligen Achse angelegt wurde. H. Kelm 136

0479 **Spezifische Wärme verdünnter magnetischer Legierungen.** Philip E. Bloomfield und D. R. Hamann. (Physic. Rev. [2] **164** (1967) 2, 856—65; Phys. Dep., Univ. of Pa., Philadelphia, Pa.; engl.) — Vgl. ibid. **158** (1967) 570. — Exakte Lsg. der l.c. abgeleiteten Integralgleichung für das s-d-Austauschmodell. Ein Näherungsausdruck für die Korrelationsenergie einer einzelnen Störstelle wird abgeleitet u. mit diesem die spezif. Wärme berechnet. Die spezif. Wärme ist in der Größenordnung der Boltzmann-Konst. pro lokales Moment, hat ein Max. bei $^1/_3$ der Kondo-Temp. u. geht gegen null mit $T^{0,57}$ für T → 0. H. Liepack 136

0480 **Messung der magnetischen Suszeptibilität einiger Elemente (Fe, Co, Ni, Ge, Sn, Te) in flüssigem Zustand.** Georges Urbain und Erich Übelacker. (Advances in Physics **16** (1967) 63, 429—38; Chem. and Phys. Dep. of IRSID, Saint Germain-en-Laye, France; engl.) Herbert Weber 136

0481 **Magnetische Suszeptibilität des flüssigen Hg–In-Legierungssystems.** E. W. Collings. (Advances in Physics **16** (1967) 63, 459—70; Franklin Inst. Res. Labor., Philadelphia, Pa.; engl.) — Die Ergebnisse lassen auf Atomassoziationen in der Fl. schließen. Herbert Weber 136

0482 **Magnetische Suszeptibilität von amorphem Kohlenstoff.** D. B. Fischbach. (Carbon [Oxford] **5** (1967) 6, 565—70; Jet Propuls. Labor., Calif. Inst. of Technol., Pasadena, Calif.; engl.) — Die magnet. Suszeptibilität von zwei Arten amorphen Kohlenstoffes (GC-20 u. GC-30, Tokai Electrode Manufacturing Comp., Ltd., Japan) wurde bei Zimmertemp. als Funktion der magnet. Feldstärke, der Wärmebehandlungstemp. u. der Hochtemp.-Spannungsdeformation gemessen. Das magnet. Verh. wird mit dem Geh. an Verunreinigungen, dem Zwischenschichtabstand u. dem scheinbaren Krist.-Schichtdurchmesser in Beziehung gesetzt. Die Strukturempfindlichkeit des Diamagnetismus des nichtgraphitierenden Kohlenstoffes wird mit der von graphitierten Kohlenstoffen verglichen. G. Malow 136

0483 **Sechs neue ternäre Mangannitride der Übergänge erster Ordnung in den komplexen Nitriden und Carbiden mit Perowskitstruktur.** Roland Madar, Lucien Gilles, Alain Rouault, Jean-Pierre Bouchaud, Éliane Fruchart, Gérard Lorthioir und Robert Fruchart. (C. R. hebd. Séances Acad. Sci., Sér. C **264** (1967) 3, 308—11; Vitry-sur-Seine, Centre d'Études de Chim. Métallurg.; franz.) — *Mn_3AuN* (**I**), *Mn_3HgN* (**II**), *$Mn_3 \cdot SnN$* (**III**), *Mn_3PtN* (**IV**), *Mn_3PdN* (**V**) u. *Mn_3RhN* (**VI**) haben die Perowskit-Struktur u. die folgenden Gitterparameter: **I**: $4{,}023_5$; **II**: $4{,}072_0$; **III**: $4{,}058_5$; **IV**: $3{,}968_5$; **V**: $3{,}979_6$; **VI**: 3,9280 Å. Vf. untersuchten die antiferromagnet.-ferromagnet. Übergänge erster Ordnung in *Mn_3GaC*, *Mn_3GaN*, *Mn_3ZnC*, *Mn_3ZnN* u. ihren festen Lösungen. Auch Mn_3ZnN besitzt bei 183 °K einen Übergang erster Ordnung, der von einer starken Gitterkontraktion bei steigender Temp., jedoch ohne Änderung der kub. Struktur, begleitet ist. Der Übergang ist außerdem von einem starken endothermen Effekt u. einer starken Zunahme der magnet. Suszeptibilität begleitet. Der Umwandlungspunkt der festen Lsg. $Mn_3Zn_{1-x}Ga_xN$ ändert sich linear mit x; die Umwandlungspunkte von Mn_3ZnN u. Mn_3GaN liegen bei 183 u. 298 °K. Es wurden zahlreiche feste Lsg. vom Typ $Mn_3A_{1-x}B_xN$ dargestellt. Wenn eine feste Lsg. bei x = 0 ferromagnet. Eig. besitzt, kann der Übergang erster Ordnung, der die feste Lsg. x = 1 charakterisiert, in den ferromagnet. Bereich verschoben werden: die Magnetisierung erfährt beim Übergang eine plötzliche starke Zunahme (*$Mn_3Mn_{1-x}Ga_xN$*, *$Mn_3Mn_{1-x} \cdot Zn_xN$*, *$Mn_3Cu_{1-x}Zn_xN$*, *$Mn_3Ag_{1-x}Zn_xN$*). Die Umwandlung von Mn_3ZnC ist wegen der Deformation von kub.

zur tetragonalen Symmetrie viel komplexer. Mn_3ZnC zeigt bei tiefer Temp. metamagnet. Verhalten. Die Feldschwelle ist bei 77 °K (20 °K) von der Größenordnung 1000 Oe (1800 Oe). C. Gottfried 136△

0484 **Magnetische Struktur des trigonalen Cr_2S_3.** B. Van Laar. (Physics Letters [Amsterdam] **25 A** (1967) 1, 27–29; Petten, Reactor Centrum Netherland; engl.) — Die magnet. Struktur von trigonalem Cr_2S_3 wurde mit Hilfe von Neutronenbeugungsmessungen bei 4,2 °K (antiferromagnet.), 78 °K u. 300 °K (paramagnet.) untersucht (Neutronenwellenlänge 2,56 Å). Das Max. der Magnetisierung–Temp.-Kurve kann nicht einer wesentlichen Änderung der Spinanordnung, wie es beim Cr_5S_6 der Fall ist, zugeordnet werden. C. Gottfried 136△

0485 **Magnetische und kristallographische Untersuchung von $(Fe_{1-x}Cr_x)_3P$-Mischkristallen und der ferromagnetischen Phase Fe_5B_2P.** Anne-Marie Blanc, Éliane Fruchart und Robert Fruchart. (Ann. Chimie [14] **2** (1967) 5, 251–54; Vitry, CNRS, Centre d'Étude de chim. Métallurg.; franz.) — Die Fe- oder Cr-Phosphide wurden aus den Metallen durch Einw. von P-Dampf u. nachfolgender langen Diffusionsbehandlung erhalten. Die Reinheit der Phasen wurde röntgenograph. oder mittels thermomagnet. Analyse kontrolliert. Die magnet. Unters. ergab, daß der Curie-Punkt der Phasen fast linear mit der Cr-Konz. abnimmt. Der Curie-Punkt von Fe_3P liegt bei 686 °K, der von Fe_2CrP bei 99 °K. Das molekulare magnet. Moment bei Sättigung wurde durch Extrapolation erhalten; es nimmt linear als Funktion von x von 5,74 μ_B für Fe_3P auf einen Wert von 3,52 μ_B für eine 20atomprozentige Substitution an Cr ab. Röntgenograph. wurde gefunden, daß das Vol. der Zelle bis x = $^1/_3$ konstant bleibt u. dann linear bis Cr_3P zunimmt. Die Änderungen der c- u. a-Parameter sind graph. u. tabellar. angegeben. Fe_5B_2P wurde entweder aus Gemischen ber. Mengen Fe_3P u. FeB oder aus pulverförmigen Gemischen von Fe_3P, Fe u. B dargestellt. Der Curie-Punkt der stöchiometr. Phase liegt bei 628 °K. Die Phase hat tetragonale Symmetrie mit a = 5,488 (Å) u. c = 10,364. Das magnet. Moment wurde bis zu Feldern von 1900 Oe bei normaler Temp. u. der Temp. des fl. N_2 gemessen. Durch Extrapolation auf 0 °K erhält man pro Atom Fe ein mittleres magnet. Moment von 1,73 μ_B.
C. Gottfried 136△

0486 **Kristallographische und magnetische Untersuchung eines antiferromagnetischen Trirutiloxids.** Jean-Claude Bernier und Paul Poix. (C. R. hebd. Séances Acad. Sci., Sér. C **265** (1967) 22, 1247–49; Orsay, Fac. des Sci., Labor. de chim. Min.; franz.) — Dargestellt u. untersucht wurde die Verb. WV_2O_6. Zur Darst. wurde ein äquimol. Gemisch von WO_3 u. V_2O_3 in evakuiertem u. zugeschmolzenen SiO_2-Röhrchen mindestens 50 Std. auf ca. 950° erhitzt u. mit 300°/Std. abgekühlt. Die Pulveraufnahmen ergaben tetragonale Symmetrie u. Trirutiltyp. Die Zelldimensionen sind a = 4,629 (Å); c = 8,912; Raumgruppe ist P4/mnm; Z = 2; D_{exp} 6,56; D_R 6,64. Der x-Parameter der O-Atome wurde zu 0,307 ± 0,002 bestimmt. Die magnet. Unters. erfolgte mit Hilfe der Faraday-Meth. in einem mittleren Feld von 8000 Gauß. Die Verb. ist paramagnet., die molekulare Suszeptibilität bei normaler Temp. beträgt 2,960 · 10^{-6} CGS-Einheiten. Die Suszeptibilität als Funktion der Temp. verläuft bei ca. 370 °K durch ein Max., um hierauf bei fallender Temp. schnell abzunehmen. Die Verb. scheint daher eine antiferromagnet. Diskontinuität mit einer Néel-Temp. von ca. 370 ± 30 °K zu zeigen. Zwischen 700 u. 1200 °K gehorcht die paramagnet. Suszeptibilität einem Curie-Weißschen Gesetz. Aus dem Gesetz wurde die Curie-Konst. bestimmt. Es folgte, daß der Oxydationszustand des V in der Verb. +3 ist. Der Ursprung des Antiferromagnetismus ist wahrscheinlich auf die Wechselwrkg. nächster V-Ionen (2,97 Å) parallel der c-Achse zurückzuführen.
C. Gottfried 136△

0487 **Einfluß des Meßfelds auf die Desakkomodation von Mangan–Zink-Ferriten.** V. Petrescu, Gh. Maxim und N. Rezlescu. (Bul. Inst. politehn. Iaşi **13** (17) (1967) 1/2, 157–66; Acad. Rep. Soc. România, Fil. Iaşi, Centr. de cerc. fiz.; rum.) — Vgl. C. **1967**, 3-0552. — Die Form der Kurve der Permeabilitätsabnahme wird durch das Meßfeld u. ein ihm überlagertes kontinuierliches Feld beeinflußt. Bei der Auswertung der Ergebnisse ist die Dispersion der elast. Kräfte zu berücksichtigen, die auf die Grenzflächen zwischen den Domänen spontaner Magnetisierung einwirken. Auch eine Dispersion der Zeitkonst. ist wahrscheinlich. R. K. Müller 136△

0488 **Mikroinhomogenitäten in der Zusammensetzung einiger Einkristallferrite.** N. D. Ursuljak, N. I. Utkin, A. V. Belickij und V. A. Zuev. (Fiz. tverdogo Tela **9** (1967) 12, 3461–66; russ.) — Mit Hilfe der spektralen Röntgenmikroanalyse wurde für die *Mn*-Konz. in Mg–Mn-Ferriten sowie für *Zr* u. *Ge* in Mn-Einkrist.-Ferriten ein oszillierendes Verh. festgestellt. In diesen Krist. kennzeichnet die Anordnung der 2. Phase eine Kristallisationsfront längs der die Oszillationsamplitude der Komponentenkonz. kleiner ist als in anderen Richtungen.
I. Zoll 136

0489 **Einfluß der γ-Bestrahlung auf die erste magnetische kristallographische Anisotropiekonstante bei Nickel- und Nickel–Kupfer-Ferriteinkristallen.** N. N. Sirota und A. P. Ges'. (Doklady Akad. Nauk Beloruss. SSR **11** (1967) 9, 774–76; Inst. fiz. tverdogo těla i poluprovodnikov AN Beloruss. SSR; russ.) — Untersucht wurden Einkrist. der Zus. $NiFe_2O_4$ (I), $Ni_{0,75}Cu_{0,25}Fe_2O_4$ (II) u. $Ni_{0,5}Cu_{0,5}Fe_2O_4$ (III); die Curie-Temp. beträgt 595, 510 u. 485°, a = 8,342, 8,361 u. 8,365 Å. Die magnet. Anisotropiekonst. K_1 geht bei unbestrahltem **I** durch ein Minimum (ca. −6,2 · 10^4) bei 200 °K u. steigt bis auf −1 · 10^4 bei 550°; nach Bestrahlung mit 5,3 · 10^7 r erreicht K_1 im gesamten Gebiet niedrigere Werte (Minimum −7,8 · 10^4 bei 180 °K). Bei **II** erhöht die Bestrahlung K_1 im gesamten negativen Gebiet (von −3,8 auf −1,5 · 10^4 bei 250 °K) bei fast ungeänderter Inversionstemperatur. Die Werte von **III** liegen innerhalb dieser Zahlenwerte. J. Tůmová 136△

0490 **Untersuchungen zur Bestimmung der Curie-Temperatur von Maghaemit (γ-Fe_2O_3).** F. Frölich und H. Vollstädt. (Mber. dtsch. Akad. Wiss. Berlin **9** (1967) 3, 180 bis 186; Geomagnet. Inst., Potsdam; dt.) — Mit Hilfe von DTA-Kurven, magnetotherm. u. Röntgenfeinstrukturunters. wurde die Curie-Temp. des Maghemit zu 675° bestimmt. G. Malow 136

0491 **Untersuchungen über die Ursachen der Auswirkungen von Co-Anteilen in Eisenoxiden vom Spinelltyp.** F. Frölich und H. Vollstädt. (Mber. dtsch. Akad. Wiss. Berlin **9** (1967) 3, 192–96; Geomagnet. Inst., Potsdam; dt.) — Auf Grund neuerer experimenteller Ergebnisse aus der Literatur werden nachstehende Folgerungen gewonnen: 1. Diamagnet. Co^{3+}-Ionen verringern die AB-Wechselwrkg. u. somit die Curie-Temp. 2. Vollbesetzung der tiefsten $3d_{(II)}$-Niveaus beim Co^{3+}-Ion ermöglicht homöopolare Bindungen zu den Gitternachbarn. 3. Analoge Verhältnisse müssen desgleichen für Fe^{2+}-Ionen gelten (Besetzung gleichfalls $3d^6$). 4. Andererseits dürfte — im Gegensatz zum oktaedr. Krist.-Feld der B-Lagen — das Störungsfeld der tetraedr. Gitternachbarn (Lage A) den krit. Wert nicht erreichen, da das resultierende (ferrimagnet.) Sättigungsmoment nur dann erreicht wird, wenn die Kationen des Untergitters A normale (Hundsche) 3d-Besetzungen aufweisen, 5. Auf Grund der stärkeren (homöopolaren) Bindungen sollte in Co-haltigen Magnetiten im Verlauf von Ox.-Prozessen der γ → α-Übergang verzögert werden u. somit erst bei höheren Temp. eintreten. G. Malow 136

0492 **Magnetische Wechselwirkungen im System $(La,Gd)_2CoMnO_6$.** S. K. Dey. (Philos. Mag. [8] **16** (1967) 144, 1097 bis 1102; Dep. of Electr. Engng., Imp. Coll., London; engl.) — Zwischen 4,2 u. 750 °K u. bei Feldern bis zu 5500 Oe wurde die magnet. Suszeptibilität der Perowskitphasen $La_{2-x}Gd_x(CoMn)O_6$ gemessen. Die Ergebnisse deuten auf ferromagnet. $Mn^{3+}–O^{2-}–Mn^{3+}$-Wechselwrkg. im La_2CoMnO_6 mit diamagnet. Co^{3+}-Ionen im low spin-Zustand hin; sie stehen im Widerspruch zu Messungen von Jonker (J. appl. Phys. **37** S (1966), 1424), die auf die Elektronenkonfig. $Co^{2+}–O^{2-}–Mn^{4+}$ schließen ließen. Proben mit x = 0,5 u. 1,0 weisen bei tiefen Temp. Max. in den Magnetisierungskurven auf, was auf einen antiferromagnet. Zustand ähnlich dem von $HoFeO_3$ hinweist. Es wird angenommen, daß die (Gd–Co)–Mn-Wechselwrkg. eine komplizierte nicht-kollineare Spinanordnung hervorruft, wobei die Spins im Seltenerdmetallionteilgitter verkantet sind. W. Laqua 136

0493 **Anomales magnetisches Verhalten von $K_3[Cr(C_2O_4)_3] \cdot 3\,H_2O$ im Untersuchungsbereich zwischen Raumtemperatur und der Temperatur von flüssigem Sauerstoff.** Pada Renu Saha. (Indian J. Physics Proc. Indian Assoc. Cultivat. Sci. **41/50** (1967) 8, 628–30; Dep. of Magnetism, Indian Assoc. for the Cultivat. of Sci.; engl.) — Bei $K_3[Cr(C_2O_4)_3] \cdot 3\,H_2O$ (I) tritt eine Anomalie der magnet. Suszeptibilität bei ~ 153 °K auf, die durch eine Phasenänderung von I bei dieser Temp. gedeutet wird. R. Blank 136

0494 **Eigenschaften von Nitrito-bis-[äthylendiamin]-nickel(II)-halogeniden.** B. J. Hathaway und R. C. Slade. (J. chem. Soc. [London], Sect. A **1967**, 6, 952–55; Univ. of Essex, Colchester; engl.) — Magnetochem. Daten, Elektronenspektren (im Bereich $8-30 \cdot 10^3$ cm^{-1}) u. IR-Spektren der Verb. $[Ni(en)_2(ONO)]X$ mit X = *Cl* (I), *Br* (II). *J* (III) werden mit denen von X = NO_2^- (IV), ClO_4^- (V), BF_4^-(VI), deren Krist.-Struktur bekannt ist, verglichen. Die magnet. Momente μ_{eff} bei Zimmertemp. (I μ_{eff} = 3,08 BM; II 3,11; III 3,13, IV 3,04; V 2,81; VI 2,79 lassen für alle Ni^{2+} in Komplexverb. I–VI einen $^2A_{2g}$-Grundzustand vermuten. Die Curie-Punkte Θ liegen bei I $\Theta = -6$ °K, II 2 °K, III 14 °K, IV 4 °K, V 112 °K, VI 108 °K. Die Abhängigkeit der molaren Suszeptibilitäten von der Temp. wird für I–VI angegeben. Das Curie-Weißsche Gesetz wird von den Verb. I–IV weitgehend erfüllt, während dies bei V u. VI nicht über den gesamten Temp.-Bereich der Fall ist. Die letzteren zeigen vielmehr unterhalb 150 °K antiferromagnet. Verh., das mit einer asymm. Brücken–ONO-Gruppe vereinbar wäre. B. Degen 136

0495 **Ferromagnetischer Austausch in einem vierkernigen Nickelkomplex.** J. E. Andrew und A. B. Blake. (Chem. Commun. **1967**, 22, 1174–76; Dep. of Chem., Univ., Hull; engl.) — Das koordinativ gebundene CH_3OH in $[Me(O \cdot C_6H_4 \cdot CHO)(OCH_3)CH_3OH]_4$ (I) (*Me = Ni, Co, Mg*) läßt sich durch Umkrist. aus $CHCl_3/C_2H_5OH$ bzw. $CH_3CHOH \cdot CH_3$ gegen diese Alkohole austauschen. Die drei CH_3OH-Deriv. sind wie die C_2H_5OH-Solvate isomorph. Die magnet. Suszeptibilitäten der Ni-Komplexe mit CH_3OH u. C_2H_5OH sowie des Co-Komplexes mit CH_3OH gehorchen zwischen 80 u. 300 °K dem Curie-Weiß-Gesetz u. sind unabhängig von der Feldstärke. Die effektiven magnet. Momente bei 300 °K u. die Curie-Temp. für I sind: Me = Ni, Methanolsolvat, $\mu = 3{,}25 \pm 0{,}05$ BM, $\Theta = 24 \pm 3°$; Me = Ni, Äthanolsolvat, $\mu = 3{,}30 \pm 0{,}05$ BM, $\Theta = 33 \pm 3°$; Me = Co, Äthanolsolvat, $\mu = 4{,}95 \pm 0{,}05$ BM, $\Theta = 0$. Das effektive magnet. Moment erhöht sich mit abnehmender Temperatur. Dieses Verh. obiger Verb. wird durch intramol. ferromagnet. Austausch erklärt. E. Schrage 136

0496 **Austauschwechselwirkung in Kupferformiattetrahydrat und in wasserfreiem Kupfernitrat.** G. Pellizer und G. De Alti. (J. inorg. nuclear Chem. **29** (1967) 7, 1565 bis 1569; Ist. di Chim., Univ. di Trieste, Italia; engl.) — Die magnet. Suszeptibilität von α-$Cu(NO_3)_2$ wurde zwischen 110 u. 330 °K nach dem Gouyschen Prinzip vermessen. Das magnet. Verh. ist ähnlich dem des $Cu(HCOO)_2 \cdot 4\,H_2O$, bei dem eine antiferromagnet. Kopplung über die delokalisierten π-Orbitale des Formiations stattfindet. Eine genauere Unters. der Strukturen zeigt, daß das π-Orbital des $HCOO^-$-Ions mit den ungepaarten Elektronen des Cu^{2+}-Ions in Korrelationswechselwrkg. treten kann. Auf Grund der ähnlichen Struktur u. des ähnlichen magnet. Verh. mit $Cu(HCOO)_2 \cdot 4\,H_2O$ wird für $Cu(NO_3)_2$ ein ähnlicher Austauschmechanismus vorgeschlagen. E. Hechler 136

0497 **Magnetische und elektrische Eigenschaften von Koordinationspolymeren aus Kupfer und Rubeanwasserstoff.** Seiichi Kanda, Kazuo Ito und Takeshi Nogaito. (J. Polymer. Sci., Part C **1967**, 17, 151–62; Dep. of chem. Engng., Tokushima Univ., Tokushima, Japan; engl.) — Eine krist. Form I eines *Rubeanwasserstoff–Kupfer-Koordinationspolymeren* wird durch Festkörperrk. bei 60 bis 70° im Vakuum synthetisiert. Für I sowie für die analoge amorphe, früher (J. chem. Soc. Japan, pure Chem. Sect. [Nippon Kagaku Zasshi] **83** (1962), 560) beschriebene Verb. (II) werden mit dem Widerstand der Proben verträgliche Mol.-Strukturen vorgeschlagen, die durch IR-Spektren gestützt werden. Die stat. magnet. Suszeptibilität wurde im Temp.-Bereich 100–380 °K gemessen. Weiterhin wurde die Temp.-Abhängigkeit der ESR-Absorption untersucht. Der sehr niedrige Wert u. die im wesentlichen fehlende Temp.-Abhängigkeit der magnet. Suszeptibilität, erfordern ein neues magnet. Modell. Von den in Betracht gezogenen Modellen — ein Cu–Acetat-Modell, ein eindimensionales Heisenberg-Modell (A) u. ein „equiinteraction"-Modell (B) — können A u. B das Verh. erklären; mit diesen Modellen wird die effektive Zahl der magnet. Cu-Kette zu neun geschätzt. P. Theml 136△

0498 **Thermischer Einfluß auf die magnetischen Eigenschaften eines anomalen magnetischen Minerals.** Vladimir Kropáček. (J. Geomagnetism Geoelectr. [Tokyo] **19** (1967) 4, 323–34; Geophys. Inst., Czechosl. Acad. Sci., Prague; engl.) — Untersucht wird ein Mineral, das im Prager Nationalmuseum unter der Nummer 21995 aufbewahrt wird u. das bisher nicht eindeutig identifiziert werden konnte. Es handelt sich um einen komplexen nanatürlichen *Ferrit* mit Spinellstruktr, der beträchtliche Mengen Ti u. Mg enthält u. eine für natürliche ferrimagnet. Mineralien ungewöhnlich hohe spezif. Sättigungsmagnetisierung von 104,2 emu/g besitzt. Das Mineral stammt aus Arkansas (Magnet Cove). Bestimmt wurde der Einfl. der Wärmebehandlung bei Temp. bis 1200° auf die Temp.-Abhängigkeit der spezif. Sättigungsmagnetisierung zwischen 0 u. 600° u. auf die spez. remanente Magnetisierung in Feldern bis zu 10000 Oe. Bei Temp. $> 600°$ hängt die Änderung der magnet. Eig. von der Dauer der Wärmebehandlung ab; bei Temp. $< 600°$ existiert eine solche Zeitabhängigkeit nicht. W. Laqua 136

A–4. Thermodynamik, Mechanik der Gase und Flüssigkeiten, Gleichgewichte

0499 **Eindeutigkeitstheorem für die nichtlineare irreversible Thermodynamik.** R. E. Nettleton. (Physics Letters [Amsterdam] **24A** (1967) 4, 231–32; Sandia Labor., Albuquerque, N.Mex.; engl.) — Vf. zeigt, daß sich kinet. Gleichungen sehr allg. Typs eindeutig in einer kanon. Form ausdrücken lassen, die linear bez. der thermodyn. Kräfte ist. W. Ebeling 142

0500 **Makroskopische Untersuchungen der Reziprozitätsrelationen in der irreversiblen Thermodynamik.** Frank C. Andrews. (Ind. Engng. Chem., Fundamentals **6** (1967) 1, 48–51; Theoret. Chem. Inst., Univ. of Wis., Madison, Wis.; engl.) — Vf. analysiert verschiedene Vers., die Onsager-Casimir-Symmetrierelationen durch rein makroskop. Argumente zu begründen. Er kommt zu dem Schluß, daß keine rein makroskop. Analyse, bes. der Entropieproduktion, die Reziprozitätsrelationen liefern kann. Ein Beweis letzterer kann nur auf experimentellem Wege oder mit der statist. Mechanik erfolgen. W. Ebeling 142

0501 **Störungstheorie und Zustandsgleichung für Flüssigkeiten: Das Quadrattopfpotential.** J. A. Barker und D. Henderson. (J. chem. Physics **47** (1967) 8, 2856–61; Div. of Appl. Chem., CSIRO Chem. Res. Labor., Melbourne, Australia; engl.) — Berechnung der Zustandsgleichung für eine Fl. von Mol., die nach dem Quadrattopfpotential in Wechselwrkg. stehen, durch Behandlung des Anziehungspotentials als Störung eines Hartkugelpotentials. Die Berechnungen werden für den ganzen Fl.–Temp.-Bereich durchgeführt, da die Temp. als Variationsparameter auftritt. R. Blank 146

0502 **Verwendung der Methode der Korrelationsfunktionen zur Berechnung der Oberflächencharakteristiken normaler Flüssigkeiten.** T. I. Antonenko. (Ž. fiz. Chim. **42** (1968) 4, 835–38; Kišenevskij gos. univ.; russ.) — Die Meth. wird ausgehend von für Fl. mit einatomigen Mol. erhaltenen Gleichungen für die Berechnung der Oberflächencharakteristiken (Oberflächenenergie, Reflexion polarisierten Lichts) normaler nichtassoziierter Fl. mit mehratomigen Mol. verwendet. Eine Abweichung der Mol.-Form von der kugelförmigen kann durch die Einführung eines Faktors berücksichtigt werden. Vers.-Daten für *Bzl.*, *Cyclohexan*, *Chlorbenzol* u. CCl_4 bestätigen die Verwendbarkeit der Methode. J. J. Pohl 146

0503 **Blasen: Ein Grenzschicht-„Mikrotom" für mikrondicke Proben einer Flüssigkeitsoberfläche.** Ferren MacIntyre. (J. physic. Chem. **72** (1968) 2, 589–92; Scripps Inst. of Oceanography, Univ. of Calif., San Diego, La Jolla, Calif.; engl.) — Ein vertikal angeordneter Tropfenstrom aus Blasen mit einem $\varnothing < 1$ mm wird aus einer dünnen, oberflächlichen Fl.-Schicht gebildet. Die Tropfen können leicht aufgefangen werden. Die Meth. ist ein neuartiges, nichtmechan. Oberflächenmikrotom. G. Malow 146

0504 **Dichte des flüssigen Deuteriums.** N. S. Rudenko und V. P. Sljusar'. (Ž. fiz. Chim. **42** (1968) 1, 242–43; Fiz.-techn. inst. AN Ukr. SSR, Char'kov; russ.) — Die D. von fl. D_2 wurde auf Grund von Gleichgew.-Dampfdruckdaten bei 20,41–34,78 °K bestimmt. Bei gleichen effektiven Temp. ist das Verhältnis der D. von D_2 u. H_2 konstant. Die erhaltenen Daten können mit einer maximalen Abweichung von 0,25 % durch die empir. Gleichung $\varrho - \varrho_K = -0{,}00863 + 0{,}04257\,(T_K - T)^{1/2}$ beschrieben werden. Auf Grund des konst. D.-Verhältnisses 2,251 dürfte die krit. D. von p-D_2 0,06778 g/cm³ betragen. J. J. Pohl 146

0505 **Vertikale Diffusion in Flüssigkeiten. Durch die Meßapparatur verursachte thermische Störungen und der Diffusionsprozeß.** Henri Patin und Jean Tuech. (J. Chim. Physique Physico Chim. biol. **65** (1968) 5, 840–44; Fac. des Sci., Serv. F 13-Marseille-St.Jérôme, 13e; franz.) — Der momentane Diffusionskoeff. kann auf Grund von Interferogrammen f(c,x,t) ber. werden. Für wss. *Saccharose*-Lsg. wurde eine schwache Abweichung des Koeff. vom effektiven Wert festgestellt. Die direkte kalorimetr. Messung der in der Fl. absorbierten Lichtenergie u. der Diffusionswärme erlaubt die Ber. der Temp.-Zunahme in Zellen aus verschiedenem Material. Die therm. Störungen verursachen infolge der verschiedenen Wärmeleitfähigkeit der Zellenmaterialien im Falle eines momentanen Koeff. von $1{,}000 \cdot 10^{-6}$ cm² · s⁻¹ nur eine Abweichung von einigen 10^{-3} der Einheit. J. J. Pohl 146

0506 **Einfluß von Salzzusätzen auf die Parameter der Strömungsgleichungen von Wasser, wäßrig-äthanolischen und wäßrig-dioxanischen Gemischen sowie das Erscheinen des Kondensationseffektes.** I. P. Polozova und N. V. Sapožnikova. (Ž. fiz. Chim. **42** (1968) 2, 313–17; Ural'skij politechn. inst. im. Kirova, Sverdlovsk; russ.) — Die Viskosität u. die Parameter der Strömungsgleichungen ändern sich im Falle der Syst. W.–A., W. Dioxan u. von W. analog. In einem weiten Konz.-Bereich der Salzzugabe (*NaCl*, *KCl*, *KJ*, *KBr*, K_2SO_4 u. $Na_2SO_4 \cdot 10\,H_2O$) treten Kompensationseffekte der Parameter auf. Es wird angenommen, daß eine negative Viskosität bei der Solvatation von Ionen im Falle der Donator–Akzeptor-Bindungen beobachtet werden kann. Die Parameter der Frenkel-Eyringschen Viskositätsgleichung $1/\eta = A \exp(-E/RT)$ zeigen eine Korrelation, die in wss. Salzlsg. in einem breiten Konz.-Bereich durch $\log A = 1{,}86 (\pm 0.03) + 7{,}79 \cdot 10^{-4}\,E$ ausgedrückt werden kann. J. J. Pohl 146

0507 **Entropie von gasförmigen mehratomigen Ionen bei verschiedenen Temperaturen.** G. A. Krestov. (Ž. fiz. Chim. **42** (1968) 4, 866–73; Ivanovskij chim. technol. inst.; russ.) — Gleichungen für die Berechnung der Entropie gasförmiger mehratomiger Ionen wurden vorgeschlagen. Die Entropie von NO_2^-, NO_3^-, ClO_3^-, BrO_3^-, CO_3^{2-}, SO_3^{2-}, ClO_4^-, JO_4^-, ReO_4^-, SO_4^{2-}, SeO_4^{2-}, CrO_4^{2-}, MoO_4^{2-}, WO_4^{2-}, PO_4^{3-}, AsO_4^{3-}, ClO_2^-, JO_3^-, MnO_4^-, SiO_4^{4-}, OH^-, OD^-, OT^-, HS^-, DS^-, TS^-, HSe^-, DSe^-, TSe^-, HTe^-, DTe^-, TTe^-, NH_4^+, BH_4^-, BF_4^-, BCl_4^-, BBr_4^-, BO_2^-, $[AlF_4]^-$, $[AlCl_4]^-$, AlO_2^-, O_2^-, O_2^{2-}, CN^-, HF_2^-, N_3^-, SCN^-, OCN^-, PH_4^-, $[SiF_6]^{2-}$, $[SnF_6]^{2-}$, $[SnCl_6]^{2-}$, $[SnBr_6]^{2-}$, $[PtCl_6]^{2-}$, $[Ag(CN)_2]^-$, $[Au(CN)_2]^-$, NO^+, NO^{2+} u. UO_2^+ wurde bei verschiedenen Temp. zwischen 273,15 u. 10000 °K bestimmt. J. J. Pohl 148

0508 **Thermodynamische Größen von Cs_2SO_4 bei niedrigen Temperaturen.** I. E. Paukov, L. M. Chriplovič und A. M. Korotkich. (Ž. fiz. Chim. **42** (1968) 5, 1267–68; russ.) — Die spezif. Wärme von Cs_2SO_4 bei 12,82–308,72 °K wurde bestimmt. Im Bereich 0 bis 298,15 °K ist $H^0_{298,15} - H^0_0 = 6630 \pm 6$ cal/Mol, $S^0_{298,15} = 15{,}65 \pm 0{,}006$ Clausius. J. J. Pohl 148

0509 **Bildungsreaktion des Bormonochlorids.** V. A. Krenev, V. M. Bunin und V. I. Evdokimov. (Izvest. Akad. Nauk SSSR, Neorg. Mater. 4 (1968) 5, 801; Inst. obščej i neorg. chim. im. Kurnakova AN SSSR; russ.) — Über ein mit krist. B gefülltes Schiffchen wurde bei 1373, 1473 u. 1573 °K gasförmiges BCl_3 im He-Strom geleitet, aus dem Gew.-Verlust an B u. dem BCl_3-Verbrauch der sich in BCl umwandelnde BCl_3-Anteil α bestimmt, die Gleichgew.-Konst. Kp u. aus der Temp.-Abhängigkeit $\log Kp = -(38413/T) + 17{,}13$ die Freie Bldg.-Enthalpie ΔG^0_T des BCl (Gas) berechnet. Der Wärmeeffekt der Rk. $BCl_{3\,Gas} + 2B_{fest} \rightleftharpoons 3\,BCl_{Gas}$ beträgt 176 kcal/Mol im Temp.-Intervall 1373–1573 °K. B. Karos 150

0510 **Messung der Enthalpie, der Schmelzwärme und der Molwärme von Cäsiumbromid.** Isaac Bibas und Jean Leonardi. (C. R. hebd. Séances Acad. Sci., Sér. C **266** (1968) 18, 1319–22; Labor. d'Électrochim. et de Chim. phys. du Corp Solide, Fac. des Sci., 1, rue Blaise-Pascal, Strasbourg-Esplanade, Bas-Rhin; franz.) — Folgende thermodynam. Charakteristika von fl. u. festem CsBr wurden mit der NBS-Meth. bestimmt: $H_T - H_{298,16} = 19{,}958 - 4{,}66 \cdot 10^{-4}\,T + 3{,}7 \cdot 10^{-5}\,T^2 - 9012{,}064\,T^{-1}$ ($623^0 < T < 909^0$) u. $H_T - H_{298,16} = -1{,}3032 + 7{,}23 \cdot 10^{-2}\,T$ ($924^0 < T < 980^0$). Die Schmelzenthalpie beträgt $2{,}63 \pm 0{,}1$ kcal · Mol⁻¹ (auf Grund der Daten für $924{,}91^0 < T < 980{,}16^0$) bzw. $5{,}15 \pm 0{,}22$ (auf Grund von parabol. Inter- u. Extrapolation für $909{,}16 < T < 924{,}91^0$). J. J. Pohl 150

0511 **Thermodynamische Eigenschaften einiger Calciumniobate.** V. G. Dneprova, T. N. Rezuchina und Ja. I. Gerasimov. (Doklady Akad. Nauk SSSR **178** (1968) 1, 135–37; Mosk. gos. univ. im. Lomonosova; russ.) — Proben des Syst. CaO–Nb_2O_5 wurden während 35 bis 40 Std. bei 800–1400° homogenisiert u. dann röntgenograph. untersucht. Elektrochem. Unters. bei 1100 bis 1400° bestätigen die Anwesenheit von $2\,CaO \cdot Nb_2O_5$. Die thermodynam. Eig. von $CaO \cdot Nb_2O_5$ u. $2\,CaO \cdot Nb_2O_5$ wurden mit der EMK-Meth. unter Verw. von festem CaF_2-Elektrolyt mit F^--Leitfähigkeit ermittelt. Sauerstoff reagiert auch bei 1500 °K mit Erdalkalimetallfluoriden nicht, während Wasserdampf, KW-Stoffe u. Red.-Mittel bereits bei relativ niedrigen Temp. einwirken. Für $CaO + Nb_2O_5 \rightleftharpoons CaO \cdot Nb_2O_5$ gilt bei 1100–1267 °K $\Delta G^0 = -42{,}0 (\pm 1{,}8) + 5{,}4 (\pm 1{,}4) \cdot 10^{-3}\,T$, für $2\,CaO + Nb_2O_5 \rightleftharpoons 2\,CaO \cdot Nb_2O_5$ bei 1100–1350 °K $\Delta G^0 = -50{,}8 (\pm 3{,}6) - 5{,}3 (\pm 2{,}8) \cdot 10^{-3}\,T$. J. J. Pohl 150

0512 **Bestimmung der Bildungsenthalpie von Bariumhydrid.** A. F. Vorob'ev, A. S. Monaenkova und S. M. Skuratov. (Doklady Akad. Nauk SSSR **179** (1968) 5, 1129–32; Mosk. gos. univ. im. Lomonosova; russ.) — Die kalorimetr. Best. der Standardbldg.-Enthalpie von BaH_2 ergibt $\Delta H_{298,15} = -45{,}44 \pm 0{,}09$ kcal/Mol. J. J. Pohl 150

0513 **Thermodynamische Eigenschaften von Aluminiumantimonid.** V. V. Samochval und A. A. Večer. (Ž. fiz. Chim. **42** (1968) 3, 644–46; Belorusskij gos. univ. im. Lenina, Minsk; russ.) — Die thermodynam. Bldg.-Funktionen von AlSb aus den festen Komponenten bei 800 °K wurden auf Grund von EMK-Messungen an der Kette Mo|Graphit|Al, $CaAlF_5$, CaF_2|CaF_2|AlSb, Sb, $CaAlF_5$, CaF_2|Graphit|Mo bei 778–895 °K bestimmt. Die Abweichung zwischen den Entropiewerten für AlSb, die auf Grund von spezif. Wärmedaten bei niedrigen Temp. bzw. von EMK-Daten ermittelt wurden, dürfte durch die Anwesenheit einer kleinen Menge von Al^+-Ionen im fl. Elektrolyt erklärt werden können. $\Delta H^0_{800} = -12{,}86 \pm 0{,}19$ kcal/Mol, $\Delta S^0_{800} = -3{,}44 \pm 0{,}22$ Entropieeinheiten/Mol, $\Delta G^0_{800} = -10{,}11 \pm 0{,}10$ kcal/Mol. Die EMK-Daten können durch die Gleichung $E(mV) = 185{,}9 - 48{,}7 \cdot 10^{-3}\,T \pm 1{,}5$ beschrieben werden. J. J. Pohl 150

0514 **Thermodynamische Stabilität von Uranhexafluorid.** Ju. N. Tumanov. (Ž. neorg. Chim. **13** (1968) 6, 1488 bis 1493; russ.) — Eine empir. Meth. zur Berechnung der thermodynam. Funktionen (Entropie, Enthalpie, Freie Enthalpie) von gasförmigem UF_4 wird vorgeschlagen, der zwei Annahmen zugrunde liegen: die Summe der Schwingungs- u. Rotationskomponenten dieser Funktionen ist von der Wahl des quantenmechan. Modells unabhängig; die Länge der U(IV)–F-Bindung ist der der U(VI)–F-Bindung sehr ähnlich (± 0,02 Å). Die Fehlergrenzen der Berechnung der thermodynam. Funktionen von $(UF_4)_{Gas}$ bei Verw. des Modells eines regulären Tetraeders wurden am Beispiel von SF_4 ermittelt. Die Werte der Standardenthalpie u. des thermodynam. Potentials von gasförmigem UF_4 wurden im Temp.-Bereich 298,16—2000 °K im Näherungsmodell starrer Rotator–harmon. Oszillator berechnet. Die Gleichgew.-Konst. der therm. Spaltung von $(UF_6)_{Gas}$ u. die prozentuale Ausb. von gasförmigem UF_4 im Gleichgew.-Gemisch bei 1400—2000 °K sind bei Dampfdrücken von 0,1, 0,01 u. 0,001 atm tabelliert. J. J. Pohl 150

0515 **Thermodynamische Eigenschaften von Uranhexafluorid, UF_6.** G. P. Verchivker, S. D. Tetel'baum und G. P. Konjaeva. (Atom. Énerg. **24** (1968) 2, 158 bis 162; russ.) — Literaturangaben der thermodynam. Daten von UF_6 werden krit. diskutiert. Die Enthalpie u. Entropie von UF_6 wurden für 337—1500° u. 1—300 bar berechnet. Die thermodynam. Eig. des überhitzten Dampfes in diesem Bereich sind tabelliert. J. J. Pohl 150

0516 **Stickstoffgleichgewichtsdrücke und thermodynamische Eigenschaften von Urannitrid.** H. Inouye und J. M. Leitnaker. (J. Amer. ceram. Soc. **51** (1968) 1, 6—9; Metals and Ceram. Div., ORNL, Oak Ridge, Tenn.; engl.) — Der N_2-Dampfdruck wird zwischen 1300 u. 1500° im Gleichgew. mit festem UN u. fl., N_2-gesätt. U gemessen. Die Standardbldg.-Enthalpie von festem UN aus fl. U u. gasförmigem N_2 wird bestimmt zu $\Delta H^0_{298} = -69{,}6 \pm 1{,}0$ kcal/Mol. H. Tulhoff 150

0517 **Kinetik der Absorption von Chlorwasserstoff in Mischungen von Salpeter- und Schwefelsäure.** S. Bursa, Z. Głazik und J. Straszko. (Zeszyty naukowe Politechn. Szczecińskiej, Chem. **1967**, 7, 7—23; Kat. Chem. Fiz., Politechn., Szczecin; pol.) — Die Stoffübergangszahlen für HCl in Mischungen von H_2SO_4 u. HNO_3 wurden für verschiedene Konz. nach der dynam. Meth. bestimmt. Festgestellt wurde ferner die Abhängigkeit des Widerstands in der Grenzschicht des Gases von Re_{Gas} u. des Widerstands in der Grenzschicht der Fl. von Re_{Fl} u. von der Zus. der Lösung. Rolf Heyer 154

0518 **Anomale Geschwindigkeit der CO_2-Gasabsorption in konzentrierter alkalischer Lösung.** Toshio Kobayashi, Hakuai Inoue und Sakae Yagi. (Kagaku Kōgaku [Chem. Engng., Japan] **5** (1967) 1, 211—12; Dep. of Chem. Engng., Univ. of Tokyo; engl.) — Die Absorptionsgeschw. von CO_2 in KOH- u. NaOH-Lsg. verschiedener Konz. wurde bei Temp. zwischen 20 u. 35° durch Best. der CO_2-Druckabnahme ermittelt. Der Vgl. zwischen gerührten (1) u. nichtgerührten (2) Lsg. zeigt, daß im Falle 2 in konz. alkal. Lsg. die Absorptionsgeschw. viel höher als bei 1 ist. Bei 1 u. 2 steigt die Geschw. erst linear an u. wird bei hohen Alkalikonz. konstant. Die Absorptionsgeschw. von NH_3 in konz. *HCl*-Lsg. erhält sich dagegen auch bei sehr großer HCl-Konz. wie die von CO_2 in verd. alkal. Lösung. Es wird vermutet, daß diese Abweichungen aus der Anhäufung von Rk.-Prod. an der Oberfläche resultieren. K. J. Lucas 154

0519 **System Wasser–Strontiumchlorid. Nachweis eines Halbhydrates durch thermische Differentialanalyse unter Druck.** Jean-Jacques Kessis. (C. R. hebd. Séances Acad. Sci., Sér. C **264** (1967) 26, 2141—43; Paris, Fac. des Sci., Labor. de Chim. min. des Sels.; franz.) — Mit Bezug auf Löslichkeitsvers. u. Messungen der Dampfspannung des Syst. W.–$SrCl_2$, bei denen das Auftreten der Hexa-, Di- u. Monohydrate nachgewiesen worden war, berichtet Vf. über eine DTA-Unters. des gleichen Syst., bei denen es durch Unters. unter Druck gelang, das Halbhydrat $SrCl_2 \cdot 1/2\, H_2O$ nachzuweisen. C. Gottfried 154△

0520 **Thermogravimetrie bei der Untersuchung einzelner Folgereaktionen und von Austauschreaktionen: Das System Wasser–Aceton–Zinkchlorid.** Francesco Braggio. (Atti Accad. naz. Lincei, Rend., Cl. Sci. fisiche, mat. natur. [8] **43** (1967) 6, 521—26; Ist. Chim. della fac. di Ing. dell'Univ. di Genova; ital.) — W.–$ZnCl_2$ (**I**)- u. Aceton–$ZnCl_2$ (**II**)-Syst. werden thermogravimetr. untersucht, u. dabei werden einige Verb. identifiziert (im Syst. **I** $ZnCl_2 \cdot 1{,}5\, H_2O$ u. $ZnCl_2 \cdot H_2O$, ferner $ZnCl_2$ mit 2,5; 3 u. 4 H_2O; im Syst. **II** die Additionsverb. $ZnCl_2 \cdot CH_3 \cdot CO \cdot CH_3$). Ferner wird die Sorption von W. u. Aceton an der gleichen $ZnCl_2$-Probe untersucht. Bei Zugabe von W. zu **II** tritt die Rk. $ZnCl_2 \cdot CH_3COCH_3 + 1{,}5\, H_2O \rightarrow ZnCl_2 \cdot 1{,}5\, H_2O + CH_3COCH_3$ auf. E. Otto 154

0521 **Kerosin als Lösungsmittel für die Trennung des Palladiums von Platin.** V. T. Athavale, M. N. Karnik, R. M. Sathe, V. Venkatasubramanian und Ch. Venkateswarlu. (Indian J. Chem. **5** (1967) 11, 585; Anal. Div., Bhabha Atomic Res. Centre, Trombay, Bombay; engl.) — Kommerzielles (Key Brand) Kerosin eignet sich im Gegensatz zu Kerosin, das frei von Schwefelverb. ist, zur quant. Extraktion von Pd(II) aus wss. 2 n HCl-Lsg., die Pd(II) u. Pt(IV) enthalten. G. Malow 154

0522 **Thermische Eigenschaften von festem Tetramminlithium.** N. Mammano und L. V. Coulter. (J. chem. Physics **47** (1967) 4, 1564—65; Dep. of Chem., Boston Univ., Boston, Mass.; engl.) — Für das Syst. *Li–NH_3* werden die adiabat. Wärmekapazitäten für verschiedene Zus. (12—22%) bei ≈ 60 °K bis 110—200 °K gemessen. Dabei werden Phasenübergänge 1. Ordnung bei 88,79 °K u. 82,18 °K beobachtet. Bei 89 °K wird kein Phasenübergang gefunden. Für Zus. mit Li im Überschuß (Li/NH_3 = 4,15) ist die Enthalpieänderung beim Phasenübergang direkt proportional zur NH_3-Konz. u. bei überschüssigem NH_3 (NH_3/Li = 4,15) direkt proportional zur Li-Konzentration. Diese Abhängigkeit von der Zus. schließt die Bldg. einer festen Lsg. aus. Für die Umwandlungsenthalpie von $Li(NH_3)_4$ folgt $\Delta H(82{,}18^0) = 520{,}3 \pm 0{,}7$ cal/Mol u. $\Delta H \cdot (88{,}79\ ^0K) = 553{,}2 \pm 1{,}1$ cal/Mol. Für die feste Phase unterhalb der eutekt. Temp. von 88,79 °K ist C_p 20—50% größer als die Summe der spezif. Wärmen der reinen Komponenten, was mit der Annahme, daß unterhalb des Phasenüberganges eine Verb. existiert, übereinstimmt. Die Ergebnisse können unter der Annahme erklärt werden, daß bei 88,79 °K ein normales eutekt. Gemisch aus reinen Li- u. NH_3-Krist. gebildet wird, das anschließend durch eine peritektoide Rk. der reinen festen Phasen bei einer unbestimmten Temp. in festes $Li(NH_3)_4$ übergeht, oder daß bei dem herrschenden Druck der invariante Quadrupolpunkt bei 88,79° erreicht wird, bei dem die vier Phasen festes Li, NH_3 u. $Li(NH_3)_4$ u. eine gesätt. Lsg. vorliegen. Der zweite Fall liegt wahrscheinlich vor. W. Pusch 154△

0523 **Umsetzung von Sauerstoff mit Erdalkalimetalloxiden. 1. Mitt. Gleichgewichte im System BaO–O_2 in der Nähe des atmosphärischen Druckes.** O.-V. Kedrovskij, P. V. Kovtunenko, E. V. Kiseleva und A. A. Bundel'. (Ž. fiz. Chim. **41** (1967) 2, 414—19; Moskva, Chim.-technol. Inst. im. D. I. Mendeleeva; russ.) — Die Gleichgew. im Syst. BaO–BaO_2–O_2 wurden nach der stat. Meth. untersucht. Die Rk. zwischen BaO u. O_2 verläuft rasch oberhalb 300°, wenn der H_2O-Geh. 10^{-7} Mol/Mol BaO nicht übersteigt. Die 798°-Isotherme p_{O_2} = f(Zus.) des Syst. BaO–BaO_2 deutet auf die Bldg. einer fl. Phase oberhalb von 800°. Im univarianten Gleichgew. treten zwei konjugierte feste Lsg. u. die Gasphase auf, die durch nachst. Beziehungen gek. sind: $\log p_{O_2}$ [Torr] = $(-750/T) + 9{,}705$; $\log c_{BaO_2}$ [Mol-%] = $(-4333/T) + 4{,}863$; $\log \cdot c_{BaO} = (-1552/T) + 2{,}975$. Im bivarianten Bereich gilt für den Mischkrist. u. die Gasphase: $\log p_{O_2} = A \log c_{BaO_2} + B$. Für die Rk. $BaO(f) + 1/2\, O_2(g) \rightleftharpoons BaO_2(f)$ werden thermodynam. Daten angegeben. A. Blaschette 154

0524 **Umsetzung von Sauerstoff mit Erdalkalimetalloxiden. 2. Mitt. Gleichgewichte im System SrO–O_2 bei geringen Drücken.** T. A. Kozlenko, P. V. Kovtunenko, E. V. Kiseleva und A. A. Bundel'. (Ž. fiz. Chim. **41** (1967) 5, 1118—21; russ.) — 1. vgl. vorst. Referat. — Die Rk. im Syst. SrO–O_2 wurden bei 950 u. 1150° im Druckbereich von $1 \cdot 10^{-5}-5$ Torr manometr. untersucht. Das SrO wurde in situ durch Vakuumzers. von $SrCO_3$ bei 1100° erzeugt. Die Beziehung zwischen der Molenzahl N des vom SrO aufgenommenen O_2 u. dem Druck p ist bei 950° durch $N = 6{,}15 \cdot 10^{-5} \cdot p^{0,381}$, bei 1150° durch $N = 4{,}65 \cdot 10^{-5} \cdot p^{0,377}$ gegeben. Es wird wahrscheinlich gemacht, daß die Wechselwrkg. zwischen SrO u. O_2 durch Auflsg. des O_2 im festen SrO mit gleichzeitiger Dissoziation nach $O_2 \rightarrow 2\,O$ erfolgt. SrO_2 wird dabei nicht gebildet. A. Blaschette 154

0525 **Umsetzung von Sauerstoff mit Erdalkalimetalloxiden. 3. Mitt. Gleichgewichte im System BaO–O_2 bei geringen Drücken.** T. A. Kozlenko, P. V. Kovtunenko, E. V. Kiseleva und A. A. Bundel'. (Ž. fiz. Chim. **41** (1967) 6, 1369–73; russ.) — 2. vgl. vorst. Referat. — Das Syst. BaO–O_2 wurde bei 950 u. 1150° u. $p = 2 \cdot 10^{-5}$ bis 5 Torr untersucht. Die Sauerstoffaufnahme im BaO erfolgt auf zwei verschiedenen Wegen: (a) Rk. mit BaO zu BaO_2; (b) Dissoziation nach $O_2 \rightarrow 2\,O$ u. Bldg. einer atomaren Lösung. Bei $p = 1{,}6 \cdot 10^{-4}$ Torr halten sich (a) u. (b) in etwa die Waage. Bei $p > 1{,}6 \cdot 10^{-4}$ Torr überwiegt (a), bei $p < 1{,}6 \cdot 10^{-4}$ Torr überwiegt (b), bei $p < 5 \cdot 10^{-5}$ Torr spielt (a) keine Rolle mehr. Die N–p-Beziehung in logarithm. Darst. liefert hier nicht eine einzige Gerade wie beim Syst. SrO–O_2 (vgl. vorst. Ref.), sondern zwei Teilgeraden, die bei $p = 1 \cdot 10^{-4}$ bis $1 \cdot 10^{-3}$ Torr ineinander übergehen. A. Blaschette 154

0526 **Gleichgewichtsdrücke von in α-Zirkonium gelöstem Wasserstoff.** Franco Ricca und Tiziano A. Giorgi. (J. physic. Chem. **71** (1967) 11, 3627–31; Inst. of Anal. Chem., Univ. of Turin, Italy; engl.) — Die Gleichgew.-Drücke von H_2 über Lsg. von H in α-Zr wurden bei Temp. von 450 bis 750° bei Atomverhältnissen Wasserstoff zu Metall von 10^{-4} gemessen. Die Löslichkeit folgt dem Sievert'schen Gesetz ($\ln p = 12{,}134 + \ln[(N_H/N_{Zr})^2] - 12{,}494\,(1/T)$; p = Dampfdruck in atm, N_H = Zahl der im Metall gelösten H-Atome, N_{Zr} = Zahl der Metallatome der Probe, T = abs. Temp.), die konst. relative, partielle molale Enthalpie wurde zu $-12{,}410$ ($\pm 0{,}075$) kcal/g-Atom bestimmt, die relative, partielle molale Entropie ist unabhängig von der Temperatur. Die partielle molale Entropie des gelösten Wasserstoffs u. die relative, partielle molale freie Energie wurden bei 500° für verschiedene Atomverhältnisse von 10^{-4} bis 10^{-3} berechnet. G. Malow 154

0527 **Thermodynamische Eigenschaften von Wasserstoff und Deuterium in α-Zirkonium.** Franco Ricca. (J. physic. Chem. **71** (1967) 11, 3632–37; engl.) — Vgl. vorst. Referat. — Zwischen 450 bis 800° wurden Lsg. von Deuterium in α-Zr mit einem Atomverhältnis von ca. 10^{-4} untersucht. Zwischen den Deuterium- u. Wasserstofflsg. wurden nur geringe Unterschiede festgestellt. Der Dampfdruck des im α-Zr gelösten Deuteriums im Gleichgew. folgt der Beziehung $\ln p = 11{,}961 + \ln \cdot [(N_D/N_{Zr})^2] - 12{,}388\,(1/T)$; (p = Dampfdruck in atm, N_D = Zahl der im Metall gelösten D-Atome, N_{Zr} = Zahl der Metallatome der Probe, T = abs. Temp.). Die relative, partielle molale Enthalpie beträgt $-12{,}310 \pm 0{,}085$ kcal/g-Atom. G. Malow 154

0528 **Anwendung der Ultra-Hochvakuum-Technik zur Untersuchung des Phasendiagramms und des elektrischen Widerstandes von Tantalhydrid bis zu 0° herab.** K. Poulter und J. A. Pryde. (Chem. Commun. **1967**, **18**, 939–40; Phys. Dep., Sir John Cass Coll., London; engl.) — Die Unters. von Gleichgew. der Wasserstoff–Metall-Lsg. durch Druck/Zus./Temp.-Messungen wurde bisher durch Verunreinigungen der Metalloberflächen erschwert. Die Verw. der Ultra-Hochvakuum-Technik fördert die schnelle Einstellung des Gleichgew. im Syst., so daß Unters. des Syst. Ta–H_2 bis zu 0°, d. h. im Bereich unterhalb der krit. Lsg.-Temp. für die Hydridbldg., möglich wurden. Die horizontalen Teile der Druckisothermen weisen auf die Bldg. eines Hydrids der Zus. $TaH_{0,35}$ hin. Der elektr. Widerstand fällt bei dieser Zus. steil ab. Die Bldg.-Wärme des Hydrids beträgt 23 kcal/Mol Wasserstoff. Hysteresis-Erscheinungen wurden nicht beobachtet. E. Schrage 154

0529 **Löslichkeit von Wasserstoff in flüssigen Eisenlegierungen.** Shiro Ban-ya, Tasuku Fuwa und Kenji Ono. (Tetsu to Hagane [J. Iron Steel Inst. Japan] **53** (1967) 2, 101–16; engl.) — Die Löslichkeit von H_2 in fl. *Co* u. *Fe*-Leg. wurde nach der Meth. von Sievert im Temp.-Bereich 1550 bis 1670° unter H_2-Atmosphärendruck bestimmt. Durch Zusätze von W, Mo, Cu u. Co nimmt die Löslichkeit von H_2 in fl. Fe ab u. durch Zusätze von Ti, Nb, V u. Cr zu. Die Löslichkeit von H_2 in fl. Co läßt sich durch die Gleichung $\log K_{Co}$ ($= [\%H]/\sqrt{P_{H_2}}$) $= -1940/T - 1{,}639$ beschreiben. Die Wechselwrkg.-Parameter in Eisenleg. werden für unterschiedliche Geh. der zugesetzten Metalle mitgeteilt. G. Malow 154

0530 **System Ni–H bei hohen Drücken gasförmigen Wasserstoffs.** Bogdan Baranowski, Krystyna Bocheńska und Stanisław Majchrzak. (Roczniki Chem. [Ann. Soc. chim. Polonorum] **41** (1967) 12, 2071–82; Inst. of Phys. Chem., Pol. Acad. of Sci., Warszawa; engl.) — Vf. untersuchen das Syst. Ni–H bei Zimmertemp. unter einem H_2-Druck von bis zu 18200 at. Durch Messung des elektr. Widerstandes wird der Bldg.-Druck des Ni-Hydrids (β-Phase) zu 8060 ± 120 atm bestimmt. Die Geschw. der elektr. Widerstandsänderung während der Hydridbldg. hängt von dem Unterschied der zur Bldg. notwendigen Mindestdrücke, dem Druck während der Messung u. der Vorgeschichte der Probe ab. Die Geschw.-Konst. der Widerstandsänderungen wachsen mit zunehmender Wiederholung des Bldg.-Prozesses. Bei der Zers. des Hydrids unterhalb des Bldg.-Druckes wird ein Max. des Widerstandes mit der Zeit beobachtet. Die Geschw., mit der das Max. auftritt, u. seine Größe hängen von der Vorgeschichte der Probe u. dem Zers.-Druck ab. Der stationäre elektr. Widerstand des Ni (α-Phase) nimmt bis zu einem Druck von 8000 atm zu, wobei die Einstellung des Endwiderstandes bei einem bestimmten Druck vermutlich wegen des H_2-Durchtritts durch die Ni-Oberfläche verzögert wird. Der Widerstand bei >9000 atm nimmt mit zunehmendem Druck ab; die stationären Werte werden schneller erreicht als bei der α-Phase. Der relative Widerstand in diesem Bereich als Funktion des Logarithmus der H_2-Fugazität verläuft in Form zweier Geraden, die bei ca. 13000 atm ineinander übergehen. Das Atomverhältnis H/Ni als Funktion des H_2-Druckes hat einen ähnlichen Verlauf wie die Absorptionsisotherme des Syst. Pd–H für den Fall, daß die Metalloberfläche nicht genügend akt. ist. Bis zu einem Verhältnis von 0,1 existiert die α-Phase, dann folgt ein kurzer Bereich, in dem die α- neben der β-Phase vorliegt, bei $>0{,}5$ tritt allein die β-Phase auf mit angenäherter Proportionalität zwischen Atomverhältnis u. H_2-Druck. Die relativen Widerstandsänderungen als Funktion des H/Ni-Atomverhältnisses verlaufen bei Messungen außerhalb des Druckgefäßes linear, mit positiver Steigung bei der α-Phase u. mit negativer bei der β-Phase. Kristallograph. Unters. zeigen, daß bei >8000 at neben der α-Phase die β-Phase mit einer um 6% höheren Gitterkonst. auftritt. H.-D. Schenke 154

0531 **Reaktion von Wasserstoff mit Legierungen aus Magnesium und Kupfer.** J. J. Reilly und R. H. Wiswall. (Inorg. Chem. [Washington] **6** (1967) 12, 2220–23; Upton, N.Y., BNL; engl.) — Die intermetall. Verb. Mg_2Cu reagiert mit H_2 bei ca. 300° unter Bldg. von MgH_2 u. $MgCu_2$. Überschüssiges Mg in der Leg. reagiert ebenfalls unter Bldg. von MgH_2. Im letzteren Fall weist eine Druck-Zus.-Isotherme zwei Plateaus auf. Der Gleichgew.-Dissoziationsdruck von H_2 wurde für beide Syst. als Funktion der Temp. gemessen; aus den Ergebnissen werden thermodynam. Funktionen für die betrachteten Rk. berechnet. Die verwendete App. ist in einer Schemaskizze angegeben. E. Schulte 154△

0532 **Reaktionen bis zum Gleichgewicht und dielektrische Eigenschaften von Zusammensetzungen in der primären Kristallisationszone des Cordierits.** Leopoldo Cini. (Silicates ind. **32** (1967) 6, 220–24; Bologna, Univ., Fac. di Ingegneria, Centro Ceramico; ital.) — Vf. untersuchte das Verh. des Syst. SiO_2–Al_2O_3–MgO an 6 Proben mit den folgenden Gew.-%: SiO_2 46,2–62,0, MgO 40,0 bis 10,4, Al_2O_3 13,8–27,6. Untersucht wurden die

Rk.-Prod. röntgenograph., mit DTA u. dilatometr., gemessen wurden außerdem die DK sowie tgδ der einzelnen Proben. Es wurde gefunden, daß sich der Cordierit mit relativ großer Geschw. ab 1300° aus dem Enstatit durch Rk. mit Al_2O_3 oder mit Al_2O_3 u. SiO_2 unter Absorption von Wärme unter gleichzeitiger Vol.-Vergrößerung bildet. Die Ergebnisse der dilatometr. Messungen sind graph., die erhaltenen Werte der DK u. von tgδ tabellar. angegeben. C. Gottfried 154△

0533 **Phasen und Reaktionen im System $Li_xMn_{3-x}O_y$.** A. Bergstein, J. Šesták, P. Holba, P. Kleinert und A. Funke. (Czechoslov. J. Physics, Sect. B **17** (1967) 8, 686—97; Inst. of Solid State Phys., Czechoslov. Acad. of Sci., Prague; engl.) — Die therm. Dissoziation u. die Ox. von $Li_xMn_{3-x}O_y$ in Luft bei Temp. bis 1200° wurde thermogravimetr. u. röntgenograph. untersucht. Beim Erhitzen von aMn_2O_3–$bLiMn_2O_4$-Mischungen bilden sich nach O_2-Abgabe zuerst homogene feste Lsg. mit Spinellstruktur; beim Abkühlen tritt reversible Umwandlung in einen tetragonal verzerrten Spinell ein. Nach Erreichen der Zus. aMn_3O_4–$bLiMn_2O_4$ zerfällt die homogene kub. Phase in eine kub. Spinell- u. eine tetragonale Hausmannit-Phase. Zwischen 950 u. 1100° liegt wahrscheinlich die Verb. $Li_2Mn_4O_7$ neben ihrer festen Lsg. mit Mn_3O_4 vor. Bei den höchsten Vers.-Temp. existiert nach weiterer O_2-Abgabe eine homogene kub. Spinellphase mit Kationen auf Zwischengitterplätzen. W. Laqua 154

0534 **Spektroskopische Untersuchung über die Reaktion zwischen Metallen und geschmolzenen Salzen.** Naoki Kamegashira, Yoshiko Hama, Masanobu Miyake und Tadao Sano. (Technol. Rep. Osaka Univ. **17** (1967) 769—800, 321—27; Dep. of Nuclear Engng.; engl.) — Um die Wechselwrkg. zwischen Metallen u. geschmolzenen Salzen zu klären, werden die Absorptionsspektren von 440—1000 mμ bei Temp. <400° von geschmolzenen *Pb–BiCl$_3$*-Mischungen (0,04—0,2 Mol-% gelöstes Pb) gemessen. Das sichtbare Spektrum besteht aus einer breiten Bande mit einem Max. bei 570 mμ bei den 3 Meßtemp. 250, 300 u. 350°. Es werden klare Abweichungen vom Beerschen Gesetz beobachtet. I. Zoll 154

0535 **Prozesse von Bildung und Zersetzung von Aluminiumboriden.** Tetsuzo Atoda, Iwami Higashi und Masayoshi Kobayashi. (Sci. Pap. Inst. physic. chem. Res. [Tokyo] **61** (1967) 3, 92—99; engl.) — An Pulverpreßlingen aus geeigneten Mischungen von Al- u. B-Pulver werden mit Hilfe von DTA sowie röntgenograph. u. chem. analyt. die im Syst. Al/B bei Temp. 2000° stabilen Al-Boride untersucht. In den Probekörpern setzt oberhalb 600° Bldg. von AlB_2 ein, das bei ca. 920° unter Bldg. von α-AlB_{12} zerfällt. α-AlB_{12} ist bis 1900° stabil u. zeigt oberhalb 1900° Zers. unter Abgabe von Al. Neben den angeführten Phasen wird eine unbekannte hexagonale Phase mit a = 5,64 (Å) u. c = 12,47 erhalten, während weder γ-AlB_{12}, β-AlB_{12} noch AlB_{10} nachgewiesen werden konnten. AlB_2 u. α-AlB_{12} werden unabhängig von der Zus. des Ausgangsgemisches bei den angegebenen Temp. gebildet. Herbert Müller 154

0536 **Einfluß einer dritten Komponente auf das Verhalten der Beimengungen beim Zonenschmelzen von Aluminium.** A. I. Beljaev und A. I. Jukova. (Doklady Akad. Nauk SSSR **175** (1967) 6, 1259—62; Mosk. inst. stali i splavov; russ.) — Unters. des Einfl. der Zusätze *Mg, Cu, Si, Fe* u. *Ca* auf die Entfernung der im Al vorhandenen Beimengungen. Diejenigen Zusätze, die mit der Beimengung intermetall. Verb. bilden können, schwächen die Bindung der Beimengung mit Al. Infolgedessen nimmt die Löslichkeit der Beimengung im festen Al ab, u. die Wirksamkeit seiner Reinigung wird erhöht, was aber nur in dem Falle eintritt, in dem die Zusätze in stöchiometr. Mengen erfolgen. In allen Fällen, in denen die Zusätze zu Al in Konz. erfolgen, die bedeutend diejenige Menge übersteigen, die zur Bldg. von Intermetallverb. mit den Beimengungen erforderlich ist, wird eine Abnahme der Wirksamkeit der Entfernung der Beimengungen festgestellt, da bedeutende Mengen an Zusätzen einer dritten Komponente die physikal.-chem. Eig. der Grundmasse verändern. H. Hochstein 154

0537 **System Ga–P–Te.** Morton B. Panish. (J. electrochem. Soc. **114** (1967) 11, 1161—64; Bell Telephone Labor., Inc., Murray Hill, N.J.; engl.) — Das Zustandsdiagramm des Ga-reichen Bereiches des Syst. Ga–P–Te wurde auf Grund von DTA-, röntgenograph. u. elektronenmkr. Daten konstruiert. GaP bildet keine kontinuierliche Mischkrist.-Reihe mit Te oder Ga_2Te_3. J. J. Pohl 154

0538 **System In_2S_3–In_2Te_3.** M. I. Zargarova, P. G. Rustamov, E. A. Gejdarova und M. A. Alidžanov. (Azerbajdžanskij chim. Ž. **1967**, **6**, 114—18; Inst. neorg. i fiz. chim. AN Azerb. SSR; russ.) — Durch röntgenograph., elektr., therm. u. Härtemessungen wird gezeigt, daß der Schnitt In_2S_3–In_2Te_3 des tern. Syst. In–S–Te quasibin. ist. Eine tern. peritekt. Verb. *In_2Te_2S* wird festgestellt. Im Bereich der reinen Komponenten liegen enge Mischkrist.-Bereiche von ca. 2 Mol-% gelöstem Stoff vor. Die Mischkrist. auf der Basis von In_2Te_3 haben Halbleitercharakter. H. Roschkowski 154

0539 **Differentialthermoanalyse der Eutektikumsbildung binärer Magnesium–Yttrium-Legierungen.** Dominique Miannay, Pierre Grégoire, Pierre Azou und Paul Bastien. (C. R. hebd. Séances Acad. Sci., Sér. C **265** (1967) 20, 1107—12; Paris, Centre de Rech. de Phys. des Métaux, École Centr. des Arts et Manuf.; franz.) — Durch DTA wurde das Phasendiagramm des bin. Syst. Mg–Y präzisiert sowie die Bldg. des Eutektikums (A) untersucht. Die Eichung der App. erfolgte mittels der F. u. Schmelzenthalpien reiner Metalle (*In, Sn, Pb, Zn, Mg, Al*). Die eutekt. Zus. ist 26,7 ± 1,5 Gew.-% Y bei 567°, die Bldg.-Enthalpie von A ΔH_E = 155 ± 30 cal/g. Die Grenzkonz. der Y-gesätt. α- u. der Mg-gesätt. ε-Phase bei 567° sind 12,8 ± 0,6 u. 33 ± 2 Gew.-% Y. Waldemar Köhler 154

0540 **Neue Verbindungen im System Dysprosium–Magnesium und in verwandten Systemen.** P. I. Krypiakewytsch und V. I. Evdokimenko. (Z. anorg. allg. Chem. **355** (1967) 1/2, 104—12; Lwiw, Ukrain. SSR, Lehrst. für anorg. Chem., Iwan-Franko-Univ.; dt.) — Es werden Leg. des *Mg* mit *Tb, Dy, Ho, Er, Tm, Yb* u. *Lu* (50—78 Atom-% Mg) röntgenograph. untersucht. Es werden Verb. mit den Strukturen der Typen CsCl (*TbMg, DyMg, HoMg, ErMg, TmMg, LuMg*), $MgZn_2$ (*$DyMg_2$, $TuMg_2$, $LuMg_2$*), BiF_3 (*$DyMg_3$*, a = 7,267 ± 0,004 Å) u. NaTl (*$DyMg_x$* mit x ≈ 2, a = 7,402 ± 0,004 Å) nachgewiesen. Die Gitterkonst. der CsCl- u. $MgZn_2$-Typen sind tabellar. angegeben. H.-J. Schönherr 154

0541 **Eigenschaften von Zinn–Samarium-Legierungen. Nachweis einer neuen Phase.** Annick Percheron und Charlotte Henry La Blanchetais. (C. R. hebd. Séances Acad. Sci., Sér. C **264** (1967) 26, 2150—52; Bellevue, CNRS, Labor. des Terres rares; franz.) — In den Vers. wurden Sm u. Sn in einem Ta-Tiegel, stets mit einem Überschuß von Sm, zusammengeschmolzen, u. zwar in allen Fällen unter einem Ar-Druck von 15 Torr, analyt., röntgenograph. u. mikrograph. wurden die erhaltenen Rk.-Prod. identifiziert. Neben den bereits bekannten Verb. *$SmSn_3$* u. *Sm_5Sn_3* wurde als neue Phase *Sm_2Sn_3* nachgewiesen. Diese Phase hat tetragonale Symmetrie u. die Gitterkonst. a = 9,1 Å u. c = 15,4. Für Sn, $SmSn_3$, Sm_2Sn_3, Sm_5Sn u. Sm wurden die folgenden D_4^{22}-Werte gemessen: 7,2; 8,2; 7,8; 7,7; 7,65. Die Vickers-Mikrohärten in der obigen Reihenfolge sind 7; 83; 132; 286; 78. Alle 3 Verb. reagieren stark mit der Luft, sehr viel mehr als die einzelnen Bestandteile. Die Rk.-Fähigkeit geht durch ein Max. für Sm_2S_3, die an Sm reicheren Phasen scheinen jedoch reaktionsfähiger zu sein als die an Sn reicheren Phasen. Röntgenograph. verfolgt wurde die Veränderung an Sm_2Sn_3 u. Sm_5Sn an der Luft. Festgestellt wurde das progressive Verschwinden der Verb. mit gleichzeitigem Auftreten von Sn; das Sm ist in den Verb. wahrscheinlich nur noch in amorphem Zustand vorhanden. C. Gottfried 154

0542 **Legierungssystem Yttrium–Blei.** O. N. Carlson, F. A. Schmidt und D. E. Diesburg. (Trans. Amer.

Soc. Metals **60** (1967) 1, 119—24; Inst. for Atom. Res. and Dep. of Metallurg., Ia. State Univ., Ames, Ia.; engl.) — Unters des *Yttrium-Blei*-Leg.-Syst. mit thermoanalyt., mkr. u. röntgenograph. Meth. u. Aufstellung eines Phasendiagramms mit einer inversen peritekt. Rk., einer eutekt. Rk. u. vier intermetall. Verb.: Y_5Pb_3 mit hexagonaler Symmetrie schmilzt kongruent bei 1760°, kub. YPb_3 wird peritekt. bei 740° gebildet, ebenfalls die neuen orthorhomb. Verb. Y_5Pb_4 u. YPb_2 bei 1650 u. 945°. Die maximale feste Löslichkeit von *Pb* in *Y* beträgt 2 Atom-% *Pb* bei 1240°. R. Blank 154

0543 **EMK-Untersuchung der thermodynamischen Eigenschaften flüssiger Legierungen des Systems Cd–Bi–Sb.** A. G. Moračevskij, L. N. Gerasimenko und V. A. Žuravlev. (Izvest. vysšich učebnych Zavedenij [Ordžonikidze] cvetnaja Metallurg. **10** (1967) 5, 90—96; Leningradskij politechn. inst.; russ.) — Gemessen wird die EMK zwischen 630—750° in der Konz.-Kette Cd/KCl–LiCl–NaCl–Cd^{2+}-Elektrolyt/Cd, Bi, Sb. Aus den Messungen werden die thermodynam. Charakteristiken von Cd in den Leg. des tern. Syst. errechnet u. ΔG, ΔH u. ΔS bestimmt. Die Ergebnisse sind in Konz.-Dreiecken dargestellt. Für das Syst. Bi–Sb werden die Integralwerte der thermodynam. Eig. ermittelt. G. Frisch 154

0544 **System Titan–Chrom–Vanadin.** Paul A. Farrar und Harold Margolin. (Trans. Amer. Soc. Metals **60** (1967) 1, 57—66; School of Engng. and Sci., New York Univ., New York, N.Y.; engl.) — Metallograph. u. röntgenograph. Unters. dreier über den Gesamtbereich gemessener isotherm. Bereiche im *Ti–Cr–V*-Syst. bei 1200, 1000 u. 700°. Der *Titan*-reiche Bereich wurde von 60 bis 100 Gew.-% *Ti* u. von 500° bis zur Soliduskurve skizziert u. eine Fläche beginnender Schmelze konstruiert. Partielle Vertikalschnitte des Zustandsdiagramms werden bei 4 u. 12 Gew.-% Cr u. 4 u. 8 Gew.-% V dargestellt. Weiterhin wurden Kurven gleicher Härte für verschiedene Leg.-Verb. im *Ti*-reichen Syst. bestimmt. R. Blank 154

0545 **Neue Untersuchungen über das Fe–C-Gleichgewichtsdiagramm.** Ryōhei Tanaka. (Tetsu to Hagane [J. Iron Steel Inst. Japan] **53** (1967) 14, 1586—1604; Techn. Univ. Tokyo; jap.) — Zusammenfassende Übersicht über Umwandlungstemp.- u. C-Geh.-Daten an allen Umwandlungspunkten im Syst. Fe–C. Ein zuverlässiges Fe–C-Diagramm wurde daraus unter Berücksichtigung der Druckabhängigkeiten dargestellt. — 131 Literaturangaben. H.-S. Park 154

0546 **Feste Phasen in den Systemen Eisen–Silicium–Titan (Zirkonium oder Vanadin).** Nematollah Farrokhi Mochai. (Rev. Chim. minérale **4** (1967) 1, 1—25; Paris, Sorbonne, Labor. de Chim. miner.; franz.) — FeSi reagiert mit Ti bei 1300° quant. zu *TiFeSi* (**I**), F. 1760 ± 20°, $D._4^{24}$ 5,46, isotyp mit TiFeGe; in Ggw. von überschüssigem Ti entstehen die bin. Phasen Ti_5Si_3, $TiFe_2$ u. *TiFe*. Die Ox. von **I** bei 500—1200° liefert $FeTiO_3$, SiO_2 u. TiO_2. — Im Syst. Zr–Fe–Si (1300—1400°) findet man die tern. Phasen *ZrFeSi* (**II**) u. $ZrFeSi_2$ (**III**), sowie eine dritte, nicht identifizierte Phase mit den Grenzen Zr + 2 FeSi, $ZrSi_2$ + 5 Fe, **II**. **III** hat einen breiten Homogenitätsbereich mit Si-Unterschuß u. Fe-Überschuß. Es schmilzt oberhalb 2000° u. krist. tetragonal im I4/mmm, a = 12,98, c = 5,10 Å, Z = 16, D. 6,02; Ox. bei 600—1200°. **II**, $D._4^{24}$ 6,39, zersetzt sich oberhalb 1800° ohne zu schmelzen; mit **I** bildet es feste Lsg. der Zus. $Ti_{1-x}Zr_xFeSi$ bzw. $Zr_{1-x}Ti_xFeSi$ wobei $0 \leq x \leq 0,33$. — Im Syst. V–Fe–Si finden sich 4 tern. Phasen: $Fe_{2,5}V_{1,5}Si$ (**IV**), Fe_2V_2Si (**V**), $Fe_{1,75}VSi$ u. Fe_3VSi (**VI**). **V** hat eine „R"-Typ-Struktur wie MoCrCo, **IV** u. **VI** sind dem kub. α-Mn ähnlich. **VI** ist ferromagnet. mit einem Curie-Punkt von 318°. (Angabe der I- u. d-Werte). F. Haenschke 154

0547 **Einfluß verschiedener Legierungselemente auf die Größe des γ-Raumes im System Eisen–Chrom–Kohlenstoff. 1. Mitt. System Eisen–Chrom–Kohlenstoff–Molybdän.** Karl Bungardt, Ernst Kunze und Elisabeth Horn. (Arch. Eisenhüttenwes. **38** (1967) 4, 309—20; Forsch.-Inst. der Deutschen Edelstahlwerke AG, Krefeld; dt.) — Die Beeinflussung des γ-Gebietes von Stählen mit 10 bis 18 Gew.-% Cr durch Leg.-Elemente wird durch das Cr-Äquivalent ausgedrückt, das als diejenige Änderung des Cr-Geh. definiert ist, die die Verschiebung der Begrenzungsfläche zwischen dem γ- u. (α + γ)-Raum bei 1050° durch 1 % Leg.-Element auszugleichen vermag. Durch theoret. u. experimentelle Unters. wird die Anordnung der möglichen 15 Phasenräume in der Fe-reichen Ecke des Syst. Fe–Cr–Mo–C erörtert, wobei bes. die Lage des Vierphasenraumes behandelt wird. Zusammen mit diesen Betrachtungen zeigen die experimentellen Unters., daß bei 1050° u. einem C-Geh. zwischen 0,1 u. 0,2 % beim Zusatz von 1 % Mo der Cr-Geh. um 1,5 % verringert werden muß, d. h., das Cr-Äquivalent für Mo ist — 1,5. Aus der Gegenüberstellung von Konz.- u. isothermen Schnitten für das Vierstoffsyst., bei denen wechselweise Mo u. Cr als Parameter auftreten, geht hervor, daß beide Elemente den γ-Raum gleichsinnig einengen, wobei die Wrkg. des Mo entsprechend dem Cr-Äquivalent stärker ist. D. Graf 154

0548 **Gleichgewichtszustände im System Ni–Cr–Ti–Al–W.** Andrej Havalda. (Kovové Mater. **5** (1967) 1, 3—23; Ústav fyz. kovov SAV; slowak.) — Das Syst. wird bei 850° untersucht, wobei der W-Geh. von 0—15 Atom-% bei verschiedenen Ti/Al-Verhältnissen variiert wird. Die mkr., röntgenmkr., phasenanalyt., röntgenograph. u. mechan. Unters. sowie die mit Mikrosonde werden beschrieben; die Ergebnisse in Tabellen u. Diagrammen zusammengestellt, ausgewertet u. in Gleichgew.-Diagrammen zusammengefaßt. Neben der η- u. γ'-Phase tritt in diesem Syst. die α-Phase auf, die eine feste Lsg. auf Ni-Basis darstellt. Ihr Existenzbereich verbreitert sich im quintern. Syst. zu niedrigeren Temperaturen. In der α-Phase zeigt Ni eine Löslichkeit von 2 %. In der η-Phase sind Cr u. W lösl.; in der festen Grundmasse γ ist bei verschiedenem Ti/Al-Verhältnis 8 Atom-% W löslich. O. Rösner 154

0549 **Neuberechnung der Gold–Nickel-Spinodalen.** Brage Golding und S. C. Moss. (Acta metallurg. [New York] **15** (1967) 7, 1239—41; Dep. of Metallurg., MIT, Cambridge, Mass.; engl.) — Für das Au–Ni-Syst. wird die chem. Spinodale (T_c) u. die kohärente Spinodale berechnet. Das Max. der chem. Spinodalen wird bei ca 70 Atom-% Ni u. 820° gefunden, das der kohärenten Spinodalen bei 40 Atom-% Ni u. 0°, beide Spinodalen haben leichte Asymmetrie. I. Sieber 154

0550 **Ionenpaare. Isomerisierung von Ionenpaaren in solche mit dem Koordinationsliganden an der Peripherie und solche zwischen den beiden Ionen.** R. V. Slates und M. Szwarc. (J. Amer. chem. Soc. **89** (1967) 24, 6043—50; State Univ. Coll. of Forestry at Syracuse Univ., Syracuse, N.Y.; engl.) — Das Gleichgew. zwischen Na (Metall) + Biphenyl (B) u. Na^+, B^- in den Lsgm. 2-Methyl-THF (MeTHF) u. THF wird im Temp.-Intervall — 40 bis + 25° spektralphotometr. untersucht. Für beide Syst. ergibt log K_{Diss} (Dissoziationskonst. des Ionenpaares) IP als Funktion von 1/T eine Gerade; ΔH_{Diss} = — 3,4 bzw. 7,3 kcal/Mol für MeTHF u. THF, ΔS_{Diss} — 56 bzw. — 52 Entropieeinheiten. Leitfähigkeitsbest. zeigen, daß die Dissoziation von B^-, Na^+ in MeTHF u. Tetrahydropyran (THP) vernachlässigbar klein ist. Fügt man den Syst. die Polyäther $CH_3OCH_2CH_2OCH_2CH_2OCH_3$ (**I**) oder $CH_3OCH_2CH_2OCH_2CH_2OCH_2CH_2OCH_3$ (**II**) zu so koordiniert B^-, Na^+ mit ihnen unter Bldg. von B^-, Na^+: **I** oder **II** = 1 : 1. Die Gleichgew.-Konst. der Komplexbldg. nach B^-, Na^+ + **I**(**II**) ⇌ B^-, Na^+ (**I** oder **II**)$_n$ werden über den genannten Temp.-Bereich bestimmt u. ΔH u. ΔS der Koordination berechnet. In MeTHF, THF u. in den Syst. mit **I** ist die Bindung des IP vom Kontakttyp, **I** ist nur an der Peripherie des Paares an dieses gebunden. Bei der Koordination mit **II** bilden sich 2 Isomere, das eine entspricht Fall **I**, beim anderen werden die Ionen durch **II** getrennt. Die Isomerisierungsenthalpie beträgt 2,1 u. — 1,8 kcal/Mol in THP bzw. MeTHF, die -entropie — 8,6 u. 6,1 Entropieeinheiten, das nicht getrennte IP adsorbiert bei 400 (nm), das getrennte bei 406 in THP u. 408 in MeTHF. G. Schatz 156

0551 **Polarographische Untersuchungen von Komplexen in nichtwäßrigem Medium: Pyridinkomplexe von Cad-**

mium und Zink in Systemen Wasser–Dimethylformamid. J. N. Gaur und V. K. Sharma. (Rev. Polarograph. [Kyoto] **14** (1967) 3/6, 287—93; Dep. of Chem., Univ. of Rajasthan, Jaipur (India); engl.) — Es zeigt sich, daß mit zunehmender Konz. an DMF ($\varepsilon = 36{,}7$) die Stabilität von Cd-Py.-Komplexen abnimmt u. die Zahl der vorliegenden Spezies von 3 auf 2 vermindert wird, ähnlich wie frühere Unters. bei Cd–Py.-Komplexen im Syst. Formamid ($\varepsilon = 109{,}5$)–H_2O ergaben. Die DK des Lsgm. hat keinen großen Einfluß. Von den chem. Eig. ist die Säure- oder Basennatur des Lsgm. wichtig, denn Lsgm., wie Formamid (A), (DMF) u. Acetonitril, die weder als Protonendonator noch als Akzeptor wirken, treten nicht mit den gebildeten Komplexen in Wechselwirkung. Bei der Komplexbldg. in Lsg. können sich Ionen–Dipol- u. Ionen–Ionen-Komplexe ausbilden. Dies steht im Einklang mit den Erkenntnissen, daß Metallionen mit A u. DMF unter Bldg. einer koordinativen kovalenten Bindung reagieren, was durch die Halbstufenpotentiale von Cd^{2+} u. Zn^{2+}, die leicht negativer sind bei zunehmender Konz. von A u. DMF, gezeigt wird. Daß A u. DMF die Komplexbldg. nicht begünstigen, zeigt sich bei der Unters. der Py.-Komplexe von Zn^{2+} in 10, 20 u. 40% wss. DMF-Lsg., wo die Stabilität der Komplexspezies abnimmt mit zunehmender Lsgm.-Konzentration. Die verschiedenen gemessenen Stabilitätskonst. von Cd–Py.-Komplexen in 10, 20, 40 ,60 u. 80% DMF-Lsg. werden ebenso wie für das Syst. Zn–Py, bei 10, 20 u. 40% DMF angegeben. D. Bretzinger 156

0552 **Stabilität von Komplexen und Basizität der Liganden.** 3. Mitt. **Chelate von Germanium(IV) und Zink(II) mit substituierten 3-Hydroxypyronen-(4).** Gérard Choux und Robert L. Benoit. (Bull. Soc. chim. France **1967,** 8, 2920—23; Dep. de Chim., Univ. de Montréal, Montréal; franz.) — 2. vgl. C. **1968, 41**-0551. — Die substituierten Pyrone (HL): *Maltol, Allomaltol, Pyromekonsäure, Kojisäure, Jodkojisäure, Chlorkojisäure* u. *Comensäure* (für Zn^{2+} auch *Mekonsäure*) bilden mit $Ge(OH)_4$ u. Zn^{2+} die Chelate $Ge(OH)_2L_2$, ZnL^+ u. ZnL_2. Die Stabilitätskonst. wurden spektrophotometr. u. potentiometr. bestimmt. Sie hängen linear von den Aciditätskonst. der Komplexbildner ab. E. Schmidt 156

0553 **Polarographische und spektrophotometrische Untersuchung von Vanadin(V), Molybdän(VI), Wolfram(VI) und Uran(VI) in Amidoschwefelsäurelösung.** Ottavio Tubertini, Maria Giovanna Bettoli und Giovanna Bertocchi. (Ann. Chimica **57** (1967) 5, 555—62; Bologna, Univ., Ist. Chim. „G. Ciamician"; ital.) — Speziell mit Bezug auf Unters. von Sakellaridis [vgl. Chim. Cronika **23** (1958) 263] untersuchten Vf. polarograph. u. spektrophotometr. die komplexbildenden Eig. des Anions $NH_2SO_3^-$ durch Messungen von Lsg. von NH_4VO_3, Na_2MoO_4, Na_2WO_4 u. $UO_2(CH_3COO)_2$ in HSO_3NH_2 sowie zu Vgl.-Zwecken in $HClO_4$ u. in Lsg. von *Natriumamidosulfat.* Ganz allg. fanden Vf., daß die von Sakellaridis (vgl. l. c.) angenommene Komplexbldg. der V-, Mo- u. W-Verb. nicht verläuft u. die l. c. beobachteten Änderungen der Extinktion auf Änderung der pH-Bedingungen der untersuchten Lsg. zurückzuführen sind. Komplexbldg. findet nach den Ergebnissen der spektrophotometr. Messungen nur statt, wenn die Löslichkeitsgrenze der HSO_3NH_2 in W. (ca. 2 m) erreicht wird. Bei den U-Verb. findet in keinem Falle Komplexbldg. statt. C. Gottfried 156△

0554 **Polarographie von Uranylkomplexen in rechts- und linksdrehenden Asparaginsäuren.** Tsai-Teh Lai und Song-Jey Wey. (Rev. Polarogr. [Kyoto] **14** (1967) 3/6, 211—217; Dep. of Chem. Engng., Cheng Kung Univ., Tainan, Taiwan, China; engl.) — Die Komplexbldg. von Uranylionen mit d u. l-Asparaginsäuren wurden mittels polarograph. konduktometr. u. potentiometr. Meth. untersucht. Die Uranylkomplexe mit den zwei opt. Isomeren der Asparaginsäure sind ähnlich in den Stromspannungscharakteristiken mit der Ausnahme, daß die l-Form eine größere Koordinationsfähigkeit zeigt als die d-Form. Die scheinbaren Dissoziationskonst. der Asparaginsäure ergeben sich zu $pK_1 = 1{,}90$ u. $pK_2 = 3{,}55$, der isoelektr. Punkt liegt bei 2,55 (Ionenstärke 0,3—0,5). Die Existenz der 3 Komplexspezies $UO_2(HA)_2$, $UO_2(A_2)^{2-}$ u. $UO_2(OH)A_2^{3-}$ (H_2A = Asparaginsäure) wird nachgewiesen. Angabe der Elektrodenreaktionen. D. Bretzinger 156

0555 **System Uranylnitrat–1-(2'-Hydroxynaphthylazo)-naphthol-(2)-4-sulfonsäure–Wasser.** P. Spacu und Maria Mavrodin. (Rev. roum. Chim. **12** (1967) 10, 1223 bis 1228; Centre de Chim. inorgan. de l'Acad., Bucarest; franz.) — Die genannte Säure („Calcon") reagiert mit UO_2^{2+} in wss. Lsg. zu einer lösl. Verbindung. Die quant. spektroskop. Unters. zeigt, daß es sich um eine 1 : 2-Verb. UO_2^{2+} : Calcon mit einer Dissoziationskonst. von $1{,}88 \cdot 10^{-11}$ u. einem molaren Extinktionskoeff. von 18700 handelt. E. Schmidt 156

0556 **Trennung von Americium und Curium: Dissoziationskonstanten der Komplexe mit N-(β-Hydroxyäthyyl)-äthylendiamin-N.N.'N'-triessigsäure.** E. Merciny und G. Duyckaerts. (Analyt. Letters **1** (1967) 2, 23—29; Labor. de Chim. Analyt., Univ. de Liège, Liège; franz.) — Die Dissoziationskonst. der Metall(III)-Komplexe werden unter Anwendung der Ionenaustauschtechnik zu $10^{4,58}$ bzw. $10^{4,54}$ bestimmt. D. Hoene 156

0557 **Mangan(II)–Tartrat-Komplexe.** K. K. Tripathy und R. K. Patnaik. (Indian J. Chem. **5** (1967) 10, 511—14; Rourkela, Reg .Engng. Coll., Dep. of Chem.; engl.) — Bei niederen pH-Werten reagiert Ma^{2+} mit Weinsäure unter Bldg. des neutralen Komplexes $MnC_4 \cdot H_4O_6$ (I), gleichzeitig werden zwei Protonen freigesetzt. I dissoziiert im höheren pH-Bereich zu $[Mn(C_4H_3O_6)]^-$ (II) u. $[Mn(C_4H_2O_6)]^{2-}$ (III). Die Gleichgew.-Konst. für die Rk. $Mn^{2+} + 2\,H_2T \overset{k}{\rightleftharpoons} I + 2\,H^+$; ($H_2T$ = Weinsäure) $I \overset{k_1}{\rightleftharpoons} II + H^+$; $II \overset{k_2}{\rightleftharpoons} III + H^+$; $Mn^{2+} + HT^- \overset{k_3}{\rightleftharpoons} I + H^+$ u. $Mn^{2+} + T^{2-} \overset{k_4}{\rightleftharpoons} I$ wurden bestimmt: $k = 4{,}339 \cdot 10^{-6}$; $k_1 = 2{,}421 \cdot 10^{-8}$; $k_2 = 7{,}228 \cdot 10^{-11}$; $k_3 = 2{,}465 \cdot 10^{-2}$ u. $k_4 = 27{,}86$. W. Heinemann 156

0558 **Polarographische Untersuchung bestimmter Metallchelate der Diäthyldithiophosphorsäure in Äthanollösungen.** P. S. Shetty und Q. Fernando. (J. inorg. nuclear Chem. **19** (1967) 8, 1921—30; Dep. of Chem., Univ. of Ariz., Tuscon, Ariz.; engl.) — Diäthyldithiophosphorsäure-Chelate von Pb(II), Cd(II), Zn(II) u. Mn(II) in A.- u. in W.–A.-Lsg. ergeben irreversible polarograph. Wellen, die zur Berechnung der Chelatbdlg.-Konst. β_2' benutzt werden. Der Logarithmus von β_2' ist eine lineare Funktion der dielektr. Konst. des A.–W.-Mediums. Für die Metallchelate, in denen die Metall-S-Bindungen ion. sind, ergibt sich folgende Chelatstabilitätsreihe: Pb(II) > Cd(II) > Zn(II) > Mn(II). Diese Reihe wird auch bei Verw. von anderen S-Liganden gefunden, wenn die Metall-S-Bindungen viel geringeren Ionencharakter besitzen. H.-J. Schönherr 156

0559 **Spektrophotometrische Untersuchungen der Zusammensetzung und Stabilität des Komplexes zwischen 3.5-Dinitrosalicylsäure und Fe^{3+}-Ionen in wäßrigem Medium.** S. L. Gupta und R. N. Soni. (J. Instn. Chemists (India) **39** (1967) 5, 218—24; Dep. of Chem., Birla Inst., Rajasthan, India; engl.) — Die Zus. des orangefarbenen, wasserlösl. Komplexes der 3.5-Dinitrosalicylsäure mit Fe^{3+}-Ionen wurde spektrophotometr. untersucht. Das Absorptionsmax. liegt bei 450 nm, der molare Extinktionskoeff. des Komplexes ist $2{,}106 \cdot 10^3$. Die Instabilitätskonst. des Komplexes ist abhängig von der Ionenstärke u. der Temperatur. Bei pH = 3,0; λ = 450 nm; 30° C u. einer Ionenstärke zwischen 0,01 u. 0,20 liegt die Instabilitätskonst. zwischen $3{,}77 \cdot 10^{-6}$ u. $3{,}00 \cdot 10^{-5}$; bei Ionenstärke 0,01; pH 3,0; λ = 450 nm, sowie Temp. von 293,16 bis 333,16 °K liegt die Instabilitätskonst. zwischen $4{,}84 \cdot 10^{-6}$ u. $1{,}25 \cdot 10^{-6}$. Die Werte für ΔH u. ΔS der Komplexbldg. betragen — 7,384 kcal u. 49,17 Entropieeinheiten. H. Markert 156

0560 **6-Nitrosobrenzcatechin-3.5-disulfonsäure und ihre Komplexe mit Eisen(III)-Ionen.** M. Beran und S. Havelka. (Collect. czechoslov. chem. Commun. **32** (1967) 8, 2944—55; Inst. für Kernforsch., Tschechoslowak. Akad. der Wiss., Prag-Řež; dt.) — Die durch Nitrosierung des

Dinatriumsalzes der Brenzcatechin-3.5-disulfonsäure erhaltenen Präp. wurden auf Grund der Elementaranalyse u. der Ultrarotspektren als Dinatrium- bzw. Trinatriumsalze der 6-Nitrosobrenzcatechin-3.5-disulfonsäure (H_4L) identifiziert. Durch potentiometr. Messungen wurde für diese Säure $pK_{a3} = 4{,}41 \pm 0{,}03$, durch spektralphotometr. Messungen $pK_{a3} = 4{,}45 \pm 0{,}05$ u. $pK_{a4} = 10{,}6 \pm 0{,}3$ ermittelt. Durch spektralphotometr. Unters. u. Verfolgung der Sorption an Ionenaustauschern wurden in Lsg. die Eisen(III)-Komplexe dieses Reagens FeL^-, FeL_2^{5-} u. FeL_3^{9-} nachgewiesen u. die scheinbaren Stabilitätskonst. dieser Komplexe mit $\log k_1 = 16{,}42 \pm 0{,}06$, $\log k_2 = 12{,}03 \pm 0{,}03$, $\log k_3 = 6{,}49 \pm 0{,}10$ bestimmt. J. J. Pohl 156

0561 **Spektrophotometrische Untersuchung der Komplexbildung zwischen Co(II) und Carboxymethylmercaptobernsteinsäure.** B. C. Nair und H. L. Nigam. (Indian J. Chem. **5** (1967) 5, 212—13; Dep. of Chem., Univ. of Allahabad, Allahabad; engl.) — Co(II) bildet mit Carboxymethylmercaptobernsteinsäure einen braungefärbten *1 : 1-Komplex*, dessen Absorptionsmax. bei 440 nm liegt. Die Stabilitätskonst. (log K) wird zu $3{,}4 \pm 1$ gefunden, ΔG^0_{303} zu $-4{,}726$ kcal berechnet. Das Komplexion ist anion. u. paramagnet. mit $\mu_{eff} = 2{,}3$ BM. Der Komplex besitzt eine planarquadrat. Struktur. H.-J. Schönherr 156

0562 **Effekte beim „Verdünnen" geschmolzener Salze mit Dimethylsulfon.** T. R. Griffiths. (Chem. Commun. **1967**, 23, 1222—23; Dep. of Inorg. and Struct. Chem., Univ. Leeds; engl.) — Der Einfl. von Ionen auf Rk. oder chem. Gleichgew. in einer Schmelze in Abhängigkeit von ihrer Ionenstärke läßt sich mit $(CH_3)_2SO_2$ (**I**) als inertem Verdünnungsmittel beobachten. **I** beeinflußt das Syst. nicht, da es mit den Rk.-Partnern keine Koordinationsverb. eingeht. Es ist für elektromagnet. Wellen bis zu 190 nm herab durchlässig. Li-Halogenide, $CaCl_2$, $MgCl_2$, quart. Ammonium- u. Phosphoniumhalogenide sind gut, Na-, K- u. Sr-Chlorid hinreichend in **I** löslich. Übergangsmetallverb. sind schwer lösl., es sei denn, man löst in Ggw. von Halogeniden, mit denen sie Komplexe bilden. Es wurde untersucht, wie die Größe eines Kations in einer Schmelze die Bldg. von $NiCl_3^-$- bzw. $NiCl_4^{2-}$-Komplexen aus Ni^{2+} beeinflußt. Mit LiCl (**II**) bilden sich diese Anionen erst bei einem Cl/Ni-Verhältnis von 4,0 bzw. 4,6, jedoch mit dem größeren Kation des Hyamin 10-X (**III**; Monohydrat des Benzyldimethyl-2-{2-[4-(1.1.3.3-tetramethylbutyl)-m-tolyloxy]-äthoxy}-äthylammoniumchlorids) schon bei Cl/Ni = 3,6 bzw. 4,35. Eine 90%ig. Umsetzung des Ni^{2+} zu $NiCl_4^{2-}$ ist bei allen getesteten Chloriden bei Cl/Ni = 5—10 erreicht. Die Umsetzung ist vollständig für **II** bei Cl/Ni = 40, für **III** bei 20. E. Schrage 156

0563 **Chelatbildung zwischen Nickel und Thiosalicylsäure.** A. N. Kumar und H. L. Nigam. (Indian J. Chem. 4 (1966) 11, 472—74; Allahabad, Univ. of Allahabad, Dep. of Chem.; engl.) — Vf. untersuchten spektrophotometr., potentiometr. u. durch Best. der magnet. Suszeptibilität das Syst. Ni-Thiosalicylsäure (**I**). Der violett gefärbte Komplex lieferte Maxima bei 500 nm u. 620 bis 630 nm. Bei pH 5,5 u. 7,3 betrug das Verhältnis Ni(II): **I** 1 : 2, bei pH 9,0 1 : 3. Der 1 : 2-Komplex erwies sich als paramagnet. (2,2 BM). Für die beiden Komplexe wird eine oktaedr. Struktur angenommen. C. Gottfried 156△

0564 **Stabilitätskonstanten von Mischligandenkomplexen von Nickel mit Aminocarboxylaten, Ammoniak und Polyaminen.** N. E. Jackobs und Dale W. Margerum. (Inorg. Chem. [Washington] **6** (1967) 11, 2038—43; Dep. of Chem., Purdue Univ., Lafayette, Ind.; engl.) — Ermittlung der Stabilitätskonst. der aus NiL + X gebildeten Komplexe NiLX bei $\mu = 0{,}50$ u. 25°: (log K =) 1,35 für $[Ni(edta)NH_3]^{2-}$; 2,00 für $[Ni(heedta)NH_3]^-$ (H_3heedta = *Hydroxyäthyläthylendiamintriessigsäure*); 2,54 für $[Ni(nta)NH_3]^-$ (H_3nta = *Nitrilotriessigsäure*); 0,83 für $[Ni(tetren)NH_3]^{2+}$ (tetren = *Tetraäthylenpentamin*); 2,00 für $[Ni(edda)(NH_3)]$ (H_2edda = *N.N'-Äthylendiamindiessigsäure*); 2,17 für $[Ni(nta)(ox)]^{3-}$ (H_2ox = *Oxalsäure*); 7,20 für $[Ni(nta)(en)]^-$; 4,89 für $[Ni(nta)\cdot(gly)]^{2-}$; 4,59 für $[Ni(dien)(ox)]$ ($\mu = 1{,}0$; dien = *Diäthylentriamin*); 5,13 für $[Ni(dien)(gly)]^+$. Der Anteil von Ion–Ion- u. Ion–Dipol-Wechselwrkg., Chelatbldg., Bindungstyp u. Einfl. von bereits koordinierten Gruppen an der Freien Bldg.-Energie der gemischten Komplexe wird mit einer empir. Gleichung wiedergegeben. Vgl. mit den entsprechenden Daten der einfachen Komplexe des Ni^{2+} mit den untersuchten Liganden (Tabelle). J. Oguntke 156

0565 **Untersuchung der Komplexbildung von Co(II) und Ni(II) mit Diäthylamin in Lösung mittels der „Metall-Komplex" Elektrode $Ag/Ag[(C_2H_5)_2NH]_2^+$, $(C_2H_5)_2NH$.** G. Popa und V. Magearu. (Rev. roum. Chim. **12** (1967) 9, 1107—13; Univ. of Bucharest; engl.) — Die genannte Elektrode ist eine Elektrode 2. Art, reversibel bez. $(C_2H_5)_2NH$ (A). Die Meth. bedient sich des Gleichgew. zwischen den beiden konkurrierenden Syst.: $Ag^+ + 2A \rightleftharpoons [Ag(A)_2]^+$ u. $Me^{2+} + n \cdot A \rightleftharpoons [Me(A)_n]^{2+}$. Die theoret. Beziehungen werden abgeleitet. Auf Grund von EMK-Messungen lassen sich die Kurve $\bar{n}$ (mittlere Koordinationszahl) — p(A) u. die Beständigkeitskonst. (K) der beiden Komplexe bestimmen. Im untersuchten Konz.-Bereich p(A) = 0—4 ist $\bar{n}_{max}$ für Co^{2+} 4, für Ni^{2+} 5. Ni(II) bildet stabilere Komplexe. Die K-Werte sind für $\bar{n} = 1—5$ tabelliert. G. Schatz 156

0566 **Nickel(II)-Komplexe von Glycinpeptiden in wäßriger Lösung.** M. K. Kim und A. E. Martell. (J. Amer. chem. Soc. **89** (1967) 20, 5138—44; Dep. of Chem., Ill. Inst. of Technol., Chicago, Ill.; engl.) — Vgl. ibid. 88 (1966) 914. — Potentiometr. wurden für die Gleichgew.-Konst. $\log K_x$ der Bldg. der Komplexe $[NiGG]^+$; $[Ni(GG)_2]$ u. $[Ni(GG)_3]^-$ mit HGG = Diglycin die Werte 3,34; 4,07 u. 2,5 bei $\mu = 0{,}1$ m (KNO_3) u. 24,9° bestimmt. Mit HGGG = Triglycin = H_3B bilden sich $[NiGGG]^+$ mit $\log K_1 = 3{,}76$ u. $[Ni(GGG)_2]$ mit $\log K_2 = 3{,}10$; hierbei werden die anfangs blaßblauen Lsg. tiefgelb mit einem Max. im sichtbaren Spektrum bei 430 nm. Die Bldg. von Komplexen des Typs $[NiB(H_2O)_2]^-$ u. $[Ni(OH)B(H_2O)]^{2-}$ im pH-Bereich 8—8,5 ergab $\log K_x$-Werte von $-16{,}9$ u. $-10{,}5$. Mit HGGGG = Tetraglycin = H_4C bilden sich die Gleichgew. erst in mehreren Std. aus; in sichtbaren Spektren treten die Maxima bei 410 nm auf. Die Gleichgew.-Konst. betragen für $[NiGGGG]^+$ 3,65; $[Ni(GGGG)_2]$ 3,3; $[NiC\cdot(H_2O)]^{2-}$ $-24{,}4$ u. $[Ni(OH)C(H_2O)]^{3-}$ $-10{,}0$. Koordinationsstellen für diese Peptidkomplexe des Ni(II)-Ions sind die N-Atome der Aminosäure- u. Peptidgruppen u. ein O-Atom der COO^--Gruppe. Wie bei den entsprechenden Cu(II)-Komplexen (l. c.) erleichtert die Bldg. der Ni(II)-Komplexe die Dissoziation eines Protons von jeder Peptidkette; ein direkter Beweis für diese Rk. stellt die Frequenzverschiebung im IR-Spektrum der Peptid-CO-Gruppe von 1670 (freier Ligand) auf 1610 cm^{-1} (koordinierter Ligand) dar. Anders als bei den Cu(II)-Komplexen erfolgt die Ersetzung der Peptidprotonen durch das Ni(II)-Ion in einem einzigen Dissoziationsschritt unter gleichzeitiger Umwandlung der paramagnet. oktaedr. Ni(II)-Komplexe in diamagnet. planare Chelate. G. Heller 156

0567 **Hydrolyse von Metallionen. 1. Mitt. Kupfer.** S. Mahapatra und R. S. Subrahmanya. (Proc. Indian Acad. Sci., Sect. A **65** (1967) 5, 283—90; Dep. of Inorg. and Phys. Chem., Indian Inst. of Sci., Bangalore; engl.) — Die Hydrolyse des Cu^{2+}-Ions wird bei verschiedenen Ionenstärken in Abhängigkeit von der Cu^{2+}- u. OH^--Konz. untersucht. Je nach Vers.-Bedingung existieren die Komplexe $[Cu(OH)]^+$, $[Cu_2(OH)_2]^{2+}$, $[Cu_3(OH)_4]^{2+}$ u. $Cu(OH)_2$, deren Stabilitätskonst. angegeben werden. H. Tulhoff 156

0568 **Potentiometrische Untersuchung am System Cu^{2+}–N_3^-.** Francesco Maggio, Vincenzo Romano und Lorenzo Pellerito. (Ann. Chimica **57** (1967) 2, 191 bis 202; Palermo, Ist. di Chim. gen. ed inorg., Univ.; ital.) — Das Syst. Cu^{2+}/N_3^- wird in Ggw. von $NaClO_4$ potentiometr. untersucht. Die Stabilitätskonst. β_1 für CuN_3^+ wird bei einer Ionenstärke von 1 zu $1{,}1 \cdot 10^2$, bei einer Ionenstärke von 3 zu $5{,}6 \cdot 10^2$ bestimmt. W. Holland 156

0569 **Dissoziations- und Stabilitätskonstanten in Lösungsmittelmischungen.** P. S. Gentile und A. Dadgar. (Rev. Polarogr. [Kyoto] **14** (1967) 3/6, 283—86; Dep.

of Chem., Fordham Univ., Bronx, N.Y.; engl.) — Die potentiometr. Meth. von Van Uitert et al. wurde angewandt, um Dissoziationskonst. u. thermodynam. Stabilitätskonst. zu bestimmen. Die Dissoziationskonst. von Acetylaceton u. die Stabilitätskonst. von *Ni(II)*- u. *Co(II)-Acetylacetonaten* sind Funktionen der Ionenstärke, der Temp. u. der (DK) des Lsgm.-Systems. Durch Konstanthalten der Ionenstärke für alle Lsgm. lassen sich die thermodynamischen Funktionen aus der Gleichgewichtskonst. ber. u. in Temp. u. DK ausdrücken. Die Dissoziationskonst. von Acetylaceton u. die Stabilitätskonst. von Metallacetylacetonaten wurden bei 0, 25 u. 40° in CH_3OH u. *n-Propanol*-H_2O-Mischungen untersucht. Kriterien der entsprechenden thermodynam. Funktionen werden diskutiert. Es zeigt sich, daß in verschiedenen Lsg.-Syst. ähnliche Metallchelatbldg. vorliegt, u. es besteht eine direkte Beziehung zwischen der Dissoziation der Liganden u. der Chelatbldg.-Tendenz solcher Metallionen, wie Literaturdaten zeigen, so bei Cu(II), Ni(II), Co(II) u. Zn(II). Das gleiche Verh. liegt auch bei Dimethylglyoxim- u. Salicylaldehydchelaten vor. Diese Beziehungen treffen nicht zu, wenn eine Chelatbldg. mit Glycin vorliegt, da dieses zwitterion. Charakter besitzt. D. Bretzinger 156

0570 **Lösungs-Stabilitätskonstanten von Übergangsmetallkomplexen mit 4-Methoxysalicylaldehyd.** P. V. Kamat, M. R. Bapat und M. G. Datar. (J. Indian chem. Soc. **44** (1967) 8, 731—33; Phys. Chem. Labor., Inst. of Sci., Bombay, India; engl.) — Unters. der Komplexbldg. in Lsg. zwischen Mg^{2+}, Mn^{2+}, Fe^{2+}, Co^{2+}, Ni^{2+}, Cu^{2+}, Zn^{2+} u. Cd^{2+} u. *4-Methoxysalicylaldehyd* in Dioxan-Wasser. Während Mg^{2+} keine Komplexbldg. zeigt, werden die Stabilitätskonst. für die übrigen Komplexe (in der angegebenen Reihenfolge) ermittelt zu (log β_2 =) 7,08, 7,55, 7,55, 7,70, 11,56, 12,38, 12,18. Der Zusammenhang zwischen den ermittelten Werten für log K_2 u. den 2. Ionisationspotentialen der Kationen wird unter Einschluß der Bindungsverhältnisse in den Komplexen diskutiert. J. Oguntke 156

0571 **Polarographische Bestimmung der Zusammensetzung und Stabilitätskonstanten der Komplexe des Maleinsäureanions mit Cadmium, Blei(II), Kupfer(II) und Indium(III).** Toru Nozaki, Teruyoshi Mise und Kazuo Higaki. (J. chem. Soc. Japan, pure Chem. Sect. [Nippon Kagaku Zasshi] 88 (1967) 11, 1168—71; Dep. of Engng. Chem., Fac. of Eng., Ehime Univ., Matsuyamashi; jap., Auszug: engl.) — Die Unters. erfolgte in Lsg. von (—OOC—CH=CH—COO—) (X) bei der Ionenstärke (μ) 0,2 u. 0,4. In(III) ergibt bei pH 3—4,5 eine reversible Red. zu In(O), $E_{1/2}$ = 0,577 V (gegen SCE); Cu(II), Pb(II) u. Cd(II) ergaben bei pH 4—7 u. 4—8 reversible Stufen, $E_{1/2}$ = 0,001; 0,388 u. 0,580, die Werte gelten für Maleinatkonz. von $8{,}0 \cdot 10^{-2}$ m bzw. für Cd $8{,}0 \cdot 10^{-3}$ m, μ = 0,2, 25°. Der Grenzstrom i_d für h_0 = 50, 60, 70 cm, sein Temp.-Koeff. u. $\Delta E/\Delta \log i/(i_d - i)$ werden ermittelt. Jedes der Metalle (M) bildet 3 Komplexe (Ko): MX, MX_2 u. MX_3. Die Stabilitätskonst. (β) wurden nach DeFord-Hume für 25° u. μ = 0,2 berechnet. Für log β ergaben sich die Werte: In(III) 5,0; 7,1; 10,9; Cu(II) 3,4; 4,9; 6,2; Pb(II) 3,0; 4,5; 5,4; Cd(II) 2,2 u. 3,6 bzw. für μ = 0,4 für Cd(II) 2,0; 3,2; 3,8. G. Schatz 156

0572 **Assoziation des Thiosulfations mit dem Bis-[äthylendiamin]-kupfer(II)-Ion in wäßriger Lösung.** R. A. Matheson. (J. physic. Chem. **71** (1967) 5, 1302—08; Chem. Dep., Victoria Univ., Wellington, New Zealand; engl.) — Die spektralphotometr. Best. der Gleichgew.-Konst. (K) der Assoziation von $S_2O_3^{2-}$ mit $Cu(en)_2^{2+}$ erfordert einen Überschuß (10^{-3}) an freiem en, falls der erhaltene Wert unabhängig von der zur Best. benutzten Wellenlänge (UV, sichtbar) sein soll. Der ber. Wert von K ist abhängig von den benutzten Aktivitätskoeff.; die Bedeutung dieses Verh. wird diskutiert. Es wird angenommen, daß die aus spektralphotometr. Daten resultierende Assoziationskonst. nicht allein von der Ausbldg. der inneren Komplexsphäre bestimmt wird. G. Schatz 156

0573 **Polarographische Untersuchung von Kupfer(II)-Komplexen mit Ammoniak, Äthyl-, Äthanol- und Äthyläthanolaminen.** John F. Fisher und James L. Hall. (Analyt. Chem. **39** (1967) 13, 1550—56; Dep. of Chem., W.Va. Univ., Morgantown, W.Va.; engl.) — Polarograph. Unters. der Syst. Cu(I) bzw. Cu(II)-OH^--Am(m)in, pH 8—13, [Am(m)in] 0,01—1,0 m, u. statist. Best. der Bldg.-Konst. log $\beta_{p,q}$ der entstehenden Komplexe $[CuA_p \cdot (OH)_q]^{x\pm}$ (A: Amin, NH_3; x± entsprechende Ladung): *Cu(I)*-NH_3, (p : q =) 2 : 0, (log $\beta_{p,q}$ =) 10,4; 1 : 1, 10,9; *Cu(II)*-NH_3, 4 : 0, 12,3; 3 : 1, 14,9; 2 : 2, 15,7; 1 : 3, 16,3; Cu(I)-*Äthylamin* (I), 2 : 0, 10,1; 1 : 1, 10,8; Cu(II)-I, 4 : 0, 11,5; 2 : 2, 15,9; Cu(II)-*Monoäthanolamin*, 1 : 2, 17,4; 2 : 2, 19,6; Cu(II)-*Äthyläthanolamin*, 1 : 2, 17,2; 2 : 2, 18,9; Cu(II)-*Diäthanolamin*, 1 : 2, 18,2; 2 : 2, 19,8; Cu(II)-*Äthyldiäthanolamin*, 1 : 2, 17,4; 2 : 2, 19,0; Cu(II)-*Triäthanolamin*, 1 : 1, 11,9; 1 : 2, 18,3; 1 : 3, 20,7; 2 : 2, 18,6. In den Syst. von Cu(II) mit *Diäthyl*- u. mit *Triäthylamin* werden keine lösl. Komplexe gebildet. Die log $\beta_{p,q}$ werden in Zusammenhang mit der Struktur der Liganden diskutiert. Bei allen Äthanolaminen wird Chelatbldg. durch Koordination am N u. am Hydroxyl-O angenommen, wobei letzteres sein Proton durch Rk. mit OH^- in der Lsg. verlieren soll. P. Frenzel 156

0574 **Neue Methode zur Berechnung von Stabilitätskonstanten.** A. Gergely, I. Nagypál und J. Mojzes. (Acta chim. Acad. Sci. hung. **51** (1967) 4, 381—92; Debrecen, L. Kossuth Univ., Inst. of Inorg. and Analyt. Chem.; engl.) — Das Verf. ist im wesentlichen eine Modifikation der Korrekturglied-Methode. Es kann zur Berechnung von log K_1 u. log K_2 im Falle von n = 2 u. 3 verwendet werden. Die Benutzung des Verf. wird für die Syst. *Nickel(II)-Glycin* (I) u. *Kupfer(II)-Glycin* (**II**) dargestellt. Dabei wird die Temp. variiert. Für **I** erhält man bei 20°: log (K_1/K_2) = 0,896, log K_1 = 5,80, log (K_1/K_2) = 10,70, $\sigma = \pm 0{,}008$; bei 25°: log (K_1/K_2) = 0,90, log K_1 = 5,73, log (K_1K_2) = 10,56; $\sigma = \pm 0{,}01$; bei 30°: log (K_1/K_2) = 0,93, log K_1 = 5,70, log (K_1/K_2) = 10,47, $\sigma = \pm 0{,}007$; für **II** bei 20°: log (K_1/K_2) = 1,263, log K_1 = 8,313, log (K_1/K_2) = 15,363, $\sigma = \pm 0{,}005$; bei 25°: log (K_1/K_2) = 1,27, log K_1 = 8,23, log (K_1/K_2) = 15,19, $\sigma = \pm 0{,}007$; bei 30°: log (K_1/K_2) = 1,28, log K_1 = 8,17, log (K_1/K_2) = 15,06, $\sigma = \pm 0{,}007$. Daraus wurden die Enthalpie- u. Entropieänderung für die obigen Komplexbildungsprozesse ber.; für **I**: ΔH_1 = 4,1 (kcal/Mol); ΔH_2 = 5,3; ΔS_1 = 13 (Entropieeinheiten; ΔS_2 = 4; für **II**: ΔH_1 = 5,9; ΔH_2 = 6,5; ΔS_1 = 18; ΔS_2 = 11. H. Markert 156

0575 **Thermodynamik der Ionenassoziation. Übergangsmetallkomplexe von β-Alanin und Glycin.** S. Boyd, J. R. Brannan, H. S. Dunsmore und G. H. Nancollas. (J. chem. Engng. Data **12** (1967) 4, 601—05; Dep. of Chem., State Univ. of N.Y. at Buffalo; engl.) — Im Temp.-Bereich 0—45° werden die thermodynam. Gleichgew.-Konst. für die Assoziation von Ni^{2+} u. Co^{2+} mit β-Alanin-Anionen (A^-) in wss. Lsg. bei niedriger Ionenstärke bestimmt. Für die Rk. $M^{2+} + A^- \rightleftharpoons MA^+$ (M = Ni, Co) werden die ΔG-, ΔH-, ΔS- u. ΔCp-Werte berechnet. Die Bldg.-Enthalpien folgender Komplexe werden differentialkalorimetr. bei Ionenstärke = 0,1 m bestimmt: CoA^+, NiA^+, NiG^+ (G^- = Glycin-Anion), ZnG^+, CoG^+, CoG_2, CuG^+ u. CuG_2. Die thermodynam. Funktionen werden diskutiert. K. J. Zwietasch 156

0576 **Bildung von Komplexen des Kupfer(II)-Ions mit gemischten Liganden.** D. D. Perrin, I. G. Sayce und V. S. Sharma. (J. chem. Soc. [London], Sect. **A 1967**, 1755—59; John Curtin School of Med. Res., Australian Nat. Univ., Canberra; engl.) — Unters. der Komplexbldg. zwischen *Cu(II)* u. den Liganden *Äthylendiamin, Histamin, Serin* (als Monoanion) u. *Salicylsäure* (als Dianion). Mit jedem der 6 möglichen Ligandenpaare wird die Bldg. gemischter Komplexe des Typs *CuAB* beobachtet. Die Stabilitätskonst. der Komplexe werden aus Ergebnissen von pH-Titration ermittelt (Tabellen). Ihre Werte sind größenordnungsmäßig mit den Konst. der entsprechenden Bis-Komplexe CuA_2 bzw. CuB_2 vergleichbar. J. Oguntke 156

0577 **Komplexbildung des N.N-Bis-[hydroxyäthyl]-glycins mit Cu^{2+}, Ni^{2+} und Co^{2+}.** V. Špringer, R. Karlíček und J. Majer. (Collect. czechoslov. chem. Commun. **32**

(1967) 2, 774–86; Inst. für anal. Chem., Pharmazeut. Fak., Komenský-Univ., Bratislava; dt.) — Die Komplexbldg. von Cu^{2+}, Ni^{2+} u. Co^{2+} mit N.N-Bis-[hydroxyäthyl]-glycin (I) wurde spektrophotometr. u. papierelektrophoret. untersucht. Die Stabilitätskonst. werden mitgeteilt. Im Syst. Cu^{2+}-I bildet sich bei pH 2,60–3,40 ein grüner 1 : 1-Komplex, bei pH 7,0–8,5 ein blauer 1 : 2-Komplex u. bei pH > 12 ein grünblauer 1 : 1-Komplex. Im Syst. Ni^{2+}-I existiert bei pH 4,50–5,10 ein grüner 1 : 1-Komplex, im neutralen Medium scheidet sich der schwerlösl. blaue 1 : 2-Komplex ab, der sich bei weiterer Erhöhung des pH-Wertes zu einem grünblauen 1 : 2-Komplex löst. Aus Co^{2+} u. I bildet sich bei pH 5,00 bis 5,35 ein rosafarbener 1 :1-Komplex, bei Erhöhung des pH-Wertes scheidet sich der orangefarbene 1 : 2-Komplex ab, im stark alkal. Medium (pH > 12) entsteht ein roter 1 : 1-Komplex, der auf Grund der leichten Oxydierbarkeit von Co^{2+} zu Co^{3+} nur wenig stabil ist.
K.-J. Zwietasch 156

0578 **Spektrophotometrische Untersuchung der Lösungsgleichgewichte zwischen Eriochromschwarz T und Zink(II)-nitrilotriacetat oder Kupfer(II)-cyclohexandiamintetraacetat.** Mutsuo Kodama und Hide Ebine. (Bull. chem. Soc. Japan **40** (1967) 8, 1857–61; Dep. of Chem., Ibaraki Univ., Mito, Ibaraki; engl.) — Eriochromschwarz T (H_3ET) bildet unabhängig vom pH-Wert mit Cu(II) in Ggw. von Cyclohexandiamintetraessigsäure ein normales Chelat $Cu(ET)^-$ mit der Stabilitätskonst. $K = 10^{21,98}$ ($\mu = 0,10$). Mit Zn(II) bildet ET bei pH $< 9,00$ ein normales Chelat ($K = 10^{12,76}$ bei $\mu = 0,10$ u. pH 8,50); bei pH $> 9,00$ entsteht ein gemischtes Chelat $Zn(ET)(NTA)^{4-}$ (H_3NTA = Nitrilotriessigsäure) mit $K = 10^{15,38}$ bei $\mu = 0,10$.
K.-J. Zwietasch 156

0579 **Hydroxyäthylidendiphosphonsäure als Komplexbildner in wäßrigen Lösungen.** M. I. Kabačnik, R. P. Lastovskij, T. Ja. Medved', V. V. Medyncev, I. D. Kolpakova und N. M. Djatlova. (Doklady Akad. Nauk SSSR **177** (1967) 3, 582–85; VNII chim. reaktivov i osobo čistych chim. veščestv; russ.) — Die Komplexbldg. von $HO(CH_3)C[P(O)(OH)_2]_2$ (I) wurde durch potentiometr. Titration von wss. Lsg. bei $\mu = 0,1$ (KCl) u. $25 \pm 0,1^0$ untersucht. Der negative Logarithmus der Dissoziationskonst. von I beträgt $pK_1 = 11,13 \pm 0,09$, $pK_2 = 10,29 \pm 0,07$, $pK_3 = 7,28 \pm 0,06$, $pK_4 = 2,47 \pm 0,04$ u. $pK_5 = 1,7 \pm 0,2$. I bildet, wie auch Methylen- (II) und Hexamethylendiphosphonsäure (III), Komplexe der Zus. Metall : Ligand = 2 : 1, 1 : 2 u. 1 : 1. Die 1 : 1-Komplexe mit Erdalkali-, Übergangs- u. Seltenerdmetallen sind im Falle von III weniger beständig. Daten der Stabilitätskonst. der Komplexe von I–III mit *Be*, *Mg*, *Ca*, *Sr*, *Mn*, *Fe(II)*, *Co*, *Ni*, *Cu*, *Zn*, *Al*, *Ln*, ZrO^{2+}, *Fe(III)* u. *Th* sind tabelliert. I bildet mit allen Kationen Komplexe des Typs MHL, die mit Ca, Sr, Cu(II), Ln u. Th sind nur im stark sauren pH-Bereich in W. löslich. MH_2L-Komplexe bildet I mit Be u. zweiwertigen Übergangsmetallionen, Komplexe der Zus. ML mit Be, Al, Ln u. Th, solche der Zus. M_2L u. M_2HL mit Erdalkali- u. Übergangsmetallen u. solche der Zus. M_2H_2L mit Übergangsmetallen. Die M_2HL-Komplexe von Ca, Sr, Mn(II), Co(II) u. Cu(II) sind unlöslich. Al, ZrO^{2+} u. Th bilden Komplexe vom Typ M_2L, M_2HL, ML_2 u. $M(HL)_2 \cdot$ Al. Die Stabilität der Komplexe sinkt im allg. bei zweiwertigen Ionen nach II $>$ I $>$ III, bei mehrwertigen nach I $>$ II $>$ III.
J. J. Pohl 156

0580 **Thermodynamische Größen für die Wechselwirkungen zwischen Adenosindiphosphorsäure und Adenosinmonophosphorsäure und Metallionen.** M. M. Taqui Khan und A. E. Martell. (J. Amer. chem. Soc. **89** (1967) 22, 5585–90; Dep. of Chem., Ill. Inst. of Technol., Chicago, Ill.; engl.) — Die Rk. zwischen dem protonierten bzw. vollständig dissoziierten Anion des *Adenosindiphosphates* (*ADP*), dem *Adenosin-2-monophosphat* (*AMP-2*), dem *Adenosin-3-monophosphat* (*AMP-3*), dem *Adenosin-5-monophosphat* (*AMP-5*) u. *Mg(II)*, *Ba(II)*, *Sr(II)*, *Ca(II)*, *Co(II)*, *Mn(II)*, *Zn(II)*, *Ni(II)* u. *Cu(II)* werden durch potentiometr. Gleichgew.-Messungen bei 0,4, 12, 25 u. 40^0 unter Verw. der Rk.-Partner im Mol-Verhältnis 1 : 1 untersucht. Die Gleichgew.-Konst. für die Bldg. der einkernigen Monohydroxo-Komplexe in allen untersuchten Syst. u. der zweikernigen μ-Dihydroxo-Komplexe der Syst. Cu(II)-ADP u. Zn(II)-ADP werden bestimmt. Die Bldg.-Entropien u. -Enthalpien der protonierten u. normalen Chelate u. für die Hydrolyse- u. Hydroxo-Komplexbldg.-Rk. der Syst. Cu(II)-ADP u. Zn(II)-ADP werden berechnet. Die Bldg.-Enthalpien der normalen u. protonierten Komplexe des ADP u. der normalen Komplexe der Adenosinmonophosphate sind relativ klein. Als treibende Kraft für die Bldg. der Metallkomplexe des ADP, AMP-2, AMP-3 u. AMP-5 wird die Entropie angesehen. Zwischen der Entropie der Komplexbldg. u. der Zahl der Donatorgruppen in den Liganden einerseits u. dem reziproken Wert der Quadrate der effektiven Ionenradien der Kationen andererseits werden lineare Beziehungen abgeleitet.
J. Oguntke 156

0581 **Bildungskonstanten von Kupfer(II)-Verbindungen von Pyridylalpyridylhydrazin.** L. Keith Hunt und Harvey Diehl. (Proc. Iowa Acad. Sci. 72 (1967), 145 bis 150; Dep. of Chem., Ia. State Univ., Ames, Ia.; engl.) — Pyridylalpyridylhydrazin (I), die Schiffsche Base aus Pyridin-2-aldehyd u. 2-Pyridylhydrazin, bildet in Abhängigkeit von den Konz.-Verhältnissen mit Cu^{II} 1 : 1- bzw. 1 : 2-Komplexe, die in gepufferter Lsg. (pH 8,45 u. $\mu = 0,1$) im UV-Spektrum beim Absorptionsmax. für freies I (345 nm) die molaren Extinktionskoeff. 15100 bzw. 22450 besitzen; daraus wurden die Bldg.-Konst. zu $2,4 \cdot 10^5$ bzw. $2,8 \cdot 10^5$ bestimmt. Die UV-Absorption ist also ein direktes Maß für die Konz. an freiem I.
G. Heller 156

0582 **Vergleich von Diantipyrylmethan–Thiocyanat-Komplexen einiger Metalle.** M. M. Tananajko. (Ž. neorg. Chim. 12 (1967) 10, 2687–94; Kievskij gos. univ. im. Ševčenko; russ.) — Es werden vergleichende Unters. der Bldg. von *Fe(III)*-, *Cu(II)*-, *Co(II)*-, *Ti(IV)*-, *Mo(V)*- u. *Nb(V)-Diantipyrylmethan* (DA)*–Thiocyanat-Komplexen* der Zus. $(DAH)_2[Co(SCN)_4]$, $(DAH)_2[Cu\cdot(SCN)_4]$, $[Fe(DA_3)](SCN)_3$, $(DAH)_3[Fe(SCN)_6]$, $[Ti(DA)\cdot(SCN)_4]$, $(DAH)_2[Ti(SCN)_5]$, $(DAH)[MoO_2(SCN)_2]$, $(DAH)[MoO(SCN)_4]$, $(DAH)_2[MoO(SCN)_5]$ u. $(DAH)_2\cdot[Nb(OH)_2(SCN)_5]$ u. ihrer Extraktion durch $CHCl_3$ in Abhängigkeit von der Acidität der Lsg. u. der Konz. der Rk.-Komponenten angestellt. Die genannten Komplexe bilden sich in breitem Konz.-Bereich an HCl (0,5–5 Mol/l) u. werden unter diesen Bedingungen extrahiert. Bei Fe, Cu u. Co werden entsprechende Komplexe bereits bei geringerer Acidität der Lsg. (0,01 Mol) gebildet. Bez. der Extrahierbarkeit der tern. Verb. kann in Abhängigkeit von der NH_4SCN-Konz. folgende abnehmende Reihe aufgestellt werden: Co $\geq$ Cu $\geq$ Mo $>$ Fe $>$ Ti $>$ Nb. Die optimale Diantipyrylmethan (I)-Konz. beträgt bei Bldg. der Mehrzahl der Komplexe 0,02 g-Mol. Eine Ausnahme bildet der Mo-Komplex, für dessen Bldg. u. Extraktion bereits I-Konz. von $3 \cdot 10^{-4}$ Mol/l genügen. Bei geringen NH_4SCN-Konz. vermindert überschüssiges I die Extrahierbarkeit des Fe, Ti u. Nb hauptsächlich auf Kosten kation. I-Metallkomplexe. Die Extraktion der Komplexe sinkt vom Ti über den Fe- zum Nb-Komplex. Mittels der Meth. der Gleichgewichtsverschiebung werden die Zus. der extrahierbaren Komplexverb. ermittelt u. die partiellen Gleichgewichtskonst. ber., welche die Bindungen in den $Me(SCN)_m$-I-Ketten, aber auch $Me–SCN^-$ bei konst. Konz. des zweiten Addenden unter den Bedingungen von Zweiphasensyst. charakterisieren.
K. Jasche 156△

0583 **Sterische Hinderung bei der Metallkoordination mit Azopyrazolonen-(3).** Fred A. Snavely, Dwight A. Sweigart, Claude H. Yoder und Aristides Terzis. (Inorg. Chem. [Washington] **6** (1967) 10, 1831–34; Dep. of Chem., Franklin and Marshall Coll., Lancaster, Pa.; engl.) — Die Komplexbldg.-Konst. von zweiwertigen Metallionen (*Cu*, *Ni*, *Co*, *Zn* u. *Cd*) mit *Azoderiv.* von *1-Phenyl-5-methylpyrazolon-(3)* wurden in 75%ig. wss. Dioxan gemessen. Diese Azoderiv. sind stärkere Säuren u. stärkere Koordinationsliganden als die entsprechenden Azoderiv. von 1-Phenyl-3-methylpyrazolon-(5). Bei o-substituierten Deriv. wird ein ster. Effekt. gefunden, der in der Reihenfolge J > Br > Cl > F > H u. C_2H_5 > CH_3 abnimmt.

Versuche: *1-Phenyl-5-methylpyrazolon-(3)*, F. 167 bis 169° (A.), durch Zutropfen von Diketen zu Phenylhydrazin in Bzl. im Eisbad, Abfiltrieren des Phenylhydrazons, Zugaben zu konz. HCl u. 15 Min. Kochen; 69% (Ausb.). — 1-Phenyl-4-(phenylazo)-5-methyl-pyrazolone-(3), durch Kuppeln der entsprechenden diazotierten Amine mit vorst. Verb., Umkrist. in wss. A.: *Unsubstituiert*, F. 96°. — *2'-Methyl-*, F. 96—97°. — *3'-Methyl-*, F. 111—113°. — *4'-Methyl-*, F. 139—140°. — *2'-Fluor-*, F. 126—128°. — *3'-Fluor-*, F. 129—130°. — *4'-Fluor-*, F. 145—147°. — *2'-Chlor-*, F. 154—155°. — *3'-Chlor-*, F. 118—120°. — *4'-Chlor-*, F. 158—160°. — *2'-Brom-*, F. 156—157°. — *3'-Brom-*, F. 123—125°. — *4'-Brom-*, F. 123—125°. — *2'-Jod-*, F. 124—126°. — *4'-Jod-*, F. 153—155°. — *2'-Nitro-*, F. 141—142°. — *3'-Nitro-*, F. 161—163°. — *4'-Nitro-*, F. 206—209°. — *2'-Methoxy-*, F. 137—138°. — *3'-Methoxy-*, F. 109—110°. — *4'-Methoxy-*, F. 122—124°. — *2'-Methylmercapto-*, F. 162—163°. — *3'-Methylmercapto-*, F. 144—145°. — *2'.6'-Dimethyl-*, F. 136—138°. — *2'-Äthyl-*, F. 71—73°.

Axel Jochum 156

0584 **Löslichkeit von Silberchlorid und Konzentrationen von silberhaltigen Spezies in Äthanol-Wasser-Mischungen.** K. P. Anderson, E. A. Butler, D. R. Anderson und E. M. Woolley. (J. physic. Chem. **71** (1967) 11, 3566 bis 3569; Dep. of. Chem., Brigham Young Univ., Provo, Ut.; engl.) — Unter Verw. des radioakt. Indikators ^{110}Ag wurde die Löslichkeit (L) von AgCl bei einer Cl^--Konz. von 10^{-5} bis 10^{-1} m in A.–W.-Mischungen mit 0, 10, 20, 40 u. 50 Gew.-% A. bestimmt. Das L-Prod. (K_{sp}), die Konst. der Assoziierung von AgCl (K_0) u. der $AgCl_2^-$-Bldg. (K_1) wurden für jede Mischung nach einer abgewandelten Analyse der kleinsten Quadrate der L-Daten ermittelt. Die Werte sind tabelliert u. ihre prozentuale Abweichung vom experimentellen Wert angegeben. Mit steigendem A.-Geh. nimmt K_{sp} ab, K_0 u. K_1 nehmen zu.

G. Schatz 156

0585 **Relative Bildungskonstanten von Kupfer-, Nickel- und Silberkomplexen mit substituierten Pyridinen.** M. S. Sun und D. G. Brewer. (Canad. J. Chem. **45** (1967) 22, 2729—39; Univ. of New Brunswick, Fredericton, New Brunswick; engl.) — Die Bldg.-Konst. der Cu(II)-, Ni(II)- u. Ag(I)-Komplexe folgender Liganden wurden in einer Lsg. von 0,5 F KNO_3 + 0,1 F HL + 0,01 F KNO_3 oder $Ba(NO_3)_2$ bei 25,0 ± 0,1° u. der Ionenstärke 0,61 ± 0,01 durch pH-Messungen bestimmt: (Ligand, L =) *Py.* (saure Assoziationskonst. von L, log K^h =) 5,44, *2-Picolin* 6,21; *3-Picolin* 5,88; *4-Picolin* 6,24; *2.5-Lutidin* 6,63; *2.6-Lutidin* 6,89; *3.4-Lutidin* 6,64; *3.5-Lutidin* 6,31; *2-Pyridylcarbinol* 5,10; *3-Pyridylcarbinol* 5,19; *4-Pyridylcarbinol* 5,66; *2-Aminopyridin* 6,96; *3-Aminopyridin* 6,26; *2-Amino-3-picolin* 7,23. Die erhaltenen Werte von log β_1 bis log β_4 sind tabelliert, sie hängen von der Basizität der Liganden nach Maßgabe der $d_\pi-p_\pi$-Bindungskapazität des jeweiligen Metallions ab. So gilt für Cu(II)-Komplexe log β_1 = 0,452 log K^h + 0,092, für Ni(II)-Komplexe log β_1 = 0,268 log K^h + 0,441 u. für Ag(I)-Komplexe log β_2 = 0,596 log K^h + 0,974. Die 2-Substituenten im Py.-Ligand $-CH_3$ u. $-NH_2$ über eine starke ster. Wrkg. auf die Stabilität von Cu(II)- u. Ni(II)-Komplexe aus, während im Falle der Ag(I)-Komplexe kein analoger Effekt auftrat.

J. J. Pohl 156

A–5. Elektrochemie

0586 **Bedeutung der Protonen bei der elektrochemischen Umwandlung von Oxiden.** P. D. Lukovcev. (Ėlektrochimija **4** (1968) 4, 379—83; Moskva, Inst. ėlektrochim. AN SSSR; russ.) — Überblick. — 65 Literaturangaben.

J. J. Heinrich 161

0587 **Empfindlichkeitskonstante der elektrochemischen Reaktionsreihen.** Ja. P. Stradyn'. (Izvest. Akad. Nauk Latv. SSR, Ser. chim. **1968**, 1, 123; Inst. org. sinteza AN Latv. SSR; russ.) — Die Halbstufenpotentiale vieler elektrochem. Rk.-Serien korrelieren mit den Taftschen σ-Konst. der Substituenten X_i nach $\Delta E_{1/2} = E^{X_i}_{1/2} - E^{N}_{1/2} = \varrho_\pi\sigma_{X_i}$. Der Substituenteneinfl. auf die polarograph. Empfindlichkeitskonst. einer gegebenen Rk. wird in Volt ausgedrückt. Die Berechnung erfolgt in der Skala gewöhnlicher kinet. ϱ-Konst. nach $\varrho = [r_2 \cdot \alpha F/2{,}3\ RT] \cdot \varrho_\pi$. Daraus kann bei αn_α = 1 ϱ zu 16,88 ϱ_π bestimmt werden. In aromat. Reihen liegen die ϱ-Werte zwischen 0,03 u. 0,60 V, in aliphat. zwischen 0,1 u. 1,5 V. Das entspricht den ϱ-Werten von 0,2—12 oder 0,8—25. Für chem. Rk., wie die Ionenrk. des Säure–Base-Wasserstoffaustausches am aromat. Kern gilt $0 < |\varrho| < 5$. Homolyt. Rk. sind durch $0 < |\varrho| < 1{,}5$ charakterisiert. Für einige Rk.-Reihen, wie X_i—Br, X_i-ONO_2 X_i-Tl^+, liegen die ϱ-Konst. über 50, wobei die ϱ-Konst. negative Vorzeichen besitzen, d. h. unter Einfl. des elektr. Feldes wird die Bindung X_i—R gelöst. Zur Umrechnung der ϱ_π-Konst. in konventionelle ϱ-Konst. für Serien mit $n_\alpha\alpha$ = const. entsprechen die ϱ-Konst. den Größen $E_{1/2}n_\alpha\alpha$ u. nicht $E_{1/2}$.

H. Berge 161

0588 **Thermodynamik von Elektrolytlösungen mittlerer Konzentration.** G. A. Martynov. (Doklady Akad. Nauk SSSR **179** (1968) 3, 629—32; Inst. fiz. chim. AN SSSR; russ.) — Die Thermodynamik von Elektrolytlsg. mittlerer Konz. wird unter Berücksichtigung der Abhängigkeit der DK von der Vol.-Konz. der gelösten Substanz behandelt.

J. J. Pohl 162

0589 **Universelle pH-Skala für Lösungen bei verschiedenen Temperaturen und in verschiedenen Lösungsmitteln.** C. L. de Ligny und M. Alfenaar. (Recueil Trav. chim. Pays-Bas **87** (1968) 4, 375—76; Labor. for Analyt. Chem., State Univ., Utrecht; engl.) — Erratum zu ibid. **86** (1967) 1182. Tabellar. Mitt. von korr. Werten für $(\mu^0_{H;298,2} - \mu^0_{H,T})/2{,}3026\ RT$.

A. Blaschette 162

0590 **Herstellung von Standardpufferlösungen durch potentiometrische Titration.** Ja. V. Vitol. (Izvest. Akad. Nauk Latv. SSR, Ser. chim. **1968,** 1, 120—21; Inst. chim. drevesiny AN Latv. SSR; russ., Auszug: engl.) — Vf. schlägt die Verw. der potentiometr. Titration zur schnellen Herst. einer Phosphatpufferlsg. vom pH 6,80 vor. Zur Bereitung einer Pufferlsg. vom pH 4,75 wird Na-Hydrogensuccinat empfohlen. Herst. der Lsg.: 40 g $Na_2HPO_4 \cdot 12\ H_2O$ werden in 400 g W. gelöst. 60 ml dieser Lsg. werden mit 0,4 N HCl differentialpotentiometr. titriert (im Äquivalenzpunkt = A ml HCl). Die Pufferlsg. vom pH 6,80 wird durch Zusammengießen von 120 ml der Ausgangslsg. mit A ml 0,4 N HCl u. (19 A—120) ml W. bereitet. Die Pufferlsg. vom pH 2,20 erhält man durch Vermischen von 40 ml Ausgangslsg. mit A ml 0,4 N HCl u. (13 · A—40) ml W. Die Pufferlsg. vom pH 4,75 stellt eine 0,05 m Na-Hydrogensuccinat-Lsg. dar u. wird durch Auflsg. von 7,00 g $NaHC_4H_4O_4$ in 1 l W. hergestellt. Dazu löst man 59 g Bernsteinsäure in 55 ml W., setzt 71,5 g Na_2CO_3 zu, krist. zweimal um u. trocknet bei 105°.

H. Berge 162

0591 **Struktur von Wasser an Grenzflächen: Elektrische Leitfähigkeit von mit wäßrigen Elektrolytlösungen getränkten Festkörpern unter hydrostatischem Druck.** R. A. Horne, A. F. Day, R. P. Young und N. T. Yu. (Electrochim. Acta [London] **13** (1968) 3, 397—406; Arthur D. Little, Inc., Cambridge, Mass.; engl.) — Vergleichende Messungen der Temp. u. Druckabhängigkeit der elektr. Leitfähigkeit von wss. 0,1 m KCl-Lsg. u. von mit diesen Lsg. getränkten Festkörpern (Al_2O_3, SiO_2, 80 bzw. 80 u. 120 mesh) zeigt, daß das W. in der Nähe einer Grenzfläche strukturiert ist u. daß diese Strukturierung den Elektrolyten zu verdrängen sucht, wobei die Konz. der Lsg. in einigem Abstand von der Grenzfläche zunimmt. Diese Beobachtung wird durch einfache Eluierungsvers. bestätigt. Die W.-Struktur in der Nähe von Grenzflächen ist stabiler bez. Temp. u. Druck u. deshalb wohl anders als die Struktur im Innern von H_2O. Es werden zwei Formen der W.-Struktur vorgeschlagen: diejenige, aus welcher die Frank-Wen-Bezirke u. die Hydratationssphären von Ionen u. von Ladungszentren aufgebaut sind bzw. die an Grenzflächen, in den Hydratationssphären von hydrophoben Gruppen u. Stoffen einschließlich der quatern. Ammoniumionen u. in den Hydratationsschalen der hydrophoben Segmente von Biopolymeren. M. Frenzel 162

0592 **Untersuchung der thermodynamischen Eigenschaften von Lithiumchloridlösungen in Methanol–Dioxan-Gemischen durch EMK-Messungen.** A. M. Škodin und L. Ja. Šapovalova. (Ėlektrochimija **4** (1968) 2, 133 bis 137; Char'kovskij gos. univ. im. Gor'kogo; russ.) — Vf. untersuchten die EMK-Abhängigkeit von der Konz. an LiCl der Kette $Li(Hg)_x$ /LiCl/AgCl–Ag in 17 verschiedenen Methanol–Dioxan-Mischungen bei 25° im Bereich 90—10 Gew.-% Dioxan mit einem DK-Intervall von 29,40—3,78. Die Abhängigkeit der molaren Standard-EMK vom reziproken DK-Wert sowie von der Zus. ist nur in engen Grenzen linear, in weiten Grenzen dagegen nicht linear. Es wurden die Aktivitätskoeff. u. molaren Überführungsenergien von LiCl aus unendlich verd. wss. Lsg. in unendlich verd. Lsgm.-Gemische berechnet. H. Berge 162

0593 **Natur der Nahwirkung zwischen Ionen.** Ju. M. Kessler und L. G. Łožkina. (Ėlektrochimija **4** (1968) 1, 92—95; Inst. ėlektrochim. AN SSSR, Moskva; russ.) — Vf. untersuchen theoret. die Nahwrkg. zwischen Ionen mit der ibid. **3** (1967), 693 beschriebenen Modellbetrachtung am Beispiel von *LiCl*- u. *CsJ*-Lsg. in H_2O. E. Winkler 162

0594 **Diffusionskoeffizienten von zweiwertigem Zink in Chlorid- und Chlorid–Fluorid-Schmelzen.** I. F. Ničkov, E. A. Novikov, S. P. Raspopin, A. N. Korž und Ju. M. Ivanov. (Ėlektrochimija **4** (1968) 5, 584—86; Ural'skij politechn. inst. im. Kirova; russ.) — Die Diffusionskoeff. der Zn-Ionen sind im Konz.-Bereich 0,025—0,6 m in den Schmelzelektrolyten KCl–$ZnCl_2$ u. NaCl–$ZnCl_2$ abhängig vom freien Volumen. Die chronopotentiometr. bei 700° gemessenen Diffusionskoeff. stehen in guter Übereinstimmung mit den nach der Stokes-Einsteinschen Formel ber. Werten. Ein Zusatz von F^--Ionen verringert stark den Diffusionskoeff., offensichtlich infolge der festeren Bindung u. Abnahme der Ionenbeweglichkeit. Ein F^--Zusatz über das stöchiometr. Verhältnis hinaus hat keine Veränderung zur Folge. H. Berge 162

0595 **Verhalten von Lösungen in geschmolzenem Natriumtetrachloroaluminat.** 1. Mitt. **System Säure–Base.** Bernard Trémillon und Gérard Letisse. (J. electroanalyt. Chem. Interfacial Electrochem. [Lausanne] **17** (1968) 3/4, 371—86; Labor. de Recherches de Chim. Anal., Fac. des Sci., ENSCP, Paris; franz.) — Der Begriff Säuregrad (Austausch von Cl^-) in geschmolzenem NaAl · Cl_4 (äquimol. Mischung von $AlCl_3$ u. NaCl) wurde entwickelt. Das Dissoziationsgleichgew. der Lsgm.-Anionen: $2\ AlCl_4^- \rightleftharpoons Al_2Cl_7^- + Cl^-$ stellt das Lsgm.-Syst. dar, auf dem die Definition „Säure" (Cl^--Akzeptoren) u. „Base" (Cl^--Donatoren) beruht. Der Säuregrad wird als pCl^- — -log Cl^- gemessen, wobei eine Al-Elektrode als pCl^--Indikator benutzt wird. Die potentiometr. Titrationskurven von Cl^- mit coulometr. hergestelltem $Al_2Cl_7^-$ erlauben die scheinbare Gleichgew.-Konst. zu bestimmen: $K_i = [Al_2Cl_7^-][Cl^-] = (3{,}4 \pm 0{,}4) \cdot 10^{-6}\ Mol^2 \cdot kg^{-2}$. Die elektrochem. Unters. der Chlorelektrode (theoret. ebenfalls ein pCl^--Indikator) ergibt einen anderen K_i-Wert, der aber mit dem oben genannten übereinstimmt, wenn man die Unvollkommenheiten der Elektrodencharakteristik in Rechnung stellt. — 7 Diagramme, 46 Literaturangaben. J. Bardeleben 162

0596 **Verhalten von Lösungen in geschmolzenem Natriumtetrachloroaluminat.** 2. Mitt. **Protonen und Oxidionen.** Gérard Letisse und Bernard Trémillon. (J. electroanalyt. Chem. Interfacial Electrochem. [Lausanne] **17** (1968) 3/4, 387—94; franz.) — 1. vgl. vorst. Referat. — Elektrochem. Unters. zeigen, daß H^+ eine starke „Säure" ist, die nur als HCl existieren kann. O^{2-} ist eine starke „Tribase" u. existiert wahrscheinlich in der komplexen Form $Al_2OCl_5^-$. Das Verh. der Protonen kann vom Wasserstoffelektrodenpotential u. das Verh. der O^{2-}-Ionen aus den potentiometr. Titrationskurven der starken Säure $Al_2Cl_7^-$ u. $Ba(OH)_2$ abgeleitet werden, wobei eine Al-Elektrode als Indikator benutzt wird. W. reagiert mit geschmolzenem $NaAlCl_4$ gemäß: $2\ AlCl_4^- + H_2O \rightarrow 2\ HCl + Al_2OCl_5^- + Cl^-$. Zusatz von W. führt zu höherer Basizität. — 2 Diagramme. J. Bardeleben 162

0597 **pH-Wert des Fällungsbeginns und Aktivitätsprodukt des Lutetiumhydroxids.** P. N. Kovalenko, L. T. Ažipa und M. M. Evstifeev. (Ž. prikl. Chim. **41** (1968) 1, 198—200; russ.) — Polarograph. Daten zeigen eine lineare Abhängigkeit des Maximalstromes von der Lu-Konz. in einem LiCl-Leitelektrolyt. Der pH-Wert des Fällungsbeginns vom Lu-Hydroxid wurde in Lsg. mit den Lu-Chloridkonz. $4{,}16 \cdot 10^{-4}$, $7{,}76 \cdot 10^{-4}$ u. $1{,}04 \cdot 10^{-3}$ g-Ion/l bestimmt, er beträgt 5,45, 5,30 bzw. 5,15. Oszillopolarograph. Vers. ergeben die Bldg. von Lu(OH) · Cl_2 im Bereich pH 5,50—6,00. Ab pH 6,13 entsteht Lu · $(OH)_2Cl$. Das Aktivitätsprod. von $Lu(OH)_3$ wurde für 20° ber., es beträgt $1{,}43 \cdot 10^{-27}$. J. J. Pohl 162

0598 **Säureeigenschaften von Hydratwasser in nichtwäßrigen Salzlösungen.** V. M. Vdovenko, V. P. Stacevič, I. G. Suglobova und D. N. Suglobov. (Radiochimija **10** (1968) 1, 6—12; russ.) — Vf. vgl. die Protonendonatoreig. von Hydratwasser in Lsg. einiger Uranyl- u. Th-Salze sowie vergleichweise einiger Alkali- u. Erdalkalimetallperchlorate in Äthylacetat (I) mit den analogen Eig. von organ. Säuren. Außerdem wurde die Energie der Wasserstoffbrückenbindung zwischen dem Hydratwasser u. dem Lsgm. I abgeschätzt. Als Maß für die Säureeig. diente die Verschiebung der Frequenz der C=O-Bande, $\Delta\nu_{C=O}$ (H_2O), von I bei der Ausbldg. von Wasserstoffbrücken. Untersucht wurden die Verb. $Na \cdot ClO_4$, $LiClO_4$, $Ba(ClO_4)_2$, $Ca(ClO_4)_2$, $Mg(ClO_4)_2$, $LiClO_4 \cdot H_2O$, $Ba(ClO_4)_2 \cdot H_2O$, $Ca(ClO_4)_2 \cdot H_2O$, $Nd(ClO_4)_3 \cdot H_2O$, $Th(ClO_4)_4 \cdot 4\ H_2O$, $UO_2(ClO_4)_2 \cdot H_2O$, $UO_2(ClO_4)_2 \cdot 3\ H_2O$, $Th(NO_3)_4 \cdot H_2O$, $Th(NO_3)_4 \cdot 2\ H_2O$, $Th(NO_3)_4 \cdot 5\ H_2O$, $UO_2(NO_3)_2 \cdot H_2O$, $UO_2(NO_3)_2 \cdot 2\ H_2O$, $UO_2Cl_2 \cdot 3\ H_2O$ u. H_2O. Tabellar. angegeben sind die Werte von $\Delta\gamma_{C=O}$ · (H_2O) sowie der Bandenverschiebung $\Delta\nu_{C=O}$ (M) durch Koordination von I direkt mit dem Kation. $\Delta\nu_{C=O}$ (H_2O) erhöht sich mit der Festigkeitserhöhung der Bindung des Metallions mit dem W.-Mol. sowie mit der Verringerung der Koordinationszahl des Zentralions u. der Basizität der Liganden, d. h. der Nachbarmol. des W. in der Koordinationssphäre. Die Zusatzladung des Hydratwassermol. unter Einfl. des Lsgm. beträgt + 0,18 e u. konzentriert sich auf die Protonen. Vf. bestimmten die Energie ΔH der Wasserstoffbrückenbindung zwischen dem Hydratwasser u. I für die vorst. Hydrate. Bez. seiner Säureeig. (Protonendonator) ist das Hydratwasser in nichtwss. Lsg. von Th^{4+} u. UO_2^{2+} mit den Verb. p-Chlorphenol, p-Nitrophenol u. $CH_2ClCOOH$ vergleichbar. G. Ewald 162

0599 **Ionen-Membranen.** 1. Mitt. **Oberflächen-Sulfonsäuregruppen auf porösem Glas: eine potentiometrische Untersuchung.** L. S. Hersh. (J. physic. Chem. **72** (1968) 6, 2195—99; Res. and Dev., Labor., Corning Glass Works, Corning, New York; engl.) — Vf. beschreibt die Herst. von porösen Glasmembranen bestimmter Zus., in deren oberflächliche Poren die verschiedensten Ionen eingebaut werden können. In der vorliegenden Arbeit wird der Einfl. untersucht, der durch Einbau von $SiOSi(Cl)_2C_6H_4SO_3H$ hervorgerufen wird. Vf. stellt fest, daß die so behandelten Gläser durch höhere Überführungszahlen für Kationen ausgezeichnet sind. Die Erhöhung ist sowohl abhängig von der Ladungsdichte als auch vom Verhältnis der Kationen–Anionen-Beweglichkeiten in der Glasmembran. Außerdem konnte festgestellt werden, daß die Gläser durch die Behandlung nicht mehr so stark quellen u. eine höhere mechan. Festigkeit bekommen. L. Naumburger 164

0600 **Berechnung des Einflusses der nichtbrownschen Bewegung auf einige Gleichstrom-Transportkoeffizienten in Lösung.** Harold L. Friedman und Arieh Ben-Naim. (J. chem. Physics **48** (1968) 1, 120—27; Dep. of Chem., State Univ. of N.Y., Stony Brook, N.Y.; engl.) — Die Beeinflussung von Transportkoeff. durch nichtbrownsche Bewegung läßt sich mit Hilfe eines Modells erfassen, bei dem der Ladungsträger zufällige Übergänge zwischen zwei Zuständen unterschiedlicher Beweglichkeit erleidet. Im einzelnen werden nachst. Transporteig. untersucht: elektr. Beweglichkeit; Hall-Beweglichkeit; Onsager-Ableitung der Äquivalentleitfähigkeit. Als Beispiel wird

$HCl(aq)$ bei 25° behandelt. Die Beziehungen zwischen Transportkoeff. sind recht empfindlich gegenüber der mkr. Dynamik der Ladungsträger.
A. Blaschette 164

0601 **Elektrische Leitfähigkeit wäßriger Lösungen von Na-Salzen bei hohen Temperaturen.** I. N. Maksimova und V. F. Juškevič. (Ukrainskij chim. Ž. **34** (1968) 3, 246—52; Leningradskij technol. inst. im. Lensoveta; russ.) — Die elektr. Leitfähigkeit von 0,001—1 n wss. *NaCOOH-*, $NaCH_3COO$-, $Na_2C_2O_4$-, Na_2SO_4-, Na_3PO_4-, $NaBO_2$- u. *NaOH*-Lsg. wurde bei 20—300° untersucht. Die Analyse der erhaltenen Ergebnisse zeigt eine Zunahme der Teilchenwechselwrkg. mit wachsender Temp. in verd. Lösungen. Der Charakter der Wechselwrkg. wird in erster Linie durch die Art des Elektrolyts bestimmt. Wachsender Assoziationsgrad des Elektrolyts führt zum Auftreten ausgezeichneter Punkte (Maxima u. a.) an den $\lambda = f(t^0)$-Kurven, deren Lage von der Ionenart bestimmt wird. Der Temp.-Koeff. der elektr. Leitfähigkeit nimmt nach $CH_3COONa > Na_3PO_4 > NaBO_2 > NaOH > Na_2SO_4 > Na_2C_2O_4 > NaCOOH$ ab. Die Hydrolysenkonst. der einzelnen Salze bei 25, 60, 100, 180, 260 u. 300° sind tabelliert. Die wachsende Hydrolyse bei steigender Temp. kann durch Änderung der Ion–Dipol-Wechselwrkg. erklärt werden, die Hydratationszahl des Anions nimmt ab, die Energie der Änderung des Anions mit dem W.-Mol. steigt.
J. J. Pohl 164

0602 **Elektrische Leitfähigkeit und Viskosität von NaJ-Lösungen in Methanol–Dioxangemischen.** A. M. Škodin und N. K. Levickaja. (Ukrainskij chim. Ž. **34** (1968) 4, 330—33; Char'kovskij gos. univ. im. Gor'kogo; russ.) — Die elektr. Leitfähigkeit λ u. die Viskosität η von NaJ-Lsg. in 16 Methanol–Dioxan-Gemischen mit 20—90 Gew.-% Methanol wurden bei 25° in einem breiten NaJ-Konz.-Bereich bestimmt. Die Dissoziationskonst. von NaJ wurde mit der Meth. von Fuoss-Onsager, von Fuoss u. von Kraus berechnet. Die Regel von Pisarževskij-Walden ist nicht gültig. Die Kurven der Abhängigkeit der Eig. der Elektrolytlsg. von der Zus. des gemischten Lsgm. oder vom reziproken Wert der DK zeigen infolge einer Strukturänderung des Lsgm. mit sich ändernder Zus. Knickpunkte. $\lambda_0 \cdot \eta_0$ ist von 1/D exponentiell abhängig.
J. J. Pohl 164

0603 **Umkehrung der Reihenfolge der Leitfähigkeiten von Salzlösungen in Methanol–Dioxan-Mischungen.** A. M. Škodin und N. K. Levickaja. (Élektrochimija **4** (1968) 5, 605—07; russ.) — Vgl. vorst. Referat. — Die gewöhnliche Reihenfolge der Leitfähigkeiten kehrt sich im DK-Bereich $\varepsilon \sim 12-15$ zu $Cs^+ < K^+ < Na^+$ u. $J^- < Cl^-$ um, d. h. die Ionenbeweglichkeiten sind umgekehrt proportional den kristallograph. Radien. In diesem Bereich ist eine sprunghafte Veränderung der Eig. zu verzeichnen. Die Leitfähigkeit fällt bes. bei LiCl stark ab. Im Bereich $\varepsilon \sim 12$ besitzt die Veränderung der Polarisierbarkeit ΔP durch ein äußeres Feld ein Minimum. Der Effekt kommt vermutlich durch eine Veränderung der Assoziation der Alkoholmol. unter Einfl. des unpolaren Lsgm. zustande. Die Veränderung der Polarisierbarkeit bewirkt eine Veränderung der Solvatation u. damit der Ionenbeweglichkeit.
H. Berge 164

0604 **Anomale Eigenschaften von Salzlösungen in aliphatischen Alkoholen.** O. M. Škodin und L. P. Sadivnyča. (Dopovidi Akad. Nauk Ukr. SSR, Ser. B-Geologija, Geofiz., Chim. Biol. **1968**, 4, 357—59; ukrain., Auszug: engl.) — Vgl. vorst. Referate. — Vf. untersuchen die elektr. Leitfähigkeit von *LiCl*, *NaJ* u. *CsJ* in *Propanol*, *Butanol*, *i-Amylalkohol*, *Hexyl-*, *Heptyl-*, *Octyl-* u. *Decylalkohol* u. geben die Abhängigkeit des pK u. $\lambda_0 \cdot \eta_0$ von $1/\varepsilon$ (ε = DK) an. Für CsJ sind beide Abhängigkeiten bis $\varepsilon \approx 10$ linear. LiCl u. NaJ zeigen im $\lambda_0 \cdot \eta_0 - 1/\varepsilon$-Diagramm im Bereich Hexyl-, Heptylalkohol ein Maximum. Diese Anomalie wird durch charakterist. Polarisierbarkeit der betreffenden Alkoholdipole durch Ionen mit kleinem Radius erklärt.
E. Bomke 164

0605 **Grenzleitfähigkeit von KCl-Lösungen in einfachen und gemischten Lösungsmitteln.** Ja. F. Mežennyj und K. A. Babak. (Ukrainskij chim. Ž. **34** (1968) 5, 476—79; Ukrainskij selchoz. akad., Kiev; russ.) — Es werden die Werte von $\lambda_{0(exp)}$ für KCl in Alkohol/W. (DK-Bereich 69,2—31,5) u. Dioxan/W. (DK = 5,605—78,54) bestimmt. Es wird eine Gleichung aufgestellt, um $\lambda_{0(theor.)}$ von KCl in einem beliebigen Lsgm. aus den Werten von ε u. η zu berechnen. Die ber. u. experimentellen Werte zeigen gute Übereinstimmung. Die Literaturwerte von Aceton/W. (DK = 66,98—48,2) u. Isopropanol/W. (DK = 71,4—47,9) werden nach derselben Gleichung ausgewertet. Die maximale Abweichung zwischen ber. u. experimentellen Werten beträgt 35%.
J. Tutschku 164

0606 **Elektromagnetisch induzierte Ströme in Elektrolytlösungen.** R. V. Bucur und V. Morariu. (J. electroanalyt. Chem. Interfacial Electrochem. [Lausanne] **17** (1968) 3/4, 425—26; Inst. de Phys. Atomique, Sect. de Cluj, Rumänien; franz.) — Ein konst. magnet. Feld, das auf eine Elektrolytlsg. wirkt, die sich im elektr. Feld befindet, kann suspendierte, neutrale Teilchen oder Mol. oder die Lsg. selber verschieben. Es wurden Lsg. folgender Verb. bei 25° untersucht: *NaCl*, *KCl*, $CoCl_2$, HNO_3, H_2SO_4.
J. Bardeleben 164

0607 **Spezifische Energie von Anlagen mit Brennstoffelementen.** A. G. Pšeničnikov. (Élektrochimija **4** (1968) 1, 98—99; Inst. élektrochim. AN SSSR, Moskva; russ.) — Vf. untersucht theoret. die notwendigen Bedingungen dafür, daß die spezif. Energie von Brennstoffelementaggregaten bei minimalen Gew. einen optimalen Wert erreicht.
E. Winkler 166

0608 **Kinetik der Einstellung von Redoxpotentialen.** Ju. V. Efremov. (Ž. fiz. Chim. **42** (1968) 2, 514—15; Mosk. chim.-technolog. inst. im. Mendeleeva; russ.) — Die Kinetik der Einstellung von Redoxpotentialen an einer indifferenten Pt-Elektrode wurde für die Syst. J_2/J^- u. Chinon/Hydrochinon mit Hilfe der Strömungsmeth. untersucht. Die Einstellungsgeschw. der Potentiale ist für verschiedene Syst. gleich u. wird durch die Diffusionsgeschw. bestimmt. Die Diffusionsschicht bleibt bis zu einem Elektrolytstrom von 7 m/s konstant.
H. Berge 166

0609 **Standardpotential der Elektrode Quecksilber–Quecksilber(I) und Quecksilber(I)–Quecksilber(II) in geschmolzenem (Li, K)NO₃.** Gian-Antonio Mazzocchin, G. Giorgio Bombi und Mario Fiorani. (J. electroanalyt. Chem. Interfacial Electrochem. [Lausanne] **17** (1968) 1—2, 95—100; Ist. di Chim. Analyt. dell' Univ., Padova, Italien; engl.) — Durch EMK-Messungen an den galvan. Ketten: $Pt/Ag(Li, K)NO_3, AgNO_3/Glas/(Li,K)NO_3, Hg_2 \cdot (NO_3)_2/Hg/Pt$ bzw. als zweite Halbzelle $(Li, K)NO_3/Hg_2(NO_3)_2, Hg(NO_3)_2/Pt$, als Funktion der Konz. von Hg(I) u. Hg(II) u. der Temp. (420—480°) wurde das Standardpotential (E^0) von Hg/Hg(I) (Syst. I), Hg(I)/Hg(II) u. (**II**) Hg/Hg(II) (**III**); deren Temp.-Koeff. u. die Gleichgew.-Konst. (K) der Rk. $Hg + Hg^{2+} \rightleftharpoons Hg_2^{2+}$ (**IV**) in geschmolzenem $(Li, K)NO_3$ (420—480°) bestimmt. Die ermittelten Werte von E^0_{450}, dE^0/dT für **I**, **II**, **III** sind tabelliert. Die thermodynam. Daten (ΔH^0, ΔS^0, ΔG^0_{450}) wurden für folgende Rk. ber. u. tabelliert: $Hg_2^{2+} + 2e \rightleftharpoons 2Hg$; $2Hg^{2+} + 2e \rightleftharpoons Hg_2^{2+}$; $Hg^{2+} + 2e \rightleftharpoons Hg$ u. Gl. **IV**. K_{450} (**IV**) = 223,9 ± 1,8. Die Konst. der Gl. $E^0 = E^0_{450} + dE/dT(T-450)$ wurden berechnet.
G. Schatz 166

0610 **Ionenzusammensetzung geschmolzener Gemische von Natrium-, Kalium-, Blei- und Uranchlorid.** S. V. Karžavin, I. F. Ničkov und S. P. Raspopin. (Ukrainskij chim. Ž. **34** (1968) 4, 412—13; Ural'skij politechn. inst. im. Kirova; russ.) — Der Einfl. von UCl_4- u. UCl_3-Zusätzen zum Elektrolyten auf die EMK der Kette Pb/Na · Cl-KCl-$PbCl_2/Cl_2$-Elektrode an C wurde untersucht. Die Abhängigkeit des Gleichgew.-Potentials von Pb vom Pb-Ionengeh. im Elektrolyt NaCl-KCl-UCl_3-UCl_4-$PbCl_2$ wurde bei 700,750 u. 800° bestimmt. In Ggw. der stabilen Komplexanion $[UCl_6]^{2-}$ u. $[UCl_4]^{2-}$ in der Salzschmelze ist ein merklicher Überschuß an KCl zur Bldg. von $[PbCl_6]^{4-}$ notwendig. Eine vollständige Bindung des Pb in Komplexgruppen ist erst beim Verhältnis KCl : $PbCl_2$ > 12 möglich.
J. J. Pohl 166

0611 **Elektrolyse mit strömendem Elektrolyten.** R. E. Sioda. (Electrochim. Acta [London] **13** (1968) 3, 375—82;

Dep. of Chem., Univ. of Kan., Lawrence, Kan.; engl.) — Eine neue Elektrolysezelle mit strömendem Elektrolyten wird beschrieben. Die Arbeitselektrode besteht aus einem gerollten Pt-Netz. Der Elektrolyt fließt unter der Einwrkg. der Schwerkraft durch die Poren der Elektrode (Modellrk.: Red. von $K_3[Fe(CN)_6]$ u. von O_2, Ox. von 9.10-Diphenylanthracen). Die Grenzströme der Red. u. der Ox. sind prakt. linear von der Strömungsgeschw. abhängig. Die Zelle ist für die präparative Elektrolyse (bes. mit instabilen Primärprod.), für coulometr. Messungen u. analyt. Zwecke geeignet. M. Frenzel 168

0612 **Zum Einfluß oberflächenaktiver Stoffe auf die Kinetik der kathodischen Cadmiumabscheidung.** Ju. M. Loškarev, L. P. Snetkova, V. N. Kovtun und N. P. Tkalik. (Élektrochimija **4** (1968) 3, 298—301; Dnepropetrovsk, gos. univ.; russ.) — Die Strom–Potential-Kurve für die kathod. Cd-Abscheidung aus $CdSO_4$–H_2SO_4-Lsg. hat bei Zusätzen oberflächenakt. Stoffe (OP-10) bei positiveren Potentialen ein ausgeprägtes Maximum. Bei einer Abscheidung im darauffolgenden Minimum bilden sich qual. gute Überzüge. Optimale Bedingungen werden angegeben. Aus Impedanzmessungen ergibt sich, daß der Strom im Max. diffusionskontrolliert ist, während im Minimum der Ladungsdurchtritt durch die adsorbierte Schicht den geschwindigkeitsbestimmenden Schritt darstellt. J. J. Heinrich 168

0613 **Elektrolytische Abscheidung von Indium aus Diphosphatelektrolyten.** I. D. Vdovenko und O. P. Bespal'ko. (Ukrainskij chim. Ž. **34** (1968) 6, 639—40; Inst. obšč. i neorg. chim. AN Ukr. SSR; russ.) — Aus komplexen Elektrolyten fallen kompakte, mikrokrist., prakt. porenlose Nd. aus. Die optimale Zus. für die Abscheidung von In ist 2—30 (g/Liter) In (in Form von $InCl_3$), 100 bis 300 $K_4P_2O_7$, 20—50 Weinsäure, 30—50 NH_4Cl. Die kathod. Stromausb. des In steigt mit wachsendem In-Geh. u. pH-Wert der Lsg., das Max. liegt bei pH 11,5 u. 20 g/l, die optimale Stromd. beträgt 1 A/dm^2. Die In-Oberfläche wird in Diphosphatlsg. mit einer passiven Schicht bedeckt, die die kathod. Red. von In verlangsamt. J. J. Pohl 168

0614 **Gemeinsame Abscheidung von Zink und Kupfer aus organischen Lösungen und Elektronenmikrosondenanalyse der Legierungsniederschläge.** I. A. Menzies, P. S. C. Badelek und P. J. Moreland. (Electrochim. Acta [London] **13** (1968) 3, 429—42, 6 Tafeln; Univ. of Manchester, Inst. of Sci. and Technol., Manchester; engl.) — Die galvan. Abscheidung von Messing aus CuJ–ZnJ_2-Formamidbädern bei 25 u. 40° wird untersucht (Potential-, galvanostat. Impulsmessungen, metallograph. u. Mikrosondenunters.). Der Zn-Geh. der Nd. nimmt mit steigender Stromdichte bei konst. Temp. zu. Bei konst. Stromdichte sind die Abscheidungen bei 40° Cu-reicher als bei 25°. Die Nd. sind bei kleinen Stromdichten säulenartig, während bei höheren Stromdichten eine Schichtstruktur auftritt. Die Mikroanalyse der ersten 1—2 μ der abgeschiedenen Leg. mit Hilfe der Elektronensonde ergibt Hinweise darauf, daß die abgeschiedene Leg. in einigen Fällen hier einen höheren Zn-Geh. aufweist. Unterschiede der Zus. zwischen den einzelnen Lamellen solcher Nd. können mit Hilfe der Elektronensonde nicht nachgewiesen werden, obwohl die kon. Wachstumsform deutlich Konz.-Gradienten zeigt: die Basis ist Zn-reicher u. die Lsg.-Seite Cu-reicher. Messungen der Mikrohärte deuten auf Ggw. von α- u. γ-Messung in einigen der Abscheidungen hin. Die Koabscheidung von Cu u. Zn wird auch in gemischten Acetat–Essigsäure–Pyridin-Lsg. untersucht. Potentialmessungen zeigen, daß das Zn- u. Cu-Potential bei allen Stromdichten ca. 850 mV Unterschied aufweist. Die Ergebnisse der instationären Messungen deuten darauf hin, daß mit Cu vorherrschend H_2 abgeschieden wird zuungunsten der Koabscheidung von Zn u. Cu. M. Frenzel 168

0615 **Einfluß von Hydrazinzusätzen auf die elektrolytische Abscheidung von Platin und Rhodium aus salzsauren Elektrolyten.** M. V. Pokrovskaja uns B. S. Krasikov. (Vestnik Leningradskogo Univ., Ser. fiz. Chim. **23** (1968) 4, Ser. Nr. 1, 152—54; russ., Auszug: engl.) — An kathod. Polarisationskurven, aufgenommen in Lsg. von 0,05 Mol/l $[PtCl_4]^{2-}$, 2,45 Mol/l Cl^-, pH 0,5 bei 25°, zeigte sich, daß durch einen Zusatz von $2{,}4 \cdot 10^{-2}$ Mol/l $N_2H_4 \cdot 2\,HCl$ die Pt-Abscheidung um ca. 0,04 V erleichtert wird. Dieser Effekt wird mit der Adsorption von N_2H_4 an der Pt-Elektrode erklärt, was durch Ergebnisse von Messungen der Doppelschichtkapazität unterstützt wird. Im Gegensatz dazu bewirkte in $[RhCl_6]^{3-}$-Lsg. Zugabe von 0—10 g/l $N_2H_4 \cdot 2\,HCl$ eine Abnahme der Abscheidungsgeschw., was einer Bldg. von N_2H_4-Komplexen zugeschrieben wird. C. Herold 168

0616 **Einige Probleme des durch chemische Reaktion erschwerten Massenaustausches am Beispiel der Elektrolyse in Redoxsystemen.** 1. Mitt. **Scheibenelektrode.** L. P. Cholpanov. (Ž. fiz. Chim. **42** (1968) 2, 411—17; Tul'skij politechn. inst.; russ.) — Der durch chem. Rk. erschwerte Massenaustausch wird am Beispiel der Elektrolyse in Redoxsyst. für die Elektrolyse mit der Scheibenelektrode u. sphär. geformten Elektrode behandelt. Es werden Gleichungen angeführt, mit denen für die Scheibenelektrode u. sphär. Elektrode eine Reihe physikal.-chem. Größen bestimmt werden können: Rk.-Ordnung, Zahl der aufeinanderfolgenden Stadien der Elektrodenrk. u. die Koordinaten des Max. in der Abhängigkeit Stromstärke-Zusammensetzung. H. Berge 170

0617 **Durch einen Potentialsprung hervorgerufene Stromübergänge an einer rotierenden Scheibenelektrode.** Stanley Bruckenstein und Stephen Prager. (Analytic. Chem. **39** (1967) 10, 1161—63; Dep. of Chem., Univ. of Minn., Minneapolis, Minn.; engl.) — Die Näherungslösung für dieses Problem wird mathemat. formuliert u. steht in Einklang mit den experimentell bei der Red. von Cu^{2+} an einer Au-Scheibenelektrode erhaltenen Ergebnisse. W. Grimmich 170

0618 **Quasireversible und irreversible Ladungsübertragung bei der Röhrenelektrode.** L. N. Klatt und W. J. Blaedel. (Analytic. Chem. **39** (1967) 10, 1065—72; Dep. of Chem., Univ. of Wis., Madison, Wis.; engl.) — Es werden Strom–Spannungs-Gleichungen für die quasireversible u. die völlig irreversible heterogene Ladungsübertragung an der Röhrenelektrode abgeleitet u. experimentell bestätigt. Die ermittelten RGK stimmen mit den unter Verw. einer Tropfelektrode erhaltenen überein, wie an den Syst. Fe^{2+}/Fe^{3+} in 1 f H_2SO_4-Lsg. u. $[Co(NH_3)_6]^{2+}/[Co \cdot (NH_3)_6]^{3+}$ in 1 f NH_3/NH_4Cl-Lsg. gezeigt. wird. W. Grimmich 170

0619 **Allgemeine Theorie des Oberflächenphotoeffekts an der Phasengrenze Metall–Elektrolytlösung.** A. M. Brodskij und Ju. Ja. Gurevič. (Doklady Akad. Nauk SSSR **178** (1968) 4, 868—71; Inst. élektrochim. AN SSSR; russ.) — Der Oberflächenphotoeffekt an der Phasengrenze Metall–Elektrolytlsg. wird unter folgenden Voraussetzungen behandelt: Die Feldstärke der äußeren elektromagnet. Wellen ist viel geringer als die zwischenatomare u. zwischenmol. Feldstärke; die unelast. Abbremsung der schnellen Photoelektronen erstreckt sich in der Lsg. über eine Entfernung, die im Vgl. zur zwischenatomaren groß ist; die Strahlungsenergie liegt im Bereich 1—10 eV. Es wird eine für T = 0 u. $\hbar(\omega - \omega_0) \gg kT$ (ω_0: der Elektronenaustrittsarbeit von der Fermi-Fläche in die Lsg. entsprechende Frequenz) gültige Beziehung für die Photostromdichte erhalten, nach der diese zu $[\hbar(\omega - \omega_0)]^{5/2}$ proportional ist. Die abgeleitete Abhängigkeit der Photostromdichte vom Elektrodenpotential folgt den von Barker et al. (J. Electrochem. Soc. **113** (1966) 11, 1182) an Hg gemessenen Werten gut. C. Herold 170

0620 **Einfluß von Thoriumdioxid auf die Elektrodeneigenschaften von Lithiumsilicatgläsern.** A. I. Parfenov, N. M. Čistov und M. M. Šul'c. (Vestnik Leningradskogo Univ., Ser. fiz. Chim. **23** (1968) 4, Ser. Nr. 1, 78—82; russ., Auszug: engl.) — An Elektroden aus Silicatgläsern mit 27 Mol-% Li_2O u. 3—9 Mol-% ThO_2 wurde durch die ThO_2-Zusätze eine Beschränkung des linearen Teils der pH-Funktion auf den sauren Bereich u. eine Erhöhung der chem. Stabilität erzielt. Während La_2O_3-Zusätze die Kennlinie der Li_2O/ThO_2-Glaselektroden kaum beeinflußten, konnte durch 4 Mol-% BaO die Wrkg. des ThO_2 auf die obere Grenze der linearen pH-Funktion vollständig rückgängig gemacht werden. C. Herold 170

0621 **Mechanismus der an Zinkamalgam in Oxalatelektrolyten verlaufenden elektrochemischen Reaktionen.** V. I. Kravcov und V. N. Čamaev. (Vestnik Leningradskogo Univ., Ser. fiz. Chim. **23** (1968) 4, Ser. Nr. 1, 94–101; russ., Auszug: engl.) — Mit galvanostat. Meth. wurde die Geschw.-Abhängigkeit der an der gesätt. Zn–Amalgam-Elektrode verlaufenden kathod. u. anod. Prozesse von der $C_2O_4^{2-}$-Konz. in 2 m KCl-Lsg. als Grundelektrolyten untersucht. Dabei zeigte sich, daß bei hinreichend hoher Polarisation am anod. Prozeß der ZnC_2O_4-Komplex u. am kathod. die ZnC_2O_4- u. $Zn(C_2O_4)_2^{2-}$-Komplexe beteiligt sind. Bei Anwesenheit von Gelatine wurde keine Beteiligung der $C_2O_4^{2-}$-Ionen am geschwindigkeitsbestimmenden Schritt der anod. Zn–Amalgam-Auflsg. festgestellt. C. Herold 170

0622 **Verhalten von Rubeanwasserstoff an der Phasengrenze: Quecksilber-Elektrolyt.** Edward Dutkiewicz. (Poznańskie Towarzystwo Przyjaciól Nauk, Wydział mat.-przyrodniczy, Prace Komisji mat.-przyrodniczej **12** (1967) 2, 57–66; Kat. Chem. Fiz., Uniw. im. A. Mickiewicza, Poznań; pol.) — Das unterschiedliche Verh. von Rubeanwasserstoff (**I**) an Hg-Tropfelektroden in alkal. (Formamid) u. saurem (H_2SO_4) Medium wurde UV-spektroskop. u. durch Kapazitätsmessungen untersucht; zum Vgl. auch in Ggw. von N.N′-Dimethyldithiooxamid. Diskussion der Ergebnisse unter Berücksichtigung der Eig. der beiden Tautomeren von I. Rolf Heyer 170

0623 **Metallelektroden. 21. Mitt. Elektrochemische Untersuchungen an der Wismutelektrode. 1. Mitt. In sauren Medien.** A. R. Tourky, T. M. Salem und Z. Hanafi. (J. Chem. U.A.R. **10** (1967) 2, 131–40; Nat. Res. Centre, Cairo; engl.) — Das elektrochem. Verh. von Bi in Cl^--haltigen u. sauren Lsg. bei verschiedenem pH wird galvanostat. u. potentiostat. untersucht. Auf der Elektrodenoberfläche wird bei geringen Stromdichten ein Oxidchloridfilm gebildet. Steigerung der Stromdichte führt zur Elektrodenpassivierung, diese ist von pH u. Stromdichte abhängig. Zunahme der Cl^--Konz. fördert die Auflsg. oder Aktivierung der Elektrode oder die Bldg. einer beständigen Oxidchloridschicht. D. Hoene 170

0624 **Metallelektroden. 22. Mitt. Elektrochemisches Verhalten der Wismutelektrode. 2. Mitt. In alkalischen Medien.** A. R. Tourky, Z. Hanafi und T. M. Salem. (J. Chem. U.A.R. **10** (1967) 2, 141–51; engl.) — 21. bzw. 2. vgl. vorst. Referat. — Die anod. Polarisation von Bi-Elektroden wird in alkal. Lsg. bei verschiedenem pH sowie niedrigen u. hohen Stromdichten untersucht. Bei Polarisation in schwach alkal. Lsg. wird die Elektrode von einer Bi_2O_3-Schicht bedeckt, während bei höheren Stromdichten u. höherem pH Bi-Oxide mit höheren Ox.-Stufen vorliegen. Messungen bei konst. Potential bestätigen die Ergebnisse. D. Hoene 170

0625 **Oszillopolarographische Untersuchung der Kupferkorrosion in Chloridschmelzen.** I. I. Naryškin, V. P. Jurkinskij, A. G. Moračevskij und G. I. Kiseleva. (Ž. prikl. Chim. **41** (1968) 1, 208–10; Leningradskij politechn. inst. im. Kalinina; russ.) — Im LiCl–KCl-Eutektikum wurde die Korrosion von Elektrolytkupfer (V-3) bei 450 u. 550° untersucht. Die Korrosionsgeschw. wächst mit der Temp.-Erhöhung u. ist an der Luft größer als unter Stickstoff. Gew.-Verlust der Cu-Platte u. oszillopolarograph. Best. (Kohleanode, Pt-Kathode) des Cu(I)-Geh. in der Schmelze ergaben übereinstimmende Resultate. E. Bomke 170

0626 **Wasserstoffüberspannung am Metall als Funktion der Schmelzwärme.** N. V. Vlasjuk. (Ukrainskij chim. Ž. **34** (1968) 2, 148–50; Inst. neorg. i obščej chim. AN USSR; russ.) — Vf. versucht das vom Standpunkt der elektrochem. Kinetik anomale Verh. der Polarisationskurven bei niederen Stromdichten zu erklären. Die bekannte qual. Abhängigkeit der Wasserstoffüberspannung von physikal. Eig. der Elektrode kann unter Beachtung der bekannten Bedingungen quant. gefaßt werden. Als Kriterium für die Potentialbarriere an der Oberfläche der festen Elektrode kann die Schmelzwärme des Elektrodenmetalls herangezogen werden. Aus der Extrapolation des geradlinigen Abschnitts der Polarisationskurven gegen die Stromdichte Null ergibt sich in den meisten Fällen eine Wasserstoffüberspannung von $\mu_{extr.}$ = 180–220 mV, in guter Übereinstimmung mit dem theoret. Wert $\mu_{theor.}$ = 217 mV. Die anod. Polarisation der Pt-Elektrode beträgt dabei 150–200 mV. H. Berge 170

0627 **Einfluß von ionenaustauschenden Elektrolyten auf den Oberflächenzustand von Platin und Quecksilber.** A. B. Chanin, N. A. Aladžalova und N. A. Fedotov. (Élektrochimija **4** (1968) 1, 107–10; Moskva, Fiz.-chim. inst. im. Karpova; russ.) — Es wurden oszillopolarograph. Vgl.-Best. der an Pt adsorbierten H-Menge aus reiner 1 n H_2SO_4 allein u. bei in enger Nachbarschaft zur Pt-Elektrode befindlichen Kationenaustauschermembranen IREA, MK-40 u. OP N°-6 (sorgfältig gereinigt wie auch im Lieferzustand) vorgenommen. Bei den ersten beiden Membrantypen betrug die adsorbierte H-Menge ca. 50%, bei der letzten ca. 80% der Menge bei Adsorption aus reiner H_2SO_4. Ein nennenswerter Effekt des ausführlich beschriebenen Reinigungsprozesses war nicht festzustellen. An Hg wurden Messungen der differentiellen Doppelschichtkapazität in 1 n Na_2SO_4 allein wie auch in Ggw. der genannten Membranen ausgeführt, wobei die Membranen eine starke Herabsetzung der Kapazität bewirkten. Als Ursache wird in beiden Fällen eine Konkurrenzadsorption von organ. Membranmaterial angesehen. C. Herold 170

0628 **Gegenüberstellung der Eigenschaften kompakter und disperser Platin–Ruthenium-Elektroden.** V. S. Éntina und O. A. Petrij. (Élektrochimija **4** (1968) **1**, 111 bis 114; Mosk. gos. univ. im. Lomonosova; russ.) — Es wurde das elektrochem. Verh. von kompakten Pt–Ru-Leg. mit 10, 20, 30 u. 40 Gew.-% Ru, von elektrolyt. abgeschiedenen Pt–Ru-Mischungen u. von aus H_2PtCl_6- u. $H_2[Ru(NO)Cl_5]$-Lsg. mit $NaBH_4$ ausgefällten Pulvern verglichen. Potentiostat. Kurven an dispersen Elektroden ließen im Gegensatz zu solchen an kompakten einen starken Einfl. des Ru-Geh., bes. im kathod. Bereich, erkennen. Ein ähnliches Verh. zeigte sich bei der Unters. der Methanoldehydrierung. Da röntgenograph. keine Unterschiede in den Gitterparametern der beiden Elektrodentypen nachgewiesen werden konnten, wird ihr unterschiedliches Verh. auf Oberflächeneffekte zurückgeführt. Diese Erklärung wird dadurch gestützt, daß nach Tempern disperser Leg.-Elektroden bei 600–850° mit Pt übereinstimmende potentiostat. Kurven erhalten wurden. C. Herold 170

0629 **Adsorptionskinetik, Oberflächenreaktion und elektrochemische Oxydation von Propan an Platin in Fluorwasserstoffsäure.** Elton J. Cairns, Adrian M. Breitenstein und Anthony J. Scarpellino. (J. electrochem. Soc. **115** (1968) 6, 569–76; Gen. electr. Res. and Dev. Center, Schenectady, N.Y.; engl.) — Die Geschw. der Adsorption von Propan an Platin in Flußsäure (37 Mol-%) bei 30° wurde in Ergänzung zu früheren Unters. bei 90° gemessen. Sie ist vom Potential u. von der Oberflächenbedeckung abhängig. Das Zeitgesetz ist 3. Ordnung bez. der freien Oberfläche bei 0,2 u. 0,3 V (Adsorptionspotential) u. bei 30 u. 90° u. folgt der Langmuir-Kinetik. Die scheinbare Aktivierungsenthalpie für die Adsorption beträgt 20 kcal/Mol. Die Rk.-Geschw. für die Anfangsadsorption wurde bei 90° gemessen, wobei sich eine stark elektroakt. Substanz bildete (Typ I), u. zwar proportional der Oberflächenbedeckung durch das Anfangsadsorbat (Typ II) u. dem Quadrat des Bruchteils der freien Oberfläche. Im anschließenden Bereich war die Geschw. der elektrochem. Ox. von Typ I proportional der Oberflächenbedeckung an Typ I u. der freien Oberfläche. Wirkungsvolle Elektrokatalysatoren für die Ox. von gesätt. KW-Stoffen müssen demnach eine doppelte Eig. besitzen, nämlich die Umwandlung der adsorbierten KW-Stoffe in Substanzen vom Typ I u. ferner die anschließende Umwandlung von Typ I in CO_2. Nach einem vorgeschlagenen Mechanismus wird der allg. Ox.-Prozeß diskutiert. D. Bretzinger 170

0630 **Gleichungen der polarographischen Stufen einfacher oder komplexer Metallionen. 1. Mitt. Das Metallion wird unter Amalgambildung reduziert und der Ligand ist eine nichthydrolysierbare Substanz.** Mihail E. Macovschi. (J. electroanalyt. Chem. Interfacial Electrochem.

[Lausanne] **16** (1968) 4, 457—70; Bukarest, Roumanian Acad. of Sci.; engl.) — Es wurde eine Gleichung für die polarographische Stufe für die genannten Bedingungen unter folgenden Voraussetzungen abgeleitet: 1. Die Gesamtstromdichte ist die Summe von Teilstromdichten, die der freien u. der komplex gebundenen Metallionenkonz. entsprechen u. die über das Dissoziationsgleichgew. des Komplexes in Beziehung stehen. 2. Die freie Ligandenkonz. an der Tropfelektrode folgt aus der Konz. im Lsg.-Vol. u. der dem komplexen Metallion entsprechenden Teilstromdichte. Es wird gezeigt, daß der erhaltene Ansatz nur eine reelle Lsg. hat, alle bekannten speziellen Gleichungen Grenzfälle der abgeleiteten Beziehung darstellen u. keine weiteren Grenzfälle mit physikal.-chem. Bedeutung existieren. Weiterhin wird der Zusammenhang zwischen der Form der polarograph. Stufe u. der Ligandenkonz. diskutiert. C. Herold 172

0631 **Temperaturabhängigkeit der Maximalhöhe in der square-wave-Polarographie.** 1. Mitt. Nobuko Akashi und Yasumasa Kumazawa. (Rev. Polarogr. [Kyoto] **15** (1968) 1/2, 28—34; Higashinariku, Osaka, Japan, Osaka Public Health Inst.; engl.) — Die Unters. wurden bei 1—40° an 10^{-4} f Pb-, Tl- u. Cd-Salzlsg. bei pH 3—4 u. verschiedenen Grundelektrolyten (1 f KCl, HCl, KNO_3 $HClO_4$, NaOH) ausgeführt, Dabei wurde in KCl für Tl u. Pb ein negativer, dagegen für Cd ein positiver Temp.-Koeff. erhalten. Bei Pb ergab die Unters. des Einfl. des Grundelektrolyten nur im Falle Cl^--haltiger Lsg. einen negativen Temp.-Koeffizient. Bei Zusatz oberflächenakt. Substanzen (Gelatine, Methylrot) erfolgte eine Vorzeichenumkehr dieses Koeff. mit zunehmender Konzentration. C. Herold 172

0632 **Polarographisches Verhalten von wasserlöslichen Isothiocyanaten. 1. Mitt. Natriumsalze der 1-Isothiocyanatonaphthalinsulfonsäuren.** E. Gono, M. Uher und A. Beňo. (Chem. Zvesti **22** (1968) 1, 68; tschech.) — Es wurden Natriumsalze von *1-Isothiocyanato-4-naphthalinsulfonsäure* (I), *1-Isothiocyanato-5-naphthalinsulfonsäure* (II), *1-Isothiocyanato-6-naphthalinsulfonsäure* (III) u. *1-Isothiocyanato-7-naphthalinsulfonsäure* (IV) polarograph. untersucht. I—IV werden in saurem Milieu in zwei Zweielektronenstufen red., wobei die Höhe der negativeren Stufe im pH-Bereich 3,6—6 pH-abhängig ist. Von pH > 6 an ist nur die positivere Stufe sichtbar. Der Rk.-Mechanismus wird angegeben. Die Lage der SO_3H-Gruppe beeinflußt die $E_{1/2}$-Werte der Stufen nur wenig. J. Krupička 172△

0633 **Polarographie von Zink in Gegenwart von Glycin.** R. Sundaresan, S. C. Saraiya, T. P. Radhakrishnan und A. K. Sundaram. (Electrochim. Acta [London] **13** (1968) 3, 443—47; Analyt. Div., Bhabha Atomic Res. Centre, Trombay, Bombay; engl.) Zn liefert in wss. Glycin (HG)-Lsg. (KCl oder KNO_3, $\mu = 0{,}5$) bei pH < 7 zwei Stufen. Die erste Stufe ist diffusionskontrolliert, die zweite kinet. Natur, bedingt durch die eintretende Verarmung an H^+ auf der Elektrodenoberfläche. Bei pH > 8 tritt nur eine Stufe auf. Die Elektrodenrk. ist irreversibel; Durchtrittsfaktor u. Standard-Geschw.-Konst. werden berechnet. Die Stabilitätskonst. von ZnG_2 bzw. $[ZnG_3]^-$ betragen $\log \beta_2 = 8{,}5$ bzw. $\log \beta_3 = 10{,}5$. M. Frenzel 172

0634 **Kinetische Untersuchung des Systems Cadmium(II)-cyanid–Cadmiumamalgam mit Hilfe der Polarographie mit stationärer Elektrode.** Irving Shain und William G. Stevens. (Rev. Polarogr. [Kyoto] **14** (1967) 3/6, 232 bis 233; Chem. Dep., Univ. of Wis., Madison, Wis.; engl.) — Mittels stationärer Elektroden wurden die Redox-Charakteristiken von Cd(II)-Cd-Amalgam-Syst. in Ggw. von Cyanid untersucht. Es zeigt sich, daß die Red. von Cd(II) zu Cd-Amalgam in Ggw. von 0,100—1,000 m NaCN bei der Ionenstärke 3,00 ($NaClO_4$) wie folgt formuliert werden kann: $Cd(CN)_4^{2-} \underset{k_{34}}{\overset{k_{43}}{\rightleftharpoons}} Cd(CN)_3^- + CN^-$; $Cd(CN)_3^- + 2\,e \xrightarrow{k_s\alpha} Cd(Hg) + 3\,CN^-$. Die Charakteristiken der erhaltenen Elektrodenpolarogramme stimmten gut mit der Theorie überein u. diese Daten wurden für die Berechnung der kinet. Parameter eingesetzt: $k_{43} = (1{,}6 \pm 0{,}1) \cdot 10^4\,s^{-1}$; $k_{34} = (6{,}1 \pm 0{,}4) \cdot 10^7\,(Mol/l)^{-1}\,s^{-1}$; $\alpha = 0{,}41 \pm 0{,}04$. Der charge-transfer-Mechanismus der Ox.-Rk. von Cd-Amalgam zu Cd(II) wird erörtert. D. Bretzinger 172

0635 **Beitrag zur polarographischen Untersuchung der Reduktion der Chromate.** L. Treindl und J. Koreň. (Chem. Zvesti **22** (1968) 1, 56—61; Bratislava, Univ. Komenského, Prírodoved. fak., Kat. fyzik. chém.; slowak.) — Bei der polarograph. Red. von K_2CrO_4 in 0,1 m KCl-Lsg. werden 4 Stufen mit den Halbstufenpotentialen —0,3, —1,0, —1,55 u. —1,8 V gefunden. Die letzten drei entsprechen den Rk.-Stufen: CrO_4^{2-}–Cr^{3+}, Cr^{3+}–Cr^{2+}, Cr^{2+}–Cr^0. Das Minimum auf der ersten Stufe wird durch adsorbierte Red.-Prod. auf der Oberfläche der negativen Elektrode u. durch die elektrostat. Abstoßung der CrO_4^{2-}-Ionen erklärt. J. Řehák 172△

0636 **Elektrodenverhalten von Tris-[2.2'-bipyridyl]-eisen(II)- und Tris-[2.2'-bipyridyl]-eisen(III)-Komplexen in Acetonitril.** N. Tanaka und Y. Sato. (Electrochim. Acta [London] **13** (1968) 3, 335—46; Dep. of Chem., Tohoku Univ., Katahiro-cho, Sendai, Japan; engl.) — Das elektrochem. Verh. von $[Fe(bipy)_3] \cdot (ClO_4)_2$ u. $[Fe(bipy)_3] \cdot (ClO_4)_3$ an der rotierenden Pt- u. an der Hg-Tropfelektrode wird untersucht (Stromspannungskurven, Gleichstrom-, Wechselstrom-, Kalousek-Polarogramme). Das Syst. ist an der rotierenden Pt-Elektrode reversibel. An der Hg-Tropfelektrode mit $[(C_2H_5)_4N]ClO_4$ als Leitelektrolyt liefert der Fe(II)-Komplex eine fünfstufige Red.-Kurve; die Grenzströme der ersten drei Stufen (in Richtung negativ werdender Potentiale) sind diffusionsbestimmt u. entsprechen Einelektrodenvorgängen: vermutlich $[Fe(bipy)_3]^{2+} \rightarrow [Fe(bipy)_3]^+ \rightarrow [Fe(bipy)_3]$. Bei der dritten Stufe soll $[Fe(bipy)_3]^-$ auf der Elektrodenoberfläche gebildet werden. M. Frenzel 172

0637 **Polarographische Reduktion von Metallkationen in Hydrazin und Hydrazin–Wasser-Mischungen.** J. C. Goudeau, G. Berthon, M. Camps und M. L. Bernard. (Electrochim. Acta [London] **13** (1968) 3, 309—15; Labor. de Chim. Miner., Univ. de Poitiers; franz.) — Die polarograph. Red. von Fe(II), Co(II), Ni(II) u. Cu(II) in abs. Hydrazin u. Hydrazin–W. wird untersucht (Grenzströme, $E_{1/2}$-Werte, Diffusionskoeff.). Die Diffusionskoeff. haben ein Minimum beim Konz.-Verhältnis 1 : 1 (entsprechend dem Viskositätsmax. des Gemisches). M. Frenzel 172

0638 **Trägerelektrolyteffekte bei der Elektrochemie in nichtwäßrigen Lösungen. Koordinative Relaxationsreaktionen reduzierter Metallacetylacetonate in Acetonitril.** Royce W. Murray und L. Kenneth Hiller jun. (Analytic. Chem. **39** (1967) 11, 1221—29; Dep. of Chem., Univ. N.C., Chapel Hill, N.C.; engl.) — Die Red.-Potentiale von Metallkomplexen mit Acetylaceton (HAA) in CH_3CN werden zu positiveren Werten hin verschoben, wenn man $LiClO_4$ zu dem als Leitelektrolyt dienenden $[N(C_2H_5)_4] \cdot ClO_4$ gibt. Am Beispiel von $Fe(AA)_3$ wird gezeigt, daß dieser Effekt durch eine koordinative Relaxationsrk. des Red.-Prod. $Fe(AA)_3^-$ bewirkt wird, von dem ein $(AA)^-$ auf Li^+ übergeht. Für n < 3 kann bei $Fe(AA)_n$-Komplexen die koordinative Relaxation des red. Komplexes auch durch Ligandenaustausch mit dem an die Elektrode diffundierenden $Fe(AA)_3$ erfolgen. Ähnliche Experimente wurden mit *Na-*, *Ca-*, *Mg-* u. *Al-Perchlorat* sowie den HAA-Komplexen von *Pd*, *Cu*, *Cr*, *Co*, *Ni* u. *Al* durchgeführt. W. Grimmich 172

A-6. Kolloidchemie, Grenzflächen

0639 **Einfluß der Temperatur auf die Phasengleichgewichte und den Dispersionstyp des ternären Systems aus Wasser, Cyclohexan und nichtionogenem Tensid.** K. Shinoda und H. Saito. (J. Colloid Interface Sci. **26** (1968) 1, 70—74; Dep. of Chem., Yokohama Nat. Univ., Ookomachi, Minamiku, Xokohama, Japan; engl.) — Die Phasendiagramme der tern. Syst. W.–Cyclohexan–Polyoxyäthylen-(9,7)-(nonylphenyl)-äther, iso-$C_9H_{19}C_6H_4O(CH_2 \cdot CH_2O)_{9,7}H$ (3 bzw. 7%), werden gemessen. Die Temp., bei der die gegenseitige Löslichkeit von Öl u. W. merklich zunimmt, steht in enger Beziehung zur Phaseninversionstemp. in Emulsionen. Neben den bekannten Dispersionstypen W/O u. O/W werden noch W/D-, D/W-, D/O-, O/D-

u. (W + O)/D-Emulsionen beobachtet (D = Tensidphase). Bei niedrigen Temp. liegen hauptsächlich O/W-, bei höheren Temp. W/O-Emulsionen vor. Bei den mittleren Temp. bildet das Tensid die kontinuierliche Phase. K. Strenge 182

0640 **Bestimmung der van-der-Waals-Konstanten aus den rheologischen Eigenschaften von Emulsionen.** A. Doroszkowski und R. Lambourne. (J. Colloid Interface Sci. **26** (1968) **1**, 128—30; Res. Dep., Imperial Chem. Ind. Ltd., Slough, Bucks.; engl.) — Die rheolog. Daten von Albers u. Overbeek (1960), aus denen diese mit Hilfe der krit. Schergeschw. D_{kr} eine van-der-Waals-Konst. $A = 0{,}4 \cdot 10^{-14}$ erg berechneten (für eine W/O-Emulsion), zeigen keinen derartigen krit. Wert. Wird, wie üblich, log η als Funktion von $D^{-1/2}$ aufgetragen, so ergeben sich für alle untersuchten Emulsionen unterschiedlicher Steigung bei gleichem dispersen Phasenvol. gleiche Endwerte für $D = \infty$, während D_{kr} einen Knick in der Geraden ergeben müßte (Übergang zu newtonschem Fließen). Die Steigung der log $\eta = f(D^{-1/2})$-Geraden ist durch das Ausmaß der Flockung bestimmt u. könnte zur Ermittlung von A dienen. K. Strenge 188

0641 **Entflockung eines blauen Bindetons.** 1. Mitt. **Natriumhydroxid und Natriumcarbonat.** W. Ryan. (Trans. Brit. ceram. Soc. **67** (1968) **1**, 15—27; North Staffordshire Coll. of Technol.; engl.) — Eine Probe des Blautons wurde in die Na-, Ca- u. H-Form durch Behandeln mit einem synthet. Austauschharz umgewandelt. Die Adsorption von Na^+ auf diesen Proben wurde für verschiedene Konz. von NaOH, Na_2CO_3 u. NaCl in der Lsg. gemessen. Die Entflockung der Ca- u. H-Formen des Tons zeigt, daß eine maximale Fluidität des Syst. bei unvollständigem Ersatz des Ca^{2+} u. H^+ durch Na^+ erzielt wird. H. Roschkowski 188

0642 **Einfluß von Elektrolyten und Ultraviolettstrahlung auf die Bildung rhythmischer Abscheidungen von Silberdichromat in Gelatine.** Izabela Steffen. (Poznańskie Towarzystwo Przyjaciól Nauk, Wydział mat.-przyrodniczy, Prace Komisji mat.-przyrodniczej **12** (1967) **2**, 15—24; Kat. Chem. Fiz., Uniw. im. A. Mickiewicza, Poznań; pol.) — Untersucht wurde in erster Linie der Einfl. von Spuren von *KCl, KBr, KJ, KCNS*, K_2SO_4, K_2CO_3, $K_2C_2O_4$ u. K_3PO_4 auf die rhythm. Abscheidung von $Ag_2 \cdot Cr_2O_7$. Bei steigender Elektrolytkonz. u. bei stärkerer UV-Bestrahlung werden die Abstände zwischen den Ag-Dichromatringen geringer. Rolf Heyer 192

0643 **Einfluß der Kapillarflüssigkeit auf die Adhäsionskräfte zwischen kugelförmigen festen Teilchen.** T. Gillespie und G. D. Rose. (J. Colloid Interface Sci. **26** (1968) **2**, 246—47; Edgar C. Britton Res. Labor., Dow Chem. Comp., Midland, Mich.; engl.) — Die letzten zwei Paragraphen der Arbeit gleichen Titels [vgl. ibid. **24** (1967), 199] werden zurückgezogen. Vers. mit gereinigten Glaskugeln ergaben Werte, die der Gleichung von Fisher entsprechen. Die Kritik an dieser Gleichung wird ebenfalls zurückgezogen. K. Strenge 198

0644 **Einfluß der Kapillarflüssigkeit auf die Adhäsionskräfte zwischen kugelförmigen festen Teilchen.** N. L. Cross und R. G. Picknett. (J. Colloid Interface Sci. **26** (1968) **2**, 247—49; Ministry of Defence, Chem. Defence Experimental Establ., Porton Down, Wiltshire, England; engl.) — Bemerkungen zur Arbeit gleichen Titels (l.c.). Die Zweifel an der Richtigkeit der Meßwerte sind durch die Korrektur von Gillespie et al. (l.c.) geklärt. K. Strenge 198

0645 **Einfluß der Kapillarflüssigkeit auf die Adhäsionskräfte zwischen kugelförmigen festen Teilchen.** H. M. Princen. (J. Colloid Interface Sci. **26** (1968) **2**, 249—53; Lever Brothers Comp., Edgewater, N.J.; engl.) — Vgl. vorst. Referat. — Bemerkungen zur Arbeit gleichen Titels (l.c.). Die Wilhelmy-Platte ist ein gutes Beispiel für das Wirken der Oberflächenkräfte; das Gew. der Meniskusfl. u. die durch die Oberflächenspannung bewirkte Kraft hängen über die Laplacesche Gleichung zusammen. Die fehlerhaften Ergebnisse von Gillespie et al. (l.c.) werden auf die Verw. zu großer Teilchen zurückgeführt. K. Strenge 198

0646 **Untersuchung der flüssig–fest-Adhäsion im System Indium(I)–Aluminium mit der sessile–drop Methode mit einem Ultrahochvakuumverfahren.** R. G. Aldrich und D. V. Keller jun. (J. physic. Chem. **72** (1968) **4**, 1092—99; Syracuse Univ., Syracuse, N.Y.; engl.) — Es wird eine App. beschrieben, in der die Form eines In-Tropfens auf einer Al-Unterlage bei einem Vakuum von ca. 10^{-10} Torr beobachtet werden kann. Die Zelle hält Ausheiztemp. von 450° über längere Zeiten aus u. gestattet die definierte Zuführung von gasf. Verunreinigungen (H_2, N_2, O_2). Die untersuchten Metalle sind ultrareine Stoffe (99,9999%). Die Oberflächenspannung (γ) des reinen *In* auf polykrist. Al beträgt im Ultrahochvakuum 658 ± 10% dyn/cm². H_2 u. N_2 ändern γ nicht signifikant. O_2 bildet eine Oxidhaut auf dem In, wodurch sich γ langsam ändert. Die Zugfestigkeit der In–Al-Bindung nach Erstarren des In entspricht der des In, wenn die Bindung im Hochvakuum oder in O_2 gebildet wurde. In N_2^- oder H_2-Atmosphäre bilden sich Kontakte aus, deren Zugfestigkeit sich dem Wert Null nähert. K. Strenge 198

0647 **Mechanismus der selektiven Adsorption durch aktive Holzkohle.** 3. Mitt. **Porengrößenverteilung von aktiver Holzkohle und ihre Änderung bei Aktivierung.** Kinnosuke Hukao. (J. chem. Soc. Japan, pure Chem. Sect. [Nippon Kagaku Zasshi] **88** (1967) **4**, 408—12; Coll. of Arts and Sci., Chiba Univ., Yayoi-cho, Chiba-shi; jap.) — 2. vgl. ibid. **87** (1966) 8, 33. — Die Porengrößenverteilung (A) von Holzkohlen verschiedenen Aktivierungsgrades wird bestimmt. Die Porenvol. werden aus der wahren u. scheinbaren D. berechnet. Die scheinbare D. ergibt sich aus der Hg-Verdrängung unter Verw. eines näher beschriebenen Gerätes. Die gebundenen A-Kurven zeigen kein Max.; die durch Hg-Porenmessung bzw. Röntgenkleinwinkelstreuung ermittelten Kurven weisen kleine Unterschiede auf, die hauptsächlich den flaschenförmigen Poren zugeschrieben werden. Die A-Änderungen infolge Aktivierung werden darauf zurückgeführt, daß bei der Aktivierung sich zuerst sehr feine Poren bilden u. allmählich verbreitert werden. Außerdem treten Änderungen der D. u. spezif. Oberflächengröße auf, die die obige Schlußfolgerung stützen. W. Wesly 200

0648 **Mechanismus der selektiven Adsorption durch Aktivkohle.** 5. Mitt. **Mikroporenstruktur von Holzkohle im frühen Zustand der Aktivierung.** Kinnosuke Hukao. (J. chem. Soc. Japan, pure Chem. Sect. [Nippon Kagaku Zasshi] **89** (1968) **2**, 138—41; Coll. of Arts and Sci., Chiba Univ., Yayoi-cho, Chiba-shi; jap., Auszug: engl.) — 3. vgl. vorst. Referat. — Die Mikroporen von Holzzuckerkohle wurden mit Hilfe der Röntgenkleinwinkelstreuung u. durch D.-Messungen im frühen Zustand der Aktivierung untersucht u. mit der Mikroporenstruktur der im größeren Maße aktivierten Proben verglichen. Die Form der Porengrößenverteilungskurven war für beide Proben identisch. Die wahre D. nimmt mit fortschreitender Aktivierung merklich zu, während die scheinbare D. ein Max. nach kurzer Aktivierungsdauer zeigt. Diese Erscheinung wird durch die Annahme erklärt, daß die geschlossenen Poren durch die Aktivierung geöffnet werden. Die Oberflächengröße aus der N_2-Adsorption bei —196° der nichtaktivierten Holzkohle ist sehr klein, was auf die Schwierigkeit des Eindringens der N_2-Mol. in die „inkbottle"-Poren zurückgeführt wird. G. Malow 200

0649 **Mikroporenstruktur von Kohlenstoff-Adsorbern.** M. M. Dubinin und G. M. Plavnik. (Carbon [Oxford] **6** (1968) **2**, 183—92; Inst. of Phys. Chem., USSR Acad. of Sci., Moscow; engl.) — Durch Kleinwinkelröntgenstreuung u. mit Adsorptionsmeth. (Bzl.) wurde die Mikroporenstruktur von aus Anthrazit bzw. Magerkohle durch Verkohlen u. W.-Dampfaktivierung bei 900° hergestellten C-Proben untersucht. Im Gegensatz zu aus Saccharose hergestellten C-Proben treten neben feinen Poren mit inneren Radien von 6—7 Å auch gröbere Poren mit inneren Radien zwischen 11 u. 14 Å auf. Bei geringerem Aktivierungsgrad überwiegen die feineren Mikroporen; mit zunehmendem Ausglühen der Proben steigt der Anteil der gröberen Poren an. Die verhältnismäßig große Streuung der Radien der Mikroporen wird auf die inhomogene Struktur der Ausgangsmaterialien zurückgeführt. W. Laqua 200

0650 **Diffusion von Jod in Silicagelkapillaren.** Z. M. Tovbina. (Ukrainskij chim. Ž. **34** (1968) 1, 20—25; Inst. fiz. chim. im. Pisarževskogo AN Ukrain SSR; russ.) — Die Dynamik der Extraktion von Jod aus sphär. Silicagelteilchen mit verschiedenen Porositätstrukturen wurde verfolgt. Der effektive Diffusionskoeff. des Jods D* in den untersuchten Proben wurde auf Grund der Vers.-Daten bestimmt bzw. unter Berücksichtigung der anomalen Viskosität der Fl. in den Silicagelkapillaren theoret. berechnet. J. J. Pohl 200

0651 **Oberflächenenergie und Oberflächenspannung.** E. A. Flood und G. C. Benson. (Canad. J. Chem. **46** (1968) 8, 1297—1316; Nat. Res. Council of Canada, Ottawa; engl.) — Allg. Behandlung thermodynam. Beziehungen für Oberflächenbereiche. Definition thermodynam. Größen für diese Bereiche. Berechnung von Oberflächenenergien u. Oberflächenspannungen mit Hilfe entwickelter Beziehungen für bestimmte Modelle. D. Scherbaum 202

0652 **Freie Bildungsenergie von Tröpfchen aus Dampf und Abhängigkeit der Oberflächenspannung vom Radius.** Farid F. Abraham und G. M. Pound. (J. Crystal Growth [Amsterdam] 2 (1968) 3, 165—68; IBM Sci. Center, Palo Alto, Calif.; engl.) — Theoret. Unters., ausgehend von der Gibbs-Duhemschen Gleichung. H. Roschkowski 202

0653 **Freie Oberflächenenergie oder Restkräfte an der Grenzfläche Festkörper–Flüssigkeit.** D. K. Guhas, S. Narayanan und M. N. Rao. (J. sci. ind. Res. [New Delhi] **26** (1967) 12, 502—07; Dep. of Chem. Engng., Indian Inst. of Technol., Kharagpur; engl.) — Bei einer genauen Analyse des Impulstransportes kann die Benetzbarkeit der Oberfläche des Festkörpers nicht vernachlässigt werden. Die Größe der Adhäsionskräfte Festkörper–Fl. hängt prim. von der Benetzbarkeit der Festkörperoberfläche ab. Best. der Benetzung von bedecktem u. blankem *Messing* durch *W.*, wss. Lsg., *A.*, *Bzl.*; der Kontaktwinkel von W. an *Chalkopyrit*, *Kohle*, *Quarz*. D. Hoene 202

0654 **Bestimmung der Oberflächenspannung aus den Dimensionen eines Blasenprofils.** F. H. Garner und F. J. Garfias. (J. Colloid Interface Sci. **26** (1968) 2, 253—55; Univ. of Birmingham, England; engl.) — Die Fehler, die bei der Beobachtung einer Gasblase in Tensidlsg. durch veränderliche Benetzungsverhältnisse auftreten können, werden im Zusammenhang mit Ergebnissen von Ward u. Tordai (1952) diskutiert. Die Ergebnisse dieser Autoren sind nicht exakt, da nur bei fixierter Dreiphasengrenze (Gas–Lsg.–Glas), d. h. bei großen Randwinkeln, eine Verkleinerung der Blase eine Erhöhung der Oberflächenkonz. bedingt. Bei guter Benetzung bildet sich ein Fl.-Film in der Kapillare aus, der die Dreiphasengrenze ständig verschiebt, d. h. die Oberfläche verändert. K. Strenge 202

0655 **Verringerung der Wasserverdampfung.** I. Bursztyn. (Chem. and Ind. **1968**, 20, 648—50; Weizmann Inst. of Sci., Rehovot, Israel; engl.) — Vers. mit einem weißen (**I**) u. einem gelben Paraffinöl (**II**) (75—150 g/m²) mit u. ohne Pigmentzusatz (15 g $CaCO_3/m^2$) zeigen die gute Wirksamkeit von **II** als Verdampfungsverzögerer. Der Pigmentzusatz ist bei fl. Paraffinen wenig geeignet, da nicht genügend Pigment eingesetzt werden kann u. dieses dann auch in der Paraffinschicht gut dispergiert sein muß. Normales Schmieröl u. Cetyl- + Stearylalkohol-Mischungen zeigen schlechteres Verh. als **II**. K. Strenge 202

0656 **Monoschichten zur Verringerung der Verdampfung.** F. Mac Ritchie. (Nature [London] **218** (1968) 5142, 669—70; School of Chem. and Pharmac., Univ. of Chile, Santiago de Chile; engl.) — Vers. zeigen, daß die Verdampfungsgeschw. linear von der Dicke der ungestörten Dampfdiffusionsschicht abhängt. Monoschichten von Hexadecanol auf W. wirken nur als Verdampfungsverzögerer, wenn eine dicke ungestörte Diffusionsschicht vorliegt, d. h. bei mäßigen Luftströmungen über der Oberfläche. Aus diesen Tatsachen wird geschlossen, daß die Wrkg. der Monoschichten auf einer Dämpfung der Luftwirbel auf der Oberfläche u. damit auf der Begünstigung einer dicken Diffusionsschicht beruhen. Der bestimmende Parameter der Schichten ist daher der Oberflächenkompressionsmodul, dessen Größe die Verdampfungsgeschw. bestimmt. K. Strenge 202

0657 **Temperaturabhängigkeit der Adsorptionsisothermen von primären Alkoholen an der Flüssigkeit–Luft-Grenzfläche.** M. R. Nearn und A. J. B. Spaull. (Nature [London] **218** (1968) 5142, 670—72; Chem. Dep., Brunel Univ., London; engl.) — Die Temp.-Abhängigkeit der Oberflächenspannungsänderung (π) wss. Lsg. von *Butanol*, *Hexanol* u. *Octanol* wird bei 10, 25 u. 40° bestimmt. Die geringen Unterschiede der $\pi = f(T)$-Kurven werden diskutiert. K. Strenge 202

0658 **Adsorption kurzkettiger Fettsäuren und ihrer Ionen an der Öl–Wasser-Grenzfläche.** A. K. Chatterjee und D. K. Chattoraj. (J. Colloid Interface Sci. **26** (1968) 1, 1—9; Chem. Dep., Jadavpur Univ., Calcutta; engl.) — Nach der Tropfenvol.-Meth. werden die Grenzflächenspannungen in Öl–W.-Syst. (Bzl. oder PAe.) als Funktion der Konz. der niederen Fettsäuren u. ihrer Na-Salze ($C_{4,5,6,8}$) gemessen. Aus diesen Daten werden unter Berücksichtigung der Dissoziation die Zustandsgleichungen der beweglichen Monoschichten abgeleitet. Die Adsorptionsenergien der Säuren u. Salze werden aus den Adsorptionsisothermen berechnet. K. Strenge 202

0659 **Oberflächenspannung flüssiger Alkalimetalle.** L. D. Voljak und Ju. P. Os'minin. (Ž. fiz. Chim. **42** (1968) 4, 1003—05; Mosk. aviacionnyj inst. im. Ordžonikidze; russ.) — Eine Auswertung experimentell erhaltener Literaturangaben zeigt, daß im Bereich $T/T_F = 1-3$, 2 (T_F = Schmelztemp.) sich die Oberflächenspannung von *Na*, *K*, *Rb* u. *Cs* durch $\sigma = \sigma_F [1 - 0{,}19 (T - T_F)/T_F]$ wiedergeben läßt. In einem größeren Zustandsbereich gilt unter Einschluß von *Li* $\sigma = A \cdot v^2 \exp(-k \cdot v)$, wobei v das spezif. Vol. der fl. Metalle, A u. k metallabhängige Konst. sind. H. Roschkowski 202

0660 **Grenzflächenspannung in Schmelzen Aluminium–Alkali.** V. K. Ščerbakov und S. I. Kuznecov. (Ž. prikl. Chim. **41** (1968) 3, 505—09; Ural'skij politechn. inst. im. Kirova; russ.) — Die Grenzflächenspannung zwischen Al u. KOH-, NaOH- bzw. LiOH-Schmelzen ist gering. Ihr Wert steigt beim Übergang von LiOH zu KOH u. sinkt mit wachsender Temperatur. Die Grenzflächenspannung zwischen geschmolzenem NaOH u. nicht dispergierten Metallen ist vielfach größer als die an den Grenzen von Al–Alkalischmelzen. Die kleine Grenzflächenspannung im Falle von Al-Alkalischmelzen ist dadurch bedingt, daß bei der Umsetzung von Al mit dem geschmolzenen Alkali Alkalimetalle entstehen, die in bezug auf Al oberflächenakt. sind. J. J. Pohl 202

0661 **Oberflächenspannungsmessungen an hitzebeständigen Flüssigkeiten nach der modifizierten Tropfengewichts-Methode.** R. N. McNally, H. C. Yeh und N. Balasubramanian. (J. Mater. Sci. **3** (1968) 2, 136—38; Corning Glass Works, Corning, N.Y.; engl.) — Ein Saphirstab wird in einem Induktionsofen bis zum F. erhitzt u. das Gew. der abfallenden Tropfen bestimmt. Für die Oberflächenspannung des Al_2O_3 bei 2043 ± 10° ergibt sich ein Wert von 600 dyn cm⁻¹. Für *Cu* ergibt sich nach einer analogen Verf.-Weise der Wert 1212 dyn cm^{-1} beim Schmelzpunkt. K. Strenge 202

0662 **Tropfenvolumenmethode zur Bestimmung der Gleichgewichts-Grenzflächenspannung mit Hilfe der hängenden Quecksilbertropfelektrode.** S. Roffia und E. Vianello. (J. electroanalyt. Chem. Interfacial Electrochem. [Lausanne] **17** (1968) 1/2, 13—10; Inst. of Chem., „G. Ciamician", Univ. Bologna, Italy; engl.) — Es wird eine Vers.-Anordnung zur Best. der Grenzflächenspannung von *Hg* beschrieben, bei der das Vol. eines durch eine motorgetriebene Mikrometerspritze aus einer Glaskapillare herausgedrückten Tropfens bestimmt wird. Durch Veränderung der Tropfenbldg.-Geschw. kann die Adsorptionsgeschw. verschiedener gelöster Stoffe untersucht werden. Die Erschütterungen durch den Motor stören die Ergebnisse nicht wesentlich. Durch die Ver-

wendung einer Polarographenzelle können die Elektrokapillarkurven ebenfalls aufgenommen werden.
K. Strenge 202

0663 **Oberflächenspannung von eutektischen Schmelzen einiger binärer und ternärer Nitratsysteme.** A. F. Eliseeva, N. P. Popovskaja und P. I. Procenko. (Ž. fiz. Chim. 42 (1968) 4, 995—97; Rostovskij-na-Donu gos. univ.; russ.) — Mit Hilfe des Verf. des Maximaldrucks von Gasblasen wird die Oberflächenspannung der eutekt. Gemische der Syst. $NaNO_3$–$Cd(NO_3)_2$, KNO_3–$Cd(NO_3)_2$, $NaNO_3$–KNO_3–$Cd(NO_3)_2$ u. $LiNO_3$–KNO_3–$Cd(NO_3)_2$ (für die tern. Syst. bei beiden Eutektika) bei Temp. zwischen dem F. u. der Temp. ihrer therm. Stabilität gemessen. Die Abweichung der Polythermen der meisten Schmelzen von der Linearität bei Temp. in der Nähe des Übergangs in den Glaszustand hängt mit starken interion. Wechselwrkg. in der Schmelze bei niedrigen Temp. zusammen.
H. Roschkowski 202

0664 **Oberflächenspannung von Schmelzen der Nitrite und Nitrate einiger einwertiger Metalle.** N. P. Popovskaja, P. I. Procenko und A. F. Eliseeva. (Ž. neorg. Chim. 13 (1968) 4, 952—55; russ.) — Vgl. vorst. Referat. — Die Oberflächenspannung von fl. $LiNO_2$, $NaNO_2$, KNO_2, $RbNO_2$, $CsNO_2$, $TlNO_2$, $AgNO_2$, $LiNO_3$, $NaNO_3$, KNO_3, $RbNO_3$, $CsNO_3$, $TlNO_3$ u. $AgNO_3$ wurde zwischen den Schmelz- u. Zers.-Temp. mit der Meth. des Maximaldruckes in der Gasblase bestimmt. Die Oberflächenspannung der Nitrit- u. Nitratschmelzen ändert sich mit der Temp. linear und kann mit Hilfe der Gleichung $\sigma = \sigma_0 - d\sigma(T-237)/dT$ bestimmt werden. J. J. Pohl 202

0665 **Oberflächenerscheinungen von Galliumantimonidschmelzen.** M. Ja. Daševskij, G. V. Kukuladze, V. B. Lazarev und M. S. Mirgalovskaja. (Izvest. Akad. Nauk SSSR, Neorg. Mater. 3 (1967) 9, 1561—68; Inst. metallurg. im. Bajkova; russ.) — Im Syst. *Ga–Sb* wird zwischen 0 u. 100% *Sb* bei 725 u. 820° die Oberflächenspannung σ untersucht. Mit zunehmender Sb-Konz. sinkt σ nahezu monoton von ca. 680 auf ca. 350 dyn/cm. Bei F. beträgt $\sigma_{InSb} = 432 \pm 5$ dyn/cm, $\sigma_{GaSb} = 454 \pm 5$ dyn/cm. Te u. Sb sind für die GaSb-Schmelze oberflächenakt. Zusätze, Zn u. Ga sind nicht oberflächenaktiv. Die Abhängigkeit der Adsorption von Te an der Grenzfläche Schmelze–Gas von der Te-Konz. wird untersucht. Eine stöchiometr. zusammengesetzte Schmelze von GaSb kann bis zu $\Delta T \approx 80°$ unterkühlt werden. Zusätze von Sb bis zu 10 Atom-% u. von Zn bis zu 1 Atom-% beeinflussen ΔT nicht, ≤ 10 Atom-% Ga erniedrigen ΔT auf ca. 70°. Bereits durch Te-Zusätze von $\leq 0{,}3$ Atom-% wird ΔT stark erniedrigt, das Krist.-Wachstum wird dabei stark behindert. Zunehmende Te-Dotierung hemmt die dendrit. Kristallisation. Durch $\leq 3 \cdot 10^{20}$ cm^{-3} Zn wird die dendrit. Kristallisation nicht beeinflußt. Die gefundenen Beziehungen zwischen σ u. Krist.-Wachstum sowie die Ähnlichkeit zwischen Adsorption an der Phasengrenze fl.–gasf. u. Verteilung an der Grenze fest–fl. haben Allgemeingültigkeit für die mit Sphaleritstruktur krist. $A^{III}B^{V}$-Verb. u. für die mit Diamantstruktur krist. Elementhalbleiter.
Heinz Vogel 202

0666 **Oberflächenspannung der Schmelzen Ge–Sn, Ge–Pb, Ge–Bi, Ge–In, Ge–Tl, Ge–Cu, Ge–Ni und Ge–Co.** V. B. Lazarev, V. S. Arakeljan und A. V. Peršikov. (Ž. fiz. Chim. 42 (1968) 1, 274—76; Inst. obšč. i neorg. chim. im. Kurnakova AN SSSR, Moskva; russ.) — Vgl. vorst. Referat. — Die Oberflächenspannung von Schmelzen der bin. Syst. von Ge mit Sn, Pb, Bi, In, Tl, Cu, Ni u. Co wurde im gesamten Konz.-Bereich bei 1000, 1100 oder 1500° bestimmt. In allen untersuchten Fällen kann bei der Bldg. von kongruent schmelzenden Verb. im Syst. eine positive Abweichung der Konz.-Isothermen der Oberflächenspannung von der idealen Kurve beobachtet werden. J. J. Pohl 202

0667 **Oberflächenenergie von Metallen an der Grenzfläche Kristall–Schmelze.** S. N. Zadumkin und M. P. Dochov. (Izvest. Akad. Nauk SSSR, Metally 1968, 1, 91—95; Nal'cik; russ.) — Gleichungen zur Berechnung der Oberflächenenergie (σ) an der fest–fl.-Phasengrenze werden vorgeschlagen. Die nach den Gleichungen ber. Energie beträgt für *Li* 6,4 (erg/cm²), *Na* 5,0, *K* 4,0, *Rb* 3,0, *Cs* 2,1, *Mg* 43,2, *Ca* 22,1, *Sr* 17,0, *Ba* 14,5, *Cu* 70,0, *Ag* 46,0, *Au* 47,0, *Pt* 129,0, *Pb* 15,3 *Zn* 59,0, *Cd* 37,1, *Al* 37,2, *B* 34,0, *Fe* 112,0, *Co* 109,0, *Ni* 127,0, *Os* 226,0, *Pa* 119,0, *Pd* 104,0, *Ir* 166,0, *W* 145,0, *Mo* 150,0, *Cr* 99,4, *Ta* 164,0, *Nb* 120,0, *V* 102,0, *Hf* 82,8, *Zr* 86,3, *Ti* 72,7, *La* 30,8, *Sn* 14,5, *Bi* 22,0, *Be* 214,0, *In* 36,0, *Hg* 20,5, *Sc* 68,2, *Y* 58,1, *Ga* 17,7, *Tl* 22,5, *Si* 37,7, *Ge* 65,4, *As* 6,0, *Sb* 30,5, *Se* 2,5, *Te* 4,5, *Nd* 24,0, *Ce* 26,3, *Pr* 21,0, *Pm* 41,8, *Eu* 16,0, *Dy* 69,2, *Er* 76,0, *Tm* 69,8, *Yb* 19,1, *Lu* 62,8, *Mn* 70,8, *Re* 138,0, *Ru* 121,0, *Rh* 139,0, *S* 6,0, H_2O 20,0, *NaCl* 33,0. J. J. Pohl 202

0668 **Wesen der Chemisorption.** G. D. Sacharov. (Doklady Akad. Nauk SSSR 180 (1968) 1, 154—57; russ.) — Theoret. Abhandlung. — 22 Literaturangaben.
J. J. Pohl 204

0669 **Theorie der radial-zylindrischen Sorptionsdynamik.** 1. Mitt. **Grundlegende Gesetzmäßigkeiten.** V. V. Račinskij und P. A. Inčin. (Ž. fiz. Chim. 42 (1968) 4, 957—63; Mosk. sel'choz. akad. im. Timirjazeva; russ.) — Grundgleichungen u. grundlegende Gesetzmäßigkeiten des frontalen u. Eluationsgleichgew. werden besprochen. Gleichungen zur Best. der Frontdeformation u. der Bewegungsgeschw. der stationären Front sind angegeben. Die radial-zylindr. Sorptionsdynamik kann als eine Sorptionsdynamik mit hyperbol. Gradientenfeld der Strömungsgeschw. betrachtet werden.
J. J. Pohl 204

0670 **Berechnung von Strukturparametern der Mikroporosität eines Adsorbenten unter Verwendung eines Computers.** M. M. Dunbinin, Ju. S. Lezin, O. Kadlec und A. Zukal. (Ž. fiz. Chim. 42 (1968) 4, 964—70; Inst. fiz. chim. AN SSSR, Moskva; russ.) — Eine Berechnungsmeth., ausgehend von einer Schar von Dampfadsorptionsisothermen, für einen breiten Temp.-Bereich wird vorgeschlagen. Anwendung des Verf. zur Berechnung der Porositätsparameter von Aktivkohlen u. Silicagelen.
J. J. Pohl 204

0671 **Bestimmung des mittleren effektiven Porenradius von Adsorbenten mit gemischter Struktur.** V. S. Komarov und I. F. Bondarev. (Doklady Akad. Nauk Beloruss. SSR 12 (1968) 4, 353—56; Inst. obšč. i neorg. chim. AN Beloruss. SSSR; russ.) — Eine Gleichung zur Best. des effektiven Porenradius von Adsorbenten wird abgeleitet, die Richtigkeit der gefundenen Zusammenhänge wird an Hand von Daten für Tonproben aus verschiedenen Lagerstätten gezeigt. J. J. Pohl 204

0672 **Bildung und Eigenschaften von Kohlenstoff–Halogen-Oberflächenkomplexen.** 6. Mitt. **Einfluß des Kohlenstoff–Chlor-Komplexes auf die physikochemischen Eigenschaften von Holzkohle.** Balwant Rai Puri und R. C. Bansal. (Indian J. Chem. 5 (1967) 11, 556—59; Dep. of Chem., Panjab Univ., Chandigarh; engl.) — 5. vgl. C. **1968,** 47-0558. — Sowohl die wahre D. als auch die makroskop. D. von Kohle (Zucker- u. Kokosnußkohle) nehmen mit steigender Beladung mit Chlor fast proportional dem Cl-Geh. zu. Die Feuchtigkeitssorptionskapazität steigt bei niedrigen u. fällt bei höheren relativen Dampfdrücken. Die Benetzungswärme in W. steigt geringfügig, während der Säure–Base-Charakter unverändert bleibt. Die Fixierung von Chlor scheint nur durch die Porenstruktur u. die Größenverteilung der Kapillarporen bedingt zu sein. Ein Teil des Chlors ($\leq$ 20%) kann durch NH_2-Gruppen durch Behandlung mit gasf. NH_3 bei 300° ersetzt werden. G. Malow 204

0673 **IR-spektroskopische Untersuchung der aktiven Zentren von Silicagelen.** 1. Mitt. G. D. Čukin und L. A. Ignat'eva. (Ž. prikl. Spektroskopii 8 (1968) 5, 872—76; russ.) — Die Adsorption von W. u. Py. an Silicagel-Proben mit der spezif. Oberfläche 600 m²/g u. dem Porendurchmesser 10—13 Å wurde bei 10^{-5} Torr im Bereich 1400 bis 1800 u. 3200—4000 cm^{-1} IR-spektroskop. untersucht. Die Adsorption der ersten W.-Menge an bei 550° entwässertem Silicagel erfolgt nicht über OH-Gruppen, sondern unter Beteiligung von koordinationsgesätt. Si-Atomen. Das adsorbierte W. befindet sich in Form von Mol. an der Geloberfläche u. bleibt bis ca. 450° in diesem Zustand. Py. wird durch H-Bindungen unter Beteiligung von OH-Gruppen adsorbiert, das Silicagel enthält keine proton. oder aproton. Zentren. Bei der Zugabe kleiner

W.-Mengen entstehen Protonenzentren. In Ggw. eines Py.-Unterschusses wird Py. an Protonenzentren angelagert. J. J. Pohl 204

0674 **Chemisorption von Farbstoffen an Kieselsäuregelen.** V. V. Strelko, V. A. Kanibolockij und Z. Z. Vysockij. (Ž. fiz. Chim. **42** (1968) 5, 1219—23, Inst. fiz. chim. im. Pisarževskogo AN Ukr. SSR, Kiev; russ.) — Der Mechanismus der Sorption von *Propylorange* u. *p-Aminoazobenzol* an getrockneten Kieselsäure-Hydro- u. Organogelen wurde untersucht. Die Chemosorption erfolgt an Oberflächenradikalen der Typen ≡Si—O˙ u. ≡Si˙, die im Syst. infolge der homolyt. Zers. von ≡Si—O—Si≡-Bindungen entstehen. Während der Dehydratation des Xerogels werden die physikal. an der Oberfläche adsorbierten Farbstoffe chemisorbiert. Im Falle von Propylorange beträgt die Aktivierungsenergie der Oberflächenrk. ca. 17 kcal/Mol. J. J. Pohl 204

0675 **Adsorption von Arsentrichlorid aus Siliciumtetrachlorid.** Ju. M. Martynov, I. I. Kurljandskaja und B. M. Maevskaja. (Ž. fiz. Chim. **42** (1968) 4, 997—98; russ.) — Die Adsorption von $AsCl_3$ auf $SiCl_4$-Lsg. an Silicagel wurde bei —23,0 u. bei 20° untersucht. Die Adsorptionswärme beträgt 5470 ± 50 cal/Mol, entsprechend einer physikal. Adsorption. Die Henrysche Adsorptionskonst. beträgt nach Vers.-Daten bei 20° 70. J. J. Pohl 204

0676 **Einfluß des Dehydratationsgrades von Silicagel auf den Hydrolysemechanismus von adsorbiertem $TiCl_4$.** S. I. Kol'cov und V. B. Aleskovskij. (Ž. fiz. Chim. **42** (1968) 5, 1210—14; Leningradskij technol. inst. im. Lensoveta; russ.) — Die Abnahme des Hydratationsgrades von Silicagel ruft eine Änderung des Umsetzungsmechanismus von $TiCl_4$ mit den Hydroxylgruppen des Silicagels hervor. An vollständig hydroxylierten Oberflächen reagiert ein $TiCl_4$-Mol. mit drei OH-Gruppen, in Ggw. von 2,5—3,3 mg-Äquivalent/g OH^- reagieren entweder 2 oder 3 OH-Gruppen. Bei weiterer Abnahme des Hydroxylgeh. bis 1,2 mg-Äquivalent/g setzen sich die $TiCl_4$-Mol. nur mit 2 OH-Gruppen um. J. J. Pohl 204

0677 **Spektrale und Adsorptionscharakteristiken der Umsetzung von Hexan, Benzol und Äther mit SiO_2-Oberflächen.** G. A. Galkin, A. V. Kiselev und V. I. Lygin. (Ž. fiz. Chim. **42** (1968) 5, 1240—43; Mosk. gos. univ. im. Lomonosova, Chim. fak.; russ.) — Die Lage u. Intensität der Absorptionsbanden der Valenzschwingung von freien Hydroxylgruppen wurden in Abhängigkeit der aus der Adsorptionsisotherme bestimmten Mol.-Konz. auf der Oberfläche analysiert. Die Charakteristiken ändern sich stark bei der Sättigung der Monoschicht, während eine nachträgliche Adsorption nur kleine Veränderungen hervorruft. Der Absorptionskoeff. der Valenzschwingung der CH-Bindung des adsorbierten Bzl. wird durch die Sättigung nicht beeinflußt. J. J. Pohl 204

0678 **Einfluß einiger Elemente auf die Adsorption von Indium an Silicium aus Elektrolyten.** V. S. Sotnikov, A. S. Belanovskij und V. S. Zelova. (Élektrochimija **4** (1968) 1, 86—89; Moskva, NII poluprovodnikovoj élektron.; russ.) — Im Rahmen der Unters. des bei der Halbleiterfertigung angewandten Ätzprozesses wurde mit Hilfe radioakt. Markierung die Beeinflussung der In-Adsorption aus der Ätzlsg. CP ($HNO_3 : HF = 4:1$) an Si durch eine Vielzahl von Elementen im Konz.-Bereich 10^{-4} bis 10^{-1}% geprüft. Während die meisten Beimengungen keinen Einfl. zeigten, was mit geringer Adsorbierbarkeit in ionogener Form erklärt wird, wurde in der Reihe Tl^{3+}, Ga^{3+}, Al^{3+} eine parallel mit dem Ionenpotential verlaufende zunehmende Wrkg. beobachtet. Der festgestellte Einfl. von Elementen der 4. Gruppe wird der In^{3+}-Mitfällung mit $Pb(NO_3)_2$ u. H_2SnO_3 zugeschrieben. Die Abscheidung der edleren Metalle (Cu, Ag, Au, Hg) auf der Si-Oberfläche bewirkt eine Abnahme der In^{3+}-Absorption. C. Herold 204

0679 **Stufenweise Adsorption von Kolloidteilchen aus Cadmiumsulfid an Glas.** T. G. Leonova, T. V. Kramareva und V. M. Šul'man. (Kolloidnyj Ž. **30** (1968) 1, 61—64; Inst. neorg. chim. AN SSSR, Novosibirsk; russ., Auszug: engl.) — Die Adsorption von koll. CdS-Teilchen aus wss. Lsg. an Glas erfolgt unter Bldg. von monomizellaren Schichten. Koll.-Teilchen, die auf die Unterlagenoberfläche gefällt wurden, bilden dichte reguläre Schichten mit polykrist. Struktur. Die Größe der koll. Teilchen von CdS auf den Glasproben ist konst. u. beträgt 900 Å. Die Abhängigkeit der Dicke des CdS-Filmes von der Konz. des $CdCl_2$, Thioharnstoffs u. Ammoniaks in der Lsg., von der Temp. u. von der Erhitzungszeit wurde bestimmt. J. J. Pohl 204

0680 **Adsorptionsisotherme von Wasser an dem synthetischen Zeolith 4A.** André Cointot, Jean Cruchaudet und Marie-Hélène Simonot-Grange. (C. R. hebd. Séances Acad. Sci., Sér. C **266** (1968) 16, 1220—22; Dijon, Frankreich, Fac. des Sci.; franz.) — An unter 10^{-4} Torr bei 380° entgasten Zeolithproben wurden thermogravimetr. Adsorptionsisothermen bei Temp. zwischen 25 u. 125° u. Dampfdrücken zwischen 1 u. 150 Torr aufgenommen, die dem Typ 1 der Brunnauer-Klassifikation nahe kamen. Adsorptions- u. Desorptionsisothermen entsprachen einander vollständig. Nach der Dubinin-Isothermengleichung wurde das von dem Adsorbat eingenommene Vol. zu 0,281 cm^3/g bestimmt. Die Berechnung der isosteren Adsorptionswärmen erfolgt nach der Clausius-Clapeyronschen Gleichung u. nach der Dubinin-Isothermengleichung, wobei um weniger als 5% differierende Werte erhalten wurden. C. Herold 204

0681 **Wechselwirkungen von n-Alkylammonium-Ionen mit glimmerartigen Schichtgittern.** G. F. Walker. (Clay Minerals **7** (1967) 2, 129—43; Div. of Appl. Mineralog., CSIRO, Melbourne; engl.) — Während der Bldg. der n-Alkylammonium-Schichtsilicat-Komplexe [C_6—C_{18}; Vermiculit (Llano, Texas u. Young River); Batavit (Kropfmühle) u. Biotit] aus einer genügend gesätt. Lsg. streben die n-Alkylammonium-Komplexe eine Anordnung an, in der die Silicatschichten durch Doppelschichten orientierter Ionen getrennt sind, so daß die Alkylketten von den Silicatoberflächen unter einem großen Winkel abstehen. In den Zwischenschichträumen können W.-Mol., Salz u. freies Alkylamin vorhanden sein. Nach dem Waschen u. Trocknen der Komplexe durchdringen sich die gegenüberliegenden Alkylketten u. bilden so scheinbar eine Ionenschicht. Während der Kontraktion wirken die Alkylketten aufeinander. Eine Alkylkette gegebener Länge kann eine Reihe von Komplexen bilden, deren Röntgenstrahlenbeugungsreflexe in ihrer Charakteristik verschieden sind. G. Malow 204

0682 **Sorption von α-Aminosäuren durch Kupfer-Montmorillonit.** W. Bodenheimer und L. Heller. (Clay Minerals **7** (1967) 2, 167—76; Geol. Survey of Israel, Jerusalem; engl.) — Die Sorption von sauren, amphoteren, S enthaltenden u. bas. α-Aminosäuren (*Glutaminsäure, Glycin, Methionin* u. *Lysin*) wurde Cu-Montmorillonit (Wyoming-Bentonit) wurde chem. u. röngenograph. untersucht. Mit Glutaminsäure tritt die Komplexbldg. nur in Lsg. auf. Mit zunehmender Basizität der Aminosäuren wird die Komplexbldg. in den Mineralzwischenschichten begünstigt. G. Malow 204

0683 **Kation-Dipol-Wechselwirkungen in organischen Tonmineral-Komplexen.** K. K. Bissada, W. D. Johns und F. S. Cheng. (Clay Minerals **7** (1967) 2, 155—66; Dep. of Earth Sci., Washington Univ., St. Louis; engl.) — Gaschromatograph. u. röntgenograph. Unters. über die Adsorption von *A.* u. *Aceton* an homoion. *Montmorillonit* (Belle Fourche, S. Dak.) ergaben eine merkliche Änderung der Anzahl der mit jedem Austauschkation assoziierten Moleküle. Eine zunehmende Assoziation wurde in der Reihenfolge $K^+ < Na^+ < Ba^{2+} < Ca^{2+}$ festgestellt. K^+ u. Na^+ assoziieren mit zwei bzw. drei Mol. A. oder Aceton. Die resultierenden Komplexe breiten sich unter Ausbldg. einer Monoschicht (ca. 13 Å) aus. Ba^{2+} u. Ca^{2+} bilden sowohl Monoschicht- als auch Doppelschichtkomplexe. In den Einschichtenkomplexen assoziiert Ba^{2+} mit vier Mol. u. Ca^{2+} mit fünf Mol. A. oder Aceton. In den Doppelschichtkomplexen betrugen die beobachteten Kation-Mol-Verhältnisse 1 : 8 für Ba^{2+}–A. u. Ba^{2+}–Aceton, 1 : 10 für Ca^{2+}–A. u. 1 : 8 für Ca^{2+}-Aceton. Die starke Abhängigkeit der A.- u. Aceton-Adsorption von der Natur des austausch-

fähigen Kations läßt auf Kation–Dipol-Wechselwrkg. während des Adsorptionsprozesses schließen.
G. Malow 204

0684 **Einlagerung von Kaliumacetat in Schieferton.** W. Bodenheimer, L. Heller und J. Bartura. (Clay Minerals **7** (1967) 2, 237—39; Geol. Survey of Israel, Jerusalem; engl.) — An vier Schiefertonen u. einem Kaolinit aus Wadi Ramon (Israel) u. einem „Dickit" aus San Juanito (Mexico) wurde die Einlagerungsfähigkeit von Kaliumacetat untersucht. Der Einbau von $CH_3 \cdot COOK$ in die Gitter vom Kaolinit-Typ ist nur unter genau kontrollierten Bedingungen reproduzierbar.
G. Malow 204

0685 **Thermisches Verhalten einiger Alumogele und Aluminiumoxide.** R. Cipău. (Rev. Chim. [Bucureşti] **19** (1968) 6, 355—57; rum.) — Die Best. wurde mit techn. *Alumogelen* u. Al_2O_3 durch Aufnahme der Desorptionsisothermen von Bzl. durchgeführt. Röntgenogramme ermöglichen die Differenzierung u. Charakterisierung der unterschiedlichen Sorten durch den Wert der spezif. Oberfläche. Fluoriertes Al_2O_3 zeigt eine größere Adsorption in der monomol., die gewöhnliche Art in der polymol. Schicht. Diese Unterschiede werden bei Temp.-Änderungen hervorgerufen durch das Auftreten von *Pseudoboehmit* bzw. *Hydrargillit*, je nach Reinheitsgrad.
M. Bromilski 204△

0686 **Immersionswärme von Aluminiumoxid in wäßrigen Natriumdodecylsulfonatlösungen.** Prodyot Roy und D. W. Fuerstenau. (J. Colloid. Interface Sci. **26** (1968) 1, 102—09; Dep. of Mineral Technol., Univ. of Calif., Berkeley, Calif.; engl.) — Die Immersionswärmen H_i von α-Al_2O_3 werden in W., wss. NaCl-Lsg. u. Lsg. von Na-Dodecylsulfonat (I) gemessen. In W. u. NaCl-Lsg. beträgt H_i bei pH-Werten zwischen 3 u. 7 — 850 erg/cm². In I-Lsg. erreicht H_i einen Wert von —1100 erg/cm², solange die I-Mol. in der Sternschicht adsorbiert werden. Oberhalb der Monoschichtbedeckung hat die weitere Adsorption keinen Einfl. mehr auf H_i. Es wird angenommen, daß die W.-Monoschicht auf der Oxidoberfläche durch das Tensid nicht verdrängt wird.
K. Strenge 204

0687 **Adsorption von NCS^--Ionen aus wäßrigen Lösungen an Quecksilber.** Stefan Minc und Jerzy Andrzejczak. (J. electroanalyt. Chem. Interfacial Electrochem. [Lausanne] **17** (1968) 1—2, 101—09; Univ., Warsaw, Polen; engl.) — Es wurden für 2 Temp. (20 u. 40°) die Elektrokapillarkurven (EK) von 0,1—6m KSCN-Lsg. mit Hilfe eines Kapillarelektrometers bestimmt. An Hand der EK wurde die adsorbierte Ionenmenge bestimmt. Aus den experimentellen Daten wurde ferner die Frumkin-Isotherme ermittelt, die die Adsorption (A) von NCS^- hinreichend beschreibt. Die Temp. besitzt nur einen geringen Einfl. auf die Parameter: ΔG^0 (Freie Energie der A für die Oberflächenladungsdichte $q^M = 0$ unter Standardbedingungen: Konz. der Lsg. (C) 1 m u. der Oberfläche 1 Ion/cm²) $\Delta G^0 = -21{,}6$ bzw. $-23{,}2$ kcal/Mol für 20 bzw. 40°; q^{-1} (die in der inneren Schicht adsorbierte negative Ladung, tabelliert für C u. q^M) u. den Esin- u. Markow-Koeff., der A von SCN^- quant. beschreibt. Die Dicke der inneren Schicht (ca. 4 Å) u. die wahrscheinliche Anordnung der spezif. adsorbierten Ionen wurde nach der Theorie von Grahame (1958) ermittelt.
G. Schatz 204

0688 **Adsorption ^{14}C-markierter Stearinsäure an Eisen.** C. O. Timmons, R. L. Patterson und L. B. Lockhart jun. (J. Colloid Interface Sci. **26** (1968) 1, 120—27; Naval Res. Labor., Washington, D.C.; engl.) — Nach der Lsg.-Retraktionsmeth. aus Nitrobenzollsg. aufgebrachte Monoschichten aus ^{14}C-markierter Stearinsäure (I) werden auf *Glas* u. *Fe* untersucht. Unter der Annahme, daß der Rauhigkeitsfaktor des geglühten (fire polished) Glases gleich 1 ist, kann aus der radiochem. bestimmten höheren Flächenbelegung der mechan. polierten Fe-Proben deren Rauhigkeitsfaktor ber. werden (die Oberflächendichte ist bei beiden Proben gleich, wie die gleichen Methylenjodidrandwinkel zeigen). Von den am Fe adsorbierten Monoschichten werden ca. 60% leicht desorbiert, der Rest ist offensichtlich chemisorbiert. Auf den Glasoberflächen erhält man einen Flächenbedarf von 18,9 Å/I-Mol., der Rauhigkeitsfaktor (wahre Oberfl./scheinbare Oberfläche) des Fe beträgt 1,33 (poliert mit 0,3 µm Al_2O_3), 1,90 (geschliffen mit 6 µm Diamant), 3,63 (geschliffen mit 600er Carborundum).
K. Strenge 204

0689 **Ableitung der Struktur von Ionenaustauschmembranen aus Säureadsorptionsdaten.** R. Arnold. (Austral. J. Chem. **21** (1968) 2, 521—25; Div. of Mineral Chem., CSIRO Chem. Res. Labor., Port Melbourne; engl.) — Die Gleichungen von Glueckauf für den Ionenaustausch werden auf frühere Messungen (Vf., ibid. **19** (1966) 1299] der Schwefelsäure-Adsorption an Kationenaustauschermembranen (AMFC 313, Permutit C 20, AMF C 60, Ionics AZL, AMF C 313/100, AMF C 60/100, Ionics DYG u. ACI) angewendet.
G. Malow 206

0690 **Ionenaustausch in gemischten Lösungsmitteln. 4. Mitt. Einwertige Anionen an Anionenaustauschern mit quaternären Basen.** C. V. Krishnan und P. S. Ramanathan. (Indian J. Chem. **5** (1967) 11, 551—53; Analyt. Div., Bhabba Atomic Res. Centre, Trombay, Bombay; engl.) — 3. vgl. C. **1968**, **49/50-0511**. — Die Austauschkoeff. $K(NO_3^-/Cl^-)$ u. $K(CNS^-/Cl^-)$ im wss. Medium werden mit steigender Vernetzung des Austauschers (Dowex-2 × 8 u. -1) größer, während der von $K(OH^-/Cl^-)$ abnimmt. Mit steigendem Geh. an organ. Lsgm. [Methanol, Äthanol, Aceton, Propanol-(1), Propanol-(2)] werden alle Austauschkoeff. kleiner. Die Ergebnisse werden über die Ionenpaarbldg. in der Harzphase interpretiert.
G. Malow 206

0691 **Abtrennung von ^{137}Cs durch Kupferhexacyanoferrat(II)-Anionenaustauscherharz.** Kazuo Watari, Kiyoki Imai und Masami Izawa. (J. nuclear Sci. Technol. [Tokyo] **4** (1967) 4, 190—94; Nat. Inst. of Radiol. Sci., Anagawa, Chiba-shi; engl.) — Unters. über Ad- u. Desorption von ^{137}Cs an $Cu_2[Fe(CN)_6]$-Austauscherharz. ^{137}Cs wird aus wss. Lsg., < 4m HCl u. < 1m HNO_3 adsorbiert; die Elution kann mit > 6m HNO_3, NH_4OH oder $AgNO_3$-Lsg. erfolgen. Die ^{137}Cs-Adsorption ist spezifisch. Die Meth. ist wirksamer als die Cs-Mitfällung an $Cu_2[Fe(CN)_6]$, vor allem bei der Konzentrierung von ^{137}Cs aus Seewasser.
D. Ertel 206

A–7. Kinetik, Katalyse

0692 **Bestimmung eines Mikroreaktorvolumens aus der Änderung des Konzentrationsprofils mit Hilfe eines Flugzeit-Massenspektrometers und die Anwendung auf die Messung der Geschwindigkeitskonstanten schneller Reaktionen, $O + NO_2 \rightarrow NO + O_2$ und $N + NO \rightarrow N_2 + O^*$.** Yoshimasa Takezaki und Sadayuki Mori. (Bull. Inst. chem. Res., Kyoto Univ. **45** (1967) 6. 388—405; Takehazi Labor.engl.) — Neue Meth. zur Messung der Geschw.-Konst. sehr schneller Atomrk. im schnell strömenden Syst. mit einem vollständig mischenden Mikroreaktor (Verweilzeit ca. 1 ms). Das effektive Vol. der Rk.-Zone (ca. 2 cm³) wird aus der Änderung des Konz.-Profils der Atome im ausströmenden Trägergas mit Hilfe eines Flugzeit-Massenspektrometers über einen Zeitraum von 10 ms bei Intervallen von 25 µs bestimmt, wobei die einströmenden Atome durch Mikrowellenentladungspulse in Querrichtung in Pulks mit scharfen Fronten erzeugt werden. Aus dem effektiven Vol. u. den Konz.-Verhältnissen wird die Geschw.-Konst. schneller bimol. elementarer Rk. berechnet. Messungen bei den Titelrk. (Raumtemp.) ergaben recht gute Übereinstimmung mit genaueren Literaturwerten.
A. Jaeschke 212

0693 **Massenspektrometrische Untersuchung der Niederdruck-Pyrolyse von Diphosphin(4).** T. P. Fehlner. (J. Amer. chem. Soc. **89** (1967) 25, 6477—82; Dep. of Chem., Univ. of Notre Dame, Notre Dame, Ind.; engl.) — Diphosphin(4), P_2H_4, wird in einem Pyrex-Reaktor im Druckbereich 0,5—50 mTorr therm. zersetzt in Phosphin u. Diphosphin(2) durch eine Rk. nullter Ordnung. Im Temp.-Bereich 570—650 °K wird die Rk.-Geschw. durch $\log h(T) = 20{,}8 - 4800/T$ Mol · cm⁻² · s⁻¹ ausgedrückt. Außerdem zerfällt das Zwischenprod. Diphosphin(2) u. ergibt tetraatomaren Phosphor als Prod. einer Rk., die durch Phosphorhydride gehemmt wird. Die Bedeutung dieser Ergebnisse für die therm. Stabilität von Diphosphin(4) wird diskutiert. J. Büttner 212

0694 **Oberflächentemperatur deflagrierender Ammoniumperchloratkristalle.** M. W. Beckstead und J. D. Hightower. (AIAA Journal 5 (1967) 10, 1785—90; U.S. Naval Ordnance Test. Stat., China Lake, Calif.; engl.) — Die Best. des Phasenübergangs von der rhomb. zur kub. Struktur, der sich durch Abschrecken des Syst. fixieren läßt, als Funktion der linearen Verbrennungsgeschw. der Krist., wird zur Abschätzung der Oberflächentemp. benutzt. In Übereinstimmung mit Messungen an Treibstoffsyst. mit Geh. an Ammoniumperchlorat liefert die Abschätzung Werte zwischen 525 u. 600°. H. U. Borgstedt 214

0695 **Homogene Katalyse durch Komplexe mit Elementen der Gruppe VIII.** G. C. Bond. (Annu. Rep. Progr. Chem. **63** (1966/67), 27—43; Johnson Matthey & Co., Ltd., Exhibition Grounds, Wembley, Middlesex; engl.) — Übersicht. — 141 Literaturangaben. K. Jasche 216

0696 **Aromatische Reaktionsfähigkeit.** 34. Mitt. **Säurespaltung von (Pentafluorphenyl)-trimethylstannan und -silan.** C. Eaborn, J. A. Treverton und D. R. M. Walton. (J. organometallic Chem. [Amsterdam] **9** (1967) 2, 259—62; School of Mol. Sci., Univ. of Sussex, Brighton, Sussex, Great Britain; engl.) — 35. vgl. C. **1969,** 6-1033. — Vf. messen spektrophotometr. die Geschw. k der Spaltung von Aryl-Si- u. Aryl-Sn-Bindungen in $C_6F_5Sn(CH_3)_3$ (I), $C_6H_5Sn(CH_3)_3$, *o-*, *m-* u. *p-*$FC_6H_4Sn(CH_3)_3$ durch CH_3OH/W./$HClO_4$ u. in allen analogen *Si*-Verb. (an Stelle von Sn) durch CH_3COOH/W./H_2SO_4. Bei **I** ist k wesentlich größer als aus der Additivität der desaktivierenden Effekte der 5 F-Atome zu erwarten ist. Bei $C_6F_5Si(CH_3)_3$ entspricht k dieser Additivität. H.-J. Schönherr 216

0697 **Geschwindigkeit der Aquotisierung des Azidopentaquochrom(III)-Ions in Gegenwart von Ionenaustauscherharzen.** Antonio Indelli und Pier Luigi Bonora. (Ann. Chimica **57** (1967) 6, 616—23; Ferrara, Univ., Ist. Chim.; ital.) — Als Ionenaustauscherharze wurden die saure Form von *Dowex 50 WX12*, die saure Form von *Lewatit S 100* sowie die sauren Formen von *Zeocarb 215* u. *225* verwendet. Die Menge des Austauscherharzes sowie die Teilchengröße hatten wenig oder keinen Einfl. auf die Geschw. der Aquotisierung von $[CrN_3 \cdot (H_2O)_5]^{2+}$. Die katalyt. Wrkg. des Austauscherharzes war durch die funktionellen Gruppen des Harzes in der sauren Form bedingt. Es ergab sich ferner, daß die Aktivierungsenergie niedriger ist als in der Rk. in homogener Lösung. Die spezif. Wrkg. der verschiedenen Harze wurde festgestellt. Diskussion des Mechanismus. C. Gottfried 216△

0698 **Abwesenheit stereospezifischer Effekte bei gewissen Redox-Reaktionen.** Bernard Grossman und R. G. Wilkins. (J. Amer. chem. Soc. **89** (1967) 16, 4230 bis 4231; Dep. Chem., State Univ. of N.Y., Buffalo, N.Y.; engl.) — Die Geschw. der Ox. von L-$[Fe(-)PDTA]^{2-}$ (I) (PDTA = Propylendiamintetraacetat), L-$[Co(-)PDTA]^{2-}$ (**II**) u. DL-$[Fe\text{-}PDTA]^{2-}$ (**III**) durch die Enantiomorphen einiger Komplexionen wird bei 25° (Ionenstärke μ 0,5m, pH 4,5) gemessen. Ox.-Mittel für **I**: L- u. D-$[Co \cdot (EDTA)]^-$, DL-*cis*-$[CoCl(NH_3)(en)_2]^{2+}$, D- u. L-$[CoCl \cdot (EDTA)]^{2-}$ u. DL-$Co(C_2O_4)_3{}^{3-}$; für **II**: DL-$[Fe(bipy)_3]^{3+}$; für **III**: $[CoCl(NH_3)_5]^{2+}$, $[CoBr(NH_3)_5]^{2+}$, $[CoN_3(NH_3)_5]^{2+}$, $[CoNCS(NH_3)_5]^{2+}$. Die Geschw.-Konst., Aktivierungsenergien u. -entropien werden angegeben. Die Ergebnisse zeigen, daß kein Unterschied in der Reaktivität der Enantiomeren gegenüber einem opt. reinen Red.-Mittel besteht. K. Berg 216

0699 **Kinetik und Mechanismus von Elektronenübertragungsreaktionen mit Kupfer(I) in Perchloratlösung.** James H. Espenson, Kenneth Shaw und O. Jerry Parker. (J. Amer. chem. Soc. **89** (1967) 22, 5730—31; Dep. Chem. and Inst. for Atomic Res., Ia. State Univ., Ames, Ia.; engl.) — Cu(I) wird durch Red. von Cu(II) mit *Cr(II)*, *V(II)* u. *Eu(II)* bei 25° in Perchloratlsg. erhalten. Die Geschw.-Gesetze sind 1. Ordnung bez. jeweils beider Metallionenkonzentrationen. Die Rk. mit Cr(II) ist abhängig von $[H^+]$, die mit V^{2+} nicht. Untersucht wird die Ox.-Rk. von Cu(I) mit VO^{++}, Hg^{2+}, Fe^{3+} u. seinen Komplexen, Co(III)-Komplexen u. mit $HCrO_4^-$ in ClO_4^--Lösungen. Die Rk. mit VO^{2+} ist 3. Ordnung mit einer Geschw.-Konst. k = $3{,}9 \cdot 10^2$ $Mol^{-2} \cdot s^{-1}$ bei 25°. Die Rk. mit Fe^{3+} ist von 2. Ordnung mit k = $1{,}2 \cdot 10^5$ $Mol^{-1} \cdot s^{-1}$ bei 25°. Die Rk. von Cu(I) mit $HCrO_4^-$ u. $Fe(phen)_3{}^{3+}$ verlaufen für die Unters. zu schnell, die mit $Co(NH_3)_6{}^{3+}$ u. $Co(NH_3)_5H_2O^{3+}$ zu langsam. K. Berg 216

0700 **Kinetische Untersuchung der Bildung und Zersetzung von höheren Alkalimetalloxiden in geschmolzenen Alkalimetallhydroxiden.** G. Kern. (Rev. Inst. franç. Pétrole Ann. Combustibles liquides **22** (1967) 5, 826—48; Inst. Franç. du Pétrole; franz.) — Bei Einw. von O_2 auf geschmolzene Hydroxide von Alkalimetallen entstehen Hyperoxide (O_2^-), Peroxide (O_2^{2-}) u. Oxide (O^{2-}). Die thermodynam. Werte dieser Verb. in festem Zustand, die Gleichgew. dieser Verb. in Hydroxiden u. die chem. u. polarograph. Verf. zur Best. der Oxide werden erörtert. Unters. der Kinetik der O_2-Einw. auf geschmolzene Hydroxide im Eutektikum KOH–NaOH bei 230 u. 400° in verschiedenen Tiegeln u. anderen Hydroxiden (NaOH, KOH, RbOH) zeigen, daß hauptsächlich Hyperoxid entsteht, das in Peroxid u. weiter in Oxid umgewandelt wird: $3/2\,O_2 + 2\,OH \rightarrow 2\,O_2^- + H_2O$; $2\,O_2^- \rightarrow O_2^{2-} + O_2$; $O_2^{2-} \rightarrow O^{2-} + {}^1/_2\,O_2$. W. Wesly 218

0701 **Einfluß von Calciumchlorid und Calciumfluorid auf die Kinetik und den Mechanismus der thermischen Dissoziation von Calciumcyanamid.** Jerzy Schroeder und Andrzej Kołaczkowski. (Chem. stosowana, Ser. A **11** (1967) 4, 401—17; 4 Tafeln; Zakład Technol. Nawoz. Mineral., Inst. Chem. Fiz., PAN; pol.) — Es wird nachgewiesen, daß $CaCl_2$ u. CaF_2, die bekannte Zuschläge sind, um die Bindung des Stickstoffs bei der techn. Kalkstickstoffsynth. zu beschleunigen, auch die therm. Dissoziation von CaNCN beschleunigen, welches der Hauptbestandteil des techn. Kalkstickstoffs ist. Mkr. Aufnahmen sowie kinet. Daten der Dissoziation bei 1000, 1100 u. 1200° u. chem. Zus. der Rk.-Prod. werden angegeben. Diskussion des Rk.-Mechanismus. Rolf Heyer 218

0702 **Neue Daten zum Mechanismus der Reaktion AlF_3—Kaolinit.** Béla Lőcsei. (Építőanyag [Baumaterial] **19** (1967) 9, 341—48; Budapest, Szilikátipari Központi Kutató és Tervező Intézet; ung.) — Aus einem Gemisch von 39,5% AlF_3 u. 60,5 Kaolinit entsteht bis 1150° nur dann Mullit, wenn in den drei Aktivierungsphasen (550—600°, 700—750° u. 900—950°) das Gemisch den Gleichgew.-Zustand erreicht bzw. annähert. In diesem Fall ist die Zus. des erhaltenen Prod. nahezu $2\,Al_2O_3 \cdot SiO_2$. Der Rk.-Mechanismus kann mit dem Verhältnis R (F-Geh. im SiF_4/Gesamt-F-Geh.) charakterisiert werden. Aus Derivatogrammen ergibt sich die Aktivierungsenergie der Mullitbldg. zu 960 (cal/g) u. die der OH-Entfernung aus Kaolinit zu 99,8. Ist R höher als 0,5, so bildet sich neben Mullit auch Korund, ist R niedriger als 0,42, so bildet sich noch eine SiO_2-Phase neben Mullit. I. Náray-Szabó 218

0703 **Einfluß von Feuchtigkeit auf die Al/SiO_2-Reaktion.** Ronald Silverman. (J. electrochem. Soc. **115** (1968) 6, 674—76; The Bayside Labor., Res. Center of Gen. Telephone and Electron. Labor.; engl.) — Zur Best. der Rk.-Geschw. für Al/SiO_2-Zus. wurde der Einfl. folgender Substrate zwischen 400 u. 625° während 1—21 Std. in verschiedenen Glühatmosphären untersucht: geschmolzenes SiO_2, W.-Geh. Null: unter trockenem Sauerstoff 0,5 μ dick gewachsene SiO_2-Filme, W.-Geh. Null: aus der Dampfphase 0,5 μ dick gewachsene SiO_2-Filme, W.-Geh. 0,1 w/o. Der Feuchtigkeitsgeh. der Glühatmosphäre variierte von 1—10000 ppm H_2O. 99,999% reines Al wurde bei 10^{-6} Torr auf die Substrate aufgedampft u. dann die Wärmebehandlung in einem $2^1/_2$-in. ID-Inconel-Muffelofen durchgeführt. Danach wurden die Proben visuell, mit Röntgenstrahlbeugung zur Best. der vorhandenen Phasen u. durch Messung des elektr. Widerstandes untersucht. Eine Widerstandserhöhung wurde einer Verminderung der Al-Schicht auf Grund der Rk. mit SiO_2

zugeordnet. Nach den Ergebnissen beeinflußt der Feuchtigkeitsgeh. der Glühatmosphäre u. des Substrates die Rk.-Geschw. zwischen Al u SiO_2. Es wird angenommen, daß Al das SiO_2 unter Bldg. eines Al-Oxides red., obwohl charakterist. Beugungsbilder nicht gefunden wurden. In vollständig reagierten Filmen zeigen Widerstand u. sein Temp.-Koeff. die Bldg. einer nichtmetall. Schicht an. Die Leitfähigkeit konnte wegen der niedrigen Aktivierungsenergie von 0,012 ± 0,004 eV nicht auf Ionenleitung zurückgeführt werden. R. Zimmer 218

0704 **Mechanismus und Kinetik der Chlorierung von TiO_2 in geschmolzenen Salzen in Gegenwart von Eisenchloriden.** A. B. Bezukladnikov. (Ž. prikl. Chim. **40** (1967) 2, 291—96; Bereznikovskij filial VAMI; russ.) — Unter Auswertung von Literaturangaben wird ein Mechanismus der Chlorierung von TiO_2 in geschmolzenen Salzen in Ggw. von Fe-Chloriden vorgeschlagen u. durch Berechnungen u. Vers. bestätigt. Die Chlorierung von TiO_2 unter den genannten Bedingungen erfolgt nicht durch Cl_2, sondern durch das in der Schmelze vorliegende $FeCl_4^-$-Ion. B. Karos 218

0705 **Chlorierung von Uran in geschmolzenen Salzen.** D. R. Olander. (AIChE. Journal **13** (1967) 1, 191—92; Lawrence Radiat. Labor., Univ. of Calif., Berkeley, Calif.; engl.) — Die Ergebnisse einer früheren Unters. von Olander et al. (vgl. AIChE. J., **12**, 693 (1966)) über die Kinetik der Chlorierung von UCl_4 im geschmolzenen LiCl-KCl-Eutektikum werden in einer neuen Gleichung zusammengefaßt, deren Grundlage das Modell der Diffusion von U(IV) in einem abnehmenden Fl.-Film ist. Die theoret. Auswertung der Gleichung bestätigt die Annahme, daß die Chlorierung des UCl_4 durch die Diffusion des U(IV) in die Salzphase bestimmt wird. Bei 650 u. 700° liegen die experimentellen Werte beträchtlich unter den theoret., was, auf eine unzulässige Extrapolation zurückgeführt wird. G. Malow 218

0706 **Wachstumscharakteristiken von in verdünnter Lithiumhydroxidlösung bei 300° erzeugten Eisenoxidfilmen.** John B. Moore jun. und Robert L. Jones. (J. electrochem. Soc. **115** (1968) 6, 576—83; Naval Res. Labor., Washington, D.C.; engl.) — Die Eisenoxidfilme wurden im Inneren von ganz mit LiOH-Lsg. von pH = 11 gefüllten Stahlkapseln bei 300° in einem luftdurchströmten Ofen während 30 Min. bis 12 Tagen Dauer erzeugt. Für die elektronenmkr. Unters. wurden die Oxidfilme nach der Jod-Methanol-Meth. vom Stahl abgelöst oder von dem Oxidfilm mit Pt bedampfte Kohleabdrücke angefertigt. Im Anfangsstadium ist das Oxid weitgehend orientiert, Wachstumsgeschw. u. Morphologie hängen von der Orientierung der Untergrundkörner ab. Nachdem der Film eine gewisse Dicke erreicht hat, entartet das epitaxiale Wachstum in der $(001)Fe_3O_4//(001)\alpha$-Fe, $[1\bar{1}0]Fe_3O_4//[100]\alpha$-Fe Orientierung unter Bldg. eines feinkörnigen, zufällig orientierten Filmes, der teilweise mit großen Fe_3O_4-Krist. bedeckt ist. Die Experimente beweisen, daß die Umwandlung durch Spannungen hervorgerufen wird, die durch das Dickerwerden des epitaxialen Filmes auftreten. Diese Zweiphasenoxidstruktur bleibt bis zu Ox.-Perioden von 300 Std. bestehen. Aus ihrem Verh. läßt sich ein Wachstumsmechanismus ableiten, bei dem Eisen durch den feinkörnigen Film in Lsg. geht u. dann die großen Oberflächenkrist. bildet. Daraus kann ein theoret. Gesetz hergeleitet werden, nach dem die Korrosionsgeschw. in Übereinstimmung mit den experimentell ermittelten Werten nach einer logarithm. Kurve abnimmt. R. Zimmer 218

0707 **Reaktionen in fester Phase.** Tiberiu Golgoţiu, Iancu Hîncu, Julieta Linde und Ileana Herţescu. (Bul. Inst. politehn. Iaşi **13** (17) (1967) 1/2, 185—91; Iaşi, Inst. politehn., Cat. de chim. anorg.; rum.) — Durch DTA-Messungen wird die therm. Zers. von $KMnO_4$ (zu $K_2MnO_4 + MnO_2 + O_2$), $Na_2S_2O_3 \cdot 5\,H_2O$ (zu $Na_2SO_4 + Na_2S_5$), $FeSO_4 \cdot 7\,H_2O$ (zu $Fe_2O_3 \cdot 2\,SO_3$ bzw. Fe_2O_3) u. $(NH_4)_2Fe(SO_4)_2 \cdot 6\,H_2O$ [zu $(NH_4)_2SO_4$ bzw. $SO_3 + NH_3 + H_2O$ u. $Fe_2(SO_4)_3$] u. von Gemischen von $KMnO_4$ mit diesen reduzierenden Salzen untersucht u. in Diagrammen dargestellt. Die entstehenden Prod. werden analysiert u. aus den Ergebnissen werden Schlüsse auf den Mechanismus der beim Erhitzen stattfindenden Rk. gezogen. R. K. Müller 218△

0708 **Einfluß von Alkalimetallhalogenidmedien auf die Bildung von $MgFe_2O_4$, $MgAl_2O_4$ und $MgCr_2O_4$.** Hiroaki Yanagida und Masao Atumi. (J. ceram. Assoc. Japan [Yogyo Kyokai Shi] **75** (1967) 12 (868), 349—52; Dep. of Industr. Chem., Fac. of Engng., Univ. of Tokyo, Hongo, Tokyo; engl.) — Mischungen aus MgO, R_2O_3 (Fe_2O_3, Al_2O_3, Cr_2O_3) u. AX (*LiF*, *LiCl*, *KF*, *NaCl*, *NaBr*, *KCl*, *KBr*) im Mol.-Verhältnis 1 : 1 : 6 bzw. 1 : 1 : 0 wurden zwischen 500 u. 1100° zur Rk. gebracht. Die Zeitabhängigkeit des Umsatzes wurde röntgenograph. verfolgt. Die Wirksamkeit der Alkalimetallhalogenide hinsichtlich der Beschleunigung der Spinellbldg.-Rk. ist um so größer, je kleiner die Differenz $|a_{MgO} - a_{AX}|$ ist. In den KF enthaltenden Mischungen fand eine Spinellbldg. nicht statt. W. Laqua 218

0709 **Oberflächenreaktion von Nickel mit Schwefellösungen.** L. Arizmendi und V. Martinez-Vilche. (Corrosion Sci. **7** (1967) 9, 621—28; Inst. de Quim.-Fis. „Roscasolano", CSIC, Madrid; engl.) — Es wird über eine Unters. der Rk. von Nickel mit Lsg. von mit S-35 markiertem, elementarem Schwefel in n-Hexadekan, Xylol, Benzol u. Anisol berichtet. Mechanismus u. Zeitgesetz des Filmwachstums werden durch Temp. (60—150°), Konz. (4,0 · 10^{-3} bis 2,8 · 10^{-3} g/Atome/l), Lsgm. u. Gasatmosphäre bestimmt. Eine Ähnlichkeit des Ablaufs von Ox.- u. Schwefelungsprozeß kann festgestellt werden, wobei vergleichbare Rk.-Mechanismen unter verschiedenen experimentellen Bedingungen auftreten. Im allg. ergibt sich ein logarithm. Zeitgesetz. Die Arrhenius-Gleichung für die Rk. mit luftfreien S-Lsg. in n-Hexadekan lautet $k_1 = 10{,}8 \cdot \exp(-3{,}500/RT)$, mit Luft enthaltenden Lsg. ergibt sich $k_1 = 21{,}4 \cdot \exp(-3{,}900/RT)$. G. Malow 218

0710 **Kinetik der Sauerstoffabsorption in geschmolzenen, Kupfer(I)-chlorid enthaltenden Salzen.** D. M. Ruthven und C. N. Kenney. (Chem. Engng. Sci. **22** (1967) 12, 1561—70; Dep. of Chem. Engng., Cambridge; engl.) — Es wurde die Kinetik der Ox. von $CuCl_2$ enthaltenden Schmelzen (Syst. CuCl-$CuCl_2$; KCl-CuCl-$CuCl_2$; KCl-$LaCl_3$-CuCl-$CuCl_2$) mit gasf. Sauerstoff bei Temp. zwischen 350 u. 500° untersucht. Die experimentellen Ergebnisse wurden in Form der Geschw.-Gleichung $R = k_3A[Cu^+]^2P_{O_2}$ dargestellt, worin A die Oberfläche der Schmelze darstellt. Die RGK k_3 wird mit steigender KCl u. $LaCl_3$-Konz. größer u. liegt zwischen 0,65 · 10^{-7} mol/$cm^2 \cdot s \cdot$ atm für das Syst. $CuCl_2$-CuCl u. 600 · 10^{-7} mol/$cm^2 \cdot s \cdot$ atm für Schmelzen mit äquimol. Mengen an KCl u. Cu-Chloriden mit 10 Mol-% $LaCl_3$. Die Aktivierungsenergien betragen ~12,7 kcal/mol Sauerstoff für das Syst. $CuCl_2$-CuCl u. < 1,0 kcal/mol Sauerstoff für Schmelzen mit äquimolaren Mengen an KCl u. Cu-Chloriden. Für die direkte Rk. des gasf. O_2 mit Cu^+ an der Oberfläche der Schmelzen wird ein Rk.-Mechanismus diskutiert. Es wird angenommen, daß die Rk. über eine Peroxidbldg. verläuft. G. Malow 218

0711 **Katalytische Reaktionen an Kohlenstoff.** 1. Mitt. **Katalytische Verbindungsbildung von Wasserstoff und Brom.** Balwant Rai Puri und K. C. Kalra. (Indian J. Chem. **5** (1967) 12, 638—40; Dep. of Chem., Panjab Univ., Chandigarh; engl.) — Kohle (aus Zuckerrohr u. Kokosnußschale) u. Ruß (Spheron-9) besitzen durch die Abgabe eines CO_2-Komplexes beim Entgasen oberhalb von 750° vakante, ungesätt. Stellen, welche die Rk. von Wasserstoff u. Brom quant. bei 150° katalysieren. Wenn der CO_2-Komplex nicht abgegeben wird, verläuft die katalyt. Rk. bei 300° quant., da bei dieser Temp. der Komplex im Wasserstoffstrom im beträchtlichen Maße abgegeben wird. Die katalyt. Wrkg. bei 150° läßt beträchtlich nach, wenn die ungesätt. Stellen mit Sauerstoff, Schwefel, Chlor oder Brom vorbelegt sind. Anscheinend werden Brom u. Wasserstoff chemisorbiert u. kombinieren dann zum HBr, welches sodann unter Zurücklassen der ungesätt. Stellen desorbiert wird. G. Malow 220

0712 **Einfluß der Lithiumdotierung auf die Dehydrierung von Isopropanol an Zinkoxid.** J. Dereń, B. Grzybowska und B. Russer. (Bull. Acad. polon. Sci., Sér. Sci. chim. **15** (1967) 10, 491–94; Kraków, Inst. Chem. Fizycznej, Pan; engl.) — Die Ausb. an *Aceton* in Abhängigkeit von der Dotierung des ZnO mit Li (0–2,43 Atom-%) wurden bei der Dehydrierung von Isopropanol an ZnO untersucht (330°, Isopropanoldruck 30 Torr). Dabei ergab sich ein Max. der Ausb. bei der Li-Konz., bei der die n-Leitung zur p-Leitung übergeht. Eine Änderung der katalyt. Selektivität wurde nicht gefunden. A. Jaeschke 220

0713 **Dehydrierung von Ameisensäure über Zinkoxid.** Yuko Noto, Kenzo Fukuda, Takaharu Onishi und Kenzi Tamaru. (Bull. chem. Soc. Japan **40** (1967) 11, 2722; Dep. of Chem., Univ. of Tokyo, Hongo, Bunkyo-ku, Tokyo; engl.) — Die Rk. der Zers. von HCOOH über ZnO ergab sich bei 145–220° als Dehydrierungsrk. nullter Ordnung (unabhängig von der HCOOH-Konz.), in dem als Rk.-Prod. CO_2 u. H_2 im Verhältnis 1 : 1 entstanden. Die Unters., die auch in Ggw. von DCOOD bzw. HCOOD durchgeführt wurden — in letzterem Fall entstand prakt. nur HD neben CO_2 — führten zu folgendem Mechanismus: Zunächst bildet sich an der ZnO-Oberfläche $Zn(HCOO)_2$, aus dem sich dann CO_2 abspaltet. Die zurückbleibende Zn–H-Spezies reagiert nun mit weiterer HCOOH aus der Gasphase unter Bldg. von $Zn(HCOO)_2$ u H_2. A. Jaeschke 220

0714 **Elektroballistische Untersuchung von Vanadinpentoxid-Katalysatoren.** Zdzisław Sokalski und Wincenty Turek. (Roczniki Chem. [Ann. Soc. chim. Polonorum] **41** (1967) 6, 1101–13; Kat. Chem. Fiz., Politechn. Śląska, Gliwice; pol.) — Auf Grund der Fermi-Funktion wurde nachgewiesen, daß man mit Hilfe der elektroballist. Methode (Kontaktpotentialmessung) Elektronen des Leitfähigkeitsbandes nachweisen kann, die an die Chemisorption von Sauerstoff gebunden sind, sowie flache u. tiefe Donatorniveaus. Rolf Heyer 220

0715 **Elektrische Leitfähigkeit des Katalysators CuO–ZnO–Al_2O_3.** Włodzimierz Kotowski. (Przemysł chem. **46** (1967) 10, 590–93; Zakłady Chem. Blachownia Sl.; pol.) — Die elektr. Leitfähigkeit des neutralen u. alkal. (0,6% Na_2O) Katalysators im rohen Zustand unter Stickstoffatmosphäre u. nach der Red. mit Synth.-Gas (80% H_2 + 20% CO) wurde untersucht. Die Aktivierungsenergie u. die Änderung der elektr. Leitfähigkeit mit der Temp. des neutralen u. red. Katalysators wurden verglichen mit der Änderung der Aktivität bei der Hydrierung von CO zu CH_3OH u. $HCOOCH_3$. Rolf Heyer 220

0716 **Ungewöhnliches Aktivitätsverhalten von mit Wasserstoff reduzierten Nickel-Kupfer-Legierungskatalysatoren.** J. K. A. Clarke und J. J. Byrne. (Nature [London] **214** (1967) 5093, 1109; Dep. of Chem., Univ. Coll., Dublin; engl.) — *Ni-Cu*-Filme (80–120 $\mu g/cm^2$) wurden durch Vakuumverdampfung in Pyrex-Röhren hergestellt. Anschließend an die Red. mit H_2 (2 Std. bei 530°) wurde auf –95° gekühlt u. evakuiert. Als Testrk. diente die Hydrierung von 1-Buten mit H_2 (Mischung 1 : 8) bei einem Gesamtdruck von 1 (Torr). Es zeigte sich, daß für reines Ni u. Ni-Cu-Leg. bis 6,3 Atom-% Ni die spezif. Aktivität gleich war. Es wird angenommen, daß sich an der Katalysatoroberfläche eine Ni-reiche (98% Ni) Schicht befindet, deren Bldg. durch die H_2-Behandlung u. anschließende Abkühlung gefördert wird. A. Großer 220

0717 **ESR-Untersuchung der durch Quecksilber photosensibilisierten (H_2 + O_2)-Reaktion.** Kazuo Shimokoshi, Yuji Mori und Ikuzo Tanaka. (Bull. chem. Soc. Japan **40** (1967) 2, 254–60; Dep. of Chem., Tokyo Inst. of Technol., Ookayama, Meguro-ku, Tokyo; engl.) — Die Rk. wird bei p_{O_2} = 10–200 μ Hg u. p_{H_2} = 0,2–4 Torr durch ESR-Spektroskopie untersucht. Zur Verfolgung dieser Rk. wird die Konz. der H-Atome (ESR-Signal-Amplitude) während der gesamten Rk.-Zeit gemessen. Sie ändert sich mit der Zeit u. erreicht ein Max., das vom O_2- u. H_2-Druck abhängt. Es wird gefunden, daß O_2 die stationäre Konz. der H-Atome in diesem Syst. erhöht. Bei der Rk. $H_2 + Hg^* (^3P_1) \xrightarrow{I_0} 2H + Hg(^1S_0)$ kann die Geschw. der Bldg. von H-Atomen durch Veränderung von T_m (T_m = Zeit, nach der die H-Konz. ein Max. erreicht) mit dem Anfangs-O_2-Druck bestimmt werden ($I_0 = 2{,}4 \cdot 10^{15}$ Mol./s). Der O_2-Druck beim Max. der H-Konz. ist etwas von p_{H_2} abhängig. Er wird zu 5 μ Hg bestimmt. Helmut Schneider 222

0718 **Energieverteilung unter den Primärprodukten der Photodissoziation.** R. C. Mitchell und J. P. Simons. (Discuss. Faraday Soc. **1967, 44,** 208–17; Chem. Dep., Univ., Birmingham; engl.) — Die Schwingungsanregung der Primärprod. der Photodissoziation von *Nitrosylhalogeniden* (XNO, X = F, Cl, Br), *HONO, Alkylnitriten* (RONO), *FCN, BrCN, CS_2, Methyl-* u. *Halogenmethylradikale, CH_3J* u. *Polyhalogenmethanen* wird an Hand der Gleichgew.-Geometrie der angeregten Zustände der Ausgangsmol. diskutiert. Angenäherte SCF-MO-Berechnungen werden zur Ermittlung der Energieverteilung zwischen Translation u. Schwingung verwandt. Die Schwingungsanregung der Halogenmethylradikale, die durch Photodissoziation der entsprechenden Bromide entstanden sind, erhöht ihre Rk.-Fähigkeit gegenüber H-Atomabspaltung beträchtlich. Für das *CH_2Cl-Radikal* werden neue experimentelle Daten mitgeteilt u. diskutiert. W. Pusch 222△

0719 **Photolyse von Natriumnitratlösungen durch Sonnenlicht.** Enrico G. Gori, Gianna L. Petriconi und Henry M. Papée. (Ricerca sci. **37** (1967) 11, 975–78; Centro Nucleazione Aerosoli, (CNR; Monte Sacro), Roma; engl.) — Bei der Photolyse von 30%ig. $NaNO_3$-Lsg. durch Sonnenlicht zwischen 0 u. 3500 m über dem Meeresspiegel wird NO_2^- nach $NO_2^- = \alpha' t/(1 + \beta' t)$ mit $\alpha' = 7{,}16 \cdot 10^{-6}$ Mol l^{-1} hr^{-1} u. $\beta' = 2{,}57 \cdot 10^{-1}$ hr^{-1} (t = Bestrahlungsdauer) gebildet. In Ggw. von Chlorid wird die NO_2^--Bldg. beschleunigt ($\alpha' = 6{,}99 \cdot 10^{-6}$ u. $\beta' = 5{,}24 \cdot 10^{-2}$). α' u. β' hängen von der Temp. u. der absorbierten Strahlung ab. Die Bldg. von N_2O_3 tritt als Konkurrenzrk. auf. D. Radeck 222

0720 **Photolyse von Ammoniumnitratlösungen durch Sonnenlicht.** Gianna L. Petriconi, Enrico G. Gori und Henry M. Papée. (Ricerca sci. **37** (1967) 11, 979–83; engl.) — Vgl. vorst. Referat. — Die NO_2^--Bldg. bei der Photolyse von 15 u. 25%ig. NH_4NO_3-Lsg. durch Sonnenlicht zwischen 0 u. 3500 m Höhe verläuft nach $NO_2^- = \alpha' t/1 + \beta' t$ (t = Strahlungsdauer). α' u. β' hängen von der Konz., der absorbierten Strahlung u. der Temp. ab. Als Konkurrenzrk. tritt Bldg. von N_2 u. H_2O auf. D. Radeck 222

0721 **Zwischenprodukte bei der photochemischen Zersetzung von Cer(IV)-Salzen in wäßriger Lösung. Reaktivität der Radikale NO_3 und HSO_4.** L. Dogliotti und E. Hayon. (J. physic. Chem. **71** (1967) 12, 3802–08; Natick, Mass., US Army Natick Labor., Pioneering Res. Div.; engl.) — Unters. der Blitzlichtphotolyse wss. Ce(IV)-Sulfat- u. -Nitratlösungen. In Ce(IV)-Sulfatlsg. bildet sich ein Zwischenprod., welches bei 4550 Å ein opt. Absorptionsmax. besitzt u. welches in bimol. Rk. mit k = (6,5 ± 1,3) · 10^8 l/Mol · s zerfällt; Vf. bezeichnen es als freies HSO_4-Radikal. Ce(IV)-Nitratlsg. gibt opt. Max. bei 5950, 6400 u. 6750 Å, woraus Vf. auf das Vorliegen des NO_3-Radikals schließen; es zerfällt in Rk. 1. Ordnung mit k = 9,5 · 10^2 s^{-1}. Der prim. Hauptvorgang bei der Photolyse beider Ce(IV)-Salzlsg. besteht in einem Ladungstransport von der Hydratationssphäre zum Ce(IV)-Ion: $Ce(IV) \cdot H_2O \xrightarrow{h\nu} Ce(III) + OH + H^+$; darauf folgen die Rk. $OH + HSO_4^- \rightarrow HSO_4 + OH^-$ bzw. $OH + HNO_3 \rightarrow NO_3 + H_2O$. Die Geschw.-Konst. für die Rk. von HSO_4 u. NO_3 mit Formiat, Acetat, Methanol, Äthanol, 2-Propanol, Tl(I) u. Ce(III) wurden bestimmt. HSO_4 ist ein stärkeres Ox.-Mittel als NO_3. D. Ertel 222

0722 **Blitzlichtphotolyse von Quecksilber(II)-halogenid-Komplexen in wäßriger Lösung. Reaktionsgeschwindigkeit von X_2^--Radikalanionen.** M. E. Langmuir und E. Hayon. (J. physic. Chem. **71** (1967) 12, 3808–14; engl.) — Vgl. vorst. Referat. — *$HgCl_2$, $HgCl_4^{2-}$, $HgBr_2$, $HgBr_4^{2-}$* u. *HgJ_4^{2-}* liefern bei der Blitzlichtphotolyse in wss. Lsg. die Radikalanionen *Cl_2^-, Br_2^-* u. *J_2^-*. *HgJ_2*

liefert ein bei 3300 Å absorbierendes Zwischenprodukt. Vf. untersuchten die Kinetik des Zerfalls der verschiedenen Zwischenprod. in neutraler u. saurer Lösung. Die Rk.-Geschw. von Cl_2^- u. Br_2^- mit Zusätzen (Methanol, A., Isopropylalkohol, Oxalat u. H_2O_2) wurde ebenfalls in saurem u. neutralem Medium bestimmt. J_2^- ist relativ wenig reaktiv ($k \leqq 10^2$ l/Mol · s mit Alkoholen). Ein Vgl. mit der Rk.-Geschw. anderer anorgan. oxydierender Radikale ergibt, daß das Ox.-Vermögen in nachst. Reihe abnimmt: $OH > SO_4^- > Cl_2 > NO_3 > Br_2^- \gg J_2^-$.
D. Ertel 222

0723 **Einfluß von Licht auf Thalliumäthanolat-Systeme.** Jan Wojtczak und Anna Jaworska-Augustyniak. (Poznańskie Towarzystwo Przyjaciół Nauk, Wydział mat.-przyrodniczy, Prace Komisji mat.-przyrodniczej **12** (1967) 2, 33—41; Zakład Fotochem. Uniw. im. A. Mickiewicza, Poznań; pol.) — Aufgenommen wurden IR- (0—15 µm) u. UV-Spektren von *$TlOC_2H_5$* (I) u. von seinen Lsg. in *Chlorbenzol* u. *m-Dichlorbenzol* vor u. nach der Bestrahlung mit UV-Licht. Reines I zeigt ein Max. bei 225 nm u. wird von UV-Licht zu reinem Tl zersetzt. Nach der Bestrahlung von I in Chlorbenzol wurde ein Max. bei 240 nm festgestellt u. einem $[TlCl_3]^{2-}$-Komplex zugeschrieben, außerdem wurde als Rk.-Prod. Diphenyl nachgewiesen. Rolf Heyer 222

0724 **Photochemische Eigenschaften von Niobchloriden in wäßrigen HCl-Lösungen.** Jan Wojtczak. (Poznańskie Towarszystwo Przyjaciól Nauk, Wydział mat.-przrodniczy, Prace Komisji mat.-przrodniczej **12** (1967) 2, 25—32; pol.) — Vgl. vorst. Referat. — Untersucht wurde der Einfl. von sichtbarer u. UV-Strahlung auf 0,25 n Lsg. von *$NbCl_4$* u. *$NbCl_3$* in 10 n HCl, dabei wurde festgestellt, daß beide Verb. photoempfindlich sind. Die Meßergebnisse werden graph. dargestellt (Extinktion/Bestrahlungszeit). Außerdem wurde der Einfl. von *A.*, *Isopropylalkohol*, *Glykol*, *Glycerin*, *Aceton* u. *Benzoesäure* auf die Extinktion untersucht. Rolf Heyer 222

0725 **Einfluß von sichtbarer, UV- und Röntgenstrahlung auf die elektrische Leitfähigkeit der Bleihalogenid-Einkristalle $PbCl_2$, $PbBr_2$ und PbJ_2.** Jan Wojtczak und Franciszek Kaźmierczak. (Poznańskie Towarzystwo Przyjaciól Nauk, Wydział mat.-przrodniczy, Prace Komisji mat.-przyrodniczej **12** (1967) 2, 43—55; pol.) — Vgl. vorst. Referate. — Mit steigendem Atomgew. des Halogens wächst die photoelektr. Leitfähigkeit in den untersuchten Einkristallen. Der elektr. Widerstand in diesen Krist. wird durch UV-Bestrahlung erniedrigt u. durch Röntgenstrahlen erhöht. Beimengungen von $PbCl_2$ bzw. $PbBr_2$ zu PbJ_2-Einkrist. erhöhen den photoelektr. Effekt. Festgestellt wurde auch, daß Leitfähigkeitsänderungen von Farbänderungen begleitet sind; bei $PbCl_2$ u. $PbBr_2$ von Weiß nach Grau, u. beim gelben PbJ_2 tritt Farbvertiefung auf. Beschreibung der App. u. ausführliche Diskussion der Ergebnisse. Rolf Heyer 222

0726 **Photochemie von Metallarylen in Benzol.** Donald B. Peterson, D. A. G. Walmsley, Richard J. Povinelli und Milton Burton. (J. physic. Chem. **71** (1967) 13, 4506—08; Notre Dame, Ind., Univ. of Notre Dame, Dep. of Chem. and Radiat. Labor.; engl.) — Bei Bestrahlung verd. Lsg. von $Pb(C_6H_5)_4$, $Sn(C_6H_5)_4$ u. $As(C_6H_5)_3$ in Bzl. mit 2537-Å-Licht bei Bedingungen, unter denen die gesamte Energie in Bzl. absorbiert wird, entsteht Diphenyl (I). Die Quantenausb. von I nimmt mit steigender Metallarylkonz. rasch zu u. erreicht bei Konz. von ca. 0,01 m einen Grenzwert, der klein gegen Eins ist. Vf. interpretieren diese Ergebnisse im Hinblick auf den Energieübergang vom angeregten Bzl. auf die Metallaryle u. vgl. sie mit den Resultaten der Lumineszenzlöschung u. mit denen der Hochenergiezers. der Metallaryle in Bzl. durch ^{60}Co-γ-Strahlung. Sie schließen daraus, daß Donatorzustände, die sich von $^1B_{2u}$ unterscheiden, bei der γ-sensibilisierten Zers. wie bei der Lumineszenzlöschung in geringem Umfang beteiligt sind.
D. Ertel 222

0727 **Initiierte Decarboxylierung einiger Bleitetraacylate.** N. A. Majer, L. I. Guseva und Ju. A. Ol'dekop. (Ž. obšč. Chim. **37** **(99)** (1967) 12, 2656—61; Inst. fiz.-organ. chim. AN Beloruss. SSR; russ.) — Benzoylperoxid u. UV-Licht initiieren die Decarboxylierung von Pb-Tetraacetat, -Tetrapropionat u. -Tetrabutyrat in Bzl. nach einem Mechanismus unter Einschluß freier Radikale. Die Rk. verläuft im Falle des Tetrapropionats u. -butyrats wesentlich leichter als beim Tetraacetat. Die gleiche Wrkg. des UV-Lichts u. von Acetylperoxid wurde beim Zerfall von Pb-Tetraacetat in Essigsäure beobachtet.
J. J. Pohl 222

0728 **Photochemische Zersetzung von festem α-Bleiazid.** V. R. Pai Verneker und A. C. Forsyth. (J. physic. Chem. **71** (1967) 12, 3736—41; Explosives Labor., Picatinny Arsenal, Dover, N.J.; engl.) — Es wurde die Geschw. der N_2-Entw. aus α-$Pb(N_3)_2$ während der Bestrahlung mit dem UV-Licht einer Hg-Niederdrucklampe als Funktion der Intensität, der Temp. u. der Zeit der Bestrahlung sowie der Art der Herst. u. des Alters der Probe untersucht. Die anfängliche photolyt. Zers.-Geschw. hängt stark von der Herst.-Art ab. Während des Alterungsprozesses verschwinden die Fehlstellen, die von eingeschlossenen Verunreinigungen herrühren, irreversibel. Die Zers. ist bei Bestrahlung bei $+10^0$ u. nachfolgendem Erwärmen auf $+25^0$ stärker als bei Bestrahlung bei $+25^0$. Dieses Verh. wird durch Elektronentraps u. zwischendurch auftretende freie Radikale erklärt.
W. Gauster 222

0729 **Photoinduzierter Isotopenaustausch im festen Zustand. $^{57}Co^{2+}$-dotierte Kobaltchelate.** Amar Nath und S. Khorana. (J. chem. Physics **46** (1967) 7, 2858—59; Chem. Div., Atomic Energy Establ. Trombay, Bombay, India; engl.) — Der photoinduzierte Isotopenaustausch in mit $^{57}Co^{2+}$-dotierten Co(III)-chelaten *$Co(dipy)_3(ClO_4)_3 \cdot 3H_2O$*, *$Co(dipy)_3(ClO_4)_3$* *(dipy = 2.2'-Dipyridyl)*, *$Na_2 \cdot [Co(NO)(EDTA)] \cdot H_2O$*, *$Co(acac)_3$* *(acac = Acetylacetonato)* (I), u. *$CoLCl_3 \cdot 2\,H_2O$* *(L = N.N'-Bis-[salicyliden]-triäthylentetramin)* wird untersucht. Die Bestrahlung der festen Komplexe mit Licht der Wellenlänge **5000** bis **5200 Å** bewirkt bei allen Komplexen mit Ausnahme von I einen photoinduzierten Isotopenaustausch. Es wird angenommen, daß in der ersten Stufe die Anregung des $^{57}Co^{2+}$ erfolgt. Anschließend tritt dieses angeregte Teilchen mit dem benachbarten Chelatmol. in Wechselwirkung. M. Steidinger 222

0730 **Energieverteilungsparameter bei Strahlungsuntersuchungen unter Beteiligung von Edelgasen.** Cornelius E. Klots. (J. chem. Physics **46** (1967) 9, 3468—74; Oak Ridge, Tenn., ORNL, Health Phys. Div.; engl.) — Unters. der Ionenausb. bei α-Bestrahlung (Pu) bin. Gasmischungen mit mindestens einem Edelgas. Vf. versucht eine Zuordnung dieser Ionenausb. im Hinblick auf die verschiedenen Möglichkeiten der Energieaufnahme unter Beachtung des „negativen Jesse-Effektes". Die daraus abgeleiteten Energieverteilungsparameter lassen sich durch halbempir. Berechnungen bestätigen. Im einzelnen wurden nachst. Syst. untersucht: *Ar–He*, *Kr–He*, *Xe–He*, *Xe–Ne*, *Ne–Ar*, *Ne–Kr*, *Kr-CO*, *Kr-CO_2*, *Kr–N_2*, *Kr–CH_4*, *Kr–H_2*, *Ar–H_2*, *Ar–D_2*, *Ar–N_2*, *Ne–H_2*, *Ne–N_2*, *Ne–CO_2*, *He–H_2*, *He–N_2*, *He–CO*, *He–CH_4*, *He–CO_2*.
D. Ertel 222

0731 **Ionen-Lebensdauer in gasförmigen Radiolyse-Systemen.** C. J. Wood, R. A. Back und D. H. Dawes. (Canad. J. Chem. **45** (1967) 24, 3071—78; Div. of Pure Chem., Nat. Res. Council of Canada, Ottawa; engl.) — Zur Messung der Ionenlebensdauer in bestrahlten Gasen (O_2, N_2 u. He) wird eine Meth. beschrieben u. diskutiert, die unter gleichen Bedingungen wie bei herkömmlichen radiolyt. Unters. angewendet werden kann. Messungen in O_2 bei Drücken von 30—300 Torr u. Dosisraten von 1,5 bis $56 \cdot 10^{10}$ eV · cm^{-3} · s^{-1} ergaben mittlere Lebensdauern von 0,014—0,082 s. Die Abhängigkeit der Lebensdauer von der Dosisrate u. vom Druck zeigt, daß der Ionenverlust unter diesen Bedingungen fast vollständig auf einer Gasphasenkombination beruht. G. Malow 222

0732 **Einfluß des Wasserstoffatoms und von Elektronenfängern auf die Radiolyse von Ammoniakgas.** G. R. A. Johnson und M. Simic. (Nature [London] **216** (1967) 5114, 479—80; Lab. of Radiat. Chem., School of Chem., Univ. of Newcastle upon Tyne; engl.) — Die bei der Radiolyse (γ-Strahlung von ^{60}Co, $2 \cdot 10^{15}$ eV/ml min) des NH_3 entstehende Menge an H u. H_2 wurde mit Hilfe von

Propan (1,5 Mol-%) u. SF_6 (0,3 Mol-%) als Elektronenfänger in Abhängigkeit von der Temp. (20—200°) gemessen. Es zeigt sich, daß die Mengen der Bldg.-Prod. aus reinem NH_3 merklich temperaturabhängig sind, in Anwesenheit von Propan jedoch keine Abhängigkeit von der Temp. vorliegt. Die Wasserstoffausb. ist unabhängig von der Propankonz. (1,5—6 Mol-%). In Ggw. von Propylen oder Bzl. (1,5 Mol-%) fällt die Wasserstoffausb. auf $G(H_2) < 0{,}8$. Ein Zusatz von SF_6 zu Mischungen aus NH_3 u. Propan bewirkt eine Ausb.-Erniedrigung an Wasserstoff um $\Delta G(H_2) = 3{,}9 \pm 0{,}3$. Die Ergebnisse werden im Hinblick auf mögliche Rk.-Mechanismen diskutiert. G. Malow 222

0733 **Radiolyse von Distickstoffmonoxid im adsorbierten Zustand.** J. W. Sutherland und R. Goodrich. (J. Amer. chem. Soc. **89** (1967) 25, 6779—80; BNL, Upton, N.Y.; engl.) — Messungen des radiolyt. Zerfalls von auf *Silicagel* adsorbiertem N_2O (I) in N_2 u. O_2 bei 10° in Abhängigkeit von der Strahlendosis, der N_2O-Oberflächenkonz. u. der Oberflächenhydroxylkonz. werden mit einem Energieübertragungsmechanismus durch Elektronen gedeutet. Danach wandern im Festkörper gebildete Elektronen rasch zur Oberfläche, wo sie entweder mit I reagieren oder an der Oberfläche in Leerstellen eingeschlossen werden. Die Sauerstoffionen u. die Elektronen reagieren dann mit den positiven Löchern. R. Blank 222

0734 **Radiolyse von Kohlendioxid im adsorbierten Zustand.** J. W. Sutherland, D. Sethi und R. Goodrich. (J. physic. Chem. **71** (1967) 13, 4422—29; engl.) — Vgl. vorst. Referat. — Unters. der ^{60}Co-γ-Radiolysevon CO_2, das an Silicagel u. an Linde-Molekularsiebe 5A u. 13X adsorbiert war. An den Molekularsieben trat nur geringe Zers. ein. Am Adsorbens Silicagel ist CO das Hauptradiolyseprod.; daneben finden sich geringere Mengen O_2 u. H_2. Das entstandene CO ließ sich nur durch Entgasen der Oberfläche bei >100° entfernen. Vf. erklären die hohen CO-Ausb. durch einen Energietransport vom Adsorbens zum Adsorbat. Dieser Energietransport kann als Folge eines indirekten Einfl. der Energieabsorption durch die Oberflächensilanolgruppen entstehen. Eine andere, gleichwertige Erklärung bietet der Mechanismus des Energietransportes unter Einschluß von Elektronen, positiven Löchern oder Exzitonen. D. Ertel 222

0735 **Anwendung der potentiostatischen Methode bei der Untersuchung der Radiolyse von Wasser in Gegenwart einiger Radikalakzeptoren.** N. Pangarov und G. Raichevski. (Doklady bolgarskoj Akad. Nauk **20** (1967) 3, 205—08; Inst. of Phys. Chem., Bulg. Acad. of Sci.; engl.) — Mit Hilfe der potentiostat. Meth. wurden die Eig. der unter der Einw. von Röntgenstrahlung (200 kV; $3 \cdot 10^{16}$ eV/ml · s) in 0,8 n H_2SO_4 mit verschiedenen H_2O_2- ($5 \cdot 10^{-4}$; $1 \cdot 10^{-3}$ u. $5 \cdot 10^{-3}$ n H_2O_2) oder O_2-Geh. (bei 1 atm mit O_2 gesätt.) gebildeten Radiolyseprod. untersucht. Bei Bestrahlungsbeginn bilden sich aus H- u. OH-Radikalen HO_2-Radikale, aus denen schließlich H_2O_2 u. H_2 gebildet wird. Die HO_2-Radikale besitzen eine Lebensdauer von einigen zehn Sekunden. G. Malow 222

0736 **Aktivierungsenergie bei Reaktionen hydratisierter Elektronen.** M. Anbar und Edwin J. Hart. (J. physic. Chem. **71** (1967) 11, 3700—02; Argonne, Ill., ANL, Chem. Div.; engl.) — Durch Pulsradiolyse messen Vf. direkt die Geschw.-Konst. für die Rk. von e^-_{aq} mit $ClCH_2COO^-$, $ClCH_2CH_2OH$, $ClCH_2CH_2COO^-$ u. $MnEDTA^{2-}$ in H_2O u. D_2O als Temp.-Funktion. Die Rk. $e^-_{aq} + ClCH_2COO^-$ besitzt in H_2O eine Aktivierungsenergie von $2{,}8 \pm 0{,}4$ kcal/Mol, in D_2O eine solche von $3{,}2 \pm 0{,}4$ kcal/Mol. Vf. diskutieren die Resultate u. mögliche Rk.-Mechanismen. D. Ertel 222

0737 **Primäre Radikal-Ausbeuten in pulsbestrahlter, alkalischer, wäßriger Lösung.** E. M. Fielden und Edwin J. Hart. (Radiat. Res. **32** (1967) 3, 564—80; engl.) — Vgl. vorst. Referat. — Die relativen, prim. Radikalausb. von hydratisierten Elektronen, H-Atomen u. OH-Radikalen wurden durch Messung der Ausb. der im Anschluß an einen einfachen 4-μs-Röntgenstrahlpuls gebildeten hydratisierten Elektronen gemessen. In neutraler Lsg. entspricht die Ausb. $G(e^-_{aq})$, u. bei höheren pH-Werten kommt ein zusätzlicher Anteil entsprechend G(H) durch die Rk. $H + OH^- = H_2O + e^-_{aq}$ hinzu. In Ggw. von gelöstem Wasserstoff wird das OH-Radikal der Ausb. G(OH) ebenfalls in hydratisierte Elektronen durch Rk. mit Wasserstoff umgewandelt. Die hohe opt. Absorption der hydratisierten Elektronen bei 7000 Å wird als Konz.-Messung verwendet. Bei pH > 12 ist die Gesamt-Radikalausb. $G(e^-_{aq}) + G(H) + G(OH)$ konstant. Die relativen Ausb. werden durch Messung der Manganationenausb. in einer Formiat–Permanganat-Lsg. in abs. Ausb. umgerechnet. Der $G(e^-_{aq})$-Wert beträgt 2,7 in neutralen u. 3,1 in stark alkal. Lösungen. Die aus der Diffusionstheorie ber. prim. Radikalausb. $g(e^-_{aq})$, g(H) u. g(OH) betragen 3,04; 0,53 u. 2,81 bei pH 13 u. $g(e^-_{aq}) = 2{,}65$ bei pH 7. G. Malow 222

0738 **Spektrum solvatisierter Elektronen in bestrahltem Eis.** K. Eiben und I. A. Taub. (Nature [London] **216** (1967) 5117, 782—83; Pittsburgh, Pa., Carnegie-Mellon-Univ., Mellon Inst., Radiat. Res. Labor.; engl.) — Bei ^{60}Co-γ-Bestrahlung einer Eisprobe bei 77 °K ergibt sich ein Absorptionsmax. bei 6400 ± 100 Å, dessen Intensität mit zunehmender Strahlungsdosis bis ca. 5 Mrad zunimmt, dann aber konst. bleibt. Vf. leiten aus diesen Vers. für die Ausb. solvatisierter Elektronen einen G-Wert von $2 \cdot 10^{-4}$ ab. Die Tatsache, daß in Eis stabile solvatisierte Elektronen existieren, die unterhalb 7000 Å absorbieren, ist von theoret. Interesse. D. Ertel 222

0739 **Bildung von XeO_3 beim β-Zerfall von in einigen Perjodaten gebundenem Jod-131.** Ju. K. Gusev, I. S. Kirin und V. K. Isupov. (Radiochimija **9** (1967) 6, 736 bis 738; russ.) — Vf. untersuchten den Einfl. der Natur der Ausgangsverb. auf die Bldg. von Xe-Sauerstoffverb. beim β-Zerfall von ^{131}J in den J (VII)-Verb.: H_5JO_6, $NH_4 \cdot JO_4$, $Li_3H_2JO_6$, $Na_3H_2JO_6$, $NaJO_4$, KJO_4, $RbJO_4$, $CsJO_4$ sowie in deren Lsg. in 0,002 n H_2SO_4. Der Geh. an den reinen Verb. in den dargestellten Präp. betrug 95,0 bis 99,6%; J^- u. J_2 fehlten gänzlich. Die Lsg. u. die festen Proben wurden 2 Wochen lang bei Zimmertemp. in Waschflaschen zur Anreicherung von ^{131m}Xe aufbewahrt. Danach wurden die Präp. in W. aufgelöst, u. während der Auflsg. wurde elementares ^{131m}Xe mit He ausgeblasen. Aus der Lsg. wurde ^{131m}Xe mit He ausgeblasen. In beiden Fällen wurde XeO_3 in einer Menge von 0,5 mg pro 10 mg Präp. zugegeben. Vol. der Lsg. 5—10 ml; Gasgeschw.: 25 ml/Min. Nach 30 Min. wurde zur Freisetzung des gebundenen Xe ein Red.-Mittel zugegeben u. dieses ^{131m}Xe wieder mit He ausgeblasen. Bei der Berechnung des Anteils an gebundenem Xe wurde die Emanation mit 7% des akt. Xe berücksichtigt. In der o.a. Reihenfolge der Verb. beträgt der Anteil des gebundenen ^{131m}Xe in den Krist. (in % der Gesamtaktivität): 72, 72, 87, 74, 66, 56, 56 bzw. 52%. Der entsprechende Anteil in der Lsg. liegt generell zwischen 71 u. 73%. Die Anreicherung von ^{131m}Xe bei —78° ändert das Ergebnis nicht. Eine Ausheilung der Krist. durch sechsstd. Erwärmen bei 100° führt bei $NaJO_4$ zu einer Verringerung der Ausb. an gebundenem Xe auf 46, bei $RbJO_4$ auf 17%. Die angeführten Ausb. übersteigen die ber. Werte. Das kann mit einem unvollständigen Zerfall des angeregten, achtwertigen Xe zum stabilen XeO_3 erklärt werden. In der Lsg. ist eine „heiße" Synth. von Xe-Sauerstoffverb. möglich. G. Ewald 222

0740 **Strahlenzersetzung fester Chlorate.** C. E. Burchill, P. F. Patrick und K. J. McCallum. (J. physic. Chem. **71** (1967) 13, 4560—61; Saskatoon/Saskatchewan, Univ. of Saskatchewan, Dep. of Chem. and Chem. Engng.; engl.) — Beim Auflösen von γ-bestrahltem (^{60}Co) krist. $NaClO_3$, $KClO_3$ u. $Ba(ClO_3)_2$ in W. findet sich O_2, ClO_2, ClO_4^-, ClO_2^-, ClO^- u. Cl^-; die Dosisleistung betrug $7 \cdot 10^{16}$ eV/g · min. Die G-Werte dieser Prod. sind tabellar. zusammengestellt; sie sind im Bereich $1{,}4 \cdot 10^{16}$—$7 \cdot 10^{16}$ eV/g · min. unabhängig von der Dosisleistung. Die allg. Aspekte der Prod.-Ausb. bei den untersuchten Chloraten ähneln einander, woraus Vf. auf das Vorliegen eines gleichartigen Rk.-Mechanismus in allen Fällen schließen. D. Ertel 222

0741 **Strukturänderungen von Bariummethacrylatdihydrat bei Röntgenbestrahlung.** N. W. Isaacs, C. H. L. Kennard und J. H. O'Donnell. (Nature [London] **216**

(1967) 5120, 1104; St. Lucia, Queensland/Australia, Univ. of Queensland, Dep. of Chem.; engl.) — Unters. über die Polymerisation von Ba-Methacrylatdihydrat im festen Zustand bei 25° unter dem Einfl. von Cu-K_α-Strahlung (teils Ni-gefiltert). Der Polymerisationsvorgang läßt sich röntgenograph. verfolgen. D. Ertel 222

0742 **Chemische Veränderungen beim β-Zerfall von in Tris-[p-sulfamidophenyl]-wismut gebundenem RaE.** L. M. Gračeva, V. D. Nefedov und S. A. Gračev. (Radiochimija **9** (1967) 6. 738—41; russ.) — Vf. untersuchten den Einfl. eines in p-Stellung befindlichen Substituenten mit Elektronenakzeptoreig., $-SO_2NH_2$, auf die Ausb. von R_3PoX, R_2PoX_2 u. R_2Po. Ausgangsverb.: durch dreifache Umkristallisation gereinigtes $(p\text{-}NH_2SO_2C_6H_4)_3{}^{210}Bi$ (I). Die Abtrennung der Po-Deriv. erfolgte durch Papier- u. Dünnschichtchromatographie. Papierchromatograph. Syst.: Äthylacetat ohne Papierbearbeitung bzw. Aceton–Methanol–W. (2 : 4 : 4) bei vorheriger Tränkung des Papiers mit einer 2%ig. Lsg. von Sebazinsäuredibutylester. Bei der Dünnschichtchromatographie diente n-Butanol–Methanol–Aceton–Dimethylamin (9 : 1 : 1 : 1) als mobile Phase. Die Trennung erfolgte in Ggw. u. in Abwesenheit von Trägern (R_2Te, $R_2TeCl_2 \cdot R_3TeCl_3$, R = p-$CH_3OC_6 \cdot H_4$). Bei Verw. der o.a. Chromatographiesyst. betrug die Ausb. an R_3PoX, R_2PoX_2 u. R_2Po: Äthylacetat: 49,5; 7,5 u. 44,6; Aceton–Methanol–W.: 49,0 : 51,0 u. 51,0%; Dünnschichtchromatographie: 47,0; 5,5 u. 48,5%. Bei 70% aller Zerfälle werden nach $R_3Bi \rightarrow (R_3Po)^+$ angeregte u. nichtangeregte Ionen gebildet. Diese Ionen verbleiben im Krist. u. bilden bei Auflösung z. T. R_2PoX_2. Die Ggw. von NH_2SO_2 im Mol. führt zu einer Verringerung der Elektronendichte in der p- u. o-Stellung, des Bzl.-Kerns. Das führt zu einer Verringerung der Ausb. von R_3PoX (49%) beim Zerfall von Bi in I im Vgl. zur Ausb. (73%) dieser Verb. beim Zerfall von ^{210}Bi in p-Anisylder. (Elektronendonator). G. Ewald 222

0743 **γ-Radiolyse von Titantetrachloridlösungen.** M. Löffelholz, G. Rucci und C. Ruffino. (Energia nucleare **14** (1967) 4, 245—48; Inst. di Rich. G. Donegani, Navara; engl.) — Bei der Bestrahlung von *$TiCl_4$*-Lsg. in n-Heptan mit γ-Strahlen einer ^{60}Co-Quelle wird $TiCl_4$ zu *$TiCl_3$* reduziert. Der Einfl. der Temp. (20—260°) der Gesamtdosis ($2{,}0 \cdot 10^{21}$—$1{,}0 \cdot 10^{23}$ eV), der Dosisgeschw. ($2{,}0 \cdot 10^{17}$—$1{,}5 \cdot 10^{18}$ eV/g · Min.) sowie der $TiCl_4$-Konz. auf die $TiCl_3$-Ausb. wird untersucht. Bei tiefen Temp. wird ausschließlich β-$TiCl_3$ gebildet, während bei $> 150°$ ein Gemisch von α-, β- u. γ-$TiCl_3$ entsteht. Der Einfl. des Lsgm. wird diskutiert.
M. Steidinger 222

0744 **Chemische Formen von ^{14}C aus $^{14}N(n,p)^{14}C$ in Nitriden von Be, Mg, Ca, Al und Zr.** Jean-Georges Kuhry und Jean-Pierre Adloff. (Bull. Soc. chim. France **1967**, 9, 3414—18; Dép. de Chim. Nucl., CRN, Strasbourg-Cronenbourg; franz.) — Mit einem integrierten Neutronenfluß von 10^{20}—$3{,}7 \cdot 10^{20}$ bestrahlte Proben von Be_3N_2, Mg_3N_2, Ca_3N_2, AlN u. ZrN werden in Säuren oder Basen gelöst. Die Ermittlung der chem. Form des ^{14}C geschieht für die flüchtigen Verbindungen in gasförmiger Phase radiochromatograph. u. bei markierten Lsg. durch chem. Trennungen. Die Aktivität des ^{14}C ist aufgeteilt auf: $^{14}CH_4$, $^{14}CO_2$, $H^{14}CN$ u. ^{14}CN–NH_2. W. Menz 222

0745 **Untersuchung der Folgen der (n,γ)-Reaktion in Zinndioxid nach der Methode der Kern-Gamma-Resonanz (Mössbauer-Effekt).** A. M. Babeškin, K. V. Pocholok, A. A. Bekker und An. N. Nesmejanov. (Radiochimija **9** (1967) 6, 668—73; russ.) — Vgl. C. **1967**, 17-0763. — Vf. nahmen die Mössbauer-Spektren von Gemischen aus SnO_2, SnO u. β-Sn in verschiedenen Zus. auf u. verglichen diese mit den Spektren von bestrahltem SnO_2, von neutronenbestrahltem u. bei 400—500° ausgeglühtem SnO_2 sowie mit den Spektren des Ausgangsmaterials SnO_2. Das Spektrum des bei 1100° ausgeglühten SnO_2 unterscheidet sich nicht vom Spektrum des Ausgangsprod. SnO_2. Die Absorberdicke (nach Sn) betrug einheitlich 7 mg/cm², Quelle u. Absorber wurden mit fl. N_2 gekühlt. Nach der Bestrahlung von SnO_2 mit therm. Neutronen betrug das Verhältnis der ^{119m}Sn-Atome in Form von SnO_2 : SnO : β-Sn = 10 : 1 : 1 bis 10 : 2 : 2. Unter Berücksichtigung der Summen der Spektren von β-Sn u. SnO sind die Formen der Spektren des Gemisches u. des bestrahlten SnO_2 einander ähnlich. Nach dem Ausglühen bei 500° verändert sich das Spektrum; es verbleiben nur ^{119m}Sn-Rückstoßatome in Form des Metalls. Ferner nahmen Vf. die Spektren von SnO_2 mit 25% Nb, mit 1% Sb bzw. mit 7% sowie von reinem SnO_2 auf. Als Quelle diente Bariumstannat. In Ggw. von Nb u. Sb erscheinen im Spektrum neben dem Hauptpeak (SnO_2), dessen Tiefe u. Breite gegenüber reinem SnO_2 größer ist, symm. je zwei zusätzliche Maxima bei ± 2 u. $\pm 1{,}2$ mm/s (25% Nb) bzw. bei $\pm 3{,}0$ u. 1,8 sowie evtl. bei $\pm 1{,}0$ mm/s (7% Sb). Bei Zimmertemp. des Absorbers erscheinen diese Max. nicht. Wird SnO_2 vor der Aufnahme des Spektrums einem Druck von 2000 kg/cm² unterworfen, vergrößert sich die Fläche des Peaks (gegenüber reinem SnO_2) recht erheblich. Aufgenommen wurde ferner das Mössbauer-Spektrum von SnO_2, wobei dieses SnO_2 durch Zers. von Zinn(II)-oxalat bei 430° erhalten wurde. Auch hier erscheinen zusätzliche Peaks bei $\pm 2{,}5$; 1,4 u. 1,0 mm/s. Die Tiefe des Hauptpeaks vergrößert sich um 33% gegenüber dem Peak von SnO_2 (bei 1100° geglüht). Nach einem Ausglühen bei 550°, das nach der Zers. des Oxalats vorgenommen wurde, verschieben sich die Peaks u. verringert sich ihre Zahl von 6 auf 4. Die Tiefe aller Peaks ist verringert. Diese zusätzlichen Peaks (in Ggw. von Fremdatomen, nach Druckbelastung, nach der Zers.) werden mit der Ggw. von Krist.-Gitterstörungen (Fehlstellen, Löcher) erklärt, d. h. die neben diesen Störungen liegenden Krist.-Zonen wirken als geladene SnO_2-Fragmente, die eine „chem. Verschiebung" im Spektrum bewirken. Außerdem ist die Wechselwrkg. des Quadrupols des angeregten ^{119m}Sn mit dem homogenen elektr. Feld zu berücksichtigen.
G. Ewald 222

0746 **Chemische Effekte beim β-Zerfall von in der Lösung in Form von Uranyl befindlichem Uran-239.** V. F. Peretruchin, N. N. Krot, M. P. Glazunov und A. D. Gel'man. (Radiochimija **9** (1967) 6, 665—68; russ.) — Vf. untersuchten die Stabilisierung von ^{239}Np, das beim Zerfall von ^{239}U gebildet wird. Uranylnitrat wurde in einem Reaktorfluß von 10^{13} Neutronen/cm² · s 1 Std. lang bestrahlt u. nach 30—40 Min. in 1 n HNO_3 aufgelöst. Nach der Überführung von Np in Np(V) mit Hilfe von $NaNO_2$ wurde U mit TBP/Synthin oder mit Ae. extrahiert. Aus einem Teil des Extraktionsmittels wurde das im Verlauf von 3 Std. aus dem ^{239}U angereicherte ^{239}Np mit 1 n H_2SO_4 bzw. 1 n $HClO_4$ reextrahiert. Aus einem weiteren Teil des Extraktes wurde sofort Np reextrahiert u. in den Säuren 3 Std. lang angereichert. In beiden Fällen wurde anschließend eine Analyse der Valenzformen von Np vorgenommen. In einigen Fällen wurde nach der Reextraktion Np(IV) u. Nb(V) in Makromengen zugegeben. Somit erfolgte die Anreicherung von Np in 1 n $HClO_4$ u. 1 n H_2SO_4 in Ggw. u. in Abwesenheit von Np-Makromengen sowie in Ae. u. in TBP, jeweils bei 0°. Die Abtrennung von Np(IV) erfolgte durch Mitfällung mit $Th(C_2O_4)_2$, die Abtrennung des Np(IV) + Np(VI) von Np(V) durch Extraktion mit 0,2 n Bis-[2-äthylhexyl]-phosphorsäure in Synthin, Np(VI) wurde mit Natriumuranylacetat mitgefällt. Die Konz.-Best. erfolgte nach der γ-Strahlung. In den o.a. Medien wird Np hauptsächlich als Np(IV) angereichert. Die Ausb. von NpO_2^+ u. NpO_2^{2+} schwanken jeweils zwischen 2 u. 8% ($\Sigma\, NpO_2^{n+} = 8$—14%). Ein Austausch der Valenzzustände erfolgt nicht, d. h. die Verteilung von ^{239}Np über die Valenzzustände ist ein Ergebnis kernchem. Umwandlungen beim β-Zerfall. Ein Einfl. chem. Rk. abgebremster Np-Ionen ist nicht gegeben. Die hohe Np(IV)-Ausb. ist das Resultat der inneren Konversion beim β-Zerfall von ^{239}U. G. Ewald 222

0747 **Rückstoßprozesse von Chrom-51 in mit Alkalimetallhalogeniden gemischtem K_2CrO_4.** S. M. Milenković und S. R. Veljković. (Radiochim. Acta [Frankfurt/M.] 8 (1967) 3, 146—48; Beograd, Univ., Fac. of Sci.; engl.) — Reines K_2CrO_4 bzw. über eine Schmelze hergestellte Gemische von K_2CrO_4 mit KCl, KBr oder KJ (10^{-2} bis 1 Mol-% Alkalimetallhalogenid) wurden mit Neutronen bestrahlt u. anschließend bezüglich der chem. Effekte des heißen ^{51}Cr untersucht. Die Anfangsretention R_0 des ^{51}Cr in Form von CrO_4^{2-} hing von der Zus. des jewei-

ligen Targets ab. Halogenidhaltige Proben wiesen niedrigere R_0-Werte auf. Die Abnahme geschah gemäß der Folge Chlorid–Bromid–Jodid. Bei der therm. Ausheilung beschleunigten die Halogenidionen die zur Retentionsbldg. führenden Rk., wobei der Beschleunigungseffekt die Folge Chlorid < Bromid < Jodid erkennen ließ.
W. Wiechmann 222

0748 **Szilard-Chalmers-Trennung von ^{51}Cr aus bei tiefen Temperaturen bestrahltem Kaliumchromat.** Dag Brune. (Acta chem. scand. **21** (1967) 8, 2087—94; Studsvik, Sweden, AB Atomenergi; engl.) — Unters. der Rekombination von ^{51}Cr in K_2CrO_4 bei niedriger Temp. u. hoher Verdünnung. Mit abnehmender Temp. beobachtet Vf. eine Retentionsabnahme. Nach Abtrennung von Cr(VI) wurde der Anreicherungsgrad durch Reaktivierung eines Teils der Lsg. (1 %ig. K_2CrO_4-Lsg. in W.) bestimmt. Die Bestrahlung gefrorener K_2CrO_4-Lsg. begünstigt die ^{51}Cr-Anreicherung. Vf. diskutiert das Verh. von ^{51}Cr im Lichte der „thermal spike theory".
D. Ertel 222

0749 **Abwesenheit des Lösungsmitteleinflusses auf den Szilard-Chalmers-Effekt in Kaliumpermanganat-Kristallen.** M. A. Cogneau, D. J. Apers und P. C. Capron. (Radiochim. Acta [Frankfurt/M.] **8** (1967) 3, 143—46; Louvain, Univ., Centre de Phys.; engl.) — $KMnO_4$-Krist. wurden in der therm. Säule eines Kernreaktors bestrahlt u. anschließend in W. bzw. Aceton in Ggw. von Mn^{2+}-Träger gelöst. Die Trennung von MnO_4^{2-}, Mn^{2+} u. MnO_2 erfolgte durch ein Adsorptionsverf. unter Verw. von $Al_2 \cdot O_3$. Die Aktivitätsmessungen der dabei erhaltenen Fraktionen führten zu nachst. Ergebnissen: Nach Auflösen der Krist. liegen die Rückstoßatome stets als Mn^{2+} vor. Die Retention ist vollkommen unabhängig vom pH-Wert der Lösung. Sie erreicht beim Lösen in W. bzw. Aceton bei Raumtemp. einen konst. Wert von 21—22%.
W. Wiechmann 222

0750 **Rückstoßreaktionen in kristallinem $C_5H_5Mn(CO)_3$.** Ursel Zahn. (Radiochim. Acta [Frankfurt/M.] **8** (1967) 3, 177—78; TH, München, Phys. Dep.; engl.) — $C_5H_5Mn \cdot (CO)_3$ (I) wurde in Ggw. von Luft bei -78^0 mit therm. Neutronen ($2 \cdot 10^{12}$ n/cm$^2 \cdot$ s) bestrahlt u. anschließend bei -196^0 gelagert. Den radioakt. markierten Anteil der Ausgangsverb. trennte man zusammen mit dieser mittels Chromatographie an neutralem Al_2O_3 von den anorgan. Rückstoßprod. ab. Isothermes Ausheilen der bestrahlten Substanz wurde bei 66 u. 88^0 durchgeführt. Die Retention stieg in beiden Fällen von $(11{,}7 \pm 0{,}4)$% auf einen Plateauwert von $(13{,}9 \pm 1)$%. Der Anfangsretentionswert ist der gleiche, wie der für eine gefrorene 2%ig. Lsg. von I in Benzol. In Abhängigkeit von der γ-Dosis konnte ein Retentionsanstieg infolge zunehmender Radikalbldg. u. diffusionskontrollierter Rückbldg. von $C_5H_5Mn(CO)_3$ beobachtet werden. Die experimentellen Ergebnisse werden mit denen von Costea et al. am selben Syst. verglichen u. diskutiert.
W. Wiechmann 222

0751 **Herstellung radioaktiver Quellen mit weicher Röntgenstrahlung.** L. D. Danilin, S. I. Lobov, A. I. Pavlova-Verevkina und V. A. Cukerman. (Radiochimija **9** (1967) 6, 743—45; russ.) — Zur Fixierung von radioakt. ^{55}Fe auf einer Keramikunterlage wird ein spezielles, schwermetallfreies Glas der Zus. 3,1% BeO, 7,5% Li_2O u. 89,4% B_2O_3 benutzt, auf das eine Lsg. von $^{55}FeCl_3$ aufgetragen wird. Die Lsg. enthielt 10^{-4}% ^{59}Fe u. war frei von ^{54}Mn, ^{60}Co u. a. Isotopen. Die gesätt. $[Fe(OH)_6]Cl_3$-Lsg. muß 3 Std. lang gealtert werden (Beseitigung von freiem HCl). Das Brennen erfolgte nach der Auftragung der Glasmasse auf die Unterlage u. Tränkung dieser Masse mit der $FeCl_3$-Lösung. Nach dem Trocknen wird in einem Muffelofen 30—50 Min. lang auf 680—720^0 erhitzt. Quellen mit 50 mCi/cm^2 sichern eine Dosis von 150—200 r/h $\cdot$ cm^2.
G. Ewald 222

0752 **Bildung von Cyanwasserstoffsäure durch Einwirkung von Dezimeterwellen auf Ammoniak, Methan und ein Edelgas oder Wasserstoff enthaltende Gasgemische.** Ari Topouzkhanian, Jean d'Incan und Joseph Janin. (J. Chim. physique Physico-Chim. biol. **64** (1967) 9, 1299—1306; Labor. de Spectrosc. et de Luminesc., Univ. de Lyon; franz.) — Ebensowenig wie das früher untersuchte *Ar* beeinflussen *He* u. *Ne* die Bldg. von *HCN* aus CH_4 u. NH_3 bei der Einw. von Dezimeterwellen. Die Edelgase verhalten sich als inerte Verdünnungsmittel. Zugesetzter H_2 steigert, da er in den Rk.-Mechanismus eingreift, die HCN-Ausb., die nun weitgehend unabhängig von der Konz. an CH_4 u. NH_3 wird. Die Rk. verläuft in allen Fällen über CN- u. CH-Radikale. Führt man die Rk. in einem geschlossenen Kreislauf durch, wobei die gebildete HCN laufend auskondensiert wird, dann steigt die HCN-Ausb. ebenfalls an, da sich bei der Rk. H_2 bildet.
W. Gauster 222

A-8. Darstellung und Reaktionen von Elementen und anorganischen Verbindungen

Nichtmetalle

0753 **Theoretische Bemerkungen zum Anteil chemischer Reaktionen bei der Isotopentrennung.** Hidetake Kakihana, Kimiko Takahashi und Yumio Yato. (J. nuclear Sci. Technol. [Tokyo] **5** (1968) 3, 93—97; Tokyo Inst. of Technol., Meguro-ku, Ōokayama, Tokyo; engl.) — Grundlegende Gleichungen für den Isotopentrennfaktor unter Berücksichtigung chem. Rk. im Zweiphasensyst. werden abgeleitet.
A. Jaeschke 228

0754 **Neues Methylaminoboran-Polymeres.** M. P. Brown und R. W. Heseltine. (J. inorg. nuclear Chem. **29** (1967) 5, 1197—1201; Donnan Labor., Univ., Liverpool; engl.) — Dimethylaminoboran wird durch Methylamin in der Dampfphase zu einem *Methylaminoboran-Polymeren* transaminiert. Für das Polymerprod. wird linearer Aufbau angenommen; es ist im Vakuum bis 140—160^0 stabil. Der mögliche Rk.-Mechanismus der Bldg. wird diskutiert. In THF oder Cyclohexan erfolgt Disproportionierung zu Dimethylaminoboran u. einer flüchtigen borhaltigen Verb. der Zus. $[(CH_3)_2N](CH_3NH)BH$. Diese Verb., die auch bei Umsetzung von Dimethylaminoboran mit fl. Methylamin neben Methylaminoboran u. $(CH_3NH)_2BH$ erhalten wird, ist bei Raumtemp. instabil. Die IR-Daten der dargestellten Verb. werden mitgeteilt.
H. Markert 258

0755 **Boratkomplexe von Hydroxamsäuren.** Junichi Hase, Kyoichi Kobashi und Kenji Kumaki. (Chem. pharmac. Bull. [Tokyo] **15** (1967) 4, 534—36; Fac. of Pharm. Sci., Univ. of Toyama, Gofuku, Toyama-shi, Toyama-ken; engl.) — Hydroxamsäuren bilden mit Borsäure unter physiolog. Bedingungen nicht-gehinderte Komplexe. Die Bldg. eines 2 : 1-Komplexes (**I**), ***Bis**-[benzhydroxamato]-borsäure*, aus Benzhydroxamsäure (**II**) u. Borsäure (**III**) wurde durch spektrophotometr. Messung nachgewiesen. Es wird angenommen, daß aliphat. Hydroxamsäuren entsprechende Komplexe bilden.

Versuche: **I**, $C_{14}H_{11}BN_2O_4$, Zers. bei 258^0, durch Erhitzen von 5,0 g **II** u. 1,15 g **III** in abs. A. 2 Std. unter Rückfluß, weiße Nadeln.
E. Schmidt 258

0756 **Borchelate mit Verbindungen der o-Hydroxy-phenylbenzazol-Reihe.** F. Umland und E. Hohaus. (Angew. Chem. **79** (1967) 23, 1072—73; dt.; int. Edit. **6** (1967) 12, 1082—83; engl.; Anorg.-chem. Inst., Univ. Münster.) — O–B–N-haltige Heterocyclen des Typs **I** wurden durch Umsetzung der 2-(2-Hydroxyphenyl)-Deriv. des Benzthiazols (**II**), Benzoxazols (**III**), Benzimidazols (**IV**) u. des Indols (**V**) mit Tetraphenyldiboroxid (**VI**), BF_3 u. BCl_3 in sd. Bzl., Dioxan oder Ae. gewonnen. Die Verb. verhalten sich wie Metallchelate, wobei die BZ_2-Gruppe die Stelle eines koordinativ zweibindigen Metallkations einnimmt. Rk. mit **II** (Y = S): **I** mit Z = C_6H_5: F. 220^0, intensiv gelb, gelbgrüne Fluoreszenz; Z = *F*: F. 280^0 hellgelb, hellblaue Fluoreszenz; Z = *Cl*: F. 330—340^0 (Zers.), gelb, blaue Fluoreszenz, hydrolyseempfindlich. Die Verb. mit Y = S entstehen auch aus Benzthiazolin (**VII**) unter H_2-Entwicklung. In Ggw. von O_2 verläuft diese Rk. zu 25% unter Bldg. eines Disulfids, indem mit **VI** nur eine Chelatgruppierung besetzt werden kann (**VIII**, F. 130 bis 135^0, gelb-ocker); mit BF_3 reagieren beide Chelatgruppen (F. 276—277^0, gelb, blaugrüne Fluoreszenz). Rk. mit **III** zu **I** mit Y = *O*: Z = C_6H_5: F. 195^0, farblos, blaue Fluoreszenz; Z = *F*: F. 218—219^0, farblos, blauviolette Fluoreszenz; Z = *Cl*: F. 240—245^0 (Zers.), farblos, blaue Fluoreszenz, hydrolyseempfindlich. Rk. mit **IV** zu **I** mit Y =

I 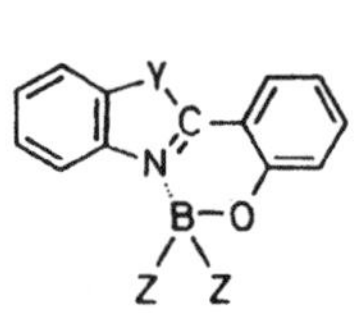

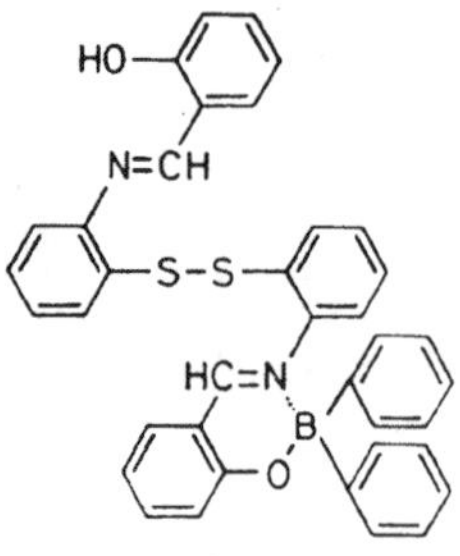

IX 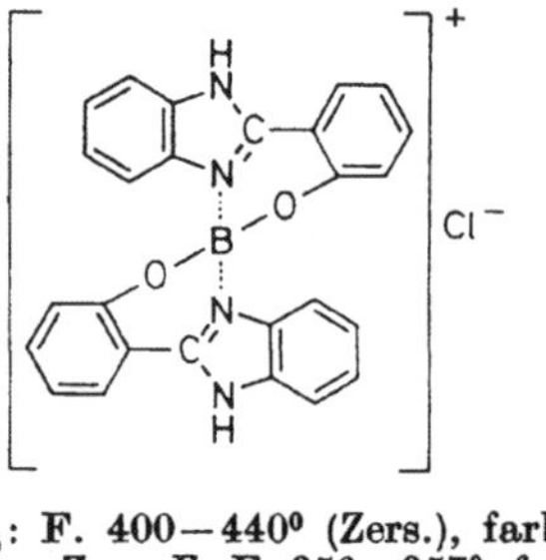

NH: Z = C_6H_5: F. 400–440° (Zers.), farblos, dunkelblaue Fluoreszenz; Z = *F*: F. 356–357°, farblose, blaue Fluoreszenz. Aus **IV** u. BCl_3 entstand die salzartige Verb. **IX**, F. u. Zers. > 370°, farblos, in organ. Lsgm. u. W. schwer lösl., aber langsame Hydrolyse. Rk. mit **V** zu **I** mit Y = CH_2: In den Chelaten ist das Indol/Indolenin-Tautomeriegleichgew. ganz zur Seite des Indolenins verschoben, wie aus der starken C = N-Valenzschwingung bei 1610 cm^{-1} folgt. Z = C_6H_5, F. 227–229° (Zers.), gelbgrün, gelbgrüne Fluoreszenz; Z = *F*: F. 280° (Zers.), gelblich; hellblaue Fluoreszenz; Z = *Cl*: F. 200–205° (Zers.), gelb, schwachgelbe Fluoreszenz, hydrolyseempfindlich, Darst. bei –40°. Autorreferat 258△

0757 **Oligo- und Polysilane und ihre Derivate.** G. Schott. (Fortschr. chem. Forsch. **9** (1967) 1, 60–101; Inst. für Anorg. Chem., Univ., Rostock; dt.) — Übersicht (Systematik, Synth., Rk., physikal. Eig., Bindungsbetrachtung). — 266 Literaturangaben. D. Hoene 261

0758 **Dreifach Silyl-substituierte Amine.** U. Wannagat. (Fortschr. chem. Forsch. **9** (1967) 1, 102–44; Inst. für Anorg. Chem., TH, Braunschweig; dt.) — Überblick (Tris-[organyl]- u. -[silyl]-amine; Darst., Eig. u. physikal. Daten, Rk., Struktur der Tris-[silyl]-amine). — 126 Literaturangaben. D. Hoene 261

0759 **Siloxan und schichtförmig gebaute Siliciumsubverbindungen.** E. Hengge. (Fortschr. chem. Forsch. **9** (1967) 1, 145–64; Inst. für Anorg. Chem., TH, Graz; dt.) — Überblick (Chemie des Siloxans, Farbe u. Fluoreszenz, Hydroxy-siloxan-Deriv. u. ihre photochem. Zers., schichtförmige Si-Verb. u. ihre Rk. mit Methylammoniumbromid u. Aniliniumbromid). — 32 Literaturangaben. D. Hoene 261

0760 **Darstellung und chemisches Verhalten von Siliciumsubhalogeniden.** M. Schmeißer und P. Voss. (Fortschr. chem. Forsch. **9** (1967) 1, 165–205; Inst. für Anorg. u. Elektrochem., TH, Aachen; dt.) — Übersicht (Darst., Rk. u. Eig. von Verb. des Typs $[SiX_2]_x$, $[SiX]_x$, Si_nX_{m+2}; X = F, Cl, Br, J). — 153 Literaturangaben. D. Hoene 261

0761 **Reaktion von Hexafluoraceton mit Silanen.** 2. Mitt. **Mögliche ionische Zwischenstufen.** A. F. Janzen und C. J. Willis. (Inorg. Chem. [Washington] **6** (1967) 10, 1900–03; Chem. Dep., Univ. of Western Ont., London, Ont., Canada; engl.) — 1. vgl. C. **1967,** 13-0767. — Vf. untersuchten mit Hilfe von ^{1}H-NMR-Spektren den Mechanismus der Rk. zwischen Hexafluoraceton (I) u. *Trimethylsilan,* bei der im wesentlichen das 1 : 1-Addukt $(CH_3)_3SiOCH(CF_3)_2$ u. in geringerer Menge das 2 : 1-Addukt, $(CH_3)_3SiOC(CF_3)_2OCH(CF_3)_2$, gebildet werden. Neben dieser Rk. wurden folgende Mechanismen, bei denen ebenfalls ein nucleophiler Angriff an I vorliegt, zu Vgl.-Zwecken untersucht: Die Rk. zwischen Alkylhalogeniden u. Keton I in Ggw. von Na u. die Rk. zwischen I u. tert. Aminen. Bei der Zugabe von $(CH_3)_3SiCl$ (**II**) zu einer Mischung (Mol-Verhältnis 2 : 1) von I u. $(CH_3)_3N$ bildet sich mit 55% Ausb. das 2 : 1-Addukt $(CH_3)_3SiOC \cdot (CF_3)_2OCH(CF_3)_2$, das durch Vgl. mit einer bekannten Probe identifiziert wurde. Dagegen führt die Rk. zwischen **II** u. einem Gemisch aus CH_3J, Na u. **I** mit 55% Ausb. zu $(CH_3)_3SiOC(CF_3)_2OC(CF_2)_2CH_3$, Kp.$_{760}$ 148–150°. Das Gemisch aus **I**, C_2H_5Br u. Na reagiert mit **II** hauptsächlich zu $(CH_3)_3SiOC(CF_3)_2OCH(CF_3)_2$; daneben bildet sich aber noch $(CH_3)_3SiOC(CF_3)_2OC(CF_3)_2CH_2CH_3$, wie auf Grund der ^{1}H-NMR- u. IR-Spektren festgestellt wurde. Bei der Auswertung der Ergebnisse erscheint es nur wahrscheinlich, daß bei der Rk. zwischen einem Silan u. **I** zuerst eine Hydridabspaltung eintritt, wobei anschließend ein fluoriertes Alkoxidion gebildet wird. Die Vermutung, daß **I** mit Verb. von Elementen der IV. Gruppe Komplexe bildet, konnte nicht bestätigt werden. R. Braun 261

0762 **Pyrolytische Umsetzung von Phosphit (Na_2HPO_3) und Hypophosphit (NaH_2PO_2) in fester Phase.** Remigiusz Rudnicki. (Zeszyty naukowe Politechn. Warszawskiej, Chem. **1967,** 7, 5–69; Kat. chem. Nieorgan., Politechn., Warszawa; pol.) — Fortsetzung der Arbeiten von Miłobędzki (1950–1956). Die in diesen Arbeiten erhaltenen farbigen Rk.-Prod., die bei der Pyrolyse von Na_2HPO_3 in H_2-Atmosphäre in Ggw. von HCOONa, $CH_3 \cdot COONa$, C_6H_5COONa u. Cl_2 sowie von NaH_2PO_2 in Ggw. von LiOH, LiH, J_2 u. Cl_2 entstanden, wurden untersucht durch: Chromatographie, Röntgenanalyse, IR-Spektren u. Ionenaustauschanalyse. Der Rk.-Verlauf wurde thermogravimetr. verfolgt u. eingehend diskutiert. Bei den Rk.-Prod. handelt es sich in erster Linie um Na_3PO_4, $Na_4P_2O_6$, $NaLiHPO_3$, $NaLi_2PO_4$, Na_2PO_3Cl, $Na_3P_2O_6Cl$, $(NaPO_3)_3$, $NaHPO_2Cl$ u. $NaPO_2Cl_2$. Ausführliche Diskussion der Nomenklatur von Phosphorverbindungen. — Habilitationsarbeit. — 42 Literaturangaben. Rolf Heyer 264

0763 **μ-Oxo-difluorphosphine $(CF_3)_2C(OPF_2)J$, $(CF_3)_2C \cdot (OPF_2)Br$ und $(CF_3)_2C(OPF_2)H$.** Max Lustig und W. E. Hill. (Inorg. Chem. [Washington] **6** (1967) 8, 1448–50; Rohm & Haas Comp., Redstone Res. Labor., Huntsville, Ala.; engl.) — Die Verb. *2-Jod-* (**I**), *2-Brom-2)-µ-oxo-difluorphosphino)-hexafluorpropan* (**II**) u. *2-(µ-Oxo-difluorphosphino)-hexafluorpropan* (**III**) werden hergestellt u. untersucht. Einzelheiten über Elementaranalyse, Mol-gew.-Best., Dampfdruckmessungen, IR-, NMR- u. Massenspektren von **I**, **II** u. **III** vgl. Original.

Versuche: **I**, C_3F_8JOP, F. –98,4° ± 0,6°, durch Vereinigen von Hexafluoraceton u. Überschuß von Difluorjodphosphin bei –196°, Erwärmen auf Raumtemp. (innerhalb 1 Std.) 3½ Std. lang u. Durchleiten durch Kühlfallen (–95°), 66,3%; — **II**, C_3BrF_8OP, Darst. analog, Rk. bei Raumtemp. erfordert 39 Std., 25,7%; — **III**, C_3HF_8OP, F. –90° ± 2°, aus **I**, HJ u. Überschuß an Hg bei 196°, Rk. u. Aufarbeiten analog **I**-Darst., 59,8%. H.-J. Schönherr 264

0764 **Triphenylarsinhydroxidhalogenide und ihre Derivate.** G. S. Harris und F. Inglis. (J. chem. Soc. [London], Sect. A **1967,** 3, 497–500; St. Salvator's Coll., St. Andrews, Scotland; engl.) — Triphenylarsinhydroxidbromid (**I**) u. -chlorid (**II**) verhalten sich in CH_3CN als schwache Elektrolyte u. bilden die Ionen $(C_6H_5)_3AsOH^+$ u. Br^- bzw. Cl^-. Aus konduktometr. Titrationen dieser Verb. mit Br_2 bzw. JCl in CH_3CN folgt, daß die gebildeten Halogenaddukte $(C_6H_5)_3As(OH)Br \cdot Br_2$ u. $(C_6H_5)_3As \cdot (OH)Cl \cdot JCl$ als starke Elektrolyte ionogen als $[(C_6H_5)_3 \cdot AsOH]^+[Hal_3]^-$ vorliegen. Ebenso wie diese Verb. werden auch die Perchlorate u. die Tetrahalogenomercurate des $[(C_6H_5)_3AsOH]^+$-Ions isoliert. Für ein Bromaddukt der außergewöhnlichen Zus. $(C_6H_5)_3As(OH)Br \cdot 0{,}5\ Br_2$ wird die Struktur $[(C_6H_5)_3AsOH^+]_2 \cdot Br_3^-Br^-$ (**III**) angenommen. Die IR-Daten der dargestellten Verb. werden angegeben.

Versuche: $(C_6H_5)_3AsOHBr_2 = [(C_6H_5)_3AsOH^+]_2 \cdot Br_3^-Br^-$ (**III**), $C_{18}H_{16}AsBr_2O$, F. 106–108°. a) durch Zugabe von abs. Ae. zum **I**-Br_2-Gemisch (1 : 1) in CH_3CN bei 0°, orange Krist., Abfiltrieren u. Waschen mit Ae. b) Hydrolyse von Triphenylarsintetrabromid (**IV**) in CH_3CN, nach der W.-Zugabe 1std. Kochen, Ae.-Zugabe, bei 0° Bldg. oranger Kristalle. — *Hydroxotriphenylarsoniumtribromid,*

$C_{18}H_{16}AsBr_3O$, F. ≈ 65°, durch Gefriertrocknung der $CH_3 \cdot CN$-Lsg. von **IV** u. W., dunkelorange Krist., verliert leicht Br_2 unter Bldg. von **III**. — *-dichlorojodid*, $C_{18}H_{16}AsCl_2JO$, F. 76—78°, Zutropfen von JCl zu **II** in CH_3CN, nach Abkühlung auf 0° Zugabe von Ae., Gefriertrocknung u. vorsichtige Ae.-Zugabe zum öligen Rückstand, gelbe Kristalle. — *-tetrachloromercurat(II)*, $C_{36}H_{32}As_2Cl_4HgO_2$, F. 160—161°, durch Zugabe von $HgCl_2$ zu **II** in sd. 95%ig. A., Abfiltrieren der weißen Krist. u. Waschen mit A./Ae. — *-tetrabromomercurat(II)*, $C_{36}H_{32}As_2Br_4HgO_2$, F. 156—158°, analog vorst. Verb. aus **I** u. $HgBr_2$ in sd. A., nach Abkühlen Abscheiden eines Öls, Abdekantieren u. Ae.-Zugabe. — *-perchlorat*, $C_{18}H_{16}AsClO_5$, F. 163—165° ($CHCl_3$/Ae.), durch Zugabe von $AgClO_4$ in A. zu **I** in A., Abfiltrieren des gebildeten AgBr, Einengen des Filtrats im Vakuum bis nahezu zur Trockne, Aufnehmen des viskosen Rückstands in $CHCl_3$ u. Ae.-Zugabe, weiße Kristalle. — *$(C_6H_5)_3AsO \cdot BF_3$*, $C_{18}H_{15}AsBF_3O$, F. 230—232° (A./Ae. 1 : 1), durch Rk. von **I** mit $AgBF_4$ in abs. A., Abfiltrieren des AgBr, nach Zugabe von Ae. zum Filtrat weiße Kristalle. K. Jasche 265△

Metalle

0765 **Zonenreinigung von Kaliumchlorid.** Sherman Susman. (J. chem. Physics **47** (1967) 1, 83—85; Argonne, Ill., ANL; engl.) — Vf. beschreibt die Zonenreinigung von handelsüblichem KCl in einem Gasgemisch von 2% HCl in 98%ig. vorgereinigtem Ar. Die Best. von Na, Rb, Cs u. Br in dem Ausgangschlorid u. dem gereinigten KCl geschah mit Hilfe der Neutronenaktivierungstechnik. In dem Ausgangsmaterial waren in µg/g enthalten 7 Na, 225 Rb, 7 Cs u. 97—108 Br, in dem gereinigten KCl < 0,1 Na; — Rb; — Cs; 5 Br. C. Gottfried 275△

0766 **Bildung von Peroxiden und Hyperoxiden von Alkalimetallen und Erdalkalimetallen bei der Reaktion von Hydroxiden mit atomarem Sauerstoff.** I. I. Vol'nov, V. N. Čamova, E. I. Latyševa und E. Ja. Filatov. (Ž. neorg. Chim. **12** (1967) 8, 2253—54; russ.) — Atomarer Sauerstoff wurde in einer Glimmentladung bei $5 \cdot 10^{-1}$ Torr erzeugt u. mit verschiedenen Hydroxiden zur Rk. gebracht. *KOH* verfärbte sich nach ca. 5 Min. nach Gelb (Bldg. von *KO_2*). Nach 30 Min. ergab die Analyse einen KO_2-Geh. von 10,5 Gew.-%. Auf analoge Weise behandeltes *NaOH*, *$Ca(OH)_2$* bzw. *$Sr(OH)_2$* enthielten 4 Gew.-% *Peroxid*. Mit *$Cd(OH)_2$*, *LiOH* bzw. *$Be(OH)_2$* wurden keine peroxid. Prod. erhalten, ebensowenig wie mit *Li_2O*, *MgO*, *CaO* oder *SrO*. A. Blaschette 280

0767 **Bildung von Erdalkalimetallozoniden bei der Reaktion von Ozon mit Hydroxiden.** I. I. Vol'nov, S. A. Tokareva, V. N. Belevskij und G. P. Pilipenko. (Izvest. Akad. Nauk SSSR, Ser. chim. **1967**, 2, 416—17; Inst. obščej u. neorg. chim. im. Kurnakova AN SSSR; russ.) — Vgl. vorst. Referat. — Bei der Einw. von O_3/O_2 auf festes $Ca(OH)_2$, $Sr(OH)_2$ bzw. $Ba(OH)_2$ entstehen rötliche Prod., die nach Aussage ihrer ESR-Spektren Erdalkalimetallozonide mit dem paramagnet. O_3^--Ion sind. Die Rk. $M(OH)_2 + O_3$ wurde thermodynam. untersucht. Die Bldg.-Enthalpien ΔH^0_{298} [kcal/Mol] der Ozonide $M(O_3)_2$ aus den Elementen ergeben sich zu —169 (M = Ca), —161 (Sr) bzw. —157 (Ba). Für die Rk. $M(OH)_2 + 2\,O_3 \rightarrow M(O_3)_2 + H_2O + 1/2\,O_2$ wurden Δ^0H_{298} [kcal/Mol] u. Δ^0G_{298} [kcal/Mol] wie folgt bestimmt: —69 bzw. —83 (Ca), —68 bzw. —81 (Sr), —67 bzw. —80 (Ba). Merkliche Zers. tritt bei *$Ca(O_3)_2$* ab —35°, bei *$Sr(O_3)_2$* ab ca. 0°, bei *$Ba(O_3)_2$* erst oberhalb 0° ein. A. Blaschette 280

0768 **System Be_3N_2–Si_3N_4.** 3. Mitt. **Darstellung und Eigenschaften von $BeSiN_2$.** P. Eckerlin, A. Rabenau und H. Nortmann. (Z. anorg. allg. Chem. **358** (1967) 3/4, 113—21; Aachen, Philips Zentrallabor.; dt.) — 2. vgl. C. **1960**, 13940. — Be SiN_2 (**I**) kann aus Mischungen von Be_3N_2 u. Si_3N_4 durch Heißpressen bei 1700° u. ca. 3000 atm oder durch Erhitzen bei 1800—1900° im NH_3-Strom hergestellt werden. Bessere Resultate hinsichtlich der Ausbldg. der Kristallite u. der Überstruktur lassen sich bei Anwendung eines Unterschusses an Si_3N_4 erzielen, das durch Nitrieren von Si hergestellt wurde. **I** besitzt eine merkliche Phasenbreite $Be_{1+x}Si_{1-x}N_{2-2/3 \cdot x}$ (x = 0—0,1); möglicherweise wird auch Sauerstoff in das Gitter eingebaut. Eine Löslichkeit für BN konnte nicht festgestellt werden. Die Gitterkonst. wurden zu a = 2,869 u. c = 4,668 Å (im Mittel) bestimmt; D_{exp} liegt zwischen 3,07 u. 3,12 g/cm³. In seinem chem. u. physikal. Verh. ähnelt **I** sehr dem AlN. Rk., die auf der Beweglichkeit der Gitteratome beruhen (Sintern, Ordnungseinstellung, Krist.-Wachstum) erfordern eine hohe Aktivierungsenergie, so daß sie unterhalb 1950° (Subl.-Punkt) nicht auftreten. Gegen Ox. ist **I** nicht so stabil wie SiC. R. Braun 281

0769 **Einige Aminoalkylmagnesium-Komplexe: Beweis für dreifach koordiniertes Magnesium.** G. E. Coates und D. Ridley. (J. chem. Soc. [London], Sect. A **1967**, 1, 56—59; Chem. Dep., Univ. of Durham South Road, Durham; engl.) — Dimethylamin (**IV**) u. Diäthyl-Mg (**I**) reagieren im Verhältnis 1 : 1 zu dem unlösl. *polymeren* *$\{[(CH_3)_2N]_2Mg\}_x$*. Mit Diäthyl- (**V**) u. Diisopropylamin (**II**) erhält man *Äthylmagnesiumderiv.*, *$(C_2H_5MgNR_2)_n$*, die sich vom Lsgm. nicht befreien lassen. Diphenylamin bildet Ae.-freie Prod., z. B. *$[C_2H_5MgN(C_6H_5)_2]_x$* u. *$[iso\text{-}C_3H_7MgN(C_6H_5)_2]_x$*. Diisopropyl-Mg (**III**) liefert mit **II** das dimere *$[iso\text{-}C_3H_7MgN(iso\text{-}C_3H_7)_2]_2$*; ähnliche krist. Dimere erhält man aus **I** u. 2.2.6.6-Tetramethylpiperidin (**VI**) bzw. Benzylidenanilin. **III** bildet mit tert.-Butylcyanid (**VII**) *$[(iso\text{-}C_3H_7)_2Mg \cdot NC\text{-}tert.\text{-}C_4H_9]$*, **I** mit **VII** in Ggw. von Benzonitril (**VIII**) $[C_2H_5Mg{-}N{=}C(C_6H_5)\text{-}tert.\text{-}C_4H_9]_n$. IR- u. NMR-Daten vgl. Original.

Versuche: *Diisopropylmagnesium* (**III**), durch tropfenweise Zugabe von Dioxan in Ae. zu einer gerührten Lsg. von Isopropylmagnesiumbromid (aus Isopropylbromid, Mg u. Ae.), 24 Std. Rühren der Suspension. — *Diäthylmagnesium* (**I**), analog vorstehend. — Polymeres *Bis-[dimethylamino]-magnesium*, aus **IV** u. **I** in Ae. bei —70°, 1 Std. bei Raumtemperatur. — *Dimeres Äthyl-(diäthylamino)-magnesium, THF-Solvat*, $C_{16}H_{38}Mg_2N_2O$, aus **V** in Ae. durch Zugabe zu **I** in Ae. bei —60°. — *Dimeres Äthyl-(diisopropylamino)-magnesium, THF-Solvat*, $C_{20}H_{46}Mg_2N_2O$, analog vorst. Verb. aus **I** u. **II** in Ae./THF. — *Polymeres Diphenylamino-(äthyl)-magnesium*, $(C_{14}H_{15}MgN)_n$, Zers. > 210°, durch Zugabe von Diphenylamin zu **I** in Ae. unter Gasentw. bei Raumtemperatur. — *Diphenylamino-(äthyl)-bis-[tetrahydrofuran]-magnesium*, $C_{22}H_{31}MgNO_2$, F. 100—104° (Zers.), durch Lösen vorst. Verb. in THF/Hexan. — *Diphenylamino-(isopropyl)-bis-[diäthyläther]-magnesium*, $C_{23}H_{37} \cdot MgNO_2$, F. 62° (Zers.), aus Diphenylamin in Ae. durch Zugabe zu **III** in Ae. (*Propan*-Entw.). — *Diphenylamino-(isopropyl)-magnesium*, $C_{15}H_{17}MgN$, F. 170—175° (Zers.), durch Lösen vorst. Ae.-Komplexes in Toluol bei Raumtemp. (nach 1 Min. trübe). — *Dimeres Diisopropylamino-(isopropyl)-magnesium*, $C_{18}H_{42}Mg_2N_2$, F. 120° (Zers.), aus **II** u. **III** in Ae., einige Min. Erhitzen. — *2.2.6.6-Tetramethylpiperidino-(äthyl)-magnesium*, $C_{22}H_{46}Mg_2N_2$, F. 151—153° (Zers.), durch langsame Zugabe von **VI** in eine gerührte Lsg. von **I** in Ae. bei —50°. — Verb. *$C_{34}H_{42}Mg_2N_2$* vom F. 115—125° (Zers.), aus **I** u. Benzylidenanilin in Ae., Prismen aus Toluol–Hexan. Hydrolyse mit verd. HNO_3 → *Phenyl-(1-phenylpropyl)-ammoniumnitrat* [F. 174—175° (A.)]. — Komplex aus **III** u. **VII**, $C_{11}H_{23}MgN$, F. 120° (Zers.), durch Zugabe von **III** in Ae. zu **VII**, 30 Min. Rühren. — Komplex aus **I** u. **VII**, *THF-Solvat*, F. —20°, aus **I** u. **VII** in Ae. bei —78°. — Komplex aus **I** u. **VIII**, $C_{11}H_{15}MgN$, F. 80° (Zers.), aus **I** u. **VIII** in Ae. bei —78°. Hydrolyse → *Propiophenon*. H.-J. Schönherr 282

0770 **Synthese von Calcium-, Strontium- und Bariumperoxiden mit Wasserstoffperoxid-Dampf.** A. B. Cenciper und R. P. Vasil'eva. (Izvest. Akad. Nauk SSSR, Ser. chim. **1967**, 12, 2738—40; Inst. obščej i neorg. chim., Akad. nauk SSSR; russ.) — Durch Rk. von $M(OH)_2$ mit 85%ig. H_2O_2-Dampf bei den angegebenen Temp. werden nachst. Verb. erhalten: *BaO_2* (78 Gew.-%) bei 50°/10 (Min.), *$BaO_2 \cdot H_2O_2$* bei 40°/15, *$BaO_2 \cdot 2\,H_2O_2$* bei 30°/10, *SrO_2* bei 40°/10, *$SrO_2 \cdot H_2O_2$* bei 34°/15, *$SrO_2 \cdot 2\,H_2O_2$* bei 26°/15. *$CaO_2 \cdot H_2O_2$* entsteht aus $CaO_2 \cdot 8\,H_2O$ u. H_2O_2-Dampf. Bei gegebener Zus. der Dampfphase erfolgt bei Erniedrigung der Temp. die Peroxidbldg. in der Reihenfolge $MO_2 \cdot H_2O_2$, $MO_2 \cdot 2\,H_2O_2$. Es wird geschlossen, daß die Festigkeit der Wasserstoffbindungen in der Reihenfolge $MO_2 \cdot 8\,H_2O$, $MO_2 \cdot 2\,H_2O_2$, $MO_2 \cdot H_2O_2$ zunimmt. A. Blaschette 285

0771 **Reaktionen von Calcium- und Bariumcarbid mit 0 bis 16 m Salpetersäure.** Mildred Bradley Sears und L. M. Ferris. (J. inorg. nuclear Chem. **29** (1967) 5, 1255—60; Chem. Technol. Div., ORNL, Oak Ridge, Tenn.; engl.) — Die Rk. von CaC_2 mit 0—16 m HNO_3 u. von BaC_2 mit 0—8 m HNO_3 geben C_2H_2 als einziges Kohlenstoff enthaltendes Produkt. Mit 10—16 m HNO_3 findet beim BaC_2 partielle Ox. des Kohlenstoffs zu freiem Kohlenstoff u. Kohlenstoffoxiden statt, obgleich es noch immer eine Hydrolyse zum Acetylen gibt. Die Actinidendicarbide ergeben dagegen komplexe aliphat. KW-Stoffe, wenn sie hydrolysiert werden, u. komplexe aromat. Verb., wenn sie mit Salpetersäure ox. werden. P. Schmidt 285

0772 **Lineare Koordinationspolymere von Zn(II) mit Bis-[n-alkyl]-arsinsäuren.** Antonio Ciana. (Ricerca sci. **37** (1967) 10, 835—39; Ist. di Chim., Univ. di Trieste; ital.) — *Zn(II)-di-n-alkylarsinate* $Zn(R_2AsO_2)_2$ mit R = CH_3, n-C_4H_9 oder n-C_6H_{13} werden hergestellt. In Ggw. langer Seitenketten sind die Verb. in nichtkoordinierten Lsgm. löslich. Durch Mol.-Gew.-Best. u. Viskositätsmessungen wird angezeigt, daß die Verb. in Lsg. eine reversible Depolymerisation durchmachen. In Analogie zu *Zn(II)*- u. *Co(II)-di-n-alkylphosphinatpolymeren* wird für diese Polymere eine Gerüststruktur mit alternierenden einfach u. dreifach brückenbildenden Arsinatgruppen vorgeschlagen.

Versuche: Zn(II)-di-n-alkylarsinate, a) durch Zugabe von $ZnSO_4$ in wss. Lsg. zu einer Lsg. von Na-Arsinat in W., Kühlen u. Filtrieren; b) durch Zugabe einer Lsg. von $Zn(CH_3COO)_2$ in wasserfreiem A. zu der Arsinsäure in A. u. Verdampfen des Lösungsmittels. — $Zn[(CH_3)_2AsO_2]_2$, nach b); $Zn[(n\text{-}C_4H_9)_2AsO_2]_2$, nach a); $Zn[(n\text{-}C_6H_{13})_2AsO_2]_2$, nach a); $Zn[(C_4H_9)_2AsO_2 \cdot (C_6H_{13})_2 \cdot AsO_2]$, nach a) unter Verw. eines äquimol. Gemisches aus Di-n-butyl- u. Di-n-hexylarsinsäure. E. Otto 288

0773 **Oxymercurierung von Allenen.** R. K. Sharma, B. A. Shoulders und P. D. Gardner. (J. org. Chemistry **32** (1967) 1, 241—44; Dep. of Chem., Univ. of Tex., Austin, Tex.; engl.) — Cyclononadien-(1.2) (**III**) reagiert mit äthanol. $HgCl_2$ zu *2-Chloromercuri-3-äthoxycyclononen* (**II**); das 3-Chloromercuri-2-äthoxy-Isomere (**I**) kann nicht nachgewiesen werden. Durch Red. von **II** mit Na/NH_3 erhält man *3-Äthoxycyclononen* u. keinen aus **I** denkbaren Enoläther. Pentadien-(2.3) reagiert völlig analog. Die Additionsrk. von HCl u. W. an **III** verlaufen analog zur Oxymercurierung. IR- u. NMR-Daten vgl. Original.

Versuche: *2-Chloromercuri-3-äthoxycyclononen* (**II**), $C_{11}H_{19}ClHgO$, F. 117,5—118,0° (PAe.), durch Zugabe von 3 g **III** zu 6,97 g $HgCl_2$ in A.; 4 Std. bei 30°, 10 Std. bei 0°; 3,90 g (Ausb.); daneben *3-Äthoxycyclononen*. — *3-Äthoxycyclononen*, $C_{11}H_{20}O$, Kp.$_{18}$ 97—98,5°, aus 40,3 g **II** u. NH_3/abs. Ae., Zugabe von Na; n_D^{29} 1,4695; 12 g. — *Äthoxycyclononan*, $C_{11}H_{22}O$, Kp.$_{16}$ 99,5—100°, aus 3 g vorst. Verb. in CH_3OH durch Hydrierung an 10%ig. Pd–C; n_D^{29} 1,4634; 1,35 g. — Durch Zugabe von 9,15 g **III** in A. zu einem Gemisch aus konz. H_2SO_4, $HgSO_4$, W. u. A. erhält man 9 g *3-Äthoxycyclononen*. — *3-Methoxycyclononen*, $C_{10}H_{18}O$, Kp.$_{16}$ 85—86,5°, aus 3 g **III**, CH_3OH, konz. H_2SO_4, 0,31 g $HgSO_4$ u. unter N_2; n_D^{28} 1,4730; 2,15 g; daneben wenig *Cyclononanon*. — *3-Hydroxycyclononen*, Kp.$_{3,5}$ 100°, aus 3 g **III** in THF u. Zugabe zu einem Gemisch aus konz. H_2SO_4, W., $HgSO_4$ u. THF, 40 Min. Rückfluß; n_D^{32} 1,4965; 0,58 g. *p-Nitrobenzoat*, $C_{16}H_{19}NO_4$, F. 114° (Äthylacetat). — *3-Chlorcyclononen*, $C_9H_{15}Cl$, Kp.$_{16}$ 87—89°, durch Einleiten von HCl in eine Suspension von wasserfreiem $BiCl_3$ in 3 g **III** bei — 70°, 12std. Rühren bei — 70°, Erwärmen auf Raumtemp., n_D^{28} 1,5004; 1,85 g. — *1-Chloromercuri-9-äthoxycyclononadien-(1.5)*, $C_{11}H_{17}ClHgO$, F. 159—160° (Ae.), durch Zugabe von 6,5 g Cyclononatrien-(1.2.6) zu einer äthanol. $HgCl_2$-Lsg., Filtrieren vom ausgeschiedenen *Hg*; 1 g. — *85 : 15-Gemisch aus 4-Chlor- u. 3-Chlorpenten-(2)*, Kp.$_{197}$ 58—59°, durch Einleiten von HCl in ein Gemisch aus 5 g Pentadien-(2.3) (**IV**) u. $BiCl_3$ bei — 70°, 48 Std. bei — 70°; 1,1 g. — *3-Chloromercuri-4-äthoxypenten-(2)*, $C_7H_{13}ClHgO$, Kp.$_{0,04}$ 141°, durch 10std. Rk. von 1,75 g **IV**, 7,7 g $HgCl_2$ u. A. bei 0°; n_D^{32} 1,5385; 3 g. H.-J. Schönherr 290

0774 **Gemischte Magnesium–Aluminium-Hydroxide.** 1. Mitt. **Darstellung und Charakterisierung der in dialysierten Systemen gebildeten Verbindungen.** M. C. Gastuche, G. Brown und M. M. Mortland. (Clay Minerals **7** (1967) 2, 177—92; Fac. des Sci. Agronom., Univ. de Louvain, Belgium; engl.) — Die durch Dialyse der aus der Rk. von NaOH mit gemischten Mg–Al-Lsg. gebildeten Nd. entstandenen Verb. werden beschrieben. Zusätzlich zu den Al- u. Mg-Hydroxiden wurden zwei Hydroxocarbonate mit einem Mg/Al-Verhältnis von $\approx 5:1$ u. $2:1$ aus Lsg. mit molaren Verhältnissen Mg/Mg + Al = 0,8 bzw. 0,7 gebildet. Die Hydroxocarbonate besitzen teilweise geordnete, hexagonale Schichtstrukturen mit der Einheitszelle a = 3,048 Å u. der Schichtdicke 7,60 Å für die Al-reiche Verb. u. a = 3,072 Å u. einer Schichtdicke von 7,92 Å für die Al-arme Verbindung. Die neuen Verb. ähneln den Mineralen Hydrotalkit u. Manasseit. G. Malow 294

0775 **Gemischte Magnesium–Aluminium-Hydroxide.** 2. Mitt. **Struktur und Strukturchemie der synthetischen Hydroxocarbonate und verwandter Mineralien und Verbindungen.** G. Brown und M. C. Gastuche. (Clay Minerals **7** (1967) 2, 193—201; engl.) — 1. vgl. vorst. Referat. — Für die (l. c.) beschriebenen synthet. Mg–Al-Hydroxocarbonate wird ein Strukturschema vorgeschlagen. Danach bestehen sie aus positiv geladenen, brucitähnlichen Schichten, in denen die Mg-Atome maximal zu einem Drittel durch Al-Atome ersetzt sind. Die positive Ladung wird durch Carbonatgruppen u. W.-Mol. in der Zwischenschicht ausgeglichen. Die idealisierte Strukturformel für die Al-reiche Substanz ist $[Mg_4Al_2(OH)_{12}]^{2+}[CO_3 \cdot 3\,H_2O]^{2-}$. Ein ähnliches Strukturschema läßt sich auf einige andere Substanzen der Pyroaurit-Gruppe, auf $4\,CaO \cdot Al_2O_3 \cdot 13\,H_2O$ u. das verwandte Mineral Hydrocalumit u. einige synthet. Prod. anwenden. G. Malow 294

0776 **Thermogravimetrische Untersuchungen an Metall-β-diketonaten.** Kent J. Eisentraut und Robert E. Sievers. (J. inorg. nuclear Chem. **29** (1967) 8, 1931—36; Aeorspace Res. Labor., Wright-Patterson Air Force Base, O.; engl.) — Thermogravimetr. Analysen erlauben eine rasche Best. der relativen Flüchtigkeit verschiedener Metall-β-diketonatchelate. Deutliche Unterschiede der Flüchtigkeit können bei einer Reihe von therm. stabilen *Tris-[2.2.6.6-tetramethyl-3.5-heptandionato]-Chelaten der Seltenerdmetalle* beobachtet werden. Der Gang der Flüchtigkeit dieser Chelate hängt von der Größe des dreiwertigen Metallions ab, während die Chelatmasse keinen Einfl. ausübt. Die Reihenfolge der zunehmenden Flüchtigkeit (*Zr, La, Pr, Nd, Sm, Eu, Tb, Er, Y, Lu, Sc*) geht etwa parallel mit der zunehmend leichten Eluierbarkeit dieser Chelate aus nichtpolaren, gaschromatograph. fl. Verteilungsphasen. Die Flüchtigkeit von β-Diketonatchelaten der Metallionen Cr^{3+}, Fe^{3+}, Al^{3+} u. Na^{+} werden mit der der genannten Chelate verglichen. Neben *2.2.6.6-Tetramethylheptandion-(3.5)* wurden noch folgende Diketone als Ligand untersucht: *1.1.1.5.5.5-Hexafluorpentandion-(2.4)*, *1.1.1.2.2.3.3.7.7.7-Dekafluorheptandion-(4.6)*, *1.1.1.2.2.3.3-Heptafluor-7.7-dimethyloctandion-(4.6)*, *1.1.1-Trifluorpentandion-(2.4)*, *2.4-Pentandion*, *1-Phenylbutandion-(1.3)*, *4.4.4-Trifluor-1-phenylbutandion-(1.3)* u. *4.4.4.-Trifluor-1-[2-thienyl]-butandion-(1.3)*. R. Braun 303

0777 **Organogermaniumverbindungen.** 9. Mitt. **Trennung der optischen Isomeren von p-[Äthylisopropylphenylgermyl]-benzoesäure.** C. Eaborn und I. D. Varma. (J. organometallic Chem. [Amsterdam] **9** (1967) 2, 377—78; Chem. Labor., Univ. of Sussex, Brighton; engl.) — 8. vgl. C. **1967**, 36-0706. — Die Darst. von *p-[Äthylisopropylphenylgermyl]-benzoesäure*, Et-iso-PrPhGe$C_6H_4CO_2H$-p, erfolgt nach: $EtGePh_3 \xrightarrow{Br_2} EtPh_2GeBr \xrightarrow{iso\text{-}PrMgBr} EtPh_2Ge\cdot$Pr-iso-$\xrightarrow{Br_2}$ Et-iso-PrPhGeBr $\xrightarrow{p\text{-}BrC_6H_4MgBr}$ Et-iso-PrPhGeC_6H_4Br-p $\xrightarrow{n\text{-}BuLi}$ Et-iso-PrPhGeC_6H_4Li-p $\xrightarrow{CO_2/H_2O}$ Et-iso-

PrPhGe$C_6H_4CO_2H$-p. Die Trennung in die opt. Isomeren erfolgte über das (−)-Chininsalz (A.). Das schwerer lösl. Diastereoisomere ergab nach der Hydrolyse (+)-p-[Äthylisopropylphenylgermyl]-benzoesäure, F. 117−119,5°, $[\alpha]_D^{16}$ + 0,48° (c = 3,2 in Bzl.). Die verunreinigte (−)-Säure, $[\alpha]_D^{23}$ − 0,17° wurde aus den Mutterlaugen erhalten.

Versuche: Die gemäß den obigen Gleichungen dargestellten Verb. haben folgende Eigenschaften: *Äthylbromdiphenylgerman*, $Kp._{0,2}$ 127−129,5°, n_D^{25} 1,6025, 78% (Ausb.); *Äthylisopropyldiphenylgerman*, $Kp._{0,15}$ 104−105°, n_D^{25} 1,5641, 70%; *Äthylenisopropylphenylbromgerman*, $Kp._{0,15}$ 75−76°, n_D^{25} 1,5473, 84%; *[p-Bromphenyl]-äthylisopropylphenylgerman*, $Kp._{0,01}$ 128 bis 130°, n_D^{25} 1,5856, 69%; *p-[Äthylisopropylphenylgermyl]-benzoesäure* (*Racemat*), F. 115,5−117°.

Manfred Schulze/Braunschweig 326

0778 **Nachweis der Ilmenitform des gemischten Oxids von Zinn und Magnesium.** Claude Lévy-Clément, Irène Morgenstern-Badarau, Yves Billiet und André Michel. (C. R. hebd. Séances Acad. Sci., Sér. C **265** (1967) 11, 585−86; Orsay, Fac. des Sci., Labor. de Chim. min.; franz.) — Vf. berichten über eine DTA-Unters. des gemischten Hydroxids $MgSn(OH)_6$. Ein auf der DTA-Kurve bei ca. 250° beobachtetes endothermes Max. ist charakterist. für die Entwässerung des Hydroxids; das bei ca. 750° beobachtete exotherme Max. ist der Kristallisation des Ilmenits $MgSnO_3$ zuzuschreiben. Röntgenaufnahmen ergaben für die hexagonale Zelle die Abmessungen a = 5,250 ± 0,003 (Å); c = 14,09 ± 0,01 u. für die rhomboedr. Zelle (Raumgruppe ist $R\bar{3}$) a = 5,589 Å u. α = 56° 01′. C. Gottfried 327△

0779 **Reaktionen von Silan, German und Stannan mit Metall- und Amid–Ammoniak-Lösungen.** Douglas S. Rustad und William L. Jolly. (Inorg. Chem. [Washington] **6** (1967) 11, 1986−89; Dep. of Chem., Univ. of Calif., Berkeley, Calif.; engl.) — GeH_4 reagiert mit Lsg. von K oder KNH_2 in fl. NH_3 bei − 77° unter Bldg. von *Germylkalium*, *Germaniumimid* $[Ge(NH)_2 \cdot xNH_3]$ u. H_2. Die Imidkonz. nimmt mit steigendem K-Geh. zu, bleibt jedoch konst. bei zunehmender KNH_2-Konzentration. Mit SiH_4 erfolgt hauptsächlich Ammonolyse, mit SnH_4 tritt keine Ammonolyse auf. D. Hoene 327

0780 **Germylsilylstannylamine.** Otto J. Scherer und Dietmar Biller. (Z. Naturforsch. **22b** (1967) 10, 1079; Inst. für anorg. Chem., Univ., Würzburg; dt.) — Durch Metallierung von et_3SiNH_2 (et = C_2H_5) mit Li-n-C_4H_9 in Hexan bei − 75° zu et_3SiNHLi (**I**) u. Rk. von **I** mit me_2GeCl_2 (me = CH_3) in Ae. bei 20° wird *Bis-[triäthylsilylamino]-dimethylgerman* (**II**) erhalten (Ausb. 70%; wasserklare, hydrolyseempfindliche Fl.; $Kp._{0,2}$ 95−98°). Die erneute Metallierung von **II** mit 2 Mol Li-n-C_4H_9 in Hexan bei − 75° liefert et_3Si−NLi−$Geme_2$−NLi−$Siet_3$, das mit me_2SnCl_2 bei 0° in Ae. zu *1.3-Bis-[triäthylsilyl]-2.2.4.4-tetramethylcyclo-2-germa-4-stanna-1.3-diazan* reagiert (83%; F. 1−3°, $Kp._{0,2}$ 124−128°). Aus **I** u. me_3GeCl entsteht in Ae. bei 20° in 74%ig. Ausb. *[Triäthylsilyl]-[trimethylgermyl]-amin* (**III**; $Kp._{10}$ 81−83°). Metalliert man **III** bei − 75° mit Li-n-C_4H_9 in Hexan u. setzt das gebildete et_3Si−NLi−$Geme_3$ mit me_3SnCl in Ae. bei 20° um, so bildet sich in 75%ig. Ausb. *[Triäthylsilyl]-[trimethylgermyl]-[trimethylstannyl]-amin* (F. 108−110°; $Kp._{10}$ 138−141°). A. Blaschette 327

0781 **Eigenschaften von aus einer Salzschmelze dargestelltem Bleiazid.** H. C. Egghart. (Inorg. Chem. [Washington] **6** (1967) 11, 2121−22; U. S. Army Engineer Res. and Developm. Labor., Fort Belvoir, Va.; engl.) — $Pb(N_3)_2$ kann in hoher Reinheit durch Mischung von KN_3- u. $Pb(NO_3)_2$-Lsg. in geschmolzenen Alkalimetallnitraten erhalten werden. Das so dargestellte $Pb(N_3)_2$ zeigt einen höheren Zers.-Punkt als das in W. dargestellte; außerdem löst es sich langsamer in verd. HNO_3. Diese Befunde werden auf ein besser ausgebildetes Krist.-Gitter zurückgeführt.

Manfred Schulze/Braunschweig 328

0782 **Nichtstöchiometrisches Orthovanadat vom Strukturtyp des $Sr_3(PO_4)_2$.** Gilles Le Flem, Roger Olazcuaga und Paul Hagenmuller. (C. R. hebd. Séances Acad. Sci., Sér. C. **264** (1967) 26, 2138−40; Talence, Fac. des Sci. de Bordeaux, Serv. de Chim. min. structurale; franz.) — Vf. untersuchten röntgenograph. die Möglichkeiten der Substitution von Erdalkalimetallionen durch das La^{3+}-Ion in den Orthovanadaten des *Ca*, *Sr* u. *Ba*. $Sr_3(VO_4)_2$ u. $Ba_3(VO_4)_2$ kristallisieren rhomboedr. (Raumgruppe $R\bar{3}m$), $Ca_3(VO_4)_2$ dagegen ist monoklin. Eine evtl. feste Lsg. entspricht. der Zus. $M_{3-x}La_{2x/3} \cdot (VO_4)_2$. Zuerst untersucht wurden die beiden Syst. $Sr_3(VO_4)_2 \cdot LaVO_4$ u. $Ba_3(VO_4)_2$–$LaVO_4$. In den Vers. wurde ein Gemisch von V_2O_5, La_2O_3 u. $BaCO_3$ oder SrO 20 Std. unter O_2 auf 650° erhitzt, pulverisiert u. zunächst 20 Std. auf 1000° u. dann 6 Tage auf 1200° erhitzt. Für $0 < x \leqq 1$ bildet sich eine feste Lsg. $M_{3-x} \cdot La_{2x/3}(VO_4)_2$, die mit $Sr_2(VO_4)_2$ oder $Ba_3(VO_4)_2$ isotyp ist. Die 2 Phasen der Endzus. x = 1 entsprechen der Formel $M_2La_{0,67}(VO_4)_2$. Für x > 1 wurde ein Gemisch von $LaVO_4$ u. der obigen Grenzphase erhalten. Für das Syst. $Ca_3(VO_4)_2$–$LaVO_4$ tritt für $0,80 \leqq x \leqq 1$ eine Phase mit der Struktur des $Sr_3(PO_4)_2$ auf; die Grenzphasen haben dann die Zus. $Ca_{2,20}La_{0,53}(VO_4)_2$ u. $Ca_2 \cdot La_{0,67}(VO_4)_2$. Für 1 < x < 3 bildet sich das Gemisch $LaVO_4$ u. $Ca_2La_{0,67}(VO_4)_2$. Angegeben sind tabellar. die Gitterkonst., $D._{exp}$, D_R u. Z von $Sr_2La_{0,67}(VO_4)_2$, $Ba_2 \cdot Lu_{0,67}(VO_4)_2$, $Ca_2La_{0,67}(VO_4)_2$, $Ca_{2,20}La_{0,53}(VO_4)_2$, $CaLa \cdot Na(VO_4)_2$, $SrLaNa(VO_4)_2$ u. $BaLaNa(VO_4)_2$. Die Darst. der letzten 3 Verb. wird beschrieben.

C. Gottfried 330△

0783 **Synthese und Eigenschaften von Ammoniumperoxoorthoniobat.** V. A. Titova und I. G. Slatinskaja. (Ž. neorg. Chim. **12** (1967) 6, 1453−56; russ.) — Aus K-Fluoroniobat mit 25%ig. NH_3 gefällte Niobsäure wurde in einer 1:1-Mischung von 50%ig. HNO_3 u. 15%ig. H_2O_2 gelöst (1 l/0,4−0,5 g-Atom Nb), die Lsg. auf das doppelte Vol. verd., auf 2−6° abgekühlt u. mit 25%ig. NH_3 auf pH 9,5−10 gebracht. Hierbei fielen Krist. von $(NH_4)_3NbO_8$ in 80−85%ig. Ausb. aus (tetragonale Bipyramiden; D. 2,17; n_γ 1,630; n_α 1,613). Die Verb. zersetzt sich ab 70° u. explodiert bei 90°.

A. Blaschette 331

0784 **Bildungskonstanten von Chrom(III)-Komplexen mit Phthalsäure und die Eigenschaften der festen Komplexverbindungen.** Kunishige Higashi, Kuniko Hori und Ryokichi Tsuchiya. (Bull. chem. Soc. Japan **40** (1967) 11, 2569−72; Dep. of Chem., Fac. of Sci., Univ. Kanazawa; engl.) — Mit der Meth. der kontinuierlichen Variation konnten Vf. in Mischungen von $Cr(H_2O)_6 \cdot (ClO_4)_3$ u. Phthalsäure Komplexe mit dem Mol-Verhältnis 1:1 bei pH 1−2 u. 1:3 bei pH 3−4 durch Leitfähigkeitsmessungen feststellen. Die individuellen Bldg.-Konst. wurden mit der Bjerrum-Meth. durch Extinktionsmessungen bei 420 u. 570 nm zu log k_1 = 5,52, log k_2 = 4,48 u. log k_3 = 2,48 ermittelt. Ein fester *Cr(III)-Komplex* von amorpher Struktur mit der Formel $K_3[Cr_3(C_8H_4O_4^{2-})_3(OH)_6(H_2O)_6]$ (**I**) ist aus wss. Lsg. von pH 9 darstellbar. Durch Trocknung verliert die Verb. ca. 10−11% H_2O u. bildet $K_3[Cr_3(C_8H_4O_4^{2-})_3(OH)_6]$. Diese Rk. ist reversibel, u. in feuchter Luft geht die Verb. wieder unter Zerspringen in **I** über. Veränderungen im UR-Spektrum bei 3500−3100 cm^{-1} werden dabei beobachtet. H. Heegn 335

0785 **Äthylendiamin- und Propylendiamin-Komplexe von Titan(III), Vanadin(III) und Chrom(III).** R. J. H. Clark und M. L. Greenfield. (J. chem. Soc. [London], Sect. A **1967**, 3, 409−14; William Ramsay and Ralph Forster Labor., Univ. Coll., London; engl.) — $TiCl_3$, VCl_3 u. $CrCl_3$ reagieren mit Äthylendiamin (en) u. Propylendiamin (pn) unter Bldg. paramagnet. Komplexe des Typs ML_3Cl_3 (*M* = *Ti*, *V*, *Cr*; *L* = *en*, *pn*). Die Elektronen- u. IR-Spektren (4000−200 nm) wurden aufgenommen u. die magnet. Momente bestimmt. Ferner wurden die ESR-Spektren der Ti-Komplexe aufgenommen. Leitfähigkeitsmessungen von wss. Lsg. der Komplexe zeigen, daß die Verb. ionogen gebundenes Cl enthalten. Die Elektronenspektren werden eingehend diskutiert. Die Ligandenfeld-Banden werden zugeordnet. Die Unters. zeigen, daß die Ligandenfeldstärken von en u. pn ähnlich groß sind.

Versuche: $Cr(en)_3Cl_3 \cdot 3\,en$ (**I**), durch Rk. von $CrCl_3$ mit überschüssigem en, Waschen mit en, 2tägiges

Trocknen im Vakuum; dunkelgelb, (μ_{eff} =) 3,82 BM. — $Cr(en)_3Cl_3$, durch Erhitzen von I in Nitromethan am Rückfluß; gelb, 3,83 BM. — $Cr(pn)_3Cl_3$, durch Rk. von $CrCl_3$ mit überschüssigem pn, Erhitzen des rötlichgelben Nd. in Nitromethan am Rückfluß, Trocknen im Vakuum; gelb, 3,80 BM. — $V(en)_3Cl_3$ (II), durch Rk. von VCl_3 mit überschüssigem en, 2tägiges Abpumpen des en-Überschusses; rötlichbraun, 2,79 BM. — $V(pn)_3Cl_3$, analog II; rötlichbraun, 2,80 BM. — $Ti(en)_3Cl_3$ (III), durch Rk. von $TiCl_3$ mit überschüssigem en, Waschen mit en, Trocknen im Vakuum bei erhöhter Temp.; dunkelblau, 1,67 BM. — $Ti(pn)_3Cl_3$, analog III; dunkelblau, 1,66 BM. M. Steidinger 335

0786 **Neue Cyclohexylaminchrom(III)-thiocyanat-Verbindung.** M. L. Anand. (J. Indian chem. Soc. **44** (1967) 6, 545—46; Dep. of Chem., Kurukshetra Univ., India; engl.) — $[C_6H_{11}NH_3]_3Cr(SCN)_6 \cdot 2\,H_2O$ (I) wird durch Titration von Cyclohexylammoniumacetat mit $K_3[Cr \cdot (SCN)_6]$ in Leitfähigkeitswasser hergestellt. I löst sich gut in $CH_3COC_2H_5$, Tri-n-butylphosphat, n-Butylacetat u. Acetylaceton, unlösl. ist es in Dioxan. Aus dem IR-Spektrum ist zu ersehen, daß I eine oktaedr. $Cr(SCN)_6^{3-}$-Gruppe enthält.

Manfred Schulze/Braunschweig 335

0787 **N-Substituierte Salicylaldiminkomplexe von Chrom(III).** M. J. O'Connor und B. O. West. (Austral. J. Chem. **21** (1968) 2, 369—72; Chem. Dep., Monash Univ., Clayton, Vic.; engl.) — Bei der Rk. von Tris-[salicylaldehydato]-chrom(III) (I) mit prim. Aminen ($n\text{-}C_3H_7NH_2$, $i\text{-}C_4H_9NH_2$, $p\text{-}CH_3C_6H_4NH_2$, $p\text{-}BrC_6H_4NH_2$) entstehen N-substituierte Salicylaldiminato-chrom(III)-Komplexe, deren magnet. Momente μ_{eff} im Bereich 3,77—3,81BM liegen. Die sichtbaren u. UV-Spektren werden im Hinblick auf die Kristallfeldaufspaltungsenergien diskutiert. I u. en lassen sich zu Bis-[N-α-aminoäthylsalicylaldiminato]-chrom(III)-Salzen umsetzen, deren IR-Spektren diskutiert werden.

Versuche: I, F. 215—216° (CH_3OH) durch 15min. Erwärmen von $CrCl_3 \cdot 6\,H_2O$ u. Harnstoff in W. u. Zugabe von Salicylaldehyd in CH_3OH, 16std. Erwärmen auf 50° u. Kühlen; braungelb. Durch Lösen von I in Bzl., Zugabe eines Aminüberschusses, 6std. Sieden, Einengen, Zugabe von Leichtpetroleum (LP) u. Umkrist. aus Bzl.-LP entstehen die gelborange gefärbten *Tris-[N-organylsalicylaldiminato]-chrom(III)*-Komplexe mit (Organyl =) *n-Propyl-*, $C_{30}H_{36}CrN_3O_3$, F. 227—228°; *i-Butyl-*, $C_{33}H_{42}CrN_3O_3$, F. 250°; *p-Tolyl-*, $C_{42}H_{36}CrN_3O_3$, F. 201; *p-Bromphenyl-*, $C_{39}H_{27}Br_3CrN_3O_3$, F. 315°. — *Bis-[N-α-aminoäthylsalicylaldiminato]-chrom(III)-Salze*, durch 30min. Sieden von 0,539 g I u. 2,0 g en in 20 ml CH_3OH, Zugabe eines Na-Salzes, Einengen u. Umkrist. aus A.: *Perchlorat*, $C_{18}H_{22}ClCrN_4O_6$, rote Nadeln, 0,3 g; *Bromidmonohydrat*, $C_{18}H_{24}BrCrN_4O_3$, rote Platten, 0,2 g; *Jodid*, $C_{18}H_{22}CrJN_4O_2$, braunrote Platten, 0,3 g.

K.-J. Zwietasch 335

0788 **Zwei neue Chrom-Carbonyl-Carben-Komplexe.** U. Klabunde und E. O. Fischer. (J. Amer. chem. Soc. **89** (1967) 26, 7141—42; Anorgan.-Chem. Inst., TH München; engl.) — Methylmethoxycarbenchrompentacarbonyl (I) liefert in Bzl. beim Einleiten von NH_3 das diamagnet. *Methylaminocarbenchrompentacarbonyl* [$C_7H_5CrNO_5$, F. 76—77° (Hexan/Ae. [9 : 1])]. Mit Thiophenol erhält man aus I *Methylphenylmercaptocarbenchrompentacarbonyl* [$C_{13} \cdot H_8CrO_5S$, F. 67—68°]. Die Struktur der beiden neuen Carbenkomplexe ergibt sich aus den NMR-, IR- u. Massenspektraldaten. H.-J. Schönherr 335

0789 **Peroxomolybdänderivate organischer Basen.** R.G. Bejles und E. M. Bejles. (Ž. neorg. Chim. **12** (1967) 4, 884—92; Kuzbasskij polytechn. inst.; russ.) — Durch Rk. von frisch bereitetem H_2MoO_4 mit der entsprechenden organ. Base X in 20%ig. H_2O_2 werden nachst. Verb. erhalten: $(HX)_2Mo_2O_{11} \cdot H_2O$ mit X = *Py.*, *Nicotinsäure*, *Nicotinsäureamid* (I); $(HX)_2Mo_2O_{11} \cdot 2\,H_2O_2$ mit X = *Py.*, *3-Methylpyridin* (II), *4-Methylpyridin* (III); $(HX)_2Mo_2O_{11}$ mit X = II, III, *2-Aminopyridin*, *Picolinsäure* (IV); $X \cdot 2\,H_2MoO_6 \cdot 2\,H_2O$ mit X = *2-Methylpyridin* (V); $X \cdot 2\,H_2MoO_6 \cdot H_2O_2$ mit X = V; $XHMoO_6$ mit X^+ = *N-Methylpyridinium*; $(XOH)_2Mo_2O_{11} \cdot H_2O$ mit XO = *Pyridin-N-oxid*; $2\,X \cdot H_2MoO_6$ mit X = I, IV; $3\,X \cdot H_2MoO_6$ mit X = IV; $X \cdot H_2MoO_6$ mit X = *Antipyrin*, *Diantipyrylmethan*, *Diantipyrylphenylmethan*, *Glykokoll*. Die Molgew. u. elektr. Leitfähigkeiten der Verb. wurden bestimmt, ferner potentiometr. Titrationskurven aufgenommen. Demnach liegt in sehr verd. Lsg. das Peroxomolybdation-Ion vorwiegend als $HMoO_6^-$ u. nicht als $Mo_2O_{11}^{2-}$ vor. A. Blaschette 336

0790 **Reaktionen von Hexacarbonylmolybdän mit Stickstoffoxid.** Ugo Sartorelli, Franco Zingales und Franco Canziani. (Chim. e Ind. [Milano] **49** (1967) 7, 751—54; Milano, Univ., Ist. di Chim. gen. e inorg.; ital.) — Vf. beschreiben die Darst. der folgenden Verb.: $[Mo(NO)_2(O)H_2O]_2$ (I), $Mo(NO)_2(C_2H_5OH)_2Cl_2$ (II), $Mo \cdot (NO)_2(C_5H_5NO)_2Cl_2$ (III), $Mo(NO)_2(C_{10}H_8N_2O_2)Cl_2$ (IV), $Mo(NO)_2[(C_2H_5)_2NCS_2]_2$ (V), $Mo(NO)_2(C_9H_6NO)_2$ (VI), $Mo(NO)_2(CH_3COCHCOCH_3)_2$ (VII), $(NH_4)_3MoCl_6$ (VIII). Zur Darst. von I wurde durch eine benzol. Lsg. von $Mo(CO)_6$ bei 70—80° 60 Std. NO durchgeleitet. Der kastanienbraune Nd. wurde nach Abfiltrieren zur Entfernung des nicht reagierten Hexacarbonyls mit Bzl. extrahiert. Die hygroskop. Verb. ist auch in trocknem Zustand oder in N_2-Atmosphäre wenig stabil; F. 130° (Zers.). — Leitet man durch eine alkohol. Lsg. von I bei 40—50° 1/2 Std. lang HCl, verdampft das Lsgm., nimmt den Rückstand mit Methylenchlorid auf, filtriert u. dampft die Lsg. zur Trockne ein, dann erhält man II als grünes, krist. sehr hygroskop. Produkt. — III erhält man bei langsamer Zugabe von Pyridinoxid in A. zu einer alkohol. Lsg. von II. Das grüne krist. Rk.-Prod. hat. F. 164° (Zers.). — Fügt man zu einer alkohol. Lsg. von II langsam u. unter Rühren 2.2'-Bipyridyl-N.N'-dioxid in einer 3 : 1-Lsg. in Chlf. u. A. dann erhält man IV als blaßgelbes krist. Rk.-Prod. mit F. 200° (Zers.). — V erhält man durch langsame Zugabe einer wss. Lsg. von Na-N.N-Diäthyldithiocarbamattrihydrat unter Rühren zu einer wss. II-Lösung. Die erhaltene rotkastanienbraune Verb. hat F. 180° (Zers.). — VI erhält man als ziegelrote Verb. bei der langsamen Zugabe von 8-Hydroxychinolin zu einer alkohol. Lsg. von II unter Rühren; F. 250° (Zers.). — Setzt man einer alkohol. Lsg. von II langsam eine wss.-alkohol. Lsg. von Na-Acetylacetonat zu, dann erhält man VII als gelbgrüne Verb., F. 143°. — VIII entsteht als krist. rosa Nd. beim Einleiten von NO u. HCl bei 70—80° während 4 Std. in eine alkohol. Lsg. von $Mo(CO)_6$. C. Gottfried 336△

0791 **Übergangsmetall-Nitrosyl-Verbindungen. Dibromodinitrosylmolybdän, Dibromodinitrosylwolfram, Dijododinitrosylmolybdän und einige ihrer Derivate.** B. F. G. Johnson. (J. chem. Soc. [London], Sect. A **1967**, 3, 475—78; Dep. of Chem., Univ., Manchester; engl.) — Bei der Rk. von $M(CO)_6$ mit NOBr entstehen $[M(NO)_2 \cdot Br_2]_n$ (M = *Mo*, *W*). Die pulverförmigen, therm. stabilen Verb. sind in Alkoholen, Acetonitril u. Aceton lösl. u. in Alkanen, Bzl., $CHCl_3$, CCl_4 u. CH_2Cl_2 unlöslich. Die Umsetzung von $[Mo(NO)_2Br_2]_n$ (I) mit KJ liefert $[Mo(NO)_2 \cdot J_2]_n$ (II). Mit π-koordinierenden Liganden entstehen monomere Komplexe des Typs $M(NO)_2X_2L_2$ [M = *Mo*, *W*, X = *Cl*, *J*, L = $(C_6H_5)_3P$, $(C_6H_5)_3As$ u. *Py.*]. Die Umsetzung von I mit $(C_2H_5)_4NBr$ u. von II mit $(C_4H_9)_4NJ$ führt zur Bldg. von $[(C_2H_5)_4N]_2[Mo(NO)_2Br_4]$ bzw. $[(C_4H_9)_4N]_2[Mo(NO)_2J_4]$. Die IR-Spektren der Verb. (4000—650 cm^{-1}, Nujol) wurden aufgenommen.

Versuche: $[Mo(NO)_2Br_2]_n$ (I), durch Zugabe von NOBr zu einer Lsg. von $Mo(CO)_6$ in CH_2Cl_2, 12std. Stehenlassen, Entfernen des Lsgm. im Vakuum bei Raumtemp.; grünes Pulver, (Ausb.) ca. 90%. — $[W \cdot (NO)_2Br_2]_n$, analog I aus $W(CO)_6$ u. NOBr; grünes Pulver, ca. 90%. — $[Mo(NO)_2J_2]_n$ (II), durch 12std. Rk. von I mit KJ in Aceton, Eindampfen der filtrierten Lsg. im Vakuum, Umfällen aus Aceton; rotbraunes Pulver. — $Mo(NO)_2Br_2[P(C_6H_5)_3]_2$, a) durch 30 Min. Erhitzen von I u. $(C_6H_5)_3P$ in Bzl. am Rückfluß, Zugabe von Pentan zur filtrierten Lsg., 12std. Stehenlassen bei 0°, Umkrist. aus Bzl./Pentan (4 : 1); ca. 70%; b) durch Zugabe von NOBr zu einer Suspension von $Mo(CO)_4[P(C_6H_5)_3]_2$ in CH_2Cl_2, Eindampfen der filtrierten Lsg. im Vakuum, Zugabe von Pentan, Umkrist. aus CH_2Cl_2/Pentan (10 : 1); grüne Krist., F. 210—212°. — Analog wurden dargestellt: $Mo(NO)_2Br_2[(C_6H_5)_3As]_2$, grüne Krist., F. 236

bis 238°; $Mo(NO)_2Br_2(C_5H_5N)_2$, grüne Krist., Zers. bei ca. 150°; $W(NO)_2Br_2[(C_6H_5)_3P]_2$, grüne Krist., F. 258 bis 260°; $W(NO)_2Br_2[(C_6H_5)_3As]_2$, grüne Krist., F. > 300°; $W(NO)_2Br_2(C_5H_5N)_2$, grüne Krist., Zers. bei ca. 150°; $Mo(NO)_2J_2[(C_6H_5)_3P]_2$, purpurfarbene Krist., F. 210–212°; $Mo(NO)_2J_2[(C_6H_5)_3As]_2$, purpurfarbene Krist., F. 242–243°; $Mo(NO)_2J_2(C_5H_5N)_2$, hellbraune Krist., Zers. bei ca. 200°. — $[(C_2H_5)_4N]_2[Mo(NO)_2Br_4]$, durch Umsetzung von I u. $(C_2H_5)_4NBr$ in Acetonitril, Waschen mit CH_3CN u. Pentan; grüne Krist.; ca. 75%; F. 262–263°. — $[(C_4H_9)_4N]_2[Mo(NO)_2J_4]$, durch Umsetzung von II mit $(C_4H_9)_4NJ$ in CH_3CN; goldgelbe Krist.; ca. 75%; F. 280–282°. M. Steidinger 337

0792 **Peroxowolframate organischer Basen.** R. G. Bejles und È. M. Bejles. (Ž. neorg. Chim. 12 (1967) 5, 1399–1400; Kuzbasskij polytechn. inst.; russ.) — $(NH_4)_2WO_4$ reagiert mit H_2O_2 in Ggw. von 8-Hydroxychinolin (HQ) zu einer grünlich-gelben Peroxoverb., die als $Q_2WO_2 \cdot 2\,O$ formuliert wird; in diesem Prod. sollen entweder zwei O_2^{2-}-Ionen als Liganden am W-Zentralatom oder zwei Peroxychinolingruppen vorliegen. Aus H_2WO_4, H_2O_2 u. Bipyridyl wird gelbes $(H_2bipy)WO_4 \cdot 2\,O$ erhalten, welches wahrscheinlich H_2bipy^{2+}-Kationen enthält, die über H-Brücken an WO_6^{2-} gebunden sind. A. Blaschette 337

0793 **Alkalimetallfluorouranate. Untersuchung in Bromtrifluorid-Lösung. Untersuchung einiger ihrer festen Verbindungen.** D. Martin. (Rev. Chim. minérale 4 (1967) 2, 367–97; Paris, Sorbonne, Labor. de Chim. minér.; franz.) — Mit Hilfe elektr. Leitfähigkeitsmessungen u. kryoskop. Messungen untersuchte Vf. die Rk. von NaF, KF, RbF, CsF mit UF_4 in BrF_3. Die z. T. erhaltenen Nd. wurden abgetrennt, chem. analysiert, röntgenograph. untersucht u. ihre Wärmebeständigkeit mit einer graph. registrierenden Thermowaage bestimmt. An 3 der erhaltenen Verb. wurden mit Hilfe der Meth. von Faraday magnetochem. Messungen durchgeführt. Mit Ausnahme des unlösl. LiF, steigt die elektr. Leitfähigkeit in BrF_3 bei gleicher Molarität in dem Sinne NaF → CsF → KF → RbF. Eine Rk. zwischen $M[BrF_4]$ u. UF_4 (M = Alkalimetall) wird nachgewiesen. Aus den kryoskop. Messungen konnte die Bldg. der Komplexe $Rb[UF_5]$, $Cs[U_2F_9]$ u. $Cs_2 \cdot [U_5F_{22}]$ festgestellt werden. Ferner konnten an Hand kryoskop. Messungen u. der Leitfähigkeitsmessungen die Verb. $K_3[U_5F_{28}]$ u. $Cs[U_4F_{21}]$ nachgewiesen werden. Dieses Cs-Salz ist kub.-flächenzentriert, a = 8,25 Å. Therm. am wenigsten stabil ist $K_3[U_5F_{28}]$, das sich von 160° an unter Verlust von F zu zersetzen beginnt; bei der stabilsten Verb. beginnt die Zers. bei ca. 300°. $Na[UF_5]$, $Na_5[U_2F_{17}]$ u. $K_4[U_5F_{14}]$ sind paramagnet., wobei sich $1/\chi_m$ als Funktion der Temp. linear ändert. C. Gottfried 339△

0794 **Peroxofluorokomplexverbindungen des Uranyls.** A. M. Gurevič, N. A. Susorova und V. V. Kurbatov. (Radiochimija 9 (1967) 2, 183–97; russ.) — Bei der Unters. der Syst. $UO_2(NO_3)_2$–MF–H_2O_2–H_2O (M = Alkalimetall) wurden nachst. Peroxoverb. erhalten: $(NH_4)_2[(UO_2)_2(O_2)F_4(H_2O)_2]$, $Na_3[(UO_2)_2(O_2)F_5(H_2O)_5] \cdot 2\,H_2O$, $K_4[(UO_2)_2(O_2)F_6]$, $Na_2[(UO_2)_2(O_2)_2F_2(H_2O)_6] \cdot 2{,}5\,H_2O$, $K_2[(UO_2)_2(O_2)_2F_2(H_2O)_4]$, $Na_3[(UO_2)_2(O_2)_2F_3 \cdot (H_2O)_5] \cdot 3\,H_2O$, $Na_4[(UO_2)_2(O_2)_2F_4(H_2O)_4] \cdot 5\,H_2O$, $(NH_4)_4[(UO_2)_2(O_2)_2F_4]$, $(NH_4)_5[(UO_2)_2(O_2)_2F_5(H_2O)]$. Die jeweils optimalen Bedingungen für ihre Reindarst. sowie die röntgenograph. Daten (I, d) u. das therm. Verh. der krist. Verb. sind angegeben. Ihre Bldg. erfolgt im schwach sauren oder fast neutralen Medium, d. h. bei pH-Werten, die dem Existenzbereich der Fluorouranylkomplexe entsprechen. Hieraus wird geschlossen, daß die Peroxokomplexe durch Substitution von F^- durch O_2^{2-} an der UO_2^{2+}-Zentralgruppe oder durch Verdrängung von H_2O-Liganden aus $[UO_2(O_2)_2(H_2O)_n]^{2-}$-Spezies durch F^- entstehen. A. Blaschette 339

0795 **Nitrophthalate des Uran(VI).** A. J. Singh und N. S. Krishna Prasad. (Indian J. Chem. 5 (1967) 11, 573–74; Chem. Div., Bhabha Atomic Res. Centre, Trombay, Bombay, engl.) — UO_2^{2+} bildet auf Grund von potentiometr. u. spektrophotometr. Unters. mit *3-Nitro-* u. *4-Nitrophthalsäure* (I) *1 : 1-Komplexe* mit den Stabilitätskonst. 0,66 · 10⁴ bzw. 1,04 · 10⁴. Aus konz. Lsg. des U(VI) läßt sich mit letzterer (I) in Ggw. von NH_4NO_3 ein unlösl. Komplex der Formel $UO_2[O_2NC_6H_3(COO)_2NH_4]_2$ isolieren. Titrationskurven vgl. Original. H.-J. Schönherr 339

0796 **Uran-Komplex mit Pongamol.** M. Atchayya. (Indian J. Chem. 5 (1967) 10, 520–21; Nat. Chem. Labor., Poona; engl.) — Das natürlich vorkommende Pongamol (5-Benzoylacetyl-4-methoxy-benzofuran) = HA bildet mit U(VI) orangerote Krist. der Zus. $UO_2 \cdot (A)_2 \cdot HA$, F. 148° (Zers.); μ_{eff} = 3,114 BM. Beim therm. Abbau verliert der Komplex das Mol. HA zwischen 160 u. 320°. Die Banden im IR-Spektrum sind zugeordnet; das UV-Absorptionsmax. von HA bei 347 nm zeigt einen hyperchromat. Effekt. G. Heller 339

0797 **Ternäre Fluoride des Typs $Me^{II}Me^{IV}F_6$ mit LaF_3-Struktur.** C. Keller und M. Salzer. (J. inorg. nuclear Chem. 29 (1967) 12, 2925–34; Karlsruhe, TH, Lehrstuhl u. Inst. für Radiochem.; dt.) — Durch Festkörperrk. u./oder durch Fällungsrk. aus wss. Lsg. konnten die nachst. Doppelfluoride erhalten werden: $CaMe^{IV}F_6$ (Me^{IV} = Th, U, Np, Pu), $SrMe^{IV}F_6$ (Me^{IV} = Ce, Th, U, Np, Pu), $BaMe^{IV}F_6$ (Me^{IV} = Th, U, Np), $PbMe^{IV}F_6$ (Me^{IV} = Ce, Th, U, Np), $CdThF_6$ u. $EuThF_6$. Diese Verb. besitzen hexagonale LaF_3-Struktur mit statist. Verteilung der Metallionen. Die Löslichkeit von MeF_2 in $Me^{II}Me^{IV}F_6$ liegt bei 950° zwischen 25 u. 27 Mol-%, diejenige von SrF_2 in CeF_3 beträgt 15 Mol.-% u. diejenige von SrF_2 in CeF_3 beträgt 15 Mol-% u. diejenige von $BaThF_6$ in BaF_2 37 Mol-%. Aus Dichtemessungen ist abzuleiten, daß die festen Lsg. von MeF_2 in $Me^{II}Me^{IV}F_6$ ein vollständig besetztes Kationengitter mit Anionenfehlstellen aufweisen. $BaHfF_6$ besitzt die kub. ReO_3-Überstruktur des $BaZrF_6$. Unter Einbeziehung der bisher bekannten tern. Fluoride des Typs $Me^{II}Me^{IV}F_6$ wird ein vorläufiges Strukturdiagramm aufgestellt. D. Ertel 341

0798 **Curiumsesquioxid, Cm_2O_3.** Hermann O. Haug. (J. inorg. nuclear Chem. 29 (1967) 11, 2753–58; Chem. Div., ANL, Argonne, Ill.; engl.) — Curium(III)-nitrat wird durch therm. Zers. bei 700–800° im Pt-Schiffchen u. Abkühlen in O_2-Atmosphäre (1 at) zu CmO_2 umgesetzt u. dieses im Sinterkorundschiffchen bei Temp. von 700 bis 1055° in $^1/_2$–$^2/_3$ at H_2 zu Cm_2O_3 reduziert. Durch Abschrecken in H_2-Atmosphäre konnten definierte Modifikationen des Cm_2O_3 erhalten werden. Die von Wallmann (ibid. 26 (1964) 2053) beobachtete hexagonale A-Form u. die kub. C-Form werden bestätigt, ebenso die C → A-Transformation unter dem Einfl. der α-Strahlung. Bei 700° entsteht C–Cm_2O_3, bei 800° ein Gemisch von C–Cm_2O_3 mit B–Cm_2O_3, bei 1055° reines B–Cm_2O_3. Die neu aufgefundene B-Modifikation ist isomorph mit den B-Sesquioxiden der Lanthaniden. Es ist monoklin mit a = 14,282 ± 0,008, b = 3,652 ± 0,003, c = 8,900 ± 0,005 Å, β = 100,31 ± 0,05°, D. 11,7 g · cm⁻³. B–Cm_2O_3 ist beständiger gegen Selbstbestrahlung als A–Cm_2O_3. F. Weigel 345

0799 **Der $B_6C_2H_8^{2-}$-Ligand in einem neuen polyedrischen Übergangsmetallkomplex mit Mangan.** M. Frederick Hawthorne und A. Denise Pitts. (J. Amer. chem. Soc. 89 (1967) 26, 7115–16; engl.) — Vgl. C. **1969**, 10-0814. — Die Rk. von $BrMn(CO)_5$ mit dem Ion $B_7C_2H_{11}^{2-}$ in THF unter Rückfluß führt unter Bldg. von $Mn_2(CO)_{10}$, H_2, CO u. einem nicht identifizierten Rückstand zum Anion $[(B_6C_2H_8)Mn(CO)_3]^-$ in 48%ig. Ausb., das als Na-Salz von $Mn_2(CO)_{10}$ durch Säulenchromatographie an Silicagel mit KW-Stoffen getrennt u. aus wss. Lsg. als Cs^+-, $(CH_3)_4N^+$- $(C_2H_5)_4N^+$- oder $BH_2(py)_2^+$-Salz isoliert wurde. In Aceton dissoziiert es 100%ig; die Banden des Elektronenspektrums in Acetonitril u. des IR-Spektrums in THF werden gegeben. Auf Grund des ¹H- u. ¹¹B-NMR-Spektrums wird eine trigonal-prismat. Struktur vorgeschlagen, in der die $Mn(CO)_3$-Gruppe die Position zwischen den zwei äquivalenten apicalen C-Atomen besetzt. G. Heller 350

0800 **Durch Phosphorbrücken gebundene Derivate von Mangan- und Rheniumcarbonylen mit Trimethylsilyldiphenylphosphin.** E. W. Abel und I. H. Sabherwal. (J. organometallic Chem. [Amsterdam] 10 (1967) 3, 491–94; Univ. Bristol; engl.) — $(CH_3)_3SiP(C_6H_5)_2$ (I) reagiert mit $Mn(CO)_5Br$ (II) bzw. dessen Re-Analogen unter $(CH_3)_3SiBr$- u. CO-Entw. unter verschiedenen Bedingungen zum Dimeren *$(C_6H_5)_2PMn(CO)_4$* (III) u. dem Trimeren *$(C_6H_5)_2PMn(CO)_3$* (IV), wie osmometr. Molgew.-Best. in Bzl. zeigen. Nach Massen- u. IR-Spektren scheinen sie folgende Strukturen zu besitzen:

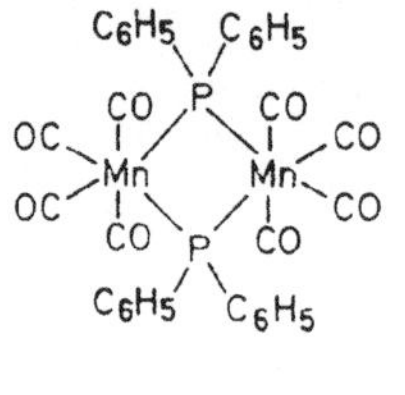

III

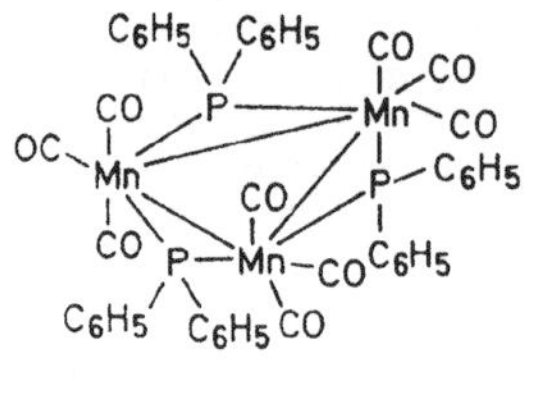

IV

Versuche: III, Erhitzen von I u. II (1 : 1) in 1.2-Dimethoxyäthan (V) auf 45—50° unter N_2 bis zum Aufhören der Gasentw. (10 Min.), Kühlen, Dekantieren, Waschen mit V u. Cyclohexan (VI), leuchtendgelbe Krist.; 80% (Ausb.); *Re-Analoges*, in $^1/_2$ Std. bei 30°, 85%; IV, durch 8std. Rückflußkochen von 0,9 g I u. 0,7 g II in Diglyme unter N_2, Einengen der Lsg. im Vakuum bei 60°, Kühlen, Abfiltrieren von 0,4 g III, Fällen aus der Mutterlauge mit Leichtbenzin (Kp. 40—60°); 0,3 g (Ausb.); Umkrist. aus Bzl./VI (1 : 5); *Re-Analoges* durch 16std. Rückflußkochen. G. Heller 352

0801 **Darstellung von Eisenoxiden auf elektrochemischem Wege.** Jan Przyłuski. (Zeszyty naukowe Politechn. Warszawskiej, Chem. **1967**, 6, 5—64; Kat. Chem. Nieorgan.; pol.) — Beschrieben wird eine Meth. zur kontinuierlichen Darst. von Eisenoxiden größter Reinheit, die sich als magnet. Material in der Elektronik verwenden lassen. Hergestellt wurden die Oxide in wss. 0,3n NH_4Cl-Lsg. bei pH 5—9 u. 35° zwischen Anoden aus ARMCO-Eisen u. Kathoden aus gleichem Material bzw. rostfreiem Stahl. IR- u. Röntgen-Spektren sowie elektronenmkr. Aufnahmen der erhaltenen Prod.: Haematit, *γ-Fe_2O_3*, *Magnetit*, *Goethit*, *β-FeO(OH)*, *Lepidokrokit* u. *δ-FeO(OH)* werden angegeben. Erörtert wird die Anwendbarkeit der Meth. auf die Darst. von MgO, Mn_3O_4, NiO u. Al_2O_3. — 149 Literaturangaben. Rolf Heyer 354

0802 **Reaktionen zwischen Calciumoxid und reinem oder in fester Lösung in Magnesiumoxid befindlichem Eisen(II)-oxid.** Pierre Perrot. (Rev. Chim. minérale **4** (1967) 2, 465—93; Nancy, Fac. des Sci., Labor. de Chim. minér., ENSIC; franz.) — Die Löslichkeit von CaO in mit Fe im Gleichgew. stehendem FeO beträgt 8,5 (Mol-%) bei 800° u. steigt mit der Temp. auf ein Max. von 15% bei 1100°. Sie sinkt, wenn FeO MgO in fester Lsg. aufnimmt. Oberhalb 840° bewirkt ein CaO-Überschuß Disproportionierung von Fe^{II} zu metall. Fe u. *$Ca_2Fe_2^{III}O_5$* (I), unterhalb 840° zu Fe u. *$CaFe_3^{II}Fe_2^{III}O_7$*. In (Fe, Mg)O-Mischkrist. bewirkt ein CaO-Überschuß Disproportionierung von Fe^{II} nur, wenn der O_2-Druck des Mischkrist. größer als der von I ist. C. Gottfried 354△

0803 **Darstellung, Spektren und Messung der magnetischen Suszeptibilität an Komplexen des Bis-[phthalimidato]-eisen(II) mit $\alpha.\alpha'$-Dipyridyl, o-Phenanthrolin und 5-Nitro-o-phenanthrolin.** Padmaja R. Shukla. (Indian J. Chem. **5** (1967) 11, 583—85; Dep. of Chem., Univ., Lucknow, India; engl.) — Kocht man Bis-[phthalimidato]-eisen(II) (I) — dargestellt aus $FeSO_4$ u. Kaliumphthalimid — in A. 12 Std. mit einem geringen Überschuß an Amin [$\alpha.\alpha'$-Dipyridyl (II), o-Phenanthrolin (III) oder 5-Nitro-o-phenanthrolin (IV)], so erhält man rotbraune, krist. Komplexe. Es handelt sich um Nichtelektrolyte der Zus. [Fe (Phthalimidato)$_2$ (Amin)$_2$]^0, die in Nitrobenzol u. Formamid lösl. sind. Auf der Basis der Konduktivitäts-, IR-spektrograph. u. magnet. Suszeptibilitätsdaten ist es erwiesen, daß in diesen Innerorbitalkomplexen des Typs d^2sp^3 das Phthalimid über den Stickstoff an das Metall gebunden ist. Die Komplexe weisen oktaedr. Struktur auf. H. Markert 354

0804 **Silylierung von Ferrocen mit Chlor- und Aminosilanen unter Friedel-Crafts-Bedingungen.** Gilbert P. Sollott und William R. Peterson jun. (J. Amer. chem. Soc. **89** (1967) 19, 5054—56; Pitman-Dunn Res. Labor., US Army, Frankford Arsenal, Philadelphia, Pa.; engl.) — Ferrocen (FcH) wird unter Friedel-Crafts-Bedingungen durch Chlor- bzw. Aminosilane silyliert. Die Rk. erfolgt wahrscheinlich über Siliconium-Ionen, die durch Komplexbldg. mit FcH stabilisiert werden. Nachst. Verb. wurden erhalten: *$FcSi(OH)(C_6H_5)_2$*, F. 159—161°, gelborange Krist. (n-Heptan), a) < 1% Ausb. bei Verw. von $(C_6H_5)_2SiCl_2$ (Mol-Verhältnis FcH : Silan : $AlCl_3$ = 2 : 1 : 1; Lsgm.: sd. n-Octan; Rk.-Zeit: 20 Std.); b) 26% bei Verw. von $(C_6H_5)_2Si(Cl)N(C_2H_5)_2$ (2 : 1 : 1; sd. n-Octan; 20 Std.), daneben 4% *$(Fc)_2Si(C_6H_5)_2$*, F. 181—182°, gelborange Plättchen (n-Heptan); *$FcSi(OH)(CH_3)_2$*, F. 62 bis 63°, orange Rhomben (PAe., 30—60°), a) 7% bei Verw. von $(CH_3)_2Si(Cl)N(CH_3)_2$ (I; 2 : 1 : 1; sd. n-Heptan; 20 Std.), daneben 27% *$[FcSi(CH_3)_2]_2O$* (II), F. 76 bis 76,5°, gelborange Nadeln (Methanol); b) 53% bei Verw. von I (2 : 1 : 2; sd. n-Heptan; 20 Std.), daneben 16% II; *$FcSi(C_6H_5)_3$*, F. 141—142°, gelborange Nadeln (n-Heptan), a) 6% bei Verw. von $(C_6H_5)_3SiCl$ (1 : 1 : 1 unter Zusatz von Triäthylamin; sd. n-Octan; 20 Std.); b) 8% bei Verw. von $(C_6H_5)_3SiN(CH_3)_2$ (1 : 1 : 1; sd. n-Octan; 20 Std.). Nach UV-spektroskop. Unters. bildet FcH mit *$(C_6H_5)_3SiJ$* in n-Heptan oder CH_2Cl_2 einen π-Komplex mit fünffach koordiniertem Si. Diskussion des Rk.-Mechanismus bei der Friedel-Crafts-Silylierung. A. Blaschette 354

0805 **Neue Darstellung von Eisencarbonyl im Laboratorium.** Gian Paolo Chiusoli und Franco Guerrieri. (Chim. e Ind. [Milano] **49** (1967) 8, 858; Nowara, „Montecatini Edison", Labor. di Chim. organ. esplorativa; ital.) — Vf. berichten über die Darst. von $Fe(CO)_3$ gemäß der Gleichung $Mn + FeCl_2 + 5\,CO \rightarrow Fe(CO)_3 + MnCl_2$ in methylalkohol. Lsg. bei Zimmertemp. u. normalem Druck. C. Gottfried 354△

0806 **Einfache Methode zur Darstellung des Eisensalzes von Kobalthydridocarbonyl.** Gian Paolo Chiusoli und Giuseppe Mondelli. (Chim. e Ind. [Milano] **49** (1967) 8, 857—58; ital.) — Vgl. vorst. Referat. — Vf. beschreiben 2 Meth. zur Darst. der Verb. $Fe(H_2O)_6[Co(CO)_4]_2$. Die zu der Darst. führende Rk. ist $3\,Fe + 2\,CoCl_2 + 8\,CO + 6\,H_2O \rightarrow Fe(H_2O)_6[Co(CO)_4]_2 + 2\,FeCl_2$. C. Gottfried 355△

0807 **Fluorhaltige Granate der Übergangsmetalle $Na_3Li_3 \cdot M_2F_{12}$ (M = Ti, V, Cr, Fe oder Co).** Robert de Pape, Josik Portier, Gérard Gauthier und Paul Hagenmuller. (C. R. hebd. Séances Acad. Sci., Sér. C **265** (1967) 22, 1244—46; Talence, Fac. des Sci. de Bordeaux, Serv. de Chim. minér. et struct.; franz.) — Dargestellt wurden die folgenden Granate *$Na_3Li_3Ti_2F_{12}$* (I), *$Na_3Li_3V_2F_{12}$* (II), *$Na_3Li_3Cr_2F_{12}$* (III), *$Na_3Li_3Fe_2F_{12}$* (IV) u. *$Na_3Li_3Co_2F_{12}$* (V). Zur Darst. von II, III u. IV wurde ein Gemisch von MF_3, LiF u. NaF im zugeschmolzenen Pt-Röhrchen auf 800° erhitzt. Durch 2std. Erhitzen eines Gemisches von $3\,LiF + 3\,NaF + 2\,CoO$ auf 480° wurde V erhalten. Zur Darst. von I wurde zuerst ein Gemisch von $3\,NaF + 3\,LiF + 2\,TiO_2$ im F-Strom 2 Std. auf 300° erhitzt; das erhaltene komplexe Gemisch wurde hierauf mit einer ber. Menge Si zur Red. des vierwertigen u. dreiwertigen Ti im N_2-Strom auf 800° erhitzt. Die Pulveraufnahmen ergaben eindeutig Granatstruktur mit den Zelldimensionen für I (a) 12,498 ± 0,003 (Å); (D_{exp}) 2,88; (Z =) 8,19; für II: 12,409 ± 0,003; 2,93; 8,03; für III: 12,328 ± 0,002; 2,99, 8,00; für IV: 12,393 ± 0,002; 2,995; 7,99 u. für V 12,326 ± 0,002; 3,19; 8,27. Die F-Parameter sind angegeben. Es wird noch mitgeteilt, daß IV bis zu den tiefsten Temp. (2,5 °K) paramagnet. ist; das magnet. Moment beträgt 5,66 μ_B. C. Gottfried 355△

0808 **Existenz von Perchloratopentamminkobalt(III)-perchlorat.** W. E. Jones und T. W. Swaddle. (Canad. J. Chem. **45** (1967) 22, 2647—50; Dep. of Chem., Univ. of Calgary, Calgary, Alberta; engl.) — Die Behandlung des wss. Chlorpentamminkobalt(III)-Ions mit Ag_2O u. dann mit $HClO_4$ ergibt nicht Perchloratopentamminkobalt(III)-perchlorat (I), sondern *Aquopentamminkobalt(III)-perchlorat* (II). Das Innensphären-W.-Mol. des Aquopent-

amminkobalt(III)-Ions wird sogar in Ggw. von 5m wss. $HClO_4$ bei 25° nicht substituiert. Festes **II** ist bis 110° beständig, ein Erhitzen über 160° führt zu einer langsamen Zers. unter Bldg. von Co_3O_4, ohne daß intermediär I entsteht. Die feste Substanz explodiert bei 290°.
J. J. Pohl 355

0809 **Amminkobalt(IV)-Komplexe mit 5-Nitrosalicylato-Liganden.** 1. Mitt. Yoshihisa Yamamoto, Kazuo Ito, Hayami Yoneda und Masayasu Mori. (Bull. chem. Soc. Japan **40** (1967) 11, 2580—83; engl.) — Co(IV)-Verb. werden als Prod. der Rk. von $[Co(NH_3)_4L] \cdot Cl \cdot H_2O$ (**I**) (H_2L = Salicylsäure) mit 60% HNO_3 isoliert. Jodometr. u. magnet. Messungen beweisen das Vorliegen von Co(IV). Spektren im sichtbaren Bereich u. NMR-Spektren werden diskutiert.

Versuche: *5-Nitrosalicylatotetramminkobalt(IV)-chloridnitratmonohydrat* (**II**), durch Erhitzen von **I** mit 60% HNO_3 bis zur Grünfärbung, μ_{eff} = 1,98 B.M, *5-Nitrosalicylatotetramminkobalt(IV)-chloridtrihydrat*, durch Auflsg. von **II** in 35% HCl, Fällen mit Aceton, μ_{eff} = 1,71 BM. D. Hoene 355

0810 **Stereospezifität bei der Chelatbildung mit Asparaginsäure.** J. Ivan Logg und Doan W. Cooke. (J. Amer. chem. Soc. **89** (1967) 26, 6854—57; Dep. of Chem., Wash. State Univ., Pullman, Wash.; engl.) — Darst. u. Isolierung isomerer Komplexe [Co(D- oder L-Asp) · (dien)]$^+$ (**I**) u. $[Co(L\text{-}Asp)(NH_3)_3]^+$ (**II**) [Asp = $^-O_2C-CH_2-CHNH_2-CO_2^-$ (**III**); dien = $HN(CH_2CH_2-NH_2)_2$] werden beschrieben. Die ster. Gegebenheiten von D- oder L-Asp, das als dreizähniger Ligand fungiert, bewirken die bevorzugte Bldg. bestimmter geometr. u. opt. Isomerer. Die Zuordnung der Konfig. zu den Isomeren geschieht einmal durch Vgl. der Spektren im sichtbaren Bereich des Lichtes mit denen der bekannten Isomeren von $\{Co[HN \cdot (CH_2CO_2)_2][dien]\}^+$, zum anderen durch Unters. der Isomeren mit Hilfe des Zirkulardichroismus (ZD). In Übereinstimmung mit der Zuordnung steht das chromatograph. Verh. der Komplexe.

Versuche: Die Umsetzung von $[CoCl_3(dien)]$ mit dem Ag-Salz von **III** in $AgNO_3$-haltiger, wss. Lsg. führt zu einem Gemisch von Isomeren des cis-$[I]NO_3$. Aus der Lsg. läßt sich nach Abtrennen des AgCl ein Teil des s-cis-$[I]NO_3$ durch A. ausfällen. Die Komplexe im verbleibenden Filtrat lassen sich durch Chromatographie an Dowex 50 W-X8 mit $NaClO_4$-Lsg. in $\Lambda(C_2)$-u^1-*cis*-, $\Delta(C_2)$-u^2-*cis*- u. *s-cis*-[I]ClO_4 auftrennen (der Exponent gibt die Reihenfolge der Eluierung an). Die Isomeren der L-Reihe sind die Spiegelbildisomeren der D-Reihe. ZD-Spektren u. Spektren im sichtbaren Bereich des Lichtes von **I** u. des aus $[CoCl_2(H_2O)(NH_3)_3]Cl$ u. Ag_2-L-Asp synthetisierten **II** sind aufgeführt. E. Schrage 355

0811 **Substitutionsreaktionen aromatischen Typs an einer Organokobaltverbindung.** M. D. Rausch und R. A. Genetti. (J. Amer. chem. Soc. **89** (1967) 21, 5502—03; Dep. of Chem., Univ. of Mass., Amherst, Mass.; engl.) — *π-Cyclopentadienyltetraphenylcyclobutadienkobalt* (**I**) wurde nach einer neuen Meth. aus π-Cyclopentadienyldicarbonylkobalt u. Diphenylacetylen in Xylol unter Rückfluß in 60%ig. Ausb. neben *π-Cyclopentadienyltetraphenylcyclopentadienonkobalt* (**II**) dargestellt. **I** u. **II** sind im Gegensatz zu den meisten bekannten Organokobaltverb. stabil gegen Ox., Hydrolyse u. therm. Zersetzung. Elektrophile Substitutionsrk. an **I** führten zu Verb. des Typs $(\pi\text{-}R-C_5H_4)Co(C_4(C_6H_5)_4)$ mit (R =) *-HgCl* (**III**) [Acetoxymercurierung von **I** u. nachfolgende Rk. mit LiCl, Ausb. 50—60% neben geringen Mengen einer doppelt substituierten Verb. $(\pi\text{-}R_2-C_5H_3)Co(C_4(C_6H_5)_4)$]; *-J* (**IV**) (Jodierung von **III** in Methylenchlorid, Ausb. ca. 65%); *-CN* (**V**) (Rk. von **IV** mit Kupfercyanid in N-Methylpyrrolidon, 40—50% Ausb.); $-Si(CH_3)_3$ (**VI**) (durch Rk. von **III** mit n-Butyllithium u. Umwandlung der Li-Verb.); $-CO-CH_3$ (**VII**) (analog **VI**); *—CHO* (**VIII**) (durch Vilsmeyer-Rk. von **I** mit N-Methylformanilid u. Phosphoroxychlorid u. anschließende Hydrolyse); $-CH_2OH$ (**IX**) (aus **VIII** durch Red. mit $NaBH_4$); $-CH_2N(CH_3)_2$ (**X**) (aus **I** durch Aminomethylierung, Charakterisierung als Methojodid). Ullmann-Rk. der Verb. **IV** führte zu dem Komplex $[(C_6H_5)_4C_4Co(\pi\text{-}C_5H_4)]_2$. Alle neuen Organokobaltverb. werden durch Elementaranalyse u. NMR-Spektren identifiziert.
E. Schmidt 355

0812 **Bildungsgleichgewichte von pentakoordinierten Komplexen von Kobalt(II) mit tertiären Phosphinen.** Tristano Boschi, Pierluigi Rigo, Cesare Pecile und Aldo Turco. (Gazz. chim. ital. **97** (1967) 10, 1391 bis 1400; Padova, Ist. di Chim. Gen., II. Sez., Ist. di Chim. Fis., Univ.; ital.) — Durch spektrophotometr. Messungen werden die Gleichgew.-Konst. der Rk. $Co(PR_3)_2(X)_2 + PR_3 \rightleftharpoons Co(PR_3)_3(X)_2$ in 1.2-Dichloräthan zwischen — 30 u. + 20° ermittelt (PR_3 = Triäthyl-, Diäthylphenyl-, Äthyldiphenyl-, Triphenyl-, Diäthylcyclohexyl-, Äthyldicyclohexyl- u. Tricyclohexylphosphin; X = Cl, Br, NCS). Daraus werden Entropien u. Enthalpien berechnet. Neu dargestellt werden aus den entsprechenden Co-Salzen u. Phosphinen die Komplexe: *Bis-[äthyldicyclohexylphosphin]-kobaltdithiocyanat*, F. 108 bis 110° (A.). — *Bis-[äthyldicyclohexylphosphin]-kobaltdibromid*, F. 141—143°. — *Bis-[äthyldicyclohexylphosphin]-kobaltdichlorid*, F. 119—121°. — *Bis-[diäthylcyclohexylphosphin]-kobaltdithiocyanat*, F. 97—98°. — *Bis-[diäthylcyclohexylphosphin]-kobaltdibromid*, F. 70—71°. — *Bis-[diäthylcyclohexylphosphin]-kobaltdichlorid*, F. 84—85°. — *Bis-[triäthylphosphin]-kobaltdithiocyanat · Pyridin*, F. 136 bis 138°. W. Holland 355

0813 **Reaktionen von Dialkinylverbindungen der Gruppe IVB mit Metallcarbonylen.** S. D. Ibekwe und M. J. Newlands. (J. chem. Soc. [London], Sect. A **1967**, 1783—86; Fac. of Technol., Univ., Manchester; engl.) — Durch Umsetzung von Alkinylverb. von Elementen der Gruppe IVB $\{R_2M(C\equiv C-R')_2$ (R = *alkyl*, R' = *alkyl*, *aryl*, M = *Sn*, *Ge*, *Si*)\} mit Metallcarbonylen $\{Fe_3(CO)_{12}$, $Co_2(CO)_8\}$ werden folgende Komplexe erhalten, deren Strukturen aus IR- (Tabellen) u. NMR-Daten abgeleitet werden: $[R_2MFe(CO)_4]_2$ {(M =) *Sn*, (R =) C_2H_5}, F. 138° (Zers.); 34% (Ausb.);. — n-C_3H_7, F. 128—130°; 30%. — n-C_4H_9, F. 112—113°; 30%. — $[(n\text{-}C_4H_9)_2SnFe(CO)_3P \cdot (C_6H_5)_3]_2$, F. 144° (Zers.); 69%. — $R_2M(C\equiv C-R')_2 \cdot [Co(CO)_3]_4$ [(M =) *Ge*, (R =) C_2H_5, (R' =) C_6H_5, F. 87 bis 89°; 70%. — *Ge*, C_6H_5, C_3H_7, F. 132—134°; 65%. — *Ge*, C_6H_5, C_6H_5, F. 154°; 66%. — *Si*, CH_3, C_6H_5, F. 144°; 84%]. J. Oguntke 355

0814 **Neue polyedrische Übergangsmetallkomplexe mit dem $B_7C_2H_9^{2-}$-Liganden.** M. Frederick Hawthorne und T. Adrian George. (J. Amer. chem. Soc. **89** (1967) 26, 7114—15; Univ. of Calif., Riverside, Calif.; engl.) — Vgl. C. **1969**, 10-0799. — $B_7C_2H_{13}$ reagiert mit 2 Mol NaH in Ae. zum Ion $B_7C_2H_{11}^{2-}$, das mit $CoCl_2$ in Ae. ohne oder in Ggw. eines fünffachen Überschusses am $C_5H_5^-$-Ion unter H_2-Entw. u. Co-Metallabscheidung den sehr stabilen braunen Komplex $[Co^{III}(B_7C_2H_9)_2]^-$ (**I**) in 51%ig. Ausb. oder den roten Komplex $[(C_5H_5)Co^{III}(B_7C_2H_9)]$ (**II**), F. 158—159° (aus Hexan oder durch Subl.) in 36%ig. Ausb. bildet. **I**, das als Tetramethyl- oder Tetraäthylammoniumsalz isoliert wurde, dissoziiert in Aceton nach osmometr. Molgew.-Best. zu 100%; nach den ^1H- u. ^{11}B-NMR-Spektren sind zwei isomere Strukturen von **I** möglich; nach vorl. Röntgenunters. ist die antiisomere Form wahrscheinlicher. Das Massenspektrum von **II** bestätigt die Formel, das Elektronenspektrum wurde in Acetonitril bestimmt. Auf Grund der NMR-Spektren wird eine archimedr. Antiprismastruktur mit fünffach koordiniertem Co diskutiert. G. Heller 355

0815 **Phthalocyanine von Übergangsmetallen aus der ersten Reihe.** 1. Mitt. **Nitrosylderivate: Synthese und Eigenschaften.** C. Ercolani und C. Neri. (J. chem. Soc. [London], Sect. A **1967**, 11, 1715—18; CNR Labor., Ist. di Chim. Gen. e Inorg., Univ. di Roma, Italien; engl.) — β-Krist.-Modifikationen von *Cr-* (**I**), *Mn-* (**II**) u. *Co-Phthalocyanin* reagieren mit NO zu den entsprechenden Mononitrosylverbindungen. Keine Rk. wird zwischen β-krist. Ni-, Cu- u. VO-Phthalocyanin u. NO beobachtet. NO-Deriv. von **I** u. **II** reagieren mit Luft bzw. Py. zu Mononitrosylmonohydroxy-**I** oder Mononitrosylmonohydroxy-**II** bzw. den Py.-Addukten der NO-Deriv. von **I** oder **II**. H.-J. Schönherr 355

0816 **Koordinationskomplexe von Aminosäuren: Darstellung und Eigenschaften von gemischte zweizahnige Liganden enthaltenden Kupfer(II)- und Kupfer(I)-Komplexen.** S. H. Laurie. (Austral. J. Chem. **20** (1967) 12, 2597 bis 2608; CSIRO Wool Res. Labor., Parkville, Victoria; engl.) — Cu(II)-Komplexe des Typs [*CuAB*] werden dargestellt (HA: *Acetylaceton, Salicylaldehyd, 8-Hydroxychinolin, Diäthyldithiocarbamat*; HB: *Phenylalanin, Tryptophan, Tyrosin*). Auf Grund von Reflexions-, Absorptions- u. IR-Spektren, der magnet. u. Löslichkeitseig. sind die Komplexe normale mol. Cu(II)-Verbindungen. — Bis-[2.9-dimethylphenanthrolin]-Cu(I)-Komplexe von HB werden ebenfalls dargestellt. Nach den Spektren tritt in Lsg. keine Koordination der HB an Cu(I) auf. Vorläufige Messungen ergaben, daß bei Bestrahlung mit Licht der Wellenlänge 3080 Å Photored. zu Cu(I) in DMF-Lsg. auftritt; die Cu(I)-Komplexe werden unter den gleichen Bedingungen nicht verändert.

Versuche: *Acetylacetonato-DL-phenylalaninatokupfer(II)* (Zers.) 225°; *Acetylacetonato-DL-tryptophanatokupfer(II)*, 204°; *Acetylacetonato-DL-tyrosinatokupfer(II)*, 217°; *Salicylaldehydato-DL-phenylalaninatokupfer(II)-monohydrat*, 190°; *Salicylaldehydato-DL-tryptophanatokupfer(II)*, 193°; *Salicylaldehydato-DL-tyrosinatokupfer(II)*, 236°; *8-Hydroxychinolinato-DL-phenylalaninatokupfer(II)*, 215°; *8-Hydroxychinolinato-DL-tryptophanatokupfer (II)*, 241°; *8-Hydroxychinolinato-DL-tyrosinatokupfer(II)*, 212°; *Diäthyldithiocarbamato-DL-phenylalaninatokupfer(II)*, 187°; *Diäthyldithiocarbamato-DL-tryptophanatokupfer(II)*, 180°; Ausb. 65—90%. — *Bis-[2.9-dimethylphenanthrolin(1.10)]-kupfer(I)-phenylalaninat*, 280°; *-tryptophanat*, 252°; *-tyrosinat*, 266°; Ausb. 65, 35, 65%. D. Hoene 358

0817 **Koordinationskomplexe von Aminosäuren: Isomerie und Dimorphie der Kupfer(II)-Komplexe von Phenylalanin und Tyrosin.** S. H. Laurie. (Austral. J. Chem. **20** (1967) 12, 2609—21; engl.) — Vgl. vorst. Referat. — cis- u. trans-Komplexe von Cu(II) mit Phenylalanin u. Tyrosin werden dargestellt u. durch physiko-chem. Unters. (IR-Spektrum, Spektrum im sichtbaren Bereich, Kristallform) charakterisiert. Für die Komplexe mit DL- u. L-Tryptophan werden weder Isomorphie noch Dimorphie beobachtet.

Versuche: *trans-Bis-[L-phenylalaninato]-kupfer*, blaue Nadeln, (Zers.) 238—240°; *cis-(D-Phenylalaninato)-(L-phenylalaninato)-kupfer(II)*, blauviolette Nadeln, 240°; *trans-(D-Phenylalaninato)-(L-phenylalaninato)-kupfer(II)*, blaue Schuppen, 224—230°; *(D-Phenylalaninato)-(L-phenylalaninato)-kupfer(II)-hydrat*, —; *trans-(D-Tyrosinato)-(L-tyrosinato)-kupfer(II)*, blaue Nadeln, 230°, blaue Prismen, —; *-cis(D-Tyrosinato)-(L-tyrosinato)-kupfer(II)*, hellviolette Nadeln, 230—240°; *Bis-[L-tyrosinato]-kupfer(II)*, blaue Nadeln, 235—240°, blaue Schuppen, 244°; *Bis-[O-tosyl-tyrosinato]-kupfer(II)*, blaue Krist., F. 171° (Zers.), hellviolette Krist., Zers. 210°; *Bis-[O-methyl-tyrosinato]-kupfer(II)*, blaue Krist., —; *Bis-[O-benzyloxycarbonyl-tyrosinato]-kupfer(II)*, —, —; *Bis-[O-n-butyl-tyrosinato]-kupfer(II)*, —, —; *Bis-[tryptophanato]-kupfer(II)*, blaue Nadeln.' D. Hoene 358

0818 **Bor-Pyrazolchemie.** 4. Mitt. **An Kohlenstoff und Bor substituierte Poly-[pyrazolyl-(1)]-borate.** S. Trofimenko. (J. Amer. chem. Soc. **89** (1967) 24, 6288—94; Central Res. Dep., E. I. du Pont de Nemours & Comp., Exp. Stat., Wilmington, Del.; engl.) — 3. vgl. ibid. **89** (1967) 19, 4948. — Es werden dargestellt Alkalimetall- u. Übergangsmetallpoly-[pyrazoly-(1)]-borate (sämtliche Übergangsmetalle zweiwertig), die am C oder B verschiedene Substituenten besitzen. Einzelheiten über Molgew.-Best., magnet. Messungen, UV- u. NMR-Spektren sowie chem. Eig. vgl. Original.

Versuche: Dihydrido-bis-[3.5-dimethylpyrazolyl-(1)]-borate: *Mn-*, F. 190—192° (Cyclohexan), weiß, aus 3.5-Dimethylpyrazol u. K[BH_4] in DMF u. Zugabe von Mn^{2+} in W., 59% (Ausb.); *Fe-*, F. 218—220° (Cyclohexan), grünlich-weiß, 34%; *Co-*, F. 242—245° (Cyclohexan), purpurviolett, 23%; *Ni-*, F. 245° (Zers.; Cyclohexan), orangerot, 53%; — Dihydrido-bis-[3.4.5-trimethylpyrazolyl-(1)]-borate: *Co-*, F. 282—283° (Cyclohexan), purpurviolett, 65%; *Ni-*, F. 259—260° (Zers.; Cyclohexan), orangerot, 57%; — Diäthyl-bis-[pyrazolyl-(1)]-borate: *Na-* (**I**), lohfarben, aus NaH in THF u. Pyrazol u. Zugabe von Triäthylboran, 97%; *Co-*, F. 103—104°, purpur, aus **I** u. Co^{2+} in W., 47%; *Ni-*, F. 203—204° (Xylol), orange, 55%; *Cu-*, F. 200—201° (Xylol), violett, 49%; *Zn-*, F. 109—111° (Hexan), weiß, 48%; — Di-n-butyl-bis-[pyrazolyl-(1)]-borate: *Ni-*, F. 185—186° (Heptan), orange, aus NaH in THF u. Pyrazol u. Zugabe von Tri-n-butylboran sowie Zugabe von Ni^{2+} in W., 49%; *Cu-*, F. 168—170° (Heptan), violett, 39%; *Zn-*, F. 112—113° (Heptan), weiß, 56%; — Diphenyl-bis-[pyrazolyl-(1)]-borate: *Na-*, (**II**), $C_{18}H_{16}\cdot BN_4Na$, aus Pyrazol u. Na[$B(C_6H_5)_4$]; *Co-*, F. 296—298° (o-Dichlorbenzol), purpur, aus **II** u. Co^{2+} in W., 99%; *Ni-*, F. ca. 390° (Zers.; o-Dichlorbenzol) orange, 73%; *Cu-*, F. 294—295° (o-Dichlorbenzol), schwachviolett, 71%; — Hydrido-tris-[3.5-dimethylpyrazolyl-(1)]-borate: *K-* (**III**), $C_{15}H_{22}BKN_6$, F. 298—300° (Zers.), weiß, aus K[BH]$_4$ u. 3.5-Dimethylpyrazol, 34%; *Li-*, $C_{15}H_{22}BLiN_6$, F. 304—305° (Xylol), aus Li[BH_4] u. 3.5-Dimethylpyrazol; *Mn-*, F. 366—368° (Toluol), weiß, aus **III** in wss. DMF (1 : 1) u. Mn^{2+}, 23%; *Fe-*, F. 385—388° (Toluol), schwachgrün, 25%; *Co-*, F. 397—402° (Toluol), gelb, 23%; *Ni-*, F. 406—410° (Toluol), lila, 20%; Cu-, F. 345—347 (Toluol), blau, 57%; — Hydrido-tris-[3.4.5-trimethylpyrazolyl-(1)]-borate: *K-*, (**IV**), $C_{18}H_{28}BKN_6$, Subl.-Punkt 280° bei 1 Torr, aus K[BH_4] u. 3.4.5-Trimethylpyrazol, 85%; *Mn-*, F. 369—370° (Zers.; Cyclohexan), weiß, aus **IV** in wss. DMF (1 : 1) u. Mn^{2+}, 45%; *Fe-*, F. 349—350° (Cyclohexan), schwachgrün, 46%; *Co-*, F. 356—357° (Cyclohexan), gelb, 50%; *Ni-*, F. ca. 355° (Zers.; Cyclohexan), lila, 38%; *Zn-*, F. 350—353° (Zers.; Cyclohexan), weiß, 51%; — *3.5-Dimethyl-4-n-butylpyrazol* (**V**), $C_9H_{16}N_2$, F. 44—45°, Kp.$_1$ 119 bis 120°, aus 3-Butylpentandion-(2.4) in CH_3OH u. Zugabe von Hydrazinhydrat in CH_3OH bei 10°, 78%; — Hydrido-tris-[3.5-dimethyl-4-n-butylpyrazolyl-(1)]-borate: *Co-*, F. 252—253° (Xylol), gelb, aus **V** u. K[BH_4] in DMF sowie Zugabe von Co^{2+}, 48%; *Zn-*, F. 238—240° (Xylol), weiß, 49%. — Hydrido-tris-[4-chlorpyrazolyl-(1)]-borate: *Mn-*, F. >430° (Zers.; o-Dichlorbenzol), weiß, aus 4-Chlorpyrazol u. K(BH_4) sowie Zugabe von Mn^{2+} in W., 67%; *Fe-*, F. >430° (Zers.; o-Dichlorbenzol), anilinrot, 42%; *Co-*, F. >410° (Zers.; o-Dichlorbenzol), gelb, 60%; *Ni-*, F. >440° (Zers.; o-Dichlorbenzol), lila, 45%; *Cu-*, F. ca. 320° (Zers.; o-Dichlorbenzol), blau, 37%. — Hydrido-tris-[4-isopropylpyrazolyl-(1)]-borate: *Co-*, F. 369 bis 370° (Toluol), gelb, aus 4-iso-Propylpyrazol u. K[BH_4] sowie Zugabe von Co^{2+} in 20%ig. HCl-Lsg., 36%; *Ni-*, F. 376—377° (Toluol), lila, 25%. — n-Butyl-tris-[pyrazolyl-(1)]-borate: *Mg-*, F. 263—264° (Heptan), weiß, aus Na-Pyrazolid u. n-Butylborsäure in THF sowie Zugabe von Mn^{2+} in W., 34%; *Mn-*, F. 248—249° (Heptan), weiß, 38%; *Fe-*, F. 263—264° (Heptan), anilinrot, 33%; *Co-*, F. 268—269° (Heptan), gelb, 36%; *Ni-*, F. 263—264° (Heptan), lila, 38%; *Cu-*, F. 185—187° (Heptan), blau, 37%; *Zn-*, F. 256—257° (Heptan), weiß, 38%. — Phenyltris-[pyrazolyl-(1)]-borate: *Mn-*, F. 362—367° (Zers.; o-Dichlorbenzol), weiß, aus Pyrazol in Toluol u. Phenyldichlorboran u. Zugabe von Mn^{2+}, 22%; *Fe-*, F. 365—370° (Zers.; o-Dichlorbenzol), anilinrot, 25%; *Co-*, F. 360—365° (Zers.; o-Dichlorbenzol), gelb, 23%; *Ni-*, F. 370—375° (Zers.; o-Dichlorbenzol), lila, 17%; *Cu-*, F. 300—310° (Zers.; o-Dichlorbenzol), blau, 27%; *Zn-*, F. 291—292° (Zers.; o-Dichlorbenzol), weiß, 25%. — Difluoro-bis-[3.5-dimethylpyrazolyl-(1)]borate: *Ni-*, $C_{20}H_{28}B_2F_4NiN_8$, F. 349—350°, orange, aus Na-3.5-dimethylpyrazolid in THF u. BF_3 u. Zugabe von Ni-Acetat, 10%; *Co-*, $C_{20}H_{28}B_2CoF_4N_8$, F. 279—280°, violett, 10%. H.-J. Schönherr 358

0819 **Rhodium-katalysierte Carbonylierungsreaktion von Schiffschen Basen und Azobenzol und Darstellung von Rhodium-Azobenzol-Komplexen.** Takashi Joh, Nobue Hagihara und Shunsuke Murahashi. (J. chem. Soc. Japan, pure Chem. Sect. [Nippon Kagaku Zasshi] 88 (1967) 7, 786—89; Inst. of Sci. and Ind. Res., Osaka; Univ., Sakai-shi, Osaka, Japan; jap., Auszug: engl.) — $Rh(OH)_3H_2O$ u. [RhCl-Cyclooctadien-(1.5)]$_2$ (**II**) katalysieren, ähnlich wie Co-Katalysatoren, die Carbonylierungsrk. von Schiffschen Basen zu Phthalimidinderiv. bzw. Azobenzol (**III**) zu N.N'-Diphenylharnstoff (**I**) u. 2-[3-Oxy-2H-indazolyl-(2)]-benzoesäurelacton. In Ggw. von $RhCl_3xH_2O$ reagiert Azobenzol quant. zu **I**. $RhCl(CO)_2P(C_6H_5)_3$ u. $RhCl[P(C_6H_5)_3]_3$ katalysieren weder die Carbonylierungsrk. von Schiffschen Basen noch die von Azobenzol. Die gebildeten Komplexe aus Rh u. Azobenzol werden spektroskop. untersucht. Nachst. Rh–Azobenzol-Komplexe werden dargestellt.

Versuche: *Dichloro-bis-[2-(phenylazo)-phenyl]-cyclooctadien-(1.5)-dirhodium*, $C_{32}H_{30}Cl_2N_4Rh_2$ aus **II** u. **III** bei 160—170°. — *Dichloro-bis-[2-(p-methylphenylazo)-5-methylphenyl]-cyclooctadien-(1.5)-dirhodium*, $C_{36}H_{38}Cl_2 \cdot N_4Rh_2$, aus **II** u. 4.4'-Dimethylazobenzol bei 283—284°. — *Chloro-bis-[2-(phenylazo)-phenyl]-rhodium · THF*, $RhCl \cdot (C_{12}H_9N_2)_2 \cdot THF$, aus $RhCl_3 \cdot xH_2O$ u. **III** bei 117° in A. — *Cyclopentadienylrhodium-N-phenylphenylendiamid*, $(\pi\text{-}C_5H_5)Rh(C_{12}H_{10}N_2)$, aus $(\pi\text{-}C_5H_5)Rh(CO)_2$ u. **III** bei 140—150°. I. Sarow 364

0820 **Metallchelate der Thioderivate von β-Diketonen.** Akira Yokoyama, Shosuke Kawanishi, Masahiko Chikuma und Hisashi Tanaka. (Chem. pharmac. Bull. [Tokyo] **15** (**1967**) 4, 540—42; Fac. of Pharm. Sci., Kyoto Univ., Yoshida, Sakyo-ku, Kyoto; engl.) — Durch Kondens. von $R-C(S)-O-C_2H_5$- (**A**) u. $CH_3-C(O)-R'$ (**B**) wurden *4-Mercaptopenten-(3)-on-(2)* (**I**), *1-Phenyl-3-mercaptobuten-(2)-on-(1)* (**II**), *4-Mercapto-4-phenylbuten-(3)-on-(2)* (**III**) u. *1.3-Diphenyl-3-mercaptopropen-(2)-on-(1)* (**IV**) dargestellt. Sie reagieren mit Metallionen wie Pd, Cu, Ni, Co, Zn u. Fe zu stabilen Chelaten. Um die quasiaromat. Eig. zu untersuchen, wurden die Co-Chelate mit N-Bromsucianimid bromiert. Aus den Chelaten von **I** u. **II** werden die Tribromderiv. erhalten, bei Rekristallisation aus n-Hexan–$CHCl_3$ wurde ein Clathrat mit 1 Mol $CHCl_3$ isoliert. Die Bromierung der Chelate anderer Metalle verlief erfolglos.

Versuche: **I**, aus **A** (R = CH_3) u. **B** (R' = CH_3), Ausb. 56%. — **II**, aus **A** (R = CH_3) u. **B** (R' = C_6H_5), Ausb. 50%. — **III**, F. 61°, aus **A** (R = C_6H_5) u. **B** (R' = CH_3), Ausb. 61%. — **IV**, aus **A** (R = C_6H_5) u. **B** (R' = C_6H_5), Ausb. 71%. — **I**-*Co(III)*-Chelat, F. (Zers.) 190°, dunkelgrün. — **I**-*Zn*-Chelat, F. (Zers.) 179°, hellgelb. — **I**-*Pd*-Chelat, F. (Zers.) 183°, gelb. — **II**-*Co(III)*-Chelat, F. (Zers.) 234°, dunkelbraun. — **II**-*Cu(II)*-Chelat, F. (Zers.) 151°, braun. — **II**-*Zn*-Chelat, F. (Zers.) 159°, gelb. — **II**-*Pd*-Chelat, F. (Zers.) 210°, rötlichbraun. — **III**-*Co(III)*-Chelat, F. (Zers.) 206°, dunkelgrün. (*3-Brom*-**I**)-*Co(III)*-Chelat mit 1 Mol $CHCl_3$, F. 174°, dunkelgrün. — (*3-Brom*-**III**)-*Co(III)*-Chelat mit 1 Mol $CHCl_3$, F. 211°; dunkelgrün. E. Schmidt 369

0821 **Übergangsmetallkomplexe vom Dithiolentyp.** 3. Mitt. **Nitrosyleisen- und -kobaltkomplexe.** J. A. McCleverty, N. M. Atherton, J. Locke, E. J. Wharton und C. J. Winscom. (J. Amer. chem. Soc. **89** (**1967**) 24, 6082—92; Dep. of Chem., Univ., Sheffield; engl.) — 2. vgl. ibid. **89** (1967) 830. — Nitrosylmetallkomplexe bzw. -metallate des Typs $[M(NO)(S_2C_2R_2)_2]^z$ mit M = *Fe*, z = +1, 0, −1, −2, −3 bzw. M = *Co*, z = −1, −2, −3 u. $S_2C_2R_2^{2-}$ = *1.2-disubstituiertes cis-Äthylendiolato-(1.2)* mit R = *CN*, C_6H_5-, CF_3; *Tetrachlorbenzol-1.2-dithiolato* u. *Toluol-3.4-dithiolato* werden voltammetr. charakterisiert (Einelektronenübertragungsreihen) u. z. T. als Tetraäthyl-, -n-butyl u. -methylammonium-, Tetraphenylarsonium- u. -phosphonium-, N-Methylpyridinium- bzw. Hydraziniumsalze isoliert [voltammetr. Daten (rotierende Pt-Elektrode), polarograph. Unters., IR- u. Elektronenspektren, magnet. u. ESR-Verh., Diskussion der Elektronenstruktur, Nomenklatur]. P. Frenzel 369

0822 **Übergangsmetallkomplexe vom Dithiolentyp.** 4. Mitt. **Tris-[dicyan-1.2-dithiolen]-Komplexe von Metallen der ersten Übergangsreihe und von Molybdän und Wolfram.** J. A. McCleverty, J. Locke, E. J. Wharton und M. Gerloch. (J. chem. Soc. [London], Sect. A **1968**, 4, 816—23; engl.) — 3. vgl. vorst. Referat. — Synth. u. chem. Eig. von Dithiolatometallaten (Dithiolentyp) $[MS_6C_6(CN)_6]^z$ mit M = *Mn, Fe, Mo, W*, z = −2 u. M = *Fe, Co*, z = −3; verbessertes Darst.-Verf. für $[CrS_6C_6(CN)_6]^{2-}$; Verh. der Dianionen gegenüber Red.-Mitteln; Nachw. von $[MnS_4C_4(CN)_4]^{2-}$(?); voltammetr., polarograph. u. magnet. Verh., IR- u. Elektronenspektren der vorst. beschriebenen Komplexe sowie von $[US_6C_6(CN)_6]^{2-}$; elektr. Leitfähigkeit der Dicyanäthylendithiolatokomplexe. P. Frenzel 369

A–9. Geochemie

0823 **Herauslösung in Klinoamphibolen.** Malcolm Ross, J. J. Papike und Paul W. Weiblen. (Science [Washington] **159** (1968) 3819, 1099—1102; Washington, D.C., U.S. Geol. Surv.; engl.) — 10 Amphibolproben verschiedener metamorpher Gesteine enthalten Lamellen eines zweiten Amphibols, der zum Wirtkrist. parallel zu ($\bar{1}01$) oder (100) oder zu beiden orientiert ist. Tremolite, Aktinolite u. Hornblenden haben gewöhnliche Lamellen aus Ca-armen Klinoamphibol ($P2_1/m$ Symmetrie) oder aus Cummingtonit (C2/m Symmetrie). In ähnlicher Weise enthalten Cummingtonite u. $P2_1/m$-Klinoamphibole Lamellen von Ca-reichen C2/m-Amphibolen, genauso wie Tremolit. Ergebnisse der röntgenograph., opt. u. Mikrosondenunters. zeigen, daß die meisten Lamellen durch Entmischung eines homogenen Amphibolkrist. entstanden sind. Der $P2_1/m$ Klinoamphibol ist analog dem Klinopyroxen Pigeonit in Übereinstimmung mit den Ergebnissen von Brown. E. Schulte 380△

0824 **Synthese von Dolomit.** O. Liebermann. (Nature [London] **213** (1967) 5073, 241—45; Cranbrook, Ilford, Essex; engl.) — Unters. der Rk.-Bedingungen der Bldg. von *Dolomit* in reinem W. u. in Meerwasser. Eine Ausfällung des Dolomits aus der Lsg. erfolgt bei Gleichheit der Löslichkeiten von $CaCO_3$ u. $MgCO_3$. Dies ist in Seewasser der Fall, wenn der Salzgeh. das 4—6fache von normalem Seewasser beträgt u. der pH-Wert in Abwesenheit von CO_2 8—9 beträgt. H. Markert 380

B. Physikalische organische Chemie

0825 **Elektrische Momente und Konformation substituierter Fluorameisensäureester in benzolischen Lösungen.** E. Bock, D. Iwacha, H. Hutton und A. Queen. (Canad. J. Chem. **46** (1968) 10, 1645—48; Parker Chem. Labor., Univ. of Manitoba, Winnipeg, Manitoba; engl.) — Angegeben sind für *Fluorameisensäuremethyl-, -äthyl-, -n-propyl-, -n-butyl-, -n-amyl-* u. *-phenylester* DK, Brechungsindex, D. u. die Dipolmomente der Bzl.-Lsg., die bez. der Konform. diskutiert werden. D. Schmitt 400

B–1. Optische, elektrische und magnetische Eigenschaften, Spektren

0826 **Zur Abhängigkeit der Molrefraktion isomerer gesättigter KW-Stoffe von der Form der Moleküle.** K. Altenburg und E. Gey. (Z. physik. Chem. [Leipzig] **238** (1968) 1/2, 51—59; Inst. für Phys. Chem. der DAW zu Berlin, Berlin-Adlershof; dt.) — Tabelliert sind die Daten für die Butane: 2.2- u. *2.3-Dimethyl-* u. *2.2.3-Trimethyl*; die Pentane: 2- u. *3-Methyl-*; 2.2-, 2.3-, 2.4- u. *3.3-Dimethyl-*; *3-Äthyl-*; 2- u. *3-Methyl-3-äthyl-*; 2.2.3-, 2.2.4-, 2.3.3- u. *2.3.4-Trimethyl-*; 2.2- u. *2.4-Dimethyl-3-äthyl-*; 2.2.3.3-, 2.2.3.4- u. *2.3.3.4-Tetramethyl-*; *2.4-Dimethyl-3-isopropyl-*; *2.3.4-Trimethyl-3-äthyl-*; *2.2.3.3.4-Pentamethyl-*; die n-Hexane: *unsubstituiert*, 2- u. *3-Methyl-*; *3-Äthyl-*; 2.2-, 2.3-, 2.4-, 2.5-, 3.3- u. *3.4-Dimethyl-*; 2.2.3-, 2.2.4-, 2.2.5-, 2.3.4-, 2.3.5-, 2.4.4- u. *3.3.4-Trimethyl-*; 2.2.3.3-, 2.2.3.4-, 2.2.3.5-, 2.2.4.5-, 2.2-5.5-, 2.3.3.4-, 2.3.4.4- u. *3.3.4.4-Tetramethyl-*; die n-Heptane: *unsubstituiert*; 2-, 3- u. *4-Methyl-*; 2.2-, 2.3-, 2.6- u. *3.4-Dimethyl-*; *4-Propyl-*; *3-Methyl-3-äthyl-*; 2.2.4-, 2.2.6-, 2.3.3-, 2.3.6-, 2.4.6-, 2.5.5- u. *3.3.5-Trimethyl-*; die n-Octane: *unsubstituiert*, 2-, 3- u. *4-Methyl-*; 2.2-, 2.3-,

2.4-, 2.6-, 2.7-, 3.6- u. *4.5-Dimethyl-, 2.4.6-Trimethyl-*; die n-Nonane: *unsubstituiert, 2-, 3-, 4-* u. *5-Methyl-; 2.3-* u. *2.4-Dimethyl-; 2.4.6-Trimethyl-*; die n-Decane: *unsubstituiert, 3-, 2-, 4-* u. *5-Methyl-; 2.3-* u. *2.4-Dimethyl-, 2.4.6-Trimethyl-*; die n-Undecane: *unsubstituiert, 3-, 2-, 4-* u. *5-Methyl-; 2.3-* u. *2.4-Dimethyl-; 2.4.6-Trimethyl-*; die n-Dodecane: *unsubstituiert; 2-, 3-, 4-* u. *5-Methyl-; 2.3-* u. *2.4-Dimethyl-; 2.4.6-Trimethyl-*; die n-Tridecane: *unsubstituiert, 3-, 2-, 4-* u. *5-Methyl-; 2.3-* u. *2.4-Dimethyl-; 2.4.6-Trimethyl-*; die n-Tetradecane: *unsubstituiert, 2-, 3-, 4-* u. *5-Methyl-; 2,3-* u. *2.4-Dimethyl-*; die n-Pentadecane: *unsubstituiert; 2-, 3-, 4-* u. *5-Methyl-*; sowie *n-Hexadecan*; die Cyclopentane: *Äthyl-, 1.1-Dimethyl-, cis-* u. *trans-1.2-, cis-* u. *trans-1.3-Dimethyl-; n-Propyl-, Isopropyl-; 1.1.2-* u. *1.1.3-Trimethyl-*; $1^{ref}.2^{c}$-3^{c}-, $1^{ref}.2^{t}.3^{t}$-, $1^{ref}.2^{t}.3^{c}$-, $1^{ref}.2^{c}.4^{c}$-, $1^{ref}.2^{t}.4^{t}$- u. $1^{ref}.2^{t}$-4^{c}-*Trimethyl-*, die Cyclohexane: *1.1-Dimethyl-, cis-* u. *trans-1.2-, cis-* u. *trans-1.3-* u. *cis-* u. *trans-1.4-Dimethyl-, 1.1.2-, 1.1.3-* u. *1.1.4-Trimethyl*; $1^{ref}.2^{c}.3^{c}$-, $1^{ref}.2^{c}.3^{t}$-, $1^{ref}.2^{t}.3^{c}$-, $1^{ref}.2^{t}.4^{t}$-, $1^{ref}.3^{c}.5^{t}$- u. $1^{ref}.3^{c}.5^{c}$-*Trimethyle-*.
D. Schmitt 402

0827 **Atomrefraktionen der Elemente. 1. Mitt. Atomrefraktionen des Fluors in Perfluorkohlenwasserstoffen.** I. V. Martynov. (Ž. vses. chim. Obšč. im. D. I. Mendeleeva **12** (1967) 4, 478—79; russ.) — Aus den Molrefraktionen (MR) von *3-tert.-Butyladipin-* u. *3-Methylglutarsäure-bis-[1H.1H.9H-hexadekafluornonyl]-ester, Propan-1.2.3-tricarbonsäuretris-, Sebacinsäure-bis-, 3-Methylglutarsäure-bis-* u. *Glutarsäure-bis-[1H.1H.5H-oktafluorpentyl]-ester; 3-Methylglutar-* u. *Adipinsäure-bis-[1H.1H.7H-dodekafluorheptyl]-ester* wird die Refraktion (R) der CF_2-Gruppe bestimmt. Aus den MR von *Perfluorhexan, -octan* u. *-nonan* u. der CF_2-R wird die CF_3-R bestimmt; aus den MR von *Perfluormethyl-, Perfluor-1.4-dimethyl-, Perfluor-1.3-dimethyl-, Perfluor-1.3.5-trimethylcyclohexan* (**I**) u. *Perfluormethylcyclopentan* u. aus den R der CF_3- u. der CF_2-Gruppe wird die CF-R bestimmt. Mit Hilfe dieser R-Werte werden die MR von *Perfluorhexahydroindan, -dekalin, -β-methyldekalin, -dekahydroacenaphthen, -dodekahydrofluoren, -perhydrophenanthren, -perhydrofluoranthen, -äthylhexan*, **I**-, *-1.2.4-trimethylcyclohexan, -n-heptan, -n-decan, -n-undecan; Bernstein-, 3-Methylglutar-, Pimelin-, Kork-, Azelain-* u. *Sebacinsäure-bis-[1H.1H-heptafluorbutylester]* sowie *3-Methylglutarsäure-bis-[1H.1H-undekafluorhexylester]*.
H. Bajor 402

0828 **Zusammenhang zwischen dem Kerr-Effekt und der Beeinflussung der optischen Absorption von Molekülen durch ein äußeres elektrisches Feld. Partieller Beitrag einer Absorptionsbande zum Kerr-Effekt.** H.-G. Kuball. (Z. Naturforsch. **22a** (1967) 9, 1407—12; Würzburg, Univ., Inst. für Physik. Chem.; dt.) — Die Zusammenhänge werden abgeleitet u. aus dem experimentell bestimmten Elektrodichroismus für die Azamerocyanine *[1-Methyl-1.4-dihydropyridin]-4-azino-4'-[2'.6'-dimethyl-1'-4'-dihydro-1'-oxobenzol]* u. *-4-azino-10'-[anthron-(9')]* die Dispersion der Kerr-Konst. innerhalb der langwelligsten Absorptionsbande berechnet. Die Ergebnisse zeigen befriedigende Übereinstimmung mit den experimentellen Daten.
G. O. Jäger 402△

0829 **Anomalie der depolarisierten Rayleigh-Streuung einiger Flüssigkeiten bei intensiver Laser-Einstrahlung.** Jean-René Lalanne. (C. R. hebd. Séances Acad. Sci., Sér. A et B **265** (1967) 21, B 1181—B 1184; Inst. de Magnétochim. du CNRS, „Brivazac", Pessac, Gironde; franz.) — Abweichungen von der strengen Proportionalität zwischen der Intensität der einfallenden u. der gestreuten Strahlung werden bei hoher Strahlungsleistung beobachtet. Die Erscheinung wurde an *Bzl.* u. *Cyclohexan* bei Strahlungsintensitäten von ca. 200 MW/cm² festgestellt.
F. Langenbucher 402

0830 **Photochromie von 1.3.3-Trimethylindolin-8-spiro-2'-benzopyran-8'-carbonsäure.** Isamu Shimizu, Horoshi Kokado und Eiichi Inoue. (J. chem. Soc. Japan, pure Chem. Sect. [Nippon Kagaku Zasshi] 88 (1967) 10, 1127—28; Tokyo; Tokyo Inst. of Technol.; jap., Auszug: engl.)
H.-S. Park 406

0831 **Direkte Messung von strahlungslosen Übergängen in Flüssigkeiten.** P. M. Rentzepis. (Chem. Physics Letters [Amsterdam] **2** (1968) 2, 117—20; Bell Telephone Labor., Inc., Murray Hill, N.J.; engl.) — Untersucht wird die Fluoreszenz von *Azulen* bei Nd- oder Rubinlaseranregung.
W. Sobieski 408

0832 **Beziehung der Parameter der Triplett-Positroniumvernichtung mit Struktur- und Elektroneneigenschaften in organischen Flüssigkeiten.** Peter R. Gray, Charles F. Cook und Gene P. Sturm jun. (J. chem. Physics **48** (1968) 3, 1145—57; Phillips Petroleum Co., Bartlesville, Okla.; engl.) — Angegeben sind die Parameter für nachst. Verb.: *n-Butan, n-Pentan, n-Hexan, n-Heptan, n-Octan, n-Nonan, n-Decan, n-Undecan, n-Dodecan, n-Tridecan, n-Tetradecan, n-Pentadecan, n-Hexadecan, n-Heptadecan, n-Octadecan, 2-Methylbutan, 2.2-Dimethylpropan; 2-* u. *3-Methylpentan; 2.3-* u. *2.2-Dimethylbutan; 3-Methylhexan, 2.4-Dimethylpentan; 2-* u. *3-Methylheptan, 2.5-Dimethylhexan; 2.3.4-* u. *2.2.4-Trimethylpentan; 2.2.4-* u. *2.2.5-Trimethylhexan; 2.4.6.10-Tetramethylpentadecan, Cyclopentan; Methyl-* u. *Propylcyclopentan, Cyclohexan*; die Cyclohexane: *Methyl-, Äthyl-, Propyl-, Butyl-, Hexyl-, tert.-Butyl-; cis-* u. *trans-1.2-Dimethyl-, 1.4-Dimethyl-* u. *Phenyl-*; sowie *Bzl., Toluol*; die Benzole: *Äthyl-, n-Butyl-, n-Pentyl-, n-Octyl-, sek.-Butyl-* u. *tert.-Butyl-*; sowie *Cumol; o-, m-* u. *p-Xylol, Hexen-(1), Dodecen-(1), 4-Methylpenten-(1), Penten-(2), Hexen-(2), Hepten-(2), Octen-(2), trans-* u. *cis-4-Methylpenten-(2); 2-Methylpenten-(1)* u. *-(2); 2.3-Dimethylbuten-(1), 2.4.4-Trimethylpenten-(2), Hexadien-(2.4), Methanol, A., n-Propanol, n-Butanol, n-Octanol, n-Dodecanol, Isoamylalkohol, Isopropylalkohol, Isobutylalkohol; sek.-* u. *tert.-Butylalkohol; Propylenglykol, Cyclopentanol, Cyclohexanol, Benzylalkohol, Acetaldehyd, Butyraldehyd, Benzaldehyd, Ae., Diisopropyläther, Anisol, Dibenzyläther, Äthylvinyläther, Essigsäure, Propionsäure, Buttersäure, Octansäure, Aceton, Methyläthylketon, Methylpentylketon, Methylhexylketon, Methylisobutylketon, Acetophenon, Pentylacetat; n-Propyl-* u. *Isopropylformiat; Methylpropionat, Benzylbenzoat, Benzylsalicylat, Bis-(2-äthoxyäthyl)-sebacat, Bis-(2-äthylhexyl)-adipat, Trioctanoin; m-, o-* u. *p-Fluortoluol, Fluorbenzol, Fluorhexan; 1-Chlorpropan, -butan, -heptan, -dodecan, -hexadecan, -octadecan; 2-Chlorpropan, -butan; Chlorbenzol, Chlorcyclohexan, o-Dichlorbenzol; 1-Bromäthan, -propan, -butan, -pentan, -octan, -decan, -tetradecan, -hexadecan; 2-Brombutan, Brombenzol, n-Butylamin, Anilin; Triäthyl-, Tributylphosphit; Triäthyl-* u. *Triäthylphosphat, W.,* D_2O, D_6*-Benzol, Propylmercaptan, Isopropylmercaptan, Cycloheptan, Cyclooctan, Cyclododecan, 1.2.4-Trimethylbenzol, Tetrahydronaphthalin, Äthinylbenzol, 2.3-Dimethylbuten-(2), Hexin-(2), Cyclopenten, Cyclohexen; 1.3-, 1.4-Cyclohexadien, 1.5-Cyclooctadien; Cyclohexanon, Acetylaceton, Dioxan, THF, Isobutylenoxid; cis-* u. *trans-1.2-Dichloräthylen; 1-Chlornaphthalin, Trichloräthylen, Chloroform, 1.2.4-Trichlorbenzol,* CCl_4, *Tetrachloräthan; Di-* u. *Tributylamin; Py., n-Propylnitrat, Nitrobenzol, Acetonitril, Benzonitril, Nitromethan, Jodbenzol, Jodcyclohexan, Äthyljodid,* CS_2 u. *DMSO*.
D. Schmitt 402

0833 **Smoluchowski-Gleichung für Systeme, die nicht der Stokes-Einstein-Beziehung gehorchen.** James H. Gorrell jun. und Jean T. Dubois. (Trans. Faraday Soc. **63** (1967) 530 Pt. 2, 347—54; Wright-Patterson Air Force Base, O.; Aerospace Res. Labor.; engl.) — Es wurde die Energieübertragung angeregter Elektronen in Rk. durch Best. der Koeff. für die Fluoreszenzlöschungen u. der Lebensdauer gemessen. Als Donor wurden *Naphthalin, Phenanthren* u. *Chrysen*, als Akzeptor *Biacetyl* in Hexadecan benutzt. Die Diffusionskoeff. für *Biphenyl, Aceton, Methyläthylketon* u. *Diäthylketon* wurden bei 30° in Hexadecan gemessen.
W. May 408

0834 **Zusammenhang zwischen einem Strukturwechsel in einem festen Lösungsmittel und der Temperaturabhängigkeit der Lumineszenzeigenschaften des Gelösten.** André Martinez. (C. R. hebd. Séances Acad. Sci., Sér. A et B **264** (1967) 1, B 49—B 52; Labor. d'Opt. mol. de la Fac. des Sci. de Bordeaux, Talence, Gironde; franz.) — Die Temp.-Abhängigkeit der mittleren Lebensdauer der Phosphoreszenz (T → S) von D_{10}-*Phenanthren* in glasiger

Lsg. enthüllt die Mol.-Bewegungen in dem erstarrten Lsgm. bei niedrigeren Temp. als der Schmelztemperatur. Diese Hypothese wird durch das Auftreten einer Thermolumineszenzbande der verzögerten Fluoreszenz bei derselben Temp. bestätigt. K. Krüger 408

0835 **Energieübertragung in festen Polyacenlösungen. 6. Mitt. Bibliographie für 1965 bis 1966.** F. R. Lipsett. (Molecular Crystals **3** (1967) 1, 1—101; Nat. Res. Council of Canada, Ottawa; engl.) — 4. vgl. Progr. in Dielectrics **6** (1965) 147—181. — Überblick. — Ca. 900 Literaturhinweise mit Autorenverzeichnis. W. Sobieski 408

0836 **Fluoreszenzabklingkurve von Anthracen.** G. J. Dienes. (Molecular Crystals **3** (1967) 2, 293—96; Brookhaven Nat. Labor., Upton, N.Y.; engl.) — Kinet. Analyse. W. Sobieski 408

0837 **Davydov-Aufspaltung bei intensiven Übergängen von Naphthalin und Anthracen.** G. A. George und G. C. Morris. (Molecular Crystals **3** (1968) 3, 397—404; Dep. of Chem., Univ. of Queensland, St. Lucia, Queensland, Australia; engl.) — Angegeben sind ber. u. experimentell bestimmte Krist.-Banden u. -Intensitäten. W. Sobieski 408

0838 **Einfluß der Umgebung auf den zeitlichen Verlauf der Phosphoreszenz von Benzaldehyd.** Yves Meyer. (C.R. hebd. Séances Acad. Sci., Sér. A et B **266** (1968) 3, B 178—B 181; Labor. de Phys. Vignal, École Polytechn., Paris; franz.) — Die Phosphoreszenz $T_n\pi^* \rightarrow S_0$ von in verschiedenen Lsgm. (A., KW-Stoffe) gelöstem Benzaldehyd zeigt nicht immer ein exponentielles Abklingen mit der Zeit. Die Zeitauflsg. erlaubt es, mehrere Spektren zu unterscheiden. Als mögliche Ursachen werden in Betracht gezogen: der Schpolsky-Effekt, Wasserstoffbrükkenbindung u. Komplexbldg. mit dem Bzl.-Ring. Analoge Beobachtungen wurden an *Acetophenon* gemacht. K. Krüger 408

0839 **Optische Anregung in Lösungen komplexer Moleküle.** B. I. Stepanov, A. N. Rubinov und V. A. Mostovnikov. (Ž. èksper. teoret. Fiz.—Pis'ma v Redakciju **5** (1967) 5, 144—48; russ.) — Mit einem Rubinlaser wurden die Lsg. von *Magnesiumphthalocyanin* in Chinolin, *Phthalocyanin* in H_2SO_4, *Kryptocyanin* in CH_3OH u. *Methylenblau* in H_2SO_4 angeregt. Die Parameter der Emission werden angegeben. V. Burjan 408△

0840 **Fluoreszenz der Anthocyanidine in hochacidem Medium.** Slobodan Ristić und Jelisaveta Beranac. (J. Chim. physique Physico-Chim. biol. **64** (1967) 1, 191—95; Beograd, Inst. de Chim. Phys., Fac. des Sci.; franz.) — Vf. untersuchten die induzierte Fluoreszenz (Anregungs- u. Fluoreszenzspektren) von *Cyanidin*, *Delphinidin*, Apigenin, *Malvin* u. bes. *Pelargonidin* in 37 n H_2SO_4. Als fluoreszierende Spezies wird ein mehrfach protoniertes Kation angesehen, das nach Vf. Verw. zur Erzeugung stimulierter Emission von Strahlung finden könnte. E. Daltrozzo 408

0841 **Fluoreszenz und Phosphoreszenz von β-Carotin.** R. J. Cherry, D. Chapman und J. Langelaar. (Trans. Faraday Soc. **64** (1968) 549, 2304—07; Unilever Res. Labor., Frythe, Welwyn, Hertfordshire; engl.) — Untersucht wurden Absorptions- u. Emissionsspektren (direkt u. verzögert) von Lsg. von *all-trans-* u. *15.15'-cis-β-Carotin.* W. Sobieski 408

0842 **Stimulierte Emission von 19 Polymethinfarbstoffen; Laserstrahlung über den kontinuierlichen Bereich von 710—1060 mμ.** Yasushi Miyazoe und Mitsuo Maeda. (Appl. Physics Letters **12** (1968) 5, 206—08; Dep. of Electrical Engng., Kyushu Univ., Hakozaki, Fukuoka, Japan; engl.) — Untersucht wurden *3.3'-Diäthyl-2.2'-thiadi-* u. *-tricarbocyaninjodid, 3.3'-Diäthyl-5.6.5'.6'-tetramethoxy-2.2'-thiatricarbocyaninjodid, 3.3'-Diäthyl-4.5; 4'.-5'-dibenzo-2.2'-thiatricarbocyaninjodid; 3.3'.-Diäthyl-10-chlor-4.5; 4'.5'-* u. *-5.6.5'.6'-dibenzo-2.2'-thiadicarbocyaninjodid; 1.1'-Diäthyl-* u. *1.1'-Dimethyl-4.4'-chinocarbocyaninjodid; 1.1'-Diäthyl-4.4'-chinocarbocyaninbromid; 1.1'-Diäthyl-2.2'-chinotricarbocyaninjodid, 1.1'-Diäthyl-4.4'-chinotricarbocyaninjodid; 1.1'-Dimethyl-11-brom-2.2'-chinodicarbocyaninjodid, 1.1'-Diäthyl-11-brom-2.2'-chinodicarbocyaninjodid, 1.1'-Diäthyl-11-brom-4.4'-chinodicarbocyaninjodid; 3.3'-Diäthyl-* u. *3.3'-Dimethyl-2.2'-oxatricarbocyaninjodid; 1.3.3.1'.3'.3'-Hexamethyl-2.2'-indotricarbocyaninjodid, 3.3'-Diäthyl-2.2'-selenatricarbocyaninjodid* u. *3.3'-Diäthyl-5.5'-dimethyl-2.2'-thiazolintricarbocyaninjodid.* D. Schmitt 408

0843 **Orientierendes Feld und Dipolpolarisation.** M. F. Vuks. (Doklady Akad. Nauk SSSR **178** (1967) 3, 801—04; Leningradskij gos. univ. im. Ždanova; russ.) — Vf. leiten eine Beziehung zwischen Polarisation, DK u. Dipolmoment (DP) ab, mit deren Hilfe die DP nachst. Verb. ber. werden: *HCl, HBr, H_2S, Toluol, Äthylbenzol, o-Xylol, Py., Fluorbenzol, o-* u. *m-Fluortoluol; Chlormethan, -butan, -pentan* u. *-benzol; o-Chlortoluol,* Brommethan, -propan, -butan, -heptan, -benzol; Jodmethan, -äthan, -propan, -butan u. *-benzol;* 1-Jod-3-Methylbutan, Formamid u. H_2O. V. Burjan 410△

0844 **Experimentelle Ergebnisse über die dielektrische Dispersion von Flüssigkeiten.** Pierre Boule. (J. Chim. physique Physico Chim. biol. **65** (1968) 5, 777—85; Labor. de Chim. Théor. 1, Nancy; franz.) — Vf. vergleichen die Dipolmomente u. Relaxationszeiten von reinen polaren Stoffen [*Dibutyl-* (**I**) u. *Diisopropyläther* (**II**)], von Lsg. in inertem Lsgm. (**I** bzw. **II** in CCl_4) u. von Mischungen zweier polarer Stoffe (**I-II**, *$CHCl_3$-THF*) u. diskutieren ihre Anwendung für DK-Messungen. J. Richter 410

0845 **Messung der dielektrischen Absorption bei Wellenlängen von 4 und 2 mm.** R. A. Crump. A. Kisza und A. H. Price. (J. Physics, D (Brit. J. appl. Physics) [2] **1** (1968) 4, 511—14; Edward Davies Chem. Labor., Univ. Coll. of Wales, Aberystwyth, Cards.; engl.) — Nach der neuen Meth. werden die dielektr. Konst. für benzol. Lsg. von *Chlorbenzol, Benzonitril* u. *Maleinsäureanhydrid* gemessen. D. Schmitt 410

0846 **Dielektrische Untersuchungen. 16. Mitt. Relaxationsprozesse einiger Moleküle, die den C_6H_4-Kern enthalten.** J. Crossley, W. F. Hassell und S. Walker. (J. chem. Physics **48** (1968) 3, 1261—65; Univ. of Aston, Birmingham, England; engl.) — 15. vgl. C. **1968**, **41**-0811. — Die dielektr. Absorption in Cyclohexan wird gemessen von *Benzocyclobuten, 2-Bromnaphthalin, o-* u. *m-Dichlorbenzol, Indan, 1-* u. *2-Methylnaphthalin, Tetralin, o-* u. *m-Xylol.* D. Schmitt 410

0847 **Behandlung der dielektrischen Relaxation von 1.4-disubstituierten Benzolen mit Hilfe von Korrelationsfunktionen.** Graham Williams. (Trans. Faraday Soc. **64** (1968) 547, 1934—39; Edward Davies Chem. Labor., Univ. Coll. of Wales, Aberystwyth; engl.) — Nach der Theorie von Cole werden die Daten diskutiert für *p-Phenylendiamin, p-Dimethoxybenzol, p-Xylylendicyanid α.α'-Dichlor-p-xylol, 1.4-Diacetylbenzol* u. *Bis-[chlormethyl]-durol.* D. Schmitt 410

0848 **Dipolmomente substituierter Naphthaline.** A. E. Luckij und L. A. Kočergina. (Ž. fiz. Chim. **41** (1967) 6, 1504—06; Char'kovskij politechn. inst.; russ.) — Best. der Dipolmomente (DP) von nachst. Naphthalinen: *α-Benzolsulfonylamino-, α-* u. *β-[p-Toluolsulfonylamino]-, α-* u. *β-[Methyl-p-toluolsulfonylamino]-, α-* u. *β-Benzoylamino-, β-Benzoyloxy-, β-Salicyloxy-, β-[m-Nitranilino]-, β-[2.4-Dinitroanilino]-, β-[2.4-Dinitrotoluidino]-, α-Nitro-β-carbamoyl-* sowie α-Chlor-β-naphthol. Die Werte werden mit Literaturdaten analoger Benzol- u. Naphthalinderiv. verglichen. H. Bajor 410

0849 **Dielektrische Dispersion von reinem Methylalkohol als Funktion der Temperatur.** Giocondo Horacio Barbenza. (J. Chim. physique Physico Chim. biol. **65** (1968) 5, 906—10; Labor. de Microondas, Fac. de Cienc., San Luis, Argentina; engl.) J. Richter 410

0850 **Moduln der magnetischen Rotation, der magnetischen Suszeptibilität und Refraktion der (Se—H)-Bindung bei Selenolen.** Jean-Pierre Mila und Jean-François Labarre. (C. R. hebd. Séances Acad. Sci., Sér. C **264** (1967) 14, 1157—59; Toulouse, Dép. de Chim. inorgan.; franz.) — Vf. bestimmten die Größen für *Äthan* ($Kp._{760}$ 53,5°), *Propan-* ($Kp._{760}$ 83°), *Butan-* ($Kp._{760}$

113,5°), *Pentan-* ($Kp._{760}$ 142°) u. *Hexanselenol* ($Kp._{11}$ 51°) u. berechneten daraus die Moduln. M. Knaack 412

0851 **Molekulare Streuung des Lichts durch Orientierungsfluktuation optisch anisotroper Moleküle in einer Flüssigkeit: Einfluß von Dipolmomenten.** Jacques Rouch, Robert Lochet und Auguste Rousset. (C. R. hebd. Séances Acad. Sci., Sér. A et B **265** (1967) 4, B 253—B 258; Fac. des Sci. de Bordeaux, Labor. d'Opt. mol. Talence, Gironde; franz.) — Im Spektrum von Fl. mit anisotropen Mol. treten oftmals depolarisierte Kontinua auf. Sie rühren von Orientierungsfluktuationen der Mol. her. Die Erscheinung wird an *Bzl.*, CS_2, *Toluol, Nitrobenzol, Brom-* u. *Chlorbenzol* untersucht. Sie ist als Überlagerung zweier Lorentz-Verteilungen aufzufassen, u. ihre Größe hängt von der Polarität der Mol. ab. A. Meixner 415

0852 **Normalkoordinatenbehandlung für n-Propanol und dem Deuteroanalogen.** Kunio Fukushima und Bruno J. Zwolinski. (J. molecular Spectroscopy **26** (1968) 3, 368—83; Thermodynamics Res. Center, Dep. of Chem., Tex. A and M Univ., Coll. Station, Tex.; engl.) — Die Daten schließen die Betrachtung von Rotationsisomeren zur Erklärung der Schwingungsspektren ein. D. Schmitt 415

0853 **Das System der 2750-Å-Elektronenbande von Phenol. Berechnung der Frequenzen der nichtebenen Schwingungen und der Sequenzintensitäten.** J. C. D. Brand, S. Califano und D. R. Williams. (J. molecular Spectroscopy **26** (1968) 3, 398—409; Dep. of Chem., Vanderbilt Univ., Nashville, Tenn.; engl.) — Die Unters. schließt die Berechnung der Kraftkonst. ein. D. Schmitt 415

0854 **Einfluß von Molekülwechselwirkungen auf die Elektronenübergangsfrequenzen nichtpolarer Moleküle in Lösungen mit drei Komponenten.** V. Pop. (An. ştiinţ. Univ. „Al. I. Cuza", Iaşi, Secţ. I, b **13** (1967) 35 bis 40; rum.) — Aus der Veränderung der Elektronenübergangsfrequenz $\Delta\nu^s_{00}$ ber. Vf. die Größe $F(n_D)$ für *Anthracen, Tetracen* u. *1.6-Diphenylhexatrien-(1.3.5)* in bin. Lsgm.-Gemischen. P. W. Kittner 418△

0855 **Einfluß des Mediums auf die Elektronenübergangsfrequenzen polarer Moleküle in ternären Lösungen.** V. Pop. (An. ştiinţ. Univ. „Al. I. Cuza", Iaşi, Secţ. I, b **13** (1967) 41—46; rum.) — Vgl. vorst. Referat. — Der Ausdruck für $\Delta\nu_{00}$, in dem die Dispersion, der quadrat. Starcksche Effekt u. die elektrostat. Dipolwrkg. berücksichtigt werden, wird an Lsg. von *9-Bromanthracen, N-[4-Dimethylaminobenzal]-4-nitroanilin* u. *4-Aminophthalimid* in bin. Lsgm. geprüft. P. W. Kittner 418△

0856 **Quasilinien-Elektronenspektrum organischer Moleküle in Paraffinen bei niedrigen Temperaturen.** Ch. I. Mamedov. (Izvest. Akad. Nauk Azerbajdž. SSR, Ser. fiz. techn. mat. Nauk **1967**, 3—4, 43—47; russ.) — Auf Grund von eigenen Unters. u. von Unters. aus der Literatur werden die Natur u. die Anwendung der Quasilinienspektren diskutiert. Als Beispiele werden angeführt: Unters. der Phasenübergänge der Matrix im Syst. *Chinolin* in *Heptan* (I) bzw. *Hexan* (II), des Zustands u. der Konfig. von *Acenaphthen* in I, der Koplanarität von *Diphenyl* u. von *α.α'-Dipyridyl* in I u. der Konfig.-Änderung von *α-* u. *β-Methylnaphthalin* in Paraffinen beim Übergang in den Triplettzustand. V. Burjan 418△

0857 **Einfluß der Temperatur auf die Gestalt und die Lage der S–S-Absorptionslinie eines aromatischen Kristalls.** Marcel Bénarroche und Christian Hénin. (C. R. hebd. Séances Acad. Sci., Sér. A et B **264** (1967) 22, B 1503—B 1506; Labor. de Phys. PCB 1, Fac. des Sci. de Marseille; franz.) — Zwischen 4 u. 50 °K ändert sich die Lage der Absorptionslinien von *2.6-Dimethylnaphthalin* nicht. Die Breite der Bande bei 31170 cm^{-1} entwickelt sich entsprechend den theoret. Voraussagen von Toyozawa für den Fall einer schwachen Exzitonen–Phononen-Kopplung. K. Krüger 418

0858 **Quasi-Linienspektren von Coronen in n-Heptan und n-Hexan; Einfluß der thermischen Behandlung der Probe.** Claude Pfister und Josette Kahane-Paillous. (J. Chim. physique Physico Chim. biol. **65** (1968) 5, 876—82; Labor. de Spectrométrie Phys., Fac. des Sci. de Grenoble; franz.) J. Richter 418

0859 **Phosphoreszenzspektren von Picen und Pentaphen.** G. V. Cicišvili und M. K. Čarkviani (Soobšč. Akad. Nauk Gruz. SSR **48** (1967) 2, 329—34, AN; russ.) — Es werden die Quasilinienspektren der Titelverb. in verschiedenen n-Paraffinen bei 77 °K untersucht. Die Schwingungsstruktur der Spektren wird bez. der Konform.-Übergänge im Grund- u. im angeregten Zustand diskutiert. V. Burjan 418△

0860 **Optischer Effekt einer zwischen Substituent und aromatischem Ring gelegenen Äthinyl- oder Vinylgruppe.** A. E. Luckij, L. M. Jagupol'skij, Ju. A. Fialkov, S. A. Volčenok und A. G. Pantelejmonov. (Izvest. vysšich učebnych Zavedenij [Ivanovo], Chim. i chim. Technol. **10** (1967) 5, 535—38; Kafedra fiz. chimii; russ.) — Unters. der Beziehung zwischen UV-Spektrum u. Konstit. u. Diskussion der Elektronenstruktur von nachst. Styrolen: *unsubstituiert, p-Amino-, p-Nitro-*; Styryltrifluormethylsulfone: *unsubstituiert* (I), *p-Amino-, p-Nitro-*; γ.γ.γ-Trifluorpropenylbenzole: *unsubstituiert, p-Nitro-, p-Amino-*; Pentafluorpropenylbenzole: *unsubstituiert, p-Nitro-, p-Amino-*; Äthinylbenzole: *unsubstituiert, p-Nitro-, p-Amino-*; Trifluorpropin-(1)-ylbenzole: *unsubstituiert, p-Nitro-* u. *Bis-p-[γ.γ.γ-Trifluorpropenyl]-benzol*. Auf das gleiche Verh. von I u. *β-Nitro-, β-Carboxy-* u. *β-Methylsulfonylstyrol* wird hingewiesen. H. Bajor 418

0861 **Aromatenspektren.** 2. Mitt. **UV-Spektren von Benzolderivaten.** Thorvald Pedersen. (Dansk Kemi **48** (1967) 2, 17—21; VHC. Ørsted-Inst., Kem. Labor.; dän.) — 1. vgl. C. **1968**, 45-0795. — Übersicht mit Tabellen der q-, ν- u. *l*-Werte für die Spektren mit verschiedenen Substituenten u. Gleichungen im Anschluß an die Schrödinger-Gleichung, wobei die Auffassung der Substituenten als Perturbationen zugrunde gelegt wird. R. K. Müller 418

0862 **Atomspektren.** 3. Mitt. **UV-Spektren katakondensierter Kohlenwasserstoffe.** Thorvald Pedersen. (Dansk Kemi **48** (1967) 3, 41—43; dän.) — 2. vgl. vorst. Referat. — Auf Grund der UV-Spektren von *Naphthalin, Acenaphthen, Azulen, Anthracen, Phenanthren, Naphthacen, 1.2-Benzanthracen* u. *Chrysen* (Abb.) wird die Klassifikationstheorie von Platt [1949] krit. besprochen u. gezeigt, daß sie ein qual. Verständnis der UV-Spektren ermöglicht u. daß auch spätere Theorien von Moffitt u. Petruska mit der Auffassung der katakondensierten KW-Stoffe als perturbierter cycl. Polyene nicht in Widerspruch stehen, jedoch einer Ergänzung bedürfen. R. K. Müller 418

0863 **Phosphoreszenzspektren mit aufgelöster Struktur von α.α'- u. γ.γ'-Dipyridyl in n-Paraffinen bei 77 und 55 °K.** Ch. I. Mamedov und R. Z. Lajpanov. (Ž. prikl. Spektroskopii **7** (1967) 1, 49—54; russ.) — Es wird die Beziehung zwischen den Quasilinienspektren u. der Konstit. der Titelverb. u. von *Diphenyl* untersucht. In festem Heptan sind alle 3 Verb. nicht koplanar. Die π-Elektronen von α.α'-Dipyridyl sind konjugiert. V. Burjan 418△

0864 **Heterocyclische Verbindungen auf der Basis von Diketonen.** 11. Mitt. **UV-Spektren von 2-Amino-4-phenyl-5-benzoylthiazol und seinen Derivaten.** Ė. Ju. Gudriniece, Ė. K. Maceevskaja und K. M. Ziemelis. (Izvest. Akad. Nauk Latv. SSR, Ser. chim. **1967**, **5**, 559—62; Rižskij politechn. inst.; russ., Auszug: engl.) — 10. vgl. ibid. **1967**, 4, 445. — Untersuchte Verb.: 4-Phenyl-5-benzoylthiazole: *2-Amino-, 2-Acetylamino-, 2-[Methylphenylamino]-*, [F. 136—138°; 90% (Ausb.)], *2-[Äthylphenylamino]-*, (F. 127—128°; 83%), *2-[Diphenylamino]-* (F. 214—215°; 92%), *2-[Acetylphenylamino]-, 2-Anilino-* (I) u. *2-Allylamino-*; 2-Phenylimino-4-phenyl-5-benzoylthiazoline: *3-Methyl-* (F. 181—183°; 92%), *3-Äthyl-*, (F. 162—163°; 99%) u. *3-Phenyl-* (F. 208—209°; 72%). Auf Grund der Spektren liegt I in Lsg. in der Iminoform vor, bei den restlichen Verb. überwiegt die Aminoform. H. Bajor 418

0865 **Beziehung zwischen den Spektren monosubstituierter Benzole und ihrer Hydroxyradikaladdukte.** B. Cercek.

(J. physic. Chem. **71** (1967) 7, 2354–55; Paterson Labor., Christie Hospital, Holt Radium Inst., Manchester; engl.) — Es werden die UV-Spektren der durch Blitzlichtphotolyse erzeugten Addukte von Hydroxylradikalen mit *Nitro-*, *Chlor-* u. *Jodbenzol*, *Benzoesäure*, *Benzoation*, *Benzolsulfonsäure* u. deren *Amid*, *Anisol*, *Benzoesäurephenylester*, *Benzoesäuremethylester*, sowie *Benzonitril* aufgenommen u. mit denen der monosubstituierten Bzl. verglichen. J. Malur 418

0866 **Lumineszenzspektrum von Acetaldehyd in der Dampfphase; Schwingungsanalyse.** Paule Longin. (C. R. hebd. Séances Acad. Sci., Sér. A et B **265** (1967) 8, B 475–B 478; Labor. d'Opt. mol. de la Fac. des Sci. de Bordeaux, Talence, Gironde; franz.) K. Krüger 418

0867 **Absorptions- und Emissionsspektren von Kristallen des 1.2.4.5 - Tetracyanobenzol – Naphthalin - Komplexes.** Suehiro Iwata, Jiro Tanaka und Saburo Nagakura. (J. Amer. chem. Soc. **89** (1967) 12, 2813–19; Inst. Solid State Phys., Univ. Tokyo, Azabu-shin-ryudocho, Minato-ku, Tokyo; engl.) — Es wurden die Elektronenabsorptions- u. -emissions- sowie die Polarisationsspektren des Ladungsübertragungs-(CT)-Komplexes in Lsg. u. als Film bei 298 u. 88 °K aufgenommen. Die Bande bei 24600 cm^{-1} wird dem ersten, die bei 31500 cm^{-1} dem zweiten CT-Übergang zugeschrieben. J. Malur 418

0868 **Spektroskopie von EDA-Komplexen bei hohen Drücken.** 5. Mitt. **Absorption von kristallinen TCNE-Komplexen.** A. H. Kadhim und H. W. Offen. (Molecular Crystals **3** (1968) 3, 311–23; Dep. of Chem., Univ. of Calif., Santa Barbara, Calif.; engl.) — 4. vgl. J. chem. Physics **47** (1967) 11, 4446; 3. vgl. C. **1968**, 48-0845. — Die Ladungsübertragungsbanden werden aus den Absorptionsspektren (330–650 mμ) bei 0–25 kbar von folgenden Komplexen analysiert: *Tetracyanäthylen* (**I**)–*Naphthalin*, **I**-*Durol*, **I**-*Pyren*, **I**-*Phenanthren* u. **I**-*Hexamethylbenzol*. W. Sobieski 418

0869 **Oxalylhalogenide. Analyse des 3680-Å-Absorptionssystems von Oxalylchlorid.** W. J. Balfour und G. W. King. (J. molecular Spectroscopy **26** (1968) 3, 384 bis 397; Dep. of Chem., McMaster Univ., Hamilton, Ontario; engl.) D. Schmitt 418

0870 **Konzentrationsabhängigkeit der Dinukleotid-Phosphoreszenz bei 77 °K.** Keiichi Imakubo. (J. physic. Soc. Japan **22** (1967) 2, 660; Dep. of Phys., Fac. of Sci., Kyoto Univ., Kyoto; engl.) — Die Phosphoreszenzspektren im Bereich von 375–500 mμ von *Adenin-(3'.5')-cytosin-*, *Adenin-(3'.5')-uracil-*, *Adenin-(3'.5')-guanin-* u. *Guanin-(3'.5')-cytosindinucleotid* bei 77 °K u. Konz. von 10^{-4} bis 10^{-3} Mol/l in Äthylenglykol–W.-Gläsern wurden untersucht. U. Radlbeck 418

0871 **Absorption von Flüssigkeiten im fernen Infrarot (50–700 μ).** D. Chanal, Ed. Décamps, A. Hadni und H. Wendling. (J. Physique **28** (1967) 2, 165–70; franz.) — Vf. untersuchten die Librationsschwingungen in Fl., welche sich durch z. T. sehr breite Banden oberhalb 100 μ bemerkbar machen: *Chloroform*, *Dichloräthan*, *1.1.2.2-Tetrachloräthan*, *1.1.2.2-Tetrabromäthan*, *Aceton*, *Bzl.*, *Chlorbenzol*, *Salicylaldehyd*, *Dioxan*, *Cyclobutanon*. F. Langenbucher 420

0872 **Linienverbreiterung und Frequenzverschiebung von äußeren Ramanfrequenzen organischer Kristalle in Abhängigkeit von der Temperatur.** Lydia Colombo und Danièle Moreau. (C. R. hebd. Séances Acad. Sci., Sér. A et B **265** (1967) 8, B 487–B 490; Labor. des Rech. phys., Paris; franz.) — Beide Effekte wurden an Hand von krist. *p-Toluidin* u. *Acenaphthen* zwischen 230 u. 350 °K untersucht. F. Langenbucher 420

0873 **Bestimmung von optischen Konstanten und Schwingungsbandenintensitäten von Flüssigkeiten im Infraroten durch Benutzung abgeschwächter Totalreflexion.** G. M. Irons und H. W. Thompson. (Proc. Roy. Soc. [London], Ser. A **298** (1967) 1453, 160–77; Phys. Chem. Labor., Univ., Oxford; engl.) — Vf. bestimmen die Veränderung der Brechungsindizes innerhalb der Absorptionsbanden u. die Absorptionsintensitäten der Schwingungsbanden von *Bzl.*, CCl_4, $CHCl_3$, $CHBr_3$, $CHCl_2$–$CHCl_2$ u. CS_2 durch eine neue Methode. Sie basiert auf der abgeschwächten Totalreflexion an der Grenzfläche zwischen festem AgCl, Ge oder KRS 5 u. der Flüssigkeit. Vf. erklären die App. u. Berechnungsgrundlagen. A. Meixner 420

0874 **Infrarotspektrum von Naphthalin bei der Temperatur von flüssigem Helium und neue Zuordnung der Grundschwingungen.** Jacqueline Loisel. (C. R. hebd. Séances Acad. Sci., Sér. A et B **266** (1968) 6, B 330–B 333; CNRS, Labor. de Rech. phys., Sect. Infrarouge, Paris; franz.) F. Langenbucher 420

0875 **IR-Spektren von chemisorbierten Molekülen.** 1. Mitt. **Äthylen an Nickel auf SiO_2-Träger.** J. Erkelens und Th. J. Liefkens. (J. Catalysis **8** (1967) 1, 36–40; Unilever Res. Lab., Vlaardingen, The Netherlands; engl.) J. Malur 420

0876 **Untersuchung der Bande $2\nu_4$ von CH_3D im nahen Infrarot.** Claudine Betrencourt-Stirnemann, Claude Alamichel und Georges Graner. (C. R. hebd. Séances Acad. Sci., Sér. A et B **265** (1967) 9, B 549 bis B 552; Labor. d'Infrarouge, Chim. Phys., Fac. des Sci. de Paris, Orsay, Essonne; franz.) F. Langenbucher 420

0877 **Schwingungsfrequenz und Intensität der Absorptionsbande der C≡C-Bindung in monosubstituierten Acetylenen.** E. A. Gastilovič und D. N. Šigorin. (Optika i Spektroskopija **23** (1967) 4, 622–24; russ.) — An *tert.-Butyl-*, *Trimethylsilyl-*, *Phenyl-* u. *Methylacetylen* sowie an β-monosubstituierten Vinyl- u. Monoalkylacetylenen, an Acetylenen mit ⩾C-Gruppen u. β-Äthinylvinylverb. des Pb, Si u. Sn wird zur Kennzeichnung der Q_2-Schwingung die —C≡C-Bande erörtert. H. Bajor 420

0878 **Schwingungsspektrum von festem Cyclopenten (Modifikation I und II).** Alain Le Roy und Jean-Claude Thouvenot. (C. R. hebd. Séances Acad. Sci., Sér. A et B **265** (1967) 9, B 545–B 548; Phys. expér. mol., Fac. des Sci., Paris; franz.) — Bei 10 °K erscheinen einige Banden infolge intermol. Kopplung als Tripletts aufgespalten. Diese Feinstruktur geht bei 77 °K verloren. Der Phasenübergang bei 87 °K macht sich im Spektrum nicht bemerkbar. F. Langenbucher 420

0879 **Quantitative Bestimmung von CH_3-Gruppen in Methylderivaten des Benzols durch Spektren im nahen IR.** Tadeusz Luty und Józef W. Rohleder. (Roczniki Chem. [Ann. Soc. chim. Polonorum] **41** (1967) 5, 975 bis 984; Wrocław, Techn. Univ., Dep. Phys. Chem., Labor. Chem. Phys.; engl.) — Von *Toluol*, *m-* u. *p-Xylol*, *Mesitylen*, *Durol*, *Pentamethylbenzol* u. *Hexamethylbenzol* wurden die Spektren im Bereich von 4000–4150 u. 5600 bis 6100 cm^{-1} aufgenommen u. verschiedene Banden als geeignet für die quantitative Bestimmung der Anzahl der CH_3-Gruppen am Bzl.-Ring erkannt. J. Malur 420

0880 **IR-Untersuchungen heterocyclischer Verbindungen.** 3. Mitt. **Intensitätsmessungen der CH-Valenzschwingungen des Rings und der Methylgruppe einiger methylierter heterocyclischer Fünfringe und deren Benzologen.** R. Joeckle, E. Lemperle und R. Mecke. (Z. Naturforsch. **22a** (1967) 5, 755–60; Inst. Elektrowerkstoffe, Fraunhofergesellschaft, Freiburg/Br.; dt.) — 2. vgl. C. **1968**, 37-0912. — Von nachst. Verb. wurden die CH-Valenzschwingungen im Bereich von 3200–2800 cm^{-1} in CCl_4 aufgenommen u. zugeordnet. Untersucht wurden: *Thiophen*; *2.5-Dimethyl-*, *2-Methyl-* u. *3-Methylthiophen*; *Pyrrol*, *2.5-Dimethylpyrrol*; *Furan*, *2.5-Dimethyl-* u. *2-Methylfuran*; *Indan*, *2-Methylbenzoselenazol*, *2-Methylbenzothiazol*, *2-Methylbenzimidazol* u. *2-Methylbenzoxazol*, sowie *1-*, *2-*, *3-*, *5-* u. *7-Methylindol*. J. Malur 420

0881 **IR-Absorptionsspektren von 3.5-Dimethyl-1-thiaindan und den Zwischenprodukten seiner Synthese.** I. U. Numanov, I. M. Nasyrov und N. A. Jusupova. (Doklady Akad. Nauk Tadž. SSR **10** (1967) 8, 29–32; Inst. chimii AN Tadž. SSR; russ.) — Zur Kontrolle der Synth. der Titelverb. (**I**) aus *Na-p-Toluolsulfonat* (**II**) werden die Änderungen der IR-Spektren der Zwischenprod. der einzelnen Stufen, d. h. von nachst. Verb. diskutiert: **II**, *p-Toluolsulfochlorid*, *p-Mercapto-* u. *p-[Acetonyl-*

mercapto]-toluol; 3.5-Dimethyl-1-thiainden, -S.S-dioxid u. *-1-thiaindan-S.S-dioxid* sowie I. H. Bajor 420

0882 **IR-Spektrum von kristallinem Pyridin.** Jacqueline Loisel. (C. R. hebd. Séances Acad. Sci., Sér. A et B **264** (1967) 1, B 53—B 55; Labor. de Rech. phys., Dép. Infrarouge, Paris; franz.) — Das IR-Spektrum wurde zwischen —42° u. dem Kp. von N_2 an dünnen krist. Schichten untersucht. Es wurden 2 Spektrentypen beobachtet, welche sich durch das Auftreten von 2 Krist.-Formen erklären lassen. F. Langenbucher 420

0883 **Beitrag zur Kenntnis des Schwingungsspektrums von Thiazol.** Gisèle Davidovics, Chantal Garrigou-Lagrange, J. Chouteau und J. Metzger. (Spectrochim. Acta [Oxford], Part A **23 A** (1967) 5, 1477—87; Labor. de Chim. Physiol., Fac. des Sci., Marseille; franz.) — Das IR- u. Raman-Spektrum folgender Thiazole wurde untersucht: *unsubstituiert*, $D_{(2)}$-, *2-Chlor-, 2-Brom-, 2-Jod-, 2-Methyl-, 4-Chlor-, 4-Methyl-, 5-Chlor-, 5-Brom-, 5-Methyl-, 5-Isopropyl-*, $D_{(2)}$*-4-Chlor-, 2.4-Dichlor-, 2.4-Dibrom-*, $D_{2(2.5)}$-, *2.5-Dichlor-, 2-Chlor-5-brom-, 2.5-Dibrom-, 2-Brom-5-chlor-, 4.5-Dichlor-*. F. Langenbucher 420

0884 **Fermi-Resonanz in den Banden ν_4 und $2\nu_4$ von CH_3Cl.** Claudine Bétrencourt-Stirnemann, Colette Joffrin-Graffouillère, Mireille Morillon-Chapey und Claude Alamichel. (C. R. hebd. Séances Acad. Sci., Sér. A et B **264** (1967) 21, B 1458—B 1460; Labor. d'Infrarouge, Chim. phys., Fac. des Sci., Paris; franz.) A. Meixner 420

0885 **Fermi- und Coriolis-Resonanz der ν_4-Bande von Methylchlorid bei 3050 cm^{-1}.** Mireille Morillon-Chapey, Georges Graner und Claude Alamichel. (C. R. hebd. Séances Acad. Sci., Sér. A et B **266** (1968) 4, B 240—B 243; Labor. d'Infrarouge, Chim. phys., Fac. des Sci. de Paris, Orsay, Essonne; franz.) F. Langenbucher 420

0886 **Zusammenhang zwischen den absoluten Intensitäten im Dampf und in der kondensierten Phase $\nu(CH_2)$-Valenzschwingung von CH_2Cl_2 und CH_2J_2.** Georges Lévi und Maurice Chalaye. (C. R. hebd. Séances Acad. Sci., Sér. A et B **265** (1967) 20, B 1093—B 1096; Labor. de Phys. expér. mol., Fac. des Sci., Paris; franz.) F. Langenbucher 420

0887 **Infrarotspektren cyclischer Äther und ihrer Derivate. 1. Mitt. Besonderheiten der Gerüstschwingungen des Tetrahydrofuranringes.** A. P. Kilimov, M. A. Svečnikova, V. I. Ševčenko, V. V. Smirnov, F. V. Kvasnjuk-Mudryj und S. B. Zotov. (Chim. geterocikličeskich Soedinenij **1967**, 4, 579—84; russ.) — Im Bereich 1500—550 cm^{-1} Unters. der Beziehung zwischen Spektrum u. Konstit. von nachst. Tetrahydrofuranen: *unsubstituiert* (Kp. 64—65°), *2-Methyl-* [$Kp._{761}$ 80°; durch Cyclisierung von Penten-(4)-ol; 60% Ausb.], *2-Chlormethyl-* ($Kp._{20}$ 55—56°; aus Tetrahydrofurfurylalkohol; 85%), *2-Brommethyl-* [$Kp._{14}$ 80°; aus Br_2 u. Pentenol-(5); 54%], *2-Brommethyl-5-methyl-* [$Kp._7$ 45—57°; aus Br_2 u. Hexenol-(5); 40%], *2-Jodmethyl-5-methyl-* [**I**, $Kp._3$ 55 bis 56°; wie vorst. mit J_2; 80%], *2-Brommethyl-5-chlormethyl-* [$Kp._3$ 82—83°; aus 6-Chlorhexenol-(5) u. Br_2; 30%], *2-Jodmethyl-5-chlormethyl-* (**II**, $Kp._3$ 94—96°; wie vorst. mit J_2; 80%), *2-Methylmercaptomethyl-5-methyl-* {$Kp._5$ 64—66°; aus **I** u. Thioharnstoff (**III**) u. Zers. des S-[2-Methyltetrahydrofuryl-(5)-methyl]-isothiuroniumjodids mit NaOH u. CH_3J; 72%}, *2-Äthylmercaptomethyl-5-methyl-* ($Kp._{11}$ 82—84°; wie vorst., Zers. mit C_2H_5J u. NaOH), *2-Mercaptomethyl-5-chlormethyl-* ($Kp._7$ 79—80°; aus **II** u. **III** u. Verseifung; 52%), *2-Methylmercaptomethyl-5-chlormethyl-* ($Kp._7$ 107—109°; wie vorst., Zers. mit NaOH + CH_3J; 68%), *2-Jodmethyl-5-[äthoxymethyl]-* [**IV**, $Kp._5$ 118—121°; aus 6-Äthoxyhexanol-(5) u. J_2; 60%], *2-Methylmercaptomethyl-5-[äthoxymethyl-* ($Kp._6$ 106—108°; aus **IV** u. **III** u. Zers. mit NaOH + CH_3J; 75%). H. Bajor 420

0888 **IR-Absorptionsspektrum der Benzol–Dioxan-Mischung im kristallinen Zustand.** Jean-Pierre Marsault. (C. R. hebd. Séances Acad. Sci., Sér. A et B **266** (1968) 6, B 334—B 336; Labor. de Phys. expér. mol., Fac. des Sci., Paris; franz.) — F. Langenbucher 420

0889 **IR-Spektren des Pyrimidinkristalls.** René Foglizzo und Alexandre Novak. (J. Chim. physique Physico-Chim. biol. **64** (1967) 10, 1484—90; Paris, Labor. de Spectrochim. Mol.; franz.) M. Knaack 420

0890 **Untersuchung des IR-Absorptionsspektrums von p-Dithian bei 15 °K; Satellitenbanden.** Jean-Pierre Marsault und Gérard Dumas. (C. R. hebd. Séances Acad. Sci., Sér. A et B **265** (1967) 25, B 1435—B **1437**; Labor. de Phys. expér. mol., Fac. des Sci., Paris; franz.) F. Langenbucher 420

0891 **IR-Spektren von Chlormethylderivaten von Dioxanen und Dioxolanen.** E. G. Ivanjuk und I. P. Kovalev. (Ž. prikl. Spektroskopii **6** (1967) 1, 102—06; russ., Auszug: engl.) — Untersuchte Verb.: 2-Chlormethyl-1.3-dioxolane: *unsubstituiert, 4-Methyl-, 4-Hydroxymethyl-, 4-Chlormethyl-, 2-Chlormethyl-5-hydroxy-1.3-dioxan, 2-Chlormethyl-1.3.5-trioxacyclooctan, 3.9-Bis-[chlormethyl]-2.4.8.10-tetraoxaspiro[5.5]-undecan, 1.3;2.5;4.6-Tris-O-[β-chloräthyliden]-D-sorbit* u. *1.3;2.4;5.6-Tris-O-[β-chloräthyliden]-D-mannit*. Die IR-Spektren (3200—600 cm^{-1}) bestätigen die cycl. Chloracetalstruktur. Die ν(C—Cl) wird weder durch Ringgröße noch durch Anzahl der Cl-Atome beeinflußt. H. Bajor 420

0892 **Einfluß der Variation der Anharmonizität auf die Frequenzverschiebung der OH- und OD-Valenzschwingungen von C_6H_5OH und C_6H_5OD.** Pham Van Huong, Michel Couzi und Jean Lascombe. (C. R. hebd. Séances Acad. Sci., Sér. A et B **266** (1968) 3, B 172 bis B 174; Labor. de Spectroscopie infrarouge, Dép. de Chim. phys., Fac. des Sci. de Bordeaux, Talence, Gironde; franz.) F. Langenbucher 420

0893 **Dipolmomente und IR-Spektren von 4- und 4′-mono substituierten Chalkonen.** S. V. Cukerman, Ju. N. Surov und V. F. Lavrušin. (Ž. obšč. Chim. **38** (**100**) (1968) 3, 524—29; Char'kovskij gos. univ. im. Gor'kogo; russ.) — Messung der Dipolmomente (DP), der ν(C=O) u. der ν(C=C) von nachst. Chalkonen: unsubstituiert, 4- u. 4′-Methyl-, 4- u. 4′-Methoxy-, 4-Dimethylamino-, 4-Fluor-, 4- u. 4′-Chlor-, 4- u. 4′-Nitro-, 4- u. 4′-Phenyl-. Zwischen DP bzw. der ν(C=D) u. den Hammettschen σ-Konst. besteht eine lineare Beziehung. Die Aufspaltung der ν(C=O) in CCl_4-Lsg. rührt von einer s-cis–s-trans-Isomerisierung. H. Bajor 420

0894 **Raman-Spektren von Kaliumdinitromethan und D_1-Kaliumdinitromethan.** E. R. Lippincott, T. E. Kenney, T. R. Nanney und C. K. Weiffenbach. (J. chem. Soc. [London], Sect. B **1967**, 1, 32—33; Dep. of Chem., Univ. of Md., Coll. Park, Md.; engl.) — Lage u. Intensität der Streulinien im Raman-Spektrum von $KHC \cdot (NO_2)_2$ u. $KDC(NO_2)_2$ werden angegeben. Die Ergebnisse deuten auf eine ebene Struktur des Anions u. eine Resonanz zwischen zwei mesomeren Grenzstrukturen hin. A. Meixner 420

0895 **Die NS-Valenzschwingung und die NS-Bindung in Verbindung des Typs R—NSF₂.** A. Müller, O. Glemser und B. Krebs. (Z. Naturforsch. **22b** (1967) 5, 550; Göttingen, Univ., Anorgan. Chem. Inst.; dt.) — Für eine Reihe von Verb. mit der Gruppierung $—N=SF_2$ werden die der ν(SN)-Schwingung zugeordneten Frequenzen auf Grund von Literaturangaben tabellar. aufgeführt u. bez. des (NS)-Bindungsgrades diskutiert. J. Malur 420

0896 **IR-Spektren von Triphenylbor und Triphenylborat.** H. F. Shurvell und J. A. Faniran. (Canad. J. Chem. **46** (1968) 12, 2081—87; Dep. of Chem., Queen's Univ., Kingston, Ontario; engl.) — IR-Spektroskop. Unters. (4000—300 cm^{-1}) der räumlichen Struktur von Triphenylbor u. Triphenylborat (F. 89—90°) u. Berechnung der Kraftkonst. für BC_3- u. BO_3-Gruppen. D. Strauch 420

0897 **IR-Spektren von Phenylboronsäure (normal und deuteriert) und Phenylboronsäurediäthylester.** J. A. Faniran und H. F. Shurvell. (Canad. J. Chem. **46** (1968) 12, 2089—95; Dep. of Chem., Queen's Univ., Kingston, Ontario; engl.) — Vgl. vorst. Referat. — Die IR-Spektren (4000—300 cm^{-1}) wurden zugeordnet. Das Spektrum der Säure (F. 214—215°) zeigt die Anwesenheit einer intramolekularen H-Bindung. D. Strauch 420

0898 **Inneres Schwingungsspektrum eines Einkristalls von K-Hydrogenmaleinat.** Lucette Bardet, Roger Marignan und Jacques Maillols. (C. R. hebd. Séances Acad. Sci., Sér. A et B **269** (1967) 1, B 53—B 55; Fac. de Pharm., Montpellier, Hérault; franz.) — Die Raman-Streuung eines Einkrist. (Raumgruppe D_{2h}^{11}, Z = 4) wurde in 6 verschiedenen Orientierungen gemessen.
F. Langenbucher 420

0899 **Raman-Spektroskopie. 6. Mitt. Intensität der Carbonyl-Linie und Einfluß von Elektroneneffekten.** G. Michel und M. Renson. (Spectrochim. Acta [Oxford], Part. A **23A** (1967) 5, 1435—47; Inst. de Chim. Analyt., Univ. de Liège; franz.) — 4. vgl. C. **1966,** 35-0756. — Der Zusammenhang zwischen Mol.-Struktur u. Raman-Intensität der CO-Gruppe in *Estern, Ketonen, Aldehyden* u. *Amiden* wird auf Grund früherer Messungen untersucht.
F. Langenbucher 420

0900 **IR-Spektren der Benzolcarbonsäuren.** V. Večeříková und M. F. Kessler. (Freiberger Forsch.-H., Reihe A **1968,** 429, 79—90; Praha; dt.) — Untersucht wurden *Phthalsäure* (**I**), *Isophthalsäure* (**II**), *Terephthalsäure* (**III**); *Hemi-* u. *Trimellitsäure, Trimesinsäure, Prehnitsäure, Pyromellitsäure, Benzolpentacarbonsäure* u. *Mellitsäure* sowie *Gemische* **I**—**III** mit *Benzoesäure*.
D. Schmitt 420

0901 **IR- und UV-spektroskopische Untersuchungen einiger Azomethine.** Walther Krauss und Claus G. J. Wagner. (Z. Naturforsch. **22a** (1967) 5, 746—54; Chem. Labor., Inst. Tierphysiologie, Univ. München; dt.) — Von *Benzalanilin, p-Nitro-, p-Fluor-, p-Chlor-, p-Methyl-, p-Methoxy-, p-Dimethylaminobenzalanilin* u. *Cinnamalanilin* (**I**) wurden die IR-Spektren in CCl_4, Methylenchlorid (**A**), Cyclohexan oder Acetonitril sowie die UV-Spektren in Methanol, A., **A**, CCl_4, Hexan oder Heptan aufgenommen. — Aus den komplexen UV-Banden werden nach Zerlegung in Gauß- oder Gauß-Lorentz-Kurven die Oszillatorenstärken berechnet. Aus diesen Werten sowie aus den Spektren von **I** u. einigen BF_3-Komplexen wird auf ein Elektronensystem geschlossen, das durch den Kettenstickstoff begrenzt wird.
J. Malur 420

0902 **Infrarotabsorptionsspektren einiger aldofuranoider, aldopyranoider und acyclischer 1-Acylamidoderivate von Zuckern.** R. Stuart Tipson, Alberto S. Cerezo, Venancio Deulofeu und Alex Cohen. (J. Res. nat. Bur. Standards, Sect. A **71A** (1967) 1, 53—79; Inst. Mat. Res., Nat. Bur. Standards, Washington, D.C.; engl.) — Es werden die IR-Daten von ca. 60 Verb. nach der Literatur diskutiert.
J. Malur 420

0903 **IR-Spektren im OH-Valenzschwingungsbereich von Mono- und Oligosacchariden bei tiefen Temperaturen.** A. J. Michell. (Austral. J. Chem. 21 (1968) 5, 1257—66; Div. of Forest Prod., CSIRO, South Melbourne; engl.) — Untersucht wurden *β Xylose, β Arabinose, α* u. *β Glucose, β-Cellobiose, α-Cellotriose, β-Cellotetraose, Methyl-β-xylosid, Methyl-1-thio-β-xylosid, Methyl-α-* u. *-β-glucosid*.
D. Schmitt 420

0904 **Die IR-Spektren einiger Komplexe von Metallionen mit Nucleosiden und Nucleotiden.** K. A. Hartman jun. (Biochim. biophysica Acta [Amsterdam] **138** (1967) 1, 192—95; Central Res., Dep., Exper. Stat., E. I. du Pont de Nemours Co., Wilmington, Del.; engl.) — Es wurden die IR-Spektren einiger Schwermetallkomplexe von *Cytidin, Uridin, AMP, GMP* u. *Kalbsthymus-DNS* in D_2O aufgenommen. Bei Komplexbldg. zeigen sich Verschiebungen der C=O-, C=C- u. C=N-Frequenzen, die im Falle der *Hg-, Ag-* u. *Au*-Komplexe bes. stark sind. *Cu, Mn, Mg, Fe, Ni, Zn* u. *Co* zeigten keine Wrkg. auf das Spektrum.
J. Malur 420

0905 **Absorptionsspektren einiger Chlordiphenylsulfonurethane im nahen IR.** D. Bârca-Gălăteanu, Paraschiva Volatie, Dan Iordache und C. Chiriţa. (Rev. roum. Physique **12** (1967) 1, 53—62; Polytechn. Inst., Bukarest, Rumänien; engl.) — Es werden die IR-Spektren nachst. Verb. im Gebiet von 5000—400 cm^{-1} in KBr aufgenommen. Die Bandenzuordnungen werden angegeben. Untersucht wurden *N-[p-(p-Chlorphenylsulfonyl)-phenyl]-carbaminsäurephenyl-, -diphenyl-, -triphenylmethyl-, -diphenyläthylmethyl-, -N.N-dimethyl-2-aminoäthyl-, -N.N-diäthyl-2-aminoäthyl-, -2-methoxyphenyl-, -2-isopropyl-5-methylphenyl-* u. *-2-methoxy-4-allylphenylester*.
J. Malur 420

0906 **Untersuchung der Methyl- und α-Aminoäthylphosphonsäure durch IR-Spektrometrie.** Bernard Dupuy und Chantal Garrigou-Lagrange. (J. Chim. physique Physico-Chim. biol. **65** (1968) 4, 632—37; Inst. de Magnéto-Chim., Brivazac, Pessac; franz.)
U. Radlbeck 420

0907 **Mikrowellenspektrum, Struktur, Dipolmoment und innere gehinderte Rotation des Moleküls von Äthylalkohol.** L. M. Imanov und Č. O. Kadžar. (Izvest. Akad. Nauk Azerbajdž. SSR, Ser. fiz. techn. mat. Nauk **1967,** 3—4, 33—42; russ.) — Untersucht wird A. u. *^{18}O-, [1-D]-, [O-D]-, [1.1-D_2]-, [2.2.2-D_3]-, [1.1.2.2.2-D_5]-* u. *D_6-Äthanol.* Aus den Mikrowellenspektren werden für alle Deriv. die Rotationskonst., Asymmetrieparameter, Hauptträgheitsmomente u. für A. die Atomkoordinaten, Atomabstände, Valenzwinkel u. das Dipolmoment bestimmt. Die innere gehinderte Rotation (R) wird an A., [1-D_1]-, [1.1-D_2]- u. [2.2.2-D_3]-A. untersucht; von [1-D_1]- u. [2.2.2-D_3]-A. werden die Potentialschwellen u. die Parameter der inneren R bestimmt.
V. Burjan 422△

0908 **D-NMR in deuteriertem L-Alanin.** D. Warner, T. Gorvin und W. Derbyshire. (Molecular Physics **14** (1968) 3, 281—82; Dep. of Phys., Univ. of Nottingham; engl.) — Untersucht wurde $\overset{+}{N}D_3CHCH_3COO^-$.
D. Schmitt 424

0909 **NQR-Untersuchung der Molekularstruktur von Dicarbonsäurechloranhydriden.** S. Kinastowski und J. Pietrzak. (Bull. Acad. polon. Sci., Sér. Sci. chim. **16,** (1968) 3, 155—57; Dep. of chem. Wood Technol., Coll. of Agricul., Poznań; engl.) — Untersucht wurden *symm.* u. *asymm. Phthalylchlorid* (Phthalylchlorid u. 3.3-Dichlorphthalid).
D. Schmitt 422

0910 **NMR-Spektren von Alkylbenzolen.** Kazuyoshi Itoh, Sawako Hamanaka, Fukiko Yamada und Masaya Ogawa. (J. chem. Soc. Japan, ind. Chem. Sect. [Kōgyō Kagaku Zasshi] **70** (1967) 6, 914—18; Osaka, Kansai Univ., Fac. of Engng.; jap., Auszug: engl.) — Diskutiert werden Bandenlage u. chem. Verschiebung nachst. n-Propylbenzole: *1-Äthyl-2-methyl-, 1.2.2-Trimethyl-, 1-Methyl-1-äthyl-, 1.2-Dimethyl-*; n-Butylbenzole: *2.3-Dimethyl-, 1-Äthyl-, 1.3-Dimethyl-, 2-Äthyl-, 1-Methyl-, 1.1-Dimethyl-*; n-Pentylbenzole: *unsubstituiert, 1-Methyl-, 1.1-Dimethyl-* u. *n-Hexylbenzol.*
H.-S. Park 424

0911 **Relaxation und optische Kernspinpolarisation der Protonen in optisch angeregten Anthracenkristallen.** G. Maier und H. C. Wolf. (Z. Naturforsch. **23a** (1968) 7, 1068—76; 1. u. 3. phys. Inst. der Univ. Suttgart; dt.) — Messungen an Anthracen- u. Anthracen–Tetracen-Mischkristallen.
D. Schmitt 424

0912 **Intramolekularer und intermolekularer Overhauser-Effekt in aromatischen Verbindungen mit einer tert.-Butylgruppe.** Ė. Lippmaa, M. Alla und A. Sjugis. (Izvest. Akad. Nauk Ėst. SSR, Fiz. Mat. **16** (1967) 3, 385—89, Inst. Kibernetiki AN Ėst. SSR; russ.) — Relaxation, bes. Dipol–Dipol-Wechselwrkg. führen auch bei Fehlen einer skalaren Spin–Spin-Kopplung zur Kopplung räumlich naher Protonen (P) im Mol. u. selbst zwischen Mol. u. Lsgm., so daß die Sättigung des Signals einer Gruppe zur Verstärkung des Signals anderer P führt. Die selektiven Effekte sind zur Zuordnung individueller P geeignet. Untersucht wurden nachst. tert.-Butylphenole: *4-* [(Lsgm.:) Acetonitril (**I**) u. DMSO], *2.4-Di-* (CS_2 u. **I**), *2.4.6-Tri-* (wie vorst.); *4-tert.-Butylthiophenol* (CS_2, **I** u. C_6F_6), *-toluol* (wie vorst.), *-anisol* [DMSO, 1.2-Dichloräthan (**II**) u. wie vorst.]; *3-tert.-Butyl-4-hydroxyanisol* (DMSO), *4-tert.-Octylphenol* (CS_2 u. **I**) u. *2-Isopropyl-5-methylphenol* (CS_2).
H. Bajor 424

0913 **Vorzeichen der Kopplungskonstanten $^4J_{HH}$ in $(CH_3)_4C$, $(CH_3)_2O$, $(CH_3)_2CO$ und $(CH_3)_2SO$.** Herbert Dreeskamp. (Z. physik. Chem. [Frankfurt/M.] [N.F.] **59** (1968) 5/6, 321—23; Inst. für Phys. Chem., Univ. Stuttgart; dt.)
W. Sobieski 424

0914 **Über Flechteninhaltsstoffe.** 45. Mitt. **NMR-Spektroskopie einiger Depside und Depsidone.** Siegfried Huneck und Pierre Linscheid. (Z. Naturforsch. **23b** (1968) 5, 717–32; Inst. für Pflanzenchem. der TU Dresden, Tharandt bei Dresden; dt.) — 44. vgl. ibid. **22b** (1967) 791; 46. vgl. C. **1968**, 48-1424. — Untersucht wurden: *Everninsäuremethylester, Orsellinsäuredimethyläther, Divaricatinsäure, Hydroxydivaricatinsäure, Olivetonsäuredimethyläther, Olivetonidmethyläther, 5-Hydroxyolivetolcarbonsäuremethylesterdimethyläther, Lecanorsäure, Evernsäure, Evernsäuremethylester, Diacetylevernsäuremethylester, Tumidulin, Tumidulintrimethyläther, Triacetyltumidulin, Divaricatsäure, Planasäuremethylester, Olivetorsäuremethylester, Confluentinsäure, Sekikasäure, Sekikasäuremethylester, Sekikasäuremethylestermethyläther, Scrobiculin, Merochlorophaesäure, Atranorin, Pentaacetylatranorin, Chloratranorin, Squamatsäure, Squamatsäuredimethylesterdimethyläther, Diploicin, Diploicinmethyläther, Hypoprotocetrarsäure, Hypoprotocetrarsäuremethylester, Hypoprotocetrarsäuremethylestermonomethyläther, Hypoprotocetrarsäuremethylesterdimethyläther, Grayansäure, Psoromsäure, Triacetylpsoromsäure, Protocetrarsäure, Pentaacetylprotocetrarsäure, Fumarprotocetrarsäure, Lobarsäure, Lobarsäuremethylester, Physodsäure, Physodsäuremethyläther, Physodsäuremethylester, Stictinsäure, Stictinsäuremethylestermethyläther, Tetraacetylstictinsäure, Norstictinsäure, Pentaacetylnorstictinsäure, Salazinsäure* u. *Hexaacetylsalazinsäure.* D. Schmitt 424

0915 **Magnetische ^{13}C- und ^{31}P-Doppelresonanzuntersuchung von Organophosphorverbindungen.** W. McFarlane. (Proc. Roy. Soc. [London], Ser. A **306** (1968) 1485, 185–99; Div. of Mol. Sci., Nat. Phys. Labor., London; engl.) — Bestimmt werden die Kopplungskonst. u. chem. Verschiebungen von *Trimethylphosphin, -sulfid, -selenid, Tetramethylphosphoniumjodid, Dimethylphenylphosphin,* dessen *Hydrobromid, Methylphosphonsäuredimethylester, Triäthylphosphin, Tetraäthylphosphoniumbromid, Phosphorigsäure-, Phosphorsäure-, Thiophosphorsäuretrimethylester, Phosphorigsäuredimethylester, Phosphorsäuremonomethylesterdichlorid, Phosphorigsäure-, Phosphorsäure-, Thiophosphorsäuretriäthylester, Phosphorigsäurediäthylester, Phosphorsäuremonoäthylesterdichlorid, -diäthylesterchlorid* u. *Oktamethylcyclotetraphosphazatetraen.* W. Sobieski 424

0916 **ESR-Untersuchungen an D_8-Naphthalin–H_8-Naphthalin-Mischkristallen in deren Triplettzustand.** M. Schwoerer und H. C. Wolf. (Molecular Crystals **3** (1967) 2, 177–213; 3. Phys. Inst., TH Stuttgart; dt.) — Analysiert werden die ESR-Spektren bei UV-Bestrahlung u. 4,2 °K u. die Konz.-Abhängigkeit der Relaxation u. der Lebensdauer des metastabilen Triplettzustandes. W. Sobieski 426

0917 **ESR-Spektrum des 2.4.6-Triphenylpyryl-Radikals.** I. Degani, L. Lunazzi und G. F. Pedulli. (Molecular Physics **14** (1968) 3, 217–22; Ist. di chim. Organ. Superiore Centro di Spektroscopia Mol. del CNR, Bologna; engl.). D. Schmitt 426

0918 **Elektron–Elektron-Doppelresonanz von freien Radikalen in Lösung.** James S. Hyde, James C. W. Chien und Jack H. Freed. (J. chem. Physics **48** (1968) 4211–26; Varian Assoc., Analyt. Inst. Div., Palo Alto, Calif.; engl.) — Die Meth. zusätzlicher Mikrowellenbestrahlung wird gezeigt an Coppingers *Radikal,* am *Tetracyanäthylenanionradikal* u. an *4-[N-Maleinimido]-2.2.6.6-tetramethylpiperidin-N-oxid.* D. Schmitt 426

0919 **Chemische Reaktionen des O^--Ions im Massenspektrometer.** K. Jäger, M. Simic und A. Henglein. (Z. Naturforsch. **22a** (1967) 6, 961–65; Hahn-Meitner-Inst. für Kernforsch. Berlin; dt.) — Schnelle Rk. des O^--Ions wurden mit *W., Methanol,* CH_3OD, *A., Isopropanol,* C_3H_7OD, *tert.-Butanol, Ae., Aceton, Cyclohexan, Cyclohexen, Bzl.* u. *Toluol* beobachtet. Die beobachteten Rk.-Typen werden diskutiert. G. Malow 428

0920 **Organische Ionen in der Gasphase.** 20. Mitt. **Massenspektren von Phenylthiophenen.** Seymour Meyerson und E. K. Fields. (Org. Mass Spectrometry **1** (1968) 2, 263–71; Res. and Dev. Dep., Amer. Oil Co., Whiting, Ind.; engl.) — 19. vgl. C. **1968,** 64-0150. — Die Massenspektren von *2-* u. *3-Phenylthiophen* sowie der *[Phenyl-D_5]-Deriv.* werden gemessen u. bez. der Rk.-Fähigkeit des Thiophen- bzw. Phenylringes unter Elektronenbeschuß diskutiert. D. Schmitt 428

0921 **Massenspektrum von [1-^{13}C]-1-[Thienyl-(2)]-hexan.** Norman G. Foster und Robert W. Higgins. (Org. Mass Spektrometry **1** (1968) 2, 191–98; Dep. of Chem., Tex. Woman's Univ., Denton, Tex.; engl.) D. Schmitt 428

0922 **Massenspektren von 1-Arylanthrachinonen-(9.10).** D. R. Buckle und E. S. Waight. (Org. Mass Spectrometry **1** (1968) 2, 273–78; Organ. Chem. Labor., Imperial Coll. of Sci. and Technol., London; engl.) — Nachst. 1-[X-Phenyl]-anthrachinone-(9.10) wurden untersucht: X = *unsubstituiert, 2-, 3-* u. *4-Methyl-; 2.6-Dimethyl-, 2-Äthyl-, 2-, 3-* u. *4-Methoxy-; 2-, 3-* u. *4-Fluor-; 2-, 3-* u. *4-Chlor-; 2-, 3-* u. *4-Brom-* sowie *2-, 3-* u. *4-Nitro-.* D. Schmitt 428

0923 **Massenspektren von einigen chlorierten Pestiziden.** J. N. Damico, R. P. Barron und J. M. Ruth. (Org. Mass Spectrometry **1** (1968) 2, 331–42; Entomology Res. Div., Agricultural Res. Service, Dep. of Agriculture, Beltsville, Md.; engl.) — Untersucht wurden: *Aldrin, Isodrin, Dieldrin, Endrin, Chlorden, Heptachlor, Chlordan, Trichlorden* u. *Nonachlor.* D. Schmitt 428

B–2. Strukturforschung

0924 **Einfluß der Schwingung auf die Hyperfeinstruktur der Rotationsniveaus von Molekülen mit ternärer Symmetrie.** Ginette Tarrago und Serge Maes. (C. R. hebd. Séances Acad. Sci., Sér. A et B **266** (1968) 11, B 699 bis B 702; Labor. de Spectroscopie mol. associé au CNRS, Fac. des Sci., Paris; franz.) — Für das Mol. $CH_3C^{14}N$ im angeregten Schwingungszustand mit einem internen Drehimpuls von $|l_t| = 1$ wird die Schwingungskorrektur des Therms der Quadrupol-Wechselwrkg. der Rotationsenergie berechnet. R. Kirchlechner 431

0925 **Berechnung der Konstanten der Hammett-Gleichung nach der MO-Methode.** Ossi Horowitz. (Studii Cercetari Chim. [Bucureşti] **15** (1967) 12, 927–44; Univ. Babeş-Boljai Chij, Fac. de chim.; rum.) P. W. Kittner 431△

0926 **Vergleich des Einflusses von elektronischen und sterischen Effekten der Methylgruppe.** Josette Canceill, Antonio Hidalgo und Enrique Melendez. (C. R. hebd. Séances Acad. Sci., Sér. A et B **265** (1967) 17, B 918–B 920; Centro Nac. de Quím. Organ. Madrid; franz.) — Am Beispiel folgender Propen-(2)-ole: *unsubstituiert, 2-, cis-* u. *trans-3-Methyl-, cis-* u. *trans-2.3-Dimethyl-, 3.3-Dimethyl-* u. *2.3.3-Trimethyl-* wird die Wechselwrkg. zwischen dem Proton der OH-Gruppe u. den Doppelbindungs-π-Elektronen IR-spektroskop. untersucht. F. Langenbucher 431

0927 **Triplettzustand in der organischen Chemie.** Malvina Fărcaşiu. (Studii Cercetări Chim. [Bucureşti] **15** (1967) 10, 771–85; Bucureşti, Centrid de radiobiol. şi biol. mol.; rum,) — Übersicht. — **169** Literaturangaben. R. K. Müller 432△

0928 **Verbindungen mit 2 Chromophoren.** 2. Mitt. **LCAO-Berechnung der Integrale des Übergangsmomentes für nichtebene π-Systeme.** Amatzya Y. Meyer. (J. Chim. physique Physico Chim. biol. **65** (1968) 5, 837–39; Labor. de Chim. Organ., Univ. Hébraïque, Jérusalem; franz.) J. Richter 432

0929 **Bestimmung der Struktur von Tricyclo-[3.3.0.0^{2,6}]-octan durch Elektronenbeugung.** Joseph F. Chiang und S. H. Bauer. (Trans Faraday Soc. **64** (1968) 549, 2247 bis 2255; Dep. of Chem., Cornell Univ., Ithaca, N.Y.; engl.) — Die Radialverteilungskurven u. Atomabstände sind angegeben. W. Sobieski 432

0930 **Anwendung der Methode der sekundären Unterschiede der Hauptträgheitsmomente.** Č. O. Kadžar und L. M. Imanov. (Izvest. Akad. Nauk Azerbajdž. SSR, Ser. fiz. techn. mat. Nauk **1967,** 2, 71–73; russ.) — Aus den Trägheitsmomenten (M) von A. u. dessen [1.1-D_2]-, [2.2.2-D_3]- u. [1.1.2.2.2-D_5]-Deriv. u. den in Richtung der Symmetrieebene ber. M für die hypothet. Mol. CH_3 · CYOH, CH_3CZOH, CD_3CYOH u. CD_3CZOH (wobei die Masse von Y = 2 H u. von Z = 2 D) wird für *A*. die Koordinate **a** der H-Atome der Methylengruppe zu −0,0575 Å neu berechnet. H. Bajor 432

0931 **Ionisationspotential von Toluol- und Styrol-Derivaten.** Masahiro Hatano, Noriyoshi Tamura und Shu Kambara. (J. chem. Soc. Japan, ind. Chem. Sect. [Kōgyō Kagaku Zasshi] **70** (1967) 11, 2012—16; Sendai; Tohoku Univ., Chem. Res. Inst. of Non-aqueous Solutions; jap., Auszug: engl.) — Mit Hilfe der Ladungsübertragungspektren der Komplexe von *Toluol, p-Methoxy-* u. *p-Chlortoluol, p-Toluidin, p-Kresol* u. *p-Xylol* mit verschiedenen Elektronenakzeptoren (*2.3-Dicyan-5.6-dichlor-p-benzochinon, Tetracyanäthylen, 7.7.8.8-Tetracyanchinodimethan, p-Chloranil, 2.5-Dichlor-p-benzochinon, p-Benzochinon, 1.3.5-Trinitrobenzol* u. *Jod*) in Dichlormethan u. CCl_4 wurden die Ionisationspotentiale der Toluole berechnet. Die Werte stehen in linearer Beziehung zu den Brownschen σ^+-Konstanten. Nach der gleichen Meth. wurden die Ionisationspotentiale von *Styrol; p-Amino-, p-Methoxy-, p-Hydroxy-, p-Methyl-* u. *p-Chlorstyrol* gemessen u. mit den Brownschen σ^+-Konst. verglichen. H.-S. Park 432

0932 **HMO-Berechnung von p-substituierten Styrol-Derivaten.** Masahiro Hatano, Noriyoshi Tamura und Shu Kambara. (J. chem. Soc. Japan, ind. Chem. Sect. [Kōgyō Kagaku Zasshi] **70** (1967) 11, 2016—18; jap., Auszug: engl.) — Vgl. vorst. Referat. — Die π-Elektronenenergieniveaus von *Styrol; p-Amino-, p-Methoxy-, p-Hydroxy-, p-Methyl-* u. *p-Chlorstyrol* wurden mit Hilfe der LCAO–MO-Meth. berechnet. Die nach der LCMO-Meth. erhaltenen Ionisationspotentiale obiger Verb. werden mit den Daten, die man aus Ladungsübertragungenergien (mit *p-Chloranil* als Akzeptor) erhält, verglichen. H.-S. Park 432

0933 **Sterische Hinderung der Konjugation und deren Abschätzung mit Hilfe der Frequenz der Nitrilgruppe in den IR-Spektren von α.β-Diarylacrylonitrilen.** I. N. Juchnovskij. (Ž. strukturnoj Chim. 8 (1967) 3, 544 bis 546; Inst. org. chimii Bolgarskoj AN, Sofija; russ.) — Unters. der Beziehung zwischen Lage u. integraler Intensität der ν(C≡N) einerseits u. der Lokalisierungsenergie der π-Elektronen u. der Koplanarität andererseits für *Acrylonitril, α-Phenylacrylonitril*, nachst. trans-α-Phenylacrylonitrile: *β-Phenyl-, β-[Phenanthryl-(9)]-, β-[p-Biphenylyl]-. β-[Naphthyl-(1)]-, β-[Naphthyl-(2)]-, β-[Anthryl-(9)]-, β-[Pyrenyl-(1)]-*; nachst. trans-α-[Naphthyl-(1)]-acrylonitrile: *β-Phenyl-, β-[Naphthyl-(1)]-, β-[Naphthyl-(2)]-*; nachst. trans-α-[Naphthyl-(2)]-acrylonitrile: *β-Phenyl-, β-[Naphthyl-(1)]-, β-[Naphthyl-(2)]-, β-[Anthryl-(9)]-* u. *β-[Pyrenyl-(1)]*. H. Bajor 432

0934 **IR-spektroskopische Untersuchung der Struktur von Aminohydroxamsäuren.** Andrzej Janowski und Jadwiga Rosochacka. (Roczniki Chem. [Ann. Soc. chim. Polonorum] **41** (1967) 7/8, 1361—65; Katedra Chemii Nieorg. Uniw., Warszawa; pol., Auszug: engl.) — Untersucht wurden im Bereich 3600—400 cm^{-1}: *N-Alanyl-, N-Phenylalanyl-, N-Tyrosyl-* u. *N-Methionylhydroxylamin.* In allen Verb. traten cis-Isomere mit einer intramol. H-Bindung u. trans-Isomere (z. T. über intermol. H-Brücken dimerisiert) auf. Die tautomeren Hydroximinsäuren werden nicht festgestellt. H. Bajor 434

0935 **Rotationsisomerie.** 4. Mitt. **NMR-Untersuchung der Lösungsmittel und Temperaturabhängigkeit des Konformationsgleichgewichts von 1.2-Dichlor- und 1.2-Dibromäthan.** R. J. Abraham, K. G. R. Pachler und P. L Wessels. (Z. physik. Chem. [Frankfurt/M.] [N.F.] **58** (1968) 5/6, 257—67; Robert Robinson Labor., Univ. of Liverpool; engl.) — 2. vgl. C. **1968,** 43-0830. D. Schmitt 434

0936 **Ordnung und Fließen flüssiger Kristalle.** 9. Mitt. **Polymorphie von Cholesterylestern: DTA und mikroskopische Messungen an Cholesterylmyristat.** Edward M. Barrall(II), Roger S. Porter und Julian F. Johnson. (Molecular Crystals **3** (1967) 1, 103—15; Chevron Res. Co., Richmond, Calif.; engl.) — 6. vgl. C. **1968,** 35-2024. — Kristallographie u. Phasenverh. werden untersucht. W. Sobieski 436

0937 **Berechnung der Verdrehung einer cholesterischen Struktur durch ein magnetisches Feld.** P. G. De Gennes. (Solid State Commun. **6** (1968) 3, 163—65; Suppl. zu: J. Physics Chem. Solids; Phys. des Solides, Fac. des Sci., Orsay; franz.) — In einem Magnetfeld wird die Spiralstruktur eines cholester. Krist. verdreht u. die räumliche Periodizität erhöht. Oberhalb eines krit. Feldes von ca. 2 · 10^4 Oe wird vollständige Ausrichtung (nemat. Struktur) erhalten. K. H. Härdtl 436

0938 **Deutung der Grandjeanschen Diskontinuitäten.** R. Cano. (Bull. Soc. franç. Minéralog. Cristallogr. **91** (1968) 1, 20—27; Montpellier, Fac. des Sci., Labor. de Minéral.-Cristallographie; franz.) — Theoret. Unters. über cholester. Flüssigkeiten. C. Gottfried 436△

0939 **Struktur einer reinen mesomorphen Phase.** R. R. Balmbra, J. S. Clunie und J. F. Goodman. (Molecular Crystals **3** (1967) 2, 281—91; Procter & Gamble Ltd., Basic Res. Dep., Newcastle upon Tyne, England; engl.) Durch Röntgen-Kleinwinkelstreuung, opt. u. Elektronenmikroskopie wird die lamellare Mesophase des Syst. *Na-2-Äthylhepten-(2)-ylsulfat*-W. untersucht. W. Sobieski 436

0940 **Ordnung und Fließen flüssiger Kristalle.** 11. Mitt. **Übergangswärme und -temperatur einiger aromatischer Verbindungen, die flüssige Kristalle bilden.** Edward M. Barrall II, Roger S. Porter und Julian F. Johnson. (Molecular Crystals **3** (1968) 3, 299—310; Chevron Res. Co., Richmond, Calif.; engl.) — 10. vgl. C. **1968,** 42-0782. — Die Daten wurden bestimmt von N-[p-Cyanbenzal]-p-anisidin, opt. akt. *p-[4-Cyanbenzalamino]-zimtsäureamylester, N.N'-Terephthalylidendi-p-toluidin, p-Acetoxyzimtsäure* u. *p-[N-(p-Methoxybenzyliden)-amino]-phenylacetat.* W. Sobieski 436

0941 **Isomorphiebeziehungen zwischen kristallin-flüssigen Phasen.** 11. Mitt. **Die kristallin-flüssigen Phasen in der homologen Reihe der p.p'-Azoxyzimtsäure-di-n-alkylester und ihr Mischbarkeitsverhalten mit p.p'-Azoxybenzal-bis-(m-toluidin).** G. Pelzl, D. Demus und H. Sackmann. (Z. physik. Chem. [Leipzig] **238** (1968) 1/2, 22—32; Inst. für phys. Chem. mit Metall- u. Werkstofflabor. der Martin-Luther-Univ., Halle-Wittenberg; dt.) — 10. vgl. C. **1968,** 6-0896. — Es wurden *p.p'-Azoxyzimtsäurediäthyl-, -n-hexyl-, -n-heptyl-, -n-decyl-, -n-dodecyl-, -n-hexadecyl-, -n-propyl-, -n-butyl-, -n-amyl-, -n-octyl-, -n-nonyl-* u. *-n-undecylester* untersucht. D. Schmitt 436

0942 **Anthracen- und Anthracen–Tetracen-Kristalle aus der Dampfphase.** K. H. Jones. (Molecular Crystals **3** (1968) 3, 393—96; Sandia Labor., Albuquerque, N.Mex.; engl.) — Wachstum u. Dotierung der Krist. werden untersucht. W. Sobieski 438

0943 **Beziehung zwischen der Packung von 1.4-Dibenzyloxybenzol und 4-Benzyloxyphenol.** B. Zaslow und Judith L. Dubchansky. (Molecular Crystals **3** (1967) 2, 297—98; Dep. of Chem., Ariz. State Univ., Tempe, Ariz.; engl.) — Die Parameter der Elementarzellen werden röntgenograph. bestimmt u. daraus die Packungsart des Krist. abgeleitet. W. Sobieski 438

0944 **Polymorphie von kristallinem Cyclooctanon und Cyclononanon.** Reuben Rudman und Ben Post. (Molecular Crystals **3** (1968) 3, 325—37; Chem. Dep., Brookhaven Nat. Labor., Brooklyn, N.Y.; engl.) — Durch Röntgenstrukturanalyse, NMR u. DTA wurde die Polymorphie der Titelverb. untersucht. W. Sobieski 438

0945 **Spaltung der racemischen Glutaminsäure bei selektiver Kristallisation.** 1. Mitt. **Löslichkeit, Übersättigungsgrad und Kristallwachstumsgeschwindigkeit von optisch aktiver Glutaminsäure in Lösung in Gegenwart des Antipoden.** Naomasa Mizoguchi. (J. agric. chem. Soc. Japan (Nippon Nôgei-Kagaku Kaishi) **41** (1967) 11, 607 bis 615; Central Res. Labor. of Ajinomoto Co., Inc.; jap., Auszug: engl.) — Untersucht wurden α-D- u. α-L-Glutaminsäure. H.-S. Park 438

0946 **Spaltung der racemischen Glutaminsäure bei selektiver Kristallisation.** 2. Mitt. **Zusammenhang zwischen der optischen Reinheit des gebildeten Kristalls, den Antipoden und den Glutaminaten in der Lösung.** Naomasa Mizoguchi. (J. agric. chem.Soc. Japan (Nippon Nôgei-Kagaku Kaishi) **41** (1967) 11, 616—22; jap., Auszug: engl.) — 1. vgl. vorst. Referat. — Dabei wurden *Natrium-* u. *Ammoniumglutaminat* sowie *Glutaminsäurehydrochlorid* untersucht. H.-S. Park 438

0947 **Röntgenbeugung des binären Systems Tristearin-Tripalmitin.** Midori Gotō und Eiichi Asada. (Yukagaku [J. Japan Oil Chemists' Soc.] **16** (1967) 7, 402—06; Tokyo; The Gouv. Chem. Ind. Res. Inst.; jap., Auszug: engl.) — Die Phasenübergänge der polymorphen Formen werden untersucht. H.-S. Park 438

0948 **Radiokristallographische Untersuchung organischer Substanzen.** 2. Mitt. **Procainhydrochlorid.** Augusto Baptista. (An. Acad. brasil. Ci. **39** (1967) 2, 257—60; Rio de Janeiro, Comm. Nac. de Energia Nuclear, Dep. de Expl. Min.; port.) — 1. vgl. ibid. **38** (1966) 3/4, 415-18. R. K. Müller 438

0949 **Zwei ebene Farbstoffmoleküle mit intramolekularen H-Bindungen, α-(2-Nitro-4-methylphenylazo)-acetoacetanilid und α-(2-Nitro-4-chlorphenylazo)-acetoacetanilid.** H.-C. Mez. (Ber. Bunsenges. physik. Chem. **72** (1968) 3, 389—93; Ammoniaklabor., BASF, AG, Ludwigshafen; dt.) — Die Aufklärung der Struktur der ersten Verb. (Hansagelb G, C.I. 11 680) wird mit Hilfe der Röntgenstrukturanalyse der isomorphen zweiten Verb. durchgeführt. D. Schmitt 438

0950 **Vermutliche Bildung eines durch Erhitzen von 3.4-Benzpyren erhaltenen Radikals vom Azulentyp.** W. F. Forbes und J. C. Robinson. (Nature [London] **217** (1968) 5128, 550—51; Dep. of Chem., Univ. of Waterloo, Ontario; engl.) — Erhitzen von 3.4-Benzpyren auf Temp. von > 200^0 führt zu verhältnismäßig stabilen Radikalen, deren gut auflösbares ESR-Spektrum sie als Radikale eines Azuleno-[1.2.3:cd]-phenalen vermuten läßt. K.-J. Lucas 439

B–3. Thermodynamik

0951 **Thermodynamische Eigenschaften von Kohlenwasserstoffen.** 1. Mitt. **n-Butan.** T. R. Das und N. R. Kuloor. (Indian J. Technol. **5** (1967) 2, 33—39; Bangalore, Indien; Indian Inst. of Sci., Dep. of Chem. Engng.; engl.) — Vf. referiert über die thermodynam. Eig. (Entropie u. Enthalpie) im Temp.-Bereich von 272,66 (Kp.) bis 1500 °K u. im Druckbereich von 1—1000 atm. Die gesammelten Ergebnisse sind in Tabellen u. Diagrammen dargestellt. — 36 Literaturangaben. U. Meisl 441

0952 **Thermodynamische Eigenschaften von Kohlenwasserstoffen.** 2. Mitt. **Isobutan.** T. R. Das und N. R. Kuloor. (Indian J. Technol. **5** (1967) 2, 40—45; engl.) — 1. vgl. vorst. Referat. — Vf. referiert die Arbeiten über die thermodynam. Eig. (Entropie u. Enthalpie) im Temp.-Bereich vom Kp. (261,44 °K) bis 1500 °K u. im Druckbereich von 1—1000 atm. Die gesammelten Ergebnisse sind tabellar. u. graph. zusammengestellt. — 36 Literaturangaben. U. Meisl 441

0953 **Thermodynamische Eigenschaften von Kohlenwasserstoffen.** 3. Mitt. **Isopentan.** T. R. Das und N. R. Kuloor. (Indian J. Technol. **5** (1967) 2, 46—51; engl.) — 2. vgl. vorst. Referat. — Vf. gibt eine Zusammenfassung über die thermodynam. Eig. (Entropie u. Enthalpie) für den Temp.-Bereich von 298,16 (Kp.) bis 1500 °K u. den Druckbereich von 0,9—1000 atm. Die Zahlenwerte sind in Tabellen u. Diagrammen wiedergegeben. — 31 Literaturangaben. U. Meisl 441

0954 **Thermodynamische Eigenschaften von Kohlenwasserstoffen.** 4. Mitt. **n-Octan.** T. R. Das und N. R. Kuloor. (Indian J. Technol. **5** (1967) 2, 51—57; engl.) — 3. vgl. vorst. Referat. — Vf. referiert über die thermodynam. Eig. (Entropie u. Enthalpie) im Temp.-Bereich von 298,16—568,56 °K (krit. Punkt) u. dem Druckbereich von 0,01838—1000 atm. Die gesammelten Ergebnisse sind tabellar. u. graph. wiedergegeben. — 28 Literaturangaben. U. Meisl 441

0955 **Thermodynamische Eigenschaften von Kohlenwasserstoffen.** 9. Mitt. **cis-Buten-(2).** T. R. Das und N. R. Kuloor. (Indian J. Technol. **5** (1967) 4, 103—08; engl.) — 8. vgl. C. **1968**, 40-0818; 4. vgl. vorst. Referat. — Die thermodynamischen Eig. (Entropie u. Enthalpie) wurden für einen Temp.-Bereich von 276,878 (Kp.) bis 600 °K u. für einen Druckbereich von 1—100 atm berechnet. Tabellen u. Diagramme. — 22 Literaturangaben. D. Meyer 441

0956 **Thermodynamische Eigenschaften von Kohlenwasserstoffen.** 10. Mitt. **Isobuten.** T. R. Das und N. R. Kuloor. (Indian J. Technol. **5** (1967) 4, 108—13; engl.) — 9. vgl. vorst. Referat. — Die thermodynam. Eig. (Entropie u. Enthalpie) wurden für einen Temp.-Bereich von 266,16 (Kp.) bis 600 °K u. einen Druckbereich von 1 bis 300 atm berechnet. Diagramme u. Tabellen. — 19 Literaturangaben. D. Meyer 441

0957 **Thermodynamische Eigenschaften von Kohlenwasserstoffen.** 11. Mitt. **Penten-(1).** T. R. Das und N. R. Kuloor. (Indian J. Technol. **5** (1967) 4, 113—18; engl.) — 10. vgl. vorst. Referat. — Die thermodynam. Eig. (Entropie u. Enthalpie) wurden für einen Temp.-Bereich von 298,16—600 °K u. für einen Druckbereich von 0,8377 bis 300 atm berechnet. Tabellen u. Diagramme. — 21 Literaturangaben. D. Meyer 441

0958 **Thermodynamische Eigenschaften von KW-Stoffen.** 12. Mitt. **Neopentan.** T. R. Das und N. R. Kuloor. (Indian J. Technol. **6** (1968) 3, 65—69; Dep. of Chem. Engng., Indian Inst. of Sci., Bangalore; engl.) — 11. vgl. vorst. Referat. — Ber. wurden spezif. Vol., Entropie u. Enthalpie im Temp.-Bereich 282,66 (Kp.) bis 600,0 °K u. Druckbereich 1—400 atm (gesätt. u. überhitzter Dampf u. gesätt. Fl.). — 16 Literaturangaben. W. Sobieski 441

0959 **Thermodynamische Eigenschaften von KW-Stoffen.** 13. Mitt. **Butadien-(1.3).** T. R. Das und N. R. Kuloor. (Indian J. Technol. **6** (1968) 3, 70—74; engl.) — 12. vgl. vorst. Referat. — Ber. wurden spezif. Vol., Entropie u. Enthalpie im Temp.-Bereich 268,75 (Kp.) bis 1000,0 °K u. Druckbereich 1—100 atm (gesätt. u. überhitzter Dampf u. gesätt. Fl.). — 16 Literaturangaben. W. Sobieski 441

0960 **Thermodynamische Eigenschaften von KW-Stoffen.** 14. Mitt. **trans-Buten-(2).** T. R. Das und N. R. Kuloor. (Indian J. Technol. **6** (1968) 3, 75—79; engl.) — 13. vgl. vorst. Referat. — Ber. wurden spezif. Vol., Entropie u. Enthalpie im Temp.-Bereich 280—800 °K u. Druckbereich 1—300 atm. — 17 Literaturangaben. W. Sobieski 441

0961 **Graphische Bestimmung von Virialkoeffizienten nach der Methode von Burnett. Isopentan und Neopentan.** I. H. Silberberg, David C. K. Lin und J. J. McKetta. (J. chem. Engng. Data **12** (1967) 2, 226—34; Austin, Tex., Tex. Petroleum Res. Comm.; engl.) — Die vom Vf. ausgearbeitete Meth. beruht auf Kompressibilitätsmessungen. U. Meisl 442

0962 **Anomalie der spezifischen Wärme von Phenanthren; Effekt von Deuterierung, Reinigung und Auflösung.** Herbert Ringel, A. C. Damask und R. A. Arndt. (Molecular Crystals **3** (1967) 1, 145—47; Brookhaven Nat. Labor., Upton, N.Y.; engl.) W. Sobieski 442

0963 **Angewandte Thermodynamik der Kohlenwasserstoffe.** 27. Mitt. **Isotherme Druck-Korrekturen für die Enthalpie und die Entropie.** Wayne C. Edmister. (Hydrocarbon Processing **46** (1967) 4, 165—70; Stillwater, Okla.; Univ.; engl.) — 30. vgl. C. **1968**, 41-0936. — Vf. faßt ältere Arbeiten zusammen, bespricht die Verf. von Lydersen-Greenhorn-Hougen sowie von Pitzer et al. u. erläutert die Meth. u. den Gebrauch der beigegebenen Diagramme auf Grund von Beispielen. U. Meisl 444

0964 **Thermodynamik der Systeme Tetrachlormethan mit Toluol, Äthylbenzol, Chlorbenzol und Pyridin.** R. Kind, G. Kahnt, D. Schmidt, J. Schumann und H.-J. Bittrich. (Z. physik. Chem. [Leipzig] **238** (1968) 3/4, 277—83; Inst. für phys. Chem. der TH für Chem. „Carl

Schorlemmer", Leuna Merseburg; dt.) – Die thermodynam. Exzeßfunktionen obiger Syst. wurden untersucht. Die Molwärmen der reinen Substanzen u. der Mischungen, die Dampfdrücke u. isothermen p-x-Diagramme wurden bestimmt, Molwärmen u. Mischungsenthalpien ermittelt.
K.-J. Lucas 444

0965 **Thermodynamische Überschußfunktionen des Systems Difluormonochlormethan–Dibutylphthalat.** V. M. Seliverstov. (Ž. prikl. Chim. **41** (1968) 1, 153–56; Leningradskij inst. vodnogo transporta; russ.) — Best. der integralen Lsg.-Wärme, der Änderung der Überschußentropie, der freien Energie der idealen Lsg. (bis 100°), sowie der freien Überschußenergie für verschiedene Zus. bei 20–70°.
J. J. Pohl 444

0966 **Thermische Stabilität.** J. M. Bonnier und M. Gelus. (Rev. Inst. franç. Pétrole Ann. Combustibles liquides **22** (1967) 6, 1008–28; Fac. des Sci., Grenoble; franz.) — Auf Grund experimenteller u. theoret. Unters. stellen Vf. eine Beziehung zwischen therm. Stabilität u. Elektronenstruktur für folgende Verb. auf: *1-* u. *2-Methylnaphthalin*; *1-, 2-* u. *9-Methylanthracen*; *1-, 2-, 3-, 4-* u. *9-Methylphenanthren*; *Thiazol, 2.4-Diphenyl-, 2-Phenyl-4-[p-biphenylyl]-, 4-Phenyl-2-[p-biphenylyl]-, 2.4-Bis-[p-biphenylyl]-thiazol*; *p-Phenylen-2.2′-bis-[4-methylthiazol], -4.4′-bis-[2-phenylthiazol], -2.2′-bis-[4-phenylthiazol], -4.4′-bis-[2-(p-biphenylyl)-thiazol], -2.2′-bis-[4-(p-biphenylyl)-thiazol]*; *4.4′-Bis-[4-phenyl-* u. *-[4-(p-biphenylyl)-thiazolyl-(2)]-diphenyläther*; *Imidazol, Benzimidazol, 2-Methyl-, 2-Phenylimidazol, 2.2′-Diphenylimidazo-[4.5:5′.6′]-benzimidazol, p-Phenylen-2.2′-bis-[benzimidazol], Bis-[2-phenylbenzimidazolyl-(5)], 4.4′-Bis-[benzimidazolyl-(2)]-diphenyläther*; *Benzothiazol, 2-Methyl-, 2-Phenylbenzothiazol, p-Phenylen-2.2′-bis-[benzothiazol], 4.4′-Bis-[benzothiazolyl-(2)]-diphenyl* (?), *4.4′-Bis-[benzothiazolyl-(2)]-diphenyläther.*
J. Richter 446

0967 **Thermische Stabilität einiger Heterocyclen.** Maurice Gelus und Jane-Marie Bonnier. (J. Chim. physique Physico-Chim. biol. **65** (1968) 2, 253–59; franz.) — Ident. mit vorst. Referat.
J. Richter 446

0968 **Verbrennungs- und Bildungsenthalpie von Propylamin, Isopropylamin und tert.-Butylamin.** Norris K. Smith und William D. Good. (J. chem. Engng. Data **12** (1967) 4, 572–74; Bartlesville Petroleum Res. Center, Bur. of Mines, U. S. Dep. of the Interior, Bartlesville, Okla.; engl.)
D. Schmitt 446

0969 **Bildungsenthalpie von Triäthylaminoboran.** Norris K. Smith und William D. Good. (J. chem. Engng. Data **12** (1967) 4, 570–72; Bartlesville Petroleum Res. Center, Bur. of Mines, U. S. Dep. of the Interior, Bartlesville, Okla.; engl.) — Außerdem wurde die Verbrennungsenthalpie bestimmt.
D. Schmitt 446

0970 **Wärmeübergang in polaren, organischen Dämpfen.** A. Manna, A. Das Gupta und B. N. Srivastava. (J. Physics, A (Proc. physic. Soc.) [2] **1** (1968) 2, 272–76; Indian Ass. for the Cultivat. of Sci., Calcutta, India; engl.) — Die Wärmeleitfähigkeit von *Chloroform-, Methylenchlorid-, Äthylenchlorid-, Aceton-, A.-* u. *Methanol*-Dämpfen wurde zwischen 36 u. 200° gemessen. Die Ergebnisse werden mit Hilfe der Theorie von Mason u. Monchick (vgl. C. **1968, 1971**) interpretiert.
G. Malow 448

0971 **Viskosität einiger binärer Mischungen von Nichtelektrolyten.** E. L. Heric und J. G. Brewer. (J. chem. Engng. Data **12** (1967) 4, 574–83; Dep. of Chem., Univ. of Ga., Athens, Ga.; engl.) — Bestimmt wurden Viskosität, Dichte, ΔG^E u. ΔV^E bei 25° der Mischungen *n-Hexadecan* (**I**)–*n-Hexan* (**II**), **I**–*2-Brombutan* (**III**), **I**–*CCl_4*, **I**–*Bzl.*, *4-Methylcyclohexanon*–**I**, *n-Tetradecan* (**IV**)–**II**, **IV**–**III**, *4-Methylcyclohexan*–**IV**, **III**–**II**, CCl_4–**II**, Bzl.–**II**, 4-Methylcyclohexanon–**II**, CCl_4–Bzl. u. **I**–**IV**.
D. Schmitt 448

0972 **Wärmeleitfähigkeit von Flüssigkeiten.** 4. Mitt. **Temperaturabhängigkeit der Wärmeleitfähigkeit.** H. Poltz und R. Jugel. (Int. J. Heat Mass Transfer **10** (1967) 8, 1075–88; Phys.-Techn. Bundesanstalt, Braunschweig; engl.) — 3. vgl. ibid. 8 (1965) 609. — Die Wärmeleitfähigkeit von *Bzl., Toluol, m-Xylol, Tetrachlorkohlenstoff, Paraffinöl* u. *Nitrobenzol* wurde bei 0–80° gemessen. Die Abhängigkeit der Wärmeleitfähigkeit u. ihres Temp.-Koeff. von der Dicke der Fl.-Schicht ist in guter Übereinstimmung mit den Werten, die durch Berechnung des Beitrages der Strahlung zum Wärmetransport in Fl. mit geringer IR-Absorption erhalten werden. Diese Werte lassen sich mit Hilfe eines Absorptionsdiagrammes der Fl. berechnen.
J. J. Pohl 448

0973 **Ultraschallabsorption in gasförmigem Methan.** H.-D. Hass und H. Hinsch. (Acustica [Stuttgart] **19** (1967/68) 6, 344–49; Inst. für angew. Phys., Univ. Heidelberg; dt.) — Die Ultraschallabsorption wurde im Frequenz/Druck-Bereich 50 kHz/at bis 600 kHz/at bei Temp. zwischen — 30 u. + 120° gemessen.
D. Schmitt 448

0974 **Selbstdiffusion in Benzol.** D. R. Falcone, D. C. Douglass und D. W. McCall. (J. physic. Chem. **71** (1967) 8, 2754–55; Bell Telephone Labors., Inc., Murray Hill, N.J.; engl.) — Mittels NMR-Spinecho bei Temp. zwischen 8 u. 50° werden die Koeff. für die Selbstdiffusion von Benzol u. die Aktivierungsenergie bestimmt.
W. Damerau 448△

0975 **Thermodiffusion in Dämpfen der Propanolisomeren.** E. P. Ageev, G. M. Pančenkov und A. A. Korytin. (Ž. fiz. Chim. **41** (1967) 5, 1047–49; Mosk. gos. univ. im. Lomonosova; russ.) — Die Mischungen von *Isopropanol* mit *n-Propanol* werden untersucht.
U. v. Weber 448

0976 **Ultraschall-Schwingungspotentiale in Tetraalkylammoniumhalogenidlösungen.** Raoul Zana und Ernest Yeager. (J. physic. Chem. **71** (1967) 13, 4241–44; Cleveland, O., Western Reserve Univ. Dep. of Chem. and Condensed State Center; engl.) — Es wird die Konz.-Abhängigkeit des Schwingungspotentials für *Tetrabutylammoniumjodid, -chlorid* u. *-bromid*; für *Tetrapentyl-, Tetrapropyl-, Tetraäthyl-* u. *Tetramethylammoniumbromid* bei 220 kHz u. 22° gemessen.
D. Nowak 448

0977 **Bestimmung der Elastizitätskonstanten von Bernsteinsäuredinitril in plastischer Phase.** Hubert Fontaine und Claude Moriamez. (J. Chim. physique Physico Chim. biol. **65** (1968) 5, 969–73; Labor. de Phys. du Solide-Rayons X, Lille; franz.) — Die Best. erfolgte durch Messen der Fortpflanzungsgeschw. longitudinaler u. transversaler US-Wellen in Einkrist. bei Temp. im Bereich der Plastizität.
J. Richter 448

0978 **Diffusionskoeffizienten von Carbonsäuren.** W. J. Albery, A. R. Greenwood und R. F. Kibble. (Trans. Faraday Soc. **63** (1967) 530 Pt. 2, 360–68; Oxford; Phys. Chem. Labor.; engl.) — Eine neue Meth. zur Messung der Diffusionskoeff. durch Benutzung einer Stokeszelle u. eines pH-Stat wird beschrieben. Die Diffusionskoeff. nehmen in der Reihenfolge *Ameisen-, Propion-, Isobutter-, Trimethylessig-, Monochloressig-, Glykol-, Bernstein-, Glutar-, Adipin-* u. *Pimelinsäure* ab.
W. May 448

B–4. Phasengleichgewichte, chemische Gleichgewichte und ihre Energetik

0979 **Untersuchungen über das Phasengleichgewicht „fest–flüssig" als Reinheitskriterium für organische Substanzen.** R. Stößer und W. Haberditzl. (Z. physik. Chem. [Leipzig] **238** (1968) 1/2, 60–68; Phys. Chem. Inst. der Humboldt-Univ. zu Berlin; dt.) — Schmelzkurven wurden aufgenommen von *Naphthalin, Fluoren, o-* u. *p-Bromnitrobenzol.*
D. Schmitt 452

0980 **Sublimationsenthalpie ungesättigter und cyclischer Kohlenwasserstoffe bei 0 °K.** G. S. Šimonaev. (Ž. fiz. Chim. **41** (1967) 6, 1486–88; russ.) — Berechnung der Sublimationsenthalpie (SE) von *Äthen, Propen*; nachst. Butenen-(1): *unsubstituiert, 2-* u. *3-Methyl-*; *cis-Buten-(2), 2-Methylbuten-(2), 2-Methylpropan, Penten-(1), cis-* u. *trans-Penten-(2), Hepten-(1), Allen, Butadien-(1.2)* u. *-(1.3), 2-Methylbutadien-(1.3), Pentadien-(1.4), Butin-(1)* u. *-(2), Cyclopropan, Cyclobutan*; nachst. Cyclopentanen: *unsubstituiert, Methyl-, Äthyl-, 1.1-Dimethyl-, cis-* u. *trans-1.2-Dimethyl-, cis-1.3-Dimethyl-*; nachst. Cyclohexanen: *unsubstituiert, Methyl-, Äthyl-, 1.1-Dimethyl-,* *cis-* u. *trans-1.2-Dimethyl-*, *cis-* u. *trans-1.3-Dimethyl-*, *cis-* u. *trans-1.4-Dimethyl-*; *Cyclopenten*, *Cyclohexen*, *Toluol*, *Bzl.*; nachst. Benzolen: *Äthyl-*, *1.2-*, *1.3-* u. *1.4-Dimethyl-*, *Isopropyl-*, *1.2.3-*, *1.2.4-* u. *1.3.5-Trimethyl-*, *tert.-Butyl-*, *n-Butyl-*, *1-Methyl-4-isopropyl-* sowie *1.2.3.4-* u. *1.2.3.5-Tetramethyl-*. Die Beziehungen zwischen SE u. Konstit. werden aufgezeigt. H. Bajor 452

0981 **Neue Methode der Berechnung azeotroper Bedingungen.** B. N. Raju. (Indian chem. Engr. **9** (1967) 3, 88—91; Dep. of Chem. Engng., IIT, Kharagpur, India; engl.) — Eine Meth. zur Berechnung der azeotropen Bedingungen für bin. u. tern. Syst. unter Verw. der van Arkelschen Theorie von Lsg. wird vorgeschlagen. Die Verw. der Meth. wurde auf Grund nachst. Syst. diskutiert: *Isopentanol–Cumol*, *Methanol–Methylcyclohexan*, *Methanol–Toluol* u. *Bzl.–Cyclohexan–Isopropanol*. J. J. Pohl 454

0982 **Über den Einfluß von Salzen auf die Löslichkeit organischer Substanzen in Wasser.** I. Petri. (Studia biophysica, Berlin **2** (1967) 4, 307—13; Inst. für Mikrobiologie u. experiment. Therapie, Jena; dt.) — Die Abnahme der Löslichkeit unpolarer Stoffe (Actinomycin) in W. durch Salzzusatz (*NaCl*, *KCl*, *LiCl*, *Glycin*) wird durch die in Salzlsg. infolge der höheren Oberflächenspannung vergrößerte Oberflächenarbeit gedeutet, die zur Bldg. der Grenzfläche gelöstes Mol./wss. Salzlsg. aufgewendet werden muß. Die nach diesem Modell ber. Oberflächengröße, bes. die von *Actinomycin D*, wird diskutiert. G. Malow 454

0983 **Untersuchung des Einflusses von Bodensalzen auf Lösungsgleichgewichte.** Robert Fischer. (Ann. Chimie [14] 2 (1967) **6**, 343—52; Labor. de Chim. Phys., Inst. de Chim. de la Fac. des Sci. de Strasbourg; franz.) — In verschiedenen Salzlsg. wurde potentiometr. die 1. Dissoziationskonst. (DK) des *Äthylendiammoniumions* bestimmt, ferner spektralphotometr. die DK von *2.4-Dinitrophenol* (I), die 2. DK von *Citronensäure* u. die Aktivitätskoeff. von neutralem I u. *o-Nitrophenol*. Es konnten allg. Regeln über den Salzeffekt auf Lsg.-Gleichgew. aufgestellt werden. R. Kirchlechner 454

0984 **Zur Temperaturabhängigkeit thermodynamischer Exzeßfunktionen.** H.-J. Bittrich. (Z. physik. Chem. [Leipzig] **235** (1967) 3/4, 165—78; Leuna-Merseburg; TH, Inst. für physikal. Chemie; dt.) — Berechnungsgrundlage für Stofftrennvorgänge sind die binären Systeme. Reale Mehrstoffsyst. werden auf diese zurückgeführt. Unter Außerachtlassen der Konz.-Abhängigkeit wird für den Molenbruch $x = 0{,}5$ eine thermodynam. Klassifizierung der Mischphasen aufgestellt u. bekannte Syst. in diese Klassifizierung eingeordnet. U. Meisl 454

0985 **Phasen- und volumetrische Beziehungen im System Helium–n-Butan. 1. Mitt. Volumetrisches Verhalten von Mischungen mit niedriger Heliumkonzentration.** Allan E. Jones und Webster B. Kay. (A. I. Ch. E. Journal **13** (1967) 4, 717—20; O. State Univ., Columbus, O.; engl.) — Im Syst. He–n-Butan wurde die P–V–T–x-Phasenbeziehungen im Bereich niedriger He-Geh. gemessen. Das Syst. zeigt entsprechend der Voraussage von Kamerlingh-Onnes u. Keesom ein Gas–Gas-Gleichgewicht. Die krit. Temp. der Mischungen liegen oberhalb der krit. Temp. jeder einzelnen Komponenten. Als Folge der Form der Kurve der krit. Punkte zeigt das Syst. eine rückläufige isotherme Kondens. 2. Art. G. Malow 454

0986 **Phasen- und volumetrische Beziehungen im System He–n-Butan. 2. Mitt. Die 2. Virialkoeffizienten für He–n-Butan-Mischungen.** Allan E. Jones und Webster B. Kay. (A. I. Ch. E. Journal **13** (1967) 4, 720—25; engl.) — 1. vgl. vorst. Referat. — Aus isothermen Kompressibilitätsmessungen wurden die 2. Virialkoeff. von reinem n-Butan u. zwei He–n-Butan-Mischungen bei sechs Temp. zwischen 100 u. 225° bestimmt. Die 2. Virialkoeff. der He–n-Butan-Mischungen zeigen im betrachteten Bereich nur eine geringe Temp.-Abhängigkeit. G. Malow 454

0987 **Thermodynamik schwacher Wechselwirkungen in flüssigen Mischungen.** 2. Mitt. **Mischungen von Tetrachlorkohlenstoff, Benzol, o- und m-Xylol.** R. P. Rastogi, Jagan Nath und J. Misra. (J. physic. Chem. **71** (1967) 8, 2524—35; Gorakhpur, Indien; Univ., Chem. Dep.; engl.) — 1. vgl. C. **1969**, 3-0962. — Volumenänderungen wurden beim Mischen von CCl_4 u. Bzl. mit o- u. m-Xylol bei verschiedenen Temp. gemessen. Die Mischungswärmen wurden bestimmt, ebenso der totale Dampfdruck der Mischungen von CCl_4 mit o- u. m-Xylol bei 0°. Die ber. Werte für die thermodynam. Funktionen wurden unter Berücksichtigung neuerer Theorien der Lsg., bes. der von Prigogine u. Flory diskutiert. Die Übereinstimmung von Theorie u. Experiment ist nur gering. Aus Messungen der DK u. der Mol-Polarisation wird auf eine spezif. Wechselwrkg. zwischen Aromaten u. CCl_4 geschlossen. U. Meisl 454

0988 **Das flüssige Drei-Phasen-System 2.4-Lutidin–Benzol–Wasser unter 3,5°.** S. Porada. (Bull. Acad. polon. Sci., Sér. Sci. chim. **15** (1967) 5, 205—07; Inst. of General Chem., Warschau; engl.) — Die Phasengleichgew. werden bestimmt u. graph. dargestellt. H. Markert 454

0989 **Gegenseitige Löslichkeit in den Systemen Wasser-aliphatischer Alkohol–n-Alkan.** 2. Mitt. **Systeme H_2O–n-C_3H_7OH–n-C_nH_{2n+2} (n = 6, 7, 8, 9).** A. I. Vorob'eva und M. Ch. Karapet'janc. (Ž. fiz. Chim. **41** (1967) 5, 1144—49; Mosk. chim.-technol. inst. im. Mendeleeva; russ.) — 1. vgl. ibid. **40** (1966) 12-3018; 3. vgl. C. **1969**, 1-0993. U. v. Weber 454

0990 **Oberflächenspannungsänderung während des Massentransports.** 2. Mitt. **Verdunstungsgeschwindigkeit von Alkoholen aus einem wäßrigen hängenden Tropfen.** A. Morikawa und T. Keii. (Chem. Engng. Sci. **22** (1967) 2, 127—33; Meguro, Tokyo, Tokyo Inst. of Technol., Dep. of Chem. Engng.; engl.) — 1. vgl. ibid. **20** (1965) 255. — Untersucht wurden *n-Butanol*, *n-Propanol* u. *Äthanol*. K. E. Müller 454

0991 **Die binären Systeme aus Ammoniak und Ammonium-o-, -m- und -p-nitrobenzoat bei Temperaturen >–78° und ca. 0—760 Torr NH_3-Dampfdrücken.** P. Greiner, W. Ilgner und W. Lindenberg. (Z. Naturforsch. **22b** (1967) 7, 712—16; Inst. anorg. Chem. Univ. Hamburg; dt.) — Vf. führten Dampfdruck-, Löslichkeits- u. Dichtebest. durch. G. Malow 454

0992 **Diffusion und Sorption in Cellulose.** 2. Mitt. M. Bender und W. H. Foster jun. (Trans. Faraday Soc. **64** (1968) 549, 2549—54; American Cyanamid Co., Bound Brook, N.J.; engl.) — Die Adsorption–Desorption-Gleichgew.-Isothermen u. RGK der Diffusion im stationären Zustand sind für die Leucoform von *4.9-(Vat Brown 3*, C. I. 69015), *6.9-* (*Vat Black 27*, C. I. 69005) u. *4.11-Dibenzamido-16H-dinaphtho-[2.3 : a ; 2'.3' : i]-carbazoltetron-(5.10.1.5.17)* (*Vat Orange 15*, C. I. 69025) angegeben u. werden mit entsprechenden Daten von 16.17-Dimethoxyviolanthron (Vat Green 1, C. I. 59825) verglichen. W. Sobieski 456

0993 **Einfluß von Oberflächenkomplexen auf Kohlenstoff auf die Natur der adsorbierten Phase bei der Adsorption von Monocarbonsäuren und ihrer Methylester aus der Lösung.** E. H. M. Wright. (J. Colloid Interface Sci. **24** (1967) 2, 180—84; Chem. Dep., Fourah Bay Coll., Univ. of Sierra Leone, Freetown, Sierra Leone, West Africa; engl.) — Es wurde die Adsorption von *Essigsäure*, *Stearinsäure* (bei 20°) u. *Methylacetat* u. *-stearat* (bei 30°) an *Graphon* u. *Spheron 6* untersucht. An der Oberfläche von Spheron 6 wurde Sauerstoff in Form von Hydroxid-, Aldehyd-, Carbonyl-, Chinon- u. Lacton-Gruppen chemisorbiert. Die kürzeren Ketten der polaren Mol. stehen in stärkerer Wechselwrkg. mit der polaren Spheron 6-Oberfläche. Die langkettigen Mol. werden an der nicht so stark polaren Graphon Oberfläche leichter adsorbiert. G. Malow 456

0994 **Wechselwirkungen an der Grenzfläche zwischen Desoxycholsäure, Cholesterin und Lecithin.** P. Joos, M. Y. Rosseneu Motreff und R. Ruyssen. (J. Chim.

physique Physico Chim. biol. **65** (1968) 5, 951—58; Labor. Biochim. phys. Farm. Inst. Univ. Gent; franz.)
J. Richter 456

0995 **Organische Insektofungizide. 111. Mitt. Strukturuntersuchung von Thio- und Dithiophosphaten des P-substituierten Phosphoniums mit Hilfe der Papierelektrophorese.** V. V. Voronkova, N. N. Tuturina, B. A. Chaskin und N. N. Mel'nikov. (Ž. obšč. Chim. **37** (**99**) (1967) 5, 1017—23; russ.) — 110. vgl. ibid. **36** (1966) 1082; 99. vgl. C. **1969**, **6**-1147. — Mit Hilfe nachst. Vgl.-Verb.: Phosphoniumjodide: *Triäthylmethyl-* (F. 281—281,5⁰), *Tetraäthyl-* (F. 292—293⁰), *Triäthylphenyl-* (F. 130,5—131,5⁰), *Methyldiphenyläthyl-* (F. 181—182⁰); *Ammonium-[S.O-dimethylmonothiophosphat]* (F. 164 bis 165⁰), *Trimethylammonium-[O.O'-dimethylmonothiophosphat]* u. *Dimethylammonium-[O-methyl-S-(N-methylcarbamoylmethyl)-dithiophosphat]* wird mittels Papierelektrophorese die Struktur nachst. Verb. best.: Phosphonium-[S.O-dimethylmonothiophosphate]: *Triäthylmethyl-*, *Diäthylmethylphenyl-* (F. 54,5—56⁰), *Äthylmethyldiphenyl-*; Phosphonium-[S.S'-dimethyldithiophosphate]: *Methyltriäthyl-* (F. 125—126⁰), *Methylphenyldiäthyl-* (F. 60—61⁰), *Methyläthyldiphenyl-*, *Methyltributyl-*; Phosphonium-[S-methyl-O-(2.4.5-trichlorphenyl)-monothiophosphate]: *Methylphenyldiäthyl-* (F. 87—88,5⁰), *Triäthylphenyl-* im Gemisch mit *Methylphenyldiäthyl-[O-äthyl-O-(2.4.5-trichlorphenyl)-monothiophosphat]*; [S-Methyl-S-(N-methylcarbamoylmethyl)-dithiophosphate]: *Methyltriäthyl-* (F. 82—83,5), *Methyltributyl-*, *Methyläthyldiphenyl-*, *Tetraäthyl-* im Gemisch mit *Triäthylmethylphosphonium-[O-äthyl-S-(N-methylcarbamoylmethyl)-dithiophosphat]*, *Phenyltriäthyl-* im Gemisch mit *Methylphenyldiäthylphosphonium-O-äthyl-S-(N-methylcarbamoylmethyl)-dithiophosphat]*, *Methyltriphenyl-*; *Phenylmethyldiäthylphosphonium-[S-methyl-O-äthylmonothiophosphat]* (F. 91—92⁰), *-[S-methyl-S-äthyldithiophosphat]* (F. 46—47⁰) u. *-[S-methyl-S-propyldithiophosphat]*. Die Beweglichkeit der Ionen in Abhängigkeit von ihrer Struktur wird diskutiert.
J. J. Pohl 456

0996 **Organische Insektofungizide. 112. Mitt. Strukturuntersuchung von Tris-[dialkylamino]-alkylphosphonium- und Dialkylaminotrialkylphosphoniumthio- bzw. -dithiophosphaten mit Hilfe der Papierelektrophorese.** N. N. Mel'nikov, V. V. Voronkova, B. A. Chaskin und N. B. Petručenko. (Ž. obšč. Chim. **37** (**99**) (1967) 5, 1024—28; russ.) — 111. vgl. vorst. Referat. — Mit Hilfe der nachst. synthetisierten Vgl.-Verb.: *Tetramethyl-* [F. 369⁰ (Zers.)] u. *Dimethyldiäthylammoniumjodid* [F. 147—148⁰ (Zers.)], *[Diäthylamino]-diäthylmethylphosphoniumjodid* [F. 223⁰ (Zers.)], *Ammonium-[O.S-dimethyldithiophosphat]* (F. 164—165⁰), *Trimethylammonium-[O.O'-dimethylmonothiophosphat]*, *Dimethylammonium-[O-methyl-S-(N-methylcarbamoylmethyl)-dithiophosphat]*, *Triäthylmethylphosphonium-[S-methyl-S-(N-methylcarbamoylmethyl)-dithiophosphat]* (F. 82—83,5⁰) u. *Methylphenyldiäthyl-[S-methyl-O-(2.4.5-trichlorphenyl)-monothiophosphat* (F. 87—88,5⁰) wird mittels Papierelektrophorese die Struktur nachst. synthetisierter Verb. best.: *Tris-[dimethylamino]-methylphosphonium-* (**I**, F. 108 bis 109⁰) u. *-Tetramethylammonium-[S-methyl-O-(2.4.5-trichlorphenyl)-monothiophosphat*, *Tris-[dimethylamino]-methylphosphonium-* u. *Tetramethylammonium-[S.S'-dimethyldithiophosphat]* (F. 195—196⁰), Gemisch von *Tris-[diäthylamino]-methyläthylphosphonium-[S.O-dimethyl-monothiophosphat]* u. *Dimethyldiäthylammonium-[O.O'-dimethylmonothiophosphat]*, Gemisch von *Diäthylaminomethyldiäthylphosphonium-* u. *Diäthyldimethylammonium-[S.S'-dimethyldithiophosphat]*, Gemisch von *Diäthylaminodiäthylmethylphosphonium-* u. *Diäthyldimethylammonium-[S-methyl-S'-(N-methylcarbamoylmethyl)-dithiophosphat*. Von **I** ist das IR-Spektrum (2000—400 cm^{-1}) angeführt. Die Beweglichkeit der Ionen in Abhängigkeit von ihrer Struktur wird diskutiert.
J. J. Pohl 456

0997 **Bestimmung der Energie von H-Bindungen zwischen Phenol und verschiedenen Basen in Tetrachlorkohlenstoff.** Guy Sellier und Bruno Wojtkowiak. (J. Chim. physique Physico Chim. biol. **65** (1968) **5**, **936—43**; Labor. de Spectrochim., Fac. des Sci., **Nantes**; franz.) — Vf. beschreiben eine Meth. u. bestimmen die H-Bindungsenergie für folgende Protonenakzeptoren: *Hexamethylbenzol*, *Acetonitril*, *p-Chinon*, *Benzophenon*, *Fluorenon*, *Acetophenon*, *Aceton*, *p-Dioxan*, *THF*, *DMF*, *Pyrimidin*, *Pyridazin*, *Py.*, *Triäthyl-*, *Triphenylamin*, *N.N-Diäthylanilin*, *2.6-*, *2.4-Lutidin*, *2-*, *3-*, *4-Picolin*, *Chinolin*, *Isochinolin*, *Chinaldin*, *Acridin*, *Essigsäure-p-nitrophenylester*, *Benzoesäurephenylester*, *-äthylester*, *p-Nitrobenzoesäureäthylester*, *Methylacetat*, *Äthylpropionat*, *-acetat*, *Di-tert.-butylketon*, *Methylisopropyl-*, *-äthyl-*, *-tert.-butylketon*, *2-Methylcyclohexanon*, *Campher*, *1.3-Diphenylpropenon-(3)*, *Pentanon-(2)*, *Cyclohexanon*, *Cyclopentanon*, *Diacetyl*, *Acetylaceton*, *o-*, *m-*, *p-Nitrobenzaldehyd*, *p-*, *o-Chlorbenzaldehyd*, *Benzaldehyd*, *Octanal*, *Butanal*, *Decanal*, *2-Naphthaldehyd*, *p-Isopropylbenzaldeyhd*, *β-Phenylacrolein*, *p-Dimethylaminobenzaldehyd*, *N.N-Dicyclohexylacetamid*, *-propionamid*, *-butyramid*, *-benzamid*, *-chloracetamid*, *-p-nitrobenzamid*, *N.N-Diäthylacetamid*, *-propionamid*, *-butyramid*, *-benzamid*, *-chloracetamid*, *-p-nitrobenzamid*, *Acet-*, *Propion-*, *Butyr-*, *Benz-*, *Chloracet-*, *p-Nitrobenzpiperidid*, *N.N-Diphenylacetamid*, *-propionamid*, *-butyramid*, *-benzamid*, *-chloracetamid*, *-p-nitrobenzamid*, *Bis-[trimethylsilyl]-äther*, *Ae.*, *N.N-Dimethyltrichloracetamid*, *-chloracetamid*, *-propionamid*, *-acetamid*, *Trimethylphosphinoxid*, *Tri-* u. *Dichlormethylphosphonsäurediäthylester*, *Diäthylphosphinsäurefluorid*, *Dimethyl-*, *Diäthyl-*, *Dipropyl-*, *Diisopropylphosphit*, *Phosphorsäurediäthylesterfluorid*, *Trimethyl-*, *Triäthylphosphat*, *Methylphosphonsäure-bis-[chlorpropyl]-ester*, *Äthylphosphonsäuredimethylester*, *Methylphosphonsäurediäthylester*, *N.N-Diäthylphosphorsäureäthylesteramid*, *Triäthyl-*, *Triphenylphosphinoxid.*
J. Richter 458

0998 **Raman-Untersuchung der Wechselwirkung zwischen Benzol und p-Xylol in Cyclohexan.** Zbigniew Kęcki und Anna Sokołowska. (Roczniki Chem. [Ann. Soc. chim. Polonorum] **41** (1967) 7/8, 1383—88; Katedra Chemii Fiz. Uniw., Warszawa; pol.) — Unters. der Konz.-Abhängigkeit der mol. integralen Intensität bei 992 cm^{-1} von Bzl. u. 829 u. 1203 cm^{-1} von p-Xylol (**I**). Bzl. u. **I** bilden Assoziate.
H. Bajor 458

0999 **Strukturuntersuchungen an Lösungen von γ-Hexachlorcyclohexan in Methanol.** Michel Mange und Jean Tourancheau. (Bull. Soc. chim. France **1967**, **8**,2949 bis 2953; Lyon, Inst. Nat. des Sci. Appl.; franz.) — Aus Messungen des Diffusionskoeff. in Methanol in Abhängigkeit von der Temp. u. der Konz. der Lsg. folgt, daß sich die Hypothese von der Solvatation der Mol. nicht bestätigt, sondern daß auf eine bimol. Assoziation geschlossen werden muß.
K. Dorfner 458

1000 **H-Bindungen in Bipyridylsalzen und ihren Derivaten. 2. Mitt. IR-Spektren und H-Bindungen von organischen Salzen von kristallinem 2.2'-Bipyridyl.** Z. Dega-Szafran. (Bull. Acad. polon. Sci., Sér. Sci. chim. **16** (1968) 3, 107—13; Labor. of Alkaloids, Poznań, Inst. of Organ. Chem., Polish Acad. of Sci.; engl.) — Als Säuren wurden benutzt: *Di-* u. *Trichloressigsäure*, *Trifluoressigsäure*, *3.5-Dinitro-* u. *2.4.6-Trinitrobenzoesäure*, sowie ihre Na- bzw. K-Salze.
D. Schmitt 458

1001 **H-Bindungen in Bipyridylsalzen und ihren Derivaten. 3. Mitt. IR-Spektren der Salze von 2.2'-Bipyridyl mit organischen Säuren.** Z. Dega-Szafran. (Bull. Acad. polon. Sci., Sér. Sci. chim. **16** (1968) **3**, 115—21; engl.) — 2. vgl. vorst. Referat. — Nachst. Säuren wurden benutzt sowie ihre K- u. Na-Salze gemessen: *p-Toluolsulfonsäure*, *Benzolsulfonsäure*, *p-* u. *m-Nitrobenzoesäure* u. *Chloressigsäure.*
D. Schmitt 458

1002 **NMR von Protonen der intramolekularen H-Brückenbindung der O—H ··· O-Bindung in Chinoidstrukturen.** N. N. Šapet'ko und D. N. Šigorin. (Ž. strukturnoj Chim. 8 (1967) 3, 538—40; Fiz.-chim. inst. im. Karpova; russ.) — Untersuchte Verb.: Naphthochinone-(1.4): *unsubstituiert* (als Vgl.-Verb.), *5-Hydroxy-*, *5.8-Dihydroxy-*, *2-Hydroxy-*, *2-Hydroxy-3-methyl-*;

Anthrachinone-(9.10): *1-Hydroxy-*, *1.4-Dihydroxy-*, *1.8-Dihydroxy-*, *1.4-Dimethoxy-* (als Vgl.-Verb.); *9.10-Dihydroxyanthrachinon-(1.4)*; Naphthole-(1): *8-Methoxy-*, *2-Acetyl-*; *4-Methyl-α-tropolon*; 2.3-Dimethoxy-4-hydroxy-5-oxo-5H-benzocycloheptene: *6-Hydroxy-* u. *6-Methoxy-*. H. Bajor 458

1003 **Gleichgewichtskonstanten für Neutralisationsreaktionen aromatischer Amine mit Pikrinsäure in 1.3-Dioxan.** Tadeusz Jasiński und Zbigniew Kokot. (Roczniki Chem. [Ann. Soc. chim. Polonorum] **41** (1967) 1, 139 bis 144; Dep. of Inorg. Chem., Normal School, Gdansk; engl.) — Vf. bestimmen spektrophotometr. nach der Meth. von Rose u. Drago die Gleichgew.-Konst. der Neutralisationsrk. von *o-*, *m-* u. *p-Anisidin*; *o-*, *m* u. *p-Toluidin*; *o-*, *m-* u. *p-Chloranilin* sowie *Anilin* mit *Pikrinsäure* in 1.3-Dioxan. Die erhaltenen Werte werden mit den pK-Werten der Amine in W. verglichen. Der Zusammenhang zwischen log K u. pK ist gegeben nach log K = 1,016 pK − 2,000. Die Gleichgew.-Konst. sind in 1.3-Dioxan auf Grund der stärker bas. Eig. etwa dreimal größer als in 1.4-Dioxan. J. Oguntke 462

1004 **Anwendung der Hammett-Gleichung bei Pyrrolcarbonsäuren.** T. A. Melent'eva, L. V. Kazanskaja und V. M. Berezovskij. (Doklady Akad. Nauk SSSR **175** (1967) 2, 354—57; VNI vitaminnyj inst.; russ.) — Von nachst. Methylpyrrolcarbonsäuren-(2)(A): *4-Äthyl-3.5-di-* (F. 95—96°), *3.4.5-Tri-* (F. 126°), *3.5-Di-* (F. 133 bis 134°), *4-Äthoxycarbonyl-3.5-di-* (F. 204°), *4-Acetyl-3.5-di-* (F. 230—231°), *4-Nitro-3.5-di-*, *4-Äthyl-5-cyan-3-* (F. 230—231°); nachst. 2.4-Dimethylpyrrolcarbonsäuren-(3): *unsubstituiert*, *5-Äthoxycarbonyl-* (F. 180 bis 182°), *5-Acetyl-* (F. 265—266°) u. *5-Nitro-* (F. 261°) wurden die pK-Werte bestimmt u. ihre Beziehung zu den σ-Konst. untersucht. Bez. der Substituenten in 4-Stellung gilt für die A: pK = 7,12 − 2,178σ, was durch Berechnung der pK-Werte für *4-Jod-* u. *4-Formyl-3.5-dimethylpyrrolcarbonsäure-(2)* bestätigt wird. H. Bajor 462

1005 **Bestimmung der Dissoziationskonstanten symmetrischer Pyridindicarbonsäuren.** L. Thunus. (J. Pharmac. Belgique **22** (**49**) (1967) 9—10; 379—86; Inst. de Pharm., Univ. de Liège; franz.) — Von *Pyridin-2.6-* u. *Pyridin-3.5-dicarbonsäure* wurden die Dissoziationskonst. K_1 u. mit Hilfe der *Halbester* die Teilkonst. k_1 bestimmt. R. Kirchlechner 462

1006 **Verhalten einiger Anionsäuren in Methanol.** François Terrier, Jean-Claude Hallé und Robert Schaal. (C. R. hebd. Séances Acad. Sci., Sér. C **264** (1967) 26, 2126—29; Paris, École Nat. Super. de Chim., Labor. de Chim. IV; franz.) — Zwecks Best. der Hammettschen Säurefunktion in CH_3OH maßen Vf. die pK_e-Werte folgender Säuren: *2.4.6-Trinitrodiphenylamin-3'-* u. *-4'-carbonsäure*, 2'.4'-Dichlor-2.6-dinitrodiphenylamin-4-, 4'-Chlor-2.6-dinitrodiphenylamin-4-, 4'-Nitro-4.6-dinitrodiphenylamin-2-, 2.4-Dinitrodiphenylamin-4'- u. -3'-, 4'-Chlor-4.6-dinitrodiphenyl-2-, 2.4-Dinitrodiphenylamin-2'-, 4'-Chlor-2-nitrodiphenylamin-4-, 2-Nitrodiphenylamin-4-, 4-Nitrodiphenylamin-2- u. 2'-Nitrodiphenylamin-2-carbonsäure. R. K. Müller 462

1007 **Organische Reagenzien in der anorganischen Analyse. 1. Mitt. Säuredissoziationskonstanten von Hydroxamsäuren und N-Arylhydroxamsäuren.** N. K. Dutt und T. Seshadri. (Bull. chem. Soc. Japan **40** (1967) 10, 2280—83; Indian Associat. for the Cultivat. of Sci., Calcutta, India; engl.) — Die pK-Werte folgender Verb. wurden in wss. Lsg. (Ionenstärke 0,1 $NaClO_4$) bei 30° bestimmt: *N-Benzoyl-*, F. 121°; *N-o-Toluyl-*, F. 98°; *N-p-Toluyl-*, F. 116°; *N-p-Methoxybenzoyl-*, F. 118°; *N-o-Chlorbenzoyl-*, F. 106°; *N-m-Nitrobenzoyl-*, F. 115°; *N-Acetyl-*, F. 67°; *N-Phenylacetyl-*, F. 87°; *N-Cinnamoyl-*, F. 162°; *N-Furoyl-N-phenylhydroxylamin*, F. 134°; *N-Phenylacetyl-*, F. 103°; *N-Furoyl-*, F. 97—98°; *N-Benzoyl-*, F. 104°; *N-p-Methoxybenzoyl-N-o-tolylhydroxylamin*, F. 114°; *N-Benzoyl-N-p-tolylhydroxylamin*, F. 111°; *Benzohydroxamsäure*, F. 127—128°; *p-Methoxybenzohydroxamsäure*, F. 163°; *Nicotinhydroxamsäurehydrochlorid*, F. 186°; *Salicylhydroxamsäure*, F. 168°; *Oxalodihydroxamsäure*, F. 164°. K. Jasche 462△

B–5. Elektrochemie

1008 **Ionen und Radikale eines Molekülplasmas.** Felix Le Goff. (J. Chim. physique Physico Chim. biol. **65** (1968) 5, 883—89; Labor. de Phys. Mol., Fac. des Sci. de Rennes; franz.) — Vf. entwickelt eine Meth. zur Erzeugung eines Mol.-Plasmas durch Einw. eines elektromagnet. Feldes auf einen Dampfstrom von *Toluol* bei niedrigem Druck. Die Zus. des Plasmas wird untersucht. J. Richter 466

1009 **„Polarisations"-Ströme in flüssigen Dielektrika.** M. J. Morant. (J. Physics, D (Brit. J. appl. Physics) [2] **1** (1968) 4, 491—94; Dep. of Appl. Phys. Univ. of Durham; engl.) — Die Unters. werden an *Hexan* durchgeführt. D. Schmitt 468

1010 **Abschätzung der Lebensdauer des freien Ions durch Messung der elektrischen Impulsleitfähigkeit.** Kanae Hayashi, Torao Takagaki, Kiyoshi Takada, Koichiro Hayashi und Seizo Okamura. (Bull. chem. Soc. Japan **41** (1968) 5, 1261—63; Osaka Labor. for Radiation Chem., Japan Atomic Energy Res. Inst., Nayagawa, Osaka; engl.) — Die Messungen wurden in *Cyclohexan* durchgeführt. D. Schmitt 468

1011 **Dipolmomente und scheinbare Leitfähigkeiten von 1.2-Dithiacyclopententhionen-(3) und -onen-(3).** H. F. Eicke, F. Boberg und J. Knoop. (Z. Naturforsch. **23b** (1968) 4, 413—15; Inst. für Erdölforsch., Hannover; dt.) — Tabelliert sind die Daten für nachst. 1.2-Dithiacyclopentenone-(3) u. -thione-(3) in Bzl.: *5-p-Chlorphenyl-*, *5-p-Bromphenyl-*, *4-Phenyl-*, *4.5-Tetramethin-*, *4-p-Tolyl-*, *4.5-Trimethylen-*, *4.5-Diphenyl-*, *5-Phenyl-*, *5-p-Tolyl-*, *5-p-Methoxyphenyl-*; sowie *4-p-Tolyl-5-chlor-*, *4-Phenyl-5-chlor-*, *4-Brom-5-phenyl-1.2-dithiacyclopentenon-(3)* sowie die 4-Chlor-1.2-dithiacyclopentenone-(3): *5-Chlor-*, *5-Phenyl-*, *5-Morpholino-*, *5-Anilino-*, *5-[N-3-Dimethylanilino]-*, *5-[N-Äthylanilino]-*, *5-[m-Methylanilino]-*, *5-[N-2-Dimethylanilino]-*, *5-[2-Methylanilino]-*, *5-[N-Methylanilino]-*, *5-Piperidino-*, *5-[N-4-Dimethylanilino]-*, *5-[4-Methylanilino]-*, *5-[2-* u. *5-[4-Methoxyanilino]-*, *5-[2-* u. *5-[4-Äthoxyanilino]-*, *5-[2-Methoxy-N-methylanilino]-*. D. Schmitt 468

1012 **Selbstionisierung und Exzitonenvernichtung in Anthracen.** Martin Pope und José Burgos. (Molecular Crystals **3** (1967) 2, 215—26; Chem. Dep., Radiation and Solid State Labor., New York Univ., New York, N.Y.; engl.) — Es wird gezeigt, daß die intrins. Erzeugung von Ladungsträgern durch Selbstionisierung (SI) u. nicht durch Energieübergang von Band zu Band geschieht. Der intermediäre SI-Zustand bei 6,3 eV kann durch Energieübertragung eines einzelnen Photons u. durch Exziton-Exziton-Prozesse gebildet werden. W. Sobieski 470

1013 **Bestimmung der Energie der Leitungszustände in Anthracenkristallen durch Photoemission von Elektronen aus Natrium.** G. Vaubel und H. Baessler. (Physica Status solidi [Berlin] **26** (1968) 2, 599—606; Physik-Dep., TH, München; engl.) H. Roschkowski 470

1014 **Berechnung der Breite des zweiten Leitungsbands in Anthracenkristallen aus Photoemissionsdaten.** H. Baessler, N. Riehl und G. Vaubel. (Physica Status solidi [Berlin] **26** (1968) 2, 607—10; engl.) — Vgl. vorst. Referat. H. Roschkowski 470

1015 **Erzeugung von Ladungsträgern durch Exziton–Exziton- und Exziton–Photon-Wechselwirkungen in kristallinem Anthracen.** G. Delacote und M. Schott. (Molecular Crystals **3** (1968) 3, 385—91; Dép. d'État Solide, Inst. d'Études Nucléaires, Alger, Algérie; engl.) — Die photoinduzierte Bldg. von Ladungsträgern wird untersucht. W. Sobieski 70

1016 **Temperaturabhängigkeit von Stromträgerbeweglichkeiten in Anthracen.** H. Chojnacki. (Molecular Crystals **3** (1968) 3, 375—83; Dep. of Phys. Chem., Inst. of Technol., Wrocław, Wyb., Poland; engl.) — Ber. werden von Anthracen die Komponenten des Beweglichkeitstensors für Elektronen u. Löcher bei 95 u. 290 °K nach der Bindungsnäherung. W. Sobieski 470

1017 **Raumladungsbegrenzte Ströme in polykristallinen p-Quaterphenylschichten.** A. Szymański. (Molecular Crystals **3** (1968) 3, 339–55; Inst. of Phys., TU Łodź, Poland; engl.) — Gemessen werden die Ströme an Metallelektroden als Funktion der Temp. u. der Spannung. W. Sobieski 470

1018 **Tetracyanchinodimethan-Derivate von Cyaninfarbstoffen. Ein Modell für organische Supraleiter(?)** J. H. Lupinski, K. R. Walter und L. H. Vogt jun. (Molecular Crystals **3** (1967) 2, 241–50; General Electric Res. and Dev. Center, Schenectady, N.Y.; engl.) — Von folgeden TCNQ-Komplexen werden Darst. u. elektr. Leitfähigkeit untersucht: [*1.1'-Diäthyl-2.2'-cyanin* (**I**)]$^+$ [TCNQ]$^-$, ($C_{35}H_{27}N_6$), **I**$^+$[*TCNQ*)$_2$]$^-$ ($C_{47}H_{31}N_{10}$), [*1.1'-Diäthyl-2.4'-cyanin* (**II**)]$^+$ [TCNQ]$^-$, ($C_{35}H_{27}N_6$), **II**$^+$ [(TCNQ)$_2$I]$^-$ ($C_{47}H_{31}N_{10}$), [*1.1'-Dimethyl-2.4'-cyanin*]$^+$ [(TCNQ)$_2$]$^-$ ($C_{45}H_{27}N_{10}$), [*1.1'-Di-äthyl-4.4'-cyanin* (**III**)]$^+$ [TCNQ] ($C_{35}H_{27}N_6$), **III**$^+$[(TCNQ)$_2$]$^-$ ($C_{47}H_{31}N_{10}$), [*1.1'-Diäthyl-2.2'-carbocyanin* (**IV**)]$^+$ [TCNQ]$^-$ ($C_{37}H_{29}N_6$], **IV**$^+$ [(TCNQ)$_2$]$^-$ ($C_{49}H_{33}N_{10}$) u. [*1.1'-Diäthyl-4.4'-carbocyanin*]$^+$ [TCNQ]$^-$ ($C_{37}H_{29}N_6$). W. Sobieski 470

1019 **Photoelektrische Emission von Donator–Akzeptor-Feststoffen und Donator-Molekülen.** M. Batley und L. E. Lyons. (Molecular Crystals **3** (1968) 3, 357–74; Chem. Dep., Univ. of Queensland, Brisbane, Australia; engl.) — Untersucht wird die Differenz zwischen den Ionisationsenergien nachst. organ. Mol. in der Dampfphase u. in verschiedenen Krist.-Gittern durch Best. der Photoemission von *Pyren* (**I**), *Perylen* (**II**), *Naphthacen*, *Coronen*, metallfreiem u. *Cu-Phthalocyanin*, *Rubren*, Benzidin (**III**), *1.6-Diaminopyren* (**IV**), *N.N.N'.N'-Tetramethylbenzidin* (**V**), *N.N.N'.N'-Tetramethyl-p-phenylendiamin* (**VI**), der Komplexe: **II**-*Tetracyanchinodimethan* (**VII**), **II**-*1.3.5-Trinitrobenzol* (**VIII**), **II**-*p-Chloranil* (p-**IX**), **II**–o-**IX**, **II**-*Dicyanmethylentrinitrofluoren*, **II**-*Pyromellitsäuredianhydrid* (**X**), **I–VII**, **I–VIII**, *Anthracen* (**XI**)–**VIII**, **XI–X**, **XI–VII**, *1.2-Benzanthracen*–**VII**, **III–VII**, **V–VIII**, *Chrysen*–**VIII**, **IV**–p-**IX**, **IV**–o-**IX**, **IV**–*p-Bromanil* (**XII**), **IV–VII**, **VI**–p-**IX**, **VI–XII**, **VI–VII** sowie der Ionisationsenergie in der Gasphase von **XI**, **VI**, **V**, **II** u. *Phenothiazin*. W. Sobieski 472

1020 **Bedeutung der Triplettzustände und der Diffusion bei der Entstehung von photochemischen elektromotorischen Kräften, die mit den Effekten in Zusammenhang stehen.** Michel Andraud, Jean-Pierre Baratange, Annie Hélène und Félix-Jean Taboury. (C. R. hebd. Séances Acad. Sci., Sér. C **266** (1968) 16, 1200–02; Poitiers, Fac. des Sci.; franz.) — Es wird eine Zelle beschrieben, mit deren Hilfe bei pH 8 u. 2 an *Diacetyl* als lichtempfindlicher Substanz der Becquerel- u. der Masseneffekt getrennt untersucht werden können. Dabei wurde festgestellt, daß die beiden Effekte durch ähnliche Mechanismen hervorgerufen werden, wobei ein angeregter Triplettzustand der lichtempfindlichen Substanz eine Rolle spielt. C. Herold 472

1021 **Einfluß eines Magnetfeldes auf die Photoleitfähigkeit von Anthracen (Experiment).** Jean-Marie Donnini und Paul Pesteil. (C. R. hebd. Séances Acad. Sci., Sér. A et B **266** (1968) 11, B 724–B 727; Labor. de Phys. M. P. 1, Fac. des Sci., Marseille; franz.) R. Kirchlechner 472

1022 **Photoleitfähigkeit von Carotinoiden.** R. I. Cherry und D. Chapman. (Molecular Crystals **3** (1967) 2, 251 bis 267; Mol. Biophys. Unit, Unilever Res. Labor., The Frythe, Welwyn, Herts.; engl.) — Untersucht werden Einkrist. von *all-trans-β-Carotin*, *15.15'-cis-β-Carotin*, *8'-β-Apocarotinal*, *8'-β-Apocarotinsäureäthylester*, *Lycopin* u. *Canthaxanthin*. W. Sobieski 472

1023 **Einfluß der Temperatur auf die piezoelektrische Resonanzfrequenz von Triglycinsulfat und einigen Aminosäuren.** Dano Vasilescu, Raphaël Cornillon und Georges Mallet. (C. R. hebd. Séances Acad. Sci., Sér. A et B **265** (1967) 11, B 631–B 634; Labor. d'Électr. et d'Électron. de la Fac. des Sci., Nice; franz.) — Für *Glycin*, *DL-Histidinhydrochlorid*, *L-Alanin*, *L-Serin*, *L-Tyrosin*, *L-Isoleucin* u. Triglycinsulfat wird für -50^0 u. $+50^0$ Λ = 1/f df/dT (f = piezoelektr. Resonanzfrequenz) angegeben. Aus diesen Messungen können die elast. Konst. von schwach piezoelektr. Körpern bestimmt werden. W. Gauster 472

1024 **Erzeugen und Abfangen von Ladungsträgern in einem lokalisierten Modell für Farbstoff-Photoleiter.** R. C. Nelson. (J. chem. Physics **47** (1967) 11, 4451–54; Dep. of Phys., O. State Univ., Columbus, O.; engl.) — Die Photoleitfähigkeit von polykrist. *Pinacyanol* (**I**) u. von **I** an CdS wird untersucht u. bez. dreier Energieniveaus diskutiert. Daraus wird ein lokalisiertes Modell für Farbstoff-Photoleiter abgeleitet. u. bez. der Kinetik der Photoleitung von Rhodamin B u. Triphenylmethan-Farbstoffen in Verb. mit „charakterist. Einfangniveaus" diskutiert. B. Hempel 472

1025 **Elektronenübertragung von organische Halbleiter bildenden Stoffen in organischer Lösung.** J. Périchon. (Ann. Chimie [14] 2 (1967) 5, 277–87; Paris, Labor. de Chim. Gén. de l'ESPCI; franz.) — Es wurden Red.- u. Ox.-Potentiale von *Naphthalin*, *Anthracen*, *Tetracen*, *Pentacen*, *Pyren*, *Perylen*, *Rubren*, *Diphenyl*, *p-Terphenyl* u. *p-Quaterphenyl* in THF in Ggw. von Tetrabutylammoniumperchlorat bestimmt. M. Knaack 474

1026 **Redoxpotentiale von Phenol/Phenoxyl-Systemen. 1. Mitt. Redoxpotential von 2.6-Di-tert.-butyl-4-methoxycarbonyl-phenol/-phenoxyl in Äthanol bei 15,0 °C.** Bernhard Nickel, Heinz Mauser und Ute Hezel. (Z. physik. Chem. [Frankfurt/M.] [N.F.] **54** (1967) 3/4, 196 bis 213; Inst. Physikal. Chem., Univ., Tübingen; dt.) — Das Redoxpotential (E_{redox}) von 2.6-Di-tert.-butyl-4-methoxycarbonylphenol/-phenoxyl (**I**) wurde in A. bei 15° u. in CCl_4 bei 15 u. 25° bestimmt. Die Konz. von I zur unabhängigen Best. des E_{redox} sowie der Zerfallskinetik wurde spektroskop. sowie das Dimerisationsgleichgew. des Phenoxyls gemessen. J. Malur 474

1027 **Redoxpotentiale von Phenol/Phenoxyl-Systemen. 2. Mitt. Redoxpotential von 2.4.6-Tri-tert.-butyl-phenol/-phenoxyl und 2.6.-Di-tert.-butyl-4-phenyl-phenol/-phenoxyl in Äthanol bei 15,0 °C.** Bernhard Nickel, Heinz Mauser und Ute Hezel. (Z. physik. Chem. [Frankfurt/M.] [N.F.] **54** (1967) 3/4, 214–221; dt.) — 1. vgl. vorst. Referat. — Zur Messung der Redoxpotentiale (E_{redox}) von 2.4.6-Tri-tert.-butylphenol/-phenoxyl u. 2.6-Di-tert.-butyl-4-phenylphenol/-phenoxyl wurde eine geringe Menge *Phenoxyl* coulometrisch erzeugt u. die E_{redox} in acetatgepufferter äthanol. Lsg. sowie spektroskop. die Zerfallskonst. bestimmt. J. Malur 474

1028 **Untersuchungen der Kolbereaktion bei kontrolliertem Potential und die Rolle von gleichzeitig adsorbierten Oberflächenoxiden. 1. Mitt. Platin in Lösungen von Trifluoracetat.** B. E. Conway und A. K. Vijh. (J. physic. Chem. **71** (1967) 11, 3637–54; Dep. of Chem., Univ. of Ottawa, Ottawa, Canada; engl.) — Vf. untersuchen die elektrochem. Kinetik der Kolbe-Rk. an Pt in Lsg. von $CF_3 \cdot COOK$ in CF_3COOH mit potentiostat., galvanostat. u. potentiodynam. Methoden. J. J. Heinrich 476

1029 **Untersuchungen der Kolbereaktion bei kontrolliertem Potential und die Rolle von gleichzeitig adsorbierten Oberflächenoxiden. 2. Mitt. Die Reaktion an Gold.** A. K. Vijh und B. E. Conway. (J. physic. Chem. **71** (1967) 11, 3655–64; engl.) — 1. vgl. vorst. Referat. — Die Rolle der Oberflächenoxide an der Elektrode wurde in Hinblick auf eine mögliche Beteiligung anderer elektroakt. Zwischenprod. in der Rk.-Folge geprüft. J. J. Heinrich 476

1030 **Die Adsorption und Oxydation von KW-Stoffen an Edelmetallelektroden. 4. Mitt. n-Hexan an glattem Platin bei 130°.** S. B. Brummer und M. J. Turner. (J. physic. Chem. **71** (1967) 11, 3494–3501; Tyco Labor. Waltham, Mass.; engl.) — 3. vgl. C. **1969**, 4-1087 — Die Vf. untersuchten die Kinetik der Abhängigkeit der Adsorption u. Ox. vom angelegten elektrochem. Potential. Die Initialadsorption bei niedrigen Potentialen wird durch Lsg.-Diffusion begrenzt. D. Meyer 478

1031 **Polarographie von Nitronen und der Substituenteneffekt.** Tanekazu Kubota, Hiroshi Miyazaki und Yutaka Mori. (Bull. chem. Soc. Japan **40** (1967) 2, 245 bis 251; Shionogi Res. Lab., Shionogi and Co., Ltd., Fukushima-ku, Osaka; engl.) — Die Polarogramme nachst. Verb. werden in wss. Pufferlsg. aufgenommen u. die Halbstufenpotentiale ($E_{1/2}$) tabellar. angegeben. Die der Vier-Elektronen-Reduktion der C=N → O-Gruppe entsprechenden Stufe nimmt in alkal. Lsg. ab. Gleichzeitig erscheint eine neue Stufe bei negativem Potential. Es ergibt sich eine lineare Beziehung zwischen $E_{1/2}$ u. den Hammettschen σ-Werten. Untersucht wurden: *N-Methylbenzalamin-N-Oxid*; *3-* u. *4-Methyl-*; *3-* u. *4-Chlor-*; *3-* u. *4-Brom-*, *4-Methoxy-*; *3-* u. *4-Hydroxy-*, *4-Amino-*, *4-Dimethylamino-*; *3-* u. *4-Cyan-*, *3-* u. *4-Nitro-N-methylbenzalamin-N-oxid*. J. Malur 478

1032 **Polarographische Untersuchungen aromatischer tertiärer Amin-N-oxide.** T. Kubota, H. Miyzaki und Y. Mori. (Rev. Polarogr. [Kyoto] **14** (1967) 3–6, 313 bis 316; Shionogi Res. Lab., Fukushima-ku, Osaka; engl.) — Die Reduktion der tertiären Amin-N-oxide in wss. Lsg. bei pH = 6 erfolgt in zwei Schritten. Für den ersten Reduktionsschritt besteht eine lineare Abhängigkeit des Halbstufenpotentials von den Hammettschen σ-Werten. Der Rk.-Mechanismus wird diskutiert. Untersucht wurden: *Pyridin-N-oxid*, *3-* u. *4-Amino-*, *4-Hydroxylamino-*, *3-* u. *4-Methoxy-*, *4-Äthoxy-*, *3-* u. *4-Acetamido-*, *3-* u. *4-Carbonsäureäthylester-*, *3-* u. *4-Cyan-*, *3-* u. *4-Methyl-*, *3-* u. *4-Äthyl-*, *3-* u. *4-Chlor-*, *3-* u. *4-Brom-*, *3-Fluorpyridin-N-oxid*; *N-Methylbenzalimino-N-oxid*, *4-Amino-*, *4-Dimethylamino-*, *4-Methoxy-*, *3-* u. *4-Hydroxy-*, *3-* u. *4-Hydroxylamino-*, *3-* u. *4-Cyan-*, *3-* u. *4-Methyl-*, *3-* u. *4-Chlor-*, *3-* u. *4-Brom-N-methylbenzalimino-N-oxid*, *Benzalanilin-N-oxid*, *4′-Dimethylamino-*, *4′-Methoxy-*, *4′-Hydroxy-*, *4′-Methyl-*, *4′-Chlor-* u. *4′-Brombenzalanilin-N-oxid*. J. Malur 478

1033 **Einfluß von Protonendonatoren auf die polarographische Reduktion von Nitroverbindungen in methanolischen Lösungen.** Dimitrios Jannakoudakis und Alfons Wildenau. 1. Mitt. (Z. Naturforsch. **22b** (1967) 2, 118–20; Chem. Inst., Hochschule Bamberg; dt.) — Untersucht wurden *o-* u. *p-Nitrochlorbenzol*, *Nitrobenzol*, *p-Nitranilin*, *p-Nitro-N.N-dimethylanilin* u. *o-Nitrobenzoesäure*, als Protonendonatoren wurden *Benzoe-* u. *Propionsäure* sowie *2.4.6-Trichlorphenol* in 0,1 n wss.-methanol. Lithiumchloridlsg. bei 20° verwendet. J. Malur 478

1034 **Einfluß von Protonendonatoren auf die polarographische Reduktion von Nitroverbindungen in methanolischen Lösungen.** 2. Mitt. **Wirkung überschüssiger Säure.** Dimitrios Jannakoudakis uns Alfons Wildenau. (Z. Naturforsch. **22b** (1967) 6, 603–06; dt.) — 1. vgl. vorst. Referat. — Aus der bei Säureüberschuß auftretenden Verlagerung der gesamten Red.-Stufe wird eine Beziehung abgeleitet, nach der die formale Geschw.-Konst. der Elektrored. der Quadratwurzel aus der Säurekonz. u. der Säurestärke proportional ist. Strom–Spannungskurven von *Nitrobenzol*, *p-Nitranilin* u. *p-Nitro-N.N-dimethylanilin* unter Zusatz von *Benzoesäure* sind angegeben. J. Malur 478

1035 **Substituenteneffekte auf das polarographische Halbstufenpotential von ω-Diazoacetophenon.** C. W. Thomas, L. L. Leveson und M. Bailes. (J. polarogr. Soc. **13** (1967) 1, 43–44; Sci. Dep., Bristol Techn. Coll., Ashley Down, Brist.; engl.) — Die Halbstufenpotentiale von ω-Diazoacetophenon sowie *p-Methoxy-*, *p-Äthoxy-*; *p-* u. *m-Methyl-*, *p-* u. *m-Fluor-*, *p-* u. *m-Chlor-*, *p-* u. *m-Brom-*, *m-Trifluormethyl-*, *p-* u. *m-Nitro-ω-diazoacetophenon* wurden in 0,1 M-Tetraäthylammoniumbromidlösung in DMF bei 25° bestimmt. J. Malur 478

1036 **Reduktion von 9.10-Anthrachinonen.** 1. Mitt. **Kinetische Ströme bei der Polarographie von 2-Hydroxy-9.10-Anthrachinonen.** A. D. Broadbent und E. F. Sommermann. (J. chem. Soc. [London], Sect. B **1967**, 4, 376–78; Dep. Organ. Chem., Univ., Adelaide, S. Australien; engl.) — Das polarographische Verhalten von *2-Hydroxy-9.10-anthrachinon* wurde in wss. Puffersyst. (*Borsäure–NaOH*, *Natriumcarbonat-bicarbonat*, *HCl–Aminoäthanol*, *HCl–Äthylendiamin*) im pH-Bereich von 9–10 bei Temp. zwischen 10 u. 50° untersucht. Es ergibt sich der erwartete Diffusionsgrenzstrom u. bei negativen Potentialen eine kinetische Strombegrenzung, wobei die Größe des Grenzstromes von der temperaturabhängigen Umwandlungsgeschwindigkeit des intermediär gebildeten *2-Hydroxy-9.10-anthrahydrochinons* in das *2.9-Dihydroxy-10-anthron* bestimmt wird. J. Malur 478

1037 **Polarographische und ESR-spektrometrische Untersuchungen des elektrochemischen Reduktionsmechanismus von Anthracen, Benzophenon und Anthrachinon.** Kisaburo Umemoto. (Bull. chem. Soc. Japan **40** (1967) 5, 1058–65; Chem. Inst., Fac. Sci., Univ., Sakyo-ku, Kyoto; engl.) Ruth Müller 478

1038 **Polarographisches Verhalten von Phenylfluoron.** 2. Mitt. **Reduktion in DMSO.** Francesco di Giacomo, Francesco Rallo und Liliana Rampazzo. (Ricerca sci. **37** (1967) 12, 1085–91; Ist. di Chim., Fac. di Ing., Univ. di Roma; ital.) — 1. vgl. ibid. **37** (1967) 7/8, 660. J. Richter 478

1039 **Zum polarographischen Verhalten des C.N-Diphenyl-N′-[4.5-dimethyl-thiazolyl-(2)]-tetrazoliumbromids.** Theodor Pyl und Peter Meyer. (Z. Chem. **7** (1967) 5, 194–95; Inst. Organ. Chem., Abt. Techn. Chem., Univ., Greifswald; dt.) — *2.5-Diphenyl-3-[4.5-dimethylthiazolyl-(2)]-tetrazoliumbromid* wird polarographiert u. mittels der Ilkovič-Beziehung die Zahl der an den einzelnen Reduktionsschritten beteiligten Elektronen berechnet. Der pH-abhängige Rk.-Verlauf wird diskutiert u. mit *Triphenyltetrazoliumchlorid* verglichen. J. Malur 478

1040 **Organische Schwefelverbindungen.** 85. Mitt. **Besonderheiten bei der polarographischen Reduktion des Thiobenzoesäure-S-phenylesters und einiger Thiobenzoe-S-benzylester.** Dieter Kunz, Steffen Scheithauer und Roland Mayer. (Z. Chem. **7** (1967) 5, 194; Inst. Organ. Chem., Techn. Univ., Dresden; dt.) — 86. vgl. ibid. 7 (1967) 7, 275. 81. vgl. C. **1967**, 60-0332. — Das polarograph. Verhalten wird auf Grund der Hammettschen σp-Werte diskutiert. Untersucht wurden: *Thiobenzoesäure-S-methyl-*, *äthyl-*, *-isopropyl-*, *-tert.-butyl-*, *-n-butyl-*, *-(β-phenyläthyl)-*, *-phenyl-* u. *-benzylester*; *4-Chlorthiobenzoesäure-S-benzyl-* u. *-n-butylester*; *4-Methylthiobenzoesäure-S-benzyl-* u. *-n-butylester*; *4-Methoxythiobenzoesäure-S-benzyl-* u. *-n-butylester*.

Versuche: Benzoylchlorid wird mit Natronlauge überschichtet u. das entsprechende Mercaptan bei 0° zugetropft. *Thiobenzoesäure-S-isopropylester*, $C_{10}H_{12}OS$, Kp.$_{0,8}$ 84°, 72% Ausbeute. *Thiobenzoesäure-S-tert.-butylester*, $C_{11}H_{14}OS$, Kp.$_{0,8}$ 86°, 69%. — *Thiobenzoesäure-S-(β-phenyläthylester*, $C_{15}H_{14}OS$, Kp.$_{0,4}$ 139°, 75%. J. Malur 478

1041 **Photochemie anomaler Nucleinsäurebausteine.** 2. Mitt. **Elektronen–Akzeptor-Eigenschaften von Azaanalogen der Pyrimidin- und Purinreihe aus polarographischen Messungen.** L. Kittler und H. Berg. (J. electroanalyt. Chem. Interfacial Electrochem. [Lausanne] **16** (1968) 2, 251–60; DAW zu Berlin, Inst. für Mikrobiol. u. exp. Therapie, Abtg. Biophysikochemie, Jena, DDR; dt.) — 1. vgl. C. **1968**, 3-1182. — Vf. untersuchten die polarograph. Red. folgender Verb.: *5-* u. *6-Azauracil*, *6-Azauridin*; 6-Azauracile: *1.3-Dimethyl-*, *5-Chlor-*, *5-Brom-*, *5-Jod-*, *5.6-Dihydro-*, *5-Amino-*, *5-Amyl-*, *2-Thio-*; *5-Azaorotsäure*, *5-* u. *6-Azacytosin*, *5-Azacytidin*, *2-Amino-4-methylamino-5-carboxy-6-azapyrimidin*, *8-Azaadenin*, *-guanin*, *-xanthin*, *-hypoxanthin*. G. Praßler 478

1042 **Polarographie der Azofarbstoffe. Der Einfluß des ortho-Substituenten auf das Halbstufenpotential.** T. Iijima. (Rev. Polarogr. [Kyoto] **14** (1967) 3–6, 317–21; Polymer Spi. Div., Tokyo Inst. Technol., Ookayama, Meguro-ku, Tokyo; engl.) — Die Halbstufenpotentiale wasserlöslicher *Azofarbstoffe* wurden bei verschiedenen pH-Werten unter Zusatz von Gelatine u. Spülung mit H_2 bei 18 ± 1° gemessen u. den σ-Werten gegenübergestellt. Bei konstantem pH wird eine lineare Abhängigkeit gefunden. Es wurden nachst. Azofarbstoffe gemessen: die 2-Hydroxy-3.6-disulfonaphthalin-(1)-azobenzole: *unsubstituiert*, *2′-*, *3′-* u. *4′-Methyl-*; *2′-*, *3′-* u. *4′-Methoxy-*; *2′-*, *3′-* u. *4′-Äthoxy-*; *2′-*, *3′-* u. *4-Chlor-*; *4′-Amino-*; *3′-* u. *4′-Sulfo-*; *4′-Brom-*, *4′-Carboxy-* u. *4′-Äthoxycarbonyl-*, *4′-Sulfamoyl-*, *4′-Acetamino-*, *4′-Sulfonacetamido-*; *2′.3′-* u. *3′.4′-Tetramethin-*; *2′.4′-*, *2′.5′-* u. *2′.6′-Dimethyl-*, *2′.4′.6′-Trimethyl-*; *2′.4′-*, *2′.5′-* u. *2′.6′-*

Dichlor- sowie *2'.4'.6'-Trichlor*-; sowie die 2-Hydroxy-6.8-disulfonaphthalin-(1)-azobenzole: *unsubstituiert, 4'-Methyl-, 4'-Methoxy-, 4'-Äthoxy-; 3'* u. *4'-Chlor-; 4'-Amino-, 4'-Sulfo-, 4'-Äthoxycarbonyl-, 4'-Acetamido-* sowie *2'.3'-Tetramethin-*. J. Malur 478

B–6. Kinetik, Katalyse

1043 **Reaktion freier Radikale mit Trichlorsilan.** T. N. Bell und B. B. Johnson. (Austral. J. Chem. **20** (1967) 8, 1545–51; Adelaide, Univ., Dep. of phys. and inorg. chem.; engl.) — Untersucht wurde die Kinetik der Rk. mit CH_3-Radikalen. R. K. Müller 482

1044 **Reaktionen von aktivem Stickstoff mit organischen Substraten.** 5. Mitt. **Rückbildung und Umorientierung bei der Reaktion von Propylen. Molekülmechanismus.** P. Terence Hinde, Yoiti Titani und Norman N. Lichtin. (J. Amer. chem. Soc. **89** (1967) 6, 1411–16; Boston, Mass., Chem. Dep. of Boston Univ.; engl.) — 7. vgl. J. physic. Chem. **72** (1968) 2, 526. Ruth Müller 482

1045 **Reaktion freier Radikale mit SO_2.** 1. Mitt. **Methylradikale.** A. Good und J. C. J. Thynne. (Trans. Faraday Soc. **63** (1967) 539, 2708–11; Dep. of Chem., Univ., Edinburgh; engl.) — Vf. erzeugen photolyt. (λ > 3400 Å) aus *Azomethan* Methylradikale (I) u. untersuchen massenspektroskop. deren Rk. mit SO_2 bei 25–164°. Die Rk. verläuft über die Bldg. des *CH_3SO_2-Radikals*, das mit steigender Temp. instabil wird u. bei 164° nicht mehr entsteht. Die Rk. von I mit SO_2 wird mit denen von I mit *O_2, CO* u. *C_2H_4* verglichen. Die Arrhenius-Parameter sind für einige Rk. von I angegeben. Ruth Müller 482

1046 **Reaktion freier Radikale mit Schwefeldioxid.** 2. Mitt. **Äthylradikale.** A. Good und J. C. J. Thynne. (Trans. Faraday Soc. **63** (1967) 539, 2720–27; engl.) — 1. vgl. vorst. Referat. — Vf. erzeugen durch Photolyse (λ > 3100 Å) von *Diäthylketon* Äthylradikale (I) u. untersuchen deren Rk. mit *SO_2* massenspektrometr. bei 28 bis 75°. Die Rk. läuft über das bei höheren Temp. instabile *Äthylsulfonylradikal* ab. Unter bestimmten Annahmen werden Arrhenius-Parameter für die Rk. von I mit *O_2, CO* u. *C_2H_4* diskutiert. Die Rk. von I mit O_2 verläuft schneller als die mit SO_2. Ruth Müller 482

1047 **Reaktion von Methylen mit Cyclobuten.** 1. Mitt. C. S. Elliott und H. M. Frey. (Trans. Faraday Soc. **64** (1968) 549, 2352–68; Dep. of Chem., Univ., Reading, Berks.; engl.) — Die Photolyse von Diazomethan in Ggw. von Cyclobuten (I) wird bei Raumtemp. u. I-Drücken bis zu 2 atm untersucht. Die Ergebnisse werden bez. einer Beteiligung von Singulett- u. Triplett-Methylen diskutiert. W. Sobieski 482

1048 **Molekül–Ion-Reaktionen in Propylen.** Arthur Mackenzie Peers und Paul Vigny. (J. Chim. physique Physico Chim. biol. **65** (1968) 5, 805–15; Labor. Curie, Paris; franz.) — Es wurde eine massenspektroskop. Unters. im Druckbereich 10^{-5} bis 10^{-2} mm Hg durchgeführt. J. Richter 482

1049 **Reaktionen von Acetylradikalen.** 2. Mitt. **Reaktion von Acetaldehyd mit Stickstoffdioxid in Gegenwart von Stickstoffoxid.** Margaret I. Christie und M. A. Voisey. (Trans. Faraday Soc. **63** (1967) 539, 2702–07; Inorgan. Chem. Labor., South Parks Road, Oxford; engl.) — 1. vgl. C. **1969**, 4-1178. — Vf. untersuchen die Bldg. von *NO_2* (I) aus Mischungen von CH_3CHO (II) + I + *NO*. Die Rk. wird von *J_2* inhibiert, da II mit I fünfmal langsamer als mit J_2 reagiert. Die Arrhenius-Parameter für die I-Bldg. sind angegeben. Ruth Müller 482

1050 **Reaktionen von Trifluormethylradikalen mit Jod und Jodwasserstoff.** J. C. Amphlett und E. Whittle. (Trans. Faraday Soc. **63** (1967) 539, 2695–01; Chem. Dep., Univ. Coll., Cathays Park, Cardiff.; engl.) — Vf. erzeugten photolyt. in Ggw. von *J_2*, Cl_2 u. Br_2 sowie HCl, HBr oder *HJ* aus *Trifluoraceton* Radikale. Die Arrhenius-Gleichungen für die Rk. werden angegeben. Ruth Müller 482

1051 **Addition freier Radikale an Olefine.** 3. Mitt. **Addition von Trichlormethylradikalen an Propen, 2-Fluorpropen und Hexafluorpropen.** J. M. Tedder und J. C. Walton. (Trans. Faraday Soc. **63** (1967) 539, 2678–83; Chem. Dep., Queen's Coll., Dundee; engl.) — 2. vgl. ibid. **62** (1966) 523, 1859; 1. vgl. C. **1965**, 6-0881. — Die Arrhenius-Parameter sind für die Additionsrk. u. die H-Abspaltung angegeben. Ruth Müller 482

1052 **Beziehung zwischen Aktivierungsenergie der Hydrogenolyse in flüssiger Phase und der Verschiebung des Katalysatorpotentials.** S. M. Rešetnikov, A. M. Sokol'skaja und D. V. Sokol'skij. (Doklady Akad. Nauk SSSR **175** (1967) 4, 869–71; Kazachskij gos. univ. im. Kirova; russ.) — Auf Grund von Literaturdaten der Hydrogenolyse verschieden funktionell substituierter organ. Verb. an Ni, Pt u. Pd wird die genannte Beziehung untersucht. H. Bajor 483

1053 **Hydrierung von 2-Methylcyclopentanon an Metallkatalysatoren.** D. Cornet und F. G. Gault. (J. Catalysis **7** (1967) 2, 140–51; Dep. of Chem., Fac. des Sci. de Caen, Caen, France; engl.) — Die Gasphasenhydrierung u. Deuterierung von *2-Methylcyclopentanon* u. *2-Methylcyclohexanon* zu den entsprechenden cis- u. trans-Alkoholen wurde an verschiedenen Metallkatalysatoren (Pt-, Rh- u. Ni-Bimsstein-Trägerkatalysatoren, Adam-Pt, Raney-Ni) untersucht. Im Temp.-Bereich zwischen 80 u. 160° tritt eine schnelle cis–trans-Isomerisierung auf, die nicht unter Dehydrierung über die Ketone verläuft. Eine große cis-Selektivität zeigt sich nur an vergifteten Katalysatoren. Die D_2-Verteilung in den cis- u. trans-Alkoholen ist ziemlich gleich. G. Malow 483

1054 **Reaktion von Indoleninsalzen mit Nukleophilen.** R. W. Huffman und Thomas C. Bruice. (J. Amer. chem. Soc. **89** (1967) 24, 6243–51; Dep. of Chem., Univ. of Calif., Santa Barbara, Calif.; engl.) — Die Red. von folgenden phenylsubstituierten Phenyl-[2-methylindolenyliden-(3)]-methanhydrogensulfaten durch *2.6-Dimethyl-1.4-dihydropyridin-3.5-dicarbonsäurediäthylester* (I, Hantzch-Ester) wurde untersucht: *p-Hydroxy-*, $C_{16}H_{15}NO_5S$, *p-Chlor-*, $C_{16}H_{14}ClNO_4S$, *o-Chlor-*, $C_{16}H_{14}ClNO_4S$ u. unsubstituiert (II) (Darst. durch Zugabe des entsprechend substituierten Benzaldehyds zu 2-Methylindol u. konz. H_2SO_4 in abs. A. bei 0°) sowie *Phenyl-[5-chlor-2-methylindolenyliden-(3)]-*, *Phenyl-[2.5-dimethylindolenyliden-(3)]-*, Phenyl-[2.7-dimethylindolenyliden-(3)]-, u. *Phenyl-[N-methyl-2-methylindolenyliden-(3)]-hydrogensulfat* (III). Die Kinetik wurde in Acetonitril bzw. A. spektrophotometr. verfolgt. Außerdem wurde die Aminolyse von I, II u. III durch *Imidazol, Morpholin, Piperidin* u. Aziridin untersucht. Alle Verb. wurden auf Grund von UV-, IR- u. NMR-Daten charakterisiert. U. Radlbook 483

1055 **Diimid-Reduktion von konjugierten Doppelbindungen.** 5. Mitt. **Diimid als elektrophiles Reagens für Hydrierung.** Toru Takagi. (J. chem. Soc. Japan, ind. Chem. Sect. [Kōgyō Kagaku Zasshi] **70** (1967) 6, 892 bis 894; Nagoya; Nagoya Univ., Fac. of Engng., Dep. of Appl. Chem.; jap., Auszug: engl.) — Die Kinetik der Hydrierung der Mischungen von *Stearolsäure* u. *Erucasäure* (I), sowie von I u. *Oleinsäure* durch Diimid wurde untersucht. H.-S. Park 484

1056 **Diimid-Reduktion von konjugierten Doppelbindungen.** 6. Mitt. **Diimid-Reduktionsgeschwindigkeit von Fettsäuren mit konjugierten Doppelbindungen.** Toru Takagi. (J. chem. Soc. Japan, ind. Chem. Sect. [Kōgyō Kagaku Zasshi] **70** (1967) 11, 2156–59; jap., Auszug: engl.) — 5. vgl. vorst. Referat. — Die Red. von *cis–trans-* u. *trans.trans-konjugierter Oktadecadiensäure*, von *α-* u. *β-Eläostearinsäure* u. von *β-Parinarinsäure* sind Rk. 1. Ordnung. H.-S. Park 484

1057 **Oxydation von organischen Verbindungen.** 56. Mitt. **Synthese von Monomeren durch katalytische Dampfphasenoxydation und oxydative Ammonolyse von organischen Verbindungen.** B. V. Suvorov. (Akad. Nauk Kaz. SSR, Trudy Inst. chim. Nauk **20** (1967) 28–69; russ.) —

40. vgl. C. **1966**, 33-0857.ᶠ — Übersicht über den Mechanismus der genannten Reaktionen. — 251 Literaturhinweise. H. Bajor 484

1058 **Katalytische Oxydation der Olefine.** A. Popescu und N. Cioc. (Studii Cercetări Chim. [București] **15** (1967) 12, 909—26; București, Fac. de chim., Labor. de chim. technol; rum.) — Übersicht über Ox.-Katalysatoren, Adsorption von O_2 u. KW-Stoffen u. Rk.-Mechanismen. Es werden allg. Schlußfolgerungen über Zusammenhänge zwischen der Selektivität der Ox.-Katalysatoren u. deren Zus. bzw. deren elektr. Eig. gezogen. P. W. Kittner 484△

1059 **Untersuchung des Verbrauchs der Ausgangsstoffe bei der langsamen Oxydation von Butan.** Jean-Claude Dechaux und Michel Luquin. (J. Chim. physique Physico Chim. biol. **65** (1968) 5, 982—91; Labor. de Chim. de la Combust., Fac. des Sci. de Lille; franz.) J. Richter 484

1060 **Verwendung eines Differenzkreises bei der Untersuchung langsamer Oxydationen von Kohlenwasserstoffen nach der Methode der Druckänderung in Abhängigkeit von der Temperatur. Anwendungen.** Louis-René Sochet und Michel Luquuin. (J. Chim. physique Physico Chim. biol. **65** (1968) 5, 977—81; Labor. de Chim. de la Combust., Fac. des Sci. de Lille; franz.) — Vf. beschreiben die Anwendung eines Kapazität–Widerstand-Kreises auf die Unters. der langsamen Ox. von *Propan.* J. Richter 484

1061 **Oxydation von Cumol.** 1. Mitt. **Katalytische Aktivität von Kobaltverbindungen.** J. Rouchaud. (Bull. Soc. chim. belges **76** (1967) 3—4, 171—85; Léopoldville, Univ. Lovanium; franz.) — *N.N'-Äthylen-bis-[salicylidenimi-nato]-kobalt(II)* katalysiert die Ox. zum Hydroperoxid (Hauptprod.) stark. Die Rk.-Geschw. nimmt mit der Zeit ab. Bei ihrem Max. ist die Rk. von 0,5ter Ordnung bez. des Katalysators. R. K. Müller 484

1062 **Oxydation von Cumol.** 2. Mitt. **Katalytische Wirkung von Chelaten von Schwermetallen mit der gleichen Schiffschen Base.** J. Rouchaud. (Bull. Soc. chim. belges **76** (1967) 3—4, 186—201; franz.) — 1. vgl. vorst. Referat. — Untersucht wurden die Chelate von *N.N'-Bis-[2-hydroxybenzyliden]-äthylendiamin* mit *Co, Ni, Mn, Fe, Cu* u. *Zn.* Bis auf Mn ist in allen Fällen die Rk. beim Max. der Geschw. von 0,5ter Ordnung bez. des Katalysators (nur bei **IV** 0,27). Für die maximale RG ergibt sich die Folge Co > Mn > Ni > Fe, für die Peroxidausb. die Folge Co < Mn < Cu = Ni = Fe. R. K. Müller 484

1063 **Kinetik der durch Kobaltacetat katalysierten Autoxydation von Toluol.** T. Morimoto und Y. Ogata. (J. chem. Soc. [London], Sect. B **1967**, 1, 62—66; Dep. of Appl. Chem., Fac. of Engng., Nagoya Univ., Chikusa-ku, Japan; engl.) — Kinet. Daten der Rk. in Essigsäure bei 90° wurden ermittelt. K.-J. Lucas 484

1064 **Oxydation durch Chromoxid; vollständige kinetische Behandlung der Oxydation der sekundären Alkohole.** P. Zuman. (Collect. czechoslov. chem. Commun. **32** (1967) 4, 1610—13; Prag, CSSR, Heyrovskij Inst. Polarograph., Czes. Acad. Science; engl.) — Untersucht wurde die Ox. von *Propanol-(2).* H. Markert 484

1065 **Unterschiedliches katalytisches Verhalten von stellungsisomeren organischen Verbindungen. Die Äthylester von Chinolyl-(2)-brenztraubensäureoxim und Chinolyl-(4)-brenztraubensäure.** Alfons Krause und Janina Orlikowska. (Mh. Chem. **98** (1967) 3, 919—21; Poznań, Univ., Pol., Inst. für anorgan. Chemie; dt.) — Vf. untersuchen in wss. Lsg. die Indigocarminentfärbung mit H_2O_2 bei 37° bei Zusatz der Titelverbindungen. Ruth Müller 484

1066 **Photochemische Oxydation von Isopropanol durch Uranylperchlorat in saurem, wäßrigem Medium.** K. Venkatarao und M. Santappa. (Indian J. Chem. **5** (1967) 7, 304—06; Madras, Univ., Dep. Physic. Chem.; engl.) — Vf. untersuchen die photochem. Ox. von Isopropanol (I) durch Uranylperchlorat in wss. 1 m $HClO_4$-Lsg. bei 35°. Die RG ist proportional der Lichtintensität u. unabhängig von der H^+-Konz., Ionenstärke, der Anfangskonz. von Aceton (als Rk.-Prod.) u. der Temp., während Zusatz von U^{4+} eine leichte Verlangsamung bewirkt. Vf. vermuten, daß die Rk. über einen Komplex zwischen **I** u. UO_2^{2+} abläuft. Ruth Müller 484

1067 **Verwendung des Ladungsübertragungsspektrums zur Untersuchung der Autoxydation.** 1. Mitt. **Thermisch initiierte Autoxydation von Cumol und p-Cymol.** J. Betts und J. C. Robb. (Trans. Faraday Soc. **64** (1968) 549, 2402—08; Chem. Dep., Univ. of Birmingham; engl.) — Die Kinetik der Autox. der Titelverb. wird ermittelt u. mit der nach anderen Meth. bestimmten verglichen. W. Sobieski 484

1068 **Metallionen- und metallchelat-katalysierte Oxydation von Ascorbinsäure durch molekularen Sauerstoff.** 2. Mitt. **Cu(II)- und Fe(III)-chelat-katalysierte Oxydation.** M. M. Taqui Khan und A. E. Martell. (J. Amer. chem. Soc. **89** (1967) 26, 7104—11; Dep. of Chem. of Clark Univ., Worcester, Mass.; engl.) — 1. vgl. C. **1969**, 3-1117. — Ermittelt wurden pK-Werte, RGK u. Aktivierungsparameter für die Rk. mit den *Cu(II)*- bzw. *Fe(III)-Komplexen* folgender Verb.: *Iminodi-, 2-Hydroxyäthyl-iminodi-, Äthylendiamintetra-, Nitrilotri-, 2-Hydroxy-äthyläthylendiamintri-, Cyclohexandiamintetra-* u. *Di-äthylentriaminpentaessigsäure.* U. Radlbeck 484

1069 **Nachweis für eine Radikalreaktion zwischen Chlor und Glucosiden im Dunkeln und ihre Verzögerung durch Chlordioxid.** Peter S. Fredericks, Bengt O. Lindgren und Olof Theander. (Acta chem. scand. **21** (1967) 10, 2895—97; Stockholm Ö, Svenska Träforskningsinstitutet, Träkemiska avdelningen; engl.) — Vf. untersuchen die Ox. von *Methyl-β-* u. *-α-D-glucopyranosid, D-Glucose, Gluconsäure, 3-Keto-methyl-β-D-glucopyranosid, 6-Aldehydomethyl-α-L-glucopyranosid, Cellobiose* u. *Cellobiit* mit Cl_2 bei 50° u. pH = 2,2 in wss. Lsg. ohne u. mit Zusatz von ClO_2 u. ohne u. unter Lichteinwirkung. Die Ergebnisse deuten Vf. mit einem über Radikale ablaufenden Kettenmechanismus, in dem ClO_2 als Radikalfänger fungiert. Ruth Müller 484

1070 **Katalytische C—C-Bindungsbildung aus Methylenchlorid an aufgedampften Ti-Filmen.** J. R. Anderson und B. H. McConkey. (Nature [London] **216** (1967) 5116, 681; Dep. of Chem., Univ. of Melbourne; engl.) — Eine Mischung aus Methylenchlorid u. H_2 reagiert bei 200—300° in der Gasphase an der Oberfläche von aufgedampften Ti-Filmen unter Bldg. von KW-Stoffen von C_1 bis zu polymeren Wachsen. *Äthylen* u. *Propylen* werden mit etwa der gleichen Aktivierungsenergie (ca. 6 kcal/mol) gebildet, für *Methan, Äthan* u. *Propan* beträgt die Aktivierungsenergie für die Bldg. ca. 11 kcal/mol. Unter Verw. von D_2 an Stelle von H_2 wird zum überwiegenden Teil das Äthylen als C_2H_4 gebildet. Rk. bei sehr kleinen Gasdrücken zeigen, daß für die H_2-Desorption kein Oberflächen-H_2 erforderlich ist. G. Malow 486

1071 **Alkylierungen von heterocyclischen ambidenten Anionen.** 2. Mitt. **Alkylierung von Pyridon-(2)-Salzen.** George C. Hopkins, James P. Jonak, Harry J. Minnemeyer und Howard Tieckelmann. (J. org. Chemistry **32** (1967) 12, 4040—44; Dep. of Chem., State Univ. of New York at Buffalo, Buffalo, N.Y.; engl.) — 1. vgl. C. **1968**, 48-1192. — Die *Na-, K-* u. *Ag-Salze* von *Pyridon-(2)* wurden mit *Methyljodid, Äthylbromid, -jodid-* u. *-tosylat, Isopropylbromid, -jodid* u. *-tosylat, Benzylchlorid, -bromid* u. *-jodid* in verschiedenen Lsgm. (DMF, Ae., Bzl., Hexan, 1.2-Dimethoxyäthan, A., Pentan, Methylalkohol) behandelt. Die Verhältnisse von N- zu O-Alkylierung wurden quantitativ durch GLC bestimmt. Kinet. Daten sind tabelliert. U. Radlbeck 486

1072 **Elektrochlorierung von Cyclohexan im heterogenen flüssigen System.** U. Ch. Agaev, V. P. Smirnova und A. F. Aliev. (Azerbajdžanskij chim. Ž. **1967**, 6, 98—102; INChP Azerbajdž. SSR (Sumgiatskij filial); russ.) — Unters. der Rk. in konz. HCl bzw. in konz. wss. Kochsalzlsg. in Abhängigkeit von Stromstärke u. -dichte, Zeit, Temp., Elektrodenmaterial u. Bestrahlung mit sichtbarem u. UV-Licht. Je nach Rk.-Bedingungen überwiegen Monochlorcyclohexan oder polychlorierte Derivate. H. Bajor 487

1073 **Toluol-Chlorierung in Gemischen von Tetramethylensulfon und Acetonitril oder Nitromethan.** J. L. Pyle, L. J. Andrews und R. M. Keefer. (J. org. Chemistry 32 (1967) 11, 3667–69; Dep. of Chem., Univ. of Calif., Davis, Calif.; engl.) — Kinet. Daten sind tabelliert.
U. Radlbeck 487

1074 **Polare Effekte beim Abspalten von Wasserstoff mit Hilfe von Aminradikalen. 2. Mitt. trans-Hexen-2-säuremethylester.** Francesco Minisci, Remo Galli, Mirella Cecere und Rosanna Bernardi. (Chim. e Ind. [Milano] **49** (1967) 9, 946–47; Ist. di Chim. del Politec., Milano; ital.) — 1. vgl. ibid. **49** (1967) 705. — Vf. untersuchten die Chlorierung mit N-Chlordimethylamin in konz. H_2SO_4 in Ggw. von $FeSO_4$ u. verglichen sie mit der von *Capronsäuremethylester.* J.-S. Marcus 487

1075 **Polare Effekte beim Abspalten von Wasserstoff mit Hilfe von Aminradikalen. 3. Mitt. Neue Piperidinsynthese aus Hexylaminen.** Francesco Minisci, Remo Galli und Maria Antonia Rossetti. (Chim. e Ind. [Milano] **49** (1967) 9, 947–48; ital.) — 2. vgl. vorst. Referat. — Unter den l.c. genannten Bedingungen synthetisierten Vf. folgende 2-Methylpiperidine: *unsubstituiert* (*Pikrat*, F. 134°), *N-n-Propyl-* (*Pikrat*, F. 133°), *N-Isopropyl-* (*Pikrat*, F. 167°), *N-Phenyl-* (*Pikrat*, F. 167°), *N-Hexyl-* (*Pikrat*, F. 145°).
J.-S. Marcus 487

1076 **Salzeffekte bei der Hydrolyse von 1-(p-Alkylphenyl)-äthylchloriden.** R. Anantaraman und M. R. Nair. (Indian J. Chem. **5** (1967) 2, 77–79; Dep. of Chem., Univ. of Kerala, Trivandrum, Ind.; engl.) — Vf. untersuchen in W.-Acetonmischungen den Salzeffekt (Zusatz von *NaCl, NaBr,* $NaNO_3$ u. bei Anwesenheit von $HgCl_2$ als Katalysator von $LiClO_4$) auf die Hydrolyse von *1-(p-*R*-*C_6H_4*)-*C_2H_4Cl mit R = *Methyl-, Äthyl-, Isopropyl-, tert. Butyl-* sowie von $C_6H_5 \cdot C_2H_4Cl$.
Ruth Müller 488

1077 **Kinetik der Hydrolyse von o-Methylbenzylidenanilin und o-Hydroxybenzylidenanilin.** Alfred V. Willi und José F. Siman. (Canad. J. Chem. **46** (1968) 9, 1589–92; Coll. of Pharm. Sci., Columbia Univ. N.Y.; engl.) — Die Rk. obiger Verb. u. von *Benzylidenanilin* wurde in gepufferten Lsg. von wss. Methanol bei 29,9° untersucht u. die RGK bestimmt. Die o-OH-Gruppe verringert die RG bei pH = 5,6–6,6 gegenüber der untereinander ~ gleichen RG der beiden anderen Verb. um ca. eine Zehnerpotenz. K.-J. Lucas 488

1078 **Alkalische Hydrolyse von Nitrilen und den entsprechenden Amiden.** D. Zăvoianu und Fl. Cocu. (Rev. Chim. [București] 18 (1967) 10, 587–90; București, Univ., Fac. de chim.; rum.) — Vf. untersuchten die Kinetik der Hydrolyse folgender Phenylacetamide: *unsubstituiert α-Äthyl-, α-Propyl-, α-Butyl-, α-Amyl-, α-Hexyl-, α-Heptyl-, α-Octyl-* u. *α-Cyclopentyl-* sowie folgender Benzylcyanide zu vorst. Amiden: *unsubstituiert, α-Äthyl-, α-Propyl-, α-Butyl-, α-Pentyl-, α-Hexyl-, α-Heptyl-, α-Octyl-* u. *α-Cyclopentyl-*.
P. W. Kittner 488△

1079 **Hydrolyse von Nitrilen. Alkalische Hydrolyse einiger primärer Alkylidenphenylacetonitrile.** D. Zăvoianu und Angela Mori. (Rev. Chim. [București] **18** (1967) 6, 324–28; București, Univ., Labor. de chim. organ.; rum.) — Die alkal. Hydrolyse von *Propyliden-, n-Butyliden-, Isobutyliden-, n-Pentyliden-, Isopentyliden-* u. *n-Hexylidenphenylacetonitril* verläuft als bimol. Rk., bei der die geschwindigkeitsbestimmende Stufe der nucleophile Angriff von OH^- auf das C-Atom der funktionellen Nitrilgruppe ist. Die Aktivierungsparameter wurden bestimmt u. mit denen der gesätt. Nitrile verglichen.
R. K. Müller 488△

1080 **Kinetik bei Esterbildung aus aliphatischen und aromatischen Carbonsäuren.** Kei Matsuzaki und Kazuo Mitani. (J. chem. Soc. Japan, ind. Chem. Sect. [Kōgyō Kagaku Zasshi] **70** (1967) 4, 470–75; Tokyo, Tokyo Univ., Fac. of Engng.; engl.) — Untersucht wurden die Geschw. der Esterbldg. von *Bernsteinsäure, Adipinsäure, Sebacinsäure, Benzoesäure, Phthalsäure, Phthalsäureanhydrid, Trimellithsäure, Trimellithsäureanhydrid, Phenylessigsäure, β-Phenylpropionsäure, γ-Phenylbuttersäure, Cyclohexancarbonsäure* u. *β-Cyclohexylpropionsäure* mit Äthylenglykol in Abwesenheit eines Säurekatalysators, sowie mit u. ohne Diphenyläther als nichtpolares Lösungsmittel.
S. H. Park 488

1081 **Die oxydative Hydrolyse von Hydrochinonestern durch Perjodsäure.** C. A. Bunton und J. Hellyer. (J. Amer. chem. Soc. **89** (1967) 24, 6252–57; Dep. of Chem., Univ. of Calif., Santa Barbara, Calif.; engl.) — Bei der Rk. zwischen Perjodsäure u. *p-Hydroxyphenylacetat* [F. 65–66° (W.)], *-benzoat* [F. 162–163° (wss. A.)] oder *3-tert.-Butyl-4-hydroxyphenylacetat* [F. 111° (W.)] entsteht das entsprechende p-Chinon u. das Jodation. Die Rk. wurden spektrophotometr. (UV) untersucht. Zum Vgl. ist die Ox. von *2.5-Di-tert.-Butylhydrochinon* (F. 216–217°) angegeben. U. Radlbeck 488

1082 **Kinetischer Isotopieeffekt des Lösungsmittels bei der Hydrolyse von Sulfonsäureanhydriden.** N. Hesselbjerg Christensen. (Acta chem. scand. **21** (1967) 4, 899–04; Chem. Dep., Danish Atomic Energy Commission Res. Establishment, Risø; engl.) — Vf. verfolgte durch Leitfähigkeitsmessungen die Hydrolyse von *m-Nitro-* (**I**), *p-Brom-* (**II**) u. *p-Toluolsulfonsäureanhydrid* (**III**) in W.-Dioxan- u. W.-Aceton-Lsg. mit leichtem u. schwerem W. bei 25°. Der Isotopieeffekt bleibt unabhängig vom Substrat, Lsgm. u. Lsgm.-Zusammensetzung nahezu konstant. Auf Grund der Abhängigkeit der RG von der Lsgm.-Zusammensetzung wird für die Hydrolyse von **I**, **II** u. **III** ein S_N2-Mechanismus vermutet, der für höhere W.-Geh. bei **III** in einen S_N1 ähnlichen Mechanismus übergeht. Ruth Müller 488

1083 **Glycosidhydrolyse. 1. Mitt. Intramolekulare Acetamido- und Hydroxylgruppen-Katalyse bei der Glycosidhydrolyse.** Dennis Piszkiewicz und Thomas C. Bruice. (J. Amer. chem. Soc. **89** (1967) 24, 6237–43; Dep. of Chem., Univ. of Calif. at Santa Barbara, Santa Barbara, Calif.; engl.) — 2. vgl. C. **1968**, 61-0243. — Die Hydrolysegeschw. von *o-Nitrophenyl-2-acetamido-2-desoxy-β-D-glucopyranosid* u. *-α-D-glucopyranosid, p-Nitrophenyl-2-acetamido-2-desoxy-β-D-glucopyranosid* u. *-α-D-glucopyranosid, o-Nitrophenyl-* u. *p-Nitrophenyl-β-D-glucopyranosid* u. *p-Nitrophenyl-α-D-glucopyranosid* wurde bei 78,2° zwischen pH 0,75 u. 11,72 spektrophotometr. u. polarimetr. verfolgt. U. Radlbeck 488

1084 **Markierung organischer Verbindungen mit Tritium. 1. Mitt. Durch Strahlung und durch Anregung induzierter Isotopenaustausch.** Constanța Mântescu und Cristina Bratu. (Studii Cercetări Chim. [București] **15** (1967) 8, 575–602; Inst. de fiz. atomica; rum.) — Übersicht. — 125 Literaturangaben. R. K. Müller 489△

1085 **Nucleophile heteroaromatische Substitution. 25. Mitt. Dechlorierung von Chlorchinolinen durch Piperidin. Lösungsmitteleinfluß auf die Reaktionskinetik.** Gabriello Illuminati, Gianlorenzo Marino und Giancarlo Sleiter. (J. Amer. chem. Soc. **89** (1967) 14, 3510–15; Dep. of Chem., Univ. of Rome; engl.) — 24. vgl. C. **1967**, 54-0123. — Die RGK u. die Aktivierungsparameter der Rk. von *2-* u. *4-Chlorchinolin* mit *Piperidin* wurden in Toluol, CH_3OH, DMSO, Äthylacetat u. in reinem Piperidin bei Temp. von 60–115,7° mittels Titration des ausgetauschten Cl^- ermittelt.
K. J. Lucas 489

1086 **Nucleophile heteroaromatische Substitution. 26. Mitt. Dechlorierung von Chlorchinolinen durch Piperidin. Lösungsmitteleinfluß auf die Reaktionsselektivität.** Flavia Genel, Gabriello Illuminati und Gianlorenzo Marino. (J. Amer. chem. Soc. **89** (1967) 14, 3516–18; engl.) — 25. vgl. vorst. Referat. — Untersucht wurde die Kinetik des Substituenteneinfl. bei folgenden 4-substituierten 2-Chlorchinolinen u. 2-substituierten 4-Chlorchinolinen: *unsubstituiert, Methyl-, Acetyl-, Carboäthoxy-, Trifluormethyl-* u. *Cyan-* in Piperidin, DMSO u. Methanol. K.-J. Lucas 489

1087 **Nucleophile heteroaromatische Substitution.** 27. Mitt. **Dechlorierung durch Piperidin und Methoxydechlorierung von 6- und 8-Alkyl-4-chlorchinolinen. Sterische Hinderung und spezifische Solvatation.** Mario Calligaris, Gabriello Illuminati und Gianlorenzo Marino. (J. Amer. chem. Soc. **89** (1967) 14, 3518—21; engl.) — 26. vgl. vorst. Referat. — Die RGK u. Aktivierungsparameter der Rk. von *6-* u. *8-Methyl-*, bzw. *tert.-Butyl-4-chlorchinolinen* mit *Piperidin* wurde in Toluol, Piperidin, DMSO u. Methanol u. mit $NaOCH_3$ in Methanol gemessen. K.-J. Lucas 489

1088 **Nucleophile heteroaromatische Substitution.** 28. Mitt. **Kinetik und Mechanismen der Reaktion von p-Methylthiophenol mit Chlorchinolinen in methanolischer Lösung.** Gabriello Illuminati, Paolo Linda und Gianlorenzo Marino. (J. Amer. chem. Soc. **89** (1967) 14, 3521—24; engl.) — 27. vgl. vorst. Referat. — Die RGK der Rk. von *2-Chlorchinolin, 2-Chlor-4-methoxy-* u. *2.7-Dichlorchinolin*, von *4-Chlorchinolin, 2-Methoxy-, 7-Nitro-4-chlorchinolin, 4.7-Dichlorchinolin* sowie *1-Methyl-4-chlorchinoliniumjodid* mit *p-Methylthiophenol, Na-p-Tolylsulfid* bzw. *Methyl-p-tolylsulfid* in Methanol werden bei Temp. von 30—115° ermittelt. K.-J. Lucas 489

1089 **Thiamin-Derivate vom Disulfid-Typ.** 4. Mitt. **Austausch-Reaktion zwischen Thiaminpropyldisulfid und L-Cystein.** Hisashi Nogami, Jun Hasegawa und Noriko Ikari. (Chem. pharmac. Bull. [Tokyo] **15** (1967) 5, 685—92; Fac. of Pharmaceut. Sci., Univ. of Tokyo; engl.) — Die Prod. der Austauschrk. zwischen *Thiaminpropyldisulfid* (F. 128°, Zers.) u. *L-Cystein* sowie der möglichen Nebenrk. wurden qualitativ durch Dünnschichtchromatographie bestimmt. RGK u. deren pH-Abhängigkeiten wurden ermittelt. U. Radlbeck 489

1090 **Thiamin-Derivate vom Disulfid-Typ.** 5. Mitt. **Kinetische Untersuchungen der Reaktion zwischen Thiaminpropyldisulfid oder Homologer und L-Cystein.** Hisashi Nogami, Jun Hasegawa und Noriko Ikari. (Chem. pharmac. Bull. [Tokyo] **15** (1967) 5, 693—700; engl.) — 4. vgl. vorst. Referat. — Die Kinetik der Rk. zwischen *Propyl-, Benzyl-, Allyl-* (F. 132°, Zers.) oder *β-Hydroxyäthylthiamindisulfid* (F. 148°) u. *L-Cystein* wurde untersucht. Die RGK u. deren pH-Abhängigkeit sowie die Arrhenius-Parameter wurden ermittelt. U. Radlbeck 489

1091 **Einfluß der Ionenpaarbildung auf die nucleophile Reaktivität von anionischen Nucleophilen.** 2. Mitt. **Reaktion von p-Nitrobenzylbromid mit dem Chloridion in flüssiger Schwefeldioxid-Lösung bei 0°.** Norman N. Lichtin, Mohindar, S. Puar und Bernard Wasserman. (J. Amer. chem. Soc. **89** (1967) 25, 6677—81; Dep. of Chem., Boston Univ., Boston, Mass.; engl.) — 1. vgl. C. **1961,** 17892. — Kinet. Daten, Gleichgew.-Konst. u. Debye-Hückel-Ionenradiusparameter für die Rk. mit *LiBr, KCl, RbCl, KBr, Tetramethylammoniumchlorid* u. *-bromid, Tetraäthylammoniumchlorid* u. *-bromid* wurden ermittelt. U. Radlbeck 489

1092 **Reaktionen der Halogenhydrine von Steroiden.** Clara Schönberger, Al. Kövendi, Mihaela Veza und D. Breazu. (Rev. Chim. [Bucureşti] **18** (1967) 11, 676—78; Cluj, Inst. de cerc. chimico-farmac.; rum.) — Vf. stellten nachst. 16β-Halogen-Δ^5-pregnen-3β.17α-diol-20-one her u. untersuchten die Kinetik ihrer Epoxydierung in Abhängigkeit vom Substituenten, der Polarität des Lsgm., der Base u. der Temp.: *16β-Chlor-* (F. 208—212°), *16β-Brom-* (F. 195—198°), *16β-Jod-* (F. 205—207°), *16β-Chlor-3-O-formyl-* (F. 168—170°), *-3-O-acetyl-* (F. 169—170°) u. *-3-O-benzoyl-* (F. 208—212°). P. W. Kittner 489△

1093 **Mechanismus von Kontakteliminierungen.** 17. Mitt. **Halogenwasserstoff-Eliminierungen aus gasförmigen Halogenpentanen an $CaCl_2$, CaO und Al_2O_3.** H. Noller, G. Kabiersch und P. Andréu. (Z. Naturforsch. **23b** (1968) 7, 894—900; dt.) — 16. vgl. C. **1968,** 48-1105. — Nach einer Impulsmeth. wurde die Primärprod.-Verteilung von *tert.-Amylchlorid, Neopentylbromid, 1-Chlor-, 1-Brom-, 2-Brom-* u. *3-Brompentan* im Temp.-Bereich 50—350° untersucht u. bez. eines Rk.-Mechanismus diskutiert. W. Sobieski 490

1094 **Mechanismus von Kontakteliminierungen.** 18. Mitt. **HCl-Eliminierung aus gasförmigem 2-Chlor-2-D-butan an $CaCl_2$.** B. Arenas, M. Hunger, H. Noller und P. André u. (Z. physik. Chem. [Frankfurt/M.] [N.F.] **59** (1968) 5/6, 316—17; Escuela de Quím., Univ. Central de Venezuela, Caracas; dt.) — 17. vgl. vorst. Referat. — Die Rk. wurden mit *2-Chlorbutan* u. *2-Chlor-2-D-butan* im Temp.-Bereich zwischen 130—180° durchgeführt. W. Sobieski 490

1095 **Mechanismus der Gasphasendehydrohalogenierung.** Harold Kwart und M. T. Waroblak. (J. Amer. chem. Soc. **89** (1967) 26, 7145—46; Univ. of Del., Newark, Del.; engl.) — Untersucht wird die Lactonisierung von γ-Brombuttersäureäthylester bei 200° in verschiedenen Medien (Acetonitril, Dimethylphthalat, Chlorbenzol, reinem KW-Stoff) u. in der Gasphase. K. Jasche 490△

1096 **Mechanismus der reduktiven Eliminierung von vicinalen Dihalogeniden durch Chrom(II).** David M. Singleton und Jay K. Kochi. (J. Amer. chem. Soc. **89** (1967) 25, 6547—55; Dep. of Chem., Case Western Res. Univ., Cleveland, O.; engl.) — Die reduktive Eliminierung von *cis-* u. *trans-1.2-Dibromcyclohexan* in wss. A. oder DMF zu *Cyclohexen* wurde untersucht u. mit der Red. von *Bromcyclohexan* verglichen. Die Einfl. von Konfig., Lsgm., Acidität, Ionenstärke u. Temp. auf die Rk.-Geschw. wurden festgestellt. Die Aktivierungsparameter sind tabelliert. Die Unters. wurde auf *β-Brom-* u. *β-Chlorpropionylperoxid, Styroldibromid* sowie auf die *dl-threo-* u. *dl-erythro-Isomeren* von *3-Hydroxy-, 3-Acetoxy-, 3-Tosyloxy-* u. *3-Chlor-2-brombutan,* auf *meso-* u. *dl-2.3-Dibrombutan* u. *2-Brombutan* ausgedehnt. U. Radlbeck 490

1097 **Wittig-Reaktion.** A. Hantz. (Studii Cercetări Chim. [Bucureşti] **15** (1967) 6, 453—84; Acad. Rep. Soc. România, Inst. de chim., Filiala Cluj; rum.) — Überblick über Grundlagen u. bisherige Anwendungen. — 183 Literaturangaben. R. K. Müller 491

1098 **Reaktion von Epoxiden in Gegenwart von Lewis-Säuren als Katalysator.** 2. Mitt. **Ringöffnung bei Kondensationsreaktionen von unsymmetrisch substituierten Epoxiden mit aromatischen Kohlenwasserstoffen.** Shohei Suga, Tadashi Nakajima, Akira Takagi und Tokeo Takahashi. (J. chem. Soc. Japan, ind. Chem. Sect. [Kōgyō Kagaku Zasshi] **79** (1967) 4, 487—91; Kanazawa-shi, Kanazawa Univ., Fac. of Technol., Dep. of Ind. Chem.; jap., Auszug: engl.) — Untersucht wurden *Propylenoxid* u. *Epichlorhydrin* mit *o-, m-, p-Xylol, Bzl., Äthylbenzol, C_6H_5MgBr, Toluol* u. *Cumol* in Ggw. von $AlCl_3$, $SnCl_4$ u. $TiCl_4$ als Katalysatoren. S. H. Park 491

1099 **Photometrische Analyse von Spurenbeträgen von Hydrazin mit p-Dimethylaminobenzaldehyd.** 2. Mitt. **Chemische Gleichgewichte.** Donald S. Gamble. (Canad. J. Chem. **46** (1968) 8, 1365—71; Analyt. Chem. Res. Serv., Res. Branch, Canada Agric., Ottawa; engl.) — Vf. bestimmten photometr. die thermodynam. Gleichgew.-Konst. des Syst. in Ggw. von HCl. K.-J. Lucas 491

1100 **Kondensationsreaktion von Äthylendiamin mit Monocarbonsäuren.** V. I. Isaruljanc, Z. D. Kustanovič und R. S. Boeva. (Doklady Akad. Nauk Arm. SSR **44** (1967) 1, 23—27; Mosk. inst. neftechim. igazovoj prom. im. Gubkina; russ.) — Unters. der Abhängigkeit der RG der Titelrk. von der Menge des als Katalysator eingesetzten Kationenaustauschharzes KU-2. Nachst. 2-Alkyl-Δ^1-imidazoline werden gebildet: *2-Methyl-* [I, F. 105°; 71,5° (Ausb.)], *2-Propyl-* (F. 35°; 73%), *2-Nonyl-* (F. 71°; 64%), *2-Decyl-* (II, F. 79°; 51,5°), *2-Tetradecyl-* (F. 92°; 68%), *2-Pentadecyl-* (F. 82°; 61%), *2-Heptadecyl-* (F. 95°; 82%), *2-Octadecyl-* (III, F. 97°; 75%). Auf Grund der für alle Verb. repräsendativen IR-Spektren von I, II u. III wird die Struktur der Rk.-Prod. bestätigt. H. Bajor 491

1101 **Cope-Umlagerung und verwandte Reaktionen.** M. Banciu. (Studii Cercetări Chim. [Bucureşti] **15** (1967) 8, 603—33; Bucureşti, Inst. politehn. „Gheorge

Gheorghiu-Dej"; rum.) — Übersicht. — 74 Literaturangaben. R. K. Müller 492△

1102 **Ungewöhnliche S_n1'-Umlagerung und Anwendung der mechanistischen S_n2'-Markierung.** F. G. Bordwell, Robert W. Hemwall, Donald A. Schexnayder. (J. Amer. chem. Soc. **89** (1967) 26, 7144—45; Northwestern Univ., Evanston, Ill.; engl.) — Untersucht wird die Kinetik der Umsetzung von *3-(1-Chloräthyl)-* u. *3-(1-Chlor-1-methyläthyl)-benzo-[b]-thiophen-1.1-dioxid* mit *Piperidin* in Bzl. bei 50° unter Bldg. der entsprechenden Enamine. K. Jasche 492△

1103 **Säurekatalysierte intramolekulare Umlagerung.** 3. Mitt. **Benzidiniumlagerung und Kinetik von o-substituiertem Hydrazobenzol.** Masaru Kurihara und Naoya Yoda. (Bull. chem. Soc. Japan **40** (1967) 10, 2429—32; Basic Res. Labor., Toyo Rayon Co., Ltd., Tebiro, Kamakura; engl.) — 2. vgl. ibid. **39** (1966) **1942**. — *Benzidin-3.3'-dicarbonsäure*, ($C_{14}H_{12}N_2O_4$, F. 300°, Zers. 82,7% Ausb.) wurde durch Red. von o-Nitrobenzoesäure mit Zn in NaOH-Lsg. u. Benzidinumlagerung der entstandenen *Hydrazobenzol-2.2'-dicarbonsäure* (**I**, F. 205°) mit HCl dargestellt. Ausb. u. RGK wurden ermittelt u. sind tabelliert. U. Radlbeck 492

1104 **Durch Säure katalysierte Umlagerung von Hydroxyperoxiden.** 1. Mitt. **Benzhydrylhydroperoxide.** Glenn H. Anderson und James G. Smith. (Canad. J. Chem. **46** (1968) 9, 1553—59; Exploration Res. Labor., Dow Chem. of Canada Ltd., Sarnia, Ontario; engl.) — Untersucht wurde die Umlagerungsrk. in Aceton in Ggw. von H_2SO_4 bei 20° von *o-*, *m-* u. *p-Methyl-* u. *o-*, *m-* u. *p-Chlorbenzhydrylhydroperoxid* u. der *nichtsubstituierten Verb.*, wobei zwischen dem lg der Wanderungsfähigkeit u. C^+ eine lineare Beziehung mit $\varrho = -3{,}78$ gefunden wurde. o-Substituenten zeigen nur geringe Abweichung, die Rk. erweist sich als vom Lsgm. abhängig. K.-J. Lucas 492

1105 **Durch Säure katalysierte Umlagerung von Hydroperoxiden.** 2. Mitt. **Phenylcycloalkylhydroperoxide.** Glenn H. Anderson und James G. Smith. (Canad. J. Chem. **46** (1968) 9, 1561—70; engl.) — 1. vgl. vorst. Referat. — Bei der säurekatalysierten Umlagerung von *1-Phenylcyclohexylhydroperoxid* sind die Prod. Phenol u. Cyclohexanon, eine Umlagerung der Cycloalkylgruppe in Konkurrenz mit Wanderung der Phenylgruppe konnte nicht gefunden werden. Rk. von *1-Phenylcyclopentylhydroperoxid* gab jedoch die Ringöffnungskomponente 4-Hydroxyvalerophenon u. als Eliminierungsprod. 1-Phenylcyclopenten. *1-Phenylcyclobutylhydroperoxid* gab die ringerweiterten Prod. 2-Phenyl-2-tetrahydrofurylhydroperoxid u. das entsprechende Peroxid durch Behandlung von *1-Phenylcyclobutanol* mit H_2O_2 in Ggw. von Säure. K.-J. Lucas 492

1106 **Säurekatalysierte Umlagerung von 3-Phenyl-2-bromthiophen.** Nina Gjøs und Salo Gronowitz. (Acta chem. scand. **21** (1967) 10, 2893—94; Lund, Sweden, Univ., Chemic. Center, Div. Organ. Chem.; engl.) — Bei der Rk. von 3-Phenyl-2-bromthiophen (**I**) mit Br_2 in Essigsäure wird zunächst *2-Brom-3-phenylthiophen* (**II**, $C_{10}H_7BrS$, Kp.$_{0,3}$ 106°) gebildet, woraus ein Gemisch von **I**, **II**, *5-Brom-3-phenylthiophen* (**II**, $C_{10}H_7BrS$, F. 79—80°) u. *2.5-Dibrom-3-phenylthiophen* (**IV**, $C_{10}H_6Br_2S$, Kp.$_{0,3}$ 110°) entsteht. Fast das gleiche Gemisch wird erhalten, wenn **II** oder **III** mit HBr in Essigsäure am Rückfluß gekocht wird. Daraus schließen Vf., daß die Bromierung von **I** reversibel ist. Ruth Müller 492

1107 **Unimolekulare thermische Isomerisierung von 1-Methylallylvinyläther in der Gasphase und in Lösung.** H. M. Frey und D. C. Montague. (Trans. Faraday Soc. **64** (1968) 549, 2369—74; Dep. of Chem., Univ., Reading, Berks.; engl.) — Die Isomerisierung verläuft in beiden Medien nach **1**. Ordnung. Die RGK u. Arrhenius-Parameter der bei **117—168°** homogenen u. zwischen 3 u. 150 Torr druckunabhängigen Gasphasenumlagerung sowie der Rk. in Decen-(1) bei 100—**145°** u. in Benzonitril bei 84—135° sind angegeben. Der ster. Verlauf der Umlagerung u. Lsgm.-Effekte werden diskutiert. W. Sobieski 492

1108 **Norsteroide.** 6. Mitt. **Kinetische Untersuchungen der Favorski-Umlagerung.** Harold R. Nace und Barbara Ann Olsen. (J. org. Chemistry **32** (1967) **11**, **3438** bis **3442**; Metcalf Chem. Labor., Brown Univ., Providence, R.I.; engl.) — 7. vgl. C. **1968**, 59-0748. — Für *2α-Chlor-* (F. 180,5—181,5°), *2α-Brom-* (F. 173,5—174,5°) u. *2α-Jodcholestanon-(3)* (F. 139—140°) wurden RGK u. Prod.-Analysen ermittelt. U. Radlbeck 492

1109 **Initiierung der Isobutan-Pyrolyse.** R. S. Konar, R. M. Marshall und J. H. Purnell. (Trans. Faraday Soc. **64** (1968) 542, 405—13; Dep. of Chem., Univ. College, Swansea; engl.) — Die Kinetik wurde bei Temp. von 713—814 °K u. verschiedenen Anfangsdrücken untersucht. K.-J. Lucas 493

1110 **Kinetische Daten des thermischen Zerfalls von Diazoniumsalzen in sauren Lösungen.** D. Schulte-Frohlinde und H. Blume. (Z. physik. Chem. [Frankfurt/M.] [N.F.] **59** (1968) 5/6, 299—315; Inst. für Strahlenchemie, Kernforschungszentrum Karlsruhe; dt.) — Vgl. C. **1969**, 11-1207. — Ermittelt wurden die kinet. Daten sowie Substituenten- u. Lsgm.-Einfl. auf den therm. Zerfall der Diazoniumtetrafluorborate folgender Amine (UV-Daten): *Anilin* [Zers. bei 114—116° (HBF_4)], *4-Fluoranilin* [Zers. bei 157° (Eisessig)], *4-Chloranilin* [Zers. bei 135° (Methanol)], *4-Bromanilin* [Zers. bei 139 bis 142° (HBF_4)], *4-Jodanilin* [Zers. bei 125° (Eisessig)], *4-Phenoxyanilin* [Zers. bei 173° (Eisessig)], *4-Methoxyanilin* [Zers. bei 146—148° (Methanol)], *4-Dimethylaminoanilin* [Zers. bei 149—151° (A.)], *4-Toluidin* [Zers. bei 107° (A.)], *4-Phenylanilin* [Zers. bei 124° (Methanol)], *4-Acetylanilin* [Zers. bei 97° (Methanol)], *4-Carbäthoxyanilin* [Zers. bei 105° (Methanol)], *4-Nitranilin* [Zers. bei 152—154° (Methanol)], *3-Fluoranilin* [Zers. bei 155 bis 156° (Methanol)], *3-Chloranilin* [Zers. bei 148° (Methanol)], *3-Bromanilin* [Zers. bei 138° (Methanol)], *3-Jodanilin* [Zers. bei 114° (Methanol)], *3-Methoxyanilin* [Zers. bei 103° (Eisessig)], *3-Toluidin* [Zers. bei 88° (Methanol)], *3-Phenylanilin* [Zers. bei 92° (Methanol)], *3-Carboäthoxyanilin* [Zers. bei 78° (Methanol/Ae.)], *3-Nitranilin* [Zers. bei 165° (HBF_4)], *2-Aminofluoren* [Zers. bei 138—139° (A.)], *1-Aminonaphthalin* [Zers. bei 105—106° (Eisessig)], *2-Aminonaphthalin* [Zers. bei 111—113° (Methanol)] u. *4-[Trimethylammonio]-anilin-Hydrotetrafluoroboratmonohydrat* [Zers. bei 153—156° (HBF_4)]. W. Sobieski 493

1111 **Untersuchung der thermischen Zersetzung durch Massenspektroskopie.** 4. Mitt. **Aceton.** Jacques E. Collin. (Bull. Soc. chim. belges **76** (1967) 5—6, 273—89; Liège, Univ., Inst. de Chim.; franz.) — 3. vgl. ibid. **75** (1966) 5/6, 304. M. Knaack 493

1112 **Acetonbildung bei der Pyrolyse von Acetaldehyd.** Leslie Batt. (J. chem. Physics **47** (1967) 9, 3674—75; Dep. of Chem., Univ., Old Aberdeen, Scotland; engl.) — Arrhenius-Parameter sind tabelliert. U. Radlbeck 493

1113 **Basenkatalysierte Hemithioacetal-Zersetzung mit einer diffusionskontrollierten Geschwindigkeit.** R. Barnett und W. P. Jencks. (J. Amer. chem. Soc. **89** (1967) 23, 5963—64; Graduate Dep. of Biochem., Brandeis Univ., Waltham, Mass.; engl.) — Kinet. Daten u. pK-Werte für die Rk. von *Acetaldehyd* mit *Thiophenol*, *p-Nitrothiophenol* oder *Thioessigsäure* wurden ermittelt. U. Radlbeck 493

1114 **Einfluß von Lösungsmittel und eines Katalysators auf die Zersetzung von Peroxybenzoesäure.** Nagaaki Takamitsu und Takeshi Okamura. (J. chem. Soc. Japan, ind. Chem. Sect. [Kōgyō Kagaku Zasshi] **70** (1967) **11**, **2143—47**; Ube-shi; Ube Ind. Ltd., Central Res. Inst.; jap., Auszug: engl.) — Unter N_2- oder Luft-Atmosphäre wurden in verschiedenen Lsgm. (Bzl., Toluol, Cyclohexan, Benzylalkohol) die Zers.-Geschw. u. die Aktivierungsenergie der Titelverb. mit u. ohne Kobaltnaphthenat als Katalysator untersucht. H.-S. Park 493

1115 **Thermische Zersetzung von Isopropyltrimethylacetat und Isopropylacetat.** B. S. Lennon und V. R. Stimson. (Austral. J. Chem. 21 (1968) 6, 1659—63; Dep. of Phys. and Inorg. Chem., Univ. of New England, Armidale, NSW; engl.) — Die RGK der bei Temp. von 329,4—367,7° u. verschiedenen Anfangsdrücken Zers. wurde untersucht. K.-J. Lucas 493

1116 **Kinetische Untersuchung der Zersetzung von Morphin.** E. Pungor, Á. Szász und E. Papp-Molnár. (Acta chim. Acad. Sci. hung. **53** (1967) 3, 251—62; Dep. Analyt. Chem., Univ. Chem. Ind., Veszprém, Ungarn.; engl.) — Vf. untersuchte spektrophotometr. die Zers. von *Morphin* ohne u. mit $K_2S_2O_8$ bzw. H_2O_2 bei verschiedenen Temp. u. pH-Werten in wss. gepufferter Lösung (Britton-Robinson). Ruth Müller 493

1117 **Cyanwasserstoffsäurebildung aus Propan in einem Stickstoffplasma.** Ivan de Vynck. (Silicates ind. **32** (1967) 5, 181—87; Labor. d'Electrothermie de l'Univ. de Gand; franz.) J.-S. Marcus 494

1118 **Verhalten der katalytischen Systeme Cr(III)-Acetylacetonat/Al-Triäthyl und V(III)-Acetylacetonat/Al-Diäthylmonochlorid bei Aromatisierungsreaktionen von Acetylenkohlenwasserstoffen.** G. Sartori, A. Furlani und G. Variali. (Chim. e Ind. [Milano] **49** (1967) 4, 357—61; Ist. di Chim. gen. dell' Univ., Roma; ital.) — Vf. untersuchten die Trimerenbldg. von *Phenyl-* u. *Isopropenylacetylen* unter dem Einfl. der genannten Katalysatoren. J.-S. Marcus 494

1119 **Katalytische Aktivität einiger nichtstöchiometrischer reduzierender Tonerden.** Liviu Literat. (Bul. Inst. politehn. „Gheorghe Gheorghiu-Dej" București **29** (1967) 3, 65—75; rum.) — Die katalyt. Wrkg. von durch Erhitzen von hydratisiertem Al_2O_3 bzw. $Al(OH)_3$ erhaltenem nichtstöchiometr. (schwarzem) Al_xO_x bei Rk. mit HCOOH wird untersucht. Die dehydrierende Wrkg. überwiegt gegenüber der dehydratisierenden. Die Kinetik beider Rk. wurde untersucht.
R. K. Müller 495△

1120 **Oxydation von Äthylen unter Verwendung von Ag als Katalysator.** Tatsuro Seiyama, Shuichi Kagawa und Kazumi Kurama. (J. chem. Soc. Japan, ind. Chem. Sect. [Køgyø Kagaku Zasshi] **70** (1967) 7, 1137—42; Dep. of Appl. Chem., Fac. of Engng. Kyushu Univ., Fukuoka-shi; jap., Auszug: engl.) — Die Änderung der Aktivität von Ag bei der Ox. von C_2H_4 wurde bei verschiedenen Reagenszus. u. verschiedener Vorbehandlung des Katalysators untersucht. Die Kinetik der Rk. wurde bestimmt. J. J. Pohl 495

1121 **Messung der Aktivität des Ni–Cr_2O_3-Katalysators mit Hilfe der Benzolhydrierungsreaktion.** P. Szentgyörgyi. (Rev. roum. Chim. 12 (1967) 5, 597—604; Inst. for Atomic Phys., Cluj; engl.) — Es wird die Kinetik der Gasphasenhydrierung des Bzl. zu Cyclohexan gemessen. Die Aktivierungsenergie der Rk. beträgt 10 kcal/Mol. Die Beständigkeit gegen Vergiftung des Ni-Katalysators gegen H_2S wurde durch Messung der Konversion in Ggw. von teilweise vergiftetem Katalysator gemessen. G. Malow 495

1122 **Bündeltechnik radioaktiver Ionen zur Untersuchung der Reaktionen heißer Atome. Bildung von T-Kohlenwasserstoffen durch Bestrahlung von Butan mit T^+-Ionen.** J. M. Paulus. (Radiochim. Acta [Frankfurt/M.] **7** (1967) 2/3, 141—52; Centre de Rech. Nucléaires, Dép. de Chim. Nucléaire, Strasbourg; franz.) — Nach Bestrahlungen von gasf. Butan (**I**; 10^{-2} bis 10^{-1} Torr; T^+-Ionen von 3—6000 eV) wurden CH_3T, C_2H_5T, C_2H_3T, C_3H_7T, C_3H_5Z u. n-C_4H_9T nachgewiesen, wobei die Tritiierung entweder mit einem *T*-Atom oder mit einem T^+-Ion erfolgte. Die Bldg. von C_4H_9T in einer Atom-Mol.-Rk. u. der tritiierten Nebenprod. in einer Ion-Mol.-Rk. konnte durch Verdünnen des **I** mit *He* nachgewiesen werden. Die Ausb. der durch Atom-Mol.-Rk. gebildeten Prod. erreichte in Abhängigkeit von der Energie der Partikel einen Maximalwert, während die Menge der tritiierten Nebenprod. abfiel. Bei Energien des *T*-Atoms zwischen 3 u. 10 eV fand die Rk. $T + C_4H_{10} \rightarrow C_4H_9T + H$ statt. U. Drehmann 496

1123 **Pulsradiolytische Untersuchung der Reaktionen von organischen Radikalen mit Schwefelwasserstoff.** W. Karmann und A. Henglein. (Ber. Bunsenges. physik. Chem. **71** (1967) 4, 421—24; Hahn-Meitner-Inst. für Kernforsch., Sektor Strahlenchem., Berlin-Wannsee; dt.) — Kinetik der Rk. folgender Radikale (durch Radiolyse aus den entsprechenden Alkoholen) mit H_2S: $\dot{C}H_2OH$, $CH_3\dot{C}HOH$, $CH_3CH_2\dot{C}HOH$, $(CH_3)_2(\dot{C}H_2)COH$. K.-J. Lucas 498

1124 **Einfluß von Stickoxid auf die Radiolyse von flüssigem und gasförmigem Cyclohexan. 1. Mitt. Sekundärreaktionen bei der Radiolyse von flüssigem und gasförmigem Cyclohexan in Gegenwart von NO.** Jeannine Milhaud. (J. Chem. physique Physico Chim. biol. **65** (1968) 5, 786—95; Labor. de Physicochim. des Rayonnements, Orsay; franz.) — Die Sekundärrk. der gebildeten Nitrosoverb. RNO hängen vom physikal. Zustand u. der Natur des Mediums, in dem sie sich bilden ab.
J. Richter 498

1125 **Einfluß von Stickoxid auf die Radiolyse von flüssigem und gasförmigem Cyclohexan.** 2. Mitt. **Radiolyse von gasförmigem Cyclohexan.** Jeannine Milhaud. (J. Chim. physique Physico Chim. biol. **65** (1968) 5, 796—804; franz.) — 1. vgl. vorst. Referat. — Vf. führte eine Prod.-Analyse der Radiolyse von C_6H_{12} u. C_6H_{12} + C_6D_{12} in Abwesenheit u. Ggw. von NO durch u. bestimmten daraus die prim. Ausb. der verschiedenen Ionen- u. Radikalspezies. Die Ergebnisse wurden mit denen einer massenspektrometr. Unters. verglichen. J. Richter 498

1126 **γ-Radiolyse von Cyclohexan in Gegenwart von Elektronenfängern.** 2. Mitt. **Festes Cyclohexan bei 77 °K.** N. H. Sagert. (Canad. J. Chem. **46** (1968) 2, 89—93; Res. Chem. Branch, Chalk River Nuclear Labor., Chalk River, Ontario; engl.) — 1. vgl. ibid. **45** (1967) 1351. — Unter Zusatz von SF_6 u. N_2O wurden die Rk.-Prod. u. die Rk.-Schemata der γ-Radiolyse von Cyclohexan untersucht. D. Schmitt 498

1127 **γ-Radiolyse von Cyclohexan in Gegenwart von Elektronenfängern. 3. Mitt. Perfluorkohlenwasserstoffe als Elektronenfänger.** N. H. Sagert. (Canad. J. Chem. **46** (1968) 2, 95—99; engl.) — 2. vgl. vorst. Referat. — Als Elektronenfänger wurden benutzt: *Perfluorcyclohexan*, *-methylcyclohexan* u. *-cyclobutan*. D. Schmitt 498

1128 **Ultraviolett-Photochemie von Triphenylmethanderivaten.** 1. Mitt. **Messung der Geschwindigkeitskonstante bei der Photolyse von Triphenylmethylhalogeniden.** H. G. Lewis und E. D. Owen. (J. chem. Soc. [London], Sect. B **1967**, 5, 422—25; Chem. Dep., Univ. Coll., Cardiff; engl.) — Untersucht wurde die Photolyse verd. Lsg. von $(C_6H_5)_3C-X$ ($X = H, F, Cl, J$).
K.-J. Lucas 498

1129 **Unsensibilisierte Photolyse von Buten-(1) bei 1849 Å.** Peter Borrell und P. Cashmore. (Ber. Bunsenges. physik. Chem. **72** (1968) 2, 182—87; Dep. of Chem., Keele Univ., Keele, Staffordshire; engl.) — Rk.-Prod. sind angegeben. Der Einfl. von Temp., Zusatz von Fremdgasen, veränderten Reaktantendrücken u. Rk.-Zeit wurde untersucht. K.-J. Lucas 498

1130 **Protonen- und Hydridionenübertragungs-Reaktion bei der Radiolyse von Cyclohexan–Benzol-Gemischen.** H.-D. Klotz, H. Drost und W. Schulz. (Z. physik. Chem. [Leipzig] **238** (1968) 3/4, 252—56; Inst. für Biophys. der DAW zu Berlin; dt.) K.-J. Lucas 498

1131 **Radiolyse von flüssigem Benzol durch niederenergetische ^{4}He-Ionen.** W. G. Burns und W. R. Marsh. (Trans. Faraday Soc. **64** (1968) 549, 2375—88; Chem. Div., UKAEA Res. Group, AERE, Harwell; engl.) — G-Werte u. Energieverlustdaten der Radiolyse (0,1 bis 7 MeV) bei 20° sind angegeben. W. Sobieski 498

1132 **Durch γ-Bestrahlung induzierte Farbzentren in Anthracen.** Haywood Blum, P. L. Mattern, R. A. Arndt und A. C. Damask. (Molecular Crystals **3** (1967) 2, 269—80; Brookhaven Nat. Labor., Upton, N.Y.; engl.) — Durch Messung der opt. Absorption u. der EPR werden die γ-Strahlungseffekte an hochreinen Anthracen-Einkrist. untersucht. W. Sobieski 498

1133 **Die Photolyse aromatischer Jodverbindungen.** R. K. Sharma und N. Kharasch. (Angew. Chem. **80** (1968) 2, 69—77, dt.; int. Edit. **7** (1968) **1**, 36—44; Dep. of Chem., Univ. of Southern Calif., Los Angeles, Calif.; engl.) — Vf. geben einen Überblick über die Photolyse aromat. u. anderer J-Verbindungen. — 74 Literaturangaben. K.-J. Lucas 498

1134 **Photolyse von Arylbromiden und Arylchloriden in Benzol.** M. A. Čel'cova und G. I. Nikišin. (Izvest. Akad. Nauk SSSR, Ser. chim. **1967**, 2, 456—57; Inst. org. chimii im. Zelinskogo AN SSSR; russ.) — In benzol. Lsg. wird die Photolyse bei 35std. Belichtung nachst. Verb. untersucht: Benzole: *Brom-* [→ Diphenyl (**I**); 52% (Ausb.) bei einem Mol-Verhältnis (MV) 1 : 300; 64% bei MV = 1 : 500], *Chlor-* (→ **I**; 10%; 18% bei 50std. Belichtung), p-*Dibrom-* [→ p-Terphenyl (**II**); 7% bei MV = 1 : 620; 3% bei MV = 1 : 62) sowie *p-Brom-diphenyl* (→ **II**; 28%). H. Dalmer 498△

1135 **Hg-sensibilisierte Photolyse von Perfluorcyclobuten und 1.3-Perfluorbutadien.** Wayne Stuckey und Julian Heicklen. (Canad. J. Chem. **46** (1968) 8, 1361—64; Aerospace Corp., El Segundo, Calif.; engl.) K.-J. Lucas 498

1136 **Reaktionen von Thiyl-Radikalen.** 4. Mitt. **Photolyse von Methanthiol.** R. P. Steer und A. R. Knight. (J. physic. Chem. **72** (1968) 6, 2145—53; Dep. of Chem. and Chem. Engng., Univ. of Saskatchewan, Saskatoon, Saskatchewan, Canada; engl.) — 1. vgl. C. **1968**, 51/52-1002. K.-J. Lucas 498

1137 **Primäre Zersetzungsarten überangeregter n-Alkanmoleküle.** P. Ausloos und S. G. Lias. (Ber. Bunsenges. physik. Chem. **72** (1968) 2, 187—95; Nat. Bur. of Stand., Wash.; engl.) — Die Zers. von *Propan* u. *n-Butan* wurde in Abhängigkeit von Druck, Energie u. dem Zusatz von Fängern untersucht. K.-J. Lucas 498

1138 **Abbau langkettiger aliphatischer tertiärer Amine mit Salpetersäure und unter Einfluß von Bestrahlung.** 1. Mitt. **UV-Bestrahlung.** Franco Baroncelli, Giuseppe Grossi und Antonio Novegno. (Radiochim. Acta [Frankfurt/M.] **7** (1967) 2/3, 135—52; CNEN, Centro Studi Nucleari della Casaccia, Roma; franz.) — Vf. untersuchten die Widerstandsfähigkeit von *Tri-n-hexyl-* u. *Trilaurylamin* sowie von *Alamin 336* gegenüber rein chem. Angriff von HNO_3 u. bei UV-Bestrahlung (2560 Å). Es zeigte sich, daß die Amine von HNO_3 nur bei Temp. > 100° abgebaut wurden u. bei 25° u. UV-Bestrahlung eine sehr gute Beständigkeit aufweisen. Die wichtigsten Abbauprod. wurden identifiziert. U. Drehmann 498

1139 **Strahlenchemie von Alkoholen.** 2. Mitt. **Die Wasserstoffbildung bei der UV-Photolyse O-deuterierter n-Alkohole.** C. v. Sonntag und D. Schulte-Frohlinde. (Z. physik. Chem. [Frankfurt/M.] [N.F.] **55** (1967) 5/6, 329—31; Inst. für Strahlenchem. des Kernforsch.-Zentrums Karlsruhe; dt.) — Vf. untersuchte die Isotopenverteilung des bei der UV-Photolyse (λ = 254/185 mμ) von den OD-Alkoholen: *Methanol*, *A.*, *n-Propanol*, *n-Butanol* u. *n-Pentanol* gebildeten H bei 25°. Die Ergebnisse beweisen auch bei längerkettigen Alkoholen die bevorzugte Spaltung der O—D-Bindung. Ruth Müller 498

1140 **Photolyse von Cyclopropancarbaldehyd.** G. Greig und J. C. J. Thynne. (Ber. Bunsenges. physik. Chem. **72** (1968) 2, 206—11; Chem. Dep., Univ., Edinburgh; engl.) — Die Photolyse wurde bei verschiedenen Drücken u. Temp. von 40—250° untersucht. K.-J. Lucas 498

1141 **Photolyse von Benzil in Cyclohexan-Lösung.** David L. Bunbury und Chiou Tong Wang. (Canad. J. Chem. **46** (1968) 9, 1473—79; St. Francis Xavier Univ., Antigonish, Nova Scotia; engl.) K.-J. Lucas 498

1142 γ-**Radiolyse von Propionaldehyd in flüssiger Phase.** M. Tölgyesi und F. Márta. (Acta Univ. Szegediensis, Acta physica chem. [N.S.] **14** (1968) 1—2, 27—38; Inst. of General and Phys. Chem., Attila József Univ., Szeged; engl.) — Die Zers. der Titelverb. wird bei ^{60}Co-γ-Bestrahlung (353 c), 1—3,7 · 10^5 rad/h) untersucht u. bez. eines Radikalkettenmechanismus diskutiert. W. Sobieski 498

1143 **Molekularstruktur und photochemische Reaktivität.** 7. Mitt. **Photochemie von Cyclopropancarbaldehyd in der Dampfphase.** Dana G. Marsh, Erwin Heine und James N. Pitts jun. (Trans. Faraday Soc. **64** (1968) 549, 2308—19; Dep. of Chem., Univ. of Calif., Riverside, Calif.; engl.) — Die 3130 Å-Photolyse der Titelverb. wird bei 100—200° u. 17—154 Torr untersucht. Die Quantenausb., der Bldg.-Mechanismus u. IR-Daten der Rk.-Prod. sind angegeben. W. Sobieski 498

1144 **Photolyse von 1.3-Difluor- und 1.1.3.3-Tetrafluoraceton bei niedrigen Drücken.** G. O. Pritchard und J. T. Bryant. (J. physic. Chem. **72** (1968) 5, 1603—11; Dep. of Chem., Univ. of Calif., Santa Barbara, Calif.; engl.) — Die quant. Prod.-Zus. bei der Photolyse der Titelverb. u. ihrer Mischungen bei Drücken von ~0,1 Torr u. verschiedenen Temp. wurde bestimmt. K.-J. Lucas 498

1145 **Gasphasenphotolyse von Hexafluoraceton in Gegenwart von Diboran.** Robert L. Strong, William M. Howard und Robert L. Tinklepaugh. (Ber. Bunsenges. physik. Chem. **72** (1968) 2, 200—06; Dep. of Chem., Reusselaer Polytechn. Inst. Troy, N.Y.; engl.) — Der Einfluß des Drucks auf Quantenausb. u. Prod.-Verhältnis auf die Rk. bei 3130 Å wurde untersucht. RGK sind angegeben. K.-J. Lucas 498

1146 **Infrarotspektrophotometrische Untersuchung der photochemischen Aldehydoxydation in flüssiger Phase.** J. C. André, J. F. Large, X. Deglise, J. Lemaire, M. Niclause (unter Mitarb. von N. Groos). (Rev. Inst. franç. Pétrole Ann. Combustibles liquides **23** (1968) 2, 219—35; Fac. des Sci. de Nancy; franz.) — Vf. untersuchten die Sekundärrk. der bei Photoox. von *n-Heptanal*, *Äthanal*, *Croton-* u. *Benzaldehyd* prim. gebildeten Persäuren in Ggw. des nichtox. Aldehyds. U. Drehmann 498

1147 **Wolff-Umlagerung.** 3. Mitt. γ-**Radiolyse und Photolyse von** ω-**Diazoacetphenon in verschiedenen Lösungsmitteln.** Yasuhide Yukawa und Toshikazu Ibata. (J. chem. Soc. Japan, pure Chem. Sect. [Nippon Kagaku Zasshi] **88** (1967) 11, 1223—28; Sakai-shi; Osaka Univ. Inst. of Sci. and Ind. Res.; jap., Auszug: engl.) — 2. vgl. C. **1969**, 5-1079. — Der Mechanismus der Rk. wird diskutiert. H.-S. Park 498

1148 **Photolyse von Aceton bei 185 nm.** P. Potzinger und G. von Bünau. (Ber. Bunsenges. physik. Chem. **72** (1968) 2, 195—99; Max-Planck-Inst. für Kohlenforsch., Abt. Strahlenchem., Mühlheim (Ruhr); engl.) — Druck- u. Temp.-Abhängigkeit wurden untersucht. Die Rk.-Prod. sind angegeben. K.-J. Lucas 498

1149 **Photolyse von Acetonazin-Dampf.** R. K. Brinton und S. Chang. (Ber. Bunsenges. physik. Chem. **72** (1968) 2, 217—21; Univ. of Calif., Davis, Calif.; engl.) — Für die Photolyse bei 6 Torr u. Wellenlängen von 2200 bis 3500 Å wurde die Zeitabhängigkeit der Rk. u. der Einfl. von Fremdgasen untersucht. K.-J. Lucas 498

1150 **Photolyse und Pyrolyse von Nitromethan und Methylnitrit.** I. M. Napier und R. G. W. Norrish. (Proc. Roy. Soc. [London], Ser. A **299** (1967) 1458, 317 bis 336; Dep. of Phys. Chem., Univ. of Cambridge; engl.) K.-J. Lucas 498

1151 **Photolyse organischer Ester.** M. J. Yee Quee und J. C. J. Thynne. (Ber. Bunsenges. physik. Chem. **72** (1968) 2, 211—17; Chem. Dep., The Univ. Edinburgh; engl.) — Die Dampfphasenphotolyse von *Methylformiat* u. *Kohlensäuredimethylester* wurde bei Drücken von 10—60 bzw. 10—30 Torr u. Temp. von 30—103° bzw. 41—93° untersucht. RGK u. Arrhenius-Parameter sind angegeben. K.-J. Lucas 498

1152 **Primärprozesse bei der Blitz-Photolyse von Dimethylcarbonat-Dampf.** Toshio Ibuki und Yoshimasa Takezaki. (Bull. Inst. chem. Res., Kyoto Univ. **45** (1967) 6, 406—17; engl.) — Aus den Photolyseprod. (CO, CO_2, CH_4, C_2H_6, H_2, CH_3OH, HCOH u. Dimethyläther) schließen Vf. auf folgende Primärprozesse: $(CH_3O)_2CO$ (I) + $h\nu \rightarrow CH_3 + CH_3O + CO_2$, 51%; I + $h\nu \rightarrow CH_4 + CH_2O + CO_2$, 9%; I + $h\nu \rightarrow 3\,CO + 3\,H_2$, 40%. D. Ertel 498

1153 **Photolyse von Methylformiat.** M. J. Yee Quee und J. C. J. Thynne. (Trans. Faraday Soc. **63** (1967) 535, 1656—64; Dep. of Chem., Univ., Edinburgh; engl.) — Die Gasphasenphotolyse wurde bei Drücken von 10—60 mm u. Temp. von 30—103° untersucht. Die Rk.-Prod. wurden massenspektrometr. u.gaschromatograph. identifiziert. Kinet. Daten sind tabelliert. K.-J. Lucas 498

1154 **Photoreduktion von Flavinmononucleotid in Abhängigkeit von der Temperatur.** François Leterrier und Pierre Douzou. (C. R. hebd. Séances Acad. Sci., Sér. D **266** (1968) 2, 149—152; Inst. de Biol. Physico-Chim., Paris; franz.) J.-S. Marcus 498

C. Präparative organische Chemie, Naturstoffe

1155 **Nucleophile Substitutionen bei α-Chlorketonen.** 2. Mitt. **Solvolysereaktionen von 2-Chloracetyl-1.4-benzodioxan und ihre Reaktionsmechanismen.** Vittorio Rosnati, Domenico Misiti und Franco De Marchi. (Gazz. chim. ital. **96**, 497—525, 1966; Roma, Lab. di Chim. Terapeut. dell' Ist. Superiore di Sanita; ital.) — 1. vgl. C. **1968**, 19-1169. — Während die Acetolyse von 2-Chloracetyltetralin u. 2-[ω-Chloracetonyl]-BD (**VIII**; BD = 1.4-Benzodioxan) in Ggw. von K-Acetat nur die einer nucleophilen Substitution entsprechenden Prod. liefert, wird 2-Chloracetyl-BD (**I**) in *2-Acetyl-2-acetoxy-BD* übergeführt. Alkoholyse von **I** in Ggw. von HCl oder Alkoholaten ergibt die entsprechenden *2-Acetyl-2-alkoxy-BD* u. die Hydrolyse in wss. Dioxan führt zu *2-[o-Hydroxyphenoxy]-BD.* Vf. diskutieren für die Solvolyse-Rk. von **I** einen ion. Mechanismus. Die Alkoholyse u. Acetolyse von 1.1-Diphenyl-3-chlorpropanon (**VII**), dessen Rk. mit Alkoholaten unter Favorski-Umlagerung *3.3-Diphenylpropionsäureester* liefert, führt auch ohne Katalysatoren neben wenig *3-Alkoxy-* bzw. *3-Acetoxy-Verb.* zu *1.1-Diphenyl-1-alkoxy-* bzw. *-1-acetoxypropanonen.* NMR- u. IR-Spektren s. Original.

Versuche: *Gemisch aus 80% I u. 1-[2-Hydroxyphenoxy]-butandion-(2.3)*, Kp.$_{0,05}$ 90—94°, durch 7std. Kochen von **I** in W./Dioxan (2:1) unter N_2. — 1.4-Benzodioxane: *2-Acetyl-2-methoxy-* (**II**), $C_{11}H_{12}O_4$, Kp.$_{0,05}$ 70—72°, a) durch 10std. Erwärmen von **I** in 5%ig. methanol. HCl im Einschlußrohr auf 80—90°; 78% (Ausb.); b) durch 1std. Rk. von **I** mit abs. methanol. Na-Methylat bei Raumtemp.; 80%; c) durch Zugabe von Morpholin (**III**) in abs. CH_3OH zu **I** in CH_3OH unter Eiskühlung, 12std. Rühren, Abdampfen des Lsgm. im Vakuum, Versetzen mit abs. äther. HCl unter Kühlen, Zugabe von W. u. Eindampfen der äther. Phase; 80%. *Oxim*, $C_{11}H_{13}NO_4$, F. 110—111° (verd. A.). *Semicarbazon*, $C_{12}H_{15}N_3O_4$, F. 188—191° (verd. A.). — *2-Acetyl-2-äthoxy-*, $C_{12}H_{14}O_4$, F. 45—46° (Hexan),Kp.$_{0,05}$ 85—88°, a) aus **I** u. 8%ig. äthanol. HCl analog **II** nach a); 90%; b) aus 0,85 g **I** u. abs. äthanol. Na-Äthylat analog **II** nach b); 0,8 g. *Oxim*, $C_{12}H_{15}NO_4$, F. 97—98° (Hexan). *Semicarbazon*, $C_{13}H_{17}N_3O_4$, F. 170—171° (verd. A.). — *2-[1-Hydroxyäthyl]-2-äthoxy-*, $C_{12}H_{16}O_4$, Kp.$_{0,05}$ 75—76°, durch langsame Zugabe von äther. $LiAlH_4$ zu vorst. Verb. in abs. Ae. unter Rühren, 15std. Kochen, Versetzen mit W./6 n H_2SO_4 (1 : 2) u. Eindampfen der äther. Phase (Meth. **A**); 90%. — *2-[1-Hydroxyäthyl]-2-methoxy-*, $C_{11}H_{14}O_4$, Kp.$_{0,01}$ 78—82°, durch 9 std. Rk. von 0,5 g **II** nach **A**; 4,8 g. — *2-Acetyl-2-acetoxy-*, $C_{12}H_{12}O_5$, F. 69—70° [Hexan/Bzl. (4 : 1)], durch 1std. Kochen von 14,7 g **I** u. K-Acetat in Eisessig unter Rühren, Filtrieren, Eindampfen im Vakuum, Versetzen mit W., Extrahieren mit Ae., Eindampfen der Extrakte, Dest. (Meth. **B**) u. Kristallisieren der Fraktion vom Kp.$_{0,01}$ 92—94°; 12 g. — *2-Acetoxyacetyl-*, $C_{12}H_{12}O_5$, Kp.$_{0,01}$ 110—115°, durch Zugabe von 3,3 g BD-2-carbonsäurechlorid (**IV**) in abs. Ae. zu äther. CH_2N_2 unter Rühren bei 0°, 6std. Stehen, Eindampfen im Vakuum, 2std. Erwärmen in Eisessig auf 100—105°, Eindampfen, Extrahieren mit Ae., Eindampfen der Extrakte, Dest. u. 15std. Hydrieren der Fraktion vom Kp.$_{0,06}$ 108—114° in A. an 10%ig. Pd/Kohle bei 3,6 atm; 2,1 g; daneben 0,4 g *2-Acetyl-1.4-benzodioxan* (**V**, Kp.$_{0,01}$ 65—80°). — *2-Morpholinoacetyl-*, $C_{14}H_{17}NO_4$, durch ½std. Zugabe von **III** zu 4,2 g **I** in Bzl./PAe. (1 : 1) unter Kühlen 12std. Rühren, Filtrieren Verdünnen mit abs. Ae. u. Eindampfen. *Hydrochlorid*, F. 160° (Zers.; Isopropanol/wenig Hexan), aus der freien Base u. abs. äther. HCl; 3,2 g. — *2-Methoxyacetyl-*, $C_{11}H_{12}O_4$, Kp.$_{0,01}$ 88—92°, durch Zugabe von 20 g **IV** in abs. Ae. zu äther. CH_2N_2 unter Rühren bei 0°, 6std. Stehen, Eindampfen im Vakuum, Lösen in abs. CH_3OH, Zugabe von äther. BF_3, mehrst. Stehen bei Raumtemp., Eindampfen im Vakuum, Extrahieren mit Ae., Eindampfen der Extrakte, Dest. u. 24std. Hydrieren der Fraktion vom Kp.$_{0,03}$ 112—118° in A. an 10%ig. Pd/Kohle bei 3,4 atm; 13 g; daneben 3,6 g **V** (Kp.$_{0,05}$ 70—80°). — *2-[ω-Acetoxyacetonyl]-*, $C_{13}H_{14}O_5$, Kp.$_{0,02}$ 133—134°, durch 6std. Rk. von **VIII** nach **B**; 97%. — *2-[2.3-Dihydroxypropyl]-*, $C_{11}H_{14}O_4$, Kp.$_{0,02}$ 149—151°, durch 12std. Rk. von 0,02 Mol vorst. Verb. nach **A**; 4 g. — Tetraline: *2-Chloracetyl-*, $C_{12}H_{13}ClO$, Kp.$_{0,04}$ 98—103°, durch Zugabe von 6,5 g Tetralin-2-carbonsäurechlorid (**VI**) in abs. Ae. zu äther. CH_2N_2 unter Rühren bei 0° u. 3std. Sättigen mit HCl bei 5° nach 4 Std.; 5,8 g. — *2-Acetoxyacetyl-*, $C_{14}H_{16}O_3$, Kp.$_{0,01}$ 115—117°, a) durch 12std. Rk. von 4,6 g vorst. Verb. nach **B**; 0,8 g; b) durch Zugabe von 5 g **VI** in abs. Ae. zu äther. CH_2N_2 unter Kühlen, mehrstd. Stehen bei Raumtemp., Filtrieren, Eindampfen im Vakuum, Lösen in Eisessig unter Kühlen, Zutropfen zu Eisessig von 60°, mehrstd. Stehen, Eindampfen im Vakuum u. Aufnehmen in Ae.; 4,4 g. — 1.1-Diphenylpropanone: *3-Chlor-* (**VII**), $C_{15}H_{13}ClO$, F. 70,5—71°, durch Clibbens-Nierenstein-Rk. von Diphenylacetylchlorid; 15std. Kochen in CH_3OH → *Gemisch aus ca. 70% 1-Methoxy-, ca. 15% 3-Methoxy-1.1-diphenylpropanon u. ca. 15%* **VIII** (Kp.$_{0,05}$ 85—88°); 15std. Erhitzen mit 5%ig. methanol. HCl auf 60—70° im Einschlußrohr → *Gemisch mit ca. 20%* **VII** *vom Kp.$_{0,05}$ 86—88°.* — *1-Äthoxy-*, $C_{17}H_{18}O_2$, Kp.$_{0,05}$ 85—87°, durch 15std. Kochen von 1,2 g **VII** in A.; 820 mg; daneben 160 mg *Gemisch aus 60% 3-Äthoxy- u. 40% 1-Äthoxy-1.1-diphenylpropanon* ($C_{17}H_{18}O_2$, Kp.$_{0,05}$ 85—88°). — *1-Acetoxy-*, $C_{17}H_{16}O_3$, Kp.$_{0,03}$ 124—128°, durch 3std. Rk. von 2,5 g **VII** nach **B**; 820 mg. — *3-Acetoxy-*, $C_{17}H_{16}O_3$, Kp.$_{0,03}$ 125—128°, neben vorst. Verb.; 420 mg. H. J. Jahns 520△

C—1. Acyclische Verbindungen

1156 **Hydratation von Acetylen-δ-glykolen der acyclischen Reihe.** T. A. Favorskaja, V. M. Vlasov, A. S. Loženicyna und G. A. Kalabin. (Ž. obšč. Chim. **36** (98), 1886—91, 1966; Irkutskij inst. organ. chim. Sibir. otdelenija Akad. nauk SSSR u. Leningradskij gosudarstvennyj univ.; russ.) — Bei der Hydratisierung von [4-Hydroxybutin-(1)-yl]-dialkylcarbinolen in Ggw. von $HgSO_4$ entstehen *[γ-Hydroxybutyryl]-dialkylcarbinole* u. *[β-Oxo-δ-hydroxybutyl]-dialkylcarbinole* u. als deren Cyclisierungsprod. *1.6.9.13-Tetraoxadispiro-[4.2.4.2]-tetradecane* bzw. *2.2-Dialkyltetrahydro-γ-pyrone.* Folgerk., IR- u. NMR-Daten sind angegeben.

Versuche: *2-Methylhexanon-(3)-diol-(2.6)* (**I**), $C_7H_{14}O_3$, Kp.$_3$ 88—89°, durch Zugabe von 2-Methylhexin-(3)-diol-(2.6) zu $HgSO_4$ in verd. H_2SO_4 + Ae., 2std. Rühren, Neutralisieren mit Soda, Filtrieren u. Eindampfen; D.$_4^{20}$ 1,0644; n_D^{20} 1,4620; 63% (Ausb.). — *3-Methylheptanon-(4)-diol-(3.7)* (**II**), $C_8H_{16}O_3$, Kp.$_2$ 119 bis 121°, a) analog **I** mit 3-Methylheptin-(4)-diol-(3.7) (**III**); D.$_4^{20}$ 1,0481; n_D^{20} 1,4635; 66%; b) durch Zugabe von **III** zu HgO, W. u. Eisessig bei 90—110°, 1std. Erhitzen, Neutralisieren mit wss. Soda, Filtrieren u. Extrahieren mit Ae.; 60%; daneben nach b): *2-Methyl-2-äthyltetrahydro-γ-pyron*, $C_8H_{14}O_2$, Kp.$_8$ 72—72,5°, nach Chromatographie an Al_2O_3 u. Eluieren mit Bzl. + Ae. (3 : 2); D.$_4^{20}$ 0,9907; n_D^{20} 1,4518. — *2-Methyl-2-n-propyl-*

etrahydro-γ-pyron (**V**, roh), Kp.$_3$ 74,5—80°, analog **I** mit 5-Methyloctin-(3)-diol-(1.5); n_D^{20} 1,4530. — *4-Methyloctanon-(5)-diol-(4.8)*, $C_9H_{18}O_3$, Kp.$_2$ 112—115°, analog **V** in verd. H_2SO_4 + 70%ig. CH_3OH bei 73° u. 2std. Erhitzen; D.$_4^{20}$ 1,0142; n_D^{20} 1,4620; 46%; daneben: **V** (roh). — *5-Methylnonanon-(6)-diol-(5.9)* (**VI**), $C_{10}H_{20}O_3$, Kp.$_5$ 140—141,5°, analog **I** mit 5-Methylnonin-(3)-diol-(1.5); D.$_4^{20}$ 0,9980; n_D^{20} 1,4622; 70%; daneben *2-Methyl-2-n-butyltetrahydro-γ-pyron*, $C_{10}H_{18}O_2$, Kp.$_5$ 77—78°, nach Chromatographie an Al_2O_3 u. Eluieren mit Bzl. + PAe. (5:1). — *γ-Butyrolacton*, a) durch 3std. Erhitzen der nachst. Verb. **IV**, Acetanhydrid u. geglühtem $ZnCl_2$ auf 70—80°, Zugabe von W., 2std. Erhitzen auf 70—80°, Extrahieren mit Ae., Neutralisieren mit K_2CO_3, Eindampfen, Lösen in äthanol. KOH, Zugabe von wss. HJO_4, 24std. Stehen, Filtrieren, Dest. (→ **VII**) u. Ansäuern des Rückstandes; b) durch Zugabe von wss. HJO_4 zu **VI** in A., 48std. Stehen bei Raumtemp., Neutralisieren mit $Ba(OH)_2$, Filtrieren, Alkalisieren mit KOH, Dest. (→ **VIII**) u. Ansäuern des Rückstandes; daneben nach a) *Methyläthylketon* (**VII**), *2.4-Dinitrophenylhydrazon*, F. 106—107°, u. nach b): *Methylbutylketon* (**VIII**), *2.4-Dinitrophenylhydrazon*, F. 105—106° (A.). — Neben **I**, **II**, **V** u. **VI** folgende 1.6.9.13-Tetraoxadispiro-[4.2.4.2]-tetradecane: *7.7.14.14-Tetramethyl-* (**IV**), $C_{14}H_{24}O_4$, F. 96—98° (A.); 16,5%. — *7.14-Dimethyl-7.14-diäthyl-*, $C_{16}H_{28}O_4$, F. 129—131° (A.), neben **II** nach a); 4,2%. — *7.14-Dimethyl-7.14-di-n-propyl-*, $C_{18}H_{32}O_4$, F. 120—121° (A.); 2%. — *7.14-Dimethyl-7.14-di-n-butyl-*, $C_{20}H_{36}O_4$, F. 105—105,5° (A.); 2,3%. H.-I. Graubaum 740△

1157 **Alkylsulfinylcarbonsäuren.** 7. Mitt. **Synthese von [1-Alkylsulfinylalkyliden]-malonsäuren.** Stig Allenmark und Ove Bohman. (Acta chem. scand. **20**, 1409—13, 1966; Chem. Inst., Univ. of Uppsala; engl.) — 6. vgl. C. **1966**, 41-0885; 8. vgl. C. **1968**, 44-0879. — Die durch Rk. von Acylmalonsäurediäthylestern mit Mercaptanen entstehenden Verb. werden durch IR-Daten charakterisiert.

Versuche: *Acetylmalonsäurediäthylester* (**I**), Kp.$_{12}$ 114—117°, nach Lund (1934); 81% (Ausb.). — *Propionylmalonsäurediäthylester* (**II**), Kp.$_8$ 122—124°, analog **I**; 61%. — *[1.1-(Diäthylmercapto)-äthyl]-malonsäurediäthylester* (**III**), $C_{13}H_{24}O_4S_2$, Kp.$_{0,25}$ 154,5—157°, durch Rk. von **I** mit Äthylmercaptan in Ggw. von $ZnCl_2$ u. Einleiten von HCl; 42%. — *[1-Äthylmercaptoäthyliden]-malonsäure* (**IV**), $C_7H_{10}O_4S$, F. 144° (Zers.; Essigester/PAe.), durch Kochen von 13,2 g **III** mit NaOH in A./W.; 6,4 g. — *[1-Äthylsulfinyläthyliden]-malonsäure* (**V**), $C_7H_{10}O_5S$, F. 146° (Zers.; Essigester/PAe.), durch Ox. von **IV** mit Peressigsäure. — *[1-Äthylsulfonyläthyliden]-malonsäure* (**VI**), $C_7H_{10}O_6S$, F. 150° (Zers.; Essigester/PAe.), durch Ox. von **IV** mit einem Überschuß an Peressigsäure. — *[1-Äthylmercaptopropyliden]-malonsäure* (**VII**), $C_8H_{12}O_4S$, F. 154° (Zers.; Essigester/PAe.), analog **III** aus **II** u. Äthylmercaptan u. Hydrolyse; 22%. — *[1-Äthylsulfinylpropyliden]-malonsäure*, $C_8H_{12}O_5S$, F. 167° (Zers.; Aceton/PAe.), durch Ox. von **VII** mit Peressigsäure. — *[1-Äthylsulfonylpropyliden]-malonsäure*, $C_8H_{12}O_6S$, F. 125° (Zers., Essigester/PAe.), durch Ox. von **VII** mit einem Überschuß an Peressigsäure. — *[1-Benzylmercaptoäthyliden]-malonsäure* (**VIII**), $C_{12}H_{12}O_4S$, F. 163° (Zers.; Essigester/PAe.), analog **VII** aus **I** u. Benzylmercaptan; 41%. — *[1-Benzylsulfinyläthyliden]-malonsäure*, $C_{12}H_{12}O_5S$, F. 175° (Zers.; Essigester/PAe.), analog **V** aus **VIII**. — *[1-Benzylsulfonyläthyliden]-malonsäure*, $C_{12}H_{12}O_6S$, F. 196° (Zers.; Essigester/PAe.), analog **VI** aus **VIII**. — *[1-Benzylmercaptopropyliden]-malonsäure* (**IX**), $C_{13}H_{14}O_4S$, F. 143° (Zers.; Essigester/PAe.), analog **VII** aus **II** u. Benzylmercaptan; 28%. — *[1-Benzylsulfinylpropyliden]-malonsäure*, $C_{13}H_{14}O_5S$, F. 156° (Zers.; Essigester/PAe.), analog **V** aus **IX**. — *[1-Benzylsulfonylpropyliden]-malonsäure*, $C_{13}H_{14}O_6S$, F. 166° (Zers.; Essigester/PAe.), analog **VI** aus **IX**. W. Brendel 820△

1158 **Doppelte Reaktionsfähigkeit von Natriumacetessigester und Natriumacetylacetonat bei der Alkylierung mit Alkylhalogeniden.** S. T. Ioffe, K. V. Vacuro, E. E. Kugučeva und M. I. Kabačnik. (Ž. org. Chim. **2**, 381—85, 1966; russ.) — Durch Alkylierung von Na-Acetessigester (**I**) u. Na-Acetylacetonat (**II**) mit Alkylhalogeniden werden hauptsächlich *α-Alkylacetessigsäureäthylester* u. *3-Alkylpentandione-(2.4)* erhalten. Als Nebenprod. entstehen *β-Alkoxycrotonsäureäthylester* bzw. *2-Alkoxypenten-(2)-one-(4)*. Ihre Ausb. beträgt 1—9% der Alkylierungsprod., bei der Alkylierung von **II** mit Isopropyl- u. sek.-Butylhalogenid 27% bzw. 35%.

Versuche: α-Alkylacetessigsäureäthylester: Alkyl = *Isopropyl*, Kp.$_6$ 71—73°, Kp.$_{20}$ 96—97°, durch Zugabe von 60,2 g Isopropylbromid zu **I** (9,9 g Na, 56 g Acetessigester, 150 ml abs. A.), 25std. Kochen, Dest. u. Entfernen des O-Alkylierungsprod. durch 40std. Schütteln mit 15%ig. HCl; D.$_4^{20}$ 0,9636; n_D^{20} 1,4252; 15,5 g (Ausb.). — Analog: *Methyl*, Kp.$_6$ 61—62°; D.$_4^{20}$ 1,0027; n_D^{20} 1,4205. — *Äthyl*, Kp.$_7$ 70—71°; D.$_4^{20}$ 0,9791; n_D^{20} 1,4240. — *n-Propyl*, Kp.$_{22}$ 106—107°; D.$_4^{20}$ 0,9653; n_D^{20} 1,4255. — *n-Butyl*, Kp.$_5$ 97—99°; D.$_4^{20}$ 0,9560; n_D^{20} 1,4302. — *sek.-Butyl*, Kp.$_{20}$ 108—109°; D.$_4^{20}$ 0,9591; n_D^{20} 1,4315. — *Cyclopentyl*, Kp.$_{11}$ 118—120°; D.$_4^{20}$ 1,0109; n_D^{20} 1,4532. — 3-Alkylpentandione-(2.4): Alkyl = *Isopropyl*, Kp.$_{12}$ 70—71°, Kp.$_{20}$ 82—83°, durch 5std. Erhitzen von 61,5 g **II** mit 340 g Isopropyljodid im Rohr auf 160°, Dest. u. Entfernen des O-Alkylierungsprod. durch 33std. Schütteln mit 100 ml 15%ig. HCl; D.$_4^{20}$ 0,9234; n_D^{20} 1,4325; 9 g. — Analog: *Methyl*, Kp.$_8$ 46,5 bis 48,5°; D.$_4^{20}$ 0,9700; n_D^{20} 1,4420. — *Äthyl*, Kp.$_{20}$ 76°; D.$_4^{20}$ 0,9568; n_D^{20} 1,4419. — *n-Propyl*, Kp.$_{16}$ 86—88°; D.$_4^{20}$ 0,9409; n_D^{20} 1,4445. — *n-Butyl*, Kp.$_{14}$ 96—97°; D.$_4^{20}$ 0,9267; n_D^{20} 1,4470. — *Isobutyl*, Kp.$_{18}$ 94—96°; D.$_4^{20}$ 0,9283; n_D^{20} 1,4461. — *sek.-Butyl*, Kp.$_{10}$ 78—80°; D.$_4^{20}$ 0,9343; n_D^{20} 1,4402. — β-Alkoxycrotonsäureäthylester: Alkoxy = *sek.-Butoxy*, Kp.$_9$ 98—100°, durch Lösen von 1,8 g Na in 55 ml abs. sek.-Butanol u. tropfenweise Zugabe von 10 g β-Chlorcrotonsäureäthylester in $^1/_2$ Std. bei 30°; D.$_4^{20}$ 0,9552; n_D^{20} 1,4535; 56%. — Analog: *Äthoxy*, F. 30—31°. — *Isopropoxy*, Kp.$_4$ 64—65°; D.$_4^{20}$ 0,9532; n_D^{20} 1,4515. — *Cyclopentyloxy*, Kp.$_8$ 126 bis 128°; D.$_4^{20}$ 1,0184; n_D^{20} 1,4800. — 2-Alkoxypenten-(2)-one-(4): Alkoxy = *Isopropoxy*, Kp.$_4$ 64—65°, durch Lösen von 2,5 g Na in 125 ml abs. Isopropanol u. Zugabe von 12,5 g 2-Chlorpenten-(2)-on-(4) in $^1/_2$ Std. bei 30°; D.$_4^{20}$ 0,9281; n_D^{20} 1,4615; 30%. — Analog: *Äthoxy*, Kp.$_{22}$ 83—85°; D.$_4^{20}$ 0,9468; n_D^{20} 1,4600. — *sek.-Butoxy*, Kp.$_5$ 58—60°; D.$_4^{20}$ 0,9155; $n_D^{21,5}$ 1,4648. Helmut Schäfer 870△

1159 **Synthese von potentiellen Antikrebsagentien.** 36. Mitt. **N-Nitrosoharnstoffe. 2. Halogenalkylderivate.** Thomas P. Johnston, George S. McCaleb, Pamela S. Opliger und John A. Montgomery. (J. med. Chem. **9**, 892—911, 1966; Kettering-Meyer Labor, Southern Res. Inst., Birmingham, Ala.; engl.) — Synth. u. Eig. einer Reihe von *Analogen des 1.3-Bis-[2-chloräthyl]-1-nitrosoharnstoffs*, einem wichtigen Antikrebsagens, werden beschrieben. Eine Übersichtstestung [Einzelheiten s. Skipper et al., Cancer Chemotherapie Rept. **35** (1964), 1] der synthetisierten Verb. gegen intraperitoneal u. intracerebral eingepflanztem L 1210 Maus-Leukemia erwies solche 1-[2-Chlor- bzw. 2-fluoräthyl]-1-nitrosoharnstoffe als am wirksamsten, die in 3-Stellung eine 2-Chlor- bzw. 2-Fluoräthylgruppe bzw. eine cycloaliphat. Gruppe enthielten. IR- u. UV-Daten s. Original.

Versuche: Die angegebenen Meth. bedeuten: **A**: aus 2-Fluoräthylaminhydrochlorid (**I**) u. KCNO; **B**: aus 2-Halogenäthylamin, 2.2.2-Trifluoräthylamin bzw. 2-Chlorcyclohexylamin u. dem entsprechenden Isocyanat bzw. Diisocanat; **C**: aus dem entsprechenden Amin bzw. Diamin u. dem entsprechenden Cl-substituierten Isocyanat; **D**: aus dem entsprechenden Amin u. dem entsprechenden 1-Methyl-1-nitroso-3-[2-halogenäthyl]-harnstoff; **E**: aus 2-Fluoräthylamin u. dem entsprechenden 3-substituierten 1-[2-Chloräthyl]-1-nitrosoharnstoff; **F**: aus dem entsprechenden Amin u. dem entsprechenden 3-substituierten 1-Methyl-1-nitrosoharnstoff; **G**: analog **F** mit W. statt Amin; **H**: aus 1.1'-Carbonyl-bis-[aziridin] bzw. **IV** u. äther. HCl bzw. HBr; **J**: aus **VI** bzw. p.p'-Bis-[N.N-äthylenureido]-diphenylmethan u. konz. HCl; **K**: aus dem entsprechenden Isocyanat u. W. bzw. wss. Aceton in Ggw. von Triäthylamin; **L**: aus der entsprechenden Cl-Verb. u. NaJ; **M**: aus dem entsprechenden Harnstoff u. $NaNO_2$ in Ameisensäure. — *2-Fluoräthylaminhydrochlorid* (**I**), F. 89—91°, durch aufeinanderfolgende Rk. von

II mit $N_2H_4 \cdot H_2O$ u. konz. HCl; 100% (Ausb.); daneben 96% *Phthalhydrazid*. — *Phthalimide*: *N-[2-Fluoräthyl]-* (II), F. 97—101° (abs. A.), aus Phthalimid-K u. p-Toluolsulfonsäure-[2-fluoräthylester]; 76%. — *N-[2.2.2-Trifluoräthyl]-*, $C_{10}H_6F_3NO_2$, F. 130° (A.), aus 2.2.2-Trifluor-1-jodäthan analog **II**; 38%. — *N^2-[2-Chloräthylaminocarbonyl]-L-(−)-glutamin*, $C_8H_{14}ClN_3O_4$, F. 153 bis 155°, aus neutralisiertem L-(+)-*Glutamin* nach **C**; $[\alpha]_D^{22}$ −10,3 ± 0,2° (c = 0,995; W.); 41%. — *N^2-Benzyloxycarbonyl-DL-glutaminsäuremethylester*, $C_{14}H_{18}N_2O_5$ durch aufeinanderfolgende Rk. von N^2-Benzyloxycarbonyl-DL-glutamin mit $KHCO_3$ u. CH_3J; 92%. — *DL-2.6-Dioxopiperidin-3-carbonsäurebenzylester*, $C_{13}H_{14}N_2O_4$, F. 132 bis 134°, aus vorst. Verb. nach Sondheimer u. Holley [J. Amer. chem. Soc. **76** (1954) 2467]; 67%. — *DL-2-Aminoglutarimid* (**III**), F. ca. 140° (Zers.), aus vorst. Verb. u. H_2; 89%. — *p-Aminobenzoesäuredimethylamid*, $C_9H_{12}N_2O$, F. 154° (Xylol), aus Dimethylamin u. p-Aminobenzoylchlorid; 41%. — Piperazine: *1.4-Bis-[(2-chloräthyl)-aminocarbonyl]-*, $C_{10}H_{18}Cl_2N_4O_2$, F. 220°, nach **C**; 93%. — *1.4-Bis-[N-(2-chloräthyl)-N-nitrosaminocarbonyl]-*, $C_{10}H_{16}Cl_2N_6O_4$, F. 114°, nach **M**; 80%. — *1.1-Dimethyl-2-chloräthylisocyanat*, Kp. 145—150°, aus 68,3 g Carbaminsäure-[1.1-dimethyl-2-hydroxyäthylester] u. PCl_5; 75%ig.; 14 g. — *2.2-Dimethylaziridin-1-carbonsäurecyclohexylamid* (**IV**), $C_{11}H_{20}N_2O$, F. 126° (Hexan), aus Cyclohexylisocyanat u. 2.2-Dimethylaziridin; 88%. — p.p′-Bis-[3-(2-chloräthyl)-ureido]-Verb.: *-diphenylmethan*, $C_{19}H_{22}Cl_2N_4O_2$, F. 130° (Zers.), nach **J**; 90%. — *-diphenyläther*, $C_{18}H_{20}Cl_2N_4O_3$, F. 245° (Zers.; A.), nach **C**; 45—87%. — *-diphenyldisulfid*, $C_{18}H_{20}Cl_2N_4O_2S_2$, F. 242° (DMF/A.) nach **C**; 61—99%. — *p.p′-Bis-[3-(2-chloräthyl)-1-nitrosureido]-diphenyläther*, $C_{18}H_{18}Cl_2N_6O_5$, F. 140° (Zers.), nach **M**; 87%. — 1-[2-Fluoräthyl]-harnstoffe: *Unsubstituiert*, $C_3H_7FN_2O$, F. 83—86° [Acetonitril (An.)/Ae.], nach **A**; 58—87%. — *3-Methyl-*, $C_4H_9FN_2O$, F. 78—80° ($CHCl_3$/PAe.), nach **B**; 81%. — *3-Cyclohexyl-*, $C_9H_{17}FN_2O$, F. 123—125° ($CHCl_3$/PAe.), nach **B**; 68%. — *3-[trans-4-tert.-Butylcyclohexyl]-*, $C_{13}H_{25}FN_2O$, F. 144° (An./W.), nach **D**; 32—40%. — *3-[Norbornyl-(2)]-*, $C_{10}H_{17}FN_2O$, F. 120—122° (An./W.), nach **D**; 41%. — *3-Adamantyl-*, $C_{13}H_{21}FN_2O$, F. 212° (An.), nach **E**; 63—79%. — *3-[5α-Cholestan-3α-yl]-*, $C_{30}H_{53}FN_2O$, F. 242—244° (An./A.), nach **D**; 53—96%. — *3-Phenyl-*, $C_9H_{11}FN_2O$, F. 144—145° (Ae./PAe.), nach **B**; 50%. — 1-[2-Chloräthyl]-harnstoffe: *3-[2-Fluoräthyl]-*, $C_5H_{10}ClFN_2O$, F. 95—96° ($CHCl_3$/PAe.), nach **B**; 30—35%. — *3-[2.2.2-Trifluoräthyl]-*, $C_5H_8ClF_3N_2O$, F. 116° (Bzl./Cyclohexan), nach **B**; 62—85%. — *3-tert.-Butyl-*, $C_7H_{15}ClN_2O$, F. 107—108°, nach **C**: 85%. — *3-Cyanmethyl-*, $C_5H_8ClN_3O$, F. 94°, nach **C**; 16%. — *3-[2-Bromäthyl]-*, $C_5H_{10}BrClN_2O$, F. 103—104°, nach **C**; 77%. — *3-[2-Cyanäthyl]-*, $C_6H_{10}ClN_3O$, F. 125° (A.), nach **C**; 67—98%. — *3-[5-Amino-5-carboxypentyl]-*, $C_9H_{18}ClN_3O_3$, F. ca. 200°, aus L-Lysin nach **C**; 40%. — *3-[1.3-Dimethyloxycarbonylpropyl]-*, $C_{10}H_{17}ClN_2O_5$, F. 75°, nach **B**; 58%. — *3-[2.6-Dioxopiperidyl-(3)]-*, $C_8H_{12}ClN_3O_3$, F. 180—181° (An.), nach **C**; 56—91%. — *3-Cyclopentyl-*, $C_8H_{15}ClN_2O$, F. 115° (An.), nach **C**; 68%. — *3-[1-Methylcyclopentyl]-*, $C_9H_{17}ClN_2O$, F. 92° (An./W.), nach **C**; 64%. — *3-[1-Äthoxycarbonylcyclopentyl]-*, $C_{11}H_{19}ClN_2O_3$, F. 140°, nach **C**; 84%. — *3-Cyclohexyl-*, $C_9H_{17}ClN_2O$, F. 130°, a) nach **C**; 74%; b) aus 3-Nitroso-5-[2-chloräthyl]-hydantoinsäureäthylester u. Cyclohexylamin (**V**); 30%. — *3-[1-Methylcyclohexyl]-*, $C_{10}H_{19}ClN_2O$, F. 100° (Cyclohexan), nach **C**; 87%. — *3-[2-Methylcyclohexyl]-*, $C_{10}H_{19}ClN_2O$, F. 70° (An./W.), nach **C**; 19%. — *3-[3-Methylcyclohexyl]-*, $C_{10}H_{19}ClN_2O$, F. 132—134° (An.), nach **C**; 31%. — *3-[4-Methylcyclohexyl]-*, $C_{10}H_{19}ClN_2O$, F. 140°, nach **C**; 59%. — *3-[3.3.5-Trimethylcyclohexyl]-*, $C_{12}H_{23}ClN_2O$, F. 91° (Hexan), nach **C**; 45—72%. — *3-[trans-4-tert.-Butylcyclohexyl]-*, $C_{13}H_{25}ClN_2O$, F. 133—134°, nach **C**; 85%. — *3-[cis-2-Chorcyclohexyl]-*, $C_9H_{16}Cl_2N_2O$, F. 130° (Bzl./Cyclohexan), nach **C**; 84—97%. — *3-[trans-2-Chlorcyclohexyl]-*, $C_9H_{16}Cl_2N_2O$, F. 136°, nach **C**; 78%. — *3-[cis-2-Hydroxycyclohexyl]-*, $C_9H_{17}ClN_2O$, F. 135°, nach **C**; 65%. — *3-[1-Äthoxycarbonylcyclohexyl]-*, $C_{12}H_{21}ClN_2O$, F. 81—83° (An./W.), nach **C**; 84%. — *3-[4-Äthoxycarbonylcyclohexyl]-*, $C_{12}H_{21}ClN_2O$, F. 85—87°, nach **C**; 81%. — *3-[1-Phenylcyclohexyl]-*, $C_{15}H_{21}ClN_2O$, F. 130°, nach **C**; 94%. — *3-[Norbornyl-(2)]-*, $C_{10}H_{17}ClN_2O$, F. 126° (Bzl.), nach **C**; 73%. — *3-[Bornyl-(2)]-*, $C_{13}H_{23}ClN_2O$, F. 138° (A./W.), nach **C**; 30%. — *3-[2-Oxobornyl-(3)]-*, $C_{13}H_{21}ClN_2O_2$, F. 124—125°, nach **C**; 43%. — *3-Adamantyl-*, $C_{13}H_{21}ClN_2O$, F. 202°, nach **C**; 91%. — *3-Cycloheptyl-*, $C_{10}H_{19}ClN_2O$, F. 109°, nach **C**; 87—97%. — *3-Cyclooctyl-*, $C_{11}H_{21}ClN_2O$, F. 83°, nach **C**; 89%. — *3-Cyclododecyl-*, $C_{15}H_{29}ClN_2O$, F. 138° (A./W.), nach **C**; 81%. — *3-[5α-Cholestan-3α-yl]-*, $C_{30}H_{53}ClN_2O$, F. 228—230°, nach **C**; 91%. — *3-[Indanyl-(2)]-*, $C_{12}H_{15}ClN_2O$, F. 129°, nach **C**; 99%. — *3-[p-Fluorphenyl]-*, $C_9H_{10}FClN_2O$, F. 138° (Bzl.), nach **B**; 65—70%. — *3-[o-Chlorphenyl]-*, $C_9H_{10}Cl_2N_2O$, F. 145°, nach **B**; 85%. — *3-[m-Chlorphenyl]-*, $C_9H_{10}Cl_2N_2O$, F. 110°, nach **B**; 86%. — *3-[2.5-Dichlorphenyl]-*, $C_9H_9Cl_3N_2O$, F. 204—205° (A.), nach **C**; 24%. — *3-[4-Amino-3.5-dichlorphenyl]-* (**V**), $C_9H_{10}Cl_3N_3O$, F. 169 bis 171° (Zers.; A./W.), nach **C**; 75%. — *3-[o-Tolyl]-*, $C_{10}H_{13}ClN_2O$, F. 152° (A.), nach **B**; 54%. — *3-[p-Trifluormethylphenyl]-*, $C_{10}H_{10}ClF_3N_2O$, F. 138° (Bzl.), nach **C**; 68—92%. — *3-[2.6-Dimethylphenyl]-*, $C_{11}H_{15}ClN_2O$, F. 167° (Bzl.), nach **C**; 67%. — *3-[m-Nitrophenyl]-*, $C_9H_{10}ClN_3O_3$, F. 158° (A.), nach **C**; 50%. — *3-[m-Methoxyphenyl]-*, $C_{10}H_{13}ClN_2O_2$, F. 109° (Bzl.), nach **C**; 73%. — *3-[p-Cyanphenyl]-*, $C_{10}H_{10}ClN_3O$, F. 150° (A./W.), nach **H**; 75%. — *3-[o-Carboxyphenyl]-*, $C_{10}H_{11}ClN_2O_3$, F. 171°, nach **C**; 90%. — *3-[m-Carboxyphenyl]-*, $C_{10}H_{11}ClN_2O_3$, F. 234° (A./W.), nach **C**; 40—75%. — *3-[p-Carboxyphenyl]-*, $C_{10}H_{11}ClN_2O_3$, F. 228—230°, nach **C**; 36%. — *3-[p-Äthoxycarbonylphenyl]-*, $C_{12}H_{15}ClN_2O_3$, F. 141° (Bzl.), nach **C**; 67 bis 99%. — *3-[p-Acetylphenyl]-*, $C_{11}H_{13}ClN_2O_2$, F. 165° ($CHCl_3$/Hexan), nach **C**; 29%. — *3-[p-Dimethylaminocarbonylphenyl]-*, $C_{12}H_{16}ClN_3O_2$, F. 152°, nach **C**; 42—88%. — *3-[p-Methylmercaptophenyl]-*, $C_{10}H_{13}ClN_2OS$, F. 136° (Bzl.), nach **C**; 69—76%. — *3-[m-Fluorsulfonylphenyl]-*, $C_9H_{10}ClFN_2O_3S$, F. 104° (A./W.), nach **C**; 39%. — *3-[p-Fluorsulfonylphenyl]-*, $C_9H_{10}ClFN_2O_3S$, F. 141° (Bzl.), nach **C**; 13%. — *3-[p-Carboxymethylphenyl]-*, $C_{11}H_{13}ClN_2O_3$, F. 174—176° (An.), nach **C**; 52%. — *3-[p-Carboxymethylmercaptophenyl]-*, $C_{11}H_{13}ClN_2O_3S$, F. 152° (A./W.), nach **C**; 64—92%. — *3-[p-(3-Carboxypropyl)-phenyl]-*, $C_{13}H_{17}ClN_2O_3$, F. 181° (A.), nach **C**; 64—83%. — *3-[5.6.7.8-Tetrahydronaphthyl-(2)]-*, $C_{13}H_{17}ClN_2O$, F. 190° (An.), nach **C**; 57%. — *3-[Naphthyl-(2)]-*, $C_{13}H_{13}ClN_2O$, F. 181 bis 183° (A.), nach **C**; 78—90%. — *3-[Pyridyl-(3)]-*, $C_8H_{10}ClN_3O$, F. 155° (An.), nach **C**; 60—90%. — *3-[2.4-Dioxo-1.2.3.4-tetrahydropyrimidinyl-(5)]-*, $C_7H_9ClN_4O_3$, F. 260° (Zers.), nach **C**; 88%. — *3-[Chinolyl-(8)]-*, $C_{12}H_{12}ClN_3O$, F. 161°, nach **C**; 75%. — *3-[Acridinyl-(9)]-*, $C_{16}H_{14}ClN_3O$, F. 163° (Propanol), nach **C**; 18%. — 3-Cyclohexylharnstoffe: *1-[2.2.2-Trifluoräthyl]-*, $C_9H_{15}F_3N_2O$, F. 142—144°; 41%. — *1-[2-Chlorpropyl]-*, $C_{10}H_{19}ClN_2O$, F. 131° (A./W.), nach **C**; ca. 31%. — *1-[1-Chlorbutyl-(2)]-*, $C_{11}H_{21}ClN_2O$, F. 129° (An./W.), nach **C**; ca. 15%. — *1-[2-Chlor-2-methylpropyl]-*, $C_{11}H_{21}ClN_2O$, F. 195° (An./W.), nach **J**; 67%. — *1-[3-Chlorpropyl]-*, $C_{10}H_{19}ClN_2O$, F. 105°, nach **C**; 97%. — *1-[2-Bromäthyl]-*, $C_9H_{17}BrN_2O$, F. 148 bis 150°, nach **B**; 75%. — Harnstoffe: *1.3-Di-[2-fluoräthyl]-*, $C_5H_{10}F_2N_2O$, F. 139—141° (A./PAe.), nach **D**; 53 bis 87%. — *1.3-Di-[2.2.2-trifluoräthyl]-*, $C_5H_6F_6N_2O$, F. 157°, nach **G**; 65%. — *1.3-Di-[2-chlorpropyl]-*, $C_7H_{14}Cl_2N_2O$, F. ca. 105° (Bzl./PAe.), nach **K**; ca. 33%. — 1.3-Di-[1-chlorbutyl-(2)]-, $C_9H_{18}Cl_2N_2O$, F. 123°, nach **K**; ca. 47%. — *1.3-Di-[1.1-dimethyl-2-chloräthyl]-*, $C_9H_{18}Cl_2N_2O$, F. 126° (An./W.), nach **K**; ca. 44%; 3tägiges Stehen → *2-[1.1-Dimethyl-2-chloräthylamino]-4.4-dimethyl-Δ²-oxazolinhydrochlorid* ($C_9H_{17}ClN_2O \cdot HCl$, F. 105—107°). — *1.1-Äthylen-3-[p-cyanphenyl]-* (**VI**), $C_{10}H_9N_3O$, F. 135°, aus p-Cyanphenylisocyanat u. Äthylenimin; 77%. — *1-[cis-2-Chlorcyclohexyl]-3-methyl-*, $C_8H_{15}ClN_2O$, F. 137° (Bzl./Hexan), nach **B**; 75%. — *1.3-Di-[cis-2-chlorcyclohexyl]-*, $C_{13}H_{22}Cl_2N_2O$, F. 200° (An.), nach **F**; 36—77%. — *1-[trans-2-Chlorcyclohexyl]-3-methyl-*, $C_8H_{15}ClN_2O$, F. 156°, nach **B**; 92%. — *1.3-Di-[trans-2-chlorcyclohexyl]-*, $C_{13}H_{22}ClN_2O$, F. 193°, nach **F**; 65%. — *1.3-Di-[3-chlorpropyl]-*, $C_7H_{14}Cl_2N_2O$, F. 71—73°, nach **K**; 99%. — *1-[3-Chlorpropyl]-3-phenyl-*, $C_{10}H_{13}ClN_2O$, F. 130°, nach **C**; 79%. — *1.3-Di-[2-bromäthyl]-*, $C_5H_{10}Br_2N_2O$, F. 124—125°, nach **J**; 61%. — *1.3-Di-[2-jodäthyl]-*, $C_5H_{10}J_2N_2O$, F. 158 bis 160°, nach **L**; 73%. — *1-[2-Jodäthyl]-3-cyclopentyl-*, $C_8H_{15}JN_2O$, F. 110° (A.), nach **L**; 10%. — *1-[2-Jodäthyl]-3-*

phenyl-, $C_9H_{11}JN_2O$, F. 154° (A./W.), nach **L**; 45–95 %. — 3.3′-Bis-[2-chloräthyl]-diharnstoffe, nach **C**: *1.1′-trans-Vinylen-*, $C_8H_{14}Cl_2N_4O_2$, F. 195° (Zers.), nach **B**; 73 %. — *1.1′-[trans-Cyclohexylen-(1.2)]-*, $C_{12}H_{22}Cl_2N_4O_2$, F. 250° (A.); 86 %. — *1.1′-[trans-Cyclohexylen-(1.4)]-*, $C_{12}H_{22}Cl_2N_4O_2$, F. 265–266° (Zers.); 66 %. — *1.1′-[p-Menthylen-(1.8)]-*, $C_{16}H_{30}Cl_2N_4O_2$, F. 163° (An./W.); 13–87 %. — *1.1′-[o-Phenylen]-*, $C_{12}H_{16}Cl_2N_4O_2$, F. 200° (A.); 52 bis 93 %. — *1.1′-[4-Chlorphenylen-(1.2)]-*, $C_{12}H_{15}Cl_3N_4O_2$, F. 163–165° (A./W.); 38 %. — *1.1′-[4-Methoxyphenylen-(1.3)]-*, $C_{13}H_{18}Cl_2N_4O_3$, F. 167–169° (A./W.); 19–68 %. — *1.1′-[5-Carboxyphenylen-(1.3)]-*, $C_{13}H_{16}Cl_2N_4O_4$, F. 270° (Zers.; DMF/W.); 64 %. — *1.1′-[p-Phenylen]-*, $C_{12}H_{16}Cl_2N_4O_2$, F. 260–262°; 75 %. — *1.1′-[Tetramethyl-p-phenylen]-*, $C_{12}H_{24}Cl_2N_4O_2$, F. > 350°; 56–78 %. — *1.1′-[4.4′-Biphenylylen]-*, $C_{18}H_{20}Cl_2N_4O_2$, F. > 260° (DMF/A.); 42–66 %. — *1.1′-[Pyridindiyl-(2.6)]-*, $C_{11}H_{15}Cl_2N_5O_2$, Doppel-F. 171–174°/214–220° (A.); 30 %. — Diharnstoffe: *1.1′-[trans-Cyclohexylen-(1.4)]-3.3′-di-[2-fluoräthyl]-*, $C_{12}H_{22}F_2N_4O_2$, F. > 280° (Zers.), a) nach **D**; 86 %; b) aus **VIII**, Triäthylamin u. **I**; 74 %. — *1.1′-[trans-Cyclohexylen-(1.4)]-3.3′-dimethyl-*, $C_{10}H_{20}N_4O_2$, F. 300°, nach **D**; 52 %. — *1.1′-[p-Phenylen]-3.3′-di-[2-fluoräthyl]-*, $C_{12}H_{16}F_2N_4O_2$, F. 270–273° (Zers.), nach **D**; 92 %. — *1.1′-[o-Phenylen]-3.3′-di-[3-chlorpropyl]-*, $C_{14}H_{20}Cl_2N_4O_2$, F. 260° (Zers.), nach **C**; 68 %. — 1-Methyl-1-nitrosoharnstoffe, nach **M**: *3-[2-Fluoräthyl]-*, $C_4H_8FN_3O_2$, F. 53–55°, in 2 n HCl; 92 %. — *3-[cis-2-Chlorcyclohexyl]-*, $C_8H_{14}ClN_3O_2$, F. 60° (Zers.); 90 %. — *3-[trans-2-Chlorcyclohexyl]-*, $C_8H_{14}ClN_3O_2$, F. 121° (Zers.); 90 %. — 1-[2-Fluoräthyl]-1-nitrosoharnstoffe, nach **M**: *3-[2-Chloräthyl]-, 1 : 1-Gemisch mit der 3-Nitrosoverb.*, $C_5H_9ClN_3O_2$, in 12 n HCl; 86 %. — *3-Cyclohexyl-*, $C_9H_{16}FN_3O_2$, F. 34–37°; 70 %. — *3-[trans-4-tert.-Butylcyclohexyl]-*, $C_{13}H_{24}FN_3O_2$, F. 76° (Zers.); 74 %. — *3-[Norbornyl-(2)]-*, $C_{10}H_{16}FN_3O_2$, F. 63–67°, in 6 n HCl; 78 %. — *3-Adamantyl-*, $C_{13}H_{20}FN_3O_2$, F. 102° (Zers.); 33 %. — *3-[5α-Cholestan-3α-yl]-*, $C_{30}H_{52}FN_3O_2$, F. 99° (Zers.); 80–85 %. — *3-Phenyl-*, $C_9H_{10}FN_3O_2$, F. 82–85°; 85 %. — 1-[2-Chloräthyl]-1-nitrosoharnstoffe, nach **M**: *3-[2-Bromäthyl]-, ca. 1 : 1-Gemisch mit der 3-Nitrosoverb.*, $C_5H_9BrClN_3O_2$, F. 30–31°; 75 %. — *3-[2.6-Dioxopiperidyl-(3)]-*, $C_8H_{11}ClN_4O_4$, F. 154° (Zers.); 47 %. — *3-Cyclopentyl-, 3 : 1-Gemisch mit der 3-Nitrosoverb.*, $C_8H_{14}ClN_3O_2$, in 6 n HCl; Öl; 48 %; + 3 n NH_4OH → 73 % *Cyclopentylharnstoff* (F. 200°). — *3-[1-Methylcyclopentyl]-*, $C_9H_{16}ClN_3O_2$; Öl; 60 %. — *3-[1-Äthoxycarbonylcyclopentyl]-*, $C_{11}H_{18}ClN_3O_4$, F. 44–45°; 82 %. — *3-Cyclohexyl-, Gemisch mit 35 % 3-Nitrosoverb.*, $C_9H_{16}ClN_3O_2$, mit wss. $NaNO_2$; 94 %. — *3-Cyclohexyl-*, $C_9H_{16}ClN_3O_2$, F. 90°, a) nach **M** ohne W.; 84 %; b) durch Behandeln vorst. Gemisches mit Ameisensäure; 92 %. — *3-[1-Methylcyclohexyl]-*, $C_{10}H_{18}ClN_3O_2$; Öl; 57 %. — *3-[3-Methylcyclohexyl]-*, $C_{10}H_{18}ClN_3O_2$, F. 80° (Zers.); 81 %. — *3-[4-Methylcyclohexyl]-*, $C_{10}H_{18}ClN_3O_2$, F. 64° (Zers.); 79 %. — *3-[3.5.5-Trimethylcyclohexyl]-*, $C_{12}H_{21}ClN_3O_2$; Öl; 64 %. — *3-[trans-4-Butylcyclohexyl]-*, $C_{13}H_{24}ClN_3O_2$, F. 80° (Zers.); 90 %. — *3-[cis-2-Chlorcyclohexyl]-*, $C_9H_{15}Cl_2N_3O_2$, F. 97° (Zers.); 89 %. — *3-[trans-2-Chlorcyclohexyl]-*, $C_9H_{15}Cl_2N_3O_2$, F. 95° (Zers.); 89 %. — *3-[1-Äthoxycarbonylcyclohexyl]-*, $C_{12}H_{20}ClN_3O_4$, F. 56–65° (Zers.); 60 %. — *3-[Norbornyl-(2)]-*, $C_{10}H_{16}ClN_3O_2$, F. 42–45°; 91 %. — *3-[Bornyl-(2)]-*, $C_{13}H_{22}ClN_3O_2$; Öl; 82 %. — *3-Adamantyl-*, $C_{13}H_{20}ClN_3O_2$, F. 74° (Zers.); 96 %. — *3-Cycloheptyl-, 4 : 1-Gemisch mit der 3-Nitrosoverb.*, $C_{10}H_{18}ClN_3O_2$; Öl; 66 %. — *3-Cyclododecyl-*, $C_{15}H_{28}ClN_3O_2$, F. 98° (Zers.); 97 %. — *3-[5α-Cholestan-3α-yl]-*, $C_{30}H_{52}ClN_3O_2$, F. 92° (Zers.); 79 %. — *3-[Indanyl-(2)]-*, $C_{12}H_{14}ClN_3O_2$, F. 81° (Zers.); 84 %. — *3-Phenyl-*, $C_9H_{10}ClN_3O_2$, F. 95° (Zers.); 66 %. — *3-[p-Fluorphenyl]-*, $C_9H_9ClFN_3O_3$, F. 100° (Zers.); 47–70 %. — *3-[o-Chlorphenyl]-*, $C_9H_9ClN_3O_2$, F. 35°; 81 %. — *3-[m-Chlorphenyl]-*, $C_9H_9ClN_3O_2$, F. 121°; 90 %. — *3-[3.5-Dichlorphenyl]-*, $C_9H_8Cl_3N_3O_2$, F. 85° (Zers.), aus **V**; 50 %. — *3-[p-Trifluormethylphenyl]-*, $C_{10}H_9ClF_3N_3O_2$, F. 83° (Zers.); 96 %. — *3-[2.6-Dimethylphenyl]-*, $C_{11}H_{14}ClN_3O_2$, F. 83° (Zers.); 71 %. — *3-[m-Nitrophenyl]-*, $C_9H_9ClN_4O_4$, F. 110° (Zers.); 97 %. — *3-[m-Methoxyphenyl]-*, $C_{10}H_{12}ClN_3O_3$, F. 82° (Zers.); 62 %. — *3-[p-Cyanphenyl]-*, $C_{10}H_9ClN_4O_2$, F. 131° (Zers.); 77–94 %. — *3-[o-Carboxyphenyl]-*, $C_{10}H_{10}ClN_3O_4$, F. 165° (Zers.); 93 %. — *3-[m-Carboxyphenyl]-*, $C_{10}H_{10}ClN_3O_4$, F. 170° (Zers.); 79 %. — *3-[p-Carboxyphenyl]-*, $C_{10}H_{10}ClN_3O_4$, F. 180° (Zers.); 95 %. — *3-[Äthoxycarbonylphenyl]-*, $C_{12}H_{14}ClN_3O_4$, F. 107° (Zers.); 94 %. — *3-[p-Acetylphenyl]-*, $C_{12}H_{15}N_4O_3$, F. 141° (Zers.); 65 %. — *3-[p-Fluorsulfonylphenyl]-*, $C_9H_9ClFN_3O_4$, F. 135° (Zers.); 94 %. — *3-[p-Carboxymethylphenyl]-*, $C_{11}H_{12}ClN_3O_4$, F. 125–127° (Zers.); 78 %. — *3-[p-Carboxymethylmercaptophenyl]-*, $C_{11}H_{12}ClN_3O_4S$, F. 104° (Zers.); 64 %. — *3-[3-Carboxypropylphenyl]-*, $C_{13}H_{16}ClN_3O_4$, F. 125° (Zers.); 80 %. — *3-[5.6.7.8-Tetrahydronaphthyl-(2)]-*, $C_{13}H_{16}ClN_3O_2$, F. 85° (Zers.); 81 %. — *3-[Naphthyl-(2)]-*, $C_{13}H_{12}ClN_3O_2$, F. 110° (Zers.); 91–97 %. — *3-[2.4-Dioxo-1.2.3.4-tetrahydropyrimidinyl-(5)]-*, $C_7H_8ClN_5O_4$, F. 210° (Zers.); 86 %. — *3-[Chinolyl-(8)]-*, $C_{12}H_{11}ClN_4O_2$, F. 138° (Zers.); 91 %. — 1-Nitrosoharnstoffe, nach **M**: *1.3-Bis-[2-fluoräthyl]-*, $C_5H_5F_6N_3O_2$, F. 54°; 36 %. — *1-[2.2.2-Trifluoräthyl]-3-cyclohexyl-, 1 : 1-Gemisch mit der 3-Nitrosoverb.*, $C_9H_{14}F_3N_3O_2$, F. 54°; 88 %. — *1.3-Bis-[2-chlorpropyl]-*, $C_7H_{13}Cl_2N_3O_2$; Öl; 44 %. — *1-[2-Chlorpropyl]-3-cyclohexyl-*, $C_{10}H_{18}ClN_3O_2$, F. 77°; 72 %; + Cyclohexylamin (**VII**) → 99 % *1.3-Dicyclohexylharnstoff* (F. 228°). — *1.3-Bis-[1-chlormethylpropyl]-*, $C_9H_{17}Cl_2N_3O_2$, F. 29–31°; 65 %. — *1.3-Bis-[1.1-dimethyl-2-chloräthyl]-*, $C_9H_{17}Cl_2N_3O_2$, F. 41–43°; 18 %. — *1.3-Bis-[trans-2-chlorcyclohexyl]-*, $C_{13}H_{21}Cl_2N_3O_2$, F. 106° (Zers.); 93 %. — *1-[3-Chlorpropyl]-3-cyclohexyl-*, $C_{10}H_{18}ClN_3O_2$, F. 20°; 48 %. — *1-[3-Chlorpropyl]-3-phenyl-*, $C_{10}H_{12}ClN_3O_2$, F. 88°; 93 %. — *1.3-Bis-[2-bromäthyl]-*, $C_5H_9Br_2N_3O_2$, F. 36–38°; 75 %. — *1-[2-Bromäthyl]-3-cyclohexyl-*, $C_9H_{16}BrN_3O_2$, F. 75°; 85 %. — *1-[2-Bromäthyl]-3-phenyl-, 1 : 1-Gemisch mit der 3-Nitrosoverb.*, $C_9H_{10}BrN_3O_2$, F. 86°; 71 %. — *1-[2-Bromäthyl]-3-phenyl-*, $C_9H_{10}BrN_3O_2$, F. 113° (Zers.); 86 %; + **VII** → ca. 58 % *1-Nitroso-3-phenylimidazolidinon-(2)*. [$C_9H_9N_3O_2$, F. 186–187° (Zers.; abs. A.)]. — 3.3′-Dinitrosodiharnstoffe, nach **M**: *1.1′-[trans-Cyclohexylen-(1.4)]-3.3′-dimethyl-* (**VIII**), $C_{10}H_{18}N_6O_4$, F. 210° (Zers.); 84 %. — *1.1′-[trans-Cyclohexylen-(1.4)]-3.3′-di-[2-fluorpthyl]-*, $C_{12}H_{21}F_2N_6O_4$, F. 186° (Zers.); 44 %. — *1.1′-[p-Phenylen]-3.3′-di-[3-chlorpropyl]-*, $C_{14}H_{18}Cl_2N_6O_4$, F. 165° (Zers.); 95 %. — 3.3′-Dinitroso-3.3′-di-[2-chloräthyl]-diharnstoffe, nach **M**: *1.1′-[trans-Cyclohexylen-(1.2)]-*, $C_{12}H_{20}Cl_2N_6O_4$, F. 165° (Zers.); 93 %. — *1.1′-[trans-Cyclohexylen-(1.4)]-*, $C_{12}H_{20}Cl_2N_6O_4$, F. 170° (Zers.); 99 %. — *1.1′-[o-Phenylen]-*, $C_{12}H_{14}Cl_2N_6O_4$, F. 88° (Zers.); 62 %. — *1.1′-['p-Phenylen]-*, $C_{12}H_{14}Cl_2N_6O_4$, F. 185° (Zers.); 97 %. — *1.1′-[Tetramethyl-p-phenylen]-*, $C_{16}H_{22}Cl_2N_6O_4$, F. 200° (Zers.); 75 %. — *1.1′-[5-Carboxy-m-phenylen]-*, $C_{13}H_{14}Cl_2N_6O_4$, F. 172° (Zers.); 88 %. — *1.1′-[4.4′-Biphenylylen]-*, $C_{18}H_{18}Cl_2N_6O_4$, F. 175° (Zers.); 85 %.

H.-J. Jahns 880△

1160 **Darstellung von β-Trimethylsilylpropionsäureestern.** G. A. Švechgejmer und A. P. Krjučkova. (Ž. obšč, Chim. **36 (98)**, 1852–56, 1966; Moskva, Gubkin-Inst. für petrochem. u. Gasindustrie; russ.) — Aus Trichlorsilan (**I**) u. Acrylonitril (**II**) wurde *β-[Trichlorsilyl]-propionitril* (**III**) dargestellt, das durch Einw. von CH_3MgJ (**IV**) in *β-[Trimethylsilyl]-propionitril* (**V**) u. nach Verseifung in *β-[Trimethylsilyl]-propionsäure* (**VI**) übergeführt wurde. Die Veresterung von **VI** mit Allyl- (**VII**), Propargyl- (**VIII**) oder 2-Nitroäthylalkohol (**IX**) in Ggw. des Ionenaustauschers KU-2 lieferte die entsprechenden Ester. 2.2-Dinitropropanol (**X**) u. 2.2-Dinitropropandiol-(1.3) (**XI**) reagierten mit **VI** zu den entsprechenden Estern in Ggw. von konz. H_2SO_4. Der *2.3-Epoxypropylester* von **VI** wurde durch Einw. von Epichlorhydrin (**XII**) auf **VI** in Ggw. von Trimethylbenzylammoniumchlorid (**XIII**) erhalten. *β-[Trimethylsilyl]-propionsäurevinylester* wurde durch Umesterung mit Vinylacetat (**XIV**) dargestellt.

Versuche: *β-[Trichlorsilyl]-propionitril* (**III**), Kp. 205°, F. 33–34°, durch Zutropfen von **I** zu einem Gemisch von **II**, CuCl, Triäthylamin u. Tetramethylendiamin bei < 60°, Stehen über Nacht u. Dest.; 91 % (Ausb.). — *β-[Trimethylsilyl]-propionitril* (**V**), $Kp._{17}$ 67°, aus **III** u. **IV**; 70,5 %. — *β-[Trimethylsilyl]-propionsäure* (**VI**), $Kp._{17}$ 113°, durch 9std. Kochen von **V** mit 47,5 %ig. KOH, Zufügen von W., HCl u. Extrahieren mit Ae.; n_D^{20} 1,4282; 92,5 %. *Allylester*, $C_9H_{18}O_2Si$, $Kp._1$ 92°, durch Kochen von **VI**, **VII** u. KU-2 in Bzl.; n_D^{20} 1,4311; $D._4^{20}$ 0,9127; 72,5 %. *Propargylester*, $C_9H_{16}O_2Si$, $Kp._1$ 100°, analog aus **VI** u. **VIII**; n_D^{20} 1,4378; D_4^{20} 0,9195; 75 %. *2-Nitroäthylester*, $C_8H_{17}NO_4Si$, $Kp._2$ 96–97°, analog durch 4std. Kochen von **VI** mit **IX**; n_D^{20} 1,4468; D_4^{20} 1,0352; 89,5%. *2.2-Dinitropropylester*, $C_9H_{18}N_2O_6Si$, $Kp._1$ 108–109°, durch $4^1/_2$std. Kochen von **VI** mit **X** u. konz. H_2SO_4 in Bzl.; n_D^{20} 1,4524; D_4^{20} 1,1258; 93%. *2.3-Epoxypropylester*, $C_9H_{18}O_3Si$, $Kp._2$ 105–108°, durch 2std. Kochen von **VI** u. **XII** in Ggw. von **XIII**; n_D^{20} 1,4593; D_4^{20} 1,0694; 68%. *Vinylester*, $C_8H_{16}O_2Si$, $Kp._9$ 57°, aus **VI** u. **XIV** in Ggw. von Hg-Acetat u. CuCl 1 Std. bei 20°, 4std. Einw. von konz. H_2SO_4 bei –30° u. Neutralisieren mit Bicarbonat; n_D^{20} 1,4289; D_4^{20} 0,8970; 53,5%. – *2.2-Dinitropropandiol-(1.3)-bis-[β-(trimethylsilyl)-propionat]*, $C_{15}H_{30}N_2O_8Si_2$, F. 33–34°, durch 3std. Kochen von **VI** mit **XI** in Bzl. in Ggw. von konz. H_2SO_4; 92%. N. Kucharczyk 980△

1161 **Reaktion von Keten mit Dialkylaminosilanen.** Ju. I. Baukov, G. S. Burlačenko, A. S. Kostjuk und I. F. Lucenko. (Ž. obšč. Chim. **36** (**98**), 1859–60, 1966; Moskva, Lomonosov-Univ.; russ.) – Die Einw. von Keten (**I**) auf Triäthyldiäthylaminosilan lieferte in 82%ig. Ausb. *β-[Triäthylsiloxy]-vinylessigsäurediäthylamid*, $C_{14}H_{29}NO_2Si$, $Kp._1$ 87–88°; n_D^{20} 1,4558; D_4^{20} 0,9347. Dagegen lieferte **I** mit Trimethyldimethylaminosilan *β-[Trimethylsiloxy]-vinylessigsäuredimethylamid* u. *Trimethylsilylessigsäuredimethylamid*. N. Kucharczyk 980△

1162 **Reaktion einiger Siliciumverbindungen mit Phosgen.** V. F. Mironov, V. P. Kozjukov und V. D. Šeludjakov. (Ž. obšč. Chim. **36** (**98**), 1860, 1966; russ.) – Durch Rk. von $COCl_2$ mit 3-[Trimethylsilyl]-propylamin (**I**) in Toluol wurde *3-[Trimethylsilyl]-propylisocyanat* [**II**; $C_7H_{15}NOSi$, $Kp._{15}$ 68–69°; n_D^{20} 1,4325; D_4^{20} 0,8848; 56,1% (Ausb.)] dargestellt; daneben entstanden 37,7% *dimeres* **II** [$C_{14}H_{30}N_2O_2Si_2$, $Kp._2$ 148–151°; n_D^{20} 1,4558; D_4^{20} 0,9304]. – Aus **II** u. NH_4OH wurde *3-[Trimethylsilyl]-propylharnstoff* [$C_7H_{18}N_2OSi$, F. 102–104°; 96%] erhalten. – Durch Rk. von **I** mit **II** wurde *N.N'-Bis-[3-(trimethylsilyl)-propyl]-harnstoff* [$C_{13}H_{32}N_2OSi_2$, $Kp._2$ 172 bis 173°; n_D^{20} 1,4648; D_4^{20} 0,9058; 97%] dargestellt. – Durch Zugabe von 3-[Trimethylsilyl]-propanol zu $COCl_2$ bei –40 bis –50° wurde *Chlorkohlensäure-3-[trimethylsilyl]-propylester* [**III**; $C_7H_{15}ClO_2Si$, $Kp._2$ 44–45°; n_D^{20} 1,4323; D_4^{20} 0,9942; 88%] erhalten; **III** gab mit NH_4OH *3-[Trimethylsilyl]-propylcarbamat* [F. 52–53°; 90,5%]. – Die Rk. von $COCl_2$ mit 3-[Trimethylsilyl]-propylmercaptan in Ggw. von Triäthylamin führte zu *Chlorthiokohlensäure-S-3-[trimethylsilyl]-propylester* [$C_7H_{15}ClOSSi$, $Kp._{24}$ 114 bis 115°; n_D^{20} 1,4785; D_4^{20} 1,0391; 91,7%], aus dem durch Einw. von NH_4OH *3-[Trimethylsilyl]-propylthiocarbamat* [F. 73–74°; 99%] erhalten wurde.
N. Kucharczyk 980△

C–2. Isocyclische Verbindungen

1163 **Rhodanierungsversuche an Phenoläthern.** 19. Mitt. **Über organische Rhodanverbindungen.** R. Pohloudek-Fabini und K.-D. Lüß. (Arch. Pharmaz. **299**, 866–77, 1966; Pharmaz. Inst., Univ., Greifswald, DDR; dt.) – 18. vgl. Pharmaz. Zentralhalle, Deutschland **105** (1966) 429; 16. vgl. C. **1968**, 35-2085. – Es wird über die Versuche zur Einführung des Thiocyanatrestes in einfache Phenoläther u. isomere Aminophenoläther mit Hilfe von naszierendem Rhodan u. Verwendung verschiedener Lsgm. (Eisessig, Methanol u. Methylacetat) berichtet. Zum Vgl. wurden rhodanierte Phenoläther über Diazoniumverb. hergestellt.

Versuche: *1-Methoxy-4-rhodanbenzol* (**I**), C_8H_7NOS, F. 34–35°, a) aus Anisol in Essigsäure mit NH_4SCN oder KSCN in Ggw. von Br_2; 12% (Ausb.); b) aus 1-Methoxy-4-aminobenzol (**II**) durch Diazotieren u. Umsetzen mit CuSCN; 29%. – *1-Äthoxy-4-rhodanbenzol*, C_9H_9NOS, F. 46–47,5°, a) analog **I** nach a); 17%; b) analog **I** nach b); 17%. – *1-Propoxy-4-rhodanbenzol*, $C_{10}H_{11}NOS$, F. 36 bis 36,5°, a) analog **I** nach a); 17%; b) analog **I** nach b); 20%. – *1-Butoxy-4-rhodanbenzol*, $C_{11}H_{13}NOS$, F. 26–27°, a) analog **I** nach a); 15%; b) analog **I** nach b); 25%. – *1-Methoxy-2-amino-5-rhodanbenzol*, $C_8H_8N_2OS$, F. 52–53° (W.), a) aus 1-Methoxy-2-aminobenzol analog **I** nach a); 68%; b) analog a) in Methanol; 41%; c) in Essigsäuremethylester analog **a**); 92%. – *1-Methoxy-3.5-dirhodan-2-aminobenzol*, $C_9H_7N_3OS_2$, F. 101–103° (A.) bzw. 233° (Zers.), neben vorst. Verb. nach a) bzw. b); 28 bzw. 56%. – *4-Methoxy-6-rhodan-2-aminobenzthiazol*, $C_9H_7N_3OS_2$, F. 233–235° (Zers.; A.), neben vorst. Verb. nach a); 60%. – *1-Methoxy-3-amino-6-rhodanbenzol*, $C_8H_8N_2OS$, F. 109 bis 111° (W.), aus 1-Methoxy-3-aminobenzol analog **I** in Essigsäure, Methanol oder Essigsäuremethylester; 39%, 2% bzw. 22%. – *1-Methoxy-4.6-dirhodan-3-aminobenzol*, $C_9H_7N_3OS_2$, F. 155–157° (verd. A.), neben vorst. Verb.; 84%, 75% bzw. 47%. – *1-Methoxy-3-rhodan-4-aminobenzol*, $C_8H_8N_2OS$, F. 61–62° (PAe.) bzw. 168°, aus 1-Methoxy-4-aminobenzol (**II**) in Essigsäuremethylester; 25%. – *2-Amino-6-methoxybenzthiazol*, $C_8H_8N_2OS$, F. 169° (W.), a) aus **II** in Essigsäure; 91%; b) aus **II** in Methanol; 3%; c) neben vorst. Verb.; 3%. – *6-Methoxy-4-rhodan-2-aminobenzthiazol*, $C_9H_7N_3OS_2$, F. 212–216° (Zers.; A.), neben vorst. Verb. nach a); 15 bzw. 72%. – *1-Äthoxy-5-rhodan-2-aminobenzol*, $C_9H_{10}N_2OS$, F. 82–83° (W.), a) aus 1-Äthoxy-2-aminobenzol in Essigsäure bzw. Methanol analog **I** nach a); 79 bzw. 53%; b) analog a) in Essigsäuremethylester; 75%. – *1-Äthoxy-3.5-dirhodan-2-aminobenzol*, $C_{10}H_9N_3OS_2$, F. 103 bis 106° (verd. A.) bzw. 168°, neben vorst. Verb. nach a); 30 bzw. 80%. – *1-Äthoxy-4.6-dirhodan-3-aminobenzol*, $C_{10}H_9N_3OS_2$, F. 105–107,5° (verd. A.), aus 1-Äthoxy-3-aminobenzol analog **I** nach a) in Essigsäure, Methanol oder Essigsäuremethylester; 100%, 100% bzw. 92%. – *1-Äthoxy-3-rhodan-4-aminobenzol*, $C_9H_{10}N_2OS$, F. 70 bis 72° (PAe.) bzw. 164°, aus 1-Äthoxy-4-aminobenzol (**III**) analog **I** nach a) in Essigsäuremethylester; 31%. – *6-Äthoxy-2-aminobenzthiazol*, $C_9H_{10}N_2OS$, F. 164–166° (verd. A.), aus **III** analog vorst. Verb. in Essigsäure oder Methanol; 89% bzw. 42%. – *6-Äthoxy-4-rhodan-2-aminobenzthiazol*, $C_{10}H_9N_3OS_2$, F. 206–212° (Zers.; A.), neben vorst. Verb.; 5 bzw. 31%. – *2-Amino-6-propoxybenzthiazol*, $C_{10}H_{12}N_2OS$, F. 137–139° (verd. A.), aus 1-Propoxy-4-aminobenzol analog **I** nach a) in Essigsäure oder Methanol; 67 bzw. 22%. – *2-Amino-6-butoxybenzthiazol*, $C_{11}H_{14}N_2OS$, F. 120–121° (verd. A.), aus 1-n-Butoxy-4-aminobenzol analog vorst. Verb.; 26% bzw. 15%. – *1-Methoxy-2-rhodanbenzol*, C_8H_7NOS, $Kp._{14}$ 151 bis 152°, aus 1-Methoxy-2-aminobenzol analog **I** nach b); 39%. – *1-Methoxy-3-rhodanbenzol*, C_8H_7NOS, $Kp._8$ 151 bis 152°, aus 1-Methoxy-3-aminobenzol; 40%. – *1-Äthoxy-2-rhodanbenzol*, C_9H_9NOS, F. 23–24°, $Kp._7$ 122–131°; 14%. – *1-Äthoxy-3-rhodanbenzol*, C_9H_9NOS, $Kp._9$ 138 bis 142°; 42%. – *1-Methoxy-2.5-dirhodanbenzol*, $C_9H_6N_2OS_2$, F. 89–93,5° (Ligroin); 29%. – *1-Methoxy-2.3.5-trirhodanbenzol*, $C_{10}H_5N_3OS_3$, F. 129–134° ($CHCl_3$/Bzn.), aus 1-Methoxy-3.5-dirhodan-2-aminobenzol; 59%. – – *1-Methoxy-3.4.6-trirhodanbenzol*, $C_{10}H_5N_3OS_3$, F. 114 bis 118,5° ($CHCl_3$/Bzn.), aus 1-Methoxy-4.6-dirhodan-3-aminobenzol; 90%. – *1-Äthoxy-3.4.6-trirhodanbenzol*, $C_{11}H_7N_3OS_3$, F. 115–119° ($CHCl_3$/Bzn.); 100%. – *4-Methoxy-2.6-dirhodanbenzthiazol*, $C_{10}H_5N_3OS_3$, F. 125 bis 128° (Ligroin); 43%. – *6-Methoxy-2-rhodanbenzthiazol*, $C_9H_6N_2OS_2$, F. 86–87° (verd. A.); 30%. – *6-Äthoxy-2-rhodanbenzthiazol*, $C_{10}H_8N_2OS_2$, F. 84–88° (verd. A.), aus 2-Amino-6-äthoxybenzthiazol; 80%. – *1-Äthoxy-2.5-dirhodanbenzol*, $C_{10}H_8N_2OS_2$, F. 52–57° (verd. A.), aus 1-Äthoxy-5-rhodan-2-aminobenzol; 80%.
H. Markert 1060

1164 **Rhodanierungsversuche an Phenolketonen.** 20. Mitt. **Über organische Rhodanverbindungen.** K.-D. Lüß und R. Pohloudek-Fabini. (Arch. Pharmaz. **299**, 878–82, 1966; dt.) – 19. vgl. vorst. Referat. – Es wird über die Rhodanierung isomerer Aminophenolketone mit naszierendem Rhodan in Eisessig u. Methanol berichtet. Einfache Phenolketone reagieren unter diesen Bedingungen nicht; in diese Verb. läßt sich die Thiocyanogruppe über die Diazoniumsalze einführen. Neben den Rhodanphenolketonen entstehen stets in geringer Menge die entsprechenden Isothiocyanate.

Versuche: Benzole: *1-Acetyl-2-rhodan-*, C_9H_7NOS, F. 60–62° (W.), durch Diazotieren von 1-Acetyl-2-aminobenzol u. Umsetzen mit CuSCN in Ggw. von KSCN u. $CoCl_2$; 25% (Ausb.). – *1-Acetyl-3-rhodan-*, C_9H_7NOS, $Kp._7$ 151° (Zers.); 50%. – *1-Acetyl-4-rhodan-*, C_9H_7NOS, F. 80° (Ligroin); 44%. – *1-Propionyl-3-rhodan-*, $C_{10}H_9NOS$, $Kp._5$ 153–156° (Zers.); 60%. – *1-Propionyl-4-rhodan-*, $C_{10}H_9NOS$, F. 73–74° (Ligroin); 47%. – *1-Acetyl-3.4-dirhodan-*, $C_{10}H_6N_2OS_2$, F. 89 bis

91,5° (A.), aus 3-Rhodan-4-amino-1-acetylbenzol; 45%. — *1-Propionyl-3.4-dirhodan-*, $C_{11}H_8N_2OS_2$, F. 82—85° (A.), aus 3-Rhodan-4-amino-1-propionylbenzol; 29%. — *1-Acetyl-2-amino-5-rhodan-*, $C_9H_8N_2OS$, F. 100—102° (W.), durch Umsetzen von 1-Acetyl-2-aminobenzol mit KSCN in Methanol in Ggw. von Br_2 u. NaBr; 100%. — *1-Acetyl-3-amino-6-rhodan-*, $C_9H_8N_2OS$, F. 139—140° (verd. A.), analog vorst. Verb. in Essigsäure oder Methanol; 60 bzw. 60%. — *3-Rhodan-4-amino-1-acetyl-*, $C_9H_8N_2OS$, F. 131—134° (verd. A.); analog vorst. Verb.; 85 bzw. 78%. — *1-Propionyl-3-amino-6-rhodan-*, $C_{10}H_{10}N_2OS$, F. 172 bis 175° (verd. A.); 100 bzw. 100%. — *1-Propionyl-3-rhodan-4-amino-*, $C_{10}H_{10}N_2OS$, F. 123—126° (verd. A.); 100 bzw. 92%. — *4-Rhodan-β-acetylphenylhydrazin*, $C_9H_9N_3OS$, F. 173—175° (W.), aus β-Acetylphenylhydrazin; 50%.
H. Markert 1060

1165 **Darstellung von L(+)-4-[3.4-Dimethoxyphenyl]-3-methylbutanon-(2).** G. P. Pollini und A. Barco. (Farmaco [Pavia], Ediz. sci. **21**, 567—71, 1966; Ist. di Chim. Organ. dell' Univ. di Perugia; ital.) — Folgende Verb. werden dargestellt: *β-[3.4-Dimethoxyphenyl]-α-methylacrylsäure*, F. 141° (70%ig. A.), aus 10 g 3.4-Dimethoxybenzaldehyd u. Propionanhydrid in Ggw. von Na-Acetat bei 175°; 4,5 g (Ausb.). — *L(+)-β-[3.4-Dimethoxyphenyl]-α-methylpropionsäure*, $C_{12}H_{16}O_4$, aus vorst. Verb. durch Hydrieren an Pd/Kohle u. frakt. Kristallisation der Chininsalze; $[\alpha]_D^{20}$ +27,5° (c = 4,01; $CHCl_3$). *D(—)-Form*, $C_{12}H_{16}O_4$, neben vorst. Verb.; $[\alpha]_D^{20}$ —28,1° (c = 4,16; $CHCl_3$). — *L(+)-Diazomethyl-β-[3.4-dimethoxyphenyl]-α-methyläthylketon*, aus vorst. L(+)-Säure u. Oxalsäuredichlorid u. Umsetzen des *Säurechlorids* mit äther. Diazomethan. — *L(+)-Methyl-β-[3.4-dimethoxyphenyl]-α-methyläthylketon*, aus vorst. Verb. mit HCl u. Umsetzen des Chlorketons mit KJ. *Semicarbazon*, $C_{14}H_{21}\cdot N_3O_3$, F. 159—160° (70%ig. Methanol); $[\alpha]_D^{20}$ —48° (c = 2,00; $CHCl_3$). *D(—)-Form, Semicarbazon*, $C_{14}H_{21}\cdot N_3O_3$, F. 158—159°, analog der L(+)-Form aus vorvorst. D(—)-Säure; $[\alpha]_D^{20}$ +48° (c = 2,00; $CHCl_3$).
P. Golinske 1180△

1166 **Synthese von Isoduridin.** E. V. Nikolaev und S. V. Žuravlev. (Ž. org. Chim. **2**, 463—65, 1966; russ.) — Es wird *2.3.4.6-Tetramethylanilin (Isoduridin, 2-Aminoisodurol)* dargestellt.

Versuche: *1.2.3.5-Tetramethylbenzol*, $Kp._{17}$ 85 bis 86°, durch 40 Min. lange Hydrierung von 150 g Chlormethylmesitylen in 90 g Triäthylamin u. 900 ml A. an 10 g Raney-Ni mit 20 l H_2; n_D^{22} 1,5130; 105 g (Ausb.). — *1.2.3.5-Tetramethyl-4-brombenzol*, $Kp._{20}$ 138°, durch Zugabe von Br_2 zu vorst. Verb. in $CHCl_3$ bei —10° u. 1std. Rühren bei —10°; $n_D^{20,5}$ 1,5644; 76%. — *1.2.3.5-Tetramethyl-4-brom-6-nitrobenzol*, $C_{10}H_{12}BrNO_2$, F. 175—176° (A.), durch langsame Zugabe von rauchender HNO_3 zu vorst. Verb. in konz. H_2SO_4 u. $CHCl_3$ bei —5° u. 5 Min. langes Rühren; 74,2%. — *2.3.4.6-Tetramethylanilin*, $C_{10}H_{15}N$, $Kp._{10}$ 120,5—121°, durch 1std. Hydrierung von 16,8 g vorst. Verb. in 10 g Triäthylamin u. 300 ml A. an 3 g Raney-Ni bei 6 at mit 0,185 Mol H_2; $D._4^{20}$ 0,977; n_D^{20} 1,5590; 81%. *Hydrochlorid*, F. 290—292° (Zers.; A.). *N-Acetylderiv.*, $C_{12}H_{17}NO$, F. 217,5—218,5° (A.–W.).
Helmut Schäfer 1310△

1167 **Reaktion von Nitroverbindungen mit aliphatischen Alkoholen in Gegenwart von Aluminiumoxid.** N. S. Kozlov und V. Š. Pasternak. (Ž. org. Chim. **2**, 461—63, 1966; Perm, Pädagog. Inst.; russ.) — Beim Überleiten von Nitrobenzol (**I**) mit Methanol (**II**) bei 250—350° über Al_2O_3 entstehen *Anilin* (**III**), *Methyl-* u. *Dimethylanilin* (**IV**). Die Ausb. an **III** vermindert sich u. die an **IV** erhöht sich mit der Rk.-Temp., mit abnehmender Überleitgeschw. der Komponenten u. zunehmendem **II**: **I**-Verhältnis. Analog liefert die Rk. von **I** mit A., Propanol u. Butanol, die dabei zu den entsprechenden Aldehyden ox. werden, **III**, *N-Alkylaniline* sowie wenig *Chinaldin* [$Kp._{10}$ 117—120°; *Pikrat*, F. 190—191°], *2-Äthyl-3-methyl-4-aninlino-1.2.3.4-tetrahydrochinolin* [$C_{18}\cdot H_{22}N_2$, F. 103—104° aus 50%ig. A.] bzw. *2-n-Propyl-3-äthyl-4-anilino-1.2.3.4-tetrahydrochinolin* [F. 91—92° aus 50%ig. A.].
Helmut Schäfer 1310△

1168 **Chemotherapie der Schistosomiasis. 6. Mitt. 4-Aminobrenzcatechin- und 4-Aminoresorcinäther.** R. F. Collins und M. Davis. (J. chem. Soc. [London], Sect. C **1966**, 366—72; Res. Labor., May and Baker Ltd., Dagenham, Essex; engl.) — 5. vgl. ibid. **1962**, 178.; 7. vgl. C. **1969**, 5-1193. — Einige Äther des p-Aminophenols besitzen eine beträchtliche Aktivität gegen Infektionen von *Schistosoma mansoni*, zeigen jedoch häufig als Nebenwrkg. Retinotoxicität. Diese Nebenwrkg. wird durch die Ggw. einer kernständigen 2-Methoxygruppe vermindert.

Versuche: *1.2-Bis-n-octyloxybenzol*, $C_{22}H_{38}O_2$, $Kp._{0,35}$ 185—190°, durch Rk. von Brenzcatechin mit n-Octylbromid (**XV**) in Ggw. von NaOH; 35% (Ausb.). — *3.4-Bis-n-octyloxynitrobenzol* (**I**), $C_{22}H_{37}NO_4$, F. 59—61° (Methanol), durch Rk. vorst. Verb. mit konz. HNO_3 in Eisessig; 90%. — *3.4-Diäthoxynitrobenzol*, $C_{10}H_{13}NO_4$, F. 72—74° (A.), analog vorst. Verb.; 90%. — *3.4-Bis-n-butoxynitrobenzol*, $C_{14}H_{21}NO_4$, F. 51—52° (Methanol), analog **I**; 72%. — *3.4-Bis-n-pentyloxynitrobenzol*, $C_{16}H_{25}NO_4$, F. 43—45° (Methanol), analog **I**; 55%. — *4-Nitro-2-propoxyphenol* (**II**), durch Kochen von 31,3 g 4-Nitro-2-propoxyanisol mit 2 n NaOH; 18 g. — *1.2-Bis-benzyloxy-4-nitrobenzol* (**III**), F. 97—99° (PAe.), durch Rk. des Dinatriumsalzes von 4-Nitrobrenzcatechin (**IV**) mit Benzylchlorid (**V**); 59%. — *1.2-Bis-[methoxymethoxy]-4-nitrobenzol* (**VI**), $C_{10}H_{13}NO_6$, F. 58—59°, durch Rk. von 42,8 g **IV** mit Chlormethylmethyläther; 30 g. — *2-Methoxymethoxy-4-nitrophenol*, $C_8H_9NO_5$, F. 75—76° (PAe.), durch Kochen von 1,2 g **VI** mit 1 n NaOH; 0,7 g. — *1-[2-Hydroxy-4-nitrophenoxy]-5-phthalimidopentan* (**VII**), F. 138—140°, durch Rk. von **XX** mit HCl in Essigsäure; 92%. — *1-[2-Hydroxy-4-nitrophenoxy]-5-phenylpentan* (**VIII**), $C_{17}\cdot H_{19}NO_4$, F. 83—84° (Cyclohexan), durch Rk. von **IV** in 2-Äthoxyäthanol mit 5-Phenylpentylbromid; 43%. — *1-[3-Hydroxy-4-nitrophenoxy]-5-methoxypentan*, $C_{12}H_{17}\cdot NO_5$, F. 37—38° (A.), durch Rk. von 4-Nitroresorcin (**IX**) mit 5-Methoxypentylbromid in Ggw. von KOH; 19%. — *1-[m-Hydroxyphenoxy]-5-phthalimidopentan*, $C_{19}H_{19}NO_4$, F. 140—142° (Toluol), durch Rk. von 5-Phthalimidopentylbromid (**X**) mit Resorcin in Ggw. von Na-Äthylat; 37%. — *1-[3-Hydroxy-4-nitrophenoxy]-5-phthalimidopentan* (**XI**), $C_{19}H_{18}N_2O_6$, F. 164—165° (Eisessig), a) durch Rk. von 6 g vorst. Verb. mit HNO_3 in Eisessig; 2 g; b) durch Rk. von **X** mit **IX**; 46%. — *1-[3-Methoxy-4-nitrophenoxy]-5-phthalimidopentan*, $C_{20}H_{20}N_2O_6$, F. 122 bis 123° (W.–Eisessig), durch Rk. vorst. Verb. mit Methyljodid (**XII**) in Ggw. von K_2CO_3; 40%. — *5-[3-Hydroxy-4-nitrophenoxy]-pentylamin*, F. 217—218°, durch Rk. von **XI** mit Hydrazinhydrat; 96%. — *5-Benzamido-1-[3-hydroxy-4-nitrophenoxy]-pentan*, $C_{18}H_{20}N_2O_5$, F. 128 bis 130° (Eisessig), durch Rk. vorst. Verb. mit Benzoylchlorid; 26%. — *4-[2-Methoxy-4-nitrophenoxy]-biphenyl*, F. 110—113° (A.), durch Rk. des K-Salzes von 4-Hydroxybiphenyl mit 2-Chlor-5-nitroanisol (**XIII**); 58%. — *1.4-Bis-[2-methoxy-4-nitrophenoxy]-benzol*, F. 226—230°, durch Rk. des Dikaliumsalzes von Hydrochinon mit **XIII**; 40%. — *2-Phenyl-2-[4-(2-methoxy-4-nitrophenoxy)-butyl]-1.3-dithiolan* (**XIV**), $C_{20}H_{23}NO_4S_2$, F. 94—96° (A.), durch Rk. von 1-[2-Methoxy-4-nitrophenoxy]-4-benzoylbutan mit 1.2-Dimercaptoäthan in Ggw. von BF_3-Ätherat; 83%. — *1-[2-Methoxy-4-nitrophenoxy]-5-[3-azaphthalimido]-pentan*, $C_{19}H_{19}N_3O_6$, F. 157—158°, durch Rk. von 5-[2-Methoxy-4-nitrophenoxy]-pentylamin mit Chinolinsäureanhydrid in Ggw. von Acetanhydrid; 55%. — *1-[5-Methoxy-2-nitrophenoxy]-5-phthalimidopentan*, $C_{20}\cdot H_{20}N_2O_6$, F. 119—120° (A.), aus 5-Methoxy-2-nitrophenol u. **X**. — *1-[6-Chlor-2-methoxy-4-nitrophenoxy]-n-octan*, $C_{15}H_{22}ClNO_4$, F. 38,5—39,5° (A.), aus 6-Chlor-2-methoxy-4-nitrophenol u. n-Octylbromid (**XV**); 84%. — *1-[4-Methoxy-3-nitrophenoxy]-n-butan*, aus 4-Methoxy-3-nitrophenol (**XVI**) u. n-Butylhalogenid; 92%. — *1-[4-Methoxy-3-nitrophenoxy]-n-octan*, aus **XVI** u. **XV**; 86%. — 3.4-Dialkyloxynitrobenzole: *3-Methoxy-4-[8-benzamidooctyloxy]-*, $C_{22}H_{28}N_2O_5$, F. 102—103° (A.–W.), aus 2-Methoxy-4-nitrophenol (**XVII**) u. 8-Benzamidooctylhalogenid; 68%. — *3-Äthoxy-4-[5-phthalimidopentyloxy]-*, $C_{21}H_{22}N_2O_6$, F. 132—134° (Eisessig), aus 2-Äthoxy-4-nitrophenol (**XVIII**) u. **X**; 60%. — *3-Äthoxy-4-[n-octyloxy]-*, $C_{16}H_{25}NO_4$, F. 50—51° (A.), aus **XVIII** u. **XV**; 23%. — *3-[n-Propyloxy]-4-[5-phthalimidopentyloxy]-*, $C_{22}\cdot H_{24}N_2O_6$, F. 129—130° (Eisessig), aus **II** u. **X**; 60%. — *3-Benzyloxy-4-[5-phthalimidopentyloxy]-*, $C_{26}H_{24}N_2O_6$, F.

149—150° (Eisessig), a) aus 2-Benzyloxy-4-nitrophenol u. X; 61 %; b) aus VII u. V; 85 %. — *3-Äthoxycarbonyloxy-4-[5-phthalimidopentyloxy]-*, $C_{22}H_{22}N_2O_8$, F. 106—107° (A.), aus VII u. Chlorameisensäureäthylester (XIX); 88 %. — *3-Methoxymethoxy-4-[5-phthalimidopentyloxy]-* (XX), $C_{21}H_{22}N_2O_7$, F. 111—113° (A.), aus 2-Methoxymethoxy-4-nitrophenol u. X; 75 %. — *2-Methoxy-4-aminophenol, Hydrochlorid,* $C_7H_{10}ClNO_2$, F. bei 340° (A.–Ae.), durch katalyt. Hydrieren von XVII u. Rk. mit HCl; 69 %. — *4-Dimethylamino-2-methoxyphenol, Methojodid,* $C_{10}H_{16}JNO_2$, F. 215—216° (A.), durch Rk. von 3-Methoxy-4-methoxymethoxyanilin mit XII u. Abspaltung der Methoxymethoxygruppe; 78 %. — *4-Dimethylamino-2-methoxyphenol,* $C_9H_{13}NO_2$, F. 71—74°, aus vorst. Verb. durch Pyrolyse im Vakuum; *Hydrochlorid,* F. 174—176°. — *4-Aminobrenzcatechin, Hydrochlorid,* $C_6H_8 \cdot ClNO_2$, F. 224—227° (A.–Ae.), durch katalyt. Red. von VI; 44 %. — *1.2-Bis-benzyloxy-4-dimethylaminobenzol, Methojodid,* $C_{23}H_{26}JNO_2$, F. 183—184° (A.), durch katalyt. Hydrieren von III u. Rk. mit XII; 84 %. — *Benzyl-[4-äthoxycarbonylamino-2-methoxyphenyl]-äther,* $C_{17}H_{19} \cdot NO_4$. F. 110—113° (Bzl.–PAe.), durch katalyt. Red. von 3-Methoxy-4-benzyloxynitrobenzol u. Rk. mit XIX. — *Benzyl-[2-methoxy-4-methylaminophenyl]-äther,* durch Rk. von 1 g vorst. Verb. mit $LiAlH_4$; 400 mg. — *4-Methylamino-2-methoxyphenol, Hydrochlorid,* $C_8H_{12}ClNO_2$, F. 171—172° (A.–Ae,), durch Hydrieren vorst. Verb. an Pd/C u. Rk. mit HCl; 55 %. — *1-[4-Amino-2-hydroxyphenoxy]-5-phenylpentan, Hydrochlorid,* $C_{17}H_{22}ClNO_2$, F. 191—194° (Zers., A.–konz. HCl), durch Rk. von VIII mit Fe in 50 %ig. Essigsäure u. Rk. mit HCl; 59 %. — *1-[4-Acetamido-2-methoxyphenoxy]-5-hydroxy-5-phenylpentan,* $C_{20}H_{25}NO_4$, F. 104—105°, durch Rk. von 1-[4-Amino-2-methoxyphenoxy]-5-hydroxy-5-phenylpentan mit Acetanhydrid; 48 %. — *1-[4-Dimethylamino-2-methoxyphenoxy]-5-phenylpentan-N-oxid, Acetat,* $C_{22}H_{31}NO_5$, F. 69 bis 74°, durch Rk. von 1-[4-Dimethylamino-2-methoxyphenoxy]-5-phenylpentan mit Monoperphthalsäure u. Rk. mit Essigsäure; 65 %. — *1-[4-Amino-2-methoxyphenoxy]-5-[o-carboxybenzamido]-pentan,* $C_{20}H_{24}N_2O_5$, F. 142—145°, durch Rk. von 1-[4-Amino-2-methoxyphenoxy]-5-phthalimidopentan mit NaOH; 80 %. — *1-[4-Amino-6-chlor-2-methoxyphenoxy]-n-octan* (XXI), $C_{15}H_{24}ClNO_2$, F. 37—39° (Methanol–W.), durch katalyt. Red. der entsprechenden Nitroverb.; 58 %. — *1-[3-Amino-4-methoxyphenoxy]-n-butan, Methansulfonat,* $C_{12}H_{21}NO_5S$, F. 138 bis 140° (A.–Ae.), analog XXI; 53 %. — *1-[3-Amino-4-methoxyphenoxy]-n-octan, Methansulfonat,* $C_{16}H_{29}NO_5S$, F. 95,5—100° (A.–Ae.), analog XXI; 96 %. — *1.4-Bis-[4-amino-2-methoxyphenoxy]-benzol,* $C_{20}H_{20}N_2O_4$, F. 179 bis 184° (Chlorbenzol), analog XXI; 50 %. — 3.4-Dialkyloxyaniline, durch katalyt. Red. der entsprechenden 3.4-Dialkyloxynitrobenzole: *3-Hydroxy-4-[5-phthalimidopentyloxy]-, Methansulfonat,* $C_{20}H_{24}N_2O_7S$, F. 180—182° (A.–Ae.); 73 %. — *3-Methoxy-4-[biphenylyl-(4)-oxy]-,* $C_{19}H_{17}NO_2$, F. 112—114° (A.); 88 %. — *3-Methoxy-4-{4-[2-phenyl-1.3-dithiolanyl-(2)]-butyloxy}-,* $C_{20}H_{25} \cdot NO_2S_2$, F. 107—109° (A.), durch Red. von XIV mit Na_2S; 82,5 %. — *3-Methoxy-4-[5-(3-azaphthalimido)-pentyloxy]-,* $C_{19}H_{21}N_3O_4$, F. 118—122° (DMF–W.); 55 %. — *3-Methoxy-4-[8-benzamidooctyloxy]-,* $C_{22}H_{30}N_2O_3$, F. 62 bis 65° (A.–W.); 91 %. — *3.4-Diäthoxy-, Hydrochlorid,* $C_{10}H_{16}ClNO_2$, F. 230—235° (A.–Ae.); 66 %. — *3-Äthoxy-4-[5-phthalimidopentyloxy]-,* $C_{21}H_{24}N_2O_4$, F. 90° (A.); 86 %. — *3-Äthoxy-4-n-octyloxy-, Di-O-p-toluoyl-D-tartrat,* $C_{36}H_{45}NO_{10}$, F. 155-159° (Essig-ester) 31 %. — *3-n-Propyloxy-4-[5-phthalimidopentyloxy]-,* $C_{22}H_{26}N_2O_4$, F. 108 bis 109° (A.); 95 %. — *3.4-Di-n-butyloxy-,* $C_{14}H_{23}NO_2$, Kp.$_{0,08}$ 120—125°; 40 %. *Di-O-p-toluoyl-D-tartrat,* $C_{34}H_{41} \cdot NO_{10}$, F. 155—157° (Essigester). — *3.4-Di-n-pentyloxy-, Di-O-p-toluoyl-D-tartrat,* $C_{36}H_{45}NO_{10}$, F. 148—150° (Essigester); 56 %. — *3.4-Di-n-octyloxy-,* $C_{22}H_{39}NO_2$, F. bei 30°; 85 %. — *3-Benzyloxy-4-[5-phthalimidopentyloxy]-, Methansulfonat,* $C_{27}H_{30}N_2O_7S$, F. 169—170° (A.–Ae.); 59 %. — *3-Äthoxycarbonyloxy-4-[5-phthalimidopentyloxy]-,* $C_{22}H_{24} \cdot N_2O_6$, F. 114—115° (A.); 82 %. — *3-Methoxymethoxy-4-[5-phthalimidopentyloxy]-,* $C_{21}H_{24}N_2O_5$, F. 89—90° (A.); 87 %. — 2.4-Disubstituierte Aniline, durch katalyt. Red. der entsprechenden Nitrobenzole: *2-Hydroxy-4-[5-methoxypentyloxy]-, Methansulfonat,* $C_{13}H_{23}NO_6S$, F. 122—123° (A.–Ae.); 60 %. — *2-Hydroxy-4-[5-aminopentyloxy]-, Dihydrochlorid,* $C_{11}H_{20}Cl_2N_2O_2$, F. 210—215° (Zers.; A.–Ae.); 32 %. — *2-Hydroxy-4-[5-phthalimidopentyloxy]-,* $C_{19}H_{20}N_2O_4$, F. 150—152° (A.); 71 %. — *2-Methoxy-4-[5-phthalimidopentyloxy]-,* $C_{20}H_{22}N_2O_4$, F. 105—106° (Methanol); 35 %. — *2-Hydroxy-4-[5-benzamidopentyloxy]-,* $C_{18}H_{22}N_2O_3$, F. 101—103° (A.–W.); 77 %. — 4-Alkyloxy-3-methoxy-N.N-dimethylaniline, durch Quarternierung der entsprechenden Aniline mit Methyljodid u. anschließende Pyrolyse: *4-n-Propyloxy-, Methansulfonat,* $C_{13}H_{23}NO_5S$, F. 68—71° (Ae.); 67 %. — *4-n-Butyloxy-, Methansulfonat,* $C_{14}H_{25} \cdot NO_5S$, F. 105—108° (Ae.); 38 %. — *4-n-Pentyloxy-, Methansulfonat,* $C_{15}H_{27}NO_5S$, F. 100—102° (Ae.); 81 %. — *4-n-Hexyloxy-, Methansulfonat,* $C_{16}H_{29}NO_5S$, F. 106 bis 108° (Ae.); 83 %. — *4-n-Heptyloxy-, Methansulfonat,* $C_{17}H_{31}NO_5S$, F. 105—107,5° (Ae.); 86 %. — *4-n-Nonyloxy-, Methansulfonat,* $C_{19}H_{35}NO_5S$, F. 92—95° (Ae.); 56 %. — *4-[3-Phenylpropyloxy]-,* $C_{18}H_{23}NO_2$, F. 43 bis 45° (A.); 80 %. — *4-[4-Phenylbutyloxy]-, Methansulfonat,* $C_{20}H_{29}NO_5S$, F. 98—100° (Ae.–PAe.); 51 %. — *4-[5-Phenyl-5-hydroxypentyloxy]-, Hydrochlorid,* $C_{20}H_{28}ClNO_3$, F. 158—161° (A.–Ae.), durch katalyt. Red. von 1-[4-Dimethylamino-2-methoxyphenoxy]-5-phenylpentanon-(5); 53 %. — *4-[5-Benzamidopentyloxy]-,* $C_{21}H_{28}N_2O_3$, F. 82 bis 84° (A.); 68 %. *Methojodid,* $C_{22}H_{31}JN_2O_3$, F. 192 bis 195° (W.); 75 %. — *1-[4-Chloräthoxycarbonylamino-2-methoxyphenoxy]-butan* (XXII), $C_{14}H_{20}ClNO_4$, F. 77—78° (Eisessig), durch Rk. von 1-[4-Amino-2-methoxyphenoxy]-butan (XXIII) mit Chlorameisensäurechloräthylester (XXIV); 85 %. — *5-Benzamido-1-[4-chloräthoxycarbonylamino-2-methoxyphenoxy]-pentan* (XXV), $C_{22}H_{27} \cdot ClN_2O_5$, F. 132,5—134° (Essigsäure–W.), durch Rk. von 5-Benzamido-1-[4-amino-2-methoxyphenoyx]-pentan (XXVI) mit XXIV; 69 %. — *1-[4-(2-Hydroxyäthyl)-amino-2-methoxyphenoxy]-butan,* $C_{13}H_{21}NO_3$, F. 49—51° (2-Äthoxyäthanol–W.), durch Rk. von XXII mit 2-Äthoxyäthanol, A. u. NaOH; 19,5 %. — *5-Benzamido-1-[4-(2-hydroxyäthyl)-amino-2-methoxyphenoxy]-pentan,* $C_{21}H_{28}N_2O_4$, F. 102—103° (A.–W.), analog vorst. Verb. aus XXV; 74 %. — *1-[4-Bis-(2-hydroxyäthyl)-amino-2-methoxyphenoxy]-butan,* $C_{15}H_{25}NO_4$, F. 69—71° (Bzl.), durch Rk. von XXIII mit Äthylenchlorhydrin u. $CaCO_3$; 38 %. — *5-Benzamido-1-[4-bis-(2-hydroxyäthyl)-amino-2-methoxyphenoxy]-pentan,* $C_{23}H_{32}N_2O_5$, F. 80—82° (Bzl.), analog vorst. Verb. aus XXVI; 82 %. — *1-[2-Methoxy-4-(p-nitrobenzamido)-phenoxy]-n-octan,* $C_{22}H_{28}N_2O_5$, F. 146 bis 150° (A.), durch Rk. von 1-[4-Amino-2-methoxyphenoxy]-n-octan mit p-Nitrobenzoylchlorid; 39 %. — *1-[4-(p-Aminobenzamido)-2-methoxyphenoxy]-n-octan,* $C_{22}H_{30}N_2O_3$, F. 122—123° (Bzl.), durch katalyt. Red. vorst. Verb.; 75 %. — *1-[4-Acetamido-2-methoxyphenoxy]-5-phenylpentan,* $C_{20}H_{25}NO_3$, F. 83—85° (PAe.), durch Acetylierung des entsprechenden Amins; 47 %. — *1-[4-Acetamido-2-methoxyphenoxy]-5-phthalimidopentan,* $C_{22}H_{24}N_2O_5$, F. 150—153° (A.), analog vorst. Verb.; 73 %.
W. Brendel 1320△

1169 **β-Azidovinylketone.** Stefano Maiorana. (Ann. Chimica 56, 1531—44, 1966; Milano, Ist. di Chim. ind. dell' Univ.; ital.) — Folgende Verb. werden dargestellt: *1-Benzoyl-1-methyl-2-chloräthylen,* Kp.$_{16-18}$ 115—120°, nach Panizzi [Gazz. chim. ital. (1947)]; 90 % (Ausb.). — *1-Acetyl-2-chlorcyclopenten,* aus Acetylchlorid u. Cyclopentanon; 44 %. — *1-Benzoyl-1-phenyl-2-chlor-äthylen,* $C_{15}H_{11}ClO$, F. 59—60° (A.), Kp.$_{0,8}$ 157—159, aus 60 g Formyl-desoxybenzoin u. $SOCl_2$ durch 11 std. Kochen in abs. Bzl.; 50 g. — *β-Azido-vinyl-phenylketon* (I), F. 86—87° (Ligroin), aus β-Chlor-vinyl-phenylketon u. NaN_3 in DMF; 97 %. — *1-Benzoyl-1-methyl-2-azidoäthylen* (II), $C_{10}H_9N_3O$, F. 70° (Zers.; Ligroin), aus 1-Benzoyl-1-methyl-2-chloräthylen u. NaN_3 in DMF; 81 %. — *3.4-Trimethylen-5-methylisoxazol,* C_7H_9NO, F. 28°, Kp.$_{0,5}$ 65°, aus 1-Acetyl-2-chlorcyclopenten u. NaN_3 in DMF; 58,4 %. — *1-Acetyl-2-aminocyclopenten,* $C_7H_{11}NO$, F. 99° (Ligroin), durch Hydrieren vorst. Verb. an Raney-Ni; 70 %. — *4.5-Diphenylisoxazol,* F. 71—72° (wss. Methanol), Kp.$_1$ 155 bis 160°, aus 1-Benzoyl-1-phenyl-2-chloräthylen u. NaN_3 in DMF bei 90°; 65 %. — *4-Methyl-5-phenylisoxazol,* $C_{10}H_9 \cdot NO$, F. 28—29°, Kp.$_{0,2}$ 90°, a) durch Erhitzen von II auf 90° in abs. Toluol; 43 %; b) durch Bestrahlen von II in abs. Bzl. mit UV-Licht; 43%. — *ω-Cyanpropiophenon*, $C_{10}H_9NO$, Kp.$_{0,2}$ 120—125°, a) neben vorst. Verb. nach a); 15,7%; b) neben vorst. Verb. nach b); 8,6%. — *5-Phenylisoxazol*, Kp$_{15-20}$ 124—128°, a) aus I in DMF bei 45—50°; n_D^{20} 1,5850; 3%; b) aus I durch Bestrahlen mit UV-Licht in Bzl.; 40%. — *ω-Cyanacetophenon*, F. 80° (W.), neben vorst. Verb. nach a) u. b); 50 bzw. 9,5%. — *4-Benzoyl-1.2.3-triazol*, F. 122—123° (Toluol, W. u. Essigsäure), a) aus β-Chlorvinylphenylketon u. NaN_3 in DMF bei 30—35° (5 Std.); 48% (daneben 22,9% vorvorst. Verb.); b) aus I u. NaN_3 in DMF in 8 Std. bei 40—45°; 66% (daneben 8% vorvorst. Verb.); c) aus 2-Morpholino-1-benzoyläthylen u. 5 g Tosylazid in $CHCl_2$; 30,1% [daneben 1,7 g *Tosylmorpholid* (F. 146—147°), *N-Morpholino-N'-tosylformamidin* (F. 169—170°) u. *ω-Chloracetophenon* (F. 58°, Kp.$_{0,2}$ 115—120°; 28,2%)]. *Oxim*, F. 201 bis 202° (verd. A.). — *2-Morpholino-1-benzoyläthylen*, $C_{13}H_{15}NO_2$, F. 90—93° (CCl_4), aus Morpholin u. β-Chlorvinylphenylketon in abs. Bzl.; 84%. — *4-Cyan-5-phenyl-1.2.3-triazol*, F. 166—167°, Kp.$_{0,1}$ 140—160°, a) aus NaN_3 u. β-Chlorvinylphenylketon in abs. A. bei 25—30°, dann bei 55—60°; 10% (daneben *Acetophenon* [*p-Nitrophenylhydrazon*, F. 183—184° (A.)]); b) aus I u. ω-Cyanacetophenon in Ggw. von Triäthylamin in DMF; 51%. — *1-[β-Benzoyl-β-methylvinyl]-4-cyan-5-phenyl-1.2.3-triazol*, $C_{19}H_{14}N_4O$, F. 136—137° (Bzl. u. PAe.), aus ω-Cyanacetophenon u. 1-Benzoyl-1-methyl-2-azidoäthylen in Ggw. von Triäthylamin in DMF; 86%. — *5-Phenyl-1.2.3-triazol-4-carbonsäure*, F. 205° (W.), durch Kochen vorst. Verb. mit 10%ig. NaOH in Äthanol. — *4-Phenyl-1.2.3-triazol*, F. 143—144°, durch Erhitzen vorst. Verb. auf 205°. P. Golinske 1340△

1170 **Röntgenkontrastmittel.** 12. Mitt. **Totale Dejodierung durch katalytische Hydrierung von jodierten Röntgenkontrastmitteln.** E. Felder und D. Pitrè. (Farmaco [Pavia], Ediz. sci. **21**, 506—10; 1966; Labor. di Ric. della „Bracco" Ind. Chim., Milano; ital.) — Folgende Verb. werden dargestellt: *3-Acetamidobenzoesäure*, $C_9H_9NO_3$, F. 245° (A.), aus 3-Acetamido-2.4.6-trijodbenzoesäure durch Hydrieren an Raney-Ni in methanol. KOH unter Normalbedingungen; 88% (Ausb.). — *3.5-Diacetamidobenzoesäure*, $C_{11}H_{12}N_2O_4$, F. 299—300° (W.), a) aus 6,14 g 3.5-Diacetamido-2.4.6-trijodbenzoesäure analog vorst. Verb.; 1,95 g; b) aus 2,28 g 3.5-Diaminobenzoesäure u. Acetanhydrid in Ggw. von H_2SO_4; 1,6 g. — *3-Acetylaminomethyl-5-acetamidobenzoesäure*, $C_{12}H_{14}N_2O_4$, F. 261—262° (W.), durch Hydrieren von 3-Acetylaminomethyl-5-acetamido-2.4.6-trijodbenzoesäure in methanol. KOH an Raney-Ni; 87,9%. — *3-[N-Methylacetamido]-5-acetamidobenzoesäure*, $C_{12}H_{14}N_2O_4$, F. 265° (W.), a) analog vorst. Verb. aus 3,14 g 3-[N-Methylacetamido]-5-acetamido-2.4.6-trijodbenzoesäure; 0,65 g; b) aus 5,33 g 3-Methylamino-5-nitrobenzoesäure durch Hydrieren an Raney-Ni, Aufarbeiten u. Umsetzen mit Acetanhydrid; 3,78 g. — *5-Acetamido-3-methylcarbamoylbenzoesäure*, $C_{11}H_{12}N_2O_4$, F. 296° (W.), a) analog vorst. Verb. nach a) aus 5-Acetamido-3-methylcarbamoyl-2.4.6-trijodbenzoesäure; 80,5%; b) aus 5-Amino-3-methylcarbamoylbenzoesäure u. Acetanhydrid in 1n NaOH; 93%. — *Adipinsäure-bis-[3-carboxyanilid]*, $C_{20}H_{20}N_2O_6$, F. 296°, a) aus Adipinsäure-bis-[3-carboxy-2.4.6-trijodanilid] durch Hydrieren in methanol. KOH unter Normalbedingungen an Raney-Ni; 94,6%; b) aus 5,48 g 3-Aminobenzoesäure u. 3,9 g Adipinsäuredichlorid in abs. Bzl.; 5,5 g. — 11. vgl.C. **1969**, 2-1238 P. Golinske 1350△

1171 **Röntgenkontrastmittel.** 13. Mitt. **Jodderivate von α-[3-Aminobenzyl]-alkan-α.ω-dicarbonsäuren.** E. Felder, D. Pitrè und L. Fumagalli. (Farmaco [Pavia], Ediz. sci. **21**, 572—80, 1966; ital.) — 12. vgl. vorst. Referat. — Folgende Verb. werden dargestellt: *1-[3-Nitrophenyl]-2.2.3-tricarbäthoxypropan* (I), $C_{18}H_{23}NO_8$, Kp.$_{0,2}$ 185 bis 187°, aus 1.1.2-Tricarbäthoxyäthan u. m-Nitrobenzylbromid in Ggw. von Na-Äthylat in A.; 72%. — *1-[3-Nitrophenyl]-2.2.4-tricarbäthoxybutan* (II), $C_{19}H_{25}NO_8$, Kp.$_{0,2}$ 215—220°, aus m-Nitrobenzylbromid u. 1.1.3-Tricarbäthoxypropan analog I; 71%. — *2-[3-Nitrobenzyl]-adipinsäurediäthylester*, $C_{17}H_{23}NO_6$, Kp.$_{0,05}$ 195°, aus m-Nitrobenzylchlorid u. 2-Carbäthoxypentanon in A. in Ggw. von Na-Äthylat; 84%. — *2-[3-Nitrobenzyl]-bernsteinsäure* (III), $C_{11}H_{11}NO_6$, F. 141° (W.), aus I u. 80%ig. KOH in A.; 97,5%. — *2-[3-Nitrobenzyl]-glutarsäure* (IV), $C_{12}H_{13}NO_6$, F. 130—131° (W.), analog III aus II; 89%. — *2-[3-Nitrobenzyl]-adipinsäure* (V), $C_{13}H_{15}NO_6$, F. 138 bis 140°, aus dem Diäthylester u. NaOH; 88%. — *2-[3-Amino-2.4.6-trijodbenzyl]-bernsteinsäure* (VI), $C_{11}H_{10}J_3NO_4$, F. 204 bis 205° (A.), aus III u. H_2 in 18%ig. HCl an 10%ig. Pd/Kohle u. Umsetzen mit JCl in wss. HCl; 94%. — *2-[3-Amino-2.4.6-trijodbenzly]-glutarsäure* (VII), $C_{12}H_{12}J_3NO_4$, F. 184—188° (Essigester), aus IV analog vorst. Verb.; 41%. — *2-[3-Amino-2.4.6-trijodbenzyl]-adipinsäure*, $C_{13}H_{14}J_3NO_4$, F. 195—196°, analog vorst. Verb. aus V; 78%. — *2-[3-Diacetylamino-2.4.6-trijodbenzyl]-bernsteinsäureanhydrid*, $C_{15}H_{12}J_3NO_5$, F. 202—204° (Essigester/Hexan), aus 30 g VI u. Acetanhydrid in Ggw. von etwas H_2SO_4 bei 50°; 15,9 g. — *2-[3-Diacetylamino-2.4.6-trijodbenzyl]-glutarsäureanhydrid*, $C_{16}H_{14}J_3NO_5$, F. 220 bis 221°, analog vorst. Verb. aus VII; 92%. — *2-[3-Acetylamino-2.4.6-trijodbenzyl]-bernsteinsäure*, $C_{13}H_{12}J_3NO_5$, F. 205—208° (Essigester), aus vorvorst. Verb. u. 0,6n NaOH bei 70°; 78%. — *2-[3-Acetylamino-2.4.6-trijodbenzyl]-glutarsäure*, $C_{14}H_{14}J_3NO_5$, F. 130—131°, aus vorvorst. Verb. u. 1n NaOH bei 70°; 85,5%. — *2-[3-Acetylamino-2.4.6-trijodbenzyl]-adipinsäure*, $C_{15}H_{16}J_3NO_5$, F. 197 bis 198° (50%ig. A.), aus der Aminosäure mit Acetanhydrid/H_2SO_4; 73%. — *2-[3-Butyrylamino-2.4.6-trijodbenzyl]-adipinsäure*, $C_{17}H_{20}J_3NO_5$, F. 186—187° (50%ig. A.), analog vorst. Verb. mit Buttersäureanhydrid; 57%. P. Golinske 1350△

1172 **Phosphororganische Verbindungen.** 52. Mitt. **Beitrag zum Mechanismus der Arylphosphoniumsalzbildung aus tertiären Phosphinen nach der „Kobaltsalz-Methode".** Leopold Horner und Helmut Nooser. (Chem. Ber. **99**, 2789—2802, 1966; Mainz, Univ., Inst. für Organ. Chemie; dt.) — 51. vgl. ibid. **99** (1966) 9, 2782. — Es werden *quart. Phosphoniumjodide* aus tert. Phosphinen u. durch Kharasch-Rk. erzeugten Arylradikalen durch Bldg. einer P-Arylbindung dargestellt, ihre Ausb. in Abhängigkeit von der abs. u. in Ae. gelösten Menge $CoCl_2$, des Anions des Co-Salzes, der Menge u. Natur des Lsgm., der Natur des Arylhalogenids u. der Reihenfolge der Substanzzugabe festgestellt u. ein Rk.-Mechanismus diskutiert. Aliphat. Substituenten der tert. Phosphine werden durch Arylradikale verdrängt. — 56. vgl. C. **1969**, 53-0377.

Versuche: Phosphoniumjodide: *Tetraphenyl-* (I), F. 339°, a) durch ½std. Rk. von 25 mMol Triphenylphosphin (II), 50 mMol Brombenzol (III) u. 1,25 mMol $CoCl_2$ in abs. Ae. mit 50 mMol äther. Äthyl-MgBr-Lsg. unter N_2 (Meth. A); 72,5% (Ausb.); b) durch 6std. Rk. von 5 mMol $CoCl_2$ mit 60 mMol Mesityl-MgBr in abs. THF bei —50° u. Zugabe von 25 mMol II u. 50 mMol III in abs. Ae. analog A; 6%; c) analog A aus Phenyldibenzylphosphin neben 18% *Diphenylbenzylphosphinoxid* [$C_{19}H_{17}OP$, F. 192° (PAe.)] durch ½std. Rk. der äther. Phase mit Bzl. u. H_2O_2; 19%. — *Tri-n-butylphenyl-*, $C_{18}H_{32}JP$, F. 156°, analog A aus Tri-n-butylphosphin neben 10% I; 20%. — *Diäthyldiphenyl*, $C_{16}H_{20}JP$, F. 207°, aus Triäthylphosphin neben 2,6% I; 11%; b) aus Diäthylphenylphosphin neben 13% I; 48%. — *Di-n-propyldiphenyl-*, $C_{18}H_{24}JP$, F. 161—163°, aus Di-n-propylphenylphosphin neben 5% I; 57%. — *Äthyltriphenyl-*, F. 168° (W.), a) aus Äthyldiphenylphosphin neben 10% I; 70%; b) aus Äthyltriphenylphosphoniumbromid. — *Äthyldiphenylphosphinoxid*, $C_{14}H_{15}OP$, F. 124° (PAe.), aus vorst. Verb. mit 2 n NaOH; 98%. — *n-Propyltriphenyl-*, $C_{21}H_{22}JP$, F. 204° (W.), aus n-Propyldiphenylphosphin; 57%; daneben 9,4% I. — *Triphenylbenzyl-*, F. 256°, aus Triphenylbenzylphosphoniumchlorid. W. Kuhn 1380△

1173 **Oxydation der Kaliumsalze von Di-O-alkyl-(aryl)-selenothiophosphorsäuren.** N. I. Zemljanskij und N. M. Cernaja. (Ž. obšč. Chim. **36 (98)**, 1712, 1966; L'vov, Univ.; russ.) — Die Einw. von Jod (5%ig. Lsg. in A. bei Zimmertemp.) auf die K-Salze der Di-O-äthyl- oder Di-O-phenylselenothiophosphorsäure in Aceton führte in hoher Ausb. zu den entsprechenden *dimeren Verb.* $C_8H_{10}O_4P_2S_2Se_2$ [I, Kp.$_{0,003}$ 122°; 1,4629] bzw. $C_{24}H_{20}O_4P_2S_2Se_2$. Das IR-Spektrum zeigte die Anwesenheit von P=S- u. P=Se-Bindungen. An der Luft zersetzt sich I sehr schnell. N. Kucharczyk 1380△

1174 **Synthese und Spektraleigenschaften von Pentadiinen-(1.3) und Pentadiinen-(1.4).** H. Taniguchi, I. M. Mathai und S. I. Miller. (Tetrahedron [London] **22**, 867—78, 1966; Dep. of Chem., Illinois Inst. of Techn., Chicago, Ill.; engl.) — *Pentadiine-(1.4)* entstehen durch Umsetzung von Alkinyl-Grignard-Reagenzien mit Propargylbromiden. Die Einw. von Basen bedingt eine Isomerisierung zu den entsprechenden *Pentadiinen-(1.3)*.
Versuche: *1-n-Butylpentadiin-(1.4)*, $Kp._8$ 59,5°; 50,5% (Ausb.). — *1-n-Butylpentadiin-(1.3)*, $Kp._{5,3}$ 77°; 82%. — *1-Phenylpentadiin-(1.4)*, $Kp._{0,25}$ 66°, aus Phenylacetylen mit Äthyl-MgBr, CuCl u. Propargylbromid; 52%. — *1-Phenylpentadiin-(1.3)*, $Kp._{0,2}$ 76°, F. 17,5 bis 17,8°, aus vorst. Verb. mit alkohol. KOH bei 0°; 54%. — *1-n-Butyl-5-phenylpentadiin-(1.4)*, $Kp._{0,25}$ 120°; 52%. — *1-n-Butyl-5-phenylpentadiin-(1.3)*, $Kp._{0,15}$ 121—122°; 64%. — *1.5-Diphenylpentadiin-(1.4)*, F. 45—45,5°, $Kp._{0,2}$ 168—170°; 56%; ergibt mit p-Nitrosodimethylanilin *p.p'-Bis-[dimethylamino]-azobenzol* (F. 242,5—244°) u. eine Verb. vom *F. 138,7—139°*. — *1-Phenyl-4-benzylbutadiin-(1.3)*, F. 30—31°, $Kp._{0,005}$ 151—153°, aus Phenylacetylen, Äthyl-MgBr u. Benzyltosylat; 57%. — *1-[p-Methylphenyl]-pentadiin-(1.4)*, F. 22,5—22,8°, $Kp._{0,15}$ 75°; 42%. — *1-[p-Methylphenyl]-pentadiin-(1.3)*, F. 68,8—69°; 66%. — *1-Phenyl-5-[p-methylphenyl]-pentadiin-(1.4)*, $Kp._{0,025}$ 146 bis 148°; 60%. — *1-[p-Methylphenyl]-5-phenylpentadiin-(1.3)*, F. 42—42,8°, $Kp._{0,1}$ 164—165°. — *Pentin-(4)-säure*, F. 49—52°, aus 1-Äthoxypentadiin-(1.4) mit alkohol. KOH. — *5-Phenylpentin-(4)-säure*, $C_{11}H_{10}O_2$, F. 99,5 bis 100,5° (Skellysolve B), analog aus 1-Äthoxy-5-phenylpentadiin-(1.4). W. Hampel 1410△

1175 **Spaltungen mittels Diazoniumverbindungen und Chinonimidchlorid. 9. Mitt. 4-Hydroxystyryl-alkylketone.** Helga Wittmann und H. Uragg. (Mh. Chem. **97**, 891 bis 895, 1966; Inst. für Organ. u. Pharmazeut. Chem. der Univ. Graz; dt.) — 8. vgl. C. **1966**, 31-0850; 11. vgl. C. **1967**, 56-0234 — Folgende Verb. werden dargestellt: *4-Hydroxy-3-methylbenzalaceton*, $C_{11}H_{12}O_2$, F. 112°, aus 1,6 g 4-Hydroxy-3-methylbenzaldehyd u. Aceton in 10%ig. NaOH bei 30—40°; aus A./W. oder Bzl. hellgelbe, rhomb. Plättchen; 1,6 g (Ausb.). — *4-Hydroxy-3.5-dimethylbenzalaceton*, $C_{12}H_{14}O_2$, F. 122°, analog vorst. Verb. aus 4-Hydroxy-3.5-dimethylbenzaldehyd (I) u. Aceton; aus A./W. hellgelbe Prismen; 72%. — *4-Hydroxy-3.5-dimethylstyryläthylketon*, $C_{13}H_{16}O_2$, F. 104°, aus I u. Methyläthylketon in 20%ig. NaOH bei 60°, dann 2 Tage bei 20°; aus A./W. Nadeln; 57%. — *4-Hydroxy-3.5-dimethylstyryl-tert.-butylketon*, $C_{15}H_{20}O_2$, F. 123°, aus I u. Methyl-tert.-butylketon in abs. A. unter Sättigen mit HCl bei 0°; aus 70%ig. A. oder Cyclohexan gelblichweiße Blättchen; 43%. — *4-Acetoxy-3.5-dimethylzimtsäure*, $C_{13}H_{14}O_4$, F. 187°, aus I, Acetanhydrid u. Na-Acetat (8 Std. bei 170—175°); aus Bzl. Nadeln; 49%. — *4-Hydroxy-3.5-dimethylzimtsäure*, $C_{11}H_{12}O_3$, F. 196° (Zers., W.), aus vorst. Verb. u. 3 n NaOH bei 60°; 100%. — *β-[4-Hydroxy-3.5-dimethylphenyl]-propionsäure*, $C_{11}H_{14}O_3$, F. 118,5°, aus vorst. Verb. durch Hydrieren an Pd; aus W. Nadeln; 80%. P. Golinske 1580△

1176 **Synthese und Dehydratisierung von primärtertiären Acetylen-δ-glykolen der alicyclischen Reihe.** T. A. Favorskaja, V. M. Vlasov, A. S. Loženicyna und G. G. Čičkareva. (Ž. obšč. Chim. **36 (98)**, 1892—96, 1966; Irkutskij inst. organ. chim. Sibir. otdelenija Akad. nauk SSSR u. Leningradskij gosudarstvennyj univ.; russ.) — Durch Rk. von Butin-(1)-ol-(4) (I) mit Cyclohexanon (II) u. Cyclopentanon (III) in Ggw. von KOH u. C_2H_5MgBr werden *1-[1-Hydroxycyclohexyl]-* (IV) bzw. *1-[1-Hydroxycyclopentyl]-butin-(1)-ol-(4)* (V) u. *2-Cyclopentylidencyclopentanon* (VI) erhalten. Bei der Dehydratisierung von IV u. V in Ggw. von p-Toluolsulfonsäure (VII) oder konz. H_2SO_4 werden *1-[Cyclohexen-(1)-yl-]* u. *1-[Cyclopenten-(1)-yl]-butin-(1)-ol-(4)* gebildet. Weitere Kondens.-Rk. von I mit III werden untersucht. IR-Daten sind angegeben.
Versuche: *1-[1-Hydroxycyclohexyl]-butin-(1)-ol-(4)* (IV), $C_{10}H_{16}O_2$, F. 108° (Bzl.), durch Zugabe von II zu I, KOH-Pulver u. abs. Ae., 2std. Rühren, Stehen über Nacht u. Zerlegen mit Eiswasser; 82% (Ausb.). — *1-[1-Hydroxycyclopentyl]-butin-(1)-ol-(4)* (V), $C_9H_{14}O_2$, $Kp._4$ 143—144,5°, F. 56—57° (A.), durch Zugabe von I zu C_2H_5MgBr in Ae., 4std. Erhitzen, Eindampfen, Zugabe von Bzl. u. III, 3std. Kochen, Stehen über Nacht u. Zerlegen mit gesätt. NH_4Cl-Lsg.; n_D^{20} 1,5130; 58%. — *2-Cyclopentylidencyclopentanon* (VI), $Kp._{2,5}$ 87—89°, a) analog IV mit III; $D._4^{20}$ 1,5220; b) durch Zugabe von III zu I, KOH-Pulver u. fl. NH_3, Stehen über Nacht, Zerlegen mit NH_4Cl, Zugabe von Ae., Abdampfen des NH_3, Filtrieren u. Neutralisieren der äther. Schicht mit 5%ig. Essigsäure; 70%; c) durch Zugabe von Na zu fl. NH_3 u. wenig $Fe(NO_3)_2$ unter Durchleiten von trockener Luft, Zugabe von I, Stehen über Nacht, Zugabe von fl. NH_3 u. III, Stehen über Nacht u. Zerlegen mit NH_4Cl in fl. NH_3; d) durch Vakuumdest. der nachst. Verb. VIII in Ggw. von konz. H_2SO_4; 89%; e) neben V. *2.4-Dinitrophenylhydrazon*, $C_{16}H_{18}N_4O_4$, F. 217—217,5° (A.). — *2.5-Bis-[cyclopentyliden]-cyclopentanon*, $Kp._{2,5}$ 158—160°, F. 78° (PAe.), a) neben VI nach b); hellgelb; 26%; b) neben VI nach a). — *2-[1-Hydroxycyclopentyl]-cyclopentanon* (VIII), $C_{10}H_{16}O_2$, $Kp._{2,5}$ 95—97°, F. 37—37,5° (Heptan), a) durch 3std. Rühren von III in fl. NH_3 in Ggw. von $NaNH_2$, Zerlegen mit NH_4Cl u. weiter analog VI nach c); n_D^{20} 1,4930; 67%; b) neben VI nach c). — *1-[Cyclohexen-(1)-yl]-butin-(1)-ol-(4)*, $C_{10}H_{14}O$, $Kp._2$ 89—90°, durch Dest. von IV in Ggw. von VII u. Pyrogallol; $D._4^{20}$ 0,9965; n_D^{20} 1,5275; 78%. — *1-[Cyclopenten-(1)-yl]-butin-(1)-ol-(4)*, $C_9H_{12}O$, $Kp._3$ 88—89°, analog VI nach d) mit V; $D._4^{20}$ 0,9933; n_D^{20} 1,5277; 84,4%. H.-J. Graubaum 1850△

1177 **Synthese und Spaltung von substiuierten Bicyclo-[3.1.0]-hexanonen-(2).** 2. Mitt. **(±)-trans-Isochrysanthemsäure und (±)-trans-Chrysanthemsäure.** Sylvestre Julia, Marc Julia und Gérard Linstrumelle. (Bull. Soc. chim. France **1966**, 3499—507; École Nat. Supérieure de Chim., Paris.; franz.) — 1. vgl. C. **1968**, 48-1157. — Umlagerung von Isobuttersäure-[2-methylbuten-(3)-yl-(2)-ester] mit NaH, Verseifung von 2.2.5-Trimethylhexen-(4)-säurenitril sowie Ox. von 2.2.5-Trimethylhexen-(4)-aldehyd ergibt *2.2.5-Trimethylhexen-(4)-säure* (I). Das aus dem Säurechlorid von I erhaltene *1-Diazo-3.3.6-trimethylhepten-(5)-on-(2)* liefert bei der Cyclisierung *3.3.6.6-Tetramethylbicyclo-[3.1.0]-hexanon-(2)* (II). Das Oxim von II ergibt bei der Rk. mit PCl_5 als Hauptprod. ein *8 : 2-Gemisch* (A) aus *cis-Isochrysanthemonitril* (III) u. *cis-Chrysanthemonitril* (IV) neben wenig *cis-2'-Chlordihydrochrysanthemonitril* u. *5-Amino-5-methyl-3-[1-methyl-1-chloräthyl]-hexansäurelactam*. In Ggw. von Py. wird ein *6 : 4-Gemisch* aus III u. IV sowie *4.4.7.7-Tetramethyl-3-azabicyclo-[4.1.0]-heptanon-(2)* (IX) erhalten. Hydrierung von Gemisch A führt zum *cis-Dihydrochrysanthemonitril* (V). Durch Rk. von Gemisch A mit p-Toluolsulfonsäure erfolgt eine weitgehende Isomerisierung zu IV. Cyclisierung von 3.3.6-Trimethyl-4-methansulfonyloxyheptansäurenitril mit NaH in DMF liefert ein *6 : 4-Gemisch* (B) aus V u. *trans-Dihydrochrysanthemonitril* (X). Verseifen des 6 : 4-Gemisches aus III u. IV u. anschließende Rk. mit p-Toluolsulfonsäure ergibt *(±)-trans-Chrysanthemsäure* (VI). Die aus VI erhaltene *trans-2'-Chlordihydrochrysanthemsäure* (XII) reagiert mit K in Triäthylalkohol zur *(±)-trans-Isochrysanthemsäure* (XI), deren Hydrierung *(±)-trans-Dihydrochrysanthemsäure* liefert.
Versuche: *Isoprenhydrobromid* (VII), $Kp._{100}$ 72 bis 74°, a) durch 2std. Rühren von Isopren u. 48%ig. HBr bei 0°; 48% (Ausb.); b) aus 1.1-Dimethylallylalkohol; n_D^{21} 1,4906; 75%. *Hydrochlorid*, aus Isopren u. HCl; 55%. — *1-tert.-Butylimino-2-methylpropan*, $Kp._{690}$ 55°, aus Isobutyraldehyd u. tert. Butylamin; n_D^{21} 1,4068; 44%. — *2.2.5-Trimethylhexen-(4)-aldehyd*, $Kp._{23}$ 72—74°, durch 22std. Kochen von vorst. Verb. mit C_2H_5MgBr in abs. THF, Zugabe von VII in THF bei 15—20°, Rühren über Nacht bei Raumtemp. u. 1std. Kochen; n_D^{26} 1,4367; 48%. *2.4-Dinitrophenylhydrazon*, F. 123—124° (Äthylacetat). — *2.2.5-Trimethylhexen-(4)-säurenitril*, $C_9H_{15}N$, $Kp._{22}$ 86°, a) durch Zutropfen von Isobutyronitril (VIII) zu Li-Diäthylamid in abs. Ae., ½std. Stehen, Zutropfen von VII in abs. Ae. bei 20°, 10 Min. langes Kochen u. Stehen über Nacht; 62%; b) durch Zutropfen von wasserfreiem Diäthylamin zu C_2H_5MgBr in abs. Ae., 10—15 Min. langes Kochen, Zutropfen von VIII bei 0°, 10 Min. langes Kochen, langsame Zugabe von VII in abs. Ae. unter Kochen, 45 Min. langes Kochen u. Stehen über Nacht; 96%; c) durch Zugabe einer Mischung aus Isoprenhydrochlorid u. $NaNH_2$ in abs. Bzl. unter Kochen zu 28 g VIII in abs.

Bzl. u. 1std. Kochen; n_D^{18} 1,4351; 87 %; daneben 9 g **VIII** (Kp.$_{750}$ 107°). — *Isobuttersäure-[2-methylbuten-(3)-yl-(2)-ester]*, $C_9H_{16}O_2$, Kp.$_{10}$ 39°, durch Zutropfen von 1.1-Dimethylallylalkohol unter Rühren zu einer 53 %ig. NaH-Suspension in Mineralöl u. abs. Bzl., 5std. Kochen, Zutropfen von Isobutyrylchlorid in abs. Bzl. bei 0—4° u. Stehen über Nacht; $n_D^{22,5}$ 1,4113; 69 %. — *2.2.5-Trimethylhexen-(4)-säure* (**I**), $C_9H_{16}O_2$, Kp.$_{0,6}$ 91°, a) durch Zutropfen von vorst. Verb. bei 110° innerhalb 1 Std. zu einer 53 %ig. NaH-Suspension in Mineralöl u. abs. Toluol u. 2std. Rühren bei 110°; 82 %; b) durch Zutropfen von wss. NaOH unter Rühren innerhalb von 2 Std. zu $AgNO_3$ in W. u. drittvorst. Verb. in CH_3OH u. 14std. Rühren; 85 %; c) durch 36std. Kochen von vorvorst. Verb. mit KOH in Äthylenglykol; $n_D^{23,5}$ 1,4487; 85 %. *Amid*, $C_9H_{17}NO$, F. 73° (Ae./PAe.). *Chlorid*, durch Zugabe von Oxalylchlorid in Ligroin zu **I** in Ligroin bei 0° u. 1std. Stehen. — *3.3.6-Trimethylhepten-(5)-on-(2)*, $C_{10}H_{18}O$, Kp.$_{18}$ 84°, a) durch Zugabe von CH_3J in abs. Ae. unter Kochen zu Li in abs. Ae., 1std. Rühren, Zutropfen von **I** in abs. Ae. u. Rühren über Nacht; 89 %; b) durch Zugabe von drittvorst. Verb. zu C_2H_5MgBr in abs. Toluol u. 16std. Kochen; n_D^{20} 1,4466; 76 %. — *1-Diazo-3.3.6-trimethylhepten-(5)-on-(2)*, durch Zutropfen des Säurechlorids von **I** in abs. Ae. zu CH_2N_2 in Ae. bei 0° u. Stehen über Nacht im Kühlschrank. — *3.3.6.6-Tetramethylbicyclo-[3.1.0]-hexanon-(2)* (**II**), $C_{10}H_{16}O$, Kp.$_{12}$ 75°, durch 45 Min. langes Kochen von vorst. Verb. mit Cu-Pulver in Cyclohexan; $n_D^{22,5}$ 1,4595; 70 %. *Oxim*, $C_{10}H_{17}NO$, F. 90—91° (PAe.), durch 8std. Kochen von **II** mit $NH_2OH \cdot HCl$ in Py. u. abs. A.; 80 %. — *8 : 2-Gemisch* (**A**) aus *cis-Isochrysanthemonitril* (**III**) u. *cis-Chrysanthemonitril* (**IV**), $C_{10}H_{15}N$, Kp.$_{0,7}$ 61°, durch Zugabe des Oxims von **II** unter Rühren innerhalb von 30 Min. zu einer Suspension von PCl_5 in abs. Ae. bei —3° u. Rühren über Nacht; n_D^{24} 1,4615; 77 %; daneben 5 % *cis-2′-Chlordihydrochrysanthemonitril* [$C_{10}H_{16}ClN$, Kp.$_{0,5}$ 75—79°, n_D^{20} 1,4735] u. 3 % *5-Amino-5-methyl-3-[1-methyl-1-chloräthyl]-hexansäurelactam* [$C_{10}H_{18}ClNO$, F. 154° (Bzl./Ligroin)]. *6 : 4-Gemisch* aus **III** u. **IV**, Kp.$_{0,6}$ 60—65°, durch Zugabe von abs. Py. zu PCl_5 in abs. Ae. bei 0° unter Rühren, dann Zugabe des Oxims von **II** innerhalb von 15 Min. u. 6std. Stehen bei Raumtemp., $n_D^{23,5}$ 1,4602; 73 %; daneben 11 % **IX**. *1 : 9-Gemisch* aus **III** u. **IV**, Kp.$_{0,5}$ 70—75°, durch 2std. Kochen von Gemisch **A** mit p-Toluolsulfonsäure in abs. Xylol; n_D^{20} 1,4692. — *4.4.7.7-Tetramethyl-3-azabicyclo-[4.1.0]-heptanon-(2)* (**IX**), $C_{10} \cdot H_{17}NO$, F. 111° (Bzl./Ligroin), durch Zugabe des Oxims von **II** in abs. Py. zu Tosylchlorid in Py. bei 0°, 1std. Stehen bei Raumtemp. u. 1std. Erhitzen auf 100°; 50 %; daneben 48 % eines *Gemisches* aus **III** u. **IV**. — *cis-Dihydrochrysanthemonitril* (**V**), Kp.$_{0,7}$ 55°, a) durch Hydrieren von 0,4 g Gemisch **A** an Adams-Pt in A.; 0,34 g; b) durch Hydrieren von **IV**; n_D^{22} 1,4405. — *trans-Dihydrochrysanthemonitril* (**X**), Kp.$_{0,9}$ 59—60°, durch Hydrieren von trans-Chrysanthemonitril an Adams-Pt in A.; n_D^{21} 1,4410. — *3.3.6-Trimethyl-4-methansulfonyloxyheptansäurenitril*, durch Zutropfen von Methansulfonylchlorid bei 0° zu 3.3.6-Trimethyl-4-hydroxyheptansäurenitril in abs. Py. u. Stehen über Nacht im Kühlschrank. — *60 : 40-Gemisch* (**B**) aus **V** u. **X**, Kp.$_{0,8}$ 60—65°, durch Zutropfen von vorst. Verb. in abs. DMF bei 20° zu einer 50 %ig. Suspension von NaH in Mineralöl u. DMF u. 5std. Rk.; 86 %. *53 : 47-Gemisch* aus **V** u. **X**, analog Gemisch **B**, jedoch 5 Std. bei 65°; 86 %. *46 : 54-Gemisch* aus **V** u. **X**, analog Gemisch **B**, jedoch 2 Std. bei 100°; 75 %. *33 : 37 : 30-Gemisch* aus **V**, **X** u. einem nicht identifizierten Prod., analog Gemisch **B**, jedoch 15 Min. bei 125°; 70 %. — *Gemisch* (**C**) aus **XI** u. **VI**, $C_{10}H_{16}O_2$, Kp.$_{0,4}$ 97—98°, durch 24std. Kochen des 5 : 4-Gemisches aus **III** u. **IV** mit KOH in Äthylenglykol; 76 %. Veresterung mit CH_2N_2 in Ae. liefert ein *9 : 45 : 8 : 38-Gemisch* aus *cis-*, *trans-Isochrysanthemsäuremethylester*, *cis-* u. *trans-Chrysanthemsäuremethylester*. — *(±)-trans-Chrysanthemsäure* (**VI**), F. 49—51° (Äthylacetat), durch 90 Min. langes Kochen von 0,6 g Gemisch **C** mit p-Toluolsulfonsäure in abs. Xylol; 0,54 g. *p-Phenylphenacylester*, F. 107—109° (A.). — *(±)-trans-Dihydrochrysanthemsäure*, a) durch Hydrieren von Gemisch **C** in A. an Adams-Pt; b) durch Hydrieren von **XI** an Adams-Pt in CH_3OH. *p-Phenylphenacylester*, F. 100 bis 101° (CH_3OH). — *trans-2′-Chlordihydrochrysanthemsäure* (**XII**), $C_{10}H_{17}ClO_2$, F. 92—94°, durch Einleiten von trockenem HCl-Gas in eine Lsg. von **VI** in abs. Ae. bei 0° bis zur Sättigung u. Stehen über Nacht im Kühlschrank; 95 %. *Äthylester*, $C_{12}H_{21}ClO_2$, Kp.$_{0,8}$ 86°, a) durch Sättigen einer Lsg. von **XIII** in abs. Ae. bei 0° mit HCl u. 20std. Stehen im Kühlschrank; 90 %; b) durch Zutropfen von Diazoäthan in Ae. bei 0° zu einer Lsg. von **XII** in abs. Ae. u. 1std. Stehen bei Raumtemp.; c) analog a) mit einem Gemisch aus **XIII** u. **XV**; n_D^{21} 1,4558; daneben **XII**. *Methylester*, $C_{11}H_{19}ClO_2$, Kp.$_{0,7}$ 77°, mit CH_2N_2 in Ae.; n_D^{19} 1,4608. — *92 : 8-Gemisch* aus *trans-* (**XIII**) u. *cis-Chrysanthemsäureäthylester* (**XIV**), Kp.$_{0,6}$ 70°, a) durch 72std. Kochen eines 60 : 40-Gemisches (**D**) aus **XIII** u. **XIV** mit 3 n Na-Äthylat in abs. A.; 85 %; b) durch 24std. Kochen von Gemisch **D** mit 0,5 n Na-Äthylat in Toluol; n_D^{20} 1,4556; 81 %. *70 : 30-Gemisch* aus **XIII** u. **XIV**, durch 6std. Kochen von Gemisch **D** mit 0,4 n Na-Äthylat in Bzl.; 90 %. *75 : 25-Gemisch* aus **XIII** u. **XIV**, durch 24std. Kochen von Gemisch **D** mit 1,9 n Na-Äthylat in A.; 90 %. *85 : 15-Gemisch* aus **XIII** u. **XIV**, durch 72std. Kochen von Gemisch **D** mit 1,9 n Na-Äthylat in A., 90 %. — *trans-Chrysanthemsäure-tert.-pentylester* (**XV**), Kp.$_{0,8}$ 85—88°, durch 4std. Kochen von Gemisch **D** mit 1,5 n Na-tert.-Pentylat in Bzl. [→ *3 : 97-Gemisch* aus **XIV** u. *33 : 67-Gemisch* aus **XIII** u. **XV**, Kp.$_{20}$ 110—115°, $n_D^{21,5}$ 1,4564; 90 %] u. Kochen mit äthanol. KOH; n_D^{24} 1,4576; daneben **VI**. — *(±)-trans-Isochrysanthemsäure* (**XI**), $C_{10}H_{16}O_2$, F. 42—44° (Pentan), Kp.$_{0,4}$ 110—111°, a) durch langsame Zugabe von **XII** bei 20° zu K in Triäthylcarbinol, 2std. Erhitzen auf 90° [→ *85 : 15-Gemisch* aus **XI** u. **VI** (bestimmt über die Methylester)] u. Umkristallisieren; 94 %; b) analog a) mit Äthylester von **XII** u. 4std. Erwärmen auf 85° [→ *75 : 25-Gemisch* aus **XI** u. **VI**]; 90 %. *Amid*, $C_{10}H_{17} \cdot NO$, F. 117—118° (Bzl./Ligroin). — *Gemisch* aus *trans-Chrysanthemsäure-* u. *trans-Isochrysanthemsäure-[3-äthylpentyl-(3)-ester]*, $C_{17}H_{30}O_2$, Kp.$_{0,8}$ 106—107°, analog **XI** nach b) mit Mengen > 1,2 g Äthylester von **XII**; n_D^{22} 1,4594. H. Gleinig 2020△

1178 **Synthese und Spaltung von substituierten Bicyclo-[3.1.0]-hexanonen-(2). 3. Mitt. (±)-cis- und trans-Dihydrochrysanthemumdicarbonsäuren.** Gérard Linstrumelle und Sylvestre Julia. (Bull. Soc. chim. France **1966**, 3507—12; franz.) — 2. vgl. vorst. Referat. — Die partielle Verseifung von 2.5-Dimethyl-2-äthoxycarbonylhexen-(4)-säureäthylester (**I**) mit KOH liefert das *K-Salz* der *2.5-Dimethyl-2-äthoxycarbonylhexen-(4)-säure* (**VI**), deren Säurechlorid mit CH_2N_2 *1-Diazo-3.6-dimethyl-3-äthoxycarbonylhepten-(5)-on-(2)* (**II**) ergibt. Cyclisierung von **II** mit Cu-Pulver führt zu einem *1 : 1-Gemisch* (**C**) aus *3-exo-* (**III**) u. *3-endo-Äthoxycarbonyl-3.6.6-trimethylbicyclo-[3.1.0]-hexanon-(2)*. Gemisch **C** gibt bei der Rk. mit NaOH ein *Gemisch* aus *cis-* u. *trans-3.6.6-Trimethylbicyclo-[3.1.0]-hexanon-(2)* u. bei der mit katalyt. Mengen von Na-Äthylat ein *Gemisch* (**D**) aus 2 isomeren rac. *cis-Dihydrochrysanthemumdicarbonsäureäthylestern*. Aus Gemisch **D** wird mit überschüssigem Na-Äthylat ein Gemisch (**E**) aus den beiden isomeren *trans-Dihydrochrysanthemumdicarbonsäureäthylestern* erhalten. Rk. von 5-Methylhexen-(4)-säureäthylester (**VII**) mit Diazoessigester führt zu einem *4 : 6-Gemisch* aus *cis-* (**IV**) u. *trans-3-[2-Äthoxycarbonyl-3.3-dimethylcyclopropyl-(1)]-propionsäureäthylester* (**VIII**), von denen nur **IV** mit NaH zu *3-Äthoxycarbonyl-6.6-dimethylbicyclo-[3.1.0]-hexanon-(2)* (**V**) reagiert. Methylierung von **V** liefert wahrscheinlich **III**, das mit Na-Äthylat Gemisch **D** ergibt. Kondens. von 2.5-Dimethylhexen-(4)-säureäthylester mit Diazoessigester führt zu einem *Gemisch* (**H**) aus *4 isomeren Dihydrocrysanthemumdicarbonsäureäthylestern*. Durch präparative Gaschromatographie u. anschließende Verseifung gelingt es, die beiden *Isomeren* **A** u. **B** der *cis-Dihydrochrysanthemumdicarbonsäure* rein zu isolieren. Eine Trennung von Gemisch **E** gelingt nicht.

Versuche: *2.5-Dimethyl-2-äthoxycarbonylhexen-(4)-säureäthylester* (**I**), Kp.$_{1,2}$ 102—105°, a) aus Isoprenhydrochlorid u. dem Na-Salz von Methylmalonester in abs. A.; 81 % (Ausb.); b) aus Isoprenhydrobromid u. dem Na-Salz von Methylmalonester bei 40°; n_D^{22} 1,4411; 65 %. — *2.5-Dimethyl-2-äthoxycarbonylhexen-(4)-säure* (**VI**), durch Zutropfen von KOH in abs. A. unter Rühren zu I in abs. A., 3std. Rühren u. 2std. Kochen; 94%. *Amid*, $C_{11}H_{19}NO_3$, F. 62—63° (Ae./PAe.). *K-Salz*, analog VI u. 2std. Erwärmen des erhaltenen Rückstandes auf 50° bei 0,3 Torr; 82%. *Chlorid*, $Kp._{0,8}$ 82—83°, durch Zutropfen von Oxalylchlorid in abs. Bzl. bei 0° unter Rühren zum K-Salz in abs. Bzl. u. Py. u. 2std. Rühren bei Raumtemp.; n_D^{22} 1,4529; 53%. — *2-Äthoxycarbonyl-2.5-dimethyl-5-hydroxyhexansäurelacton*, $C_{11}H_{18}O_4$, $Kp._1$ 110°, durch 15 Min. lange Rk. von VI mit 60%ig. H_2SO_4; n_D^{26} 1,4475; 96% (93%ig. Reinheit). — *1-Diazo-3.6-dimethyl-3-äthoxycarbonylhepten-(5)-on-(2)* (II), durch Zutropfen von 31 g des Säurechlorids von VI in abs. Ae. unter Rühren bei 0° zu CH_2N_2 in Ae. u. Stehen über Nacht im Kühlschrank; 32 g. — *5-Methyl-2-äthoxycarbonylhexen-(4)-säureäthylester*, $Kp._{0,6}$ 95°, a) aus Isoprenhydrochlorid u. Na-Malonester in abs. A.; 78%; b) aus Isoprenhydrobromid u. Na-Malonester; n_D^{21} 1,4408; 70%. — *5-Methylhexen-(4)-säureäthylester* (VII), $Kp._{15}$ 83—84°, analog VI mit vorst. Verb. u. Erhitzen des erhaltenen Prod. mit Chinolin u. Cu-Pulver auf 180°; n_D^{22} 1,4328; 77%. — *4:6-Gemisch* aus IV u. VIII, $C_{13}H_{22}O_4$, $Kp._{0,9}$ 109°, durch Erhitzen von 79,5 g VII u. Cu-Pulver unter Rühren auf 130—140°, Zutropfen einer Mischung aus 30 g VII u. Diazoessigester (exotherm. Rk.) u. 1std. Kochen; n_D^{20} 1,4460; 73%; daneben 7 g VII. — *trans-3-[2-Äthoxycarbonyl-3.3-dimethylcyclopropyl-(1)]-propionsäureäthylester* (VIII), $Kp._{0,4}$ 94—101°, durch 4std. Kochen von vorst. Gemisch mit Na-Äthylat u. wenig A. in abs. Toluol; n_D^{22} 1,4523; 65%. — *trans-3-[2-Äthoxycarbonyl-3.3-dimethylcyclopropyl-(1)]-propionsäure*, F. 130—132° (W.), durch 2std. Kochen von VIII mit KOH in CH_3OH; 81%. — *3-Äthoxycarbonyl-6.6-dimethylbicyclo-[3.1.0]-hexanon-(2)* (V), $Kp._{1,8}$ 102—103°, durch 2½std. Kochen des 4:6-Gemisches aus IV u. VIII in abs. Bzl. in Ggw. von wenig A. mit einer 50%ig. NaH-Suspension in Mineralöl; $n_D^{23,5}$ 1,4760; 60% (bezogen auf IV). — *3-exo-Äthoxycarbonyl-3.6.6-trimethylbicyclo-[3.1.0]-hexanon-(2)* (III), $C_{12}H_{18}O_3$, $Kp._{1,6}$ 114—116°, durch Zugabe von 1 g V in abs. Bzl. zu einer 50%ig. NaH-Suspension in Mineralöl u. abs. Bzl. unter Kühlen, 10 Min. langes Erwärmen auf 60° nach dem Ende der Gasentw., Zugabe von CH_3J in abs. Bzl. bei 30° u. 2std. Kochen; $n_D^{24,5}$ 1,4653; 1,1 g. *1:1-Gemisch* (C) aus III u. *3-endo-Äthoxycarbonyl-3.6.6-trimethylbicyclo-[3.1.0]-hexanon-(2)*, $Kp._{0,6}$ 94—95°, durch Zutropfen von II in Cyclohexan unter Rühren u. Kochen zu Cu-Pulver in abs. Cyclohexan u. 30 Min. langes Kochen; n_D^{22} 1,4642; 48%. — *Gemisch* aus *cis-* u. *trans-3.6.6-Trimethylbicyclo-[3.1.0]-hexanon-(2)*, $Kp._{20}$ 90—100°, durch 16std. Rk. von Gemisch C mit NaOH in W./A. u. Decarboxylierung der daneben entstandenen Ketosäure; n_D^{21} 1,4630; 81%. — *2.5-Dimethylhexen-(4)-säureäthylester*, $C_{10}H_{18}O_2$, $Kp._{15}$ 83°, durch Decarboxylierung von VI mit Chinolin u. Cu-Pulver bei 180—190° u. 40 Torr; n_D^{21} 1,4315; 75%. — *cis-Dihydrochrysanthemumdicarbonsäurediäthylester, Isomeres* F, $Kp._{0,4}$ 90,5°, durch Zutropfen einer Mischung aus Diazoessigester u. vorst. Verb. unter Rühren zu vorst. Verb. u. Cu-Pulver bei 120°, 1std. Erhitzen auf 130° u. Trennung durch präparative Gaschromatographie des erhaltenen *1:1:2:Gemisches* (H, $C_{14}H_{24}O_4$, $Kp._{0,4}$ 102—103° n_D^{23} 1,4413; 74%) aus dem *Isomeren* F, dem *Isomeren* G u. dem *Gemisch* E; n_D^{24} 1,4451; daneben *Isomeres* G ($Kp._{0,4}$ 90,5°, n_D^{24} 1,4461) u. *Gemisch* E. *1:1-Gemisch* (D) aus dem *Isomeren* F u. dem *Isomeren* G, $Kp._{0,5}$ 94—96°, a) durch 2½std. Kochen von Gemisch C mit 0,7 n Na-Äthylat in abs. A.; 90%; b) analog a) mit III; n_D^{22} 1,4464; 88%. — *cis-Dihydrochrysanthemumdicarbonsäure, Isomeres* A, F. 162—164° (CH_3OH/Bzl.), durch 3std. Kochen des Isomeren F mit KOH in A.; 94%. *Isomeres* B, $C_{10}H_{16}O_4$, F. 137—138° (CH_3OH/Bzl.), analog dem Isomeren A mit 0,1 g des Isomeren G; 0,085 g. *Gemisch* aus dem *Isomeren* A u. dem *Isomeren* B, $C_{10}H_{16}O_4$, F. 162—164° (CH_3OH/Bzl.), durch 2std. Kochen von Gemisch D mit KOH in A.; 90%. — *Gemisch* (E) aus *trans-Dihydrochrysanthemumdicarbonsäurediäthylestern*, $C_{14}H_{24}O_4$, $Kp._1$ 112—113°, a) durch 50std. Kochen von Gemisch D mit Na in abs. A.; 75%; b) durch 32std. Kochen von Gemisch H mit Na-Äthylat in abs. A.; n_D^{23} 1,4432; 88%. — *Gemisch* aus *trans-Dihydrochrysanthemumdicarbonsäuren*, $C_{10}H_{16}O_4$, F. 104—108° (CH_3OH/Bzl.), a) durch 4std. Kochen von 0,22 g Gemisch E mit KOH in A.; 0,19 g; b) analog a) u. 2std. Kochen von Gemisch E; 95%. H. Gleinig 2020△

1179 **Cyclische Polyole. 7. Mitt. Synthese einiger Cyclopentanaminocyclitole.** Akira Hasegawa und Henry Z. Sable. (J. org. Chemistry **31**, 4154—61, **1966**; Dep. of Biochem., School of Med., Western Reserve Univ., Cleveland, Ohio; engl.) — Es werden dargestellt: *DL-3.4-Diacetoxy-5-acetamidocyclopenten* (I), $C_{11}H_{15}NO_5$, F. 139 bis 140° (Ae.), aus cis-3.4-Diacetoxy-Δ^1-cyclopenten u. N-Bromsuccinimid (Meth. A) u. Rk. des erhaltenen *DL-3.4-Diacetoxy-5-bromcyclopentens* [87% (Ausb.)] mit methanol. NH_3 u. Acetanhydrid/Py. (Meth. B); 69%. — *DL-3-Acetamido-4.5-diacetoxycyclopenten* (III), $C_{11}H_{15}NO_5$, F. 123° (Ae.), aus 10 g DL-trans-3.4-Diacetoxycyclopenten analog A u. Rk. des erhaltenen *DL-3-Brom-4.5-diacetoxycyclopentens* [15,7 g] analog B; 7%. — Cyclopentane: *DL-1-Acetamido-2.3-epoxy-4.5-diacetoxy-* (II), $C_{11}H_{15}NO_6$, F. 155° (Ae./A.; 1:1), aus 723 mg I u. methanol. NH_3 Rk. des erhaltenen *DL-3.4-Dihydroxy-5-acetamidocyclopentens* [F. 156—158°; 470 mg] mit m-Chlorbenzoepersäure u. Acetylierung; 87 mg. *Isomere Verb.* (IV), $C_{11}H_{15}NO_6$, F. 148° (A./Ae.; 1:1), aus 670 mg III über *DL-3-Acetamido-4.5-dihydroxycyclopenten* [F. 135°; 430 mg] analog vorst.; 64%. — *DL-1.2.3-Triacetoxy-4-acetamido-5-brom-*, $C_{13}H_{18}BrNO_7$, F. 194—195° (A.), aus I u. Br_2 u. Acetylierung; 70%. — *DL-1.2.3-Triacetoxy-4-acetamido-*, $C_{13}H_{19}NO_7$, F. 132° (Ae.), aus vorst. Verb. u. H_2 an Raney-Ni u. Acetylierung; 87%. — *DL-1.2.5-Triacetoxy-3-acetamido-4-brom-*, $C_{13}H_{18}BrNO_7$, F. 157—158° (A.), aus II u. HBr; 75%. — *DL-1-Acetamido-2.3.4-triacetoxy-*, F. 135—136° (Ae.), aus vorst. Verb.; 55%. — *DL-1-Acetamido-2.4.5-triacetoxy-3-brom-*, $C_{13}H_{18}BrNO_7$, F. 132—133°, aus III u. Br_2 u. Acetylierung; 97%. — *DL-1.3.4-Triacetoxy-2-acetamido-*, $C_{13}H_{19}NO_7$, F. 120—121°, aus vorst. Verb. u. H_2 an Raney-Ni u. Acetylierung; 65%. — *DL-1.2.3-Triacetoxy-4-acetamido-5-brom-*, $C_{13}H_{18}BrNO_7$, F. 150—151° (A.), aus IV u. HBr; 70%. — *DL-1.2.3-Triacetoxy-4-acetamido-*, F. 112°, aus vorst. Verb.; 70%. — *DL-1-Acetamido-2.3.4.5-tetraacetoxy-*, $C_{15}H_{21}NO_9$, F. 119° (Ae.), aus I u. 1%ig. $KMnO_4$ in Ggw. von $MgSO_4 \cdot 7\,H_2O$ bei −20° u. Acetylierung (Meth. C); 46%. — *DL-1.2.3.5-Tetraacetoxy-4-acetamido-*, $C_{15}H_{21}NO_9$, F. 192°, aus II; 66%. — *DL-1.2.4.5-Tetraacetoxy-3-acetamido-*, $C_{15}H_{21}NO_9$, F. 123—125° (Ae.), a) aus DL-1-Acetamido-2.3-epoxy-4.5-dihydroxycyclopentan (V) u. methanol. NH_3; 54%; b) aus III analog C; 44%. — *DL-1.2.3.5-Tetraacetoxy-4-acetamido-*, $C_{15}H_{21}NO_9$, F. 147° (Ae.), aus IV; 76%. — *DL-1.2-Bis-[O-isopropylidendioxy]-3.5-diacetoxy-4-acetamido-*, $C_{14}H_{21}NO_7$, F. 157° (Ae.), aus vorst. Verb. u. methanol. NH_3 u. Rk. des erhaltenen *DL-1.2.3.5-Tetrahydroxy-4-acetamidocyclopentans* (F. 148°) mit Aceton in Methanol in Ggw. von $CuSO_4$ u. Acetylierung; 59%. — *DL-1.2.5-Triacetoxy-3.4-bis-[acetamido]-*, $C_{15}H_{22}N_2O_8$, F. 247° (Ae.), a) aus V, NaN_3 u. Acetylierung, Rk. des erhaltenen *1.2.5-Trihydroxy-3-acetamido-4-azidocyclopentans* mit H_2 an Pd-Kohle; 68%; b) analog aus DL-1-Acetamido-2.3-epoxy-4.5-dihydroxycyclopentan; 63%. — 11. vgl. C. **1968**, 62-0431. K.-P. Hilgetag 2120△

1180 **Chlorsulfonierung von arylsubstituierten Indonen. Darstellung von Derivaten der Indonsulfonsäuren.** Tsch. P. Ivanov. (Mh. Chem. **97**, 1499—509, **1966**; Organ. Chem. des chem.-technol. Inst., Sofia; dt.) — 2.3-Diphenylindon bildet mit $ClSO_3H$ *2-[p-Chlorsulfophenyl]-3-phenylindon* (I), aus 2-Phenyl-3-p-tolylindon entsteht analog *2-[p-Chlorsulfophenyl]-3-p-tolylindon* (II) neben *2-[p-Chlorsulfophenyl]-3-p-tolyl-4-chlorsulfonylindon* (III). I reagiert mit aliphat. u. aromat. Aminen, mit Alkoholen, Phenolen, Phenolcarbonsäuren u. mit aliphat. sowie aromat. Aminosäuren zu entsprechenden Indonsulfonsäureamiden u. -estern. Angaben über IR-Spektren vgl. Original.

Versuche: *2-[p-Chlorsulfophenyl]-3-phenylindon* (I), $C_{21}H_{13}ClO_3S$, F. 193—194° (Bzl.), aus 4 g 2.3-Diphenylindon u. $ClSO_3H$ unter Kühlung; 0,5 g (Ausb.); daneben *2-[p-Chlorsulfophenyl]-2.3-dichlor-3-phenylindanon-(1)*, $C_{21}H_{13}Cl_3O_3S$, F. 195—196° (Bzl.); 0,2 g. *Amid* (IV), $C_{21}H_{15}NO_3S$, F. 228—229° (Bzl.), aus I u. NH_3 in $CHCl_3$; 93% (daneben eine nicht identifizierte farblose Substanz).

N-Methylamid, $C_{22}H_{17}NO_3S$, F. 156—158° (A.); 61%. *N.N-Dimethylamid*, $C_{23}H_{19}NO_3S$, F. 197—198° (A.); 62%. *N.N-Diäthylamid*, $C_{25}H_{23}NO_3S$, F. 159—160° (A.); 59%. *Anilid*, $C_{27}H_{19}NO_3S$, F. 184,5—185,5° (Aceton/A.); 84%. [*p-Phenylazo*]*-anilid*, $C_{33}H_{23}N_3O_3S$, F. 203—204° (Aceton); 65%. *Äthylester*, $C_{23}H_{18}O_4S$, F. 203—204° (Aceton), aus **I** u. $NaOC_2H_5$ in sd. A.; 49%. *Phenylester*, $C_{27}H_{18}O_4S$, F. 155—156° (A.), aus **I** u. Phenol in NaOH. *p-Tolylester*, $C_{28}H_{20}O_4S$, F. 157,5—159° (A.); 92%. [*o-Carboxyphenyl*]*-ester*, $C_{28}H_{18}O_6S$, F. 188—189° (Methanol/W.); 23%. [*N-Carboxymethyl*]*-amid*, $C_{23}H_{17}NO_5S$, F. 193—195° (60%ig. A.), aus **I** u. Glycin in Aceton in Ggw. von $NaHCO_3$; 92%. [*N-Carboxyisopropylmethyl*]*-amid*, F. 240—242° (80%ig. A.); 40%. *N-*[*o-Carboxyphenyl*]*-amid*, $C_{28}H_{19}NO_5S$, F. 207—208° (A./W.); 71%. *N-*[*p-Carboxyphenyl*]*-amid*, $C_{28}H_{19}NO_5S$, F. 252—253° (Methanol); 29%. — *2-*[*p-Chlorsulfophenyl*]*-3-p-tolyl-4-chlorsulfonylindon* (**III**), $C_{22}H_{14}Cl_2O_5S_2$, F. 200° (Zers.; Bzl./PAe.), analog vorst. Verb. aus 5 g 2-Phenyl-3-p-tolylindon; 0,48 g; daneben 0,6 g *2-*[*p-Chlorsulfophenyl*]*-3-p-tolylindon* (**II**), $C_{22}H_{15}ClO_3S$, F. 173—174° (Bzl./PAe.). — *p-Aminosulfonylbenzoesäure*, F. 278—280° (A./W.), aus 1,085 g **IV** u. $KMnO_4$ in Aceton; 0,242 g; daneben 0,25 g *o-Benzoylbenzoesäure*, F. 127 128°. — *2-*[*p-Aminosulfophenyl*]*-3-p-tolylindon*, $C_{22}H_{17}NO_3S$, F. 203,5—205,5°; analog **IV** aus 1 g **II**; 1 g. — *o-*[*p-Tolyl*]*-benzoesäure*, F. 139—140° (Xylol/PAe.), analog vorvorst. Verb. aus vorst. Verb.; daneben vorvorst. Verbindung. — *2-*[*p-Aminosulfophenyl*]*-3-p-tolyl-4-aminosulfonylindon*, $C_{22}H_{18}N_2O_5S_2 \cdot NH_3$, F. 243 bis 244° (Methanol), aus 150 mg **III** u. NH_3 in $CHCl_3$; 50 mg.
G. Westphal 2650△

1181 **Synthese von 1a.2.3.7b-Tetrahydro-1-phenyl-1H-cyclopropa-[a]-naphthalin.** H. G. Heller und R. A. N. Morris. (J. chem. Soc. [London], Sect. C **1966**, 1004; Univ. Coll. of Wales, Aberystwyth; engl.) — Allmähliches Erhitzen von 23,4 g 2-Benzylidentetralon-(1) mit KOH u. 99%ig. $N_2H_4 \cdot H_2O$ in Äthylenglykol auf 180° u. 3std. Erhitzen bei 190—200° gibt 11,0 g (Ausb.) *1a.-2.3.7b-Tetrahydro-1-phenyl-1H-cyclopropa-*[*a*]*-naphthalin* [**I**, $C_{17}H_{16}$, F. 60° (A.), $Kp._{0,2}$ 127°]. Hydrierung von **I** an 10%ig. Pd-Kohle in A. liefert *4-Phenyl-1.2-benzocyclohepten* ($C_{17}H_{18}$, F. 38,5—39°). J. Rothe 2910△

1182 **Neue polycyclische aromatische Kohlenwasserstoffe mit sieben verbundenen Ringen.** F. A. Vingiello und L. Ojakaar. (Tetrahedron [London] **22**, 847—60, 1966; Chem. Dep., Polytechn. Inst., Blacksburg, Va.; engl.) — Die Synth. von vier polycycl. aromat. KW-Stoffen wird beschrieben.

Versuche: *Naphtho-*[*1.2:a*]*-perylen* (**II**), $C_{28}H_{16}$, F. 248—249° (Bzl./A.), aus 12-[α-Naphthyl]-benz-[a]-anthracen mit $AlCl_3/SnCl_4$; 60% (Ausb.). *2.4.7-Trinitrofluorenonaddukt*, $C_{41}H_{21}N_3O_7$, F. 298—299° (Bzl./A.). — *Naphtho-*[*2.1:l*]*-benzo-*[*a*]*-pyren* (**I**), $C_{28}H_{16}$, F. 321 bis 322° (Bzl./A.), analog vorst. Verb. mit $AlCl_3/NaCl$; 10%. *2.4.7-Trinitrofluorenonaddukt*, $C_{41}H_{21}N_3O_7$, F. 196—198°. — *Naphtho-*[*1.2:l*]*-benzo-*[*a*]*-pyren*, $C_{28}H_{16}$ (**III**), F. 315—316°, aus 12-[β-Naphthyl]-benz-[a]-anthracen mit $AlCl_3/SnCl_4$; 21%. *2.4.7-Trinitrofluorenonaddukt*, $C_{41}H_{21}N_3O_7$, F. 215—216°. — *Naphtho-*[*2.3:l*]*-benz-*[*a*]*-pyren*, $C_{28}H_{16}$, F. 221—222° (Bzl./A.), neben **III**; 4%. *2.4.7-Trinitrofluorenonaddukt*, $C_{41}H_{21}N_3O_7$, F. 204—205°. — *Naphtho-*[*2.1.8a.8:e.f.g*]*-anthanthren*, $C_{28}H_{14}$, F. 318—319° (DMF/A.), analog **III** mit $AlCl_3/NaCl$ oder aus **I** mit $AlCl_3/SnCl_4$; 15%. *2.4.7-Trinitrofluorenonaddukt*, $C_{41}H_{19}N_3O_7$, F. 262—264°. — *11-*[*α-Naphthyl*]*-5.6.8.9-tetrahydrobenz-*[*a*]*-anthracen*, $C_{28}H_{22}$, F. 137—138° (Bzl./Methanol), aus 11-Oxo-5.6.8.9.10.11-hexahydrobenz-[a]-anthracen mit Naphthyl-(1)-MgBr; 32%. — *11-*[*α-Naphthyl*]*-8.9-dihydrobenz-*[*a*]*-anthracen*, $C_{28}H_{20}$, F. 122—123° (Essigsäure), $Kp._{0,4}$ 152—160°, analog vorst. Verb. aus 11-Oxo-8.9.-10.11-tetrahydrobenz-[a]-anthracen; 19%. — *11-*[*α-Naphthyl*]*-benz-*[*a*]*-anthracen*, $C_{28}H_{18}$, F. 165—166° (Bzl./A.), a) aus vorvorst. Verb. mit Pd/Kohle in sd. p-Cymol; 84%; b) analog aus vorst. Verb.; 82%; ergibt mit $AlCl_3/NaCl$ 11% **II**. — *1-*[*α-Naphthyl*]*-1.2.3.4-tetrahydrobenz-*[*a*]*-anthracen*, $C_{28}H_{22}$, F. 177—178° (A.), durch Umsetzen von 1-Oxo-1.2.3.4-tetrahydrobenz-[a]-anthracen mit Naphthyl-(1)-MgBr; 24%; durch Kochen mit Pd/Kohle in p-Cymol entsteht 3% **III**. W. Hampel 2910△

1183 **Polycyclische Brückenverbindungen.** 45. Mitt. **Synthese und Eigenschaften von 5.5a.6.11.11a.12-Hexahydro-5.12; 6.11-di-o-phenylennaphthacen.** Stanley J. Cristol und David C. Lewis. (J. Amer. chem. Soc. **89** (1967) 6, 1476—83; Dep. of Chem., Univ. of Colo., Boulder, Colo; engl.) — 44. vgl. ibid. **89** (1967) **2**, **401**; 38. vgl. C. **1968**, 45-1054. — Die *Titelverb.*, für die der Trivialname „*Janusen*" vorgeschlagen wird, entsteht leicht durch Diels-Alder-Rk. zwischen Anthracen (**II**) u. Dibenzobicyclo-[2.2.2]-octatrien. Sie wird sehr gründlich spektroskop. untersucht.

Versuche: *5.5a.6.11.11a.12-Hexahydro-5.12; 6.11-di-o-phenylennaphthacen* (*Janusen*) (**I**), $C_{30}H_{22}$, durch Diels-Alder-Rk. aus Anthracen (**II**) u. Dibenzobicyclo-[2.2.2]-octatrien; 37% (Ausb.). — *11-Chlordibenzobicyclo-*[*2.2.2*]*-octatrien*, F. 128,8—129,3° (Isopropyläther/Isopropanol), aus cis- oder trans-11.12-Dichlor-9.10-dihydro-9.10-äthylenanthracen mit K-tert.-Butylat in DMSO; 92%. — *5a-Chlorjanusen*, $C_{30}H_{21}Cl$, F. 260—262° (Zers.) (Aceton/A.), aus vorst. Verb. u. **II**; 1%; daneben 6% einer *Verb.* mit dem F. 253—254°. — *Mononitrojanusene*, $C_{30}H_{21}NO_2$, aus **I** mit HNO_3, Nitromethan u. Essigsäureanhydrid; $F_α$*-Isomeres*, F. 261—263° (Aceton/A.); 1,3%; $F_β$*-Isomeres*, F. 288—290° (Aceton/A.); 31%.; $L_β$*-Isomeres*, F. 242—244° (Aceton/A.); 0,25%. — *Dinitrojanusene*, $C_{30}H_{20}N_2O_4$, analog vorst. Verb.; $F_βL_β'$*-Isomeres*, F. 234—243°; 7,7%; $F_βF_β'$*-Isomeres*, F. >320° (Zers.); 11%. — *Monobromjanusene*, $C_{30}H_{21}Br$, aus **I** mit Br_2; $F_α$*-Isomeres*, F. 244—245°; $F_β$*-Isomeres*, F. 271 bis 273°; 52%. R. Becker 2910△

1184 **Transannulare Addition von CO an Cyclooctadien-(1.5).** S. Brewis und P. R. Hughes. (Chem. Commun. **1966**, 6—7; Res. Dep., Heavy organ. Chem. Div., Imperial Chem. Ind., Ltd., Billingham, Co. Durham; engl.) — 8std. Rk. von CO u. Cyclooctadien-(1.5) in Ggw. von Dijodo-bis-[tributylphosphin]-Pd bei 150 u. 1000 atm ergibt *Bicyclo-*[*3.3.1*]*-*$Δ^2$*-nonen-9-on* [$C_9H_{12}O$, F. 94—96°; 45—50% (Ausb.). *2.4-Dinitrophenylhydrazon*, F. 194 bis 195,5°] u. *Cyclooctadien-(1.3)* (45—50%).
Heidrun Kulm 2950

1185 **Darstellung und Struktur von Alkylbenzol-Maleinsäureanhydrid-Photoaddukten.** Jerald S. Bradshaw. (J. org. Chemistry **31**, 3974—76, 1966; Chevron Res. Co., Richmond, Calif.; engl.) — Bestrahlen von Maleinsäureanhydrid (**I**) u. Alkylbenzolen (**A**) in Ggw. eines Sensibilisators liefert *7-Alkyltricyclo-*[*4.2.2.0*^{2,5}]*-decen-(7)-tetracarbonsäure-(3.4.9.10)-dianhydride* (**B**), deren Struktur aus den NMR-Spektren ihrer *Tetramethylester* folgt. Verw. von Aceton als Lsgm. verbessert die Ausb. an **B**.

Versuche: Tricyclo-[4.2.2.0$^{2.5}$]-decen-(7)-tetracarbonsäure-(3.4.9.10)-dianhydride (**B**), durch 18std. Bestrahlen (450-W-Lampe) von **I** u. Acetophenon u. dem betreffenden **A** im Pyrexrohr u. Waschen des Nd. mit abs. Ae.: *unsubstituiert*, F. 350°, aus Bzl.; 41%. *7-Methyl-*, F. 265—270°, aus Toluol; 29%. — *7-Äthyl-*, F. 250—255°, aus Äthylbenzol; 24%. — *7-Isopropyl-*, F. 250—255°, aus Cumol; 19%. — *7-tert.-Butyl-*, F. 245—250°, aus tert.-Butylbenzol; 14%. — *7-*[*verzweigtes* C_5*—*C_6*-Alkyl*]*-*, aus C_5—C_6-Alkylbenzol in 70 Std.; Gummi; 30%. — *7-*[*n-*C_{10}*—*C_{13}*-Alkyl*]*-*, F. 180—200°, aus n-C_{10}—C_{13}-Alkylbenzol in 47 Std.; 14%. — Tricyclo-[4.2.2.0$^{2.5}$]-decen-(7)-tetracarbonsäure-(3.4.9.10)-tetramethylester (F. aus Methanol oder Methanol/PAe.), durch 3—5std. Kochen der **B** in mit HCl gesätt. Methanol u. Eindampfen im Vakuum (evtl. Chromatographie mit Bzl. an Al_2O_3): *unsubstituiert*, F. 132—133°; 72%. — *7-Methyl-*, F. 157—159°; 97%. — *7-Äthyl-*, F. 100—102°; 98%. — *7-Isopropyl-*, F. 107—108°; 70%. — *7-tert.-Butyl-*, F. 87—88°; 56%. — Tricyclo-[4.2.2.0$^{2.5}$]-decen-(7)-tetracarbonsäuren-(3.4.-9.10) (F. aus W.), durch 4std. Kochen der **B** in 1,5 m KOH, Kühlen, Filtrieren u. Ansäuern mit HCl: *unsubstituiert*, F. 120 350° (unter Anhydridbldg.); 90%. — *7-Methyl-*, F. 197—200°; 58%. — *7-Isopropyl-*, F. 182 bis 184°; 41%. — *7-*[C_{10}*—*C_{13}*-Alkyl*]*-*, F. 258—260°; 60%.
H. Miele 2950△

1186 **Übertragung von Substituenteneffekten in halbstarren aliphatischen Systemen.** 1. Mitt. **Synthese eines Modells.** Edward J. Grubbs, Do Jae Lee und Arturo G. Bellettini. (J. org. Chemistry **31**, **4069**–**71**, **1966**; San Diego State Coll., Calif.; engl.) — Cyclisierung von *1.1-Bis-[p-toluolsulfonyloxymethyl]-cyclopenten-(3)* (**I**) mit Na-Malonester in sd. Xylol liefert *Spiro-[3.4]-octen-(6)-dicarbonsäure-(2.2)-diäthylester* (**II**), dessen Struktur durch Hydrieren zu *Spiro-[3.4]-octandicarbonsäure-(2.2)-diäthylester* gesichert wird. Verseifen von **II** u. Decarboxylierung (vorteilhaft in sd. Py.) geben *Spiro-[3.4]-octen-(6)-carbonsäure-(2)*, deren Verw. als Modellsubstanz zur Aufschlüsselung polarer Substituenteneffekte in Feld- u. induktive Effekte diskutiert wird. NMR-Spektren stützen die Strukturen.

Versuche (F. korr.): *1.1-Bis-[p-toluolsulfonyloxymethyl]-cyclopenten-(3)* (**I**), $C_{21}H_{24}O_6S_2$, F. 110,5 bis 111,5° (Methanol), durch portionsweise Zugabe von p-Toluolsulfonylchlorid zu 1.1-Bis-[hydroxymethyl]-cyclopenten-(3) in abs. Py., 3std. Rühren bei 0° unter N_2 u. Gießen in kalte 6 n HCl; 90% (Ausb.). — *Spiro-[3.4]-octen-(6)-dicarbonsäure-(2.2), Diäthylester* (**II**), $C_{14}H_{20}O_4$, $Kp._{0,2}$ 98–105°, durch Zutropfen von Malonsäurediäthylester zu granuliertem Na in Xylol, Erhitzen bis zur Lsg., portionsweise Zugabe von **I**, 38std. Kochen (ca. 150°) unter N_2, Kühlen, Gießen in W., Waschen der organ. Phase mit 1 n HCl u. W., Trocknen, Eindampfen im Vakuum, Zusatz von Methanol, Stehen über Nacht bei 0° [→ 37% **I**] u. Fraktionieren; n_D^{20} 1,4622; 66% (bez. umgesetztes **I**). *Dimethylester*, $C_{12}H_{16}O_4$, $Kp._{0,45}$ ca. 95°, analog **II** aus 1,75 g Na, 13,6 g Malonsäuredimethylester u. 15 g **I**; 1,2 g (85%ig.); daneben 8,9 g **I**. *Freie Säure*, $C_{10}H_{12}O_4$, F. 166,5–168° (W.), durch 1std. Kochen von **II** in äthanol. KOH, Kühlen, Waschen des Di-Kaliumsalzes mit A., Lösen in W. u. Ansäuern mit 50%ig. H_2SO_4; 88%. — *Spiro-[3.4]-octen-(6)-carbonsäure-(2)*, $C_9H_{12}O_2$, F. 36–37° (verd. Essigsäure), a) durch Erhitzen vorst. Verb. im Subl.-App. auf 185°; 56%; b) durch 5½std. Kochen vorst. Säure in Py., Kühlen, Ansäuern mit 6 n HCl, 18std. Ae.-Extraktion, Trocknen, Eindampfen, Lösen in Ae. u. Konz.; 95%. *Methylester*, $C_{10}H_{14}O_2$, $Kp._2$ 49°, mit CH_2N_2 in Ae. u. Eindampfen; $n_D^{23,5}$ 1,4867; 99%. — *Spiro-[3.4]-octandicarbonsäure-(2.2)-diäthylester*, $Kp._{1,5}$ 110°, durch Hydrieren von **II** in A. an Pd/Kohle; n_D^{24} 1,4530; 59%. H. Miele 2950△

1187 **Griseofulvin-Analoga. 4. Mitt. Substituentenabhängige Acylierung und intramolekulare Alkylierung. Synthese des B-Ringanalogen von Dehydrogriseofulvin.** Howard Newman und Anthony Durante. (J. org. Chemistry **31**, **2291**–**96**, **1966**; Organ. Chem. Res., Lederle Labor., Div., Amer. Cyanamid Comp., Pearl River, N.Y.; engl.) — 3. vgl. C. **1968**, 10-1066. — Während 3.5-Dimethoxytoluol (**I**), deren α-Acetoxyverb. (**II**) sowie 2-Chlor-3.5-dimethoxybenzylbromid (**III**) sich in guten Ausb. mit Isoeverninsäureacetat (**IV**) zu den gewünschten *Benzophenonen* umsetzen, entstehen bei der Rk. von 3.5-Dimethoxybenzylbromid (**V**) bzw. -chlorid (**VI**) mit **IV** nur mehr oder minder verharzte Produkte. Desgleichen liefert die intramol. Alkylierung nur bei Verw. von 2-Brommethyl-3-chlor-4.6.2′-trimethoxy-4′-hydroxy-6′-methylbenzophenon das gewünschte *4′-Chlor-2.5′.7′-trimethoxy-6-methyl-$\Delta^{2.5}$-cyclohexadien-[1-spiro-2′]-indandion-(1′.4)*, wogegen die Umsetzung mit 2-Chlormethyl-4.6.2′-trimethoxy-4′-acetoxy-6′-methylbenzophenon ein uncharakterist. Gemisch bildet.

Versuche: *2-Hydroxy-4-acetoxy-6-methylbenzaldehyd*, $C_{10}H_{10}O_4$, F. 96,5–98,5° (wss. Aceton), aus 2.4-Dihydroxy-6-methylbenzaldehyd u. Acetylchlorid; 70% (Ausb.). *Methyläther*, F. 78–82° (PAe./Ae.), aus der Hydroxyverb., CH_3J u. Ag_2O; 87%. — *Isoeverninsäureacetat* (**IV**), aus vorst. Methyläther u. $KMnO_4$. — *2.6′-Dimethyl-4.6.2′-trimethoxy-4′-acetoxybenzophenon*, $C_{20}H_{22} \cdot O_6$, F. 115–117° (Methanol), aus **I**, **IV** u. Trifluoressigsäureanhydrid bei Raumtemp.; 41%. — *2-Acetoxymethyl-4.6.2′-trimethoxy-4′-acetoxy-6′-methylbenzophenon*, $C_{22}H_{24} \cdot O_8$, F. 103–105° (Ae./Aceton), aus 3.5-Dimethoxybenzylacetat (**II**), **IV** u. Trifluoressigsäureanhydrid; 60%. — *3.5-Dimethoxybenzylbromid* (**V**), $C_9H_{11}BrO_2$, F. 74,5–75,5°, aus 3.5-Dimethoxybenzylalkohol u. HBr in Bzl.; 68%. — *2-Chlormethyl-4.6.2′-trimethoxy-4′-acetoxy-6′-methylbenzophenon*, $C_{20}H_{21}ClO_6$, F. 104–105° (Zers. 95°; Ae./Methanol), durch 5 Min. lange Rk. von **VI**, **IV** u. Trifluoressigsäureanhydrid bei Raumtemp.; 26%. — *2-Chlormethyl-4.6.2′-trimethoxy-4′-hydroxy-6′-methylbenzophenon/2.5′.7′-Trimethoxy-6-methyl-$\Delta^{2.5}$-cyclohexadien-[1-spiro-2′]-indandion-(1′.4)-Gemisch*(?), F. > 200°, aus 52 mg vorst. Verb. u. $NaOCH_3$/Methanol; 20 mg. — *2-Brommethyl-3-chlor-4.6.2′-trimethoxy-4′-hydroxy-6′-methylbenzophenon*, $C_{18}H_{18} \cdot BrClO_5$, F. 182–184° (Ae.), aus dem Acetylderiv. mit 1 n NaOH/Methanol; 95%. *Acetylderiv.*, $C_{20}H_{20}BrClO_6$, F. 168–170° (Bzl./Ae.), aus **IV**, **III** u. Trifluoressigsäureanhydrid bei 75°; 59%. — *4′-Chlor-2.5′.7′-trimethoxy-6-methyl-$\Delta^{2.5}$-cyclohexadien-[1-spiro-2′]-indandion-(1′.4)* (**VII**), $C_{18}H_{17}ClO_5$, F. 241–244° (Zers.; Methanol/Aceton), aus 0,003 m tert.-butanol. Lsg. vorst. Verb. u. K-tert.-Butylat; 32%. *Dimeres (oder Polymeres)*, $C_{36}H_{34} \cdot Cl_2O_{10}$, F. 324–326°, neben **VII**. G. Engler 2950△

C–3. Heterocyclische Verbindungen

1188 **2-Alkoxy-3-hydroxytetrahydropyrane und 2-Alkoxy-3-hydroxytetrahydrofurane. 1. Mitt. Darstellung, Struktur und einige Derivate.** F. Sweet und R. K. Brown. (Canad. J. Chem. **44**, **1571**–**76**, **1966**; Edmonton, Alberta Univ. of Alberta, Dep. of Chem.; engl.) — Durch Ox. von 5.6-Dihydropyran (**I**) bzw. 4.5-Dihydrofuran (**II**) mit Perbenzoe- (**III**) bzw. m-Chlorperbenzoesäure (**IV**) in Alkoholen werden *2-Alkoxy-3-hydroxytetrahydropyrane* (**A**) bzw. *-furane* (**B**) dargestellt. Da fast ausschließlich *trans*-**A** bzw. -**B** entstehen, verläuft die Rk. wahrscheinlich zunächst über das entsprechende *Epoxid*. In Ggw. von Säure stellt sich ein cis–trans-Gleichgew. ein, bei *2-Methoxy-3-hydroxytetrahydropyran* im Verhältnis 39 : 61, bei *2-Methoxy-3-hydroxytetrahydrofuran* 20 : 80. Durch NMR-Spektren werden die Strukturen gestützt. Analoge Ox. von n-Butylvinyläther gibt in 92%ig. Ausb. *n-Butyl-[β-hydroxy-α-methoxyäthyl]-äther*.

Versuche: *4.5-Dihydrofuran* (**II**), $Kp._{695}$ 52,5°, durch basenkatalysierte Isomerisierung von 2.5-Dihydrofuran ($Kp._{700}$ 63–65°; n_D^{25} 1,4292; n_D^{20} 1,4309); n_D^{20} 1,4228; n_D^{25} 1,4204. — trans-3-Hydroxytetrahydropyrane (**A**), durch Ox. von **I** in Alkohol mit **III** bzw. **IV** in $CHCl_3$ bei –5 bis –10°, Eindampfen nach mehrstd. Rühren bei Raumtemp., Extrahieren mit $CHCl_3$. (→ *Benzoesäure* bzw. *m-Chlorbenzoesäure*), Ausschütteln des Extraktes mit wss. 10%ig. Na_2CO_3, Sättigen mit NaCl, erneute $CHCl_3$-Extraktion u. Aufarbeiten: *2-Methoxy-* (**V**), $Kp._2$ 56°; $n_D^{23,5}$ 1,4548; 76–82%. *3.5-Dinitrobenzoat* (DNB), F. 132–133° [W./Methanol (M.)]. *Methyläther* (MÄ), $Kp._{110}$ 110–111°, a) mit Ag_2O/CH_3J in DMF; b) mit CH_3J/NaH in 1.2-Dimethoxyäthan bei 5–10°, Eindampfen nach 2std. Rühren, Zugabe von Ae., Filtrieren (→ *NaJ*) u. Aufarbeiten; n_D^{25} 1,4318; 85%. — *2-Äthoxy-*, $Kp._{2,5}$ 63°; n_D^{25} 1,4506; 65%. *DNB*, F. 116–117° (M./W.). *MÄ*, $Kp._{5,2}$ 46–47°; n_D^{25} 1,4322; 81%. — *2-Isopropoxy-*, $Kp._2$ 63–64°; $n_D^{26,5}$ 1,4467; 74%. *DNB*, F. 96–97° (W./M.), *MÄ*, $Kp._{30}$ 92–93°, $Kp._7$ 56–57°; n_D^{25} 1,4299; 80%. — *2-tert.-Butoxy-*, $Kp._{1,5}$ 62°; n_D^{25} 1,4487; 80%. *DNB*, F. 86–88° (W./M.). *MÄ*, $Kp._7$ 61 bis 62°; n_D^{25} 1,4322; 86%. — *cis-2-Methoxy-3-hydroxytetrahydropyran* (**VI**), $Kp._{2,2}$ 62°, durch 2std. Kochen von **V** in M. in Ggw. konz. HCl u. Gaschromatographie. *DNB*, F. 88° (W./M.). — trans-3-Hydroxytetrahydrofurane (**B**), analog **A** aus **II**: *2-Methoxy-*, $Kp._7$ 68–70°; n_D^{25} 1,4421; 59%. *DNB*, F. 89–90° (W./M.). *MÄ*, $Kp._{21}$ 57°; n_D^{25} 1,4201; 93%. — *2-Äthoxy-*, $Kp._{2,5}$ 64–65°; n_D^{25} 1,4415; 59%. *DNB*, F. 93–94° (W./M.). *MÄ*, $Kp._{26}$ 71–72°; n_D^{25} 1,4214; 86%. — *2-Isopropoxy-*, $Kp._4$ 79 bis 80°; n_D^{25} 1,4373; 58%. *DNB*, F. 102–103° (W./M.). *MÄ*, $Kp._{10}$ 52°; n_D^{25} 1,4196; 92%. — *2-tert.-Butoxy-*, $Kp._{1,5}$ 68°; n_D^{25} 1,4422; 64%. *DNB*, F. 100° (W./M.). *MÄ*, $Kp._{6,5}$ 46°; n_D^{25} 1,4242; 88%. — *cis-2-Methoxy-3-hydroxytetrahydrofuran*, $Kp._{15}$ 48°, analog **VI**; n_D^{25} 1,4410. *DNB*, F. 87° (W./M.). W. Senf 3000

1189 **Untersuchungen in der Pyrrolin-Reihe. 6. Mitt. Die Formulierung der Base $C_{13}H_{23}NO_3$ als ein Δ^1-Pyrrolin-1-oxid.** Franco Agolini, R. Bonnett, D. E. McGreer und G. F. Stephenson. (J. chem. Soc. [London], Sect. C **1966**, **1491**–**93**; Queen Mary College, London; engl.) — 5. vgl. Canad. J. Chem. **43** (1965) 2717. — Vf. ordnen der

Titelverb., die von Sanno als *5-Hydroxy-2-pyrrolin* formuliert wurde, eine Nitron-Struktur als *viz. 3-Äthoxycarbonyl-3-äthyl-4-isopropyl-2-methyl-Δ¹-pyrrolin-1-oxid* zu. Diskussion der UV-, NMR- u. IR-Unters. vgl. Original.

Versuche: *2-Methyl-3-äthyl-3-äthoxycarbonyl-4-isopropyl-Δ¹-pyrrolin-1-oxid*, $C_{13}H_{23}NO_3$, Kp.$_{0,7}$ 135 bis 140°, durch Red. von 2-Acetyl-2-äthyl-4-methyl-3-nitromethylpentansäureäthylester mit Zn in NH_4Cl-Lsg.; 73% (Ausb.). *Pikrat*, $C_{19}H_{26}N_4O_{10}$, F. 106,5—107,5°. — *3-Äthyl-4-isopropyl-2-methyl-Δ¹-pyrrolin-1-oxid*, $C_{10}H_{19}$·NO, Kp.$_{1,2}$ 112—114°, durch 4std. Kochen vorst. Verb. mit KOH in Methanol u. Decarboxylierung der Säure bei 100°; 35%. — *3-Äthyl-4-isopropyl-2-methyl-Δ¹-pyrrolin*, $C_{10}H_{19}N$, Kp. 84—180°, durch Verschmelzen vorvorst. Verb. mit Triphenylphosphin; 20%. *Pikrat*, $C_{16}H_{22}N_4O_7$, F. 126°. — *3-Äthoxycarbonyl-3-äthyl-4-isopropyl-2-methyl-Δ¹-pyrrolin. trans-Form* (?), $C_{13}H_{23}NO_2$, neben vorst. Verb.; 23%. *Pikrat*, $C_{19}H_{26}N_4O_9$, F. 154—156°. *cis-Form*, neben der trans-Form; 18%. *Pikrat*, F. 148—149°.

W. Kohl 3081

1190 **Heterocyclische Verbindungen.** 6. Mitt. **Verbesserte Darstellung von N-Hydroxysuccinimid.** 1. Mitt. Kung-Tsung Wang, Donald N. Brattesani und Boris Weinstein. (J. heterocyclic Chem. **3**, 98, 1966; Dep. of Chem., Stanford Univ., Stanford, Calif.; engl.) — 5. vgl. C. **1965**, 39-1026. — *N-Hydroxysuccinimid*, F. 97,0 bis 98,0° (Essigester), durch Zugabe von Na in Methanol zu Hydroxylaminhydrochlorid in Methanol, ¼std. Erhitzen auf dem W.-Bad, Kühlen, Filtrieren, Versetzen mit Bernsteinsäureanhydrid, Einengen, 4std. Kochen u. Eindampfen; 49% (Ausb.). P. Golinske 3081 △

1191 **Polyphosphorsäureester als Syntheseagenzien.** 5. Mitt. **Fischersche Indolsynthese mit Polyphosphorsäureester.** Yuichi Kanaoka, Yoshio Ban, Koichi Miyashita, Kimiko Irie und Osamu Yonemitsu. (Chem. pharmac. Bull. [Tokyo] **14**, 934—39; 1966; Fac. of Pharmaceut. Sci., Hokkaido Univ.; engl.) — 4. vgl. C. **1966**, 3-0844. — Mit Hilfe der Fischerschen Indolsynth. unter Verw. von Polyphosphorsäureester (I) werden *2-unsubstituierte* u. *2.3-disubstituierte Indol-* u. *Indoleninderiv.* dargestellt. UV-Maxima s. Original.

Versuche: *1.2.3.4-Tetrahydrocarbazol*, F. 116 bis 118° (Hexan), aus Cyclohexanonphenylhydrazon mit I in $CHCl_3$; 86% (Ausb.). — *1.2.3.4-Tetrahydrocyclopenta-[b]-indol*, Kp.$_{52}$ 110—116°, F. 107—108° (PAe.), aus Cyclopentanonphenylhydrazon; 49%. — *5.6.7.8.9.10-Hexahydrocyclohepta-[b]-indol*, F. 144—145° (A. oder Bzl./Hexan), aus Cycloheptanonphenylhydrazon; 82%. — *9-Methyl-1.2.3.4-tetrahydrocarbazol*, F. 51° (Methanol), aus Cyclohexanon-N-methylphenylhydrazon; 84%. — *8-Methoxy-1.2.3.4-tetrahydrocarbazol*, Kp.$_3$ 153°, aus Cyclohexanon-o-methoxyphenylhydrazon; 50%. — *1-Äthyl-1.2.3.4-tetrahydrocarbazol*, Kp.$_{1,5}$ 130—135°, aus 2-Äthylcyclohexanonphenylhydrazon; 21%; daneben *4α-Äthyl-1.2.3.4-tetrahydro-4αH-carbazol*, Kp.$_{1,5}$ 106—108°; 48%. — *5.10-Dihydroindeno-[1.2:b]-indol*, F. 227—228° (Methanol), aus Indanonphenylhydrazon; 73%. — *2-Methoxy-5.6-dihydro-7H-benzo-[c]-carbazol*, $C_{17}H_{15}NO$, F. 121° (Ae./PAe.), aus 7-Methoxy-β-tetralonphenylhydrazon; 49%. — *2.3-Dimethylindol*, F. 105—106° (Hexan), aus Methyläthylketonphenylhydrazon; 64%. — *2.3.3-Trimethylindolenin*, Kp.$_{12}$ 111°, aus Methylisopropylketonphenylhydrazon mit I; 50%. *Pikrat*, F. 156 bis 158° (A.). *Methojodid*, F. 253—255° (A.). — *2-Phenyl-3-methylindol*, F. 91—93,5° (Hexan), aus Propiophenonphenylhydrazon; 64%. — *Skatol*, Kp.$_4$ 107—110°, F. 94 bis 95° (Hexan), aus Propionaldehydphenylhydrazon; 22%. — *3-Äthylindol*, Kp.$_{13-14}$ 145—155°, aus n-Butyraldehydphenylhydrazon; 53%, Pikrat, F. 118—121° (Bzl.). — *3-Phenylindol*, Kp.$_{1,5}$ 165—170°, F. 86—87° (Hexan), aus Phenylacetaldehydphenylhydrazon; 42%. — *3-[3.4-Dimethoxyphenyl]-indol*, F. 144,5—145,5° (Methanol), aus 3.4-Dimethoxyphenylacetaldehydphenylhydrazon; 54%. — *3.3-Dimethylindolenin*, F. 214—215° (Bzl./A.), aus Isobutyraldehydphenylhydrazon, 12%. *Pikrat*, F. 134—135°. E. Siegmund 3081

1192 **Untersuchungen in der Indolreihe.** 12. Mitt. **Synthesen von 2-Phenyl-5.7-dimethylindol und verwandten Verbindungen.** J. G. Hiriyakkanavar und S. Siddappa. (Indian J. Chem. **4**, 188—90, 1966; Karnatak Univ., Dharwar; engl.) — Die Synth. von *2-Phenyl-5.7-dimethylindol* (**II**) erfolgt in 90%ig. Ausb. bei der Rk. (6 Min.) von *N-Phenacyl-2.4-dimethylanilin* (**I**) u. 2.4-Dimethylanilin im molaren Verhältnis von 1 : 2 in Ggw. von katalyt. Mengen von 2.4-Dimethylanilinhydrobromid bei 200°. Mit Dimethylamin u. Formaldehyd in Essigsäure liefert **II** *3-Dimethylaminomethyl-2-phenyl-5.7-dimethylindol* (**III**), das mit Formylaminomalonsäureester zu *α-Formylamino-α-carbäthoxy-β-[2-phenyl-5.7-dimethylindolyl-(3)]-propionsäureäthylester* (**IV**) kondensiert. Die Hydrolyse u. Decarboxylierung ergibt aus **IV** *2-Phenyl-5.7-dimethyltryptophan*. Mit Oxalylchlorid bildet **II** *[2-Phenyl-5.7-dimethylindolyl-(3)]-glyoxylchlorid* (**VI**), das mit NH_3 zum entsprechenden *Glyoxylamid* (**VII**) umgesetzt wird. $LiAlH_4$ red. **VII** zu *2-Phenyl-5.7-dimethyltryptamin* (**V**). Bei der Rk. von **VI** mit Methylamin, Dimethylamin, Diäthylamin, Piperidin u. Morpholin werden die entsprechenden *Glyoxylamide* erhalten, die $LiAlH_4$ zu den dazugehörigen *Tryptaminen* reduziert. **V** kann auch durch katalyt. Red. von [2-Phenyl-5.7-dimethylindolyl-(3)]-acetonitril erhalten werden, das durch Behandlung von **III** mit Methyljodid u. Rk. der Jodverb. mit NaCN isoliert wird. — 11. vgl. C. **1967**, 29-1022.

Versuche: *N-Phenacyl-2.4-dimethylanilin* (**I**), C_{16}·$H_{17}NO$, F. 96°, aus 24 g Phenacylbromid u. 2.4-Dimethylanilin in A.; aus A. gelbe Nadeln; 20 g (Ausb.). — *2-Phenyl-5.7-dimethylindol* (**II**), $C_{16}H_{15}N$, F. 88°, aus 10 g **I**, 2.4-Dimethylanilin u. dessen Hydrobromid bei 200°; aus Dioxan gelbe Nadeln; 9 g. *Pikrat*, F. 156°. — *3-Dimethylaminomethyl-2-phenyl-5.7-dimethylindol* (**III**), C_{19}·$H_{22}N_2$, F. 120°, durch Stehen von 3 g **II** in Dioxan, Essigsäure, Formaldehyd u. wss. Dimethylamin; aus A. gelbe Tafeln; 2,8 g. — *α-Formylamino-α-äthoxycarbonyl-β-[2-phenyl-5.7-dimethylindolyl-(3)]-propionsäureäthylester* (**IV**), $C_{25}H_{28}N_2O_5$, F. 188°, aus 2 g **III** mit Formylaminomalonsäurediäthylester in sd. Toluol in Ggw. von NaOH; aus A. gelbe Nadeln; 2,6 g. — *2-Phenyl-5.7-dimethyltryptophan*, $C_{19}H_{20}N_2O_2$, F. 220°, aus 1,6 g **IV** mit sd. 2n NaOH u. Decarboxylierung; aus wss. A. gelbe Nadeln; 0,8 g. — *[2-Phenyl-5.7-dimethylindolyl-(3)]-acetonitril*, C_{18}·$H_{16}N_2$, F. 200°, aus 2 g **III** u. Methyljodid in sd. Bzl. u. 2std. Erhitzen der *Jodverb.* ($C_{20}H_{25}JN_2$, F. 115°; aus Methanol gelbe Nadeln; 2,8 g) mit NaCN in Isoamylalkohol, Na-Acetat, Essigsäurepufferlsg.; aus verd. A. Nadeln; 1,3 g. — *2-Phenyl-5.7-dimethyltryptamin* (**V**), $C_{18}H_{20}N_2$, F. 140°, a) durch Hydrierung von 1 g vorst. Verb. an Raney-Ni; aus Methanol gelbe Nadeln; 0,7 g; b) aus **VII** mit $LiAlH_4$. — *[2-Phenyl-5.7-dimethylindolyl-(3)]-glyoxylchlorid* (**VI**), aus **II** mit Oxalylchlorid in abs. Äther. — *[2-Phenyl-5.7-dimethylindolyl-(3)]-glyoxylamid* (**VII**), $C_{18}H_{16}N_2O_2$, F. 251°, aus **VI** mit NH_3. *N-Methylderiv.*, $C_{19}H_{18}N_2O_2$, F. 275°, aus **VI** mit Methylamin. *N.N-Dimethylderiv.*, $C_{20}H_{20}N_2O_2$, F. 230°, mit Dimethylamin. *N.N-Diäthylderiv.*, $C_{22}H_{24}N_2O_2$, F. 105° (Zers.), mit Diäthylamin. — *[2-Phenyl-5.7-dimethylindolyl-(3)]-glyoxylpiperidid*, $C_{23}H_{24}N_2O_2$, F. 250°, aus **VI** u. Piperidin. — *[2-Phenyl-5.7-dimethylindolyl-(3)]-glyoxylmorpholid*, $C_{22}H_{22}N_2O_3$, F. 235°, aus **VI** u. Morpholin. — *2-Phenyl-5.7.N-trimethyltryptamin*, $C_{19}H_{22}N_2$, F. 140°, durch Red. des entsprechenden vorst. N-Methylamids mit $LiAlH_4$. — *2-Phenyl-5.7.N.N-tetramethyltryptamin*, $C_{20}H_{24}N_2$, F. 145°. — *2-Phenyl-5.7-dimethyl-N.N-diäthyltryptamin*, *Pikrat*, $C_{28}H_{31}N_5O_7$, F. 168°. — *3-Piperidyl-(1)-äthyl-2-phenyl-5.7-dimethylindol*, $C_{23}H_{28}N_2$, F. 110°. — *3-Morpholyl-(4)-äthyl-2-phenyl-5.7-dimethylindol*, $C_{22}H_{26}N_2O$, F. 140°.

F. Klatt 3081

1193 **Mannich-Basen von pharmazeutischem Interesse und Derivate.** 4. Mitt. **Pharmakologisch aktive Pyrazolonderivate.** T. Sciortino und G. du Ban. (Boll. chim. farmac. **105**, 807—11, 1966; Ist. di Chim. Farmaceut. e Tossicol., Univ. di Trieste; ital.) — Folgende Verb. werden dargestellt: 1-Phenyl-2.3-dimethylpyrazolone-(5): *4-[β-Pipecolinomethyl]-, Hydrochlorid*, $C_{18}H_{26}$·ClN_3O, F. 220°, aus Phenazon, dem entsprechenden Amin u. 37%ig. Formalin in Methanol/HCl bei pH 3 u. 35° u. Umkristallisieren aus abs. A./Äther. — *4-[γ-Pipecolinomethyl]-*, $C_{18}H_{25}N_3O$, F. 140°, aus dem Hydrochlorid *Hydrochlorid*, $C_{18}H_{26}ClN_3O$, F. 213—214°, analog vorst.

Verbindung. *Cyclohexylamidosulfonat*, $C_{24}H_{33}N_4O_4S$, F. 151°. — *4-[1-Phenylpropyl-(2)-aminomethyl]-*, *Sulfat*, $C_{21}H_{27}N_3O_5S$, F. 166—168°, aus Phenazon in Methanol mit (±)-Amphetaminsulfat. — *4-Pyrrolidinomethyl-*, *Hydrochlorid*, $C_{16}H_{22}ClN_3O$, F. 215°, analog vorvorst. Hydrochlorids. — *4-[β-Hydroxy-β-(3.4-dihydroxyphenyl)-äthylaminomethyl]-*, *Hydrochlorid*, $C_{20}H_{24}ClN_3O_4$, F. 230°, analog vorst. Verbindung. — *4-[N-(3.4-Dihydroxyphenacyl)-methylaminomethyl]-*, *Hydrochlorid*, $C_{21}H_{24}ClN_3O_4$, F. 145—150°, analog vorst. Verbindung. — *4-[2-Oxocyclopentylmethylamino]-*, *Hydrochlorid*, $C_{17}H_{22}ClN_3O_2$, F. 110°, aus 4-Aminophenazon, dem entsprechenden Keton u. 38%ig. Formalin in Methanol in Ggw. von HCl (pH 3—4) u. Umkristallisieren aus abs. A./Äther. — *4-[2-Oxocyclohexylmethylamino]-*, *Hydrochlorid*, $C_{18}H_{24}ClN_3O_2$, F. 64—70°, analog vorst. Verbindung. — *4-[3-Phenyl-3-oxopropylamino]-*, *Hydrochlorid*, $C_{20}H_{22}ClN_3O_2$, F. 90—95°, analog vorst. Verbindung. — *4-[3-(p-Chlorphenyl)-3-oxopropylamino]-*, *Hydrochlorid*, $C_{20}H_{21}Cl_2N_3O_2$, F. 98—105° (Zers.; Braunfärbung ab 60°). — *4-[3-(p-Nitrophenyl)-3-oxopropylamino]-*, *Hydrochlorid*, $C_{20}H_{21}ClN_4O_4$, F. 115° (Zers.; Braunfärbung ab 85°). — *4-[3-(p-Methoxyphenyl)-3-oxopropylamino]-*, *Hydrochloridhydrat*, $C_{21}H_{24}ClN_3O_3 \cdot H_2O$, F. 110° (Zers.; Braunfärbung ab 66°).

P. Golinske 3122△

1194 **3a.6a-Diazapentalene. Synthese und Chemie.** S. Trofimenko. (J. Amer. chem. Soc. **88**, 5588—92, 1966; E. I. du Pont de Nemours & Co., Wilmington, Del.; engl.) — Bromierung u. Cycloquaternisierung von 1-Allylpyrazolen gibt *1.2-[2-Bromtrimethylen]-pyrazoliniumbromide*, die durch doppelte Dehydrobromierung mit wss. Alkali in luftempfindliche, wenig stabile *3a.6a-Diazapentalene* (**A**; *Dehydropyrazolo-[1.2:a]-pyrazole*) übergehen. Die **A** reagieren mit Elektrophilen als allyl. Carbanionen hauptsächlich zu *1.3-Disubstitutionsprodukten*. Substitution durch elektronendelokalisierende Gruppen in Stellung 1 u. 3 stabilisiert die **A** u. erzeugt starke Absorption im Sichtbaren. Die Natur des mesoion. **A**-Rings u. seine chem. Reaktivität werden diskutiert. IR-, NMR- u. Massenspektren stützen die Strukturen.

Versuche: 1-Allylpyrazole: *4-Brom-* (**I**), Kp.$_{0,31}$ 43°, durch 3tägiges Kochen von 4-Brompyrazol, Diisopropyläthylamin u. Allylbromid in abs. THF, Kühlen, Zusatz von Ae., Filtrieren u. Fraktionieren; n_D^{20} 1,5272; 82% (Ausb.). — Analog: *4-Cyan-*, Kp.$_{0,35}$ 80—84°; n_D 1,5146; 52%. — *3.5-Dimethyl-* (**II**), Kp.$_{0,45}$ 45°; n_D 1,4836; 91%. — *3.4.5-Trimethyl-* (**III**), Kp.$_{0,4}$ 58°; n_D 1,4876; 91%. — *4-Brom-3.5-dimethyl-* (**IV**), Kp.$_{2,5}$ 80°; n_D 1,5189; 67%. — *3.4.5-Tribrom-*, Kp.$_{0,32}$ 91—93°; n_D 1,5894; 65%. — 1.2-[2-Bromtrimethylen]-pyrazoliumbromide: *unsubstituiert* (**V**), $C_6H_8Br_2N_2$, F. 158—159°, durch langsame Zugabe von 0,5 Mol Br_2 in CCl_4 zu 0,5 Mol Allylpyrazol in CCl_4 bei 0—5°, Dekantieren, Eindampfen, Erhitzen auf dem Dampfbad bis zur Verfestigung, Kristallisation aus abs. A. [→ *4-Brom-* (**VI**, $C_6H_7Br_3N_2$) u. **V** (9 : 1); 2,4 g] u. Versetzen des Filtrats mit viel Ae.; 23,5 g (enthält 8% **VI**). Aus den Mutterlaugen 3 g rohes **V**. *Hexafluorphosphid*, $C_6H_8BrF_6N_2P$, F. 185—186° (Aceton), aus rohem **V** u. einer wss. Lsg. von Ammoniumhexafluorphosphat. — **VI**, durch langsame Zugabe von Br_2 zu **I** in CCl_4 ohne Kühlen, Dekantieren, Eindampfen, 2tägiges Erhitzen auf dem Dampfbad, Kristallisation aus W., Waschen mit W., A. u. Ae. (→ 52,5%) u. Konz. des Filtrats; 79,7%. — *3.5-Dimethyl-4-brom-* (**VII**), $C_8H_{11}Br_3N_2$, Zers. > 220°, a) durch Zutropfen von Br_2 zu **II** in CCl_4 bei 10—15°, Dekantieren, Eindampfen, Verreiben mit $CHCl_3$ u. Kristallisation des Nd. aus W.; 7,5%; b) aus **IV**; 32%. — *3.4.5-Trimethyl-* (**VIII**), durch Behandeln von **III** in CCl_4 mit Br_2 analog **V**. *Hexafluorphosphid*, $C_9H_{14}BrF_6N_2P$, F. 135—136° (A.). — 3a.6a-Diazapentalene (**A**): *unsubstituiert* (**IX**), durch Zugabe von 25%ig. NaOH zu 0,5m wss. **V**-Lsg. unter N_2, schnelles Filtrieren u. Subl. bei 70°/1 Torr; instabil. — Analog: *2-Brom-*, aus **VI** u. Subl. bei 80°/1 Torr. — *1.2.3-Trimethyl-*, aus **VIII** u. Vakuumdest., erstarrendes Öl, Schwarzfärbung an der Luft. — *1.3-Dicyan-*, $C_8H_4N_4$, Sintern bei 226°, durch Zugabe von 0,5m **V**-Lsg. zu $CHCl_3$, 25%ig. NaOH unter N_2, schnelles Extrahieren von **IX** mit $CHCl_3$, Gießen in ClCN in $CHCl_3$, Rühren mit $MgSO_4$ u. Kohle, Filtrieren, Eindampfen (→ 18% roh) u. Subl. bei 220°/1 Torr. — Analog: *1.3-Dimethyl-2-brom-4.6-dicyan-*, $C_{10}H_7BrN_4$, Zers. bei ca. 260° (Toluol; Subl.), aus **VII** u. ClCN; hellbraune Nadeln; 25%. — *1.3-Dibenzoyl-*, $C_{20}H_{14}N_2O_2$, F. 188—189° (A.), a) durch Zugabe von 0,5m **V**-Lsg. zu 25%ig. NaOH/Bzl., Rühren, Zugabe der Bzl.-Schicht zu Benzoylchlorid (**X**) unter N_2 u. Erhitzen des Nd. auf 300°/1 Torr unter Dest.; orangefarben; b) analog a) in $CHCl_3$ statt Bzl. u. Chromatographie; 32%. — *1.3-Diacetyl-*, $C_{10}H_{10}N_2O_2$, F. 155°, durch 10 Min. langes Rühren von **IX** in $CHCl_3$ mit viel Acetanhydrid (**XI**) unter N_2 u. Chromatographie an Al_2O_3; gelb; 34%. — *1.3-Diacetyl-2-brom-*, $C_{10}H_9BrN_2O_2$, F. 146—147° (A.), durch 2std. Kochen von **VI** u. K_2CO_3 in **XI** unter N_2, Filtrieren, Eindampfen u. Chromatographie an Al_2O_3 mit CH_2Cl_2; kanariengelb; 78%. — *1.3-Dibenzoyl-2-brom-*, $C_{20}H_{13} \cdot BrN_2O_2$, F 186—187°, durch Zugabe von **VI** in 60° heißem W. zu $CHCl_3$ u. 13%ig. NaOH unter N_2, Rühren bis zur Klärung der wss. Phase, Zugabe von **X**, 70 Min. langes Rühren, Chromatographie an Al_2O_3, Einengen des Eluats u. Rechromatographie; aus A. gelbe Fasern; 27%. — *1.2.3-Trimethyl-4-[2.2-dicyanvinyl]-*, $C_{13}H_{12}N_4$, F. 264—265° (DMF), durch 2std. Kochen von **VIII**, K_2CO_3 u. Äthoxymethylenmalonitril in Methanol unter N_2, Filtrieren, Eindampfen u. Chromatographie an Al_2O_3 mit CH_2Cl_2; orangefarben; 43% (in DMF statt Methanol 22%). — *1.2.3-Trimethyl-4.6-diacetyl-*, $C_{13}H_{16}N_2O_2$, F. 154 bis 155° (A.), durch 2std. Kochen von **VIII** u. K_2CO_3 in **XI** unter N_2, Heißfiltration, Eindampfen u. Chromatographie an Al_2O_3 mit CH_2Cl_2; gelb; 75%. — *1.2.3-Trimethyl-4.6-dibenzoyl-*, $C_{23}H_{20}N_2O_2$, F. 202—204° (A.), durch Zugabe von **VIII** in W. zu $CHCl_3$/13%ig. NaOH unter N_2, 10 Min. langes Rühren, Zugabe von überschüssigem **X**, ½std. Rühren, Gießen der $CHCl_3$-Schicht auf eine Al_2O_3-Säule u. Eluieren mit CH_2Cl_2; orangefarben; 42%.

H. Miele 3122△

1195 **Süßkraft einiger ω-[Benzimidazolyl-(2)]-alkansäuren. Einige Beobachtungen über die Acetylierung von 4-[Benzimidazolyl-(2)]-butanol.** Vito Boido. (Ann. Chimica **56**, 1614—20, 1966; Sassari, Ist. di Tecnica Farmaceut. dell'Univ.; ital.) — Folgende Verb. werden dargestellt: *5-[Benzimidazolyl-(2)]-valeriansäure*, F. 163—164,5° (abs. A.), $C_{12}H_{14}N_2O_2$, aus 1,5 g des Methylesters u. wss.-äthanol. NaOH; 1 g (Ausb.). — *1-Acetyl-2-[4-acetoxybutyl]-benzimidazol*, $C_{15}H_{18}N_2O_3$, F. 69—70,5° ($CHCl_3$/Hexan), aus 2 g 4-Benzimidazolyl-(2)-butanol u. Acetanhydrid; 2,8 g. — *2-[4-Acetoxybutyl]-benzimidazol*, F. 98—100° (Cyclohexan), a) aus 0,07 g vorst. Verb. u. Eisessig in A./W.; 0,05 g; b) durch mehrtägiges Stehen vorst. Verb. in der Luft. — *4-[Benzimidazolyl-(2)]-butanol*, F. 164—166°, aus vorst. u. vorvorst. Verb. mit 1 n NaOH. — *1-Acetyl-2-methylbenzimidazol*, F. 87—89°.

P. Golinske 3122

1196 **Benzimidazole.** 4. Mitt. **Synthese von 2-[m-Nitro-α-hydroxybenzyl]-benzimidazolen.** U. V. Savant, G. R. Revankar und S. Siddappa. (J. Indian chem. Soc. **43**, 194—96, 1966; Dep. of Chem., Karnatak Univ., Dharwar; engl.) — Folgende Verb. werden dargestellt: 2-[m-Nitro-α-hydroxybenzyl]-benzimidazole: *Unsubstituiert*, $C_{14}H_{11}N_3O_3$, F. 200—201° (wss. A.), aus dem Hydrochlorid in W. mit der ber. Menge Soda; 100% (Ausb.). *Hydrochlorid*, $C_{14}H_{12}ClN_3O_3$, F. 235° (A./Ae.), aus dem entsprechend substituierten o-Diamin u. m-Nitromandelsäure durch 7—8std. Erhitzen auf 130° in 6 n HCl u. Stehen über Nacht; 99% (Ausb.). — *4-Chlor-*, $C_{14}H_{10}ClN_3O_3$, F. 164—165° (wss. A.), analog vorst. Verbindung. *Hydrochlorid*, $C_{14}H_{11}Cl_2N_3O_3$, F. 228° (A./Ae.), analog vorst. Hydrochlorid; 58%. — *5.7-Dichlor-*, $C_{14} \cdot H_9Cl_2N_3O_3$, F. 182° (wss. A.). *Hydrochlorid*, $C_{14}H_{10}Cl_3 \cdot N_3O_3$, F. 222—223° (A./Ae.); 99%. — *5.6-Dichlor-*, *Hydrochlorid*, $C_{14}H_{10}Cl_3N_3O_3$, F. 222° (A./Ae.); 56%. — *4-Brom-*, $C_{14}H_{10}BrN_3O_3$, F. 163—164° (wss. A.). *Hydrochlorid*, $C_{14}H_{11}BrClN_3O_3$, F. 233—234° (A./Ae.); 50%. — *5.7-Dibrom-*, $C_{14}H_9Br_2N_3O_3$, F. 186—187° (wss. A.). *Hydrochlorid*, $C_{14}H_{10}Br_2ClN_3O_3$, F. 236—237° (A./Ae.); 84%. — *1-Methyl-*, $C_{15}H_{13}N_3O_3$, F. 161° (wss. A.). *Hydrochlorid*, $C_{15}H_{14}ClN_3O_3$, F. 235° (A./Ae.); 99%. — *5.6-Dimethyl-*, $C_{16}H_{15}N_3O_3$, F. 250° (wss. A.). *Hydrochlorid*, $C_{16}H_{16}ClN_3O_3$, F. 263—266° (A./Ae.); 54%. — *5-Nitro-*, *Hydrochlorid*, $C_{14}H_{11}ClN_4O_5$, F. 243—244° (A./Ae.);

88%. — *5-Methoxy-*, $C_{15}H_{13}N_3O_4$, F. 195—197° (wss. A.). *Hydrochlorid*, $C_{15}H_{14}ClN_3O_4$, F. 220° (A./Ae.); 50%. P. Golinske 3122△

1197 **Synthesen heterocyclischer Verbindungen. 13. Mitt. Imidazole durch Cyclisierung von N-Acylaminonaphthyl- und -phenyl-Heterocyclen mit Polyphosphorsäure.** R. Garner und H. Suschitzky. (J. chem. Soc. [London], Sect. C **1966**, 1572—77; Salford, Lancs., Roy. Coll. of Adv. Technol.; engl.) — 12. vgl. C. **1966**, 43-1073. — Aus gesätt. N-Heterocyclen (z. B. Piperidin, **I**) erhält man mit 1-Chlor-2-nitro- (**II**) bzw. 1-Nitro-2-chlornaphthalin (**III**) die entsprechenden *N-Nitronaphthylheterocyclen.* Analog werden aus o-Fluornitrobenzol (**IV**) *N-o-Nitrophenylheterocyclen* dargestellt. Nach Red. der Nitroverb. mit H_2/Raney-Ni zu den *N-Aminonaphthyl-* bzw. *N-[o-Aminophenyl]-Heterocyclen* (AH) werden deren N-Acylderiv. mit heißer Polyphosphorsäure (PP) cyclisiert. Hierbei entstehen aus den 1- bzw. 2-Acylaminonaphthalinen mit gesätt. N-Heterocyclus in 2- bzw. 1-Stellung *1.2-Naphthoimidazole,* wobei die C—N-Bindung des gesätt. Heteroringes aufgespalten u. die hierdurch freigesetzte Alkylkette an die 3- bzw. peri-Stellung desNaphthalinrings angeknüpft wird. Bei den N-2-Acylaminophenylheterocyclen mittlerer Ringgröße (8 bzw. 9 Kettenglieder) wird bei der Benzimidazolbldg. eine Isomerisierung der Methylenkette beobachtet. Durch Zusatz von Phenol oder Essigsäure (AcOH) zum Rk.-Gemisch kann die Cyclisierung der AH verhindert werden; man erhält durch Abfangen der intermediären Hydroxyverb. deren Äther bzw. Ester. Die Struktur der 1.2-Naphthoimidazole wird NMR-spektroskop. nachgeprüft.

Versuche: Naphthaline, durch Kondens. von **II** bzw. **III** mit der heterocycl. Base: *1-Nitro-2-[N-pyrrolidinyl]-*, $C_{14}H_{14}N_2O_2$, F. 108° (PAe.). — *2-Nitro-1-[N-pyrrolidinyl]-*, $C_{14}H_{14}N_2O_2$, F. 97° (PAe.). — *1-Nitro-2-piperidino-*, $C_{15}H_{16}N_2O_2$, F. 63° (PAe.), aus **I**. — *2-Nitro-1-piperidino-*, $C_{15}H_{16}N_2O_2$, F. 78,5° (PAe.). — *1-Nitro-2-[N-hexahydroazepinyl]-*, $C_{16}H_{18}N_2O_2$, Kp.$_{0,15}$ 180°. — *2-Nitro-1-[N-hexahydroazepinyl]-*, $C_{16}H_{18}N_2O_2$, F. 69°. — *2-Nitro-1-[heptamethylenimino]-*, $C_{17}H_{20}\cdot N_2O_2$, F. 71°. — *2-Nitro-1-[oktamethylenimino]-*, $C_{18}H_{22}\cdot N_2O_2$, F. 62°. — *1-Nitro-2-[morpholino]-*, $C_{14}H_{14}N_2O_3$, F. 79°. — *N-[o-Nitrophenyl]-heptamethylenimin,* $C_{13}\cdot H_{18}N_2O_2$, Kp.$_1$ 160°, aus **IV** u. Heptamethylenimin. — *N-[o-Nitrophenyl]-oktamethylenimin,* $C_{14}H_{20}N_2O_2$, Kp.$_{0,5}$ 150°, aus **IV** u. Oktamethylenimin (Kp.$_{50}$ 95—96°). — *N-[1-Aminonaphthyl-(2)]-pyrrolidin,* $C_{14}H_{16}N_2$, F. 66° (PAe.). *Acetylverb.* (*AA*), $C_{16}H_{18}N_2O$, F. 218° (PAe.), mit Ac_2O/AcOH. *1-Formylverb.* (*FA*), $C_{15}H_{16}N_2O$, F. 184° (PAe.), mit HCOOH. *1-Benzoylderiv.* (*BA*), $C_{21}H_{20}N_2O$, F. 206° (PAe.), mit Benzoylchlorid/Pyridin. *N.N-Diacetylverb.* (*DAA*), $C_{18}H_{20}N_2O_2$, F. 101° (PAe.), mit Essigsäureanhydrid. — *N-[1-Aminonaphthyl-(2)]-piperidin,* $C_{15}H_{18}N_2$, F. 116° (PAe.). *FA*, $C_{16}H_{18}N_2O$, F. 146° (PAe.). *BA*, $C_{22}H_{22}N_2O$, F. 147° (PAe.). *DAA*, $C_{19}H_{22}N_2O_2$, F. 99° (PAe.). — *N-[1-Aminonaphthyl-(2)]-hexahydroazepin,* $C_{16}\cdot H_{20}N_2$, F. 58° (PAe.). *AA*, $C_{18}H_{22}N_2O$, F. 153° (PAe.). *FA*, $C_{17}H_{20}N_2O$, F. 140°. *BA*, $C_{23}H_{24}N_2O$, F. 154° (PAe.). *DAA*, $C_{20}H_{24}N_2O_2$, F. 94°. — *N-[1-Aminonaphthyl-(2)]-morpholin,* $C_{14}H_{16}N_2O$, F. 79°. *AA*, $C_{16}H_{18}N_2O_2$, F. 223° (PAe.). — *N-[2-Aminonaphthyl-(1)]-pyrrolidin,* $C_{14}H_{16}\cdot N_2$, F. 95° (PAe.). *AA*, $C_{16}H_{18}N_2O$, F. 88° (PAe.). *BA*, $C_{21}H_{20}N_2O$, F. 103° (PAe.). — *N-[2-Aminonaphthyl-(1)]-piperidin,* $C_{15}H_{18}N_2$, F. 65° (PAe.). *AA*, $C_{17}H_{20}N_2O$, F. 97° (PAe.). *FA*, $C_{16}H_{18}N_2O$, F. 153° (PAe.). *BA*, $C_{22}H_{22}\cdot N_2O$, F. 124° (PAe.). — *N-[2-Aminonaphthyl-(1)]-hexahydroazepin,* $C_{16}H_{20}N_2$, Kp.$_{0,4}$ 177°. *AA*, $C_{18}H_{22}N_2O$, Kp.$_{0,7}$ 202°. *FA*, $C_{17}H_{20}N_2O$, F. 110° (PAe.). *BA*, $C_{23}H_{24}N_2O$, F. 103° (PAe.). — *N-[2-Aminonaphthyl-(1)]-heptamethylenimin. AA*, $C_{19}H_{24}N_2O$, F. 100° (PAe.). — *N-[2-Aminonaphthyl-(1)]-oktamethylenimin. AA*, $C_{20}H_{26}\cdot N_2O$, F. 117° (PAe.). — *N-[o-Aminophenyl]-heptamethylenimin,* $C_{13}H_{20}N_2$, Kp.$_2$ 150°. *AA* (**V**), $C_{15}H_{22}N_2O$, F. 58° (PAe.). — *N-[o-Aminophenyl]-oktamethylenimin,* $C_{14}H_{22}\cdot N_2$, Kp.$_2$ 155°. *AA* (**VI**), $C_{16}H_{24}N_2O$, F. 63° (PAe.). — *2.6-Dimethyl-4H-5.6-dihydropyridino-[1.2.3; cd]-naphtho-[1.2:d]-imidazol,* $C_{16}H_{16}N_2$, F. 132°; 2% (Ausb.) bzw. 10%. — *6-Methyl-4H-5.6-dihydropyridino-[1.2.3; cd]-naphtho-[1.2:d]-imidazol,* $C_{15}H_{14}N_2$, F. 106°; 2% bzw. 6%. — *2.7-Dimethyl-4.5.6.7-tetrahydroazepino-[1.2.3; cd]-naphtho-[1.2:d]-imidazol,* $C_{17}H_{18}N_2$, F. 119°; 50%. — *7-Methyl-4.5-6.7-tetrahydroazepino-[1.2.3; cd]-naphtho-[1.2:d]-imidazol,* $C_{16}H_{16}N_2$, F. 112°; 50%. — *2-Phenyl-7-methyl-4.5.6.7-tetrahydroazepino-[1.2.3; cd]-naphtho-[1.2:d]-imidazol,* $C_{22}\cdot H_{20}N_2$, F. 143°; 20%. — *2.8-Dimethyl-[2.3-didehydroheptamethylenimino]-[1.2.3; cd]-naphtho-[1.2:d]-imidazol,* $C_{18}H_{20}N_2$, F. 161°; 30%. — *8-Methyl-[2.3-didehydroheptamethylenimino]-[1.2.3; cd]-naphtho-[1.2:d]-imidazol,* $C_{17}\cdot H_{18}N_2$, F. 172°; 20%. — *2-Phenyl-8-methyl-[2.3-didehydroheptamethylenimino]-[1.2.3; cd]-naphtho-[1.2:d]-imidazol,* $C_{23}H_{22}N_2$, F. 187°; 10%. — *2.6-Dimethyl-4.5-dihydro-6H-azepino-[4.3.2.1:k.l.m]-naphtho-[1.2:d]-imidazol,* $C_{16}H_{16}N_2$, F. 124°; 5%. — *2.7-Dimethyl-[2.3.4-tridehydroheptamethylenimino]-[4.3.2.1:k.l.m]-naphtho-[1.2:d]-imidazol,* $C_{17}H_{18}N_2$, F. 162°; 50%. — *7-Methyl-[2.3.4-tridehydroheptamethylenimino]-[4.3.2.1:k.l.m]-naphtho-[1.2:d]-imidazol,* $C_{16}H_{16}N_2$, F. 108°; 30%. — *2-Phenyl-7-methyl-[2.3.4-tridehydroheptamethylenimino]-[4.3.2.1:k.l.m]-naphtho-[1.2:d]-imidazol,* $C_{22}H_{20}N_2$, F. 179°; 15%. — *2-Methyl-7-äthyl-[2.3.4-tridehydroheptamethylenimino]-[4.3.2.1:k.l.m]-naphtho-[1.2:d]-imidazol,* $C_{18}H_{20}N_2$, F. 157°; 50%. — *7-Äthyl-[2.3.4-tridehydroheptamethylenimino]-[4.3.2.1:k.l.m]-naphtho-1.2:d]-imidazol,* Spuren. — *2.7-Dimethyl-7-äthyl-4.5.6.7-tetrahydroazepino-[1.2.3; cd]-benzimidazol,* $C_{15}H_{20}N_2$, F. 96° (Subl.), durch 1½std. Erwärmen von 1,5 g **V** mit PP auf 145°; 0,2 g (analog ergibt **VI** ein *Benzimidazolgemisch* $C_{16}\cdot H_{22}N_2$). — *1-[ω-Hydroxybutyl]-2-methylbenzimidazol,* a) durch ¾std. Erwärmen von N-[2-Acetylaminophenyl]-pyrrolidin mit PP auf 145°, Ansäuern der Mutterlaugen u. Zugabe von NH_4OH; b) analog a) in Ggw. von AcOH; 80%. *Pikrat,* $C_{18}H_{19}N_5O_8$, F. 182°. *Methojodid,* $C_{13}H_{19}\cdot JN_2O$, F. 136°. Bernhard Gnauck 3122△

1198 **Äthylester von 3-[5-Bromfuryl-(2)]-5-methyloxazol-4-carbonsäure.** G. Ch. Chisamutdinov, A. G. Pečenkin und É. F. Aitova. ((Ž. obšč. Chim. **36** (**98**), 1856—57, 1966; Novokuzneck, Chem.-pharmazeut. Forschungsinst.; russ.) — *3-[5-Bromfuryl-(2)]-5-methylisoxazol-4-carbonsäureäthylester* (**I**) wurde aus dem nur in Lsg. beständigen 5-Bromfuryl-(2)-formhydroxamsäurechlorid (**II**) u. Na-Acetessigsäureäthylester (**III**) erhalten; **II** wurde aus 5-Bromfurfuraldoxim (**IV**) u. Cl_2 gebildet. *Anti*-**IV** (F. 101°) gab 33,5%, syn-**IV** (F. 142°) dagegen 81,5% Ausb. an **I**; syn-**IV** wurde durch Einw. von HCl auf eine Lsg. von anti-**IV** in 85%ig. Ausb. erhalten.

Versuche: *3-[5-Bromfuryl-(2)]-5-methylisoxazol-4-carbonsäureäthylester* (**I**), $C_{11}H_{10}BrNO_4$, F. 101—102,5°, durch Sättigen von **IV** in abs. A. bei —10 bis —20° mit Cl_2, Zugabe der so erhaltenen Lsg. von **II** zu **III** in A. in der Kälte, 20std. Stehen bei 20° u. Versetzen mit Wasser. N. Kucharczyk 3132△

1199 **Synthese von 3.3'-Diphenyl-4.5'-diisoxazol.** Pierluigi Caramella. (Ricerca sci. **36**, 986—88, 1966; Ist. di Chim. Organ., Univ. di Pavia; ital.) — Folgende Verb. werden dargestellt: *3-Phenyl-4-acetylisoxazol,* $C_{11}H_9NO_2$, F. 82°, aus dem Na-Salz von Acetoacetaldehyd (16 g) u. 15 g Benzhydroximsäurechlorid in abs. Methanol; aus Methanol Schuppen; 4,2 g (Ausb.). *p-Nitrophenylhydrazon,* $C_{17}H_{14}N_4O_3$, F. 197—198°. — *1-[3-Phenylisoxazolyl-(4)]-äthanol,* $C_{11}H_{11}NO_2$, F. 57—58°, aus 6,5 g vorst. Verb. u. $LiAlH_4$; aus PAe. Nadeln; 5,4 g. — *3-Phenyl-4-vinylisoxazol,* $C_{11}H_9NO$, F. 45°, aus 2,5 g vorst. Verb. durch Dest. mit $KHSO_4$ bei 137—158°/19 Torr; aus PAe. Nadeln; 1,65 g. — *3-Phenylisoxazol-4-carbonsäure,* F. 165°, aus vorst. Verb. mit $KMnO_4$ in Aceton. — *3-Phenyl-5-[3-phenylisoxazolyl-(4)]-Δ²-isoxazolin,* $C_{18}H_{14}\cdot N_2O_2$, F. 85°, aus 0,93 g vorvorst. Verb. u. Benzonitriloxid in sd. Ae.; aus Bzl./Hexan Nadeln; 1,0 g. — *3.3'-Diphenyl-4.5'-diisoxazol,* $C_{18}H_{12}N_2O_2$, F. 99°, aus 0,7 g vorst. Verb. u. CrO_3 in Eisessig; aus Methanol perlmuttfarbene Nadeln; 0,2 g. P. Golinske 3132△

1200 **Untersuchungen über Pyrimidinderivate und verwandte Verbindungen. 40. Mitt. Reaktion von 3-Benzyl-4-methyl-5-[2-hydroxyäthyl]-thiazoliumsalzen mit Benzoylphosphonsäurediäthylester.** Akira Takamizawa und Yoshiro Sato. (Chem. pharmac. Bull. [Tokyo] **14**, 742—48; Fukushima-ku, Osaka, Shionogi & Co., Ltd., Res. Labor.; engl.) — 39. vgl. ibid. **14** (**1966**) 6, 588. — 3-Benzyl-4-methyl-5-[2-hydroxyäthyl]-thiazoliumchlorid

(I) wird als Thiaminanaloges mit Benzoylphosphonsäurediäthylester (II) umgesetzt, wobei sich *2-Phenyl-4-benzyl-5-methyl-6-[2-hydroxyäthyl]-2H.4H-1.4-thiazinon-(3)* (V) u. sein *Benzoat* (IV) durch Ringerweiterung bilden. UV- u. IR-Maxima sind teilweise angegeben; NMR-Spektren von IV–VII sind abgebildet. — 38. vgl. C. **1967**, 19-1036.

Versuche: *3-Benzyl-4-methyl-5-[2-hydroxyäthyl]-thiazolinthion-(2)*, $C_{13}H_{15}NOS_2$, F. 90–91,5° (Bzl.), durch Zutropfen von CS_2 zu Benzylamin in 28%ig. NH_4OH u. A., Zutropfen von 3-Acetyl-3-chlorpropylacetat u. 1std. Kochen mit 35%ig. HCl; 67,1% (Ausb.). — *3-Benzyl-4-methyl-5-[2-hydroxyäthyl]-thiazoliumchlorid* (I), $C_{13}H_{16}\cdot ClNOS$, F. 141–143° (Aceton/A.), durch Zutropfen von 35%ig. wss. H_2O_2 zu vorst. Verb. in 10%ig. HCl unter 10° u. Zugabe von $BaCl_2 \cdot 2H_2O$; 82,8%. *Addukt* (III) *mit 1 Mol* Na_2CO_3, durch Zugabe von I zu ca. 20%ig. Sodalsg. bei 0° unter starkem Rühren u. 1std. Rühren mit Aceton; 62,5%. — *2-Phenyl-4-benzyl-5-methyl-6-[2-hydroxyäthyl]-2H.4H.1H-thiazinon-(3)*. *Benzoat* (IV), $C_{27}\cdot H_{25}NO_3S$, F. 104–106°, durch Zugabe von II unter Rühren zur Suspension von III in abs. Toluol, 4std. Kochen u. Chromatographie an Al_2O_3; Prismen aus Methanol; 40%; daneben 6,3% V. *Freie Verb.*, (V), $C_{20}H_{21}NO_2S$, F. 108–110°, durch ½std. Kochen von IV in 10%ig. wss.-alkohol. NaOH; Nadeln aus wss. A.; 85%. — *2-Phenyl-4-benzyl-4a-methyl-4a.6.7.7a-tetrahydro-4H-furo-[3.2:b]-1.4-thiazin* (VI), $C_{20}H_{21}NOS$, F. 92–94,5°, durch Zutropfen von V in THF zu $LiAlH_4$ in THF unter Rühren bei −6 bis −5°; Nadeln aus Methanol; 17,6%. — *2-Methyl-2-[benzylformylamino]-3-benzoylmercaptotetrahydrofuran* (VII), $C_{20}H_{21}NO_3S$, F. 112–115° (wss. Methanol), durch Durchleiten eines geringen Überschusses O_3–O_2-Gemisch durch VI in $CHCl_3$ bei −30°, ½std. Rühren mit wenig Zn-Pulver u. Essigsäure bei Raumtemp. u. Eindampfen; 23,5%. — *Ameisensäure*, durch ½std. Kochen von VII in 10%ig. alkohol. HCl, Red. mit Mg; daneben 13% *Benzoesäure* (IX) u. 61,5% *Benzylaminpikrat*. — *3-Benzyl-4-methyl-5-[2-hydroxyäthyl]-thiazoliumpikrat*, $C_{19}H_{19}N_4O_8S$, F. 106–110°, durch 2std. Rühren von VII in 5%ig. wss.-alkohol. KOH; Nadeln aus Ae.; 19,8%; daneben 51,5% IX. — *N-Formyl-N-[1-methyl-2-(p-nitrobenzoylmercapto)-4-(p-nitrobenzoyloxy)-buten-(1)-yl]-benzylamin*, $C_{27}H_{23}N_3O_8S$, F. 167–168° (Zers.; $CHCl_3$/A.), a) durch 2std. Rühren von VII in 5%ig. wss.-alkohol. KOH u. Zugabe von p-Nitrobenzoylchlorid (VIII) in $CHCl_3$; 1,8%; b) durch Zugabe von VIII zur Lsg. von I in NaOH; 58,6%. G. Fischer 3142△

1201 **Heterocyclen aus CH-aciden Nitrilen.** 6. Mitt. **Reaktion von methylenaktiven Nitrilen mit Senfölen und Schwefel.** Karl Gewald. (J. prakt. Chem. [4] **32**, 26–30, 1966; Dresden, Inst. für Organ. Chem. der TU; dt.) — 5. vgl. C. **1967**, 33-1089. — Folgende Verb. werden dargestellt: 4-Amino-Δ^4-thiazolinthione-(2): *3-Phenyl-5-carbäthoxy-*, $C_{12}H_{12}N_2O_2S_2$, F. 221–223° (Eisessig oder Nitromethan), aus Cyanessigsäureäthylester, S, DMF, Triäthylamin u. Phenylsenföl (I) bei $< 50°$; 70% (Ausb.). — *3-Phenyl-5-cyan-*, $C_{10}H_7N_3S_2$, F. 283–285° (DMF/W. oder Glykol), analog vorst. Verb. aus Malonsäuredinitril, I, S, DMF u. Triäthylamin; 80%. — *3-Phenyl-5-carbamoyl-* (II), $C_{10}H_9N_3OS_2$, F. 248–250° (Zers., Propanol oder Eisessig), analog vorst. Verb. aus I, Cyanacetamid, S, DMF u. Triäthylamin; 56%. — *3-Allyl-5-carbamoyl-*, F. 172–173° (W.), aus Allylsenföl, Cyanacetamid, S, DMF u. Triäthylamin; 88%. — *3-Methyl-5-carbäthoxy-*, $C_7H_{10}\cdot N_2O_2S_2$, F. 173–173,5° (A. oder W.), aus Methylsenföl, Cyanessigsäureäthylester, S, DMF u. Triäthylamin; 35%. — *3-Phenyl-6H.3H-thiazolo-[4.5:d]-pyrimidon-(7)-thion-(2)*, $C_{11}H_7N_3OS_2$, F. 234° (DMF/W.), aus II u. Orthoameisensäureester in sd. Acetanhydrid; 85%. — *N-Methylderiv.* F. 260° (Propanol), mit 2 n NaOH u. Dimethylsulfat. — *3-Phenyl-6-methyl-3H.6H-thiazolo-[4.5:d]-pyrimidindion-(2.7)*, $C_{12}H_9N_3O_2S$, F. 230° (Propanol), aus vorst. Verb. bzw. dem N-Methylderiv. durch Kochen mit Dimethylsulfat; 70%. — *6-Phenylamino-5-mercapto-3H-pyrimidon-(4)*, $C_{10}H_9N_3OS$, F. 182–183° (Propanol), a) aus vorvorst. Verb. u. 4 n NaOH unter O_2-Ausschluß; 85%; b) aus nachst. Verb. in W. in Ggw. von NaOH mit überschüssigem $NaBH_4$. — *Bis-[6-phenylamino-3H-pyrimidon-(4)-yl-(5)]-disulfid*, Zers. über 290°, a) analog vorst. Verb. nach a) in Ggw. von Luft-O_2; b) aus vorst. Verb. in schwach alkal. Lsg. mit J_2–KJ-Lsg. oder unter Durchsaugen von Luft. P. Golinske 3142△

1202 **Synthese von DL-Thiamsäure.** Suminori Umio, Takashi Kamiya und Kazuma Nishitsuji. (Chem. pharmac. Bull. [Tokyo] **14**, 925–30; 1966; Fujisawa Pharmaceutical Co., Ltd., Kashima-cho, Higashiyodogawa-ku, Osaka; engl.) — Es werden das Chlorid der *[4-Methyl-5-(2-hydroxyäthyl)-thiazolio-(3)]-bernsteinsäure (Thiamsäure)* u. das innere Salz von deren Hydroxyd aus Asparaginsäure u. 3-Chlor-5-hydroxypentanon-(2) über *Thiazolidinthion-(2)*, *Tetrahydrofuro-[2.3:d]-3H-thiazolthion-(2)* u. *Δ^4-Thiazolinthion-(2)* dargestellt. Außerdem werden einige verwandte Verb. synthetisiert. UV-Spektren s. Original.

Versuche: *[2-Thioxo-4-hydroxy-4-methyl-5-(2-acetoxyäthyl)-thiazolidinyl-(3)]-bernsteinsäure* (I), durch 3std. Rühren von 13,3 g DL-Asparaginsäure, 3-Chlor-5-acetoxypentanon-(2) u. Triäthylamin in W./Methanol mit CS_2; 30 g (Ausb.). *Diäthylester*, durch Rühren von 1,9 g DL-Asparaginsäurediäthylester analog I; 4,2 g. — *[2-Thioxo-4-hydroxy-4-methyl-5-(2-hydroxyäthyl)-thiazolidinyl-(3)]-bernsteinsäure* (II), $C_{10}H_{15}NO_6S_2$, F. 115°, durch 18std. Rühren von DL-Asparaginsäure u. NaOH in W. mit CS_2, Zufügen von 3-Chlor-5-hydroxypentanon-(2) in W. u. Ausfällen mit HCl bei pH 5. — *2-Thioxo-3a-methylhexahydrofuro-[2.3:d]-thiazolyl-(3)-bernsteinsäure* (III), $C_{10}H_{13}NO_5S_2$, F. 185° (wss. A.), a) durch Einstellen der Mutterlauge von II auf pH 2 mit HCl; b) durch 3std. Rühren von 1,3 g DL-Asparaginsäure, 13 g 3-Chlor-5-hydroxypentanon-(2) u. Triäthylamin in W./Methanol mit CS_2; 0,7 g. — *2-Thioxo-3a-methylhexahydrofuro-[2.3:d]-thiazolyl-(2)-essigsäure* (IV), $C_8H_{11}NO_3S_2$, F. 125–126°, a) aus Na-N-Carboxymethyldithiocarbamat mit 3-Chlor-5-hydroxypentanon-(2) analog II; b) durch Behandeln einer Mischung von Glycin, 2,5 g 3-Chlor-5-hydroxypentanon-(2), Triäthylamin, W., Methanol u. CS_2 analog III nach b); 2,9 g. — *[2-Thioxo-4-methyl-5-(2-hydroxyäthyl)-Δ^4-thiazolinyl-(3)]-bernsteinsäure* (V), $C_{10}H_{13}NO_5S_2$, durch Kochen von III mit 10%ig. HCl; Öl. — *[2-Thioxo-4-methyl-5-(2-acetoxyäthyl)-Δ^4-thiazolinyl]-β-bernsteinsäure*, durch ¼std. Kochen von 7,5 g I in n-Butanol; 7 g. — *[2-Thioxo-4-methyl-5-(2-hydroxyäthyl)-Δ^4-thiazolinyl-(3)]-essigsäure* (VI), $C_8H_{11}NO_3S_2$, F. 58° (A.), durch Erhitzen einer Suspension von IV in 10%ig. HCl auf 70–80°. — *Inneres Salz von 3-[1.2-Dicarboxyäthyl]-4-methyl-5-[2-hydroxyäthyl]-thiazoliumhydroxyd*, $C_{10}H_{13}NO_5S$, a) durch Zufügen von wss. HCl u. H_2O_2 zu V, Reinigen des *3-[1.2-Dicarboxyäthyl]-4-methyl-5-[2-hydroxyäthyl]-thiazoliumchlorids* u. Behandeln mit Ag_2CO_3; b) durch Zufügen von H_2O_2 zu V in wss. $Ba(OH)_2$, Reinigen des Hemihydrats u. Trocknen über P_2O_5. — *Inneres Salz von 3-Carboxymethyl-4-methyl-5-[2-hydroxyäthyl]-thiazoliumhydroxyd*, $C_8H_{11}NO_3S$, F. 178 bis 179° (A./Aceton), a) durch 2std. Erhitzen von 4-Methyl-5-[2-hydroxyäthyl]-thiazol u. Chloressigsäureäthylester auf 100° u. Rk. des entstandenen *3-Äthoxycarbonylmethyl-4-methyl-5-[2-hydroxyäthyl]-thiazoliumchlorids* mit Ag_2O; b) durch Zufügen von H_2O_2 zu VI in wss. HCl, Reinigung des entstandenen *3-Carboxymethyl-4-methyl-5-[2-hydroxyäthyl]-thiazoliumchlorids* u. Umsetzen mit Ag_2O. E. Siegmund 3142

1203 **Struktur und Eigenschaften substituierter Imidazo-[5.1:b]-benzthiazole.** V. V. Avidon und M. N. Ščukina. (Chim. geterocikličeskich Soedinenij **1966**, 292–98; Moskva, Chem. pharmazeut. Allunions-Ordžonikidze-Forschungs-Inst.; russ.) — Das chem. Verhalten von 3-Phenylimidazo-[5.1:b]-benzthiazol (I) wird untersucht. Gegen 74%ig. H_2SO_4 bzw. 20%ig. NaOH ist I beständig. Ox. von I mit CrO_3 ergibt *2-Benzoylbenzthiazol* (II). Bei Bromierung, Nitrierung, Mannich-Rk. bzw. Vilsmeier-Formylierung erfolgt Substitution in 1-Stellung. Rk. von I mit wss.-alkohol. $Hg(CH_3COO)_2$-Lsg. ergibt den Komplex I · $Hg(CH_3COO)_2 \cdot C_2H_5OH$ (III). Durch Erhitzen von III entsteht *1-Acetoxymercuri-3-phenylimidazo-[5.1:b]-benzthiazol* (IV). Einige Umsetzungen von *1-Brom-3-phenylimidazo-[5.1:b]-benzthiazol* (V) werden untersucht. Rk. von 1-Mercapto-3-phenylimidazo-[5.1:b]-benzthiazol (VI) mit PBr_3 ergibt *Bis-{3-phenylimidazo-[5.1:b]-benzthiazolyl-(3)}-disulfid*. PMR-Spektren vgl. Original.

Versuche: *2-Benzoylbenzthiazol* (**II**), F. 102,2 bis 102,6°, durch Ox. von **I** in Eisessig mit CrO_3, (1std. Erhitzen auf 100°); 63,8% (Ausb.). — 3-Phenylimidazo-[5.1:b]-benzthiazole: *1-Brom-* (**V**), $C_{15}H_9BrN_2S$, F. 171—172° (CH_3OH), durch Zugabe von Br_2 in $CHCl_3$ zu **I** in $CHCl_3$ u. 1std. Rühren; Nadeln; 86,6%. — *1-Nitro-* (**VIII**), $C_{15}H_9N_3O_2S$, F. 202—202,5° (Isobutanol), a) durch Nitrierung von **I** mit HNO_3 in Eisessig bei 20—22° u. 2std. Rühren; 78,5%; b) durch 2std. Erhitzen von 0,39 g **V** mit $NaNO_2$ in DMSO auf 160—170°; hellorangefarben; 0,15 g. — *1-Amino-*, $C_{15}H_{11}N_3S$, F. 192—194° (A./Hexan), durch Red. von **VIII** mit $SnCl_2$ in alkohol. HCl unter Erhitzen, 6std. Kochen, Abfiltrieren des gebildeten Sn-Komplexes u. Behandlung mit 5%ig. NaOH bei 60°; rosa; 96,7%. *Hydrochlorid*, F. 250—254° (Zers.). — *1-Dimethylaminomethyl-*, $C_{18}H_{17}N_3S$, F. 124—125° (A.), durch $^1/_4$std. Kochen von **I** mit Paraformaldehyd u. Dimethylaminhydrochlorid in Isoamylalkohol, Filtrieren in der Hitze u. Behandeln des Rückstandes mit verd. NH_4OH; Kristalle; 66,3%. *Dihydrochlorid*, F. 246—248°. — *1-Formyl-*, $C_{16}H_{10}N_2OS$, F. 203—203,5° (Isobutanol), durch Zugabe von $POCl_3$ u. **I** zu DMF bei 0—5°, 2std. Erhitzen auf 90—92°, Gießen in Eiswasser, Neutralisieren mit gesätt. K-Acetat-Lsg. u. Stehen über Nacht; hellgelbe Nadeln; 91,4%. — *1-Butoxy-*, $C_{19}H_{18}N_2OS$, F. 130—130,5° (A.), durch 20std. Kochen von **V** mit KOH u. Butanol; 65%. — *Komplex* **III**, $C_{21}H_{22}HgN_2O_5S$, F. 178—179° (Zers.), durch Zugabe von $Hg(CH_3COO)$-Lsg. u. einem Gemisch von Eisessig–A.–W. zu **I** in Aceton u. Umfällen aus kalter Essigsäure mit A.; Prismen; 67%. — *1-Acetoxymercuri-3-phenylimidazo-[5.1:b]-benzthiazol* (**IV**), $C_{17}H_{12}HgN_2O_2S$, F. > 360°, durch 3 Min. langes Kochen von **III** in A.–Essigsäure u. Filtrieren in der Hitze; 79,9%. — *Bis-{3-phenylimidazo-[5.1:b]-benzthiazolyl-(1)}-sulfid*, $C_{30}H_{18}N_4S_3$, F. 262—263° (Zers.), durch 3std. Kochen von **V** mit Thioharnstoff in Butanol; 38,3%. — *Bis-{3-phenylimidazo-[5.1:b]-benzthiazolyl-(1)}-disulfid*, $C_{30}H_{18}N_4S_4$, F. 274—275° (Essigsäure), durch $3^1/_2$std. Erhitzen von **VI** mit PBr_3 in Py. auf 100° u. Gießen in W., gelb; 98,5%. G. Jähnchen 3142△

1204 **Antiinflammatorische Pharmazeutika. 3-Butyl-4-methyl-1-phenyl-1.2.4-triazolon-(5).** G. Palazzo und G. Picconi. (Boll. chim. farmac. **105,** 217—22, 1966; Labor. Ric. ACR Angelini F., Roma; ital.) — Folgende Verb. werden dargestellt: *N-Valeroylurethan*, $C_8H_{15}NO_3$, F. 63 bis 64° (Hexan), aus Urethan u. Valeriansäurechlorid bei 100°; 70% (Ausb.). — *3-Butyl-1-phenyl-1.2.4-triazolon-(5)*, $C_{12}H_{15}N_3O$, F. 121° (Hexan), aus vorst. Verb. u. Phenylhydrazin mit P_2O_5 in sd. Xylol; 95%. — *5-Butyl-1-phenyl-3-hydroxy-1.2.4-triazol*, $C_{12}H_{15}N_3O$, F. 147—148°, aus 18 g 1-Phenylsemicarbazid u. 11 g Valeriansäurechlorid in Dioxan bei 70°; 5 g. — *3-Butyl-4-methyl-1-phenyl-1.2.4-triazolon-(5)*, $C_{13}H_{17}N_3O$, F. 83—84° (Hexan), aus vorvorst. Verb. u. Dimethylsulfat in 2,5n NaOH; 80%. — *1-Valeryl-4-methyl-2-phenylsemicarbazid*, $C_{13}H_{19}N_3O_2$, F. 120—121° (Bzl./Hexan), aus 1,3 g Methylisocyanat u. 4,1 g N-Valeryl-N′-phenylhydrazin in Ggw. von Triäthylamin in sd. Dioxan; 2 g; gibt durch Erhitzen mit 5%ig. KOH 100% vorst. Verbindung. — *N-Methyl-N-cyan-N′-phenylhydrazin*, $C_8H_9N_3$, F. 72—73° (A.), aus 36 g N-Methyl-N′-phenylhydrazin u. 15,7 g BrCN in A.; 9 g. — *1-Methyl-2-phenylsemicarbazid*, $C_8H_{11}N_3O$, F. 144 bis 145° (Essigester), aus 9 g vorst. Verb. u. 10%ig. KOH durch Erhitzen; 4,8 g. — *1-Methyl-2-phenyl-1-valeroylsemicarbazid*, $C_{13}H_{19}N_3O_2$, F. 153—154° (A.), aus 1,5 g vorst. Verb. u. 1,1 g Valeriansäurechlorid in Ggw. von Triäthylamin in Ae.; 1,1 g. P. Golinske 3153△

1205 **Ein synthetischer Zugang zu 1.3.4-Thiazolidinthionen-(2).** F. C. Heugebaert und J. F. Willems. (Tetrahedron [London] **22,** 913—23, 1966; Chem. Res. Dep., Gevaert-Agfa N. V. Mortsel-Antwerp, Belgium; engl.) — *1.3.4-Thiadiazolidinthione-(2)* werden durch Rk. von aliphat. u. heterocycl., π-Elektronenmangel aufweisenden Aldehyden u. Ketonen mit Dithiocarbazinsäure sowie durch Rk. ihrer Hydrazone mit CS_2 erhalten. Aromat. u. π-Elektronenüberschuß aufweisende heterocycl. Carbonylverb. liefern nach beiden Meth. nur *Azine*. Alkyldithiocarbazinsäuren reagieren mit Carbonylverb. in jedem Fall zu *3-Alkyl-1.3.4-thiadiazolidinthionen-(2)*, die auch aus Alkylhydrazonen u. CS_2 entstehen; Arylhydrazone reagieren jedoch nicht mit CS_2 Die Rk.-Mechanismen werden diskutiert.

Versuche (F. nach Kofler): *K-N-Methyldithiocarbazat*, $C_2H_5KN_2S_2$, F. 219—220° (A.), aus 5 g Methylhydrazin, 6%ig. äthanol. KOH u. CS_2; 5 g (Ausb.). — Methylhydrazone, aus dem entsprechenden Aldehyd u. Methylhydrazinsulfat (**I**; Meth. **A**) oder wss. Methylhydrazin (Meth. **B**): *Isonicotinaldehyd-*, $C_7H_9N_3$, F. 64 bis 65° (CCl_4), Kp.$_{0,25}$ 130°, nach **A**; 60%. — *Picolinaldehyd-*, Kp.$_{12}$ 135—140°, nach **A**; 73%. — *2.4-Dinitrobenzaldehyd-*, $C_8H_8N_4O_4$, F. 97—99°, nach **A**; 27%. — *Aceton,-* nach **A**; 50%. — *Dihydrozimtaldehyd-*, Kp.$_2$ 118°, nach **B**; 49%. — *o-Chlorbenzaldehyd-*, Kp.$_{0,5}$ 143°, nach **B**; 31%. — *o-Nitrobenzaldehyd-*, $C_8H_9N_3O_2$, F. 37—39° (Hexan), Kp.$_{0,5}$ 143°, nach **B**; 55%. — β-Hydroxyäthylhydrazone, analog **B**: *Benzaldehyd-*, Kp.$_1$ 162 bis 163°; 73%. — *2.4-Dinitrobenzaldehyd-*, $C_9H_{10}N_4O_5$, F. 117° (Isopropanol;) 81%. — 1.3.4-Thiadiazolidinthione-(2), a) aus der entsprechenden Carbonylverb. u. NH_4-Dithiocarbazat (Meth. **C**), b) aus dem entsprechenden Hydrazon oder Methyl- bzw. 2-Hydroxyäthylhydrazon u. CS_2 (Meth. **D**); c) durch aufeinanderfolgende Rk. von **I** mit 5n NaOH, CS_2 u. der entsprechenden Carbonylverb. (Meth. **E**): *unsubstituiert*, $C_2H_4N_2S_2$, F. 98° (Zers.), nach **C**; 41%. — *5-Methyl-*, $C_3H_6N_2S_2$, F. 116°, nach **C**; 45%. — *5.5-Dimethyl-*, $C_4H_8N_2S_2$, F. 120—125°, a) nach **C**; 68%; b) nach **D**; 21%. — *5-Äthyl-5-methyl-*, $C_5H_{10}N_2S_2$, F. 68°, nach **C**; 27%. — *5-Methyl-5-trifluormethyl-*, $C_4H_5F_3N_2S_2$, F. 176°, nach **C**; 17%. — *5.5-Tetramethylen-*, $C_6H_{10}N_2S_2$, F. 126°, nach **C**; 49%. — *5.5-Pentamethylen-*, $C_7H_{12}N_2S_2$, F. 156° [$CHCl_3$/Hexan (1 : 1)], a) nach **C**; 85%; b) nach **D**; 80%. — *5-[o-Nitrophenyl]-*, $C_8H_7N_3O_2S_2$, F. 140—150°; nach **D**; 13%. — *5-[Pyridyl-(4)]-*, $C_7H_7N_3S_2$, F. 138—140°, nach **D**; 86%. — *5-[Pyridyl-(2)]-*, $C_7H_7N_3S_2$, F. 118—125°, nach **D**; 98%. — *5-[Pyridyl-(3)]-*, $C_7H_7N_3S_2$, F. 120—125°, nach **D**; 85%. — *3.5.5-Trimethyl-*, $C_5H_{10}N_2S_2$, F. 78—79°, a) nach **E**; 31%; b) nach **D**; 56%. — *3-Methyl-5.5-pentamethylen-*, $C_8H_{14}N_2S_2$, F. 123—124° (Hexan/$CHCl_3$), a) nach **E**; 35%; b) nach **D**; 85%. — *3-Methyl-5-phenäthyl-*, $C_{11}H_{14}N_2S_2$, F. 60°; nach **D**; 90%. — *3-Methyl-5-phenyl-* (**II**), $C_9H_{10}N_2S_2$, F. 96°, a) nach **E**; 14%; b) nach **D**; 78%. — *3-Methyl-5-[o-chlorphenyl]-*, $C_9H_9ClN_2S_2$, F. 170°, nach **D**; 30%. — *3-Methyl-5-[o-hydroxyphenyl]-*, $C_9H_{10}N_2OS_2$, F. 140°, nach **D**; 67%. — *3-Methyl-5-[furyl-(2)]-*, $C_7H_8N_2OS_2$, F. 120° (CCl_4), nach **D**; 52%. — *3-Methyl-[5-pyridyl-(2)]-*, $C_8H_9N_3S_2$, F. 97° [$CHCl_3$/CCl_4 (1 : 1)], nach **D**; 73%. — *3-Methyl-5-[pyridyl-(4)]-*, $C_8H_9N_3S_2$, F. 116,° nach **D**; 73%. — *3-Hydroxyäthyl-5.5-dimethyl-*, $C_6H_{12}N_2OS_2$, nach **D**; Öl; 25%. — *3-Hydroxyäthyl-5-phenyl-*, $C_{10}H_{12}N_2OS_2$, F. 90° [$CHCl_3$/CCl_4 (1 : 1)], nach **D**; 65%. — Azine: *o-Nitrobenzaldehyd-*, F. 205°, nach **C**; 80%. — *p-Nitrobenzaldehyd-*, F. 260°, nach **C**; 94%. — *m-Nitrobenzaldehyd-*, F. 190—192°, nach **C**; 94%. — *Acetophenon-*, F. 123—124°, nach **D**; 97%. — *Benzaldehyd-*, F. 93°, a) nach **C**; 100%; b) nach **D**; 80%. — *o-Chlorbenzaldehyd-*, F. 141°, a) nach **C**; 86%; b) nach **D**; 70%. — *p-Chlorbenzaldehyd-*, F. 211°, nach **C**; 100%. — *m-Chlorbenzaldehyd-*, F. 141°, nach **C**; 89%. — *Salicylaldehyd-*, F. 213°, a) nach **C**; 84%; b) nach **D**; 95%. — *p-Hydroxybenzaldehyd-*, F. 239—240°, nach **C**; 84%. — *m-Hydroxybenzaldehyd-*, F. 205°, nach **C**; 84%. — *Piperonal-*, F. 203°, nach **C**; 95%. — *Furfurol-*, F. 112—113°, a) nach **C**; 95%; b) nach **D**; 40%. — *3-Methyl-5-phenyl-1.3.4-thiadiazolinthion-(2)*, $C_9H_8N_2S_2$, F. 125° (Aceton), a) aus **II** u. 1m $FeCl_3$; 88%; b) aus 62,5 g 2-Methylmercapto-5-phenyl-1.3.4-thiadiazol u. Dimethylsulfat u. Erhitzen des erhaltenen *2-Methylmercapto-3-methyl-5-phenylthiazoliummethylsulfats* (F. 95—102°; 48 g) in Py.; 11 g.
H.-J. Jahns 3173△

1206 **Tautomerie von 5-Aminotetrazol, Struktur von Trifluoracetylaminotetrazolen.** V. P. Šöipanov. (Ž. org. Chim. **2,** 376, 1966; Uraler Polytechn. Kirov-Inst.; russ.) — Durch Rk. von 0,01 Mol5-Amino- (**I**), 2-Methyl-5-amino- (**II**) u. 1-Methyl-5-aminotetrazol (**III**) mit 4 ml Trifluoressigsäureanhydrid (**I** u. **II** 10 Min. lang, **III** 2 Std. lang kochen) wurden dargestellt: *5-Trifluoracetyl aminotetrazol*, $C_3H_2F_3N_5O$, F. 222 — 223° (Zers.); 44%.

— *2-Methyl-5-trifluoracetylaminotetrazol*, $C_4H_4F_3N_5O$, F. 140° ($CHCl_3$); Plättchen; 72%. — *1-Methyl-5-trifluoracetyliminotetrazol*, $C_4H_4F_3N_5O$, F. 85—86° ($CHCl_3$–CCl_4); Plättchen; 97%. — Die Aminostruktur der Trifluoracetylderiv. aus **I** u. **II** u. die Iminostruktur des Trifluoracetylderiv. aus **III** in krist. Zustand wird durch Analyse der IR-Spektren bestätigt.

Helmut Schäfer 3184△

1207 **Einige Cumarin-3.6-dicarbonsäuren und Derivate.** Enrico Cingolani, Anna Cancelliere und Adriana Sordi. (Ann. Chimica **56**, 700—16, 1966; Roma, Labor. di Biol. dell' Ist. Superiore di Sanitá; ital.) — Folgende Verb. werden dargestellt: *3-Carbäthoxy-6-carboxycumarin*, $C_{13}H_{10}O_6$, F. 276—279° (verd. Essigsäure), a) aus 3-Formyl-4-hydroxybenzoesäure (**I**) u. Malonsäurediäthylester in Ggw. von Piperidin durch Kochen; b) aus **I** u. Cyanessigsäureäthylester in sd. A. in Ggw. von Piperidin. — *3.6-Dicarboxycumarin*, $C_{11}H_6O_6$, F. 172—174° (Zers.), a) aus **I**, Malonsäure u. Anilin in abs. A.; aus wss. A. Schuppen; b) aus **I** u. Malonsäure in Ggw. von Anilin u. Piperidin; c) aus **I**, Cyanessigsäure, 1 n NaOH u. Anilinhydrochlorid in sd. A.; d) aus vorst. Verb. u. 10%ig. NaOH. — *6-Carboxycumarin*, $C_{10}H_6O_4$, F. 268—271°, a) aus **I** u. Acetanhydrid in Ggw. von Na-Acetat; aus W. Nadeln; b) durch $^1/_2$std. Erhitzen vorst. Verb. mit Piperidinhydrochlorid auf 170°. — *6-Aminocarbonylcumarin*, $C_{10}H_7NO_3$, F. 250—251°, aus vorst. Verb. durch Kochen mit $SOCl_2$ u. Umsetzen des *Säurechlorids* mit konz. $NH_4 \cdot OH$; aus W. Nadeln. — *3-Carboxy-6-carbäthoxycumarin*, $C_{13}H_{10}O_6$, F. 243—245° (A. + etwas 1 n HCl), a) aus I-Äthylester, Malonsäure u. Anilin in A.; b) aus I-Äthylester u. Cyanessigsäure in Ggw. von Piperidin in sd. Äthanol. — *3-Aminocarbonyl-6-carbäthoxycumarin*, $C_{13} \cdot H_{11}NO_5$, F. 262—265° (wss. Dioxan), aus vorst. Verb. durch Kochen mit $SOCl_2$ u. Umsetzen des erhaltenen *Säurechlorids* (F. 155—156°) mit konz. NH_4OH; aus wss. Dioxan Nadeln. — *3.6-Dicarbäthoxycumarin*, $C_{15}H_{14}O_6$, F. 135° (A.), a) aus I-Äthylester u. Cyanessigsäureäthylester in Ggw. von Piperidin; Nadeln; b) aus 3-Carbäthoxy-6-carboxycumarin mit abs. A. u. etwas H_2SO_4. — *3-Cyan-6-carbäthoxycumarin*, $C_{13}H_9NO_4$, F. 156° (wss. A.), aus I-Äthylester u. Malodinitril in Ggw. von Piperidin; Nadeln. — *3-Cyan-6-carboxycumarin*, $C_{11}H_5NO_4$, F. 232 bis 235° (wss. Dioxan), a) aus **I** u. Malodinitril in Ggw. von Piperidin in sd. A.; b) aus vorst. Verb. in sd. 4 n HCl.

P. Golinske 3211△

1208 **Synthese von 5.2′.5′-Trihydroxy-3.7.4′-trimethoxyflavon und die Konstitution von Oxyayanin A.** A. C. Jain, S. K. Mathur und T. R. Seshadri. (Indian J. Chem. **4**, 365—68, 1966; Univ. of Delhi, Delhi; engl.) — Vf. synthetisierten *5.2′.5′-Trihydroxy-3.7.4′-trimethoxyflavon* (**I**) u. fanden, daß es zwar dem *Oxyayanin A* (**II**) sehr ähnlich, nicht aber mit ihm ident. ist (Unterschiede im IR-Spektrum; *Acetat* von **I**, F. 160—161°; *Acetat* von **II**, F. 183 bis 184°; **II** ist wesentlich stabiler gegenüber Alkali als **I**).

Versuche: *2-Benzyloxy-4-methoxybenzoesäure*, $C_{15}H_{14}O_4$, F. 102°, durch Kochen von 18,2 g 2-Hydroxy-4-methoxybenzoesäuremethylester mit KJ, K_2CO_3 u. Benzylchlorid in Aceton sowie 4std. Kochen des gebildeten *Methylesters* (28 g; F. 64—66°) mit wss.-äthanol. KOH; aus A. Prismen; 25 g (Ausb.). *Anhydrid*, aus 20,6 g vorst. Verb. durch Rk. mit $SOCl_2$ in Ae. über Nacht u. Zugabe von Py. bei 0°; 15 g. — Flavone: *5.7-Dihydroxy-2′-benzyloxy-3.4′-dimethoxy-*, $C_{24}H_{20}O_7$, F. 216—218°, durch 4std. Erhitzen eines Gemisches aus 4 g ω-Methoxyphloracetophenon (**III**), dem Na-Salz vorst. Verb. u. vorst. Anhydrid auf 175—180° sowie 20 Min. langes Kochen mit wss.-methanol. KOH (Meth. **A**); aus Äthylacetat/PAe./A. Nadelbüschel; 4,8 g. *Diacetat*, $C_{28}H_{24}O_9$, F. 128—129°; aus Äthylacetat–PAe./A. rechteckige Plättchen. — *2′-Benzyloxy-3.5.7.4′-tetramethoxy-*, $C_{26}H_{24}O_7$, F. 135°, durch Kochen von 2,5 g vorst. Verb. mit Dimethylsulfat u. K_2CO_3 in Aceton (Meth. **B**); aus Äthylacetat Plättchen; 1,6 g. — *2′-Hydroxy-3.5.7.4′-tetramethoxy-*, $C_{19}H_{18}O_7$, F. 246—248° (A.), durch Hydrieren von 1,5 g vorst. Verb. mit Pd/Kohle in A. (Meth. **C**); 1,05 g. — *2.5-Dihydroxy-4-methoxybenzoesäuremethylester*, $C_9H_{10}O_5$, F. 152°, aus 18 g Säure durch Verestern; aus CH_3OH Nadelbüschel; 16 g. — *2.5-Dibenzyloxy-4-methoxybenzoesäure* (**IV**), $C_{22}H_{20}O_5$, F. 160—161°, durch Verseifen von 40 g nachst. Verb.; aus A. Plättchen; 40 g. *Methylester*, $C_{23}H_{22}O_5$, F. 110°, durch Zutropfen von Benzylchlorid zu einer Lsg. von 30 g vorvorst. Verb. mit KJ u. K_2CO_3 bei 100° während 1 Std. unter CO_2 in Acetophenon sowie 5std. Erhitzen auf 150°; aus CH_3OH Prismen; 48 g. *Anhydrid*, F. 120°, durch 1std. Rk. von 13 g vorvorst. Verb. mit $SOCl_2$ bei Raumtemp. sowie 10 Min. langes Erwärmen auf 80°; 10 g. — Flavone: *5.7-Dihydroxy-2′.5′-dibenzyloxy-3.4′-dimethoxy-*, $C_{31}H_{26}O_8$, F. 201—202°, analog **A** aus 0,75 g **III**, 6,4 g vorst. Verb. u. 2,2 g des Na-Salzes von **IV**; aus Äthylacetat–PAe. hellgelbe Plättchen; 0,6 g. — *5-Hydroxy-2′.5′-dibenzyloxy-3.7.4′-trimethoxy-*, $C_{32}H_{28}O_8$, F. 110°, aus 0,6 g vorst. Verb. analog **B**; aus A. Nadeln; 0,5 g. — *5.2′.5′-Trihydroxy-3.7.4′-trimethoxy-* (**I**), $C_{18}H_{16}O_8$, F. 225—227°, analog **C** aus 0,4 g vorst. Verb.; aus Äthylacetat–PAe. blaßgelbe Nadeln; 0,18 g. *Triacetat*, $C_{24}H_{22}O_{11}$, F. 160 bis 161° (Äthylacetat–PAe./A.). — *2.5-Diäthoxy-4-methoxybenzoesäure*, F. 155—156° (CH_3OH), durch Kochen von 1,84 g 4-Methoxygentisinsäure mit Diäthylsulfat u. K_2CO_3 analog **A**; 1,5 g.

K. Gröbe 3211△

1209 **Synthese von 3′.4′-Dimethoxy- und 3′.4′-Dimethoxy-6-methylflavan-4β-ol und 6-Methylflavan-4α-ol.** D. D. Berge und M. M. Bokadia. (J. Indian chem. Soc. **43**, 125—26, 1966; School of Studies in Chem., Vikram Univ., Ujjain, M.P.; engl.) — Folgende Verb. werden dargestellt: *3′.4′-Dimethoxyflavan-4β-ol*, $C_{17}H_{18}O_4$, F. 153°, aus 3′.4′-Dimethoxyflavanon-(4) u. H_3BO_3 in A. unter Zugabe von $NaBH_4$; aus Methanol Nadeln; 80% (Ausb.). — *3′.4′-Dimethoxy-4-acetoxyflavan*, $C_{19}H_{20}O_5$, F. 113° (Methanol), aus vorst. Verb. mit Acetanhydrid/Pyridin. — *6-Methyl-3′.4′-dimethoxyflavan-4β-ol*, $C_{18}H_{20}O_4$, F. 142°, aus 6-Methyl-3′.4′-dimethoxyflavanon-(4) u. $LiAlH_4$ unter Feuchtigkeitsausschluß; aus Methanol Nadeln; 60%. — *6-Methyl-4-acetoxy-3′.4′-dimethoxyflavan*, $C_{20}H_{22} \cdot O_5$, F. 141°, mit Acetanhydrid/Py.; aus Methanol Nadeln. — *6-Methylflavan-4α-ol*, $C_{16}H_{16}O_2$, $Kp._{4-5}$ 86—87°, aus 6-Methylflavanon-(4) durch Clemmensen-Red., Ox. des 6-Methylflavans mit Pb-Tetraacetat in sd. Bzl., Aufarbeiten u. Kochen des gelblichen Gummis mit methanol. KOH; blaßgelbe Fl.; 40%.

P. Golinske 3211△

1210 **Konstitution des Peuformosins, eines neuen Cumarins, isoliert aus den Wurzeln von Peucedanum formosanum Hayata (Umbelliferae).** Kiyoshi Hata, Mitsugi Kozawa und Kun-ying Yen. (Chem. pharmac. Bull. [Tokyo] **14**, 442—43, 1966; Faculty of Pharm. Sci., Kyoto Univ., Sakyo-ku, Kyoto; Taipei Med. Coll., Taipei, Taiwan; engl.) — Vgl. J. pharmac. Sci. **51** (1962) 149. — Aus *Peucedanum formosanum Hayata* läßt sich mittels Ae.-Extraktion *Peuformosin* (**I**, *3′-Angeloyloxy-4′-senecioyloxy-3′.4′-dihydroseselin*) isolieren. Letzteres wird durch Löslichkeit, Abbau-Rk. u. UV-, IR- sowie NMR-Spektren (Maxima, Protonensignale u. Kopplungskonst. vgl. Orig.) gekennzeichnet.

Versuche: *Peuformosin* (**I**), $C_{24}H_{26}O_7$, F. 155 bis 156° (A.); $[\alpha]_D^{27}$ +67,3° ($CHCl_3$). — *3′-Hydroxy-4′-äthoxy-3′.4′-dihydroseselin*, $C_{16}H_{18}O_5$, F. 157—158°, aus **I** u. sd. äthanol. NaOH; $[\alpha]_D^{27}$ 97,3° ($CHCl_3$). — *3′.4′-Dihydroxy-3′.4′-dihydroseselin*, $C_{14}H_{14}O_5$, F. 182—183°, a) aus vorst. Verb. u. HJ; b) durch alkal. Hydrolyse des Diphenacylesters. *Diacetat*, $C_{18}H_{18}O_7$, F. 157—158°. — *3′-[2-Methylcrotonoyloxy]-4′-äthoxy-3′.4′-dihydroseselin*, $C_{21}H_{24}O_6$, aus **I** u. äthanol. n-NaOH bei Raumtemperatur.

G. Westphal 3211△

1211 **Synthese von Pyrylium- und Pyridiniumderivaten aus β-Hydroxyacetalen.** G. I. Žungietu und E. M. Perepelica. (Ž. obšč. Chim. **36** (**98**), 1858—59, 1966; russ.) — Die Rk. von Acetanhydrid mit β-Hydroxyisovaleraldehyddimethylacetal in Ggw. von 70%ig. $HClO_4$ u. Einw. von NH_3 auf das Rk.-Prod. führte zu *2.4-Dimethylpyridin*, Kp. 158°; n_D^{20} 1,4970; 72% (Ausb.); *Pikrat*, F. 181°. — Analog lieferte die Acetylierung von 1-Hydroxy-1-methyl-1.2.3.4-tetrahydronaphthalin-2-carbaldehydäthylenacetal *2-Methyl-5.6-dihydronaphtho-[2.1:c]-pyryliumperchlorat* [**I**, $C_{14}H_{13}ClO_5$, F. 187—188°; 26%], das durch Einw. von alkohol. NH_3 quant. in *3-Methyl-9.10-dihydro-2-azaphenanthren* [$C_{14}H_{13}N$, F. 106—109°; *Hydrochlorid*, F. 215—217°; *Pikrat*, F. 192—195°] übergeführt wurde. Kochen von **I** mit Alkali lieferte eine Verb. (F. 115—117°), die mit $FeCl_3$ positive Rk. auf phenol. OH-Gruppen gab. N. Kucharczyk 3231△

1212 **Bildung des 1.2-Dipiperidinocyclohexens.** G. Drefahl, G. Heublein und S. Lochner. (J. prakt. Chem. [4] **32**, 98—101, **1966**; Jena, Inst. für Organ. Chem. u. Biochem. der Friedrich-Schiller-Univ.; dt.) — Bei der Umsetzung von 2-Chlorcyclohexanon mit Piperidin in Toluol, Bzl. oder Xylol tritt als Nebenprod. *1.2-Dipiperidinocyclohexen* ($C_{16}H_{28}N_2$, F. 46—47° (Isopropanol), $Kp._{0,4}$ 114—118°; Stäbchen; 24% Ausb.) neben dem Hauptprod. *2-Piperidinocyclohexanon* ($Kp._{0,4}$ 80°) auf. P. Golinske 3231△

1213 **Darstellung N-substituierter 1-Oxo- und 3-Oxo-1.2.3.4-tetrahydroisochinoline.** Eugen Höft und Hartmut Schultze. (J. prakt. Chem. [4] **32**, 12—19, **1966**; Berlin-Adlershof, Inst. für organ. Chem. der DAW zu Berlin; dt.) — Folgende Verb. werden dargestellt: *2-[β-Chloräthyl]-benzoylchlorid*, $Kp._{17}$ 140—155°, aus Isochromanon-(1) u. α.α.α′-Trichlordimethyläther bzw. $POCl_3$; 65% (Ausb.). — N-substituierte 2-[β-Chloräthyl]-benzamide, aus vorst. Verb. u. einem prim. Amin in Ggw. von Triäthylamin in Toluol: *N-Phenyl-*, $C_{15}H_{14}$·ClNO, F. 105,5—106,5° (Isopropanol); 65%. — *N-[2.4.6-Trimethylphenyl]-*, $C_{18}H_{20}ClNO$, F. 150—151° (Isopropanol); 84%. — *N-[p-Chlorphenyl]-*, $C_{15}H_{13}Cl_2NO$, F. 147—148,5° (Isopropanol); 65%. — *N-[β-Naphthyl]-*, $C_{19}H_{16}ClNO$, F. 144—146° (Isopropanol); 84%. — *N-Benzyl-*, $C_{16}H_{16}ClNO$, F. 88—89° (Isopropanol/W.); 67%. — *N-Cyclohexyl-*, $C_{15}H_{20}ClNO$, F. 142—144° (Isopropanol); 61%. — *N-Butyl-*, $C_{13}H_{18}ClNO$, braunes Öl; 66%. — N-substituierte 1-Oxo-1.2.3.4-tetrahydroisochinoline, a) durch 1std. Kochen der vorst. Benzamide in KOH (Meth. **A**); b) durch $1^1/_2$std. Kochen von 2-[β-Chloräthyl]-benzoylchlorid mit dem prim. Amin in Ggw. von KOH in Aceton (Meth. **B**): *2-Phenyl-*, $C_{15}H_{13}NO$, F. 101—103°; nach **A**; 78%. — *2-[2.4.6-Trimethylphenyl]-*, $C_{18}H_{19}NO$, F. 115°, nach **A**; 82%. — *2-[p-Chlorphenyl]-*, $C_{15}H_{12}ClNO$, F. 161°, nach **A**; 80%. — *2-[p-Methoxyphenyl]-*, $C_{16}H_{15}NO_2$, F. 126—127°, nach **A**; 84%. — *2-[β-Naphthyl]-*, $C_{19}H_{15}NO$, F. 172,5—173,5°, nach **A**; 94%. — *2-Benzyl-*, $C_{16}H_{15}NO$, $Kp._{0,006}$ 156—162°, nach **A**; 77%. — *2-Cyclohexyl-*, $C_{15}H_{19}NO$, F. 88—90°, nach **A**; 78%. — *2-Butyl-*, $C_{13}H_{17}$ NO, $Kp._{0,01}$ 84—88°, nach **A**; 78%. — *2-Methyl-*, $Kp._{20}$ 180—183°, nach **B**; 85%. — *2-[p-Tolyl]-*, F. 116,5—117,5°, nach **B**; 60%. — *Isochromanon-(3)*, F. 82—83° (Hexan), aus 2-Methoxymethylphenylacetonitril in sd. konz. HCl; 78%. — *2-Chlormethylphenylacetylchlorid*, $C_9H_8Cl_2O$, $Kp._{14}$ 135 bis 145°, aus vorst. Verb. u. α.α.α′-Trichlordimethyläther in Ggw. von wasserfreiem $ZnCl_2$; 49%. — 3-Oxo-1.2.3.4-tetrahydroisochinoline: *2-[2.4.6-Trimethylphenyl]-*, $C_{18}H_{19}NO$, F. 119—121° (Hexan), a) aus vorvorst. Verb. u. prim. Amin in sd. Tetralin (Meth. **A**); 28%; b) aus vorst. Verb. u. Mesidin in sd. Xylol (Meth. **B**); 35%; c) aus vorvorst. Verb. u. prim. Amin bei 210—230° (Meth. **C**); 60%. — *2-Phenyl-*, $C_{15}H_{13}NO$, F. 96—98° (Hexan), a) nach **C**; 56%; b) aus Isochromanon-(3) u. prim. Amin im Bombenrohr bei 220° (Meth. **D**); 94%. — *2-[p-Tolyl]-*, $C_{16}H_{15}NO$, F. 128—129° (Hexan), nach **A** u. **C**; 37 bzw. 79%. — *2-[p-Chlorphenyl]-*, $C_{15}H_{12}ClNO$, F. 138—140° (Isopropanol), nach **C**; 89%. — *2-[p-Methoxyphenyl]-*, $C_{16}H_{15}NO_2$, F. 115—116° (Isopropanol), nach **C**; 71%. — *2-[β-Naphthyl]-*, $C_{19}H_{15}NO$, F. 173—175° (Hexan), nach **C**; 93%. — *2-Benzyl-*, $C_{16}H_{15}NO$, F. 92—93° (Isopropanol), $Kp._{0,1}$ 165°, nach **D**; 64%. — *2-Methyl-*, $C_{10}H_{11}NO$, F. 67—69° (Isopropanol/W.), $Kp._{0,1}$ 105—110°, nach **D**; 59%. P. Golinske 3231△

1214 **Reaktivität von Azaindenen.** 3. Mitt. **Pyridyläthylierung und Acyläthylierung von Indolizinen.** Luciano Pentimalli und Silvano Bozzini. (Ann. Chimica **56**, 752—58, **1966**; Bologna, Ist. Chim. della Fac. di Ingng. dell'Univ.; ital.) — 2. vgl. C. **1967**, 13-1150. — Folgende Verb. werden dargestellt: *2-Phenyl-3-[β-pyridyl-(2)-äthyl]-indolizin*, $C_{21}H_{18}N_2$, F. 76—77°, aus 2-Phenylindolizin (**I**) u. 2-Vinylpyridin in kaltem Eisessig bzw. warmem Toluol; aus PAe. Nadeln. — *1.3-Bis-[β-pyridyl-(2)-äthyl]-2-phenylindolizin*, $C_{28}H_{25}N_3$, F. 95—96°, aus **I** u. 2-Vinylpyridin in heißem Eisessig; aus PAe. Nadeln. — *2-Phenyl-3-[β-pyridyl-(4)-äthyl]-indolizin*, $C_{21}H_{18}N_2$, F. 111 bis 113°, analog vorvorst. Verb.; aus Ligroin Prismen. — *1.3-Bis-[β-pyridyl-(4)-äthyl]-2-phenylindolizin*, $C_{28}H_{25}N_3$, F. 124—125°, analog vorvorst. Verb.; aus Ligroin Prismen. — *2-Methyl-3-[β-pyridyl-(2)-äthyl]-indolizin*, $C_{16}H_{16}N_2$, F. 32°, $Kp._{0,03}$ 125°, aus 2-Methylindolizin u. 2-Vinylpyridin in Eisessig; Prismen. — *2-Methyl-3-[β-pyridyl-(4)-äthyl]-indolizin*, $C_{16}H_{16}N_2$, F. 54—55°, aus 2-Methylindolizin u. 4-Vinylpyridin in Eisessig; aus PAe. Prismen. — *ω-Dimethylaminopropiophenon*, $Kp._{14}$ 110—112°, aus Acetophenon, Paraformaldehyd u. Dimethylaminhydrochlorid in Äthanol. *Hydrochlorid*, F. 156°; aus A. Lamellen. — *Phenylvinylketon*, $Kp._{14}$ 114°, durch Dampfdest. vorst. Verbindung. — *2-Phenyl-3-[β-benzoyläthyl]-indolizin*, $C_{23}H_{19}NO$, F. 122—123°, a) aus **I** u. vorvorst. Verb. bei 150° (30 Min.); aus A. gelbe prismat. Nadeln; b) aus **I** u. vorvorst. Verb. in sd. Bzl. (6 Std.); c) aus **I** u. vorst. Verb. in sd. Bzl. (8 Std.). P. Golinske 3231△

1215 **Anthyridine.** 1. Mitt. Salvatore Carboni, Antonio Da Settimo, Domenico Segnini und Imperio Tonetti. (Gazz. chim. ital. **96**, 1443—55, **1966**; Pisa, Ist. di Chim. farmaceut. e tossicolog. dell'Univ.; ital.) — Synth., Elg. u. Strukturunters. von *4.6-Dihydroxy-2.8-dimethyl-* (**VI**) u. *2.6-Dihydroxy-4.8-dimethylanthyridin* (**VII**) werden beschrieben. IR- u. UV-Spektren s. Original.

Versuche (F. nach Kofler): 10H-Pyrimido-[1.2:a]-[1.8]-naphthyridinone-(10): *2.8-Dimethyl-4-hydroxy-* (**I**), durch 7 Min. langes Erhitzen von 0,3 g 7-[1-Äthoxycarbonylisopropylidenamino]-4-hydroxy-2-methyl-1.8-naphthyridin (**II**) u. Polyphosphorsäure auf 200° (Bad) unter Rühren u. Gießen in Eiswasser; 0,13 g (Ausb.). — *4.8-Dimethyl-2-hydroxy-* (**III**), $C_{13}H_{11}N_3O_2$, F. 285—287°, a) aus 0,5 **V** analog vorst. Verb.; 0,12 g; daneben 0,075 g *2-Hydroxy-4-methyl-7-amino-1.8-naphthyridin* (**IV**); b) durch 10 Min. langes Kochen von 0,3 g **V** u. Dowtherm A; 0,19 g; aus A. gelbe Krist.; Erhitzen über den F. → **VII**; 10 Min. langes Kochen von 0,1 g **III** in 2 n NaOH → 0,06 g **IV**. — *7-[1-Äthoxycarbonylisopropylidenamino]-2-hydroxy-4-methyl-1.8-naphthyridin* (**V**), $C_{15}H_{17}N_3O_3$, F. 245—246°, durch 8std. Kochen von 2,0 g **IV** u. Acetessigsäureäthylester in Ggw. von konz. HCl, Heißfiltrieren u. Kühlen; aus A. oder Dioxan gelbe Nadeln; 1,2 g; $^1/_4$std. Erwärmen von 0,1 g **V** u. konz. H_2SO_4 auf 100° → 0,055 g **IV**; 10 Min. langes Kochen von 0,2 g **V** in 10%ig. NaOH → 0,12 g **IV**. — Anthyridine: *4.6-Dihydroxy-2.8-dimethyl-* (**VI**), $C_{13}H_{11}N_3O_2$, F. > 340° (DMF), a) durch 10 Min. langes Erhitzen von 0,2 g **II** u. Vaselinöl auf 340°; 0,14 g; b) durch einige Min. langes Erhitzen von 0,2 g **II** auf 320—325°; 0,12 g; c) aus 0,2 g **I** analog a); 0,18 g; d) aus 0,2 g **I** analog b); 0,17 g. *Na-Salz*, durch $^1/_2$std. Kochen von **VI** in 2 n NaOH. — *2.6-Dihydroxy-4.8-dimethyl-* (**VII**), $C_{13}H_{11}N_3O_2$, F. >340° (DMF), a) aus 0,2 g **V** analog **VI** nach a); 0,15 g; b) durch 5 Min. langes Erwärmen von 0,1 g **V** auf 310°; 0,07 g; c) durch $^1/_4$std. Erhitzen von 0,1 g **III** auf 310—320°; 0,08 g; d) aus 0,03 g **III** analog b); 0,027 g. *Na-Salz*, durch $^1/_4$std. Kochen von **VII** in 2 n NaOH. — *2-Amino-7-hydroxy-5-methyl-1.8-naphthyridin-3-carbonsäure, 8-Oxid* (**VIII**), $C_{10}H_9N_3O_4$, F. >320° [Essigsäure/konz. HCl (1:1)], durch 2std. Erwärmen von 0,5 g **VII** u. 35%ig. H_2O_2 in Eisessig auf 100°; gelbe Krist.; Erwärmen + $FeCl_3$ → Rotfärbung; 2std. Kochen von 0,15 g **VIII** in Chinolin in Ggw. von $CuCrO_3$ → 0,045 g **IV**. *Freie Base* (**IX**), $C_{10}H_9N_3O_3$, F. >320° (DMF), durch 30—40std. Stehen von 0,12 g **VIII** in 18%ig. HCl/wss. $TiCl_3$ unter CO_2 bei Raumtemp.; 0,07 g; 1std. Kochen von **IX** analog **VIII** → **IV**. H.-J. Jahns 3231△

1216 **Tetrazolderivate des 1.8-Naphthyridins.** 1. Mitt. Salvatore Carboni, Antonio Da Settimo, Pier Luigi Ferrarini und Gerolamo Pirisino. (Gazz. chim. ital. **96**, 1456—69, **1966**; Pisa, Ist. di Chim. farmaceut. e tossicolog. dell'Univ.; ital.) — Bei dem aus 2.7-Dichlor-1.8-naphthyridin mit N_2H_4 u. HNO_2 erhaltenen Prod. handelt es sich um *8-Azidotetrazolo-[1.5:a]-1.8-naphthyridin* (**IX**) u. nicht um eine Bis-[tetrazol]-Verb., wie durch Folgerk. bestätigt wurde. IR-Spektren s. Original. — 3. vgl. C. **1968**, 53-0413.

Versuche (F. nach Kofler): 1.8-Naphthyridine: *2-Amino-7-äthoxy-*, $C_{10}H_{11}N_3O$, F. 177—179° (Bzl.), durch ½std. Kochen von 2 g 2-Chlor-7-acetylamino-1.8-naphthyridin (I) mit äthanol. Na-Äthylat; 1,5 g (Ausb.). — *2-Äthoxy-7-hydroxy-* (II), $C_{10}H_{10}N_2O_2$, F. 189—190° (A.), durch anteilweise Zugabe von $NaNO_2$ zu 1,6 g vorst. Verb. in konz. H_2SO_4 bei ca. —5°, 5 Min. langes Stehen, Gießen auf Eis u. Alkalisieren mit konz. NH_4OH nach 10 Min.; 1,2 g. — *2-Chlor-7-äthoxy-*, (III), $C_{10}H_9ClN_2O$, F. 153—154° (Cyclohexan), durch 10 Min. langes Kochen von 0,8 g vorst. Verb. in $POCl_3$, Gießen auf Eis u. Alkalisieren mit konz. NH_4OH; 0,8 g. — *2-Amino-7-chlor-* (IV), $C_8H_6ClN_3$, F. 182—184° (W.), durch 20 Min. langes Kochen von 2 g I in 10%ig. H_2SO_4, Verdünnen mit W. u. Alkalisieren mit konz. NH_4OH; 1,3 g. — *2-Chlor-7-hydroxy-* (V), $C_8H_5ClN_2O$, F. 246—253°, aus 1 g IV analog II; 0,7 g. — *2-Hydroxy-3-methyl-7-acetylamino-*, $C_{11}H_{11}N_3O_2$, F. >320° (DMF), durch 1std. Kochen von 2 g 2-Hydroxy-3-methyl-7-amino-1.8-naphthyridin in Acetanhydrid; 1,8 g. — *2-Chlor-3-methyl-7-acetylamino-* (VI), $C_{11}H_{10}ClN_3O$, F. 254—256° (Essigsäureäthylester), durch 40 Min. lange Rk. von 1,5 g vorst. Verb. analog III; 1,3 g. — Tetrazolo-[1.5:a]-[1.8]-naphthyridine: *8-Äthoxy-* (VII), $C_{10}H_9N_5O$, F. 170—171° (A.), a) durch ¼std. Kochen von 0,4 g III u. NaN_3 in DMF u. Verdünnen mit W. (Meth. A); 0,32 g; b) durch 1std. Kochen von 2,4 g IX mit äthanol. Na-Äthylat; 2 g. — *8-Acetylamino-*, $C_{10}H_8N_6O$, Zers. bei 304—305° (DMF), aus 1,2 g I nach A; 1,1 g. — *8-Amino-* (VIII), $C_8H_6N_6$, Zers. >270° [DMF/W (1 : 1)], a) durch ½std. Kochen von 0,65 g vorst. Verb. in 10%ig. NaOH; 0,5 g; b) durch 20 Min. lange Rk. von 0,3 g IV nach A; 0,2 g; c) durch ½std. Hydrieren von 0,23 g IX an 10%ig. Pd/Kohle in A. bei Raumtemp./3 atm; 0,09 g; d) aus 0,23 g IX analog c) unter Zusatz von 1 n NH_4OH; 0,12 g. — *8-Hydroxy-*, $C_8H_5N_5O$, F. >320° (DMF), a) durch 1std. Kochen von 0,2 g IX in 5%ig. äthanol. KOH, Gießen in W. u. Ansäuern mit Essigsäure; 0,15 g; b) aus 0,2 g VII analog a); 0,16 g; c) aus 0,35 g VIII analog II; 0,3 g; d) aus 0,5 g V nach A; 0,4 g. — *8-Chlor-*, $C_8H_4ClN_5$, Zers. bei 260—265° (Eisessig), durch ½std. Rk. von 0,58 g vorst. Verb. analog III; 0,32 g. — *8-Azido-* (IX), Zers. bei 190—200° [A./Essigsäure (1 : 4)], a) durch 5std. Kochen von 1 g I in $N_2H_4 \cdot H_2O$, Eindampfen im Vakuum, Lösen in verd. HCl, Versetzen mit Eis, Zugabe von $NaNO_2$ bei 0°, ¼std. Stehen bei 0° u. ¾ Std. bei Raumtemp.; 0,9 g; b) aus 0,15 g vorst. Verb. nach A; 0,11 g. — *4-Methyl-8-acetylamino-*, $C_{11}H_{10}N_6O$, F. >300° (DMF), durch 10 Min. lange Rk. von 0,52 g VI nach A; 0,53 g. — *Tetrazol*, F. 156—157° durch Zutropfen von 5%ig. wss. $KMnO_4$ zu 0,2 g vorst. Verb. in sd. Eisessig/W. (1 : 20) bis zur bleibenden Rotfärbung, 2½std. Kochen, Versetzen mit A., Filtrieren, Einengen im Vakuum, Ansäuern mit konz. HNO_3, ¼std. Kochen, Versetzen mit 10%ig. wss. $AgNO_3$, ¼std. Behandeln des Nd. mit verd. HCl bei 100°, Filtrieren u. Eindampfen; 0,02 g.

H.-J. Jahns 3231△

1217 **Synthesen in der Pyridazin-Reihe.** 10. Mitt. **Über einige Reaktionen mit Pyridazonyl-(4)-essigsäuren.** A. K. Krbavčič und M. Tišler. (Mh. Chem. **97,** 1494—98, 1966; Labor. für organ. Chem. der Univ. Ljubljana; dt.) — 9. vgl. ibid. **97** (1966) 644.] — [3-Hydroxy-1H-pyridazon-(6)-yl-(4)]-essigsäure (I) reagiert als Verb. mit aktivierter Methylengruppe mit Benzaldehyd zur entsprechend *disubstituierten Acrylsäure.* Die Rk. nach Japp u. Klingemann gelingt mit Pyridazonyl-(4)-essigsäuren (II), am besten mit I bzw. dem 1-Phenyl-Analogon (III) u. Phenyldiazoniumsalz. Die intermediäre *Azoverb.* kann nicht isoliert werden, da sie decarboxyliert wird. Die erhaltenen *Hydrazone* lassen sich durch Säurespaltung nicht in Pyridazinaldehyde überführen. Die aus den Estern von II zu erhaltenden *Hydrazide* ergeben mit 1 Mol CS_2 in Ggw. von K_2CO_3 1.3.4-Oxdiazole. Das intermediär gebildete K-Salz der entsprechenden Dithiocarbazinsäure wurde nicht isoliert. UV-Daten s. Original. — 6. vgl. C. **1967,** 15-1084.

Versuche: *3-Phenyl-2-[3'-hydroxy-1'H-pyridazon-(6')-yl-(4')]-acrylsäure*, $C_{13}H_{10}N_2O_4$, F. 210° (Zers.), durch Zutropfen von abs. Triäthylamin zu I in Benzaldehyd u. Essigsäureanhydrid; 38% (Ausb.). — *3-Hydroxy-4-formyl-1H-pyridazon-(6)-4-phenylhydrazon*, $C_{11}H_{10}N_4O_2$, F. 165—170° (Zers.), durch Zugabe von Na-Acetat u. einer Lsg. von Phenyldiazoniumchlorid zu I in 10%ig. NaOH; aus Eisessig rote Krist.; 25%. — *1-Phenyl-3-hydroxy-4-formyl-1H-pyridazon-(6)-4-phenylhydrazon*, $C_{17}H_{14}N_4O_2$, F. 280—282°, analog vorst. Verb. aus 1-Phenyl-3-hydroxy-1H-pyridazon-(6)-yl-(4)-essigsäure (III); aus Eisessig rote Krist.; 32%. — *1-Phenyl-3-hydroxy-4-formyl-1H-pyridazon-(6)-4-[p-carboxyphenylhydrazon]*, $C_{18}H_{14}N_4O_4$, F. 210 bis 230° (Zers.), analog vorst. Verb. aus III u. einer Lsg. der diazotierten p-Aminobenzoesäure; aus Methanol rote Mikrokrist.; 24%. — *[3-Hydroxy-1H-pyridazon-(6)-yl-(4)]-essigsäurehydrazid*, $C_6H_8N_4O_3$, F. > 320° (Zers.; W.), durch Zutropfen eines Gemisches von 80%ig. Hydrazinhydrat u. A. zu [3-Hydroxy-1H-pyridazon-(6)-yl-(4)]-essigsäureäthylester in A.; 81%. — *[1-Phenyl-3-hydroxy-1H-pyridazon-(6)-yl-(4)]-essigsäurehydrazid*, $C_{12}H_{12}N_4O_3$, F. 335—340° (Zers.; W.), analog vorst. Verb. aus [1-Phenyl-3-hydroxy-1H-pyridazon-(6)-yl-(4)]-essigsäuremethylester; 62%. — *5-[3'-Hydroxy-1'H-pyridazon-(6')-yl-(4')-methyl]-3H-1.3.4-oxdiazolinthion-(2)*, $C_7H_6N_4O_3S$, F. 230 bis 235° (Zers.), durch 6std. Kochen vorvorst. Verb., $K_2 \cdot CO_3$ u. CS_2 in Methanol; 44%. — *5-[1'-Phenyl-3'-hydroxy-1'H-pyridazon-(6')-yl-(4')-methyl]-3H-1.3.4-oxdiazolinthion-(2)*, $C_{13}H_{10}N_4O_3S$, F. über 340°, durch 1std. Erhitzen vorvorst. Verb., CS_2 u. K_2CO_3 in Methanol im Bombenrohr auf 150°; 56%.

M. Naumann 3272△

1218 **Pyridazine.** 11. Mitt. **Pyrido-[2.3:d]-pyridazine.** 2. Mitt. Ikutoshi Matsuura, Fumio Yoneda und Yoshihiro Nitta. (Chem. pharmac. Bull. [Tokyo] **14,** 1010—16, 1966; Res. Labor., Chugai Pharmaceutical Co., Ltd., Takataminami-cho, Toshima-ku, Tokyo; engl.) — 10. vgl. ibid. **14** (1966) 7, 698. — Es werden die Darst. u. die Eig. von *Pyrido-[2.3:d]-pyridazin-5-carbonsäurederiv.* u. von N-substituierten *Pyrido-[2.3:d]-pyridazinen* beschrieben.

Versuche: *[2-Carboxypyridyl-(3)]-glyoxylsäurehydrazon*, $C_8H_7N_3O_4$, F. 302° (W., Zers.), durch Stehen von $NH_2NH_2 \cdot H_2SO_4$, Na-Acetat u. [2-Carboxypyridyl-(3)]-glyoxylsäure (I) in W.; 74% (Ausb.). — *8-Oxo-7.8-dihydropyrido-[2.3:d]-pyridazin-5-carbonsäuremethylester* (II), $C_9H_7N_3O_3$, F. 227—229° (Methanol; Zers.), durch 1std. Kochen von 5,2 g vorst. Verb. mit Methanol u. konz. H_2SO_4; 3,2 g. *Freie Säure*, $C_8H_5N_3O_3$, F. 300—301° (Zers.), a) durch Neutralisieren einer wss. Lsg. von I mit NaOH u. 1std. Erhitzen mit $NH_2NH_2 \cdot H_2SO_4$ auf 100°; 80%; b) durch 1std. Kochen von 0,5 g II in verd. HCl; 0,3 g. *Säureamid*, $C_8H_6N_4O_2$, F. 352—357° (W.; Zers.), durch 1std. Erhitzen von 1,0 g II mit konz. wss. NH_3 auf 90°; 0,6 g. *Methylamid*, $C_9H_8N_4O_2$, F. 300—303° (Methanol; Zers.), durch Kochen von 1,0 g II mit CH_3NH_2; 0,8 g. *Äthylamid*, $C_{10}H_{10}N_4O_2$, F. 270—271° (A.), durch ½std. Kochen von 1,0 g II mit $C_2H_5NH_2$ in A.; 0,8 g. *Hydrazid*, $C_8H_7N_5O_2$, F. 296° (Methanol; Zers.), durch 1std. Kochen von 1,0 g II mit $NH_2NH_2 \cdot H_2O$ in Methanol; 0,5 g. — *[2-Carboxypyridyl-(3)]-glyoxylsäurephenylhydrazon* (III), F. 218—220° (Zers.), durch Stehen von 5 g I mit Phenylhydrazinhydrochlorid in W.; 6,2 g. — *7-Phenyl-8-oxo-7.8-dihydropyrido-[2.3:d]-pyridazin-5-carbonsäure* (IV), $C_{14}H_9N_3O_3$, F. 257° (DMF; Zers.), a) durch Umkristallisieren von 5,0 g III aus DMF; 3,0 g; b) durch 1std. Stehen von 5 g I mit Phenylhydrazinhydrochlorid in W. bei 70—90°; 6,2 g. *Äthylester* (V), $C_{16} \cdot H_{13}N_3O_3$, F. 133—139° (A.), durch 4std. Kochen von 2,0 g IV mit A. u. konz. H_2SO_4; 1,2 g. *Methylester* (VI), $C_{15} \cdot H_{11}N_3O_3$, F. 178—179° (Methanol), durch 1std. Kochen von 2,0 g IV mit Methanol; 1,8 g. — *3-Formylpicolinsäurephenylhydrazon*, F. 200° (Zers.), durch Erhitzen von V in wss. NaOH auf 100°. — *[2-Carbamoylpyridyl-(3)]-glyoxylsäureäthylester*, $C_{10}H_{10}N_2O_4$, F. ca. 250° (W.; Zers. ab 227°), a) aus dem sauren Filtrat vorst. Verb.; 0,2 g (aus 1,0 g V); b) durch Schütteln von V mit wss. NaOH; 62%. — *[2-Carbamoylpyridyl-(3)]-glyoxylsäuremethylester*, $C_9H_8N_2O_4$, F. ca. 250° (Methanol; Zers. ab 227°), durch Schütteln von VI mit wss. NaOH; 86%. — *7-Phenyl-8-oxo-7.8-dihydropyrido-[2.3:d]-pyridazin-5-carbonsäure. Amid*, $C_{14}H_{10}N_4O_2$, F. 333° (Zers., Dioxan), durch 1std. Erhitzen von 0,5 g V in konz. NH_3 auf 100°; 0,3 g. *Methylamid*, $C_{15}H_{12}N_4O_2$, F. 199—200° (Methanol), durch Kochen von 1 g V mit CH_3NH_2 u. A.; 0,5 g. *Äthylamid*,

$C_{16}H_{14}N_4O_2$, F. 169—171° (Methanol), durch Behandeln von 1,0 g V mit $C_2H_5NH_2$; 0,5 g. *Hydrazid*, $C_{14}H_{11}N_5O_2$, F. 198° (Methanol), durch Kochen von 2,85 g VI mit wss. $NH_2NH_2 \cdot H_2O$ u. Methanol; 2,2 g. — *5-Hydroxy-7-phenylpyrido-[2.3:d]-7H-pyridazinon-(8)* (VII), $C_{13}H_9N_3O_2$, F. 265° (Methanol), durch Erhitzen von Chinolinsäure u. Aceton auf 130—140°, Kühlen, Zufügen von Phenylhydrazin u. 5std. Erhitzen auf 120—130°; 45%. — *5-Chlor-7-phenylpyrido-[2.3:d]-7H-pyridazinon-(8)* (VIII), $C_{13}H_8ClN_3O$, F. 184° (Methanol), durch 4—5std. Kochen von VII mit $POCl_3$ u. PCl_5; 39%. — *7-Phenyl-1.2.3.4-tetrahydropyrido-[2.3:d]-7H-pyridazinon-(8)* (IX), $C_{13}H_{13} \cdot N_3O$, F. 128° (Methanol), a) durch Hydrierung von 0,65 g VIII in Methanol an Pd; 0,3 g; b) durch Hydrierung von 0,7 g 7-Phenylpyrido-[2.3:d]-7H-pyridazinon-(8) in Methanol u. konz. NH_3; 0,5 g. — *5-[p-Chlorbenzoyloxy]-7-phenylpyrido-[2.3:d]-7H-pyridazinon-(8)*, $C_{20}H_{12}ClN_3O_3$, F. 189—191° (Methanol), durch Erwärmen von 1,2 g VII mit p-Chlorbenzoylchlorid in Py.; 1,2 g. — *5-[p-Nitrobenzoyloxy]-7-phenylpyrido-[2.3:d]-7H-pyridazinon-(8)*, $C_{20}H_{12}N_4O_5$, F. 227—230° (Dioxan), durch Zugabe von 1,2 g VII zu p-Nitrobenzoylchlorid in Py.; 1,23 g. — *5-Methoxy-7-phenylpyrido-[2.3:d]-7H-pyridazinon-(8)*, $C_{14} \cdot H_{11}N_3O_2$, F. 162—163° (Methanol), durch 1½std. Kochen von 1,0 g IX mit Na in Methanol; 0,7 g. — *5-Chlor-7-methylpyrido-[2.3:d]-7H-pyridazinon-(8)*, $C_8H_6ClN_3O$, F. 194—195° (Methanol), durch 1std. Erhitzen von 0,55 g Na-Salz von 5-Chlorpyrido-[2.3:d]-pyridazinol-(8) in W./Methanol mit CH_3J; 0,5 g. — *6-Methyl-8-chlorpyrido-[2.3:d]-6H-pyridazinon-(5)*, $C_8H_6ClN_3O$, F. 159—160° (Methanol), durch Kochen von 0,9 g 8-Chlorpyrido-[2.3:d]-pyridazinol-(5) u. KOH in Methanol u. 1std. Erhitzen mit CH_3J auf 100°; 0,9 g. — *6.7-Diphenylpyrido-[2.3:d]-6H.7H-pyridazindion-(5.8)*, $C_{19}H_{13}N_3O_2$, F. 217—218° (wss. Methanol), durch Zugabe von 2,04 g Chinolinsäuredichlorid zu Hydrazobenzol in Dimethylanilin u. Bzl. u. 2std. Kochen; 1,6 g. E. Siegmund 3272

1219 **Synthese von 1.2-Diazabicyclo-[2.2.2]-octan, 1.2-Diazabicyclo-[3.2.1]-octan und ihren Derivaten.** E. E. Michlina, N. A. Komarova und M. V. Rubcov. (Chim. geterociklič̌eskich Soedinenij **1966**, 259—65; Moskva, Chem.-pharmazeut. Allunions-Ordžonikidze-Inst.; russ.) — Durch Nitrosierung von Piperidincarbonsäuren u. anschließende Red. mit Zn werden *1-Aminopiperidincarbonsäuren* erhalten, die zu *3-Oxo-1.2-diazabicycloalkanen* cyclisiert werden. Bei der Red. der letzteren mit $LiAlH_4$ werden *1.2-Diazabicycloalkane* gebildet, die Substitutionsrk. unterworfen werden.

Versuche: *1-Nitroso-2-methylpiperidin-4-carbonsäure* (I), $C_7H_{12}N_2O_3$, F. 108—110° (Bzl.), durch Zugabe von $NaNO_2$ zu wss. 2-Methylpiperidin-4-carbonsäurehydrochlorid bei 70° unter wiederholter Zugabe von 2 n HCl gegen Kongo, 2std. Erhitzen auf 70° u. Extrahieren mit $CHCl_3$; 81,2% (Ausb.). — *1-Nitrosopiperidin-3-carbonsäure* (II), $C_6H_{10}N_2O_3$, F. 104—106° (Bzl.), analog I; 33%. — *1-Aminopiperidin-4-carbonsäure, Hydrochlorid*, $C_6H_{12}N_2O_2 \cdot HCl$, F. 195—197° (A.), durch 4std. Kochen von III in 17%ig. HCl u. Eindampfen im Vakuum; 84,7%. *Äthylester* (III), $C_8H_{16}N_2O_2$, Kp.$_1$ 90°, durch Red. von 1-Nitrosopiperidin-4-carbonsäure (IV) mit Zn 95%ig. Essigsäure, Eindampfen im Vakuum u. wiederholtes Verestern mit A./HCl; n_D^{20} 1,4742; 43,8%. — 1.2-Diazabicyclo-[2.2.2]-octane: *3-Oxo-* (V), $C_6H_{10}N_2O$, F. 171 bis 173° (Bzl.), durch Zugabe von 85%ig. Essigsäure zu wss. IV u. Zn-Pulver bei 25—30°, 2std. Erwärmen auf 30—35°, Filtrieren, Eindampfen im Vakuum, 1½std. Erhitzen auf 250—255°/5—10 Torr, Lösen in W., Zugabe von K_2CO_3 u. Extrahieren mit $CHCl_3$; 57%. *Hydrochlorid*, F. 220 bis 222° (Zers.; A.). *Methojodid*, $C_7H_{13}JN_2O$, F. 214—215° (Zers.; A.). — *3-Oxo-6-methyl-*, $C_7H_{12}N_2O$, F. 111—113° (Bzl. + PAe.), analog V mit I u. Cyclisieren bei 210—220°; 57%. — *2-Acetyl-3-oxo-*, $C_8H_{12}N_2O_2$, F. 124—126° (PAe. + Bzl.), durch Erhitzen von V mit Acetanhydrid; 84%. — *2-Benzoyl-3-oxo-*, $C_{13}H_{14}N_2O_2$, F. 183—185° (Bzl.), durch 6std. Kochen von V u. Benzoylchlorid in Bzl. u. Eindampfen im Vakuum. — *Unsubstituiert* (VI), $C_6H_{12}N_2$, F. 130 bis 133°, durch Zugabe von V zu $LiAlH_4$ in abs. Ae. + Bzl., 20std. Kochen, Zugabe von W., Filtrieren, Eindampfen der organ. Schicht u. Sublimieren im Vakuum; hellgelb; 90%. *Hydrochlorid*, F. 256—258° (A. + Ae.). — *6-Methyl-*, $C_7H_{14}N_2$, Kp.$_{25}$ 92—93°, analog VI. *Hydrochlorid*, F. 170—172° (A. + Ae.). — *2-Methyl-*, $C_7H_{14}N_2$, Kp.$_{85}$ 96 bis 97°, durch 20std. Erhitzen von VI in 35%ig. Formalin + Ameisensäure auf dem Wasserbad, Eindampfen, Zugabe von K_2CO_3 u. Extrahieren mit Ae.; 73,3%. *Hydrochlorid*, F. 230—232°. — *2-Benzoyl-* (VII), $C_{13}H_{16}N_2O$, F. 159—160°, durch Zugabe von Benzoylchlorid zu VI in Bzl. unter Kühlung u. 1std. Kochen; 72,5%. *Hydrochlorid*, F. 168—170°. — Analog: *2-Acetyl-*, $C_8H_{14}N_2O$, F. 65—67°; 84,3%. *Hydrochlorid*, F. 176—178°. — *2-Propionyl-*, $C_9H_{16}N_2O$, F. 57—60°; 82,2%. *Hydrochlorid*, F. 163—165°. — *2-[3.4.5-Trimethoxybenzoyl]-*, $C_{16}H_{22}N_2O_4$, F. 129—131°; 87,2%. *Hydrochlorid*, F. 185—187°. — *2-Diphenylacetyl-*, $C_{20}H_{22}N_2O$, F. 144—146°; 78,8%. — *2-Acetyl-6-methyl-*, $C_9H_{16}N_2O$, Kp.$_5$ 130—131°; 78,8%. — *2-Benzyl-*, $C_{13}H_{18}N_2$, Kp.$_9$ 152—153°, durch Red. von VII mit $LiAlH_4$; 54,7%. *Hydrochlorid*, F. 225—227°. — Analog: *2-Äthyl-*, $C_8H_{16}N_2$, Kp.$_{45}$ 103°; 76,5%. *Hydrochlorid*, F. 116—118°. — *2-Propyl-*, $C_9H_{18}N_2$, Kp.$_{17}$ 88—90°; 66,6%. *Hydrochlorid*, F. 131—133°. — *2-[β.β-Diphenyläthyl]-*, $C_{20}H_{24}N_2$; 92,3%. *Hydrochlorid*, F. 228—231°. — *2-Äthyl-6-methyl-*, $C_9H_{18}N_2$, Kp.$_{29}$ 86—87°; 78,5%. — *2-Nitroso-*, $C_6H_{11}N_3O$, F. 86—87° (Ae. + PAe.), durch Zugabe von wss. $NaNO_2$-Lsg. zu VI in 2 n HCl unter Kühlung, 2std. Rühren bei 20° u. Extrahieren mit Bzl.; 85,4%. — *2-Phthalimidomethyl-*, $C_{15}H_{17}N_3O_2$, durch 4std. Kochen von VI, 35%ig. Formalin u. Phthalimid in A. u. Eindampfen im Vakuum; amorph; 66,5%. — *2-Cyanmethyl-*, $C_8H_{13}N_3$, Kp.$_6$ 117—119°, durch 4std. Erhitzen von VI, wss. 48,5%ig. Na-Formaldehydbisulfit u. NaCN auf 55—60° u. Extrahieren mit $CHCl_3$; 73%. *Hydrochlorid*, F. 181—183°. — *2-[β-Aminoäthyl]-*, $C_8H_{17}N_3$, Kp.$_5$ 89°, analog VI mit vorst. Verb.; 91%. — *2-[β-Guanidinoäthyl]-*, $C_9H_{19}N_5$, durch 4std. Kochen vorst. Verb. mit wss. S-Methylisothioharnstoff, Behandeln mit 40%ig. NaOH u. Extrahieren mit $CHCl_3$; 46,1%. *Dihydrochlorid*, F. 208—210°. — *2-[β-Cyanäthyl]-*, $C_9H_{15}N_3$, Kp.$_4$ 122—124°, durch 5std. Kochen von VI u. Acrylonitril in 90%ig. A., Eindampfen im Vakuum, Zugabe von 50%ig. K_2CO_3-Lsg. u. Extrahieren mit Ae.; 78,2%. *Hydrochlorid*, F. 180 bis 182°. — *2-[β-Äthoxycarbonyläthyl]-*, $C_{11}H_{20}N_2O_2$, Kp.$_{28}$ 162—164°, durch 20std. Kochen vorst. Verb. in konz. HCl + Essigsäure; Eindampfen im Vakuum u. Verestern; 24,6%. — *2-[β-Carboxyäthyl]-*, $C_9H_{16}N_2O_2$; 64%. *Hydrochlorid*, F. 204—206°. — 1.7-Diazabicyclo-[3.2.1]-octane: *6-Oxo-*, $C_6H_{10}N_2O$, F. 172—173° (Essigester], analog V mit II bei 15—20° u. Cyclisieren bei 260 bis 270°; 17%. *Hydrochlorid*, F. 172—174°. — *Unsubstituiert*, $C_6H_{12}N_2$, F. 86—88°, analog VI mit vorst. Verb.; Plättchen. *Pikrat*, $C_6H_{12}N_2 \cdot C_6H_3N_3O_7$, F. 203—205° (A. + Ae.). — *7-Benzoyl-*, $C_{13}H_{16}N_2O$, F. 81—83°, analog VII mit vorst. Verb.; 65%. — 4-Äthoxycarbonylpiperidine: *1-Benzylidenamino-*, $C_{15}H_{20}N_2O_2$, F. 40 bis 43°, durch 3std. Kochen von III u. Benzaldehyd in A. u. Eindampfen im Vakuum; hellgelb. — *1-[p-Dimethylaminobenzylidenamino]-*, $C_{17}H_{25}N_3O_2$, F. 83—85° (PAe. + Ae.), analog vorst. Verb. mit p-Dimethylaminobenzaldehyd; hellgelb; 73,6%. — *1-Benzoylamino-, Hydrochlorid*, $C_{15}H_{20}N_2O_3 \cdot HCl$, F. 216—217° (Aceton + A.), durch 3std. Kochen von III u. Benzoylchlorid in abs. Bzl., Verdünnen mit Ae. u. Filtrieren; 77%. — *1-Isonicotinoylamino-*, $C_{14}H_{19}N_3O_3$, F. 142—144° (Bzl. + PAe.), analog vorst. Verb. mit Isonicotinoylchlorid, Absaugen, Zugabe von 50%ig. K_2CO_3-Lsg. u. Extrahieren mit $CHCl_3$; 77,5%. H.-J. Graubaum 3272 △

1220 **N-Aminoderivate des Uracils.** 3. Mitt. **Ringschlußreaktionen von 3-Dialkylamino-4-amino-5-nitrosouracilen.** H.-G. Kazmirowski, H. Goldner und E. Carstens. (J. prakt. Chem. [4] **32**, 43—46, 1966; Dresden, VEB Arzneimittelwerk, Forschungsabt. 1; dt.) — 2. vgl. C. **1966**, 4-0946. — Folgende Verb. werden dargestellt: 8-Phenylxanthine: *3-Dimethylamino-*, $C_{13}H_{13}N_5O_2$, F. > 360° (Eisessig), aus 3-Dimethylamino-4-benzylamino-5-nitrosouracil in sd. Butanol; 90% (Ausb.). — *1-Methyl-3-dimethylamino-*, $C_{14}H_{15}N_5O_2$, F. > 360° (Eisessig), a) aus 1-Methyl-3-dimethylamino-4-benzylamino-5-nitrosouracil in sd. Xylol; 85%; b) aus 1-Methyl-3-dimethylamino-4-amino-5-nitrosouracil, Benzylaminhydrochlorid u. Benzylamin bei 150°; 21%. — *3-Piperidino-*, $C_{16}H_{17}N_5O_2$, F. > 360° (Eisessig), aus 3-Piperidino-4-benzylamino-5-nitrosouracil in sd. Butanol. — *1-Methyl-3-piperidino-*, $C_{17}H_{19}N_5O_2$, F. > 360° (Eisessig), a) aus 1-Methyl-3-piperidino-4-benzylamino-5-nitrosouracil in sd. Butanol; 95%; b) aus 1-Methyl-3-piperidino-4-amino-5-nitrosouracil, Benzylaminhydrochlorid u. Benzylamin bei 150°; 15%. — *1-Dimethylaminoalloxazin-5-oxid*, $C_{12}H_{11}N_5O_3$, F. 318—320° (A.), aus 6 g 3-Dimethylamino-4-anilinouracil u. Isoamylnitrit in Ggw. von konz. HCl in A.; gelbe Kristalle; 1,5 g; daneben *3-Dimethylamino-4-anilino-5-nitrosouracil*, F. 147—148°. — *1-Dimethylamino-3-methylalloxazin-5-oxid*, $C_{13}H_{13}N_5O_3$, F. 215—217° (A.), aus 1-Methyl-3-dimethylamino-4-anilinouracil mit Isoamylnitrit u. konz. HCl in A.; gelbe Nadeln; 20%; daneben *1-Methyl-3-dimethylamino-4-anilino-5-nitrosouracil*; 52%.

P. Golinske 3272△

1221 **N-Aminoderivate des Uracils.** 4. Mitt. **Substituierte 4-Hydrazinouracile.** H.-G. Kazmirowski und E. Carstens. (J. prakt. Chem. [4] **32**, 47—53, 1966; dt.) — 3. vgl. vorst. Referat. — Folgende Verb. werden dargestellt: Uracile: *1-Methyl-3-piperidino-4-hydrazino-* (**I**), $C_{10}H_{17}\cdot N_5O_2$, F. 212—213° (A.), aus 1-Methyl-3-piperidino-4-chloruracil u. Hydrazinhydrat (Meth. **A**); 72% (Ausb.). — *1-Methyl-3-dimethylamino-4-[2-benzylhydrazino]-*, $C_{14}H_{19}\cdot N_5O_2$, F. 186—187° (A.), nach **A**; 35%. — *1.3-Dimethyl-4-[2-benzylhydrazino]-*, $C_{13}H_{16}N_4O_2$, F. 229—231° u. 247° (A.), a) nach **A**; b) aus 1.3-Dimethyl-4-aminouracil mit Benzylhydrazinhydrochlorid u. Benzylhydrazin bei 140 bis 150° (Meth. **B**); 55%. — *1-Methyl-3-piperidino-4-[2.2-pentamethylenhydrazino]-*, $C_{15}H_{25}N_5O_2$, F. 180—181° (W.), nach **B**; 60%. — *1-Methyl-3-dimethylamino-4-[2.2-pentamethylenhydrazino]-*, $C_{12}H_{21}N_5O_2$, F. 161—162° (W.), nach **B**; 35%. — *4-[2.2-Pentamethylenhydrazino]-*, $C_9H_{14}N_4O_2$, F. 303—304°, nach **B**. — *3-Dimethylamino-4-[2.2-diisobutylhydrazino]-*, $C_{14}H_{27}N_5O_2$, F. 152—154°, nach **B**. — *1.3-Dimethyl-4-[2.2-dimethylhydrazino]-*, $C_8H_{14}N_4O_2$, F. 218—219°, nach **A**. — *1.3-Dimethyl-4-[2.2-pentamethylenhydrazino]-*, $C_{11}H_{18}N_4O_2$, F. 213—214°, nach **B**. — *1.3-Dimethyl-4-[2.2-diisobutylhydrazino]-*, $C_{14}H_{26}N_4O_2$, F. 181 bis 182°, nach **B**. — *1-Methyl-3-dimethylamino-4-[2-phenylhydrazino]-*, $C_{13}H_{17}N_5O_2$, F. 205—207°, nach **B**. — *1-Methyl-3-piperidino-4-[2-benzylhydrazino]-*, $C_{17}H_{23}N_5O_2$, F. 167—168°, nach **A**. — 1-Methyl-4-[2.2-pentamethylenhydrazino]-5-nitrosouracile: *3-Piperidino-*, $C_{15}\cdot H_{24}N_6O_3$, F. 125° (Zers.), aus 1-Methyl-3-piperidino-4-[2.2-pentamethylenhydrazino]-uracil mit Isoamylnitrit u. konz. HCl in A.; 45%. — *3-Dimethylamino-*, $C_{12}H_{20}N_6O_3$, F. 115° (Zers.), analog vorst. Verbindung. — *1.3-Dimethyl-4-[2.2-pentamethylenhydrazino]-5-nitrosouracil*, $C_{11}\cdot H_{17}N_5O_3$, F. 120° (Zers.), analog vorvorst. Verbindung. — *p-Nitrobenzaldehyd-[1-methyl-3-piperidinouracilyl-(4)]-hydrazon*, $C_{17}H_{20}N_6O_4$, F. 289—290° (A.), aus **I** u. p-Nitrobenzaldehyd in A.; gelbe Kristalle.

P. Golinske 3272△

1222 **Reaktionen mit Nitrosouracilderivaten.** 1. Mitt. Herbert Goldner, Günther Dietz und Ernst Carstens. (Liebigs Ann. Chem. **691**, 142—158, 1966; VEB Arzneimittelwerk Dresden, Radebeul, Forschungsabt. 1; dt.) — Die aus 4-Chloruracilen (**K**) über die *4-Aminouracile* (**L**) darstellbaren *4-Amino-5-nitrosouracile* (**M**) spalten beim Erhitzen intramol. W. unter Bldg. von *Xanthinen* ab. Aus den **M** entstehen mit Ox.-Mitteln zunächst Azomethine, die sich zu *7-Hydroxyxanthinen* (**N**) cyclisieren. UV-Spektren u. -Maxima einiger **N** vgl. Original.

Versuche: *1.3-Dibutylbarbitursäure*, $C_{12}H_{20}N_2O_3$, F. 49—50° (A.-W.), aus Dibutylharnstoff u. Malonsäure in Eisessig mit Acetanhydrid; 74% (Ausb.). — 4-Chloruracile (**K**): *1.3-Dibutyl-*, $C_{12}H_{19}ClN_2O_2$, Kp.$_{10}$ 184°, aus vorst. Verb. in W. durch Zutropfen von $POCl_3$ u. 40 Min. langes Kochen; 82%. — Analog: *1-Methyl-*, $C_5H_5ClN_2\cdot O_2$, F. 280—282° (W.); 76%. — *1.3-Diphenyl-*, $C_{16}H_{11}Cl\cdot N_2O_2$, F. 141—143°; 64%. — *1-Phenyl-*, $C_{10}H_7ClN_2O_2$, F. 269—270° (Dioxan); 78%. — *1-Benzyl-*, $C_{11}H_9ClN_2O_2$, F. 209—210° (A.); 82%. — 4-Aminouracile (**L**): *1.3-Dimethyl-4-isobutylamino-* (**I**), $C_{10}H_{17}N_3O_2$, F. 160—161° (W.), aus dem entsprechenden **K** mit Isobutylamin durch 15 Min. langes Kochen (Meth. **A**); 74%. — *1.3-Dimethyl-4-phenäthylamino-* (**II**), $C_{14}H_{17}N_3O_2$, F. 181—183° (A.), aus dem entsprechenden **K** mit β-Phenyläthylamin in A. durch 1std. Kochen (Meth. **B**); 87%. — *1-Methyl-4-benzylamino-*, $C_{12}H_{13}N_3O_2$, F. 300—302° (A. bzw. Eisessig), aus dem entsprechenden **K** mit Benzylamin in Butanol durch 1std. Kochen (Meth. **C**); 78%. — *4-Benzylamino-*, $C_{11}H_{11}N_3O_2$, F. 308—310° (DMF), a) nach **A**; b) aus 4-Aminouracil mit Benzylamin u. Benzylaminhydrochlorid durch 3std. Erhitzen auf 160° u. Aufnehmen mit W. (Meth. **D**); 81%. — *1.3-Dimethyl-4-methylamino-*, $C_7H_{11}\cdot N_3O_2$, F. 242—243° (W.), nach **A**; 91%. — *1.3-Dimethyl-4-äthylamino-*, $C_8H_{13}N_3O_2$, F. 163—165° (W.), nach **A**; 78%. — *1.3-Dimethyl-4-[β-hydroxyäthylamino]-*, $C_8H_{13}\cdot N_3O_3$, F. 180—181° (W.), nach **A**; 88%. — *1.3-Dimethyl-4-propylamino-*, $C_9H_{15}N_3O_2$, F. 170—170,5° (W.), nach **B**; 81%. — *1.3-Dimethyl-4-butylamino-*, $C_{10}H_{17}N_3O_2$, F. 142 bis 143° (W.), nach **A**; 69%. — *1.3-Dimethyl-4-isoamylamino-*, $C_{11}H_{19}N_3O_2$, F. 141,5—143,5° (W.), nach **C**; 62%. — *1.3-Dimethyl-4-propionyloxymethylamino-*, $C_{10}H_{15}N_3\cdot O_4$, F. 176—177° (W.), nach **C**; 58%. — *1.3-Dimethyl-4-benzylamino-* (**III**), $C_{13}H_{15}N_3O_2$, F. 149,5—150,5 (A.), nach **C** u. **D**; 78%. — *1.3-Dimethyl-4-[β-diäthylaminoäthylamino]-*, nicht kristallin. — *1.3-Dibutyl-4-methylamino-*, $C_{13}H_{23}N_3O_2$, F. 109—111° (Dioxan-W.; 1 : 1), nach **A**; 87%. — *1.3-Dibutyl-4-benzylamino-* (**IV**), $C_{19}\cdot H_{27}N_3O_2$, F. 94—95° (A.-W.; 1 : 1), nach **C**; 72%. — *4-[β-Hydroxyäthylamino]-*, $C_6H_9N_3O_3$, F. 263—264° (W.), nach **A**; 62%. — *4-Äthylamino-*, $C_6H_9N_3O_2$, F. 302—304° (W.), nach **A**; 64%. — *1-Methyl-4-methylamino-*, $C_6H_9N_3O\cdot O_2$, F. 300—302° (W.), nach **A**; 43%. — *1-Methyl-4-butylamino-*, $C_9H_{15}N_3O_2$, F. 242—244° (W.), nach **A**; 61%. — *3-Methyl-4-benzylamino-*, $C_{12}H_{13}N_3O_2$, F. 292—294° (DMF), nach **D**; 84%. — *1.3-Diphenyl-4-benzylamino-*, $C_{23}H_{19}N_3O_2$, F. 232—234° (A.), nach **C**; 71%. — *1-Phenyl-4-benzylamino-*, $C_{17}H_{15}N_3O_2$, F. 267—269° (A.), nach **C**; 96%. — *3-Benzyl-4-benzylamino-*, $C_{18}H_{17}N_3O_2$, F. 255 bis 257° (A.), nach **D**; 82%. — *1-Benzyl-4-benzylamino-*, $C_{18}\cdot H_{17}N_3O_2$, F. 286—289° (A.), nach **C**; 84%. — *1-Phenyl-4-butylamino-*, $C_{14}H_{17}N_3O_2$, F. 306—308° (A.), nach **C**; 32%. — 4-Amino-5-nitrosouracile (**M**): *1.3-Dimethyl-4-phenäthylamino-*, $C_{14}H_{16}N_4O_3$, F. 275—280°, Dehydratisierung bei 146—150°, a) aus dem entsprechenden **L** in wss. $NaNO_2$ durch Zutropfen von verd. HCl (Meth. **A**); 86%; b) in A. durch Zutropfen von Isoamylnitrit u. Ansäuern mit wenig alkohol. HCl (Meth. **B**); 82%. — *1.3-Dimethyl-4-methylamino-* (**V**), $C_7H_{10}N_4O_3$, F. 260° (A.), Dehydratisierung bei 153°, nach **A** u. **B**; 87%. — *1.3-Dimethyl-4-äthylamino-*, $C_8H_{12}N_4O_3$, F. 315° (A.); 155° Dehydratisierung, nach **A** u. **B**; 82%. — *1.3-Dimethyl-4-[β-hydroxyäthylamino]-*, $C_8H_{12}N_4O_4$, F. 230° (A.), 152° Dehydratisierung nach **B**; 78%. — *1.3-Dimethyl-4-propylamino-*, $C_9H_{14}N_4O_3$, F. 224—246° (A.), 122° Dehydratisierung, nach **B**; 71,5%. — *1.3-Dimethyl-4-butylamino-*, $C_{10}H_{16}N_4O_3$, F. 261°; 105° Dehydratisierung, nach **B**; 74%. — *1.3-Dimethyl-4-isobutylamino-*, $C_{10}H_{16}N_4O_3$, F. 273°; 123° Dehydratisierung, nach **B**; 69%. — *1.3-Dimethyl-4-isoamylamino-*, nach **B**, Dehydratisierung beim Einengen. — *1.3-Dimethyl-4-propionyloxymethylamino-*, nach **B**; sofortige Dehydratisierung. — *1.3-Dimethyl-4-benzylamino-*, nach **A** u. **B**; sofortige Dehydratisierung. — *1.3-Dimethyl-4-[β-diäthylaminoäthylamino]-*, nach **B**, Dehydratisierung beim Einengen. — *1.3-Dibutyl-4-methylamino-*, nach **B**, beim Einengen Dehydratisierung. — *1.3-Dibutylamino-4-benzylamino-*, nach **B**; sofortige Dehydratisierung. — *4-[β-Hydroxyäthylamino]-*, $C_6H_8N_4O_4$, F. 360°, 239° Dehydratisierung, nach **A**; 88%. — *4-Äthylamino-*, $C_6H_8N_4O_3$, F. 360° (W.), 270° Dehydratisierung, nach **A**; 92%. — *4-Benzylamino-*, $C_{11}H_{10}N_4O_3$, F. 360°, 225° Dehydratisierung, nach **A**; 93%. — *1-Methyl-4-methylamino-*, $C_6H_8N_4O_3$, F. 292—294° (W.), nach **A**; 82%. — *1-Methyl-4-benzylamino-* (**VI**), $C_{12}H_{12}N_4O_3$, F. 360° (A.), 195° Dehydratisierung, nach **A**; 95%. — *1-Methyl-4-butylamino-*, $C_9H_{14}N_4O_3$, F. 238—240° (A.), nach **A**; 87%. — *3-Methyl-4-benzylamino-*, nach **A** u. **B**; sofortige Dehydratisierung. — *1-Phenyl-4-benzylamino-*, $C_{17}H_{14}N_4O_3$, F. 360°, 218° Dehydratisierung, nach **A** u. **B**; 89%. — *3-Benzyl-4-benzylamino-*, nach **A** u. **B**; sofortige Dehydratisierung. — *3-Benzyl-4-amino-*, $C_{11}H_{10}N_4O_3$, F. > 300°, nach **B**; 92%. — *1-Benzyl-4-benzylamino-*, $C_{18}\cdot H_{16}N_4O_3$, F. 360° (A.), 204° Dehydratisierung, nach **B**; 75%. — *1-Phenyl-4-butylamino-*, $C_{14}H_{16}N_4O_3$, F. 230 bis 232,5° (A.), nach **B**; 92%. — Xanthine: *1.3-Dibutyl-8-*

phenyl-, $C_{19}H_{24}N_4O_2$, F. 264–266° (A.–W.; 1 : 1), aus **IV** in A. mit Isoamylnitrit u. wenig äthanol. HCl (Meth. **A**); 67%. — *1.3-Dimethyl- (Theophyllin)*, $C_7H_8N_4O_2$, F. 273 bis 274° (W.), a) aus **V** in Butanol durch Kochen bis zur Entfärbung (Meth. **B**); 96%; b) nach **C** u. **D**; 95–98%. — *1-Methyl-8-phenyl-*, $C_{12}H_{10}N_4O_2$, F. > 360° (Eisessig), a) aus **VI** durch 2std. Kochen in Xylol (Meth. **C**); 92%; b) nach **B**. — *3-Methyl-8-phenyl-*, $C_{12}H_{10}N_4O_2$, F. > 360° (DMF–Eisessig), a) aus 3-Methyl-4-amino-5-nitrosouracil mit Benzylaminhydrochlorid u. Benzylamin durch 3std. Erhitzen auf 170° (Meth. **D**); 51%; b) nach **A**. — *1.3.8-Trimethyl-* (**VII**), $C_8H_{10}N_4O_2$, F. 329° (W.), nach **B**; 94%. — *1.3-Dimethyl-8-hydroxymethyl-*, $C_8H_{10} \cdot N_4O_3$, F. 243–244° (A.), nach **B**; 92%. — *1.3-Dimethyl-8-äthyl-*, $C_9H_{12}N_4O_2$, F. 277–277,5° (A.), nach **B**; 96%. — *1.3-Dimethyl-8-propyl-*, $C_{10}H_{14}N_4O_2$, F. 264° (A.), nach **B**; 86%. — *1.3-Dimethyl-8-isopropyl-* (**VIII**), $C_{10}H_{14}N_4O_2$, F. 280° (A.), nach **B**; 93%. — *1.3-Dimethyl-8-isobutyl-*, $C_{11} \cdot H_{16}N_4O_2$, F. 243° (A.), nach **A**; 72%. — *1.3-Dimethyl-8-propionyloxy-*, $C_{10}H_{12}N_4O_4$, F. 277–279° (A.), nach **A**; 54,5%. — *1.3-Dimethyl-8-phenyl-*, $C_{13}H_{12}N_4O_2$, F. 360° (Eisessig), nach **A** u. **D**; 64%. — *1.3-Dimethyl-8-diäthylaminomethyl-, Hydrochlorid*, $C_{12}H_{19}N_5O_2 \cdot HCl$, F. 249 bis 250° (A.), nach **A**; 61,5%. — *1.3-Dimethyl-8-benzyl-* (**IX**), $C_{14}H_{14}N_4O_2$, F. 298–300° (A.), nach **B**; 92%. — *1.3-Dibutyl-*, $C_{13}H_{20}N_4O_2$, F. 192–193° (A.), nach **A**; 65%. — *8-Phenyl-*, $C_{11}H_8N_4O_2$, F. > 360° (Eisessig–DMF), nach **B**, **C** u. **D**; krist. mit 1 Mol Eisessig bzw. DMF; 96%. — *1.3.8-Triphenyl-*, $C_{23}H_{16}N_4O_2$, F. > 360° (Butanol), nach **A**; 80%. — *1.8-Diphenyl-*, $C_{17}H_{12}N_4O_2$, F. 360° (Eisessig), nach **C**; 76%. — *3-Benzyl-8-phenyl-*, $C_{18}H_{14}N_4O_2$, F. > 360° (Eisessig), nach **A** u. **D**; krist. mit 1 Mol Eisessig; 62%. — *1-Benzyl-8-phenyl-*, $C_{18}H_{14}N_4O_2$, F. 360° (Eisessig), nach **C**; 91%. — *8-Phenyltheophyllin*, $C_{13}H_{12}N_4O_2$, F. 360° (Eisessig), aus 7,5 g **III** mit Amylnitrit in A. u. alkohol. HCl; 3,5 g. — *1.3.6.8-Tetramethyl-2.4.5.7-tetraoxooktahydropyrimido-[5.4:g]-pteridin*, $C_{12}H_{12}N_6O_4$, F. > 360° (Eisessig), neben vorst. Verb.; 1,2 g. — 7-Hydroxyxanthine (**N**): *1.3-Dimethyl-8-isopropyl-*, $C_{10} \cdot H_{14}N_4O_3$, F. 221–223° (W.), aus **I** in A. mit Isoamylnitrit u. wenig alkohol. HCl u. Eindampfen zur Trockne; daneben **VIII**; 51%; ergibt mit PCl_3 in Chlf. u. Zers. mit W. **VIII**. *7-O-Methylderiv.*, $C_{11}H_{16}N_4O_3$, F. 124–126° (W.), aus 1 g mit CH_3J u. K_2CO_3 in Aceton; 0,85 g. — *1.3-Dimethyl-8-benzyl-*, $C_{14}H_{14}N_4O_3$, F. 216–218° (A.), aus **II** in A. mit Isoamylnitrit u. alkohol. HCl durch 1std. Kochen; daneben **IX**; 56%. — *1.3-Dimethyl-8-phenyl-*, $C_{13}H_{12}N_4O_3$, F. 342–344° (A. oder Butanol), Sintern ab 180° (Zers.), aus 1.3-Dimethyl-4-amino-5-nitrosouracil u. Benzylidenanilin in Eisessig durch Kochen; 65%. *7-O-Methylderiv.*, $C_{14}H_{14}N_4O_3$, F. 168–169° (A.), mit CH_3J u. K_2CO_3 in Aceton; 62%. — *1.3.8-Trimethyl-*, $C_8H_{10}N_4O_3$, F. 184 bis 184,5° (W.), krist. mit 1 Mol W.; ergibt durch Hydrieren von 1 g an Raney-Ni in A. 0,7 g **VII**; 62%. — *1.3-Dimethyl-8-athyl-*, $C_9H_{12}N_4O_3$, F. 171–172° (W.), krist. mit 1 Mol Kristallwasser; 54%. — *1.3-Dimethyl-8-propyl-*, $C_{10}H_{14}N_4O_3$, F. 154–154,5° (W.); 48%.

F. G. Weber 3272△

1223 **Synthesen von schwefelhaltigen Phenazinderivaten. Synthese von α- und β-Mercaptophenazin.** Yoshinori Kidani und Kenji Ukai. (Chem. pharmac. Bull. [Tokyo] **14**, 3, 293–96, 1966; Internat. Christian Univ., Osawa, Mitaki, Tokyo; engl.) — Durch Rk. von 1- (**I**) u. 2-Chlorphenazin (**II**) mit Thioharnstoff (**III**) werden *Mercaptophenazine* u. Deriv. dargestellt. Ihre *K-Salze* werden zur Identifizierung in die *Methyl-* u. *2.4-Dinitrophenylmercaptoverb.* umgewandelt.

Versuche: *S-[Phenazinyl-(1)]-isothiuroniumchlorid*, $C_{13}H_{10}N_4S \cdot HCl$, F. 208° (Aceton/W.), aus **I** u. **III**. — *1-Mercaptophenazin, K-Salz* (**IV**), F. > 300°, aus vorst. Verb. u. KOH. *Cu-Chelat*, F. 248° (Zers.), durch Ansäuern von **IV** u. Fällen mit $CuSO_4$-Lösung. — *1-Methylmercaptophenazin*, $C_{13}H_{10}N_2S$, F. 172–173° (wss. A.). — *1-[2.4-Dinitrophenylmercapto]-phenazin*, $C_{18}H_{10}N_4O_4S$, F. 247 bis 248° (Methanol). — *Bis-[phenazinyl-(1)]-disulfid*, $C_{24}H_{14}N_4S_2$, F. 274° (Zers.; A.), durch Lösen von **IV** in A. oder W. u. Ansäuern unter N_2 über einen *Nd. vom F. ca. 113°* u. *dimere Phenazhydrinderiv.* (F. ca. 178°); bildet mit KSH **IV**. — *S-[Phenazinyl-(2)]-isothiuroniumchlorid*, F. 157–158°, durch 3std. Kochen von **II** u. **III** in Aceton. — *Bis-[phenazinyl-(2)]-sulfid*, $C_{24}H_{14}N_4S$, F. 263° (Zers.), durch 3std. Kochen von **II** u. **III** in Alkohol. — *2-Mercaptophenazin* (**V**), *K-Salz*, F. > 300°, aus vorvorst. Verb. u. KOH. — *2-Methylmercaptophenazin*, $C_{13}H_{10}N_2S$, F. 159,5–160° (wss. A.). — *2-[2.4-Dinitrophenylmercapto]-phenazin*, $C_{18}H_{10}N_4O_4S$, F. 211° (Methanol). — *Bis-[phenazinyl-(2)]-disulfid*, F. 248–250° (Zers.), durch Ox. von **V** mit Luft über das *dimere Phenazhydrin* (F. 160 bis 165°).

G. Fischer 3272△

1224 **Auf das Zentralnervensystem wirkende Substanzen. 47. Mitt. Synthese von 4-Phenyl-6-chlor-1H.4H-3.1-benzoxazinon-(2) und Derivate.** 1. Mitt. E. Testa und L. Fontanella. (Farmaco [Pavia], Ediz. sci. **21**, 549–57, 1966; Labor. di Ric. della „Lepetit" S.p.A., Milano; ital.) — 46. vgl. C. **1968**, 46-0982. — Folgende Verb. werden dargestellt: *2-[2-Phenylchloracetamido]-5-chlorbenzhydrol*, F. 136–138° (PAe.) u. F. 200–202° (Dioxan), aus 35,7 g 2-Amino-5-chlorbenzyhdrol u. 29 g Phenylchloressigsäurechlorid in Ggw. von Triäthylamin; 58,8 g (Ausb.). — 1H.4H-3.1-Benzoxazinone-(2): *4-Phenyl-6-chlor-* (**I**), $C_{14}H_{10}ClNO_2$, F. 198–200° (A.), a) aus 10 g vorst. Verb. durch Kochen in abs. Py.; 5,2 g; b) aus 4,7 g 2-Amino-5-chlorbenzhydrol u. Phosgen in abs. Toluol; 1,9 g. — *Unsubstituiert* (**II**), $C_8H_7NO_2$, F. 119 bis 120°, aus 5 g o-Aminobenzhydrol, Triäthylamin u. $COCl_2$ in $CHCl_3$; Nadeln; 2,2 g. — *1-Äthyl-*, $C_{10}H_{11}NO_2$, $Kp._{1,5}$ 140°, analog **II** aus 5 g 2-Äthylaminobenzylalkohol u. $COCl_2$; 2,05 g. — *1-Phenyl-*, $C_{14}H_{11}NO_2$, F. 164–166° (Isopropanol), aus 10 g 2-Anilinobenzylalkohol u. Triäthylamin in abs. $CHCl_3$; 1,2 g. — *1-[p-Chlorbenzoyl]-*, $C_{15}H_{10}ClNO_3$, F. 99–101° (A.), aus 4 g **II** u. p-Chlorbenzoylchlorid in abs. Py.; 3,7 g. — *1-[p-Chlorbenzoyl]-4-phenyl-6-chlor-*, $C_{21}H_{13}Cl_2NO_3$, F. 155–157° (abs. A.), analog vorst. Verb. aus **I** (2,6 g); 2,2 g. — *1-Benzoyl-4-phenyl-6-chlor-*, $C_{21}H_{14}ClNO_3$, F. 118–120° (Ae./PAe.), analog vorvorst. Verb. aus 3 g **I**; 35 mg. — *1-Methyl-4-phenyl-6-chlor-*, $C_{15}H_{12}ClNO_2$, F. 185–187° (abs. A.), aus 3 g **I** u. Methyljodid in Ggw. von K_2CO_3 in abs. Aceton; 2,2 g. — *1-Methyl-*, $C_9H_9NO_2$, $Kp._{0,8}$ 125–130° (Luftbad), analog vorst. Verb. aus 3 g **II**; 1,25 g. — *1-Butyl-4-phenyl-6-chlor-*, $C_{18}H_{18}ClNO_2$, F. 78–80° (Ae./PAe.), analog vorvorst. Verb. aus 3 g **I**; 350 mg. — *1-[β-Diäthylaminoäthyl]-4-phenyl-6-chlor-, Citrat*, $C_{20}H_{23} \cdot ClN_2O_2 \cdot C_6H_8O_7$, F. 58–60° (Zers., abs. A./Ae.), aus 2,58 g **I** u. $NaNH_2$ in Dioxan, dann Umsetzen mit β-Diäthylaminoäthylchlorid u. Citronensäure; 3,89 g. — *1-[3-(4-Methylpiperazino)-propyl]-4-phenyl-6-chlor-*, $C_{22} \cdot H_{26}ClN_3O_2$, F. 97–99° (Diisopropyläther), aus 2,59 g **I** u. 1,77 g 4-Methyl-1-[3-chlorpropyl]-piperazin in Ggw. von $NaNH_2$; 1,25 g. — *2-Methylamino-5-chlorbenzhydrol*, $C_{14}H_{14}ClNO$, F. 90° (PAe.), aus 3 g **I** u. $LiAlH_4$; 1,7 g. — *2-Anilinobenzylalkohol*, $C_{13}H_{13}NO$, F. 61–63° (Ligroin), aus 50 g N-Phenylanthranilsäure u. $LiAlH_4$; 35,8 g.

P. Golinske 3282△

1225 **Cyclische Sulfone.** 1. Mitt. **1H-2.1-Benzothiazin-2.2-dioxide.** Silvano Rossi und Giorgio Pagani. (Ann. Chimica **56**, 728–40, 1966; Milano, Ist. di Chim. Ind. dell'Univ.; ital.) — Folgende Verb. werden dargestellt: o-Aminoacetophenone: *N-[Carbäthoxymethansulfonyl]-*, $C_{12}H_{15}NO_5S$, F. 60° (A.), aus o-Aminoacetophenon u. Carbäthoxymethansulfochlorid in Ggw. von Triäthylamin in abs. $CHCl_3$; 80% (Ausb.). — *N-Methansulfonyl-*, $C_9H_{11}NO_3S$, F. 108° (Methanol), analog vorst. Verb.; 66%. — *N-Methansulfonyl-N-methyl-*, $C_{10}H_{13}NO_3S$, F. 100–103° (A.), aus vorst. Verb. u. Methyljodid in äthanol. KOH; 66%. — *N-[Phenacylsulfonyl]-*, $C_{16}H_{15}NO_4S$, F. 83° (Methanol), analog vorvorst. Verb.; 70%. — *N-[p-Nitrophenylmethansulfonyl]-*, $C_{15} \cdot H_{14}N_2O_5S$, F. 191° (Essigsäure), analog vorst. Verb.; 21%. — 2-Amino-5-chlorbenzophenone: *N-Phenacylsulfonyl-*, $C_{21}H_{16}ClNO_4S$, F. 112° (A.), aus Phenacylsulfochlorid u. 2-Amino-5-chlorbenzophenon in Ggw. von Triäthylamin in abs. $CHCl_3$; 62,5%. — *N-Methansulfonyl-*, $C_{14}H_{12}ClNO_3S$, F. 126–127° (A.), analog vorst. Verb.; 46%. — *N-Methyl-N-methansulfonyl-*, $C_{15}H_{14}ClNO_3S$, F. 55° (A.), $Kp._{0,5}$ 205–210°, analog vorst. Verb.; 66%. — *N-[p-Nitrophenylmethansulfonyl]-*, $C_{20}H_{15}ClN_2O_5S$, F. 190° (A.), analog vorst. Verb.; 22%. — *N-Carbäthoxymethansulfonyl-*, $C_{17}H_{16}ClNO_5S$, F. 83–84° (A.), analog vorst. Verb.; 60%. — 1H-2.1-Benzothiazin-2.2-dioxide: *3-Benzoyl-4-methyl-* (I), $C_{16}H_{13}NO_3S$, F. 180⁰ (Methanol), aus dem entsprechenden Sulfanilid u. Na-Äthylat in abs. A. durch 2std. Kochen u. Ansäuern mit verd. HCl; 89%. — *3-Äthoxycarbonyl-4-methyl-* (II), $C_{12}H_{13}NO_4S$, F. 167⁰ (Methanol), analog I durch Cyclisieren mit 2%ig. Soda; 80%. — *4-Methyl-*, $C_9H_9NO_2S$, F. 165 bis 166⁰ (A.), Kp.$_{0,1}$ 190⁰, durch Decarboxylierung nachst. Verb.; 77%. — *3-Carboxy-4-methyl-*, $C_{10}H_9NO_4S$, F. 210⁰ (Methanol), durch Verseifen vorvorst. Verb. mit verd. NaOH in wss.-alkohol. Lsg.; 78%. — *1.4-Dimethyl-* (III), $C_{10}H_{11}NO_2S$, F. 88⁰ (A.), durch Methylierung vorvorst. Verb. u. analog I; 71%. — *3-[p-Nitrophenyl]-4-methyl-*, $C_{15}H_{12}N_2O_4S$, F. 249⁰ (A.), analog II u. I; 42%. — *3-Carbäthoxy-4-phenyl-6-chlor-*, $C_{17}H_{14}ClNO_4S$, F. 163—164⁰ (Methanol), analog I; 89%. — *3-Carboxy-4-phenyl-6-chlor-*, $C_{15}H_{10}ClNO_4S$, F. 193—194⁰ (Methanol), durch Verseifung vorst. Verb.; 80%. — *4-Phenyl-6-chlor-*, $C_{14}H_{10}ClNO_2S$, F. 185—186⁰ (A.), durch Decarboxylierung vorst. Verb.; 60%. — *1-Methyl-4-phenyl-6-chlor-*, $C_{15}H_{12}ClNO_2S$, F. 187—189⁰ (Bzl.), analog I u. durch Methylierung vorst. Verb.; 91%. — *3-Benzoyl-4-phenyl-6-chlor-*, $C_{21}H_{14}ClNO_3S$, F. 190—192⁰ (A.), analog I; 70%. — *3-[p-Nitrophenyl]-4-phenyl-6-chlor-*, $C_{20}H_{13}ClN_2O_4S$, F. 284⁰ (A.), analog I; 78,5%. — *N-Methylskatol*, $C_{10}H_{11}N$, Kp.$_{18}$ 140—145⁰, durch Erhitzen von III auf 270—310⁰; n_D^{20} 1,5925. — *N-Methyl-2-isopropenylanilin*, $C_{10}H_{13}N$, Kp.$_{18}$ 120—125⁰, neben vorst. Verbindung. — *N-Methyl-2-isopropylanilin*, $C_{10}H_{15}N$, Kp.$_{18}$ 125—130⁰, durch Hydrieren vorst. Verb. an 10%ig. Pd/Kohle in abs. Methanol; n_D^{20} 1,5473; 91%. *m-Nitrobenzolsulfonylderiv.*, F. 102—103⁰. P. Golinske 3292△

1226 **Cyclische Sulfone. 2. Mitt. Synthese von Sulfostyril (1H-2.1-Benzothiazin-2.2-dioxid.** Silvano Rossi und Giorgio Pagani. (Ann. Chimica **56**, 741—51, 1966; Milano, Ist. di Chim. Ind. dell'Univ.; ital.) — 1. vgl. vorst. Referat. — Folgende Verb. werden dargestellt: *Carboxymethansulfanilid*, $C_8H_9NO_4S$, F. 130⁰ (Bzl./Essigester), aus Carbäthoxymethansulfochlorid u. Anilin u. Kochen mit NaOH; 75% (Ausb.). — *N-Methylcarboxymethansulfanilid*, $C_9H_{11}NO_4S$, F. 112⁰ (verd. A.), a) analog vorst. Verb. mit N-Methylanilin; 67%; b) aus vorst. Verb. u. Dimethylsulfat in Ggw. von wss. NaOH; 35%. — *Benzoylmethansulfanilid*, $C_{14}H_{13}NO_3S$, F. 106 bis 108⁰ (A.), aus Phenacylsulfochlorid u. Anilin in $CHCl_3$; 90%. *Oxim*, $C_{14}H_{14}N_2O_3S$, F. 130⁰ (verd. Methanol); 90%. — *Carbanilidomethansulfanilid*, $C_{14}H_{14}N_2O_3S$, F. 137⁰ ($CHCl_3$), aus vorst. Oxim u. PCl_5; 90%. — 1H-2.1-Benzothiazin-2.2-dioxide: *4-Oxo-3.4-dihydro-* (III), $C_8H_7NO_3S$, F. 190—191⁰ (verd. Dioxan), a) aus Carboxymethansulfanilid u. Polyphosphorsäure bei 170 bis 180⁰; 70%; b) analog a) mit $POCl_3$; 30%; c) aus Carbanilidomethansulfanilid u. $POCl_3$ durch Kochen; 10%. *Semicarbazon*, F. 350⁰ (verd. Essigsäure). *Oxim*, $C_8H_8N_2O_3S$, F. 222⁰ (Zers.; verd. A.). — *1-Methyl-4-oxo-3.4-dihydro-* (IV), $C_9H_9NO_3S$, F. 117—118⁰ (A.), aus N-Methylcarboxymethansulfanilid u. Polyphosphorsäure bei 170—190⁰; 62,5%; b) aus III u. Dimethylsulfat in Ggw. von wss. NaOH; 62%. — *Unsubstituiert (Sulfostyril)*, $C_8H_7NO_2S$, F. 152⁰ (W. u. Methanol), aus III u. $NaBH_4$ in 3%ig. NaOH; 91%. — *1-Methyl-*, $C_9H_9NO_2S$, F. 68—70⁰ (Methanol), a) aus IV u. $NaBH_4$ in wss. NaOH; 76%; b) aus vorst. Verb. u. Dimethylsulfat in wss. NaOH; 52%. — *3.4-Dihydro-*, $C_8H_9NO_2S$, F. 153⁰ (Methanol), aus vorvorst. Verb. durch Hydrierung an 10%ig. Pd/Kohle; 80%. — *1-Methyl-3.4-dihydro-*, $C_9H_{11}NO_2S$, F. 80 bis 82⁰ (Methanol), durch Hydrieren vorvorst. Verb. analog vorst. Verb.; 75%. — *4-Phenyl-7-methoxy-*, $C_{15}H_{13}NO_3S$, F. 148—149⁰ (verd. A.), aus I u. $POCl_3$; 65%. — *4-Phenyl-7-methyl-*, $C_{15}H_{13}NO_2S$, F. 185—186⁰ (A.), aus II u. $POCl_3$; 56%. — *Benzoylmethansulfonsäure-3-methoxyanilid* (I), $C_{15}H_{15}NO_4S$, F. 135—137⁰ (A.), aus Phenacylsulfochlorid u. m-Anisidin in $CHCl_3$; 92%. — *Benzoylmethansulfonsäure-m-toluidid* (II), $C_{15}H_{15}NO_3S$, F. 82⁰ (verd. A.), aus Phenacylsulfochlorid u. m-Toluidin in Ggw. von Triäthylamin in $CHCl_3$; 90%. — *Benzoylmethansulfonsäure-2.3-dimethylanilid*, $C_{16}H_{17}NO_3S$, F. 125 bis 127⁰ (A.), aus dem Säurechlorid u. 2.3-Dimethylanilin; 61%. — *Benzoylmethansulfonsäure-3.4-dimethylanilid*, $C_{16}H_{17}NO_3S$, F. 115—117⁰ (A.), aus dem Säurechlorid u. 3.4-Dimethylanilin in Ggw. von Triäthylamin in $CHCl_3$; 73%. P. Golinske 3292△

1227 **Studien an Pyrimidinderivaten und davon abgeleiteten Verbindungen. 51. Mitt. Reaktionen von Benzoylphosphonsäurediäthylester mit Thiamin. 3. Mitt. Takamizawa-Reaktion.** Akira Takamizawa, Yoshio Hamashima, Yoshiro Sato, Hisao Sato, Sachiko Tanaka, Hisako Ito und Yoshio Mori. (J. org. Chemistry **31**, 2951—56, 1966; Shionogi Res. Labor., Shionogi and Comp. Limited, Fukushima-ku, Osaka, Japan; engl.) — 50. vgl. C. **1968**, **56**-0730. — Aus Thiamin u. Benzoylphosphonsäurediäthylester wird *1-Phenyl-3-[2-hydroxyäthyl]-4.9-dimethyl-1.6-dihydropyrimido-[4'.5':4.5]-pyrimido-[3.2:c]-1.4-thiazin* (III) dargestellt. Der Tricyclus u. dessen Folgeprod. werden durch das Verh. bei der Hydrolyse u. durch Deuterierung sowie durch R_F-Werte u. NMR-, UV- bzw. IR-Spektren (Maxima vgl. Orig.) gekennzeichnet.

Versuche: *1-Phenyl-3-[2-hydroxyäthyl]-4.9-dimethyl-1.6-dihydropyrimido-[4'.5':4.5]-pyrimido-[2.3:c]-1.4-thiazin* (III), $C_{19}H_{20}N_4OS$, F. 207—208⁰ (Methanol), aus Thiaminhydrochlorid in DMF u. Triäthylamin unter Eiskühlung sowie Umsatz mit Benzoylphosphonsäurediäthylester; 86,3% (Ausb.). *Benzoylderiv.* (I), $C_{26}H_{24}N_4O_2S$, F. 196—198⁰ (Essigsäureäthylester), a) analog vorst. Verb. durch Verdampfen des DMF u. Erwärmen auf 70⁰; 34,1%; daneben 55,5% III; b) aus O-Benzoylthiaminhydrochlorid analog III; 57%. *Acetylderiv.* (II), $C_{21}H_{22}N_4O_2S$, F. 149—151⁰ (Zers.; Methanol/Ae.), a) aus III u. Acetanhydrid in Ggw. von Py.; b) aus 2-Phenyl-3-oxo-4-[2-methyl-4-aminopyrimidyl-(5)-methyl]-5-methyl-6-[2-acetoxyäthyl]-2.3-dihydro-4H-1.4-thiazin in sd. $POCl_3$ unter N_2; 34%; c) aus 1 g VII in $POCl_3$; unter N_2 bei 100⁰; 0,12 g. — *2-Phenyl-3-oxo-4-[2-methyl-4-aminopyrimidyl-(5)-methyl]-5-methyl-6-[2-benzoyloxyäthyl]-2.3-dihydro-4H-1.4-thiazin* (IV), $C_{26}H_{26}N_4O_3S$, F. 163⁰ (Aceton/Essigsäureäthylester), aus I durch Bestrahlung (372 mμ) in sd. 50%ig. A.; 67,2%. — *2-Phenyl-3-oxo-4-[2-methyl-4-aminopyrimidyl-(5)-methyl]-5-methyl-6-[2-hydroxyäthyl]-2.3-dihydro-4H-1.4-thiazin*, F. 101—103⁰ ($CHCl_3$), a) aus II durch Bestrahlung in sd. 75%ig. A. in Ggw. von NaOH; 63,1%; b) analog a) aus III; 56,1%; c) aus I in 5%ig. äthanol. NaOH bei 60⁰; 87,5%. — *2-Methyl-4-amino-5-[2-chlorphenylacetylamino]-methylpyrimidin*, $C_{14}H_{15}ClN_4O$, F. 201⁰ (Essigsäureäthylester), aus 2-Methyl-4-amino-5-aminomethylpyrimidin in THF u. Umsatz mit α-Chlorphenylacetylchlorid bei 10—15⁰; 83,6%. — *S-Benzol-N-[2-methyl-4-aminopyrimidyl-(5)-methyl]-thiomandelsäureamid*, $C_{21}H_{22}N_4OS$, F. 135—136⁰ (Aceton), aus $NaOC_2H_5$ u. Benzylmercaptan sowie vorst. Verb.; 87,2%. — {α-[2-*Methyl-4-aminopyrimidyl-(5)]-methylaminocarbonyl*}-*benzyl-[α-acetyl-γ-acetoxy]-propylthioäther* (VII), $C_{21}H_{26}N_4O_4S$, F. 150—151⁰ (Essigsäureäthylester), a) aus 3,37 g I u. Na in fl. NH_3 sowie IV; 0,35 g; daneben *Phenylessigsäure-[2-methyl-4-aminopyrimidyl-(5)-methyl]-amid* (V), $C_{14}H_{16}N_4O$, F. 170⁰ (Aceton); 0,075 g; b) aus 0,1 g VI u. Essigsäureanhydrid in Py.; 0,083 g. — {α-[2-*Methyl-4-aminopyrimidyl-(5)]-methylaminocarbonyl*}-*benzyl*-{α-*acetyl-γ-[tetrahydropyranyl-(2)-oxy]-propyl*}-*thioäther*, $C_{24}H_{32}N_4O_4S$, F. 136—137⁰ (Ae./Essigsäureäthylester), aus 8 g vorvorst. Verb. u. Na in fl. NH_3 sowie [Tetrahydropyranyl-(2)]-α-acetyl-α-chlorpropyläther; 1,22 g; daneben 0,2 g V. — {α-[2-*Methyl-4-aminopyrimidyl-(5)]-methylaminocarbonyl*}-*benzyl-[α'-acetyl-γ-hydroxy]-propylthioäther* (VI), $C_{19}H_{24}N_4O_3S$, F. 142⁰ (Essigsäureäthylester), a) aus 0,1 g VII mit HCl; 0,083 g; b) analog a) aus 0,36 g vorst. Verb.; 0,257 g. — {α-[2-*Methyl-4-amino-pyrimidyl-(5)]-methylaminocarbonyl*}-*benzyl-[α'-acetyl-γ'-chlor]-propylthioäther*, $C_{19}H_{23}ClN_4O_2S$, F. 165—166⁰ (Essigsäureäthylester) aus 0,05 g vorst. Verb. mit konz. HCl. G. Westphal 3232△

1228 **Benzo-1.2.4-thiadiazine. 32. Mitt. N²-Alkylderivate des 7-Chlor-3-oxodihydrobenzo-1.2.4-thiadiazin-1. 1-dioxids und 3-Alkoxyderivate des 7-Chlorbenzo-1.2.4-thiadiazin 1.1-dioxids.** L. Raffa und P. Pecorari. (Farmaco [Pavia], Ediz. sci. **21**, 16—29, 1966; Modena, Univ., Ist. di Chim. farmaceut. e tossicol.; ital.) — 30. vgl. C. **1967**, **33**-1113. — Durch Rk. des Na-Salzes (Ia) von 7-Chlor-3-oxodihydrobenzo-1.2.4-thiadiazin-1.1-dioxid (I) in DMF oder Dimethylacetamid (DMA) mit C_2H_5J wird das **I**-*2-Äthylderiv.* (**Ib**) neben dem *3-Äthoxyderiv.* (**IIa**) des *7-Chlor-2H-benzo-1.2.4-thiadiazin-1.1-dioxids* (**II**) erhalten; während CH_3J nur das **I**-*2-Methylderiv.* (**Ic**) liefert, geben längere u. bes. die verzweigten Alkylhalogenide steigende Mengen der **IIa**-Homologen, die durch ihre Löslichkeit in Alkali von den **Ib**-Homologen leicht getrennt werden können. Die Konstit. von **IIa** wird durch das IR-Spektrum für den festen Zustand gestützt. Das Vorliegen der tautomeren 4H-Form in Lsg. wird durch die Methylierung des **II**-3-Isopropoxyderiv. (**IIb**) in CH_3OH mit CH_2N_2 in Ae. zu *3-Isopropoxy-4-methyl-7-chlor-4H-benzo-1.2.4-thiadiazin-1.1-dioxid* (**IIIa**) neben wenig **IIb**-*N²-Methylderiv.* (**IIc**) festgsetellt; beim Zugeben von **IIb** zu CH_2N_2 in Ae. wird dagegen vorwiegend **IIc** neben wenig **IIIa** erhalten. Die Konstit. von **IIc** u. **IIIa** wird durch Hydrolyse zu **Ic** bzw. zum **I**-*N⁴-Methylderiv.* (**Id**) bewiesen.

Versuche: *7-Chlor-3-oxodihydrobenzo-1.2.4-thiadiazin-1.1-dioxid* (**I**), F. 314–315°, durch 7½std. Kochen von **IIa** u. 8%ig. NaOH, Sättigen mit CO_2 u. Ansäuern des Filtrats mit HCl; aus CH_3OH Nadeln. *Na-Salz* (**Ia**), $C_7H_4ClN_2NaO_3S$, durch Kochen von **I** u. Na_2CO_3 in W., Einengen, Zugeben von Aceton u. Stehen bei 0°; 95% (Ausb.). *2-Methylderiv.* (**Ic**), $C_8H_7ClN_2O_3S$, F. 252–253° (CH_3OH), a) durch 1½std. Erhitzen von **Ia** u. CH_3J in DMF auf 76–79°, Gießen in Eiswasser u. mehrstd. Stehen bei Raumtemp.; 8,13%; b) durch 2std. Erhitzen von **IIc** u. **IIe** mit verd. HCl auf dem W.-Bad u. mehrstd. Stehen bei Raumtemperatur. *2-Äthylderiv.* (**Ib**), $C_9H_9ClN_2O_3S$, F. 225–226°, analog **Ic** nach a) u. Extrahieren des Nd. mit Na_2CO_3-Lsg.; aus CH_3OH Nadeln; 73%. *2-Propylderiv.* (**Ie**), $C_{10}H_{11}ClN_2O_3S$, F. 211°, analog **Ib** (70–80°; 2⅓ Std.); aus CH_3OH Schuppen; 72%. *2-Isopropylderiv.* (**If**), $C_{10}H_{11}ClN_2O_3S$, F. 174–174,5° u. F. 195–196° (dimorph; CH_3OH), analog **Ib** (78–80°; 2¾ Std.); 31%. *2-Allylderiv.* (**Ig**), $C_{10}H_9ClN_2O_3S$, F. 230–231°, analog **Ib** mit Allylbromid (78–80°; 1½ Std.); aus Aceton Nadeln; 72%. *2-Propargylderiv.* (**Ih**), $C_{10}H_7ClN_2O_3S$, F. 222,5 bis 253,5°, analog **Ig**; aus CH_3OH Nadeln; 59%. *2-n-Butylderiv.* (**Ii**), $C_{11}H_{13}ClN_2O_3S$, F. 168–168,5° (CH_3OH), analog **Ib** mit 1-Brombutan in DMA (80°; 4 Std.); 60%. *2-sek.-Butylderiv.* (**Ij**), $C_{11}H_{13}ClN_2O_3S$, F. 168–168,5° (CH_3OH), analog **Ib** mit 2-Brombutan (80°; 9½ Std.); 12%. *2-Benzylderiv.* (**Ik**), $C_{14}H_{11}ClN_2O_3S$, F. 215–216,5° (CH_3OH), analog **Ib** mit Benzylchlorid in DMA (85°; 9½ Std.); 60,1%. *4-Methylderiv.* (**Id**), F. 255–257° (CH_3OH), analog **I** aus **IIIa**. — 7-Chlor-2H-benzo-1.2.4-thiadiazin-1.1-dioxide: *3-Äthoxy-*, (**IIa**), $C_9H_9ClN_2O_3S$, F. 235,5–237°, durch Ansäuern der neben **Ib** erhaltenen alkal. Extrakte mit HCl bis pH 2–3; aus Aceton/CH_3OH Nadeln; 16%. — *3-n-Propoxy-*, $C_{10}H_{11}ClN_2O_3S$, F. 201–202°, neben **Ie**; aus CH_3OH/Aceton Würfel; 20,5%. — *3-Isopropoxy-* (**IIb**), $C_{10}H_{11}ClN_2O_3S$, F. 213 bis 214° (Zers.), neben **If**; aus Aceton Blättchen; 44%. — *3-Allyloxy-*, $C_{10}H_9ClN_2O_3S$, F. 210–211,5°, neben **Ig**; aus CH_3OH Nadeln; 10%. — *3-Propargyloxy-*, $C_{10}H_7Cl \cdot N_2O_3S$, F. 198–200°, neben **Ih**; aus CH_3OH Nadeln; 18%. — *3-n-Butoxy-*, $C_{11}H_{13}ClN_2O_3S$, F. 161,5–163,5°, neben **Ii**; aus Aceton Nadeln; 22%. — *3-sek.-Butoxy-* (**IId**), $C_{11}H_{13}ClN_2O_3S$, F. 169,5–171° (CH_3OH/Aceton), neben **Ij**; 29%. — *3-Benzyloxy-*, $C_{14}H_{11}ClN_2O_3S$, F. 194,5 bis 195,5° (Zers.; Aceton), neben **Ik**; 19%. — *2-Methyl-3-isopropoxy-* (**IIc**), $C_{11}H_{13}ClN_2O_3S$, F. 82–83°, a) durch Zugeben von fein pulverisiertem **IIb** zu CH_2N_2 in Ae. bei 0° in 15 Min. unter Rühren, weiteres 18std. Rühren, mehrstd. Stehen, Eindampfen u. frakt. Kristallisation aus CH_3OH u. PAe.; Nadeln; 73%; b) aus der Mutterlauge von **IIIa**; 22%. — *2-Methyl-3-sek.-butoxy-* (**IIe**), $C_{12}H_{15}ClN_2O_3S$, F. 75,5–76,5° (W./CH_3OH), aus der Mutterlauge von **IIIb**; 52%. — 7-Chlor-4H-benzo-1.2.4-thiadiazin-1.1-dioxide: *3-Isopropoxy-4-methyl-* (**IIIa**), $C_{11}H_{13}ClN_2O_3S$, F. 167–168,5° (CH_3OH), a) neben **IIc** nach a); 14,8%; b) durch Zutropfen von CH_2N_2 in Ae. zu **IIb** in CH_3OH bei 0°, mehrstd. Stehen bei 0°, Einengen u. Auskochen mit PAe.; 58%. — *3-sek.-Butoxy-4-methyl-* (**IIIb**), $C_{12}H_{15}ClN_2O_3S$, F. 126–127° (W./CH_3OH), analog **IIc** nach a) aus **IId**; 13%. — 2-Amino-5-chlorbenzolsulfonsäure-N-alkylamide: *Unsubstituiert*, F. 152 bis 153°, wie nachst. Verb. aus **Ih**. — *-N-äthyl-*, $C_8H_{11} \cdot ClN_2O_2S$, F. 77–78°, durch 2std. Kochen von **Ib** u. 8%ig. NaOH, Verdünnen mit W., Sättigen mit CO_2 u. mehrstd. Stehen; aus W./CH_3OH Nadeln; 91%. — Analog: *-N-propyl-*, $C_9H_{13}ClN_2O_2S$, F. 57,5–58,5°; aus W./CH_3OH Schuppen; 86%. — *-N-isopropyl-*, $C_9H_{13}ClN_2O_2S$, F. 88,5 bis 89,5°; aus W./CH_3OH Nadeln; 88%. — *-N-allyl-*, $C_9H_{11}ClN_2O_2S$, F. 63,5–64,5°; aus W./CH_3OH Schuppen; 88%. — *-N-benzyl-*, $C_{13}H_{13}ClN_2O_2S$, F. 77,5–78,5°; aus W./CH_3OH Schuppen. F. Heller 3333

1229 **Hydrogenolyse von 3.4-Dihydro-1.2.4-benzothiadiazin-1.1-dioxid.** 2. Mitt. Mario Ghelardoni, Filippo Russo und Maria Grazia Salmon. (Ann. Chimica **56**, 687–99, 1966; Firenze, Stab. Farmaceut. Menarini, Labor. Ric.; ital.) — 1. vgl. C. **1967**, 7-1168. — Folgende Verb. werden dargestellt: 1-Chlor-2-methyl-4-methylaminosulfonylbenzole: *5-Benzylamino-* (**V**), $C_{15}H_{17} \cdot ClN_2O_2S$, F. 137–139° (A.), aus 2.7-Dimethyl-3-phenyl-6-chlor-3.4-dihydro-1.2.4-benzothiadiazin-1.1-dioxid u. KBH_4 in W.; 99,3% (Ausb.). — *5-[p-Chlorbenzylamino]-* (**VI**), $C_{15}H_{16}Cl_2N_2O_2S$, F. 147–149° (A.), analog **V**; 99,5%. — *5-[p-Nitrobenzylamino]-* (**VII**), $C_{15}H_{16}ClN_3O_4S$, F. 126 bis 128° (A.), analog **V** aus **III**; gelbe Krist.; 99,1%. *5-[p-Methoxybenzylamino]-* (**VIII**), $C_{16}H_{19}ClN_2O_3S$, F. 108 bis 110° (A.), analog **V**; 99,4%. — 1-Methyl-2-chlor-4-methylaminobenzole: *5-Aminosulfonyl-* (**I**), $C_8H_{11} \cdot ClN_2O_2S$, F. 205–207° (A.), aus **XV** durch Kochen mit 10%ig. NaOH bis zur völligen Lösung. — *5-Benzylaminosulfonyl-* (**XIII**), $C_{15}H_{17}ClN_2O_2S$, F. 87–89° (A.), analog **V** aus **II**; 99,3%. — *5-[p-Chlorbenzylaminosulfonyl]-* (**XIV**), $C_{15}H_{16}Cl_2N_2O_2S$, F. 137–139° (A.), analog **V** aus **IV**; 99,4%. — *5-[p-Nitrobenzylaminosulfonyl]-* (**XI**), $C_{15}H_{16} \cdot ClN_3O_4S$, F. 148–149° (A.), analog **V** aus **IX**; 98,4%. — *5-[p-Methoxybenzylaminosulfonyl]-* (**XII**), $C_{16}H_{19}ClN_2O_3S$, F. 122–124° (A.), analog **V** aus **X**; 99,4%. — 1.2.4-Benzothiadiazin-1.1-dioxide: *2.7-Dimethyl-3-[p-nitrophenyl]-6-chlor-3.4-dihydro-* (**III**), $C_{15}H_{14}ClN_3O_4S$, F. 243 bis 245° (Dioxan), aus 2-Amino-4-chlor-5-methylbenzolsulfonsäuremethylamid u. p-Nitrobenzaldehyd in sd. Dioxan in Ggw. von konz. HCl. — *2.7-Dimethyl-4-benzyl-6-chlor-3.4-dihydro-*, $C_{16}H_{17}ClN_2O_2S$, F. 154–156° (A.), a) aus **V** u. 37%ig. Formaldehyd in sd. Dioxan in Ggw. von konz. HCl; b) aus 4-Benzyl-6-chlor-7-methyl-3.4-dihydro-1.2.4-benzothiadiazin-1.1-dioxid u. 10%ig. NaOH in 50%ig. wss. A. mit Dimethylsulfat. — *2.7-Dimethyl-4-[p-chlorbenzyl]-6-chlor-3.4-dihydro-*, $C_{16}H_{16}Cl_2N_2O_2S$, F. 200–202° (Dioxan), analog vorst. Verb. nach a) aus **VI** u. 37%ig. wss. Formaldehyd. — *2.7-Dimethyl-4-[p-nitrobenzyl]-6-chlor-3.4-dihydro-*, $C_{16}H_{16}ClN_3O_4S$, F. 198 bis 201° (A.), analog vorst. Verb. aus **VII**; gelbe Kristalle. — *2.7-Dimethyl-4-[p-methoxybenzyl]-6-chlor-3.4-dihydro-*, $C_{17}H_{19}ClN_2O_3S$, F. 148–150° (A.), analog vorst. Verb. aus **VIII**. — *4.7-Dimethyl-6-chlor-* (**XV**), $C_9H_9ClN_2O_2S$, F. 285 bis 287° (Dioxan), a) aus 6-Chlor-7-methyl-1.2.4-benzothiadiazin-1.1-dioxid u. Dimethylsulfat in 10%ig. NaOH; b) durch Kochen von **I** u. 98–100%ig. HCOOH. — *3-Phenyl-4.7-dimethyl-6-chlor-3.4-dihydro-* (**II**), $C_{15}H_{15} \cdot ClN_2O_2S$, F. 190–191° (A.), a) aus **I** u. Benzaldehyd in sd. Dioxan in Ggw. von konz. HCl; b) aus **I** u. Benzaldehyd bei 130–140°. — *3-[p-Chlorphenyl]-4.7-dimethyl-6-chlor-3.4-dihydro-* (**IV**), $C_{15}H_{14}Cl_2N_2O_2S$, F. 196–198° (A.), analog **II** nach a) u. b). — *3-[p-Nitrophenyl]-4.7-dimethyl-6-chlor-3.4-dihydro-* (**IX**), $C_{15}H_{14}ClN_3O_4S$, F. 210 bis 212° (A.), analog **IV**; hellgelbe Kristalle. — *3-[p-Methoxyphenyl]-4.7-dimethyl-6-chlor-3.4-dihydro-* (**X**), $C_{16}H_{17} \cdot ClN_2O_3S$, F. 171–172° (A.), analog **IV**. — *2.7-Dimethyl-6-chlor-*, $C_9H_9ClN_2O_2S$, F. 178–180° (A.), aus 2-Amino-4-chlor-5-methylbenzoluslfonsäuremethylamid u. Orthoameisensäuretriäthylester im verschlossenen Gefäß bei 125–135°. — *2-Benzyl-4.7-dimethyl-6-chlor-3.4-dihydro-*, $C_{16}H_{17}ClN_2O_2S$, F. 132–134° (A.), aus **XIII** u. 37%ig. Formaldehyd in sd. Dioxan in Ggw. von konz. HCl. *2-[p-Chlorbenzyl]-4.7-dimethyl-6-chlor-3.4-dihydro-*, $C_{16} \cdot H_{16}Cl_2N_2O_2S$, F. 131–133° (A.), analog vorst. Verb. aus **XIV** u. 37%ig. Formaldehyd. — *2-[p-Nitrobenzyl]-4.7-dimethyl-6-chlor-3.4-dihydro-*, $C_{16}H_{16}ClN_3O_4S$, F. 177–179° (A.), analog vorst. Verb. aus **XI** u. 37%ig. Formaldehyd; hellgelbe Kristalle. — *2-[p-Methoxybenzyl]-4.7-dimethyl-*

6-chlor-3.4-dihydro-, $C_{17}H_{19}ClN_2O_2S$, F. 130–132° (A.), analog vorst. Verb. aus **XII** u. 37%ig. Formaldehyd. P. Golinske

1230 **Derivate der 1.3-Diamino-benzol-4.6-disulfonsäure.** G. Barnikow, K. Krüger und G. Hilgetag. (Z. Chem. **6**, 262–63, 1966; II. Chem. Inst., Humboldt-Univ. Berlin; dt.) — Die Titelverb. (**III**) wird durch Umsatz von m-Phenylendiamindihydrochlorid (**I**) mit $ClSO_3H$ erhalten; in Ggw. von NaCl oder $SOCl_2$ entsteht das entsprechende Disulfochlorid (**II**), in Ggw. von SO_2Cl_2 oder aus **III**/$SOCl_2$ bzw. **II**/$SOCl_2$/$ClSO_3H$ bildet sich *2.6-Diamino-3.5-dichlorphenylchlorbenzol.* Letzteres u. **II** reagieren mit Aminen zu Amiden.

Versuche: *1.3-Diaminobenzol-4.6-disulfonsäure* (**III**), aus **I** u. $ClSO_3H$ bei 110°; 98% (Ausb.). *Disulfochlorid* (**II**), F. 270–300° (Zers.; Bzl.), a) analog **III** in Ggw. von NaCl; 25%; b) aus **I** u. $ClSO_3H$ in Ggw. von $SOCl_2$ bei 110°; 35%; daneben nachst. Verbindung. — *2.6-Diamino-3.5-dichlorsulfonylchlorbenzol*, F. 207–208° (Zers.); Bzl., a) analog **II** nach b) in Ggw. von SO_2Cl_2; b) aus **II** mit $ClSO_3H$/$SOCl_2$ bzw. $SOCl_2$; c) aus **III** mit $Cl \cdot SO_3H$ u. $SOCl_2$; daneben **II**. — 1.3-Diaminobenzol-4.6-disulfonsäurediamide: *N.N'-Diphenyl-*, F. 240 bis 243°; 87%. — *N.N'-Dicyclohexyl-*, F. 283–284°; 85%. — *N.N'-Dipentamethylen-*, F. 278–280°; 92%. — *N.N'-Dimethyl-N.N'-diphenyl-*, F. 207–209°; 93%. — *N.N.N'.N'-Tetraäthyl-*, F. 246–247°; 63%. — *N.N.N'.-N'-Tetramethyl-*, F. 248–251°; 98%. — 1-Chlor-2.6-diaminobenzol-3.5-disulfonsäurediamide: *Unsubstituiert*, F. 253–255° (W./A.); 64%. — *N.N'-Diphenyl-*, F. 209–210°; 98%. — *N.N'-Dicyclohexyl-*, F. 185 bis 186°; 89%. — *N.N'-Dipentamethylen-*, F. 191–192°; 78%. — *N.N'-Dimethyl-N.N'-diphenyl-*, F. 178–179°; 93%. — *N.N.N'.N'-Tetraäthyl-*, F. 178–179°; 97%. — *5-Chlor-1.2.4-thiadiazino-[6'.7':b]-benzo-[2.3:e]-2.8-dihydro-1.2.4-thiadiazin-1.1.9.9-tetroxid*, F. 348–349°; 80%. — *2.3.7.8-Tetraphenyl-5-chlordihydro-1.2.4-thiadiazino-[6'.7':b]-benzo-[2.3:e]-dihydro-1.2.4-thiadiazin-1.1.9.9-tetroxid*, F. 264–266°; 53%. W. Hampel 3333△

1231 **Reaktionen mit Diazocarbonylverbindungen.** 24. Mitt. **Cyclische Siebenring-Addukte aus o-Chinondiaziden und Dimethylketen-p-tolylimid.** Walter Ried und Peter Junker. (Liebigs Ann. Chem. **696**, 101–07, 1966; Inst. für Organ. Chem., Univ., Frankfurt/Main; dt.) — 23. vgl. ibid. **692** (1966) 100. — Bei der Einw. von Dimethylketen-p-tolylimid (**I**) in Ae. oder Essigester auf halogen- oder nitrosubstituierte einkernige o-Chinondiazide erhält man 1:1-Addukte. Die Addition erfolgt an die C=C-Doppelbindung des Ketenimids zu *2-Imino-1.4.5-benzooxadiazepinen* (C=N-Valenzschwingungsbande im IR-Spektrum bei 1690 cm^{-1}). Die Addukte sind lichtempfindlich, lösen sich in Alkoholen u. anderen organ. Lsgm. u. fallen bei Methanolzusatz wieder aus. In Alkoholen erhält man Verb., die aus je 1 Mol Chinondiazid, **I** u. Alkohol aufgebaut sind. — 25. vgl. C. **1968**, **57**-0438.

Versuche: 2-[p-Tolylimino]-3.3-dimethyl-1.4.5-oxadiazepine, durch Umsetzen von **I** mit dem entsprechenden o-Chinondiazid in Ae. oder Essigsäureäthylester im Dunkeln: *6.7-[5-Nitrobenzo]-*, $C_{17}H_{16}N_4O_3$, F. 118° (Zers.); 88% (Ausb.). — *6.7-[4-Nitrobenzo]-*, $C_{17} \cdot H_{16}N_4O_3$, F. 93° (Zers.); 68%. — *6.7-[5-Chlorbenzo]-*, $C_{17} \cdot H_{16}ClN_3O$, F. 125° (Zers.); 43%. — *6.7-[3.5-Dichlorbenzo]-*, $C_{17}H_{15}Cl_2N_3O$, F. 112° (Zers.); 68%. — *6.7-[3-Chlor-5-nitrobenzo]-*, $C_{17}H_{15}ClN_4O_3$, F. 185° (Zers.); 81%. — 2-[p-Tolylamino]-3.3-dimethyl-2.3-dihydro-1.4.5-benzooxadiazepine, durch Umsetzen von **I** analog vorst. Verb. in Ggw. von Methanol, A. oder Isopropanol: *2-Methoxy-7-nitro-*, $C_{18}H_{20}N_4O_4$, F. 87°; aus Methanol gelbe Rhomben; 78%. — *2-Methoxy-8-nitro-*, $C_{18}H_{20}N_4O_4$, F. 88°; aus Methanol orangefarbene Rhomben; 41%. — *2-Methoxy-6.7.9-trichlor-*, $C_{18}H_{18}Cl_3N_3O_2$, F. 91°; aus Methanol rotbraune Nadeln; 63%. — *2-Methoxy-6.7.8.9-tetrachlor-* (**II**), $C_{18}H_{17}Cl_4N_3O_2$, F. 138°; aus Methylenchlorid/Methanol rotorangefarbene Blättchen; 49%. — *2-Äthoxy-6.7.8.9-tetrachlor-*, $C_{19}H_{19}Cl_4 \cdot N_3O_2$, F. 113°; aus A. orangefarbene Rhomben; 56%. — *2-Isopropyloxy-6.7.8.9-tetrachlor-*, $C_{20}H_{21}Cl_4N_3O_2$, F. 109°; aus A. rote Krist.; 38%. — *2-Hydroxy-6.7.8.9-tetrachlor-*, $C_{17}H_{15}Cl_4N_3O_2$, F. 172–173°, a) durch Einleiten von HCl-Gas in eine äther. **II**-Lsg.; aus A. ziegelrote Nadeln; 90%; b) durch Zugabe von **I** zu Tetrachlor-o-chinondiazid in handelsüblichem THF bei −70°; 28%. — *α-[3.4.5.6-Tetrachlor-2-methoxybenzolazo]-isobuttersäure-p-toluidid*, $C_{18}H_{17}Cl_4N_3O_2$, F. 116–117°, aus vorst. Verb. mit Diazomethan; aus Methanol gelbe Nadeln; 78%. H. Markert 3370

1232 **Heterocyclen.** 21. Mitt. **1.2.3.7-Tetrahydro-1-acyl-7-methoxy-5-methyl-6-phenyl-4H-1.2-diazepinone-(4).** Robert L. Wineholt, Edmond Wyss und James A. Moore. (J. org. Chemistry **31**, 48–52, 1966; Dep. of Chem. Univ. of Del., Newark, Del.; engl.) — 20. vgl. C. **1967**, **2**-1124. — 1-Benzoyl- (**I**) bzw. 1-Acetyl-6-phenyl-7-methoxy-5-methyl-1.2.3.7-tetrahydro-4H-1.2-diazepinon-(4) (**II**) ergeben bei der basenkatalysierten Umlagerung *3-Methyl-4-phenyl-5-methoxypyrrol-2-carbaldehyd* (**VI**). Die Charakterisierung dieser Verb. erfolgt durch Hydrolyse u. Deformylierung zu *3-Phenyl-4-methyl-Δ^3-pyrrolinon-(2)* (**III**). Die Synth. von **III** wird beschrieben. **I** ergibt bei der Dehydrierung mit N-Bromsuccinimid *1-Benzoyl-1.7-dihydro-5-methyl-6-phenyl-7-methoxy-4H-1.2-diazepinon-(4)*, aus dem durch alkal. Hydrolyse *7-Methoxy-5-methyl-6-phenyl-4H-2.3-dihydro-1.2-diazepinon-(4)* gewonnen werden kann.

Versuche: *5-Methoxy-3-methyl-4-phenylpyrrol-2-carbaldehyd* (**VI**), $C_{13}H_{13}NO_2$, F. 196–198° (CH_2Cl_2/Ae.), a) aus 685 mg **I** mit wss. KOH; 85%; b) aus **IV** mit Ameisensäureäthylester in Ggw. von Na-Äthylat; 30%; c) aus 100 mg **II**; 25 mg. — *Benzamid*, F. 126–127° (Chlf.), neben **VI** nach a); 250 mg. — *3-Phenyl-4-methyl-Δ^3-pyrrolinon-(2)* (**III**), $C_{11}H_{11}NO$, F. 200–202° (CH_2Cl_2/Ae.), a) aus **VI** mit 10%ig. HCl; 72%; b) aus **V** mit 3n KOH; 58%. — *3-Phenyl-4-methylpyrrolidon-(2)*, $C_{11}H_{13}NO$, F. 137–139° (Ae.), durch Hydrieren von 57 mg **III**; 40 mg. — *3-Methyl-4-phenylmaleinsäureimid*, $C_{11}H_9NO_2$, F. 178° (Methanol), aus **III** mit CrO_3; 30%. — *Phenylacetylaminoaceton* (**V**), F. 126–128° (CH_2Cl_2), aus 10 g Isonitrosoaceton durch Hydrierung u. Rk. mit Phenylacetylchlorid; 4,8 g. — *4-Phenyl-3-methyl-5-hydroxypyrrol-2-carbaldehyd*, $C_{12}H_{11}NO_2$, F. 193–194° (Methanol), aus **III** mit Ameisensäureäthylester/Na-Äthylat; 71%. — *2-Methoxy-4-methyl-3-phenylpyrrol* (**IV**), aus **III** mit Diazomethan in Ggw. von BF_3-Ätherat. *Pikratmonoäthanolat*, $C_{18}H_{16}N_4O_8 \cdot C_2H_6O$, F. 140–145° (Zers.). — *5-[Chlormethylen]-4-methyl-3-phenyl-Δ^3-pyrrolinon-(2)*, $C_{12}H_{10} \cdot ClNO$, F. 223–224° (CH_2Cl_2), aus **VI** mit Dichlorphenylphosphinoxid; 39%. — *1-Benzoyl-7-methoxy-5-methyl-6-phenyl-1.7-dihydro-4H-1.2-diazepinon-(4)*, $C_{20}H_{18}N_2O_3$, F. 118° (Methanol), a) aus **I** mit N-Bromsuccinimid/Py.; 84%; b) aus **I** mit CrO_3; 4%. — *2.3-Dihydro-5-methyl-6-phenyl-7-methoxy-4H-1.2-diazepinon-(4)*, $C_{13}H_{14}N_2O_2$, F. 101° (Ae./Hexan), aus 1 g vorst. Verb. mit 10%ig. KOH; 603 mg. — *2-Benzoyl-5-methyl-6-phenyl-7-methoxy-2.3-dihydro-4H-1.2-diazepinon-(4)*, $C_{20}H_{18}N_2O_3$, F. 115° (Ae./Hexan), aus 270 mg vorst. Verb. mit Benzoylchlorid/Dimethylanilin; 280 mg. — *1-Benzoyl-2-acetyl-5-methyl-6-phenyl-7-methoxy-1.2.3.7-tetrahydro-4H-1.2-diazepinon-(4)*, $C_{22}H_{22}N_2O_4$, F. 153–154° (Methanol), aus 500 mg **I** mit Acetanhydrid; 388 mg. W. Hampel 3370△

C-4. Naturstoffe

1233 **Stickstoffhaltige Kohlenhydratderivate.** 12. Mitt. **Reaktion von Epiminozuckern mit salpetriger Säure.** R. D. Guthrie und D. King. (Carbohydrate Res. [Amsterdam] **3**, 128–29; 1966; Chem. Labor., Univ. of Sussex, Brighton, Great Britain; engl.) — Durch Rk. von Methyl-4.6-O-benzyliden-2.3-didesoxy-2.3-epimino-α-D-allosid (**I**) bzw. des entsprechenden -α-D-mannosids mit HNO_2 wird in guter Ausb. *Methyl-4.6.O-benzyliden-2.3-didesoxy-Δ^2-α-D-erythrohexenopyranosid* erhalten. Das dabei aus **I** entstehende wenig stabile Zwischenprod. *Methyl-4.6-O-benzyliden-2.3-didesoxy-2.3-N-nitrosoepimino-α-D-allosid* kann bei niedrigen Temp. isoliert werden. — 15. vgl. C. **1969**, **1**-1355.

Versuche: *Methyl-4.6-O-benzyliden-2.3-didesoxy-2.3-N-nitrosoepimino-α-D-allosid*, $C_{14}H_{16}N_2O_5$, durch Zugabe von $NaNO_2$ zu **I** in wss. Essigsäure; 28% (Ausb.). — *Methyl-4.6-O-benzyliden-2.3-didesoxy-Δ^2-α-D-erythrohexenopyranosid*, F. 118–119° (A.), a) durch Zugabe von 2n NaOH zu vorst. Rk.-Gemisch aus **I**/wss. Essigsäure/$NaNO_2$; $[\alpha]_D^{26}$ +129° (c = 0,2; $CHCl_3$); 81%; b) durch längeres Erhitzen vorst. Verb. auf 60–70°; c) neben vorst.

Verb.; d) aus Methyl-4.6-O-benzyliden-2.3-didesoxy-2.3-epimino-α-D-mannosid analog a); 78%.
G. Engler 3400△

1234 **D-Glucosediphenyldithioacetal, Phenyl-1-thio-α-D-glucopyranosid, 1-Phenyl-1-thio-α-D-glucofuranosid und einige verwandte Verbindungen.** Emmanuel Zissis, A. Lionel Clingman und Nelson K. Richtmyer. (Carbohydrate Res. [Amsterdam] **2,** 461—69, 1966; Nat. Inst. of Arthritis and Metabolic Diseases, Nat. Inst. of Health, Bethesda, Md.; engl.) — Durch Umsetzung von Thiophenol u. konz. HCl mit D-Glucose wird *D-Glucosediphenyldithioacetal* (I) erhalten, welches in saurem Medium in *Phenyl-1-thio-α-D-glucopyranosid* (II) umgewandelt wird. Mit $HgCl_2$/HgO entsteht aus I das entsprechende *Furanosid* (III). Die Thioglucosidacetate geben mit H_2O_2/Eisessig die entsprechenden *α-D-Glucopyranosyl-* u. *α-D-Glucofuranosylphenylsulfone,* während *α-D-Glucofuranosylphenylsulfoxid* nur in sehr geringer Ausb. erhalten werden kann.

Versuche: *D-Glucosediphenyldithioacetal* (I), $C_{18}H_{22}O_5S_2$, F. 155—157°, durch 11tägiges Stehenlassen von D-Glucose u. Thiophenol in konz. HCl bei 20—25°; $[\alpha]_D^{20}$ +1,5° (c = 1,0; Py.); aus A. prismat. Nadeln; 71% (Ausb.). — *Phenyl-1-thio-α-D-glucopyranosid* (II), $C_{12}H_{16}O_5S$, F. 156—157°, a) durch 2std. Rühren von 10 g I in konz. HCl bei Raumtemp.; 1,55 g; b) aus der Mutterlauge von I; $[\alpha]_D^{20}$ +258° (c = 0,6; Py.); aus A. Nadeln. *2.3.4.6-Tetra-O-acetylderiv.*, $C_{20}H_{24}O_9S$, F. 91—92°, aus II u. Acetanhydrid in Py.; $[\alpha]_D^{20}$ +234° (c = 1,0; $CHCl_3$); aus $CHCl_3$/Pentan Nadeln; 91%. — *1.5-Anhydro-D-glucit,* F. 141—142° (A.), durch 3std. Kochen von II mit Raney-Ni in 70%ig. A.; $[\alpha]_D^{20}$ +42,7° (c = 1,0; W.); 31%. — *α-D-Glucopyranosylphenylsulfon,* $C_{12}H_{16}O_7S$, F. 125—126° (Zers.), durch Umsetzung des entsprechenden Tetra-O-acetylderiv. mit methanol. Na-Methylat; $[\alpha]_D^{20}$ +150° (c = 1,1; W.); aus A. prismat. Nadeln; ~100%. *Tetra-O-acetylderiv.*, F. 161—162°, durch 9tägiges Stehenlassen des Tetra-O-acetylderiv. von II mit 30%ig. H_2O_2/Eisessig bei Raumtemp.; $[\alpha]_D^{20}$ +149° (c = 1,0; $CHCl_3$); aus $CHCl_3$/Pentan Drusen aus langen Prismen; 83%. — *Phenyl-1-thio-α-D-glucofuranosid* (III), $C_{12}H_{16}O_5S$, F. 119—121°, durch 15 Min. langes Rühren von 19 g I, HgO u. $HgCl_2$ in Ae./A.; $[\alpha]_D^{20}$ +216° (c = 0,9; Py.); aus A./Pentan Nadeln; 7,7 g. — *1.4-Anhydro-D-glucit,* F. 111—114° (A./Pentan), durch 3std. Kochen von III mit Raney-Ni in 70%ig. A.; $[\alpha]_D^{20}$ −22,0° (c = 1,6; W.); 19%. — *α-D-Glucofuranosylphenylsulfon,* $C_{12}H_{16}O_7S$, F. 127—128° (Zers.), aus dem entsprechenden Tetra-O-acetylderiv.; $[\alpha]_D^{20}$ +49,8° (c = 1,1; W.); aus A. Prismen; 97%. *Tetra-O-acetylderiv.*, $C_{20}H_{24}O_{11}S$, F. 128—129°, aus III u. Acetanhydrid/Py. sowie Ox. mit 30%ig. H_2O_2 in Eisessig; $[\alpha]_D^{20}$ +106° (c = 1,0; $CHCl_3$); aus A. Prismen; 79%. — *α-D-Glucofuranosylphenylsulfoxid,* $C_{12}H_{16}O_6S$, F. 150—155°, durch 1std. Stehenlassen von 3 g III u. 30%ig. H_2O_2 in Eisessig bei Raumtemp.; $[\alpha]_D^{20}$ +4° (c = 1,1; W.); aus Methanol/Ae. Nadeln; 150 mg. — *D-Galaktosediphenyldithioacetal,* $C_{18}H_{22}O_5S_2$, F. 173—174°, a) durch 1½std. Rühren von 18 g D-Galaktose u. 25 g Thiophenol in konz. HCl bei 25°; 16%; b) durch 19std. Rühren von 9 g D-Galaktose u. 25 g Thiophenol analog a); $[\alpha]_D^{20}$ −31,5° (c = 4,4; Py.), aus A. Prismen; 69,5%. — *1-Desoxy-D-galaktit,* F. 154—155° (A.), durch 20std. Kochen von 2,5 g vorst. Verb. mit Raney-Ni in A.; 0,18 g. — *D-Mannosediphenyldithioacetal,* $C_{18}H_{22}O_5S_2$, F 138—139°, durch 1½std. Rühren von 18 g D-Mannose u. Thiophenol in konz. HCl bei 25° u. Stehenlassen über Nacht bei 5°; $[\alpha]_D^{20}$ −30,0° (c = 2,6; Py.), aus A. feine Nadeln; 6 g.
G. Engler 3400△

1235 **Derivate des Glucosamins.** 8. Mitt. **Derivate der Benzyl-N-carbobenzoxy-β-D-glucosaminuronsäure.** Stuart M. Block, Paul H. Gross, Hans Weidmann und Howard K. Zimmerman. (Liebigs Ann. Chem. **696,** 209—13, 1966; Dep. Chem., Univ. Pacific, Stockton, Calif.; dt.) — Analog zum α-Anomeren wurde *β-Benzyl-N-carbobenzoxy-D-glucosamin* (I) katalyt. zur *Benzyl-N-carbobenzoxy-β-D-glucosaminuronsäure* (II) oxydiert. Die geschützte II wird mit Diazomethan zum *β-Benzyl-N-carbobenzoxy-D-glucosaminuronsäuremethylester* methyliert, der mit NH_3 in Methanol das *Amid* (III) liefert, mit Hydrazin in das *Hydrazid* übergeht u. mit Acetanhydrid in Py. zum *Diacetylderiv.* übergeführt wurde. Das Diacetylderiv. von III wird mit Benzolsulfonchlorid in Py. zum *β-Benzyl-N-carbobenzoxy-3.4-di-O-acetyl-D-glucosaminuronsäurenitril* dehydratisiert, das nach Des-O-acetylierung mit NH_3 in Methanol *β-Benzyl-N-carbobenzoxy-D-glucosaminuronsäurenitril* lieferte. Na-Methylat in Methanol greift die Nitrilgruppe an u. bildet so den *Iminoester*. Die N-Carbobenzoxy- u. die glycosid. Benzylgruppe wurden vollständig abgespalten, wenn I 1 Std. über Palladiumschwarz in salzsaurem Methanol hydriert wurde.

Versuche: *β-Benzyl-N-carbobenzoxy-D-glucosaminuronsäure* (II), $C_{21}H_{23}NO_8$, F. 184° (verd. Methanol), durch Ox. von I mit O_2 in wss. $NaHCO_3$ in Ggw. von Pt; $[\alpha]_D^{25}$ −57° (c = 2; Py.); 70% (Ausb.). *Methylester,* $C_{22}H_{25}NO_8$, F. 164° (verd. Methanol), aus II mit Diazomethanlsg.; $[\alpha]_D^{25}$ −60° (c = 1; Py.); 75%. *Amid* (III), $C_{21}H_{24}N_2O_7$, F. 255° (verd. A.), aus dem Methylester mit methanol. NH_3; $[\alpha]_D^{25}$ −67° (c = 1; Py.); 86%. — *β-Benzyl-N-carbobenzoxy-3.4-di-O-acetylglucosaminuronsäureamid,* $C_{25}H_{28}N_2O_9$, F. 240° (verd. Methanol), aus III mit Essigsäureanhydrid/Py.; $[\alpha]_D^{25}$ −51° (c = 0,9; $CHCl_3$); 80%. — *β-Benzyl-N-carbobenzoxy-3.4-di-O-acetyl-D-glucosaminuronsäurenitril,* $C_{25}H_{26}N_2O_8$, F. 143° (verd. Methanol), aus vorst. Verb. mit Benzolsulfonsäurechlorid in abs. Py.; $[\alpha]_D^{25}$ −47° (c = 1,1; Py.); 90%. — *β-Benzyl-N-carbobenzoxy-D-glucosaminuronsäurenitril,* $C_{21}H_{22}N_2O_6$, F. 164° (A.), aus vorst. Verb. mit methanol. NH_3; $[\alpha]_D^{25}$ −45° (c = 0,5; $CHCl_3$); 80%. — *β-Benzyl-N-carbobenzoxy-D-glucosaminuronsäureiminomethylester,* $C_{22}H_{26}N_2O_7$, F. 239°, a) aus vorvorst. Verb. mit sd. Na-Methylatlsg.; $[\alpha]_D^{25}$ −62° (c = 0,5; Py.); 83%; b) analog a) aus vorst. Verbindung. — *β-Benzyl-N-carbobenzoxy-3.4-di-O-acetyl-D-glucosaminuronsäuremethylester,* $C_{26}H_{29}NO_{10}$, F. 185° (verd. Methanol), aus II-Methylester mit Essigsäureanhydrid/Py.; $[\alpha]_D^{25}$ −42° (c = 0,6; Py.); 79%. — *β-Benzyl-N-carbobenzoxy-D-glucosaminuronsäurehydrazid,* $C_{21}H_{25}N_3O_7$, F. 265° (verd. Py.), aus II-Methylester mit Hydrazinhydrat in Methanol; $[\alpha]_D^{25}$ −62° (c = 0,5; Py.); 80%. — *D-Glucosaminhydrochlorid,* aus I mit methanol. HCl in Ggw. von Pd-Schwarz; $[\alpha]_D^{25}$ +72° (c = 1; W.).
H. Markert 3400

1236 **3-Ketoglucuronsäure.** 1. Mitt. **Synthese von 3-Ketoglucuronsäure.** Toshio Kinoshita, Morizo Ishidate und Zemuo Tamura. (Chem. pharmac. Bull. [Tokyo] **14,** 986—90, 1966; Fac. of Pharmac. Sci., Univ. of Tokyo; engl.) — 5-O-Acetyl-1.2-O-isopropyliden-D-glucofuranurono-6.3-lacton (I) wird in *5-O-Acetyl-1.2-O-isopropyliden-D-glucofuranuronsäuremethylester* übergeführt u. dieser mit CrO_3 zu *3-Keto-5-O-acetyl-1.2-O-isopropyliden-D-glucofuranuronsäuremethylester* (II) oxydiert. Die Hydrolyse dieser Verb. ergibt *3-Ketoglucuronsäure.* Mit $LiAlH_4$ wird II stereoselektiv zu *1.2-O-Isopropyliden-D-allofuranose* (IV) reduziert.

Versuche: *5-O-Acetyl-1.2-O-isopropyliden-D-glucofuranurono-6.3-lacton* (I), durch 20 Min. langes Erhitzen von 208 mg nachst. Verb. auf 100° bei 4 Torr; 120 mg (Ausb.). — *5-O-Acetyl-1.2-O-isopropyliden-D-glucofuranuronsäure,* aus dem entsprechenden Ba-Salz u. Amberlit IR-120 (H-Form); 75%. *Ba-Salz,* durch tropfenweise Zugabe von 11,8 g $Ba(OH)_2 \cdot 8\,H_2O$ in W. zu einer Suspension von 19,5 g I in W. bei einem pH unter 9; $[\alpha]_D^{20}$ −6° (c = 5,0; W.); 96%. *S-Benzylthiuroniumsalz,* $C_{19}H_{26}N_2O_8S$, F. 183—184°. *Ag-Salz,* aus 4,2 g Ba-Salz u. 1,8 g Ag_2SO_4 in Wasser. *Methylester,* $C_{12}H_{18}O_8$, F. 105 bis 106° (Toluol), a) durch tropfenweise Zugabe von Methyljodid zu dem Ag-Salz in W. bei Raumtemp.; 42%; b) durch 2std. Rühren von I in Methanol mit Amberlit IR-45 (OH-Form) bei Raumtemp.; $[\alpha]_D^{20}$ −14° (c = 6,3; Methanol); 45%. — *3-Keto-1.2-O-isopropyliden-D-glucofuranuronsäure, Methylester,* durch 3std. Stehenlassen von II mit 2 n $NaOCH_3$ in abs. Methanol im Eisbad. *Ba-Salz* (III), aus dem entsprechenden Methylester u. 7%ig. $Ba(OH)_2$-Lsg. bei pH unter 9 bei Raumtemp.; 93% (bezogen auf II). *5-O-Acetylmethylester* (II), $C_{12}H_{16}O_8$, F. 102—103° (Diisopropyläther), a) durch portionsweise Zugabe von 4,5 g vorst. Methylesters zu 6,5 g CrO_3 in wss. Essigsäure innerhalb 1½ Std. im Eisbad u. 2std. Nachrk. bei Raumtemp.; 0,42 g; b) aus 50 g des vorst. Methylesters in Ae. bei 38—40° analog a); $[\alpha]_D$ +132° (c =

1,0; $CHCl_3$); 21,5 g. — *1.2-O-Isopropyliden-D-allofuranose* (IV), $C_9H_{16}O_6$, F. 133° (A./Ae.), durch 1/2std. Zugabe von 400 mg $LiAlH_4$/Ae. zu 400 mg II in Ae. unter Rühren im Eisbad; 54%. — *3-Keto-D-glucuronsäure*, $C_6H_8O_7$, F. 97—98° (Aceton/Dioxan), durch Zugabe von 45%ig. H_2SO_4 zu III bei 0° u. 5tägiges Stehenlassen bei 5—10°; $[\alpha]_D^{20}$ +50° → —40°. — *D-Allose*, durch 2std. Erhitzen von 40 mg IV in 1%ig. H_2SO_4 auf 100°; 26 mg. — *D-Allit*, durch Zugabe von vorvorst. Verb. zu $LiAlH_4$ in Dioxan im Eisbad, 1std. Rühren bei Raumtemp. u. 2std. Rühren bei 50°. G. Engler 3400△

1237 **Stickstoffhaltige Kohlenhydratderivate.** 11. Mitt. **Reduktion von Methyl-4.6-O-benzyliden-α-D-hexosid-3-ulose-phenylhydrazonen.** G. J. F. Chittenden und R. D. Guthrie. (J. chem. Soc. [London], Sect. C **1966**, 1508—10; Chemical Laboratory, University of Sussex, Brighton; engl.) — 10. vgl. C. **1969**, 4-1344. — Hydrierung von *Methyl-4.6-O-benzyliden-α-D-ribohexosid-3-ulosephenylhydrazon* (I) u. seinem Arabinoisomeren (IV) mit Raney-Ni gibt *Methyl-3-amino-4.6-O-benzyliden-3-desoxy-α-D-allosid* u. das korrespondierende, dementsprechende *3-Aminoaltrosid*. Red. mit $LiAlH_4$ u. nachfolgende Ox. mit HgO gibt vorwiegend die 3-Phenylazogluco- bzw. -altro-Verbindungen.

Versuche: *Methyl-4.6-O-benzyliden-3-[2.4-dinitrophenylamino]-3-desoxy-α-D-altrosid*, $C_{20}H_{21}N_3O_9$, F. 228—229° (Isopropanol), durch Rk. von Methyl-3-amino-4.6-O-benzyliden-3-desoxy-α-D-altrosid mit 1-Fluor-2.4-dinitrobenzol (III) u. Na_2CO_3 in DMF bei Raumtemp.; $[\alpha]_D$ +31° (c = 0,49; $CHCl_3$); 36,5% (Ausb.). — *Methyl-4.6-O-benzyliden-3-desoxy-3-phenylazo-α-D-glucosid*, F. 176—179° (Isopropanol), durch $LiAlH_4$-Red. von syn-u. anti-I, HgO-Ox. in Ae. u. Entfernung des Hg-Salzes; $[\alpha]_D$ +9,2° (c = 1,14; $CHCl_3$); 64%; daneben *gelber Gummi* (II); $[\alpha]_D^{24}$ +184,4° (c = 2,8; Methanol). — *Methyl-4.6-O-benzyliden-3-desoxy-3-phenylazo-α-D-allosid-2-[p-nitrobenzoat]*, $C_{27}H_{25}N_3O_8$, F. 162—164° (Methanol), aus II; $[\alpha]_D^{24}$ +203° (c = 0,4; $CHCl_3$). — *Methyl-3-amino-4.6-O-benzyliden-3-desoxy-α-D-allosid*, F. 196 bis 198° (verd. A.), durch Hydrierung von II an Adams-Katalysator in A.; $[\alpha]_D^{26}$ +135,5° (c = 0,92; $CHCl_3$). — *Methyl-4.6-O-benzyliden-D-ribohexosid-3-ulosephenylhydrazon* (I), *syn-Form*, F. 210—211° (Isopropanol), durch Hydrierung der anti-Form an Raney-Ni in A.; 40%. *2-Acetat*, F. 169—171°; $[\alpha]_D^{21}$ —36,8° (c = 0,51; $CHCl_3$). — *Methyl-3-acetylamino-4.6-O-benzyliden-3-desoxy-α-D-allosid*, neben syn-I durch Acetylierung der Mutterlaugen; $[\alpha]_D$ +33,2° (c = 1,8; $CHCl_3$); 62%. — *Methyl-4.6-O-benzyliden-3-desoxy-3-[2.4-dinitrophenylamino]-α-D-allosid*, $C_{20}H_{21}N_3O_9$, F. 194—195° (Isopropanol), durch Umsetzen der Mutterlaugen (0,71 g) von syn-I mit III in DMF in Ggw. von Soda; $[\alpha]_D^{25}$ +59,3° (c = 0,47; $CHCl_3$); 0,43 g. — *Methyl-3-acetylamino-3-desoxy-α-D-allosid-2.4.6-triacetat*, durch Hydrieren von syn-I an Raney-Ni bei 125°/80—100 at u. Acetylieren; $[\alpha]_D^{25}$ +85,1° (c = 1,2; $CHCl_3$). — *Methyl-4.6-O-benzyliden-3-desoxy-3-phenylazo-α-D-altrosid*, F. 178—180° (Isopropanol), aus Methyl-4.6-O-benzyliden-α-D-arabinohexosid-3-ulosephenylhydrazon (IV) mit $LiAlH_4$ u. Ox. mit HgO; $[\alpha]_D^{24}$ —6,6° (c = 0,6; $CHCl_3$); 70%. — *Methyl-4.6-O-benzyliden-3-desoxy-3-phenylazo-α-D-mannosid*, $C_{20}H_{22}$·N_2O_5, F. 174—175°, neben vorst. Verb.; $[\alpha]_D^{22}$ —17,3° (c = 0,81; Methanol); 4%. — *Methyl-3-amino-4.6-O-benzyliden-3-desoxy-α-D-mannosid*, F. 170—172°, durch Red. vorst. Verb. an Raney-Ni. — *Methyl-3-amino-4.6-O-benzyliden-3-desoxy-α-D-altrosid*, F. 182—184° (A./PAe.), durch Hydrierung von IV an Raney-Ni; 74%. — *Methyl-4.6-O-benzyliden-3-[2.4-dinitrophenylamino]-3-desoxy-α-D-altrosid*, F. 227—229° (Isopropanol), aus vorst. Verb. mit III; $[\alpha]_D^{25}$ +30,8° (c = 0,6; $CHCl_3$); (ergibt bei der Hydrierung IV, F. 157—160° (Zers.); 79%). W. Kohl 3400

1238 **Synthese eines neuen Typs von Disacchariden.** F. Micheel und H. J. Stimberg. (Carbohydrate Res. [Amsterdam] 5 (1967) 2, 218—20; Org.-Chem. Inst., Univ. Münster/Westf.; dt.) — Bei der Rk. von 2.3.4.5.6-Penta-O-acetyl-al-D-glucose (I) in Essigsäureanhydrid/Py. (2 : 1) bei Raumtemp. mit einem anderen Monosaccharidderiv. (A) entstehen durch Addition einer OH-Gruppe von A an die Carbonylgruppe von I u. nachfolgende Peracetylierung *halbacetalartige Disaccharidderiv.*, deren genaue Struktur noch ungeklärt ist. Entsprechende *peracetylierte Additionsprod.* wurden hergestellt mit Methyl-α-D-glucopyranosid ($[\alpha]_D$ +62,6° ($CHCl_3$)), mit Methyl-α-D-galactopyranosid ($[\alpha]_D$ +67,1° ($CHCl_3$; Verb. a) u. $[\alpha]_D$ +68° ($CHCl_3$; Verb. b)), mit Methyl-6-O-trityl-α-D-glucopyranosid (F. 97—99°; $[\alpha]_D$ +48,7° ($CHCl_3$)) u. mit Methyl-4.6-O-benzyliden-α-D-glucosid (F. 155 bis 157°; $[\alpha]_D$ 18,5° ($CHCl_3$)). Chromatograph. Unters. zeigen, daß I auch mit 2-O-Benzyl-D-glucose, 3-O-Benzyl-D-glucose, 1.2-O-Isopropyliden-α-D-glucofuranose, 1.2-O-Isopropyliden-6-O-tosyl-α-D-glucofuranose, 2.4.6-Tri-O-methyl-D-glucose u. Benzyl-β-D-glucosid auf die gleiche Weise reagiert. R. Becker 3400△

1239 **Reaktionen von Zuckerchlorsulfaten.** 8. Mitt. **D-Ribose und Derivate.** S. S. Ali, T. J. Mepham, I. M. E. Thiel, E. Buncel und J. K. N. Jones. (Carbohydrate Res. [Amsterdam] 5 (1967) 2, 118—25; Dep. of Chem., Queen's Univ., Kingston, Ontario, Canada; engl.) — Bei der Rk. von Methyl-β-D-ribopyranosid mit SO_2Cl_2 u. Pyridiniumchlorid entsteht *Methyl-β-D-ribopyranosid-2.3.4-tri-(chlorsulfat)*, das mit Cl-Ionen leicht in das *Methyl-3.4-dichlor-3.4-dideoxy-α-L-arabinopyranosid-2-chlorsulfat* (I) übergeht. Im Rahmen der Klärung des Rk.-Mechanismus wird *Methyl-3-chlor-3-deoxy-β-D-xylopyranosid* hergestellt u. in I übergeführt. Bei der Rk. von D-Ribose mit SO_2Cl_2 entsteht *β-D-Ribopyranosylchlorid-2.3.4-tri-(chlorsulfat)*.

Versuche: *Methyl-β-D-ribopyranosidtri-(chlorsulfat)*, $C_6H_9Cl_3O_{11}S_3$, F. 151—152°, aus 21,4 g Methyl-β-D-ribopyranosid nach Jennings u. Jones; $[\alpha]_D^{20}$ —63° (c = 1,1; Methanol); 13,2 g. — *Methyl-3-chlor-3-deoxy-β-D-xylopyranosid*, aus Methyl-2.3-anhydro-β-D-ribopyranosid (II) durch 5std. Kochen mit Aceton in Ggw. von 5n HCl. *2.4-Di-O-acetylverb.*, $C_{10}H_{15}ClO_6$, F. 116—117° (A./W.); $[\alpha]_D$ —50° (c = 1,2; $CHCl_3$); 62% (Ausb.). — *Methyl-3.4-dichlor-3.4-dideoxy-α-L-arabinopyranosid-2-chlorsulfat* (I), $C_6H_9Cl_3O_5S$, F. 130° (wss. Aceton), a) durch 2tägiges Kochen vorvorst. Verb. mit Pyridiniumhydrochlorid in $CHCl_3$; $[\alpha]_D^{20}$ +49° (c = 3; Methanol); 52%; b) aus vorst. Verb. durch 2std. Rk. mit SO_2Cl_2 in $CHCl_3$ bei —70°; 54%. — *Methyl-3.4-dichlor-3.4-dideoxy-α-L-arabinosid*, $C_6H_{10}Cl_2O_3$, F. 108° (Aceton/PAe.), aus I durch Einw. von NaJ in Methanol in Ggw. von $CaCO_3$; $[\alpha]_D^{27}$ +88° (c = 1; Methanol); 51%. — *3.4-Dichlor-3.4-dideoxy-L-arabinose*, $C_5H_8Cl_2O_3$, F. 123°, aus vorst. Verb. durch 36std. Erhitzen in 4n H_2SO_4; $[\alpha]_D^{22}$ +167 bis 174° (c = 0,17; W.); 47%. — *β-D-Ribopyranosylchlorid-2.3.4-tri-(chlorsulfat)*, $C_5H_6Cl_4O_{10}S_3$, F. 132° (wss. A.), aus D-Ribose durch Einw. von SO_2Cl_2 bei —70° in Py./$CHCl_3$ (Meth. A); $[\alpha]_D$ —108° (c = 0,8; $CHCl_3$); 11%. — *Methyl-2-O-(methansulfonyl)-β-D-arabinosid-3.4-di-(chlorsulfat)*, $C_7H_{12}Cl_2O_{11}S_3$, F. 110—111°, aus Methyl-2-O-(methansulfonyl)-β-D-arabinopyranosid nach Meth. A; $[\alpha]_D^{20}$ —161° (c = 3,3; $CHCl_3$); 81%. — *Methyl-4-chlor-4-deoxy-2-O-(methansulfonyl)-α-L-xylosid-3-chlorsulfat*, C_7·$H_{12}Cl_2O_8S_2$, F. 99—100° (Methanol), aus vorst. Verb. durch 5std. Kochen in $CHCl_3$ in Ggw. von Pyridiniumhydrochlorid; $[\alpha]_D^{20}$ —38° (c = 5,4; $CHCl_3$); 76%. — *Methyl-4-chlor-4-deoxy-2-O-(methansulfonyl)-α-L-xylosid*, $C_7H_{13}ClO_6S$, F. 119—120° (Methanol), aus vorst. Verb. durch Dechlorsulfatierung; $[\alpha]_D$ —74° (c = 3,25; $CHCl_3$); 76%. — *Methyl-2.3-anhydro-4-chlor-4-deoxy-α-L-lyxosid*, $C_6H_9ClO_3$, $Kp._{15}$ 40°, a) aus vorst. Verb. durch 24std. Rk. mit methanol. Na-Methylat; $[\alpha]_D$ —84° (c = 4,2; $CHCl_3$); b) aus II nach Meth. A. R. Becker 3450△

1240 **Synthese des Pendulins, eines Flavonglucosids aus Brickelia pendula.** Lóránd Farkas, Borbála Vermes und Mihály Nógrádi. (Chem. Ber. **99**, 3222—26, 1966; Forschungsgruppe für Alkaloidchem., Ungar. Akad. der Wiss., Budapest; dt.) — Es wurden dargestellt: *5.6.7-Trimethoxy-4′-benzyloxyflavanon*, $C_{25}H_{24}O_6$, F. 156,5 bis 157,5°, durch 5std. Kochen von 2-Hydroxy-4.5.6-trimethoxyacetophenon u. 4-Benzyloxybenzaldehyd in A. in Ggw. von Piperidin; aus Methanol Prismen; daneben *2′-Hydroxy-4′.5′.6′-trimethoxy-4-benzyloxychalkon* [I, C_{25}·

$H_{24}O_6$, F. 122,5—125°; aus Methanol/$CHCl_3$ gelbe Nadeln] — Flavone: *3-Hydroxy-5.6.7-trimethoxy-4'-benzyloxy-*, $C_{25}H_{22}O_7$, F. 153—155°, durch Zugeben von KOH zur sd. Lsg. von 0,5 g I oder vorst. Verb. in Methanol u. Zufügen von 30%ig. H_2O_2; aus A./Aceton hellgelbe Säulen; 70 mg (Ausb.). — *3.5.6.7-Tetramethoxy-4'-benzyloxy-*, $C_{26}H_{24}O_7$, F. 152,5—154°, durch 7std. Kochen von 1 g vorst. Verb. mit K_2CO_3 u. Dimethylsulfat in Aceton; aus A. Prismen; 0,75 g. — *4'-Hydroxy-3.5.6.7-tetramethoxy-* (II), $C_{19}H_{18}O_7$, F. 252—253°, durch Hydrieren von 1 g vorst. Verb. in A. an Pd-Kohle; aus A. Prismen; 0,75 g. — *5-Hydroxy-3.6.7-trimethoxy-4'-benzyloxy-* (III), $C_{25}\cdot H_{22}O_7$, F. 141—143°, durch 5std. Rühren von 0,45 g vorvorst. Verb. mit $AlCl_3$ in Ae.; aus Aceton gelbe Nadeln; 0,15 g. — *5.4'-Dihydroxy-3.6.7-trimethoxy-* (*Penduletin*), $C_{18}H_{16}O_7$, F. 219—221°, a) aus 1 g II analog III; 0,3 g; b) aus III analog II. — *5.4'-Dihydroxy-3.6.7-trimethoxyflavon-4'-β-D-glucosidtetraacetat*, $C_{32}H_{34}O_{16}$, F. 186—187,5°, durch Versetzen von 0,57 g vorst. Verb. in Aceton mit 2,5%ig. KOH u. 2.3.4.6-Tetraacetyl-α-D-glucopyranosylbromid in Aceton; aus A. Prismen; 0,3 g. — *4'-Hydroxy-3.6.7-trimethoxy-5-acetoxyflavon-4'-β-D-glucosidtetraacetat*, $C_{34}H_{36}O_{17}$, F. 180—182°, a) durch 2std. Erhitzen vorst. Verb. mit Acetanhydrid u. Py. auf 100°; aus A. Prismen; b) durch Acetylierung nachst. Verbindung. — *5.4'-Dihydroxy-3.6.7-trimethoxyflavon-4'-β-D-glucosid* (*Pendulin*), Dihydrat, $C_{24}H_{26}O_{12}\cdot 2\,H_2O$, F. 179—181°, durch ½std. Kochen von vorvorst. Verb. mit methanol. $NaOCH_3$; aus Methanol/W. gelbe Nadeln; $[\alpha]_D^{20}$ —32° (c = 1; Py.). — *4.5.6-Trimethoxy-2-[4-benzyloxybenzyliden]-cumaranon-(3)*, $C_{25}H_{22}O_6$, F. 155—157°, durch Zutropfen von 30%ig. H_2O_2 zur Lsg. von I in Methanol u. 20%ig. NaOH bei 0°; aus A. hellgelbe Nadeln; b) durch ½std. Erhitzen von 4.5.6-Trimethoxycumaranon-(3) u. 4-Benzyloxybenzaldehyd in äthanol. HCl auf 65—70°. P. Westermann 3450△

1241 **Nigrescigenin, Identifizierung mit Sarmentosigenin A. 281. Mitt. Glykoside und Aglykone.** R. Brandt, H. Kaufmann und T. Reichstein. (Helv. chim. Acta **49**, 1844—49, 1966; Inst. für organ. Chem., Univ. Basel; dt.) — 280. vgl. ibid. **49** (**1966**) **5**, 1662. — Durch Vgl. der Papierchromatogramme, IR-Spektren, Massenspektren sowie chem. Abbauvers. wurde die Identität von *Sarmentosigenin A* mit *Nigrescigenin* (künftiger Name) bewiesen.

Versuche (F. korr.): *Nigrescigenin*, $C_{23}H_{32}O_7$, F. 152—155 u. 206—209° (CH_3OH/Ae.). *Di-O-acetylderiv.*, $C_{27}H_{36}O_9$, F. 196—198°, aus 32 mg; aus CH_3OH-Ae. Spieße; 34 mg (Ausb.); daneben cycl. *Halbacetal-(19→11)*. — *Sarmentologenin*, F. 241—246°, durch Red. von 20 mg vorst. Verb. mit $NaBH_4$ in 80%ig. CH_3OH; 18 mg. *Tri-O-acetylderiv.*, F. 197—199° (Aceton-Ae.), aus 16 mg; 20 mg. – 283. vgl. C. **1968**, **41**-1437. K. Gröbe 3450△

1242 **Adigosid, Strukturbestimmung.** 282. Mitt. **Glykoside und Aglykone.** St. Hoffmann, Ek. Weiss und T. Reichstein. (Helv. chim. Acta **49**, 1855—72, 1966; dt.) — 281. vgl. vorst. Referat. — Vf. gewannen aus dem Samen von *Nerium oleander L.* in einer Ausb. von 250 mg/kg *Adigosid* (I). Bei milder Hydrolyse gibt I *D-Diginose* (nach opt. Drehung β-pyranosid. gebunden) u. *Adigenin* (*16-O-Isovalerylgitoxigenin*), die aus den Bruchstücken folgende Struktur von I konnte durch Partialsynth. bestätigt werden. I zeigt nur noch eine sehr schwache Digitaliswirkung. UV-, IR-, KMR-, Massenspektren, Papierchromatographie, Rotationsdispersion, chromatograph. Auftrennung sowie Dünnschichtchromatographie vgl. Original.

Versuche: *Adigosid* (I), $C_{35}H_{54}O_9$, F. 141—145° u. 158°; $[\alpha]_D^{25}$ —20,8 ± 2° (CH_3OH); aus Aceton-Ae. Nadeln. *4'-O-Acetylderiv.*, $C_{37}H_{56}O_{10}$, F. 121—124°, durch Acetylieren von 27 mg I; aus Ae.-Pentan Nadeln; 22,9 mg (Ausb.). *16-Anhydrodesacetylnerigosid* (II), durch 48std. Stehen von 4 mg I an neutralem Al_2O_3 in $CHCl_3$; 3,8 mg (78% I/22% II). — *16-Desacetylnerigosid*, durch 5tägiges Stehen von 2 mg I mit $KHCO_3$ in CH_3OH; 1,6 mg. — *D-Diginose*, F. 80—84° (Ae.-Pentan), durch ½std. Kochen von 194,2 mg I in CH_3OH mit 0,1 n H_2SO_4; $[\alpha]_D^{25}$ +59,2 ± 2° (W.); 19,2 mg. — *Adigenin*, neben vorst. Verb.; $[\alpha]_D^{24}$ —7,5 ± 2° (CH_3OH); 110,5 mg. *3-O-Acetylderiv.*, $C_{30}H_{44}O_7$, F. 189—193°, a) aus 25,6 mg vorst. Verb.; $[\alpha]_D^{25}$ —12,0 ± 2° ($CHCl_3$); aus Ae.-Pentan Stäbchen; 18,6 mg; b) durch 3std. Rk. von 56,5 mg III in abs. Py. mit Isovalerylchlorid bei 0°; 59,8 mg. — *Isovaleriansäureanilid*, F. 112—114°, durch 2std. Erhitzen von 45 mg vorvorst. Verb. mit Anilin auf 210°; aus Pentan Nadeln; 39 mg (roh). — *3-O-Acetylgitoxigenin* (III), F. 218—224°, durch 14std. Schütteln von 1,1 g Di-O-acetylgitoxigenin (F. 250—251°) mit wss.-methanol. K_2CO_3 bei 20°; aus Aceton-Ae. Stäbchen; 197,5 mg. — *16-O-n-Valeryl-3-O-acetylgitoxigenin*, aus 52,6 mg III mit n-Valerylchlorid; 48 mg (amorph). K. Gröbe 3450△

1243 **Nucleoside der 3- und 6-Desoxy-D-xylohexose.** A. F. Cook und W. G. Overend. (J. chem. Soc. [London] Sect. C **1966**, 1549—56; Chem. Dep., Birkbeck College, Univ. of London; engl.) — Es werden 3 Meth. für die Darst. von *4-Desoxy-D-xylohexose* untersucht, u. eine Reihe von *Nucleosiden*, welche 3- oder 4-Desoxy-D-xylohexosylgruppen enthalten, wird synthetisiert. Von diesen werden *3-[4'-Desoxy-β-D-xylohexosyl]-thymin*, *9-[4'-Desoxy-β-D-xylohexosyl]-adenin*, *2.6-Diamino-9-[4'-desoxy-β-D-xylohexosyl]-purin* u. *1-[4'-Desoxy-β-D-xylohexosyl]-benzimidazol* auf ihre biolog. Aktivität getestet. Für diese Unters. wurden Kulturen von *Staphyloccocus aureus* 898, *Baccillus subtilis* 814E, *Escherichia coli* 741, *Pseudomonas aeruginosa* 150E u. B.C.G. 107 verwendet. Keine der 4 Verb. zeigte gegenüber den Testorganismen bei einer Konz. von 250 µg/ml eine bakteriostat. Aktivität.

Versuche: *Methyl-2.3-Di-O-benzoyl-4-O-p-brombenzolsulfonyl-α-D-glucosid* (I), $C_{27}H_{25}BrO_{10}S$, F. 166 bis 167° (CH_2Cl_2/PAe.), aus dem entsprechenden 6-O-Tritylderiv. u. HBr in CH_2Cl_2/Eisessig; $[\alpha]_D$ +84,1° (c = 1,1; CH_2Cl_2); 75% (Ausb.). *6-O-Tritylderiv.*, $C_{46}H_{39}BrO_{10}S$, F. 140—145° (Zers.; CH_2Cl_2/PAe.), aus Methyl-2.3-Di-O-benzoyl-α-D-glucosid, Triphenylchlormethan u. p-Brombenzolsulfonylchlorid; $[\alpha]_D$ +53,8° (c = 1; CH_2Cl_2); 74%. — *Methyl-2.3-di-O-benzoyl-4-desoxy-4-thiocyanato-α-D-galaktosid*, $C_{22}H_{21}NO_7S$, F. 132—133° (CH_2Cl_2/PAe.), a) aus Methyl-2.3-di-O-benzoyl-4-O-tosyl-α-D-glucosid u. KSCN; 34%; b) aus I u. KSCN; $[\alpha]_D$ +89,4° (c = 1; CH_2Cl_2); 55%. — *Methyl-4-thio-α-D-galaktosid* (II), aus vorst. Verb. u. Na-Methylat/abs. Methanol; $[\alpha]_D$ +171,8° (c = 0,9; A.); 85%. *2.3.6-Tri-O-acetyl-4-S-acetylderiv.*, $C_{15}H_{22}O_9S$, Kp.$_{0,02}$ 150° (Badtemp.), aus II u. Acetanhydrid/Py.; $[\alpha]_D$ +115,2° (c = 0,4; CH_2Cl_2); 51%. — *Methyl-4-desoxy-α-D-xylohexosid*, F. 89—90° (PAe./EE), aus II u. Raney-Ni; $[\alpha]_D$ +167,3° (c = 1; Methanol); 61%. — *Methyl-[methyl-α-D-galaktopyranosid]-uronat, Monohydrat*, F. 148—150° (Methanol), aus 100 g Galakturonsäuremonohydrat u. Methanol (1% HCl); $[\alpha]_D$ +127,6° (c = 1; W.); 46 g. — *Methyl-[methyl-4-desoxy-β-L-threo-Δ⁴-hexenosid]-uronat* (III), aus 22 g trockener vorst. Verb. u. Na/Methanol; $[\alpha]_D$ +203° (c = 1,7; Methanol); 5,6 g. — *Methyl-4-desoxy-β-L-arabinohexosid*, aus III u. H_2/Pd-Kohle sowie $LiAlH_4$; $[\alpha]_D$ +78,4° (c = 1,8; Methanol); 40%. *2.3.6-Tri-O-acetylderiv.*, F. 89—91° (CH_2Cl_2/PAe.); $[\alpha]_D$ +82,0° (c = 1; CH_2Cl_2); 96%. — *Methyl-4-desoxy-α-D-xylohexosid*, F. 89—90° [Essigester (EE)/PAe.], neben vorst. Verb.; $[\alpha]_D$ +167,3°; 50%. — *1.6-Anhydro-4-desoxy-β-L-arabinohexopyranose*, $C_6H_{10}O_4$, F. 104—106° (EE/PAe.), aus vorvorst. Verb. u. Amberlite IR-120 (H^+); $[\alpha]_D$ +166,2° (c = 1; Methanol); 64%. *2.3-Di-O-acetylderiv.*, $C_{10}H_{14}O_6$, Kp.$_{0,02}$ 130—135°; $[\alpha]_D$ +136,9° (c = 0,5; CH_2Cl_2); 67%. — *4-Desoxy-L-arabinohexose*, neben vorst. Verb.; $[\alpha]_D$ —3,1° (c = 1; W.); 36%. *Diäthyldithioacetal*, $C_{10}H_{22}O_4S_2$, F. 81—82° (EE/PAe.), aus 4-Desoxy-L-arabinohexose u. Äthylmercaptan in konz. HCl; $[\alpha]_D$ —2,6° (c = 1; Methanol); 91%. — *1.2.4.6-Tetra-O-acetyl-3-desoxy-D-xylohexose*, $C_{14}H_{20}O_9$, Kp.$_{0,02}$ 165° (Badtemp.), aus 3-Desoxy-D-xylohexose, Na-Acetat u. Acetanhydrid; $[\alpha]_D$ —4,3° (c = 1; CH_2Cl_2); 60%. — *2.4.6-Tri-O-acetyl-3-desoxy-D-xylohexosylbromid* (IV), aus vorst. Verb. u. HBr/Eisessig bei 0°; $[\alpha]_D$ +144° (c = 1; A.); 53%. — *3-[4'-Desoxy-β-D-xylohexosyl]-uracil*, $C_{10}H_{14}\cdot N_2O_6$, F. 210—212° (Methanol), aus 2.3.6-Tri-O-acetyl-4-desoxy-D-xylohexosylbromid (V) u. 2.6-Diäthoxypyrimidin sowie HCl/Methanol; $[\alpha]_D$ +6,4° (c = 0,8; W.); 12%. — *3-[2'.3'.6'-Tri-O-acetyl-4'-desoxy-β-D-xylohexosyl]-thymin*, $C_{17}H_{22}N_2O_9$, F. 156,5—157,5° (EE/PAe.), aus Dithyminyl-Hg, Celite u. V in abs. Xylol; $[\alpha]_D$ +2,5° (c = 2; Methanol); 44%. — *3-[2'.4'.6'-Tri-O-acetyl-3'-desoxy-β-D-xylo-*

hexosyl]-thymin, $C_{17}H_{22}N_2O_9$, F. 222–223° (EE/PAe.), aus **IV** analog vorst. Verb; $[\alpha]_D$ +13,9° (c = 1; CH_2Cl_2); 30%. — *3-[4'-Desoxy-β-D-xylohexosyl]-thymin*, $C_{11}H_{16}$·N_2O_6, F. 223–224° (EE/A.), aus vorvorst. Verb. u. NH_3/Methanol; $[\alpha]_D$ +15,4° (c = 1; Methanol); 61%. — *3-[3'-Desoxy-β-D-xylo-hexopyranosyl]-thymin*, $C_{11}H_{16}N_2O_6$, F. 153–155° (A.), aus vorvorst. Verb. u. Na-Methylat/Methanol; $[\alpha]_D$ +0,8° (c = 1; Methanol); 80%. — *6-Acetamido-9-[2'.3'.6'-tri-O-acetyl-4'-desoxy-β-D-xylohexosyl]-purin* (**VI**), $C_{19}H_{23}N_5O_8$, F. 182° (EE/PAe.), aus Chlor-Hg-6-acetamidopurin u. **V** in Ggw. von Celite; $[\alpha]_D$ −17,8° (c = 1; CH_2Cl_2); 20%. — *9-[4'-Desoxy-β-D-xylohexosyl]-adenin*, $C_{11}H_{15}N_5O_4$, F. 259–260° (Methanol), aus dem Pikrat u. Amberlit IRA-400 (Cl-Form) sowie 0,1n NaOH; $[\alpha]_D$ −17,8° (c = 0,5; Methanol); 46%. *Pikrat*, F. 225° (Zers.; W.), aus 0,45 g **VI**, Na-Methylat/Methanol u. Pikrinsäure; 0,38 g. — *2.6-Diacetamido-9-[2'.3'.6'-tri-O-acetyl-4-desoxy-β-D-xylohexosyl]-purin*, $C_{21}H_{28}$·N_6O_9, F. 209–210° (A./33.), aus dem Chlormercurideriv. des 2.6-Diacetamidopurins u. **V** analog **VI**; $[\alpha]_D$ −32,1° (c = 1; Methanol); 39%. — *2.6-Diamino-9-[4'-desoxy-β-xylohexosyl]-purin*, $C_{11}H_{16}N_6O_4$, F. 259–260° (Methanol/W.), aus vorst. Verb. u. Na-Methylat/Methanol; $[\alpha]_D$ −10,9° (c = 0,6; W.); 69%. — *2.6-Diacetamido-9-[2'.4'.6'-tri-O-acetyl-3'-desoxy-β-D-xylohexosyl]-purin*, C_{21}·$H_{28}N_6O_9$, F. 186–191° (A./EE), aus Chlor-Hg-2.6-diacetamidopurin u. **IV** analog **VI**; $[\alpha]_D$ −20,5° (c = 0,6; A.); 13%. — *1-[4'-Desoxy-β-D-xylohexosyl]-benzimidazol*, C_{13}·$H_{16}N_2O_4$, F. 241–242° (W.), aus dem entsprechenden 2'.3'.6'-Tri-O-acetylderiv. u. Na-Methylat/abs. Methanol; $[\alpha]_D$ −9,9° (c = 0,5; Methanol); 78%. *2'.3'.6'-Tri-O-acetylderiv.*, $C_{19}H_{22}N_2O_7$, F. 75,5–77,5° (Methanol/W.), aus Chlor-Hg-benzimidazol u. **V** analog **VI**; $[\alpha]_D$ −15,8° (c = 1; CH_2Cl_2); 39%. G. Engler 4350△

1244 **Aminoacylderivate von Nucleosiden, Nucleotiden und Polynucleotiden. 1. Mitt. Synthese von 2'(3')-O-Glycylribonucleosiden und Ribonucleosid-5'-phosphaten über Zwischenverbindungen vom Orthoester-Typ.** J. Žemlička und S. Chládek. (Collect. czechoslov. chem. Commun. **31**, 3775–89, 1966; Inst. of Irg. Chem. and Biochem., Czech. Acad. of Sci., Prague; engl.) — Rk. von Uridin, Cytidin, Adenosin u. Adenosin-5'-phosphat mit N-Benzyloxycarbonyl(Cbo)-glycinorthoäthylester (**I**) liefern in Ggw. von Methansulfonsäure (**III**) die entsprechenden *2'.3'-O-Cycloorthoester*, die durch Hydrolyse mit verd. Essigsäure in die entsprechenden *2'.(3')-O.N-Cbo-glycyl-Deriv.* übergeführt werden. Hydrierung liefert die entsprechenden *2'.(3')-O-Glycyl-Derivate*. Darst. von **I** erfolgt durch Äthanolyse von N-Cbo-glyciniminoäthylester-Hydrochlorid (**II**).

Versuche: *N-Cbo-glycinorthoäthylester* (**I**), C_{16}·$H_{25}NO_5$, F. 38–40° (PAe.), aus 19,5 g **II**; 66,5% (Ausb.); daneben 0,24 g *N-Cbo-glycinamid*, F. 130°. — *2'.3'-O-[N-Cbo-aminomethyl)-äthoxymethylenuridin*, $C_{21}H_{25}N_3O_9$, F. 78°, aus Uridin, **I** u. **III** bei Raumtemp. (Meth. **A**); 64,7%. — *2'.(3')-O-(N-Cbo-glycyl]-uridin, Hemihydrat*, $C_{19}H_{21}N_3O_9 \cdot {}^1/_2\,H_2O$, F. 90–100°, a) aus vorst. Verb.; 84%; b) aus Uridin, **I**, **III** u. Triäthylamin; 70,8%. — *2'(3')-O-Glycyluridin*, durch Hydrieren vorst. Verb. an PdO/BaSO$_4$ (Meth. **B**). — *2'.3'-O-[N-Cbo-aminomethyl]-äthoxymethylenadenosin* (**IV**), $C_{22}H_{26}N_6O_7$, F. 88–95° ($CHCl_3$/Ae.), aus Adenosin analog **A**; 82%. *Diastereomere Form A*, F. 83–88°, durch Adsorbieren einer $CHCl_3$-Lsg. von **IV** an mit Formamid imprägniertem Whatman-Papier; $[\alpha]_D^{25}$ −52,4° (c = 0,094; $CHCl_3$); 75%; daneben 16% *Diastereomeres B* (F. 150°; $[\alpha]_D^{25}$ −72,4° (c = 0,12; $CHCl_3$)). — *2'(3')-O-[N-Cbo-glycyl]-adenosin*, $C_{20}H_{22}N_6O_7$, F. 151–153°, aus vorst. Verb. u. 80%ig. Essigsäure bei Raumtemp. (Meth. **C**); 75%. — *2'(3')-O-Glycyladenosin*, aus 30 mg vorst. Verb. analog **B**; 13,8 mg. — *2'.3'-O-[N-Cbo-aminomethyl]-äthoxymethylencytidin*, aus Cytidin analog **A**; 66%. — *2'(3')-N-Cbo-glycylcytidin*, aus vorst. Verb. analog **C**; 62%. — *2'(3')-O-Glycylcytidin*, aus vorst. Verb. analog **B**. — *2'.3'-O-[N-Cbo-aminomethyl]-äthoxymethylenadenosin-5'-phosphat, Bis-Triäthylammoniumsalz*, $C_{34}H_{57}N_8O_{10}P$, aus Adenosin 5'-phosphat analog **A** u. Rk. mit Triäthylamin; 60%. — *2'(3')-O-[N-Cbo-glycyl]-adenosin-5'-phosphat; Hemi-Triäthylammoniumsalz*, C_{20}·$H_{23}N_6O_{10}P \cdot {}^1/_2\,N(C_2H_5)_3$, aus vorst. Verb. analog **C**; 77%. — *2'(3')-O-Glycyladenosin-5'-phosphat*, aus vorst. Verb. analog **B**. K.-P. Hilgetag 3450△

1245 **Ergot-Alkaloide und verwandte Verbindungen. 13. Mitt. Synthese und Stereochemie von 4-Methyl-1.2.3.4.4a.5.6.10b-octahydrobenzo-[f]-chinolin-2-carbonsäuren.** Zen-ichi Horii, Takushi Kurihara, Shigeo Yamamoto, Ming-Ching Hsü, Chuzo Iwata, Ichiya Ninomiya und Yasumitsu Tamura. (Chem. pharmac. Bull. [Tokyo] **15**, (11), 1227–36; 1966; Fac. of Pharmaceut. Sci., Osaka Univ., Toneyama, Toyonaka, Osaka; engl.) — 12. vgl. C. **1968**, 32-1137. — Durch Red. von 4-Methyl-1.2.3.4.5.6-hexahydrobenzo-[f]-chinolin-2-carbonsäureäthylester (**II**) werden *trans-anti-* (**III**), *cis-anti-* (**IV**) u. *cis-syn-4-Methyl-1.2.3.4.4a.5.6.10b-octahydrobenzo-[f]-chinolin-2-carbonsäureäthylester* (**V**) dargestellt; die Stereochemie wird diskutiert. Deriv. von **III**, **IV** u. **V** mit −COOH, −CON(C_2H_5)$_2$, −CH_2OH u. −CH_3 an $C_{(2)}$ werden ebenfalls dargestellt. — IR- u. NMR-Maxima sowie pK_a-Werte sind angegeben.

Versuche: *4-Methyl-8-methoxy-1.2.3.4.5.6-hexahydrobenzo-[f]-chinolin-2-carbonsäureäthylester* (**IIa**), Kp.$_1$ 190–210° (Badtemp.), aus 3,7 g 2-[Brommethyl]-acrylsäureäthylester, Methylamin u. 3 g 6-Methoxytetralon-(2); 2,7 g (Ausb.). *Perchlorat*, $C_{18}H_{24}ClNO_7$, F. 188–189° (A.). — 4-Methyl-1.2.3.4.4a.5.6.10b-octahydrobenzo-[f]-chinoline: *2-Carbäthoxy-, cis-anti-Verb.* (**IV**), a) durch NaBH$_4$-Red. von 6,2 g **II**; 820 mg [*Perchlorat*, $C_{17}H_{24}ClNO_6$, F. 189–190° (A./Ae.)]; daneben 2,2 g *trans-anti-Verb.* [**III**; *Perchlorat*, $C_{17}H_{24}ClNO_6$, F. 175 bis 176° (A./Ae.)]; b) durch Hydrieren von 1,68 g **II** an PtO$_2$; ca. 100 mg; daneben 1,1 g *cis-syn-Verb.* [**V**; *Perchlorat*, $C_{17}H_{24}ClNO_6$, F. 198–199° (A./Ae.)]; c) durch NaBH$_4$-Red. von 1 g **II** in Ggw. von Essigsäure; 650 mg; daneben 80 mg **V**; d) im Gemisch mit **V** (Verhältnis 47 : 53) aus **IV** u. 20%ig. alkohol. Na-Äthylat. — *8-Methoxy-2-carbäthoxy-, cis-anti-Verb.* (**IVa**), $C_{18}H_{25}NO_3$, Kp.$_1$ 190 bis 210° (Badtemp.), a) durch NaBH$_4$-Red. von **IIa**; daneben *cis-syn-Verb.* [**Va**; *Pikrat, Äthanolat*, $C_{24}H_{28}$·$N_4O_{10} \cdot C_2H_5OH$, F. 112–113° (Zers.; A.); gelb] u. *trans-anti-Verb.* [**IIIa**; *Perchlorat*, $C_{18}H_{26}ClNO_7$, F. 187 bis 188° (Zers.; A.)]; b) im Gemisch mit **Va** (Verhältnis 3 : 17) durch Hydrieren von **IIa** an PtO$_2$; c) im Gemisch mit **Va** u. **IIIa** (Verhältnis 9 : 5 : 6) durch NaBH$_4$-Red. von **IIa** in Ggw. von Essigsäure. — *2-Carboxy-, trans-anti-Verb.* (**VI**), $C_{15}H_{19}NO_2$, F. 247–249° (Zers.; Isopropanol), aus 1 g **III** u. 10%ig. HCl u. Freisetzen aus dem *Hydrochlorid* an Duolite A-2; 550 mg. *cis-anti-Verb.* (**VII**), $C_{15}H_{19}NO_2$, F. 227–230° (Zers.; Isopropanol), analog **VI** aus 1 g **IV**; 400 mg. *cis-syn-Verb.* (**VIII**), $C_{15}H_{19}NO_2$, F. 237 bis 239° (Zers.; Isopropanol), analog **VI** aus 1 g **V**; 480 mg. — *2-Hydroxymethyl-, trans-anti-Verb.* (**IX**), $C_{15}H_{21}NO$, F. 152–153° (Aceton), durch LiAlH$_4$-Red. von 1 g **III**; 840 mg. *cis-anti-Verb.* (**X**), $C_{15}H_{21}NO$, F. 122,5–123° (Aceton), analog **IX** aus 800 mg **IV**; 700 mg. *cis-syn-Verb.* (**XI**), $C_{15}H_{21}NO$, F. 137–138° (Aceton), analog **IX** aus 1 g **V**; 800 mg. — *N.N-Diäthyl-2-carbamoyl-, trans-anti-Verb.* (**XII**), durch Rk. von 300 mg **VI** u. LiOH zum *Li-Salz*, Behandeln mit DMF-SO$_3$-Komplex u. Rk. mit Diäthylamin; 140 mg [*Pikrat*, $C_{25}H_{31}N_5O_8$, F. 208° (A.)]. *cis-anti-Verb.*, analog **XII** aus 250 mg **VII**; 94 mg [*Pikrat*, $C_{25}H_{31}N_5O_8$, F. 183° (A.). *cis-syn-Verb.*, analog **XII** aus 700 mg **VIII**; 305 mg [*Perchlorat, Hydrat*, $C_{19}H_{29}ClN_2O_5$·H_2O, F. 129–130° (W.)]. — *2-Methyl-, trans-anti-Verb.* (**XIII**), aus Tosylchlorid u. 4,8 g **IX** u. LiAlH$_4$-Red. des rohen *Tosylats* (3,1 g); 2,1 g [*Methojodid*, $C_{16}H_{24}JN$, F. 232–233° (Zers.; Methanol/Ae. oder A./Ae.)]. *cis-syn-Verb.* (**XIV**), analog **XIII** aus 1,5 g **XI**; 600 mg [*Methojodid*, $C_{16}H_{24}JN$, F. 268° (Zers.; Methanol/Ae. oder A./Ae.)]. *cis-anti-Verb.*, a) analog **XIII** aus 1 g **X**; 320 mg [*Methojodid*, $C_{16}H_{24}JN$, F. 219–220° (Zers.; Methanol/Ae.)]; b) durch Hydrieren von 600 mg 2.4-Dimethyl-1.2.3.4.5.6-hexahydrobenzo-[f]-chinolin (**I**) an PtO$_2$; 180 mg; daneben 310 mg **XIV**; c) aus 540 mg **I** u. Li in fl. NH$_3$; ca. 120 mg; daneben 260 mg **XIII**; d) aus B$_2$H$_6$ u. 50 mg **I**; ca. 6 mg; daneben 30 mg **XIII**; e) analog **IV** nach a) durch Red. von 110 mg **I** mit NaBH$_4$; ca. 12 mg; daneben 70 mg **XIII**; f) analog **IV** nach a) durch Red. von 200 mg **I**-Perchlorat mit NaBH$_4$; ca. 15 mg; daneben 100 mg **XIII**. — *trans-4-Methyl-2-methylen-3-oxo-1.2.3.4.4a.5.6.*-

10b-octahydrobenzo-[f]-chinolin (**XV**), $C_{15}H_{17}NO$, F. 120 bis 121° (PAe.), aus 205 mg **VI** u. Acetanhydrid; 120 mg. *cis-Verb.*, $C_{15}H_{17}NO$, F. 85—86° (PAe.), a) analog **XV** aus 410 mg **VII**; 280 mg; b) analog a) aus **VIII**.
G. Fischer 3500△

1246 **Untersuchungen über die Synthese heterocyclischer Verbindungen. 145. Mitt. Bis-benzylisochinolinalkaloide und verwandte Verbindungen. 9. Mitt. Eine modifizierte Totalsynthese eines Gemisches von stereoisomeren Magnolaminen.** Tetsuji Kametani, Haruhiko Yagi und Shigeo Kaneda. (Chem. pharmac. Bull. [Tokyo] **14**, 974—80, 1966; Tohoku Univ. School of Medicine, Kitabancho, Sendai; engl.) — 144. bzw. 8. vgl. C. **1966**, 38-1048. — Vf. beschreiben die Synth. von *Tetrabenzylmagnolamin* durch Ullmann-Rk. von *7-Benzyloxy-1-[2-Brom-4.5-bis-benzyloxybenzyl]-1.2.3.4-tetrahydro-6-methoxy-2-methylisochinolin* (**I**) mit *7-Benzyloxy-1.2.3.4-tetrahydro-1-[4-hydroxybenzyl]-6-methoxy-2-methylisochinolin* (**II**) sowie die Synth. von **I** u. **II**. IR- u. KMR-Spektren vgl. Original. — 159. vgl. C. **1969**, 3-1325.

Versuche: *2-Brom-4.5-dihydroxyphenylessigsäureäthylester*, $C_{10}H_{11}BrO_4$, F. 107—108°, durch 5std. Kochen von 40 g 2-Brom-4.5-dimethoxyphenylessigsäuremethylester mit HBr/Essigsäureanhydrid auf 110° u. Rk. mit A.; aus Ae.–Hexan Nadeln; 3,4 g (Ausb.). *4.5-Bis-O-benzylderiv.*, $C_{24}H_{23}BrO_4$, F. 101—102°, durch 5std. Kochen von 9 g mit Benzylchlorid u. K_2CO_3 in Bzl.; aus Ae.–Hexan Nadeln; 10 g. — *N-[4-Benzyloxy-3-methoxyphenäthyl]-2-[4.5-bis-benzyloxy-2-bromphenyl]-acetamid*, $C_{38}H_{36}Br \cdot NO_5$, F. 148—151°, durch 5—6std. Erhitzen von 5,5 g vorst. Deriv. mit 4-Benzyloxy-3-methoxyphenäthylamin (**III**) auf 190°; aus Bzl.–A. Pulver; 5,5 g. — 7-Benzyloxy-1-[4.5-bis-benzyloxy-2-brombenzyl]-6-methoxyisochinoline: *3.4-Dihydro-*, *Hydrochlorid, Hemihydrat*, $C_{38}H_{34}BrNO_4 \cdot HCl \cdot {}^1/_2\, H_2O$, F. 194—196° (Zers.), durch $2^1/_2$std. Kochen von 2,2 g vorst. Verb. mit $POCl_3$ in abs. Bzl.; aus A. blaßgelbe Schuppen; 2 g. — *1.2.3.4-Tetrahydro-*, $C_{38}H_{36}BrNO_4$, F. 89—90° (CH_3OH), durch $^1/_2$std. Red. von 1,8 g vorst. Verb. mit $NaBH_4$ in CH_3OH; 1,2 g. — *1.2.3.4-Tetrahydro-2-methyl-* (**I**), $C_{39}H_{38}BrNO_4$, F. 96—97°, durch 4std. Erhitzen von 5 g vorst. Verb. mit 37%ig. HCHO u. HCOOH auf 100°; aus CH_3OH blaßgelbe Prismen; 4,5 g. — N-[4-Benzyloxy-3-methoxyphenyläthyl]-deriv.: *-4-hydroxyphenylacetamid*, durch 6std. Erhitzen von 18 g **III** u. 4-Hydroxyphenylessigsäuremethylester auf 195°; rötlicher Sirup; 98%. — *-4-äthoxycarbonyloxyphenylacetamid*, $C_{27}H_{29}NO_6$, F. 105,5—106°, durch Zutropfen von Chlorameisensäureäthylester bei 0—5° zu vorst. Verb.; aus Bzl.–Hexan Nadeln; 80%. — 7-Benzyloxy-1-[4-äthoxycarbonyloxybenzyl]-6-methoxyisochinoline: *3.4-Dihydro-* (**IV**), durch $1^1/_2$std. Kochen von 35 g vorst. Verb. mit $POCl_3$ in Toluol; blaßgelbe Schuppen; 27,3 g. *Pikrat*, $C_{27}H_{27}NO_5 \cdot C_6H_3N_3O_7$, F. 165°, aus A. gelbe Schuppen. *Methojodid*, $C_{28}H_{30}JNO_5$, F. 181,5° (Zers.), durch Ausschütteln einer Lsg. von **IV** in $CHCl_3$ mit $NaHCO_3$-Lsg. unter N_2, Eindampfen der organ. Schicht u. 4std. Rk. mit CH_3J; aus Aceton–Ae. gelbe Nadeln; 82%. — *1.2.3.4-Tetrahydro-2-methyl-*, durch 1std. Rk. von 13 g **IV**-Methojodid in $CHCl_3$ mit $NaBH_4$ in CH_3OH bei 0—5° unter Rühren; 10 g. *Pikrat*, $C_{28}H_{31}NO_5 \cdot C_6H_3N_3O_7$, F. 160—160,5° (Zers.); aus A. gelbe Nadeln. *Oxalat*, $C_{28}H_{31}NO_5 \cdot C_2H_2O_4$, F. 174—175° (Zers.). — 7-Benzyloxy-1-[4-hydroxybenzyl]-1.2.3.4-tetrahydro-6-methoxyisochinoline: *Unsubstituiert*, $C_{24} \cdot H_{25}NO_3$, F. 153—154°, durch Red. von 2,5 g **IV** mit $NaBH_4$ in $CHCl_3$–CH_3OH bei Raumtemp. u. $^1/_2$std. Kochen (Meth. **B**); aus Bzl. Prismen; 2,0 g. — *2-Methyl-* (**II**), $C_{25}H_{27}NO_3$, F. 139—141°, a) durch $^1/_2$std. Erhitzen von 3,3 g vorvorst. Verb. mit äthanol. NaOH auf 60—70° unter N_2; aus Bzl.–Hexan Prismen; 2,8 g; b) aus 2,7 g **IV**-Methojodid analog **B**; 2 g. — *DL-N-Methylcoclaurin*, F. 161—162°, durch 6std. Erwärmen von 200 mg **II** mit 20%ig. HCl auf 90—100°; aus Toluol–PAe./Toluol Prismen; 92 mg. — *Tetra-O-benzylmagnolamin* (Diastereomerengemisch) durch 48std. Erhitzen von 500 mg **I**, 310 mg **II**, Cu, K_2CO_3, KJ u. Py. auf 150° u. Aufarbeiten durch Chromatographie; braune glasige Verb.; 0,5 g. *Diperchlorat*, F. 115—118° ($CHCl_3$–Ae.).
K. Gröbe 3500△

1247 **Terpenoide und verwandte Verbindungen. 8. Mitt. Acacia pennata Bark.** Pasupati Sengupta und Arun Kumar Chakraborty. (J. Indian chem. Soc. **43**, 191—93, 1966; Organ. Chem. Labor., Univ. of Kalyani, Kalyani, Nadia, W.Bengal.; engl.) — Folgende Verb. werden dargestellt: *Lupeolacetat*, $C_{32}H_{52}O_2$, F. 213—214° (Methanol/Aceton), aus 3,6 kg der Rinde von *A. pennata*, Chromatographie des erhaltenen Gummis an Al_2O_3 u. Acetylieren des Rohprod. mit Acetanhydrid/Py.; $[\alpha]_D$ +38°; 0,7 g (Ausb.). — *α-Spinasterin*, F. 162—164° (Methanol), aus dem Acetat (0,1 g) mit 10%ig. methanol. KOH; $[\alpha]_D$ ±0°; 0,09 g. *Acetat*, $C_{31}H_{50}O_2$, F. 180—181° (Aceton), neben vorst. Verb. u. nochmaliges Acetylieren; $[\alpha]_D$ ±0°; 0,06 g. *Benzoat*, F. 194—197° ($CHCl_3$ u. Methanol), mit Benzoylchlorid u. Py.; $[\alpha]_D$ + 2,1°. — 6. vgl. C. **1968**, 38-1215.
P. Golinske 3600△

1248 **Protonenkatalysierte Reaktionen an Steroid-cyclopropylalkoholen.** Henry Laurent, Hans Müller und Rudolf Wiechert. (Chem. Ber. **99**, 3836—41, 1966; Hauptlabor. der Schering AG, Berlin; dt.) — Es wird die Rk. von Steroiden mit 3β-Hydroxy-1.2α-methylen-, 3β-Hydroxy-1.2β-methylen-, 3β-Hydroxy-4.5β-methylen-Δ^6-, 6α-Hydroxy-7.8α-methylen- sowie 17β-Hydroxy-17α-cyclopropylstrukturen mit Säuren beschrieben.

Versuche: *1α-Chlormethyl-17β-acetoxy-Δ^2-5α-androsten*, $C_{22}H_{33}ClO_2$, aus 700 mg 1.2α-Methylen-3β-hydroxy-17β-acetoxy-5α-androstan u. HCl (Meth. **A**); $[\alpha]_D^{25}$ +119° (c = 1,06; $CHCl_3$); 490 mg (Ausb.). — *4ξ-Chlor-17β-acetoxy-A-homo-Δ^1-5α-androsten*, $C_{22}H_{33}ClO_2$, F. 144,5—145,5° (Diisopropyläther), aus 300 mg 1.2β-Methylen-17β-acetoxy-5α-androstan-3β-ol analog **A**; $[\alpha]_D^{23}$ +74° (c = 0,99; $CHCl_3$); 165 mg. — *17β-Acetoxy-A-homo-$\Delta^{3.4a.6}$-androstatrien*, $C_{22}H_{30}O_2$, F. 163—163,5° (Diisopropyläther), aus 7 g 17β-Acetoxy-$\Delta^{4.6}$-androstadien-3β-ol, Methylenjodid u. Zn/Cu in Äthylenglykoldimethyläther/Ae.; $[\alpha]_D^{27}$ —58° (c = 1,16; $CHCl_3$); 1,24 g. — *3β.17β-Dibenzoyloxy-B-homo-$\Delta^{5.7a}$-androstadien*, $C_{34}H_{38}O_4$, F. 171,5—172,5° (Methanol/CH_2Cl_2), aus 1,3 g 3β.17β-Dibenzoyloxy-7.8α-methylen-5α-androstan-6α-ol u. konz. HCl; $[\alpha]_D^{21}$ +191° (c = 1; $CHCl_3$); 777 mg. — *3β.17β-Dihydroxy-B-homo-$\Delta^{5.7a}$-androstadien*, $C_{20}H_{30}O_2$, F. 181 bis 182° (Aceton/Hexan), aus 1 g vorst. Verb. u. äthanol. KOH; $[\alpha]_D^{21}$ +139° (c = 1,04; Dioxan); 442 mg. — *3-Methoxy-17β-methyl-17α-[3-chlorpropyl]-$\Delta^{1.3.5,10.13}$-gonatetraen*, $C_{22}H_{29}ClO$, aus 500 mg 3-Methoxy-17α-cyclopropyl-$\Delta^{1.3.5,10}$-östratrien-17β-ol analog **A** bei 8°; Öl; 475 mg. — *3-Oxo-17β-methyl-17α-äthyl-18-nor-$\Delta^{4.13}$-androstadien*, $C_{21}H_{30}O$, aus 500 mg trans-$\Delta^{4.17,20}$-Pregnadien-3-on analog **A**; $[\alpha]_D^{25}$ +42° (c = 1; $CHCl_3$); Öl; 494 mg.
K.-P. Hilgetag 3700△

1249 **Steroide. 95. Mitt. 4.5-Epoxide in der B-Norsteroid-Reihe.** J. Joska, J. Fajkoš und F. Šorm. (Collect. czechoslov. chem. Commun. **31**, 298—309, 1966; Prague, Czechoslovak. Acad. Sciences, Inst. of Org. Chem. and Biochem.; engl.) — 100. vgl. C. **1968**, 9-1072. — Es wird die Persäureox. der 4.5-Doppelbindung in B-Norsteroiden sowie die Stereochemie einiger Spaltungsrk. der gebildeten Epoxide untersucht.

Versuche: Die opt. Drehung wurde in Chlf. bestimmt. *4β.5β-Epoxy-B-norcholestan-3β-ol* (**IV**), $C_{26}H_{44}O_2$, F. 138—139° [Methanol (Me)], durch 24std. Ox. von 31 g B-Nor-Δ^4-cholesten-3β-ol mit Perphthalsäure (**I**) in A. bei 0°; $[\alpha]_D^{20}$ +5°; 24 g (Ausb.). — *3β-Acetoxy-4β.5β-epoxy-B-norcholestan* (**II**), $C_{28}H_{46}O_3$, F. 74—76° (Me./Ae.), a) durch 48std. Ox. von 3 g 3β-Acetoxy-B-nor-Δ^4-cholesten mit **I** in Ae. bei Raumtemp.; $[\alpha]_D^{20}$ —24°; 2,4 g; b) durch 20std. Rk. von 20 g **IV** mit Acetanhydrid (**III**) in Py. bei Raumtemp.; $[\alpha]_D^{20}$ —27°; 18,3 g. — *B-Norcholestan-3β.5β-diol*, $C_{26}H_{46}O_2$, F. 113 bis 114° (Me.), durch Zutropfen von 150 mg **IV** in abs. THF zu $LiAlH_4$ in THF u. 8std. Kochen; $[\alpha]_D^{20}$ +22°; 95 mg. — 5β-B-Norcholestane: *3β.4β-Diacetoxy-*, $C_{30}H_{50}O_4$, F. 69—71° (Me.), durch 20std. Rk. von 150 mg **V** (s. u.) mit **III** in Py. bei Raumtemp.; $[\alpha]_D^{20}$ +36°; 105 mg. — *3β-Acetoxy-4β-mesyloxy-* (**VI**), $C_{29}H_{50}O_5S$, F. 96—98° (Ligroin), durch 20std. Rk. von Mesylchlorid (**XIII**) mit 250 mg **V** in Py. bei 0°; $[\alpha]_D^{20}$ +25°; 180 mg. — *5α-B-Norcholestan-3β.4β-diol* (**VII**), $C_{26}H_{46}O_2$, F. 164—165° (Me.), a) durch Zugabe von K_2CO_3 in W. zu 100 mg **VIII**

(s. u.) in Me. u. 1std. Kochen; $[\alpha]_D^{20}$ -3^0; 63 mg; b) analog aus 70 mg **IX** (s. u.); $[\alpha(_D^{20}$ $-4{,}5^0$; 38 mg; c) durch Hydrieren von 600 mg **X** (s. u.) in Essigsäure in Ggw. von Adams-Katalysator; $[\alpha]_D^{20}$ -3^0; 32 mg; daneben 420 mg **XI**. *5β-Epimeres* (**XI**), $C_{26}H_{46}O_2$, F. 107—108⁰ (Essigsäureäthylester), a) durch Versetzen von 100 mg **V** in Me. mit K_2CO_3 in W. u. 1std. Kochen; $[\alpha]_D^{20}$ $+36^0$; 54 mg. — *3β-Acetoxy-5β-B-norcholestan-4β-ol* (**V**), $C_{28}\cdot H_{48}O_3$, F. 86—88⁰ (verd. Aceton), a) durch Hydrieren von 13 g **II** in Essigsäure in Ggw. von Adams-Katalysator; $[\alpha]_D^{20}$ $+34^0$; 7,5 g; b) analog durch Hydrieren von 300 mg **XII** (s. u.); $[\alpha]_D^{20}$ $+32^0$; 186 mg; c) durch 5std. Hydrieren von 200 mg **XII** in A. in Ggw. von Pd/$CaCO_3$-Katalysator; $[\alpha]_D^{20}$ $+32^0$; 140 mg. *5α-Epimeres* (**VIII**), $C_{28}H_{48}O_3$, F. 160—161⁰ (Me.), a) als Nebenprod. bei der Darst. von **V** nach a); $[\alpha]_D^{20}$ -13^0; 890 mg; b) als Nebenprod. bei der Darst. von **V** nach b); $[\alpha]_D^{20}$ -12^0; 12 mg. — *4β-Acetoxy-5α-B-norcholestan-3β-ol* (**IX**), $C_{28}H_{48}O_3$, F. 141 bis 142⁰ (Me.), als Nebenprod. bei der Darst. von **V** nach a); $[\alpha]_D^{20}$ $-4{,}5^0$; 1 g; b) durch 8std. Erhitzen von 200 mg **VIII** in Essigsäure auf 100⁰; $[\alpha]_D^{20}$ -4^0; 120 mg. — 5α-B-Norcholestane: *3β.4β-Diacetoxy-*, $C_{30}H_{50}O_4$, F. 166 bis 168⁰ (Me.), a) durch Acetylieren von 50 mg **VIII**; $[\alpha]_D^{20}$ -21^0; 29 mg; b) durch Acetylieren von 100 mg **IX**; $[\alpha]_D^{20}$ -24^0; 75 mg. — *3β-Acetoxy-4β-mesyloxy-*, (**XIV**), $C_{29}\cdot H_{50}O_5S$, F. 176—177⁰ (Ae.), durch 20std. Rk. von 200 mg **VIII** mit **XIII** in Py. bei 0⁰; $[\alpha]_D^{20}$ -14^0. — *3β-Hydroxy-*, $C_{26}H_{46}O$, F. 129—131⁰ (Me.), durch Zugabe von 150 mg **XIV** in THF zu $LiAlH_4$ in THF u. 8std. Kochen; $[\alpha]_D^{20}$ $-7{,}8^0$; 28 mg. *5β-Epimeres*, $C_{26}H_{46}O$, F. 72—75⁰ (verd. Me.), durch analoge Red. von 160 mg **VI** mit $LiAlH_4$; $[\alpha]_D^{20}$ $+16{,}8^0$; 35 mg. — *5β-B-Norcholestan-3-on*, $C_{26}\cdot H_{44}O$, F. 69—70⁰ (Me./Ae.), durch 2std. Kochen von 375 mg **VI** mit K_2CO_3 in Me.; $[\alpha]_D^{20}$ $+18^0$; 120 mg. *5α-Epimeres*, $C_{26}H_{44}O$, F. 96—97⁰ (Me.), analog aus 170 mg **XIV**; $[\alpha]_D^{20}$ $+27^0$; 47 mg. — *5β-B-Norcholestan-3β.4β-diol, Acetonid*, $C_{29}H_{50}O_2$, F. 87—88⁰ (Ae./Me.), durch 1std. Rk. von 100 mg **XI** mit 1 %ig. HCl in Aceton bei Raumtemp.; $[\alpha]_D^{20}$ $+12^0$. *5α-Epimeres*, $C_{29}H_{50}O_2$, F. 125—126⁰ (Me.), analog aus 100 mg **VII**; $[\alpha]_D^{10}$ -1^0; 61 mg. — *4β-5β-Epoxy-B-norcholestan-3-on*, $C_{26}H_{42}O_2$, F. 93—94⁰ (Me.), durch $^1/_4$std. Rk. von 2,2 g **IV** mit Jones-Reagens in Aceton; $[\alpha]_D^{20}$ $+46{,}5^0$; 1,9 g. — *4-Hydroxy-B-nor-Δ⁴-cholesten-3-on*, $C_{26}H_{42}O_2$, F. 159—160⁰, a) durch $^1/_2$std. Rk. von 500 mg vorst. Verb. mit konz. H_2SO_4 in Essigsäure; $[\alpha]_D^{20}$ $+55^0$; 300 mg; b) durch 10std. Erhitzen von 300 mg vorst. Verb. in Essigsäure auf 115⁰; $[\alpha]_D^{20}$ $+48^0$; 120 mg; c) durch 10std. Rk. von 180 mg vorst. Verb. mit BF_3-Ätherat in abs. Ae. bei 0⁰; $[\alpha]_D^{20}$ $+52^0$; 115 mg. — *B-Nor-Δ⁴-cholesten-3-on*, $C_{26}H_{42}O$, F. 62—64⁰ (verd. Me.), a) durch 18std. Rk. von 100 mg **X** mit BF_3-Ätherat in abs. Ae. bei $+4^0$; $[\alpha]_D^{20}$ -4^0; 30 mg; b) analog aus 300 mg **IV**; $[\alpha]_D^{20}$ -6^0; 90 mg. — *B-Nor-Δ⁵-cholesten-3β.4β-diol* (**X**), $C_{26}H_{44}O_2$, F. 147⁰ (Me.), a) als Nebenprod. bei vorst. Verb. nach b); $[\alpha]_D^{20}$ -95^0; 50 mg; b) durch 10std. Erhitzen von 1 g **IV** in Essigsäure; $[\alpha]_D^{20}$ -101^0; 640 mg. *4β-Acetylderiv.*, $C_{28}H_{46}O_3$, F. 69—71⁰ (verd. Me.), a) als Nebenprod. bei der Darst. des Diols nach b); $[\alpha[_D^{20}$ -114^0; 160 mg; b) durch 10std. Erhitzen von 500 mg **II** mit Essigsäure auf 110⁰; $[\alpha]_D^{20}$ -118^0; 120 mg; c) analog aus 200 mg **XII**; 110 mg. *3β.4β-Diacetylderiv.*, $C_{30}H_{48}O_4$, F. 140⁰ (Me.), a) als Nebenprod. bei der Darst. der Monoacetylverb. nach b); $[\alpha]_D^{20}$ -118^0; 255 mg; b) als Nebenprod. bei der Darst. der Monoacetylverb. nach c); $[\alpha]_D^{20}$ -123^0; 40 mg; c) durch 20std. Rk. von 100 mg Monoacetat mit **III** in Py. bei Raumtemp.; $[\alpha]_D^{20}$ -123^0; 85 mg; d) durch 20std. Rk. von 110 mg **XII** mit **III** in Py. bei 40⁰; $[\alpha]_D^{20}$ -120^0; 90 mg; e) analog d) aus 160 mg **X**; $[\alpha]_D^{20}$ -125^0; 140 mg. — *3β-Acetoxy-B-nor-Δ⁵-cholesten-4β-ol*, (**XII**), $C_{28}H_{46}O_3$, F. 117—118⁰ (Me.), durch 3std. Rk. von 500 mg **X** mit **III** in Py. bei 0⁰; $[\alpha]_D^{20}$ -98^0; 410 mg. M. Krüger 3700△

1250 **Carotinoide und verwandte Verbindungen.** 13. Mitt. **Synthese von 4-Keto-γ-carotin und seinem 1'-Hydroxy-1'-2'-dihydroderivat.** A. P. Leftwick und B. C. L. Weedon. (Acta chem. scand. **20**, 1195—99, 1966; Queen Mary College, London; engl.) — 12. vgl. C. **1967**, 4-1124. — Die Synth. der nachfolgenden Verb. wird beschrieben. IR- u. NMR-Daten s. Original.

Versuche: *15.15'-Dehydroapo-3-lycopenal*, $C_{30}\cdot H_{38}O$, F. 151—153⁰ (Bzl./PAe.), durch $1^1/_2$std. Rk. von 294 mg 8.8'-Dehydrocrocetindial (**I**) mit Geranyltriphenylphosphoniumbromid (**II**) u. $NaOCH_3$ in Methanol/Bzl.; 118 mg (Ausb.). — *2.6.10.15.19.23.27-Heptamethyl-Δ^{4.6.8.10.14.16.18.20.22.26}-oktacosadekaenin-(12)-on-(3)* (**III**), F. 138—139⁰ (A.), durch Rk. von 80 mg vorst. Verb. mit Methylisopropylketon in Ggw. von KOH in A.; 32 mg. — *1'-Hydroxy-1'.2'-dihydro-15.15'-dehydroapo-3-lycopenal*, F. 135⁰ (Aceton/Hexan), durch Rk. von 400 mg **I** mit Triphenyl-[7-hydroxy-3.7-dimethylokten-(2)-yl]-phosphoniumbromid (**IV**) in Ggw. von NaO in Methanol/Bzl.; 497 mg. — *27-Hydroxy-2.6.10.15.19.23.27-heptamethyl-Δ^{4.6.8.10.14.16.18.20.22}-oktacosanonaenin-(12)-on-(3)* (**V**), $C_{35}\cdot H_{48}O_2$, F. 163—164⁰ (Aceton/PAe.), analog **III** aus 200 mg vorst. Verb. u. Methylisopropylketon; 137 mg. — *4-Hydroxy-15.15'-dehydro-β-apo-2-carotinal* (**VI**), F. 160 bis 161⁰ (PAe./CH_2Cl_2), nach Entschel u. Karrer (Helv. chim. Acta **43** (1960) 94) aus 15.15'-Dehydro-β-apo-2-carotinal. — *4-Oxo-15.15'-dehydro-β-apo-2-carotinal* (**VII**), $C_{30}H_{36}O_2$, F. 167—168⁰ (Aceton/Hexan), durch 3std. Ox. von 300 mg **VI** mit 2.3-Dichlor-5.6-dicyanbenzochinon in Dioxan; 200 mg. — *4-Oxo-15.15'-dehydro-γ-carotin*, $C_{40}H_{52}O$, F. 144—145⁰ (A./PAe.), a) durch 7std. Kochen von 200 mg vorst. Verb. mit **II** in Ggw. von $NaOCH_3$ in Methanol/Bzl.; 80 mg; b) durch Kochen von 80 mg **III** mit Diäthylaminopentanon-(3)-methojodid (**VIII**) in Ggw. von K-Äthylat in A./Bzl.; 10 mg. — *4-Oxo-15-cis-γ-carotin*, durch 3std. Hydrieren vorst. Verb. an Lindlar-Katalysator in Essigester. — *4-Oxo-γ-carotin*, durch 4std. Bestrahlung vorst. Verb. mit einer W-Lampe in Ggw. von J_2 in Benzol. — *4-Oxo-1'-hydroxy-1'.2'-dihydro-15.15'-dehydro-γ-carotin* (**IX**), $C_{40}\cdot H_{54}O_2$, F. 128—130⁰ (Aceton/PAe.), a) durch 4std. Rk. von 150 mg **VII** mit **IV** in Ggw. von $NaOCH_3$ in Methanol/Bzl.; 77 mg; b) durch Kochen von 120 mg **V** mit **VIII** in Ggw. von K-Äthylat in A./Bzl.; 8 mg. — *4-Oxo-1'-hydroxy-1'.2'-dihydro-15-cis-γ-carotin*, durch 3std. Hydrieren von **IX** an Lindlar-Katalysator in Essigester. — *4-Oxo-1'-hydroxy-1'.2'-dihydro-γ-carotin*, durch 4std. Bestrahlen vorst. Verb. mit einer W-Lampe in Ggw. von J_2 in Benzol. — *4.1'-Dihydroxy-1'.2'-dihydro-15.15'-dehydro-γ-carotin*, $C_{40}H_{56}O_2$, F. 163—164⁰ (PAe./CH_2Cl_2), analog **IX** nach a) aus 100 mg **VI** u. **IV**; 52 mg. W. Brendel 3850△

1251 **Reaktionen des Trichlormethylanions. Synthese und Reaktionen von Dichlorprotoanemonin.** Anthony Winston und John C. Sharp. (J. Amer. chem. Soc. **88**, 4196—98, 1966; Dep. of Chem., W.Va. Univ., Morgantown, W.Va.; engl.) — Das als Antibiotikum wirksame *Dichlorprotoanemonin* (**I**) wird dargestellt u. der Rk.-Mechanismus wird diskutiert.

Versuche: *5.5-Dichlor-4-hydroxypentadien-(2.4)-säurelacton (Dichlorprotoanemonin)* (**I**), $C_5H_2Cl_2O_2$, F. 95,5⁰, a) aus Bernsteinsäureanhydrid u. Na-Trichloracetat; 6,8 % (Ausb.); daneben *5.5.5-Trichlorlävulinsäure* [**II**; F. 76,5—77,5⁰ (Bzl./Hexan); 20 %]; b) aus **II** u. 100 %ig. H_2SO_4; 45,5 %. — *9.10-[1-(2.2-Dichlor-1-hydroxyvinyl)-2-carboxyäthano]-, 9.10-dihydroanthracenlacton*, $C_{19}\cdot H_{12}Cl_2O_2$, F. 205⁰ (Bzl.), aus **I** u. Anthracen; 68,5 %. — *6-[2.2-Dichlor-1-hydroxyvinyl]-2.3.4.5-tetraphenyl-Δ^{2.4}-cyclohexadien-1-carbonsäurelacton*, $C_{33}H_{22}Cl_2O_2$, F. 298,5⁰ aus **I** u. Tetraphenylcyclopentadienon; 70 %. — *5.5-Dichlor-4-oxopenten-(2)-säuremethylester*, $C_6H_6Cl_2O_3$, Kp.$_{1,5}$ 100⁰, aus **I** u. Methanol in Ggw. von konz. H_2SO_4. — *trans-2.3-Dibrom-5.5-dichlor-4-hydroxypenten-(3)-säurelacton*, $C_5H_2Br_2Cl_2O_2$, F. 59⁰, aus **I** u. Br_2; 75 %. W. Brendel 3900△

1252 **Cephalosporansäuren.** 4. Mitt. **7-Acylamido-Δ²-cephem-4-carbonsäuren.** J. D. Cocker, S. Eardley, G. I. Gregory, M. E. Hall und A. G. Long. (J. chem. Soc. [London], Sect. C **1966**, 1142—51; Glaxo Res. Ltd., Greenford, Middlesex; engl.) — Beim kombinierten Angriff von Basen u. Säureanhydriden an 7-Acylamidocephalosporansäuren sowie beim Angriff von Basen an ihre Ester bildet sich ein *Δ²-/Δ³-Isomerengleichgew.* aus, in welchem der Δ²-Isomerenanteil überwiegt. Diese Isomerisierung stellt eine prototrope Verschiebung dar, welche möglicherweise durch das S-Atom im Dihydrothiazinring hervorgerufen wird. Die in den Δ²-Isomeren vorhandene Acetoxygruppe kann durch nucleophile Reagenzien ersetzt werden. Behandlung von 3-Acetoxymethyl-7β-phenylacetamido-Δ^3-cephem-4-carbonsäuremethylester-1ξ-oxid mit einer Base verläuft unter Decarboxylierung. Vers., 7β-Phenylacetamido-Δ^2-cephem-4-carbonsäure-1ξ-oxid darzustellen, führen zur Bldg. des Δ^3-Isomeren sowie zur Entstehung von wenig CO_2. — 2. vgl. C. **1968**, 19-1222.

Versuche: Δ^2-Cephem-4ξ-carbonsäuren: *3-Acetoxymethyl-7β-butanamido-*, $C_{14}H_{18}N_2O_6S$, aus 2 mMol 7-Aminocephalosporansäure u. Buttersäureanhydrid/Py.; $[\alpha]_D^{20}$ +472°; daneben *3-Acetoxymethyl-7β-butanamido-Δ^3-cephem-4-carbonsäure* ($[\alpha]_D^{20}$ +104°). — *3-Acetoxymethyl-7β-phenylacetamido-* (I), $C_{18}H_{18}N_2O_6S$, F. 153 bis 154° (wss. Aceton), a) aus dem entsprechenden Pyridinsalz u. 2 n HCl; $[\alpha]_D$ +434°, +526° (c = 1%; Py.); 99% (Ausb.); b) aus 3-Hydroxymethyl-7β-phenylamido-Δ^2-cephem-4ξ-carbonsäure, Acetanhydrid u. $HClO_4$ in Essigester (EE.) bei Raumtemperatur. *Na-Salz*, F. 179—183°, aus I u. Na-2-Äthylhexylat/n-Butanol; 100%. *Cyclohexylaminsalz*, $C_{24}H_{31}N_3O_6S$, F. 190—191° (wss. Aceton), aus 0,4 g I u. Cyclohexylamin in wss. Aceton bei pH 7,5; 0,22 g. *Pyridinsalz*, $C_{23}H_{23}N_3O_6S$, F. 244—247° (EE/A.), aus I u. Py./EE; $[\alpha]_D$ +372°; 49%. *Methylester*, $C_{19}H_{20}$ · N_2O_6S, F. 153—154° (wss. Aceton), aus I u. CH_2N_2/Ae. in Aceton/Methanol; $[\alpha]_D$ +436°; 83%. *Äthylester, Hemihydrat*, $C_{20}H_{22}N_2O_6S \cdot {}^1/_2\,H_2O$, F. 146—148° ($CH_2Cl_2$/Cyclohexan), aus dem Pyridinsalz der Säure u. Chlorameisensäureäthylester in abs. CH_2Cl_2 bei Raumtemp.; $[\alpha]_D$ +417° (c = 0,36; Dioxan). — *3-Acetoxymethyl-7β-[thienyl-(2)-acetamido]-*, $C_{16}H_{16}N_2O_6S_2$, F. 154—156° (EE.), analog vorst. Verb.; $[\alpha]_D$ +411° (c = 1,3; Dioxan). *Na-Salz, Monohydrat*, $C_{16}H_{15}N_2NaO_6S_2 \cdot H_2O$; $[\alpha]_D$ +438° (c = 0,7; W.). *Pyridinsalz*, $C_{21}H_{21}N_3O_6S_2$, F. 146—149°; $[\alpha]_D$ +359° (c = 0,9; Dioxan). *Methylester*, $C_{17}H_{18}N_2O_6S_2$, F. 130—132° (EE.), analog dem I-Methylester; $[\alpha]_D$ +462° (c = 0,8; Aceton); 80%. — *3-Benzoylmercaptomethyl-7β[thienyl-(2)-acetamido]-*, $C_{21}H_{18}N_2O_5S_3$, F. 182—186° (wss. Aceton); $[\alpha]_D$ +244° (c = 0,6). *Methylester*, $C_{22}H_{20}$ · $N_2O_5S_3$, F. 183—184° (Dioxan), aus der entsprechenden Carbonsäure u. CH_2N_2/Ae.; $[\alpha]_D$ +312° (c = 0,5). — *3-Hydroxymethyl-7β-phenylacetamido-*, $C_{16}H_{16}N_2O_5S$, F. 164° (Zers.; EE.), aus 4 g I u. in NaOH in wss. Aceton bei 40 bis 50°; $[\alpha]_D$ +496° (c = 0,46; Aceton); 1,02 g. *Methylester*, $C_{17}H_{18}N_2O_5S$, F. 110—112° (Methanol/Ae.), aus der Carbonsäure u. CH_2N_2/Ae.; $[\alpha]_D$ +519° (c = 0,8; Py.); 48%. — *3-Butanoyloxymethyl-7β-phenylacetamido-*, C_{20} · $H_{22}N_2O_6S$, F. 163° (wss. Aceton), aus vorst. Verb. u. Buttersäureanhydrid/Py.; $[\alpha]_D$ +391°; 23%. — *3-Hydroxymethyl-7β-phenylacetamido-Δ^3-cephem-4-carbonsäure, Lacton*, F. 215—216° (Zers.), a) aus I u. in HCl in wss. Aceton bei pH 1,6; 59%; b) aus 90 mg vorvorst. Carbonsäure u. 0,5 n HCl in Aceton; $[\alpha]_D$ +165° (c = 0,85; Aceton); 42 mg. *Methylester*, $C_{17}H_{18}N_2O_5S$, F. 190—194° (Methanol), aus 200 mg des Na-Salzes der entsprechenden Carbonsäure, Dowex 50 W (H^+) u. CH_2N_2/Ae. in EE./W. bei pH 3,5; $[\alpha]_D$ +139° (c = 1,0; Py.); 85 mg; daneben 62 mg des entsprechenden Lactons. — *3-Acetoxymethyl-7β-phenylacetamido-Δ^3-cephem-4-carbonsäure-1ξ-oxid, Methylester*, $C_{19}H_{20}N_2O_7S$, F. 222—225° (EE.), a) aus 2,57 g 7β-Phenylacetamidocephalosporansäuremethylester u. $NaJO_4$ in wss. Dioxan; 0,47 g; daneben *epimeres Sulfoxid*; b) aus der entsprechenden Carbonsäure (II), Triäthylamin u. CH_2N_2; $[\alpha]_D$ +145,5° (c = 0,35; Dioxan). — *3-Acetoxymethyl-7β-phenylacetamido-Δ^3-cephem-1ξ-oxid*, $C_{17}H_{18}N_2O_5S$, F. 197° (Zers.; Ae.), a) aus 1 g vorst. Carbonsäure u. abs. Py. bei 37°; 0,54 g; b) durch 5std. Rk. von 1,2 g des I-Na-Salzes mit $NaJO_4$ in W. bei Raumtemp.; $[\alpha]_D$ +40°; 5,5 mg. — *3-Benzoylmercaptomethyl-7β-[thienyl-(2)-acetamido]-Δ^3-cephem-1ξ-oxid*, $C_{20}H_{18}N_2O_4S_3$, F. 188—190° (Aceton), aus 0,5 g 3-Benzoylmercaptomethyl-7β-[thienyl-(2)-acetamido]-Δ^3-cephem-4-carbonsäure in 50%ig. Py. bei 50°; $[\alpha]_D$ —59° (c = 0,5); 0,16 g. — *7β-Phenylacetamidocephalosporansäure-1ξ-oxid* (II), $C_{18}H_{18}N_2O_7S$, durch ${}^1/_2$std. Rk. des I-Na-Salzes u. $NaJO_4$ in W. bei Raumtemp.; $[\alpha]_D$ +161° (c = 0,78; W.); 32%. — *3-Acetoxymethyl-7β-phenylacetamido-Δ^3-cephem-4-carbonsäure, Amid, Hemihydrat*, $C_{18}H_{19}N_3O_5S \cdot {}^1/_2\,H_2O$, aus der entsprechenden Säure, Triäthylamin u. Chlorameisensäureäthylester in abs. CH_2Cl_2 sowie Rk. mit $(NH_4)_2HPO_4$; $[\alpha]_D^{27}$ +127° (c = 0,89; DMS); 45%, *N-Cyclohexylamid*, $C_{24}H_{29}N_3O_5S$, aus der entsprechenden Säure, Triäthylamin u. Chlorameisensäureäthylester sowie Rk. mit Cyclohexylamin; $[\alpha]_D^{24}$ +100° (c = 0,96; DMS); 26%; daneben ≈ 10% *Δ^2-Isomeres*. — *3-Acetoxymethyl-7β-[thienyl-(2)acetamido]-Δ^3-cephem-4-carbonsäureamid/Δ^2-Isomeren-Gemisch*, analog vorst. Amid. — *1-(4ξ-Carboxy-7β-phenylacetamido-Δ^2-cephemyl-(3)-methyl)-pyridinbetain*, $C_{21}H_{19}N_3O_4S$, aus dem I-Pyridinsalz bei 46°; $[\alpha]_D$ +528° (c = 0,96; W.); 8%. — *1-(4ξ-Carboxy-7β-[thienyl-(2)-acetamido-Δ^2-cephemyl-(3)-methyl)-pyridinbetain, Hemihydrat*, $C_{19}H_{17}N_3O_4S_2 \cdot {}^1/_2H_2O$, a) durch 48std. Rk. analog vorst. Verb.; 10%; b) durch $4^1/_2$std. Rk. bei 85° analog a); $[\alpha]_D$ +510° (c = 0,96; W.); 18%; daneben *3-Hydroxylmethyl-7β-[thienyl-(2)-acetamido]-Δ^2-cephem-4ξ-carbonsäure*. — *S-(4ξ-Carboxy-7β-phenylacetamido-Δ^2-cephem-3-ylmethyl)-isothioharnstoffbetain*, $C_{17}H_{18}N_4O_4S_2$, F. 202—204° (Zers.), aus dem entsprechenden Thioharnstoffsalz bei 37°; $[\alpha]_D^{21}$ +663° (c = 0,87; DMS); 49%. — *S-(4ξ-Carboxy-7β-phenylacetamido-Δ^2-cephemyl-(3)-methyl-)N-äthylisothioharnstoffbetain*, $C_{19}H_{22}N_4O_4$ · S_2, F. 212—213° (Zers.); $[\alpha]_D$ +558° (c = 0,2; DMS/$CHCl_3$); 64%. G. Engler 3950△

D. Makromolekulare Chemie

1253 **Die Heterogenität und der intramolekulare Vernetzungsgrad in einem System mit Gaußschen Knäueln.** K. Dušek. (Collect. czechoslov. chem. Commun. **33** (1968) 4, 1100—10; Inst. of Macromol. Chem., Czechoslovak. Acad. of Sci., Prague; engl.) — Theoret. Arbeit, in der ein Modell zur Berechnung des intramol. Vernetzungsgrades β in Polymerketten mit Gaußscher Verteilung entwickelt wird. Es wurde hierbei angenommen daß β proportional c^2 ist, wo c = Konz. der Segmente eines statist. Knäuels; dagegen wird für den intermol. Vernetzungsgrad Proportionalität mit dem Prod. aus der Segmentkonz. des betrachteten Knäuels u. der aller übrigen Knäuel zugrunde gelegt. Für die lokale Segmentdichte wird eine Gleichung abgeleitet. Schließlich wird der Zusammenhang zwischen β einerseits u. der Verdünnung des Syst. sowie mit der thermodynam. Qualität des Vers.-Mittels andererseits erörtert. O. Fuchs 4004△

1254 **Zur Deutung des unendlichen Polymerisationsgrades nach der klassischen Theorie. Vorschlag eines neuen Formalismus auf topologischer Grundlage und für endliche makromolekulare Systeme.** Claude-M. Bruneau. (C. R. hebd. Séances Acad. Sci., Sér. C **264** (1967) 9, 758—61; Labor. de Chim. macromol. associé au CNRS, Paris; franz.) — Theoret. Arbeit, in der auf Grund eines neuen Formalismus, der auf der Betrachtung der topolog. Ordnung beruht, Beziehungen für den mittleren Polymerisationsgrad P von makromol. Syst. abgeleitet werden. Diese Beziehungen treten an Stelle von entsprechenden nach der klass. Theorie erhaltenen. Sie besitzen gegenüber den letzteren den Vorteil, daß für Makromol. endlicher Größe stets $P < \infty$ ist. Die Betrachtungen gelten für das Vorliegen von inter- u. intramol. Bindungen u. umfassen auch die Cyclisierung. O. Fuchs 4005△

1255 **Theoretische Berechnung der molekularen Massenverteilung bei einer Polymerisation mit momentanem Start, Übertragung mit dem Monomeren und ohne Abbruch.** A. Guyot. (J. Polymer Sci., Part B **6** (1968) 2, 123—26; Inst. de Rech. sur la Catalyse, Villeurbanne; engl.) — Unter Verw. der früher (vgl. C. **1965**, 30-1081) beschriebenen direkten Integrationsmeth. werden kinet. Gleichungen für die in der Überschrift genannten speziellen Polymerisationsbedingungen abgeleitet. O. Fuchs 4006

1256 **Bestimmung der Polymerisationsenthalpien von Cyclopentadien und Inden.** H. Cheradame, J.-P. Vairon und P. Sigwalt. (Europ. Polymer J. **4** (1968) 1, 13—20; Labor. de Chim. Macromol. de la Fac. des Sci. de Paris; franz.) — *Cyclopentadien* (I) u. *Inden* (II) wurden in CH_2Cl_2 bei — 70° (I) bzw. zwischen t = — 70 u. 10°

(II) mit $TiCl_3OC_4H_9$ + W. bei I bzw. mit $TiCl_4$ bei II polymerisiert. Durch adiabat. Calorimetrie wurde die Enthalpie der Polymerisation zu — 14,1 kcal · Mol^{-1} bei I bzw. zu — 13,9 bei II (unabhängig von t) bestimmt. O. Fuchs 4010△

1257 **Kationische und pseudokationische Polymerisation von aromatischen Olefinen. 2. Mitt. Die Folgereaktionen der Polymerisation von Styrol mit Perchlorsäure.** A. Gandini und P. H. Plesch. (Europ. Polymer J. **4** (1968) 1, 55—74; Univ. of Keele, North Staffordshire; engl.) — 1. vgl. C. **1968,** 20-1103. — Bei der Polymerisation von *Styrol* (I) mit $HClO_4$ (II) in CH_2Cl_2 bei 20—23° entstehen I-Oligomere (III) des Polymerisationsgrades 3—8 (vgl. l. c.). Der Rk.-Verlauf wurde spektroskop. (Absorptionsmessungen im Sichtbaren) u. konduktometr. näher verfolgt. Das mol. [I]/[II]-Verhältnis wurde von 10—300 variiert. Während der Polymerisation sind keine Ionen nachweisbar; gegen Ende der Rk. werden aber Aralkylionen gebildet (ganz zum Schluß auch Allylionen). Die Ionen entstehen erst, wenn [I] auf [II]/4 abgefallen ist. Daraus folgt, daß der Ester aus III u. II zu seiner Stabilisierung in Lsg. 4 Mol. I benötigt. Während die eigentliche Polymerisation nach der 2. Ordnung verläuft, liegt bei der ionogenen Rk. eine Rk. 1. Ordnung vor. Obwohl die Polymerisation von der Ggw. von W. nicht beeinflußt wird, wird die Ionenrk. durch W. völlig unterbunden. Die ionogene Rk. führt zur Bldg. zahlreicher Verb., zwischen denen Gleichgew. bestehen (schemat. Darst. im Orig.); die Gleichgew. werden allmählich unter Bldg. stabilerer Prod. verschoben. Wird aber frisches I zugesetzt, so werden die Gleichgew. wieder rückwärts unter Bldg. von nichtionogenen Prod. verschoben. Ursprünglich in III enthaltene Doppelbindungen gehen in Indanyl-Endgruppen über. In 1.2-Dichloräthan verläuft die I-Polymerisation mit III genau so wie in CH_2Cl_2, dagegen treten andere Nebenrk. auf (ohne nähere Angaben). O. Fuchs 4010△

1258 **Synthese einiger Modellverbindungen von Polyisopren.** Christian Pinazzi, Danièle Reyx, Guy Levesque und Henri Gueniffey. (C. R. hebd. Séances Acad. Sci., Sér. C **264** (1967) 8, 689—92; Coll. Sci. Univ., Le Mans; franz.) — Durch Einw. von BrMgCH=CH_2 auf Pentanon-(2) (I) wurde *3-Methylhexen-(1)-ol-(3)* (II; Ausb. 55%, Kp. 135—136°) erhalten. Durch Transveresterung von Äthylacetylacetat mit II, Umlagerung nach Carroll u. Decarboxylierung entstand *6-Methylnonen-(5)-on-(2)* (III; Ausb. 65%, $Kp._{40}$ 115°). Bei der Umsetzung von III mit Butylidentriphenylphosphoran nach Wittig bildete sich *4.8-Dimethyldodecadien-(4.8)* (IV; Ausb. 68%, $Kp._{13}$ 110°; n_D^{20} 1,4582). Analog wurden *3.7-Dimethyldecadien-(1.6)-ol-(3)* (Ausb. 70%, $Kp._2$ 105°), *6.10-Dimethyltridecadien-(5.9)-on-(2)* (Ausb. 71%, $Kp._2$ 129°) u. daraus nach Wittig *4.8.12-Trimethylhexadecatrien-(4.8.12)* (V; Ausb. 40%, $Kp._{0,3}$ 117°; n_D^{20} 1,4715) hergestellt. Aus I wurde nach Wittig *4-Methylocten-(4)* (VI) erhalten. VI, IV u. V stellen niedrigmol. Modellverb. für cis-1.4-Polyisopren dar. O. Fuchs 4010△

1259 **Kinetik der Substanzpolymerisation von Benzylacrylat.** S. K. Patra und D. Mangaraj. (Makromolekulare Chem. [Basel] **111** (1968) 168—71; Indian Inst. of Technol., Kharagpur; engl.) — *Benzylacrylat* (I) wurde zwischen t = 55 u. 65° mit Azo-bis-isobutyronitril (II) in Lsg. polymerisiert; der Polymerisationsverlauf wurde dilatometr. verfolgt. Für die Wachstumsgeschw. gilt $R_p = K [I][II]^{1/2}$. Aus der t-Abhängigkeit von K ergibt sich die Aktivierungsenergie zu 33,1 kcal · Mol^{-1}. Aus der Abhängigkeit des Polymerisationsgrades des Polybenzylacrylats von R_p ergibt sich das Verhältnis der Geschw.-Konst. für Wachstum u. Abbruch $K_p/K_t^{1/2}$ u. aus dessen t-Abhängigkeit folgt für $E_p-E_t/2$ der Wert 12,82 kcal · Mol^{-1} u. für das Verhältnis der Frequenzfaktoren $A_p/A_t^{1/2}$ der Wert 1,191 · 10^{-8}. Die Übertragung mit II ist zu vernachlässigen. O. Fuchs 4020△

1260 **Zur Polymerisation von Acrylonitril mit $AgNO_3$. 3. Mitt. Polymerisation von Acrylonitril, Methylmethacrylat und einigen substituierten Acrylonitrilen mit anorganischen Nitraten.** H. Schnecko. (Makromolekulare Chem. [Basel] **111** (1968) 146—57; Organ.-Chem. Inst., Univ., Mainz; dt.) — 2. vgl. C. **1968,** 9-1123. — *Acrylonitril* (I), *Methacrylonitril* (II), *α-Chloracrylonitril* (III), *Crotonsäurenitril* (IV) u. *Methylmethacrylat* (V) wurden in DMSO bei 60° in Ggw. von $AgNO_3$ (VI) unter der Einw. von UV-Licht bzw. in Ggw. von Azo-bis-isobutyronitril (VII) polymerisiert; der Polymerisationsverlauf wurde dilatometr. verfolgt. Die Bruttopolymerisationsgeschw. v_{Br} (in Einheiten von 10^{-5} Mol l^{-1} s^{-1}) steigt linear mit $[VI]^{1/2}$ bzw. mit $[VII]^{1/2}$ an. v_{Br} beträgt: 5,8 (I), 0,63 (II), 1,8 (III), 0 (IV) u. 16,5 (V), je für VI; entsprechend 21, 2,2, 2,4, 0 u. 37 für VII. Die Unterschiede in v_{Br} in Ggw. von VI lassen sich nur z. T. auf eine Komplexbldg. zwischen VI u. den Monomeren zurückführen; die Gleichgew.-Konst. der Komplexbldg. wurden gaschromatograph. bei 60° bestimmt zu 0,70 (I), 0,11 (II), 0,28 (III), 0,94 (IV) 0 (V). I läßt sich auch mit anderen Nitraten (z. B. von Na, K, Cu, Pb) durch UV-Licht polymerisieren; deren Aktivität entspricht der Stellung der Kationen in der Spannungsreihe. Es wird angenommen, daß die Polymerisation durch eine Red. des Metallions initiiert wird; die Abnahme der Kationenkonz. während der Polymerisation wurde speziell für VI u. für $Cu(NO_3)_2$ (VIII) polarograph. nachgewiesen. Das Molgew. des mit VIII erhaltenen Polyacrylonitrils fällt mit wachsendem [VIII] ab. Die Quantenausb. bei den Vers. mit VI beträgt nur 1%. O. Fuchs 4030△

1261 **Zur Polymerisation von Acrylonitril mit $AgNO_3$. 4. Mitt. Komplexbildung von Acrylonitril mit $AgNO_3$ und Initiierung der lichtsensibilisierten Polymerisation.** H. Schnecko. (Makromolekulare Chem. [Basel] **111** (1968) 158—67; dt.) — 3. vgl. vorst. Referat. — *Acrylonitril* (I) wurde mit $AgNO_3$ (II) unter den l. c. genannten Bedingungen polymerisiert. Die Bruttopolymerisationsgeschw. v_{Br} steigt linear mit $[I]^{3/2}$ an. Vf. führt diesen Befund darauf zurück, daß bei der Initiierung ein Komplex K aus I u. II mitwirkt. Aus der Gleichgewichts-Konst. der K-Bldg. folgt, daß die Menge an komplexgebundenem II mit wachsendem [I] zunächst ansteigt u. dann abflacht. v_{Br} fällt mit wachsender Wellenlänge der Lichtquelle stark ab (bei $\lambda > 4000$ Å keine Polymerisation). Vf. nimmt an, daß die Polymerisation durch die Absorption durch die NO_3-Gruppe sensibilisiert wird. Ein Initiierungsmechanismus (Red. des Ag^+ unter gleichzeitiger Bldg. eines akt. NO_3-Radikals) wird näher diskutiert. O. Fuchs 4030

1262 **Copolymerisation von Styrol und Vinylacetat mit Vinylchlorid bei hohem Druck.** Tatsuya Imoto, Yoshiaki Ogo und Hideo Nakamoto. (Bull. chem. Soc. Japan **41** (1968) 3, 543—47; Osaka City. Univ., Sugimotocho, sumiyoshi-ku, Osaka; engl.) — In Aceton als Lsgm. wurde bei 50° unter Verw. von Dibenzoylperoxid die Copolymerisation (CP) von *Styrol* (I) + *Vinylchlorid* (II) bzw. von II + *Vinylacetat* (III) bei Drücken p = 1—3000 at untersucht. Die r-Werte der CP betragen r_1 = 28, r_2 = 0,08 für I + II bzw. 1,60 u. 0,30 für II + III, je unabhängig von p; dabei bezieht sich der Index 1 im 1. Falle auf I, im 2. Falle auf II. Die CP-Geschw. steigt bei I + II mit wachsendem [I] (in Molenbruch) an u. ist um so größer, je höher p; sie beträgt z. B. für [I] = 0,5: 0,4 (p = 1), 0,8 (1000), 1,6 (30000). [η] des I/II-Copolymeren nimmt bis [I] = 0,9 nur wenig u. dann sehr stark zu; bei gleichem [I] steigt [η] mit wachsendem p an. O. Fuchs 4040

1263 **Herstellung molekulareinheitlicher Leiteroligomerer und einer molekulareinheitlichen Hexaacrylsäure. 4. Mitt. Modelle für Matrizenreaktionen.** H. Kämmerer und N. Önder. (Makromolekulare Chem. [Basel] **111** (1968) 67—73; Organ.-Chem. Inst., Univ., Mainz; dt.) — Die phenol. Vierkernverb. der Konstit. $BrC_6H_4(OH)$ · (CH_3)-[-$CH_2C_6H_4(OH)(CH_3)$-]$_n$Br mit n = 3 u. OH u. CH_3 im Bzl.-Kern in p-Stellung (I) wurde in Bzl. bei 0° mit Acrylsäurechlorid in Ggw. von Triäthylamin umgesetzt, wobei der zugehörige *Acrylester* (II), $C_{43}H_{38}Br_2O_8$, entstand (Ausb. 92%, lösl. in Bzl. u. Dioxan). II wird bei 74° glasig-fl., beim Weitererwärmen bis 168° allmählich wieder fest, bei 180° Zersetzung. In gleicher Weise wird aus I mit n = 4 der *Acrylester*, $C_{54}H_{48}Br_2O_{10}$ (III) erhalten, Ausb. 88%; III wird bei 95° glasig-fl., bis 150° fest, Zers. bei 193°. Wird die Lsg. von II in Bzl. in Ggw.

von Azo-bis-isobutyronitril zum Sd. erhitzt, so erfolgt eine Polymerisation der benachbarten Acrylestergruppen innerhalb eines Mol. unter Bldg. des entsprechenden *Leiteroligomeren* (IV) $C_{51}H_{50}Br_2N_2O_8$ (N rührt vom Katalysator her u. sitzt an den Endgruppen des Acrylesteroligomeren Teiles), Ausb. 69%, Zers. 276—310°. Analog wurde aus III das *Leiteroligomere*, $C_{62}H_{60}Br_2N_2O_{10}$ erhalten, Ausb. 62%, Zers. bei 300—340°. Beim Verseifen (KOH, Methanol, 12 Tage Kochen) von IV wird ein Teil I mit n = 3 zurückgewonnen (Ansäuern, Kühlen der Lsg.). In Lsg. blieb *Hexaacrylsäure* (V), $C_{20}H_{30}O_{12}$, F. 80—82°, braun. Die Struktur von V wurde durch Umsetzen mit Diazomethan in Methanol gesichert; es bildet sich der *Hexaacrylsäuremethylester*, $C_{26}H_{42}O_{12}$, Ausb. 85%. O. Fuchs 4040△

1264 **Kinetische Untersuchung der anionischen Polymerisation von Propylensulfid in Tetrahydrofuran. 1. Mitt. Bifunktionelle Polymere im Falle eines Na-Gegenions bei —80°.** J. C. Favier, Sylvie Boileau und P. Sigwalt. (Europ. Polymer. J. 4 (1968) 1, 3—12; Labor. de Chim. Macromol. de la Fac. des Sci. de Paris, Paris; franz.) — *Propylensulfid* (I) wurde mit $NaC_{10}H_7$ in THF bei —70° umgesetzt; dabei bildeten sich niedrigmol. I-Polymere (II) mit 2 akt. stabilen Zentren. Die Polymerisation von I mit II wurde bei —30° in THF untersucht, wobei der Polymerisationsverlauf dilatometr. verfolgt wurde. Bei —70° findet keine Polymerisation mit II statt, bei 0° verläuft sie unmeßbar schnell. Die Wachstumsgeschw. ist proportional [I] u. $[II]^{1/2}$, falls [II] < 10^{-3} Mol · l^{-1} ist. Die kinet. Auswertung ergibt, daß das Kettenwachstum bes. über freie Ionen erfolgt; die Wachstumskonst. beträgt in diesem Falle 12 l · Mol^{-1} · s^{-1} gegen 10^{-2} für Ionenpaare. Die erhaltenen I-Polymere (Molgew. M_n ~50000) sind im akt. Zustand sehr stark assoziiert; bei Desaktivierung mit C_2H_5Br fällt Mn sehr stark ab. O. Fuchs 4050△

1265 **Kondensationspolymerisation von N-Dithiocarbonylalkoxycarbonylaminosäuren. 5. Mitt. Reaktionsmechanismus.** H. Kato, T. Higashimura und S. Okamura. (Makromolekulare Chem. [Basel] **109** (1967) 9—21; engl.) — *N-Dithiocarbonyläthoxycarbonylaminosäuren* (*DTE-Aminosäuren*; I) werden beim Erhitzen in Dioxan oder Acetonitril leicht in hochmol. Polypeptide umgewandelt. Um den Rk.-Mechanismus aufzuklären, wurde die Bldg. von Neben- oder Zwischenprod. bei der Polymerisation von *DTE-Glycin* u. *-Alanin* untersucht. Als Nebenprod. wurden *Thiozolidindion-(2.5)* (II) u. *2-Thiooxazolidon-(5)* (III) isoliert. III ist instabil u. wandelt sich in Polypeptid u. II um. Ein Rk.-Mechanismus wird vorgeschlagen. K. Heyns 4050

E. Biologische, physiologische und medizinische Chemie

1266 **Wasserstoffionenpuffer für biologische Untersuchungen.** Norman E. Good, G. Douglas Winget, Wilhelmina Winter, Thomas N. Connolly, Seikichi Izawa und Raizada M. M. Singh. (Biochemistry [Washington] **5**, 467—77, 1966; East Lansing, Mich., Mich. State Univ., Dep. of Bot. and Plant Pathol.; engl.) — Von 12 neuen oder wenig benutzten H^+-Ionenpuffern des Bereichs pK_a 6,15—8,35, davon 10 zwitterion. Aminosäuren (N-substituierte Taurine oder Glycinderiv.) u. 2 kation. prim. aliphat. Amine, erwiesen sich bei der Hill-Rk. u. der mit der Phosphorylierung gekoppelten Ox. von *Succinat* durch Bohnenmitochondrien alle zwitterion. als besser als die gebräuchlichen. *N-Tris-[hydroxymethyl]-methyl-2-aminoäthansulfonsäure* u. *N-2-Hydroxyäthylpiperazino-N'-2-äthansulfonsäure* geben bes. akt. u. stabile Mitochondrienpräp. u. ermöglichen in zellfreien Bakterienpräp. höhere Proteinsynth.-Geschw. als Tris- oder Phosphatpuffer.

Versuche: *2-[N-Morpholino]-äthansulfonsäure*, Zers. >300°, aus sd. wss. Na-Bromäthansulfonat-Lsg. mit überschüssigem Morpholin (2 Std.) u. Isolierung durch Dowex 50 (H^+)-Passage u. A.-Fällung; 85% (Ausb.). — *N-Carbamoylmethyliminodiessigsäure*, Zers. 220°, aus 2 Val Na-Bromacetat u. 1 Val Glycinamidhydrochlorid in W. durch Zusatz von 3 Val NaOH (pH 7—8), Ansäuern (pH 2,2) mit HCl, Reinigung der ausgefällten freien Säure durch Überführung in das sehr lösl. Mono-Na-Salz u. Fällung; 55% (bezogen auf Chloracetamid). — *Piperazino-N.N'-bis-[2-äthansulfonsäure]*, aus 2 Val Na-Bromäthansulfonat u. 1 Val Piperazinhexahydrat in sd. Lsg. (2 Std.), Zutropfen von 2 Val konz. NaOH nach 1/2 Std., Ansäuern auf pH 1,5, Reinigung des unlösl. Doppelzwitterions über das sehr lösl. Mono-Na-Salz; 60%. *Mono-Na-Salz*, Zers. > 300°. — *N-[Carbamoylmethyl]-2-aminoäthansulfonsäure*, Zers. 293° (W.-A.), aus Lsg. von 1 Val Na-Bromäthansulfonat durch Erhitzen mit 1 Val Glycinamidhydrochlorid, pH-Einstellung auf ca. 8,3 unter Zusatz von 2 Val NaOH, Ansäuern auf pH 3 u. A.-Fällung; 50%. — *[2-Aminoäthyl]-trimethylammoniumchloridhydrochlorid*, „*Cholaminchlorid*", Zers. 260° (A.), aus 1 Val [2-Bromäthyl]-trimethylammoniumbromid mit überschüssigem wss. NH_4OH (1 Woche, Raumtemp.) u. Überführen in das Chlorid durch Ionenaustausch an Dowex 3 (Cl^--Form). — *[2-Bromäthyl]-trimethylammoniumbromid*, aus 1 Val trockenem $(CH_3)_3N$ u. 1 Val 1.2-Dibromäthan in Nitrobenzol. — *N.N-Bis-[2-hydroxyäthyl]-2-aminomethansulfonsäure*, F. 153—155° (wss. A.), aus wss. Lsg. von Na-Bromäthansulfonat durch 2 Std. Erhitzen mit 2 Val Diäthanolamin u. Dowex 50 (H^+-Form)-Passage; 52%. — *N-Tris-[hydroxymethyl]-methyl-2-aminoäthansulfonsäure*, F. 226—228° (Zers. 231°) (wss. A.), aus Na-Bromäthansulfonat durch Erhitzen mit 1,5 Val Tris-[hydroxymethyl]-aminomethan unter Rückfluß, Dowex 50(H^+-Form)-Passage u. A.-Fällung des Eluatkonzentrats; 60%. — *N-2-Hydroxyäthylpiperazino-N'-2-äthansulfonsäure*, F. 234° (A.-W.), aus Na-Bromäthansulfonat u. 1 Val N-2-Hydroxyäthylpiperazin durch Erhitzen in wss. Lsg. (2 Std.), Zusatz von 1 Val NaOH (pH 9), Dowex 50(H^+-Form)-Passage, Elution mit verd. wss. NH_4OH u. Zusatz von Eisessig zur Suspension des Eluatrückstands bis pH 5,0; 75%. — *N-[Carbamoylmethyl]-glycin*, aus 2 Val Glycin u. 1 Val NaOH in wenig W. durch Zusatz von 1 Val Chloracetamid, Zugabe von etwas mehr als 1 Val NaOH (pH 10) bei ≦40° (2—3 Std.), Ansäuern mit Essigsäure auf pH 5,0, Entfernen des meisten W. u. A.-Fällung; 85% (20% Verunreinigung durch Glycin). — *N-Tris-[hydroxymethyl]-methylglycin*, „*Tricin*". — *Glycinamidhydrochlorid* (A.), aus Chloracetamid mit großem Überschuß von konz. wss. NH_4OH. — *N.N-Bis-[2-hydroxyäthyl]-glycin*, „*Bicin*", aus überschüssigem Diäthanolamin u. Bromessigsäure in W. u. A.-Fällung. — *Glycylglycin*, aus Chloracetylglycin mit überschüssigem wss. NH_4OH. — Angabe der pK_a-Werte u. Metall-Puffer-Bindungskonst. für Mg^{2+}, Ca^{2+}, Mn^{2+}, Cu^{2+} sowie der relativen O_2-Aufnahmegeschw. (Trispuffer 100) von Bohnenhypokotylenmitochondrien (Succinatox.). K. Maier 4100

1267 **Stabilität und Reinheit tritiierter Glucoside.** O. Cerri, G. Marchetti, B. Damascelli und M. A. Bertoli. (Boll. chim. farmac. **105**, 358—66, 1966; Labor. di Chim. Analit, SIMES S.p.A., Milano; ital.) — An *Desacetyllanatosid C* (I) wird gezeigt, das nach chromatograph. Befund während der Wilzbach-Tritiierung die Reinheit von I nicht verändert wird. Die Aktivität nimmt während 8 Monaten von 23 auf 19 bzw. von 27 auf 21 μC/mg ab. Nach Kontakt mit biolog. Fl. findet keine merkliche Veränderung statt, so daß eine Unters. des biolog. Verh. von tritiiertem I möglich ist. W. Holland 4100

1268 **Konformationsanalyse der Monosaccharidhälften von Polysaccharidketten in Lösungen.** Shigehiro Hirano, Masatoshi Manabe, Nobutaka Miyazaki und Konoshin Onodera. (Biochim. biophysica Acta [Amsterdam] **156** (1968) 1, 213—15; Kyoto, Univ., Dep. of Agric. Chem., Lab. of Biochem.; engl.) — Bei den Monosaccharidderiv. besteht eine Korrelation zwischen Orientierung u. chem. Verschiebung von O-Acetat-CH_3-Signal (NMR) u. O-CH_3-Signal, die sich für die Konform.-Analyse von Monosaccharidkomponenten (I) in Makromol. wie *Pektinsäure, Chondroitin-6-sulfat* u. *Heparin* verwerten läßt u. anscheinend allgemein für I in Oligo- u. Polysaccharidketten u. komplexen Kohlenhydratmolekülen gilt. Die Konform. der Gesamtmol. beeinflußt die chem. Verschiebung der CH_3-Gruppen nur wenig. K. Maier 4100

1269 **Lichtinduzierte Freie Radikale von Retinal, Retinol u. Rhodopsin.** Frank J. Grady und Donald C. Borg. (Biochemistry [Washington] 7 (1968) 2, 675—82; Upton, N.Y., Brookhaven Nat. Labor., Med. Res. Council; engl.) — Abgefangene paramagnet. Photoprod. von all-*trans*, *9-cis-* u. *13-cis-Retinal* (I), all-*trans-Retinol* (II) u. *Rhodopsin* (III) gaben lichtinduzierte EPR-Signale, die beim Schmelzen verschwanden. Lsg. dieser Verb. in organ. Lsgm. oder 2%ig. wss. Digitonin wurden von den 3 I u. III bei —196° mit sichtbarem Licht bestrahlt. Bei ca. 1 mm Konz. wurden EPR-Singulettspektren bei $g \simeq 2{,}004$ mit Linienbreiten von ca. 23 Gauß erhalten. Das EPR-Signal nahm im allg. mit wachsender Belichtung u. abnehmender Polarität des Solvens zu. Bei höheren Konz. wurde auch von II ein EPR-Photosignal erhalten. Raumtemp.-Fluoreszenz wurde bei II, nicht aber bei den Aldehyden beobachtet. Die Ergebnisse sprechen für eine starke Lokalisierung von Erregungsenergie u. unpaare Elektronenverteilung in II u. rel. Delokalisierung in I. Freie I- u. III-Radikale sind wahrscheinlich Prod. lichtinduzierter Triplettzustände u. möglicherweise an der 1. (Isomerisierungs-)Stufe der photochem. III-Umwandlung beteiligt. K. Maier 4100

1270 **Struktur von polaren Farbstoffen in Leberproteinen von Ratten nach Fütterung mit N-Methyl-4-aminoazobenzol.** 2. Mitt. **Identität des synthetischen 3-[3-Carboxy-3-aminopropylmercapto]-N-methyl-4-aminoazobenzol mit dem wichtigsten polaren Farbstoff P2b.** Jen-Kun Lin, James A. Miller und Elizabeth C. Miller. (Biochemistry [Washington] 7 (1968) 5, 1889—95; McArdle Labor. for Cancer Res., Univ. of Wisc., Med. Center, Madison, Wisc.; engl.) — 1. vgl. Biochem. Biophys. Res. Commun. 28 (1967) 1040. — In der Leber mit *N-Methyl-4-aminoazobenzol* (I) gefütterter Ratten wurden die polaren Farbstoffe *P1a, P1b, P1c, P2b, P3a, P3b* u. *P3c* nachgewiesen. *P2b* wurde isoliert u. ist chromatograph. u. IR- u. UV-spektroskop. mit synthet. *3-[Carboxy-3-aminopropylmercapto]-N-methyl-4-aminoazobenzol* (II) identisch. — II wird durch Behandlung von *3-Jod-N-methyl-4-aminoazobenzol* (III) in 11n KOH (48 Std., 120°) mit DL-Homocysteinthiolacton erhalten. III ist durch Jodierung von I mit JCl (4°, 18 Std.) oder aus *N-Acetyl-3-jod-4-aminobenzol* (IV; aus N-Acetyl-o-jod-p-phenylendiamin u. Nitrosobenzol) über *3-Jod-4-aminoazobenzol* (V; Entacetylierung von IV mit Säure) durch Umsetzung von V mit CH_3J erhältlich.

Versuche: *DL-3-[3-Carboxy-3-aminopropylmercapto]-N-methyl-4-aminoazobenzol* (II), $C_{17}H_{20}N_4O_2S$, F. 225° (aus CH_3OH/W., Zers.); 11% (Ausb.). — *3-Jod-N-methyl-4-aminoazobenzol* (III), $C_{13}H_{12}JN_3$, F. 82—83°, orangefarbene Nadeln; 90%. — *3-Jod-4-aminoazobenzol* (V), $C_{14}H_{12}JN_3O$, F. 165—166°, orangefarbene Nadeln aus A.; 69—72%. — *N-Acetyl-3-jod-4-aminoazobenzol* (IV) $C_{14}H_{12}JN_3O$, F. 165—166°, gelbe Krist.; 69%. W. Damerau 4160△

1271 **Neue potentiell zytostatische Verbindungen: 4-substituierte 2-Aminothiazolderivate.** F. Gagiu und Al. Mavrodin. (Ann. pharmac. franç. 26 (1968) 1, 55—61; Inst. Oncologique, Cluj; franz.) — Die Verb. wurden nach bekannten Meth. (Kondens. von Thioharnstoff mit den entsprechenden Ketoverb., gegebenenfalls Acylierung der Aminogruppe) hergestellt, ihre Struktur durch IR gesichert u. ihre phytobiolog. Aktivität untersucht. Erste Vers. zeigen, daß I, II u. III antimitot. wirken. — Die Mehrzahl der neuen Verb. ist in den meisten organ. Lsgm lösl., wenig lösl. in A. oder Ae., prakt. nicht lösl. in W. oder Petroläther.

Versuche: 4-Äthoxycarbonylthiazole: *2-Chloracetylamino-* (I), $C_8H_9ClN_2O_3S$, F. 216° (50%ig. Essigsäure [E], Zers.); 82% (Ausb.). — *2-Dichloracetylamino-* (II), $C_8H_8Cl_2N_2O_3S$, F. 200—201° (80%ig. E); 75%. — *2-Trichloracetylamino-* (III), $C_8H_7Cl_3N_2O_3S$, F. 91° (50%ig. E); 62%. — *N-Chloracetyl-N-propen-(2)-ylamino-*, $C_{11}H_{13}ClN_2O_3S$, F. 97° aus A.; 85%. — *N-Propionyl-N-propenyl-2-amino-*, $C_{11}H_{12}Cl_2N_2O_3S$, F. 71° (Benzin); 71%. 4-[p-Bromphenyl]-thiazole: *2-Chloracetylamino-*, $C_{11}H_8BrClN_2OS$, F. 172° (60%ig. E); 75%. — *2-Dichloracetylamino-*, $C_{11}H_7BrCl_2N_2OS$, F. 131° (70%ig. E); 80%. — *2-Trichloracetylamino-*, $C_{11}H_6BrCl_3N_2OS$, F. 143° (50%ig. A.); 60%. — *N-Chloracetyl-N-propen-(2)-ylamino-*, $C_{14}H_{12}BrClN_2OS$, F. 118° (A.); 78%. — *N-Dichloracetylamino-N-propen-(2)-ylamino-*, $C_{14}H_{11}BrCl_2N_2OS$, F. 104° (A.); 65%. — *N-Propionyl-N-propen-(2)-ylamino-*, $C_{15}H_{15}BrN_2OS$, F. 129° (A.); 86%. — 4-[p-Nitrophenyl]-2-aminothiazole: *N-Chloracetyl-N-propen-(2)-yl-*, $C_{14}H_{12}ClN_3O_3S$, F. 122° (A.); 77%. — *N-Dichloracetyl-N-propen-(2)-yl-*, $C_{14}H_{11}Cl_2N_3O_3S$, F. 107° (A.); 82%. — *N-Propionyl-N-propen-(2)-yl-*, $C_{15}H_{15}N_3O_3S$, F. 120° (A.); 80%. — 4.4′-Bis-thiazole: *2.2′-Bis-[chloracetylamino]-*, $C_{10}H_8Cl_2N_4O_2S_2$, F. 240° (E); 76%. — *2.2′-Bis-[dichloracetylamino]-*, $C_{10}H_6Cl_4N_4O_2S_2$, F. 240° (E); 72%. — *2.2′-Bis-[trichloracetylamino]-*, $C_{10}H_4Cl_6N_4O_2S_2$, F. 214—218° (E; Zers.); 56%. — *2.2′-Bis-[N-chloracetyl-N-propen-(2)-ylamino]-*, $C_{16}H_{16}Cl_2N_4O_2S_2$, F. 174° (E); 62%. — *2.2′-Bis-[N-dichloracetyl-N-propen-(2)-ylamino]-*, $C_{16}H_{14}Cl_4N_4O_2S_2$, F. 161° (E); 57%. — *2.2′-Bis-[N-trichloracetyl-N-propen-(2)-ylamino]-*, $C_{16}H_{12} \cdot Cl_6N_4O_2S_2$, F. 160° (E; Zers.); 40%. — *2.2′-Bis-[N-propionyl-N-propenylamino]-*, $C_{18}H_{22}N_4O_2S_2$, F. 188—190° (E); 84%. W. Damerau 4160△

1272 **Antigeschwulstantibiotikum 4418, das der Gruppe Pluramycin-Iomycin nahesteht.** M. K. Kudinova, G. A. Babenko, R. S. Ucholina, T. S. Maksimova, N. P. Nečaeva, L. P. Terechova und O. K. Possolimo. (Antibiotiki 13 (1968) 3, 201—05; Moskva, n.-i. inst. po izyskaniju novych antibiotikov AMN SSSR; russ.) — Aus der Kultur des aus einem Boden stammenden *Actinomyces Nr. 4418* wird ein gegen Geschwülste wirksames *Antibiotikum 4418* (I) gewonnen, das nach den physikal.-chem. Eig. der Gruppe *Pluramycin-Iomycin* nahesteht. Der Produzent gehört zur Gruppe *Act. griseorubiginosus v. spiralis Gause et al., 1957.* I läßt sich in 2 Fraktionen zerlegen (35 bzw. 65%). Die 2. Fraktion ist mit *Iomycin* B_1 identisch. O. Lebtag 4160△

1273 **Identifizierung von Threo-3-hydroxyglutaminsäure in der Zellwand von Microbacterium lacticum.** K. H. Schleifer, R. Plapp und O. Kandler. (Biochem. biophysic. Res. Commun. 28 (1967) 4, 566—70; Inst. für Angewandte Botan., TH, München; engl.) — Die bisher unbekannte Aminosäure in *Murein*, einem Peptidoglykan aus der Zellwand von *Microbacterium lacticum*, wird als *threo-3-Hydroxyglutaminsäure* identifiziert. Die Hydroxylierung erscheint erst einzutreten, wenn Murein gebildet ist, da in dem nach D-Cycloserin-Behandlung akkumulierenden Vorläufer nur Glutaminsäure nachgewiesen werden kann. V. Bigl 4315

1274 **Farbstoffe von Sarcina flava: eine neue Reihe von C_{50}-Carotinoiden.** D. Thirkell, R. H. C. Strang und J. R. Chapman. (J. gen. Microbiol. 49 (1967) 1, 157 bis 164; St. Andrews, Fife, Bute Med. Buildings; engl.) — Die Carotinoid-Farbstoffe von *S. flava* wurden in 4 Hauptfraktionen, KW-Stoffe (I), Mono- u. Dihydroxyverb. u. eine stark polare Fraktion (II) zerlegt. I bestand aus 9 Komponenten, II aus einer *all-trans*-Form u. 3 *cis*-Isomeren. Mindestens 2 der Fraktionen bestehen aus *C_{50}-Carotinoiden.* Zur Charakterisierung dienten Acetylierung, Nachw. tert. OH-Gruppen nach Acetylierung durch Silanbldg. in Py. mit Hexamethyldisilan + Trimethylchlorsilan bei Raumtemp., 1 Std., unter N_2 (nach Jensen, Privatmitt.), $LiAlH_4$-Red. von Estern, Ni-Peroxidox. in Ae. bei Raumtemp., unter N_2 (nach Jensen), Jodisomerisation, COOH-Methylierung mit methanol. BF_3 unter Rückfluß (2—3 Min.), Verteilungsverhältnis (CH_3OH–W. u. Hexan), IR- u. Massenspektren. K. Maier 4315

1275 **Mikrobielle Oxydation von Kohlenwasserstoffen. Oxydation von p-Isopropyltoluol durch Pseudomonas.** R. I. Leavitt. (J. gen. Microbiol. 49 (1967) Part 3, 411—20; Mobil Oil Corp., Princeton, N.J.; engl.) — Während des Wachstums von *Pseudomonas* auf p-Isopropyltoluol (**I**) konnte aus dem Substrat p-Isopropylbenzoesäure (**II**) isoliert werden. Entsprechende Vers. zeigten, daß p-Isopropylbenzylalkohol (**III**) u. p-Isopropylbenzaldehyd (**IV**) Zwischenprod. der Ox. von **I** zu **II** sind. Die Bldg. der Enzyme der **I**-Ox. wird durch **I**, **III** oder **IV** induziert, in Ggw. von Glucose (**V**) wird Zurückdrängung der Enzyme beobachtet. Außer auf **I**, **II**, **III** u. **IV** wuchsen die Zellen auch auf p-Isopropylbrenzcatechin, Toluol, Benzaldehyd, Benzol, m-Kresol u. Isopropylbenzol; sie wuchsen nicht in Ggw. von o-Kresol, p-Kresol u. Brenzcatechin. Keine der genannten Verb. konnte jedoch die **I**-Ox. induzieren. Zellfreie Extrakte von auf **I** gewachsenen Zellen ox. **III** u. **IV**, jedoch nicht **I**. Durch Zugabe von NAD, NADP, NADH oder NADPH wurde die **I**-Ox. dann nicht induziert, wohl aber, wenn die Extrakte in Ggw. von Mercaptoäthanol, A. u. Cystein (**VI**) bzw. A. + **VI** gewonnen wurden. Extrakte von auf **V** gewachsenen Zellen ox. **I** in keinem Falle. Werden intakte Zellen in Ggw. von **I** u. **V** inkubiert, dann setzt intensives Wachstum erst nach einer Lag-Periode ein, während der **V** verbraucht wird. Zellen, die vor der Lag-Periode auf **I**, **III** oder **IV** inkubiert wurden, ox. die genannten Verb. nicht. M. Lorenz 4320

1276 **Bildung von α-Hydroxyglutarsäure durch Aspergillus glaucus.** A. S. Bleiweis, H. C. Reeves und S. J. Ajl. (J. Bacteriol. **94** (1967) 5, 1560—64; Albert Einstein Med. Center, Philadelphia, Pa.; engl.) — Auf Na-Propionat (**I**)-Mineralsalzmedium inkubiertes Myzel von *Aspergillus glaucus* wurde auf eine Testlsg. übertragen u. inkubiert, die Na-$^{14}C_{(1)}$- u. Na-$^{14}C_{(2)}$-Glyoxylat (**III**) enthielt. In bestimmten Zeitabständen (bis zu 120 Sek.) wurde das Myzel untersucht u. gefunden, daß die Radioaktivität hauptsächlich auf Malat, daneben aber auch auf Fumarat, Succinat, Glykolat, Citramalat u. α-Hydroxyglutarsäure (**II**) übertragen wurde. Es konnte gezeigt werden, daß A. glaucus **I** nicht in **II** umzuwandeln vermag. Zellfreie Extrakte des Pilzes bauen ^{14}C aus **III** intensiver in **II** ein als ^{14}C aus $^{14}C_{(2)}$-Propionyl-CoA. Beide Rk. sind red., wenn die Extrakte erhitzt wurden. Wurde das Myzel mit $^{14}C_{(1)}$-, $^{14}C_{(2)}$- oder $^{14}C_{(3)}$-**I** inkubiert, dann wurde $C_{(1)}$ von **I** am schnellsten ox., wie an Hand des gebildeten $^{14}CO_2$ nachgewiesen werden konnte; die Verwertung des verschieden markierten **I** ist jedoch innerhalb der angewandten 60 Min.-Inkubation insgesamt sehr gering. Dies erklärt auch das langsame Wachstum von A. glaucus in Ggw. von **I**. M. Lorenz 4320

1277 **DL-Alanin-Bildung durch thermophile Bakterien.** Takashi Matsumoto, Toshimasa Yano und Koichi Yamada. (Agric. biol. Chem. [Tokyo] **31** (1967) 12, 1381—88; Dep. of Agric. Chem., Univ. of Tokyo, Tokyo; engl.) — Unter 340 aus Bodenproben oder Fäzes von Zootieren isolierten u. bei 50° wachsenden Bakterienstämmen vermochte ein Stamm, der als *Bacillus coagulans* (Stamm B_9-17) identifiziert werden konnte, beim Wachstum auf Glucose (**I**) größere Mengen *DL-Alanin* (**II**) zu bilden. Bis zu einem Geh. von 5% **I** in der Nährlsg. stieg die **II**-Bldg. an. Die **I**-Aufnahme war bei pH 8,5 am besten, die **II**-Bldg. jedoch im Bereich 5,5—6,5. Bei 56° waren **I**-Aufnahme u. **II**-Bldg. besser als bei 50°. Wurde $(NH_4)_2SO_4$ in der Grundnährlsg. durch NH_4Cl oder NH_4NO_3 ersetzt, dann war die **II**-Bldg. höher. Ersatz durch NH_4-Lactat führte zu geringeren Ausb. u. beim Ersatz durch $NaNO_3$, Harnstoff, NH_4-Acetat, NH_4-Phosphat oder Pepton wurde **II** nur in Spuren oder gar nicht gebildet. Steigende N-Konz. in der Nährlsg. erhöhten auch die **II**-Bldg.; sie war mit NH_4Cl in Ggw. von 1,3% u. mit $(NH_4)_2SO_4$ in Ggw. von 2% N optimal. O_2-Überschuß verminderte die **II**-Ausbeute. Steigende KH_2PO_4-Konz. erhöhten die **II**-Bldg., steigende $MgSO_4 \cdot 7\,H_2O$-Konz. hemmten sie. Auf Grund der Vers.-Ergebnisse wird die Zus. eines für die **II**-Bldg. optimalen Mediums angegeben, in dem B. coagulans 40% **I** in **II** umwandelt. M. Lorenz 4320

1278 **Biosynthese von Cochliobolin A und B.** L. Canonica, A. Fiecchi, M. Galli Kienle, B. M. Ranzi und A. Scala. (Tetrahedron Letters [London] **1966,** 3035 bis 3039; Milano, Univ., Ist. di Chim. Organ.; engl.) — Nach Gabe von $^{14}C_{(2)}$-DL-Mevalonolacton zu einer Kultur von *Cochliobolus miyabeanus* werden nach 3½ Tagen *^{14}C-Cochliobolin B* (**I**; Einbauanteil 0,42%) u. nach 6 Tagen *^{14}C-Cochliobolin A* (**II**; *14.17-Epoxy-14-desoxy-*

I 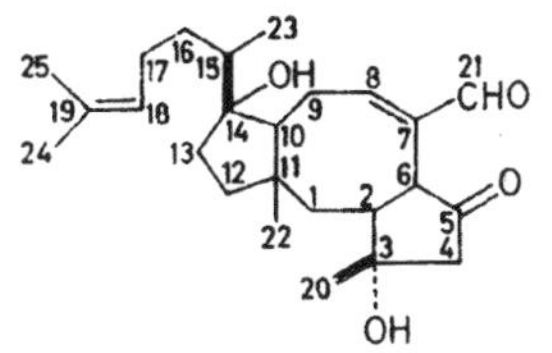

deriv. von **I**; Einbauanteil 2,48%) isoliert. Durch Ozonolyse von **II** wird *^{14}C-Aceton* erhalten, der nichtflüchtige Anteil gibt nach Kuhn-Roth 1,35 Mol ***Essigsäure***. Durch Hydrierung von **II** an Pd–Kohle gebildetes *Tetrahydroderiv.* (**III**) wird durch O_2 an Pd–Kohle in *7.8.18.19-Tetrahydro-5.21-didesoxo-5.21-epoxy-21-hydroxy-5.7-epidioxycochliobolin A* übergeführt, das mit wss. HJO_4 das $C_{(7)}$ als *HCOOH* abgespaltet unter Bldg. von *3-Carboxymethyl-7.21-bis-nor-4-oxatetrahydrocochliobolin A*. Dieses wird mit CH_2N_2 verestert, der Lactonring geöffnet u. dann mit O_3 in *Desformyl-7-nor-4-oxatetrahydrocochliobolin A* ($C_{22}H_{36}O_4$, F. 135°) übergeführt. Durch Ox. von **III** mit HNO_3 werden *4-Hydroxy-2.6-dimethylheptansäurelacton*, *Isobuttersäure* u. *Isovaleriansäure* erhalten; an nichtflüchtigen Säuren werden als Methylester *Propan-1.2.3-tricarbonsäure*, *2-Methylpropan-1.2.3-tricarbonsäure* u. *2-Methylbutan-1.2.4-tricarbonsäure* isoliert. Die spezif. Aktivität ergibt für **II** die Verteilung der ^{14}C-Atome auf $C_{(4)}$, $C_{(8)}$, $C_{(12)}$, $C_{(16)}$ u. $C_{(19)}$ (oder $C_{(24)}$ bzw. $C_{(25)}$). F. Heller 4320

1279 **Antimikrobielle Wirkung von Triphenylbleiverbindungen.** Kazuyuki Yuasa und Kazutaka Takeichi. (Hakko-Kogaku Zasshi [J. Ferment. Technol.] **45** (1967) 8, 743—49; Anan Techn. Highschool, Takarada-cho, Anan, Japan; jap.) — Folgende Carbonsäureester von Triphenylbleihydroxid (allg. Formel $(C_6H_5)_3Pb \cdot OCO \cdot R$) wurden synthetisiert u. hinsichtlich ihrer Wrkg. auf das Wachstum von *Candida albicans*, *Aspergillus niger*, *Rhizopus nigricans*, *Trichoderma viride*, *Trichophyton mentagrophytes*, *Fusarium moriniforme* u. *Bacillus subtilis* untersucht: *Acetat* (F. 204—206°, Nadeln), *Propionat* (F. 189—190°, Nadeln), *Butyrat* (F. 174—176°, Nadeln), *Valerat* (F. 161—162°, Nadeln), *Capronat* (F. 149—150°), *Önanthat* (F. 141°), *Caprylat* (F. 132—134°), *Caprinat* (F. 116—117°), *Laurat* (F. 121—122°), *Maleat* (F. 196 bis 198°, Prismen) u. *Fumarat* (F. 275° [Zers.], Prismen). — Es wurde gefunden, daß die Wachstumshemmung der Ester mit abnehmender Zahl der C-Atome in der Acylgruppe anstieg. Die Aktivität des Maleinsäureesters war stärker als die des Fumarsäureesters. Mit fallendem pH im Ansatz nahm die Hemmwrkg. der Ester zu. Die Wachstumshemmung der Verb. beruht auf einer Verlängerung der Lag-Phase beim Wachstum. M. Lorenz 4330

1280 **Experimentelle Untersuchungen zur Isonicotinsäurehypothese des Isoniazidwirkungsmodus.** Joachim K. Seydel, Ellen Wempe und Hans Jürgen Nestler. (Arzneimittel-Forsch. 18 (1968) 3, 362—67; Borstel, Forsch.-Inst., Inst. für exp. Biol. u. Med.; dt.) — Nach Darst. früherer eigener Vers. u. solcher anderer Autoren mit *Pyridincarbonsäurehydraziden* u. *Pyridincarbonsäurethioamiden* auf bakteriolog., biochem. u. physikal.-chem. Gebiet werden weitere bakteriolog. Ergebnisse mitgeteilt. Sie beziehen sich auf die Hemmwrkg. der genannten Präp. gegenüber 7 Tuberkelstämmen. Alle Resultate sind zahlenmäßig u. tabellar. zusammengestellt. Sie unterstützen die sog. *Isonicotinsäure*-Hypothese des Wrkg.-Modus von *INH*. Vielleicht ist die 2. Phase des Wrkg.-Modus von *2-Äthylpyridin-4-carbonsäurethioamid* (*Ethionamid*) mit dem von *INH* identisch.

Versuche: *2-Chlor-4-cyanpyridin* (**I**), F. 68°, durch Umsetzen von *4-Cyanpyridin* zum N-Oxid (nach Katritzky) u. Chlorieren mit $PCl_5/POCl_3$. — *2-Diäthylamino-4-cyanpyridin* (**II**), F. 51—52° (A./W.), durch Lösen von 2 g **I** in 10 ml Tetrahydrofuran, Versetzen mit 22 ml 5n benzol. *Diäthylaminlsg.* u. 3std. Erhitzen (Autoklav, 200°). Abkühlen, filtrieren, Filtrat einengen u. mit W. versetzen; (Ausb.) 1,8 g. — *2-Diäthylamino-*

pyridin-4-carbonsäurethioamid, F. 151—154°, durch Lösen von **II** in Py. u. Triäthylamin u. Umsetzen mit H_2S (nach Fairfull et al.) zum *Thioamid*. — *2-Diäthylaminopyridin-4-carbonsäure* (**III**), F. 187—192° (A.), durch Kochen von 2 g **II** in 5 ml HBr am Rückfl., Eindampfen u. Extrahieren mit A. — *2-Diäthylaminopyridin-4-carbonsäurehydrazid*, F. 118—120° (A.), durch Kochen von 4 g **III** in HCl-gesätt. abs. A. unter Rückfl., Eindampfen im Vakuum u. Versetzen des öligen Rückstandes bei 75° mit Hydrazinhydrat.

O. Selisko 4330

1281 **Hydroxymethylierung des Benzolringes.** 3. Mitt. **Synthese der D- und L-Isomeren des p-Hydroxymethylphenylalanins und die biochemischen Eigenschaften des L-Isomeren.** Sherrel C. Smith und N. H. Sloane. (Biochim. biophysica Acta [Amsterdam] **148** (1967) 2, 414—22; Dep. of Biochem., Univ. of Tenn. School of Basic Med. Sci., Memphis, Tenn.; engl.) — *D-* u. *L-p-Hydroxymethylphenylalanin* (**I**) werden dargestellt. **I** kehrt die Wachstumshemmung von 2-Aminotyrosin an *Escherichia coli* um mit 1/50 der Wrkg. von DL-Tyrosin. Die NMR-, UV- u. IR-Spektren sowie die opt. Drehung von **I** werden mitgeteilt.

Versuche: *p-Brommethylbenzylacetat*, $C_{10}H_{11}BrO_2$, Kp.$_{0,15}$ 102—103°, durch Sättigen einer Lsg. von p-Brombenzylalkohol in Essigsäureanhydrid mit HCl unter Kühlung u. 16std. Stehen bei Raumtemp.; 93% (Ausb.). — *2-Acetamido-2-(p-acetoxymethylbenzyl)-malonsäurediäthylester* (**II**), $C_{19}H_{25}NO_7$, F. 67—68° (Ae./PAe.), durch Zugabe von Acetamidomalonsäurediäthylester zu $NaNH_2$ in Dimethylformamid, Filtrieren über Celite, Zugabe von vorst. Verb., 8std. Erhitzen auf dem Dampfbad u. 48std. Stehen bei Raumtemp.; 81%. — *N-Acetyl-DL-p-hydroxymethylphenylalanin*, $C_{12}H_{15}NO_4$, ölig, durch 5std. Erhitzen vorst. Verb. mit Na_2CO_3 in W. auf dem Dampfbad, Einstellen des pH auf 3 mit Dowex-50 AGW-X 8 u. Einengen; 79%. — p-Hydroxymethylphenylalanine: *L-*, $C_{10}H_{13}NO_3$, F. 231—233° (Zers.; A./W./Dioxan), durch enzymat. Spaltung vorst. Verb. mit Schweinenieren-Acylase, Filtrieren über Dowex 50-AGW-X 8 u. Eluieren mit NH_4OH; $[\alpha]_D^{20}$ +27°; 98%. — *D-*, F. 220—225°, neben vorst. Verb. aus den Waschwassern des Ionenaustausches, $[\alpha]_D^{20}$ —32,5°; 1,25%. — *DL-*, F. 235—238° (Zers.; W./A./Dioxan), durch 6std. Kochen von **II** mit NaOH in W./A. u. Reinigung an Dowex; 71%.

W. Holland 4330

1282 **Synthese von halogensubstituierten Derivaten der 4.4-Bis-[4-hydroxyphenyl]-pentansäure und deren antifungale Eigenschaften.** Rashmikant M. Patel, David P. Carew und John L. Lach. (J. pharmac. Sci. **56** (1967) 10, 1326—28; Coll. of Pharm., Univ. of Ia., Iowa City, Ia.; engl.) — Einige kernhalogenierte 4.4-Bis-[4-phenyl]-phentansäureester werden dargestellt u. in ihrer fungiziden Wrkg. gegen *Trichophyton mentagrophytes* mit Undecylensäure (**I**) u. Undecen-(10)-hydroxamsäure (**II**) verglichen. Einige Ester sind wirksamer als **I**, die wirksamste Verb. ist **II**, die auch gegen eine Reihe anderer Mikroorganismen wirksam ist.

Versuche: *4.4-Bis-[4-hydroxy-3.5-dichlorphenyl]-pentansäure*, F. 182—183° (Bzl.), aus 4.4-Bis-[4-hydroxyphenyl]-pentansäure (**III**) mit SO_2Cl_2 auf dem W.-Bad; 38% (Ausb.). *Methylester*, F. 139—140° (Bzl.), aus der Säure u. Methanol in Ggw. von H_2SO_4; 71%. *n-Propylester*, F. 112—113° (Bzl.); 32%. — *4.4-Bis-[4-hydroxy-3.5-dibromphenyl]-pentansäure*, F. 159 bis 160° (Bzl.), durch Bromierung von **III** in CH_3COOH; 62%. *Methylester*, F. 122—123° (Bzl.); 54%. *n-Propylester*, F. 123—124° (Bzl./PAe.); 25%. *Cyclohexylester*, F. 93—94° (CH_3COOH/W.), über das Säurechlorid; 20%. *Decylester*, F. 84—85° (CH_3COOH/W.); 20%. — *Undecen-(10)-hydroxamsäure* (**II**), $C_{11}H_{21}NO_2$, F. 72—73° (CH_3COOH/W.), durch Zugabe des Methylesters zu einer methanol. Lsg. von NH_2OH u. 2tägiges Stehen; 55%.

W. Holland 4330

1283 **Wirkung der Alkylsubstitution bei Pharmaka.** 18. Mitt. **Synthese und antimikrobielle Eigenschaften von 1-[(5-Nitrofurfuryliden)-amino]-hydantoin und dessen 3-substituierten Produkten.** C. van der Stelt, P. S. Hofman und W. Th. Nauta. (Arzneimittel-Forsch. **17** (1967) 10, 1331—33; Amsterdam, N.V. Koninklijke Pharmaceut. Fabrieken v/k Brocades-Stheeman en Pharmacia; engl.) — 15. vgl. ibid. **16** (1966) 1557. — Die Synth. von *1-[(5-Nitrofurfuryliden)-amino]-hydantoin*, *Nitrofurantoin* (**I**), aus 2-[(5-Nitrofurfuryliden)-hydrazino]-essigsäureäthylester (**III**) über [Carbamoyl-(5-nitrofurfuryliden)-hydrazino]-essigsäureäthylester ließ sich durch Verw. von Carbamoylchlorid statt KNCO bei der 1. Stufe erheblich verbessern. Die 4-substituierten Semicarbazone wurden mittels N-substituierter Carbamoylchloride (aus Isocyanaten + HCl-Gas) hergestellt. Ringschluß lieferte die entsprechenden 3-substituierten *1-[(5-Nitrofurfuryliden)-amino]-hydantoine*. Die Verb. zeigen allg. antibakterielle Aktivität u. übertreffen meist **I** in der Hemmwrkg. auf *St. aureus*. **II** besitzt erhebliche fungistat. Aktivität, bes. gegenüber *Trichophyton*-Spezies u. *Candida albicans*.

Versuche: Carbamoyl-N-substituierte [Carbamoyl-(5-nitrofurfuryliden)-hydrazino]-essigsäureäthylester: *Nichtsubstituiert*, $C_{10}H_{12}N_4O_6$, F. 173—174° (A.), aus **III** in trockenem THF durch Einleiten von HCl-Gas unter Kühlung (NaCl-Eis), Zugabe von Cyansäure (aus Cyanursäure durch Entpolymerisation), 2 Std. bei Raumtemp. u. 15—30 Min. Rückfl.; 62% (Ausb.). — *Methyl* (**IV**), $C_{11}H_{14}N_4O_6$, F. 172—174°; 50%. — *Äthyl*, $C_{12}H_{16}N_4O_6$, F. 145—147°; 87%. — *Propyl*, $C_{13}H_{18}N_4O_6$, F. 130—131°; 80%. — *Isopropyl*, $C_{13}H_{18}N_4O_6$, F. 122—124°; 80%. — *Allyl*, $C_{13}H_{16}N_4O_6$, F. 120—122°; 56%. — *n-Butyl* (**II**), $C_{14}H_{20}N_4O_6$, F. 134 bis 136°; 77%. — *Hexyl*, $C_{16}H_{24}N_4O_6$, F. 100—102°; 54%. — *2-Äthylhexyl*, $C_{18}H_{28}N_4O_6$, F. 105—106°; 80%. — *Cyclohexyl*, $C_{16}H_{22}N_4O_6$, F. 147—149° (Bzl. + Ae.) aus **III** in THF u. Cyclohexylisocyanat durch Zusatz von THF, durch das 1 Min. HCl geleitet worden ist, u. 3 Std. Rückfl.; 86%. — *Phenyl*, $C_{16}H_{16}N_4O_6$, F. 168 bis 169°; 75%. — *Carbäthoxy*, $C_{13}H_{16}N_4O_8$, F. 185—187°; 75%. — 3-substituierte-1-[(5-nitrofurfuryliden)-amino]-hydantoine: *3-Methyl*, $C_9H_8N_4O_5$, F. 235 bis 237° (Dioxan–DMF), a) aus **IV** in Eisessig durch 15 Min. langes Kochen mit konz. HCl u. Verdünnen mit W.; 56%; b) aus Suspension von **I**-Na-Salz in CH_3OH durch 3 Std. Rückfluß mit CH_3J; 85%; c) aus **I** in DMF mit äther. CH_2N_2 bei —5° u. über Nacht bei Raumtemp.; 60%. — *Äthyl*, $C_{10}H_{10}N_4O_5$, F. 207—209°; 60%. — *Propyl*, $C_{11}H_{12}N_4O_5$, F. 189—191°; 40%. — *Isopropyl*, $C_{11}H_{12}N_4O_5$, F. 186—188°; 60%. — *Allyl*, $C_{11}H_{10}N_4O_5$, F. 170—171°; 35%. — *Butyl*, $C_{12}H_{14}N_4O_5$, F. 163—164°; 40%. — *Hexyl*, $C_{14}H_{18}N_4O_5$, F. 154—155°; 75%. — *2-Äthylhexyl*, $C_{16}H_{22}N_4O_5$, F. 120—121°; 60%. — *Cyclohexyl*, $C_{14}H_{16}N_4O_5$, F. 239—241°; 40%. — *Phenyl*, $C_{14}H_{10}N_4O_5$, F. 231—235°.

K. Maier 4330

1284 **Fungistatische Bestandteile in gegen Malsecco-Krankheit resistenten Citrus-Arten.** J. Pinkas, L. Lavie und Mathilda Chorin. (Phytochemistry **7** (1968 2, 169—74; Volcani Inst. of Agric. Res. Bet Dagan, Rehovoth, Israel; engl.) — Aus den Blättern der Mandarinen-Sorten Cleopatra bzw. Avana (*Citrus reticulata*) werden 5 Flavonoide isoliert u. als *Tangeritin* (**I**), F. 152° (Äthylacetat, lange Nadeln), *Nobiletin* (**II**), $C_{21}H_{22}O_8$, F. 136° (Ae., schmale dünne Nadeln), *5-Hydroxy-6.7.8.3'.4'-pentamethoxyflavon* (*5-O-Desmethyl*-**II**), $C_{20}H_{20}O_8$, F. 145° (Methanol, gelbe Nadeln), *5.4'-Dihydroxy-6.7.8-trimethoxyflavon* (**III**), $C_{18}H_{16}O_7$, F. 228° (Methanol, gelbe Nadeln) u. *5.4'-Dihydroxy-6.7.8.3'-tetramethoxyflavon* (**IV**), $C_{19}H_{18}O_8$, F. 192° (Bzl., gelbe Nadeln) identifiziert. **I** u. **III** hemmen das Wachstum von *Deuterophoma tracheiphila* um 10—20%, **II** u. **IV** um ca. 50%. **I** besitzt daneben hohe fungitox. Aktivität gegen *Fusarium moniliforme*. **I** bildet in aceton. Lsg. bei Zugabe zu 5%ig. wss. Lsg. von J_2 u. KJ den *I-J-Komplex* $(C_{20}H_{20}O_7)_2J_3$.

H. Nürnberger 4330

1285 **Untersuchung des Bruneomycins und seine Identifizierung mit Streptonigrin.** M. G. Bražnikova, V. I. Ponomarenko, I. N. Kovšarova, E. B. Krugljak und V. V. Prošljakova. (Antibiotiki **13** (1968) 2, 99—102; Moskva, n.-i. inst. po izyskaniju novych antibiotikov AMN SSSR; russ.) — Das aus der Kultur von *Actinomyces albus var. bruneomycini* isolierte *Bruneomycin* ist nach den physikal.-chem. u. spektralen Eig. ident. mit *Streptonigrin*. O. Lebtag 4340△

1286 **Bestandteile des Nystatins.** Ju. D. Šenin, T. V. Kotenko und O. N. Ėkzempljarov. (Antibiotiki **13** (1968) 5, 387—91; Leningrad, n.-i. inst. antibiotikov; russ.) — Mit Hilfe der Meth. der Gegenstromverteilung im Syst. n-Amylalkohol–Isoamylalkohol–Citrat–Phosphat-Puffer (pH 5,0) wird gezeigt, daß im *Nystatin* (**I**) 2 Tetraenkomponenten vorliegen, die verschieden von *Pimaricin, Rimocidin, Amphothericin* u. *Etruscomycin* sind. Die Beständigkeit der I-Präp. ist vom Geh. an Komponente A_1 bzw. A_2 abhängig. Der Verteilungskoeff. von A_1 bzw. A_2 beträgt 4,6 bzw. 16,8. I besteht zu 77% aus A_1 u. zu 33% aus A_2. Bei der Best. der Stabilität nach Senin et al. verliert A_1 50% der biolog. Aktivität; A_2 wird nicht inaktiviert. O. Lebtag 4340

1287 **Rubromycine.** Hans Brockmann, Werner Lenk, Gerd Schwantje und Axel Zeeck. (Tetrahedron Letters [London] **1966**, 3525—30, Göttingen, Univ., Org.-Chem. Inst.; engl.) — *Rubromycin* (**I**), $C_{27}H_{20}O_{12}$, Zers. 209—212°, aus *Streptomyces collinus* (C)-Myzel geht beim Kochen mit Py. quant. in *Collinomycin* (**II**) $C_{27}H_{20}O_{12}$, Zers. 270—273°, über, in sd. 2% konz. HCl enthaltendem Aceton zu 80% in eine rote Verb. **III**, die gegen *S. aureus* ca. 10fach wirksamer als **I** ist u. auch aus einem C-Stamm isoliert wurde. **II**, **I** u. **III**.

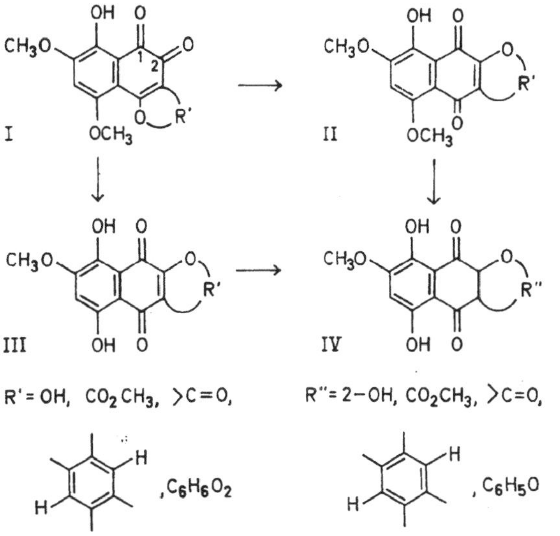

$C_{26}H_{18}O_{12}$, Zers. ab 235°, werden künftig als α-, β- u. γ-*Rubromycin* bezeichnet. **III** bildet in sd. Py. ein krist. rotes Isomeres, γ-*Isorubromycin* (**IV**), $C_{26}H_{18}O_{12}$, Zers. ab 295°, das auch aus **II** in HCl-gesätt. Chlf. entsteht. **I**—**IV** enthalten eine Chinongruppierung (Hydrierung mit Pd–$BaSO_4$ in n-NaOH/CH_3OH, 1:1) u. bilden bei red. Acetylierung Leukorubromycinacetate mit ähnlichem Spektrum wie dem von 1.4.5.8-Tetraacetoxynaphthalin. Hochvakuumpyrolyse eines Rubromycingemisches gibt wenig *2.5.8-Trihydroxy-7-methoxynaphthochinon-(1.4)*. Während **II**, **III** u. **IV** Naphthochinon-(1.4)-deriv. sind, ist der **I**-Chromophor 1.2-chinoid (mit CH_2N_2 blaßgelber Methylenäther, mit o-Phenylendiamin blaues Kondens.-Prod.). Bei der säurekatalysierten **I** → **III**-Umwandlung lagert sich der 1.2-chinoide in einen 1.4-chinoiden Chromophor um (A), die CH_3O-Gruppe wird verseift. Die **I** → **II**-Umlagerung in sd. Py. (A-Umlagerung) ist von einer Rk. begleitet, bei der R' unter Bldg. einer OH-Gruppe u. eines aromat. Protons in R" übergeht (Umlagerung B). **IV** entsteht aus **III** durch B-Umlagerung. In Verbindung mit UV-, IR-, Massen- u. NMR-Spektren lassen sich die Teilkonstit. **I**—**IV** ableiten.
K. Maier 4340

1288 **Isolierung und Antivirus-Aktivität der Gymnemsäuren.** J. E. Sinsheimer, G. Subba Rao, H. M. McIlhenny, R. V. Smith, H. F. Maassab und K. W. Cochran. (Experientia [Basel] 24 (1968) 3, 302—03; Ann Arbor, Univ. of Mich., Coll. of Pharmacy; engl.) — Aus den Blättern von *Gymnema sylvestre R.Br.* (*Asclepiadaceae*) erhaltenes *Gymnemsäure* (**I**)-Gemisch wurde durch Kieselgel-Dünnschichtchromatographie in 4 Syst. in 4 Säuren A–D zerlegt, wobei A u. B mit den Säuren A_1 u. A_2 von Stöcklin, Weiss u. Reichstein [Helv. chim. Acta **50** (1967) 474] ident. waren. C, F. 215—220° (Zers.), u. D, F. 210—220° (Zers.), enthielten Glucuronsäure u. Glucose; ferner enthielten alkal. Hydrolysate von C Ferulasäure. A u. B zeigten in vitro (Hühnernierenzellkultur) gute bzw. mäßige Hemmung von asiat. Influenzavirus (Ann—Arbor-Stamm 6/60). A setzte bei Mäusen die virusbedingten Lungenschäden signifikant herab. K. Maier 4375

1289 **Organische Verbindungen in fossilen Pflanzen.** H. Knoche, P. Albrecht und G. Ourisson. (Angew. Chem. **80** (1968) 16, 666—67; Inst. de Chim., Univ. de Strasbourg, Strasbourg; dt.) — Untersucht wurde die fossile Pflanze *Voltzia brongniarti* (Coniferales) aus dem Buntsandstein der Nordvogesen (Trias 2 · 10^8 Jahre alt). Die KW-Stoff-Fraktion des Benzol/Methanol (3:1)-Extrakts besteht prakt. aus einer Verb., die als n-Octakosan identifiziert wurde. (Einschluß in Molekularsiebe, Gaschromatographie u. Massenspektrum). Man nimmt an, daß n-$C_{28}H_{58}$ aus 1-Octakosanol gebildet wurde, das im Wachs von *Taxodium Distichum Rich* gefunden wurde, mit dem die ausgestorbene *Voltzia* verwandt ist.
Autorreferat 4420

1290 **γ-Glutamylphenylalanin und γ-L-Glutamyl-L-tyrosin aus Samen von Aubrietia deltoidea DC.** P. Olesen Larsen und Hilmer Sørensen. (Acta chem. scand. **21** (1967) 10, 2908—09; Royal Veterin. and Agric. Coll., Copenhagen; engl.) — Aus 1 kg entfetteter Samen von *Aubrietia deltoidea* werden durch Extraktion mit Methanol–W. u. Chromatographie an sauren bzw. bas. Ionenaustauschern 4 mg γ-*Glutamylphenylalanin* u. 101 mg γ-L-*Glutamyl-L-tyrosin* (**I**), $[\alpha]_D^{25}$ +26,8° (c = 1,1; W.), isoliert. Das Vork. von **I** in Samen von *A. erubescens* wird chromatograph. gesichert.
H. Nürnberger 4420

1291 **Polysaccharide der Algen.** 2. Mitt. **Polysaccharide der Rotalge Odonthalia corymbefera (Gmel) J. Ag. Abscheidung der 6-O-Methyl-D-galaktose.** A. I. Usov und N. K. Kočetkov. (Ž. obšč. Chim. **38/100** (1968) 2, 234—38; Moskva, inst. organičeskoj chimii im. N. D. Zelinskogo AN SSSR; russ.) — Durch Unters der Polysaccharidzus. von *Odonthalia corymbifera* (*Gmel.*) *J. Ag.* wird im wss. Extrakt das sulfurierte Galaktan *Odonthalan* (**I**) nachgewiesen; farbloses Pulver, $[\alpha]_D^{20}$ − 83° (c = 0,265; W.); 17% SO_3Na. Die Identifizierung der bei der Säurehydrolyse von **I** entstehenden Monosaccharide erfolgt durch Herst. der Isopropylidenderiv. mit anschließender chromatograph. Trennung u. massenspektroskop. Best. der Struktur der einzelnen Komponenten. **I** enthält die Gruppe 6-O-Methyl-D-galaktose, die bisher als charakterist. für die Polysaccharide der Porphyraarten gehalten wurde. In den Hydrolyseprod. von **I** werden *1.2;3.4-Di-O-isopropyliden-D-galaktose* u. *1.2;3.4-Di-O-isopropyliden-6-O-methylgalaktose* nachgewiesen.
O. Lebtag 4420△

1292 **Vorläufige Beobachtungen der Hauptbestandteile von Saussurea albescens Hook. F. et Thoms. ex C. B. Clarke.** F. Pagani und G. Romussi. (Boll. chim. farmac. **106** (1967) 10, 671—79; Ist. di Chim. Farmaceut. e Tossicol., Univ., Genova; ital.) — Aus Wurzeln von *S. albescens* (**I**) werden mit PAe. ein wahrscheinlich ungesätt. *Diterpenalkohol* (**II**) u. eine Carbonylverb. mit geminalen Methylgruppen u. einer exocycl. Doppelbindung isoliert. Im Methanolextrakt wird L-(−)-*Asparagin* gefunden. Aus den Stengeln werden mit W./Methanol *Chlorogensäure* (**III**), *Kaffeesäure, Ferulasäure* u. mit Aceton **II** extrahiert. Die Blätter enthalten *Fumarsäure, Leucin, Isoleucin, Valin, Alanin*, **III**, *Cholin, Flavonolsäureheteroside*.

Versuche: *Carbonylverb.*, $C_{10}H_{20}O$, F. 240—241° (Ae.), durch Extraktion von 1,6 kg Wurzeln von **I** mit PAe. (70—90°), Eindampfen, Kühlen mit PAe. (40—60°) auf −10° u. Chromatographie in PAe. an Al_2O_3, $[\alpha]_D^{28}$ +92°; 60 mg (Ausb.). — *Alkohol* (**II**), $C_{20}H_{34}O$, F. 208—210° (A.), neben vorst. Verb., $[\alpha]_D^{28}$ +84°; 60 mg. — L-(−)-*Asparagin, Hydrat*, $C_4H_{10}N_2O_4$,

F. 235—236° (Zers.; wss. A.), durch Extraktion von 700 g Wurzeln von I mit Methanol, $[\alpha]_D^{20}$ —6,1°; 700 mg. — *Fumarsäure*, $C_4H_4O_4$, F. 235—240° (Zers.; Methanol), durch Extraktion von 800 g getrockneter Blätter von I mit 80%ig. Methanol, Aufnehmen in CCl_4 u. Einengen. W. Holland 4420

1293 **Synthese von 7-Hydroxy-11.12-dimethoxycumestan, einem Bestandteil von Alfalfa.** D. Malleshwar, G. Srimannarayana, V. Sundaramurthy und N. V. Subba Rao. (Current Sci. [Bangalore] **36** (1967) 13, 346—47; Chem. Dep., Osmania Univ., Hyderabad; engl.) — Die oxydierende Kondens. von 7-Benzyloxy-4-hydroxycumarin in Ggw. von K-Ferricyanid u. Na-Acetat führt zu *7-Benzyloxy-11.12-dihydroxycumestan*, das zum Dimethyläther umgesetzt u. mit HCl/CH_3COOH zu *7-Hydroxy-11.12-dimethoxycumestan*, F. 293°, *Acetylderiv.*, F. 213°, debenzyliert wird. UV- u. IR-Banden werden angegeben. W. Holland 4420

1294 **Darstellung und Eigenschaften des (+)-β-Isosparteins.** K. Winterfeld. (Abh. dtsch. Akad. Wiss. Berlin, Kl. Chem., Geol. Biol. **1966**, Nr. 3, 275—77; Bonn, Univ., Pharmazeut. Inst.; dt.) — Bei Erhitzen von L-Spartein (**III**) mit $AlCl_3$ auf 130—180° entsteht neben (—)-*α-Isospartein* (**I**) das *cis.cis*-verknüpfte (+)-β-I (Optimum bei 180°, 90 Std., 40% $AlCl_3$, Reinigung an Al_2O_3 in PAe. → PAe. + 3% Ae. u. über das Monoperchlorat); *Base*, F. 30—31°, $[\alpha]_D^{20}$ +15,8°; *Monoperchlorat*, F. 217°; *Diperchlorat*, F. 245—246°; *Dipikrat*, F. 134°. An der Luft entsteht aus (+)-β-I das *N-Oxid* (**II**), F. 138°. Bei Einw. von Zn-Staub auf **II** in Eisessig bei Raumtemp. wird (+)-β-I zurückgebildet; bei 50° (24 Std.) entsteht ein Gemisch aus **III**, (—)-α-I u. (+)-β-I. K. Maier 4420

1295 **Chemie indischer Pflanzen.** 3. Mitt. P. D. Desai, M. D. Dutia, A. K. Ganguly, T. R. Govindachari, B. S. Joshi, V. N. Kamat, D. Prakash, D. F. Rane, S. S. Sathe und N. Viswanathan. (Indian J. Chem. **5** (1967) 10, 523—24; CIBA Res. Centre, Goregaon, Bombay; engl.) — Tabellar. Übersicht über die aus ind. Arzneipflanzen (Blätter, Stengel, Wurzeln, Rinde, Holz oder ganze Pflanzen) durch Extraktion mit Hexan, Methanol oder Aceton isolierten Verb.: *Arborinin, Cycleanin, Isochondodendrin, Skimmianin, Mesoinosit, Dulcit, D-Mannit, Umbelliferon, Bergenin, Echioidin, Amentoflavon, β-Sitosterin, Stigmasterin, Oleanolsäure, Friedelin, α-Amyrinacetat, Isoarborinolacetat, Bauerenol, Canophyllal, Lupeol, Betulin, Betulinsäure.* — 10 Literaturangaben. H. Nürnberger 4420

1296 **Inhaltsstoffe von Piper-Arten.** 16. Mitt. **Kawalactone und Flavonoide aus einer endemischen Piper-Art Neu-Guineas.** H. Sauer und R. Hänsel. (Planta med. [Stuttgart] **15** (1967) 4, 443—58; Inst. für Pharmakogn., Univ., Marburg/Lahn; dt.) — 15. vgl. Arch. Pharmaz. **300** (1967) 559. — Aus der feingemahlenen, lufttrockenen Droge einer botan. bisher nicht beschriebenen, aber herbarisierten (LAE, N.G.F. 19746) *Piper*-Art Neu-Guineas werden durch Extraktion mit CH_2Cl_2 u. Chromatographie des nach Verdampfen des Lsgm. verbleibenden Rückstandes an Kieselgel (Elution mit Cyclohexan–Essigester 6:4—2:8) nachst. Verb. isoliert. *5-Hydroxy-7-methoxyflavanon* (*Dihydrotectochrysin*), $C_{16}H_{14}O_4$, F. 100 bis 101° (Ae., Plättchen); 0,175 (Ausb. in Prozent der lufttrockenen Droge). — *2'-Hydroxy-4'.6'-dimethoxychalkon* (*Flavokawin B*), $C_{17}H_{16}O_4$, F. 90—91° (PAe., orangegelbe Nadeln): 0,012. — *5.7-Dihydroxy-6-methoxyflavanon* (*Dihydrooroxylin A*), $C_{16}H_{14}O_5$, F. 172—174° (ab 167° starke Subl.; Essigester, schwach gelbliche Nadeln): 0,241. — *2'.6'-Dihydroxy-4'-methoxychalkon* (*Pinostrobinchalkon*), $C_{16}H_{14}O_4$, F. 150—152° (70—90%ig. wss. A., ziegelrot gefärbte Nadeln); ca. 0,1. — *2'.4'-Dihydroxy-6'-methoxychalkon* (*Alpinetinchalkon*), $C_{16}H_{14}O_4$, F. 188—200° (in den Schmelztropfen bilden sich ab 200° neue Krist. eines Umwandlungsprod., F. 221°; Essigester, braungelbe Nadeln); 0,096. — *4-Methoxy-6-styryl-α-pyron* (*Desmethoxyyangonin*), $C_{14}H_{12}O_3$, F. 139—141° (Methanol, schwach gelblich schimmernde feine Nadeln); 0,66. — *4-Methoxy-6-[4-methoxystyryl]-α-pyron* (*Yangonin*), $C_{15}H_{14}O_4$, F. 156° (Methanol); 0,193. *4-Methoxy-6-[3.4-methylendioxyphenyläthyl]-5.6-dihydroxy-α-pyron* (*Dihydromethysticin*), $C_{15}H_{16}O_5$, F. 116—118° (Methanol); 0,202. — *4-Methoxy-6-[3.4-methylendioxystyryl]-5.6-dihydroxy-α-pyron* (*Methysticin*), $C_{15}H_{14}O_5$, F. 133—135° (Methanol); 0,095. — *4-Methoxy-6-phenyläthyl-5.6-dihydro-α-pyron* (*Dihydrokawain*), $C_{14}H_{16}O_3$, F. 58°; 0,12. — *4-Methoxy-6-[3.4-dimethoxystyryl]-α-pyron* (*11-Methoxyyangonin*), $C_{16}H_{16}O_5$, F. 162—164° (80—90%ig. A. in der Kälte, gelbe Nadeln); ca. 0,01. — *11-Methoxy-12-noryangonin*; ca. 0,01. — *5-Methoxy-7-hydroxyflavanon* (*Alpinetin*), $C_{16}H_{14}O_4 \cdot H_2O$, F. 217—220° (Essigester, bei 100° Zers. unter Abspaltung von Krist.-W. u. Zerfall in einzelne Nadeln); 0,34. Die isolierten Flavanone sind opt. inakt. u. stellen möglicherweise Artefakte dar, die durch spontane Cyclisierung der Chalkonform entstehen. H. Nürnberger 4420

1297 **Phytochemische und hypoglykämische Untersuchung von Casearia esculenta.** K. D. Choudhury und N. K. Basu. (J. pharmac. Sci. **56** (1967) 11, 1405—09; School of Pharm., Zaria, Northern Nigeria; engl.) — Aus den Wurzeln von *Casearia esculenta* werden durch eine Reihe von Extraktionsschritten ein *Sterin* [$C_{24}H_{38}O_2$, F. 132—134° (A.). *Digitonid*, F. 202—203°. *Acetylderiv.*, F. 113—114°. *Benzoylderiv.*, F. 113—116°], eine *Guttapercha*-ähnliche Verb. (F. 59—60°), ein *Flavonoid* (F. 255—258°), eine farblose, krist., neutrale u. in W. lösl. Verb. (**I**) (F. 184°) sowie zwei *Harze* isoliert. Papierchromatograph. wird *Arabinose* nachgewiesen. Die hypoglykäm. Wrkg. der Droge (geprüft per os an Ratten) beruht auf dem Vork. von **I**. H. Nürnberger 4420

1298 **Inhaltsstoffe des Roßkastaniensamens.** 5. Mitt. **Triterpenglykoside.** Josef Wagner und Hans Hoffmann. (Hoppe-Seyler's Z. physiol. Chem. **348** (1967) 12, 1697—98; Chem.-Pharm. Fabrik Adolf Klinge & Co., München; dt.) — Auf Kieselgelplatten wird aus „β"-Äscin mit $CHCl_3$–Methanol–W. (59:33:8) eine Hauptkomponente abgetrennt, die mit verd. A. oder Propanol in eine galaktosefreie u. eine galaktosehaltige Triterpenglykosidfraktion aufgetrennt wird. Letztere wird mit Essigester–Methanol–W. (70:15:15) in *Diacylprotoäscigeningalaktosidoglucosidoglucuronid* [I; $C_{55}H_{86}O_{24} \cdot 1/2\ H_2O$, F. 238—239° (hexagonal aus verd. Methanol); $[\alpha]_D^{20}$ —28,3° (c = 1,5; Methanol)] u. *Diacyläscinidingalaktosidoglucosidoglucuronid* [**II**: $C_{55}H_{86}O_{23}$, F. 237—238° (hexagonal aus verd. Methanol); $[\alpha]_D^{20}$ —19,5° (c = 1,5; Methanol)] getrennt. H. Nürnberger 4420

1299 **Chemie der Flechten.** 9. Mitt. **Chlorierte Anthrachinone aus Nephroma laevigatum.** Gerd Bendz, Gerd Bohman und Johan Santesson. (Acta chem. scand. 21 (1967) 10, 2889—90; Inst. of Chem., Univ., Uppsala; engl.) — 8. vgl. ibid. **21** (1967) 1111. — Aus *Nephroma laevigatum* werden neben *Emodin* (*3-Methyl-1.6.8-trihydroxyanthrachinon*) u. *Fragilin* (*7-Chlor-1.8-dihydroxy-6-O-methyl-3-methylanthrachinon*) in sehr kleiner Menge 3 weitere Pigmente isoliert u. auf Grund ihrer Massen- u. NMR-Spektren als *7-Chloremodin*, *7-Chlor-1-O-methylemodin* u. *7-Chlor-1.6-di-O-methylemodin* identifiziert. H. Nürnberger 4420

1300 **Chemie der Ordnung Pinales.** 44. Mitt. **Bestandteile des „Pocket"-Harzes der Douglastanne, Pseudotsuga menziesii (Mirb.) Franco.** Holger Erdtman, Bjarne Kimland und Torbjörn Norin, unter Mitarbeit von Peter J. L. Daniels. (Acta chem. scand. **22** (1968) 3, 938—42; Stockholm, Royal Inst. of Technol.; engl.) — 43. vgl. Ark. Kemi **26** (1967) 539. — In „Pocket"-Harz („Aregon-Balsam") von *P. menziesii* wurden folgende Komponenten nachgewiesen: neutrale Verb. (Monoterpene: *α-Pinen, β-Pinen, Δ^3-Caren, Limonen, Terpineol*); Sesquiterpene (*Longifolen*); Diterpene (*Thunbergen, Thunbergol* (**I**), *Isopimarinal*); *Harzsäuremethylester* (*Isopimarat, Lävopimarat, Palustrat, Dehydroabietat, Abietat, Neoabietat*); Säuren (*Isopimarsäure, Lävopimarsäure, Palustrinsäure, Dehydroabietinsäure, Abietinsäure, Neoabietinsäure*). I, $C_{20}H_{34}O$, ist ein neuer Diterpenalkohol (ca. 11%). K. Maier 4420

1301 **Vorkommen von Theophyllin in Kaffee.** Claus Franzke, Siegfried Grunert, Ursula Hildebrandt und Heidemarie Griehl. (Hoppe-Seyler's Z. physiol.

Chem. **348** (1967) 12, 1725—26; Inst. für Lebensmittelchem. u. -technol., Humboldt-Univ., Berlin; dt.) — In Extrakten aus Rohkaffee „Santos" wird dünnschichtchromatograph. auf Kieselgel-G-Schichten (Fließmittel: A.-$CHCl_3$, Butanol-Ameisensäure oder W.-gesätt. Amylalkohol) neben *Coffein* u. *Theobromin* (**I**), *Theophyllin* (**II**) nachgewiesen. Auf Grund orientierender Vers. sind in 100 g Rohkaffee ca. 0,7 mg **II** u. 2 mg **I** enthalten. H. Nürnberger 4420

1302 **Chemie von Pluchea lanceolata. 1. Mitt. Isolierung einer neuen quartären Base, Pluchin.** H. Dasgupta. (Experientia [Basel] **23** (1967) 12, 989—91; Res. and Post Graduate Inst. of Indian Med., Banaras Hindu Univ., Varanasi, India; engl.) — Aus dem PAe.-Extrakt von *Pluchea lanceolata* werden nach Verseifen mit starkem Alkali, Extraktion mit Ae., Chromatographie an Al_2O_3 u. Elution mit verschiedenen Lsgm. *Taraxasterin* [$C_{30}H_{50}O$, F. 217—221° (lange Nadeln); $[\alpha]_D^{20}$ +89,2° ($CHCl_3$). *Acetat*, $C_{30}H_{49}O \cdot COCH_3$, F. 238—242°; $[\alpha]_D^{20}$ +91,5°, +95,2° ($CHCl_3$)], *γ-Sitosterin*, $C_{29}H_{50}O$, F. 147 bis 150°; $[\alpha]_D^{20}$ —27,25°, —26,05° ($CHCl_3$) sowie eine Verb. mit F. 92—93° isoliert. Aus dem Rückstand der PAe.-Extraktion werden durch Perkolation mit kaltem A. über die Reineckate *Cholinchlorid* u. das Chlorid einer neuen, quart. Base (**I**) [F. 243—244° (Zers. unter Entw. von Trimethylamin; A., Nadeln). *Pikrat*, F. 181—182°] isoliert. Für **I** wird der Name *Pluchin* vorgeschlagen. **I** besitzt vermutlich analog Acetylcholinchlorid offenkettige Struktur mit der Trimethylammoniumeinheit am Ende der Kette. H. Nürnberger 3420

1303 **Wirkstoffe aus dem Fliegenpilz.** Conrad Hans Eugster. (Naturwissenschaften **55** (1968) 7, 305—13; Zürich, Univ., Org.-Chem. Inst.; dt.) — Übersicht. — Fliegenpilz als zentralakt. Droge, *Muscarin* u. andere quart. Ammoniumbasen, Indolverb. u. Tropanalkaloide, *Muscimol* (**I**); *Ibotensäure* (**II**) u. *Muscazon*, Vork. von **I** u. **II**, pharmakolog. Eig. von **I** u. **II**, weitere Inhaltsstoffe. — 64 Literaturangaben. K. Maier 4420

1304 **Pachysandra-Alkaloide. 5. Mitt. Struktur von Epipachysamin A, B, C, D, E und F.** Tohru Kikuchi, Shoichiro Uyeo und Toshinari Nishinaga. (Chem. pharmac. Bull. [Tokyo] **15** (1967) 3, 307—16; engl.) — *Epipachysamin A* (**I**) besitzt die Struktur *3β-Dimethylamino-20α-N-methylacetylamino-5α-pregnan*, *Epipachysamin C* (**II**) ist *3β.20α-Bis-(methylamino)-5α-pregnan* u. *Epipachysamin F* (**III**) ist *3β-Dimethylamino-20α-amino-5α-pregnan*. *Epipachysamin B* (**IV**), *D* (**V**) u. *E* (**VI**) sind *3β-Nikotinoyl-*, *Benzoyl-* bzw. *β.β-Dimethylacryloylamino-20α-dimethylamino-5α-pregnan*.

Versuche: Desacylepipachysamine A: *Unsubstituiert* (**VII**), $C_{24}H_{44}N_2 \cdot {}^1/_4\,H_2O$, F. 96—98° (Aceton), durch 3std. Kochen von 600 mg **I** mit Li-Phenyl in Ae./Bzl., $[\alpha]_D^{21}$ +20°; 280 mg (Ausb.). — *N-Methyl-*, $C_{25}H_{46}N_2$, F. 103—106° (Aceton/W.), durch 4std. Erwärmen von 40 mg **VII** mit CH_2O u. HCOOH auf dem W.-Bad, $[\alpha]_D^{20}$ +12°; 37 mg. — *Epipachysamin A* (**I**), $C_{26}H_{46}N_2O$, F. 203—205° (Aceton), aus 30 mg **VII** u. Essigsäureanhydrid in Py., $[\alpha]_D^{20}$ —14°; 25 mg. — Chonemorphine: *Unsubstituiert* (**VIII**), F. 149—150° (Essigester), a) durch saure Hydrolyse von 100 mg **IV**, $[\alpha]_D^{28}$ +21°; 79 mg. — b) analog aus 200 mg. **V**; 150 mg. c) aus 80 mg **VI**; 60 mg. — *N-Acetyl-*, $C_{25}H_{44}N_2O$, F. 266 bis 267° (Aceton/CH_2Cl_2), durch Acetylierung von 70 mg **VIII**, $[\alpha]_D^{25}$ +23°; 40 mg. — *Epipachysamin B* (**IV**), $C_{29}H_{45}N_3O$, F. 260—263° (Aceton), durch Zutropfen von Chlorameisensäureäthylester zu Nikotinsäure u. Triäthylamin in Dimethylsulfoxid/Tetrahydrofuran unter Kühlung u. Zutropfen von 54 mg **VIII**, $[\alpha]_D^{20}$ +38°; 36 mg. — *Epipachysamin D* (**V**), $C_{30}H_{46}N_2O$, F. 247—249° (Aceton), aus 80 mg **VIII** u. Benzoylchlorid, $[\alpha]_D^{13}$ +13°; 65 mg. — *Pachysamin E* (**VI**), $C_{28}H_{48}N_2O \cdot {}^1/_2\,H_2O$, F. 200—205° (Aceton), aus 69 mg **VIII** nach Schotten-Baumann, $[\alpha]_D^{25}$ +19°; 40 mg. — Epipachysamino C: *N^{20}-Acetyl-N^{3}-cyano-*, $C_{26}H_{43}N_3O$, F. 234—235° (Aceton/CH_2Cl_2), aus 450 mg **I** durch v. Braun-Rk., $[\alpha]_D^{20}$ +22°; 330 mg. — *N^{20}-Acetyl-*, $C_{25}H_{44}N_2O \cdot {}^1/_2\,H_2O$, F. 206—207° (Aceton), durch alkal. Hydrolyse vorst. Verb. in Methanol/Diäthylenglykol, $[\alpha]_D^{20}$ +6°; 230 mg. — *N.N'-Diacetyl-*, $C_{27}H_{46}N_2O_2$, F. 243—244° (Aceton/CH_2Cl_2), aus 50 mg vorst. Verb. mit Essigsäureanhydrid in Py., $[\alpha]_D^{20}$ —22°; 52 mg. — Epipachysamine F: *Unsubstituiert* (**III**), durch Hydrolyse von 50 mg der Acetylverb. (**IX**); 50 mg. — *N-Methyl-*, $C_{25}H_{46}N_2$, F. 106—108° (Aceton), a) aus 50 mg. **VIII** mit CH_2O u. HCOOH, $[\alpha]_D^{18}$ +7°; 40 mg. b) analog aus 50 mg, **III**, $[\alpha]_D^{28}$ +28°; 45 mg. — *3β-Dimethylamino-20α-methyläthylamino-5α-pregnan*, $C_{26}H_{48}N_2$, F. 109,5—110° (Aceton), a) durch Red. von 10 mg. **IX** mit $LiAlH_4$ u. Methylierung; 30 mg. b) durch Red. von 45 mg **I** mit $LiAlH_4$, $[\alpha]_D^{20}$ +37°; 33 mg. W. Holland 4420

1305 **Alkaloide von Senecio brasiliensis Less.** Mário Motidome und Paulo Carvalho Ferreira. (Rev. Fac. Farmác. Bioquím. Univ. São Paulo **4**, 13—44; 1966; S. Paulo, Fac. de Farm. e Bioquím.; port.) — Vf. isolieren aus dem sauren alkohol. Extrakt getrockneter, pulverisierter Blätter von *Senecio brasiliensis*, *var. tripartitus* (a) u. *var. brasiliensis* (b) durch Versetzen mit NH_3 (pH 8) u. Extraktion mit Chlf. bzw. mittels Ionenaustauschharz in einer Ausb. von 0,5 (a) bzw. 0,65% (b) Rohalkaloide mit den F. 160—168 bzw. 220 bis 225° (aus A.). Sie lassen sich mittels Papier- bzw. Verteilungschromatographie oder durch Fraktionierung über Celit 545 (Lsgm. CCl_4 + Chlf., versetzt mit PO_4^{3-}) in 2 Komponenten, von denen die 2. als Nebenalkaloid in geringerer Menge vorkommt, trennen. Das Hauptalkaloid von a wird durch seine physikal. Konst., Papierchromatographie, IR-Spektren, Hydrolyse u. Vgl. mit einem Standardpräp. als *Integerrimin* (**I**, F. 171—172°; $[\alpha]_D^{24}$ —19,4° [Chlf.]; *Pikrat*, F. 210—213°; *Jodmethylat*: F. 238—240°) identifiziert. **I** liefert bei der alkal. Hydrolyse eine *Dicarbonsäure* ($C_{10}H_{16}O_5$; F. 150—151°) u. die bas. Verb. *Retronecin* (**II**, $C_{18}H_{25}NO_5$, F. 120—122°; *Chlorid*: F. 162—164°; *Pikrat* des **II**-*Diacetylderiv.*, F. 146°). Das in b nachgewiesene Hauptalkaloid zeigt Identität mit *Senecionin* (**III**, F. 232—235°; *Pikrat*: F. 188—190°; *Jodmethylat*: F. 245—248°). a u. b enthalten das gleiche, mit *Retrorsin* (**IV**, F. 210—213°; $[\alpha]_D^{23}$ — 45,36° [Chlf.], *Pikrat*: F. 195—197°; *Jodmethylat*: F. 256—260°; *Perchlorat*: F. 248—250°; *Nitrat*: F. 125°) ident. Nebenalkaloid, das durch alkal. Hydrolyse in **II** u. eine Säure mit F. 144—147° gespalten wird. **IV** läßt sich durch Behandlung mit H_2O_2 in ein N-Oxidderiv. (F. 138—140°) überführen, das auch in den Mutterlaugen der Rohalkaloidextrakte nach Red. mit Zn-Staub nachgewiesen wird. Aus den IR-Spektren u. der Perjodatox. geht hervor, daß **IV** je 1 prim. u. tert. OH-Gruppe, 2 CO-Bindungen, von denen die eine konjugiert ist u. eine α-Glykolstruktur enthält. **IV** kommt zu 31,4% im b-Rohalkaloid, in a dagegen nur zu 0,05% des Trockengew. vor. Die Zus. des Alkaloidgemisches zeigt in den verschiedenen Pflanzenteilen keine Unterschiede u. wird durch Verpflanzung in andere Klimazonen nicht verändert. I läßt sich durch Bromierung u. nachfolgende Entbromung (Einw. von Zn-Staub) bzw. auf katalyt. Wege (Dimethylamin oder $NaOC_2H_5$) in **III** umwandeln u. stellt daher die labile stereoisomere Form zu **III** dar. Aus den Ergebnissen geht hervor, daß sich die beiden brasilian. Senecio-Varietäten nur durch das Hauptalkaloid voneinander unterscheiden. P. Fahrnlaender 4420

1306 **Grayanotoxin. 1. Mitt. Vorkommen in weiteren Ericaceae-Arten.** G. H. Constantine jun., Kirti Sheth und Philip Catalfomo. (J. pharmac. Sci. **56** (1967) 11, 1518—19; Dep. of Pharmacogn. Oreg. State Univ., Corvallis, Oreg.; engl.) — *Grayanotoxin I*, F. 256 bis 258° (n-Hexan-Äthylacetat, Nadeln) wird in *Rhododendron albiflorum*, *R. macrophyllum*, *R. occidentale*, *Kalmia polifolia var. microphylla* bzw. var. *polifolia*, nicht aber in *Ledum glandulosum* oder *Menziesea ferruginea* nachgewiesen u. aus R. macrophyllum isoliert. H. Nürnberger 4420

1307 **Synthese von 2.4-Dichlorphenoxycrotonsäure.** Francis J. Braconaro. (Mendel Bull. **1967**, 13—18; engl.) — *2.4-Dichlorphenoxycrotonsäure*, ein Herbizid u. wahrscheinlich ein 2.4-Dichlorphenoxybuttersäure-Metabolit, wurde aus Buten-(2)-diol-(1.4) durch Überführen mit HCl-Gas in *4-Chlorcrotylalkohol*, dessen Ox.

mit kalter HNO_3 zu *4-Chlorcrotonsäure*, F. 83°, u. deren Rk. mit 2.4-Dichlorphenol in wss. NaOH hergestellt. K. Maier 4490

1308 **Synthese von Fettaldehyden und ihren cyclischen Acetalen (neue Derivate für die Analyse der Plasmalogene).** P. Venkata Rao, S. Ramachandran und David G. Cornwell. (J. Lipid Res. 8 (1967) 4, 380–90; Dep. of Physiol. Chem., O. State Univ., Columbus, O.; engl.) — Vf. beschreiben die Synth. von Bezugsaldehyden u. 2.4-Dinitrophenylhydrazonen (I), ihre Umwandlung zu cycl. *Acetalen* (II) u. die Gas–Fl.-chromatograph. Analyse dieser Verbindungen. Cycl. II u. Dimethylacetal vom gleichen Bezugsaldehyd werden verglichen. Die direkte Synth. von cycl. II aus Cholin- u. Äthanolaminphosphatiden von Ochsenherzlipiden wird beschrieben. Die cycl. II sind stabile Verb. u. zersetzen sich nicht bei Lagerung oder während der Gas–Fl.-Chromatographie.

Versuche: Fettsäurechloride: Gesätt. Fettsäure u. $SOCl_2$ (molares Verhältnis 1 : 3) werden 3 Std. umgesetzt, überschüssiges $SOCl_2$ entfernt u. die Fettsäurechloride durch Claisen-Dest. gewonnen; 80–90% (Ausb.). Zur Synth. der Chloride ungesätt. Fettsäuren wird statt $SOCl_2$ Oxalylchlorid verwendet; 80–90%. — Aldehyde: Die Säurechloride werden mit Li–Al-Tri-tert.-butoxyhydrid red.; Rohaldehyde 75%. Die Verunreinigungen (Fettsäuren u. -alkohole) werden durch Adsorption an Kieselsäure u. Elution des Aldehyds mit 3% Äther in Hexan entfernt; 55%. Reinigung der Aldehyde durch Umkrist. der I-Deriv. ergibt 73%. — Synth. der Aldehyde durch Ozonolyse: Durch eine Lsg. von 7,5 mMol Alken-(1) in 125 ml Pentan wird O_3 geleitet, nach beendeter Rk. mit N_2 gewaschen u. die Lsg. in Ggw. von 500 mg Lindlar-Katalysator hydriert; 70%. — Synth. der Aldehyde durch Red. von Alken-(1): Eine eisgekühlte Lsg. von 4 mMol Alken-(1) in 100 ml abs. Methanol wird mit O_3 durchströmt, nach beendeter Rk. mit N_2 gewaschen u. auf Raumtemp. gebracht. 10 ml $(CH_3)_2S$ werden zugegeben u. die Lsg. 2 Std. auf 0° gebracht. Das Lsgm. wird verdampft, das Prod. in Ae. aufgenommen u. wiederholt mit W. gewaschen; 75%. — Cycl. Acetale (Dioxolane): 100 mg Aldehyd, 250 mg des entsprechenden Diols u. 6–8 mg p-Toluolsulfonsäure (III) werden in 100–150 ml Bzl. im Azeotropieapp. nach Dean-Stark umgesetzt; 89%. — I: 100 mg des I-Deriv., 20–30 mg III u. 300–400 mg Propandiol-(1.3) werden in 100–150 ml Bzl. gelöst, 5 ml Aceton oder 2 ml Acetylaceton als Austauscher zugesetzt u. behandelt wie vorst.; das Prod. wird an einer *Unisilsäule* gereinigt; 60%. — Plasmalogene: 500 mg Ochsenherzlecithin werden mit 1 g Diol u. 10–15 mg III in 300 ml Bzl. (3 Std., Rückfluß) gekocht u. die cycl. II wie vorst. isoliert. — IR-Spektren der synthetisierten Verb. s. Original. V. Bigl 4520

1309 **Stoffwechsel von $^3H_{(4\beta)}$,$^{14}C_{(4)}$-Dehydroisoandrosteron beim Menschen.** H. Leon Bradlow, D. K. Fukushima, Barnett Zumoff und Leon Hellman. (Steroids 11 (1968) 3, 273–85; Inst. for Steroid Res. New York, N.Y.; engl.) — Das Schicksal von $^3H_{(4\beta)}$.$^{14}C_{(4)}$-*Dehydroisoandrosteron* (I), i.v. verabreicht an einen 64-jährigen Patienten mit multipler Sklerose, wird untersucht. Während 66% des ^{14}C als neutrale Steroidmetabolite wiedergefunden werden, sind nur ca. 32% des ^3H in diesen Verb. nachweisbar, der Rest erscheint im Körperwasser. Hauptmetabolite sind *Androsteron* u. *Ätiocholanolon*, daneben werden geringe Mengen I, *Δ^5-Androsten-3β.17β-diol* u. *Ätiocholan-3α.17β-diol* entdeckt.

Versuche: *17.17-Äthylendioxy-6β-chlorandrostan-3β.5α-diol-3-monobenzoat* (II), $C_{28}H_{37}O_5Cl$, F. 187–191°; $[\alpha]_D^{30}$ −55,10° (Chlf.) aus *17.17-Äthylendioxy-5α.6α-oxidoandrostan-3β-ol* u. Benzoylchlorid. — *17.17-Äthylendioxy-6β-chlor-Δ^4-androsten-3β-ol-benzoat* (III), $C_{28}H_{35}O_4Cl$, F. 175–176°; $[\alpha]_D^{30}$ −121,6° (Chlf.), aus II u. Thionylchlorid. — *$^3H_{(4\beta)}$-Dehydroisoandrosteron* (I) aus III u. ^3H-$LiAlH_4$ (1 mC/mg) sowie Reinigung durch Dünnschicht- u. Papierchromatographie. D. Pankow 4560

1310 **Substituierte Deuteroporphyrine. 4. Mitt. Kinetik und Mechanismus der Reaktionen von Eisen(II)-Porphyrinen mit Sauerstoff.** Irwin A. Cohen und Winslow S. Caughey. (Biochemistry [Washington] 7 (1968) 2, 636–41; Baltimore, Md., Johns Hopkins Univ., School of Med., Dep. of Physiol. Chem.; engl.) — Unters. der Kinetik der Autox. von *Dipyridin-2.4-diacetyldeuteroporphyrin IX-dimethylester-Fe(II)* (I) u. *Dipyridin-Protoporphyrin IX-dimethylester-Fe(II)* in Bzl.–Py. u. Bzl.–A.–Py.-Lsg. bei 25° ergab 1. Ordnung für die Ox. von I u. umgekehrte 2. Ordnung in Pyridin. Beim Protohämderiv. hing die Ordnung vom $[O_2]$: [Py.]-Verhältins ab: sie war bei hoher Py.-Konz. von 1. Ordnung in O_2, umgekehrt 2. Ordnung in Py. u. näherte sich bei hoher O_2-Konz. einer von O_2 u. Py. unabhängigen Grenze. Es wird ein Mechanismus angegeben, der mit allen kinet. Befunden in Einklang steht u. zuerst Abdissoziation eines Py.-Mol. aus dem Dipyridinkomplex unter Bldg. eines S-koordinierten Monomeren annimmt. Letzteres wird von einem O_2-Mol. u. dann von einem 2. Monomermol. unter Bldg. eines Dimeren mit O_2-Brücke angegriffen. Schnelle Zers. des Dimeren gibt verschiedene Produkte. Es wird angenommen, daß die Red. von O_2 durch Hämsyst. in nichtwss. Medien mindestens 2 red. Äquivalente Häm/O_2 erfordert. Eine Beteiligung von Peroxid-Ionen war nicht feststellbar. K. Maier 4572

1311 **Identifizierung des acyclischen Zwischenproduktes der Nicotinsäure-Biosynthese.** 2. Mitt. **Synthese der Diastereomeren des ε-Hydroxy-β-carboxynorleucins.** Erich Kuss. (Hoppe-Seyler's Z. physiol. Chem. 348 (1967) 12, 1589–95; München, 1. Univ.-Frauenklin., Labor. für Biochem.; dt.) — 1. vgl. ibid. 345 (1967) 195. — Zur Identifizierung des instabilen acycl. Zwischenprod. *α-Amino-β-carboxymuconsäure-ε-semialdehyd* der *Nicotinsäure*-Biosynth. aus 3-Hydroxyanthranilsäure wurde *ε-Hydroxy-β-carboxynorleucin*, in das der Aldehyd überführt werden kann, synthetisiert.

Versuche: *α-Methoxalyl-δ-valerolacton* (I), $C_8H_{10}O_5$, F. 62,5° (Cyclohexan–Isopropanol), aus Oxalsäuredimethylester u. δ-Valerolacton durch Eintropfen in eine 90° warme Suspension von NaH in Toluol, 30 Min. Erwärmen auf dem W.-Bad, Verd. mit A., Eingießen in Eiswasser u. Ansäuern; 49% Ausbeute. *Dinitrophenylhydrazon* (III), $C_{14}H_{14}N_4O_8$, F. 219° (Zers.; A.). — *5-Oxo-4-[3-hydroxypropyl]-3-methoxycarbonylisoxazolin* (II), $C_8H_{11}NO_5$, F. 86° (Bzl.), aus I, Hydroxylammoniumhydrochlorid u. Na_2CO_3 in sd. CH_3OH (150 Min.) u. Essigesterextraktion des eingedampften Filtrats; 55%. — *5-Methoxy-4-[3-hydroxypropyl]-3-methoxycarbonylisoxazolin*, $C_9H_{13}NO_5$, F. 43° (Cyclohexan–Bzl.), aus vorst. Verb. mit äquimol. Menge CH_2N_2 u. Kieselgel-Chromatographie. — *5-Oxo-2-methyl-4-[3-hydroxypropyl]-3-methoxycarbonylisoxazolin*, $C_9H_{13}NO_5$, aus vorst. Chromatographie. — *ε-Hydroxynorleucin*, aus II durch Hydrierung mit PtO_2 in CH_3OH–HCl (10 : 1) oder Eisessig (24 Std.). — *Hexahydrochinolinsäure*, aus Chinolinsäure durch Hydrierung mit PtO_2 in Eisessig u. Chromatographie an Dowex 1 (Acetat) zur Trennung der Diastereoisomeren (A, B). — *ε-Hydroxy-β-carboxynorleucin*, $C_7H_{13}NO_5$, Diastereomeres A, F. 145–150° (A.–W.), B, Zers. 180° (W. + A.), a) aus III durch katalyt. Hydrierung (PtO_2) in CH_3OH–HCl, b) aus 402 mg II in HCOOH durch portionsweise Zn-Zugabe bei 80°, Kochen des eingedampften Filtrats mit HCl (1 Std.), Chromatographie der wss. Lsg. (pH 8) des Eindampfrückstands u. frakt. Elution mit verd. Essigsäure; 138 mg A, 73 mg B. *Dimethylester*, mit CH_3OH/HCl. — UV-, IR-, Massen-, NMR-Spektren sowie R_F-Werte im Original. K. Maier 4587

1312 **Beziehungen zwischen den physikalisch-chemischen Eigenschaften, der chemischen Reaktivität und der lokalanästhetischen Wirkung in der Reihe der 4-Aminobenzoesäurealkylester.** 19. Mitt. J. Büchi, X. Perlia und A. Strässle. (Arzneimittel-Forsch. 16, 1657–68, 1966; Zürich, Eidg. Techn. Hochschule, Pharmaceut. Inst.; dt.) — Der Anstieg der lokalanästhet. Wrkg. von *4-Aminobenzoesäurealkylestern*, deren Synth. u. Best. beschrieben werden, bis zum Amylderiv., erklärt sich aus einer günstigen Kombination von Löslichkeit in W., Verteilungskoeff. u. Oberflächenaktivität, während zwischen Wrkg. u. chem. Reaktivität der CO- u. NH_2-

Gruppe kein Zusammenhang besteht. Die hydrophoben Bindungskräfte der Alkylgruppe sind für die Wrkg. wesentlich.

Versuche: 4-Nitrobenzoesäurealkylester: aus Alkohol u. 4-Nitrobenzoesäurechlorid in abs. Bzl. u. Rückfluß (2—30 Std.). — *Propyl*, $Kp._{0,25}$ 128—131°, 2—3 Std., 87% (Ausb.). — *Amyl*, $Kp._{0,5}$ 147—148°, 2—3 Std.; 83%. — *Hexyl-*, $Kp._{0,5}$ 164—165°, 3 Std.; 88%. — *Heptyl*, Kp. 173—175°, 15—20 Std.; 65%. — *Octyl*, $Kp._{0,5}$ 184—189°, 30 Std.; 49%. — 4-Aminobenzoesäurealkylester, aus vorst. Verb. in abs. A. mit 10%ig. Pd-Kohle, Umkrist. aus Bzl. u. abs. Alkohol. — *Methyl*, $C_8H_9NO_2$, F. 112—114°. — *Äthyl*, $C_9H_{11}NO_2$, F. 90—91°. — *Propyl*, $C_{10}H_{13}NO_2$, F. 74—91°. — *Butyl*, $C_{11}H_{15}NO_2$, F. 58—59°. — *Amyl*, $C_{12}H_{17}NO_2$, F. 53 bis 54,5°. — *Hexyl*, $C_{13}H_{19}NO_2$, F. 62,5—64°. — *Heptyl*, $C_{14}H_{21}NO_2$, F. 75,5—77°. — *Octyl*, $C_{15}H_{23}NO_2$, F. 70,5 bis 72,5°. K. Maier 4627

1313 **Neue gegen akute Fasciolose bei Schafen wirksame Verbindung.** A. Campbell, M. K. Martin, K. J. Farrington, A. Erdelyi, R. Johnston, P. Sorby, H. V. Whitlock, I. G. Pearson, R. C. Jones, J. A. Haigh und C. P. DeGoosh. (Experientia [Basel] **23** (1967) 12, 992—93; Ann Arbor, Mich., Parke, Davis Res. Labors.; engl.) — *2-Acetoxy-4′-chlor-3.5-dijodbenzanilid*, $C_{15}H_{10} \cdot ClH_2NO_3$, F. 215—216° (Nadeln aus wss. Dimethylformamid), aus 3.5-Dijodsalicylsäure durch Kondens. mit p-Chloranilin zu 4′-Chlor-3.5-dijodsalicylanilid u. Acetylierung, besaß in oralen Dosen von 25 u. 40 mg/kg hohe Wirksamkeit gegen junge u. reife *Fasciola hepatica* u. *Haemonchus contortus* bei Schafen. Feldvers. ergaben gute Verträglichkeit (DL_{50} ca. 420 mg bzw. 1600 mg/kg per Pansen bzw. Labmagen). K. Maier 4649

F. Pharmazeutische Chemie

1314 **IR-Spektrophotometrie bei der Arzneimittelanalyse.** R. Bouché. (J. Pharmac. Belgique [N.S.] **23/50** (1968) 1—2, 41—59; Univ. Catholique de Louvain, Inst. de Pharm., Labor. d'Analyse des Médicaments; franz.) — — Übersicht über theoret. Grundlagen u. instrumentelle Einrichtung bei IR-spektrophotometr. Analysen von Arzneimitteln u. Beschreibung verschiedener Anwendungsarten des Verf. bei qual. u. quant. Analysen. U. Drehmann 4840

1315 **Radioaktivität in Peremesin.** W. Schwenke. (Isotopenpraxis **3** (1967) 3, 91—94; Inst. für Physik, Pädag. Hochsch. Potsdam; dt.) — Das Arzneimittel *Peremesin* (I) u. andere Ce-haltige Substanzen enthalten oft Radionuklide der Th-Zerfallsreihe. Es wird die radiochem. Abtrennung der Ra-Isotope $MsTh_1$ u. ThX durch Mitfällung beschrieben, die die qual. u. quant. Best. der Muttersubstanz ^{232}Th ermöglicht. Das untersuchte I enthielt ca 4,2 mg Th/g I. Rechnet man mit einer quant. Einlagerung des Th in den Knochen, so wird die maximal zulässige Menge nach der Einnahme von ca. 20 g I erreicht. E. Schrage 4846

1316 **Trennung, Bestimmung und Identifizierung von Antipyrin und Benzocain in Glycerin- und Propylenglykol-Grundlagen.** Richard T. Krause. (J. Assoc. off. analyt. Chemists **50** (1967) 3, 685—88; Minneapolis, Minn., Food and Drug Admin.; engl.) — Die Trennung von *Antipyrin* (I) u. *Benzocain* (II) geschieht durch Chromatographie über drei Säulen (Gemisch 2n HCl-Celit, 9% $FeCl_3$-Celit, Probelsg.-Celit, wobei I in der mittleren, II in der ersten Säule adsorbiert wird). Nach Elution mit dem Lsgm.-Gemisch $CHCl_3$–Diäthyläther–Isooctan (10 : 25 : 65) werden die Eluate von I u. II spektrophotometr. bei 272 u. 283 nm ausgewertet. In 6 Lsg. mit I u. II wurden gefunden 98,9—101,9% I u. 96,6—101,3% II. In 6 Handelsprod. wurden 96—107% I u. 92,4—106% II gefunden. E. Boye 4846

1317 **Grenztest auf 4-Chloracetanilid in Phenacetin und dessen Zubereitungen.** Anonym. (Analyst **92** (1967) 1094, 290—92; British Pharmacopoeia Commission, General Med. Council Office, London; engl.) — Durch die Kommission wird nach Überprüfung verschiedener Meth. das folgende Verf. zur Best. von *4-Chloracetanilid* (< 0,03%) in *Phenacetin* oder dessen Präparationen empfohlen: Hydrolyse der Probe mit A./verd. HCl durch 15 Min. langes Kochen (Bldg. von 4-Chloranilin), Zugabe von konz. NH_3–W. nach Abkühlung, Extraktion mit Cyclohexan u. dünnschichtchromatograph. Trennung an Kieselgel mit CH_2Cl_2 als Laufmittel. Die getrocknete Platte wird 15 Min. lang nitrosen Gasen (Zutropfen von 50%ig. H_2SO_4 zu 10%ig. $NaNO_2$-Lsg. u. 3%ig. KJ-Lsg.) ausgesetzt u. danach zur Kupplung mit 0,5%ig. N-[1-Naphthyl]-äthylendiaminhydrochloridlsg. (Blaufärbung) besprüht. Die Konz. wird durch Vgl. der Farbintensität mit der einer Standardprobe (0,03%) abgeschätzt. R_F-Wert ≈ 0,4. K. Stühmer 4846

1318 **Einfache Methode zur Bestimmung von Glycin und Niacin in Arzneimittelgemischen.** Keith L. Egli und Anthony Romano jun. (J. Assoc. off. analyt. Chemists **51** (1968) 1, 11—14; Minneapolis, Minn., Food and Drug Admin.; engl.) — Nach Neutralisierung der Probenlsg., die *Glycin* (I), *Niacin* (II) u. evtl. Tablettenfüllstoffe (III) enthält, wird unter Formaldehydzusatz I mit 0,1 n NaOH titriert (Endpunkt pH 9,2). Ein anderer Teil der Probe wird mit 0,5n NaOH versetzt u. darin II spektrophotometr. bei 263 nm bestimmt. In Modellvers. wurden 99,6 bis 100% I u. 98,7—100% II wiedergefunden. I u. II im Gemisch wurden außerdem dünnschichtchromatograph. identifiziert. Frank Hofmann 4846

1319 **Bestimmung von Aminacrin und seinen Salzen in Arzneizubereitungen nach der fluorimetrischen und dünnschichtchromatographischen Methode.** Laura A. Roberts. (J. Assoc. off. analyt. Chemists **50** (1967) 3, 680—82; San Francisco, Calif., Food and Drug Admin.; engl.) — Bestimmt wurde *Aminacrin* (I, *9-Aminoacridin*) in Puder- u. Salbenzubereitungen. Bei einer vorhandenen Menge von 0,108% I in Puder u. 0,188% I in Salbe wurden ermittelt 0,100—0,120% bzw. 0,176—0,214% I. E. Boye 4846

1320 **Gaschromatographische Bestimmung von Amphetamin als [1-Phenyl-isopropyl]-isothiocyanat.** H. Brandenberger und Esther Hellbach. (Helv. chim. Acta **50** (1967) 3, 958—62; Zürich, Univ., Gerichtl.-medizin. Inst., Chem. Abt.; dt.) — Bei der gaschromatograph. Best. von *Amphetamin* (I) neben *N-Methylamphetamin* (II) an 10% Carbowax 20 auf mit 5% KOH beschichtetem silanisiertem Chromosorb W u. mit CS_2 als Lsgm. beobachtet man für I bei Wiederholung des Chromatogramms eine charakterist. Peak-Verschiebung, die auf Rk. von I mit CS_2 unter Bldg. von *[1-Phenyl-isopropyl]-isothiocyanat* beruht. Dieses Rk.-Prod. wurde massenspektrometr. identifiziert u. eignet sich gut für die gaschromatograph. Best. von Amphetamin. A.-M. Fretzdorff 4846

1321 **Identifizierung von Barbitursäure- und Hydantoinderivaten durch Dünnschichtchromatographie.** K. C. Güven und B. Tekinalp. (Eczacilik Bül. [Bull. Pharmacy] **10** (1968) 5, 72—80; İstanbul, Univ.; türk.) — Mit Hilfe einer Silicagel-Dünnschichtplatte, verschiedenen Laufmitteln ($CHCl_3$, Py. u. Cyclohexan bzw. Ae. in verschiedenen Mischungsverhältnissen) u. NH_3 enthaltender $CuSO_4$-Lsg. zur Sichtbarmachung werden die R_F-Werte bzw. Färbungen von *Prominal*, *Cyclobarbital*, *Thiopental*, *Phenobarbital*, *Barbitursäure*, *Pentobarbital-Na*, *Barbital*, *Allobarbital*, *Isobarbital*, *Mesantoin* u. *Diphenylhydantoin* bestimmt (Tabelle). W. Wesly 4846

1322 **Gaschromatographische Methode zur Bestimmung von Phenothiazin in Arzneimitteln.** C. L. Bramlett jun. (J. Assoc. off. analyt. Chemists **50** (1967) 3, 682—84; San Francisco, Calif., Food and Drug Admin.; engl.) — Phenothiazin (I) wird aus seiner Grundsubstanz mit $CHCl_3$ extrahiert. Der Extrakt wird unter Verw. einer internationalen Standardlsg. von Promethazinhydrochlorid in $CHCl_3$ durch Gas–Fl.-Chromatographie ausgewertet. Bei 18 Best. von Proben mit 38,3% I wurden Werte zwischen 36,8 u. 39,9% u.

von Proben mit 43,1 % I Werte zwischen 40,4 u. 44,5% ermittelt. E. Boye 4846

1323 **Polarographische Grenzbestimmung für Sulfoxid in Chlorpromazin.** G. S. Porter. (J. Pharmacy Pharmacol. **19** (1967) 3, 176—79; Reg. Coll. of Technol., Liverpool; engl.) — *Chlorpromazinsulfoxid* (I) gibt in 0,5n HCl eine kathod. Stufe, *Chlorpromazin* (II) nicht. Bei großem Überschuß von II erscheint die Stufe von I nur als nicht auswertbare Schulter im Endanstieg. Mit der subtraktiven Kathodenstrahl-Polarographie unter Verw. einer Zwillingszelle können 0,5—2% I in II einwandfrei bestimmt werden. H. Marsen 4846

1324 **Identifizierung von Strychnin, Brucin und Physostigmin durch Dünnschichtchromatographie.** K. C. Güven und Ö. Ünay. (Eczacilik Bül. [Bull. Pharmacy] **10** (1968) 6, 93—95; Istanbul, Univ.; türk.) — Die zu untersuchenden Lsg. werden auf eine Dünnschichtplatte (Silicagel G) aufgetragen, mit CH_3OH entwickelt, mit einem Gemisch von 10%ig. wss. $CuSO_4$-Lsg. u. 2%ig. NH_3-Lsg. (5:1) besprüht u. die entstandenen Flecken bei 110° getrocknet. Die R_F-Werte (bzw. Färbungen) sind für *Strychnin* 0,19 (blaugrün), *Brucin* 0,12 (blaugrün) u. *Physostigmin* 0,48 (dunkelblau), beim Trocknen Umschlag nach Rotbraun). W. Wesly 4846

1325 **Spektrophotometrische Bestimmung von Ampicillin.** J. W. G. Smith, G. E. de Grey und V. J. Patel. (Analyst **92** (1967) 1093, 247—52; Beecham Res. Labor., Worthing, Sussex; engl.) — *Ampicillin* (*α-Aminobenzylpenicillin*), dessen *Trihydrat* oder *Na-Salz* können quant. bestimmt werden durch Lösen der Probe in W. (ca. 1,0 mg/ml), Zugabe von Citronensäure/Na_2HPO_4-Puffer (pH 5,2) u. Spuren von $CuSO_4$, $^1/_2$std. Erwärmen auf 75° (Thermostat), Abkühlen auf Raumtemp. mittels Eises u. Messung der Extinktion bei 320 nm. Im Bereich 0—50 μg/ml der Lsg. wird das Beersche Gesetz befolgt. Die Meth. ist anderen Verf. überlegen; 6-Aminopenicillan- u. α-Aminobenzylpenicillosäure stören nicht. K. Stühmer 4848

1326 **Nephelometrische Bestimmung von Tyrothricin, Gramicidin und Tyrocidin.** S. Leclercq. (J. Pharmac. Belgique [N.S.] **23/50** (1968) 1—2, 83—105; Labor. de Biol. du Serv. de Contrôle des Médicaments de l'Assoc. Pharmac. Belge; franz.) — Vf. beschreibt mehrere mikrobiolog. Best.- Meth. für *Tyrothricin* (photometr. Meth.), *Gramicidin* (turbidimetr. oder nephelometr. Meth.) u. für *Tyrocidin* mit *Klebsiellapneumoniae* oder *E. coli* in 3 verschiedenen Milieuarten (darunter ein völlig synthet. Milieu). — 53 Literaturangaben. U. Drehmann 4848

1327 Sumitomo Chemical Co. Ltd., Osaka (Erfinder: Takashi Seki, Chiharu Saito, Toyonaka, Katsuyuki Toki, Nishinomiya, Keisuke Matsuka, Toyonaka, Yoshio Suzuki, Amagasaki, und Akira Kobayashi, Osaka), Japan, **N-substituierte Octadecadiensäureamide (Linolsäureamide)** mit cholesterinspiegelsenkender Wrkg. der allg. Formel $C_{17}H_{31}-CO-R$, R = durch Alkyl, Alkenyl, Aryl, Aralkyl, Aralkenyl, Cycloalkyl oder Cycloalkenyl mono- oder disubstituierter Aminorest oder heterocycl. N-haltiger Rest, erhält man durch Rk. von Octadecadiensäure, deren Chlorid oder deren Ester mit einem Amin der allg. Formel R—H. Die Rk. mit der Säure selbst wird bes. in Ggw. von Dicyclohexylcarbodiimid oder eines anderen W. abspaltenden Mittels durchgeführt. — Zu einer Mischung aus 3,1 g 70%ig. Äthylamin u. 50 ml Aceton tropft man bei 5—7° in 40 Min. eine Lsg. von 6 g Linolsäurechlorid in 30 ml Ae., rührt noch 1 Std. bei 5—7° u. 2 Std. bei Raumtemp. → *Linolsäureäthylamid*, $C_{20}H_{37}NO$, n_D^{19} 1,4689. — Ferner folgende *N-substituierte Linolsäureamide*: *Isopropyl-*, $C_{21}H_{39}NO$, Kp.$_{0,02}$ 160—167°; n_D^{22} 1,4712. — *Diäthyl-*, $C_{22}H_{41}NO$, Kp.$_{0,03}$ 160—170°; n_D^{25} 1,4720. — *Cyclohexyl-*, F. 34—35° (aus Aceton). — *Methyl-*, halbfest. — *2.4.6-Trimethylphenyl-*, $C_{27}H_{43}NO$, Kp.$_{0,01}$ 190 bis 195°. — *Cyclopentyl-*, $C_{23}H_{41}NO$, Kp.$_{0,03}$ 174—176°; n_D^{30} 1,4841. — *2-Methylcyclohexyl-*, $C_{25}H_{45}NO$, Kp.$_{0,05}$ 160°; n_D^{30} 1,4843. — *3-Methylcyclohexyl-*, $C_{25}H_{45}NO$, Kp.$_{0,02}$ 178—180°; n_D^{31} 1,4846. — *4-Methylcyclohexyl-*, $C_{25}H_{45}NO$, Kp.$_{0,01}$ 178—180°; $n_D^{32,5}$ 1,4849. — *N-Methyl-N-cyclohexyl-*, $C_{25}H_{45}NO$, Kp.$_{0,03}$ 188—191°; $n_D^{28,5}$ 1,4850. — *Allyl-*, $C_{21}H_{37}NO$, Kp.$_{0,02}$ 180—186°; n_D^{29} 1,4832. — *N.N-Diallyl-*, $C_{24}H_{41}NO$, Kp.$_{0,02}$ 195—201°. — *β.β-Dimethyläthyl-*, Kp.$_{0,02}$ 160—167°; n_D^{22} 1,4712. — *N-Dodecyl*, halbfest. — *N.N-Dimethyl-*, Kp.$_{0,02}$ 140—145°; n_D^{22} 1,4748. — *N.N-Diisopropyl-*, n_D^{20} 1,4750. — *N.N-Bis-(β.β-dimethyläthyl)-*, Kp.$_{0,03}$ 182—185°; n_D^{24} 1,4791. — *Phenyl-*, Kp.$_{0,09}$ 190—194°; n_D^{25} 1,5050. — *N-o-tolyl-*, Kp.$_{0,04}$ 207°; n_D^{26} 1,5012. — *N-m-tolyl-*, Kp.$_{0,04}$ 190 bis 198°; $n_D^{26,5}$ 1,4961. — *N-p-tolyl-*, Kp.$_{0,03}$ 180—182°; n_D^{22} 1,4967. — *N-(p-Isopropylphenyl)-*, Kp.$_{0,06}$ 200 bis 205°; n_D^{30} 1,5020. — *N-Benzyl-*, Kp.$_{0,1}$ 190—192°; n_D^{26} 1,4900. — *N-Methyl-N-phenyl-*, Kp.$_{0,02}$ 190—195°; n_D^{23} 1,4912. — *N-Äthyl-N-m-tolyl-*, Kp.$_{0,01}$ 175—177°; $n_D^{22,5}$ 1,4921. — *N.N-Di-(phenyl)-*, Kp.$_{0,01}$ 185—197°; n_D^{23} 1,4887. — *N-Cycloheptyl-*, Kp.$_{0,2}$ 200—204°; $n_D^{24,5}$ 1,4869. — *N-Linoloylpiperidin*, $C_{23}H_{41}NO$, n_D^{20} 1,4778. — *N-Linoloylpyrrolidin*, $C_{22}H_{39}NO$, Kp.$_{0,03}$ 200—204°; $n_D^{31,5}$ 1,4813. — *N-Linoloylhexamethylenimin*, Kp.$_{0,1}$ 194 bis 195°; $n_D^{29,5}$ 1,4857. — Tabellen mit Angabe der *Blutcholesterinspiegelwerte*; Diagramme, Zeichnung. (**Schwz. P. 488 270** vom 5/2. 1964, ausg. 30/11. 1967. **Belg. A. S. 648 451** vom 6/2. 1964, bekanntgemacht 29/5. 1964. Beide Jap. Prior. 6/2. u. 6/2. 1963.) — 12 S. — 29 S. H.-W. Ebersbach 4846

1328 Kaken Kagaku K. K., und Tadataka Hara, Tokio, Japan, **Herstellung einer Bernsteinsäure (I)-Modifikation mit desodorierenden und antikanzerogenen Eigenschaften** erfolgt entweder durch Red. in einem niedermol. Alkanol, bes. CH_3OH oder A. gelöster Malein- oder Fumarsäure in Ggw. von Pt-Oxid, Pd-Schwarz, Raney- oder Urushibara-Ni, < 45° unter Ausschluß von UV-Licht oder durch Behandeln einer wss. 0,1—4 Gew.-% I enthaltenden Lsg. bei einem pH < 5, bes. 4—5 mit CO_2 oder organ. oder anorgan. Säure, ausgenommen H_2SO_4, u. mindestens 24std. Stehenlassen der Lsg. unter Lichtausschluß u. < 40°. — Das erhaltene Prod. bildet bei Raumtemp. β-hexagonale oder diamantförmige Krist., die bei 147—155° subl. u. bei 183—184° schmelzen; außerdem als α-säulenförmige Krist. über 156° bestehend, die bei 196—197° schmelzen. — IR- u. Röntgenspektren. (**Brit. P. 1 063 465** vom 13/3. 1964, ausg. 30/3. 1967. Jap. Prior. 15/3. 1963.) — 7 S. O. Müller-Meiningen 4846

1329 J. R. Geigy Akt.-Ges., Basel, Schweiz, **Malonsäuremonohydrazide** der allg. Formel $R^2C_6H_4NH-N(C_6H_4R^2)CO-CH(R^1)CO_2H$ erhält man 1. durch Rk. von Verb. der allg. Formel $Y-N(C_6H_4R^2)-N(C_6H_4R^2)-CO-CH(R^1)CO_2X$ (I), wobei X = H oder Benzyl u. Y = Benzyloxycarbonylrest, mit katalyt. erregtem H_2, 2. durch Rk. von Verb. der allg. Formel **I**, wobei X = H oder Benzylrest u. Y = H oder Benzyloxycarbonylrest, wobei nicht beide Reste X u. Y = H bedeuten, mit Na in fl. NH_3, oder 3. Rk. einer Verb. der allg. Formel **I** Y = $COCF_3$; X = OH mit ≧ 2 Äquivalenten eines (Erd)-Alkalihydroxids [R^1 = KW-Stoffrest mit höchstens 8 C-Atomen; R^2 = H oder Halogen]. *n-Butylmalonsäure-N.N'-diphenylhydrazid*, F. 116—117° (Ae.–PAe.). — *n-Propylmalonsäure-N.N'-diphenylhydrazid*, F. 93° (Ae.–PAe.). — *Isopropylmalonsäure-N.N'-diphenylhydrazid*, F. 144° (Ae.–PAe.). — *tert.-Butylmalonsäure-N.N'-diphenylhydrazid*, F. 146° (Ae.–PAe.). — *n-Pentylmalonsäure-N.N'-diphenylhydrazid*, F. 106° (Ae.–PAe.). — *Benzylmalonsäure-N.N'-diphenylhydrazid*, F. 134°. — *Antiphlogist., antipyret. Mittel.* (**Brit. P. 1 080 148** vom 3/12. 1965, ausg. 23/8. 1967. Schwz. Prior. 4/12. 1964.) — 5 S. A. Jahn 4846

1330 Imperial Chemical Industries Ltd., London, Großbritannien (Erfinder: Justus Kenneth Landquist und Dora Nellie Richardson), **Alkenderivate** der allg. Formel $R^1R^2N-A-C_6H_4-C(R^3)=C(R^4)(R^5)$, wobei die beiden Substituenten in m- oder p-Stellung zueinander stehen (R^1 u. R^2 = Alkyl, $-NR^1R^2$ kann auch ein heterocycl. Ring sein; A = Alkylen, R^3 u. R^4 = ggf. substituiertes Aryl, R^5 = Alkyl, Aralkyl), erhält man durch W.-Abspaltung aus einem Alkanol der allg. Formel $R^1R^2N-A-C_6H_4-C(R^3)(OH)-CH(R^4)(R^5)$ in Ggw. von anorgan. Säure oder HCOOH, ggf. in inertem Lösungsmittel. Die Ausgangsverb. erhält man durch

Rk. einer Organometallverb. der allg. Formel $R^1R^2NA \cdot C_6H_4X$ (X = Li, MgY, Y = Halogen) mit einem Keton der allg. Formel $R^3COCHR^4R^5$. — Aus p-(2-Dimethylaminoäthyl)-anilindihydrobromid durch Diazotieren u. anschließende Sandmeyer-Rk. → *N.N-Dimethyl-2-(p-bromphenyl)-äthylamin*, Kp.$_{11}$ 122—124°, daraus durch Rk. in Form der Grignard-Verb. mit α-Äthyldesoxybenzoin → *1-p-(2-Dimethylaminoäthyl)-phenyl-1.2-diphenylbutanol-(1)*, F. 134—135°, daraus mit HCl in A. das Gemisch der *Hydrochloride des cis- u. trans-Isomeren des 1-p-(2-Dimethylaminoäthyl)-phenyl-1.2-diphenylbutens-(1)*, F. 196—198°, ähnlich das Gemisch der *Hydrochloride des cis- u. trans-Isomeren des 1-p-(2-Dimethylaminoäthyl)-phenyl-1-p-methoxyphenyl-2-phenylbutens-(1)*, F. 190°; *1-p-(2-Piperidinoäthyl)-phenyl-cis-1.2-diphenylbuten-(1)*, F. 102—104°, das *trans-Isomere*, F. 86—88°, *1-p-(2-Piperidinoäthyl)-phenyl-1.2-diphenylbutanol-(1)*, F. 114—115°, *1-p-(2-Dimethylaminoäthyl)-phenyl-trans-2-phenyl-1-p-tolylbuten-(1)-oxalat*, F. 186—188°, *4'-Chlor-α-äthyldesoxybenzoin*, Kp.$_{0,1}$ 122—126°, *1-p-(2-Dimethylaminoäthyl)-phenyl-trans-1.2-di-p-chlorphenylbuten-(1)-hydrochlorid*, F. 251—253°, *freie Base*, F. 113—115°, *1-p-(2-Dimethylaminoäthyl)-phenyl-trans-1-(p-tolyl)-2-p-chlorphenylbuten-(1) hydrochlorid*, F. 259—261°, *1-m-(3-Dimethylaminopropyl)-phenyl-trans-1.2-diphenylbuten-(1)-oxalat*, F. 170 bis 172°, *N.N-Dimethyl-3-(m-bromphenyl)-propylamin-pikrat*, F. 108—109°, *1-p-(3-Diäthylaminopropyl)-phenyl-trans-1.2-diphenylpropen-(1)-hydrochlorid*, F. 167—168°, *1-p-(3-Diäthylaminopropyl)-phenyl-1.2-diphenylpropanol-(1)*, F. 92—94°, *1-p-(3-Diäthylaminopropyl)-phenyl-trans-1.2-diphenylbuten-(1)-hydrochlorid*, F. 182—183°, *1-p-(3-Dimethylaminopropyl)-phenyl-trans-1.2-diphenylbuten-(1)-hydrochlorid*, F. 166—167°, *cis-Hydrochlorid*, F. 199—201°, *N.N-Dimethyl-3-(p-bromphenyl)-propylamin*, Kp.$_{0,15}$ 90 bis 93°. Aus α-(p-Bromphenoxy)-isobutyrylchlorid durch Rk. mit Dimethylamin in Bzl., dann mit $LiAlH_4$ → *(2-p-Bromphenoxy-2.2-dimethyläthyl)-dimethylamin*, daraus durch Rk. in Form der Grignard-Verb. mit α-Äthyldesoxybenzoin *1-[4-(2-Dimethylamino-1.1-dimethyläthoxy)-phenyl]-1.2-diphenylbutanol-(1)*, F. 94—96°, mit HCl in A. *Hydrochlorid des cis- u. trans-Isomerengemisches des 1-[4-(2-Dimethylamino-1.1-dimethyläthoxy)-phenyl]-1.2-diphenylbutens-(1)*, das *trans*-Isomere, F. 208—210°; ähnlich die *Hydrochloride* der folgenden *cis- u. trans-Isomerengemische*: *1-[4-(2-Dimethylamino-1-methyläthoxy)-phenyl]-1.2-diphenylbuten-(1)*, das *trans-Isomere*, F. 84 bis 86°, *1-[4-(2-Dimethylamino-1-äthyläthoxy)-phenyl]-1.2-di-(4-chlorphenyl)-buten-(1)*, F. 164—170°, das *trans-Isomere*, F. 187—189°, *1-[4-(2-Dimethylamino-1-äthyläthoxy)-phenyl]-1.2.3-triphenylpropen-(1)*, F. 168—170°, das *trans-Isomere*, F. 176—178°, *1-[4-(2-Piperidino-1-äthyläthoxy)-phenyl]-1.2-diphenylbuten-(1)*, F. 186—190°, das *trans-Isomere*, F. 200—202°; *1-[4-(2-Piperidino-1.1-dimethyläthoxy)-phenyl]-1.2-diphenylbuten-(1)*, F. 194—195°. Ferner beschrieben die Herst. von *4-(2-Dimethylamino-1-methyläthoxy)-α-äthyldesoxybenzoin*, Kp.$_{0,2}$ 182—186°, *α-(p-Bromphenoxy)-buttersäure*, F. 84—86°, deren *Chlorid*, Kp.$_6$ 134—136°, *N-2-(p-Bromphenoxy)-butyl-N.N-dimethylamin*, Kp.$_4$ 92—96°. — *Heilmittel*. (**Brit. PP. 1 079 747** vom 7/7. 1965, ausg. 16/8. 1967 u. **1 080 274** vom 12/7. 1965, ausg. 23/8. 1967.) — 7 S. — 9 S.

R. Bollinger 4846

1331 Imperial Chemical Industries Ltd., London, und Leslie Harold Smith, Macclesfield, Cheshire, Großbritannien, **Herstellung von Propanolaminderivaten** der allg. Formel $R^2O-CH_2-CHOH-CH_2-NHR^1$ ($R^1 = C_{1-10}$-Alkyl; R^2 = Naphthyl, Tolyl) erfolgt durch Rk. einer Verb. der Formel R^2OR^3 (R^3 = H, Alkalimetall) mit einem Epoxid der allg. Formel $\overbrace{CH_2-CH}^{O}-CH_2X$ (X = Halogen) u. einem Amin der Formel NH_2R^1. — Rk. von 1-Naphthol mit Epichlorhydrin u. Isopropylamin → *1-Isopropylamino-3-[1-naphthoxy]-2-propanol*, F. 96°. Analog: *1-Isopropylamino-3-[3-tolyloxy]-2-propanol*, F. 78—80°. — *β-Adrenerg. Blockmittel, Herzmittel, blutdrucksenkende Mittel*. (**Brit. P. 1 079 534** vom 24/2. 1965, ausg. 16/8. 1967.) — 2 S. R. Bauereis 4846

1332 Dr. Karl Thomae G. m. b. H. (Erfinder: Johannes Keck), Biberach/Riss, **Dihalogensubstituierte Aminobenzylamine** erhält man durch Halogenierung eines Aminobenzylamins oder durch Rk. eines Dihalogendiacylaminobenzylhalogenids mit einem Amin u. Deacylierung oder durch Red. eines Dihalogen-nitrobenzylamins. — Beispiel: Durch Bromierung von N-[2-Aminobenzyl]-diäthylamin erhält man das *N-[2-Amino-3.5-dibrombenzyl]-diäthylamin, Hydrochlorid*, F. 214—214,5°. Analog erhält man folgende 2-Amino-3.5-dibrombenzyl- (I), 4-Amino-3.5-dibrom-benzyl- (II), 2-Amino-3.5-dichlorbenzyl- (III) oder 4-Amino-3.5-dichlorbenzyl- (IV)-Verbindungen: *N-II-diäthylamin, Hydrobromid*, F. 218° (Zers.); *N-I-diisobutylamin, Hydrobromid*, F. 165—167°; *N-I-diallylamin, Hydrochlorid*, F. 109—113°; *N-II-diallylamin, Hydrochlorid*, F. 191—195°; *N-I-N-methylcyclohexylamin, Hydrochlorid*, F. 232—235° (Zers.), *p-Toluolsulfonat*, F. 218—219° (Zers.). *-Perchlorat*, F. 132,5—134°, *-Phosphat*, F. 137—138,5°, *-Bromid*, F. 227,5—228° (Zers.), *-Oxalat*, F. 182—183°, *-Chlorid*, F. 240—242° (Zers.), *-Nitrat*, F. 135—136°, *-Sulfat*, F. 108—109°; *N-II-N-methylbenzylamin, Hydrobromid*, F. 202—206°; *N-I-pyrrolidin, Hydrochlorid*, F. 219—220°; *N-I-Piperidin-Hydrochlorid*, F. 244—245°. *N-I-Dimethylamin, Hydrochlorid*, F. 235—237°; *N-I-di-n-propylamin, Hydrochlorid*, F. 153—156°; *N-I-diisopropylamin, Hydrochlorid*, F. 159—160°; *N-I-dipentylamin, Hydrobromid*, F. 111—113°; *N-I-dicyclohexylamin, Hydrobromid*, F. 308—312° (Zers.); *N-I-3-methylpiperidin, Hydrochlorid*, F. 209—215°; *N-I-N-methyl-benzylamin, Hydrobromid*, F. 218,5—219° (Zers.); *N-I-N-äthyl-benzylamin, Hydrobromid*, F. 179—182°; *N-I-N-äthyl-anilin, Hydrochlorid*, F. 123—130°; *N-II-dimethylamin, Hydrochlorid*, F. 252—256°; *N-II-di-n-propylamin, Hydrobromid*, F. 227° (Zers.); *N-II-diisobutylamin, Hydrochlorid*, F. 141—144°; *N-II-N-methylcyclohexylamin, Hydrochlorid*, F. 232—235°; *N-II-pyrrolidin, Hydrochlorid*, F. 200—205°; *N-II-piperidin, Hydrobromid*, F. 224—226° (Zers.); *N-II-N-äthyl-benzylamin, Hydrobromid*, F. 198—203°; *N-II-dibenzylamin, Hydrochlorid*, F. 233 bis 235° (Zers.); *N-II-N-äthyl-anilin, Hydrochlorid*, F. 211 bis 215°; 3.5-Dichlor-2-diacetylaminotoluol, F. 84—86°, → 3.5-Dichlor-2-diacetylaminobenzylbromid, F. 122—125°, → *N-III-piperidin, Hydrochlorid*, F. 234—235° (Zers.); 3.5-Dichlor-4-diacetylaminotoluol, F. 59—60°, → 3.5-Dichlor-4-diacetylaminobenzylbromid, F. 106—123°, → *N-III-N-methyl-cyclohexylamin*, F. 62—64°, *Hydrochlorid*, F. 224—225° (Zers.); *N-III-diisobutylamin, Hydrochlorid*, F. 142—148°; *N-IV-diäthylamin, Sulfat*, F. 132—134°; *N-IV-dibenzylamin, Hydrochlorid*, F. 237,5—238°; *N-I-camphidin*, F. 109—111°; *N-II-camphidin, Hydrochlorid*, F. 238—241° (Zers.); *N-I-isobutylamin, Hydrochlorid*, F. 211—213° (Zers.); *N-II-cyclohexylamin*, F. 259—262° (Zers.); *N-II-isobutylamin, Hydrochlorid*, F. 180—183°; *N-II-dicyclopentylamin, Hydrochlorid*, F. 189—197° (Zers.); *N-I-N-methyl-cyclohexylamin*, F. 234—235,5° (Zers.); *N-I-methylamin, Hydrobromid*, F. 244—247° (Zers.); *N-I-N-methylbenzylamin, Hydrobromid*, F. 218,5—219°. — *Sekretolyt. Mittel, Antitussiva, Monoaminoxidase-Inhibitoren, Antipyretika*. (**Tschech. P. 120 264** vom 20/11. 1962, ausg. 15/10. 1966. **F. P. [Méd.] 2 770** vom 16/11. 1962, veröff. 5/10. 1964. **Oe. PP. 238 155, 238 159** u. **238 160** vom 20/11. 1962, ausg. 25/1. 1965. Alle D. Prior. 20/11. 1961. **D. P. [DDR] 36 418** Kl. 12q vom 9/11. 1962, ausg. 26/4. 1965 [Ausschließungspatent]. D. Prior. [Bundesrepublik Deutschland] 20/11. 1961. **Brit. P. 968 254** vom 9/11. 1962, ausg. 2/9. 1964. **D. A. S. 1 169 989** vom 20/11. 1961, ausg. 14/5. 1964.) R. Bauereis 4846

1333 T. J. Smith & Nephew Ltd., Kingston-upon Hull, Yorkshire, Großbritannien (Erfinder: Donald Edwin Seymour, David John Drain und John Gordon Bernard Howes), **Substituierte Benzanilide** der allg. Formel I [R^1, R^2, R^3 u. R^4 = C_{1-4}-Alkyl-, -Alkoxy-, -Alkylsulfonyl- bzw. -Perhalogenalkylreste, OH,

I

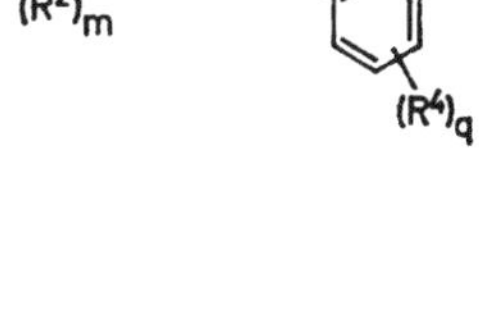

Halogen, NO_2; R^1 mit R^2 bzw. R^3 mit R^4 zusammen auch einen Benzolring bildend; X = O oder S; n, m, p u. q = 0 oder 1] erhält man durch Hydrolyse eines entsprechend $(R^1)_n$- u. $(R^2)_m$-substituierten Dihydrobenzoxazinons oder Dihydrobenzthiazinons u. Rk. des gebildeten Salzes einer Phenoxyessigsäure oder Phenylthioessigsäure der Formel $(R^1)_n-[(R^2)_m]C_6H_2(o\text{-}NH_2)-X-CH_2-COOH$ mit einem reaktionsfähigen Deriv. einer Carbonsäure der Formel $[(R^3)_p-[(R^4)_q]C_6H_3-COOH$. — Aus 2.3-Dihydrobenzoxazin-(1.4)-on-(3) durch 1std. Erhitzen mit wss. NaOH bei Rückflußtemp., Zugabe von Essigsäure (**II**), Rk. mit Benzoylchlorid bei 0° u. Ansäuern mit HCl → Öl, *2-Benzamidophenoxyessigsäure*, $C_{15}H_{13}NO_4$, F. 164—165°; daraus mit wss. NaOH (90 Min. bei Rückflußtemp.), Ansäuern mit **II**, Einrühren von m-Chlorbenzoylchlorid in Ae., bei 0° u. Ansäuern der wss. Schicht mit HCl → *2-m-Chlorbenzamidophenoxyessigsäure*, $C_{15}H_{12}ClNO_4$, F. 161°; analog die entsprechende *2-o-Chlorverb.*, F. 143—144°, bzw. *2-p-Chlorverb.*, F. 215°, bzw. Phenoxyessigsäuren: *2-[o-Methoxybenzamido]-*, $C_{16}H_{14}NO_5$, F. 174—175°; *2-Benzamido-4-chlor*, $C_{15}H_{12}ClNO_4$, F. 166—167°; *4-Chlor-2-[p-chlorbenzamido]-*, $C_{15}H_{11}Cl_2NO_4$, F. 164°; *4-Chlor-2-[p-methoxybenzamido]-*, $C_{16}H_{14}ClNO_5$, F. 195°; *2-[3'.4'-Dichlorbenzamido]-*, $C_{15}H_{11}Cl_2NO_4$, F. 218—219° [Essigester], 96% Ausb.; *4-Chlor-2-[3'-trifluormethylbenzamido]-*, $C_{16}\cdot H_{11}ClF_3NO_4$, F. 159—160° (60%ig. A.), blaßgelb; *2-[3'.4'-Dichlorbenzamido]-4-methoxy-*, $C_{16}H_{13}Cl_2NO_5$, F. 196 bis 197° [Methyläthylketon]; *2-Benzamido-4-methyl-*, $C_{16}H_{15}\cdot NO_4$, F. 147—148°; *4-Brom-2-[4'-chlorbenzamido]-5-methyl-*, $C_{16}H_{13}BrClNO_4$, F. 204—205° [Aceton]; *2-[4'-Methylbenzamido]-*, $C_{16}H_{15}NO_4$, F. 198—198,5°; *2-[4'-Brombenzamido]-*, $C_{15}H_{12}BrNO_4$, F. 210—211° (Methanol); *2-[3'-Trifluormethylbenzamido]-*, $C_{16}H_{12}F_3NO_4$, F. 160 bis 160,5°; *4-Chlor-2-[3'.4'-dichlorbenzamido]-*, $C_{15}H_{10}Cl_3NO_4$, F. 208—209°; *2-[4'-Chlorbenzamido]-4-methoxy-*, $C_{16}H_{14}\cdot ClNO_5$, F. 163—164°; *2-[4'-Chlorbenzamido]-4-methyl-*, $C_{16}H_{14}ClNO_4$, F. 174—175°; *2-Benzamido-4-brom-5-methyl-*, $C_{16}H_{14}BrNO_4$, F. 235—236°; *2-[3'.5'-Dichlorbenzamido]-*, $C_{15}H_{11}Cl_2NO_4$, F. 237,5°; *1-[2'.4'-Dichlorbenzamido]-*, F. 196° (W. 3: 2); *2-[2'.4'-Dichlorbenzamido]-*, F. 188—190,5°; *2-[3'.4'-Dimethylbenzamido]-*, $C_{17}H_{17}NO_4$, F. 163—165°; *2-[3'.4'-Dimethoxybenzamido]-*, $C_{17}H_{17}NO_6$, F. 201—202°; *2-[4'-Fluorbenzamido]-*, $C_{15}H_{12}FNO_4$, F. 183—184,5°; *2-[4'-Jodbenzamido]-*, $C_{15}H_{12}JNO_4$, F. 192 bis 193° (A.); *2-[3'-Brombenzamido]-*, $C_{15}H_{12}BrNO_4$, F. 158°; *2-Benzamido-4.5-dichlor-*, $C_{15}H_{11}Cl_2NO_4$, F. 240 bis 241°; *2-[4'-Chlorbenzamido]-4.5-dichlor-*, $C_{15}H_{10}Cl_3NO_4$, F. 220—221°; *2-[3'.4'-Dichlorbenzamido]-4.5-dichlor-*, $C_{15}\cdot H_9Cl_4NO_4$, F. 239—240°; *2-[3'.4'-Dichlorbenzamido]-4-methyl-*, $C_{16}H_{13}Cl_2NO_4$, F. 218—219°; *2-[3'.4'-Dichlorbenzamido]-5-methyl-*, F. 233°; *2-[3'.4'-Dichlorbenzamido]-4.5-dimethyl-*, $C_{17}H_{15}Cl_2NO_4$, F. 235—236° [Dimethylformamid]; *2-[3'.4'-Dichlorbenzamido]-4.6-dimethyl-*, F. 209°; *2-[3'.4'-Dichlorbenzamido]-3.5-dimethyl-*, F. 229 bis 230°; *2-[3'-Trifluormethylbenzamido]-4-methyl-*, $C_{17}H_{14}\cdot F_3NO_4$, F. 161°; *2-[4'-Chlorbenzamido]-5-methoxy-*, $C_{16}\cdot H_{14}ClNO_5$, F. 207—208°; *2-[3'.4'-Dichlorbenzamido]-5-methoxy-*, $C_{16}H_{13}Cl_2NO_5$, F. 222—223°; *2-Benzamido-4-brom-*, $C_{15}H_{12}BrNO_4$, F. 167—168°; *2-[3'.4'-Dichlorbenzamido]-4-brom-*, $C_{15}H_{10}BrCl_2NO_4$, F. 200—201°; *2-[3'.4'-Dichlorbenzamido]-4-äthyl-*, $C_{17}H_{15}Cl_2NO_4$, F. 209—210°; *2-[3'.4'-Dichlorbenzamido]-4-tert.-butyl-*, $C_{19}H_{19}Cl_2NO_4$, F. 182—183°; *2-[2'-Naphthamido]-*, $C_{19}H_{15}NO_4$, F. 164—165°; *2-[4'-Nitrobenzamido]-*, $C_{15}H_{12}N_2O_6$, F. 198°, gelb; *2-[4'-Hydroxybenzamido]-*, $C_{15}H_{13}NO_5$, F. 162—163°; *2-[2'-Hydroxybenzamido]-*, F. 162—163°; *2-[4'-Methylsulfonylbenzamido]-*, $C_{16}H_{15}NO_6S$, F. 177—178°; *2-[3'.4'-Dichlorbenzamido]-5-hydroxy-*, $C_{15}H_{11}Cl_2NO_5$, F. 221—222°; *2-[3'.4'-Dichlorbenzamido]-4-hydroxy-*, F. 254—255°. — *2-[1-(3'.4'-Dichlorbenzamido]-naphthoxyessigsäure*, $C_{19}H_{13}\cdot Cl_2NO_4$, F. 241—242°. — Phenylthioessigsäuren: *2-Benzamido-*, $C_{15}H_{13}NO_3S$, F. 194—195°; *2-[p-Chlorbenzamido]-*, $C_{15}H_{12}ClNO_3S$, F. 183—185°; *2-[3'.4'-Dichlorbenzamido]-*, $C_{15}H_{11}Cl_2NO_3S$, F. 170—171°. — *Analget., antiinflammator., antipyret. Wrkg.*, niedrige Toxizität. — Mengenbeispiele für die Herst. der Oxazinon- u. Thiazinonverb. (Ausgangsstoffe), Wrkg.-Tabelle. (**Brit. P. 1 077 936** vom 8/9. 1964, ausg. 2/8. 1967.) — 14 S.
Georg Vogel 4846

1334 Ciba Akt.-Ges., Basel (Erfinder: Erwin F. Jenny, Riehen, und Karl Schenker, Binningen), Schweiz, **Benzocyclobutene**, die in 1-Stellung ggf. durch Alkyl u. die Gruppe der allg. Formel $-CH(R^2)Y$ (Y = NH_2, R^2 = Alkyl, Aryl, Aralkyl, H) substituiert sind, erhält man durch Rk. eines Cyclobutens, das in 1-Stellung ggf. durch Alkyl u. die Gruppe $-C(=O)R^2$ substituiert ist, mit NH_3, Hydroxylamin oder einem mindestens 1 H-Atom aufweisenden Amin, bes. Mono-, Dialkylaminen, Pyrrolidin, Piperidin, Morpholin, Thiamorpholin, Piperazin, Phenylalkylaminen u. Red. der Kondens.-Prod. mit H oder einem komplexen Leichtmetallhydrid. Der o-Phenylenrest kann substituiert sein, bes. durch Alkyl, Alkoxy, Halogen, CF_3. 1-Formylbenzocyclobuten kann mit NH_3 umgesetzt u. red. werden. — Aus 1-Cyanbenzocyclobuten mit CH_3MgJ in Ae. → *1-Acetylbenzocyclobuten*, $Kp._{12}$ 108—110°, daraus mit n-Butylamin in Bzl., dann Red. der Schiffschen Base mit Na-Borhydrid *1-(α-Methyl-n-butylaminomethyl)-benzocyclobuten*, $Kp._{0,09}$ 70—76°. — *Heilmittel*. (**Schwz. P. 437 266** vom 7/8. 1962, ausg. 30/11. 1967.) — 4 S. R. Bollinger 4846

1335 Ciba Akt.-Ges., Basel (Erfinder: Erwin F. Jenny, Riehen, und Karl Schenker, Binningen), Schweiz, **Benzocyclobutene**, die in 1-Stellung durch Alkyl u. einen Rest der allg. Formel $-CHR^2Y$ (R^2 = Alkyl, Aryl, Aralkyl, H, Y = Mono-, Dialkylamino-Gruppe, Pyrrolidino, Piperidino, Morpholino, Thiamorpholino, Piperazino, Phenylalkylamino, NH_2) substituiert sind, erhält man aus Benzocyclobutenen, die in 1-Stellung ggf. durch Alkyl u. eine Gruppe der allg. Formel $-C(=O)Y$ oder $-CH(R^2)Y'$ (Y' = ggf. am N-Atom substituiertes Acylamin oder entsprechender N-heterocycl. Rest, der an dem dem N-Atom benachbarten C-Atom eine Oxo-Gruppe trägt) substituiert sind, durch Red. der CO-Gruppe zur CH_2-Gruppe mit Alkali- oder Erdalkali-Al-hydrid, bes. $LiAlH_4$, oder durch elektrolyt. Reduktion. Der o-Phenylenrest kann durch Alkyl, Alkoxy, Halogen, CF_3 substituiert sein. — Aus N-Furfurylbenzocyclobuten-(1)-carbonsäureamid (**I**) durch Red. mit $LiAlH_4$ u. Rk. mit HCl → *1-Furfurylaminomethylbenzocyclobutenhydrochlorid*, F. 205°. **I**, F. 104—106°, durch Rk. von Furfurylamin mit Benzocyclobutenyl-(1)-carbonsäurechlorid in Ggw. von Pyridin. Ähnlich folgende Verb.: *1-(Dimethylaminomethyl)-benzocyclobutenhydrochlorid*, F. 157—158°, *1-(Piperidinomethyl)-benzocyclobutenhydrochlorid*, F. 204 bis 208°, *1-(Methyl-n-butylaminomethyl)-benzocyclobutenhydrochlorid*, F. 115°, *1-(Methylbenzylaminomethyl)-benzocyclobuten*, $Kp._{0,04}$ 90°, *Hydrochlorid*, F. 160°, *1-(Diallylaminomethyl)-benzocyclobuten*, $Kp._{12}$ 140°, *1-(N'-Methylpiperazinomethyl)-benzocyclobutendihydrochlorid*, F. 240°, *1-(1.2.3.4-Tetrahydroisochinolinomethyl)-benzocyclobuten*, $Kp._{0,02}$ 134°, *Hydrochlorid*, F. 205°, *1-(Morpholinomethyl)-benzocyclobutenhydrochlorid*, F. 211°, *1-[(Propargyläthylamino)-methyl]-benzocyclobuten*, $Kp._{0,03}$ 65—67°, *Hydrochlorid*, F. 135—136°, *1-Aminomethylbenzocyclobuten*, $Kp._{12}$ 98°, *Hydrochlorid*, F. 214—215°, *1-Aminomethyl-5-methoxybenzocyclobuten*, $Kp._{0,05}$ 68—73°, *Hydrochlorid*, F. 165—167°, *1-Aminomethyl-4.5-methylendioxybenzocyclobuten*, $Kp._{0,1}$ 95°, *Hydrochlorid*, F. 265° (Zers.), *1-Äthylaminomethylbenzocyclobutenhydrochlorid*, F. 201—203°, aus 1-(Acetylaminomethyl)-benzocyclobuten, F. 72—75°, *1-[(β-Anilinoäthyl)-aminomethyl]-benzocyclobuten*, $Kp._{0,02}$ 130°, *Hydrochlorid*, F. 220°; *1-[(β-Phenyläthyl)-aminomethyl]-benzocyclobutenhydrochlorid*, F. 256—258°, aus *1*-(Phenylacetylaminomethyl)-benzocyclobuten, F. 75 bis 79°. — *Heilmittel*. (**Schwz. P. 437 267** vom 7/8. 1962, ausg. 30/11. 1967.) — 5 S. R. Bollinger 4846

1336 Francesco Vismara S. p. A. (Erfinder: Raffaello Fusco und Franco Tenconi), Casatenovo, Como, Italien, **1-Substituierte Cycloalkancarbonsäuren** der allg. Formel **I** (X = ggf. durch Alkyl substituiertes Alkylen;

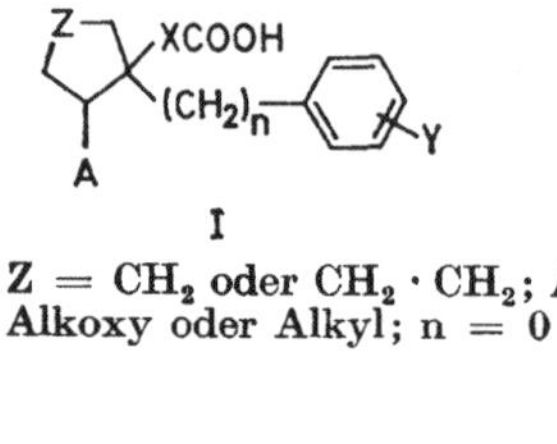

I

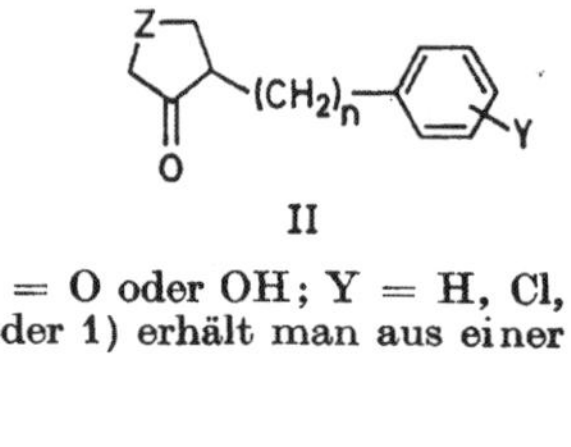

II

Z = CH_2 oder $CH_2\cdot CH_2$; A = O oder OH; Y = H, Cl, Alkoxy oder Alkyl; n = 0 oder 1) erhält man aus einer

Verb. der allg. Formel **II** durch Einführung der CN-Alkyl-Gruppe u. anschließende Verseifung sowie ggf. nachfolgende Red. der Keto-Gruppe zur OH-Gruppe mit $LiAlH_4$. — α-[o-Chlorbenzyl]-cyclohexanon gibt mit Acrylnitril *2-Oxo-1-[o-chlorbenzyl]-cyclohexanpropionitril*, $Kp._{0,2}$ 165—168°; daraus durch Verseifung *2-Oxo-1-[o-chlorbenzyl]-cyclohexanpropionsäure*, F. 106—108°; ferner ist noch beschrieben die Herst. von *2-Oxo-1-benzylcyclohexanpropionsäure*, F. 65—67°, *Diäthylammoniumsalz*, F. 71—72°, *Methylester*, $Kp._{0,2}$ F. 145—147°; *2-Oxo-1-benzylcyclopentanpropionsäure*, F. 74—76°; *β-[2'-Oxo-1'-phenylcyclohexan]-β-methylpropionitril*, $Kp._{0,01}$ 140°; daraus durch Verseifung die freie *Propionsäure*, F. 165 bis 167°; *2-Oxo-1-phenylcyclopentanessigsäureäthylester*, $Kp._{0,1}$ 127—130°, die freie *Säure*, F. 81—83°; *2-Hydroxy-1-phenylcyclopentanessigsäure*, F. 97—98°; *2-Oxo-1-[o-methoxyphenyl]-cyclohexanpropionsäure*, F. 73°; *2-Oxo-1-phenylcyclopentanpropionsäure*, F. 97—98°; ferner *2-Oxo-1-(R)-cyclopentanpropionsäure*, *R = o-methoxybenzyl*, F. 83 bis 84°; *o-Chlorbenzyl*, F. 99—101°; *p-Chlorbenzyl*, F. 85—87°; sowie *2-Hydroxy-1-[o-methoxybenzyl]-cyclopentanpropionsäure*, F. 163—164° u. das *o-Chlorbenzyl-Deriv.*, F. 131—132°; sowie *2-Oxo-1-[p-chlorbenzyl]-cyclohexanpropionsäure*, F. 103—105°. — Aus diesen Säuren werden die pharmazeut. verträglichen Salze hergestellt. — *Heilmittel*. (**Brit. P. 1 035 100** vom 29/4. 1964, ausg. 6/7. 1966. It. Prior. 29/4. 1963.) — 6 S.

R. Bollinger 4846

1337 C. F. Boehringer & Soehne G. m. b. H., Mannheim, **Phenylcyclohexylalkylamine** der allg. Formel $C_6H_{10}(C_6H_3R^5R^6)(CH_2)_nN(R^1)CH(R^7)XC_6H_2R^2R^3R^4$ (R^1 = H oder Alkyl, R^2, R^3, R^4, R^5 u. R^6 = H, Halogen, OH, Aralkoxy, Alkoxy oder Alkyl, X = Alkylen, n = 2 oder 3, R^7 = H oder Alkylrest) erhält man durch gemeinsame Red. eines Amins der allg. Formel $C_6H_{10}(C_6H_3R^5R^6)(CH_2)_nNHR^1$ mit einer Verb. der allg. Formel $OC(R^7)XC_6H_2R^2R^3R^4$ oder mit dem entsprechenden Halogenid bzw. Epoxid sowie durch Rk. eines Aldehyds der allg. Formel $C_6H_{10} \cdot (C_6H_3R^5R^6)(CH_2)_{n-1}CHO$ mit einem 1-Phenylalkylamin der allg. Formel $HN(R^1)CH(R^7)XC_6H_2R^2R^3R^4$. — Aus N-[β-(1-Phenylcyclohexyl)-propionyl]-homoveratrylamin erhält man durch Red. mit $LiAlH_4$ das entsprechende *Propylderiv.*, *Oxalat*, $C_{25}H_{35}NO_2 \cdot C_2H_2O_4$, F. 205—206°, *Maleinat*, F. 123—125°; ähnlich: *R-[3-(1'-Phenylcyclohexyl)-propyl]-R¹*, *R = N-Methyl-N*, *R¹ = Homoveratrylamin*, *Oxalat*, $C_{26}H_{37}NO_2 \cdot C_2H_2O_4$, F. 159,5—161°; *N, phenoxyäthylamin*, *Maleinat*, $C_{23}H_{31}NO \cdot C_4H_4O_4$, F. 147 bis 149°; *N, D-nor-ephedrin*, *Maleinat*, $C_{24}H_{33}NO \cdot C_4H_4O_4$, F. 165—167°, $[\alpha]_D^{25}$ −18,6 ± 0,5°; *N, d-pseudo-ephedrin*, *Nitrat*, $C_{25}H_{35}NO \cdot HNO_3$, F. 122—124°, $[\alpha]_D^{25}$ +36,5 ± 0,5°; *N, ephedrin*, *Nitrat*, $C_{25}H_{35}NO \cdot HNO_3$, F. 132,5 bis 134°, $[\alpha]_D^{25}$ −11,3 ± 0,5°; *N, β-Phenyläthylamin*, *Maleinat*, $C_{23}H_{31}N \cdot C_4H_4O_4$, F. 135—137°; *N-Äthyl-N, β-phenyläthylamin*, *Oxalat*, $C_{25}H_{35}N \cdot C_2H_2O_4$, F. 123 bis 125°; *R-[3'-(1''-phenylcyclohexyl)-propyl]-R¹*, *R = N*, *R¹ = 1-Phenylaminoäthanol*, $C_{23}H_{31}NO$, F. 115—116°; *N, 1-(3'''.4'''-dichlorphenyl)-aminoäthanol*, *Hydrochlorid*, $C_{23}H_{29}Cl_2NO \cdot HCl$, F. 180—182°; *N-Methyl-N, 1-(3'''.4'''-dichlorphenyl)-aminoäthanol*, *Oxalat*, $C_{24}H_{31}Cl_2NO \cdot C_2H_2 \cdot O_4$, F. 144—146°; *N, 1-amino-2-hydroxy-3-(m-methylphenoxy)-propan*, *Oxalat*, $C_{25}H_{35}O_2N \cdot C_2H_2O_4$, F. 140—143°; *N, β-(3.4-dichlorphenyl)-äthylamin*, *Maleinat*, $C_{23}H_{29} \cdot Cl_2NC_4H_4O_4$, F. 164—165°; *N-Äthyl-N, β-(3.4-dichlorphenyl)-äthylamin*, *Oxalat*, $C_{25}H_{33}Cl_2N \cdot C_2H_2O_4$, F. 129°; *N, β-(3.4-methylendioxyphenyl)-äthylamin*, *Maleinat*, $C_{24}H_{31}NO_2 \cdot C_4H_4O_4$, F. 157; *N-Äthyl-N, β-(3.4-methylendioxyphenyl)-äthylamin*, *Oxalat*, $C_{26}H_{35}NO_2 \cdot C_2H_2O_4$, F. 130°; *N, β-(4-benzyloxyphenyl)-äthylamin*, *Maleinat*, $C_{30}H_{37}NO \cdot C_4H_4O_4$, F. 172°; *N-Äthyl-N, β-[4-benzyloxyphenyl]-äthylamin*, *Oxalat*, $C_{32}H_{41}NO \cdot C_2H_2 \cdot O_4$, F. 88—89°; *N-Äthyl-N, 1-(3'''.4'''-dichlorphenyl)-2-aminoäthanol*, *Oxalat*, $C_{25}H_{32}Cl_2NO \cdot C_2H_2O_4$, F. 134 bis 136°; *N, 1-(3'''.4'''-methylendioxyphenyl)-2-aminoäthanol*, $C_{24}H_{31}NO_3$, F. 100—102°; *N-Äthyl-N, 1-(3'''.4'''-methylendioxyphenyl)-2-aminoäthanol*, *Oxalat*, $C_{26}H_{35}NO_3 \cdot C_2 \cdot H_2O_4$, F. 104—110°; *R-[2'-(1''-phenylcyclohexyl)-äthyl]-R¹*, *R = N*, *R¹ = β-phenyläthylamin*, *Maleinat*, $C_{22}H_{29}N \cdot C_4H_4O_4$, F. 134—136°; *N, 1-phenyl-2-aminoäthanol*, *Maleinat*, $C_{22}H_{29}NO \cdot C_4H_4O_4$, F. 170—171°; *N-Äthyl-N, 1-amino-2-hydroxy-3-(m-methylphenoxy)-propan*, *Oxalat*, $C_{26}H_{37}NO_2 \cdot C_2H_2O_4$, F. 120—122°; *N-Äthyl-N, β-(3.4-dimethoxyphenyl)-äthylamin*, *Oxalat*, $C_{26}H_{37}NO_2 \cdot C_2H_2O_4$, F. 140—142°; *R-[2'-(1''-p-Chlorphenylcyclohexyl)-äthyl]-R¹*, *R = N*, *R¹ = β-(3.4-dichlorphenyl)-äthylamin*, *Maleinat*, $C_{22}H_{26}Cl_3N \cdot C_4H_4O_4$, F. 163—164°; *N-Äthyl-N, β-(3.4-dichlorphenyl)-äthylamin*, *Oxalat*, $C_{24}H_{30}Cl_3N \cdot C_2 \cdot H_2O_4$, F. 149°; *N-Äthyl-N, 1-amino-2-hydroxy-3-(m-methylphenoxy)-propan*, *Oxalat*, $C_{26}H_{36}ClNO_3 \cdot C_2H_2O_4$, F. 143—145°; *N, β-(3.4-dimethoxyphenyl)-äthylamin*, *Maleinat*, $C_{25}H_{34}ClNO_2 \cdot C_4H_4O_4$, F. 186°; *N-Äthyl-N, 1-phenyl-2-aminoäthanol*, *Oxalat*, $C_{24}H_{32}ClNO \cdot C_2H_2O_4$, F. 145—149°; *N-Äthyl-N-[2-(1'-phenylcyclohexyl)-äthyl]-β-phenyläthylamin*, *Oxalat*, $C_{24}H_{33}N \cdot C_2H_2O_4$, F. 139 bis 140°; *N-[3'-(1''-p-Chlorphenylcyclohexyl)-propyl]-β-(3.4-methylendioxyphenyl)-äthylamin*, *Maleinat*, $C_{24}H_{30}ClNO_2 \cdot C_4H_4O_4$, F. 154° u. *das N-Äthylderiv.*, *Oxalat*, $C_{26}H_{34}ClNO_2 \cdot C_2H_2O_4$, F. 90—100° sowie *N-[3'-(1''-p-Chlorphenylcyclohexyl)-propyl]-β-(3.4-dimethoxyphenyl)-äthylamin*, *Maleinat*, $C_{25}H_{34}ClNO_2 \cdot C_4H_4O_4$, F. 122°. — *Heilmittel*. (**Brit. P. 1 068 229** vom 15/4. 1966, ausg. 10/5. 1967. D. Prior. 17/4. 1965. **Zusatz zu Brit. P. 1 004 659; C. 1968, 10-1685.**) — 18 S.

R. Bollinger 4846

1338 Merck & Co., Inc., Rahway, N.J., USA, **10.11-Dihydro-10.11-dihydroxy-5-(3-substituierte aminopropyliden)-5H-dibenzo-[a.d]-cycloheptene** erhält man aus dem 10.11-Ketal des 5-Ketons durch Rk. mit einer Grignard-Verb. der allg. Formel $HalMgCH_2CH_2CH_2NRR^1$ (Hal = Halogen, R u. R^1 = Alkyl oder zusammen mit N ein heterocycl. Ring), Dehydratisierung u. Hydrolyse des 10.11-Ketals. Die OH-Gruppen in der 10.11-Stellung werden durch Rk. mit OsO_4 eingeführt. — Aus 3α.12β-Dihydro-2.2-dimethyl-8H-dibenzo-[3.4 : 6.7]-cyclohepta-[1.2-d)-1.3-dioxol-8-on mit 3-Dimethylaminopropyl-MgCl u. Oxalsäure → *Hydrogenoxalat des 8-(3-Dimethylaminopropyl)-8-hydroxy-deriv.*, $C_{23}H_{29}NO_3 \cdot C_2H_2O_4$, F. 171 bis 173°, daraus durch Dehydratisierung → *8-(3-Dimethylaminopropyliden)-deriv.*, $C_{23}H_{27}NO_2 \cdot C_2H_2O_4$, F. 205 bis 206°, daraus durch Hydrolyse → *trans-10.11-Dihydro-10.11-dihydroxy-5-(3-dimethylaminopropyliden)-5H-dibenzo-[a.d]-cyclohepten*, $C_{20}H_{23}NO_2$, F. 134,5—136,5°, durch Rk. mit CNBr → *trans-8-[3-(N-Cyan-N-methylamino)-propyliden]-deriv.*, daraus → *8-(3-Methylaminopropyliden)-deriv.*, $C_{22}H_{25}NO_2 \cdot C_2H_2O_4$, F. 224° (Zers.), daraus durch Hydrolyse → *trans-10.11-Dihydro-10.11-dihydroxy-5-(methylaminopropyliden)-5H-dibenzo-[a.d]-cyclohepten*, $C_{19}H_{21}NO_2$, F. 154—155°. Ferner beschrieben die Herst. von *cis-10.11-Diacetoxy-10.11-dihydro-5-(3-dimethylaminopropyl)-5-hydroxy-5H-dibenzo-[a.d]-cyclohepten*, $C_{24}H_{29}NO_5$, F. 134—135°, dessen *5-(3-Dimethylaminopropyliden)-deriv.*, *Hydrogenoxalat*, $C_{24}H_{27}NO_4 \cdot C_2 \cdot H_2O_4$, F. 165—166°, dessen *10.11-Dihydroxyderiv.*, $C_{20}H_{23} \cdot NO_2$, F. 171—174°, *cis-10.11-Dihydro-10.11-dihydroxy-5-(3-methylaminopropyliden)-5H-dibenzo-[a.d]-cyclohepten*, $C_{19}H_{21}NO_2$, F. 143—145°. *Heilmittel*. (**Brit. P. 1 074 082** vom 9/7. 1964, ausg. 28/6. 1967. U. S. Prior. 22/7. 1963.) — 22 S.

R. Bollinger 4846

1339 Merck & Co., Inc., Rahway, N.J., USA, **5-Hydroxy-5-vinylderivate des Dibenzocycloheptens,** die im Bzl.-Kern ggf. durch Halogen, Alkoxy, Dialkylsulfamoyl, Alkylmercapto, Alkylsulfonyl substituiert sind, erhält man durch Rk. des Dibenzocyclohepten-5-ons mit $CH_2{=}CHMgHal$ (Hal = bes. Cl, Br); durch Rk. mit CH_2J_2 u. Cu/Zn erhält man die 5-Hydroxy-5-cyclopropylverbindung. Ähnlich die entsprechenden 10.11-Dihydrodibenzocycloheptenderivate. — Aus 10.11-Dihydro-5H-dibenzo-(a.d)-cyclohepten-5-on mit Vinylbromid u. Mg *5-Hydroxy-5-vinylderiv.*, daraus mit C_2H_2 u. Cu/Zn *5-Hydroxy-5-cyclopropylderiv.*, F. 69—71°. Ferner beschrieben die Herst. von *R-5H-dibenzo-(a.d)-cyclohepten-5-onen: R = 3-Methylmercapto-*, $C_{16}H_{12}OS$, F. 66,5—67,5°, *3-Methylsulfonyl-*, $C_{16}H_{12}O_3S$, F. 155—157,5°, *7-Brom-3-fluorsulfonyl-10.11-dihydro-*, $C_{15}H_{10}BrFO_3S$, F. 150—152°, *7-Brom-10.11-dihydro-3-dimethylsulfamoyl-*, $C_{17}H_{16}Br \cdot NO_3S$, F. 146—148°, *3-Dimethylsulfamoyl-10.11-dihydro-*, $C_{17}H_{17}NO_3S$, F. 122—124° u. *3-Dimethylsulfamoyl-*, $C_{17}H_{15}NO_3S$, F. 138,5—139,5°. — *Heilmittel*. (**Brit. P. 1 075 613** vom 21/10. 1964, ausg. 12/7. 1967. U. S. Prior. 23/10. 1963.) — 7 S.

R. Bollinger 4846

1340 Ciba Ltd., Basel, Schweiz, **5:10-Methanodibenzo-[a.d]-cyclohepta-1.4-diene** der allg. Formel **I**

I 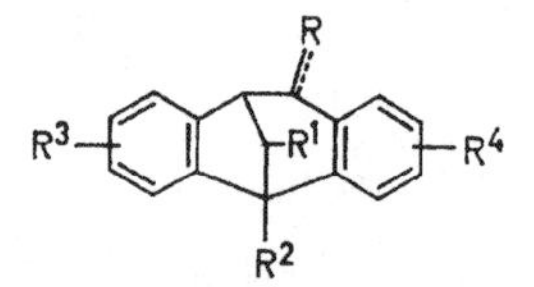

(R = Aminoalkyl oder Aminoalkyliden bzw. ein heterocycl. Ring; R^1 u. R^2 = H oder Alkyl; R^3 u. R^4 = H, Alkyl, Halogen, Alkoxy oder CF_3) erhält man aus 5:10-Methanodibenzo-[a.d]-cyclohepta-1.4-dien (**II**), das in 11-Stellung durch eine Alkyl- oder Alkylidengruppe, die durch eine Hydroxyimino-, NO_2- oder eine Iminogruppe substituiert ist, durch Reduktion. — 11-Hydroxy-11-(γ-dimethylaminopropyl)-**II** gibt mit HCl in Eisessig das *γ-Dimethylaminopropylidenderiv., Hydrochlorid*, F. 211⁰. — 11-(p-Toluolsulfonyloxy)-9:10-dihydro-9:10-äthanoanthracen, F. 160—163⁰, gibt bei Verseifung das *11-Hydroxyderiv.*, F. 113⁰; daraus durch Ox. mit CrO_3 das *11-Oxoderiv.*, F. 113—115⁰; daraus mit γ-Dimethylaminopropyl-Mg-chlorid *11-Hydroxy-11-[γ-dimethylaminopropyl]*-**II**, F. 118—120⁰, *Hydrochlorid*, F. 165⁰. — *Heilmittel.* (**Brit. P. 1 086 588** vom 24/5. 1965, ausg. 11/10. 1967. Schwz. Prior. 19/6. u. 19/6. 1964.) — 6 S. R. Bollinger 4846

1341 Soc. des Usines Chimiques Rhône-Poulenc, Frankreich, **10-[2-Dimethylaminoäthyl]-dibenzo-[a.d]-cycloheptadien** (*Maleat*, F. 131—133⁰) wird hergestellt durch Hydrierung des Cycloheptatriens, u. wird, bes. in Tablettenform, als *Heilmittel* verwendet. (**F. P. [Méd.] add. 136** vom 13/7. 1965, veröff. 9/1. 1967. **Zusatz zu F. P. [Méd.] 3 962.**) — 2 S. S. Böttcher 4846

1342 Smith, Kline & French Laboratories, Philadelphia, Pa., USA, **1-Amino-, 2-Amino-, 4-Amino- und 11-Amino-hexacyclo-[$6.2.1.1^{3,6}.0^{2,7}.0^{4,10}.0^{5,9}$]-dodecane** erhält man durch Erhitzen von dimerem Cyclopentadien-1-carbonsäureäthylester mit 1.2.3.4.7.7-Hexachlorbicyclo-[2.2.1]-hepta-2.5-dien auf 150⁰, Bestrahlung mit einer Hg-Dampflampe u. anschließende Verseifung, wobei die 1-Carbonsäure von Hexachlorhexacyclo-[$6.2.1.1^{3,6}.0^{2,7}.0^{4,10}.0^{5,9}$]-dodecan entsteht. Die Säure wird über das Säurechlorid u. das Isocyanat in das Amin übergeführt. — Aus dimerem Cyclopentadien-1-carbonsäuremethylester erhält man durch Erhitzen mit 1.2.3.4.7.7-Hexachlorbicyclo-[2.2.1]-hepta-2.5-dien auf 150⁰ *3.4.5.6.12.12-Hexachlortetracyclo-[$6.2.1.1^{3,6}.0^{2,7}$]-dodeca-4.9-dien-1-carbonsäuremethylester*, F. 98—100⁰, daraus durch Bestrahlung mit einer Hg-Dampflampe den *3.4.5.6.12.12-Hexachlorhexacyclo-[$6.2.1.1^{3,6}.0^{2,7}.0^{4,10}.0^{5,9}$]-dodecan-1-carbonsäuremethylester*, F. 153,5—155,5⁰, daraus die *freie Säure*, F. 288,5—290⁰, daraus durch Rk. mit Li in Tetrahydrofuran u. tert.-Butanol *Hexacyclo-[$6.2.1.1^{3,6}.0^{2,7}.0^{4,10}.0^{5,9}$]-dodecan-1-carbonsäure*, daraus über das Isocyanat *1-Aminohexacyclo-[$6.2.1.1^{3,6}.0^{2,7}.0^{4,10}.0^{5,9}$]-dodecan, Hydrochlorid*, F. > 350⁰; ähnlich (*R = hexacyclo-[$6.2.1.1^{3,6}.0^{2,7}.0^{4,10}.0^{5,9}$]-dodecan*): *1-Amino-3.4.5.6.12.12-hexachlor-R*, F. 292—295⁰; *1.8.9.10.11.11-Hexachlor-4-[p-toluolsulfonamido]-R*, F. 265—266⁰; *4-Amino-1.8.9.10.11.11-Hexachlor-R*, F. >320⁰; *4-Amino-R*; *1.3.4.5.6.8.9.10.12.12-Decachlor-R-11-on-äthylenketal*, F. 227,5—229⁰; *1.8.9.10.11.11-Hexachlor-4.5-[p-toluolsulfonylimido]-tetracyclo-[$6.2.1.1^{3,6}.0^{2,7}$]-dodecen-(9)*, F. 238—239,5⁰ u. *1.8.9.10.11.11-Hexachlor-4-[p-toluolsulfonylimido]-pentacyclo-[$6.2.1.1^{3,6}.0^{2,7}.0^{5,9}$]-dodecan*, F. 192—193⁰. — *Heilmittel.* (**Brit. P. 1 081 317** vom 21/10. 1965, ausg. 31/8. 1967. U. S. Prior. 2/11. 1964.) — 16 S. R. Bollinger 4846

1343 E. R. Squibb & Sons, Inc., New York, N.Y., USA (Erfinder: John Krapcho), **Diphenylacetamidderivate** erhält man durch Rk. eines α-Alkoxy-N-alkyl-N-[alkylaminoalkyl]-diphenylacetamids mit einer Verb. der allg. Formel R‴—CO—Y′—Halogen (R‴ = ggf. durch Amino, Halogen, Nitro, Alkoxyalkyl, Alkenyloxyalkyl substituiertes Phenyl, Phenoxyalkyl, Thienyl, Furyl, Pyridyl, Alkoxyalkyl, Alkenoxyalkyl; Y′ = Alkylen) u. Red. des Rk.-Prod. oder durch Rk. eines α-Alkoxy-N-alkyl-N-[alkylamino-alkyl]-diphenylacetamids mit einem Styroloxid. — Beispiel: Durch Rk. von 2-[N-Benzyl-N-methylamino]-äthylchlorid, Hydrochlorid, mit Methylamin erhält man das N-Benzyl-N.N′-dimethyläthylendiamin, Kp.$_{0,5}$ 80—82⁰. Durch Rk. dieser Verb. mit α-Chlordiphenylacetylchlorid u. danach mit A. erhält man das N-[2-(N′-Benzyl-N′-methylamino)-äthyl]-2-äthoxy-N-methyl-2.2-diphenylacetamid, Hydrochlorid, F. 162—164⁰. Durch Hydrierung dieser Verb. in Ggw. von Pd/C erhält man das 2-Äthoxy-N-methyl-N-[2-methylaminoäthyl]-2.2-diphenylacetamid, F. 45—48⁰, Hydrochlorid, F. 202—203⁰. Durch Rk. dieser Verb. mit Phenacylchlorid erhält man das 2-Äthoxy-N-methyl-N-[2-(methylphenacylamino)-äthyl]-2.2-diphenylacetamid, Hydrochlorid, F. 187—188⁰. Durch Red. dieser Verb. mit $NaBH_4$ erhält man das *2-Äthoxy-N-{2-[(β-hydroxyphenäthyl)-methylamino]-äthyl}-N-methyl-2.2-diphenylacetamid-Hydrochlorid*, F. 162 bis 164⁰. Analog wurde erhalten: *2-Äthoxy-N-{2-[(β-hydroxyphenäthyl)-methylamino]-äthyl}-N-methyl-2.2-diphenylacetamid, Hydrochlorid*, F. 162—164⁰; *N-{2-[p-Amino-β-hydroxyphenäthyl)-methylamino]-äthyl}-2-äthoxy-N-methyl-2.2-diphenylacetamid, Dihydrochlorid*, F. 130—132⁰. — *Analgetika.* (**Brit. P. 1 076 833** vom 26/5. 1964, ausg. 26/7. 1967.) — 7 S. R. Bauereis 4846

1344 Iromedica Akt.-Ges. (Erfinder: Zoltan Kis), **Herstellung von 2-Hydroxymethyl-4′.4″-dihydroxytriphenylmethylalkohol (I).** 2-Hydroxymethyl-4′.4″-dibenzyloxytriphenylmethanol, F. 122—123⁰, wird in Ggw. von Raney-Ni katalyt. hydriert → **I**, F. 140⁰, 165⁰ (Zers.) u. 208—209⁰. Er wird in wss. A. durch Zn u. Essigsäure oder wss. alkal. Lsg. in Ggw. von Devarda-Metall red. zu → *Phenolphthalol*, F. 199—201⁰. Kocht man **I** in CH_3OH mit Oxalsäure 5 Std., so erhält man *Phenolphthalan*, F. 208—209⁰. **I**, in Py. gelöst, wird mit Essigsäureanhydrid u. nach 12 Std. mit wss. CH_3OH versetzt → *2-Acetoxymethyl-4′.4″-diacetoxytriphenylmethanol*, F. 170—172⁰. — *Laxativ wirkende Mittel.* (**Aust. P. 271 897** vom 7/3. 1962, ausg. 12/1. 1967.) — 13 S. C. Lüttgen 4846

1345 Chemische Werke Albert, Wiesbaden, **2-Aminoindanderivate,** die in der Aminogruppe durch den Rest $-CH(R^4)-A-CH[C_6H_3(R^1)(R^7)][C_6H_3(R^2)(R^8)]$ u. R^6 sowie im Indanylrest ggf. durch Alkyl substituiert sind [R^1 u. R^2 = H, Alkyl, Alkoxy, R^4 = H, Alkyl, R^6 = H, CH_3, R^7 u. R^8 = H, Halogen, A = $-(CH_2)_n-$, n = 0, 1, 2 oder 3], erhält man durch Rk. von 2-Aminoindan mit einer Oxodiarylverb. der allg. Formel $R^4C(=O)-A-CH[C_6H_3(R^1)(R^7)][C_6H_3(R^2)(R^8)]$ u. Hydrierung oder durch Rk. von 2-Aminoindan mit einem Diarylalkylhalogenid der allg. Formel $XCH(R^4)-A-CH(C_6H_4R^1)\cdot C_6H_4R^2$ (X = Halogen) bzw. durch Rk. eines 2-Indanons mit einem Amin der allg. Formel $HN(R^6)CH(R^4)-A-CH(C_6H_4R^1)C_6H_4R^2$ bzw. durch Red. eines N-Indanyl-(2)-diarylalkylcarbonsäureamids mit $LiAlH_4$. — Aus 2-Aminoindan mit Diphenylacetaldehyd u. anschließende Hydrierung → *2-(β.β-Diphenyläthylamino)-indanhydrochlorid*, F. 205—208⁰ (Zers.); ähnlich: *2-(γ.γ-Diphenyl-α-methylpropylamino)-indanhydrochlorid*, F. 192—194⁰. Aus α-(p-Chlorphenyl)-benzylchlorid mit Chlormercuriacetaldehyd in Bzl. β-(4′-Chlorphenyl)-hydrozimtaldehyd, Kp.$_{0,2}$ 158—168⁰, daraus durch Rk. mit 2-Aminoindanon *2-(γ-Phenyl-γ-(4′-chlorphenyl)-propylamino)-indanhydrochlorid*, F. 199—200⁰, *freie Base*, F. 45—47⁰. Ferner beschrieben die Herst. von: *2-(γ-Phenyl-γ-(p-tolyl)-propylamino)-indanhydrochlorid*, F. 217—219⁰, *freie Base*, F. 65—66⁰, *1-Methyl-2-(γ-phenyl-γ-(p-tolyl)-propylamino)-indanhydrochlorid*, F. 224—225⁰, *5.6-Dimethoxy-2-(γ-phenyl-γ-(p-tolyl)-propylamino)-indanhydrochlorid*, F. 226 bis 228⁰, *2-(γ.γ-Diphenylpropylamino)-indanhydrochlorid*, F. 243—246⁰, *Hydrogentartrat*, F. 200—203⁰, *Hydrogenmaleat*, F. 170—173⁰, *2-[γ.γ-Bis-(p-anisyl)-propylamino)-indanhydrochlorid*, F. 187—189⁰, *2-(γ-Benzhydrylpropylamino)-indanhydrochlorid*, F. 182—183⁰, *2-(γ-Phenyl-γ-mesitylpropylamino)-indanhydrochlorid*, F. 258—260⁰, *2-[γ-Phenyl-γ-(4′-methoxyphenyl)-propylamino]-indanhydrochlorid*, F. 191—193⁰. — *Heilmittel.* (**Brit. P. 1 076 966** vom 9/9. 1965, ausg. 26/7. 1967. D. Prior. 10/9. 1964, 16/2. u. 18/8. 1965.) — 8 S. R. Bollinger 4846

1346 Ciba Ltd., Basel, Schweiz, **Diarylbenzocycloalkane,** bei denen ein Arylrest den Rest —Ph—O—alkX (Ph = Phenylen, alk = Alkylen, X = COOH oder dessen funktionelle Deriv.) darstellt, erhält man durch Rk. der entsprechenden Verb. mit einer OH-Gruppe in Form des Salzes mit einer Verb. der allg. Formel X^1alkX (X^1 = reaktionsfähige Estergruppe), bes. HalalkX (Hal = Halogen) oder durch Rk. der OH-Gruppe mit einem aliphat. Aldehyd oder Keton u. einem tri- oder tetrahalogenierten Methanderiv. in Ggw. einer starken Base, bzw. durch Hydrierung der entsprechenden ungesätt. Verbindung. — 2-Phenyl-1.2.3.4-tetrahydronaphthalin-1-ol gibt mit Phenol in Ggw. von $AlCl_3$ *1-[4-Hydroxyphenyl]-2-phenyl-1.2.3.4-tetrahydronaphthalin*, Kp.$_{0,1}$ 186—190°, daraus durch Rk. mit 2-Bromisobuttersäureester in Ggw. von Na in Xylol *2-[4-(2-Phenyl-1.2.3.4-tetrahydro-1-naphthyl)-phenoxy]-isobuttersäureäthylester*, F. 83—84°, die *freie Säure*, F. 134—136°; ähnlich: *2-[4-Chlorphenyl]-4-phenylbutyronitril*, Kp.$_{0,1}$ 202°; *2-[4-Chlorphenyl]-4-phenylbuttersäure*, F. 82—84°; *2-[4-Chlorphenyl]-1.2.3.4-tetrahydronaphthalin-1-on*, F. 108 bis 109°, das *1-ol-Deriv.*, F. 132—134°; *2-[4-Chlorphenyl]-1-[4-hydroxyphenyl]-1.2.3.4-tetrahydronaphthalin*, F. 140 bis 142°; *trans-4-[2-(4-Chlorphenyl)-1.2.3.4-tetrahydro-1-naphthyl]-phenoxyessigsäure*, F. 176—177°; *trans-2-{4-[2-(4-Chlorphenyl)-1.2.3.4-tetrahydro-1-naphthyl]-phenoxy}-isobuttersäure*, F. 126—128°, *Äthylester*, F. 115—116°; *7-Chlor-1-hydroxy-2-phenyl-1.2.3.4-tetrahydronaphthalin*, F. 84—86°; *7-Chlor-1-[4-hydroxyphenyl]-2-phenyl-1.2.3.4-tetrahydronaphthalin*, Kp.$_{12}$ 193—215°; *4-[7-Chlor-2-phenyl-1.2.3.4-tetrahydro-1-naphthyl]-phenoxyessigsäure*, F. 120—123°; *α-[4-Chlorphenyl]-δ-phenylvaleronitril* (im Original irrtümlich „8-phenyl"; die Red.) F. 66—68°, die entsprechende *Valeriansäure*, F. 104—105°; *2-[4-Chlorphenyl]-1-benzosuberanon*, Kp.$_{0,3}$ 165—240°; *2-[4-Chlorphenyl]-1-[4-hydroxyphenyl]-benzosuberan*, Kp.$_{0,2}$ 215 bis 240°; *4-[2-(4-Chlorphenyl)-1-benzosuberanyl]-phenoxyessigsäure*, F. 130—132°; *1-[4-Methoxyphenyl]-2-phenyl-3.4-dihydronaphthalin*, F. 129—130°; *1α-[4-Methoxyphenyl]-2α-phenyl-1.2.3.4-tetrahydronaphthalin*, F. 87—89°, das *4-Hydroxyphenylderiv.*, F. 142—143°; *2-[4-(2α-Phenyl-1.2.3.4-tetrahydro-1α-naphthyl)-phenoxy]-isobuttersäure*, F. 157—159°; *1-[4-Hydroxyphenyl]-4-phenyl-1.2.3.4-tetrahydronaphthalin*, F. 147—149°; *2-[4-(4-Phenyl-1.2.3.4-tetrahydro-1-naphthyl)-phenoxy]-isobuttersäure*, F. 149 bis 151°; *4-[2α-Phenyl-1.2.3.4-tetrahydro-1β-naphthyl]-phenoxyessigsäure*, F. 124—126°; *4-[2α-Phenyl-1.2.3.4-tetrahydro-1α-naphthyl]-phenoxyessigsäure*, F. 134—135° u. *4-[2-(4-Chlorphenyl)-2-methyl-1.2.3.4-tetrahydro-1-naphthyl]-phenoxyessigsäure*, F. 102—106°. — *Heilmittel.* (**Brit. P. 1 081 588** vom 4/10. 1965, ausg. 31/8. 1967. U. S. Prior. 2/10. 1964 u. 28/4. 1965.) — 18 S.

R. Bollinger 4846

1347 Imperial Chemical Industries Ltd., London, Großbritannien (Erfinder: Leslie Harold Smith), **Herstellung von Naphthalinderivaten,** die in α-Stellung durch die Gruppe $-O-CH_2CHOH-CH_2NHR^1$ (R^1 = Alkyl) substituiert sind, erfolgt durch Rk. des Amins (R^1 = H) mit einem Alkylhalogenid. Rk. von 1-Amino-3-[1-naphthoxy]-2-propanol, Hydrochlorid, mit Isopropylbromid → *1-Isopropylamino-3-[1-naphthoxy]-2-propanol, Hydrochlorid*, F. 162—164°. — *Herzmittel, blutdrucksenkende Mittel.* (**Brit. P. 1 062 354** vom 31/5. 1965, ausg. 22/3. 1967.) — 2 S. R. Bauereis 4846

1348 Wellcome Foundation Ltd., London, Großbritannien, **Herstellung von Amidinen.** Zu Port. P. 42 226; C. **1965,** 24-1687 sind folgende α-Naphthamidinhydrochloride nachzutragen: *N.N-Diamyl-4-hexyloxy-*, F. 217—218° (A./Ae.). — *N.N-Diheptyl-4-amyloxy-*, F. 207°. — *N.N-Diamyl-4-butoxy-*, F. 222°. — *N.N-Di-n-amyl-4-amyloxy-*, F. 220—221°. — *N.N-Dihexyl-4-heptyloxy-*, F. 197—198°. — *N.N-Dioctyl-4-hexyloxy-*, F. 190—191°. — N.N-Dibutyl-4-hexyloxy-α-naphthamidine: *-benzoat*, F. 118—120° (PAe.). — *-cinnamat*, F. 103—105°. — *-sorbat*, F. 94—97°. — *-anthranilat*, F. 99—102°. — *-3-hydroxy-2-naphthoat*, F. 160 bis 170°. — *-p-toluolsulfonat*, F. 148—149°. — *-thiosalicylat*, F. 150°. — *-hydrogenmaleat*, F. 123—125°. — *-salicylat*, F. 67—70°. — *-embonat*, F. 147—148°. — Heilmittel. (**Oe. P. 253 484** vom 19/3. 1964, ausg. 10/4. 1967. Brit. Prior. 22/3. u. 19/12. 1963.) — 5 S.

W. Schubert 4846

1349 Sandoz Ltd., Basel (Erfinder: Ernst Jucker, Ettingen, und Rudolf Suess, Bettingen), Schweiz, **Herstellung von substituierten Diazaspirodecandionen.** Zu Port. P. 42 914; C. **1967,** 2-2704 ist nachzutragen: *α-[(1-Benzoyl-4-cyanopiperidyl-)-4]-α-cyanopropionsäureäthylester*, F. 132—134°, → *α-[(4-Äthoxycarbonylpiperidyl)-4]-propionsäureäthylester*, Kp.$_{0,07}$ 110—112°, → *2.4-Dimethyl-2.8-diazaspiro-[4.5]-decan-1.3-dion*, Kp.$_{0,08}$ 119°, → *2.4-Dimethyl-8-[4'-p-fluorphenyl-4'-oxobutyl]-2.8-diazaspiro-[4.5]-decan-1.3-dion, Hydrobromid*, F. 205°; 2-Methyl-4-isopropyl-2.8-diazaspiro-[4.5]-decan-1.3-dion, Kp.$_{0,09}$ 123 bis 125°, → *2-Methyl-4-isopropyl-8-[4'-p-fluorphenyl-4'-oxobutyl]-2.8-diazaspiro-[4.5]-decan-1.3-dion, Naphthalin-1.5-disulfonat*, F. 270—272°; 2-Methyl-4-n-butyl-2.8-diazaspiro-[4.5]-decan-1.3-dion, Kp.$_{0,12}$ 112—116°, → *2-Methyl-4-n-butyl-8-[4'-p-fluorphenyl-4'-oxobutyl]-2.8-diazaspiro-[4.5]-decan-1.3-dion*, Kp.$_{0,1}$ 205—210°; α-[(1-Benzoyl-4-cyanopiperidyl)-4]-α-cyano-β-phenylpropionsäureäthylester, F. 146—148°, → α-[(4-Cyanopiperidyl)-4]-α-cyano-β-phenylpropionsäureäthylester, F. 103—105°, → 2-Methyl-4-benzyl-2.8-diazaspiro-[4.5]-decan-1.3-dion, Kp.$_{0,05}$ 150°, Hydrochlorid, F. 175—198°, → *2-Methyl-4-benzyl-8-[4'-p-fluorphenyl-4'-oxobutyl]-2.8-diazaspiro-[4.5]-decan-1.3-dion*, Kp.$_{0,05}$ 250°, F. 95—96°; 2-Benzyl-4-methyl-2.8-diazaspiro-[4.5]-decan-1.3-dion, Kp.$_{0,1}$ 160—170° → *2-Benzyl-4-methyl-8-[4'-p-fluorphenyl-4'-oxobutyl]-2.8-diazaspiro-[4.5]-decan-1.3-dion, Hydrochlorid*, F. 206—208°; 2-Methyl-4-[β-phenyläthyl]-2.8-diazaspiro-[4.5]-decan-1.3-dion, Kp.$_{0,08}$ 180—190°, → *2-Methyl-4-[β-phenyläthyl]-8-[4'-p-fluorphenyl-4'-oxobutyl]-2.8-diazaspiro-[4.5]-decan-1.3-dion, Naphthalin-1.5-disulfonat*, F. 258—260°. — *Neuroleptika.* (**Brit. PP. 1 074 435** u. **1 074 436** vom 14/8. 1964, ausg. 5/7. 1967. Schwz. Prior. 30/8. 1963 u. 5/5. 1964.) — 8 S. — 7 S. R. Bauereis 4846

1350 Sandoz Soc. An., Schweiz (Erfinder: Ernst Jucker und Anton Ebnöther), **3-Chlor-5-[1-methylpyrrolidyliden-(3)]-10.11-dihydro-5H-dibenzo-[a.d]-cyclohepten,** *α-Form*, F. 125—126°, *β-Form-Hydrochlorid*, F. 280—282°, wird hergestellt aus N-Methylpyrrolidon-(2) u. 3-Chlor-10.11-dihydro-5H-dibenzo-[a.d]-cyclohepten-(5), u. wird gegen *Psychopathie* u. *Depressionen* verwendet. (**F. P. [Méd.] Add. 137** vom 2/8. 1965, veröff. 9/1. 1967. Schwz. Prior. 5/5. 1964. **Zusatz zu F. P. [Méd.] 2185; C. 1968, 43-1773.**) — 4 S. S. Böttcher 4846

1351 Laboratoire Roger Bellon, Neuilly-sur-Seine, Seine, Frankreich (Erfinder: Marcel Pesson), **Substituierte 2-Pyrrylketone** erhält man durch Kondens. eines halogenierten tert. Amins mit einem 2-Pyrrylketon. Beispiel: Rk. von 2-Benzoylpyrrol mit 1-Chlor-2-dimethylaminoäthan → *1-β-Dimethylaminoäthyl-2-benzoylpyrrol*, Kp.$_{0,1}$ 135—138°, *Hydrochlorid*, F. 166°. — Analog folgende Pyrrole (**I**): *1-β-Diäthylaminoäthyl-2-benzoyl-***I**, Kp.$_{0,5}$ 155°, *Hydrochlorid*, F. 139°; *1-β-N-Morpholyläthyl-2-benzoyl-***I**, Kp.$_{0,1}$ 175—177°, *Hydrochlorid*, F. 192°; *1-β-N-Piperidyläthyl-2-benzoyl-***I**, Kp.$_{0,1}$ 168—170°, *Hydrochlorid*, F. 172°; *1-γ-Dimethylaminopropyl-2-benzoyl-***I**, Kp.$_{0,8}$ 144°, *Hydrochlorid*, F. 146°; *1-Dimethylaminoisopropyl-2-benzoyl-***I**, Kp.$_{0,05}$ 138°, *Citrat*, F. 70°; *1-β-Diäthylaminoäthyl-2-[4-methoxybenzoyl]-***I**, Kp.$_{0,5}$ 188°, *Hydrochlorid*, F. 124°; 2-[4-Methoxybenzoyl]-**I**, F. 112°. — *1-β-Dimethylaminoäthyl-2-[4-methoxybenzoyl]-***I**, Kp.$_{0,08}$ 155°, *Hydrochlorid*, F. 202°; *1-γ-Dimethylaminopropyl-2-[4-methoxybenzoyl]-***I**, Kp.$_{0,1}$ 166°, *Hydrochlorid*, F. 180°; *1-Dimethylaminoisopropyl-2-[4-methoxybenzoyl]-***I**, Kp.$_{0,04}$ 150—155°; *1-β-Diäthylaminoäthyl-2-α-äthylbutyryl-***I**, Kp.$_{0,1}$ 105°, *Hydrochlorid*, F. 127°; 2-α-Äthylbutyryl-**I**, Kp.$_{0,07}$ 90—91°, → *1-β-Dimethylaminoäthyl-2-α-äthylbutyryl-***I**, Kp.$_{0,05}$ 95—98°, *Hydrochlorid*, F. 166°; *1-γ-Dimethylaminopropyl-2-α-äthylbutyryl-***I**, Kp.$_{0,05}$ 97—100°, *Hydrochlorid*, F. 122°; *1-Dimethylaminoisopropyl-2-α-äthylbutyryl-***I**, Kp.$_{0,09}$ 104—106°, *Hydrochlorid*, F. 116°; *1-[β-N-Morpholyl]-äthyl-2-α-äthylbutyryl-***I**, Kp.$_{0,05}$ 127 bis 132°, *Hydrochlorid*, F. 142°; *1-[β-N-Piperidyl]-äthyl-2-α-äthylbutyryl-***I**, Kp.$_{0,06}$ 121—125°; 2-Phenylacetyl-**I**, F. 93°; 2-p-Fluorbenzoyl-**I**, F. 104°; 2-o-Fluorbenzoyl-**I**, F. 76°; 2-[2'-Methoxy-5'-brom]-benzoyl-**I**, F. 129°; 2-p-Chlorphenoxyacetyl-**I**, F. 98°; 2-Phenoxyacetyl-**I**, F. 90°; 2-o-Methoxybenzoyl-**I**, F. 132°; 2-m-Methoxybenzoyl-**I**, F. 80°; 2-o-Toluyl-**I**, F. 68°; *1-β-Dimethylaminoäthyl-2-*

acetyl-I, Kp.$_{0,06}$ 71–75°, *Hydrochlorid*, F. 208–210°; *1-β-Diäthylaminoäthyl-2-acetyl*-I, Kp.$_{0,5}$ 95–100°, *Hydrochlorid*, F. 129°; *1-Dimethylaminoisopropyl-2-acetyl*-I, Kp.$_{0,4}$ 86°, *Hydrochlorid*, F. 120°; *1-β-Dimethylaminoäthyl-2-formyl*-I, Kp.$_{5}$ 101°, *Citrat*, F. 124°; *1-β-Diäthylaminoäthyl-2-formyl*-I, Kp.$_{0,1}$ 128°, *Citrat*, F. 114°; *1-Dimethylaminoisopropyl-2-formyl*-I, Kp.$_{13}$ 129°, *Citrat*, F. 128°; *1-γ-Dimethylaminopropyl-2-formyl*-I, Kp.$_{7}$ 117°, *Citrat*, F. 80–82°; *1-β-Dimethylaminoäthyl-2-p-chlorbenzoyl*-I, Kp.$_{0,2}$ 155°, F. 50°, *Hydrochlorid*, F. 175°; *1-β-Diäthylaminoäthyl-2-p-chlorbenzoyl*-I, Kp.$_{0,3}$ 175°, *Hydrochlorid*, F. 145°; *1-Dimethylaminoisopropyl-2-p-chlorbenzoyl*-I, Kp.$_{0,4}$ 170°, *Hydrochlorid*, F. 185°; *1-γ-Dimethylaminopropyl-2-p-chlorbenzoyl*-I, Kp.$_{0,2}$ 159°, *Hydrochlorid*, F. 165°; *1-β-N-Morpholyläthyl-2-p-chlorbenzoyl*-I, Kp.$_{0,1}$ 189°, *Hydrochlorid*, F. 205°; *1-β-N-Piperidyläthyl-2-p-chlorbenzoyl*-I, Kp.$_{0,1}$ 186°, *Hydrochlorid*, F. 175°; *1-β-Dimethylaminoäthyl-2-o-fluorbenzoyl*-I, Kp.$_{0,06}$ 147°, *Hydrochlorid*, F. 138°; *1-β-Diäthylaminoäthyl-2-o-fluorbenzoyl*-I, Kp.$_{0,04}$ 139°, *Hydrochlorid*, F. 142°; *1-Dimethylaminoisopropyl-2-o-fluorbenzoyl*-I, Kp.$_{0,09}$ 137°, *Hydrochlorid*, F. 146°; *1-β-N-Morpholyläthyl-2-o-fluorbenzoyl*-I, Kp.$_{0,6}$ 185°, *Hydrochlorid*, F. 204°; *1-β-Dimethylaminoäthyl-2-p-fluorbenzoyl*-I, Kp.$_{0,05}$ 140°, *Hydrochlorid*, F. 188°; *1-β-Diäthylaminoäthyl-2-p-fluorbenzoyl*-I, Kp.$_{0,05}$ 139°, *Hydrochlorid*, F. 158°; *1-Dimethylaminoisopropyl-2-p-fluorbenzoyl*-I, Kp.$_{0,1}$ 146°, *Hydrochlorid*, F. 173°; *1-β-Dimethylaminoäthyl-2-[3-brom-6-methoxybenzoyl]*-I, Kp.$_{0,07}$ 178°, *Hydrochlorid*, F. 203°; *1-Dimethylaminoisopropyl-2-[3-brom-6-methoxybenzoyl]*-I, Kp.$_{0,07}$ 185°, *Citrat*, F. 95°; *1-β-Dimethylaminoäthyl-2-o-methoxybenzoyl*-I, Kp.$_{0,3}$ 164°, *Hydrochlorid*, F. 184°; *1-Dimethylaminoisopropyl-2-o-methoxybenzoyl*-I, Kp.$_{0,1}$ 160°, *Hydrochlorid*, F. 129°; *1-β-Dimethylaminoäthyl-2-m-methoxybenzoyl*-I, Kp.$_{0,05}$ 150°, *Hydrochlorid*, F. 168°; *1-Dimethylaminoisopropyl-2-m-methoxybenzoyl*-I, Kp.$_{0,07}$ 157°. *Citrat*, F. 70°; *1-β-Dimethylaminoäthyl-2-phenoxyacetyl*-I, Kp.$_{0,1}$ 173°, *Hydrochlorid*, F. 169°; *1-β-Diäthylaminoäthyl-2-phenoxyacetyl*-I, Kp.$_{0,2}$ 182°, *Citrat*, F. 98°; *1-Dimethylaminoisopropyl-2-phenoxyacetyl*-I, Kp.$_{0,1}$ 162°, *Hydrochlorid*, F. 145°; *1-β-Dimethylamino-2-p-chlorphenoxyacetyl*-I, Kp.$_{0,1}$ 183°, *Hydrochlorid*, F. 215°; *1-β-Diäthylaminoäthyl-2-p-chlorphenoxyacetyl*-I, Kp.$_{0,1}$ 183°, *Hydrochlorid*, F. 150°; *1-Dimethylaminoisopropyl-2-p-chlorphenoxyacetyl*-I, Kp.$_{0,1}$ 158°, *Maleat*, F. 130°; *1-β-Dimethylaminoäthyl-2-o-toluyl*-I, Kp.$_{0,5}$ 143°, *Citrat*, F. 118°; *1-β-Diäthylaminoäthyl-2-o-toluyl*-I, Kp.$_{0,04}$ 127°, *Citrat*, F. 123°; *1-Dimethylaminoisopropyl-2-o-toluyl*-I, Kp.$_{0,5}$ 140°, *Citrat*, F. 72°; *1-β-Dimethylaminoäthyl-2-β-phenylpropionyl*-I, Kp.$_{0,05}$ 160°, *Hydrochlorid*, F. 156°; *1-β-Diäthylaminoäthyl-2-β-phenylpropionyl*-I, Kp.$_{0,05}$ 165°, *Hydrochlorid*, F. 92°; *1-Dimethylaminoisopropyl-2-β-phenylpropionyl*-I, Kp.$_{0,05}$ 140°, *Citrat*, F. 95°; *1-γ-Dimethylaminopropyl-2-β-phenylpropionyl*-I, Kp.$_{0,05}$ 148°, *Hydrochlorid*, F. 165°; *1-β-N-Morpholyläthyl-2-β-phenylpropionyl*-I, Kp.$_{0,4}$ 190°, *Hydrochlorid*, F. 150°; *1-β-N-Piperidyläthyl-2-β-phenylpropionyl*-I, Kp.$_{0,4}$ 178°, *Hydrochlorid*, F. 165°; *1-β-Dimethylaminoäthyl-2-[thienyl-2]-carbonyl*-I, Kp.$_{0,07}$ 132°, *Citrat*, F. 112°; *1-β-Diäthylaminoäthyl-2-[thienyl-2]-carbonyl*-I, Kp.$_{0,03}$ 139°, *Hydrochlorid*, F. 151°; *1-Dimethylaminoisopropyl-2-[thienyl-2]-carbonyl*-I, Kp.$_{0,05}$ 142°, *Citrat*, F. 74–76°; *1-β-Dimethylaminoäthyl-2-nicotinoyl*-I, Kp.$_{0,06}$ 145°, *Citrat*, F. 128°; *1-β-Diäthylaminoäthyl-2-nicotinoyl*-I, Kp.$_{0,1}$ 165°, *Citrat*, F. 156°; *1-Dimethylaminoisopropyl-2-nicotinoyl*-I, Kp.$_{0,05}$ 146°, *Citrat*, F. 110–113°; *1-β-Dimethylaminoäthyl-2-isonicotinoyl*-I, Kp.$_{0,05}$ 127°, *Citrat*, F. 106–110°; *1-Dimethylaminoisopropyl-2-isonicotinoyl*-I, Kp.$_{0,07}$ 143°. — *Antitussiva*. (**Brit. P. 1 064 293** vom 15/7. 1963, ausg. 5/4. 1967.) — 24 S. R. Bauereis 4846

1352 Merck & Co., Inc., Rahway, N.J., USA, **1-Benzyl-3-indolyl-α-aminoessigsäuren** erhält man durch Rk. einer 1-Benzyl-3-indolylglyoxalsäure mit Hydroxylamin u. katalyt. Hydrierung der entstandenen 1-Benzyl-3-indolyloximessigsäure oder durch Rk. eines 1-Benzylindols mit Glyoxalsäure, Alkylglyoxalat, Benzylglyoxalat, Glyoxalamid u. NH_3, Monoalkylamin, Dialkylamin, Benzylamin, Pyrrolidin, Piperidin, Morpholin, Piperazin, β-Dialkylaminoäthylamin, Diäthanolamin, Tetrahydropyridin, Cyclohexylamin oder durch Rk. einer 1-Benzyl-3-indolyl-α-aminoessigsäure mit einem Alkylhalogenid. Aufzählung zahlreicher Verb. ohne Angabe von Kennzahlen. — *Antiphlogistika*; *Antipyretika*. (**Brit. P. 1 087 359** vom 11/11. 1964, ausg. 18/10. 1967. U. S. Prior. 26/11. 1963.) — 26 S. R. Bauereis 4846

1353 Sandoz Akt.-Ges., Basel (Erfinder: Jürg Rutschmann, Oberwil, und Emil Schreier, Basel), Schweiz, **Herstellung von Podophyllumverbindungen** der allg. Formel I (R^1 = H, Alkyl) erfolgt durch Rk. von

I 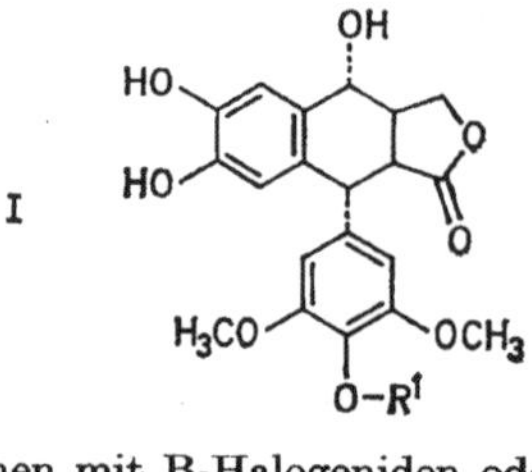

Lignanlactonen mit B-Halogeniden oder $AlBr_3$ bei −70 bis +20° in einem inerten Lsgm., Hydrolyse der entstandenen Komplexverb. u. ggf. Acylierung. — Durch Rk. von BCl_3 mit Tetrahydropyranylpodophyllotoxin in Methylenchlorid u. Hydrolyse des Rk.-Prod. mit Aceton/W./HCl erhält man das *6.7-Demethylenpodophyllotoxin*, F. 225–227° (Zers.); $[\alpha]_D$ −119°; *Tri-O-acetylderiv.*, Sintern bei 120°; $[\alpha]_D$ −104°. — Analog: *6.7-Demethylen-4′-demethylpodophyllotoxin*, F. 235–236°; $[\alpha]_D$ −136°; *Tetra-O-acetylderiv.*; $[\alpha]_D$ −88°. — *Antimitotika*. (**Schwz. P. 436 335** vom 11/4. 1963, ausg. 15/11. 1967.) — 3 S. R. Bauereis 4846

1354 Biorex Laboratories Ltd., London, Großbritannien (Erfinder: John Cameron Turner und William Alan McFarlane Davis), **Pyrazolo-[4′.5′-b]-11-oxo-18α- und 18β-olean-12-en-30-carbonsäure** der allg. Formel I (R = H, Alkyl, R^1 = H, Alkyl, Cycloalkyl,

I 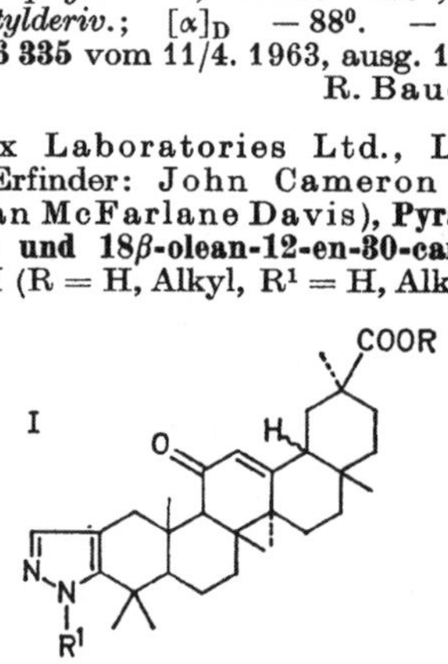

Aryl, Acyl) erhält man aus den C_1–C_6-Alkylestern der **2-Hydroxymethylen-3.11-dioxo-18α- oder -18β-olean-12-en-30-carbonsäure mit einem Hydrazin der allg. Formel R^1NHNH_2.** — **Aus 3.11-Dioxo-18β-olean-12-en-30-carbonsäuremethylester mit Ameisensäureäthylester in Bzl. in Ggw. von $NaOCH_3$ → *2-Hydroxymethylen-3.11-dioxo-18β-olean-12-en-30-carbonsäuremethylester*,** F. 227–228°; $[\alpha]_D^{17}$ +236 ± 1°, daraus mit Hydrazinsulfat → *1′-Methylpyrazolo-[4′.5′-b]-11-oxo-18β-olean-12-en-30-carbonsäuremethylester*, $C_{33}H_{48}N_2O_3$, F. 264–266°; ähnlich → *1′-(m-Tolyl)-pyrazoloderiv.*, $C_{39}H_{52}N_2O_3$, F. 315–315,5° u. *1′-(Äthoxycarbonylmethyl)-pyrazoloderiv.*, $C_{36}H_{52}N_2O_5$, F. 217–218°. — *Heilmittel*. (**Brit. P. 1 071 124** vom 11/5. 1965, ausg. 7/6. 1967.) — 3 S. R. Bollinger 4846

1355 Benger Laboratories Ltd., Holmes Chapel, Cheshire, Großbritannien (Erfinder: Hugh Cairns, William Hubert Hunter und Thomas Brian Lee), **Pyrazolidin-3.5-dione** der allg. Formel I (R^1 = Phenyl,

I 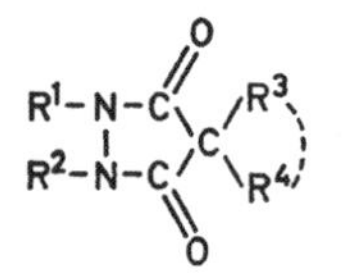

Aralkoxyphenyl, Pyridylalkyl oder Sulfolanyl; R^2 = H, Alkyl, Hydroxyalkyl, Dialkylaminoalkyl, Aralkyl, NO_2-substituiertes Aralkyl, Pyridylalkyl, Phenyl, Toluolsulfonyl, Sulfolanyl oder Acylalkyl; R^3 = Alkyl, Pyridyl-

alkyl oder H, wenn R^1 u. R^2 Sulfolanylgruppen sind; R^4 = Alkyl oder Pyridylalkyl; R^3 + R^4 können zusammen mit dem verbindenden C-Atom auch einen Cyclobutan-, Cyclopentan-, Cyclohexan- oder Tetrahydropyranring bilden) erhält durch Cyclokondens. eines substituierten Hydrazins der allg. Formel $R^1-NH-NH-R^2$ mit einem Ester, Anhydrid oder Halogenid einer substituierten Malonsäure der allg. Formel $[HOOC]_2C(R^3)R^4$. — Cyclobutan-1.1-dicarbonsäurediäthylester + Phenylhydrazin + Na-Äthoxid → *1-Phenyl-4.4-trimethylen-pyrazolidin-3.5-dion,* $C_{12}H_{12}N_2O_2$, F. 185—197°. — Analog nachst. Pyrazolidin-3.5-dione: *1-Phenyl-2-[2-pyridyl-(4')-äthyl]-4.4-diäthyl-,* $C_{20}H_{23}N_3O_2$, F. 91—92°. — *1.2-Diphenyl-4-n-butyl-4-[2-pyridyl-(4')-äthyl]-,* $C_{26}H_{27}N_3O_2$, F. 136—138°. — *1-Phenyl-2-[2-diäthylaminoäthyl]-4.4-trimethylen-,* $C_{18}H_{25}N_3O_2$, F. 159—162°. — *1.2-Diphenyl-4.4-trimethylen-,* $C_{18}H_{16}N_2O_2$, F. 132—133°. — *1.2-Diphenyl-4.4-tetramethylen-,* $C_{19}H_{18}N_2O_2$, F. 92—94°. — *1-Phenyl-4.4-tetramethylen-,* $C_{13}H_{14}N_2O_2$, F. 183—185°. — *1-Phenyl-4.4-pentamethylen-,* $C_{14}H_{16}N_2O_2$, F. 175°. — *1.2-Bis-[3-sulfolanyl]-4-n-butyl-,* $C_{15}H_{24}N_2O_6S_2$, F. 70°. — *1.2-Bis-[2-pyridyl-(2')-äthyl]-4.4-diäthyl-,* $C_{21}H_{26}N_4O_2$, F. 74—76°. — *1.2-Bis-[2-pyridyl-(4')-äthyl]-4.4-diäthyl-,* $C_{21}H_{26}N_4O_2$; *Dihydrochlorid,* F. 202—203°. — *1-Phenyl-2-[2-pyridyl-(2')-äthyl]-4.4-tetramethylen-,* $C_{20}H_{21}N_3O_2$; *Hydrochloridhydrat,* F. 134—136°. — *1-Phenyl-2-[2-pyridyl-(4')-äthyl]-4.4-tetramethylen-,* $C_{20}H_{21}N_3O_2$, F. 86,5—88°. — *1-Phenyl-2-[3-oxobutyl]-4.4-pentamethylen-,* $C_{18}H_{22}N_2O_3$, F. 64—66°. — *1-Phenyl-2-[2-pyridyl-(4')-äthyl]-4.4-pentamethylen-,* $C_{21}H_{23}N_3O_2$, F. 83,5—85°. — *1.2-Diphenyl-4.4-bis-[2-pyridyl-(4')-äthyl]-,* $C_{29}H_{26}N_4O_2$, F. 161—171°. — *1-Phenyl-2-benzyl-4.4-trimethylen-,* $C_{19}H_{18}N_2O_2$, F. 89 bis 90°. — *1-Phenyl-2-methyl-4.4-tetramethylen-,* $C_{14}H_{16}N_2O_2$, F. 93—94°. — *1-Phenyl-2-[2-hydroxyäthyl]-4.4-tetramethylen-,* $C_{15}H_{18}N_2O_3$, F. 132—134°. — *1-Phenyl-2-[2-diäthylaminoäthyl]-4.4-tetramethylen-,* $C_{19}H_{27}N_3O_2$, *Hydrochlorid,* F. 163—172°. — *1-Phenyl-2-[4-nitrobenzyl]-4.4-tetramethylen-,* $C_{20}H_{19}N_3O_5$, F. 127—129°. — *1-Phenyl-2-benzyl-4.4-tetramethylen-,* $C_{20}H_{20}N_2O_2$, F. 91,5 bis 93°. — *1-Phenyl-2-[4-toluolsulfonyl]-4.4-tetramethylen-,* $C_{20}H_{20}N_2O_4S$, F. 127—130°. — *1-Phenyl-2-benzyl-4.4-pentamethylen-,* $C_{21}H_{22}N_2O_2$, F. 108—109°. — *1-Phenyl-2-[4-benzyloxyphenyl]-4.4-tetramethylen-,* $C_{26}H_{24}N_2O_3$, F. 128°. — Ferner: *1.4-Dioxo-2-phenyl-2.3-diaza-8-oxa-spiro[4.5]-decan,* $C_{13}H_{14}N_2O_3$, F. 163—165°. — *1.4-Dioxo-2-phenyl-3-methyl-2.3-diaza-8-oxaspiro-[4.5]-decan,* $C_{14}H_{16}N_2O_3$, F. 85—87°. — *1.4-Dioxo-2-phenyl-3-benzyl-2.3-diaza-8-oxaspiro-[4.5]-decan,* $C_{20}H_{20}N_2O_3$, F. 125—128°. — *Antiinflammator.* wirksame *Heilmittel.* **(Brit. P. 1 084 247** vom 20/8. 1963, ausg. 20/9. 1967.) — 7 S.
O. Schön 4846

1356 Sterling Drug, Inc., New York, übert. von: Franklyn W. Gubitz, Nassau, N.Y., USA, **Quecksilberderivate von Propylhydantoinen** der allg. Formel **I** (R^{1-3} =

I 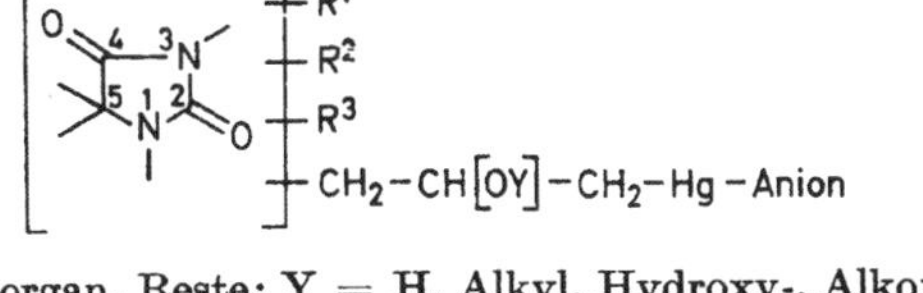

H oder organ. Reste; Y = H, Alkyl, Hydroxy-, Alkoxy- oder Halogenalkyl; der Hg-haltige Rest befindet sich in 1-, 3- oder 5-Stellung). — (*Hydantoin* = **II**). — 1-Allyl-**II** + $[CH_3COO]_2Hg$ (in CH_3OH, dem etwas HNO_3 zugesetzt wurde) → *1-[3-Acetoxymercuri-2-methoxypropyl]*-**II**, NaCl → *1-[3-Chlormercuri-2-methoxypropyl]*-**II**, $C_7H_{11}ClHgN_2O_3$, F. 154,4—157,6° (Zers.). — Analog: 5-Allyl-**II** → *5-[3-Acetoxymercuri-2-methoxypropyl]*-**II** → *5-[3-Chlormercuri-2-methoxypropyl]*-**II**, $C_7H_{11}ClHgN_2O_3$, F. 165,2—166,2° (Zers.). — 3-Allyl-**II** → *3-[3-Acetoxymercuri-2-methoxypropyl]*-**II** → *3-[3-Chlormercuri-2-methoxypropyl]*-**II**, $C_7H_{11}ClHgN_2O_3$, F. 144,2—146,0°. — *3-[3-Chlormercuri-2-methoxypropyl]-5.5-dimethyl*-**II**, $C_9H_{15}ClHgN_2O_3$, F. 114 bis 116,2°. — *5-[3-Chlormercuri-2-methoxypropyl]-3-methyl*-**II**, $C_8H_{13}ClHgN_2O_3$, F. 142,4—153,6°. — *1-[3-Chlormercuri-2-methoxypropyl]-3-methyl*-**II**, $C_8H_{13}ClHgN_2O_3$, F. 146,8—149°. — *3-[3-Chlormercuri-2-methoxypropyl]-1-methyl*-**II**, $C_8H_{13}ClHgN_2O_3$, F. 85,8—86,8°. — Ferner werden nachst. Verb. hergestellt: N-Allylglycin + KCN → *3-Allylhydantoinsäure,* $C_6H_{10}N_2O_3$, F. 105—110° (Zers.), + konz. HCl (90°, 1 1/2 Std.) → *1-Allyl*-**II**, $C_6H_8N_2O_2$, F. 94,6—98,4°. — 5.5-Dimethyl-**II** + Allylbromid (5,6 Std. in sd. CH_3OH u. in Ggw. von $Na-O-CH_3$) → *3-Allyl-5.5-dimethyl*-**II**, $C_8H_{12}N_2O_2$, F. 69,8—70,4°. — *3-Allyl-1-methyl*-**II**, $C_7H_{10}N_2O_2$, Kp.$_{0,13}$, 73—76°. — *1-Allyl-3-methyl*-**II**, $C_7H_{10}N_2O_2$, Kp.$_{0,08}$ 71—73°; n_D^{25} 1,4970. — *5-Allyl-3-methyl*-**II**, $C_7H_{10}N_2O_2$, F. 90—92°. — *Diuretika.* **(U. S. P. 3 285 928** vom 23/8. 1965, ausg. 15/11. 1966.) — 5 S.
O. Schön 4846

1357 J. R. Geigy Akt.-Ges., Basel (Erfinder: André Gagneux, Franz Häflinger, Basel, und Conrad Fugster, Wallisellen), Schweiz, **3-Hydroxy-5-aminomethylisoxazol** erhält man durch Hydrolyse von 5-nieder-Alkoxy- oder Benzyloxy-5-aminomethylisoxazolen mittels HBr, bes. bei 100—120° oder durch Hydrierung von 5-Benzyloxy-5-aminomethylisoxazol in Ggw. von Pd/C. Auf das *Zentralnervensyst.* wirkendes *Heilmittel.* **(Schwz. PP. 426 825** u. **426 826** vom 6/12. 1963, ausg. 30/6. 1967.) — 2 S. — 2 S.
A. Jahn 4846

1358 Shionogi & Co. Ltd., Osaka, Japan, **Herstellung von Isoxazolen.** Zu Port. P. 42 771; C. **1966,** 34-1734 sind folgende 5-Phenylisoxazole nachzutragen: *3-[2-Piperidino-1-hydroxyäthyl]-,* F. 107—108° (*Hydrochlorid* [= *HCl*], F. 204—206°; *Citrat,* F. 143—145°), durch Red. von 41,5 (Teilen) der 3-[Piperidinoacetyl]-Verb. mit 6,3 $LiAlH_4$ in Ae. unter Kochen. — *3-[2-Morpholino-1-hydroxyäthyl]-,* F. 139—140°. *HCl,* F. 189—190°. — *3-[3-Piperidino-1-hydroxypropyl]-, HCl,* F. 174—176°. — *3-[3-Morpholino-1-hydroxypropyl]-, HCl,* F. 204—206°. — *Heilmittel.* **(Oe. P. 251 577** vom 30/7. 1964, ausg. 10/1. 1967. Jap. Prior. 31/7. 1963.) — 4 S.
K.-D. Stolp 4846

1359 American Cyanamid Co., Wayne, N.J., USA, **2.3.5.6-Tetrahydroimidazo-[2.1-b]-thiazol (I)-Derivate,** die in 6-Stellung durch $-C_6H_4R$ substituiert sind, u. deren Thiazoliumsalze erhält man durch Rk. von 3-[β-Halogen-β-phenäthyl]-2-iminothiazolidinen mit Alkali- oder Erdalkalihydroxiden oder -carbonaten in einem inerten Lsgm., bes. bei 40—120° (10 Min. bis 3 Std.) [R = H, C_1-C_6 Alkoxy-, Phenyloxy-, C_1-C_6 Alkyl-, Phenyl-, C_2-C_7 Alkanoylaminorest, Halogen oder NO_2]. — d.l-3-[β-Chlorphenäthyl]-2-iminothiazolidin-Hydrochlorid (F. 245—246°) + K_2CO_3 → *d.l-6-Phenyl*-**I**, F. 90—92° (Ae.). *Hydrochlorid,* F. 261—262° (Zers.). — Zwischenprod., *Anthelminthika.* **(Brit. P. 1 076 109** vom 11/11. 1965, ausg. 19/7. 1967. U. S. Prior. 5/10. 1965.) — 9 S.
A. Jahn 4846

1360 Monsanto Chemicals (Australia) Ltd., West Footscray, Australien, **2-Trichlormethyl-benzthiazol (I)** u. seine an C_5 durch R^1 u. an C_6 durch R^2 substituierten Deriv. erhält man durch Rk. von o-Aminothiophenol-Salzen mit Trichloracetonitril (R^1 u. R^2 = Halogen, OH, Alkyl-, Alkoxy-, Alkylmercapto-, Halogenalkyl-, NO_2, NH_2, Acylamino-, Alkylamino- oder Dialkylaminorest). — **I**, $C_8H_4NSCl_3$, F. 33° (Methanol). — *5-Chlor*-**I**, F. 102° (Methanol). — *Anthelminthika.* **(Brit. P. 1 077 177** vom 22/4. 1965, ausg. 26/7. 1967. Aust. Prior. 23/4. 1964.) — 4 S.
A. Jahn 4846

1361 Laboratoires Albert Rolland, Frankreich, **β.β-Diphenyl-α-methylpropionsäureester,** bes. der *Diäthylaminoäthoxyäthylester,* F. 92° (Zers.), hergestellt durch Kondens. des Na-Salzes der Säure mit Dichloräthyläther u. weitere Rk. mit Diäthylamin. — *Piperidinoäthoxyäthylester,* F. 94° (Zers.), *Dimethylamino-* u. *Morpholinoäthoxyäthylester,* sind *Spasmolytika.* **(F. P. [Méd.] Add. 143** vom 16/11. 1965, veröff. 30/1. 1967. **Zusatz zu F. P. [Méd.] 864; C. 1966, 25-1739.)** — 3 S.
S. Böttcher 4846

1362 Farbenfabriken Bayer Akt.-Ges., Leverkusen (Erfinder: Hans Henecka und Hans Werner Schubert), **4-Hydroxy-piperidine** der allg. Formel **I** (R = Alkyl, ggf. substituiertes Aryl oder Aralkyl; R^1 = H, prim. Alkyl, Alkenyl, Aralkyl oder ggf. substituiertes Aryl; R^2 = H, Alkyl, ggf. substituiertes Aralkyl oder ein ggf. substituierter heterocycl. Rest; R^3 = H, Alkyl oder Aralkyl, mit der Maßgabe, daß R^2 nicht H sein darf, wenn R^3 = Alkyl oder Aralkyl, u. R kein ggf.

I 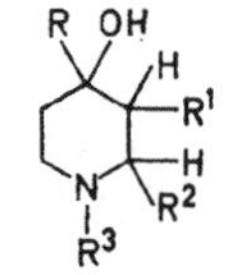

substituiertes Aryl sein darf, wenn R^1, R^2 u. R^3 = H sind) erhält man durch partielles Hydrieren eines *β.γ*-ungesätt. Nitrils der allg. Formel $R^1-CH=C[R]-CH_2-CN$ zu einem *γ.δ*-ungesätt. Amin der allg. Formel $R^1-CH=C[R]-[CH_2]-NH-R^3$ u. Rk. mit einem Aldehyd der allg. Formel R^2-CHO bei pH 2–4. — Beispiele: 3-Methyl-$\Delta^{3,4}$-pentennitril (verunreinigt mit 3-Methyl-$\Delta^{2,3}$-pentennitril), Kp. 156–157°, + H_2 (mit $FeSO_4$ partiell desaktiviertes Raney-Co bei 50–70° u. 50 at) → *3-Methyl-$\Delta^{3,4}$-pentenylamin* (verunreinigt mit 3-Methylpentylamin), Kp. 125–128 bzw. 130–132°, + p-Methoxyphenylglycidsäuremethylester (verd. HCl, pH 3,80 bis 90°, 2–3 Tage) → *2-p-Methoxybenzyl-3.4-dimethyl-4-hydroxypiperidin*, $C_{15}H_{23}NO_3$, F. 140–141° bzw. 134 bis 136° (Stereomere). — Analog nachst. 4-Hydroxypiperidine: *2-Phenyl-3.4-dimethyl-*, $C_{13}H_{19}NO$, F. 165–167°. — *2-Isopropyl-3.4-dimethyl-*, $C_{10}H_{21}NO$, F. 118–120°. — *2-p-Methoxyphenyl-3.4-dimethyl-*, F. 144–146°. — *2-m-Chlorphenyl-3.4-dimethyl-*, F. 150–153°, bzw. 137–139° (Stereomere). — *2-[3'.4'-Dimethoxyphenyl]-3.4-dimethyl-*, F. 132–135°. — *2-o-Nitrophenyl-3.4-dimethyl-*, F. 203 bis 205°. — *2-p-Nitrophenyl-3.4-dimethyl-*, F. 168–171°. — *2-[2'-Pyridyl]-3.4-dimethyl-*, F. 108–111°. — *2-[4'-Pyridyl]-3.4-dimethyl-*, F. 146–148°. — *3-Methyl-4-phenyl-*, $C_{12}H_{17}NO$, F. 150–151° bzw. 125–126° (Stereomere). — *1.3-Dimethyl-4-phenyl-*, $C_{13}H_{19}NO$, F. 78–80° bzw. 116 bis 118° (Stereomere). — *3-Methyl-4-[p-methoxyphenyl]-*, $C_{13}H_{19}NO_2$, F. 138–141°. — *2-[p-Methoxybenzyl]-4-isopropyl-*, $C_{16}H_{25}NO_2$, F. 140–142°. — *2-Phenyl-4-isopropyl-*, $C_{14}H_{21}NO$, F. 138–140°. — *2-[p-Methoxybenzyl]-4-isobutyl-*, F. 120–122°, Kp.$_{0,3}$ 170–180°. — *2-Phenyl-4-isobutyl-*, $C_{15}H_{23}NO$, F. 109–111°. — *2-[p-Methoxybenzyl]-3-phenyl-4-methyl-*, $C_{20}H_{25}NO_2$, F. 137–139°, Kp.$_{0,1}$ 182–192°. — *2.3-Dimethyl-4-phenyl-*, $C_{13}H_{19}NO$, F. 172–173°. — *2.4-Diphenyl-3-methyl-*, F. 123–126°. — *2-Isopropyl-3-methyl-4-phenyl-*, $C_{15}H_{23}NO$, F. 157°. — *2-[p-Methoxybenzyl]-3-methyl-4-äthyl-*, $C_{16}H_{25}NO_2$, F. 112 bis 115°. — *2-[p-Methoxybenzyl]-3-äthyl-4-methyl-*, $C_{16}H_{25}\cdot NO_2$, Kp.$_{0,2}$ 160–168°. — *2-Phenyl-3-äthyl-4-methyl-, Hydrochlorid*, $C_{14}H_{22}ClNO$, F. 216–218°. — *3-Benzyl-4-phenyl-*, $C_{18}H_{21}NO$, F. 193–195°. — *3-Allyl-4-phenyl-*, $C_{14}H_{19}NO$, F. 141–143°. — Zwischenprod. für *Therapeutika*. (**Brit. P. 1 078 286** vom 28/2. 1966, ausg. 9/8. 1967. D. Prior. 27/2. 1965.) — 11 S. O. Schön 4846

1363 American Cyanamid Co., Wayne, N.J., USA (Erfinder: Andrew Stephen Tomcufcik, Paul Frank Fabio und Arlene May Hoffman), **Piperidine** der allg. Formel **I** (R^1 = C_{1-6}-Alkyl; R^2 = H, C_{1-12}-Alkyl,

I 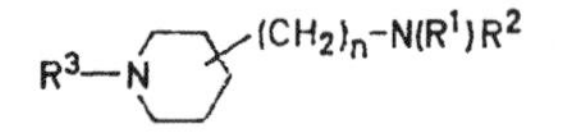

Aralkyl oder Cycloalkyl; R^3 = substituiertes Phenyl, ein heteroaromat. Rest mit ≧ 5 Ringatomen, aber ≦ 4 Heteroatomen, oder ein Rest R^4-CO-; R^4 = Phenyl, Biphenyl, Halogenphenyl, Dichlorphenyl, Phenyltriazolyl, Phenylazophenyl, Benzyloxy, Nitrofuryl, Alkoxy oder Trihalogenmethyl; n = 3 oder 4) werden in üblicher Weise durch Einführung der Reste R^3 bzw. $-N(R^1)R^2$ in die entsprechend substituierten Piperidine erhalten (Hydrochlorid = Hy; Maleat = Ma). — 4-[3-Dimethylaminopropyl]-piperidin + 1-Fluor-4-nitrobenzol → *4-[3-Dimethylaminopropyl]-1-[4-nitrophenyl]-piperidin*, F. 93 bis 95°; *Ma*, F. 132–134°. — Ferner nachst. Piperidine: *4-[3-Dimethylaminopropyl]-1-[4-aminophenyl]-*; *Trihy.*, F. 237–242° (Zers.). — *4-[3-Dimethylaminopropyl]-1-[4-acetamidophenyl]-*, F. 107–109°; *Ma*, F. 145–148° (Zers.). — *4-[3-Dimethylaminopropyl]-1-[3-lauramidophenyl]-*; *Hy*, F. 185–190° (Zers.). — *4-[3-Dimethylaminopropyl]-1-[4-carbäthoxyaminophenyl]-*; *Dihy*, F. 225° (Zers.). — *4-[3-Dimethylaminopropyl]-1-[4-benzamidophenyl]-*; *Hy*, F. 214–217° (Zers.). — *4-[3-Dimethylaminopropyl]-1-[4-benzolsulfonamidophenyl]-*; *Hy*, F. 190–192°. — *4-[3-Dimethylaminopropyl]-1-[4-phenylureidophenyl]-*; *Ma*, F. 140–142°. — *4-[3-(N-Methylbutylamino)-propyl]-1-[4-nitrophenyl]-*; *Hy*, F. 149–152°. — *4-[3-(N-Methylbutylamino)-propyl]-1-[4-aminophenyl]-*. — *4-[3-(N-Methylbutylamino)-propyl]-1-[4-acetamidophenyl]-*; *Ma*, F. 98 bis 102° (Zers.). — *4-[3-(N-Methyl-n-octylamino)-propyl]-1-[4-nitrophenyl]-*; *Ma*, F. 75–77° (Zers.). — *4-[3-Dimethylaminopropyl]-1-[4-biphenyloyl]-*; *Hy*, F. 170–171°. — *4-[3-Dimethylaminopropyl]-1-[4-jodbenzoyl]-*; *Hy*, F. 170–171°. — *4-[3-Dimethylaminopropyl]-1-[2-phenyl-2H-1.2.3-triazol-4-oyl]-*, F. 75–77°. — *4-[3-Dimethylaminopropyl]-1-[2-(2.4-dinitrophenyl)-2H-1.2.3-triazol-4-oyl]-*, F. 88–91°. — *4-[3-Dimethylaminopropyl]-1-[4-phenylazobenzoyl]-*; *Hy*, F. 180–181°. — *4-[3-(N-Methylbutylamino)-propyl]-1-[2-phenyl-2H-1.2.3-triazol-4-oyl]-*; *Dima*, F. 165 bis 167° (Zers.). — *3-[3-Dimethylaminopropyl]-1-[4-biphenyloyl]-*; *Hy*, F. 150–152°. — *3-[3-Dimethylaminopropyl]-1-[4-nitrophenyl]-*; *Ma*, F. 126–127°. — *3-[3-Dimethylaminopropyl]-1-[2-benzothiazoloyl]-*; *Ma*, F. 128 bis 129°. — *3-[3-Dimethylaminopropyl]-1-[5-nitro-2-pyridyl]-*; *Hy*, F. 180,5–181,5°. — *2-[3-Dimethylaminopropyl]-1-[4-biphenyloyl]-*; *Hy*, F. 175–178°. — *2-[3-Dimethylaminopropyl]-1-[4-nitrophenyl]-*; *Ma*, F. 123–125°. — *4-[4-Dimethylaminobutyl]-1-[4-nitrophenyl]-*; *Hy*, F. 160 bis 163°. — *4-[4-Dimethylaminobutyl]-1-[4-biphenyloyl]-*; *Hy*, F. 163–165°. — *4-[4-Dimethylaminobutyl]-1-[2-phenyl-2H-1.2.3-triazol-4-oyl]-*; *Hy*, F. 145–147°. — *4-[4-Dimethylaminobutyl]-1-[7-chlor-4-chinolyl]-*; *Dima*, F. 178 bis 180°. — *1-[4-Amino-1-naphthyl]-4-[3-dimethylaminopropyl]-*; *Trihy.* — *1-[4-Acetamido-1-naphthyl]-4-[3-dimethylaminopropyl]-*. — *4-[3-(N-Methylcyclohexylamino)-propyl]-1-[4-biphenyloyl]-*; *Hy*, F. 232–234°. — *4-[3-(N-Methylphenyläthylamino)-propyl]-1-[4-biphenyloyl]-*; *Hy*, F. 195–197°. — *4-[3-Dimethylaminopropyl]-1-[4-nitro-1-naphthyl]-*; *Ma*. — *4-[3-Dimethylaminopropyl]-1-[1-phenyl-5-tetrazolyl]-*; *Ma*, F. 155–157°. — *4-[3-Dimethylaminopropyl]-1-[5-nitro-2-thiazolyl]-*; *Ma*, F. < 60°. — *4-[3-Dimethylaminopropyl]-1-[3-chlor-2-chinoxalinyl]-*; *Hy*, F. 212–214°. — Ferner: *7-Chlor-4-[4-(3-dimethylaminopropyl)-1-piperidino]-chinolin*, F. 69–72°; *Trifumarat*, F. 159–161°. — *4-[4-(3-Dimethylaminopropyl)-1-piperidino]-pyridin-dima*, F. 111–114° (Zers.). — *2-[4-(3-Dimethylaminopropyl)-1-piperidino]-benzthiazol-ma*, F. 170–172° (Zers.). — *2-[4-(3-Dimethylaminopropyl)-1-piperidino]-5-nitropyridin-dima*, F. 150–151°. — *1-[4-(3-Dimethylaminopropyl)-1-piperidino]-4-methylthioxanthon*, F. 78–80°. — Gegen *Protozoen* wirksame *Heilmittel* (z.B. gegen *Schlaf-* oder *Chagas-Krankheit*). (**Brit. P. 1 077 178** vom 19/3. 1965, ausg. 26/7. 1967.) — 7 S. O. Schön 4846

1364 American Cyanamid Co., Wayne, N.J., USA (Erfinder: Andrew Stephen Tomcufcik, Paul Frank Fabio und Arlene May Hoffman), **Substituierte Alkylpiperidine** der allg. Formel **I** (R^1 = C_{1-6}-

I 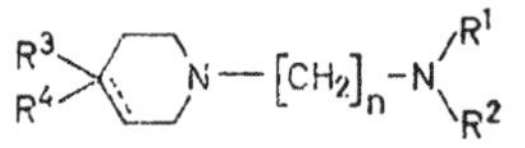

Alkyl; R = H, C_{1-12}-Alkyl, Cycloalkyl oder Aralkyl; R^3 = ggf. substituiertes Phenyl oder Pyridyl; R^4 = H, OH oder CN; n = 3 oder 4) erhält man in üblicher Weise durch Rk. eines entsprechenden 4-R^3-4-R^4-Piperidins mit einem Alkylierungsmittel der allg. Formel $R^1N(R^2)-[CH_2]_n-Y$ (Y = Halogen, OH, $-O_3S$-Alkyl oder $-O_3S$-Aryl). — (Maleat = Ma). — 4-Phenylpiperidin + 3-Dimethylaminopropylchloridhydrochlorid → *1-[3-Dimethylaminopropyl]-4-phenylpiperidin*; *Dima*, F. 190–191°. — Analog nachst. 4-substituierte 1-[3-Dimethylaminopropyl]-piperidine: *4-[4-Nitrophenyl]-*, F. 38–40°; *Dima*, F. 139–141°. — *4-[4-Aminophenyl]-*; *Trima*, F. 80 bis 85°. — *4-[4-Acetamidophenyl]-*; *Dima*, F. 157–158°. — *4-[4-Carbäthoxyaminophenyl]-*, F. 83–85°. — *4-[4-Benzolsulfonamidophenyl]-*, F. 104–105°. — *4-Cyan-4-phenyl-*; *Dima*, F. 193°. — *4-[4-Chlorphenyl]-*; *Dihydrochlorid*, F. 268–270°. — *4-Hydroxy-4-phenyl-*; *Dima*, F. 175–176°. — *4-[4-Pyridyl]-*; *Trima*, F. 130–135° (Zers.). — *4-[1-Naphthyl]-*. — Ferner *1-[3-Dimethylaminopropyl]-4-phenyl-1.2.5.6-tetrahydropyridin-dima*, F.

171–172°. — *1-[3-(N-Methylamino)-propyl]-4-phenyl-piperidindima*, F. 171–173°, hergestellt aus *1-[3-Chlorpropyl]-4-phenylpiperidin, Ma*, F. 95–97°. — *1-[3-(N-Methylphenyläthylamino)-propyl]-4-phenylpiperidindima*, F. 195–197°. — *1-[3-(N-Methylcyclohexylamino)-propyl]-4-phenylpiperidindima*, F. 212–214°. — *Heilmittel* gegen *Trypanosomeninfektionen*, wie *Schlafkrankheit*. **(Brit. P. 1 085 066** vom 19/3. 1965, ausg. 27/9. 1967.) — 6 S.
O. Schön 4846

1365 American Cyanamid Co., Wayne, N.J., USA, (Erfinder: Ruddy Littell, James Miller Smith jun. und Duff Shederic Allen jun.), **Nicotinsäurederivate** der allg. Formel **I** (R = Halogen, CF_3 oder

I 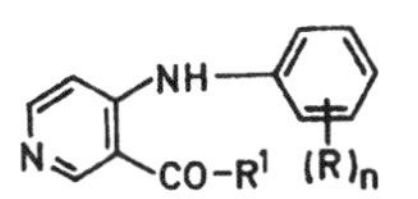

C_{1-4}-Alkyl; R^1 = OH, C_{1-4}-Alkoxy, Di-C_{1-4}-alkylamino-C_{1-4}-alkoxy, NH_2 oder C_{1-4}-(Di)alkylamino; n = 1–3) erhält man durch Kondens. eines entsprechenden Anilinderiv. mit einem in 4-Stellung durch NO_2, Halogen, Aryloxy oder Arylthio substituierten Nicotinsäurederiv. oder durch Kondens. eines 4-Aminonicotinsäurederiv. mit einem entsprechend substituierten Halogenbenzol. Anstatt dieser Nicotinsäurederiv. können auch deren N-Oxide verwendet werden, wenn nach der Kondens. noch hydriert wird. — 4-Nitronicotinsäure-1-oxid + α.α.α-Trifluor-m-toluidin (3 Std. bei 140–150°) → *4-[α.α.α-Trifluor-m-toluidino]-nicotinsäure-1-oxid*, F. 282° (Zers.), + H_2 (Pd–Kohle) → *4-[α.α.α-Trifluor-m-toluidino]-nicotinsäure*, F. 268–271°; *Na-Salz*, F. > 400°; *Methylester*, F. 121–123°; *Butylester*, F. 44–46°; *2-Dimethylaminoäthylester, Amid*, F. 237–239°; *Dimethylamid*, F. 125 bis 127°; *Hydrochlorid*, F. 278–286°. — Analog: *4-[2.3-Xylidino]-nicotinsäure-1-oxid*, F. 262–265° (Zers.) → *4-[2.3-Xylidino]-nicotinsäure*, F. 296–300°. — Ferner nachst. in 4-Stellung substituierte Nicotinsäuren: *4-[m-Chloranilino]-*, F. 297–300°. — *4-[m-Toluidino]-*, F. 280–282°, hergestellt aus *4-[m-Toluidino]-nicotinsäure-1-oxid*, F. 270–272°. — *4-[2.6-Dichlor-m-toluidino]-*, F. 310–312°. — *4-[m-Fluoranilino]-*, F. 295–297°. — *4-[4-Chlor-α.α.α-trifluor-m-toluidino]-*, F. 267–269°. — *4-[α.α.α-Trifluor-p-toluidino]-*, F. 269–271°. — *4-[p-Chloranilino]-*, F. 277–280°. — *4-[o-Chloranilino]-*, F. 288 bis 290°. — *4-[o-Toluidino]-*, F. 290–292°. — *Hypotensiv, analget., diuret., u. antiinflammator. wirksame* Heilmittel. **(Brit. P. 1 070 620** vom 17/3. 1966, ausg. 1/6. 1967. U. S. Prior. 28/5. 1965.) — 10 S. O. Schön 4846

1366 Lannacher Heilmittel G. m. b. H., Lannach, Steiermark, Österreich (Erfinder: Alfred Pongratz, Konrad L. Zirm, Graz, Österreich, und Georg Dorner, Hamburg), **6.7-Dihydroxycumarin-bis-nicotinsäureester,** F. 224,0–224,5° (Py.) wird erhalten aus Nicotinsäurechloridhydrochlorid, entsprechend einer Menge von 37 g Nicotinsäure, 150 ml Py. u. 18 g 6.7-Dihydroxycumarin (**I**) durch kurzes Rühren u. 18std. Stehen bei Raumtemp., Aufnehmen in 1500 ml W., Zusatz von $Na_2 \cdot CO_3$ u. Einstellen mit K_2CO_3 auf pH 8–8,2, Filtrieren u. Trocknen im Vakuum; Ausb. ca. 93 %. — Entsteht auch aus **I** u. Nicotinsäureanhydrid in Ggw. von Py. (Ausb. 98 %) oder durch Rk. von **I** mit Nicotinsäure in Ggw. von Py. u. einem wasserabspaltenden Mittel, bes. $POCl_3$; Ausb. 65 %. — *Gefäßerweiterndes Mittel.* **(Oe. P. 253 497** vom 22/6. 1964, ausg. 10/4. 1967.) — 3 S.
D. Mähl 4846

1367 Chas. Pfizer & Co., Inc., New York, N.J., USA, **Herstellung von Chinolylaminoäthanolen** der allg. Formel **I**

I 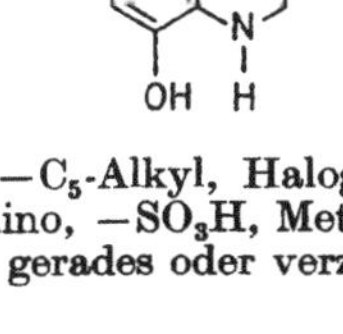

(R^1 = H, C_1–C_5-Alkyl, Halogen, Hydroxy, Methoxy, Mercapto, Amino, $-SO_3H$, Methansulfonylamino; R^2 = H, CH_3; A = gerades oder verzweigtes C_1–C_{10}-Alkylen; X = H, Phenyl, p-Chlorphenyl, p-Methoxyphenyl, Phenoxy, p-Chlorphenoxy, p-Methoxyphenoxy, N-pyrrolidino, N-Morpholino, N-[N′-Methyl]-piperazino, β-Indolyl, 3.4-Methylendioxyphenyl, C_3–C_7-Cycloalkyl) erfolgt durch katalyt. Hydrierung eines 1-[5-(8-Hydroxychinolyl)]-2-aminoäthanols oder durch Red. eines Aminoacetyl-8-hydroxychinolinderivats. — Durch Red. von 5-Isopropylaminoacetyl-8-hydroxychinolindihydrochlorid, $C_{14} \cdot H_{16}N_2O_2 \cdot 2\,HCl$, mit $NaBH_4$ erhält man das *1-[5-(8-Hydroxychinolyl)]-2-isopropylaminoäthanol*, $C_{14}H_{18}N_2O_2$, F. 131–133°, Ausb. 60 %; daraus durch Hydrierung in Ggw. von PtO_2 das *1-[5-(8-Hydroxy-1.2.3.4-tetrahydrochinolyl]-2-isopropylaminoäthanol*, Sulfat, $C_{14}H_{22}N_2O_2 \cdot {}^1/_2\,H_2SO_4$, F. 255–265° (Zers.); Ausb. 70 %. — *Antiasthmatika*, Mittel gegen *Bronchitis* u. *Emphysem*. **(Brit. P. 1 057 447** vom 1/9. 1965, ausg. 1/2. 1967. U. S. Prior. 10/3. 1965.) — 15 S. R. Bauereis 4846

1368 Starogardzkie Zaklady Farmaceutyczne „Polfa" Przedsiebiorstwo Panstwowe, Starogard-Gd. (Erfinder: Andrzej Ledochowski, Gdansk, Zygmunt Ledochowski, Warschau, Barbara Stefanska und Czeslaw Radzikowski, Gdansk), Polen, **Herstellung von 1-Nitro-9-[dialkylaminoalkylamino]-acridinen** der allg. Formel **I** (R^1 = $[CH_2]_n$; R^2 = Alkyl),

I 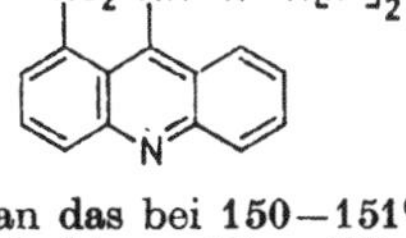

dad. gek., daß man das bei 150–151° schmelzende Isomere des 1-Nitro-9-chloracridins (**II**) mit einem Phenol 5–30 Min. auf 20–100° erhitzt, dann ein Amin der allg. Formel $H_2N-R^1-N[R^2]_2$ zusetzt, die Mischung 15–60 Min. auf 80–100° erhitzt u. das Prod. mit HCl in Ae. ausfällt. — Man erhitzt 10,3 (g) N-[3′-Nitrophenyl]-anthranilsäure mit 20 ml $POCl_3$ 5–10 Min. auf 100° u. dann 10 Min. auf 125°. Nach Zusatz von $CHCl_3$ neutralisiert man mit wss. NH_3 → 90 %ig. Ausb. an 1-Nitro-u. 3-Nitro-9-chloracridin-Gemisch, das durch Krist. aus Bzl. in *3-Nitro-9-chloracridin*, F. 214°, (20 %) u. *1-Nitro-9-chloracridin*, F. 139–141°, (30 %) zerlegt wird, das beim Umkrist. aus Bzl. 25 % **II** ergab. — 10,4 **II** u. 30 Phenol erhitzt man 15 Min. auf 80°, gibt 6 ml Dimethylaminopropylamin zu u. erhitzt weitere 30 Min. auf 90°. Durch Zusatz von HCl in Ae. erhält man 10,5 *1-Nitro-9-[3′-dimethylaminopropylamino]-acridin* (vermutlich als *Dihydrochlorid*; d. Red.), F. 223–224°. — *Tumorhemmende Heilmittel.* **(Schwz. P. 440 280** vom 25/5. 1965, ausg. 29/12. 1967. Poln. Prior. 25/5. 1964.) — 2 S.
O. Schön 4846

1369 Cutter Laboratories, Inc., Berkeley, Calif., USA, **Dialkylsubstituierte Piperidyldioxane und -dioxolane** der allg. Formel **I** (n = 0 oder 1; R = H, C_{1-8}-Alkyl,

I 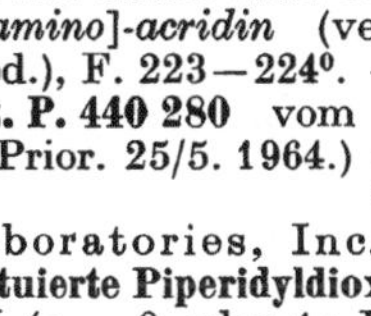

Aryl, Aralkyl, Alkaryl, C_{1-8} (? der Ref.: C_{2-8})-Alkenyl, Hydroxyalkyl, Hydroxyalkylenoxyalkyl, Acyloxyalkyl oder Aminoalkyl; R^1 = H oder ≦3 Substituenten aus folgender Gruppe: Cl, Br, F, C_{1-8}-Alkyl, CF_3, C_{1-8}-Alkoxy, Aryloxy, Aralkoxy, C_{1-8}-Acyloxy, C_{1-8}-Carbalkoxy u. NO_2; R^2 = C_{4-16}-Alkyl sowie ihre Säureadditionssalze u. ihre quatern. Ammoniumsalze werden durch Rk. eines entsprechend substituierten Piperidylalkandiols mit einem Dialkylketon (bzw. einem Ketal davon) in Ggw. einer Säure, bes. HCl, erhalten. — 2-Piperidyl-1.2-äthandiol (**II**) + Dihexyldipropoxymethan (Kp.$_{,3}$ 125–126°) + HCl → *2.2-Dihexyl-4-[2-piperidyl]-* **III** (**III** = *1.3-dioxolanhydrochlorid*), $C_{20}H_{40}ClNO_2$, F. 153 bis 155° (*α-Racemat*) bzw. 132–133° (*β-Racemat*). — **II** + *Dioctyldipropoxymethan* (Kp.$_{0,5}$ 164–165; n_D^{27} 1,4499) + HCl → *2.2-Dioctyl-4-[2-piperidyl]-1.3-* **III** (*α-Racemat*), $C_{24}H_{48}ClNO_2$, F. 105–112°. — Analog: *2.2-Dibutyl-4-[2-piperidyl]-* **III** (*α-Racemat*), $C_{26}H_{32}ClNO_2$, F. 160,5–162°. — *2.2-Dihexyl-4-[1-methyl-2-piperidyl]-* **III** (*α-Racemat*), $C_{21}H_{42}ClNO_2$, F. 106°. — *2-[2.2-Dihexyl-1.3-dioxolan-4-yl]-1.1-dimethylpiperidiniumjodid* (*α-Racemat*), $C_{22}H_{44}JNO_2$, F. 113—116°. — *2.2-Dihexyl-4-[2-piperidyl]*-**IV** (**IV** = *1.3-dioxanhydrochlorid*). — *2.2-Dihexyl-5-[2-piperidyl]*-**IV**. — *2.2-Dioctyl-5-[2-piperidyl]*-**IV**, $C_{25}H_{50}ClNO_2$, F. 108°. — Lipasehemmende Heilmittel. (**Brit. P. 1 077 800** vom 11/11. 1965, ausg. 2/8. 1967. U. S. Prior. 19/11. u. 7/12. 1964.) — 7 S.

O. Schön 4846

1370 Michel Delalande, Frankreich, **[N-(β-Diäthylaminoäthyl)-N'-carboisopropyloxy]-hexahydropyrazin**, Kp.$_{0,6}$ 135°, *Dihydrochlorid*, F. 230° (Zers.), hergestellt aus Diäthylaminochloräthan u. Piperazin, ist ein *Antispasmodikum* u. wird in Form von Tabletten (mit Stärke, Lactose, Alginsäure, Talkum u. a.) oder Suppositorien verabreicht. (**F. P. [Méd.] Add. 150** vom 18/6. 1965, veröff. 13/3. 1967. **Zusatz zu F. P. [Méd.] 3 287.**) — 3 S.

S. Böttcher 4846

1371 Janssen Pharmaceutica N.V., Beerse, Belgien, **Herstellung von 1.4-disubstituierten Piperazinen und Diazepinen** erfolgt nach folgenden Beispielen: Rk. von 2.6-Dimethylanilin mit Äthylenoxid → N-[2-Hydroxyäthyl]-2.6-dimethylanilin, Kp.$_{0,15}$ 100—125°. Rk. dieser Verb. mit 48%ig. HBr → N-[2-Bromäthyl]-2.6-dimethylanilin, Hydrobromid, F. 230—237°; durch Hydrierung von 4-Chlor-1.1-di-[4-methylphenyl]-1-buten in Ggw. von Pd/C → 1-Chlor-4.4-di-[4-methylphenyl]-butan, F. 44 bis 46°. Rk. von 1-[4.4-Di-(4-fluorphenyl)-butyl]-piperazin mit Äthylenoxid → 1-[4.4-Di-(4-fluorphenyl)-butyl]-4-[2-hydroxyäthyl)-piperazin, Dihydrochlorid, F. 175 bis 186°. Chlorierung dieser Verb. mit $SOCl_2$ → 1-[4.4-Di-(4-fluorphenyl)-butyl]-4-[2-chloräthyl]-piperazin, Dihydrochlorid, F. 210—212° (Zers.). Rk. dieser Verb. mit 4-Fluoranilin → *1-[4.4-Di-(4-fluorphenyl)-butyl]-4-[2-(4-fluoranilino)-äthyl]-piperazin, Trihydrochlorid*, F. 221 bis 224°. Analog folgende Verb.: (Piperazine = **I**; Perhydro-1.4-diazepine = **II**) N-[2-Chloracetyl]-2-propionylanilin, F. 76,5—77,5°; N-[Chloracetyl]-3-propionylanilin, F. 69,5—70,5°; dl-1-Benzyl-2-methyl-4-[(2.6-dimethylanilinocarbonyl)-methyl]-I, Dihydrochlorid, F. 273 bis 274°; dl-1-Benzyl-2-methyl-4-[2-anilinoäthyl]-I, Trihydrochlorid, F. 182—217° (Zers.); *1-Benzyl-4-[(2.6-dimethylanilinocarbonyl)-methyl]*-**II**, *Dihydrochlorid*, F. 221 bis 230°; *dl-1-[4.4-Di-(4-fluorphenyl)-butyl]-3-methyl-4-benzyl*-**I**, *Dihydrochlorid*, F. 222—225°; *1-[4.4-Di-(4-fluorphenyl)-butyl]-4-benzyl*-**II**, *Dihydrochlorid*, F. 215,4 bis 216,4°; *dl-2-Methyl-4-[(2.6-dimethylanilinocarbonyl)-methyl]*-**I**, F. 94—95°; *dl-2-Methyl-4-[2-anilinoäthyl]*-**I**, Kp.$_{0,15}$ 119—120°. *4-[(2.6-Dimethylanilinocarbonyl)-methyl]*-**II**, F. 80—86°; *dl-1-[4.4-Di-(4-fluorphenyl)-butyl]-3-methyl*-**I**, Kp.$_{0,15}$ 170—175°; *1-[4.4-Di-(4-fluorphenyl)-butyl]*-**II**, Kp.$_{0,05}$ 195—197°; *4-[2-Anilinoäthyl]*-**I**, Kp.$_{0,4-0,5}$ 140—160°; *4-[(2.6-Dimethylanilinocarbonyl)-methyl]*-**I**, F. 110—114°; *1-[4.4-Diphenylbutyl]*-**I**, Kp.$_{0,3}$ 177—179°; *1-[4-(4-Fluorphenyl)-4-phenylbutyl]*-**I**, Kp.$_{0,2}$ 174—180°; *1-[4.4-Di-(4-fluorphenyl)-butyl]*-**I**, Kp.$_{0,5}$ 192—193°; *1-[4.4-Di-(4-methylphenyl)-butyl]*-**I**, Kp.$_{0,1}$ 180—190°; *1-[4.4-Di-(3-trifluormethylphenyl)-butyl]*-**I**, Kp.$_{0,3}$ 169 bis 171°; *1-[4.4-Di-(4-fluorphenyl)-butyl]-4-[2-(3-methoxyanilino)-äthyl]*-**I**, *Trihydrochlorid*, F. 193—194,5°; *1-[4.4-Di-(4-fluorphenyl)-butyl]-4-[2-(4-methoxyanilino)-äthyl]*-**I**, *Trihydrochlorid*, F. 219—221°; *dl-1-[4-Phenyl-4-[4-methylphenyl)-butyl]-4-[2-anilinoäthyl]*-**I**, *Trihydrochlorid*, F. 207—214,5° (Zers.). *1-[4-(4-Fluorphenyl)-4-(4-methylphenyl)-butyl]-4-[2-anilinoäthyl]*-**I**, *Trihydrochlorid*, F. 213,5—223°; *1-[4-Thienyl-4-(4-fluorphenyl)-butyl]-4-[2-anilinoäthyl]*-**I**, *Trihydrochlorid*, F. 202,5—214,5°; *1-[4.4-Di-(4-methylphenyl)-butyl]-4-[2-anilinoäthyl]*-**I**, *Trihydrochlorid*, F. 215—220,5°; *1-[4-(4-Fluorphenyl)-4-(4-methylphenyl)-butyl]-4-[(2.6-dimethylanilinocarbonyl)-methyl]*-**I**, *Dihydrochlorid*, F. 250—253°; *1-[4.4-Di-(4-fluorphenyl)-butyl]-4-[(2.6-dimethylanilinocarbonyl)-methyl]-2-methyl*-**I**, F. 185—186°; *1-[4.4-Di-(4-fluorphenyl)-butyl]-4-[2-anilinoäthyl]-2-methyl*-**I**, *Trihydrochlorid*, F. 212—224°; *1-[4.4-Di-(4-methylphenyl)-butyl]-4-[(2.6-dimethylanilinocarbonyl)-methyl]*-**II**, *Dihydrochlorid*, F. 248,5—251,5°; *1-[4.4-Di-(4-fluorphenyl)-butyl]-4-[2-(1-naphthylamino)-äthyl]*-**I**, *Dihydrochlorid*, F. 215—219°; *1-[4.4-Diphenylbutyl)-4-[2-anilinoäthyl]*-**I**, *Trihydrochlorid*, F. 227—229°; *1-[4.4-Diphenylbutyl]-4-[2-(N-methyl-N-phenyl)-aminoäthyl]*-**I**, *Dihydrochlorid*, F. 260—263° (Zers.); *1-[4.4-Diphenylbutyl]-4-[(2-methylanilino)-carbonylmethyl]*-**I**, *Dihydrochlorid*, F. 223,5—227°; *1-[4.4-Diphenylbutyl]-4-[(2.3-dimethylanilino)-carbonylmethyl]*-**I**, *Dihydrochlorid*, F. 226,5—229°; *1-[4.4-Diphenylbutyl]-4-[(2.6-dimethylanilino)-carbonylmethyl]*-**I**, *Dihydrochlorid*, F. 247—250°; *1-[4.4-Diphenylbutyl]-4-[(1.6-diäthylanilino)-carbonylmethyl]*-**I**, *Dihydrochlorid*, F. 151—155°; *1-[4.4-Diphenylbutyl]-4-[(2.5-dimethoxyanilino)-carbonylmethyl]*-**I**, F. 100—101°; *1-[4.4-Diphenylbutyl]-4-[(α-naphthylamino)-carbonylmethyl]*-**I**, F. 160,5—162,5°; *1-[4-(4-Fluorphenyl]-4-phenylbutyl]-4-[2-anilinoäthyl]*-**I**, *Trihydrochlorid*, F. 229—230°; *1-[4-(4-Fluorphenyl)-4-phenylbutyl]-4-[2-(N-methyl-N-phenyl)-äthyl]*-**I**, *Dihydrochlorid*, F. 253—256°; *1-[4-(4-Fluorphenyl)-4-phenylbutyl]-4-[(2.6-dichloranilino)-carbonylmethyl]*-**I**, *Dihydrochlorid*, F. 232—233,5°; *1-[4-(4-Fluorphenyl)-4-phenyl]-4-[(2-methylanilino)-carbonylmethyl]*-**I**, *Dihydrochlorid*, F. 218—224°; *1-[4-(4-Fluorphenyl)-4-phenylbutyl]-4-[(2.3-dimethylanilino)-carbonylmethyl]*-**I**, *Dihydrochlorid*, F. 239—242° (Zers.); *1-[4-(4-Fluorphenyl)-4-phenylbutyl]-4-[(2.5-dimethylanilino)-carbonylmethyl]*-**I**, *Dihydrochlorid*, F. 246,5—247,5°; *1-[4-(4-Fluorphenyl)-4-phenylbutyl]-4-[(2.6-dimethylanilino)-carbonylmethyl]*-**I**, F. 139,5—141°; *1-[4-(4-Fluorphenyl)-4-phenylbutyl]-4-[(2.6-dimethylanilino)-carbonylmethyl]*-**I**, *Dihydrochlorid*, F. 235,5—238°; *1-[4-(4-Fluorphenyl)-4-phenylbutyl]-4-[(2.5-dimethoxyanilino)-carbonylmethyl]*-**I**, *Dihydrochlorid*, F. 189,5—192°; *1-[4-(4-Fluorphenyl)-4-phenylbutyl]-4-[(2.4-dinitroanilino)-carbonylmethyl]*-**I**, F. 129—131°; *1-[4-(4-Fluorphenyl)-4-phenylbutyl]-4-[2-(anilinocarbonyl)-äthyl]*-**I**, *Dihydrochlorid*, F. 227,5—232,5°; *1-[4.4-Di-(4-fluorphenyl)-butyl]-4-[2-anilinoäthyl]*-**I**, *Trihydrochlorid*, F. 218—222°; *1-[4.4-Di-(4-fluorphenyl)-butyl]-4-[2-(2-methylanilino)-äthyl]*-**I**, *Hydrat, Trihydrochlorid*, F. 236—238,5°; *1-[4.4-Di-(4-fluorphenyl)-butyl]-4-[2-(3-methylanilino)-äthyl]*-**I**, *Trihydrochlorid*, F. 206—210,5°; *1-[4.4-Di-(4-fluorphenyl)-butyl]-3-[2-(4-methylanilino)-äthyl]*-**I**, *Trihydrochlorid*, F. 223—231°; *1-[4.4-Di-(4-fluorphenyl)-butyl]-4-[2-(2.6-dimethylanilino)-äthyl]*-**I**, *Trihydrochlorid*, F. 240 bis 241°; *1-[4.4-Di-(4-fluorphenyl)-butyl]-4-[2-(N-methyl-N-phenyl)-aminoäthyl]*-**I**, *Dihydrochlorid*, F. 241—243° (Zers.); *1-[4.4-Di-(4-fluorphenyl)-butyl]-4-[anilinocarbonylmethyl]*-**I**, *Dihydrochlorid*, F. 240—251°; *1-[4.4-Di-(4-fluorphenyl)-butyl]-4-[(2.6-dichloranilino)-carbonylmethyl]*-**I**, *Dihydrochlorid*, F. 239—243°; *1-[4.4-Di-(4-fluorphenyl)-butyl]-4-[(2-methylanilino)-carbonylmethyl]*-**I**, *Dihydrochlorid*, F. 234,5—238,5°; *1-[4.4-Di-(4-fluorphenyl)-butyl]-4-[(2.3-dimethylanilino)-carbonylmethyl]*-**I**, F. 241—242° (Zers.); *1-[4.4-Di-(4-fluorphenyl)-butyl]-4-[(2.6-dimethylanilino)-carbonylmethyl]*-**I**, *Dihydrochlorid*, F. 241—244°; *1-[4.4-Di-(4-fluorphenyl)-butyl]-4-[(2.5-dimethylanilino)-carbonylmethyl]*-**I**, F. 159—161°; *1-[4.4-Di-(4-fluorphenyl)-butyl]-4-[(2.6-diäthylanilino)-carbonylmethyl]*-**I**, F. 104 bis 105°; *1-[4.4-Di-(4-fluorphenyl)-butyl]-4-[(2.5-dimethoxyanilino)-carbonylmethyl]*-**I**, *Dihydrochlorid*, F. 187,5—196° (Zers.); *1-[4.4-Di-(4-fluorphenyl)-butyl]-4-[α-naphthylaminocarbonylmethyl]*-**I**, *Dihydrochlorid*, F. 228—237° (Zers.); *1-[4.4-Di-(4-fluorphenyl)-butyl]-4-[2-(anilinocarbonyl)-äthyl]*-**I**-, *Dihydrochlorid*, F. 218,5—219,5°; *1-[4.4-Di-(4-methylphenyl)-butyl]-4-[(2.6-dimethylanilino)-carbonylmethyl]*-**I**, F. 143—144°; *1-[4.4-Di-(3-trifluormethylphenyl)-butyl]-4-[(2.6-dimethylanilino)-carbonylmethyl]*-**I**, *Dihydrochlorid*, F. 224—225,5°; *1-[4.4-Di-(4-fluorphenyl)-butyl]-4-[1-(anilinocarbonyl)-äthyl]*-**I**, *Dihydrochlorid*, F. 240—241°; *1-[4.4-Di-(4-fluorphenyl)-butyl]-4-[3-(anilinocarbonyl)-propyl]*-**I**, *Dihydrochlorid*, F. 199,5—201°; *1-[4.4-Di-(4-fluorphenyl)-butyl]-4-[1-(2.6-dimethylanilinocarbonyl)-äthyl]*-**I**, *Dihydrochlorid*, F. 189,5 bis 193°; *1-[4.4-Di-(4-fluorphenyl)-butyl]-4-[(2.6-dimethylanilino)-carbonylmethyl]-3-methyl*-**I**, *Dihydrochlorid*, F. 239 bis 246°; *1-[4.4-Di-(4-fluorphenyl)-butyl]-4-[2-anilinoäthyl]-3-methyl*-**I**, *Trihydrochlorid*, F. 234—235°; *1-[4.4-Di-(4-fluorphenyl)-butyl]-4-[(2-methyl-6-chloranilino)-carbonylmethyl]-3-methyl*-**I**, *Dihydrochlorid*, F. 236,5 bis 238°; *1-[4.4-Di-(4-fluorphenyl)-butyl]-4-[(2.6-dichloranilino)-carbonylmethyl]-3-methyl*-**I**, *Dihydrochlorid*, F. 243 bis 245° (Zers.); *1-[4.4-Di-(4-fluorphenyl)-butyl]-4-[(2-methylanilino)-carbonylmethyl]-3-methyl*-**I**, *Dihydrochlorid*, F. 218 bis 228,5°; *1-[4.4-Di-(4-fluorphenyl)-butyl]-4-[(3.4-dimethylanilino)-carbonylmethyl]-3-methyl*-**I**, *Dihydrochlorid*, F. 209

bis 210° (Zers.); *1-[4-(4-Fluorphenyl)-4-phenylbutyl]-4-[α-naphthylaminocarbonylmethyl]*-**I**, *Dihydrochlorid*, F. 217,5 bis 223° (Zers.); *1-[4.4-Di-(4-fluorphenyl)-butyl]-4-[(2.6-dimethylanilino)-carbonylmethyl]*-**II**, *Dihydrochlorid*, F. 240 bis 246°; *1-[4.4-Di-(4-fluorphenyl)-butyl]-4-[(2-chlor-6-methylanilino)-carbonylmethyl]*-**II**, *Dioxalat*, F. 145,5—150° (Zers.); *1-[4.4-Di-(4-fluorphenyl)-butyl]-4-[(2.6-diäthylanilino)-carbonylmethyl]*-**II**, *Dioxalat*, F. 186—186,5°; *1-[4.4-Di-(4-fluorphenyl)-butyl]-4-[(3.4-dimethylanilino)-carbonylmethyl]*-**II**, *Dioxalat*, F. 182—183,5°; *1-[4.4-Di-(4-fluorphenyl)-butyl]-4-[2-anilinoäthyl]*-**II**, *Dioxalat*, F. 173—177°; *1-[4.4-Di-(4-fluorphenyl)-butyl]-4-[(2-acetophenylamino)-carbonylmethyl]*-**I**, *Dihydrochlorid*, F. 192 bis 194°; *1-[4.4-Di-(4-fluorphenyl)-butyl]-4-[(2-propionylanilino)-carbonylmethyl]*-**I**, *Dihydrochlorid*, F. 162—176°; *1-[4.4-Di-(4-fluorphenyl)-butyl]-4-[(3-propiony lanilino)-carbonylmethyl]*-**I**, *Dihydrochlorid*, F. 225,5—227°; *1-[4-(4-Fluorphenyl)-4-phenylbutyl]-4-[(3.4-dimethylanilino)-carbonylmethyl]*-**I**, F. 234,5—236°; *1-[4-(4-Fluorphenyl)-4-phenyl]-4-[(2.4-dimethylanilino)-carbonylmethyl]*-**I**, *Dihydrochlorid*; *1-[4.4-Di-(4-fluorphenyl)-butyl]-4-[(2.4-dimethylanilino)-carbonylmethyl]*-**I**, *Dihydrochlorid*, F. 236 bis 239,5°; *1-[4-(4-Fluorphenyl)-4-phe-nylbutyl]-4-[2-(2.6-dimethylanilino)-carbonyläthyl]*-**I**, *Dihydrochlorid*, F. 216—217°; *1-[4.4-Di-(4-fluorphenyl)-butyl]-4-[(3.4-dimethylanilino]-carbonylmethyl]*-**I**, *Dihydrochlorid*, F. 234—239°; *1-[4.4-Di-(4-fluorphenyl)-butyl]-4-[(2.6-dibromanilino)-carbonylmethyl]*-**I**, *Dihydrochlorid*, F. 252 bis 255° (Zers.); *1-[4-(4-Fluorphenyl)-4-phenylbutyl]-4-[(2.6-dibromanilino)-carbonylmethyl]*-**I**, *Dihydrochlorid*, F. 241—244,5°; *1-[4.4-Diphenylbutyl]-4-[(2.6-dimethoxyanilino)-carbonylmethyl]*-**I**, F. 115—117°; *1-[4.4-Di-(4-fluorphenyl)-butyl]-4-[2-(2.6-dimethylanilino)-carbonyläthyl]*-**I**, *Dihydrochlorid*, F. 220—221°; *1-[4-(4-Fluorphenyl)-4-phenylbutyl]-4-[(2.6-dimethoxyanilino)-carbonylmethyl]*-**I**, *Dioxalat*, F. 197,5—198,5°; *1-[4.4-Di-(4-fluorphenyl)-butyl]-4-[(2-chlor-6-methylanilino)-carbonylmethyl]*-**I**, *Dihydrochlorid*, F. 229—234°; *1-[4-(4-Fluorphenyl)-4-phenylbutyl]-4-[(2-chlor-6-methylanilino)-carbonylmethyl]*-**I**, *Dihydrochlorid*, F. 219—226°; *1-[4.4-Diphenylbutyl]-4-[(2-chlor-6-methylanilino)-carbonylmethyl]*-**I**, *Dihydrochlorid*, F. 223—227,5°; *1-[4.4-Di-(4-fluorphenyl)-butyl]-4-[(2.6-dimethoxy-anilino)-carbonylmethyl]*-**I**, *Dioxalat*, F. 199—199,5°; *1-[4.4-Diphenylbutyl]-4-[2-(N-acetylanilino)-äthyl]*-**I**, *Dihydrochlorid*, F. 221—223°; *1-[4.4-Diphenylbutyl]-4-[2-(N-propionylanilino)-äthyl]*-**I**, *Dihydrochlorid*, F. 225—226°; *1-[4-(4-Fluorphenyl)-4-phenylbutyl]-4-[2-(N-acetylanilino)-äthyl]*-**I**, *Dihydrochlorid*. F. 198—208°; *1-[4-(4-Fluorphenyl)-4-phenylbutyl]-4-[2-(N-propionylanilino)-äthyl]*-**I**, *Dihydrochlorid*, F. 207—210°; *1-[4.4-Di-(4-fluorphenyl)-butyl]-4-[2-(N-acetylanilino]-äthyl]*-**I**, F. 213—215°; *1-[4.4-Di-(4-fluorphenyl)-butyl]-4-[2-(N-propionylanilino)-äthyl]*-**I**, *Dihydrochlorid*, F. 213—228°; *dl-1-[4-Phenyl-4-[4-fluorphenyl)-butyl]-4-[3-anilinopropyl]*-**I**, *Trihydrochlorid*, F. 247—250,5°; *1-[4.4-Di-(4-fluorphenyl)-butyl]-4-[3-anilinopropyl]*-**I**, *Trihydrochlorid*, F. 235,5—236,5°; *dl-1-[4.4-Di-(4-fluorphenyl)-butyl]-4-[1-anilino-2-propyl]*-**I**, *Dioxalat*, F. 224—225°; *1-[4.4-Diphenylbutyl]-4-[2-(N-propylanilino)-äthyl]*-**I**, *Dihydrochlorid*, F. 210—213,5°; *1-4.4-Di-(4-fluorphenyl)-butyl]-4-[2-(N-äthylanilino)-äthyl]*-**I**, *Trihydrochlorid*, F. 214—216°; *1-[4.4-Di-(4-fluorphenyl)-butyl]-4-[2-(N-propylanilino)-äthyl]*-**I**, *Trihydrochlorid*, F. 219—226°. — *Antihistaminika, coronarerweiternde* Mittel, *Anregungsmittel für das Zentralnervensystem*. (**Brit. P. 1 055 100** vom 8/6. 1965, ausg. 11/1. 1967. U. S. Prior. 9/6. 1964 u. 14/5. 1965.) — 21 S. R. Bauereis 4846

1372 Österreichische Stickstoffwerke Akt.-Ges., Linz/Donau, Österreich, **3-Chlorpyridazon-(6)-1-essigsäurediallylamid,** F. 139°, erhält man durch Rk. von 3-Chlorpyridazon-(6) mit Halogenessigsäurediallylamid in Ggw. säurebindender Mittel. — *Sedatives Mittel*. (**Brit. P. 1 084 843** vom 13/7. 1966, ausg. 20/9. 1967. Oe. Prior. 30/7. 1965.) — 2 S. A. Jahn 4846

1373 Smith, Kline & French Laboratories, Philadelphia, Pa., USA, **2.4-Diaminopyrimidinderivate** die ggf. an beiden Aminoresten durch 1—4 niedere Alkylreste u. an C_6 durch den Rest —O—A—Z substituiert sind, erhält man durch Rk. von 2.4-Diamino-6-halogenpyrimidinen mit entsprechenden Aminoalkoholaten (A = C_{2-4}-Alkylenrest; Z = Amino-, niedere Alkyl- u. Dialkylaminogruppe, N-Pyrrolidyl-, Piperidino-, Morpholino-, N-Methylpiperazylrest). — Es wurden folgende 2.4-Diaminopyrimidinderiv. (**I**) erhalten *6-(2-Dimethylaminoäthoxy)*-**I**, F. 157—159° (Isopropanol). — *6-(3-Dimethylaminopropoxy)*-**I**, F. 95—97°. — *6-(2-Dimethylaminopropoxy)*-**I**, F. 154,5—156,5° (Ae.). — *6-(β-Dimethylaminoisopropoxy)*-**I**, F. 104—105,5° (Toluol). — *6-(2-Piperidinoäthoxy)*-**I**, F. 151—153°. — *6-(2-Diäthylaminoäthoxy)*-**I**, F. 76,5—78°. — *2-Amino-4-methylamino-6-(2-dimethylaminoäthoxy)-pyrimidin*, F. 111,5—113,5°. — *2-Amino-4-dimethylamino-6-(2-dimethylaminoäthoxy)-pyrimidin*, F. 71,5—73°. — *6-(2-Aminoäthoxy)*-**I**. — *6-(N-Acetyl-N-methyl-2-aminoäthoxy)*-**I**. — *Hypotensive, beruhigende* u. *sedative Mittel*. (**Brit. P. 1 076 867** vom 15/10. 1965, ausg. 26/7. 1967. U. S. Prior. 20/10. 1964.) — 4 S. A. Jahn 4846—

1374 Dr. Karl Thomae G.m.b.H., Biberach/Riss, **Thieno-[3.2-d]-pyrimidin(I)-Derivate,** die in 2-Stellung durch R^1 u. in 4-Stellung durch R^2 substituiert sind, erhält man durch Rk. von 3-Aminothiophencarbonsäure (**II**) oder deren reaktiven Deriv. mit Verb. allg. Formel $R^1C(X)NH_2$ oder R^1CN [X = O oder S; R^1 = H, Halogen, Alkyl, Aralkyl, OH, durch Alkyl-, Alkenyl-, Alkoxyalkyl-, Mono- oder Dialkylaminoalkyl-, Aryl- oder Aralkylreste substituierte OH-Gruppe, SH oder Alkylmercaptorest oder $-N(R^5)R^6$-Rest; R^5 = H, NH_2, Alkyl-, Hydroxyalkyl-, Alkoxyalkyl-, Mono- oder Dialkylaminoalkyl-, Amidino-, Aryl-, Aralkyl-, Cycloalkyl- oder Alkenylrest; R^6 = H, Alkyl-, Alkenyl- oder Hydroxyalkylrest; R^5 u. R^6 können zusammen einen ggf. durch ein weiteres Heteroatom unterbrochenen, ggf. durch C_{1-10}-Alkylreste oder Arylgruppen substituierten heterocycl. Ring bilden; R^2 + Halogen, freie oder wie bei R^1 verätherte OH- oder SH-Gruppe oder freie oder wie unter R^1 substituierte Aminogruppe]. — Deren tautomere Verb., z. B. deren 4-Oxoderiv., erhält man durch Rk. von **II** mit Alkalimetallcyanaten oder -thiocyanaten oder durch Rk. von entsprechenden Acyl-**II** mit Aminen. — **II**-Methylester + Formamid → *4-Hydroxy*-**I**, $C_6H_4 \cdot N_2OS$, F. 218—220° (A.). — **II**-Methylester + Harnstoff → *2.4-Dihydroxy*-**I**, $C_6H_4N_2O_2S_2$, F. > 300° (W.). — 2-Carboxy-3-acetamidothiophen + O-Toluidin → *2-Methyl-3-[o-tolyl]-4-oxo-3.4-dihydro*-**I**, $C_{14}H_{12}N_2OS$, F. 128 bis 129° (Äthylacetat). — 2-Carboxy-3-acetamidothiophen + p-Chloranilin → *2-Methyl-3-[p-chlorphenyl]-4-oxo-3.4-dihydro*-**I**, F. 223—225° (Äthylacetat). — *4-Chlor*-**I**, $C_6H_3ClN_2S$, F. 125—126° (Bzl.). — *2.4-Dichlor*-**I**, F. 141—142° (A.). — *2-Chlor-4-morpholino*-**I**, Kristalle. — *2-Chlor-4-[2-methylmorpholino]*-**I**, F. 169—171° (A.). — *2-Chlor-4-piperidino*-**I**, F. 130—131° (Methanol). — *2-Chlor-4-pyrrolidino*-**I**, F. 179—180° (A.). — *2-Chlor-4-butylamino*-**I**, F. 94—95° (Methanol–W.). — *2-Chlor-4-isopropylamino*-**I**, F. 140—142° (A.). *2 Chlor-4-dimethylamino*-**I**, F. 166—168° (A.). — *2-Chlor-4-äthanolamino*-**I**, F. 206—207° (A.). — *2-Chlor-4-diäthanolamino*-**I**, F. 144—145° (A.). — *2-Chlor-4-[N-methyläthanolamino]*-**I**, F. 179—180° (A.). — *2-Chlor-4-[β-(phenyl)-äthylamino]*-**I**, F. 128—129° (Methanol). — *2-Chlor-4-amino*-**I**, F. 273 bis 275° (A.). — *2-Chlor-4-äthylenimino*-**I**, F. 118° (Methanol). — *2-Chlor-4-guanidino*-**I**, F. 256—258° (Butanol). — *2-Chlor-4-äthoxy*-**I**, $C_8H_7ClN_2OS$, F. 137—138° (A.). — *2.4-Dimorpholino*-**I**, $C_{14}H_{18}N_4O_2S$, F. 145—147° (A.). — *2-Diäthanolamino-4-piperidino*-**I**, $C_{15}H_{22}N_4O_2S$, F. 83 bis 84° (Methanol). — *4-Morpholino*-**I**, F. 136—138° (Methanol). — *4-[2-Methylmorpholino]*-**I**, F. 118—120° (A.). — *4-Pyrrolidino*-**I**, F. 143—144° (Methanol). — *4-Propylamino*-**I**, F. 85—86° (Aceton). — *4-Isopropylamino*-**I**, F. 202—204° (A.). — *4-Allylamino*-**I**, F. 116—118° (Aceton). — *4-Diäthylamino*-**I**, F. 95—96° (Aceton). — *4-Äthanolamino*-**I**, F. 149—150° (A.). — *4-Diäthanolamino*-**I**, F. 164—165° (A.). — *4-[N-Methyläthanolamino]*-**I**, F. 148—149° (A.). *4 Cyclohexylamino*-**I**, F. 178—179° A.). — *4-Benzylamino*-**I**, F. 154—155° (A.). — *4-[β-(Phenyl)-äthylamino]*-**I**, F. 205—206° (Methyläthylketon). — *2.4-Bis-[2-Methylmorpholino]*-**I**, F. 86—87° (PAe.). — *2.4-Dipyrrolidino*-**I**, F. 161—162° (A.). — *2.4-Bis [äthanolamino]*-**I**, F. 144—146° (Methanol). — *2.4-Di-[benzylamino]*-**I**, F. 150—151° (A.). — *2.4-Bis-[β-(phenyl)-*

äthylamino]-I, F. 65—66° (A.). — *2-Morpholino-4-[2-Methylmorpholino]*-I, F. 103—104° (A.). — *2-Morpholino-4-pyrrolidino*-I, F. 174—176° (A.). — *2-Morpholino-4-butylamino*-I, F. 118—119° (Methanol). — *2-Morpholino-4-isopropylamino*-I, F. 156—157° (Methanol). — *2-Morpholino-4-dimethylamino*-I, F. 122—123° (Methanol). — *2-Morpholino-4-äthanolamino*-I, F. 145—147° (Methanol). — *2-Morpholino-4-diäthanolamino*-I, F. 130 bis 131° (Methanol). — *2-Morpholino-4-[N-methyläthanolamino]*-I, F. 126—127° (Methanol). — *2-Morpholino-4-[β-(phenyl)-äthylamino]*-I, F. 174—175° (A.). — *2-[2-Methylmorpholino]-4-morpholino*-I, F. 109—110° (Methanol). — *2-Piperidino-4-[N-methyläthanolamino]*-I, F. 93—94° (Ae.). — *2-Pyrrolidino-4-morpholino*-I, F. 118 bis 119° (A.). — *2-Pyrrolidino-4-dimethylamino*-I, F. 141 bis 142° (Methanol). — *2-[N-Methyläthanolamino]-4-piperidino*-I, F. 74—75° (Ae.). — *2.4-Di-[propylamino]*-I, F. 76—78° (PAe.). — *2.4-Di-[isopropylamino]*-I, F. 87 bis 89° (PAe.). — *2-[β-(Morpholino)-äthylamino]-4-amino*-I, F. 207—208° (Methanol). — *2-Morpholino-4-amino*-I, F. 183—184° (A.). — *2-Morpholino-4-äthylenimino*-I, F. 163—164° (Methanol). — *2-[β-Morpholino)-äthylamino]-4-pyrrolidino*-I, F. 133—134° (Aceton). — *2-Piperidino-4-morpholino*-I, F. 108—109° (Methanol). — *2-Piperidino-4-isopropylamino*-I, F. 101—103° (A.). — *2-[4′-Methylpiperazinyl-(1′)]-4-morpholino*-I, F. 120 bis 121° (Ae.). — *2-[4′-Methylpiperazinyl-(1′)]-4-pyrrolidino*-I, F. 175—176° (Aceton). — *2-[4′-Methylpiperazinyl-(1′)]-4-amino*-I, F. 194—195° (Aceton). — *2-[4′-Methylpiperazinyl-(1′)]-4-butylamino*-I, F. 92—94° (PAe.). — *2-[4′-Methylpiperazinyl-(1′)]-4-äthylamino*-I, F. 100 bis 102° (Ae.). — *2-[4′-Methylpiperazinyl-(1′)]-4-propylamino*-I, F. 113—114° (Hexan). — *2-[4′-Methylpiperazinyl-(1′)]-4-allylamino*-I, F. 105—106° (Hexan). — *2-[4′-Methylpiperazinyl-(1′)]-4-isobutylamino*-I, F. 133 bis 134° (Hexan). — *2-[4′-Methylpiperazinyl-(1′)]-4-isoamylamino*-I, F. 124—125° (Hexan). — *2-Pyrrolidino-4-amino*-I, F. 250—252° (A.). — *2-Cyclohexylamino-4-morpholino*-I, F. 82—83° (Aceton). — *2-Anilino-4-morpholino*-I, F. 82—83° (Aceton). — *2-Anilino-4-morpholino*-I, F. 180—181° (A.). — *2-Benzylamino-4-morpholino*-I, F. 142—143° (A.). — *2-[β-(Phenyl)-äthylamino]-4-morpholino*-I, F. 98—99° (Aceton). — *2-Äthylamino-4-pyrrolidino*-I, F. 173—174° (A.). — *2-Propylamino-4-morpholino*-I, F. 106—107° (Ae.). — *2-Propylamino-4-pyrrolidino*-I, F. 131—132° (Aceton). — *2-Propylamino-4-isopropylamino*-I, F. 108—110° (PAe.). — *2-Butylamino-4-morpholino*-I, F. 112—114° (Methanol). — *2-Butylamino-4-pyrrolidino*-I, F. 124—125° (Aceton). — *2-Butylamino-4-amino*-I, F. 101—103° (Bzl.). — *2-Isopropylamino-4-morpholino*-I, F. 131—133° (Ae.). — *2-Isopropylamino-4-pyrrolidino*-I, F. 123—124° (A.). — *2-Isopropylamino-4-amino*-I, F. 138—139° (Bzl.). — *2-Isobutylamino-4-morpholino*-I, F. 93—94° (Ae.). — *2-Isobutylamino-4-pyrrolidino*-I, F. 133—134° (Aceton). — *2-Isobutylamino-4-amino*-I, F. 132—134° (Bzl.). — *2-Isoamylamino-4-morpholino*-I, F. 89—90° (Ae.). — *2-Isoamylamino-4-pyrrolidino*-I, F. 117—119° (Aceton). — *2-Isoamylamino-4-amino*-I, F. 109—111° (Aceton). — *2-Allylamino-4-isopropylamino*-I, F. 103—105° (PAe.). — *2-Diallylamino-4-pyrrolidino*-I, F. 92—94° (Äthylacetat). — *2-Dimethylamino-4-morpholino*-I, F. 103—104° (Ae.). — *2-Dimethylamino-4-pyrrolidino*-I, F. 171—172° (Aceton). — *2-Dimethylamino-4-amino*-I, F. 174—175° (Methanol). — *2-Diäthylamino-4-morpholino*-I, F. 62—63° (A.). — *2-Diäthylamino-4-pyrrolidino*-I, F. 105—107° (Methanol). — *2-Diäthylamino-4-isopropylamino*-I, F. 110—111° (PAe.). — *2-Diäthylamino-4-äthanolamino*-I, F. 99—100° (Methanol). — *2-Äthanolamino-4-morpholino*-I, F. 122—123° (Aceton). — *2-Diäthanolamino-4-morpholino*-I, F. 118—119° (Methanol). — *2-Diäthanolamino-4-pyrrolidino*-I, F. 141—142° (Aceton). — *2-Diäthanolamino-4-isopropylamino*-I, F. 97—99° (Methanol). — *2-[N-Methyläthanolamino]-4-morpholino*-I, F. 90—92° (Ae.-Methanol). — *2-[N-Methyläthanolamino]-4-pyrrolidino*-I, F. 101—102° (Äthylacetat). — *2-[N-Methyläthanolamino]-4-isopropylamino]*-I, F. 99—100° (Aceton). — *2-Hydrazino-4-morpholino*-I, F. 163—164° (A.). — *2-[β-(Dimethylamino)-äthylamino]-4-amino*-I, F. 167—168° (Aceton). — *2-[γ-(Methoxy)-propylamino]-4-morpholino*-I, F. 84—85° (Ae.). — *2-[4′-Methylpiperazinyl-(1′)]-4-isopropylamino*-I, F. 105—106° (Hexan). — *4-Methoxy*-I, F. 105 bis 106° (Methanol). — *2.4-Diäthoxy*-I, $C_{10}H_{12}N_2O_2S$, F. 107—108° (A.). — *4-Äthoxy*-I, F. 96—97° (A.). — *4-Isopropyloxy*-I, F. 69—70° (Methanol). — *2.4-Dimethoxy*-I, F. 120—121° (Methanol). — *2.4-Diisopropyloxy*-I, F. 62—63° (Aceton). — *2.4-Dibutyloxy*-I, F. 47 bis 49° (Methanol). — *2-Äthoxy-4-[2-methylmorpholino]*-I, $C_{13}H_{17}N_3O_2S$, F. 100—101° (wss. A.). — *2-Methoxy-4-morpholino*-I, F. 126—128° (Methanol). — *2-Methoxy-4-[2-methylmorpholino]*-I, F. 82—84° (PAe.). — *2-Methoxy-4-pyrrolidino*-I, F. 147—149° (Aceton). — *2-Methoxy-4-amino*-I, F. 219—221° (A.). — *2-Äthoxy-4-morpholino*-I, F. 109—111° (A.). — *2-Äthoxy-4-pyrrolidino*-I, F. 145 bis 146° (Aceton). — *2-Äthoxy-4-amino*-I, F. 160—162° (Aceton). — *2-Propyloxy-4-amino*-I, F. 131—133° (Methanol). — *2-Butyloxy-4-[2-methylmorpholino]*-I, F. 42 bis 44°, (PAe.). — *2-Allyloxy-4-isopropylamino*-I, F. 105 bis 106° (PAe.). — *2-Isopropyloxy-4-morpholino*-I, F. 102 bis 104° (Ae.). — *2-Isopropyloxy-4-pyrrolidino*-I, F. 141 bis 142° (Aceton). — *2-Isopropyloxy-4-isopropylamino*-I, F. 141—142° (PAe.). — *2-Phenoxy-4-morpholino*-I, F. 140—142° (Methanol). — *2-Benzyloxy-4-morpholino*-I, F. 75—76° (Methanol). — *2-[β-(Äthoxy)-äthoxy]-4-morpholino*-I, F. 80—81° (Methanol). — *2-[β-(Dimethylamino)-äthoxy]-4-morpholino*-I, F. 73—74° (PAe.). — *2-Morpholino-4-äthoxy*-I, $C_{12}H_{15}N_3O_2S$, F. 105—106° (Methanol). — *2-[N-Methyläthanolamino]-4-äthoxy*-I, F. 85 bis 86° (Ae.). — 2.4-Dihydroxy-I + Dimethylsulfat → *1.3-Dimethyl-2.4-dioxo-1.2.3.4-tetrahydro*-I, $C_8H_8N_2O_2S$, F. 186—187° (A.). — *4-Mercapto*-I, $C_6H_4N_2S_2$, F. > 300° (DMF). — *4-Methylmercapto*-I, $C_7H_6N_2S_2$, F. 110—111° (A.). — *4-Hydrazino*-I, $C_6H_6N_4S_2$, F. (Zers.) 246—248° (A.). — *2-Benzyl-4-hydroxy*-I, $C_{13}H_{10}N_2OS$, F. > 300° (DMF). — *2-[4′-Methylpiperazinyl-(1′)]-4-isopropylamino*-I-*Dihydrochlorid*, $C_{14}H_{23}Cl_2N_5S$, F. (Zers.) 285° (A.). — *2.4-Dihydroxy*-I, $C_6H_4N_2O_2S$, F. > 300°. — *2-Hydroxy-3-phenyl-4-oxo-3.4-dihydro*-I, $C_{12}H_8N_2O_2S$, F. > 300°. — *2-Äthylmercapto-4-hydroxy*-I, $C_8H_8N_2OS_2$, F. 201—203° (A.). — *2-Morpholino-4-hydroxy*-I, $C_{10}H_{11}N_3O_2S$, F. 256 bis 258° (DMF). — *2-[4′-Methylpiperazinyl-(1′)]-4-hydroxy*-I, F. 225—226° (A.). — *2-Morpholino-4-chlor*-I, $C_{10}H_{10}ClN_3OS$, F. 105° (Ae.). — *2-[4′-Methylpiperazinyl-(1′)]-4-chlor*-I, F. 87—89° (PAe.). — *2-Mercapto-4-morpholino*-I, $C_{10}H_{14}N_3OS_2$, F. 267—269° (DMF). — *Kardiovaskulare, das Zentralnervensyst. stimulierende, diuret., analget., sedative, antirheumat., antiphlogist., cytostat., bakteriostat.* u. *fungistat. Mittel.* (**Brit. P. 1 057 612** vom 13/1. 1965, ausg. 1/2. 1967. D. Prior. 15/1. 1964.) — 21 S.

A. Jahn 4846

1375 Upjohn Co., Kalamazoo, Mich., USA, **Herstellung von Cycloalkenamin-p-benzochinon-Addukten** erfolgt durch Kondens. eines p-Benzochinons mit einem Cycloalkylenamin. — Beispiel: p-Benzochinon gibt mit 1-Piperidinocyclopenten *2.3.3a.8b-Tetrahydro-3a-piperidino-1H-cyclopenta-[b]-benzofuran-7-ol*, F. 184—185°, $C_{16}H_{21}NO_2$. — Analog wurden erhalten: *5a.6.7.8.9.9a-Hexahydro-5a-piperidino-2-dibenzofuranol*, F. 152—154°, $C_{17}H_{23}NO_2$; *6.7.8.9.10.10a-Hexahydro-5a-[4-methyl-1-piperazinyl]*-I (I = *5aH-cyclohepta-[b]-benzofuran-2-ol*), F. 198 bis 199°, $C_{18}H_{26}N_2O_2$; *2.3.3a.8b-Tetrahydro-3a-morpholino-1H-cyclopenta-[b]-benzofuran-7-ol*, F. 210—211°, $C_{15}H_{19}NO_3$; *5a.6.7.8.9.9a-Hexahydro-5a-morpholino-2-dibenzofuranol*, F. 152—153°, $C_{16}H_{21}NO_3$; *6.7.8.9.10.10a-Hexahydro-5a-piperidino*-I, F. 160—163°, $C_{18}H_{25}NO_2$; *5a.6.7.8.9.9a-Hexahydro-5a-[4-methyl-1-piperazinyl]-2-dibenzofuranol*, F. 160—161°, $C_{17}H_{24}N_2O_2$; *6.7.8.9.10.10a-Hexahydro-5a-morpholino*-I, F. 217—220°, $C_{17}H_{23}NO_3$. — *Antidepressiva.* (**Brit. P. 1 084 439** vom 18/12. 1964, ausg. 20/9. 1967. U. S. Prior. 31/12. 1963.) — 7 S.

R. Bauereis 4846

1376 Whitefin Holding Soc. An., Lugano, Schweiz (Erfinder: Davide della Bella und Umberto Teotino), **2.3-Dihydronaphtho-1.3-oxazin-4-onderivate** die in 2-Stellung durch eine $C_1—C_4$-**Halogenalkyl**- oder eine **Halogenarylgruppe** substituiert sind, erhält man durch Rk. von 3-Hydroxy-2-carbamoylnaphthalin (**II**) mit Aldehyden oder deren reakt. Derivaten. (2.3-Dihydronaphtho-1.3-oxazin-4-on = **I**). **II** + α-Chloracetaldehyddiäthylacetal → *2-Chlormethyl*-**I**, $C_{13}H_{10}ClNO_2$, F. 201—203° (2-

Butanon). — *2-Brommethyl*-**I**, $C_{13}H_{10}BrNO_2$, F. 162 bis 164°. — *2-(β-Chloräthyl)*-**I**, $C_{14}H_{12}ClNO_2$, F. 186—187° (A.). — *2-(β-Chlorpropyl)*-**I**, $C_{15}H_{14}ClNO_2$, F. 147—148° (2-Butanon). — *2-(p-Chlorphenyl)*-**I**, $C_{18}H_{12}ClNO_2$, F. 250—252° ($CHCl_3$). — *2-(o-Chlorphenyl)*-**I**, F. (Zers.) 213—215° (Dimethylformamid). — *Antiexsudative, antiinflammator., antipyret., analget. Mittel.* (**Brit. P. 1 077 983** vom 28/1. 1965, ausg. 2/8. 1967.) — 4 S.
A. Jahn 4846

1377 Union Carbide Corp., New York, N.Y., USA (Erfinder: Fernand Gilles François Eloy), **1.2.4-Benzthiadiazin-1.1-dioxidderivate** erhält man durch therm. Umlagerung von 4-substituierten 3-Phenyl-1.2.3.5-oxathiadiazol-2-oxid (**II**)-deriv. in inerten Lsgm. bei 50 bis 250°, ggf. in Ggw. von Lewis-Säuren. — (1.2.4-Benzthiadiazindioxid = **I**) 4-Äthyl-**II** (12std. Erhitzen in Toluol am Rückfluß) → *3-Äthyl*-**I**, $C_9H_{10}N_2O_2S$, F. 210 bis 211° (wss. CH_3CH). — 3-(p-Methoxyphenyl)-4-äthyl-1.2.3.5-oxathiadiazol-2-oxid → *3-Äthyl-7-methoxy*-**I**, $C_{10}H_{12}N_2O_3S$, F. 199—200° (Bzl.). — 3-(p-Chlorphenyl)-4-äthyl-1.2.3.4-oxathiadiazol-2-oxid → *3-Äthyl-7-chlor*-**I**, $C_9H_9ClN_2O_2S$, F. 266—267° (CH_3OH). — *Antihypotensive u. diuret. Mittel.* (**Brit. P. 1 079 076** vom 3/8. 1965, ausg. 9/8. 1967. U. S. Prior. 4/8. 1964.) — 7 S.
A. Jahn 4940

1378 Hans Voigt, Chem. Pharm. Fabrik, übert. von: Josef Klosa, Berlin, **3.4-Dihydro-1.2.4-benzothiadiazin-1.1-dioxide** (**I**), die durch Dialkylaminoalkylrutin(bzw.-hesperidin)-reste substituiert sind, entstehen beim ½std. rückfließenden Sieden einer Mischung aus 400 ml Methanol, 132 g Rutin (bzw. Hesperidin), 30 ml Diäthylamin, 58 g 5-Chlor-2.4-disulfonamidoanilin u. 50 ml wss. 37%ig. HCHO. Man erhält 200 g *Diäthylaminomethylrutin* (bzw.*-hesperidin*)*-6-chlor-7-sulfonamido*-**I**, gelb, F. > 280° (Zers.). — Analog: *Dimethylaminomethylrutin* (bzw.*-hesperidin*)*-6-trifluormethyl-7-sulfonamido*-**I**, gelb, F. > 240° (Zers.). — *Diäthylaminophenyläthylrutin* (bzw.*-hesperidin*)*-6-chlor-7-sulfonamido-3-benzyl*-**I**, gelb, F. 192—194°. — *Piperidinoäthylrutin* (bzw.*-hesperidin*)-**I**, F. 260° (Zers.). — *Dipropylaminoisopentylaminorutin-6-chlor-3-isobutyl*-**I**, F. > 235° (Zers.). — *Dimethylaminomethylhesperidin-6-chlor-7-sulfonamido*-**I**, gelb, F. > 260° (Zers.). — *Diuretika.* (**U. S. P. 3 346 559** von 28/12. 1965, ausg. 10/10. 1967.) — 3 S. O. Schön 4846

1379 Scherico Ltd., Luzern, Schweiz, **Herstellung von Azadibenzocycloheptenen** erfolgt nach folgenden Beispielen: Durch Rk. von 2-Methylnicotinsäureäthylester mit Benzaldehyd u. Essigsäureanhydrid erhält man das 2-[β-Hydroxy-β-phenyl]-äthylnicotinsäurelacton, Hydrochlorid, F. 183—185°. Durch Rk. dieser Verb. mit P u. J erhält man die 2-Styrylnicotinsäure, F. 219—221°. Durch Hydrierung dieser Verb. in Ggw. von Raney-Ni erhält man die Phenäthylnicotinsäure, F. 162—163°. Durch Ringschluß dieser Verb. mit Polyphosphorsäure erhält man das *1-Aza-10.11-dihydro-5H-dibenzo-[a.d]-cyclohepten-5-on*, F. 62—64°. Durch Ox. dieser Verb. mit H_2O_2 erhält man das N-Oxid des Ketons u. durch Erhitzen des N-Oxids mit Essigsäureanhydrid das *1-Aza-5H-dibenzo-[a.d]-cyclohepten-5-on*, F. 95—96°. — Analog wurden erhalten: 3-Phenäthylisonicotinsäure, F. 99—101°, → *2-Aza-10.11-dihydro-5H-dibenzo-[a.d]-cyclohepten-5-on* u. *2-Aza-5H-dibenzo-[a.d]-cyclohepten-5-on*; *3-Aza-10.11-dihydro-5H-dibenzo-[a.d]-cyclohepten-5-on*, F. 66—67°, → *3-Aza-5H-dibenzo-[a.d]-cyclohepten-5-on*, F. 157—158°; α-Nicotinoylphenylacetonitril, F. 137—141°, → Benzyl-[3-pyridyl]-keton, F. 53—56°, → 3-Phenäthylpyridin, Kp.₁ 120 bis 128°, -N-oxid, F. 82—89°, → 2-Cyano-3-phenäthylpyridin, Kp.$_{0,8}$ 160—167°, → *4-Aza-10.11-dihydro-5H-dibenzo-[a.d]-cyclohepten-5-on*, F. 68—73°, → *4-Aza-5H-dibenzo-[a.d]-cyclohepten-5-on*, F. 118—119°; *4-Aza-10.11-dihydro-5H-dibenzo-[a.d]-cyclohepten*, F. 99—100°; *5-Hydroxy-5-[N-methyl-4-piperidyl]-4-aza-10.11-dihydro-5H-dibenzo-[a.d]-cyclohepten*, F. 173—174°; *5-Hydroxy-5-[N-methyl-4-piperidyl]-1-aza-10.11-dihydro-5H-dibenzo-[a.d]-cyclohepten*, F. 170—173°; *5-Hydroxy-5-[γ-dimethylaminopropyl]-1-aza-10.11-dihydro-5H-dibenzo-[a.d]-cyclohepten*, F. 106—109°; *5-Hydroxy-5-[4'-dimethylaminocyclohexylmethyl]-1-aza-10.11-dihydro-5H-dibenzo-[a.d]-cyclohepten*, F. 182—184°; *5-[N-Methyl-4-piperidyliden]-4-aza-10.11-dihydro-5H-dibenzo-[a.d]-cyclohepten*, F. 124—126°; *5-[N-Methyl-4-piperidyliden]-1-aza-10.11-dihydro-5H-dibenzo-[a.d]-cyclohepten*, F. 136—138°, *Dihydrochlorid*, F. 170 bis 175°; *5-[4-Dimethylaminocyclohexylmethyliden]-1-aza-10.11-dihydro-5H-dibenzo-[a.d]-cyclohepten*, F. 95—97°, *Dihydrochlorid*, F. 212—214°; *5-[γ-Dimethylaminopropyliden]-1-aza-10.11-dihydro-5H-dibenzo-[a.d]-cyclohepten*, Kp.₁ 175—180°; *5-[γ-Dimethylaminopropyl]-1-aza-10.11-dihydro-5H-dibenzo-[a.d]-cyclohepten*, Kp.₁ 165—170°; *5-[N-Methyl-4-piperidyliden]-4-aza-10.11-dihydro-5H-dibenzo-[a.d]-cyclohepten*, *Dimaleat*, F. 152—154°. — *Antihistaminika, Antianaphylaktika.* (**Brit. P. 1 065 191** vom 21/4. 1964, ausg. 12/4. 1967. U. S. Prior. 24/4., 13/12. u. 13/12. 1963.) — 34 S. R. Bauereis 4846

1380 J. R. Geigy Akt.-Ges., Basel (Erfinder: Henri Dietrich, Birsfelden, und Werner Küng, Basel), Schweiz, **Herstellung von Iminodibenzylderivaten** der allg. Formel **I**, R¹ u. R² = niedrigmol. Alkyle, die direkt

I

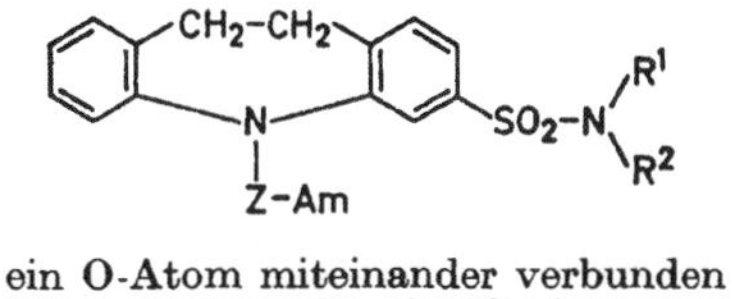

oder über ein O-Atom miteinander verbunden sein können; Z = ggf. verzweigtes $C_2—C_6$-Alkylen; Am = niedrigmol. Dialkylamino, wobei ein Alkyl direkt mit Z oder beide Alkyle direkt oder über ein O-Atom, eine Imino-, niedrigmol. Alkylimino-, Hydroxyalkylimino- oder Alkanoyloxyalkyliminogruppe miteinander verbunden sein können, erfolgt durch Rk. einer 3-Dialkylsulfamoyl-A (A = Iminodibenzyl) mit einem reaktionsfähigen Ester eines Aminoalkohols der allg. Formel HO—Z—Am oder durch Abspaltung von CO_2 aus Verb. der allg. Formel **I**, die in 5-Stellung statt durch Z—Am durch COO—Z—Am substituiert sind. Nach Schwz. P. 415 643 sind Verb. der allg. Formel **I**, in denen Am nur = niedrigmol. Alkylaminogruppe ist, deren Alkyl auch direkt mit Z verbunden sein kann, auch durch Hydrogenolyse bzw. Hydrolyse von Verb. der allg. Formel **I** erhältlich, in denen Am = niedrigmol. N-Arylmethyl oder N-Acylalkylamino ist. — 3-Dimethylsulfamoyl-A in abs. Xylol wird mit in Toluol pulverisiertem $NaNH_2$ 2½ Std. bei 120° gerührt u. nach Zugabe von γ-Dimethylaminopropylchlorid 19 Std. gekocht → *3-Dimethylsulfamoyl-5-[γ-dimethylaminopropyl]-A*, F. 66—68°. — Analog: *3-Piperidinosulfonyl-5-dimethylaminopropyl-A*, F. 109°. — *3-[4'-Morpholinyl]-sulfonyl-5-[γ-dimethylaminopropyl]-A*, F. 132—133°; Hydrochlorid (**II**), F. 201—203°. — *3-[4'-Morpholinyl]-sulfonyl-5-N-piperidyl-2-äthyl-A*, **II**-monohydrat, F. 211—212,5°. — *3-Piperidinosulfonyl-5-[N-methylpiperidinyl-2'-äthyl]-A-***II***-monohydrat*, F. 165—167°. — 34,25 (Teile) 3-Piperidinosulfonyl-A, 19 3-Dimethylamino-2-methylpropylchlorid **II** u. 10 $NaNH_2$ in 800 abs. Xylol werden 24 Std. gekocht. Die Base wird mit HCl extrahiert u. der Extrakt alkal. gestellt → *3-Piperidinosulfonyl-5-[γ-dimethylamino-β-methylpropyl]-A*, F. 54—57°, **II**-monohydrat, F. 119 bis 128°. — Analog folgende *3-Dimethylsulfamoyl-A*: *5-[β-Dimethylaminoäthyl]-*, **II**, F. 210°. — *5-[γ-Dimethylamino-β-methylpropyl]-*, F. 111°. — *5-[γ-Dimethylamino-n-butyl]-*, F. 90°. — *5-[γ-(4'-Methylpiperazinyl)-β-methylpropyl]-*, *Oxalat* (**III**), F. 193°. — *5-[β-(1'-Methylpiperidinyl-2')-äthyl-*, F. 125°. — *5-[γ-(1'-Piperazinyl)-β-methylpropyl]-*, **III**, F. 168°. — *5-[2'-Methyl-3'-(4''-hydroxyäthyl-1''-piperazinyl)-propyl]-*, **III**, F. 158° (Zers.). — Man erhitzt 3-Dimethylsulfamoyl-A-5-carbonsäure-[γ-dimethylamino]-propylester bei 15 Torr auf 180° u. erhöht die Temp. in ca. 3 Std. bis zur Beendigung der CO_2-Entw. auf 220°. Der Rückstand wird in HCl aufgenommen → *3-Dimethylsulfamoyl-5-(γ-dimethylaminopropyl)-A-hydrochlorid*, F. 186—188°. — Analog folgende *3-Dimethylsulfamoyl-A*: *5-[γ-Dimethylaminopropyl]-*, **III**, F. 189°. — *5-[3'-Methylaminopropyl]-* (**IV**), **III**, F. 133°. Ein Gemisch aus 6,5 3-Dimethylsulfamoyl-5-[2'-methylbenzylaminoäthyl]-A, 100 Dioxan, 5 W. u. 10 Raney-Ni wird 2 Std. bei 80° u. 30 at hydriert → *3-Dimethylsulfamoyl-5-[2'-methylaminoäthyl]-A*, **III**, F. 256°. — 3 3-Dimethylsulfamoyl-5-[3'-carbäthoxymethylaminopropyl]-A werden mit 1,2 KOH in 60 Carbitol 6 Std. gekocht → **IV**. — Analog: *3-Di-*

methylaminosulfamoyl-5-[γ-methylamino-β-methylpropyl]-A, **III**, F. 216°. — *5-[3'-Methylaminopropyl]-A*, **III**, F. 133°. — *Antiallerg.*, *antiemet.* u. *sedativ* wirkende *Heilmittel*. (**Schwz. PP. 408 770** vom 20/3. 1962, ausg. 15/6. 1966, **404 671** vom 20/3. 1962, ausg. 15/7. 1966, u. **415 648** vom 20/3. 1962, ausg. 13/1. 1967.) — 3 S. — 2 S. — 3 S. C. Lüttgen 4846

1381 J. R. Geigy Akt.-Ges., Basel, Schweiz, **Herstellung von Azepinderivaten** der allg. Formel **I**, X =

I 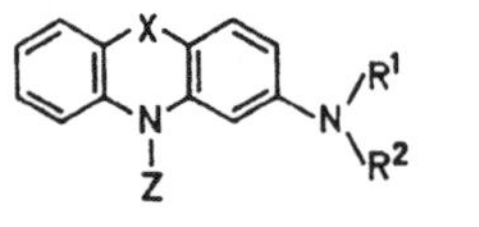

Äthylen, Vinylen; Z = $[CH_2]_m$—CHR^3—$[CH_2]_n$—$N(R^4)$·R^5; R^1 = C_1—C_4-Alkyl; R^2, R^3, R^4 = H, C_1—C_4-Alkyl; R^5 = C_1—C_4-Alkyl, Aralkyl oder mit R^3 zusammen = C_2—C_4-Alkylen oder mit R^4 zusammen = C_4—C_6-Alkylen, das durch O, S, NH, Alkylimino, Hydroxyalkylimino, Alkanoyloxyalkylimino unterbrochen sein kann; m u. n = 0, 1, 2; n + m = 1, 2, 3, erfolgt durch Rk. einer Verb. der allg. Formel **I**, Z = H, in Ggw. eines bas. Kondens.-Mittels, bes. $NaNH_2$, $LiNH_2$, KNH_2, Na, K, Li, C_3H_5Li, C_6H_5Li, NaH, LiH, mit einem reaktionsfähigen Ester eines Aminoalkohols der allg. Formel Z—OH u. ggf. Hydrogenolyse oder Hydrolyse des Rk.-Produktes. — Zu einer Lsg. von 143 g 3-Dimethylamino-A (A = 10.11-Dihydro-5H-dibenz-[b.f]-azepin) in 800 (ml) wasserfreiem Toluol (**II**) tropft man bei 80° 88 einer 33%ig. Suspension von $NaNH_2$ in **II**, kocht 2 Std., kühlt auf 70°, gibt eine Lsg. der aus 123 g 3-Dimethylaminopropylchloridhydrochlorid frisch hergestellten Base in 600 **II** tropfenweise zu u. kocht 12 Std. unter Rückfluß → *3-Dimethylamino-5-[3'-dimethylaminopropyl]-A, Dihydrochlorid*, F. 195—200°. — Analog: *3-Dimethylamino-5-[2'-dimethylaminoäthyl]-A-hydrochlorid*, F. 214—216°. — *3-Dimethylamino-5-[3'-dimethylamino-2'-methylpropyl]-A-dihydrochlorid*, F. 203—205°. — *3-Dimethylamino-5-[2'-dimethylaminopropyl]-A-dihydrochlorid*, F. 210—212°. — *3-Dimethylamino-5-[2'-(1''-methyl-2''-piperidyl)-äthyl]-A*, $Kp._{0,001}$ 190—196°; F. 64—66°. — *3-Dimethylamino-5-[3'-piperidinopropyl]-A*, $Kp._{0,05}$ 190—200°. — *3-Dimethylamino-5-[3'-(4''-methyl-1''-piperazinyl)-propyl]-A-trihydrochlorid*, F. 215—220°. — *3-Methylamino-5-[2'-dimethylaminoäthyl]-A*, $Kp._{0,007}$ 151—160°. — *3-Methylamino-5-[3'-dimethylaminopropyl]-A*, F. 77—80°. — *3-Methylamino-5-[2-methylaminoäthyl]-A-hydrochlorid*, F. 223 bis 225°. — *3-Dimethylamino-5-[2'-(phenylisopropylamino]-äthyl-A-dihydrochlorid*, F. 211—213°. — *3-Dimethylamino-5-[3'-dimethylaminopropyl]-B*, F. 174—176° (B = 5H-Dibenz-[b.f]-azepin), das mit Äthylchlorformiat in Bzl. 16 Std. gekocht u. Behandeln des gebildeten Carbaminsäureesters mit KOH in Carbitol in das *3-Dimethylamino-5-[3-methylaminopropyl]-B, Oxalat*, F. 164—166°, übergeführt wird. — Aus 3-Brom-2-methylpropylchlorid, $NaNH_2$ u. 3-Dimethylamino-A → *3-Dimethylamino-5-[2'-methyl-3'-chlorpropyl]-A*, daraus mit Piperazin-1-äthanol u. K_2CO_3 in Dimethylformamid 16 Std. bei 120° → *1-[3'-(3''-Dimethylamino-10''.11''-dihydro-5''H-dibenz-[b.f]-azepin-5''-yl)-2'-methylpropyl]-piperazin-4-äthanol-trihydrochlorid*, F. 221—223°. — Analog: *5-[3'-(1''-Hydroxyäthyl)-4''-piperazinyl]-3-dimethylamino-B-dimaleat*, F. 138—140°. — *Heilmittel* zur Behandlung von *Geisteskrankheiten* u. *Depressionen*. (**Brit. P. 1 040 738** vom 15/12. 1964, ausg. 1/9. 1966. Schwz. Prior. 16/12. 1963. **Schwz. P. 437 299** vom 16/12. 1963, ausg. 30/11. 1967.) — 13 S. — 4 S. C. Lüttgen 4846

1382 J. R. Geigy Akt.-Ges., Basel, Schweiz, **Herstellung von Azepinderivaten** der allg. Formel **I** (X = Äthylen- oder Vinylenrest; R = H oder Cl; A = Y—N·

I 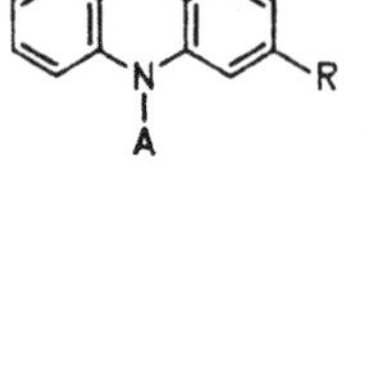

$[R^3]$—Z—NR^1R^2; R^1 u. R^2 = C_{1-4}-Alkyl, oder zusammen mit dem N-Atom = heterocycl. Ring mit ≥6 C-Atomen, der durch O oder eine niedere Alkylimino- oder Hydroxyalkyliminogruppe unterbrochen sein kann; R^2 auch = H; R^3 = H oder C_{1-4}-Alkyl, u. wenn R^2 nicht = H, auch = Phenylalkyl ≥ C_9 oder Cycloalkyl mit 5—6 Ringgliedern u. ≥ C_8; Y u. Z = C_{2-4}-Alkylen), a) durch Rk. eines reakt. Esters der allg. Formel **I** (A = Y—OH) mit einer Verb. der allg. Formel H—$N[R^3]$—Z—NR^1R^2, oder b) durch Kondens. einer Verb. der allg. Formel **I** (A = H) mit einem reakt. Ester einer Verb. der allg. Formel HO—Y—$N[R^3]$—NR^1R^2 in Ggw. eines bas. Kondens.-Mittels, oder c) durch Rk. einer Verb. der allg. Formel **I** (A = Y—NHR^3) mit einem reakt. Ester der allg. Formel HO—Z—NR^1R^2. — Beispiele: (*5H-Dibenz-*[b.f]-*azepine* = *B*). Aus 5-[γ-Chlorpropyl-10.11-dihydro-B u. N.N-Diäthyläthylendiamin → *5-[γ-(β'-Diäthylaminoäthylamino)-propyl]-10.11-dihydro-B*, $Kp._{0,05}$ 175—177°, *Dihydrochlorid* (**II**), F. 245—247°. — Analog: *5-[γ-(β'-Dimethylaminoäthylamino)-propyl]-10.11-dihydro-B*, $Kp._{0,05}$ 184°, **II**, F. 245—247°. — *5-[γ-(N-Äthyl-β'-diäthylaminoäthylamino)-propyl]-10.11-dihydro-B*, F. 177—179°; **II**, F. 177—179°. — *5-[γ-(N-Methyl-β'-dimethylaminoäthylamino)-propyl]-10.11-dihydro-B*, $Kp._{0,015}$ 170°. — *5-[γ-(N-Cyclohexyl-β'-dimethylaminoäthylamino)-propyl]-10.11-dihydro-B*, $Kp._{0,01}$ 206°. — *5-[γ-(γ'-Dimethylaminopropylamino)-propyl]-10.11-dihydro-B*, $Kp._{0,005}$ 172°, **II**, F. 235—238°. — *5-[γ-(β'-Diäthylaminoäthylamino)-propyl]-B*, $Kp._{0,01}$ 192°, **II**, F. 213—215°. — *5-[γ-(β'-Dimethylaminoäthylamino)-propyl]-B*, $Kp._{0,01}$ 177°, **II**, F. 225 bis 226°. — *5-[γ-(N-Benzyl-β'-dimethylaminoäthylamino)-propyl]-B*, $Kp._{0,08}$ 215°, **II**, F. 155—160°. — *5-[γ-(γ'-Dimethylaminopropylamino)-propyl]-B*, $Kp._{0,006}$ 177°, **II**, F. 175—176°. — *5-[γ-(N-Methyl-β'-dimethylaminoäthylamino)-propyl]-B*, $Kp._{0,015}$ 170°, aus $NaNH_2$, B u. N-[γ-Chlorpropyl)-N.N'.N'-trimethyläthylendiamin. — *5-[γ-(N-Methyl-γ'-dimethylaminopropylamino)-propyl]-10.11-dihydro-B*, $Kp._{0,001}$ 160—180°, aus 5-[γ-Methylaminopropyl]-10.11-dihydro-B, Butyl-Li u. γ-Dimethylaminopropylchlorid. — Pharmazeutika. (**Brit. P. 1 046 260** vom 23/1. 1964, ausg. 19/10. 1966. Schwz. Prior. 24/1. 1963. **Schwz. P. 416 648** vom 24/1. 1963, ausg. 31/1. 1967.) — 7 S. — 4 S. C. Lüttgen 4846

1383 F. Hoffmann-La Roche & Co. Akt.-Ges., Basel, Schweiz, **3H-Benzdiaz-[1.4]-epinderivate**, die in 2-Stellung durch einen niederen Alkylrest, in 5-Stellung durch einen Phenyl- oder Halogenphenylrest u. ggf. in 7-Stellung durch Halogen, CF_3, NO_2, CN oder einen niederen Alkylrest substituiert sind, erhält man durch Umlagerung aus 2-Halogenmethylchinazolin-3-oxiden mit organ. oder anorgan. Basen in die entsprechenden 4-Oxide, die nach der Red. zu 1.2-Dihydroderiv. ox. werden. — 3H-Benzdiaz-[1.4]-epin = **I**. 6-Chlor-2-chlormethyl-2-methyl-4-phenyl-1.2-dihydrochinazolin-3-oxid + n-NaOH → 7-Chlor-2-methyl-5-phenyl-**I**-4-oxid (**II**), Nadeln, F. 163—165° (A.). — **II** + H_2/Raney-Ni → 7-Chlor-2-methyl-5-phenyl-1.2-dihydro-**I** (**III**), F. 144 bis 147° (Äthylacetat). *Hydrochlorid*, gelborange Nadeln, F. 260—265° (Zers.). — **III** + MnO_2 → *7-Chlor-2-methyl-5-phenyl-***I**, Prismen, F. (Zers.) 132—135° (Hexan). — *Antikonvulsiv. Mittel*. (**Brit. P. 1 082 444** vom 1/12. 1965, ausg. 6/9. 1967. U. S. Prior. 3/12. 1964.) — 5 S. A. Jahn 4846

1384 Hoffmann-La Roche & Co. Akt.-Ges., Basel, Schweiz, **1.2.4.5-Tetrahydro-3H-benzdiaz-[1.4]-epinon-(3)-derivate**, die in 1-Stellung durch H oder niedere Alkylreste, in 5-Stellung durch Phenyl-, Halogenphenyl-, Trifluormethylphenylreste oder im annellierten Benzolring durch H, Halogen, CF_3 substituiert sind, erhält man durch intramol. Kondens. von 2-[Carb-(alkaryl)-oxymethylamino]-benzylaminen. — Die Prod. können zu den ketogruppenfreien Verb. red. werden. — 1.2.4.5-Tetrahydro-3H-benzdiaz-[1.4]-epinone-(3) = **I**: 2-Äthoxycarbonylamino-5-chlor-α-phenylbenzylamin (18std. Erhitzen in Py. am Rückfluß) → *7-Chlor-5-phenyl-1.2.4.5-tetrahydro-3H-benzdiaz-[1.4]-epinon-(3)* (**III**), Prismen, F. 185—187° (CH_2Cl_2–Hexan). — **III** + H_2Pd/C → *5-Phenyl-***I**, Prismen, F. 187—188° (Aceton–Ae.). — **III** + $LiAlH_4$ → *7-Chlor-5-phenyl-2.3.4.5-tetrahydro-1H-benz-*

diaz-[1.4]-epin, Hydrochlorid, F. 259—261° (CH_3OH–Aceton). — *Antikonvulsiv. Mittel.* (**Brit. P. 1 081 684** vom 29/9. 1965, ausg. 31/8. 1967. U. S. Prior. 1/10. 1964.) — 4 S. A. Jahn 4846

1385 F. Hoffmann-La Roche & Cie. Soc. An., Schweiz (Erfinder: Giles Allan Archer und Leo Henryk Sternbach), **1.3-Dihydro-5-phenyl-2H-1.4-benzodiazepinone-(5).** Die *1-[3-Hydroxypropyl]-7-chlor-Verb.*, F. 156—158°, wird hergestellt aus 7-Chlor-1.3-dihydro-5-phenyl-2H-1.4-benzodiazepinon-(5) u. 3-Brompropanol-(1). Analog *1-[2-Hydroxyäthyl]-7-chlor-*, F. 159 bis 160°, *1-[2-Hydroxyäthyl]-7-nitro-*, F. 239—240° (Zers.) u. *1-[2-Äthoxyäthyl]-7-chlor-1.3-dihydro-5-phenyl*, F. 156 bis 158°, *2H-1.4-benzodiazepinon-(5)*, F. 156—158°. *Hydrochlorid*, F. 212—214° (Zers.). — Die Verb. werden in Form von Injektionslsg., Kapseln u. Tabletten als *Sedativa* u. *krampflösende Mittel* verwendet. (**F. P. [Méd.] Add. 185** vom 11/8. 1965, veröff. 2/1. 1967. U. S. Prior. 13/8. 1964. **Zusatz zu F. P. [Méd.] 839; C. 1966, 35-1766.**) — 4 S. S. Böttcher 4846

1386 American Home Products Corp., New York, N.Y., übert. von: Stanley C. Bell und Scott J. Childress, Philadelphia, Pa., USA, **Herstellung von 3-Acetamido-1.3-dihydro-5-phenyl-2H-1.4-benzodiazepin-2-onen** (I) erfolgt durch Rk. von 2-[(N-Acetoxyacetamido)-acetamido]-benzophenon (**II**), das in 5-Stellung durch Cl substituiert sein kann, mit NH_3 in einem polaren, inerten Lsgm., bes. A., Methanol. — Man sättigt 100 ml A. mit NH_3, gibt 1 g 5-Chlor-**II** zu u. läßt 12—15 Std. stehen → *7-Chlor-I*, F. 272—273°; daraus durch Hydrolyse mit methanol. HCl → *3-Amino-7-chlor-1.3-dihydro-5-phenyl-2H-1.4-benzodiazepin-2-on*, F. 202—203°; *Hydrochlorid*, F. 211—212°. — *Antikonvulsiva, Sedativa, Muskelrelaxantien.* (**U. S. P. 3 344 136** vom 30/11. 1964, ausg. 26/9. 1967.) — 4 S. O. Schön 4846

1387 Ciba Ltd., Basel, Schweiz, **4-Guanyl-2.3.4.5-tetrahydro-1.4-benzoxazepine** der allg. Formel **I** (R = H,

I 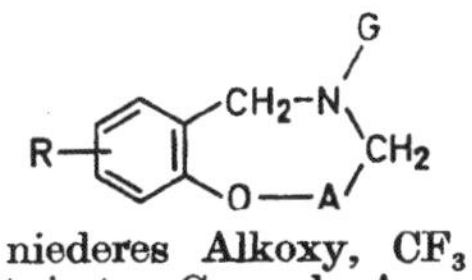

niederes Alkyl, niederes Alkoxy, CF_3 oder Halogen; G = ggf. substituiertes Guanyl; A = Alkyliden, bes. CH_2) erhält man in üblicher Weise durch Rk. von **I** (G = H) mit Cyanamiden. — Man kocht 0,067 (Mol) *2.3.4.5-Tetrahydro-1.4-benzoxazepin* ($Kp._{15}$ 122—129°), 0,060 Methansulfonsäure u. 0,134 Cyanamid 24 Std. in 150 ml A., worauf weitere 0,134 Cyanamid zugesetzt werden u. nochmals 24 Std. erhitzt wird → *4-Guanyl-2.3.4.5-tetrahydro-1.4-benzoxazepin*; *Hydrochlorid*, F. 229°. — *Blutdrucksenkende Heilmittel.* (**Brit. P. 1 083 561** vom 10/1. 1966, ausg. 13/9. 1967. Schwz. Prior. 19/1. 1965.) — 5 S. O. Schön 4846

1388 J. R. Geigy Akt.-Ges., Basel, Schweiz, **Thiepin- und Oxepinderivate** erhält man nach folgendem Beispiel: Durch Rk. von Dibenzo-[b.f]-thiepin-10[11H]-on, F. 68°, mit Methylmagnesiumjodid erhält man das 10-Methyl-10.11-dihydrodibenzo-[b.f]-thiepin-10-ol, F. 109—111°. Durch Abspaltung von W. aus dieser Verb. erhält man je nach Rk.-Bedingungen das 10-Methylen-10.11-dihydrodibenzo-[b.f]-thiepin (I) oder das 10-Methyldibenzo-[b.f]-thiepin, F. 50—51°. Durch Bromierung von I mit Br_2 erhält man das 10-Brom-10-brommethyl-10.11-dihydrodibenzo-[b.f]-thiepin u. 10-Methyl-dibenzo-[b.f]-thiepin. Durch Rk. des Gemisches mit Dimethylamin erhält man das *10-Dimethylaminomethyldibenzo-[b.f]-thiepin*, F. 112°. Analog wurden folgende Dibenzo-[b.f]-thiepine (**II**) u. Dibenzo-[b.f]-oxepine (**III**) erhalten: *10-Methylaminomethyl-***II**, *Hydrochlorid*, F. 234—237°; *10-[(4'-β-Hydroxyäthyl-1'-piperazinyl)-methyl]*-**II**, *Dihydrochlorid*, F. 235—242°; *10-[(4'-β-Pivaloyloxyäthyl-1'-piperazinyl)-methyl]*-**II**, *Dihydrochlorid*, F. 199—200°; *10-[(4'-Methyl-1-piperazinyl)-methyl]*-**II**, *Dihydrochlorid*, F. 225 bis 228°; *10-Aminomethyl-***II**, *Hydrochlorid*, F. 228—231°; 8-Chlor-**II**-10[11H]-on, F. 119—120° → *2-Chlor-11-dimethylaminoäthyl-***II**, F. 116°; *2-Chlor-11-[4'-methyl-1'-piperazinylmethyl]*-**II**, F. 111—112°; 2-Chlor-**II**-10[11H]-on, F. 141°, → *2-Chlor-10-dimethylaminomethyl-***II**, F. 76—77°; *2-Chlor-10-piperidinomethyl-***II**, F. 118°; *8-Methoxy-10-dimethylaminomethyl-***II**, $Kp._{0,01}$ 151°, F. 92,5°, *Hydrochlorid*, F. 230—231°, (Zers.); *2-Methyl-10-dimethylaminomethyl-***II**, F. 245—248°; *3-Chlor-11-dimethylaminomethyl-***II**, F. 70°; *3-Chlor-11-[1'-pyrrolidinylmethyl]*-**II**, $Kp._{0,001}$ 172—175°, *Hydrochlorid*, F. 265—268°, (Zers.); 10-Äthyl-10.11-dihydro-**II**-10-ol, F. 93—95°, → 10-Äthyliden-10.11-dihydro-**II**, F. 90—92°, → 10-Brom-10-[1-bromäthyl]-10.11-dihydro-**II**, F. 102—103°, → *10-[1-Dimethylaminoäthyl]*-**II**, $Kp._{0,012}$ 160°; *10-[1-Methylaminoäthyl]*-**II**, *Hydrochlorid*, F. 251—252°; *10-[1-Pyrrolidinoäthyl]*-**II**, F. 84—85; *10-[1-(4-Methylpiperazinyl)-äthyl]*-**II**, *Dihydrochlorid*, F. 245—249°; *10-Dimethylaminomethyl-***III**, $Kp._{0,004}$ 128—130°, *Hydrochlorid*, F. 234—236°; *10-Methylaminomethyl-***III**, $Kp._{0,004}$ 145°, *Hydrochlorid*, F. 185—188°; *10-[4'-(2''-Hydroxyäthyl)-1'-piperazinylmethyl]*-**III**, *Dihydrochlorid*, F. 220—225°; *10-Pyrrolidinomethyl-***III**, $Kp._{0,01}$ 150—155°, *Hydrochlorid*, F. 193—196°; *10-[4'-Methyl-1'-piperazinylmethyl]*-**III**, F. 82—83°, *Dihydrochlorid*, F. 210—215° (Brit. P. 1 080 979). 10-Brommethyl-**III**, F. 88—90°; *11-Dimethylaminomethyl-2-methoxy-***III**, *Hydrochlorid*, F. 204—208,5°; *11-Methylaminomethyl-2-methoxy-***III**, *Hydrochlorid*, F. 151,5 bis 154°; *11-[4'-Methyl-1'-piperazinylmethyl]-2-methoxy-***III**, F. 92—94,5°. *Dihydrochlorid*, F. 232,3—236°; 2-Phenoxy-5-methoxybenzoesäureäthylester, $Kp._{0,007}$ 126 bis 129°, → 2-Phenoxy-5-methoxybenzylalkohol, $Kp._{0,001}$ 137—139°, F. 53—55,4°, → 2-Phenoxy-5-methoxybenzylbromid, F. 92°, → 2-Phenoxy-5-methoxyphenylacetonitril, $Kp._{0,005}$ 134—138°, F. 47—49°, → 2-Phenoxy-5-methoxyphenylessigsäure, F. 92—95,5, → 2-Methoxy-**III**-10[11H]-on, F. 75,8—78,5°, → 2-Methoxy-11-methyl-**III**-10[11H]-on, $Kp._{0,015}$ 163—165°, → 2-Methoxy-11-methyl-10.11-dihydro-**III**-10-ol, F. 132—135,5°, → 2-Methoxy-11-methyl-**III**, $Kp._{0,001}$ 144—146,5°, → 2-Methoxy-11-brommethyl-**III**, F. 115—117° (Schwz. P. 436 338). — *Adrenolytika, Sedativa.* (**Brit. P. 1 080 979** vom 2/11. 1965, ausg. 31/8. 1967. Schwz. Prior. 3/11. 1964. **Schwz. P. 436 338** vom 29/6. 1964, ausg. 15/11. 1967.) — 8 S. — 5 S. R. Bauereis 4846

1389 Spofa, Spojené Podniky pro Zdravotnickou Výrobu, Prag, ČSSR, **Herstellung von 4-substituierten 4.5-Dihydrothieno-[2.3-b]-benzo-[f]-thiepinen** der allg. Formel **I** (R = H, Halogen; R^1 = Alkyl, Hydroxyalkyl,

I 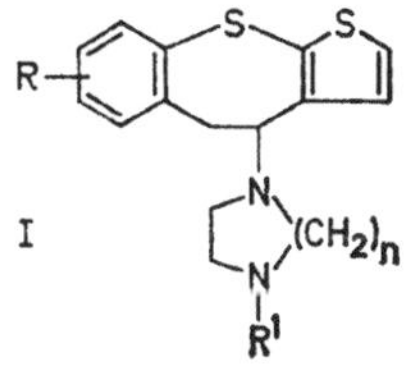

Acyl, Alkoxycarbinyl C_{1-4}; n = 2 oder 3) erfolgt durch Rk. eines 4-Hydroxy-4.5-dihydrothieno-[2.3-b]-benzo-[f]-thiepinesters mit einem Piperazin oder Diazepin. — Beispiel (2-[2-Thienylthio] = **II**). 2-Mercaptothiophen gibt mit o-Jodbenzoesäure **II**-*benzoesäure*, F. 194—196°. Durch Red. dieser Säure mit $LiAlH_4$ erhält man **II**-*benzylalkohol*, $Kp._{0,4}$ 145—147°, F. 36—38°. Durch Rk. dieser Verb. mit $SOCl_2$ erhält man **II**-*benzylchlorid*, $Kp._{0,4}$ 145—155°, F. 59—61°. Durch Rk. dieser Verb. mit KCN erhält man **II**-*benzylcyanid*, F. 65—67°. Durch Verseifung dieses Cyanids mit KOH erhält man **II**-*phenylessigsäure*, F. 121 bis 123°. Durch Ringschluß dieser Verb. mit P_2O_5 erhält man *4.5-dihydrothieno-[2.3-b]-benzo-[f]-thiepin-4-on*, F. 122—125°. Durch Red. dieses Ketons mit $NaBH_4$ erhält man *4-Hydroxy-4.5-dihydrothieno-[2.3-b]-benzo-[f]-thiepin*, F. 101—103°. Durch Chlorierung dieser Verb. mit trockenem HCl u. Umsetzung des Rk.-Prod. mit N-Methylpiperazin erhält man *4-[4-Methylpiperazino]-4.5-dihydrothieno-[2.3-b]-benzo-[f]-thiepin*, F. 141—142°, *Maleat*, F. 164—166°. — *Depressiva, Sedativa, Antihistaminika, Antiemetika.* (**Brit. P. 1 081 360** vom 8/8. 1966, ausg. 31/8. 1967. Tschech. Prior. 25/8. 1965.) — 4 S. R. Bauereis 4846

1390 American Home Products Corp., New York, N.Y., USA, **Herstellung von Diazacycloalkanderivaten.** Zu Port. P. 42 290; C. **1966,** 13-1789 sind folgende 1.2.3.4.5.6-Hexahydro-2.5-benzdiazocindihydrochloride nachzutragen: *1-Phenyl-*, $C_{16}H_{18}N_2 \cdot 2\,HCl$, F. (Zers.) 297° (wss. A.). — *1-[p-Chlorphenyl]-*, $C_{16}H_{17}ClN_2 \cdot 2\,HCl$, F. 310° (A.). *l-Verb.*, F. (Zers.) 303°, $[\alpha]_D^{25}$ −118,3° (W.). *d-Verb.*, F. 303° (Zers.), $[\alpha]_D^{25}$ +115,9° (W.). — *1-Phenyl-4-methyl-*, $C_{17}H_{20}N_2 \cdot 2\,HCl$, F. (Zers.) 212° (A.). — *1-[p-Fluorphenyl]-*, F. (Zers.) 303°. — *1-Benzyl-*, F. 238—240°. — *1-[p-Methoxyphenyl]-*, F. 260°. — *1-[2-Thienyl]-*, F. 241°. — *Pharmazeutika.* (**Brit. P. 1 059 174** vom 10/4. 1964, ausg. 15/2. 1967. U. S. Prior. 11/4. 1963, 9/1. u. 9/1. 1964.) — 8 S. A. Jahn 4846

1391 Colgate-Palmolive Co., New York, N.Y., übert. von: Alexander E. Drukker, Milwaukee, und Claude J. Judd, Mequon, Wis., USA, **Herstellung von 5.6-Dihydro-11-morphanthridonoximen (I).** Man kocht 0,02 (Mol) 5-Acetyl-5.6-dihydro-11-morphanthridon mit 0,05 Hydroxylaminhydrochlorid in Py. 50 Std. unter Rückfluß → *5-Acetyl-*I, $C_{16}H_{14}N_2O_2$, F. 222—224°. — Analog: *2-Chlor-5-acetyl-*I. — *5-Benzoyl-*I. — *Pharmazeutika.* (**U. S. P. 3 350 391** vom 8/2. 1965, ausg. 31/10. 1967.) — 2 S. C. Lüttgen 4846

1392 Glaxo Group Ltd., Greenford, Großbritannien, **Herstellung von N-Alkylderivaten von 2-Dehydroemetin.** Man schüttelt eine wss. Lsg. von 2.3-Dehydroemetinhydrochlorid mit Ae. u. NaOH u. dann mit Essigsäureanhydrid → *(±)-N-Acetyl-2.3-dehydroemetin*, F. 201—202° (Zers.). Durch Kochen mit $LiAlH_4$ in Tetrahydrofuran erhält man hieraus *(±)-N-Äthyl-2.3-dehydroemetin*, F. 109,5—110,5° (Zers.). — Analog: *(±)-N-Propionyl-2.3-dehydroemetin*, F. 109,5—110,5° (Zers.) → *(±)-N-n-propyl-2.3-dehydroemetin*, F. 99,5—101° (Zers.). — *Therapeutika.* — Vgl. D. A. S. 1 214 694; C. **1968,** 14-1731. (**Niederl. P. 128 452** vom 1/12. 1961, ausg. 15/12. 1967.) — 7 S. F. Böhm 4846

1393 Tanabe Seiyaku Co. Ltd., Osaka, Japan, **Herstellung von O-Acylthiamindisulfiden** durch Acylierung von Thiamindisulfid (I) mit einem Acylthioschwefelsäuresalz der allg. Formel $RCOS_2O_3M$ (R = Phenyl, 2-Thienyl, 2-Furyl; M = Alkali- oder 1/2 Erdalkaliatom. — Man behandelt z. B. I in wss. Lsg. bei pH 7 mit Na-Benzoylthiosulfat → *O-Benzoylthiamindisulfid*, F. 146—147° (Zers.). — *O-(2-Thenoyl)-thiamindisulfid*, F. 143—145° (Zers.). — *O-(2-Furoyl)-thiamindisulfidhydrat*, F. 129—130° (Zers.). *Pharmazeutika mit Vitamin-B_1-Wirkung.* (**Niederl. P. 122 637** vom 20/11. 1963, ausg. 17/7. 1967. Jap. Prior. 21/11. 1962.) — 3 S. F. Böhm 4847

1394 Merck & Co., Inc., Rahway, N.J., USA, **Herstellung von Pyridoxin, Vitamin B_6,** durch Red. einer Verb. der allg. Formel **I** (X = $-CO-O-CO-$, $-CH_2-O-$

I 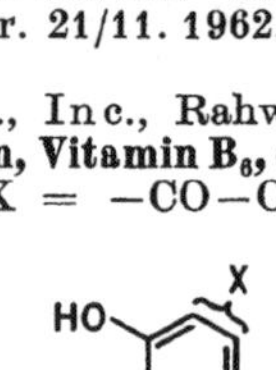

$CO-$, $-CO-O-CH_2-$, $[-COOH]_2$ oder $[-COOAlk \cdot (C_1-C_5)]_2$ mit einem Boran-Al-alkylat der allg. Formel $AlH_3 \cdot [BH_3]_3 \cdot 3\,Al[OR]_3$, in der R bes. einen Isobutyl-, Isopropyl-, Cyclohexylrest bedeutet, u. Hydrolyse, bes. durch HCl. — 2,35 (g) 2-Methyl-3-hydroxypyridin-4.5-dicarbonsäureäthylester + 6 Boran-Al-isopropylat (70 bis 75°) + HCl → *Pyridoxinhydrochlorid*, F. 206—207°. — *Vitamin-B_6-Therapie.* (**Brit. P. 1 075 191** vom 8/2. 1965, ausg. 12/7. 1967. U. S. Prior. 25/2. 1964.) — 3 S. O. Schön 4847

1395 Roussel-Uclaf Soc. An., Paris, Frankreich, **Herstellung von 17α-Hydroxy-20-oxosteroiden.** Man schüttelt 3-Pyrrolidyl-17-oxo-9β.10α-$\Delta^{3,5}$-östradien in einer Suspension, die erhalten wurde durch Erhitzen einer Suspension von NaH in Mineralöl mit $(CH_3)_2SO$ auf 80—85° u. anschließende Zugabe einer Suspension von Triphenyläthylphosphoniumbromid in $(CH_3)_2SO$ → *3-Oxo-19-nor-9β.10α$\Delta^{4,17(20)}$-pregnadien*, F. 90°. Dieses behandelt man in tert.-Butanol bei Raumtemp. mit OsO_4 u. dann mit Triäthylaminoxid-Peroxid → *3.20-Dioxo-17α-hydroxy-19-nor-9β.10α-Δ^4-pregnen*, F. 255°. Durch Einw. eines Gemisches aus Essigsäure, Essigsäureanhydrid u. wenig H_2SO_4 bei 20° entsteht hieraus *3.20-Dioxo-17α-acetoxy-19-nor-9β.10α-Δ^4-pregnen*, F. 188°. — Ähnlich: *10.11-Lacton von 3-Äthylidendioxy-11β.17α-dihydroxy-20-oxo-19-nor-Δ^5-pregnen-10β-carbonsäure*, F. 272°. — *10.11-Lacton von 3.20-Dioxo-11β.17α.21-trihydroxy-19-nor-Δ^4-pregnen-10β-carbonsäure*, F. 312°, $[\alpha]_D^{20}$ +186° (c = 0,5 in Dimethylformamid). — *3.11-Dioxo-10β-n-propyl-19-nor-$\Delta^{4.17(20)}$-pregnadien-21-säureäthylester*, F. 164—165°, $[\alpha]_D^{20}$ +91,7° (c = 0,5 in Methanol). — *Heilmittel.* (**Niederl. P. 123 298** vom 7/8. 1964, ausg. 15/11. 1967. F. Prior. 7/8. 1963 u. 16/1. 1964.) — 10 S. F. Böhm 4847

1396 American Cyanamid Co., Stamford, Conn., übert. von: Robert Herman Lenhard, Ridgefield Park, N.J., Milton Heller und Seymour Bernstein, New City, N.Y., USA, **11β-Hydroxy-19-nor-1.3.5(10).6.8-steroidpentaene** erhält man z. B. durch Rk. von 21-Acetoxy-9α-brom-11β.17α-dihydroxypregna-1.4.6-trien-3.20-dion mit Py. u. dann Acetylierung → *3.11β.21-Triacetoxy-17α-hydroxy-19-norpregna-1.3.5(10).6.8-pentaen-20-on*, F. 90—130°; daraus durch Red. mit $LiAlH_4$ → *3.11β.21-Triacetoxy-19-norpregna-1.3.5-(10).6.8-pentaen-17α.20ξ-diol*, F. 153—168°, welches sich durch Rk. mit $NaJO_4$ überführen läßt → *11β-Hydroxyequilenindiacetat*, F. 186—189,5°. — *11β-Hydroxyequilenin*, F. 253—255°. — *11β-Acetoxyequilenin*, F. 208—210°. — *11β-Hydroxy-17β-dihydroequilenin*, F. 207,5—212°. — *9α-Brom-21-chlor-11β-hydroxy-16α.17α-isopropylidendioxypregna-1.4.6-trien-3.20-dion.* — *Hypocholesterämisch wirksame Heilmittel* (**U. S. P. 3 347 854** vom 10/1. 1966, ausg. 17/10. 1967.) — 3 S. U. Sievers 4847

1397 Smith, Kline & French Laboratories, Philadelphia, Pa., USA, **6.6-Äthylenverbindungen der Pregnanreihe** erhält man z. B. durch Rk. von 3-Methoxy-17α-methylpregna-3.5-dien-20-on mit $COCl_2$ u. Dimethylformamid in CH_2Cl_2 u. Py., dann Rk. mit wss. Na-Acetat → *3-Methoxy-6-formyl-17α-methylpregna-3.5-dien-20-on*, F. 160,5—171,5°, welches sich durch Red. mit $LiAlH_4$ in Tetrahydrofuran überführen läßt → *3-Methoxy-6-hydroxymethyl-20-hydroxy-17α-methylpregna-3.5-dien*, F. 136,5—148°; daraus durch Rk. mit Eisessig–W. (3 : 1) → *6-Methylen-17α-methyl-20-hydroxypregn-4-en-3-on*, F. 183—185°, welches sich durch Rk. mit Trimethylsulfoxoniumjodid in Dimethylsulfoxid u. in Ggw. von NaH überführen läßt → *6.6-Äthylen-17α-methyl-20-hydroxypregn-4-en-3-on* (I), F. 198,5—206°; *20-Acetat*, F. 204,5 bis 210°. — I läßt sich durch CrO_3-Ox. überführen → *6.6-Äthylen-17α-methylprogesteron*, F. 172—174,5°. — Analog: *6.6-Äthylenpregn-4-en-20β-ol-3-on-20-acetat*, F. 210—211°; *freier Alkohol*, F. 181—182°, welches sich wie vorst. mit CrO_3 oxydieren läßt → *6.6-Äthylenprogesteron*, F. 121—123°. — *6-Methylenpreg-4-en-17α-ol-3.20-dion*, F. 205—208°. — *6.6-Äthylenpregn-4-en-17α-ol-3.20-dion*, F. 224—226°. — Man kann auch 17α-Acetoxy-3-methoxypregna-3.5-dien-20-on durch Rk. mit β-Acetoxyäthylmercuriacetat in CH_2Cl_2 u. in Ggw. von BF_3-Ätherat überführen → *6-(β-Acetoxy)-äthyl-17α-acetoxy-3-methoxypregna-3.5-dien-20-on*, F. 145—149°; $[\alpha]_D^{25}$ −152°, welches sich durch Erhitzen unter Rückfluß mit 10%ig. methanol. HCl überführen läßt → *6α-(β-Hydroxy)-äthyl-17α-acetoxyprogesteron*, F. 214—216°; $[\alpha]_D^{25}$ 43°; daraus durch Rk. mit p-Toluolsulfonsäurechlorid → *6α-(β-Tosyloxy)-äthyl-17α-acetoxyprogesteron*, welches sich durch Rk. mit methanol. Na-Methylat in Bzl. u. chromatograph. Aufarbeitung an Al_2O_3 überführen läßt → *6.6-Äthylen-17α-acetoxyprogesteron*, F. 213—215°; $[\alpha]_D^{25}$ 172°. — *Progestatika, Anabolika.* (**Brit. P. 1 065 189** vom 18/3. 1966, ausg. 12/4. 1967. U. S. Prior. 25/4. u. 14/7. 1965.) — 7 S. U. Sievers 4847

1398 E. R. Squibb & Sons, Inc., New York, N.Y., übert. von: Josef Fried, Princeton, N.J., USA, **Acetale und Ketale von 6-Alkyl-16.17-dihydroxyprogesteronverbindungen** erhält man z. B. durch Rk. von 16α.17α-Dihydroxyprogesteron-3.20-bis-äthylenketal mit Monoperphthalsäure u. Spaltung des erhaltenen 6.7-Epoxids mit CH_3MgBr → *5α.16α.17α-Trihydroxy-6β-methylpre-*

gnan-3.20-bis-äthylenketal, F. 188—199° u. 233—235°; *freies 3.20-Diketon*, F. 231—233°; *16.17-Acetonid*, F. 270 bis 272°. — *Acetophenonderiv. des 6β-Methyl-16α.17α-dihydroxyprogesterons*. F. 144—145°. — *6α-Methyl-16α.-17α-dihydroxyprogesteron-16.17-acetonid*, F. 170—171°. — *Progestatika*. (**U. S. P. 3 349 085** vom 30/7. 1959, ausg. 24/10. 1967.) — 7 S. U. Sievers 4847

1399 Eli Lilly & Co., übert. von: Richard T. Rapala, Indianapolis, Ind., USA, **Pregnenolonacetonide** erhält man z. B. durch Rk. von 6-Methyl-Δ^{16}-pregnenolon mit $KMnO_4$ in Aceton → *16α.17α-Dihydroxy-6-methyl-pregnenolon*, F. 138—152°, welches sich wie üblich durch Rk. mit Aceton/HCl überführen läßt → *16α.17α-Isopropylidendioxy-6-methylpregnenolon*, F. 248—251°. — Oral wirksame *Progestatika*; Zwischenprod. zur Herst. von Heilmitteln. (**U. S. P. 3 345 362** vom 27/7. 1961, ausg. 3/10. 1967.) — 2 S. U. Sievers 4847

1400 G. D. Searle & Co., Chicago, übert. von: Ivar Laos, Skokie, Ill., USA, **4-Halogen-2-methylenverbindungen der Androstan- beziehungsweise Östranreihe** erhält man z. B. durch Rk. von 4β.5β-Epoxy-17β-hydroxyandrostan-3-on mit CH_2O/Methanol-Na-Acetat → *4β.5β-Epoxy-17β-hydroxy-2-methylenandrostan-3-on* (**I**), welches sich durch Rk. mit HCl in Aceton überführen läßt → *4-Chlor-17β-hydroxy-2-methylenandrost-4-en-3-on* (**II**). — **I**-*17-Acetat*, F. 227—230°. — **II**-*17-Acetat*, F. 191—194°. — Analog: *17β-Acetoxy-4-brom-2-methylenandrost-4-en-3-on*, F. 169 bis 171°. — *17β-Acetoxy-4β.5β-epoxy-2-methylenöstran-3-on*, F. 155—156°. — *Hormonwirksame Heilmittel*. (**U. S. P. 3 352 855** vom 23/2. 1966, ausg. 14/11. 1967.) — 3 S. U. Sievers 4847

1401 G. D. Searle & Co., Chicago, übert. von: Paul M. Klimstra, Northbrook, Ill., USA, **17β-Substituierte Verbindungen der Androstanreihe.** Man setzt z. B. 17β-Hydroxy-5α-androst-1-en-3-on mit Dihydropyran in CH_2Cl_2 um → *17β-Tetrahydropyran-2-yloxy-5α-androstan-1-en-3-on*, F. 94—96°, welches sich durch Red. mit $LiAlH_4$ überführen läßt → *17β-Tetrahydropyran-2-yloxy-5α-androst-1-en-3β-ol*, F. 130—133°; *3-Acetat*; *-17β-(p-tert.-Butylphenoxyacetoxy)-5α-androst-1-en-3-on*, F. 158,5—160°. — *Anabolika*; *Androgene*; *antiöstrogen* wirksame *Heilmittel*. (**U. S. P. 3 352 853** vom 13/5. 1965, ausg. 14/11. 1967.) — 2 S. U. Sievers 4847

1402 E. R. Squibb & Sons, Inc., New York, N.Y., übert. von: Patrick A. Diassi, Westfield, N.J., USA, **4α.8.14-Trimethyl-11α-hydroxy-18-nor-8α.9β.14β-androst-4-en-3.17-dion,** F. 248—250°, erhält man z. B. durch Bebrütung von 4α.8.14-Trimethyl-11α-hydroxy-18-nor-5α.8α.9β.14β-androstan-3.17-dion mit einer Kultur von *Pseudomonas testosteroni* unter üblichen aeroben Bedingungen neben der entsprechenden *11-Ketoverb.*, F. 200—202°. — *Antiandrogen, anabol., androgen u. östrogen* wirksame *Heilmittel*. (**U. S. P. 3 344 159** vom 12/11. 1965, ausg. 26/9. 1967.) — 2 S. U. Sievers 4847

1403 E. R. Squibb & Sons, Inc., New York, N.Y., übert. von: Patrick A. Diassi, Westfield, N.J., USA, **17-Oxa-D-Homosteroide** erhält man z. B. durch Rk. von 16-Keto-17α-hydroxyprogesteron mit methanol. NaOH → *17aβ-Acetyl-17-oxa-D-homoandrost-4-en-3.16-dion*, F. 205 bis 207°. — Analog: *17β-Acetyl-17-oxa-D-homo-A-norandrost-2-en-2.16-dion*, F. 170—172°. — *Progestatika, Corticoide*. (**U. S. P. 3 355 461** vom 30/8. 1965, ausg. 28/11. 1967.) — 3 S. U. Sievers 4847

1404 E. R. Squibb & Sons, Inc., New York, N.Y., übert. von: Seymour D. Levine, Princeton, N.J., USA, **Ketale von 5-Alkanoyl-A-nor-androstan-2-onen.** Man setzt z. B. 5β-Cyan-A-nor-androstan-2.17-dion-2-äthylenketal mit CH_3Li in Bzl. um → *5β-Acetyl-17α-methyl-A-nor-androstan-2-on-17β-ol-2-äthylenketal*, F. 140,5—142,5°; *freies 2-Keton*, F. 176—178°. — *Hormonwirksame Heilmittel*. (**U. S. P. 3 359 280** vom 30/8. 1965, ausg. 19/12. 1967.) — 3 S. U. Sievers 4847

1405 E. R. Squibb & Sons, Inc., New York, N.Y., übert. von: Patrick A. Diassi, Westfield, N.J., USA, **11β-Hydroxy-1-dehydrotestololacton,** F. 238—240°, erhält man durch Red. von 11-Keto-1-dehydrotestololacton mit $LiAlH_4$ in Tetrahydrofuran u. Li-Tri-tert.-butoxy-AlH_4. — *Anabolikum*. (**U. S. P. 3 344 149** vom 3/2. 1964, ausg. 26/9. 1967.) — 1 S. U. Sievers 4847

1406 Syntex Corp., Panama, Panama, übert. von: Alexander D. Cross, Mexiko, Mexiko, **17β-Tetrahydrofuranyloxyandrostane** erhält man z. B. durch Rk. von Testosteron (**I**) mit Dihydrofuran in Bzl. → **I**-*17-Tetrahydrofuranyläther*. — *Anabolika*; *Antiöstrogene*; den *Blutcholesterinspiegel senkende Heilmittel*. (**U. S. P. 3 341 527** vom 16/2. 1965, ausg. 12/9. 1967.) — 5 S. U. Sievers 4847

1407 Upjohn Co., übert. von: Milton E. Herr, Kalamazoo, Mich., USA, **9(11)-Dehydro-17α-methyltestosteronverbindungen** erhält man z. B. durch Dehydratisierung von 11β-Hydroxy-4-androsten-3.17-dion mit N-Bromacetamid → *4.9(11)-Androstadien-3.17-dion*, welches nach Überführung in das 3-Pyrrolidinenamin u. Methylierung nach Grignard, sowie Abspaltung der Enaminschutzgruppe überführen läßt → *9(11)-Dehydro-17α-methyltestosteron*, F. 170—172°. — *9α-Fluor-11β-hydroxy-17α-methyltestosteron*, F. 265°. *9α-Fluor-11-keto-17α-methyltestosteron*, F. 213—220°. *Anabolika*. (**U. S. P. 3 351 642** vom 14/9. 1962, ausg. 7/11. 1967.) — 5 S. U. Sievers 4847

1408 Syntex Corp., Panama, Panama, übert. von: Albert Bowers und James C. Orr, Mexiko, Mexiko, **2-Methyl-Δ^2-corticoide** erhält man z. B. durch Rk. von 2-Formyl-16α-methyl-6α-fluor-17.20;20.21-bis-methylendioxy-Δ^2-allopregnen-11-on mit Äthandithiol in Eisessig u. Rk. des erhaltenen Cycloäthylendithioacetals mit Raney-Ni in Aceton → *2.16α-Dimethyl-6α-fluor-17.20; 20.21-bis-methylendioxy-Δ^2-allopregnen-11-on*, welches sich durch übliche Spaltung der Schutzgruppe überführen läßt → *2.16α-Dimethyl-6α-fluor-Δ^2-allopregnen-17α.21-diol-3.20-dion*. — *Nebennierenrindenhormonwirksame Heilmittel*. (**U. S. P. 3 341 524** vom 15/9. 1961, ausg. 12/9. 1967.) — 5 S. U. Sievers 4847

1409 Organon, Inc., West Orange, N.J., USA, übert. von: Gerlof Vollema, Oss, Niederlande, **Hydrolyse von 17.20;20.21-Bis-methylendioxysteroiden.** Man spaltet z. B. 3.11-Diketo-17α.20;20.21-bis-methylendioxy-Δ^4-pregnen mit $HClO_4$/Essigsäure in Ggw. von Phloroglucin (**I**) → *Cortisonacetat*, F. 244—247°. — **I** läßt sich ersetzen durch andere Phenole oder deren Äther u. Ester, wobei jedoch kein weiterer Substituent die o- oder p-Stellung zur Hydroxygruppe hindern soll. — *Heilmittel*. (**U. S. P. 3 352 892** vom 22/8. 1966, ausg. 14/11. 1967. Niederl. Prior. 9/9. 1965.) — 2 S. U. Sievers 4847

1410 American Home Products Corp., New York, N.Y., übert. von: Gerhard R. Wendt, Havertown, und Kurt W. Ledig, Philadelphia, Pa., USA, **17-Aminoalkyläther von 3-Ketoöstrenen** erhält man durch Rk. von z. B. 3-Methoxyöstra-2.5(10)-dien mit 1-Morpholino-2-chloräthanhydrochlorid in Ggw. von NaH u. Xylol → *d-17β-(2-Morpholinoäthoxy)-3-methoxyöstra-2.5(10)-dien*. — *Hypoglykäm.* wirksame *Heilmittel*. (**U. S. P. 3 351 590** vom 14/2. 1964, ausg. 7/11. 1967.) U. Sievers 4847

1411 American Home Products Corp., New York, N.Y., übert. von: Gerhard R. Wendt, Havertown, und Kurt W. Ledig, Philadelphia, Pa., USA, **17-Nitrate von 19-Norsteroiden.** Man setzt z. B. *l*-17β-Hydroxyöstr-4-en-3-on (**I**) mit HNO_3/Acetanhydrid um → **I**-*17-Nitrat*, F. 108—110°. — Analog: *dl-13-Äthyl-17β-hydroxygon-4-en-3-on*, F. 140—141°. — *Heilmittel*. (**U. S. P. 3 352 891** vom 11/2. 1966, ausg. 14/11. 1967.) — 2 S. U. Sievers 4847

1412 Merck & Co., Inc., Rahway, N.J., USA, **Östra-4.9-dien-3β.17-diole und deren Ester.** Zu Ung. P. 152 287; C. **1968**, 12-1669 ist nachzutragen: Aus 17-Acetoxy-17α-chloräthinyl-östra-4.9-dien-3-on erhält man durch Red. mit $LiAlH_4$-Tri-tert.-butylat in Tetrahydrofuran *17-Acetoxy-17α-chloräthinyl-östra-4.9-dien-3β-ol*. *Heilmittel*. (**Oe. P. 257 851** vom 10/6. 1964, ausg. 25/10. 1967. U. S. Prior. 19/6. 1963.) — 4 S. R. Bollinger 4847

1413 Roussel-Uclaf Soc. An., Paris, Frankreich, **Herstellung von 3-Oximido-17-oxo-östratrien-(4.9.11),** F. 190°, $[\alpha]_D$ +151° (c = 0,5 in A.). Man läßt 3.17-Dioxo-

östratrien-(4.9.11) in Ggw. von NH_3 mit Acetoncyanhydrin zu *3-Oxo-17α-cyan-17β-hydroxy-östratrien-(4.9.11)*, F. 204°, reagieren, setzt dieses in Methanol mit NH_2OH um zu *3-Oximido-17α-cyan-17β-hydroxy-östratrien-(4.9.11)*, das man ohne Reinigung in Methanol mit NaOH kocht. — *Heilmittel*. **(Niederl. P. 123 456** vom 26/5. 1965, ausg. 15/12. 1967. F. Prior. 27/5. 1964.) — 4 S.
F. Böhm 4847

1414 Beecham Group Ltd., Brentford, Großbritannien (Erfinder: Kenneth David Hardy, John Herbert Charles Nayler und Edward Raymond Stove), **Penicillinbetain (I)-Derivate** der allg. Formel II

II 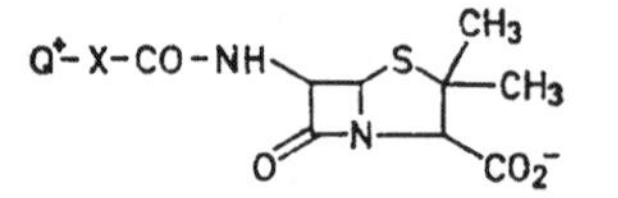

erhält man durch Rk. entsprechender Penicilline, die an Stelle von Q den Säurerest eines reaktionsfähigen Esters enthalten (Halogen, Schwefelsäurerest), mit einem Trialkylamin oder einer ggf. red. heteroaromat. Base (Q = quatern. Ammoniumgruppe; X = zweiwertiger organ. Rest). — α-Brombenzylpenicillin + $(CH_3)_3N$ → *α-Trimethylaminobenzyl*-**I** (Ausb. 60%). — *α-Pyridinobenzyl*-**I** (57%). — *α-[Trimethylaminoacetamido]-benzyl*-**I** (83,4%). — *α-[Pyridinoacetamido]-benzyl*-**I** (63,9%). — *p-[N-Methylmorpholinoacetamido]-benzyl*-**I**. — *α-[3-Trimethylammoniumpropionamido]-benzyl*-**I** (76,9%). — *α-[3-Pyridiniumpropionamido]-benzyl*-**I** (43,1%). — *2-Pyridiniumäthyläthyl*-**I** (30%). — *2-Trimethylammoniumäthyl* -**I**(32,7%). — *Antibiotika*. **(Brit. P. 1 071 435** vom 29/5. 1965, ausg. 7/6. 1967.) — 5 S. A. Jahn 4848

1415 Olin Mathieson Chemical Corp., New York, N.Y., USA (Erfinder: Thomas Boyne Platt und Rudy Joseph Wodzinski), **6-Aminopenicillansäure** erhält man durch enzymat. Abbau von Penicillin mittels *Streptomyces griseus, Str. tradiae, Str. olivaceus* u. *Bacterium cyclooxydans*. — *Antibiotikum*. **(Brit. P. 1 072 374** vom 26/11. 1963, ausg. 14/6. 1967.) — 3 S.
A. Jahn 4848

1416 Dow Chemical Co., Midland, Mich., übert. von: Samuel S. M. Wang, Indianapolis, Ind., USA, **Piperazinkomplexverbindungen.** Man löst Tetracyclinhydrochlorid (**I**) in wss. Aceton, gibt eine Lsg. von Piperazin (**II**) in Aceton bis pH = 7,5 zu u. stellt mit HCl das pH 4 bis 5 ein. Man erhält **I · II**, F. 177—178°. — *Bakterizid*. — Man mischt eine Lsg. von 1,2 (mMol) **II** in 5 ml W. mit einer Lsg. von 1 2.6-Dijod-4-nitrophenylphosphat (**III**). Man erhält 2 **III · II**, F. 239—240° (Zers.). — *Anthelmintikum*, bes. gegen *Hakenwurm* wirksam. **(U. S. PP. 3 347 861** u. **3 347 862** vom 7/2. 1966, ausg. 17/10. 1967.) — 1 S. — 1 S. O. Schön 4848

1417 Eli Lilly & Co., Indianapolis, Ind., USA, **Herstellung von Anthelvencin** erfolgt dadurch, daß Stämme von Streptomyces venezuelae ATCC 14583, ATCC 14584 oder ATCC 14585, bzw. deren Mutanten in Submerskultur 4—10 Tage bei 26—33° gezüchtet werden, worauf das Endprod. abgetrennt wird. Die Base kann auch als Additionssalz, bes. der 2-Naphthalinsulfonsäure (**I**) oder der Salicylsäure (**II**), isoliert werden. **I**, F. 181—183°, **II**, F. 153—155°. Die sauren Additionssalze können chromatograph. in Anthelvencin A u. B aufgetrennt werden. Röntgendiagramm von **I** u. IR-Spektrum von **I** u. **II** werden angegeben. — *Antibiotika, Wachstumshinderer für zahlreiche Mikroorganismen*. IR-Spektren von **I** u. **II**. **(Brit. P. 1 092 059** vom 12/3. 1965, ausg. 22/11. 1967. U. S. Prior. 12/3. 1964.) — 14 S. H.-W. Wille 4848

1418 Ciba Akt.-Ges., Basel (Erfinder: Paul Schmidt, Therwil, Max Wilhelm und Kurt Eichenberger, Basel), Schweiz, **Herstellung substituierter Tetrahydroimidazole.** Eine Lsg. von 2-Amino-5-nitrothiazol (**II**) u. 2-Chloräthylisocyanat (**III**) in Tetrahydrofuran wird in geschlossenem Gefäß 16 Std. auf 80—90° erhitzt u. anschließend konz. → N-[2-Chloräthyl]-A (A = N'-[5-Nitrothiazolyl-(2)]-harnstoff, F. 140°, Zers.), das in W. 7 Std. gekocht wird → *1-[5-Nitrothiazolyl-(2)]-2-oxotetrahydroimidazol* (**I**), F. 259—260°. Analog: *5-Methyl*-**I**, F. 237—238°, aus N-[2-Chlorpropyl]-A, F. 170—172°, durch 4std. Kochen in W. in Ggw. von Na-Acetat (**V**), *4.5-Dimethyl*-**I**, F. 242—243°, aus N-[2-Chlorbutyl-(3)]-A, F. 195°. Ein Umsetzungsgemisch, das durch 17std., Kochen von 4-Methyl-**II**, **III** u. Pottasche in Aceton erhalten wurde u. N-[2-Chloräthyl)-N'-[4-methyl-5-nitrothiazolyl-(2)]-harnstoff (**IV**) enthält, wird mit W. versetzt, der aus **IV** u. 1-[4-Methyl-5-nitrothiazolyl-(2)]-2-oxo-tetrahydroimidazol bestehende Nd. abfiltriert u. in Dimethylformamid mit **V** 1/2 Std. auf 100° erhitzt → *1-[4-Methyl-5-nitrothiazolyl-(2)]-2-oxotetrahydroimidazol*, F. 241—243°. — Analog: *4.4-Dimethyl*-**I**, F. 221—224°. **I** kann auch aus 1-[Thiazolyl-(2)]-2-oxotetrahydroimidazol durch Nitrieren mit HNO_3 in konz. H_2SO_4 hergestellt werden. — *Antiparasitäre Mittel* für die Human- u. Veterinärmedizin. **(D. A. S. 1 245 971** Kl. 12p vom 25/5. 1963, ausg. 3/8. 1967. Schwz. Prior. 30/5. 1962 u. 23/4. 1963.) — 4 S. C. Lüttgen 4851

1419 Vsesojuzny Nauchno-Issledovatelsky Khimiko-Farmatsevtichesky Institute Im. Ordzhonikidze, Moskau, UdSSR (Erfinder: Igor Samsonovich Protopopov, Maxim Jakovlevich Kraft, Alexander Sergeevich Vlascov und Taiba Zerikovna Kukushkina), **4.7-Phenanthrolin-5.6-chinon** erhält man durch Skraupsche Synth. aus p-Amino-o-anisidin, Glycerin u. H_2SO_4 u. gleichzeitige Ox. mittels m-Nitrobenzolsulfonsäure (**I**) u. nachfolgende Ox. des gebildeten 6-Methoxy-4.7-phenanthrolins (HNO_3—H_2SO_4). Durch den Ersatz der sonst üblichen H_3AsO_4-Säure durch **I** wird Schäumen vermieden u. die Ausb. (auf 43%) verbessert. — *Amöbizid*. **(Brit. P. 1 056 297** vom 16/4. 1964, ausg. 25/1. 1967.) — 2 S.
A. Jahn 4852

1420 Imperial Chemical Industries Ltd., London, Großbritannien (Erfinder: Justus Kenneth Landquist), **Nitrofuranderivate** der allg. Formel **I** erhält man

I 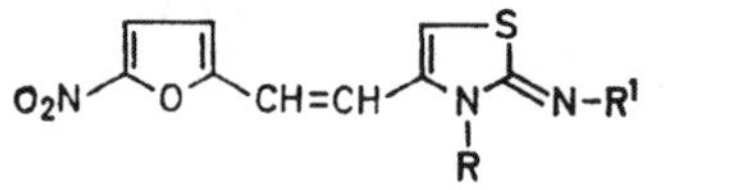

durch Rk. von 2-[5-Nitrofuryl-(2)]-vinylhalogenmethylketonen mit Verb. der allg. Formel RNHC(S)NHR[1] (R u. R[1] = Alkylreste, die auch zu einem Äthylenrest zusammengeschlossen sein können). — 1-Chlor-4-[5-nitro-2-furyl]-but-3-en-2-on (**II**) + Imidazolidin-2-thion → *5.6-Dihydro-3-[2-(5-nitro-2-furyl)-vinyl]-imidazo-[2.1-b]-thiazol, Hydrochlorid*, Dunkelfärbung >260° (A.). — **II** + *N.N'-Dimethylthioharnstoff* → *2.3-Dihydro-3-methyl-2-methylimino-4-[2-(5-nitro-2-furyl)-vinyl]-thiazol, Hydrochlorid*, F. 214—216°. — **II** + N.N'-Di-n-butylthioharnstoff → *2.3-Dihydro-3-n-butyl-2-n-butylimino-4-[2-(5-nitro-2-furyl)-vinyl]-thiazol, Hydrochlorid*, F. 112 bis 113°. — *Bakterizide, Heilmittel gegen Protozoen*. **(Brit. P. 1 072 579** vom 20/5. 1965, ausg. 21/6. 1967.) — 3 S.
A. Jahn 4852

1421 Parke, Davis & Co., Detroit, Mich., USA (Erfinder: Peter John Islip), **5-Nitro-2-thiazolylharnstoffderivate** der allg. Formel **I** erhält man durch Rk. von 2-

I 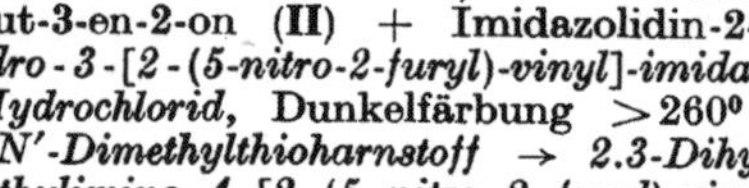

Amino-5-nitrothiazol (**II**) mit entsprechenden Isocyanaten oder durch Rk. von 1-[5-Nitro-2-thiazolyl]-**III** (**III** = *Harnstoff*) mit ω-Halogenalkansäuren oder deren reaktiven Deriv. (X = Cl, Br; n = 1—3). — **II** + 3-Brompropionylisocyanat → *1-[3-Brompropionyl]-3-[5-nitro-2-thiazolyl]*-**III**, F. 168—169° (A.). — *1-[4-Brombutyryl]-3-[5-nitro-2-thiazolyl]*-**III**, F. 188,5—189° (A.). — *1-Bromacetyl-3-[5-nitro-2-thiazolyl]*-**III**, F. 166—167° (A.). — *1-Chloracetyl-3-[5-nitro-2-thiazolyl]*-**III**, F. 209—210° (A.). — Wirksame *Bakterizide* gegen *S. mansoni, E. histolytica*

u. *T. vaginalis*. (**Brit. P. 1 070 676** vom 1/7. 1965, ausg. 1/6. 1967.) — 4 S. A. Jahn 4852

1422 J. R. Geigy Akt.-Ges., Basel, Schweiz, **Pyrimidylsulfanilamide** der allg. Formel **I** erhält man durch Rk.

I 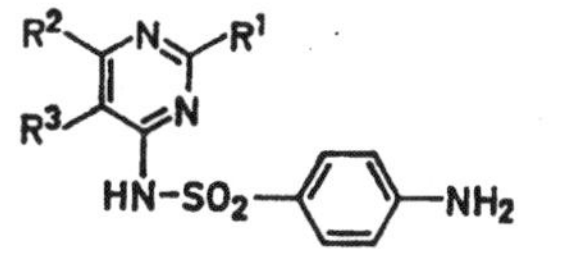 II 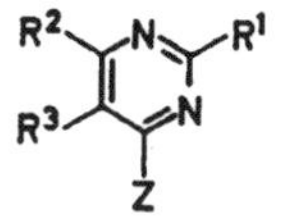

von Verb. der allg. Formel **II** mit Verb. der allg. Formel (p)$-X-C_6H_4-SO_2Y$ [entweder bedeuten $X = NH_2$ oder ein durch Red. oder Hydrolyse in NH_2 überführbarer Rest, Y = NHM; M = einwertiges Kation; Z = Halogen, Cyanamino- oder Nitroaminorest, oder — falls R^1 u. R^2 = Alkylmercaptoreste — Alkylsulfonylrest $\leqq C_4$, oder X = reduktiv oder hydrolyt. in NH_2 überführbarer Rest; Y = Halogen oder Acyloxyrest $\leqq C_5$; $Z = NH_2$; R^1 u. R^2 = H, Alkyl-, Alkoxy- oder Alkylmercaptoreste $\leqq C_4$, Cyclopropylrest oder Halogen; R^3 = H oder Cyclopropylrest, wobei nur einer der Reste R^1-R^3 Cyclopropyl bedeuten kann]. — (*Sulfanilamid* = **III**). — *N*¹-[*6-Cyclopropyl-4-pyrimidinyl*] **III**, F. 205 bis 207° (A.). — *N*¹-[*6-Cyclopropyl-2-methyl-4-pyrimidinyl*]-**III**, F. 166—167° (Isopropanol–W.). — *N*¹-[*6-Cyclopropyl-2-methylmercapto-4-pyrimidinyl*]-**III**, F. 163 bis 165°. — *N*¹-[*6-Cyclopropyl-2-methoxy-4-pyrimidinyl*]-**III**, F. 147—149° (Zers.). — *N*¹-[*2-Cyclopropyl-6-chlor-4-pyrimidinyl*]-**III**, F. 162—163° (Äthylacetat–Hexan). — *N*¹-[*2-Cyclopropyl-4-pyrimidinyl*]-**III**, F. 193—194° (Isopropanol–W.). — *N*¹-[*2-Cyclopropyl-6-methoxy-4-pyrimidinyl*]-**III**, F. 168—170° (A.–W.). — *N*¹-[*2-Cyclopropyl-6-methyl-4-pyrimidinyl*]-**III**, F. 180—182° (Isopropanol–W.). — *N*¹-[*6-Cyclopropyl-2-propoxy-4-pyrimidinyl*]-**III**, F. 129—131°. — *N*¹-[*6-Chlor-5-cyclopropyl-4-pyrimidinyl*]-**III**, F. 179—180° (A.–W.). — *N*¹-[*6-Methoxy-5-cyclopropyl-4-pyrimidinyl*]-**III**, F. 182—184° (A.–W.). — *Bakterizide*. (**Brit. P. 1 059 719** vom 14/10. 1965, ausg. 22/2. 1967. Schwz. Prior. 15/10 1964.) — 11 S. A. Jahn 4852

1423 Grodziskie Zaklady Farmaceutyczne Polfa, Grodzisk-Mazowiecki, Polen (Erfinder: Jadwiga Barbara Chylinska, Mieczyslaw Janowiec, Tadeusz Urbanski und Jan Venulet), **2H-3.4-Dihydro-1.3-benzoxazin (I)-Derivate,** die in 3-Stellung durch R u. in 6-Stellung durch R^1 substituiert sind, erhält man durch Rk. von Phenolen mit CH_2O oder Paraformaldehyd u. entsprechenden Aminen, bes. in Dioxan (R = Alkyl-, Aralkyl- oder Arylreste; R^1 = Halogen, Aryl- oder Halogenarylreste). — Benzylamin + Paraformaldehyd + p-Hydroxydiphenyl → *3-Benzyl-6-phenyl*-**I**, F. 89 bis 90° (Methanol). — *3-(p-Bromphenyl)-6-brom*-**I**, F. 109 bis 111° (Methanol). — *3-Methyl-6-brom*-**I**, F. 88—90°. — *3-(p-Bromphenyl)-6.8-dibrom*-**I**, F. 116—118°. — *Bakterizide*. (**Brit. P. 1 065 744** vom 24/12. 1964, ausg. 19/4. 1967.) — 2 S. A. Jahn 4852

1424 **J. R. Geigy Soc. An.**, Schweiz, *Hydrazide substituierter Malonsäuren*. (**F. P. [Méd.] 3853** vom 5/9. 1964, veröff. 21/6. 1966. Schwz. Prior. 7/6., 7/6. u. 7/6. 1963. — C. **1967**, 22-1709 [D. P. [DDR] 43 649].)

1425 **Soc. An. Laboratoires U. P. S. A.** (Erfinder: **Charles Hoffmann**), *Heptaminolderivate*. (**Aust. P. 270 577** vom 18/11. 1963, ausg. 3/11. 1966. Brit. Prior. 19/11. 1962. — C. **1967**, 10-1814 [D. A. S. 1 215 170].)

1426 **Oesterreichische Stickstoffwerke Akt.-Ges.**, Linz/D. (Erfinder: **Otto Kraupp** und **Karl Schlögl**, Wien), Österreich, *Herstellung von basischen Estern*. (**Schwz. P. 436 341** vom 18/2. 1963, ausg. 15/11. 1967. Oe. Prior. 22/3. u. 30/3. 1962. — C. **1967**, 22-1712 [Brit. P. 1 024 482].)

1427 **Boehringer Ingelheim G.m.b.H.**, übert. von: **Karl Zeile** und **Karl-Heinz Hauptmann**, Ingelheim/Rh., *Phenylalkylcarbonsäureamide*. (**U. S. P. 3 268 582** vom 7/5. 1963, ausg. 23/8. 1966. D. Prior. 4/8. 1961. — C. **1965**, 43-1863 [D. A. S. 1 166 766].)

1428 **Boehringer Ingelheim Ltd.** (Erfinder: **Karlheinz Hauptmann** und **Karl Zeile**), *Carbonsäureamide*. (**Aust. P. 269 053** vom 31/7. 1962, ausg. 18/8. 1966. D. Prior. 4/8. 1961. — C. **1965**, 43-1863 [D. A. S. 1 166 766].)

1429 **Krewel-Leuffen G.m.b.H.** (Erfinder: **Kurth Schmidt**), Eitorf/Sieg, *Herstellung von N-[3'-Hydroxy-alkyl]-3.4.5-trimethoxybenzalkylamiden*. (**Schwz. P. 437 350** vom 5/11. 1963, ausg. 30/11. 1967. D. Prior. 6/11. 1962. — C. **1965**, 50-1912 [D. A. S. 1 191 830].)

1430 **Knoll Akt.-Ges.**, Deutschland, *Salicylamidderivate*. (**F. P. 1 238 239** vom 8/9. 1958, ausg. 30/11. 1960. D. Prior. 12/9. 1957. — C. **1961**, 12929 [D. A. S. 1 098 001], C. **1964**, 13-1560 [Aust. P. 234 872] u. C. **1966**, 35-1735 [Belg. P. 571 001].)

1431 **Farbenfabriken Bayer Akt.-Ges.**, Leverkusen (Erfinder: **Harald Horstmann** und **Sophie Wirtz**, Wuppertal), *Herstellung von Sulfonamiden*. (**Oe. P. 250 971** vom 29/6. 1964, ausg. 12/12. 1966. D. Prior. 29/6. 1963. — C. **1967**, 30-1759 [Brit. P. 1 018 445].)

1432 **Ciba Akt.-Ges.**, Basel (Erfinder: **Paul Schmidt**, Therwil, **Kurt Eichenberger**, Basel, **Alberto Pietro Arnoldo Rossi**, Oberwil, und **Max Wilhelm**, Basel), Schweiz, *Herstellung von Benzoesäurehydraziden*. (**Schwz. P. 432 542** vom 12/9. 1961, ausg. 15/9. 1967. — C. **1965**, 47-1629 [D. A. S. 1 190 469].)

1433 **Melville Sahyun**, Santa Barbara, Calif., USA, *β-Alkoxytrifluormethylphenäthyltertiäramine*. (**Brit. P. 1 065 896** vom 4/6. 1964, ausg. 19/4. 1967. U. S. Prior. 7/6. 1963. — C. **1967**, 41-1707 [U. S. P. 3 226 440].)

1434 **Henri Dietrich**, Birsfelden, und **Werner Küng**, Basel, Schweiz, *Herstellung von neuen Iminodibenzylderivaten*. (**Tschech. P. 125 339** vom 6/4. 1962, ausg. 15/12. 1967. Schwz. Prior. 8/4. 1961. — C. **1966**, 11-1788 [Oe. P. 233 013].)

1435 **Imperial Chemical Industries Ltd.**, London (Erfinder: **Arthur William James Broome**, **Neville Stanton Crossley** und **William Glynne Moss Jones**, Macclesfield, Cheshire), Großbritannien, *Herstellung von Benzanilidderivaten*. (**Schwz. P. 437 349** vom 11/8. 1964, ausg. 30/11. 1967. Brit. Prior. 14/8. 1963 u. 10/7. 1964. — C. **1968**, 39-1680 [Brit. P. 1 048 084.)

1436 **Egyesült Gyógyszer és Tápszergyár**, Budapest, Ungarn, *3.4-Dihydroxyphenylalaninderivate*. (**Brit. P. 1 074 309** vom 29/9. 1964, ausg. 5/7. 1967. Ung. Prior. 18/11. 1963. — C. **1966**, 50-1717 [D. P. [DDR] 42 081].)

1437 **C. H. Boehringer Sohn** (Erfinder: **Helmut Stähle**, **Karl-Heinz Hauptmann** und **Karl Zeile**), Ingelheim/Rh., *Herstellung von Phenylamino-1.3-diazacyclopenten-(2)-verbindungen*. (**Schwz. P. 437 316** vom 14/9. 1964, ausg. 30/11. 1967. D. Prior. 4/10. 1963, 31/7. u. 31/7. 1964. — C. **1968**, 1-1607 [Port. P. 43 032].)

1438 **Merck & Co., Inc.**, Rahway (Erfinder: **Robert Du Bois Hoffsommer jun.**, **David Taub**, Metuchen, und **Norman Lord Wendler**, Summit), N.J., USA, *Herstellung von Dibenzocycloheptenen*. (**Schwz. P. 446 309** vom 19/4. 1963, ausg. 15/3. 1968. U. S. Prior. 19/4. 1962. — C. **1968**, 23-1860 [Brit. P. 1 039 373].)

1439 **Abbott Laboratories**, North Chicago (Erfinder: **Harold E. Zaugg**, Lake Forest, **Robert W. DeNet**, Waukegan, und **Raymond J. Michaels jun.**, Mundelein), Ill., USA, *Herstellung von basischen Estern von 1-Benzoxacycloalkancarbonsäuren*. (**Schwz. P. 444 181** vom 7/6. 1962, ausg. 15/2. 1968. U. S. Prior. 8/6. 1961. — C. **1968**, 35-1788 [U. S. P. 3 103 515].)

1440 **Farbwerke Hoechst Akt.-Ges. vormals Meister Lucius & Brüning**, Frankfurt/M. (Erfinder: **Gustav Ehrhart**, Bad Soden/Taunus, **Heinrich Ott**, Eppstein/Taunus, und **Ernst Lindner**, Frankfurt/M.), *Herstellung von Diphenylmethanderivaten*. (**Schwz. P. 422 754** vom 5/5. 1959, ausg. 29/4. 1967. D. Prior. 7/5. 1958. — C. **1963**, 18939 [U. S. P. 2 991 304].)

1441 **N. V. Koninklijke Pharmaceutische Fabrieken v/h Brocades-Stheeman & Pharmacia** (Erfinder: **Cornelis van der Stelt**), *Herstellung substituierter Diphenylalkylamine*. (**Aust. P. 269 705** vom 3/10. 1962, ausg. 15/9. 1966. Brit. Prior. 10/10. 1961. — C. **1965**, 52-2003 [Brit. P. 956 615].)

1442 **Ciba Ltd.** (Erfinder: **William Bencze**), *Diphenylalkanaminoäther*. (**Aust. P. 269 042** vom 5/1. 1963, ausg. 18/8. 1966. U. S. Prior. 18/1., 29/1., u. 27/11. 1962. — C. **1967**, 7-1906 [Brit. P. 998 286].)

1443 **F. Hoffmann-La Roche & Co. Akt.-Ges.**, Basel, Schweiz (Erfinder: **Antonio Focella**, Clifton, **Benjamin Pecherer**, Montclair, und **Leo Henryk Sternbach**, Upper Montclair, N.J., USA), *Herstellung von Benzylaminotrifluormethylbenzophenonderivaten*. (**Schwz. P. 437 353** vom 6/12. 1963, ausg. 30/11. 1967. U. S. Prior. 9/1. 1963. — C. **1968**, 42-1586 [U. S. P. 3 254 123].)

1444 **Ciba Corp.**, New York, N.Y., übert. von: **Charles Ferdinand Huebner**, Chatham, N.J., USA, *Herstellung von 1-N-Alkinylaminoacenaphthenen und deren Salzen*. (**U. S. P. 3 291 830** vom 18/10. 1963, ausg. 13/12. 1966. — C. **1968**, 46-1654 [Brit. P. 1 038 240].)

1445 **Istituto de Angeli S.p.A.**, Italien, *α-Substituierte 1-Naphthylacetamide*. (**F. P. [Méd.] 3822** vom 12/5. 1964, veröff. 16/2. 1966. Brit. Prior. 14/5. 1963. — C. **1965**, 44-2448 [Port. P. 42 402].)

1446 **Australian National University**, Canberra (Erfinder: **Francis Patrick Dwyer**, Griffith, **Roy Douglas Wright**, Packville, und **Albert Shulman**, Prahran), Australien, *Herstellung von Phenanthrolinderivaten*. (**Schwz. P. 436 322** vom 26/1. 1961, ausg. 15/11. 1967. Aust. Prior. 26/1. 1960. — C. **1965**, 46-1789 [Brit. P. 956 848].)

1447 **Deutsche Gold- & Silber-Scheideanstalt vormals Roessler**, Frankfurt/M., *Thiophenverbindungen*. (**Brit. P. 1 078 119** vom 29/11. 1963, ausg. 2/8. 1967. D. Prior. 8/12. 1962. — C. **1967**, 10-1824 [D. A. S. 1 217 967].)

1448 **Sandoz Akt.-Ges.** (Erfinder: **Albert Hofmann** und **Franz Troxler**), *Indolderivate*. (**Aust. P. 269 427** vom 31/1. 1962, ausg. 1/9. 1966. Schwz. Prior. 1/2. u. 14/11. 1961. — C. **1966**, 3-1674 [Oe. P. 230 371].)

1449 **Merck & Co., Inc.**, Rahway, N.J., USA, *Substituierte α-[3-Indolyl]-alkyl- oder -arylalkansäuren. und Derivate*. (**Brit. P. 1 064 262** vom 3/6. 1964, ausg. 5/4. 1967. U. S. Prior. 6/6. 1963. C. **1967**, 42-1704 [U. S. P. 3 190 889].)

1450 **Ciba Soc. An.**, Schweiz (Erfinder: **Charles Ferdinand Huebner** und **Milton Joel Allen**), *Isoindoline*. (**F. P. 1 216 929** vom 2/1. 1958, ausg. 29/4. 1960. U. S. Prior. 2/1., 21/3. u. 21/10. 1957. — C. **1963**, 1776 [Oe. P. 204 031].)

1451 **Upjohn Co.** (Erfinder: **William E. Dulin** und **John B. Wright**), *Pyrazole*. (**Aust. P. 270 689** vom 17/4. 1962, ausg. 3/11. 1966. U. S. Prior. 3/6. 1961. — C. **1966**, 39-1898 [U. S. P. 3 150 148].)

1452 **Upjohn Co.** (Erfinder: **William E. Dulin**, **John H. Markillie**, **David L. Smith** und **John B. Wright**), *Pharmazeutische Disubstituierte Pyrazole*. (**Aust. P. 273 544** vom 29/1. 1964, ausg. 23/3. 1967. U. S. Prior. 4/3. 1963. — C. **1968**, 45-1855 [Brit. P. 1 048 104].)

1453 **Upjohn Co.** (Erfinder: **John Wright**), *Therapeutische Isoxazole*. (**Aust. P. 268 579** vom 19/12. 1962, ausg. 28/7. 1966. U. S. Prior. 22/1. u. 13/11. 1962. — C. **1968**, 23-1872 [Brit. P. 1 037 642].)

1454 **J. R. Geigy Akt.-Ges.**, Basel (Erfinder: **André Gagneux**, **Franz Häfliger**, Basel, und **Conrad Eugster**, Wallisellen), Schweiz, *Herstellung von 3-Hydroxy-5-aminomethylisoxazol*. (**Schwz. P. 427 803** vom 6/12. 1963, ausg. 14/7. 1967. — C. **1968**, 20-1655 [U. S. P. 3 242 190].)

1455 **G. D. Searle & Co.** (Erfinder: **John Cusic** und **Henry Sause**), *Pyridylalkanamide.* **(Aust. P. 269 171** vom 16/5. 1962, ausg. 25/8. 1966. U. S. Prior. 17/5. u. 2/10. 1961. — C. **1966**, 1-1805 [Brit. P. 948 860].)

1456 **N. V. Research Laboratorium Dr. C. Janssen** (Erfinder: **Paul Janssen**), *Piperidine.* **(Aust. P. 268 684** vom 7/5. 1963, ausg. 4/8. 1966. U. S. Prior. 17/5. 1962. — C. **1965**, 51-1822 [U. S. P. 3 125 578].)

1457 **Heinrich Ritter**, Dörnigheim, **Rudi Beyerle** und **Rolf-Eberhard Nitz**, Frankfurt/M., *Herstellung von Derivaten des 7-Hydroxy-2-oxo-1.2-dihydrochinolins.* **(Tschech. P. 123 592** vom 1/4. 1964, ausg. 15/1. 1967. D. Prior. 2/4. u. 26/6. 1963. — C. **1968**, 39-1694 [Brit. P. 1 042 638].)

1458 **Cassella Farbwerke Mainkur Akt.-Ges.**, Deutschland, *7-Hydroxy-2-oxo-1.2-dihydrochinolin-Derivate.* **(F. P. 1 395 093** vom 1/4. 1964, ausg. 19/7. 1965. D. Prior. 2/4. u. 26/6. 1963. — C. **1965**, 44-2462 [Port. P. 42 243] u. C. **1967**, 27-1842 [D. A. S. 1 216 878].)

1459 **Rhône-Poulenc Soc. An.**, Paris (Erfinder: **Paul Gaillot**, Paris, und **Jacques Gaudechon**, Sceaux, Seine), Frankreich, *Herstellung von 4-Aminochinolin-Derivaten.* **(D. P. [DDR] 45 683** Kl. 12p vom 16/7. 1962, ausg. 25/6. 1966 [Ausschließungspatent]. F. Prior. 29/12. 1961 u. 20/3. 1962. — C. **1967**, 48-1628 [F. PP. 82 307 u. 82 308].)

1460 **F. Hoffmann-La Roche & Co., Akt.-Ges.** (Erfinder: **Wilhelm Wenner**), *Isochinolinamidine.* **(Aust. P. 268 521** vom 26/2. 1963, ausg. 28/7. 1966. U. S. Prior. 6/3. u. 18/12. 1962. — C. **1967**, 22-1729 [Brit. P. 1 018 381].)

1461 **Dr. Karl Thomae G.m.b.H.**, Deutschland, *Benzo-1.4-dioxanderivate.* **(F. P. 1 231 686** vom 18/12. 1958, ausg. 30/9. 1960. D. Prior. 21/12. 1957. — C. **1963**, 9043 [D. A. S. 1 118 218].)

1462 **Richardson-Merrell, Inc.** (Erfinder: **Albert Anthony Carr jun.**, **Charles Harmon Tilford** und **William Lloyd Kuhn**), *5.6-Dihydro-2[1H]-pyrazinone.* **(Aust. P. 268 292** vom 24/1. 1962, ausg. 14/7. 1966. — C. **1965**, 1-1737 [U. S. P. 3 056 784].)

1463 **Lakeside Laboratories, Inc.**, USA, (Erfinder: **John H. Biel**), *1.4-Bis-[hydroxyalkyl]-piperazinester.* **(F. P. 1 229 756** vom 30/1. 1959, ausg. 9/9. 1960. U. S. Prior. 31/1. u. 24/10. 1958. — C. **1966**, 16-1732 [U. S. P. 2 995 554].)

1464 **Abbott Laboratories** (Erfinder: **Arthur Alter**), *Piperazine.* **(Aust. P. 270 655** vom 13/2. 1963, ausg. 3/11. 1966. U. S. Prior. 23/2. u. 26/12. 1962. — C. **1967**, 49/50-1603 [Brit. P. 974 717].)

1465 **Dr. Karl Thomae G.m.b.H.** (Erfinder: **Josef Roch**), Biberach, Riß, *Herstellung basisch substituierter Pyrimidin-4-carbonsäuren und deren Derivate.* **(Schwz. P. 421 972** vom 17/1. 1961, ausg. 15/4. 1967. D. Prior. 2/2. 1960. — C. **1967**, 4-1733 [D. P. [DDR] 31 005].)

1466 **Dr. Karl Thomae G.m.b.H.** (Erfinder: **Gerhard Ohnacker**), Biberach/Riß, *Herstellung von 5.6.7.8-Tetrahydropyrido-[4.3-d]-pyrimidinen.* **(Schwz. P. 435 305** vom 11/3. 1963, ausg. 31/10. 1967. D. Prior. 22/3. 1962. — C. **1968**, 47-1792 [Brit. P. 1 033 383].)

1467 **Farbwerke Hoechst Akt.-Ges. vormals Meister Lucius & Brüning** (Erfinder: **Horst Grötsch**), Frankfurt/M., *Herstellung von 5-Joduracil-2'-desoxyribosid-3'.5'-diestern.* **(Schwz. P. 436 317** vom 10/9. 1964, ausg. 15/11. 1967. D. Prior. 12/9. 1963. — C. **1967**, 17-1794 [D. A. S. 1 221 228].)

1468 **Rhône-Poulenc Soc. An.**, Paris (Erfinder: **Raymond Jacques Horclois**), *Herstellung von Phenthiazinderivaten.* **(Aust. P. 268 496** vom 24/1. 1962, ausg. 21/7. 1966. F. Prior. 25/1. 1961. — C. **1967**, 23-1767 [Oe. P. 229 321].)

1469 **Rhône-Poulenc Soc. An.**, Paris (Erfinder: **Robert Michel Jacob**, Ablon-sur-Seine, und **Raymond Jacques Horclois**, Malakoff), Frankreich, *Herstellung von Phenothiazinderivaten.* **(Schwz. P. 401 064** vom 19/1. 1959, ausg. 30/4. 1966. F. Prior. 24/1., 7/2. u. 19/6. 1958. — C. **1964**, 24-1574 [Brit. P. 856 529].)

1470 **Rhône-Poulenc Soc. An.**, Paris (Erfinder: **Jacques Georges Robert**, Sceaux), Frankreich, *Herstellung von Phenthiazinen.* **(Schwz. P. 408 925** vom 1/12. 1961, ausg. 30/9. 1966. F. Prior. 15/12. 1960. — C. **1965**, 7/8. 1823 [D. A. S. 1 161 902].)

1471 **Sandoz Akt.-Ges.**, Basel, Schweiz, *Herstellung von Phenothiazinen.* **(Oe. P. 244 973** vom 5/8. 1964, ausg. 10/2. 1966. Schwz. Prior. 5/8. 1963 u. 30/1. 1964. — C. **1966**, 46-1729 [D. P. [DDR] 40 700].)

1472 **Sandoz Akt.-Ges.**, Basel, Schweiz, *3-Methylmercapto-10-[3-(4-hydroxypiperidino)-propyl]-phenothiazin.* **(Oe. P. 244 974** vom 5/8. 1964, ausg. 10/2. 1966. Schwz. Prior. 5/8. 1963. — C. **1967**, 9-1891 [D. P. [DDR] 45 713].)

1473 **F. Hoffmann-La Roche & Co. Akt.-Ges.**, Basel, Schweiz (Erfinder: **Giles A. Archer**, Essex Fells, **Rodney Ian Fryer**, West Orange, **Earl Reeder**, Nutley, und **Leo Henryk Sternbach**, Upper Montclair, N.J., USA), *Herstellung von Benzdiazepinen.* **(Schwz. P. 438 336** vom 22/2. 1963, ausg. 15/12. 1967. U. S. Prior. 2/3. 1962. — C. **1968**, 47-1800. [Brit. P. 1 040 548].)

1474 **J. R. Geigy Akt.-Ges.**, Basel, Schweiz, *Herstellung von Thiepin und Oxepinderivaten.* **(Brit. P. 1 060 139** vom 4/12. 1964, ausg. 1/3. 1967. Schwz. Prior. 5/12. 1963 u. 23/4. 1964. — C. **1968**, 5-1722 [D. A. S. 1 235 327].)

1475 **Spofa, Sdružení podniků pro Zdravotnickou výrobu**, ČSSR (Erfinder: **Miroslav Protiva** und **Miroslav Rajsner**), *4.9-Dihydrothieno-2.3-benzo-[e]-thiepin-Derivate.* **(F. P. 1 413 978** vom 31/8. 1964, ausg. 7/11. 1966. Tschech. Prior. 31/8. 1963. — C. **1968**, 1-1629 [D. A. S. 1 239 704].)

1476 **J. R. Geigy Akt.-Ges.**, Basel, Schweiz (Erfinder: **Heinz A. Pfenninger**, Ossining, N.Y., USA), *Herstellung von Benzthiadiazepinderivaten.* **(Schwz. P. 441 345** vom 31/12. 1964, ausg. 15/1. 1968. U. S. Prior. 27/1. 1964. — C. **1968**, 24-1790 [Brit. P. 1 048 868].)

1477 **J. R. Geigy Akt.-Ges.**, Basel, Schweiz (Erfinder: **Heinz A. Pfenninger**, Ossining, N.Y., USA), *Herstellung von Benzthiadiazepinderivaten.* **(Schwz. P. 443 321** vom 31/12. 1964, ausg. 15/2. 1968. U. S. Prior. 27/1. 1964. — C. **1968**, 24-1791 [Brit. P. 1 048 869].)

1478 **Smith, Kline & French Laboratories**, Philadelphia, Pa., USA, übert. von: **James Richard Bartels-Keith**, Welwyn Garden City, Großbritannien, und **Maxwell Gordon**, Elkins Park, Pa., USA, *Herstellung von 2-Cyclopropylmethylbenzmorphanen.* **(U. S. P. 3 351 626** vom 22/1. 1963, ausg. 7/11. 1967. **Aust. P. 273 358** vom 30/1. 1963, ausg. 16/3. 1967. Beide Brit. Prior. 31/1. 1962. — C. **1968**, 29-1850 [Brit. P. 997 637].)

1479 **Roussel-Uclaf Soc. An.**, Paris, Frankreich, *16β-Carbomethoxy-17α-methoxy-18β-[3'.4'.5'-trimethoxybenzoyloxy]-3β.15α.20α-yohimbanderivate.* **(Niederl. P. 122 489** vom 15/3. 1962, ausg. 15/6. 1967. F. Prior. 21/3. 1961. — C. **1966**, 34-1754 [Brit. P. 978 531].)

1480 **C. F. Boehringer & Soehne G.m.b.H.**, Mannheim, *Herstellung von 5'-Sulfoxiden von Nucleosiden.* **(Niederl. P. 123 306** vom 20/12. 1963, ausg. 15/11. 1967. D. Prior. 22/12. 1962. — C. **1967**, 25-1637 [Brit. P. 992 738].)

1481 **Ciba Ltd.** (Erfinder: **Robert Schwyzer** und **Bernhard Riniker**), *Isomere von Hypertensin II.* **(Aust. P. 273 360** vom 19/6. 1963, ausg. 16/3. 1967. Schwz. Prior. 20/6. 1962. — C. **1968**, 42-1616 [Brit. P. 1 039 537].)

1482 **Soc. Farmaceutici Italia** (Erfinder: **Francesco Chillemi**), *Polypeptide.* **(Aust. P. 268 605** vom 3/10. 1962, ausg. 28/7. 1966. It. Prior. 5/10. 1961 u. 5/2. 1962. — C. **1966**, 41-1832 [Brit. P. 984 810].)

1483 **F. Hoffmann-La Roche & Co. Akt.-Ges.**, Basel (Erfinder: **Ulrich Schwieter**, Reinach, und **Rudolf Rüegg**, Bottmingen), Schweiz, *Triarylphosphoniumsalze des Vitamins A.* **(Schwz. P. 437 262** vom 16/11. 1962, ausg. 30/11. 1967. — C. **1968**, 47-2577 [D. A. S. 1 247 299].)

1484 **G. D. Searle & Co.**, USA (Erfinder: **John S. Baran**), *Antientzündliche Heilmittel.* **(F. P. [Méd.] 3 954** vom 9/7. 1964, veröff. 28/2. 1966. U. S. Prior. 10/7. 1963. — C. **1968**, 3-1767 [Brit. P. 1 004 029].)

1485 **British Drug Houses Ltd.** (Erfinder: **Derek Burn**, **Bernard Ellis** und **Vladimir Petrow**), *Steroide.* **(Aust. P. 269 006** vom 16/1. 1963, ausg. 18/8. 1966. Brit. Prior. 26/1. 1962. — C. **1967**, 11-1886 [U. S. P. 3 160 643].)

1486 **F. Hoffmann-La Roche & Co., Akt.-Ges.**, Basel, Schweiz (Erfinder: **Marco Cereghetti**, **Andor Fürst**, Basel, Schweiz, **Gabriel Saucy** und **Milan Radoje Uskokovic**, Montclair, USA), *Herstellung von 9α.10α- und 9β.10α-Steroiden.* **(D. P. [DDR] 42 071** Kl. 12o vom 30/10. 1964, ausg. 25/10. 1965 [Ausschließungspatent]. Schwz. Prior. 6/11. 1963. — C. **1968**, 13-1693 [D. A. S. 1 236 501].)

1487 **Scherico Ltd.**, Schweiz (Erfinder: **Theodore Legatt** und **Elliot Shapiro**), *Peroxysteroide.* **(F. P. [Méd.] 4 301** vom 16/1. 1964, veröff. 25/7. 1966. U. S. Prior. 17/1., 23/7., 3/11., 7/11. u. 7/11. 1963. — C. **1968**, 17-1844 [F. P. 1 404 474].)

1488 **American Cyanamid Co.**, USA (Erfinder: **John Frank Poletto**, **Robert Eugene Schaub** und **Martin Joseph Weiss**), *Steroidketale.* **(F. P. [Méd.] 3 977** vom 2/4. 1964, veröff. 7/3. 1966. U. S. Prior. 17/5. 1963. — C. **1968**, 2-1631 [Brit. P. 1 002 247].)

1489 **Roussel-Uclaf Soc. An.**, Paris, Frankreich, *N-tertiär-20-Aminosteroide.* **(Niederl. P. 122 495** vom 26/8. 1963, ausg. 15/6. 1967. F. Prior. 27/8. 1962. — C. **1967**, 1-1867 [D. A. SS. 1 212 081 u. 1 212 082].)

1490 **Farbenfabriken Bayer Akt.-Ges.**, Deutschland (Erfinder: **Karl-Heinz Meyer**, **Siegismund Schütz**, **Hans Krätzer**, **Hans-Günther Kroneberg** und **Kurt Stoepel**), *Herstellung von Guanylhydrazonen von Secosteroiden.* **(F. P. 1 447 182** vom 29/1. 1965, veröff. 20/6. 1966. D. Prior. 29/1. 1964. — C. **1968**, 51/52-1786 [Brit. P. 1 042 857].)

1491 **Farbenfabriken Bayer Akt.-Ges.**, Deutschland (Erfinder: **Karl-Heinz Meyer**, **Siegismund Schütz**, **Kurt Stoepel** und **Hans-Günther Kroneberg**), *Herstellung von Steroidaminoguanidinen.* **(F. P. 1 447 177** vom 7/1. 1965, veröff. 20/6. 1966. D. Prior. 7/1. u. 16/4. 1964. — C. **1968**, 36-1703 [D. A. S. 1 250 816] u. C. **1968**, 38-1884 [D. A. S. 1 257 138].)

1492 **Syntex Corp.**, Panama, Panama, *Herstellung von Steroid-21-phosphaten.* **(Brit. P. 1 050 883** vom 20/6. 1963, ausg. 14/12. 1966. Mexikan. Prior. 5/7. 1962. — C. **1968**, 47-1804 [D. A. S. 1 260 467].)

1493 **Laboratoires Français de Chimiothérapie** (Erfinder: **Robert Joly**, **Julien Warnant** und **Bernard Goffinet**), *Pregnadiene.* **(Aust. P. 270 700** vom 2/10. 1964, ausg. 10/11. 1966. — C. **1963**, 10 197 [F. P. 1 259 501].)

1494 **A/B Bofors**, Bofors, übert. von: **Bo Thuresson Af Ekenstam**, Molndal, und **Bror Gösta Pettersson**, Karlskoga, Schweden, *Herstellung von Acyloxyacetalen von Fluor-16α-hydroxyprednisolonen.* **(U. S. P. 3 341 526** vom 12/1. 1965, ausg. 12/9. 1967. — C. **1968**, 42-1626 [Brit. P. 1 020 309].)

1495 **G. D. Searle & Co.**, Chicago, übert. von: **Paul D. Klimstra**, Northbrook, und **Raymond E. Counsell**, Skokie, Ill., USA, *Herstellung von 17-oxigenierten 2α.3α-Epoxy-2β-formyl-5α-androstanen.* **(U. S. P. 3 290 295** vom 14/3. 1963, ausg. 6/12. 1966. — C. **1968**, 3-1769 [Brit. P. 1 003 938].)

1496 **Abbott Laboratories**, USA (Erfinder: **John S. Tadanier** und **John Wayne Cole**), *Herstellung von 5β-19-Cycloandrostanen.* **(F. P. 1 477 424** vom 10/2. 1965, veröff. 13/3. 1967. U. S. Prior. 24/2. 1964. — C. **1968**, 23-1901 [Brit. P. 1 049 317].)

1497 **Schering Akt.-Ges.**, Deutschland, *Herstellung von 5α-Androstanolonen.* **(F. P. 1 445 261** vom 25/8. 1965, veröff. 31/5. 1966. D. Prior. 26/8. 1964. — C. **1968**, 31-1649 [D. A. S. 1 236 502].)

1498 **Herchel Smith**, Großbritannien, *19-Nortestosteronähnliche Heilmittel.* **(F. P. [Méd.] Add. 41** vom 4/12. 1962, veröff. 2/9. 1963. Brit. Prior. 15/9. 1961 u. 27/8. 1962. Zusatz zu F. P. [Méd.] 1 680. — C. **1967**, 39-1752 [D. A. S. 1 232 958].)

1499 **Roussel-Uclaf** (Erfinder: **Gerard Nominé**, **Robert Bucourt** und **André Pierdet**), *Testosterone.* **(Aust. P. 268 740** vom 10/5. 1962, ausg. 4/8. 1966. F. Prior. 10/5. u. 8/8. 1961. — C. **1966**, 43-1926 [U. S. P. 3 152 956].)

1500 **Roussel-Uclaf** (Erfinder: **Gerard Nominé** und **Robert Bucourt**), *Östradiene.* **(Aust. P. 270 516** vom 19/5. 1966, ausg. 27/10. 1966. — C. **1965**, 25/26-1753 [D. A. S. 1 179 202].)

1501 **Merck & Co., Inc.**, USA (Erfinder: **John Fried**), *Östra-4.9-dien-3β.-17-diole und deren Ester.* **(F. P. [Méd.] 3 995** vom 17/9. 1964, veröff. 14/3. 1966. U. S. Prior. 19/6. 1963. — C. **1968**, 49/50-1757 [U. S. P. 3 250 793].)

1502 **Schering Akt.-Ges.**, Deutschland, *Herstellung von Östratrienverbindungen.* **(F. P. 1 455 552** vom 17/11. 1965, veröff. 5/9. 1966. D. Prior. 17/11. 1964. — C. **1968**, 12-1670 [D. A. S. 1 235 316].)

1503 **Kyorin Seiyaku K. K.** (Erfinder: **Tsutomu Irikura**, **Shimao Sato** und **Kazunari Shirai**), *Furfurylidencrotonsäurealkylester.* **(Aust. P. 269 198** vom 14/5. 1963, ausg. 25/8. 1966. Jap. Prior. 18/2. 1963. — C. **1967**, 6-1769 (Brit. P. 982 730].)

1504 **Rhône-Poulenc Soc. An.**, Paris, Frankreich, *Gewinnung eines Antibiotikums.* **(Oe. P. 255 028** vom 16/9. 1964, ausg. 26/6. 1967. F. Prior. 19/9. 1963. — C. **1967**, 10-1867 [D. A. S. 1 213 569].)

1505 **Roussel-Uclaf,** Paris, übert. von: **Guy Hagemann,** Nogent-sur-Marne, **Lucien Penasse,** Paris, und **Gerard Nominé,** Noisy-le-Sec, Frankreich, *6-[(α-Phenoxyalkanoyl)-amido]-penicilliansäuresalze des Propionylerythromycins.* (**U. S. P. 3 198 787** vom 23/1. 1962, ausg. 3/8. 1965. F. Prior. 25/1., 21/4. u. 5/12. 1961. — C. **1965,** 32-1809 [Brit. P. 938 066].)

1506 **Pierrel S.p.A.,** Italien, *Gewinnung von Hydroxytetracyclin.* (**F. P. 1 384 312** vom 7/1. 1964, ausg. 21/4. 1965. Brit. Prior. 8/2. 1963. — C. **1968,** 42-1638 [Brit. P. 1 016 961].)

1507 **Ciba Corp.,** New York, N.Y., USA, übert. von: **Ernst Gaeumann, Tino Gaeumann, Vladimir Prelog,** Zürich, und **Ernst Vischer,** Basel, Schweiz, *Ferrichrysin, Desferrichrysin und deren Derivate.* (**U. S. P. 3 342 795** vom 19/3. 1964, ausg. 19/9. 1967. Schwz. Prior. 24/11. 1961, 2/3., 15/6., 13/8., 11/10. 1962 u. 21/3. 1963. — C. **1967,** 44-1703 [F. P. 1 344 583] u. C. **1968,** 43-3073 [Brit. P. 1 037 893].)

1508 **American Cyanamid Co.** (Erfinder: **John Halley Mowat, James Burns Patrick, Richard Preston Williams, Donna Bernice Cosulich** und **John Schurr Webb**), *Herstellung von Mitomycinderivaten.* (**Aust. P. 268 407** vom 20/5. 1963, ausg. 21/7. 1966. U. S. Prior. 7/6. 1962. — C. **1968,** 34-1761 [U. S. P. 3 179 671].)

1509 **Upjohn Co.,** Kalamazoo, Mich., USA, *Herstellung des Antibiotikums Nogalamycin.* (**Brit. P. 1 065 829** vom 6/12. 1963, ausg. 19/4. 1967. U. S. Prior. 1/2. 1963. — C. **1966,** 13-1817 [D. A. S. 1 198 008].)

1510 **Sandoz Akt.-Ges.,** Basel, Schweiz, *Herstellung von Verrucarin J.* (**Oe. P. 254 393** vom 21/10. 1963, ausg. 26/5. 1967. Schwz. Prior. 23/10. 1962. — C. **1967,** 29-1822 [D. A. S. 1 223 106].)

1511 **Sandoz Akt.-Ges.,** Basel, Schweiz, *Herstellung des Antibiotikums Rhi 12-648 und seiner Derivate.* (**Oe. P. 252 447** vom 21/7. 1964, ausg. 27/2. 1967. Schwz. Prior. 23/7. 1963. — C. **1966,** 17-1848 [Port. P. 42 741].)

1512 **J. R. Geigy Akt.-Ges.,** Basel, Schweiz, *Antikoagulationsmittel.* (**Niederl. P. 123 338** vom 7/12. 1962, ausg. 15/12. 1967. Schwz. Prior. 8/12. 1961. — C. **1967,** 16-1734 [Brit. P. 997 727].)

1513 **National Research Development Corp.,** London, Großbritannien (Erfinder: **Herbert William Smith**), *Herstellung von Impfstoffen.* (**Brit. P. 1 085 956** vom 10/9. 1963, ausg. 4/10. 1967. — C. **1968,** 37-1899 [D. A. S. 1 249 455].)

1514 **National Research Development Corp.,** London, Großbritannien (Erfinder: **William John Herbert**), *Injizierbare Antigenemulsionen.* (**Brit. P. 1 080 994** vom 25/10. 1963, ausg. 31/8. 1967. — C. **1967,** 35-1852 [D. A. S. 1 229 677].)

1515 **Schering Akt.-Ges.,** Berlin, *Gewinnung von antigenen Polysacchariden und Lipopolysacchariden.* (**Brit. P. 1 083 277** vom 14/6. 1966, ausg. 13/9. 1967. D. Prior. 21/8. 1965. — C. **1968,** 18-1720 [D. A. S. 1 245 037].)

1516 **Behringwerke Akt.-Ges.,** Marburg/Lahn, *Gewinnung eines Plasmin- und Trypsininhibitors.* (**Brit. P. 1 074 437** vom 10/8. 1964, ausg. 5/7. 1967. D. Prior. 9/8. 1963. — C. **1965,** 47-1702 [D. A. S. 1 190 139].)

1517 **Imperial Chemical Industries Ltd.** (Erfinder: **Wilson Waring**), *Pharmazeutika.* (**Aust. P. 269 075** vom 20/3. 1963, ausg. 18/8. 1966. Brit. Prior. 28/3. 1962. — C. **1967,** 8-1826 [Brit. P. 982 250].)

1518 **Roussel-Uclaf,** Paris (Erfinder: **Guy Hagemann,** Nogent-sur-Marne, Seine), Frankreich, *Antikokzidiose Mittel.* (**Brit. P. 1 038 911** vom 8/6. 1962, ausg. 10/8. 1966. **Niederl. P. 120 907** vom 7/6. 1963, ausg. 15/6. 1966. Brit. Prior. 8/6. 1962. — C. **1968,** 48-1752 [U. S. P. 3 167 474].)

1519 **Dow Chemical Co.,** Midland, Mich., USA, *4-Chlor-2-cyclopentylphenol als Mikrobiozid.* (**Brit. P. 1 079 322** vom 17/11. 1965, ausg. 16/8. 1967. U. S. Prior. 25/11. 1964. — C. **1967,** 13-1942 [D. A. S. 1 216 488].)

1520 **Toyama Kagaku Kogyo K. K.,** Tokio (Erfinder: **Yntaka Kodama, Isamu Saikawa, Akira Takai, Toyoo Maeda, Shiro Hirai, Ikuko Takamichi, Masae Kanamori, Mizuho Haseda, Tatsumi Inagaki,** Toyama-shi, und **Kazuko Watanabe,** Takaoka-shi), Japan, *Herstellung von 3-Amino-1.2.4-triazinen.* (**Schwz. P. 436 319** vom 17/11. 1961, ausg. 15/11. 1967. Jap. Prior. 17/11., 24/11. 1960, 13/2. ,18/5., 15/7., 17/7., 7/9. u. 2/11. 1961. — C. **1966,** 22-1719 [D. A. S. 1 191 383].)

1521 **Riedel-de-Haen Akt.-Ges.,** Seelze (Erfinder: **Horst Liebig, Wolfgang Diepers** und **Joachim Knaul,** Berlin), *α-Cyan-β-ketocarbonsäureester als bakterizide Mittel.* (**Schwz. P. 437 648** vom 3/4. 1963, ausg. 30/11. 1967. D. Prior. 11/4. u. 14/11. 1962. — C. **1965,** 20-1751 [D. A. S. 1 178 554].)

1522 **Cassella Farbwerke Mainkur Akt.-Ges.** (Erfinder: **Werner Zerweck, Otto Trösken** und **Karl Hintermeier**), Frankfurt/M., *Herstellung von Salicylsäurearylamiden.* (**Schwz. P. 421 930** vom 23/3. 1962, ausg. 15/4. 1967. D. Prior. 25/3. 1961. — C. **1965,** 30-1858 [D. A. S. 1 167 328].)

G. Analytische Chemie, Laboratoriumspraxis

G–1. Allgemeine Verfahren und Apparate

1523 **Handbetriebene Mikroapparatur, die Tropfen fünf verschiedener Größen liefert.** A. J. Arnold. (Lab. Pract. **16** (1967) 1, 56—57; Rothamsted Exper. Station, Harpenden, Herts.; engl.) J. Pickardt 5004

1524 **Sorptions-Ultrahochvakuumpumpe mit Stickstoffkühlung SSNa-0,5.** A. V. Aref'ev, V. Ja. Lisicyn und S. P. Maksimov. (Pribory Techn. Ėksperimenta **1968,** 3, 149—53; Inst. atom. ėnerg., Moskva; russ.) — Beschreibung der App. mit einem erreichbaren Grenzvakuum von $8 \cdot 10^{-9}$ Torr. H. Roschkowski 5008

1525 **Mikrovolumetrische Messungen mit Hilfe einer automatischen Toeplerpumpe.** Russell N. Dietz. (Rev. sci. Instruments **38** (1967) 3, 419—21; Brookhaven Nat. Labor., Upton, L.I., N.Y.; engl.) — Vf. beschreibt Konstruktion u. Anwendung einer verbesserten Pumpe. J. Pickardt 5010

1526 **Wachstum von Naphthalineinkristallen.** S. C. Datt, J. K. D. Verma und B. D. Nag. (Indian J. Physics Proc. Indian Assoc. Cultivat. Sci. **41/50** (1967) 2, 139—46; Saha Inst. of Nucl. Phys., Calcutta; engl.) — Vf. beschreiben einen Glas-„Ofen" zur Züchtung von Naphthalin-Einkrist. nach der Bridgman-Stockbarger-Methode. Krist. von 1 in. ⌀ u. 8 in. Länge wurden erhalten. Anthracen-Einkrist. konnten ebenfalls hergestellt werden. J. Pickardt 5012

1527 **Computersimulierung der Sedimentation in einer Ultrazentrifuge.** 3. Mitt. **Konzentrationsabhängige Sedimentation.** David J. Cox. (Arch. Biochem. Biophysics **119** (1967) 1—3, 230—39; Dep. of Chem., Univ. of Tex., Austin, Tex.; engl.) — 2. vgl. C. **1967, 40-111.** — Eine allg. Meth. zur Computersimulierung von Sedimentationsgeschw.-Experimenten in Ultrazentrifugen wurde entwickelt. Es können sich entweder der Sedimentationskoeff. (S) oder der Diffusionskoeff. (D) oder sowohl S als auch D mit der Konz. des Gelösten in irgendeiner Weise ändern. Die Meth. ist auf Experimente mit Zellen mit synthet. Grenzen, relativ kurze Zeiten u. homogene Lsg. beschränkt. Wenn S eine lineare Funktion der Konz. u. D konzentrationsunabhängig ist, so sind die ber. Gradientenkurven im wesentlichen symm., wenn die Konz.-Abhängigkeit von S nicht linear ist, sind sie unsymmetrisch. J. Pickhardt 5020

1528 **Isotopentrennung durch Trägerdiffusion.** H. Craig. (Science [Washington] **159** (1968) 3810, 93—96; La Jolla, Calif., Scripps Inst. of Oceanogr.; engl.) — Die Stickstoff-Isotopenfraktionierung beim Hoering-Morre-Experiment (Injektion von N_2 in CO_2-Träger u. Diffusion durch Sandstein) beruht auf der Gasphasendiffusion, nicht aber auf Oberflächeneffekten. Dieser Vorgang liefert ein charakterist. Fraktionierungsdiagramm mit Fraktionierungs-Nullpunkten bei 16 u. 84% sowie Anreicherung der schweren Isotope zwischen diesen Punkten. Die Trägerdiffusion ist ein wirksamer Anreicherungsprozeß für Isotope mit geringer Häufigkeit, die leichter sind als die Makrokomponente, sowie für He u. H_2 in Gasmischungen. D. Ertel 5024

1529 **Kollektive Linearbeschleunigung von Ionen.** V. I. Veksler, V. P. Sarancev, A. G. Bonč-Osmolovskij, G. V. Dolbilov, G. A. Ivanov, I. N. Ivanov, M. L. Iovnovič, I. V. Kožukov, A. B. Kuznecov, V. G. Machan'kov, E. A. Perel'štejn, V. P. Raševskij, K. A. Rešetnikova, N. B. Rubin, S. B. Rubin, P.-I. Ryl'cev und O. I. Jarkovoj. (Atom. Ėnerg. **24** (1968) 4, 317—23; russ.) — Wiedergabe des neuen Beschleunigungsprinzips. Die Parameter eines Modells für Beschleunigung auf 1000 GeV sind angeführt. M. Wiedemann 5030

1530 **Verfahren zur Verarbeituung von Untersuchungsdaten bei der Überwachung radioaktiver Niederschläge mit Hilfe von Digitalrechnern.** P. E. Hartley. (Int. J. appl. Radiat. Isotopes **18** (1967) 10, 713—20; Australian Atomic Energy Comiss. Lucas Heights, N.S.W.; engl.) — Ein einfaches Rechenverf., mit dessen Hilfe Isoaktivitätskonturenkarten aus einer Reihe von an verschiedenen Orten u. Zeiten gewonnenen Zählraten ermittelt werden können, wird beschrieben. J. Pickardt 5032

1531 **Schnellmethode zur Bestimmung der Dicke galvanischer Überzüge.** F. I. Kotik und E. I. Kočerežkina. (Zav. Labor. **34** (1968) 2, 203; Kazanskij mechan. zavod; russ.) — Beschreibung eines styloskop. Verf. zur Best. der Dicke von Ni-Überzügen auf Cu mit Hilfe von Intensitätsbest. des Linienpaars Ni 4714,42–Cu 4704,60 Å. H. Roschkowski 5042

1532 **Dilatometer zur Untersuchung von Festkörpern bei hohen hydrostatischen Drücken.** A. R. Kutsar. (Pribory Techn. Éksperimenta **1968**, 3, 178–79; CNIIČERMET, Moskva; russ.) — Die beschriebene App. wird zur Unters. der Ausdehnung von *La* bei Drücken von 14 kbar u. Temp. bis 500° verwendet. H. Roschkowski 5042

1533 **Dilatometer für hohe hydrostatische Drücke.** E. I. Éstrin. (Pribory Techn. Éksperimenta **1968**, 3, 176–77; CNIIČERMET, Moskva; russ.) — Beschreibung eines Dilatometers zur Unters. von Phasenübergängen bei hohen hydrostat. Drücken. Anwendung zur Unters. der $\alpha \rightarrow \gamma$-Umwandlung einer Fe-Leg. mit 8,5% Cr bei 4,2 kbar. H. Roschkowski 5042

1534 **Technik der Teilchengrößenanalyse von Zirkon mit Hilfe des Coulter-Zählers.** L. Wanless. (Trans. Brit. ceram. Soc. **67** (1968) 2, 29–48; Cookson House Res. Labor., Associat. Lead Manufactures Ltd., Newcastle upon Tyne; engl.) — Die Verw. des Coulter-Zählers als eine schnelle u. zuverlässige Meth. zur Routinemessung der Teilchengrößenverteilung im Bereich von 1,5–4 mm wird untersucht. Die Anwendung des Coulter-Zählers ist auch für sehr unterschiedliche Teilchengrößen möglich. Eine schnelle Meth. zur Best. der mittleren Teilchengröße wird beschrieben. Hierbei werden nur die großen Teilchen gezählt u. diese Zählung mit Standardwerten verglichen. Solche Routineunters. können in Min. durchgeführt werden. Die Meth. ist auch für Best. an *ZrO_2, Monazit, CeO_2, Ba-Titanat, TiO_2, Sb-Oxid* u. *Sb-Sulfid* geeignet. M. Frenzel 5044

1535 **Vorrichtung zum Messen kleiner biologischer Proben.** J. Groulade und C. Ollivier. (Ann. Biol. clin. **25** (1967) 3/4, 501–04; Centre Hospitalier Régional, Grenoble; franz.) — Vf. beschreiben eine Kunststoff-Mikropipette zum Messen u. Dosieren kleiner Fl.-Mengen. J. Pickardt 5044

1536 **Empfindliche automatische Waage für die Arbeit im Ultrahochvakuum.** O. K. Kurbatov und Ju. I. Ščerbakov. (Pribory Techn. Éksperimenta **1968**, 3, 180–82; russ.) H. Roschkowski 5046

1537 **Temperaturmeßgerät der Klasse 0,05.** N. A. Gluchov, R. Ja. Rezler und I. B. Fogel'son. (Pribory Techn. Éksperimenta **1968**, 3, 216–17; Inst. vysokomol. soedinenij AN SSSR, Leningrad; russ.) — Beschreibung eines Temp.-Meßgeräts mit einer Genauigkeit von $\pm 0{,}1°$ im Bereich 0–200°. Als Temp.-Sonde dient ein Transistor. H. Roschkowski 5052

1538 **Schema zur automatischen Temperaturregelung in Laboratoriumsöfen.** Ju. M. Potebnja, A. A. Pšegorlinskij und R. G. Richter. (Zav. Labor. **44** (1968) 7, 895–96; Zaporožskijfilial Dnepropetrovskogo metallurg. inst.; russ.) H. Roschkowski 5052

1539 **Eichung von Thermoelementen mit Hilfe einer dynamischen Vergleichsmethode. Anwendung der Methode auf Kupfer–Konstantan- und Chromel–Konstantan-Thermopaare (BTE-CTE).** Bernard Loiseleur, Paul Clechet und Jena-Claude Merlin. (Bull. Soc. chim. France **1967**, 2, 677–84; Fac. des Sci. de Lyon; franz.) — Vf. beschreiben eine Meth. zur Eichung von Thermopaaren durch Vgl. mit einem Pt-Widerstandsthermometer. J. Pickardt 5052

1540 **Elektrischer Widerstand einer Manganin-Spule bis 7 kbar und 200°.** Chi-yuen Wang. (Rev. sci. Instruments **38** (1967) 1, 24–26; Smithonian Astrophys. Observatory, Harvard Univ., Cambridge, Mass.; engl.) — Der elektr. Widerstand R wurde zwischen 0–7 kbar u. 20–200° gemessen. Bei erhöhter Temp. ist R mit steigendem u. fallendem Druck reproduzierbar u. die Druckabhängigkeit von R ist linear. Der Druckkoeff. ändert sich nur wenig mit der Temperatur. Die Ergebnisse lassen erwarten, daß eine Manganin-Spule bei erhöhter Temp. als Druckmesser verwendet werden kann, sofern R bez. der Temp. korr. wird. J. Pickardt 5054

1541 **Piezoelektrisches Viskosimeter.** R. G. Džagupov, F. V. Sedykin und V. A. Zacharov. (Zav. Labor. **34** (1968) 7, 888–89; Tul'skij politechn. inst.; russ.) H. Roschkowski 5058

1542 **Meßbereichserweiterung und Empfindlichkeitssteigerung bei einem Rotationsviskosimeter.** Eberhard Zimmermann. (Analytic. Chem. **39** (1967) 11, 1305–06; Physiolog.-Chem. Inst., Univ., Würzburg; engl.) — Eine Schaltung zum Anpassen eines derartigen Geräts an einen 12-Kanal-Schreiber, die ein Umschalten des Meßbereichs gestattet, wird beschrieben. J. Pickardt 5058

1543 **Entwicklung einer Zusatzeinrichtung zum Höppler-Viskosimeter.** Rainer Frenzel und Ekkehard Hanslok. (Chem. Techn. **20** (1968) 9, 558–59; Ind.-Zweiginst. Gummi u. Asbest, Fürstenwalde/Spree Süd; dt.) — Zusatzeinrichtung zur Best. der Viskosität undurchsichtiger Medien, die eine selbsttätige Best. der Kugelfallzeit gestattet (Prinzip der Bedämpfung u. Verstimmung von Schwingkreisen durch die Meßkugel u. dadurch gesteuerter Betrieb einer Kurzzeitmeßuhr). M. Frenzel 5058

1544 **Meßgeräte zur Bestimmung der Verteilung atmosphärischer Kleinionen und Kondensationskerne in bodennahen Schichten der Atmosphäre.** Albrecht Hock. (Arch. techn. Messen ind. Meßtechn. **1967**, 373, 29–34; München; dt.) — App. u. Prinzip eines Kleinionenzählers für positive u. negative Kleinionen (Meßbereich ca. $20-10^5$ Ionen/cm^3) sowie eines Geräts zur Best. der Kondens.-Kerndichte werden beschrieben u. Meßbeispiele angegeben. Ernst Schulte 5066△

1545 **Kontaktlose Widerstandsmessungen an Scheiben halbleitender Materialien.** Nobuko Miyamoto und Jun-Ichi Nishizawa. (Rev. sci. Instruments **38** (1967) 3, 360–67; Res. Inst. of Electr. Commun., Tohuku Univ., Sendai, Japan; engl.) — Vf. beschreiben eine Vorr. zur Widerstandsmessung, die aus einem Paar halbkreisförmiger Meßelektroden u. einem Schwingkreis mit variabler Kapazität in Parallel- oder Serienschaltung besteht u. bei der die Probe kapazitiv ohne direkten Kontakt an die Elektroden gekoppelt ist. Die Meßmeth. ähnelt im Prinzip der Q-Metermethode. Der Widerstandsmeßbereich wird begrenzt durch Elektrodenstruktur u. Frequenz; für den Bereich 0,3–1500 Ωcm können sowohl Serien- als auch Parallelschaltung verwendet werden. Für Proben <3 mm Dicke kann die Widerstandsbest. unter Verw. einer Eichkurve erfolgen. Einfl. verschiedener Oberflächenbehandlung auf die Ergebnisse konnte bei Proben mit ebener Oberfläche nicht festgestellt werden. J. Pickardt 5066

1546 **Verbesserte Auflösung beim Coulter-Zähler durch hydrodynamische Fokussierung.** Loyd Spielman und Simon L. Goren. (J. Colloid Interface Sci. **26** (1968) 2, 175–82; Dep. of Chem. Engng., Univ. of California, Berkeley, Calif.; engl.) — Wird die zu untersuchende Suspension durch eine Öffnung von ca. 30 μm $\varnothing$, die 2–4 mm von der Meßapertur ($\varnothing$ ebenfalls 30 μm) entfernt ist, eingespeist, so bildet sich beim Einsaugen der Lsg. ein Stromfaden in der umgebenden Elektrolytlsg. aus, der die Teilchen gut fokussiert nacheinander zur Meßblende führt. Vers. mit Latices enger Teilchengrößenverteilung zeigen, daß durch die Fokussierung eine Verbesserung der gemessenen Verteilungskurven (schärfere Trennung) erreicht werden kann. K. Strenge 5070

1547 **Reduktion in Gegenwart von Schwefelsäure, Phosphorsäure, Borsäure oder Kieselsäure.** Isamu Tsubaki. (Japan Analyst **16** (1967) 5, 405–09; Osaka, Ikeda-shi, Gov. Ind. Res. Inst.; jap., Auszug: engl.) — Vf. untersuchte die Red. von Mn(VII), Mn(IV), Cr(VI), V(V), Mo(IV), W(VI) u. U(VI) in Ggw. von Säuren. Die Rk.-Abläufe werden diskutiert. Die Red. von V(V) in Ggw. von H_3PO_4 wurde zur oxydimetr. Titration von V(V) benutzt. Vf. diskutierte außerdem die Richtigkeit der Formulierung des Monazits als $CePO_4$ u. des Rhodonits als $MnSiO_3$. I. Degen 5081

1548 **Fehler in der Spektralanalyse.** James A. Blackburn. (Analytic. Chem. **39** (1967) 1, 100–03; Dep. of Chem., Univ. of Waterloo, Waterloo, Ontario; engl.) — Vf. untersucht die Absolutfehler, die durch die Fehlerrechnung bei der Spektralanalyse auftreten, wenn zusammengesetzte Spektren relativ zu Standardspektren verschoben werden, oder wenn zusammengesetzte Spektren verschoben werden u. eine Transformation durchgeführt wird, bevor die Analyse des Spektrums erfolgte. Solche Verschiebungen treten z. B. bei den Kanaldrifts in der γ-Spektroskopie auf. J. Pickardt 5082

1549 **Thiazolylazofarbstoffe als koordinative Liganden. 1. Mitt. Stabilitätskonstanten von 4-[2-Thiazolylazo]-resorcin und verwandten Verbindungen.** G. Nickless, F. H. Pollard und T. J. Samuelson. (Analytica chim. Acta [Amsterdam] **39** (1967) 1, 37–46; Dep. of Inorg. Chem., School of Chem., Univ., Bristol; engl.) — Die komplexbildenden Eig. einiger Thiazolylazoverb. werden durch potentiometr. Titration ermittelt. W. Grimmich 5086

1550 **Demonstration der Spezifität von Luxolblau als Phospholipidreagenz durch Elektrophorese.** R. Delcourt. (C. R. Séances Soc. Biol. Filiales **161** (1967) 6, 1480–81; Charleroi, Inst. A. Gailly, Labor. de Biol. méd.; franz.) — Luxol Fast Blue wurde auf seine Wrkg. auf fixierte Proteine u. auf menschliches Serum untersucht. Die Ergebnisse einer Elektrophorese (gemeinsam mit durch Sudanblau oder Nilblau angefärbtem Serum) auf Acrylgel zeigen die vorzugsweise Fixierung des Farbstoffes durch phospholipidreiche Lipoproteine, wie α-Lipoproteine u. Thromboplastin. Zu anderen Proteinen, nativ oder delipidiert, hat der Farbstoff keine Affinität. Die Anlagerung erfolgt nicht in dem Niveau der für die elektrophoret. Beweglichkeit der Lipoproteine zuständigen akt. Gruppen. Auch das Cu-Atom spielt keine Rolle. Salzbldg. des Phospholipids mit dem Farbstoff ist möglich. L. Kramar 508

1551 **Untersuchungen der Absorptionsspektren einiger Säure–Base-Indikatoren in nichtwäßrigen Lösungsmitteln.** Tadeusz Jasiński und Henryk Smagowski. (Zeszyty naukowe Wyższej Szkoły pedagog. w Gdańsku, Mat., Fisyka, Chem. **7** (1967), 121–30; pol.) — Vf. beschreiben das Verh. der Indikatoren während der Titration einer schwachen Säure [N.N-Dimethylanilin (**I**)] mit p-Toluolsulfonsäure (**II**) in CH_3COOH (**III**), Essigsäureanhydrid (**IV**) u. Äthylacetat (**V**)-Lösung. Indikatoren waren: Kristallviolett, Malachitgrün, Chinaldinrot, Pyridin-2-azo-p-N.N-dimethylanilin, α-Naphtholbenzein, Chinaldinrot u. Tropäolin 000. Die Absorptionsspektren der Indikatoren im Sichtbaren wurden in der Nähe des Äquivalenzpunktes aufgenommen. Zwischen $[JH^+A^-]/[J]$ u. C_{HA} wurde eine lineare Abhängigkeit gefunden, wenn man in wasserfreir CH_3COOH arbeitete. C_{HA} ist die Konz. an p-Toluolsulfonsäure u. $[JH^+A^-]$ sowie $[J]$ sind die Gleichgew.-Konz. der sauren bzw. neutralen Form des Indikators. M. Sidillo 5090

1552 **Impedanztitration: Kaliumjodid gegen Kaliumpermanganat.** K. C. Narasimham und K. Sundararajan. (J. Instn. Chemists (India) **40** (1968) 2, 65–70; Central Electrochem. Res. Inst., Karaikudi; engl.) — Die Meth. beruht auf der Änderung des Wechselstromwiderstandes (I), der zwischen einer polarisierbaren u. einer nichtpolarisierbaren Pt-Elektrode in einer Lsg. bei der Titration beobachtet wird. Wenn durch das Titriergefäß ein konst. Wechselstrom (50 Hz, 15–300 μA) fließt, kann I mit einem Röhrenvoltmeter über die zwischen den Elektroden liegende Wechselspannung gemessen werden. Wie am Beispiel der Titration von KJ mit $KMnO_4$-Lsg. gezeigt wird, sind die Kurvensprünge stärker ausgeprägt als bei der Potentiometrie. Mit der Impedanztitration ist im Gegensatz zur Potentiometrie bei der Titration von 0,001 n KJ-Lsg. mit 0,01 n $KMnO_4$-Lsg. der Endpunkt noch erkennbar. W. Grimmich 5092

1553 **Beschreibung der Kurvenformen der amperometrischen und bipotentiometrischen Titration. Analyse, numerische Beschreibung u. Einteilung in Kurventypen.** Pierre Camille Lacaze und Jacques Émile Dubois. (Bull. Soc. chim. France **1967**, 5, 1702–06; Fac. des Sci. de Paris, Associe au CNRS, Paris; franz.) — Das Diagramm Z-ΔV (Z = Äquivalente, ΔV = Potentialänderung) wird auf Z–$\Delta V/\Delta V_{max}$ (maximale Spannungsänderung im Umschlagsbereich) umgestellt, der Umschlagsbereich in verschiedene Zonen aufgeteilt u. durch Indizes erfaßt. Dadurch ist es möglich, jeden Kurvenverlauf durch wenige Ziffern zu charakterisieren. Weitere Regeln werden angeführt zur Erfassung von elektrochem. Veränderungen (Spannung, Elektroden, Leitfähigkeit) beim Umschlag. G. Schatz 5092

1554 **Zirkulationszelle mit kleinem Volumen für simultane polarographische, coulometrische und photometrische Messungen.** Jiri Janata und Harry B. Mark jun. (Analytic. Chem. **39** (1967) 14, 1896–98; Dep. of Chem., Univ. of Mich., Ann Arbor, Mich.; engl.) — Für Unters. der Elektrodenrk. von aromat. KW-Stoffen, Corannulen u. 4.5-Methylenphenanthren an der Hg-Tropfelektrode wird eine Zelle mit zirkulierender Lsg. (10 ml) verwendet, die in einem speziell für das Cary-Spektrophotometer Modell 14 passenden lichtdichten Behälter untergebracht werden kann. Die Bezugselektrode für polarograph. Messungen ist durch eine Glasfritte von der Lsg. getrennt. Erschöpfende Elektrolyse wird an einer Hg-Oberfläche durchgeführt, wozu die Lsg., nachdem sie eine Quarzküvette passiert hat in den oberen Teil der Zelle durch Einblasen von N_2 zurückgepumpt wird. Aus dem Diffusionsgrenzstrom u. der aus opt. oder elektr. Messungen ermittelten Ladungsmenge kann der Grad der Elektrolyse exakt bestimmt werden. E. Bomke 5098

1555 **Messung der komplexen Dielektrizitätskonstanten im Zentimeterwellenbereich mit Hilfe einer Hohlraumresonatormethode.** Georges Roussy und Pierre Boule. (J. Chim. physique Physico-Chim. biol. **64** (1967) 3, 529–33; Labor. de Chim. Theorique, Fac. des Sci. de Nancy; franz.) — Vf. beschreiben eine Meßapp., die im wesentlichen aus einem zylindr. Mikrowellenresonator besteht, in dessen Zentrum ein mit der zu untersuchenden Substanz gefülltes Quarzröhrchen gebracht wird. Es können daher auch korrosive oder hygroskop. Substanzen unter kontrollierten atmosphär. Bedingungen gemessen werden. Eine Gleichung zur Berechnung der DK unter Berücksichtigung der geometr. Verhältnisse der App. wird abgeleitet, die prinzipiellen Schwierigkeiten der Meßmeth. werden diskutiert. Die Genauigkeit der Messungen beträgt $\pm 2\%$ für ε' u. $\pm 5\%$ für ε''. Angewendet wird die Meth. auf Imidazol u. eine Lsg. von THF in Cyclohexan. J. Pickardt 5100

1556 **Empfindliches 8 mm-Elektronenspinresonanzspektrometer mit Doppelseitenbandendemodulation.** A. V. Patankar. (J. sci. Instruments **44** (1967) 5, 354–56; Newcastle upon Tyne, Univ., Res. Labor. for Solid State Phys., School of Phys.; engl.) — Die Technik der Seitenbandendemodulation u. ihre Anwendung für ESR-Spektrometer wird diskutiert. Der Einfl. auf die Rauschzahl des Empfängers wird erklärt. Ein empfindliches Q-Band-ESR-Spektrometer mit Doppelseitenbandendemodulation wird beschrieben. Die Empfindlichkeit beträgt bei 1 Watt Mikrowellenleistung $3 \cdot 10^9$ Spins/Gauß Linienbreite. Das Syst. ist über weite Bereiche frequenz- u. leistungsstabil. — Blockschaltbild. B. I. 5102 △

1557 **Goniometervorrichtung für NQR-Zeeman-Untersuchungen.** G. E. Peterson und P. M. Bridenbaugh. (Rev. sci. Instruments **38** (1967) 3, 387–89; Bell Telephone Labor., Inc., Murray Hill, N.J.; engl.) — Die Unters. der Zeeman-Aufspaltung von NQR-Linien in Einkrist. erfordert ein Goniometer zur Orientierung des Krist. bez. des Magnetfeldes. Eine einfache Konstruktion wird beschrieben. J. Pickardt 5102

1558 **Messung sich schnell ändernder longitudinaler Relaxationszeiten mit der Spinechomethode.** A. I. Žernovoj. (Ž. fiz. Chim. **42** (1968) 7, 1850–51; VNII gidrolíznoj i sul'fitno-spirtovoj prom., Leningrad; russ.) — Beschreibung eines Verf. zur Messung von Relaxationszeiten T_1, die sich mit einer Zeitkonst. ändern, die kleiner als T_1 ist. Mit Hilfe dieses Verf. wird die Konz. freier Semichinonradikale in einer alkohol. p-Benzochinonlsg. nach Zusatz von KOH bestimmt. R. Hoschkowski 5102

1559 **Verbesserter Multi-Gasanalysator.** K. G. Ikels und J. R. Neville. (J. Gas Chromatogr. **6** (1968) 4, 222–25; Brooks Air Force Base, Tex. USAF School of Aerospace Med.; engl.) — Vf. benutzen eine elektrochem. O_2-Zelle [vgl. J. R. Neville, Rev. sci. Instruments **33** (1962) 1, 51]

als Detektor einer gaschromatograph. App. mit O_2 als Trägergas. Der Detektor liefert ein der O_2-Konz. proportionales Ausgangssignal. Die Konz. der auf der Säule getrennten Komponenten werden durch den Verdünnungseffekt, den sie auf das Trägergas ausüben, gemessen. Der Linearitätsbereich beträgt 10^4, die Nachw.-Grenze für N_2 100 ppm. Der Detektor ist für die Analyse von Bestandteilen in O_2-reichen Gasen geeignet.
C.-E. Döring 5104

1560 **Gaschromatographische Analyse von Gasgemischen.** D. Bennett. (J. Chromatogr. [Amsterdam] **26** (1967) 2, 482–84; Levington Res. Station, Ipswich, Suffolk; engl.) — In einer Dreisäulenkombination (1. 2 ft. Porapak Q, Raumtemp., 2. 7 ft., ungefüllt, 113°; 3. 6 ft., Mol.-Sieb 5 Å, Raumtemp.) werden Gemische aus O_2, N_2, CH_4, CO_2 u. NO_2 mit 50 ml He/Min. als Trägergas in ca. 9 Min. quant. getrennt. Zur Anzeige werden beide Kammern einer Wärmeleitfähigkeitsmeßzelle verwendet. Die 2. Säule verzögert den Austritt von O_2, N_2 u. CH_4 so lange, bis CO_2 u. NO_2, die in der 1. getrennt u. in der 3. adsorbiert werden, den Detektor passiert haben.
G. Bock 5104

1561 **Schnell ansprechendes dynamisches Quadrupol-Massenspektrometer.** G. I. Slobodenjuk, A. I. Titov, V. S. Voronin und V. I. Ivaškin. (Pribory Techn. Ėksperimenta **1968**, 3, 141–45; russ.)
H. Roschkowski 5106

1562 **Heizbares Ganz-Glas-Einlaßsystem für ein Massenspektrometer.** C. Stafford, T. D. Morgan und R. J. Brunfeldt. (Int. J. Mass. Spectrometry Ion Physics [Amsterdam] **1** (1968) 1, 87–92; Phillips Petroleum Comp., Bartlesville, Okla.; engl.) J. Büttner 5106

1563 **15-cm-Radius-Massenspektrometer zur gleichzeitigen Messung positiver und negativer Ionen.** Harry J. Svec und Gerald D. Flesch. (Int. J. Mass Spectrometry Ion Physics [Amsterdam] **2** (1968) 1, 41–52; Inst. for Atomic Res. and Dep. of Chem., Ia. State Univ., Ames, Ia.; engl.) — Positive u. negative Ionen werden gleichzeitig aus dem Ionisierungsraum der Ionenquelle abgesaugt u. in zwei 60°-Analysatoren nach Massen getrennt.
J. Büttner 5106

1564 **Verbesserte massenspektrometrische Isotopenanalyse unter Verwendung eines Amplitudenselektors zur Impulszählung mit einem Szintillations-Ionendetektor.** A. C. Tyrrell, F. G. Ridley und N. R. Daly. (Int. J. Mass. Spectrometry Ion Physics [Amsterdam] **1** (1968) 1, 69–73; United Kingdom Atomic Energy Authority, AWRE, Aldermaston, England; engl.)
J. Büttner 5106

1565 **Emitter der Thermionenquelle für die massenspektroskopische Isotopenanalyse von Cadmium.** L. Ja. Memelova und G. M. Kukavadze. (Pribory Techn. Ėksperimenta **1968**, 3, 148–49; russ.) — Als Emitter wurde ein W-Film verwendet, auf den eine $CdSO_4$- u. danach eine ammoniakal. H_3BO_3-Lsg. aufgetragen wurde. Vorteil des Verf. ist die nicht zu hohe Verdampfungsgeschw. der Probe. H. Roschkowski 5106

1566 **Änderung der Durchlässigkeitswellenlänge von Interferenzfiltern durch Wasserdampfeinfluß.** J. Schild, A. Steudel und H. Walther. (J. Physique, Suppl. **1967**, Colloque Nr. 2, 276–79; Suppl. zu Journal de Physique, Inst. für Exper.-Phys., TH, Hannover; engl.) — Vf. untersuchen den Einfl. des W.-Dampfpartialdruckes auf die Verschiebung der Wellenlänge der maximalen Durchlässigkeit dielektr. Interferenzfilter des Fabry-Perot-Typs aus *ZnS* u. MgF_2. Diese Wellenlänge kann reproduzierbar über einen Bereich von 50 Å verschoben werden, ohne daß sich andere opt. Daten wie maximale Durchlässigkeit oder Halbwertsbreite meßbar ändern. A. Meixner 5108

1567 **Nomogramm zur Berechnung der Zusammensetzung von Flüssigkeits-Lichtfiltern mit sich gegenseitig ergänzenden Farben.** D. P. Ščerbov, R. N. Plotnikova und S. A. Voinov. (Ž. prikl. Spektroskopii **8** (1968) 1, 140–43; russ.) — Zur Berechnung der Komponenten von Lichtfiltern, die einen Strahl weißen Lichts bei gegebener Wellenlänge in zwei Gebiete trennen, die sich gegenseitig in ihrer Spektralzus. ergänzen, werden systemat. die Absorptionsspektren von Lsg. anorgan. Verb. untersucht: J in CCl_4, $CuSO_4 \cdot 5\,H_2O$ in W./NH_3, $Cu(NO_3)_2$ in HNO_3, $NaNO_2$ in W., Na_2CrO_4, $K_2Cr_2O_7$ u. $Na_2Cr_2O_7$ in sauren Lösungen. Durch Konz.-Veränderung der Lsg. u. Änderung der Schichtdicke können die Absorptionsgrenzen in den erforderten Spektralbereich verschoben werden. Aus den erhaltenen Daten wird ein Nomogramm abgeleitet, aus dem die Konz. der Komponenten der Fl.-Lichtfilter für den Bereich 400–600 nm hervorgeht.
H. Roschkowski 5116

1568 **Registrierendes Spektralphotometer SPECORD-UV-VIS.** Heinz Riegler und Ernst Winter. (Jenaer Rdsch. **13** (1968) Messe-Sonderheft, 68–71; VEB Carl Zeiss, Jena; dt.) — Das automat. arbeitende Gerät besitzt 4 Durchlässigkeitsbereiche, einen Extinktionsbereich, 4 Wellenzahlenmaßstäbe u. 4 Registriergeschwindigkeiten. Es kann bei fester Wellenzahl über die Zeit registrieren; Arbeitsbereich: 54000–12500 cm^{-1}.
H.-D. Schenke 5116

1569 **Spektrometer für weiche Röntgenstrahlung mit Photonenzählung unter Verwendung eines magnetischen Elektronenvervielfachers mit Widerstandsstreifen.** J. K. R. Campbell, L. M. Watson und D. J. Fabian. (J. sci. Instruments **44** (1967) 1, 21–25; Dep. of Metallurg., Univ. of Strathclyde, Glasgow; engl.) — Vf. beschreiben die Konstruktion eines Röntgenspektrometers zur Unters. der Valenzbänder von Metallen u. Legierungen. Das Gerät arbeitet mit einem konkaven Abdruckbeugungsgitter mit streifendem Strahleneinfall u. einem elektromagnet. Photomultiplier als Detektor. Ansprecheig. u. Auflösung des Geräts werden diskutiert u. mit anderen Meth. verglichen. K-Spektren von Be u. $L_{2,3}$-Spektren von Mg u. Al werden angegeben u. diskutiert.
J. Pickardt 5118

1570 **Hochtemperatur-Vakuumküvette für die Untersuchung von Reflexionsspektren.** A. A. Mal'cev, V. S. Nikitin, S. M. Černin und N. A. Ereško. (Pribory Techn. Ėksperimenta **1968**, 3, 212–14; Chim. fak. MGU; russ.) H. Roschkowski 5120

1571 **Fluorimetrische Bestimmungen mit einem in seinem Ansprechverhalten dem Auge vergleichbaren Gerät.** Joseph E. Sinsheimer, James T. Stewart und Joseph H. Burckhalter. (J. pharmac. Sci. **57** (1968) 2, 333–35; Coll. of Pharm., Univ. of Mich., Ann Arbor, Mich.; engl.) — Es wurde ein aus einem Kodak-Wratten-Filter u. einer RCA 1P28-Photoröhre bestehendes Syst. zum Nachw. von Fluoreszenzstrahlung aufgebaut, das maximal bei 570 nm anspricht.
W. Grimmich 5122

1572 **„On-stream"-Radioisotop-Röntgenfluoreszenzanalysator.** K. G. Carr-Brion. (Instn. Mining Metallurgy Trans., Sect. C **76** (1967) 727, C 94–C 100; Warren Spring Labor., Stevenage, Hertfordshire; engl.) — Vf. beschreibt Konstruktion u. Anwendung eines Röntgenfluoreszenzanalysators zur Analyse kontinuierlich durchströmender Fl. u. Aufschlämmungen. Die Anregungsröntgenstrahlung wird durch Kombination eines Radioisotops (^{147}Pm oder ^{241}Am) mit geeigneten Targets erhalten, wobei entsprechende Absorptions- u. Transmissionsfilter verwendet werden. Für die Best. folgender Elemente wurden bisher geeignete Target–Filter-Kombinationen erprobt: Mo, Nb, Sn, Ba u. Zn; mit Hilfe anderer Kombinationen sollen alle Elemente mit Ordnungszahlen $>$ 35 bestimmt werden können. J. Pickardt 5122

1573 **Mössbauerspektrometer mit verbesserter Geschwindigkeitsbestimmung.** Aleksander Sawicki, Mieczysław Michalski und Jerzy Piekoszewski. (Nukleonika [Warszawa] **12** (1967) 7–8, 537–46; Inst. of Nucl. Res., Świerk; engl.) — Detaillierte Schaltungen für einen Zeitanalysator des Geschw.-Spektrometers für Mössbauer-Vers. werden gegeben. Die App. gestattet die Messung von Geschw.-Spektren mit wesentlich höherer Auflösung als üblich; die Wirksamkeit des Syst. wird am Spektrum eines α-Fe_2O_3-Absorbers mit einer $^{60}Co(Pt)$-Quelle demonstriert. J. Pickardt 5122

1574 **Adapter zur photoelektrischen Registrierung von Raman-Spektren mit dem Dreiprismenspektrographen.** Albrecht Lau und Ingrid Meyer. (Jenaer Rdsch. 12

(1967) 2, 143–44; Berlin-Adlershof, Inst. für Optik u. Spektroskopie; dt.) — Es wird ein Adapter entwickelt, mit dessen Hilfe der Dreiprismenspektrograph. des VEB Carl Zeiss Jena unter Verw. eines 30 cm-Objektivs für die Registrierung von Raman-Spektren verwendet werden kann. K. Nitzl 5124

1575 **Methode zur Herstellung von Proben anorganischer Stoffe zur Untersuchung der Auftrittsform von Wasser.** A. V. Karjakin und G. A. Muradova. (Ž. prikl. Spektroskopii 8 (1968) 2, 260–62; russ.) — Zur Unters. der Bindungsart von W. in anorgan. Proben durch IR-Spektroskopie wird die Verw. von KBr-Preßlingen vorgeschlagen. Suspensionen in Vaselin- oder fluorierten Ölen sind weniger geeignet. Die Zerkleinerung natürlicher Proben kann, wie am Beispiel von Muskovit gezeigt wird, zu Änderungen der chem. Zus. führen.
H. Roschkowski 5124

1576 **Punktfokuskamera für die Einkristallbeugung.** Stephen C. Harrison. (J. appl. Crystallogr. [Copenhagen] **1** (1968) 2, 84–90; Children's Cancer Res. Found., Boston, Mass.; engl.) — Beschreibung einer bes. für die Röntgenbeugungsunters. von Krist. mit großen Gitterkonst. geeigneten Kamera. H. Roschkowski 5126

1577 **Röntgenkamera zur Aufnahme grobkörniger Materialien.** M. I. Gitgarc und M. A. Bronovec. (Zav. Labor. **34** (1968) 7, 889–91; Minskij èksper. NII mašinovedenija; russ.) H. Roschkowski 5126

1578 **Automatisch gesteuerte Filterapparatur für Röntgenbeugungsversuche.** R. W. Hendricks, J. S. Arrington jun. und W. J. Mason. (J. appl. Crystallogr. [Copenhagen] **1** (1968) 2, 128–30; Metals and Ceram. Div., ORNL, Oak Ridge, Tenn.; engl.) — Beschreibung einer automat. App. zum Wechseln der Filter u. zum Filterausgleich bei Röntgenbeugungsexperimenten.
H. Roschkowski 5126

1579 **Einkristalljustierung mit einem Polaroidadapter für das Weissenberg-Goniometer.** Reuben Rudman. (J. appl. Crystallogr. [Copenhagen] **1** (1968) 2, 126–28; Chem. Dep., BNL, Upton, N.Y.; engl.)
H. Roschkowski 5126

1580 **Apparatur zur mechanischen Bestimmung von Schichtebenenabständen.** F. Kgol'. (Kristallografija **13** (1968) 3, 581–84; Inst. radiotechn. i èlektron. Čechoslovackoj AN, Praga; russ.) — Beschreibung der App. am Beispiel von Unters. an CdTe.
H. Roschkowski 5126

1581 **Einfacher Präparateträger zum genauen Vergleich von Gitterabständen mit Hilfe von Röntgenrückstrahlaufnahmen.** R. D. Arnell. (J. sci. Instruments **44** (1967) 1, 67–68; Mech. Engng. Labor., Engl. Electric Co. Ltd., Whetstone, Leics.; engl.) — Vf. beschreibt die Konstruktion eines einfachen Präp.-Trägers, mit dessen Hilfe die Best. des Abstands Probe—Film ohne direkte Messung oder Verw. von Standards möglich ist.
J. Pickardt 5126

1582 **Optische Messungen und Röntgenbeugungsuntersuchungen an kristallinen Festkörpern bis 300 kbar.** William A. Bassett, Taro Takahashi und Philip W. Stook. (Rev. sci. Instruments **38** (1967) 1, 37–42; Dep. of Geol. Sci., Univ. of Rochester, Rochester, N.Y.; engl.) — Unter Verw. einer Diamantamboßpresse konnten feste Proben opt. u. röntgenograph. unter Drücken bis zu 300 kbar untersucht werden; die Druckmessung erfolgte dabei durch Best. der Gitterkonst. von als Eichsubstanz beigemischtem NaCl. Reflexion u. Vol.-Daten von Fe u. kristallograph. Daten von PbS, PbSe u. PbTe werden angegeben. J. Pickardt 5126

1583 **Methoden zur Intensitätsmessung bei der Elektronenbeugung.** N. V. Alekseev, Ju. M. Kušnir und N. P. Levkin. (Pribory Techn. Èksperimenta **1968,** 3, 5–21; russ.) — Übersicht. — 74 Literaturangaben.
H. Roschkowski 5126

1584 **Anwendung der Röntgenstrahl-Mikroanalyse für leichte Elemente.** E. Weinryb. (Mikrochim. Acta [Wien] **1967,** Suppl. II, 173–87; Fica, Le Mesnil-Saint-Denis, Yvelines, France; dt.) — Zusammenfassende Darstellung. Bei Verw. eines Gitterspektrometers steigt die Röntgenleistung bei optimalen Bedingungen bis auf 25 % Strahlungsausb. an. Vgl. von Ergebnissen zwischen Gitter- u. Krist.-Spektrometer bei sonst gleichen Vers.-Bedingungen.
H.-D. Schenke 5126

1585 **Vorschläge für ein selbstkontrollierendes Rechenmaschinenprogramm zur Korrektur von Meßergebnissen der Elektronenstrahlmikrosonde.** Dietrich D. Klemm und Dieter Philipp. (Mikrochim. Acta [Wien] **1967,** Suppl. II, 133–39; Inst. für allg. und angew. Geol. und Miner., Univ., München; dt.) — Vf. diskutieren Vorschläge, wie durch geeignete Dateneingabe von vornherein Eingabefehler vermieden werden können. Für die einzelnen Korrekturverf. (Fluoreszenz-, Absorptions- u. Atomzahlkorrektur) werden Kriterien angegeben, die es dem Programm gestatten, die Richtung der Korrekturen zu beurteilen u. ggf. den Programmablauf durch Ausdrucken einer Fehleranzeige zu unterbrechen. Es wird vorgeschlagen, die Ergebnisse der Rechnungen bei Serienanalysen mit Hilfe natürlicher „naher" Standards auf ihre Glaubwürdigkeit hin zu untersuchen. J. Pickardt 5126

1586 **Umgekehrtes Mikroskop Telaval.** Gerhard Weidel. (Jenaer Rdsch. **13** (1968) Messe-Sonderheft, 65–67; VEB Carl Zeiss, Jena; dt.) — Beschreibung des Mikroskops zur Unters. von Zell- u. Gewebekulturen.
H.-D. Schenke 5128

1587 **Optische Eigenschaften von eisenlosen magnetischen Linsen mit supraleitenden Spulen in der Elektronenmikroskopie.** André Laberrigue und Claude Séverin. (J. Microscop. [Paris] **6** (1967) 2, 123–34; Fac. des Sci., Reims; franz.) — Vf. untersuchten die Bedingungen zur Erzielung optimaler Leistungen von supraleitenden magnet. Linsen aus Nb–25 % Zr u. Nb_3Sn ohne Eisenkern. Für elektronenmkr. Zwecke haben diese Linsen gegenüber üblichen Eisenkernspulen bis herauf zu Beschleunigungsspannungen von 400 kV keine Vorteile; oberhalb 400 kV können jedoch unter Verw. von Magnetfeldern hoher Kraftflußdichte einige opt. Eig. verbessert werden. Eisenlose supraleitende Linsen können jedoch auch bei niedrigeren Beschleunigungsspannungen aus folgenden Gründen vorteilhaft sein: geringe Größe, leichte Justierung, keine Objektkontaminierung sowie höheres Vakuum.
J. Pickardt 5128

1588 **Abtast-Ionen-Mikroskopie und Mikro-Bearbeitungsmethoden mit Ionenstrahlen.** I. W. Drummond und J. V. P. Long. (Nature [London] **215** (1967) 5104, 950 bis 952; Dep. of Mineral. and Petrol., Univ. of Cambridge; engl.) — Es wird ein Ionenstrahl-Erzeugungssyst. beschrieben, das Ionenströme (Ar-Ionen) von der Größenordnung 1–10 mA/cm² bei einem Strahldurchmesser von weniger als 1 μm erzeugt. Mit solchen Ionenstrahlen sind Abtast-Ionen-Mikroskopie u. Mikrobearbeitungsmeth. möglich. F. Portele 5128

1589 **Bi + Sb-Zweischichtfilme als Testobjekte für Elektronenmikroskope.** V. M. Kosevič, L. S. Palatnik und A. I. Fedorenko. (Pribory Techn. Èksperimenta **1968,** 3, 192–95; Char'kovskij politechn. inst.; russ.) — Die Verw. derartiger Zweischichtfilme bei der Best. des Auflösungsvermögens von Elektronenmikroskopen wird beschrieben. H. Roschkowski 5128

1590 **Einfache Gerätekonstruktion zur Bleikontrastierung von Ultradünnschnitten.** B. Choné und H. Schill. (Mikroskopie [Wien] **22** (1968) 9/10, 274–76; Univ.-Strahlenklinik [Czerny-Krankenhaus], Heidelberg; dt.) — Beschreibung einer Kontrastierungskammer.
M. Frenzel 5128

1592 **Polyvinylchlorid als Matrizenmaterial für indirekte Kohlenstoffabdrücke bei der Elektronenmikroskopie.** Alexander C. Fabergé. (J. Microscop. [Paris] **6** (1967) 2, 157–68; Austin, Tex., Univ. of Tex., Zool. Dep.; franz.) — Vf. beschreiben ein Verf., mit dem unter Zuhilfenahme einer Negativform aus Polyvinylchlorid ein Positiv aus C angefertigt werden kann. C. Gottfried 5128 △

1593 **Absolutmessung der Gamma-Nullrate mit einem NaJ(Tl)-Szintillationszähler.** Jerzy Peńsko. (Nukleonika [Warszawa] **12** (1967) 4, 319–31; Warszawa, Central Labor. of Radiol. Protect.; engl.) — Der Eichfaktor wurde durch Einbeziehen der Winkelabhängigkeit des Zählers, der Energieaufnahme sowie der Empfindlichkeit gegenüber künstlicher, natürlicher u. Materialstrahlung ermittelt. Die Meth. gestattet die Gesamtbest. des γ-Untergrundes mit einem Fehler von ± 7,5%; so daß die Genauigkeit der Ionisationskammer fast erreicht wird. Zur Messung wurden ein NaJ(Tl)-Krist. (1,75" · 1,25") sowie die Standardquelle ^{131}J, ^{137}Cs, Ra, ^{60}Co u. ^{24}Na verwendet. N. Harder 5130

1594 **Dreidimensional rotierender Probenhalter für Bestrahlungen mit 14-MeV-Neutronen.** F. F. Dyer, L. C. Bate und J. E. Strain. (Analytic. Chem. **39** (1967) 14, 1907–09; Anal. Chem. Div., ORNL, Oak Ridge, Tenn.; engl.) — Der Probenhalter besteht aus zwei konzentr. Zylindern, von denen der äußere, mit einem Elektromotor angetrieben, senkrecht zu seiner Achse rotiert, während der die Proben tragende innere Zylinder mit pneumat. Antrieb zusätzlich um seine Achse rotiert. Durch Messungen an Teflonscheiben u. gepreßtem CaF_2 wird gezeigt, daß weitgehend gleichmäßige Aktivierung von 25 Proben erfolgt, wenn die Rotationsachsen einen Winkel von ca. 45° mit der Ebene des Neutronengeneratortargets bilden. K. R. Fröhner 5132

1595 **Fortran IV-Programm für automatische externe Standardisierung in der Flüssigkeitsszintillationsspektrometrie.** J. L. Spratt und G. L. Lage. (Int. J. appl. Radiat. Isotopes **18** (1967) 4, 247–52; Coll. of Med., Univ. of Ia., Iowa City, Ia.; engl.) — Vf. beschreiben ein Rechenprogramm zur Best. von Radioisotopen mit Hilfe der Fl.-Szintillationsspektrometrie, bei dem die Löschkorrektion unter Verw. einer automat. externen Standardisierung einbezogen wird. Die Daten werden in der endgültigen „Zerfälle/Min.-Form" gespeichert, ohne daß, wie bei der standardisierten internen Meth., wiederholtes Zählen u. zusätzliche Probenmanipulation erforderlich wären. Die Proben werden ferner nicht mit dem internen Standardisotop verunreinigt u. können daher zurückgewonnen werden. J. Pickardt 5132

1596 **Einrichtung zur gleichzeitigen Vorbereitung von Präparaten für die Autoradiographie.** Harold H. Traurig. (Stain Technol. **42** (1967) 2, 97–100; Dep. of Anatomy, Univ. of Kentucky, School of Med., Lexington, Ky.; engl.) — Vf. beschreiben einfache techn. Einrichtungen zur gleichzeitigen Aufnahme u. Bearbeitung von 20 Präp., wodurch Dunkelkammerarbeiten vereinfacht u. Standardisierungen der Autoradiographieherst. ermöglicht werden. U. Drehmann 5132

1597 **Aktivitätsanstieg von frisch aus der Uran-, Actinium- und Thoriumreihe abgetrenntem Radium.** E. A. Uken und J. E. Williamson. (Radiochim. Acta [Frankfurt/M.] 8 (1967) 1, 60–63; Johannesburg, Nat. Inst. for Metallurg.; engl.) — Der zeitliche Aktivitätsverlauf bei Einstellung des Gleichgew. der Ra-Folgeprod. nach Abtrennung des Ra aus den verschiedenen natürlichen Zerfallsreihen wurde ber. u. mit experimentellen Kurven, die an Ra-Präp. nach Abtrennung aus U- u. Th-Erzen gemessen wurden, verglichen. Weiterhin wurden entsprechende Kurven für U/Th-Verhältnisse von 1 : 0 bis 1 : 6 berechnet. Es wird gezeigt, daß aus der Aktivierungsdifferenz zweier charakterist. Zeitpunkte nach Ra-Abtrennung, bezogen auf die ursprüngliche Gesamtaktivität, der U- u. Th-Geh. gemischter Proben bestimmt werden kann. C. Herold 5132

1598 **Apparatur zur Untersuchung der Auflösungskinetik schwerlöslicher radioaktiver Salze.** T. N. Bespalova, V. V. Gromov und V. I. Spicyn. (Zav. Labor. **34** (1968) 7, 893–94; Inst. fiz. chim. AN SSSR; russ.) H. Roschkowski 5134

1599 **Thermoanalyse mit Hilfe eines automatischen Thermoanalysators.** Teruji Ishii, Michiko Kenmoku, Koji Ishii und Mioko Yoshikawa. (Japan Analyst **16** (1967) 9, 917–21; Fac. of pharmaceut. Sci., Tokyo Univ., Bunkyo-ku, Tokyo; jap., Auszug: engl. S. 921.) — Die konventionelle Thermoanalyse verwendet meist die Reinboldt-Meth. („Tau–Schmelz-Meth.") unter Verw. von Kapillaren oder einer Kofler-Heizbank. Vf. wenden die „Schmelz–Schmelz-Meth." zur Thermoanalyse mit dem von ihnen entwickelten automat. Thermoanalysator auf verschiedene Zweikomponentensyst. an, z. B. Phenacetin–Acetanilid, Coffein–Theophyllin usw.; die Ergebnisse werden mit den Phasendiagrammen, die nach konventionellen Meth. erhalten worden waren, verglichen. Da das Gerät mit Hilfe eines Thermistors direkt die Temp.-Änderung der Probe selbst registriert, können F. u. eutekt. Punkte leicht aus dem Temp.–Zeit-Diagramm der Schmelzkurven ermittelt werden, so daß Fehler, die man normalerweise bei der visuellen Best. von F. erhält, vermieden werden. J. Pickardt 5136

1600 **Sorptionseffekte an Eisen(III)-hydroxidfällungen. 2. Mitt. Über den Sorptionsmechanismus von verschiedenartigen Kationen.** Werner Schulze und Manfred Scheffler. (Z. analyt. Chem. **229** (1967) 3, 161–69; Inst. für Anorg. Chem., FU, Berlin; dt.) — 1. vgl. ibid. **226** (1967) 5, 395. — Die Sorption von Sr^{2+}-Ionen (markiert mit ^{85}Sr u. ^{89}Sr) an Fe(III)-Hydroxid wurde in Ggw. unterschiedlicher Konz. verschiedener einwertiger Kationen gemessen. Aus den Ergebnissen wird auf das Vorliegen einer Ionenaustauschrk. geschlossen. Das Vers.-Material zeigt, daß zur quant. Beschreibung der Austauschvorgänge grundsätzlich alle anwesenden Kationenarten berücksichtigt werden müssen. J. Pickardt 5138

1601 **Beziehung zwischen Substanzmenge und Fleckgröße in der Dünnschichtchromatographie.** Nils Nybom. (J. Chromatogr. [Amsterdam] **28** (1967) 2, 447–51; Balsgård Fruit Breeding Inst., Fjälkestad, Sweden; engl.) — Vf. untersucht die Beziehungen bei der Dünnschichtchromatographie an Cellulose MN 300-Platten für Rohrzucker, Glucose, Fructose, Citronen- u. Äpfelsäure unter Verw. von Äthylacetat/HCOOH/W. (3 : 1 : 1) als Laufmittel sowie für eine Reihe von Aminosäuren mit Isopropanol/HCOOH/W. (20 : 1 : 5). Sichtbarmachen der Säureflecken erfolgt mit Bromphenolblau, der Zucker mit Benzidin u. der Aminosäuren sowohl mit Isatin als auch Ninhydrin (0,2% in 5 ml Collidin + 20 ml CH_3COOH + 75 ml CH_3OH). — Die Ergebnisse hängen von der Dicke der Celluloseschichten ab. Bei Verw. von 350 μm starken Schichten wird für alle Zucker u. Säuren eine lineare Beziehung zwischen dem log der Substanzmenge M u. der Fleckfläche F gefunden. Für β-Alanin wurde gefunden, daß bei der Entw. mit Isatin log F gegen log M u. bei der Entw. mit Ninhydrin log M gegen F aufgetragen lineare Beziehungen ergeben. J. Pickardt 5138

1602 **Alginsäure als neues Material für Dünnschichten.** 1. Mitt. Danilo Cozzi, Pier Giorgio Desideri, Luciano Lepri und Giuliano Ciantelli. (J. Chromatogr. [Amsterdam] **35** (1968) 3, 396–404; Inst. of Analyt. Chem., Univ., Florence; engl.) — Der Einfl. von Temp., pH-Wert des Laufmittels, Schichtdicke u. Wanderungsstrecke des Lsgm. auf die R_F-Werte von Pb, Tl(I), Hg(II), Cu, Bi(III), As(III), Fe(III), Al, Ni, Zn, Ba u. Mg werden untersucht. Die chromatograph. Eig. von Alginsäure werden mit denen von Carboxymethylcellulose verglichen. W. Grimmich 5138

1603 **Dünnschichtchromatographie von Metallionen an Alginsäure.** 2. Mitt. Danilo Cozzi, Pier Giorgio Desideri, Luciano Lepri und Giuliano Ciantelli. (J. Chromatogr. [Amsterdam] **35** (1968) 3, 405–15; engl.) — 1. vgl. vorst. Referat. — Die R_F-Werte von 41 Elementen bei der Dünnschichtchromatographie an Alginsäure mit 10^{-2} bis 1 m Lsg. von HCl, HNO_3, $HClO_4$, H_3PO_4, CH_3COOH u. Oxalsäure werden bestimmt. W. Grimmich 5138

1604 **Papierthermochromatographie. 9. Mitt. Über den Wirkungsmechanismus des Temperaturgradienten.** Candin Liteanu und Simion Gocan. (Bull. Soc. chim. France **1967**, 10, 3836–42; Univ. „Babeş-Bolyai", Cluj, Roumanie; franz.) — 8. vgl. C. **1968**, 16-1932. — Vf. untersuchen den Einfl. des Temp.-Gradienten u. seinen Wrkg.-Mechanismus bei der Verteilungschromatographie u. leiten Beziehungen für die R_F-Werte im isothermen Fall u. bei Vorhandensein von Temp.-Gradienten ab. Die Änderung von R_F im Temp.-Gradienten wird von 2 Faktoren bewirkt: der eine ist bedingt durch eine zusätzliche Verdampfung eines kleinen Vol. mobiler Phase auf dem Papier, der andere rührt von der Änderung des Verteilungskoeff. her, die z. T. durch die temperaturbedingte Entmischung der mobilen Phase verursacht wird. J. Pickardt 5138

1605 **Ionenaustauscher-Kapillaren. 2. Mitt. Austauscheigenschaften der stark sauren Kationenaustauscher-Kapillare.** Jan Kupec und Jiří Štamberg. (Chem. Listy **61** (1967) 258—63; Úst. makromolek. chem. ČSAV, Praha; tschech.) — 3. vgl. C. **1968,** 44-0594. — 1. vgl. Vortrag in Internat. Summer School on Synthet. Polymer Membrane Syst., Ravello (Italien), 11—16.9. **1966.** — Es werden die Herst., Verw. u. Eig. eines neuen Typs von starksauren Katioennaustauscher-Kapillaren (**A**) beschrieben. **A** werden aus einer Polyäthylenkapillare von 1 mm Innen- u. 2 mm Außendurchmesser durch radiales Aufpropfen von Styrol auf die Innenwände der Kapillare, Chlorsulfonierung des aufgepfropften Copolymeren durch $SO_2(OH)Cl$ u. Verseifung der Sulfochloridgruppen durch KOH hergestellt. Die Dicke der akt. Schicht wird auf ca. 0,1—0,3 mm eingestellt. Einzelne > 1 m lange **A** werden auf einen 70 mm breiten Zylinder aufgewickelt; die regelmäßige Durchflußgeschw. wird durch eine Lineardosiervorr. bzw. Programm-Mikropumpe gesichert. Vor Gebrauch wird die Aktivschicht von **A** in der H^+-Form durch 2n HCl gesetzt. Die Verw. von **I** wird bes. bei der acidimetr. Best. des Gesamtgeh. an neutralen Salzen u. Kationenanreicherung aus verd. Lsg. bzw. Entfernung von Störionen empfohlen. Auch in der Chromatographie u. Ionenelektrophorese können **A** Verw. finden. K. Kámen 5138△

1606 **Elektrochromatographische Trennung von Metallionen auf Zinn(IV)-phosphat-Papier.** Mohsin Qureshi und A. H. Israili. (Analytic. chim. Acta [Amsterdam] **41** (1968) 3, 523—28; Aligarh Muslim Univ., Aligarh U.P. [India]; engl.) — Vf. beschreiben die Trennung der Ionen in 12 wss. Grundelektrolyten. HCl + H_3PO_4, $HClO_4$, Citronensäure, NH_4Cl, HNO_3 + Weinsäure, HNO_3 + KNO_3, HCl, $(NH_4)_2CO_3$. Die Wanderungsabstände für 48 Metallionen sind angegeben. Cd^{2+}, Cr^{3+}, Ba^{2+} u. Sr^{2+} können leicht von zahlreichen Metallen getrennt werden. Viele bin. u. tern. Trennungen gelingen schnell, z. B. *Fe–Cr*, *Sr–Ba*, *Pt–Ru–Cu* u. *Au–Pd–Cu*. Die Herst. des Ionenaustauscherpapiers ist beschrieben. K. Zinke 5138

1607 **Kontinuierliche Gaschromatographie.** M. V. Sussman und C. C. Huang. (Science [Washington] **156** (1967) 3777, 974—76; Dep. of Chem. Engng., Tufts Univ., Medford, Mass.; engl.) — Probengas (CH_4–C_3H_8 bzw. CH_4–C_4H_{10}) u. Trägergas (N_2) strömen axial in den schmalen Spalt (50—75 μ) zwischen zwei planen, waagerechten u. rotierenden Glasscheiben von 98 mm ∅ ein. Die einander zugekehrten Flächen der Scheiben sind mit einer dünnen Schicht Siliconöl versehen. Die Komponenten wandern auf unterschiedlichen Wegen radial nach außen u. treten an verschiedenen Stellen aus. Die Vorr. soll gute Trennleistungen bei hohen Durchflußraten ermöglichen. G. Bock 5138

1608 **Präparative Gaschromatographie. 8. Mitt. Weitere Versuche.** M. Verzele und M. Verstappe. (J. Chromatogr. [Amsterdam] **26** (1967) 2, 485—90; Labor. of Org. Chem., State Univ., Ghent; engl.) — 7. vgl. C. **1967,** 17-1986. — An einigen Beispielen (Trennung der bei der Rk. von Dichlormethylalkylketonen mit NaOH gebildeten Prod., Reinigung von C_4H_9Br u. C_4H_9J) wird gezeigt, daß Mikroglaskugeln (∅ 0,8 mm) trotz der geringen Beladbarkeit mit Trennfl. (maximal 1%) in der präparativen GC verwendet werden können. Bei Probenmengen < 1 ml ist die Trennleistung dieser Säulen (Länge 20 m, ∅ ca. 2 cm) zwar wesentlich geringer als die vergleichbarer Säulen mit 10% Trennfl. auf Chromosorb, bei größeren Proben gleichen sich diese Unterschiede jedoch aus. Auch komplexe Gemische (Hopfenaroma) lassen sich im präparativen Maßstab trennen (Glassäule 20 m × 9 mm, Polytetrahydrofuran auf Chromosorb W, Temp.-Programm). G. Bock 5138

1609 **Pyrolyse-Gaschromatographie einfacher organischer Moleküle.** Thomas Wolf und Douglas M. Rosie. (Analytic. Chem. **49** (1967) 7, 725—29; Univ. of R.I., Kingston, R.I.; engl.) — Die bei Temp. von 200 bis 1000° auftretenden Pyrolyseprod. von 20 einfachen organ. Verb. (Alkohole, KW-Stoffe, Aromaten, Aldehyde, Ketone, Ester, Äther u. Säuren) wurden gaschromatograph. untersucht. Während bei Temp. wesentlich über 800° die Spaltprod. (ausgenommen bei Bzl.) hauptsächlich H_2, CH_4, CO u. W. sind, wurden bei Temp. bes. im Bereich 650—850° eine Vielzahl von Spaltprod. beobachtet, die über ihre Retentionswerte an Carbowax 1540, Dibutylphthalat u. Didecylphthalat identifiziert wurden. K. Metzner 5138

1610 **Gaschromatographische Probeneinspritzvorrichtung für das Arbeiten mit Gasproben im Mikrodruckbereich.** J. R. Anderson und B. H. McConkey. (J. Chromatogr. [Amsterdam] **27** (1967) 2, 480—81; Melbourne, Univ. of Melbourne, Chem. Dep.; engl.) — Beschreibung einer Probeneinspritzvorr. für die gaschromatograph. Analyse von Gasproben im Druckbereich von 10^{-2} bis 10^{-4} Torr. I. Lindenhahn 5138

1611 **Einfluß der Temperatur auf die Massenübertragungsgeschwindigkeit und auf die Spezifität der stationären Phase in der Verteilungs-Gaschromatographie.** A. N. Korol'. (Ukrainskij chim. Ž. **34** (1968) 7, 651—58; Inst. fiz. chim. im. Pisarževskogo AN Ukr. SSR; russ.) — Temp.-Änderungen führen zu keinen wesentlichen Änderungen des Widerstandes gegen Massenübertragung in nichtpolaren Lösungsmitteln. Bei Verw. polarer stationärer Phasen führt eine Temp.-Steigerung zur Abnahme des Massenübertragungswiderstandes. Ein Beurteilungsverf. der Spezifität der stationären Phase auf Grund von Lsg.-Wärmedaten wird diskutiert. Daten der relativen Retentionsvol.u. der relativen Lsg.-Wärme von *n-Pentan*, *n-Propanol*, *Aceton*, *Propenoxid*, *Acetonitril*, *cis-* u. *trans-Dichloräthan*, *Äthylacetat*, *Methyläthylketon*, *Buttersäureanhydrid*, *$CHCl_3$*, *Toluol* u. *Trichloräthan* an *Squalan*, *Polyäthylenglykol-400* u. *Polypropylenglykol-425* sind tabelliert. J. J. Pohl 5138

1612 **Untersuchung der Verdampfung der stationären Phase aus Verteilungsgaschromatographiesäulen.** N. Petsev und Chr. Dimitrov. (J. Chromatogr. [Amsterdam] **30** (1967) 2, 332—38; Sofia, Univ. of Sofia, Dep. of Chem.; engl.) — Vf. untersuchten an 10% Di-n-propylphthalat auf Ziegelmehl den Einfl., 1. der durch die Säule strömenden Trägergasmenge, 2. der Säulentemp. auf das Abdampfen der stationären Phase aus der Säule. Die Unters. zu 1. wurden bei 100° u. einer N_2-Menge von 120 ml/Min. durchgeführt. Die Menge der abgedampften stationären Phase in der Zeiteinheit wurde durch Wägung der Säule ermittelt. Es wurde eine lineare Abhängigkeit der verdampften Fl.-Menge von der Trägergasmenge erhalten. Zu 2. wurden folgende Bedingungen angewendet: Säulentemp. 80, 100, 120, 140°; Gasdurchflußrate 60 ml pro Minute. Die experimentell ermittelten Werte folgen einer Beziehung log A = f(1/T). Mit dieser Meth. ist die Ermittlung der molaren Verdampfungswärmen von hochsd. Fl. möglich. I. Lindenhahn 5138

1613 **Reinigungstechnik für offene röhrenartige Säulen.** Gilbert Lavoue. (J. Gas Chromatogr. **6** (1968) 4, 233 bis 234; Dijon, Fac. des Sci., Labor. de Physiol. Animale et de Nutrition; engl.) — Vf. spült die Säulen (50—65 m · 0,25 mm) aus rostfreiem Stahl, deren Imprägnierung entfernt werden soll, zunächst mit einer 20%ig. wss. NH_3-Lsg., dann mit Aceton unter gleichzeitiger Einw. von Ultraschall. C.-E. Döring 5138

1614 **Untersuchung von Trennsäulen mit unterschiedlichen Durchmessern für die gaschromatographische Analyse von organischen Verbindungen.** J. O. Walker. (Analytic. Chem. **40** (1967) 1, 226—29; McDonnell Douglas Corp., St. Louis, Mo.; engl.) — Trennsäulen mit unterschiedlichem Durchmesser ermöglichen schwierige gaschromatograph. Trennungen bei präparativen u. Spurenanalysen. Diese Säulen können bei großen Probenmengen ohne Verlängerung der Analysenzeiten für Fl. u. Gase verwendet werden. Eine Kombination mit einem Massenspektrometer erscheint günstig. U. Hädicke 5138

1615 **Trägergaseffekte bei der Verteilungsgaschromatographie mit gepackten Säulen.** John R. Conder und Stanley H. Langer. (Analytic. Chem. **39** (1967) 12, 1461—64; Chem. Engng. Dep., Univ. of Wis., Madison, Wis.; engl.) — Vf. bestimmten die spezif. Retentionsvol. einer Reihe von KW-Stoffen in 2 stationären Phasen

(Di-n-butyltetrachlorterephthalat bei 100° u. Benzochinolin bei 80°) unter Verw. von N_2 als auch He als Trägergas. Die Retentionsverhältnisse wurden mit ber. Werten verglichen; es wird aus den Ergebnissen geschlossen, daß sich Gemische von KW-Stoffen mit Trägergas „normal" verhalten. Die Messung von Aktivitätskoeff. wird nicht merklich durch Lösen von He oder N_2 in der stationären Phase beeinflußt.
J. Pickardt 5138

1616 **Kritik der Zuverlässigkeit der quantitativen gaschromatographischen Analyse nach Green.** Hanniel Dubský. (Chem. Listy **61** (1967) 3, 363–68; tschech.) – Bei der Greenschen Meth. wird vorausgesetzt, daß die Bldg. von H_2 aus W. quant. verläuft. Der Vf. beweist, daß dieser Prozeß unter den allg. angewendeten Bedingungen nicht quant. ist. Unter den aufgefundenen Bedingungen, die eingehend diskutiert werden, können reproduzierbare Resultate erzielt werden.
K. Sezinek 5138△

1617 **Vorrichtung für die Injektion unter Druck stehender Flüssigproben in einen Gaschromatographen. Anwendung auf Flüssiggas- und Gasolinanalyse.** Dinaldo Borbade Oliveira. (J. Gas. Chromatogr. **6** (1968) 230 bis 233; Salvador, Bahia, Brasil, Refinaria Landulpho Alves; engl.) – Konstruktionsbeschreibung u. Erläuterung der Arbeitsweise. C.-E. Döring 5138

1618 **Zubehör für die Analyse von Flüssigproben mit Gehalt an gelösten nichtflüchtigen Substanzen durch Prozeß-Gaschromatographen.** L. Cayanus und R. Villalobos. (J. Gas Chromatogr. **6** (1968) 3, 180–81; Fullerton, Calif., Beckman Instrum. Inc.; engl.) – Erläuterung des Prinzip-Schemas. C.-E. Döring 5138

1619 **Gaschromatographisches Verhalten verschiedener Typen organischer Verbindungen an Porapak Q.** Joanne D. Burger. (J. Gas Chromatogr. **6** (1968) 3, 177–78; Freeport, Tex., Dow Chem. Co.; engl.) – Vf. bestimmt die Retantionszeiten von 90 organ. Verb. an einer 2 ft. × $^3/_{16}$ in.-Säule mit Porapak Q. Es wird ein linearer Zusammenhang zwischen dem Logarithmus der korrigierten Retentionszeit u. dem Logarithmus des Molgew. der untersuchten Verb. gefunden. Molgew.-Best. sind danach auf ±20% möglich. Für Verb. gleichen Molgew. ergibt sich folgende Reihenfolge der Elution: Ester, 1.3-Dioxolane, p-Dioxane, acycl. Alkohole, Säuren.
C.-E. Döring 5138

1620 **Anwendung einer elektrodenlosen Entladung für einen Gaschromatographie-Detektor.** H. J. Arnikar, T. S. Rao und K. H. Karmarkar. (J. Chromatogr. [Amsterdam] **26** (1967) 1, 30–34; Dep. of Chem., Univ. Poona, India; engl.) – Es wird ein Detektor für die Gas-Adsorptionschromatographie beschrieben, dem eine elektr. Entladung ohne metall. Elektroden zu Grunde liegt. Mit einer Anzeige von 0,1 mA/μMol zeigt dieser Detektor eine verbesserte Empfindlichkeit. Als Beispiele werden Trennungen von H_2, O_2 u. Ar aus Gasgemischen untersucht. U. Hädicke 5138

1621 **Konstruktion eines Nickel-63-Elektronenabsorptionsdetektors und die analytische Bedeutung des Arbeitens bei hoher Temperatur.** P. G. Simonds, D. C. Fenimore, B. C. Pettitt, J. E. Lovelock und Albert Zlatkis. (Analytic. Chem. **39** (1967) 12, 1428–33; Dep. of Chem., Univ., Houston, Tex.; engl.) – Vf. beschreiben einen Detektor, der bis zu 400° sicher benutzt werden kann. Die analyt. Vorteile des Arbeitens bei hohen Temp. wurden untersucht, um die allg. Anwendbarkeit eines solchen Detektors in der Gaschromatographie auszudehnen: Temp.-Erhöhung vermindert z. B. Kontaminierungen des Detektors. – Die Meth. wird an einem Gemisch aus Lindan/Aldrin/Dieldrin demonstriert.
J. Pickardt 5138

1622 **Quecksilber(II)-bromid als Überzug für piezoelektrische Kristalldetektoren.** George G. Guilbault. (Analytica chim. Acta [Amsterdam] **39** (1967) 2, 260–64; Dep. of Chem., La. State Univ., New Orleans, La.; engl.) – Piezoelektr. Quarzkrist. können als Detektoren in der Gaschromatographie verwendet werden; der Effekt beruht auf der hohen Empfindlichkeit des schwingenden Krist. gegenüber der Adsorption von Substanzen an der Krist.-Oberfläche infolge der durch Gew.-Zunahme bedingten Änderung der Schwingungsfrequenz. Salze schwerer Übergangsmetalle, bes. $HgCl_2$, $HgBr_2$, $MoCl_5$, $CuCl_2$, $MnCl_2$ u. $ZnCl_2$ reagieren mit organ. P-Verb., wie durch IR-Unters. der Rk. dieser Salze mit Diisopropylmethylphosphonat gezeigt wird. Diese Salze sollten daher als Überzug für Quarzdetektoren bei der Gaschromatographie von organ. P-Verb. geeignet sein. Über die Ergebnisse von Vers. mit $HgBr_2$ wird berichtet.
J. Pickardt 5138

1623 **Neuer Digitalintegrator für die Gaschromatographie.** Otto Klein. (G-I-T Fachz. Lab. **12** (1968) 4, 278; dt.) – Das Gerät, Chromalog 2, druckt automat. Kurvenflächeninhalte u. Retentionszeiten aus u. liefert so genaue u. sofort auswertbare Analysenwerte jeder gaschromatograph. getrennten Probe. Nach zusätzlichem Einbau einer gedruckten Leiterplatte können die Ergebnisse in einen Rechenautomaten eingegeben werden.
H.-D. Schenke 5138

1624 **Reaktion labiler Trimethylsilylderivate mit Fluorkohlenwasserstoffen in einem System Gaschromatograph–Massenspektrometer.** R. L. Foltz, M. B. Neher und E. R. Hinnenkamp. (Analytic. Chem. **39** (1967) 11, 1338–39; Battelle Memorial Inst., Columbus, O.; engl.) – Vf. untersuchen Störrk., die bei der Gaschromatographie reakt. Trimethylsilylverb. mit F-haltigen Kunststoffteilen usw. auftreten. J. Pickardt 5138

1625 **Vereinfachte zweidimensionale Elektrophorese.** Maurice Szylit. (Bull. Soc. Chim. biol. **49** (1967) 12, 1884–87; Orsay, Fac. des Sci., Labor. de Biol. phys.-chim.; franz.) – Für zweidimensionale Elektrophorese wurden einfache demontierbare Zellen (aus Objektträgern u. Adhäsivband) konstruiert. Als Gel diente ein Gemisch von **95%** Acrylamid u. **5%** Bis-acrylamid (Cyanogum **41**). Die Meth. wurde bei der Auftrennung der Isoenzyme von Lacticodehydrogenase aus Kaninchenmuskel angewendet. (160 V, 1 Std., Tris-EDTA-Borsäurepuffer). Die durch den Nullpunkt gehende Gerade entlang der die Isoenzyme aufgetrennt werden, bestätigt ihr gleiches Molgewicht. L. Kramar 5138

1626 **Methodische, apparative und ökonomische Aspekte beim Betreiben moderner Elektrophorese-Apparaturen.** H. Fuhrmann. (G-I-T Fachz. Lab. **12** (1968) 4, 303–05; Hamburg-Langenhorn; dt.) – Überblick über den Stand der Elektrophorese-Technik u. Besprechung eines neuen Gerätes für den Routinebetrieb (Multiphor-junior), das sich durch minimalen Wartungsaufwand u. sehr geringe räumliche Abmessungen auszeichnet.
H.-D. Schenke 5138

G–2. Analyse der Elemente und anorganischen Verbindungen

1627 **Rasch ansprechendes, auf Fluoreszenzlöschung beruhendes Anzeigegerät für atmosphärischen Sauerstoff.** I. Bergman. (Nature [London] **218** (1968) 5139, 396; Safety in Mines Res. Establishment, Ministry of Power, Sheffield; engl.) – Einen hohen Wrkg.-Grad der Fluoreszenzlöschung (63,5% bei reinem O_2), durch atmosphär. O_2 u. ein schnelles Ansprechen wird mit einem porösen „Vycor"-Glas als Matrix, an dessen Porenoberflächen Fluoranthen adsorbiert worden ist, erreicht.
H.-D. Schenke G 239

1628 **Gasanalyse durch Polymerkettenspaltung. Ozonolyse von Polystyrol.** H. H. G. Jellinek und F. J. Kryman. (Environment. Sci. Technol. **1** (1967) 8, 658–60; Dep. of Chem., Clarkson Coll. of Technol., Potsdam, N.Y.; engl.) – Die Möglichkeit der gasanalyt. O_3-Best. durch statist. Kettenspaltung von Linearpolymeren wurde durch Ozonolyse von Polystyrol in CCl_4 gezeigt (Messung der Viskosität, Aktivierungsenergie 28,5 kcal/Mol, Empfindlichkeit 20 ppm), während bei der bisher einzigen O_3-Best.-Meth. nach Crabtree u. Erickson [Rubber Wld. **125** (1952) 719] die Anlaufszeit bis zum Oberflächenriß von Gummi das Maß für die O_3-Konz. ist. Die Steigerung der Empfindlichkeit auf 0,02 ppm ist möglich.
W. Ast G 239

1629 **Thermogravimetrische und Differentialthermo-Analyse von hydratisiertem und kommerziellem Natriumperoxid.** Micheline Viltange. (Analytica chim. Acta [Amsterdam] **39** (1967) 4, 491–503; École Nat. Supérieure de Chim., Paris; franz.) — Mit Hilfe der TG u. der DTA wurden hydratisiertes Na-Peroxid u. das sog. wasserfreie kommerzielle Prod. untersucht. Die Dehydratisierung des Oktahydrats im Vakuum führte zur teilweisen Bldg. von Na_2O_2–H_2O_2-Verb. u. zum Di- u. Monohydrat. Die DTA-Kurven für in Luft oder anderen Gasen erhitztes kommerzielles Na-Peroxid zeigten die teilweise Bldg. von $Na_2O_2 \cdot 2\,H_2O_2 \cdot nH_2O$ u. von $NaHCO_4 \cdot H_2O$ durch die Einw. der Gase auf das im Na_2O_2 enthaltene Na_2O. J. Pickardt G 240

1630 **Organische Moleküle zur IR-Analyse von ^{15}N und ^{18}O.** H.-L. Schmidt, E. Schmelz und G. Rohns. (Isotopenpraxis **4** (1968) 4, 133–36; Inst. für Biochem., Univ., Saarbrücken; dt.) — Nach Aufschluß von ^{15}N-Verb. (Kjeldahl) bzw. ^{18}O-Verb. (hydrierende Pyrolyse nach ter Meulen) werden das $^{15}NH_3$ bzw. $H_2{}^{18}O$ mit 2.4-Dinitrofluorbenzol bzw. Di-p-tolylcarbodiimid in hohen Ausb. umgesetzt. Die Differenzspektren mit den entsprechenden ^{14}N- bzw. ^{16}O-Verb. im Absorptionsbereich der durch den Isotopieeffekt beeinflußten Gruppen ermöglichen die Best. der Isotopen. M. Meyer zur Heyde G 243

1631 **Chemilumineszenzbestimmung von Mikromengen Jod.** A. K. Babko, L. V. Markova und N. M. Lukovskaja. (Ž. analitičeskoj Chim. **23** (1968) 3, 401–06; Inst. obscej i neorg. chim. AN USSR, Kiev; russ., Auszug: engl.) — Unter Verw. photoelektr. Meßeinrichtungen ermittelten die Vf. die Bedingungen für die Rk. zwischen J u. Luminol. Ein Optimum wird bei pH 13, einer Konz. von $2 \cdot 10^{-3}$ m an Luminol u. einer Temp. von 20° erreicht. Auf der Grundlage dieser Unters. wurde eine photograph. Meth. zur Best. von J in reinen Lsg. entwickelt. Die Empfindlichkeit liegt bei 1 μg/ml, die Standardabweichung beträgt 0,1 μg für J-Konz. zwischen 1–3 μg/ml. Die Empfindlichkeit der Chemiluminiszenzrk. wird mit dem „molaren Chemilumineszenzkoeff.", der unmittelbar von der Quantenausb. der Lumineszenz abhängt, verglichen. H. Heegn G 249

1632 **Einfluß von Absorptionseffekten auf die Bestimmung leichter Elemente in geringen Konzentrationen in Matrizen flüssiger Kohlenwasserstoffe mit Hilfe der Röntgenfluoreszenzspektrometrie.** Maurice Romand, Yves Arnaud und Clément Courty. (C. R. hebd. Séances Acad. Sci., Sér. C **264** (1967) 10, 879–82; Fac. des Sci. de Lyon, Chaire de Chim. phys., Villeurbanne, Rhône; franz.) — S in Form von Thiophen wurde in Bzl., Toluol, Cyclohexan, n-Heptan u. n-Hexan bestimmt u. die experimentellen Ergebnisse mit theoret. Berechnungen verglichen. Im Konz.-Bereich von 0–0,5% S wurden als Eichkurven Geraden erhalten, deren Steigung vom Verhältnis C/H des Matrix-KW-Stoffes abhängt. — Es wurde die SKα-Strahlung mit Hilfe eines Gasdurchflußzählers (1580 V) gemessen. J. Pickardt G 253

1633 **Bestimmung der Verunreinigungen in elementarem Bor durch Flammenphotometrie.** Allen J. Bedrosian und Morris W. Lerner. (Analytic. Chem. **40** (1968) 7, 1104–07; New Brunswick Labor., U.S. Atomic Energie, Commiss. New Brunswick, N.J.; engl.) — Zur Best. der Elemente Na, K, Ca, Mg, Fe, Mn, Cu, Ni u. Cr werden Flammenphotometrie u. Atomabsorptionsspektrometrie (A) angewendet u. mit anderen Meth. verglichen. Die Auflsg. der B-Proben geschieht nach 2 Methoden. Im 1. Fall wird mit H_2SO_4/HNO_3 abgeraucht u. im 2. Fall zusätzlich durch Na_2CO_3-Schmelze aufgeschlossen. Die B-Matrix wird in beiden Fällen mit HF verflüchtigt. Sollen Ca u. Mg bestimmt werden, wird La zugesetzt, um Störungen durch Anionen herabzusetzen. Für die A gekoppelt mit der 1. Lsg.-Meth. beträgt die mittlere relative Abweichung maximal 4%. K. Worm G 258

1634 **Bestimmung von Cyanid, Cyanat und Carbonat nebeneinander.** C. Harzdorf. (Z. analyt. Chem. **237** (1968) 3, 161–66; Anorg.-anal. Labor., Farbenfabriken Bayer AG, Leverkusen; dt.) — Bei der Best. wird CN^- argentometr. mit 0,1n $AgNO_3$-Lsg. titriert. Die Summe CNO^- u. $CO_3{}^{2-}$ wird durch Ansäuern der Probe u. Wägung des dabei entstehenden CO_2 bestimmt. Dabei wird störendes CN^- durch $HgCl_2$ maskiert. Zur Erfassung des CNO^- wird CN^- zunächst mit MIBK extraktiv entfernt, CNO^- anschließend zum NH_4-Salz hydrolysiert u. als NH_3 dest. u. titriert. Der Geh. an $CO_3{}^{2-}$ ergibt sich als Differenz. Das Verf. eignet sich für jedes Mischungsverhältnis der 3 Ionen. K. Seyfert G 260

1635 **Anreicherung und Bestimmung von Spuren von Arsen.** K. R. Kar und Gurbir Sing. (Mikrochim. Acta [Wien] **1968**, 3, 560–64; Dep. of Chem., Univ. Delhi; engl.) — Die Anreicherung wird an $BaSO_4$ durchgeführt, indem zur As(V)-Lsg. ($\leq 15\,\mu g$) 10 ml 0,18m $BaCl_2$-Lsg. gegeben, mit 0,5n NH_3-Lsg. pH 7,2–8,0 eingestellt u. nach Zugabe von 1,5 g $BaSO_4$ über Nacht stehengelassen wird. Anschließend wird abgesaugt, die Lsg. zu 1,5 g $BaSO_4$ gegeben, 10 Std. stehengelassen u. wieder abgesaugt. Der zurückbleibende Nd. wird dann 2mal mit W. (pH 8,5) gewaschen u. das As 3mal mit je 7 ml 0,15n · HCl herausgelöst. Zur Anreicherung von As(III) muß mit Br_2 ox. werden. P wird ebenfalls adsorbiert u. muß durch Amylalkoholextraktion abgetrennt werden. K. Henning G 265

1636 **Photometrische Bestimmung von Antimon in Arsen.** T. L. C. de Souza und J. D. Kerbyson. (Analytic. Chem. **40** (1968) 7, 1146–48; Noranda Res. Centre, Pointe Claire, Quebec; engl.) — Die Extinktion des Sb(V)–Rhodamin-B-Komplexes wird bei 565 nm gemessen. Die Ox. des Sb erfolgt durch $Ce(SO_4)_2$, dessen Überschuß mit $NH_2OH \cdot HCl$ red. wird. Der Farbkomplex wird mit Bzl. extrahiert. Großer Überschuß an As vermindert die Farbentw. u. wird daher durch Dest. als $AsCl_3$ zum größten Teil entfernt. K. Worm G 266

1637 **Bestimmung von Verunreinigungen in Magnesiumoxideinkristallen durch Neutronenaktivierungsanalyse.** Hee Myong Lee. (Analytica chim. Acta [Amsterdam] **41** (1968) 5, 431–40; Dep. of Phys., King's College, London; engl.) — In MgO-Einkrist. wurden Spurenverunreinigungen von Fe, Co, Sc, Mn u. Cr durch Aktivierung in einem therm. Neutronenfluß von $2 \cdot 10^{12}$ Neutronen/cm² · Sek. bestimmt. Nach der Bestrahlung erfolgte eine Trennung der aktivierten Elemente durch Ionenaustausch u. Flüssigextraktion u. die γ-spekrometr. Ausmessung der langlebigen Radioisotope ^{45}Sc, ^{50}Cr, ^{55}Mn, ^{58}Fe u. ^{59}Co. Karl-Heinz Walter/Jülich G 282

1638 **Analyse schwerlöslicher Magnesium- und Calciumpolyphosphate.** V. V. Pečkovskij, L. N. Ščegrov und A. S. Šul'man. (Izvest. Akad. Nauk Kaz. SSR, Ser. chim. Nauk **18** (1968) 3, 13–18; russ.) — Zur papierchromatograph. Unters. wurden schwerlösl. Mg- u. Ca-Polyphosphate, die beim Erhitzen von $Mg(H_2PO_4)_2 \cdot 2\,H_2O$ bzw. $Ca(H_2PO_4)_2 \cdot H_2O$ erhalten wurden, durch Ionenaustausch an der H^+-Form von Dowex 50 X 12 in die Polysäureform übergeführt. J. J. Pohl G 283

1639 **Bestimmung von Strontium durch Atomabsorption.** R. Intonti und A. Stacchini. (Spectrochim. Acta [Oxford], Part B **23** (1968) 7, 437–42; Ist. Superiore di Sanità, Labor. di Chim., Roma; engl.) — Die Best. von Sr durch Atomabsorption (4607 Å) unter Verw. von Luft/Propan- u. Luft/C_2H_2-Flammen wird eingehend untersucht. Für Luft/Propan bzw. Luft/C_2H_2-Flammen wurden lineare Eichkurven im Konz.-Bereich von 1–30 bzw. 0,5–5 ppm Sr erhalten; die Nachw.-Grenzen betragen 0,1 bzw. 0,005 ppm u. die Reproduzierbarkeiten 0,025 bzw. 0,015–0,02 ppm. Alkali- u. Erdalkalimetalle bewirken sowohl positive als auch negative Matrixeffekte, je nach Konz. des Störelementes u. experimentellen Bedingungen (Flamme, Flammentemp., Zerstäubung usw.). Die Empfindlichkeit des Verf. kann durch Zusatz kleiner Mengen Cs oder K erhöht werden u. ist bei Verw. der heißeren Luft/C_2H_2-Flamme ca. 6mal größer als bei der kälteren Luft/Propan-Flamme. H. Kuchenbecker G 284

1640 **Polarographische Untersuchungen einiger Mono- und Dihydrazid-Komplexe des Zinks.** G. R. Supp. (Analytic. Chem. **40** (1968) 6, 981–82; Olin, New Haven 4, Conn.; engl.) — Die Beständigkeitskonst. der Zn-Komplexe mit Acethydrazid betragen $K_1 = 300$, $K_2 = 4500$ u. $K_3 = 48000$ u. mit Bernsteinsäuredihydrazid $K_1 = 180$, $K_2 = 21900$, $K_3 = 126500$ u. $K_4 = 43000$. Die K_3-Komplexe sind fünfmal so stabil wie die entsprechenden Cd-Komplexe. Mit Diacetylhydrazin tritt keine meßbare Komplexbldg. ein. H.-D. Schenke G 288

1641 **Metall-Komplex-Elektroden.** 3. Mitt. **Ag/[Ag($Et_2 \cdot NH)_2]^+$, Et_2NH, Elektrode zum Untersuchen von Zn(II)- und Cd(II)-Komplexen mit Diäthylamin.** Grigore Popa, Vasile Magearu und Constantin Luca. (J. electroanalyt. Chem. Interfacial Electrochem. [Lausanne] **17** (1968) 3–4, 335–41; Labor. de Chim. Anal. de la Fac. de Chim., Bucarest; franz.) — 2. vgl. C. **1967**, 31-1963. — Die direkte Potentiometrie bietet interessante Möglichkeiten für die quant. Analyse von neutralen Molekülen. Es wird eine neue Meth. zur Best. der Konz. von Diäthylamin mit Hilfe einer Metall-Komplex-Elektrode vom Typ Ag/[Ag($Et_2NH)_2]^+$, Et_2NH vorgeschlagen. Mit der Meth. wurden auch die Beständigkeitskonst. der Zn- u. Cd-Diäthylaminkomplexe bestimmt. J. Bardeleben G 289

1642 **Spektralanalytische Bestimmung der Begleitstoffe Gadolinium und Neodym in Lanthanaluminat.** Ch. I. Zil'berštejn und S. S. Legeza. (Izvest. sibirskogo Otd. Akad. Nauk SSSR, Ser. chim. Nauk **1967**, 9, 120–23; Inst. chim. silikatov AN SSSR, Leningrad; russ.) — Die Best. der Begleitstoffe in Einkrist. u. polykrist. Proben von $LaAlO_3$ erfolgt im Gleichstromleichtbogen; die Spektrumaufnahme mit dem Spektrographen STE-1 mit Quarzoptik. Als Vgl.-Probe wird synth., polykrist. $LaAlO_3$ benützt, das bekannte Mengen der Begleitelemente enthält. Die Nachw.-Empfindlichkeit für Gd liegt bei 0,003 % für Nd bei 0,03 %; der Variationskoeff. beträgt 11–12 %. Vf. zeigen graph. den Einfl. des Probengefüges auf die Linienintensität u. einen abs. Vgl. der gefundenen Werte zu den prakt. vorhandenen. E. Pfluger G 301

1643 **Bestimmung von Dysprosium in Aluminiumlegierungen.** G. Matelli und V. Vicentini. (Alluminio **36** (1967) 12, 635–36; Ist. sperimentale Metalli Leggeri, Rep. Chim., Div. Ric., Novara; ital.) — Durch Lösen der Al-Leg. in wss. 5n NaOH-Lsg. wird Dy als Hydroxid gefällt. Der Nd. wird in HNO_3 gelöst, das mit Oxalsäure gefällt u. nach dem Glühen als Dy_2O_3 ausgewogen. W. Holland G 312

1644 **Bestimmung niedriger Titangehalte in mineralischen Rohstoffen mit Diantipyrylmethan.** Jaroslav Jaroš, Rudolf Malý und Vojtěch Radil. (Rudy **16** (1968) 4, 111–15; Československ. uranový průmysl, Příbram; tschech.) — Es wird eine einfache photometr. Meth. zur Best. sehr niedriger Ti-Geh. mit Diantipyrylmethan (DAM) in Sand für die Glasindustrie u. anderen Materialien ausgearbeitet, die Aufnahme der Absorptionskurven von DAM u. seiner Verb. mit Fe, Ti u. U beschrieben u. die Abhängigkeit der Farbintensität der Verb. Ti–DAM von der Konz. des organ. Reagenzes ermittelt. Der störende Einfl. von Fe u. U wird durch Korrekturfaktoren eliminiert; Fe-Geh. bis 0,25 mg/50 ml können nach Red. mit Ascorbinsäure vernachlässigt werden; Al, Mn, Alkalimetalle, Mo, V, Cl^-, SO_4^{2-} u. PO_4^{3-} stören nicht. Cu, Ni u. Cr stören in höheren Konzentrationen. Das Lambert-Beersche Gesetz gilt bis zu Konz. von 30 μg Ti/50 ml. Die Ergebnisse sind gut reproduzierbar. O. Rösner G 321

1645 **Reaktion von Zirkonium(IV) mit Brenzcatechinviolett.** V. F. Luk'janov und E. M. Knjazeva. (Ž. analitičeskoj Chim. **23** (1968) 4, 536–40; russ., Auszug: engl.) — Unters. der Rk. in Ggw. von Komplexon III (KIII). Bei pH 6–5,8 bildet Zr(IV) mit Brenzcatechinviolett (I) eine blaue Verb., deren Intensität sich in Ggw. von KIII verstärkt. λ_{max} für die Verb. liegt bei 620nm, wobei der pH-Wert zwischen 5,2–5,6 genau eingehalten werden muß. Die gebildete Verb. stellt einen 3-Stoff-komplex dar (negativ geladen), mit dem Komponentenverhältnis Zr : KIII : I = 3:3:2. E. Pfluger G 322

1646 **Chromatographische Analyse von Germaniumtetrachlorid auf Spuren chlororganischer Begleitstoffe.** N. Ch. Agliulov, I. A. Feščenko und G. G. Devjatych. (Ž. analitičeskoj Chim. **23** (1968) **4**, 575–77; NII chimii pri Gor'kovskom univ. im. Lobačevskogo; russ., Auszug: engl.) — Die Analyse erfolgt in einer Spezialapp. mit einer 1,5m langen Kolonne von 4mm ∅, gefüllt mit modifiziertem Silicagel MSA der Körnung 0,25–0,5 mm. Als Trägergas dient N_2 mit 60 ml/Min., t = 84°. Die einzelnen Fraktionen werden in Ampullen aufgefangen u. zusätzlich auf dem Massenspektrometer MI-1305 untersucht. Das Gerät ist mit einem verbesserten Halogendetektor ausgestattet. In einem techn. Prod. wurden u. a. nachgewiesen: HCl, C_2H_5Cl, $CHCl_3$, CCl_4, 1.1-$C_2H_4Cl_2$ u. 1.2-$C_2H_4Cl_2$. Die Empfindlichkeit der Meth. liegt bei $3 \cdot 10^{-6}$ bis $5 \cdot 10^{-4}$ Mol-%. E. Pfluger G 326

1647 **Polarographie der n-Butylzinnchloride.** K. Issleib, H. Matschiner und S. Naumann. (Talanta [London] **15** (1968) 4, 379–84; Inst. für Anorg. Chem. der Univ., Halle; dt.) — *Di-n-butylzinnchlorid* (**I**) u. *Tri-n-butylzinnchlorid* (**II**) lassen sich neben *Mono-n-butylzinnchlorid* (**III**) in Ggw. von Diphenyldithiocarbamat in einer 5%ig. Na-Acetattrihydrat/Methanol-Lsg. gleichstrompolarograph. bestimmen, wobei **III** als Acetat maskiert vorliegt. **III** wird komplexometr. bestimmt. In den Grenzen von 0,1–4 mg **I** u. 0,1–8 mg **II** in 26 ml Lsg. besteht Proportionalität zwischen Stufenhöhe u. Konz. von **I** u. **II**. Bei gleicher Konz. verhalten sich die Höhen der polarograph. Stufen von **I** u. **II** wie 2:1, Tetra-n-butylzinn ist in Methanol unlösl. u. stört daher die Best. nicht. H. Marsen G 327

1648 **Indirektes Verfahren zur Empfindlichkeitssteigerung bei der Bestimmung von Niob durch Atomabsorptionsspektrometrie.** G. F. Kirkbright, A. M. Smith und T. S. West. (Analyst **93** (1968) 1106, 292–97; Chem. Dep., Imp. College, London; engl.) — Die Probelsg. mit Nb-Geh. von 5–50 μg wird mit jeweils 10 ml $(NH_4)_6 \cdot Mo_7O_{24} \cdot 4\,H_2O$-Lsg. (10,69 g/l) u. KH_2PO_4-Lsg. (0,1098 g pro l) versetzt; die Endlsg. soll 0,5m an HCl sein. Es bildet sich Molybdatoniobatophosphorsäure (**I**) u. überschüssige Molybdatophosphorsäure, die selektiv durch Extraktion mit Isobutylacetat abgetrennt wird. Anschließend wird das in der wss. Phase verbliebene **I** mit Butanol extrahiert u. das Mo (11 Mo ≙ 1 Nb) direkt durch Atomabsorption unter Verw. einer N_2O/C_2H_2-Flamme bei 313,2 nm bestimmt. Die Nachw.-Grenze (1 % Absorption) beträgt 0,015 ppm gegenüber 24 ppm bei der direkten Nb-Bestimmung. Von 21 untersuchten Fremdionen, darunter W, Zr u. Ta stört lediglich Ti im Überschuß. As u. Ge lassen sich als Chloride u. Si läßt sich als H_2SiF_6 verflüchtigen. H. Kuchenbecker G 331

1649 **Chemie des Protactiniums.** 5. Mitt. **Trennung von Pa(IV) und Pa(V) durch Mitfällung an Thoriumfluorid.** Toshikazu Mitsuji. (Bull. chem. Soc. Japan **40** (1967) **12**, 2822–25; Tohoku Univ., Katahira-cho, Sendai, Res. Inst. for Iron, Steel and Other Metals; engl.) — 4. vgl. C. **1968**, 43-0611. — Beschreibung einer Trennmeth. für den Makro- u. Mikrobereich. Im Tracermaßstab vorliegendes Pa(V) läßt sich durch fl. Zn-Amalgam nur schwierig reduzieren. Setzt man jedoch Cr(III) zu, erfolgt glatte Red. von ^{233}Pa(V). Vf. führt die Wrkg. von Cr(III) auf die Bldg. von Cr(II) zurück (Ggw. von Zn-Amalgam); vorhandenes Pa(IV) wird dabei gleichzeitig vor der Ox. geschützt. Im Rahmen dieser Unters. wurde ferner festgestellt, daß Pa(IV) in $HClO_4$ sehr beständig ist. D. Ertel G 333

1650 **Dünnschichtchromatographie der Gemische der Kationen As(III), Sb(III) und Bi.** V. Vukcevic-Kovacevic und S. Seremet. (Sci. pharmac. [Wien] **36** (1968) 1, 26–30; Inst. für Pharmazeut. Chem. der Pharmazeut.-biochem. Fak., Univ., Zagreb; dt.) — Die Auftrennung des Gemisches AsIII, SbIII u. Bi wird auf mit Kieselgel G Merck beschichteten Platten ein- u. zweidimensional durchgeführt. Als Fließmittel dienen W. u. n-Butanol/Mesoweinsäure (1:1) (**A**). Bei W. gute Trennung nach 30 Min. in der Reihenfolge Sb < Bi < As, bei **A** nach 4 Std. As < Sb < Bi. A. Lützkendorf G 334

1651 **Bestimmung von dreiwertigem Chrom und Eisen in Chromsäure.** D. L. Fuhrman und G. W. Latimer

jun. (Talanta [London] **14** (1967) 11, 1199—1203; PPG Ind. Chem. Div., Corpus Christi, Tex.; engl.) — Die Trennung des Cr(III) vom Cr(VI) erfolgt durch Fällung als Oxidhydrat, wobei $Zn(OH)_2$ als Träger dient. Das Oxidhydrat wird mit Perchlorsäure aufgenommen, mit Diaminocyclohexantetraessigsäure bildet sich ein Komplex, der bei 540 nm photometr. bestimmt wird (93 ppm, $\Delta = 13$, $n = 8$). Eisen kann auch als Oxidhydrat gefällt werden. Es wird in HCl gelöst u. nach Red. mit Hydroxylaminhydrochlorid zu Fe(II) mit Bathophenanthrolindisulfonsäure komplexiert. Photometr. Unters. bei 533 nm (2,6 ppm, $\Delta = 0{,}35$, $n = 8$).
U. Geisler G 335

1652 **Verwendung von Phosphorsäure bei der Titration von Molybdän, Chrom und Vanadin.** L. I. Veselago. (Ž. analitičeskoj Chim. **23** (1968) 3, 384—87; Inst. metallurg. im. Bajkova AN SSSR, Moskva; russ., Auszug: engl.) — Vf. beschreiben Meth. zur Redox-Titration von Mo in Ggw. von W, Zr, Fe, Re u. Nb in 8,5m H_3PO_4 sowie zur potentiometr. Simultanbest. von Cr u. V in 6,5m H_3PO_4. Filtriert wird in jedem Falle mit einer Lsg. von Mohrschem Salz.
H. Heegn G 336

1653 **Trennung von $MsTh_1/MsTh_2$ und ThB/ThC mit Hilfe der Extraktionschromatographie im System Bis-[äthylhexyl]-phosphorsäure/Salzsäure.** I. Stronski, J. Kemmer und N. Kaubisch. (Z. Naturforsch. **23b** (1968) 2, 137—39; Garching, Inst. für Radiochem. der TH München; dt.) — Unters. der Extraktions- u. Rückextraktionsbedingungen der Chloride von ^{228}Ra, ^{228}Ac, ^{212}Pb u. ^{212}Bi durch Säulenverteilungschromatographie mit umgekehrten Phasen. Vf. verwenden als Extraktionsmittel Bis-[äthylhexyl]-phosphorsäure, die an gepulvertem Polytrifluormonochloräthylen adsorbiert war; als Eluent diente HCl verschiedener Konzentration. — Die ausgearbeitete Meth. kann zur Herst. von trägerfreiem ^{228}Ac u. ^{212}Pb angewendet werden.
D. Ertel G 338

1654 **Untersuchung der Carbonat-Trennung des Urans. Desorbierende Wirkung von Thoriumhydroxid.** Endre Upor und Gyula Nagy. (Magyar kém. Folyóirat [Ung. Z. Chem.] **73** (1967) 1, 20—25; Kővágószőllős, Mecseki Ércbányászati Vállalat; ung.) — Die bei der Trennung von U aus Erzlsg. mit $(NH_4)_2CO_3$ bzw. Na_2CO_3 auftretenden Verluste betragen infolge Sorption an $Fe(OH)_3$ u. anderen Hydroxiden 10—50%. Vers. mit Lsg. verschiedener Konz. u. Temp. ergaben kleinere oder größere Sorption, die unvermeidlich ist. Vf. beobachteten, daß $Th(OH)_4$ die Sorption von U verhindert. Die aus 0,1—1 g Erz nach Aufschluß bereitete Lsg. wird mit HCl-Lsg. angesäuert u. unter Zusatz von H_2O_2-Lsg. eingedampft. Der Rückstand wird mit 20 mg Th enthaltender $Th \cdot (NO_3)_4$-Lsg. u. 95 ml heißer 1 m Na_2CO_3-Lsg. versetzt. Das Filtrat wird mit $NaKCO_3$ u. NaF versetzt u. eingedampft, der Rückstand zu Pastillen gepreßt, diese bei 750° geschmolzen u. die Lumineszenz der Perlen gemessen u. mit anderen, bekannten U-Geh. verglichen.
J. Plank G 339△

1655 **Uranylkomplexe mit Robinetin und 2-Methyl-5.7-dihydroxy-8-allylchromon.** D. P. Goel, Mohan Katyal und R. P. Singh. (J. Instn. Chemists (India) **39** (1967) Part 3, 123—30; Dep. of Chem., Univ., Delhi; engl.) — UO_2^{2+} bildet mit Robinetin (I) bei pH 4,2—6,2 u. I-Überschuß oder bei pH 4,0 in jedem Verhältnis einen 1:1-Komplex (λ_{max} 420 nm) u. bei pH 5,2 u. UO_2^{2+}-Überschuß einen 2:1-Komplex (λ_{max} 440—450 nm). Bei pH > 6,2 zersetzt sich **I.** Mit 2-Methyl-5.7-dihydroxy-8-allylchromon (**II**) bildet UO_2^{2+} bei pH < 4,8 einen 1:1- u. bei pH 4,8—6,0 einen 2:1-Komplex (**II**:U). Die Farbrk. von UO_2^{2+} mit **I** ist sehr empfindlich, aber wenig selektiv; die Farbrk. mit **II** ist wenig empfindlich, scheint sich jedoch zum Nachw. von S-Hydroxygruppen zu eignen.
W. Grimmich G 339

1656 **Nachweis von Mangan.** F. J. Feldman und R. E. Bosshart. (Chemist-Analyst **56** (1967) 3, 59; Washington, D.C., Walter Reed Army Med. Center, Div. of Biochem.; engl.) — 5 bis 10 ml der < 0,1 μg Mn(II) enthaltenden Probelsg. werden mit 3 ml 10m KOH u. einem Krist. $K_2S_2O_8$ versetzt u. nach 2 bis 3 Min. im Eisbad auf 5° abgekühlt. Man hält die Temp. der Lsg. unter 20° u. säuert durch Zusatz von konz. HNO_3 an. Nach Zugabe von 5 ml W. wird durch ein Millipore-Filter (∅ < 6 mm) filtriert. In Ggw. von Mn färbt sich die Lsg. braun.
I. Degen G 350

1657 **Tüpfelversuch zum Nachweis von Eisen.** M. N. Desai und M. H. Gandhi. (Chem. and Ind. **1968**, 20, 653; Chem. Dep., Univ. School of Sci., Gujarat Univ., Ahmadabad 9, India; engl.) — o-Hydroxypropiophenonoxim (**I**) u. o-Hydroxybutyrophenonoxim (**II**) bilden im sauren Medium (pH 3,0) mit Fe^{3+} eine rötlichbraune Färbung. Folgende Ionen können bis zu einem Überschuß von 100:1 vorhanden sein: Al^{3+}, Ba^{2+}, Be^{2+}, Cd^{2+}, Cs^{+}, Ca^{2+}, Cr^{3+}, Co^{2+}, Fe^{2+}, Pb^{2+}, Li^{+}, Mg^{2+}, Mn^{2+}, Hg^{2+}, K^{+}, Ag^{+}, Na^{+}, Sr^{2+}, Th^{4+}, Sn^{2+}, UO_2^{2+}, Zn^{2+}, Zr^{4+}, NH_4^{+}, Cl^{-}, Br^{-}, J^{-}, NO_3^{-}, SO_4^{2-} u. ClO_4^{-}, bis zu einem Überschuß von 50:1 Cu^{2+} u. Ni^{2+}, von 7:1 HCO_3^{-}. CO_3^{2-} stört in keiner, PO_4^{3-} in allen Konzentrationen. Erfassungsgrenze mit **I**: 1,0 μg (**II**: 1,1 μg).
H.-D. Schenke G 354

1658 **Thermometrische Untersuchung der Komplexbildung von Eisen(III), Aluminium und Gallium.** 1. Mitt. **Oxalate und Malonate.** Jean-Pierre Gallet und René A. Pâris. (Analytica chim. Acta [Amsterdam] **39** (1967) 2, 181—88; Chaire de Chim. Minérale, Fac. des Sci. Lyon; franz.) — Vf. beschreiben App. u. experimentelle Technik, mit deren Hilfe die stufenweise Bldg. von Oxalato- u. Malonato-Komplexen dreiwertiger Kationen thermometr. nachgewiesen werden kann von Oxalato- u. Malonato-Komplexen dreiwertiger Kationen thermometr. nachgewiesen werden kann. Die drei Fe(III)- u. Al-Malonate wurden mit Hilfe dieser Meth. erneut bestätigt, während nur 2 der 3 Oxalate gefunden werden konnten.
J. Pickardt G 254

1659 **Thermometrische Untersuchung der Komplexbildung von Eisen(III), Aluminium und Gallium.** 2. Mitt. **Tartrate und Citrate.** Jean-Pierre Gallet und René A. Pâris. (Analytica chim. Acta [Amsterdam] **39** (1967) 3, 341—48; franz.) — 1. vgl. vorst. Referat. — Mit Hilfe thermometr. Messungen ist es möglich, alle Tartrat- u. Citratkomplexe von Fe(III), Al u. Ga nachzuweisen. Durch Variierung des pH-Wertes wird die stufenweise Bldg. dieser Komplexe ermöglicht.
J. Pickardt G 354

1660 **Bestimmung von Cadmium, Kobalt, Wismut und Molybdän mit Pyrrolidindithiocarbonat (PDTC) durch Photometrie im Ultravioletten.** Melvyn B. Kalt und D. F. Boltz. (Analytic. Chem. **40** (1968) 7, 1086—91; Dep. of Chem. Wayne State Univ., Detroit, Mich.; engl.) — Es werden die optimalen Analysenbedingungen sowie die Störungsmöglichkeiten untersucht. Der Hauptvorteil von PDTC ist der, daß es in saurer Lsg. angewendet werden kann. Die mit $CHCl_3$ extrahierten Komplexe von Cd, Co, Bi u. Mo haben Absorptionsmax. bei 262, 324, 357 u. 388 nm. Die molaren Extinktionskoeff. liegen zwischen $3{,}5 \cdot 10^4$ l/Mol · cm für Cd u. $8{,}5 \cdot 10^3$ l/Mol · cm für Mo.
K. Worm G 355

1661 **Ionenpaarbildung bei der Trennung von Metallkomplexen mit Hilfe der Papierelektrophorese.** M. Mazzei und M. Lederer. (J. Chromatogr. [Amsterdam] **31** (1967) 1, 196—201; CNR, Ist. di Chim. Gen. ed Inorg., Rome; engl.) — Vf. untersuchten die Ionenpaarbldg. von Co-Komplexen für eine große Anzahl von Elektrolyten. Es wurden sehr starke Wechselwrkg. zwischen zweiwertigen Anionen u. den Komplexen $[Co(NH_3)_6]^{3+}$, $[Co(en)_3]^{3+}$, $[Co(dipy)_3]^{3+}$, $[Co(ophen)_3]^{3+}$ beobachtet. Die Wechselwrkg. scheinen von Form, Größe u. Ladung der Ionen abzuhängen. Cis–trans-Komplexpaare, wie cis- u. trans-$[Co(en)_2Cl_2]^+$, $[Co(en)_2(acetato)_2]$, $]Co(en)_2 \cdot (phenylacetato)_2]^+$ u. $[Co(en)_2(m\text{-}nitrobenzoato)_2]^+$, trennen sich sehr leicht in SO_4^{2-} (Beweglichkeitsunterschiede $\Delta B \approx 40\%$), wesentlich weniger leicht in einwertigen Elektrolyten ($\Delta B \approx 10\%$). Opt. Isomere konnten papierelektrophoret. nicht getrennt werden.
J. Pickardt G 355

1662 **Potentiometrische Untersuchung der Glycin- und Tyrosinkomplexe von Kupfer(II) mittels einer Amalgam-Tropfelektrode einfacher Konstruktion.** Charles G. Birch und Stanley E. Manahan. (Analytic. Chem. **39**

(1967) 10, 1182—84; Dep. of Chem., Univ. of Mo. Columbia, Mo.; engl.) — Vf. beschreiben eine sehr einfache DAE (dropping amalgam electrode), die gleichzeitig die Herst. von Cu–Hg durch Elektrolyse gestattet. Aus der Differenz $E_c - E_s$ [E_c = Potential der DAE in Ggw. von Gly bzw. Tyr (L), E_s in Abwesenheit von L gegen SCE] als Funktion des pH wurden die Komplexbldg.-Konst. (β) für Lsg. mit 10^{-3} F $Cu(ClO_4)_2$, 10^{-2} F L (Ionenstärke 0,10) bestimmt. Für Gly ist β_1 = 8,13 ± 0,10, β_2 = 15,47 ± 0,05, für Tyr 7,60 ± 0,10 bzw. 15,23 ± 0,05. Von pH 5—7 liegt alles Cu^{2+} als CuL_2 vor; von pH 3—5 sind die Komplexe CuL^+, CuL_2 u. Cu^{2+} in der Lsg. vorhanden.
G. Schatz G 358

1663 **Trennung von Silber und Blei durch Fällung freigesetzter Kationen aus homogener Lösung.** P. F. S. Cartwright. (Analytic. Chem. 40 (1968) 7, 1157; Dep. of Chem., Sir John Cass College, London; engl.) — Bei der beschriebenen Meth. wird die geringere Beständigkeit des $Ag(NH_3)_2^+$-Komplexes gegenüber der des Pb-EDTA-Komplexes beim Erhitzen zur Fällung des Ag als AgCl ausgenutzt. Die Ag- u. Pb-haltige Lsg. wird mit EDTA u. NH_4Cl versetzt (pH > 10, NH_3-Lsg.) u. erwärmt. Der Nd. ist dicht u. leicht filtrierbar. K. Worm G 359

1664 **Resonanzneutronen bei der Aktivierungsanalyse von Gold.** Z. Prouza und M. Rakovič. (Chem. Zvesti 22 (1968) 2, 87—92; Prague, Veter. Res. Centre; engl.) — Der Au-Geh. biolog. Materials (< 0,05 ppm) läßt sich durch selektive Aktivierung mit Resonanzneutronen u. Verfolgung der Abklingkurve bestimmen. In ähnlicher Weise kann der Au-Geh. in Cd-Tellurid in Kombination mit chem. Trennungen ermittelt werden. Vf. teilen eine ausführliche Beschreibung des Verf. mit.
D. Ertel G 360

1665 **Elektrochemie von Palladium(II)-Ionen in Ammoniak- und Pyridinmedien. Pulspolarographische Bestimmung von Palladium.** E. P. Parry und K. B. Oldham. (Analytic. Chem. 40 (1968) 7, 1031—36; Sci. Center, Aerospace and Syst. Group, North Amer. Rockwell Corp., Thousand Oaks, Calif.; engl.) — Die polarograph. Red. von Pd(II) verläuft in py- u. NH_3-haltigen Lsg. irreversibel. Adsorption sowie katalyt. u. kinet. Vorgänge haben offenbar keinen Einfluß. Da Pd bei Potentialen, die negativer als die der Hg-Auflsg. sind, nicht reox. wird, können „stripping"-Analysen nicht durchgeführt werden. Die Einfl. von pH, Liganden- u. Zusatzelektrolytkonz. auf die Red. sowie mögliche Störungen durch Ti(IV), Cr(III), Pb(II), Ag(I), Bi(III), Cu(II), Au(III) u. Fe(III) wurden untersucht. Durch Pulspolarographie können bis 50 ng Pd bestimmt werden. Der Einfl. der Pulsamplitude als Parameter auf Peakhöhe u. Peakhalbwertsbreite werden erörtert. P. Scharner G 365

1666 **Isolierung von Osmium und Ruthenium durch Ionenaustauscherpapier und nachfolgende Bestimmung durch Röntgenfluoreszenz.** H. Taylor und F. E. Beamish. (Talanta [London] 15 (1968) 6, 497—504; Toronto, Ontario, Univ. of Toronto, Dép. of Chem.; engl.) — Die Trennung von Os u. Ru im μg-Bereich von Cu, Fe u. Ni gelingt am Anionenaustauscherpapier Reeve Angel SB 2. Die Best. von Os u. Ru erfolgt röntgenfluoreszenzspektroskopisch. K. Dorfner G 366

1667 **Gleichzeitige Bestimmung von Osmium, Ruthenium, Iridium und Gold in Platin durch Neutronenaktivierungsanalyse.** R. Gijbels und J. Hoste. (Analytica chim. Acta [Amsterdam] 41 (1968) 3, 419—29; Inst. for Nuclear Sci., Ghent Univ., Ghent; engl.) — Spuren von Os, Ru, Ir und Au in Pt wurden durch 11tägige Bestrahlung der gelösten Proben (100 mg) in einem therm. Neutronenfluß von $4 \cdot 10^{11}$ Neutronen/cm² Sek. bestimmt. Nach der Bestrahlung werden die aktivierten Elemente Os u. Ir durch Dest. u. Au u. Ir durch Extraktion mit Äthylacetat voneinander getrennt u. γ-spektroskop. ausgemessen. Die Nachw.-Grenzen betragen ca. 0,5 ppm Ru, 0,2 ppm Os, 0,1 ppm Au u. 0,1 ppm Ir. Nach Abtrennung des Pt von Ir durch Extraktion kann die Empfindlichkeit für Ir auf < 10 ppb verbessert werden. Karl-Heinz Walter/Jülich G 368

1668 **Schnelle radiochemische Trennungen durch Austausch an Quecksilber, Redoxaustausch von Gold und Platin und sehr selektive Bestimmung dieser Elemente nach Aktivierung mit thermischen Neutronen.** D. Monnier und E. Loepfe. (Analytica chim. Acta [Amsterdam] 41 (1968) 3, 475—81; Labor. de Chim. Minérale et Anal., Univ. de Genève, Genève; engl.) — Die bei der neutronenaktivierungsanalyt. Best. von Au u. Pt anfallenden Isotope ^{198}Au u. ^{199}Pt werden in Lsg. von anderen Radioisotopen durch Austausch an Hg abgetrennt. Die Trennung ist sehr selektiv, störende Ag-Isotope werden zuvor durch Fällung als AgCl beseitigt. Nach dieser Meth. können bei 2 Std. Bestrahlungszeit in einem Neutronenfluß von $7,7 \cdot 10^{12}$ Neutronen/cm² Sek. noch 5 ng/ml nachgewiesen werden.
Karl-Heinz Walter/Jülich G 368

1669 **Untersuchung der Korngrößenverteilung einiger Standardproben silicatischer Gesteine.** E. K. Vul'fson, L. M. Ivancov und Ju. I. Stacheev. (Ž. analitičeskoj Chim. 22 (1967) 12, 1857—62; Inst. geochimii i analitičesk. chimii, Moskva; russ., Auszug: engl.) — Die Teilchen werden in einer sauren Lsg. (0,5 n HCl) dispergiert u. treten durch einen Spalt (140 bzw. 270 μm), der sich zwischen zwei Elektroden befindet. Zur Minderung des Analysenfehlers sind Proben gleicher Kornverteilung bei geringer Dispersion des Körnungsbandes anzustreben. Der Variationskoeff. läßt sich dadurch auf 1/2 bis 1/10 senken. Das mittlere Vol. der Teilchen einiger Standardproben wird angegeben (Größenordnung: 10^4 μm³).
S. Seifert 5158

1670 **Zinnbestimmung in Kassiteriterzen mit Hilfe der Atomabsorptionsspektrophotometrie.** B. J. Heffernan, R. O. Archbold und T. J. Vickers. (Australas. Inst. Mining Metallurgy, Proc. 1967, 223, 65—69; Brisbane, Univ. of Queensland, Dep. of Min. and Metallurg. Engng.; engl.) — Zur Best. des Sn in Kassiteriterzen bis ca. 3% Sn wird das auf <300 mesh zerkleinerte Material mit der 2,5fachen Menge NH_4J gemischt u. in einem bes. konstruierten Ofen 5 Min. bei 500° aufgeschlossen, wobei sich SnJ_4 verflüchtigt. Dieses wird nach dem Abkühlen mit 10 ml HCl (1 : 4) in der Wärme aufgenommen. Nach der Überführung in 50-ml-Kolben wird mit HCl (1 : 4) aufgefüllt. 5 ml werden in einer Luft/H_2-Flamme versprüht u. in der Atomabsorptionsapp. bei 2863 Å mit einem Hohlkathodenstrom von 6 mA gemessen. Ausgewertet wird nach dem Eichverf. mit Standardlösung.
F. Ensslin 5158

1671 **Röntgenfluorimetrische Analyse von Pyriten.** César E. Labarta Carreño. (Inform. Quím. analít. 22 (1968) 2, 53—64; S. A. Asúa, Vizcaya; span.) — Vf. bringt Analysenvorschriften für die Ermittlung der Bestandteile von Pyriten. Zur Analyse eines Pyrits mit 0,75% Pb, 1,75% Zn, 0,50% As, 42,50% Fe, 47,50% S u. 0,65% Cu werden außer für Pb (L_α-Linie) die K_α-Linien ausgewertet. W. Grimmich 5158

1672 **Pyrolyse und Differentialthermoanalyse von Humusstoffen des Bodens.** D. S. Orlov, V. N. Dubin und D. M. El'kina. (Agrochimija 1968, 1, 68—77; Biologo-počv. f-t MGU, Kišinev. Univ.; russ.) — DTA-Unters. über die Struktur von Huminsäuren (I) aus Kulturböden bestätigen das Vorhandensein eines „aromat. Kerns", von aliphat. („ungeordneten") Seitenketten u. „funktionelle Gruppen". Bis 200° sind I durch einen endothermen, bei 310—370° durch einen exothermen Effekt (Spaltung u. partielle Ox. von unbeständigeren Seitenketten) charakterisiert. Erhitzen auf 400—550° zerstört die funktionellen Gruppen u. die beständigeren Seitenketten, anschließend wird der aromat. Kern zerstört. I aus Schwarzerden sind durch höhere Beständigkeit, I aus Grau- u. Waldböden durch leichtere pyrolyt. Zersetzbarkeit charakterisiert. S. Baryschnikow 5160△

1673 **Verbesserung der Bestimmung von beweglichem Phosphor in Carbonat-Böden mit Ammoniumcarbonatlösung als Extraktionsmittel.** N. O. Avakjan, V. S. Sudzjan und E. A. Karapetjan. (Agrochimija 1968, 1, 125—28; NII počvoved. i agrochim., Erevan; russ.) — Eine vereinfachte Best. von beweglichem P nach Macigin-Šafirbekov (1935) wird beschrieben. Statt der Ox. der durch 1%ig. $(NH_4)_2CO_3$-Lsg. extrahierten organ. Substanzen des Bodens durch $KMnO_4$ werden sie an

Aktivkohle adsorbiert. Die Genauigkeit ist die gleiche wie bei der ursprünglichen Bestimmung.
S. Baryschnikow 5160△

1674 **Bestimmung von Calciumcarbonat in Böden.** H. J. Rajani. (J. Instn. Chemists (India) **40** (1968) 1, 21—25; Field Res. Stat., Bombay; engl.) — Vf. vergleicht verschiedene Best-Meth. u. modifiziert die Meth. von Piper (Soil and Plant Analysis **1950,** 130) durch Verw. von 0,2 n CH_3COOH-Lsg., die 0,5 Val $Ca(CH_3COO)_2$/l enthält. Vom erhaltenen %-Geh. werden 0,74 % als Korrektur abgezogen. W. Grimmich 5160

1675 **Analyse von Brackwasser.** David Jenkins. (J. Water Pollut. Control Federat. **39** (1967) 2, 159—79; Univ. of Calif., Berkeley, Calif.; engl.) — 27 veröffentl. analyt. Meth. für die physikal. u. chem. Unters. von Brackwasser u. dessen Sedimenten werden auf ihre Genauigkeit überprüft. Die Fehlergrenzen der genausten Meth. sind für die einzelnen Best. in Abhängigkeit der Konz. in Tabellen zusammengefaßt.
W. Isterheld 5162

1676 **Isolierung von gelösten organischen Substanzen aus Meerwasser durch Mitfällung.** G. Chapman und A. C. Rae. (Nature [London] **214** (1967) 5088, 627—28; Dep. of Biol., Queen Elizabeth Coll., Univ., London; engl.) — Bei der Fällung von $Fe(OH)_3$ bei pH 6 oder 4,5 oder von $Cu(OH)_2$ bei pH 9 können Glucose bzw. Glutamin-, Asparagin-, Citronen- u. Bernsteinsäure bzw. Glycin u. Lysin mitgefällt werden. Glykolsäure wird in Ggw. von Carboxymethylcellulose oder Albumin bei pH 4 mit $Fe(OH)_3$ mitgefällt. Die Vers. werden mit markierten Verb. durchgeführt. 16—90% der Verb. werden mitgefällt. W. Isterheld 5162

1677 **Manganometrische Huminsäure-Bestimmung in alkalischer Lösung.** W. Wildenhain und G. Henseke. (Naturwissenschaften **54** (1967) 7, 166; Inst. für Organ. Chem., Bergakad. Freiberg/Sa.; dt.) — Vf. beschreiben ein Verf. zur Best. organ. Substanzen mit $KMnO_4$ in alkal. Lösung. Das bei pH 11 aus 0,1 n $KMnO_4$-Lsg. am Rückfluß gebildete MnO_2 wird auf einer G4-Fritte abgesaugt, mit W. gewaschen u. mit einem Gemisch von 0,5 m $MnSO_4^-$, 1 m $H_2SO_4^-$ u. gesätt. $Na_4P_2O_7$-Lsg. versetzt. Der gebildete rotviolette Mn(III)-Komplex wird mit 0,1 n Hydrochinonlsg. bis zur schwachen Rosafärbung u. nach Zugabe von 5—7 Tropfen einer schwefelsauren Diphenylaminlsg. bis zum Umschlag von Violett nach Gelb weiter titriert. 11 mg Hydrochinon ≙ 15,8 mg $KMnO_4$. Das Verf. kann für W.-Analysen, bes. für Fischereizwecke eingesetzt werden. K. Seyfert 5172

G–3. Analyse organischer Verbindungen

1678 **Coulometrische Bestimmung von Kohlenstoff und Wasserstoff in organischen Stoffen.** G. F. Anisimova und V. A. Klimova. (Ž. analitičeskoj Chim. **23** (1968) 3, 411—16; Inst. org. chim. im. Zelinskovo, AN SSSR, Msokva; russ., Auszug: engl.) — Für die Best. von H in organ. Substanzen wurde eine einfache, leicht herstellbare u. zuverlässige coulometr. App. entwickelt. Es konnte gezeigt werden, daß die coulometr. C-Best. ungenaue Resultate liefert. H. Heegn 5176

1679 **Fluorchemie.** 24. Mitt. **Simultanbestimmung von Kohlenstoff, Wasserstoff, Fluor und Chlor bzw. Brom.** Harald Rotzsche und Hans-Ulrich Jurczyk. (Z. Chem. 8 (1968) 7, 263—65; Inst. für Silikon- u. Fluorkarbonchem., Radebeul; dt.) — 17. vgl. C. **1967,** 34-0719. — Die l. c. beschriebene App. zur C-, H-, Si- u. Cl- bzw. Br-Best. wird für die C-, H-, F- u. Cl- bzw. Br-Best. in verdampfbaren Organo-F-Verb. benutzt. Nach Verdampfen im N_2- bzw. O_2-Strom wird die Substanz in einem Quarzrohr (200 · 15 mm, 950—1000°) an einer Füllung von platinierter Quarzwolle, Pt-Draht (0,04 mm ∅) u. angeätzter Quarzwolle im O_2-Strom zersetzt. Ein nachgeschaltetes, mit Quarzwolle gefülltes, Rohr (Eingang 900°, Ausgang 600°) sichert quant. Zers., die SiF_4 liefert. Die Verbrennungsprod. CO_2, H_2O, SiF_4, freies Halogen u. Halogenwasserstoff gelangen zur Absorption von Cl_2 bzw. Br_2 in ein mit Ag-Wolle oder Molekular-Ag gefülltes Rohr (200 × 15 mm, 350—450°) u. sodann zur SiF_4-Absorption in ein MgO enthaltendes Quarzrohr (180 mm × 12mm, 600°). Danach werden CO_2 u. H_2O wie üblich absorbiert (optimale Bedingungen: 20—40 mg Einwaage, 25—50 ml O_2/Min., 20—30 Min. Verbrennungsdauer). Der F-Geh. wird sowohl aus der Gew.-Abnahme der Verbrennungsrohre als auch aus der Gew.-Zunahme des MgO-Rohres ermittelt. Die Kombination beider Werte erlaubt die F-Best. mit einer Abweichung bis zu ± 1 % (abs.) bei Geh. von 10—76 %. Für die Cl/Br-Best. gilt dieselbe Fehlerbreite bei Geh. von 20—90 %. Die Analysendauer beträgt ca. 2 Stunden.
D. Gerlatzek 5176

1680 **Elementaranalyse instabiler Organophosphorverbindungen. Verwendung von Selen als Desensibilisator.** A. P. Terent'ev, M. A. Volodina, E. G. Fursova und G. A. Martynova. (Ž. analitičeskoj Chim. **23** (1968) 3, 407—10; Moskov. gos. Univ. im. Lomonosova; russ., Auszug: engl.) — Vf. erarbeiteten eine Meth. zur gravimetr. Mikrobest. von *C*, *H*, *P* u. *Se* in durch Se stabilisierten Organophosphorverbindungen. Die abs. Fehler liegen für C bei ± 0,29 % für H bei ± 0,42 % u. für P bei ± 0,59 %. H. Heegn 5176

1681 **Bestimmung tertiärer Hydroxylgruppen.** M. P. T. Bradley und G. E. Penketh. (Analyst **92** (1967) 1100, 701—04; Billingham, Co. Durham, ICI Ltd.; engl.) — Zur Best. tert. OH-Gruppen werden 2—200 mg der Probe in Cyclohexan mit 55 %ig. HJ-Lsg. umgesetzt. J^- u. J_2 werden ausgewaschen, dann wird das gebildete Alkyljodid mit 15 %ig. wss. alkohol. KOH-Lsg. verseift. Das freigesetzte J^- wird mit $S_2O_3^{2-}$-Lsg. titriert. Es stören weder prim. u. sek. Alkohole, Ester, Äther noch Olefine. Tert. Alkylhydroperoxide reagieren jedoch gleich. Prim. u. sek. Alkohole mit konjugierten C=C-Bindungen stören ebenfalls; in diesen sollten die C=C-Bindungen vor der Best. hydriert werden. Kontrollanalysen an 2-Methylpropanol-(2), 2.4-Dimethylpentanol-(2), 2-Methylheptanol-(2), 3-Methyloctanol-(3) u. 3-Methylbutanol-(3) belegen die Zuverlässigkeit der Methode.
W. Kupfer 5178

1682 **Polarographie als Hilfsmittel bei organischen Analysen.** 1. Mitt. **Bestimmung von Nitrogruppen in organischen Verbindungen durch Reduktion mit Titan(III).** Y. A. Gawargious, G. M. Habashy und S. W. Bishara. (Mikrochim. Acta [Wien] **1968,** 3, 499—505; Nat. Res. Centre, Dokki, Cairo; engl.) — Aromat. NO_2-Verb. wurden mit Ti(III)-Sulfat in Citratpufferlsg. (pH 5—6) reduziert. Der Verbrauch an Ti(III) wurde polarograph. bestimmt. Die Ergebnisse stimmen mit titrimetr. ermittelten gut überein. Das polarograph. Verf. bietet Vorteile bei NO_2-Verb., die gefärbte Red.-Prod. ergeben. H. Marsen 5178

1683 **Mikrobestimmung von N-Methylgruppen.** 1. Mitt. **Katalytischer Einfluß von Aluminium auf die thermische Bildung von Methyljodid aus Hydrojodiden von N-Methylverbindungen.** Kiyoshi Nakamura, Yuzo Utsui und Tadao Maeda. (Japan Analyst **16** (1967) 6, 535—39; Osaka, Fukushima-ku, Dainippon Pharmaceut. Co., Ltd., Res. Labor.; jap., Auszug: engl.) — Vf. untersuchten den Einfl. von Mg, Zn, Al, Sn, Ni u. Pt auf die Bldg. von Methyljodid. Die besten Ergebnisse wurden bei Verw. von Al erzielt. Die Hitzeempfindlichkeit der Rk. wurde bei kontrollierter Temp. mit einer elektr. Heizvorr. in einem Messingblock untersucht.
I. Degen 5178

1684 **Mikrobestimmung von N-Methylgruppen.** 2. Mitt. **Mikrobestimmung von N-Methylgruppen durch Gravimetrie mit festen Absorbenzien.** Kiyoshi Nakamura, Yuzo Utsui und Tadao Maeda. (Japan Analyst **16** (1967) 6, 540—46; jap., Auszug: engl.) — 1. vgl. vorst. Referat. — Vf. verbrannten das erhaltene Methyljodid u. leiteten die Verbrennungsgase über erhitzte Ag-Granalien. Aus der durch J_2-Absorption erhaltenen Gew.-Zunahme wurde der Geh. an N-Methylgruppen errechnet. Bei Verw. von Molekularsieben als Absorber für CH_3J wurde ein großer positiver Fehler erhalten, der weitere Unters. erforderlich macht. I. Degen 5178

1685 **Photometrische Bestimmung aliphatischer Azo- und Hydrazo-Verbindungen.** R. Preussmann, H. Hengy, D. Lübbe und A. von Hodenberg. (Analytica chim. Acta [Amsterdam] 41 (1968) 3, 497—504; Max-Planck-Inst. für Immunbiol., Freiburg/Br.; dt.) — Die von Vf. vorgeschlagene Meth. zur Best. von *Azoalkanen* (**A**) u. *1.2-disubstituierten Hydrazinen* (**B**) beruht auf der säurekatalysierten Umlagerung der **A** zu Hydrazonen, die im sauren Medium hydrolysiert werden. Die abgespaltene Oxo-Verb. werden dest. u. durch Photometrie bestimmt. Die **B** werden mit $HgSO_4$ in H_2SO_4 zu **A** ox. u. analog bestimmt. Die untere Nachw.-Grenze liegt bei 0,1—0,2 μMol. Bei der Meth. stören alle Verb., die unter sauren Rk.-Bedingungen Oxo-Verb. abspalten können. U. Feist G 550

1686 **Pyrolyse-Gaschromatographie einiger Kohlenwasserstoffe.** Russell Sutton und W. E. Harris. (Canad. J. Chem. 45 (1967) 23, 2913—19; Dep. of Chem., Univ. of Alberta, Edmonton, Alberta; engl.) — Die wichtigsten Bedingungen der Pyrolyse-Gaschromatographie zur Best. von Fl. u. Gasen werden untersucht. Die Methanbldg. wurde begrenzt, um ein Max. anderer für die Analyse wichtiger Verb. zu erhalten. Dazu sind die Abwesenheit von Luft, niedere Pyrolysetemp., große Verweilzeiten in der Pyrolysezelle u. die Herst. der Pyrolysezelle aus Quarz günstig. Der Temp.-Bereich, in dem alle Pyrolyseprod. im Pyrogramm erscheinen, ist eng begrenzt. U. Hädicke G 560

1687 **Trennung und Analyse einiger cis-trans-isomerer Olefine an aktiviertem Aluminiumoxid.** G. R. List, R. L. Hoffmann und C. D. Evans. (Nature [London] 213 (1967) 5074, 380—81; North. Regional Res. Labor., Peoria, Ill.; engl.) — Cis-trans-Isomere von KW-Stoffen mit C_{4-8} werden qual. u. quant. analysiert an einer 3 ft. langen Säule mit 60—80 mesh aktiviertem Al_2O_3 u. FID. Theoret. Grundlagen der günstigen Trennergebnisse werden diskutiert. Die Ausweitung der Meth. auf schwierige Trennprobleme von cis-trans-Isomeren gesättigten, ungesättigten, iso- wie cycl. KW-Stoffen wird empfohlen. U. Hädicke G 570

1688 **Papierchromatographie aliphatischer Bis-glycidyläther.** J. Novák. (Collect. czechoslov. chem. Commun. 32 (1967) 5, 2011—15; Res. Inst. of chem. Technol., Ústí nad Labem; engl.) — Vf. untersuchte Meth. zur direkten papierchromatograph. Trennung von Bisglycidyläthern u. zum Sichtbarmachen der Flecken nach der Trennung durch Behandeln mit heißen Dämpfen heterocycl. tert. Amine. Zur Chromatographie wurde Whatman-Papier No. 3 benutzt, das mit 25%ig. Formamidlsg. in A. imprägniert wurde. Als Fließmittel dienten Formamid-Cyclohexan/$CHCl_3$ (4 : 1) u. Formamid-Cyclohexan/Bzl. (1 : 2). Die Bis-glycidyläther folgender Diole wurden untersucht: *Äthylenglykol-*, (erstes Lsgm.-Syst.) R_F = 0,46; R_M = 0,070; (zweites Syst.) R_F = 0,49; R_M = 0,017. — *Diäthylenglykol-*, 0,39; 0,194; 0,42; 0,140. — *Triäthylenglykol-*, 0,32; 0,327; 0,34; 0,288. — *Tetraäthylenglykol-*, 0,26; 0,454; 0,28; 0,411. — *1.2-Propandiol-*, 0,70; —0,368; 0,72; —0,410. — *1.3-Butandiol-*, 0,88; —0,866; 0,87; —0,827. — *1.4-Butandiol-*, 0,88; —0,866; 0,87; —0,827. — Es wurde aufsteigend chromatographiert, Laufstrecke 29 cm, Temp. 23°; bzw. 31 cm, 24°; 10 Min. langes Räuchern mit Chinolin. — Zum Anfärben der Flecke sind folgende Verb. geeignet (geordnet nach fallender Empfindlichkeit): Chinolin (Farbe des Fleckens: Purpur), Chinaldin (Blau), α-Picolin (Rotviolett), 2.4-Lutidin (Braunrot), 2.4.6-Collidin (Braunrot) u. Py. (Hellbraun). — Unters. der Beziehungen zwischen Struktur u. R_M-Wert wurden durchgeführt. Es wurde eine lineare Beziehung zwischen R_M u. dem Grad der Polykondens. der Ausgangsäthylenglykole, die zur Herst. der Äther verwendet wurden, gefunden. J. Pickardt G 630

1689 **Trennung von Diacetyl, Acetoin und 2.3-Butylenglykol durch Aussalzchromatographie.** R. A. Speckman und E. B. Collins. (Analyt. Biochem. [New York] 22 (1968) 1, 154—60; Dep. of Food Sci. and Technol., Univ. of Calif., Davis, Calif.; engl.) — Vf. trennten Mg-Mengen von Diacetyl (**I**), Acetoin (**II**) u. 2.3-Butylenglykol (**III**) bei Raumtemp. an einer Säule von 1,9 cm ∅ u. 27 cm Länge durch Eluieren mit 0,5 m $(NH_4)_2SO_4$-Lsg. bei einer Durchflußgeschw. von 0,5 ml/Min. bzw. an einer Säule von 3,5 cm ∅ u. 54 cm Länge mit 0,5 m Na_2SO_4-Lsg. bei einer Durchflußgeschw. von 1,5 ml/Minute. In beiden Säulen wurde Dowex 1-X8-Anionenaustauscherharz verwendet. Die Substanzen wurden in folgender Reihenfolge eluiert: **III**, **II** u. **I**. Die Trennung wurde durch α-Acetolactat nicht gestört. H.-U. Melchert G 740

1690 **Dünnschichtchromatographie von Carbonsäuren an Cellulose.** Jürgen Dittmann. (J. Chromatogr. [Amsterdam] 34 (1968) 3, 407—10; Neurochirurg. Univ.-Klinik, Homburg/Saar; dt.) — Vf. beschreibt das Verh. von 39 biochem. interessanten Carbonsäuren bei der Dünnschichtchromatographie an Cellulose. H.-D. Schenke G 800

1691 **Dünnschichtchromatographische Trennung von Fettsäuremethylestern und Glyceriden nach Kettenlänge und Sättigungsgrad.** W. O. Ord und P. C. Bamford. (Chem. and Ind. 1967, 7, 277—78; The Frythe, Welwyn, Herts., Unilever Res. Labor.; engl.) — Die mit den normalen Meth. nicht trennbaren Fettsäuremethylester (z. B. Methylpalmitat u. Methyloleat) werden nach Sättigungsgrad u. Kettenlänge an silanisierten Kieselgel-G-Platten mit den Laufmitteln 10%ig. wss. CH_3OH oder 10%ig. wss. Aceton oder W./CH_3NO_2/CH_3OH (2,5 : 2,5 : 95), jeweils mit $AgNO_3$ gesätt., getrennt. Die ungesätt. Glyceride werden mit W./CH_3CN/A./Aceton (7 : 2 : 8 : 83, gesätt. mit $AgNO_3$) oder (8 : 2 : 18 : 72 mit 73 mg $AgNO_3$/ml) getrennt. Der Nachw. erfolgt durch Besprühen mit äthanol. $H_3[P(Mo_3O_{10})_4]$-Lsg. u. Erhitzen auf 140° bei den Methylestern u. auf 260° bei den Glyceriden. J. Wilke G 810

1692 **Bestimmung von Mikromengen von Mono-, Di- und Triglyceriden durch die Methode der Hydroxamderivate. 2. Mitt. Bestimmung nach Trennung auf Dünnschichten.** Halina Grynberg, Maria Bełdowicz, Krystyna Cegłowska und Hanna Szczepańska. (Chem. analit. [Warszawa] 12 (1967) 3, 495—500; Inst. Chem. Ogólnej, Warszawa; pol.) — Monoglyceride wurden mit 50 ml kochendem A., Diglyceride mit 75 ml Bzl./A. (2 : 1) (heiß) u. Triglyceride mit 50 ml Ae. oder 70 ml Bzl. (heiß) aus den Dünnschichten eluiert. Die für die Best. optimale Substanzmenge ist vom Verhältnis der Mono-, Di -u. Tri-Verb. abhängig u. liegt zwischen 1 u. 150 mg. Der abs. Fehler der Best. liegt zwischen ±0,05 u. ±10,0%. I. Degen G 810

1693 **Bestimmung der Neutralisationswärmen aliphatischer Amine mit Hilfe der enthalpimetrischen Titration.** E. Popper, L. Roman und P. Marcu. (Talanta [London] 14 (1967) 10, 1163—68; Inst. de Méd. et de Pharm., Cluj, Roumanie; franz.) — Einige aliphat. Amine wurden enthalpimetr. titriert. Aus den Ergebnissen wurden die Neutralisationswärmen ber. u. die Anzahl der Hydroxyl- u. Aminogruppen im Mol. sowie die Basizität der Amine damit in Beziehung gesetzt. Die Titrationskurven wurden in cartes. u. in schiefen Koordinaten gezeichnet, um sek. therm. Effekte zu eliminieren. Folgende Amine wurden untersucht: Äthyl-, Äthanol-, Diäthyl- u. Triäthylamin sowie Äthylendiamin. J. Pickardt G 910

1964 **Mikro-Methode zur chromatographischen Bestimmung von Aminosäuren.** H. Weicker. (Z. klin. Chem. 6 (1968) 3, 221; Inst. für Stoffwechselforsch., Univ., Heidelberg; dt.) — Zur Routinediagnostik bei Aminoaceturie sowie zur Identifizierung von Aminosäuren (**AS**) in Hydrolysaten zahlreicher Proteine, Glykoproteide oder Peptide des Serums empfiehlt Vf. die zweidimensionale Dünnschichtchromatographie auf Cellulose-DC-Fertigplatten (Merck). Bei Verw. der Lsgm.-Syst. n-Butanol/CH_3COOH/W. (12 : 3 : 5) u. Phenol/NH_3-Lsg./W. (640 : 3,4 : 144) lassen sich 18 **AS** voneinander trennen u. identifizieren. P. Ziska G 950

1695 **Auftrennung der Dansylaminosäuren in einem einzigen Analysengang.** Marilyn S. Arnott und Darrell N. Ward. (Analyt. Biochem. [New York] 21 (1967) 1, 50—56; Dep. of Biochem., Univ. of Tex., M. D. Anderson Hosp., Houston, Tex.; engl.) — 1-Dimethylaminonaphthalin-5-sulfonylchlorid (Dansyl-(I)-chlorid) ist ein N-terminales Reagenz für Proteine und Peptide. Die Meth. stellt eine Kombination von Chromatographie

u. Hochspannungselektrophorese auf einer Cellulose-Dünnschichtplatte dar. Die I-Deriv. von Tyr, Met-sulfoxid, Met-sulfon, Cys, Asp-Leu, Leu-Gly-Gly, Ala-His, Gly-Tyr, Insulin u. Ribonuclease werden 9 Std. mit 6 μl 6 n HCl/5 n Mol bei 100° in F.-Bestimmungsröhrchen hydrolysiert u. auf die Platte aufgetragen. Man entwickelt 90 Min. mit einem Py./CH_3COOH-Puffer vom pH 4,4 u. trocknet unter UV-Licht. Nach Durchfeuchten mit demselben Puffer schließt sich eine 3std. Elektrophorese (60 V/cm) unter Kühlung in der anderen Dimension an. In Konz. von 1—5 n Mol erscheinen die I-Aminosäuren gelb im UV, von 0,01—1 n Mol rosa bis violett. I-Säure fluoresziert blau. I. Schlegelmilch G 950

1696 **Photometrische Untersuchung von Cystein mit Noradrenochrom.** Jerry A. Schneider, Kathryn H. Bradley und J. Edwin Seegmiller. (Analyt. Biochem. [New York] 23 (1968) 1, 129—31; Bethesda, Md., Nat. Inst. of Health; engl.) — Die von Roston (1963) beschriebene hochspezif. photometr. Meth. zur Best. von Cys mit Noradrenochrom (I) benutzen Vf. zur Best. des in biolog. Fl. vorhandenen, als Cys, Cys-Cys u. gemischten Cys-Disulfiden vorliegenden Cys. I wird hergestellt durch Ox. von Norepinephrin mit $K_3[Fe(CN)_6]$ bei pH 7,4 u. Red. überschüssigen Ox.-Mittels mit Ascorbinsäure. Man läßt Cys 6 Min. mit überschüssigem I reagieren, red. unumgesetztes I mit $NaHSO_3$ u. mißt die Extinktion des Cys-I-Komplexes bei 414 nm. Die Red. von Cys-Cys wird entweder elektrolyt. oder mit Dithiotreitol durchgeführt. Die photometr. Best. ist stark zeitabhängig u. hat einen hohen Leerwert. A. M. Fretzdorff G 950

1697 **Chromatopolarographische Analyse von Mononitroäthylbenzol-Mischungen.** Wiktor Kemula und Danuta Sybilska. (Analytica chim. Acta [Amsterdam] 38 (1967) 1/2, 97—104; Inst. of Phys. Chem., Polish Acad. of Sci., Warsaw; engl.) — o-, m- u. p-Nitroäthylbenzol können säulenchromatograph. an $[Ni(\gamma\text{-Picolin})_4] \cdot (SCN)_2 \cdot \gamma$-Picolin-Chlathraten mit einer wss. Lsg., die 0,2 Mol NH_4SCN/l, 0,3 Mol γ-Picolin/l u. 40% DMF enthält, in der oben angegebenen Reihenfolge getrennt u. im Eluat polarograph. an einer Hg-Tropfelektrode bei —0,43 bzw. —0,38 bzw. —0,41 V gegen SCE mit einem Fehler von $\pm 5\%$ bestimmt werden. 0,05—0,3 mg Gemisch kann an einer 2,5 cm langen Säule getrennt werden. H. Marsen G 1010

1698 **Polarographische Bestimmung von Ketonen in Phenol.** L. Šůcha. (Collect. czechoslov. chem. Commun. 33 (1968) 5, 1375; Dep. of Chem., Univ. of Chem. Technol., Prague; engl.) — *Acetophenon, Acetoin, Diacetonalkohol, Diacetyl, Hydroxyaceton, Mesityloxid* u. *Methylglyoxal* können polarograph. im Konz.-Bereich $2{,}5 \cdot 10^{-5}$ bis $5 \cdot 10^{-4}$ Mol/l nach ihrer Überführung in die entsprechenden Semicarbazone bestimmt werden. Die E 1/2 liegen zwischen —1,1 bis —1,4 V (pH $\leq$ 4,6). Die Meth. eignet sich auch zum Best. kleiner Mengen der Ketone (bis 5 ppm) in Phenol. H. Marsen G 1060

1699 **Gaschromatographische Untersuchung technischer Braunkohlenphenolprodukte.** Klaus Dietzsch. (Chem. Techn. 19 (1967) 3, 146—53; VEB Leuna-Werke „Walter Ulbricht", Leuna; dt.) — Nach einer ausführlichen Übersicht über die gaschromatograph. Best. von 123 Phenolverb. beschreibt Vf. die Analyse von auf Braunkohlenbasis hergestellten Phenolen. Die Retentionsdaten von *2-Methoxy-, 2-Äthoxy-, 2.3-, 2.4-, 2.5-, 2.6-, 3.4-, 3.5-Dimethyl-, 2.3.5-Trimethyl-, 2-, 3-, 4-Äthyl-, 2-, 3-, 4-n-Propyl-, 2-, 3-, 4-Isopropyl-, 2-Methyl-4-äthylphenol, 4-Methylbrenzcatechinmonomethyläther, Phenol, o-, p-, m-Kresol, 4-* u. *5-Indanol* bei Verw. von 2.4-Dimethylphenylphosphat (I), Bis-[dimethylcyclohexyl]-phthalat (II), Dimethylphthalat (III), I + II u. I + III als Trennflüssigkeiten. Die Darst. dieser neuen Trennfl. wird beschrieben. — 75 Literaturangaben. W. Isterheld G 1060

1700 **Bestimmung von Spuren einiger Dialkylphthalate durch Verteilungsgaschromatographie.** W. Bunting und E. A. Walker. (Analyst 92 (1967) 1098, 575—77; Ministry of Technol., Cornwall House, London; engl.) — Zur Prüfung, ob Phthalate durch wss. Lsg. aus in der Medizin verwendeten Kunststoffen ausgelaugt werden, werden die Probelsg. mit n-Hexan extrahiert u. die Extrakte in einer 5 ft. langen Säule an 1% Polyvinylpyrrolidon + 1% Carbowax 20M auf silanisiertem Chromosorb G bei 190° u. mit 20 ml N_2/Min. chromatographiert. Mit einem Elektroneneinfangdetektor können Diäthyl-, Dibutyl-, Di-2-äthylhexyl- u. Di-3.5.5'-trimethylhexylphthalat in Konz. von 1—10 ppm bestimmt werden. G. Bock G 1220

1701 **Farbreaktion und Dünnschichtchromatographie von Acylaniliden.** Kenji Yasuda und Kyozo Nakashima. (Japan Analyst 16 (1967) 6, 556—60; Osaka, Nishiku, Enokojima, Osaka Prefecture, Ind. Res. Inst.; jap., Auszug: engl.) — Zum Nachw. von Acylaniliden wird die Probe mit einem Gemisch von HCl u. Stickoxiden umgesetzt. Nach anschließender intramol. Umlagerung der Nitrosoderiv. wird durch Kupplung mit α-Naphthylamin ein Azofarbstoff gebildet. Zum Nachw. von Formanilid oder p-Nitroformanilid sind 0,05 bzw. 0,01 μg der Verb. erforderlich. Durch vorhergehende Rk. der Ausgangsprod. mit Br_2 kann die Nachw.-Empfindlichkeit bei einigen Aniliden gesteigert werden. Mono- u. disubstituierte Anilide geben nach der Rk. mit Stickoxiden gelbe Verb., die sich bei der Kupplungsrk. nicht mehr verfärben. Anilin u. Acylanilide ergeben die gleiche Färbung, können jedoch durch Umsetzung mit einer Lsg. von Dimethylaminobenzaldehyd in Bzl., bei der Anilin eine gelbe Schiffsche Base bildet, die zweite Verb. sich aber nicht verfärbt, unterschieden werden. Zur dünnschichtchromatograph. Trennung von verschiedenen Aniliden u. Aminen wurden die Fließmittel Bzl./Py. (7:3) oder Cyclohexan/Py. (7:3) benutzt. Acylanilide mit elektronegativen Substituenten weisen in diesen Fließmitteln geringere R_F-Werte auf. I. Degen G 1310

1702 **Wechselwirkungen zwischen Aromaten in der Gaschromatographie: Verwendung von 2.4.6-Trinitrophenetol als Trennflüssigkeit.** A. O. S. Maczek und C. S. G. Phillips. (J. Chromatogr. [Amsterdam] 29 (1967) 1, 15—23; engl.) — Säulenfüllungen aus 30% 2.4.6-Trinitrophenetol auf Celite zeigen bei 83,5° eine stärkere Selektivität für aromat. KW-Stoffe als $\beta.\beta'$-Oxydipropionitril u. 1.2.3-Tris-[β-cyanoäthoxy]-propan, was mit der Bldg. von π-Komplexen erklärt wird. Bzl. wird zwischen n-Undecan u. n-Dodecan eluiert, die Trennung der Xylole ist schlechter als an Tetrachlorphthalsäureestern u. 7.8-Benzochinolin, m-Xylol besitzt eine kürzere Retentionszeit als p-Xylol. CH_3-Gruppen u. olefin. Seitenketten verstärken die Selektivität. Größere Alkylsubstituenten schwächen sie ab. G. Bock G 2600

1703 **Gaschromatographische Bestimmung von 4-Benzothienyl-N-methylcarbamat.** A. J. Epstein, D. R. Gaskill und C. A. Lucchesi. (Analytic. Chem. 39 (1967) 7, 721—24; Mobil Chem. Co., Metuchen, N.J.; engl.) — Nach Acetylierung mit Acetylchlorid in Chlorbenzol läßt sich 4-Hydroxybenzothiophen in 4-Benzothienyl-N-methylcarbamat gaschromatograph. quant. erfassen. Die Trennung der Acetylderiv. erfolgt an 2 ft. × 0,25 in. Edelstahlsäulen mit 2% Apiezon L auf Haloport F mit einer Wärmeleitfähigkeitszelle als Detektor. Die Einspritzzone ist auf 305° beheizt. Die Arbeitstemp. beträgt zu Beginn der Trennung 2 Min. lang 140°, wird dann, mit 4°/Min. programmiert, auf 180° gebracht u. bleibt dann 12 Min. konstant. Vor der Acetylierung werden der Probe von 100 mg die gleiche Menge Methylstearat als innerer Standard u. 200 mg Glaskügelchen zugesetzt. K. Metzner G 3071

1704 **Gaschromatographische Trennung diastereomerer Amide racemischer cyclischer Amine.** Barry L. Karger, Robert L. Stern, William Keane, B. Halpern und J. W. Westly. (Analytic. Chem. 39 (1967) 2, 228—30; Dep. of Chem.; Northeastern Univ., Boston, Mass.; engl.) — Die Racemate von 2- u. *3-Methyl-, 2-Äthyl-, 2-Propylpiperidin, trans-Dekahydrochinolin* u. *2-Methylindol* werden mit N-Trifluoracetyl-L-prolylchlorid in die entsprechenden diastereomeren Amide umgewandelt. Diese lassen sich in einer 10 ft. langen Säule an 20% HJ-EFF4B auf säuregewaschenem u. mit Dimethyldichlorsilan behandeltem Chromosorb P bei 230° gut trennen, was auf die Fixierung der Asymmetriezentren in den Ringsyst. zurückgeführt wird. G. Bock G 3231

1705 **Polarographische Untersuchung von Bis-(2-pyridyl)-disulfiddi-N-oxid und Bis-(2-chinolyl)-disulfid-di-N-oxid in wäßrigem Äthanol.** I. El-Khiami und R. M. Johnson. (Talanta [London] **14** (1967) 7, 745—52; London, Univ. of London, Chelsea Coll. of Sci. and Technol., Dep. of Chem.; engl.) — Die Titelverb. werden in wss. A.-Lsg. zu Arylmercaptanen reduziert. In saurer Lsg. verschiebt sich E 1/2 mit steigendem pH, in alkal. Lsg. ist E 1/2 unabhängig vom pH. Die Elektrodenrk. ist kinet. kontrolliert. Die polare N-Oxidgruppe in α-Stellung entzieht der Disulfid-Bindung Elektronen, daher ist E 1/2 positiver als das von Diphenyldisulfid. Die pK_a-Werte der gebildeten Mercaptoverb. wurden berechnet. Die gefundenen niedrigen Werte deuten auf die Tautomerie dieser Verb. hin. H. Marsen G 3231

1706 **Zweidimensionale Dünnschichtchromatographie zur Trennung von Mischungen von 5-Bromuracil und DNS-Basen.** P. S. Bond. (J. Chromatogr. [Amsterdam] **34** (1968) 4, 554—55; Inst. of Cancer Res., Belmont, Sutton, Surrey; engl.) — Da in Lsgm.-Syst. wie Isopropanol/HCl/W. u. Butanol/CH_3COOH/W. Bromuracil u. Thymin zusammen wandern, beide jedoch bei Verw. eines Phosphatpuffers getrennt werden können, wobei jedoch die Trennungen Guanin/Adenin u. Thymin/Cytosin nicht vollständig sind, wird vorgeschlagen, zunächst in einer Dimension mit dem ersten Lsgm.-Syst. zu chromatographieren. — Danach erfolgt Entw. senkrecht dazu mit 1 m Na_2HPO_4/1,2 m $(NH_4)_2SO_4$/Isopropanol (123:74:3). R_F-Werte im Phosphatpuffer: Adenin 0,18; Guanin 0,23; Thymin 0,64; Cytosin 0,70; Bromuracil 0,50; im ersten Lsgm.-Syst.: 0,39; 0,22; 0,84; 0,55; 0,84. J. Pickardt G 3272

1707 **Reaktionsprodukt zwischen Hexamethylentetramin und Quecksilber(II)-chlorid: Bildungsweise und Profilwinkel.** A. C. Shead. (Mikrochim. Acta [Wien] **1967**, **6**, **1119—22**; Dep. of Chem., Univ. of Okla., Norman, Okla.; engl.) — Das Rk.-Prod. aus Hexamethylentetramin u. $HgCl_2$ in salzsaurer Lsg. wird zum Nachw. beider Substanzen sowie von NH_3 u. CH_2O verwertet. Der stumpfe Winkel eines rhomb. Krist. dieses Prod. beträgt 135° 30′. H.-D. Schenke G 3313

1708 **Zuckertrennung durch Ionenaustauschchromatographie.** Mieczysław Boruch. (Zeszyty naukowe Politechn. Łódzkiej, Chem. spożywcza **1968**, 14, 5—16; Zakl. Technol. Krochmalu i Syropu, Politechnika, Łódź; pol.) — Es wird über Trennvers. von Zuckergemischen (*Glucose* (**I**), *Maltose* (**II**) u. a.) in *Stärkehydrolysaten* über *Anionenaustauscher* (**A**)-Säulen in Form von B_4O_7-*Zuckerkomplexen* (**B**) berichtet. Nur starkbas. **A** (*SMX*, *Wofatit-SBW*) besitzen die Fähigkeit, fast quant. ihre akt. Gruppen mit $B_4O_7^{2-}$ zu besetzen u. an diesen Stellen **B** zu bilden. Experimentell konnte festgestellt werden, daß **I**, **II** u. *Gentiobiose* auf **A**-Säulen beständige **B** bilden. **II** u. deren Deriv. mit glykosid. 1—4-Bindungen bilden dagegen instabile **B**, die bei der W.-Elution zerfallen. Auf Grund des günstigen Austauschverhältnisses (1 g **A** bindet 0,5 g **I**) eignet sich dieses Verf. für präparative u. techn. Trennungen. G. Niechoj G 3400

1709 **Säulenchromatographie neutraler Zucker. Operationscharakteristiken und Leistung eines neuen Anionen-Austauscherharzes.** J. I. Ohms, J. Zec, J. V. Benson jun. und J. A. Patterson. (Analyt. Biochem. [New York] **20** (1967) 1, 51—57; Palo Alto, Calif., Beckman Instr., Spinco Div.; engl.) — Mit dem stark bas. Austauscher Beckman-Typ 1—S konnte eine Trennung von Sacharose, Raffinose, Cellobiose, Maltose, Lactose, Ribose, Rhamnose, Mannose, Fructose, Arabinose, Galaktose u. Glucose in 7½ Std. durchgeführt werden. Beschrieben wird eine Meth. zur Verminderung der Verunreinigung des Harzes sowie Möglichkeiten zur Regeneration. I. Liske G 3400

1710 **Komplexometrische Bestimmung der Carboxylgruppen in den Oxydationsprodukten der Saccharide.** Bedřich Kopřiva und Blanka Krejčová. (Průmysl Potravin **18** (1967) **1**, 58—59; Vys. šk. chem.-technolog., Praha; tschech.) — Zur Unters. der Ox. von Sacchariden (**I**) durch HNO_3 wurde eine indirekte komplexometr. Meth. ausgearbeitet, mit der die Summe der —COOH—-Gruppen in den Rk.-Prod. bestimmt wird. Die Meth. beruht auf der Fällung von Zn-Salzen der Carbonsäuren in 80%ig. A. bei pH ≈ 9, Auflösen des mit A. dekantierten, filtrierten u. mit A. gewaschenen Nd. in 2%ig. HNO_3-Lsg. u. Titration der verd. u. mit 2 ml konz. NH_3-Lsg. versetzten Lsg. mit 0,1m Komplexon-III-Lsg. gegen Eriochromschwarz T als Indikator. Allfällig vorhandene nicht ox. **I** stören nicht. K. Kámen G 3400△

1711 **Allgemeines Verfahren zum Abbau radioaktiver Aldosen.** Pamela L. Russ und Rardon D. Bevill. (Analyt. Biochem. [New York] **23** (1968) 1, 13—25; Chem. Div., U.S. Army Med. Res. and Nutrition Labor., Fitzsimons General Hospital, Denver, Colo., engl.) — Eine Modifikation der Meth. von Boothroyd et al. u. von Bevill et al. erlaubt den vollkommenen Abbau jeder Aldopentose oder -hexose zur Lokalisierung der [^{14}C]-Aktivität. Dabei entstehen in hoher Ausb. weiße, krist. Abkömmlingen u. auf einer Dowex 1-Acetatsäule können Glyoxyl- u. Glycerinsäure quant. getrennt werden. Von den C-Atomen **1**; **3**; **5** u. **6** wurden feste Abkömmlinge erhalten, u. die C-Atome **2** u. **4** wurden als CO_2 in Äthanolamin/Äthylenglykolmonomethyläther zur direkten Fl.-Szintillationszählung aufgefangen (Ox.-Mittel: Perjodsäure). U. Drehmann G 3400

1712 **ELC von Valeriansesquiterpenen.** Tsutomu Furuya und Hisashi Kojima. (J. Chromatogr. [Amsterdam] **29** (1967) 2, 341—48; Coll. of Pharmac. Sci., Kitasato Univ, Shiba, Minato-ku, Tokyo; engl.) — An 1,5% SE-30 auf Chromosorb W bei 150° u. an 12% Polydiäthylenglykolsuccinat auf Gas Chrom P bei 180° werden die Retentionszeiten von: Kessan, α-Kessylalkohol (**I**), Kessylacetat, Kessanol (**II**), **II**-Acetat, Kessoglykol (**III**), 8-Acetoxy-**I**, 2-Acetoxy-**II**, **III**-diacetat, Maaliol, Valeranon, Kryptofauronol, Fauronylacetat, Kassokonol (**IV**) u. **IV**-acetat bestimmt u. die äther. Öle aus den Wurzeln in Japan wildwachsender bzw. unter verschiedenen Bedingungen kultivierter *Valeriana officinalis* var. *latifolia* u. *Valeriana flaccidissima* untersucht. Zwischen den einzelnen Arten sowie den wildgewachsenen u. kultivierten Pflanzen werden deutliche Unterschiede in der Sesquiterpenzus. gefunden. G. Bock G 3600

1713 **Gaschromatographische Analyse von Steroidhormonen. 2. Mitt. Gaschromatographisches Verhalten von Trimethylsilyläthern.** Kanae Yasuda. (Nagoya J. Med. Sci. **30** (1967) 3, 269—307; 3rd Dep. of Internal Med., Nagoya Univ. School of Med.; engl.) — 1. vgl. C. **1968**, 47-1575. — Vf. beschreibt die Herst. der Trimethylsilyläther von Steroiden mit Ausnahme einer Reihe natürlich vorkommender mit polyfunktionellen Gruppen. Für Deriv. weniger polarer Steroide kann aus den Retentionszeiten direkt auf die Steroidzahl (Zahl der C-Atome im Mol.) geschlossen werden. Eine zunehmende Abweichung von der Beziehung wird in Ggw. reaktiver Strukturen im Steroidmol. festgestellt. So besitzen Steroide vom corticoiden Typ eine stark vom erwarteten Wert abweichende Steroidzahl. Ursache dafür dürften komplizierte Nebenrk. bei der Trimethylsilylierung u. starke Wechselwrkg. zwischen reaktiven Strukturen sein. H.-D. Schenke G 3700

1714 **Neue Grundlage für eine fluorimetrische Bestimmung von α-Methylnoradrenalin.** Bertil Waldeck. (J. Pharmacy Pharmacol. **20** (1968) 2, 163—64; Dep. of Pharmacol., Univ., Göteborg; engl.) — Aus α-Methyldopa bildet sich in vivo erythro-α-Methylnoradrenalin (**I**), das mit endogenem Noradrenalin (**II**) in Wechselbeziehung steht. Die Fluoreszenz von **II** ist stärker als die von **I** u. gleicht der von threo-α-Methylnoradrenalin (**III**). Erhitzt man **I** in saurem Medium, so kommt es zur Bldg. der Diastereomeren, u. die Fluoreszenzintensität nimmt einen mittleren Wert an. Dadurch wird es möglich, Angaben zur Unterscheidung von **I** u. **II** zu machen. I. Schlegelmilch G 3750

1715 **Quantitative Dünnschichtchromatographie von Benzyloxycarbonyldipeptidphenylhydraziden.** Clark F.

Most jun. und H. Bayard Milne. (J. Chromatogr. [Amsterdam] **34** (1968) 4, 551—53; Dep. of Chem., Wash. State Univ., Pullman, Wash.; engl.) — Eine chromatograph. Trennung ist an Silic-AR TLC-7GF-beschichteten Platten (1 Std. bei 110° aktiviert) unter Verw. von $CHCl_3/CH_3OH$ (95:5) als Laufmittel möglich. Folgende Dipeptide wurden untersucht: Gly–Gly (R_F = 0,21); Gly-L-Phe (0,53); L-Leu-L-Phe (0,69); L-Phe-L-Phe (0,67). J. Pickardt G 3800

1716 **Anwendung der Fluorimetrie bei der Bestimmung von Vitamin A.** B. D. Drujan, R. Castillon und E. Guerrero. (Analyt. Biochem. [New York] **23** (1968) 1, 44—52; Caracas, Inst. Venezolano de Investigaciones Cientificast; engl.) — Vitamin A in Blut u. Gewebe kann durch DC der entsprechenden Hydrolysate u. anschließende Fluorimetrie bestimmt werden. DC: Silicagel-Platten; Fließmittel: Cyclohexan/Bzn./PAe. (7:3:1); Entw.-Zeit: 50 Min.; Elution der Flecken mit Butanol. Fluoreszenz-Messung: Anregung: 340 nm; Fluoreszenz: 490 nm. W. Fester G 3850

1717 **Bromatometrische Bestimmung von Ascorbinsäure. 2. Mitt. Verwendung von 2.6-Dichlorphenolindophenol als Redoxindikator.** Raluca Ripan und Grigore Tăutu. (Studia Univ. Babeş-Bolyai [Cluj], Ser. Chem. **13** (1968) 23—25; rum.) — Vgl. C. **1965**, 41-2064. — 2.6-Dichlorphenolindophenol (I) wird von Ascorbinsäure (II) zur farblosen Dihydroverb. red., die von BrO_3^- wieder zurückox. wird. Zur Best. gibt man zu 10 bis 25 ml Probelsg. ca. 5—7 ml konz. HCl-Lsg., fügt 3—4 Tropfen 0,1 %ig. wss. I-Lsg. zu u. titriert mit 0,1n $KBrO_3$-Lsg. bis zum Auftreten einer Violettfärbung. Bei Vorgabe von 0,1, 0,01 u. 0,005 n II-Lsg. lag der Fehler bei ±0,3%. W. Grimmich G 3850

1718 **Test für Penicilline an Chromatogrammen und bei Tüpfelreaktionen.** Margaret Goldman und Richard A. Day. (Ohio J. Sci. **67** (1967) 3, 190—91; Cincinnati, O., Univ. of Cincinnati, Dep. of Chem.; engl.) — Es wird ein einfaches Verf. zur Best. kleiner Penicillinmengen an Papierchromatogrammen oder als Tüpfelrk. beschrieben. Das entwickelte Chromatogramm (aufgetragen wurden 10—1000 μg) wurde mit NH_3 behandelt, wodurch der β-Lactamring gespalten wird. Danach wurden die Chromatogramme in eine verd. Jodlsg. ($5-15 \cdot 10n^{-4}$) getaucht. Anschließend wurden sie mit 1 %ig. Stärke/1 %ig. KJ-Lsg. besprüht. Die Penicilline erscheinen als weiße Flecken oder Zonen auf violettem Hintergrund. Es konnten 10γ von Penicillin oder seiner entsprechenden Penicillosäure nachgewiesen werden. 2γ lassen sich noch mit dem Spezialpapier Whatman 3MM nachweisen. G. Düring G 3900

1719 **Gaschromatographische Analyse von Lignin-Oxydationsprodukten. Diphenylätherbindung im Lignin.** Sam Larsson und Gerhard E. Miksche. (Acta chem. scand. **21** (1967) 7, 1970—71; Dep. of org. Chem., Chalmers Inst. of Technol., Göteborg; engl.) — Fichtenlignin wird mit $KMnO_4$ bei pH 12 ox., die gebildeten Phenylglyoxylsäuren werden mit 5 %ig. H_2O_2 bei pH 9—10 in aromat. Carbonsäuren umgewandelt u. diese mit CH_2N_2 verestert. Durch temperaturprogrammierte GLC (160 bis 230°, 5°/Min.) in einer 1,5 m langen Säule an 1,5 % SE-54 auf säuregewaschenem u. mit Dimethyldichlorsilan behandeltem Chromosorb G u. massenspektrometr. Unters. der Fraktionen werden die Methylester von Veratrum-, 3.4-Dimethoxyisophthal-, 3.4-Dimethoxyphthal-, 5.5′-Dehydrodiveratrum- u. 3′.4.5-Trimethoxy-3.4′-oxydibenzoesäure (I) gefunden. Als Ox.-Prod. von Birkenlignin wird außerdem 3′.4.5.5′-Tetramethoxy-3.4′-oxydibenzoesäure (II) erhalten. Das Auftreten von I u. II wird als Beweis für Kupplungsrk. zwischen Phenoxyradikalen bei enzymat. Vorgängen in Pflanzen angesehen. G. Bock G 3950

1720 **Komplexe des Polyäthylens mit Quecksilber(II)-chlorid.** Secondo Zanin. (Boll. Lab. chim. provinc. **19** (1968) 2, 233—41; Labor. di Merceol., Ist. Univ. di Econom. e Commercio di Venezia; ital.) — Vf. untersucht die Rk. von Polyoxyäthylen (I) mit $HgCl_2$ sowie die Zus. u. Struktur der sich bildenden Komplexe im Hinblick auf einen I-Nachweis. W. Grimmich G 4020

1721 **Bestimmung geringer Mengen von Carbonylgruppen in oxydierter Stärke.** Toshikatsu Hasegawa und Toru Hirano. (J. chem. Soc. Japan, ind. Chem. Sect. [Kōgyō Kagaku Zasshi] **70** (1967) 1, 30—32; Hokkaido Ind. Res. Inst., Kotoni-cho, Sapporo; jap., Auszug: engl.) — Der Geh. an Carbonylgruppen (A) wird mit Semicarbazidhydrochlorid (Meth. 1), $NaClO_2$ (Meth. 2), $NaBH_4$ (Meth. 3) oder Perjodsäure (Meth. 4) bestimmt. Die Ergebnisse nach den Meth. 3 u. 4 stimmen überein. Nach Meth. 1 findet man nur 83 % der nach den Meth. 3 u. 4 gefundenen Menge A. Vf. schließen daraus auf die Ggw. anderer red. Gruppen außer den A. W. Grimmich G 4070

1722 **Gleichzeitige Analyse verschiedener Proben in der Ultrazentrifuge.** W. F. Bon. (Analyt. Biochem. [New York] **20** (1967) 1, 37—39; Labor. for Biochem., Univ. of Amsterdam; engl.) — Vf. beschreibt eine Meth. zur gleichzeitigen Trennung u. Photographie zweier verschiedener Proteingemische mit Hilfe einer abgeänderten kommerziellen Zentrifuge. J. Pickardt G 4080

1723 **Fraktionierung von Gliadin und Glutenin durch Chromatographie. Aminosäurezusammensetzung von zwei Subfraktionen mit gleicher Antigenstruktur.** Maria Juana Escribano. (Bull. Soc. Chim. biol. **49** (1967) 8—9, 1063—72; Paris, Inst. Pasteur, Serv. de Chim. microbienne; franz.) — Systemat. Unters. über die ionenaustauschchromatograph. Fraktionierung von Gliadin (I) u. Glutenin (II) an saure bzw. bas. Gruppen tragender Cellulose ergeben, daß Glutenproteine nur bei Verw. stark bas. bzw. saurer Puffer als Elutionsmittel getrennt werden. In Ggw. von Harnstoff werden reproduzierbare Ergebnisse bei Ausschlußchromatographie mit Sephadex erhalten. Entsprechend dem Molgew. wird II bei Sephadex G200 mit dem Ausschlußvol. eluiert. Mit G100 oder G200 werden drei Fraktionen erhalten; die beiden ersten sind elektrophoret. homogen u. besitzen gleiche Antigenstruktur, unterscheiden sich aber in der Aminosäurezusammensetzung. K. Beyer G 4080

1724 **Methoden zur systematischen Analyse von Aminosäuregemischen durch Chromatographie und Chromatoelektrophorese auf Cellulose-Dünnschichtplatten.** Roger L. Munier, Chantal Thommegay und Gisèle Sarrazin. (Bull. Soc. chim. France **1967**, 10, 3971—84; Paris, Inst. Pasteur, Serv. Biochem. Cellulaire; franz.) — Die qual. u. quant. Analyse von Aminosäuren aus chem. oder enzymat. Hydrolysaten von modifizierten u. nicht modifizierten Oligo- u. Polypeptiden sowie Proteinen wird durch Kombination von dünnschichtchromatograph. u. dünnschichtelektrophoret. Trennungen auf mit Cellulosepulver beschichteten Platten vorgenommen. In 9 Tabellen u. 25 Übersichtschromatogrammen werden die Ergebnisse von Trennungen mit ca. 50 Laufmitteln u. unter Verw. von 6 Sprühreagenzien dargestellt. Die vorgeschlagenen Meth. benötigen wenig Prüfgut u. wenig Zeit, sie sind zuverlässig u. für die Identifizierung u. Strukturaufklärung biolog. akt. Proteine von erheblicher Bedeutung. W. Kupfer G 4080

1725 **Einfache Bestimmung für N-Acetylgalaktosaminitol.** Don M. Carlson. (Analyt. Biochem. [New York] **20** (1967) 1, 195—98; Cleveland, O., West. Res. Univ., Dep. of Biochem. and Pediatrics; engl.) — Nach der Hydrolyse von Mucinen mit 4n HCl, N-Acetylierung mit ^{14}C-Acetanhydrid u. Reinigung über Dowex 50-X 8 wurde auf Whatman-3MM-Papier Elektrophorese in 1 %ig. Tetraborat–Puffer-Lsg. angewendet. Zur besseren Abtrennung der entsprechenden Mannose- u. Glucosederiv. wurde die Elektrophorese 90 Min. lang durchgeführt. I. Liske G 4080

1726 **Möglichkeiten zur Sequenzanalyse von Nucleinsäuren.** Manfred Schütt. (Z. Chem. **8** (1968) 1, 12—19; Inst. für Krebsforsch., Dt. Akad. der Wiss., Berlin; dt.) — Möglichkeiten zur Sequenzbest. u. einige bei der prakt. Anwendung auftretende Probleme werden diskutiert. Method. Schwierigkeiten beschränken solche Analysen auf niedermol. RNS (≦200 Nucleotidreste). Bei den Desoxysäuren sind bisher nur Endgruppenbest.

u. statist. Sequenzanalysen möglich. — 104 Literaturangaben. J. Pickardt G 4090

1727 **Bestimmung der Energie von Wasserstoffbindungen mit Hilfe der Verteilungsgaschromatographie.** J. Novák. (J. Chromatogr. [Amsterdam] 28 (1967) 2, 391—92; Inst. of Instrumental Anal. Chem., Czechoslovak Acad. of Sci., Brno; engl.) — Krit. Betrachtungen zur Best.-Meth. von Ioganesen, Kurkchi u. Levina (1966). J. Pickardt 5180

G-4. Analyse biologischer Materialien, forensische Analyse

1728 **Analyse der Gammaspektren von Erdproben und Pflanzen. 1. Mitt. Computerprogramm mit Korrektur für Ausbeuteverschiebung und Probenschüttdichte.** Mark Elfield und R. E. Franklin. (Proc. Soil Sci. Soc. America **31** (1967) 1, 39—42; O. Agr. Res. and Dev. Center, Wooster, O.; engl.) — Vf. beschreiben ein Programm, das für jedes Radioisotop ein Standardspektrum in Abhängigkeit von der Schüttdichte der Probe ber. u. dieses dann bez. der Differenzen in der Energiegleichung von Referenz- u. Probenspektrum korrigiert; die Lsg. erfolgt nach einer Meth. der kleinsten Quadrate. Das Programm liefert, zusätzlich zur numer. Ausgabe, logarithm. das unbekannte Spektrum, die Lsg. u. die Spektren der einzelnen Komponenten. Das Programm besitzt eine Kapazität von 16 Standardspektren mit je 512 Kanälen. J. Pickardt 5206

1729 **Analyse der Gammaspektren von Erdproben und Pflanzen. 2. Mitt. Einfluß von Bäumen auf die Verteilung radioaktiver Niederschläge.** R. E. Franklin, P. L. Gersper und N. Holowaychuk. (Proc. Soil Sci. Soc. America **31** (1967) 1, 43—45; O. Agr. Res. and Dev. Center, Wooster, O.; engl.) — 1. vgl. vorst. Referat. — Bodenproben wurden in verschiedenen Entfernungen von den Stämmen von Buchen (*Fagus grandifolia*), Zuckerahorn (*Acer saccharum*), Tulpenbäumen (*Liriodendron tulipfera*), Scharlacheiche (*Quercus coccinea*), Hickory (*Carya glabra*) u. Weißeiche (*Quercus alba*) gesammelt u. γ-spektroskop. untersucht. Die Konz. von ^{137}Cs im Boden in Stammnähe einer Buche war etwa 5mal höher als an anderen Stellen unter der Baumkrone. Der Effekt war beim Zuckerahorn etwa halb so groß u. für die anderen Arten wesentlich kleiner. Er wird auf unterschiedliches Abfließen des Regenwassers an den Stämmen zurückgeführt. J. Pickardt 5206

1730 **Extraktion von Elementen. Extraktionsverfahren zur quantitativen Bestimmung von sechs Elementen im pflanzlichen Zellgewebe.** J. H. Baker und Thomas Greweling. (J. agric. Food Chem. **15** (1967) 2, 340—44; Dep. of Plant and Soil Sci., Univ. of Mass., Amherst, Mass.; engl.) — 0,25 g bei 70° getrocknetes u. gemahlenes Zellgewebe werden mit 20 ml 0,1 m NH_4-EDTA-Lsg. gemischt, über Nacht stehengelassen u. dann 30 Min. lang extrahiert. Die Lsg. wird filtriert u. das Filtrat direkt durch Atomabsorption auf Ca (4227 Å), Mg (2852 Å), K (7665 Å), Mn (2794 Å), Zn (2138 Å) u. Cu (3247 Å) bei den angegebenen Wellenlängen untersucht. Die so erhaltenen Ergebnisse stimmen gut überein mit denen, die man aus dem veraschten Zellgewebe nach Auflösen in HCl-Lsg. (1:1) durch Atomabsorptionsmessungen erhält. Die Varianz bei allen Bestimmungen ist $< 8\%$. K. Zinke 5206

1731 **Quantitative selektive Bestimmung kleinster Mengen von Mangan und Kupfer in der Asche biologischer Substanzen unter Verwendung von katalytischen Reaktionen.** Friedrich Dittel. (Z. analyt. Chem. **229** (1967) 3, 193—201; Inst. für Ernährungswiss., Univ., Gießen; dt.) — Mn^{2+} katalysiert die Ox. von Diäthylanilin mit $NaJO_4$ zu einem gelbgefärbten Ox.-Prod., dessen Extinktion in Abhängigkeit von pMn linear ansteigt u. bei 470 nm gemessen wird. Die Rk. wird in Ggw. von Phosphat- u. Citratpuffer bei pH 6 durchgeführt, sie ist für Mn selektiv u. weist eine Grenzkonz. von 0,4 ng Mn/ml Meßlsg. auf. Cu^{2+} katalysiert die Ox. von Hydrochinon zu einem rosabis rotgefärbten Ox.-Prod., dessen Extinktion bei 470 nm gemessen wird. Py. wird als Aktivator zugesetzt. Die Extinktion zeigt eine lineare Abhängigkeit von der Cu-Konzentration. Die Rk. wird in Ggw. von Phosphatpuffer u. Ammoniumtartrat bei pH 7 durchgeführt u. ist für Cu selektiv. Die Grenzkonz. beträgt 4,2 ng Cu/ml Meßlösung. Störungen der katalyt. Rk. durch einige Kationen werden durch Anwendung eines „Zugabeverf. mit rechner. Auswertung" ausgeschaltet, so daß die Mn- u. Cu-Best. in allen biolog. Substanzen durchgeführt werden kann. K. Seyfert 5208

1732 **Chemolumineszenz von Flüssigszintillationsmischungen.** James Winkelman und Gary Slater. (Analyt. Biochem. [New York] **20** (1967) 2, 365—68; Dep. of Path., New York Univ. School of Med., New York, N.Y.; engl.) — Eine bisher unbekannte Chemolumineszenzerscheinung wurde beim Zusammenbringen von quatern. Amin (NCS oder Hyamin-10X), aufgelöstem Gewebe, Szintillator u. Benzoylperoxid. beobachtet. Die Erscheinung wird nur durch die Ggw. mehrerer Komponenten, nicht durch die Temp., Belichtung oder radioakt. Bestrahlung beeinflußt. N. Harder 5208

1733 **Auffangen von $^{14}CO_2$ zur Szintillationszählung nach einem modifizierten Van-Slyke-Verfahren.** Albert K. Weyman, John C. Williams und Albert A. Plentl. (Analyt. Biochem. [New York] **19** (1967) 3, 441—47; Dep. of Obstetrics and Gynecol., Columbia Univ. Coll. of Physicians and Surgeons, New York, N.Y.; engl.) — Durch eine geringfügige Änderung der Van-Slyke-Neill-Blutgasapp. konnte $^{14}CO_2$ direkt im Szintillationsgefäß sofort nach der Best. des Gesamt-CO_2-Geh. gemessen werden. Das Verf. wurde an verschiedenen Probenmengen u. Absorbenzien erprobt u. Phenäthylamin besser als Hyamin (höhere Zähleffektivität) gefunden. Das Verf. eignet sich für Standardmessungen von Blut u. Blutfiltraten, bei denen markiertes CO_2 chem. oder enzymat. freigesetzt wird. U. Drehmann 5212

1734 **Kontinuierliche automatische fluorimetrische Bestimmung von Histamin im Gesamtblut.** François Ruff, Anatole Saindelle, Eugène Dutripon und Jean-Louis Parrot. (Nature [London] **214** (1967) 5085, 279—81; Fac. de Med., Paris; engl.) — Nach Hämolyse, Dialyse, Extraktion mit alkal. Butanol u. Kondens. mit o-Phthalaldehyd wird die Fluoreszenz mit einem Technicon-Auto-Analyzer kontinuierlich bestimmt. Der Blutdurchfluß beträgt 1,2 ml/Minute. Histidin u. Arginin stören erst bei Verdopplung der physiolog. normalen Menge. G. Baasch 5212

1735 **Beitrag zur Frage der Alkoholbestimmung im Blut.** Č. Petrović, D. Soldatović und M. Nedeljković. (Arhiv Farmac. 17 (1967) 1, 1—6; Beograd, Farmaceut. fak., Inst. za toksikol. hem.; serbokroat.) — Es wurden 2 Meth. zur A.-Best. im Blut aus dem Finger angewendet Bei der 1. Meth. wird der Überschuß an $Cr_2O_7^{2-}$ photometr. bei 349 nm nach der A.-Ox. durch eine $K_2Cr_2O_7$/H_2SO_4-Lsg. bestimmt. A. gelangt in diese Lsg. durch Mikrodiffusion aus 0,1 ml Blut nach Behandlung mit gesätt. K_2CO_3-Lösung. Nach der 2. Meth. wird ebenfalls der Überschuß an $Cr_2O_7^{2-}$ in einer $K_2Cr_2O_7/HNO_3$-Lsg. kolorimetr. bei 400 nm bestimmt oder nach Zugabe von wss. KJ-Lsg. mit Stärke als Indikator mit n/100-$Na_2S_2O_3$ titriert. Die A.-Dest. erfolgt in diese Lsg. durch leichtes Erhitzen einer Mischung aus 0,1 ml Blut, W., Na_2SO_4, Na_2WO_4 u. konz. H_2SO_4. Der Fehler lag bei der 2. Meth. bei 1,5—2 mg A./100 ml Blut. Die Probenentnahme erfolgte nach Genuß von 40 lm 40%ig. A. auf leeren Magen oder nach einer kleinen Mahlzeit nach 5, 15, 30 u. 60 Min. sowie 2, 3, 4, 5, 5½ u. 6 Stunden. Beide Meth. gaben ident. Ergebnisse. Bei A.-Genuß auf leeren Magen konnte A. bereits nach 5 Min. nachgewiesen werden, nach 30 Min. erreichte die A.-Konz. ihr Max., nach 5½ Std. war das Blut alkoholfrei. Bei A.-Genuß nach einer Mahlzeit war A. erst nach 15 Min. im Blut nachweisbar, das Max. wurde nach 60 Min. erreicht, u. nach 6 Std. war die Konz. wieder 0. H. Cnobloch 5212

1736 **Anwendung von Rechnern bei der Analyse von Serumlipiden und Lipoproteinen.** L. C. Jensen, A. M. Ewing, R. D. Wills und F. T. Lindgren. (J. Amer.

Oil Chemists' Soc. **44** (1967) 1, 5–10; Univ. of Calif., Berkeley, Calif.; engl.) — Vf. geben eine Einführung in die Datenverarbeitung mit Hilfe von Rechenanlagen. Die Anwendung von Rechnern bei Lipid- u. Lipoprotein-analysen wird an Hand von Programmflußdiagrammen für eine Reihe von Analysenmeth. beschrieben: Ultrazentrifugierung, IR-Spektrometrie, Gaschromatographie, C–H–N-Elementaranalyse usw. Vf. stellten ferner ein allg. anwendbares Programm für die statist. Analyse auf, das zu Summierung u. Korrelation von Daten aus anderen Programmen u. Quellen geeignet ist. J. Pickardt 5214

1737 **Ultramikrobestimmung von Thiolen, Disulfiden und Thiolestern im Serum mit o-Hydroxymercuribenzoesäure und Dithiofluorescein.** Mieczysław Wroński. (Biochem. J. **104** (1967) 3, 978–86; Lodz, Univ., Dep. Chem. Technol.; engl.) — Zur Best. freier SH-Gruppen werden diese mit o-Hydroxymercuribenzoesäure (**I**) in den Hg-Komplex übergeführt. Überschüssige **I** reagiert mit zugesetztem Dithiofluorescein (**II**) unter Bldg. eines farblosen Komplexes. Anschließend ergibt sich das unverbrauchte **II** durch Messung der Extinktion bei 588 nm. Auf diese Weise ist die unmittelbare Best. von Thiolen (**III**) möglich. Nach Behandlung mit Sulfit können Disulfide (**IV**) u. nach Zugabe von Dimethylamin u. H_3PO_4 Thiolester (**V**) analog untersucht werden. Bei der Best. von **V** in Ggw. von **IV** ist bei höherem **IV**-Geh. eine Korrektur anzubringen. Formaldehyd (**VI**) zerlegt **III**–**I**-Komplexe unter Bldg. von **III**–**VI**-Komplexen, aber mit unterschiedlicher Geschw. je nach der Struktur von **III**, so daß durch Zugabe von **VI** zur Unters.-Lsg. eine weitere Differenzierung der Verb. innerhalb der **III** u. **IV** möglich ist. Von den untersuchten Standardlsg. wiesen 80% eine Abweichung von ±4% auf. Für die Anwendung des Verf. auf Human- u. Rinder-Blutserum ist eine Korrektur erforderlich, da bei Zugabe von Serum in eine **II**-Lsg. die blaue Farbe nach grün umschlägt (λ_{max} = 635 nm), vermutlich infolge Komplexbldg. einer bisher unbekannten „Substanz X" im Serum mit **II**. Ferner soll bei der Best. von **III**, **IV** u. **V** im Serum die für die Unters. verwendete Serummenge konst. gehalten werden, da sonst keine vergleichbaren Ergebnisse zu erwarten sind. F. Hofmann 5214

1738 **Schnelle fluorimetrische Bestimmung von Warfarin im Plasma.** Milton Corn und Robert Berberich. (Clin. Chem. [New York] **13** (1967) 2, 126–31; Dep. of Hematol., George Washington Univ., Washington, D.C.; engl.) — Durch Verschiebung des UV-Absorptionsspektrums von Warfarin [3-(α-Acetonylbenzyl)-4-hydroxycumarin, I] durch Aceton wird die Intensität der Fluoreszenzemission gesteigert. Die Verringerung der Fluoreszenz durch Säurezugabe wird zu einer spezif. Schnellbest. von μg-Mengen I im Blutplasma benutzt. U. Feist 5214

1739 **Mikromethode zur Bestimmung der Gesamtlipoide, des Cholesterins und des Lipoidphosphors im Liquor cerebrospinalis.** Hartmut Pilz. (Klin. Wschr. dt (1967) 8, 422–25; Neurol. Klinik, Univ. Göttingen; **45**.) — 2–3 ml Unters.-Fl. werden gefriergetrocknet u. der Rückstand wird mit $CHCl_3/CH_3OH$ (2:1) extrahiert. Der Lipoidextrakt wird mit W. gewaschen u. eingedampft. Die Gesamtlipoide werden mit Vanillin/85%ig. H_3PO_4-/96%ig. H_2SO_4-Lsg. nach Chabrol bestimmt. Die Cholesterinbest. erfolgt nach Zak et al. mit $FeCl_3$ u. die Phosphatidbest. nach der photometr. Meth. von Jatzkewitz [Hoppe-Seyler's Z. physiol. Chem. **336** (1964) 25]. Zur Phosphatidbest. wird der Lipoidextrakt mit $HClO_4$-Lsg. verascht. J. Winter 5216

1740 **Einfache dünnschichtchromatographische Methode zum Nachweis von Homocystin im Harn.** Toshio Yoshida. (Tohoku J. exp. Med. **91** (1967) 1, 31–34; Sendai, Tohoku Univ., Fac. of Med., Dep. of Pediatrics; engl.) — An Kieselgeldünnschichtplatten werden mit einem 0,05% KCN enthaltendem Phenol/W.-Gemisch (3:1) folgende Verb. aufsteigend getrennt u. mit Kaliumjodoplatinat entwickelt (R_F-Werte in Klammern): Homocystin (**I**, 23–27), *Cystin* (12–13), *Met* (59–64), *Cystathionin* (14–16), *His* (40–42). Es werden unvorbehandelte Harnproben von 30 μl aufgetragen. Die Nachw.-Grenze für **I** liegt bei 0,7–1,0 μg, die der anderen Verb. bei 2–3 μg. K. Beyer 5224

1741 **Flüssigkeitsszintillationszählung von ^{45}Ca in biologischem Material.** F. Hutchinson. (Int. J. appl. Radiat. Isotopes **18** (1967) 2, 136–37; Regional Physics Dep., Dundee, Scotland; engl.) — Vf. benutzt Glasfaserpapier (Whatman Chromedia G.F. 81), das die Zählleffektivität gegenüber Chromatographiepapier um 90% erhöht, zur Best. von ^{45}Ca-haltigen fl. Proben, wobei die Probenverdünnung der einzige Arbeitsvorgang ist. Stuhlproben erfordern vor der Best. eine Oxalatfällung. Die durch Probenbestandteile hervorgerufene Selbstabsorption muß durch geeignete Verdünnungen herabgesetzt werden. U. Drehmann 5226

1742 **Mikrobestimmung des Jodgehaltes der Rattenschilddrüse.** W. Boguth und W. Schaeg. (Mikrochim. Acta [Wien] **1967**, 4, 658–62; Inst. für Biol. u. Endokrinol., Univ. Gießen; dt.) — Vf. beschreiben ein Verf. zur Best. von organ. gebundenem J, das auf der katalyt. Beschleunigung der Red. von Mn(III) mit AsO_3^{3-} durch J^- beruht. Nach Veraschung der organ. Substanz u. Red. des JO_3^- mit Na_3AsO_3 wird J^- direkt im Analysenaufschluß nach Zugabe einer Mn(III)-Lsg. durch photometr. Best. (Filter S 53 E) der RG bestimmt. I. Klee 5228

1743 **Bestimmung der Milzlipide durch Dünnschichtchromatographie.** U. K. Misra. (Indian J. Biochem. **4** (1967) 2, 136; Vallabhbhai Patel Chest Inst., Univ. of Delhi, Delhi; engl.) — Nach Extraktion der Milzlipide mit 5 Vol. $CHCl_3/CH_3OH$ (2:1) werden Neutralfette (NF) u. Phospholipide (PL) an Kieselsäuresäulen getrennt u. anschließend auf Silicagel G-Platten dünnschichtchromatographiert. Als Lsgm.-Syst. wird für NF Hexan (Kp. 65–70°)/Ae./CH_3COOH (90:10:1), für PL $CHCl_3/NH_3$-Lsg./CH_3OH (155,0:7,5:45,0) verwendet. Die getrennten Fraktionen werden durch Joddämpfe, Rhodamin 6-G-spray, Ninhydrin, Molybdänblau oder Dragendorff-Reagenz angefärbt. — Die Gesamtlipide der Milz werden mit 25,2 ± 3,90, Cholesterin mit 2,7 ± 0,11 u. PL-Phosphor mit 0,52 ± 0,05 mg/g Feuchtgew. bestimmt. Folgende Lipide werden nachgewiesen: Freies u. verestertes *Cholesterin*, *Mono-*, *Di-* u. *Triglyceride*, freie *Fettsäuren*, *Phosphatidsäure*, *Polyglycerinphosphatide*, *Phosphatidyläthanolamin*, *Phosphatidylserin*, *Phosphatidylinosit*, *Phosphatidylcholin*, *Lysophosphatidyläthanolamin*, *Sphingomyelin*, *Lysophosphatidylcholin*. Prozentuale Verteilung s. Original. V. Bigl 5228

1744 **Bestimmungsmethode für Fraktionen organisch gebundenen Phosphors in Mikrogrammengen in Gewebe.** Wolff M. Kirsch, J. Wayne Leitner und Demoy Schulz. (Analyt. Biochem. [New York] **21** (1967) 1, 39–45; Div. of Neurosurgery, Univ. of Colo., Med. Center, Denver, Colo.; engl.) — Es wird eine fluorimetr. Best.-Meth. für säurelösl. P (**I**), Lipid-P (**II**) u. Nucleinsäure-P (**III**) in tier. Gewebe beschrieben. Lyophilisierte Gewebeschnittproben von 0,5–1 μg von Mäusegehirnen u. -hirntumoren werden mit n/10 HCl in einem Mikrogefäß extrahiert u. zentrifugiert. Der Überstand enthält **I**. Aus dem Bodensatz wird **II** durch A.-Extraktion gewonnen. Nach nochmaligem Zentrifugieren u. Veraschen des Bodensatzes bei 600° über 12 h isoliert man **III** als anorgan. P (**IV**). **I** u. **II** werden ebenfalls in **IV** übergeführt. Mit Glykogen bildet sich in Ggw. von Phosphorylase u. Phosphoglucomutase Glucose-6-phosphat (**V**), das $NADP^+$ quant. mit **V**-dehydrogenase reduziert. Das gebildete NADPH wird fluorimetr. in Konz. von 10^{-7} bis 10^{-8} m bestimmt. Der Fehler der Enzymrk. beträgt 10%, der der photometr. Best. 4%. I. Schlegelmilch 5230

1745 **Quantitative gaschromatographische Analyse von Äthanolamin, Monoäthyläthanolamin und Dimethyläthanolamin in Fetten.** Robert L. Lester und David C. White. (J. Lipid Res. **8** (1967) 6, 565–68; Lexington, Ky., Univ. of Ky. Med. Center, Dep. of Biochem.; engl.) — Für die Best. von Äthanolamin (**I**), Monomethyläthanolamin (**II**) u. Dimethyläthanolamin (**III**) in Fetten aus verschiedenen Rattengeweben werden die Fette mit $CHCl_3$/Methanol extrahiert u. im Trockenrückstand des

Extraktes mit 6 n HCl hydrolysiert. Aus dem mit wasserfreiem Na_2CO_3 neutralisiertem Hydrolysat werden **I**, **II** u. **III** durch Extraktion mit tert.-Butanol isoliert u. im Extrakt nach Zugabe von Cyclohexylamin als innerem Standard durch Verteilungsgaschromatographie getrennt u. bestimmt. A.-M. Fretzdorff 5230

1746 **Wissenschaftliche Methoden in der Kriminaltechnik.** H. J. Walls. (Lab. Pract. **16** (1967) 5, 581–86; London, Metropolitan Police Forensic Labor.; engl.) — Vf. gibt einen Überblick über den heutigen Stand der chem. u. biolog. Arbeitsgebiete eines kriminaltechn. Laboratoriums. G. Paulig 5234

1747 **Möglichkeiten toxikologisch-chemischer Analytik an gelagerten formaldehydfixierten Organasservaten.** D. Tiess. (Z. analyt. Chem. **229** (1967) 1, 43–45; Univ. Rostock, Inst. für Gerichtl. Med.; dt.) — Die Möglichkeit der toxikolog. Unters. von in 4–10%ig. HCHO-Lsg. (**A**) gelagerten Organteilen wird beschrieben. Die Lagerzeit betrug bis zu 2 Jahren. Untersucht wurden Vergiftungsfälle mit Barbituraten (Crotylbarbital, Barbital, Phenobarbital), sonstigen Hypnotika (Methaqualon, Gluthaethimid, Pyrithyldione) u. anderen Pharmaka, Desinfektionsmitteln u. Giften (z. B. Chloroquine, Invertseifen, Nicotin). 5–25 ml von **A** wurden nach Einstellung des pH-Wertes mit Lsgm. extrahiert u. der Extrakt dünnschichtchromatograph. u. UV-spektrophotometr. untersucht. Vf. hält die toxikolog. Unters. von mit **A** fixierten Organteilen für zweckmäßiger als die von exhumierten. G. Paulig 5234

1748 **Störsubstanzen bei der Bestimmung von Giften in Autopsiematerial: 1-Hydroxymethyl-β-carbolin.** Bent Kaempe. (Acta pharmacol. toxicol. [Köpenhavn] **25** (1967) 1, 155–61; Sect. of Forensic Chem. u. Dep. of Pharmacol., Univ., Copenhagen; engl.) — Durch Synth. u. IR-Vgl. wurde nachgewiesen, daß beim Stas-Otto-Verf. *Tryptophan* in weinsaurem A. in *1-Hydroxymethyl-β-carbolin* übergeht, welches mit Dragendorff-Reagenz Alkaloidfärbung ergibt, von diesen aber durch den R_F-Wert im Papierchromatogramm (UV-, Jodplatinat- oder Dragendorff-Nachw.; Partridge-Gemisch als Fließmittel) unterschieden werden kann. Fr. Büchele 5234

1749 **Identifizierung von Azinphosmethyl in menschlichem Gewebe und in Feigen.** Fernando Sà und Marina Edmond Da Silva. (J. Assoc. off. analyt. Chemists **50** (1967) 6, 1258–60; Porto, Inst. of Legal Med. Labor. of Toxicol.; engl.) — Vf. beschreiben eine Meth. zur Best. von *Azinphos-Methyl* (**I**) in Magengewebe u. in Feigen. Das Material wird mit Bzl. mazerisiert u. nach dem Einengen durch präparative TLC auf Kieselgel G gereinigt. Als Laufmittel dient n-Hexan/Aceton (2 : 1). Der R_F-Wert wird mit 0,49 angegeben. Die Flecken werden mit $PdCl_2$-Lsg. sichtbar gemacht. Zur Identifizierung werden die Kieselgel-Zonen mit Methanol extrahiert u. die Lsg. UV-photometr. untersucht. Das Spektrum von **I** besitzt ein Max. bei 281–282 nm, 2 Schultern bei 300–301 u. 313–314 nm sowie ein Minimum bei 260–261 nm. Die IR-photometr. Best. des Extraktes wird ebenfalls beschrieben. G. Paulig 5234

1750 **Nachweis und Bestimmung bromierter Harnstoffderivate in der Toxikologie.** W. Kisser. (Arch. Toxikol. **22** (1967) 5, 404–09; Inst. für Gerichtl. Med., Univ. Wien; dt.) — Zur Isolierung von *Carbromal* (Bromdiäthylacetylharnstoff; **I**), *Bromisoval* (α-Bromisovalerylharnstoff; **II**) u. ihren Abbauprod. wird das Unters.-Material bei weinsaurer Rk. mit Aceton extrahiert, dann umgelöst in W. u. Ae. u. mit Phosphatpufferlsg. (pH 7,2) von sauren Verb. befreit. Der Nachw. von **I** u. **II** erfolgt dünnschichtchromatograph. mit Ae./$CHCl_3$ (15 : 85 oder 20 : 80) durch Besprühen mit 0,5%ig. o-Toluidin in A. u. Bestrahlen mit UV. Zur Best. wird der Br-Geh. nach der Phenolrotmeth. ermittelt. Unverändertes **I** u. **II** ergeben sich im Extrakt durch Br-Best. nach alkal. Spaltung. G. Riebelmann 5234

G–5. Analyse technischer Produkte

1751 **Abtrennung der Lanthanidenspaltprodukte von Kernbrennstoffen durch Extraktionschromatographie und Kationenaustausch für die Isotopenverdünnungsanalyse mit kombinierter Massenspektrometrie.** S. Fredric Marsh (Analytic. Chem. **39** (1967) 6, 641–65; Idaho Falls, Id., Id. Nucl. Corp.; engl.) — Zur trägerfreien Isolierung der Lanthaniden (L) von ausgebrannten Brennelementen u. ihrer anschließenden Trennung wurde ein dreistufiges Schnellverf. entwickelt. Vor Beginn der Trennung werden angereicherte stabile Isotope der einzelnen Elemente zugesetzt. An der ersten Säule werden die L an mit 1,2m Di-(2-äthylhexyl)-phosphorsäure (**I**) in Diisopropylbenzol beladenem Chromosorb adsorbiert, während die dreiwertigen Actiniden u. die übrigen Spaltprod. in 1 m Milchsäure + 0,05m Pentanatriumdiäthylentriaminpentaacetat in Lsg. gehalten werden. Nach Elution der L mit 8m HNO_3 u. Ox. mit $KBrO_3$ wird Ce(IV) an einer mit unverd. **I** beladenen Chromosorbsäule fixiert u. von hier mit 6m HCl + 1% H_2O_2 eluiert. Die übrigen L werden an Dowex 50-X4 mit Ammonium-α-hydroxyisobutyrat bei kontrolliertem pH getrennt. C. Herold 5241

1752 **Gaschromatographische Technik zur raschen Isolierung von Uran-Spaltprodukten.** H. O. Denschlag und A. A. Gordus. (Z. analyt. Chem. **226** (1967) 1, 62–71; Dep. of Chem., Univ. of Mich.; engl.) — U-Proben werden in kleinen Plastikbehältern in CH_4-Atmosphäre mit Neutronen bestrahlt. Entstandenes Br u. J geben mittels Spaltrückstoßes CH_3Br u. CH_3J, die durch Überführung der Gasphase der Behälter in eine mit 25% Siliconöl DG 550 auf Chromosorb P gefüllte Glassäule in < 1 Min. nach Bestrahlungsende voneinander u. von anderen flüchtigen Spaltprod. getrennt werden. γ-Spektren der beiden Halogen-KW-Stoff-Fraktionen ergeben für ^{88}Br (Halbwertszeit 16 Sek.) eine dominierende Linie bei 0,79 MeV u. eine schwache Linie bei 0,51 MeV. Es tritt keine Linie auf, die eindeutig ^{137}J (24 Sek.) zugeordnet werden kann. G. Bock 5241

1753 **Bestimmung des Fluorwasserstoff- und U(VI)-Gehaltes durch Hydrolyse einer Lösung von rohem Uranhexafluorid und potentiometrische Titration.** Haruka Shinohara, Kimie Izawa, Shigeo Tsujimura und Kenji Motojima. (J. nuclear Sci. Technol. [Tokyo] **4** (1967) 9, 482–87; Japan Atomic Energy Res. Inst., Tokaimura, Ibaraki-ken; engl.) — UF_6 (ca. 1 g) wird mit ca. 50 ml H_2O in einem geschlossenen Polyäthylenbehälter hydrolysiert. Nach Maskierung des U(VI) mit $(NH_4)_2SO_4$ wird das HF in der hydrolysierten Lsg. unter Verw. einer Glaselektrode alkalimetr. titriert. Nach Erreichung des Äquivalenzpunktes der freien HF wird H_2O_2 zur Freisetzung der dem U(VI)-Geh. äquivalenten Säure hinzugesetzt u. austitriert. Unter Annahme eines stöchiometr. Ablaufs der UF_6-Hydrolyse beträgt die Genauigkeit der Meth. für Mischungen von 0–1 Mol HF pro Mol UF_6 bez. des HF/UF_6-Verhältnisses ca. $\pm$ 10% u. bez. des U(VI)-Geh. ca. $\pm$ 1%. W. Laqua 5241

1754 **Flüssig-flüssig-Extraktion des Technetiums als Tetrapropylammoniumsalz und photometrische Bestimmung als Thiocyanatkomplex.** Robert E. Foster jun., William J. Maeck und James E. Rein. (Analytic. Chem. **39** (1967) 6, 563–66; Id. Nucl. Corp., Idaho Falls, Id.; engl.) — Es wird das *Tc* in Kernbrennstoff bestimmt. Das Tetrapropylammoniumpertechnetat wird aus bas. Medium doppelt mit $CHCl_3$ extrahiert. Durch Zugabe von H_2SO_4, KSCN u. Tetrapropylammoniumhydroxid zur $HCCl_3$-Phase entsteht der gefärbte Tc(V)-Thiocyanatkomplex. Er absorbiert bei 513 nm, hat eine molare Extinktion von 46000 u. ist einige Std. stabil. Kaum Kationenstörungen bei Mol-Verhältnis < 100 : 1 für Tc. Die meisten Anionen stören nicht. Die Standardabweichung für eine einzelne Best. ist $\pm$ 0,09 μg im Bereich 1–20 μg Tc. Es werden die Durchführung der Best. u. der aufgenommenen Spektren angegeben. R. Stolz 5241

1755 **Nachweis und Bestimmung der wichtigsten Anionen in Brauch- und Abwasser.** 2. Mitt. **Bestimmung der Sulfatgehalte.** Toni Klein. (Wasser, Luft Betr. **11** (1967) 7, 421–25; IWL, Köln; dt.) — 1. vgl. C. **1968**, 9-2013. — Es wird eine Übersicht über gravimetr., volumetr., photometr. u. automat. SO_4^{2-}-Best. gegeben unter bes. Berücksichtigung der Beseitigung von störenden Begleitstoffen, die im Abwasser auftreten können. Weiterhin wird eine

Übersicht über indirekte, kolorimetr. u. photometr. Best. bes. für Abwasser gegeben, bei denen der Gesamtsulfidgeh. ermittelt wird. W. Isterheld 5242

1756 **Bestimmung von Beryllium in natürlichen Wässern.** D. I. Ėristavi, F. I. Brouček und V. D. Ėristavi. (Bul. Inst. politehn. Iaşi **18** (17) (1967) 1–2, 201–06; Gruz. politechn. inst. im. Lenina, Tbilisi; russ.) — Eine kombinierte Best.-Meth. von Be in natürlichen Wässern wurde ausgearbeitet ,die auf einer Mitfällung mit Fe- u. Al-Oxidhydraten, Abtrennung aus dem erhaltenen Konzentrat mit Hilfe der F^--Form des Anionits AV-17 u. photometr. Best. mit Hilfe von Beryllon II beruht. Die Empfindlichkeit der Meth. beträgt 2 µg/l Be, der maximale relative Fehler ± 25%. Bei einem Fe- u. Al-Geh. im zu analysierenden W. von ca. 5 bzw. 2 mg/l können Fe u. Al als innere Kollektoren für die Konzentrierung von Be verwendet werden, wobei die Hydroxide ammoniakal. gefällt werden. Die Be-Menge in den wichtigsten Quellen des $Na_2CO_3/NaHCO_3$-haltigen Mineralwassers von Borzomi beträgt 14–19 µg Be/l. J. J. Pohl 5242

1757 **Bestimmungsmethoden für Beryllium und Vanadin in Wasser.** Anonym. (J. Amer. Water Works Assoc. **59** (1967) 6, 760–64; Nat. Center for Urban and Ind. Health; engl.) — Für Be beruht die Best. auf der Komplexbldg. mit EDTA in Ggw. von NH_4-Acetat-Puffer u. der photometr. Messung bei 515 nm. Die Empfindlichkeit beträgt 5 µg/l u. der relative Fehler 12%. Für V beruht die Best. auf der katalyt. Wrkg. des V bei der Ox. von Gallussäure durch $(NH_4)_2S_2O_8$ in konz. H_3PO_4. Der Ox.-Grad ist der Konz. von V proportional. Die Messung erfolgt bei 415 nm. Die Empfindlichkeit beträgt 0,025 µg. Durch Zugabe von $Hg(NO_3)_2$-Lsg. wird die zulässige Konz.-Grenze für störende Ionen erhöht. W. Isterheld 5242

1758 **Oberflächenaktive Agenzien in Abwässern.** 11. Mitt. **Bestimmung anionenaktiver Wirkstoffe in Schlämmen von Abwasserklärprozessen.** Pavel Pitter und Jaroslav Černý. (Sborník Vysoké Školy chem.-technol. Praze, Technol. Vody **1967**, 12, 5–15; Inst. of chem. Technol., Praha; engl.) — 8. vgl. C. **1967**, 16-2132. — Vf. vergleichen die Meth. von Roberts u. Lawson u. die von Maurer et al. u. diskutieren Faktoren, welche die Best. beeinflussen. J. Pickardt 5242

1759 **Flammenphotometrische Bestimmung von Natriumoxid in Natron–Kalk–Kieselsäure-Glas.** Anonym. (Glass Technol. 8 (1967) 2, 29–31; Chem. Analysis Committee of the Soc.; engl.) — Die gravimetr. Meth. zur Best. von Na_2O als Na–Zn–UO_2-Acetat wird an 3 Glasproben mit der flammenphotometr. Meth. verglichen, wobei Filter- u. Prismeninstrumente verwendet werden. Genauere Ergebnisse ergibt die gravimetr. Meth. mit Abweichungen von 0,08% gegenüber 0,11–0,15% bei flammenphotometr. Meth. bei einem abs. Geh. von 13–16% Na_2O. W. Isterheld 5244

1760 **Örtliche Zusammensetzungsänderungen in Alkalisilicatgläsern während der Elektronenstrahlmikrosonden-Analyse.** M. P. Borom und R. E. Hanneman. (J. appl. Physics **38** (1967) 5, 2406–07; Gen. Electric Res. and Dev. Center, Schenectady, N.Y.; engl.) — Die Zeitabhängigkeit der Röntgenintensitäten bei der Elektronenstrahlmikrosonden-Analyse von Na_2O–FeO–SiO_2 (Na_2O/SiO_2 = 0,5; FeO-Geh. 0; 1 u. 7 Mol-%) u. K_2O–SiO_2 (14,2 : 85,8 Mol-%) ergab 2 verschiedene Drift-Arten unter Abnahme oder Zunahme der Intensitäten für Na. Die Abnahme der Na-Intensitäten wird durch den Mechanismus nach Lineweaver (C. **1964**, 40-0397) u. die Zunahme über einen Oberflächeneffekt unter der Wrkg. des Elektronenstrahls erklärt. G. Malow 5244

1761 **Untersuchungen im System CaO–MgO mit dem Elektronenstrahl-Mikroanalysator.** K. H. Obst und H. Chr. Horn. (Mikrochim. Acta [Wien] **1967**, Suppl. II, 284–90; Rhein. Kalksteinwerke, Wülfrath; dt.) — Zur Best. der gegenseitigen Löslichkeit von CaO u. MgO in Sinterdolomiten sind Standardproben erforderlich, deren Herst. in homogener Verteilung schwierig ist. Der bisher günstigste Weg ist das Eindampfen einer Lsg. von $CaCO_3$ u. $MgCO_3$ in HNO_3, die Umwandlung der homogenen vermischten Nitrate, Verpressen der Oxide unter Drücken von 5 t/cm² u. Brennen bei 1900°. H.-D. Schenke 5244

1762 **Titrimetrische Bestimmung des SiO_2 im Zement mit der Molybdatokieselsäure–Chinolin-Methode.** Zofia Michalska. (Cement-Wapno-Gips **22/34** (1967) 4, 97 bis 99; Inst. Przemysłu Wiażących Materiałów Budowlanych, Krakow; pol.) — Die Molybdatokieselsäure–Chinolin (**I**)-Meth. die bei der titrimetr. Best. des SiO_2 in den Silicaten Verw. findet, wurde auch bei der Analyse der Zemente angewandt u. beschrieben. Eine 0,2 g Zement-Einwaage wird mit HCl auf dem W.-Bad bis zur Lsg. der Probe erwärmt u. die unlösl. Bestandteile durch Filtration ausgeschieden. Das Filtrat wird beim pH 1,5 mit Ammoniummolybdat versetzt u. bei einer Temp. von 80–90° in saurem Medium (HCl 1 : 1) unter ständigem Rühren mit Chinolin · HCl versetzt. Es bildet sich ein gelber Nd. von **I**. Nach der Filtration wird der **I**-Nd. in 1 n NaOH-Lsg. gelöst u. der NaOH-Überschuß wird in Ggw. des Mischindikators Thymolblau/Kresolrot mit 0,5 n HCl-Lsg. zurücktitriert. M. Sidillo 5244

1763 **Sichtbarmachung der Phasenzusammensetzung in Stählen mit geringem Ni-Gehalt durch die Methode der Buntmetallographie.** L. G. Bočkova und M. N. Kul'kova. (Zav. Labor. **33** (1967) 8, 991; Zavod „Krasnyj Oktjabr'"; russ.) — Bei der metallograph. Unters. von Stählen mit geringem Ni-Geh. (OCh18G8N2T, OCh21N6 · M2T, OCh21N5T u. 1Ch21N5T) wird festgestellt, daß die Stähle nicht nur aus Austenit u. Ferrit, sondern auch aus Martensit bestehen. Da bei der gewöhnlichen Ätzung nur Austenit u. Ferrit sichtbar werden, wird zur Trennung u. zum Sichtbarmachen aller drei Phasen vorgeschlagen, die Proben nach mechan. Polieren einer Elektropolierung in einem Chloressigsäure-Elektrolyten zu unterwerfen, um die äußere verformte Schicht abzunehmen, worauf sie im Krupp-Reagenz (8 ml HNO_3, 46 ml HCl, 40 ml H_2O) in 3 Sek. bei einer Spannung von 2 V elektrolyt. geätzt werden (Probe als Kathode u. als Anode eine Platte aus nichtrostendem Stahl). Infolge dieser Ätzung wird im Gefüge nadelförmiger Martensit sichtbar. H. Hochstein 5245

1764 **Trennung von Verunreinigungen im technischen Chlorchinolinchlorid durch Papierchromatographie.** Vladimír Vonka, Jan Fischer und Iva Nosková. (Chem. Průmysl **17/42** (1967) 6, 316–19; VCHZ Synthesia n.p., zav. Kolin; tschech.) — Aus einer Reihe von untersuchten Syst. erwies sich für diesen Zweck bei eindimensionaler Chromatographie das Gemisch aus n-Butylalkohol/HCl/W. (10 : 1 : 2) u. bei zweidimensionaler Chromatographie dasselbe Gemisch in Kombination mit n-Butylalkohol/HCl (10 : 3), in dem Cholinchlorid (**I**) vom Tetramethylammoniumchlorid getrennt wird, als am besten geeignet. Im techn. Chlorcholinchlorid wird das Vorhandensein von Nourinchlorid (**II**), **I** u. Trimethylaminhydrochlorid bestätigt, einige weitere, nicht identifizierte Verunreinigungen werden festgestellt. **II** wird durch Besprühen mit 0,1 n $KMnO_4$-Lsg./10% H_2SO_4/W. (5 : 1 : 40) selektiv sichtbar gemacht. J. Vaneček 5246△

1765 **Dispersiometrische Methode zur Bestimmung des Gehaltes aromatischer Kohlenwasserstoffe in Pyrolyseprodukten.** D. A. Aliev und N. S. Kuševlevskaja. (Neftepererabotka i Neftechim. **1967**, 5, 38–40; russ.) — Die Meth. wurde zur Best. der Summe aromat. KW-Stoffe in engen Benzol- (Kp. 73–88°), Toluol- (Kp. 103–118°) u. Xylolfraktionen (Kp. 132–150°) von Pyrolyseprod. benutzt. Der Zusammenhang zwischen der Größe der Dispersion komplexer KW-Stoffgemische u. dem Geh. (Gew.-%) der aromat. KW-Stoffe kann durch folgende Gleichung ausgedrückt werden: $P = K_{FCD}(\omega_{FCD} - 17{,}45 - 0{,}015i$, wobei i die Jodzahl des untersuchten Prod., K_{FCD} eine für jeden KW-Stoff charakterist. Konst. u. ω_{FCD} die relative Dispersion ist. Ein erhöhter Geh. an Dien-KW-Stoffen kann durch Einführung eines Korrekturfaktors n berücksichtigt werden ($K_{FCD} = K - n$), wobei für Benzolfraktionen n = 0,18, für Toluolfraktionen n = 0,38 u. für Xylolfraktionen n = 1,02 ist. Die Analysendauer kann von $2^1/_2$ Std. auf 10 Min. verringert werden. Es wird empfohlen, bei Änderungen der Pyrolysebedingungen die Ergebnisse der dispersiometr. Meth. durch chem.-analyt. Parallelbest. zu überprüfen u. ggf. n entsprechend abzuändern. A. F. Ledich 5246

1766 **Spektrophotometrische Methode zur Bestimmung von Xylylendiaminen in ihren Hydrierungsprodukten.** Ja. E. Šmuljakovskij. (Ž. prikl. Chim. **40** (1967) 6, 1382—85; russ.) — Bei der Hydrierung von Phthalsäuredinitrilen entstehen neben Xylylendiaminen (I) auch Ringhydrierungsprodukte. Mit Hilfe der UV-Spektroskopie werden die aromat. Amine selektiv ermittelt. Andere Benzolderiv. u. Cyclohexyldiamine stören nicht. Der Analysenbereich liegt zwischen 230—270 nm, das Max. bei 262 nm. Formeln zur Berechnung der I-Konz. in der Lsg. u. zur Berechnung des spezif. Extinktionskoeff. sind angegeben. E. Termin 5246△

1767 **Moderne Apparatetechnik bei der Strukturaufklärung petrochemischer Produkte.** P. E. Butler, W. H. Mueller und J. J. R. Reed. (Environment. Sci. Technol. **1** (1967) 4, 315—24; Linden, N.J., Esso Res. and Engng.; engl.) — Die kombinierte Anwendung von IR-, NMR- u. Gaschromatographie-Massenspektrometrie bei der Lsg. verschiedener strukturchem. Probleme der petrochem. Analyse wird beschrieben. Die Struktur u. Stereochemie mehrerer Addukte aus Mono- u. Diolefinen mit Sulfenylchlorid (RSCl; R = Alkyl, Aryl, Phosphoryl, Acetyl) wurde unter Anwendung der kombinierten Technik, bes. der 100 MHz-NMR, deren Vorteile gegenüber der 60 kHz-NMR diskutiert werden, aufgeklärt. Im Gegensatz zu den bekannten Additionen von Radikalen u. Ionen in 1.4-Stellung bei konjugierten Dienen, geben die Sulfenylchloride 1.2-Markovnikow-Addukte. Durch Anwendung der Gaschromatographie-Massenspektrometrie wurden die Komponenten eines komplexen Gemisches von Chlorierungsprod. des Allens u. mehrerer Addukte von Äthanthiol an β-Methylmercaptoacrylsäuremethylester getrennt u. durch Massenspektrometrie „on the fly" analysiert. Die Ergebnisse erlauben zusammen mit NMR u. IR die vollständige Analyse jeden Syst. u. die routinemäßige Strukturermittlung von Komponenten, deren Anteil $< 0{,}1\,\%$ ist. W. Morneweg 5247

1768 **Bestimmung der Normalparaffine in Erdölprodukten.** J. V. Mortimer und L. A. Luke. (Analytica chim. Acta [Amsterdam] **38** (1967) 1/2, 119—26; Brit. Petroleum Co. Ltd., Sunbury-on-Thames, Middlesex; engl.) — Das beschriebene Verf. ist für Rohöldestillate mit einem Siedebereich von 170—500° geeignet. Die n-Paraffine (I) werden zunächst an Molekularsieben (5 A-Typ) absorbiert u. durch Zerstörung der Siebstruktur mit 40%ig. HF-Lsg. u. Extraktion mit Isooctan isoliert. Die Best. der I erfolgt gaschromatograph. an Celite (60—100 mesh) mit 2,5% Siliconöl unter Verw. eines Flammenionisationsdetektors. R. Dörfeld 5247

1769 **Röntgenfluoreszenzanalyse gebrauchter Motorenöle.** Rudolf Louis. (Erdöl Kohle-Erdgas-Petrochem. **20** (1967) 4, 286—88; Esso Akt.-Ges., Hamburg-Harburg; dt.) — Die günstigste Meth. für die Unters. von Altölen (A) als Zweiphasengemische ist die Veraschung der A nach DIN 51 575, Lösen der Asche in einer Boraxschmelze u. anschließende quant. Röntgenfluoreszenzanalyse von homogenen, glasklaren u. mechan. stabilen Boraxtabletten. Das gegenüber chem. Analysen nur kurze Zeit beanspruchende Verf. kann nicht nur auf Ölaschen, sondern auch auf Zündkerzenablagerungen, Rückstände an Zylindern, Kolben, Kolbenringen u. Ventilen angewendet werden. W. Morneweg 5247

1770 **Analytische Bestimmung der sogenannten Asphaltene; Beitrag zu ihrer Definition.** Hans-Joachim Neumann, Iradj Rahimian und Djahangir Taghizadeh. (Brennstoff-Chem. **48** (1967) 3, 66—69; Braunschweig, TH, Inst. für Chem. Technol.; dt.) — Aspaltene (A) wurden bisher durch Ausfällen mit bestimmten Paraffin-KW-Stoffen ermittelt u. mit Hilfe der Fällbarkeit definiert, was aber wegen ihres Charakters als lyophile Koll. keine exakte analyt. Meth. ist. Die verschiedenen Meth. zur Best. der A werden krit. untersucht. Es wird ein auch für Serienanalysen geeignetes Verf. entwickelt, nach dem die A als diejenigen koll.-dispersen Stoffe eines Erdöls oder Erdölprod. definiert sind, die bei Raumtemp. zwar in n-Pentan unlösl. u. darin auch nicht koll. dispergierbar, in Bzl. aber lösl. sind. — 17 Literaturangaben. W. Morneweg 5247

1771 **Qualitative Metallanalyse in 1:2-Metallkomplexfarbstoffen.** Š. Logar und M. Perpar. (Kem. u Ind. [Zagreb] **16** (1967) 6, 277—78; Ljubljana, Univ., Inšt. za kem., Labor. za org. kem.; serbokroat.) — Durch die Farbe der Boraxperle in der Ox.- u. Red.-Flamme in der Hitte u. in der Kälte lassen sich schnell die komplex in Farbstoffen gebundenen Schwermetalle Cu, Fe, Cr, Co u. Ni nachweisen. Das Verf. wurde an 29 Cr bzw. Co enthaltenden *Cibalan-*, *Irgalan-*, *Isolan-* u. *Lanasyn-Farbstoffen* mit Erfolg getestet. H. Cnobloch 5248

1772 **Analyse der Tenside mit der Wechselstrompolarographie** P. Dietrich. (Abh. dtsch. Akad. Wiss. Berlin, Kl. Chem., Geol. Biol. **1966** (1967) 6a, 208—15; Inst. für Fettchem., DAdW Berlin-Adlershof; dt.) — Ionogene u. nichtionogene Tenside (*Na-n-Dodecylsulfat-(1)*, *Na-n-Dodecansulfonat-(1)*, *Cetyltrimethylammoniumbromid*, *äthoxyliertes Polypropylenoxid*) lassen sich im Konz.-Bereich 0,5—30 mg/l mit dem Gleich- u. Wechselstrompolarographen GWP 563 tensammetr. bestimmen. Die Meth. ist dad. gek., daß die relative Kapazitätserniedrigung bei einem Spannungsbereich (0,5—0,7 V) in der Nähe des elektrokapillaren Nullpunktes in Abhängigkeit von der Tensidkonz. gegen SCE gemessen wird. Vgl. mit einer chem. Best.-Meth., der Zweiphasentitration nach Aoki et al. [J. pharmac. Soc. Japan [Yakugakuzasshi] **80** (1960) 1745] ergab gute Übereinstimmung. Da Eiweißhydrolysate die tensammetr. Best. stören, ist eine Tensidbest. im Abwasser mit der Wechselstrompolarographie nicht möglich. I. Ohme 5249

1773 **Benutzung der Papierchromatographie bei der Analyse der oberflächenaktiven Verbindungen.** J. Borecký. (Abh. dtsch. Akad. Wiss. Berlin, Kl. Chem., Geol. Biol. **1966** (1967) 6a, 159—69; Forsch.-Inst. für org. Synth., Pardubice-Rybitvi; dt.) — Überblick über die papierchromatograph. Trennung von anionakt., nichtionogenen u. kationakt. Tensiden. — 22 Literaturangaben. I. Ohme 5249

1774 **Saure pyrolysekapillarchromatographische Analyse von anionischen und nichtionischen oberflächenaktiven Substanzen.** H. L. Lew. (J. Amer. Oil Chemists' Soc. **44** (1967) 6, 359—66; Calif., Richmond, Chevron Res. Co.; engl.) — In einem üblichen Pyrolysegerät können Detergenzien durch saure Pyrolyse mit P_2O_5, H_3PO_4 oder Polyphosphorsäuren in charakterist. Spaltprod. übergeführt u. anschließend gaschromatograph. bestimmt werden. Zur Trennung wird eine 200-ft. · 0,02-in.-Stahl-Kapillare, die mit SF 96 Siliconöl gefüllt ist, verwendet. In Referenz eine entsprechende 75 ft.-Säule. So ist eine Analyse von Detergenzien-Mischungen ohne vorherige Isolierung der Einzelkomponenten möglich. W. Fester 5249

1775 **Infrarotspektrophotometrische Bestimmung von Dilaurylthiodipropionat in Polypropylen.** Josef Majer. (Chem. Průmysl **17** (42) (1967) 7, 372—74; Brno, Výzk. úst. makromol. chem.; tschech.) — Natives Polypropylen (I) wurde unter Initiierung mit $TiCl_3/Al(C_2H_5)_3$ hergestellt. Aus dem Präp. wurde die Fraktion der Korngröße $\leq 60\,\mu m$ abgetrennt. I wurde mit einer Lsg. (1 g in 100 ml) von Dilaurylthiodipropionat [II $(C_{12}H_{25}COOCH_2CH_2)_2S$, F. 40 ± 1°] imprägniert. Der Geh. an II in I wurde entweder in pulvrigem, mit Vaseline gemischtem I festgestellt (Nujol-Technik), oder es wurde die Messung mit 20—50 μm dicken Folien durchgeführt. Gemessen wird die Intensität der CO-Bande bei 1745 cm^{-1}. Die Meth. kann zur Kontrolle der Homogenisierung des Stabilisators im Polymeren u. aller zugesetzten Komponenten verwendet werden, wenn alle diese zusammen zugegeben werden. Die Meth. ist nicht anwendbar, wenn die Zers. von II ein gewisses Maß überschreitet. V. Kostka 5250△

1776 **Anwendung der Infrarotspektrophotometrie zur Analyse von Mineralpigmenten.** 1. Mitt. M. de Barros e Vasconcelos, A. Cailliez und A. Toussaint. (Chim. Peintures **30** (1967) 8—9, 293—311; Inst. des Ind. de Fermentat., Bruxelles; franz.) — Vf. beschreiben die theoret. Grundlagen der IR-Spektrometrie unter bes.

Berücksichtigung der Pigmentanalyse sowie die Probenvorbereitung. — 39 Literaturangaben.
J. Pickardt 5252

1777 **Anwendung der Infrarotspektrophotometrie zur Analyse von Mineralpigmenten.** 2. Mitt. M. de Barros e Vasconcelos, A. Cailliez und A. Toussaint. (Chim. Peintures **30** (1967) 10, 357—67; franz.) — 1. vgl. vorst. Referat. — Die Möglichkeiten zur quant. Analyse werden am Beispiel einiger Pigmente untersucht: Al-Silicat (Ton), $BaSO_4$, $CaSO_4 \cdot 5\,H_2O$, $CaCO_3$ u. ZnS. Die Wahl innerer Standards u. die Aufstellung von Eichkurven werden beschrieben.
J. Pickardt 5252

1778 **Anwendung der Polarographie zur Bestimmung kleiner Rückstandsmengen von Fungiziden oder Insektiziden auf Kulturpflanzen.** 5. Mitt. **Bestimmung von N.N-Dimethyl-N'-phenyl-(N'-fluordichlormethylthio)-sulfamid (Euparen) auf Obst.** Paul Nangniot, Raymond Vervier und Pierre H. Martens. (Bull. Rech. agronom. Gembloux [N.S.] 2 (1967) 2, 285—93; Gembloux, Centre de Rech. de Phytopharm., Fac. Sci. Agron.; franz.) — 2. vgl. C. **1965**, 15-2224. — Euparen konnte oszillopolarograph. mit Methanol/NaOH (1 : 1) als Basiselektrolyt auf Erdbeeren, Äpfeln, Kirschen, Birnen u. roten Johannisbeeren bestimmt werden. Die Ergebnisse zeigen, daß zur Zeit der Ernte nach einer normalen Behandlung der Pflanzen nur vernachlässigbare Rückstände verbleiben.
L. Kramar 5253

1779 **Bestimmung von Zectranrückständen nach Spritzung des Waldes aus der Luft.** G. R. Pieper und R. P. Miskus. (J. agric. Food Chem. **15** (1967) 5, 915—16; Pacific Southwest Forest and Forest Serv., Range Exper. Station, Berkeley, Calif.; engl.) — Zur Ermittlung der Beständigkeit von *Zectran* (*4-Dimethylamino-3.5-xylylmethylcarbamat*) (I) wird das homogenisierte Material mit 0,5 n H_2SO_4 extrahiert, die Extrakte mit Ae. u. $CHCl_3$ geschüttelt, neutralisiert auf pH 7,3 (gesätt. $NaHCO_3$-Lsg.) u. wiederum mit Bzl. extrahiert. Die gaschromatograph. Analyse der Extraktion geschieht an einer Trennsäule mit 10% DC-200-Siliconöl auf Gaschrom-Q, 2,3 Min. isotherm bei 170°, dann linear temperaturprogrammiert in 11 Min. auf 250° (Trägergas He 83 ml/Min., elektrolyt. Leitfähigkeitszelle zur Best. des N nach katalyt. Red. bei 800° zu NH_3). Durch die Unters. wurde festgestellt, daß I durch die meisten Pflanzen schon nach dem ersten Tag nahezu vollständig zersetzt wird.
J. Lauckner 5253

1780 **Dünnschichtchromatographie von Trimethylthionophosphorsäure-, Dimethylthionophosphorsäure- und Dimethylthiomethylphosphorsäureestern.** J. Masse und F. Sabon. (Trav. Soc. Pharmac. Montpellier 27 (1967) 2, 107—09; Montpellier, Fac. de Pharm., Labor. de Chim. gén. et minérale; franz.) — Zur Unters. der Hydrolyse von Trimethylthionophosphorsäureestern (I) wurde eine Meth. zur TLC-Best. dieser Verb., des Dimethylthiomethylphosphorsäureesters (II), der evtl. durch Isomerisierung der ersteren entsteht, u. des Dimethylthionophosphorsäureesters (III) ausgearbeitet. Die TLC wurde auf Kieselgel G (mit Zusatz von NaH_2PO_4) mit Hexan/Äthylacetat/Methanol (8 : 8 : 1) oder Hexan/Äthylacetat/Methanol/$CHCl_3$ (4 : 4 : 3 : 1) als Laufmittel durchgeführt. I, II u. III wurden mit $PdCl_2$, I u. II mit Dibrom-N-chlorchinonimin entwickelt.
L. Kramar 5523

1781 **Halbmikrobestimmung von Methoxylgruppen.** 1. Mitt. **Halbmikrobestimmung des Methoxylgehalts von Holz.** Akio Mita und Tadashi Shogenji. (Rep. Government chem. ind. Res. Inst., Tokyo **62** (1967) 4, 146 bis 153; jap., Auszug: engl.) — In Anlehnung an das Verf. nach Neumann (1937) wird für S-arme Hölzer (Rotkiefer, Zeder) folgende Arbeitsweise empfohlen: 10 bis 30 mg Holzmehl (20 mesh) werden unter N_2 oder CO_2 mit 2 ml HJ-Lsg. 40 Min. lang erhitzt u. dann binnen 20 Min. auf Zimmertemp. abgekühlt. Das Destillat wird in 2 ml Br_2/Na-Acetat/CH_3COOH-Lsg. aufgefangen u. mit 0,02 n $Na_2S_2O_3$-Lsg. titriert. Die Ergebnisse sind reproduzierbar, wenn Blindwerte berücksichtigt werden.
W. Scheele 5254

1782 **Identifizierung von Lactoflavin in Back- und Süßwaren.** H. Hildenbrand. (Dtsch. Lebensmittel-Rdsch. **63** (1967) 12, 372—73; Staatl. Chem. Untersuchungsanstalt Würzburg; dt.) — Nach Aufziehen auf Wollfaden u. Ablösen kann Lactoflavin papierchromatograph. nachgewiesen u. an Polyamidpulver leicht von Chinolingelb oder anderen Teerfarbstoffen getrennt werden. Zur sicheren Identifizierung ist Aufnahme des Absorptions- sowie des Fluoreszenzspektrums empfehlenswert. — Angabe der Spektren.
K. Herrmann 5255

1783 **Analytische Probleme bei der Bestimmung von Vitamin C im Zusammenhang mit Ernährungserhebungen.** J. Vuilleumier. (Int. Z. Vitaminforsch. [Bern] **37** (1967) 4, 504—14; Hoffmann-La Roche & Co. AG, Abt. für Vitamin-Ernährungsforsch., Basel; dt.) — Im Rahmen von Ernährungserhebungen wurde der Vitamin C (I)-Geh. der Nahrung von Einzelhaushaltungen bestimmt. Die dabei auftretenden analyt. Probleme des Konservierens u. des Nacharbeitens von Haushaltrezepten werden erörtert. Als Arbeitsmeth. wird die Kupplung von Dehydroascorbinsäure mit 2.4-Dinitrophenylhydrazin (II) nach Roe-Oesterling nach dünnschichtchromatograph. Reinigung gewählt. Ein Verf. zur Auftrennung von Ascorbinsäure (III) u. Erythorbinsäure (IV), die beide zum Aufbessern des I-Geh. von Wurstwaren verwendet werden, wird mitgeteilt. Dazu werden III u. IV ox. u. mit II umgesetzt. Das III-Deriv. zeigt auf Kieselgelplatten den höheren R_F-Wert bei Verw. von $CHCl_3$/CH_3OH/HCOOH (96 : 5 : 4) als mobile Phase.
I. Schlegelmilch 5255

1784 **Vergleich der Reproduzierbarkeiten der Kjeldahl- und der Farbstoffaufnahme-Methode zur Proteinbestimmung in Milch.** J. W. Sherbon und Bobbie Hemphill. (J. Assoc. off. analyt. Chemists **50** (1967) 3, 557—60; Dep. of Food Sci., Cornell Univ., Ithaca, N.Y.; engl.) — Der Vgl. der Kjeldahl-Meth. u. der Farbstoffabsorptionsmeth. mit Orange G in 0,1 m Phosphatpuffer zur Best. von Milcheiweiß ergibt eine größere Genauigkeit der letzteren Methode. Bei Lagerung der Probe während einiger Tage nehmen die Werte der Farbstoffaufnahme täglich geringfügig ab. Trotz dieses Effekts ist die Streuung der entsprechenden Werte des Kjeldahl-Verf. größer.
L. Brandt 5255

1785 **Vergleich von zwei Extraktionsmethoden für Milchfett zur Bestimmung von Insektizidspuren.** Manfred Kroger und Stuart Patton. (J. Dairy Sci. **50** (1967) 3, 324—26; Dep. of Dairy Sci., Pa. State Univ., University Park; engl.) — Vf. untersuchten den Insektizidgeh. von 31 Milchproben mit Zusatz von Heptachlorepoxid (I) u. Dieldrin (II) mit einer modifizierten Extraktionsmeth. nach Gottlieb-Roese (Extraktionsmittel Ae.) u. einer Extraktionsmeth. unter Verw. einer oberflächenakt. Verb. (30 g Triton X-100 u. 70 g Na-Tetraphosphat/l W.). Das extrahierte Fett wurde gereinigt u. der Geh. an I u. II gaschromatograph. nach Johnson [J. Assoc. off. agric. Chemists 48 (1965) 668] bestimmt. Die Ergebnisse beider Meth. wurden bei Milch von verschiedenem Fettgeh. verglichen u. statist. ausgewertet. Sie unterscheiden sich nicht wesentlich. DDT u. verwandte Verb. werden mit dem zweiten Verf. nicht vollständig extrahiert.
E. Wiehr 5255

1786 **Kritischer experimenteller Beitrag zur Untersuchung und Bestimmung von Phthalaten in Ölen.** M. Covello, C. Ranaudo und O. Schettino. (Rass. chim. **19** (1967) 6, 236—42; Ist. di Chim. Farmaceut. e Tossicol, Univ., Napoli; ital.) — Die zum Nachweis von Phthalaten (I) in Olivenölen verwendete Nachw.-Meth. wird durch andere Dicarbonsäuren gestört. Dünnschichtchromatographie der Kondens.-Prod. mit Hydrochinon auf SiO_2 erlaubt jedoch eine einwandfreie qual. u. halbquant. photometr. Best. von I.
W. Holland 5255

1787 **Beitrag zur gaschromatographischen Untersuchung von Fetten und Gelen.** 1. Mitt. **Apparatives und quantitative Auswertung der Gaschromatogramme.** H. Hadorn und K. Zürcher. (Mitt. Gebiete Lebensmittelunters. Hyg. [Bern] **58** (1967) 4, 209—35; Labor. des Verb. Schweiz. Konsumvereine (VSK), Basel; dt.) — Es werden genaue Vers.-Bedingungen zur gaschromatograph. Analyse von *Methyl-* u. *Propylfettsäureestern* aus Fetten u. Ölen an 10% Polyäthylenglykolsuccinat auf Chromosorb W beschrieben. So lassen sich auch Öl- u. Stearinsäuremethylester bis zu 98% auftrennen. Zur Auswertung der Chromatogramme werden 3 Meth. gegenübergestellt. H. Zöllner 5255

1788 **Beitrag zur gaschromatographischen Untersuchung von Fetten und Ölen.** 2. Mitt. **Methoden zur Herstellung der Fettsäureester.** H. Hadorn und K. Zürcher. (Mitt. Gebiete Lebensmittelunters. Hyg. [Bern] **58** (1967) 4, 236–58; dt.) — 1. vgl. vorst. Referat. — Bekannte Verf. zur Herst. von Fettsäureestern zur gaschromatograph. Trennung wurden überprüft u. modifiziert. Vf. beschreiben die Umesterung der Fette durch Behandlung mit a) $CH_3OH/HCl/Bzl.$, b) Propanol/HCl, c) $CH_3OH/CH_3 \cdot ONa$; Dowex u. d) Propanol/Na-Propylat; Dowex. Niedere Fettsäuren (**I**) lassen sich als Propyl-, höhere als Methylester besser gaschromatograph. trennen. Speiseöle, die freie **I** enthalten, müssen nach a) umgesetzt werden. H. Zöllner 5255

1789 **Bestimmung des Biotins in Melasse.** Václava Syhorová. (Listy Cukrovarnické **83** (1967) 2, 40–42; Výzk. úst. lihovarů a konzerváren, Praha; tschech.) — Für die Best. des Biotins (**I**) in Zuckerrübenmelasse wurde eine mikrobiolog. Meth. ausgearbeitet. Der Zuwachs des Mikroorganismus *Neurospora crassa ATCC 9279* ist direkt proportional dem Geh. des **I** im Bereich 0,1 bis 1,6 ng in 20 ml der sterilisierten Nährlsg. von pH 5,5. Nach 6tägiger Kultivierung bei 25° wird der Zuwachs des Myceliums des Testmikroorganismus gravimetr. bestimmt (nach Filtration u. 1std. Trocknung bei 105°). Václav Kratochvíl 5255△

H. Angewandte Chemie

H-3. Anorganische Industrie

1790 **Einfluß von schwefelorganischen Verbindungen auf die Reinigung eines Gases von Stickstoff(II)-oxid und Acetylen durch katalytische Hydrierung.** T. A. Senunova, M. I. Markina, T. N. Lilejkina, N. B. Gorbačeva und A. V. Gerasimova. (Chim. Prom. **43** (1967) 10, 10–13; russ.) — Unter dynam. Bedingungen (Vol.-Geschw. 5000–10000 h^{-1}) wurde der Einfl. von *Thiophen* [**I**; 0–123 (mg/m^3)], *Äthylmercaptan* (**II**; 0–133), H_2S (62–264) u. CS_2 (0–212) auf die Reinigung eines N_2- bzw. H_2-Gases von NO (0,365–0,650%), C_2H_2 (0 bis 0,35%) u. C_2H_4 (0–3,55%) durch Hydrierung bei 100 bis 300° am Pd- u. Pd–Ru-*Katalysator* (**K**) untersucht u. die Vers.-Ergebnisse tabelliert. In Ggw. von **I**, **II** u. CS_2 sinkt der Hydrierungsgrad von NO am Pd–Ru-**K**, die größte desaktivierende Wrkg. besitzt CS_2. **I**, **II** u. CS_2-Zusatz von entsprechend 62, 56,8 u. 65 mg/m^3 bewirken eine Senkung des Hydrierungsgrades des NO von 99,8% auf entsprechend 98,3, 97,0 u. 96,2% bei einer Vol.-Geschw. von 10000 h^{-1} u. einer Temp. von 150°. Bei Hydrierung von C_2H_2 am Pd-**K** u. von C_2H_4 am Ru–Pd-**K** bewirkt H_2S-Zusatz eine Senkung der Aktivität. Dabei sinkt der Hydrierungsgrad von C_2H_2 bedeutend stärker als der von C_2H_4. Bei Umsetzung von H_2S mit C_2H_2 u. C_2H_4 in N_2-Atmosphäre bilden sich keine Mercaptane, während in H_2 **II** entsteht. Die Mercaptane sind Prod. der Umsetzung zwischen C_2H_2 u. C_2H_4 mit H_2S, welches sich bei der Hydrierung S-organ. Verb. bildet. K. Karos H 243

1791 **Hydrolyse von Kohlenoxysulfid mit Aluminiumoxid als Katalysator.** Seitaro Namba und Tadao Shiba. (J. chem. Soc. Japan, ind. Chem. Sect. [Kōgyō Kagaku Zasshi] **71** (1968) 1, 93–96; Tokyo Inst. of Technol., Tokyo; jap.) — Unters. der Hydrolyse von *COS* (**I**) in Ggw. von katalyt. hochwirksamem Al_2O_3 (**II**) zeigen, daß bei 230° u. Verw. von 0,264 s · g Katalysatoren/ml kein unverändertes **I** nachgewiesen wird. Die Geschw. dieser Hydrolyse ist 3. Ordnung bez. **I**. Die Rk.-Geschw. hängt von der Teilchengröße des Katalysators ab, wobei die Diffusion der Rk.-Teilnehmer in die Poren die Rk.-Geschw. bestimmt. Bas. Katalysatoren sind bei der **I**-Hydrolyse sehr, saure Katalysatoren nur wenig wirksam. Es wird angenommen, daß **II** als bas. Katalysator wirkt. CS_2 wird in Ggw. von **II** leicht hydrolysiert; die Rk.-Geschw. ist bez. CS_2 von 1. Ordnung. $(C_2H_5)_2S$ u. C_4H_4S werden nicht hydrolysiert. W. Wesly H 253

1792 **Einflüsse von Verunreinigungen auf hydrothermische Reaktionen von Aluminiumoxid.** Shuitiro Ono, Goro Yamaguchi, Hiroaki Yanagida und Tadao Shimizu. (J. ceram. Assoc., Japan [Yogyo Kyokai Shi] **76** (1968) 7, 207–18; Governm. Chem. Ind. Res. Inst., Tokyo; jap.) — Unters. über den Einfl. von Verunreinigungen auf die Kristallisation von Korund (Al_2O_3, **I**) aus AlOOH bei $>$400° u. hydrotherm. Bedingungen zeigen, daß Rk.-Geschw., Krist.-Größe (10–100 μ), Krist.-Habitus u. Einbau zugesetzter Ionen stark von Temp., pH u. Zusatz von Verunreinigungen beeinflußt werden. Die Wrkg. der Verunreinigungen wird erläutert. F^- in der Lsg. hemmt die **I**-Keimbldg. u. verursacht die Bldg. von Tohdit im stabilen **I**-Bereich, was auf Änderung der Lsg.-Struktur von hydratisiertem Polyalumination durch F^- zurückgeführt wird. Bei Unters. der Habitusmodifikationen durch Zusatz von Ionen der Metalle der Fe-Gruppe in Form von Sulfaten, Nitraten, Hydroxiden bzw. Oxiden werden Valenz u. Koordinationszahl der in das **I**-Gitter eingebauten Ionen auf Grund der sichtbaren Reflexionsspektren bestimmt. Cu-Ion tritt in **I** nicht in fester Lsg. in Ggw. von SO_4^{2-} auf; dagegen liegt es (durch Substitution) als Cu^{2+} mit der Koordinationszahl 6 bei Zusatz von $CuSO_4$, $Cu(NO_3)_2$ oder $Cu(OH)_2$ vor. Auf Grund des Bldg.-Mechanismus von „Star-"**I** scheint Cu^{2+} nicht durch die Grundfläche (001) in das Gitter eingebaut zu werden. W. Wesly H 294

1793 **Morphologie und Wachstumskinetik der Ausscheidungen in aluminiumreichen Aluminium–Eisen- und Aluminium-Eisen-Silicium-Legierungen.** Isao Miki und Hans Warlimont. (Z. Metallkunde **59** (1968) 4, 254 bis 264; Stuttgart, M.P.S. für Metallforsch.; dt.) — Mit Hilfe von licht- u. elektronenmkr. Beobachtungen u. Messungen des elektr. Widerstandes u. der Härte wurde das Ausscheidungsverh. von Al-Leg. mit geringem Fe- u. Si-Geh. untersucht. Die auftretenden Ausscheidungsphasen, die aus Al-, Fe- u. Al–Fe–Si-Mischkrist. gebildet werden, wurden ermittelt u. ihre Morphologie bestimmt. Die Ausscheidung Al_3Fe aus einem homogenen Al-Mischkrist. geht nur sehr langsam vor sich u. bei höherer Temp. als die meisten bekannten Ausscheidungen im Al. Die geringe Ausscheidungsgeschw. wurde quant. bestimmt. Sie wird auf die hohe, bisher unbekannte *Aktivierungsenergie* (**AE**) der Diffusion des Fe im Al zurückgeführt. Die **AE** wurde aus Widerstandsmessungen nach einem Temp.-Wechselverf. ermittelt, das bisher nur auf das Verh. von Leerstellen angewendet wurde. Sie beträgt 38,1 + 0,5 (kcal/Mol) u. liegt damit ca. 5 über der **AE** der Selbstdiffusion im Al. Diese Erhöhung steht gut in Übereinstimmung mit qual. theoret. Überlegungen. Ein Zusatz von 0,05% Si beschleunigt bereits erheblich die $Al_3 \cdot$ Fe-Ausscheidung, was mit Erniedrigung der hohen **AE** der Fe-Diffusion in Al durch Si erklärt wird. — 45 Literaturangaben. F. Vier H 294

1794 **Titan–Palladium-Legierungen.** Ernst Raub und Erich Röschel. (Z. Metallkunde **59** (1968) 2, 112–14; Schwäbisch Gmünd, Forsch.-Inst. für Edelmetalle u. Metallchem.; dt.) — Die Phasen Ti_4Pd_3, $TiPd_2$ u. $TiPd_4$ wurden bei einer Unters. des Zustandsdiagramms des Syst. Ti–Pd festgestellt. $TiPd_4$ krist. im $L1_2$-Typ. Die Strukturen von Ti_4Pd_3 u. $TiPd_2$ konnten nicht ermittelt werden. Ti_4Pd_3 tritt nur zwischen 1280 u. 795° auf. Bei TiPd geht bei 510–520° eine Umwandlung vor sich. Die Tieftemp.-Phase krist. orthoromb., die Struktur der nicht abschreckbaren Hochtemp.-Phase konnte nicht festgestellt werden. Die maximale Löslichkeit von Pd in α-Ti liegt bei 1,0 (Atom-%), die maximale Sättigung der β-Ti-Mischkrist. bei ca. 31. F. Vier H 321

1795 **Elektrolytische Abscheidung von Kupfer–Blei-Legierungen aus gemischten Sulfamat–Tartrat–Citrat-Bädern.** R. Piontelli, P. Cavallotti und L. Giuliani. (Electrochim. Metallorum 2 (1967) 2, 222—28; Milano, Politecn.; engl.) — Aus einem Bad mit 0,4 (Mol/l) $Cu\delta_2$ (δ = Amidosulfonation), 0,08 $Pb\delta_2$, 0,3 K-Citrat u. 0,3 K-Tartrat (pH 9) werden bei 45° u. Stromdichten 100 u. 150 (A/m²) Cu–Pb-Leg. abgeschieden. Der Pb-Geh. der Leg. nimmt bei steigender Pb-Konz. im Bad (0,06—0,12), steigender Stromdichte (50—200), abnehmender Temp. (65—25°), zunehmendem pH (9—12) u. zunehmendem Verhältnis (Citrat)/(Tartrat + Citrat) (1 : 2—2 : 3) zu. Leg. mit 3—6% Pb werden erhalten mit Bädern von 0,4 $Cu\delta_2$, 0,6—0,10 $Pb\delta_2$, 0,3 K-Citrat, 0,3 K-Tartrat, pH 9—12, 45° u. 100—150 A/m². Solche Leg. weisen gute Gefügeeig., gutes Aussehen u. gute mechan. Festigkeit auf. R. K. Müller H 328

1796 **Chlorierung von Tantalpentoxid.** Yuzo Saeki, Ryoko Matsuzaki, Masataka Yanai und Koemon Funaki. (J. chem. Soc. Japan, ind. Chem. Sect. [Kōgyō Kagaku Zasshi] 71 (1968) 3, 346—50; Tokyo Inst. of Technol., Tokyo; jap.) — Amorphes Ta_2O_5 (I) beginnt bei —590° mit Cl zu reagieren; danach kommt die Rk. zum Stillstand u. schreitet > ≈ 850° fort. Dieses Verh. beruht auf der Umwandlung von amorphem I in β-I, das mit Cl bei ≈ 850° zu reagieren beginnt. Ein Gemisch von amorphem I u. C beginnt bei ≈ 300° mit Cl zu reagieren; die Rk. verläuft > 320° stürmisch. Die Rk. von β-I-C-Gemischen mit Cl beginnt bei ≈ 360° u. ist > ≈ 370° sehr stark. Bei einem Mol-Verhältnis von C : I = > 5 u. einer Cl-Strömungsgeschw. von > 100 ml/Min. wird I in $TaCl_5$ umgewandelt; bei einem Mol-Verhältnis von C : I = < 4 bzw. einer Cl-Strömungsgeschw. von < 50 ml/min entsteht $TaCl_5$ u. eine geringe Menge $TaOCl_3$; daneben findet sich unverändertes I. W. Wesly H 332

1797 **Vergleich von Elektrolytbädern für die Mitfällung von Wolfram in Legierung mit Kobalt.** C. Capasso und L. Giuliani. (Electrochim. Metallorum 2 (1967) 2, 229 bis 235; Roma, Aeronaut. Milit., Labor. chim. tecnol;. ital.) — Von 3 untersuchten Bädern der Literatur liefert das von Brenner et al. [1947] mit 5 (g/l) W, 35 Co, 200 Na-Citrat, 50 NH_4Cl u. pH 8—9 W–Co-Leg. hoher Homogenität u. Haftfestigkeit, guter Härte u. vorteilhaften Mikrogefüges; bei einem W-Geh. von 23—25% ist die Härte genügend hoch. Durch 1std. Warmbehandlung bei 600° mit anschließender Luftkühlung werden die Eig. stabilisiert. R. K. Müller H337

1798 **Extraktionsmetallurgie von Uran in japanischen Erzen.** 2. Mitt. **Extraktion von Uran(VI) aus wäßriger Oxalatlösung mit Aminen hohen Molekulargewichtes.** Koeman Funaki, Itaru Ishijima und Hisashi Seki. (J. chem. Soc. Japan, ind. Chem. Sect. [Kōgyō Kagaku Zasshi] 71 (1968) 3, 339—75; Tokyo Inst. of Technol., Tokyo; jap.) — 1. vgl. ibid. 69 (1966) 1844. — U(VI) wird aus HCO_3^- u. $C_2O_4^{2-}$ (I) enthaltenden Lsg. bei pH 1,5—2,5 (Versetzen mit H_2SO_4) leicht u. wirksam mit Aminen (Amberlite LA-1 oder LA-2) extrahiert. Der Extraktionskoeff. beträgt das 600fache des Wertes, der sich bei Verw. einer I-freien HCO_3^--Lsg. ergibt; die erforderliche Aminmenge ist nur halb so groß wie bei Abwesenheit von I. Es wird gezeigt, daß U(VI) aus I enthaltenden, bzw. I-freien H_2SO_4-Lsg. hauptsächlich als $R_2UO_2(C_2O_4)_2$ bzw. $R_4UO_2(SO_4)_3$ extrahiert wird. W. Wesly H 339

1799 **Segregationserscheinungen bei Silicateinschlüssen.** Stanisław Rudnik. (Hutnik 34 (1967) 9, 396—98; pol.) — Auf Grund der Zustandsdiagramme der Syst. $FeO-SiO_2$ u. $MnO-SiO_2$, der Anwendung der elektron. Mikrosonde u. der chem. Analyse wird die Segregation von Mn, Si u. Fe in Silicateinschlüssen untersucht u. der Einfl. dieser Erscheinung bei der Druckverarbeitung von Leg. erörtert. R. K. Müller H 354

1800 **Anomales Verhalten von in Schwefelsäure passiviertem Kupfer.** M. Maja. (Electrochim. Metallorum 2 (1967) 2, 215—21; Torino, Politecn., Ist. di Elettrochim.; ital.) — Die in einer Potentialverschiebung nach stark positiven Werten zum Ausdruck kommende anod. Passivierung von Cu kann in H_2SO_4-Lsg. zu anomal hohen Potentialen führen. Diese große Potentialverschiebung wird mit dem Widerstandsabfall beim Stromdurchgang durch die „passivierenden Schichten" auf der Cu-Oberfläche erklärt. Bei nicht zu hoher H_2SO_4-Konz. wird bei einem Potential von 11,28 V (bezogen auf H_2-Normalelektrode) ein krit. Punkt festgestellt, bei dem die absorbierte Energie die reversible Energie der elektrolyt. Cu-Lsg. um einen vermutlich der Hydratationsarbeit des gasf. Cu-Ions entsprechenden Betrag übersteigt. R. K. Müller H 358

1801 **Untersuchungen über die Herstellung von Kupfer(I)-oxid.** 2. Mitt. **Herstellung von Kupfer(I)-oxid durch Hydrolyse von Kupfer(I)-salzen.** Kazuhiko Sugasaka und Takeshi Kobayashi. (J. chem. Soc. Japan, ind. Chem. Sect. [Kōgyō Kagaku Zasshi] 71 (1968) 3, 335 bis 398; Nat. Ind. Res. Inst., Sikoku, Takamatsu; jap.) — Cu_2O (I) wird durch Versetzen einer wss. CuCl–NaCl-Lsg. mit einer alkal. Lsg. gefällt; die Farbe des I-Pulvers wird mit Hilfe der Farbskala ermittelt. Rotes I ergibt sich bei Verw. einer konz. NaCl-Lsg. hoher Temp. mit < 0,02 Mol/l CuCl u. langsamem Zusatz der alkal. Lsg. (Na_2HPO_4 oder $NaHCO_3$). Der pH der CuCl–NaCl-Lsg. steigt unmittelbar nach Zusatz der alkal. Lsg. an u. nimmt dann allmählich ab. Rotes I liegt in großen, oktaedr. Krist. vor; gelbes I weist sehr kleine Teilchen auf. W. Wesly H 358

1802 Imperial Chemical Industries Ltd., London, Großbritannien (Erfinder: John Stewart Campbell), **Palladiumsalze von Polyphosphorsäuren** (Polymerisationsgrad 2—14). Man erhitzt ein Pd-Halogenid, -sulfat oder -nitrat mit einer Polyphosphorsäure, bes. Pyrophosphorsäure, oder deren Ausgangsprod., bes. Orthophosphorsäure. — Verw. als *Katalysatoren zur Herst.* von H_2O_2 beim Kontaktieren von H_2 mit O_2 in fl. Wasser. (**Brit. P. 1 056 125** vom 24/1. 1964, ausg. 25/1. 1967.) — 2 S. H.-W. Wille H 240

1803 Imperial Chemical Industries Ltd., London, Großbritannien (Erfinder: Michael John Adams), **Herstellung von Ammoniumsulfat** aus Methylmethacrylatlaugen, die bei der Rk. von Acetoncyanhydrin mit H_2SO_4 erhalten wurden. Die Laugen werden mit gasf. oder in W. gelöstem NH_3 neutralisiert, zur Vermeidung vorzeitiger Kristallisation verd., z. B. mit W. oder mit schwachem NH_3-Wasser, durch Behandlung mit Kohleaufschlämmung entfärbt, in kontinuierlich arbeitendem Vakuumfilter filtriert u. zur Trockne eingedampft. (**Brit. P. 1 059 241** vom 13/1. 1965, ausg. 15/2. 1967.) — 3 S. H. Roos H 243

1804 Buss Akt.-Ges., Basel (Erfinder: Heinz List, Pratteln), Schweiz, **Herstellung von Flußsäure** aus H_2SO_4 u. Fluorid in mindestens einem Reaktor. Die mit dem Fluorid in Rk. zu bringende H_2SO_4 wird durch Rk. von W. oder einer wss. H_2SO_4-Lsg. mit Oleum gewonnen, wobei die dabei entwickelte Wärme zur Einleitung der Hauptrk. zwischen der H_2SO_4 u. dem Fluorid verwendet wird. (**Schwz. P. 417 546** vom 22/1. 1963, ausg. 15/2. 1967) — 2 S. K. Demmler H 246

1805 Jan I. Kubiak, Saint John, New Brunswick, Canada, **Herstellung von Ammoniumbisulfit.** Aus den bei der Herst. von *Ammoniumbisulfit* (I) durch Auswaschen von SO_2 aus Gasen mittels wss. NH_3-Lsg. anfallenden Restgasen werden noch anwesendes SO_2 u./oder NH_3 durch Waschen mit einer annähernd äquimol. Lsg. von $(NH_4)_2SO_3$ u. I, die zweckmäßig bei pH 6,1 gehalten wird, u. 36 g/l $(NH_4)_2SO_3$ u. 31 g/l I enthält, gewonnen. Das SO_2-haltige Ausgangsgas wird vorteilhaft durch Verbrennung von S mit Luft hergestellt. (**Brit. P. 1 077 008** vom 25/6. 1963, ausg. 20/7. 1967.) — 4 S. H. Roos H 253

1806 Allied Chemical Corp., New York, N.Y., USA, **Trifluoraminoxid–Bortrifluorid** $F_3NO \cdot BF_3$ (I) erhält man als milchigweißen, bei < —80° stabilen Feststoff durch Rk. von F_3NO mit BF_3 bei < —80°, bes. bei —120 bis —135°, unter Einhaltung einer Rk.-Zeit von ≧ ½ Stunde.

Zur Reinigung von flüchtigen Verb. wird I zweckmäßig 1 Std. bei −120 bis −135° unter einem Vakuum von < 5 mm Hg gehalten. Durch Erhöhung der Temp. dissoziierter I zu F_3NO u. BF_3, das in wss. NaOH absorbiert werden kann. Hierbei läßt sich sehr reines F_3NO aus bes. durch N-Oxide verunreinigtem F_3NO herstellen. (**Brit. P. 1 055 190** vom 9/7. 1963, ausg. 18/1. 1967. U. S. Prior. 23/7. 1962.) — 5 S. H. Roos H 258

1807 Montecatini Soc. Gen. per l'Industria Mineraria e Chimica, Mailand, Italien, **Herstellung von Bornitrid.** Borsäure, Borsäureanhydrid oder ein Borat wird mit rohem, zurückgeführtem BN vermischt u. durch Erhitzen entwässert. Das feinzerkleinerte Material wird bei 600—1000° mit NH_3 zu BN umgesetzt. (**Brit. P. 1 071 870** vom 7/4. 1966, ausg. 14/6. 1967. It. Prior. 13/4. u. 22/6. 1965.) — 4 S. E. Miessgang H 258

1808 Ciba Akt.-Ges., Basel (Erfinder: Ernst Neuenschwander, Basel, Klaus Schütt, Zollikerberg, und Walter Scheller, Münchenstein), Schweiz, **Herstellung von feinteiligen Carbiden von Metallen und Nichtmetallen** der III., IV., V. u. VI. Gruppe des Periodensyst. durch Rk. eines Halogenides des betreffenden Elementes, z. B. $TiCl_4$, $NbCl_5$, $TaCl_5$, WCl_6, $SiCl_4$ oder UCl_4, mit einem KW-Stoff, z. B. CH_4, C_3H_8, C_2H_2, C_2H_4 oder Bzl., in der Gasphase in einem H-Plasma, z. B. bei Temp. von 2000 bis 5000°, unter Einhalten einer Rk.-Zeit von 10^{-2} bis 10^{-4} Sekunden. Man kann reine u. Misch-Carbide herstellen. — Zeichnung. (**Schwz. P. 424 738** vom 13/8. 1963, ausg. 31/5. 1967.) — 5 S. H. Roos H 260

1809 Elektroschmelzwerk Kempten G.m.b.H., München, **Herstellung eines Borcarbid enthaltenden Hartstoffs** durch Rk. von pulverisiertem B_4C mit Al-Pulver bei ≧ 1000, bes. 1400—1500° in inerter Atmosphäre, bes. in Ggw. von H_2, u. ggf. Behandeln des Prod. mit wss. Mineralsäure. Vorteilhaft wird ein Überschuß an Al eingesetzt, der bei der Säurebehandlung entfernt wird. (**Brit. P. 1 070 324** vom 4/5. 1964, ausg. 1/6. 1967. D. Prior. 3/5. 1963.) — 3 S. H. Roos H 260

1810 International Business Machines Corp., Armonk, N.Y., USA, **Herstellung eines Siliciumcarbidkristalls** durch epitakt. Aufwachsen auf einem Träger. Ein Silan u. ein KW-Stoff, z. B. SiH_4 u. C_3H_8, werden in einem Gefäß an einem Si-Träger bei bes. 1300° u. einem Unterdruck von 10^{-2} bis 1 Torr unter Bldg. eines SiC-Krist., bes. eines Einkrist. an dem Träger pyrolyt. zersetzt. Im Gegensatz zu Verf., bei denen SiC-Träger verwendet werden, kann der Si-Träger leicht vom SiC getrennt werden, z. B. durch Lösen in einer Mischung aus HF u. HCl. — Herst. von *Halbleiterbauelementen.* (**Brit. P. 1 054 519** vom 29/11. 1965, ausg. 11/1. 1967. D. Prior. 12/12. 1964.) — 2 S. H. Roos H 261

1811 General Electric Co., Schenectady, N.Y., USA, **Herstellung von hochkristallinem α-Strontiumhydrogenphosphat** ($SrHPO_4$) erfolgt dad., daß ein wss. Brei aus einer Sr-Verb. (I) u. H_3PO_4 zwischen 75 u. 100° umgesetzt wird. Als I werden eingesetzt: $SrCO_3$, $Sr(OH)_2$, $Sr(OH)_2 \cdot 8\,H_2O$. Das Prod. wird zwischen 110 u. 140° getrocknet. — Verw. als Zwischenprod. zur Herst. von *Leuchtphosphoren.* — Beispiele. (**Brit. P. 1 081 235** vom 18/4. 1966, ausg. 31/8. 1967. U. S. Prior. 3/5. 1965.) — 4 S. H.-W. Wille H 264

1812 Stauffer Chemical Co., New York, N.Y., übert. von: Gerald I. Gruber und Walter Lyman Staker, Salt Lake City, Ut., USA, **Herstellung konzentrierter Phosphorsäure,** in dem man Fe- u. Al-haltige Naßverf.-Säure mit P_2O_5-Geh. von 27—55 Gew.-% bei 10—150 mm Hg ≦12 Std. auf 280—380 °F erhitzt, bis der P_2O_5-Geh. 68—72 Gew.-% beträgt u. sich Ortho- u. Pyrophosphorsäure gebildet haben, wobei die Pyrophosphorsäure die metall. Verunreinigungen in Lsg. hält. (**U. S. P. 3 298 783** vom 23/10. 1959, ausg. 17/1. 1967.) — 2 S. H.-W. Wille H 264

1813 Stamicarbon N.V., Heerlen, Niederlande, **Herstellung von wasserlöslichem Calciumphosphat (I)** erfolgt dadurch, daß man Phosphatgestein mit überschüssiger HNO_3 behandelt u. die Lsg. mit einem mit W. wenig mischbaren polaren organ. Lsgm., bes. einem Alkanol C_{4-6}, extrahiert, wobei der größte Teil des $Ca(NO_3)_2$ in der wss. Phase verbleibt. Aus der organ. Phase werden die gelösten Prod. durch Extraktion mit W. entfernt. Der wss. Extrakt wird einer erneuten Extraktion mit einem polaren, in W. wenig lösl. organ. Lsgm., bes. mit einem aliphat. Keton oder Äther, unterworfen, wobei die in der wss. Phase enthaltenen NO_3-Ionen entfernt werden u. die I-Bldg. abgeschlossen wird. — Nach dem Verf. können auch *prim. Alkali-* u. *Ammoniumphosphate* durch Zusatz entsprechender Sulfate u. Abtrennung von Gips gewonnen werden. — Beispiel; Verf.-Schema. (**Brit. P. 1 082 395** vom 15/3. 1965, ausg. 6/9. 1967. Niederl. Prior. 21/3. 1964.) — 6 S. H.-W. Wille H 264

1814 Sylvania Electric Products, Inc., Wilmington, Del., USA, **Herstellung von zweibasischem Calciumhydrogenphosphat** $[Ca_2(HPO_4)_2]$ erfolgt dadurch, daß eine saure Lsg. des einbas. Ca-Hydrogenphosphates $[Ca(H_2PO_4)_2]$ in Ggw. von Nitrationen u. ggf. eines Fällungsmittels (wasserlösl. Alkohole, bes. A.) erhitzt wird. Der Nd. hat sehr gleichmäßigen Krist.-Habitus. — *Verw. als Ausgangsstoff zur Herstellung von Lumineszenzphosphoren.* — Beispiele. (**Brit. P. 1 071 514** vom 23/6. 1964, ansg. 7/6. 1967. U. S. Prior. 11/7. 1963.) — 5 S. H.-W. Wille H 264

1815 Établissements Kuhlmann, Paris, Frankreich (Erfinder: Michael Chalres Demarcq), **Herstellung von phosphoriger Säure** mit einem Geh. an Ortho-, Pyro-, Hypo- u. Isohypophosphorsäure von zusammen < 0,5 Gew.-% erfolgt dadurch, daß man PCl_3 mit einem Alkohol oder Phenol ROH (I) umsetzt, wobei R noch Cl, OH oder Äthergruppen enthalten kann. Die Rk.-Temp. liegt nahe dem Kp. von I. Es bilden sich Estermischungen, HCl u. Alkylchloride (wenn R = Alkyl ist). Dem Rk.-Gemisch wird W. zugesetzt, wobei nur Ester von H_3PO_3, jedoch nicht die Ester der Phosphorsäuren hydrolysiert werden. Die flüchtigen Prod. werden von H_3PO_3, bes. durch Vakuumdest. bei < 140° abgetrennt. — 7 Beispiele. (**Brit. P. 1 069 860** vom 8/3. 1966, ausg. 24/5. 1967. F. Prior. 8/3. 1965.) — 6 S. H.-W. Wille H 264

1816 Comp. Française de Raffinage, Paris, Frankreich, **Herstellung von Borphosphat (I)** durch Rk. von H_3BO_3 mit H_3PO_4, Trocknen des Rk.-Prod. bei 100 bis 105° u. anschließendes Kalzinieren bei 550—800°. — Zur Verw. als *Katalysator,* z. B. zur Dehydratation von aliphat. Alkoholen oder bei der Zers. von Dimethyldioxan zu Isopren, wird I mit z. B. H_2SO_4, H_3PO_4, Sulfon- oder Arsensäuren, die bes. in wss. oder äther. Lsg. angewendet werden, auf einen gewünschten pH-Wert eingestellt u. anschließend nochmals bei ≦ 400° getrocknet. (**Brit. P. 1 065 984** vom 26/9. 1963, ausg. 19/4. 1967. F. Prior. 27/9. 1962.) — 4 S. H. Roos H 264

1817 Marchon Products Ltd., Großbritannien (Erfinder: Robert Harry Edwards und Gordon McLaren Biggar), **Herstellung von Na-Phosphaten.** Man bringt eine Mischung aus NaCl u. H_3PO_4 im Verhältnis Na:P = 1:1 auf ein aus Na-Trimetaphosphatteilchen bestehendes Wirbelbett bei > 250° (aber nicht höher als der F. des Metaphosphats). Das gebildete *Trimetaphosphat* wird abgezogen, durch Lösen in W. vom Unlöslichen getrennt u. zur Kristallisation gebracht oder in *Na-Orthophosphat* oder *-Tripolyphosphat* übergeführt. (**F. P. 1 451 404** vom 13/7. 1965, veröff. 2/9. 1966. Brit. Prior. 14/7. 1964.) — 5 S. W. Wittholz H 264

1818 VEB Elektrochemisches Kombinat Bitterfeld, Bitterfeld (Erfinder: Werner Kochmann und Rudolf Schumann), **Kontinuierliche Herstellung von Phosphorsulfiden** indem man P u. S getrennt in fl. Form bei Temp. < Kp. des erwünschten Prod. einem aufrecht stehenden Reaktor zuführt, der auf einer Temp. zwischen dem F. u. Kp. des erwünschten Prod. gehalten wird, das kontinuierlich vom Boden des Reaktors abgeleitet wird. — Es werden hergestellt P_2S_5, *Phosphorsesquisulfid,* Mischungen beider, sowie Mischungen aus P_2S_5 mit *S* oder aus Phosphorsesquisulfid mit P. (**Brit P. 1 062 548** vom 17/8. 1965, ausg. 22/3. 1967.) — 3 S. H.-W. Wille H 264

1819 Kali-Forschungsinstitut, Deutschland (Erfinder: Heinz Scherzberg, Günter Doring und Wolfgang Ulrich), **Herstellung von Alkalimetallsulfaten aus $CaSO_4$** nach $CaSO_4 + (NH_4)_2CO_3 \rightarrow (NH_4)_2SO_4 + CaCO_3$ u. $(NH_4)_2SO_4 + 2\,NaCl \rightarrow Na_2SO_4 + 2\,NH_4Cl$. Die Rk. werden in Ggw. von CH_3OH vorgenommen. NH_3 u. CH_3OH werden durch Dest. mit $Ca(OH)_2$ wiedergewonnen. (**F. P. 1 471 142** vom 15/3. 1966, veröff. 24/2. 1967.) — 2 S. J. Bardeleben H 272

1820 Hans Hoppe und Heinz Scherzberg, Sondershausen, **Herstellung von Alkalimetallsulfaten.** Die Umsetzung von Alkalimetallchlorid mit $MgSO_4$, $MgSO_4$-Hydrat oder Alkalimetall-Mg-Sulfathydrat wird in Ggw. eines $MgCl_2$-spezif. Lsgm., bes. CH_3OH oder CH_3OH–W.-Mischungen, vorgenommen. Das Lsgm. wird durch Eindampfen der $MgCl_2$-Lsg. wiedergewonnen. Die dabei anfallende konz. wss. $MgCl_2$-Lsg. wird zum selektiven Aussalzen von Salzlsg. verwendet. — 3 Verf.-Schemata. (**D. P. [DDR] 57 594** Kl. 121 vom 30/6. 1965, ausg. 5/9. 1967 [Wirtschaftspatent].) — 6 S. J. Bardeleben H 272

1821 Pittsburgh Plate Glass Co., Pittsburgh, Pa. (Erfinder: Donald Richard Nielson, Corpus Christi, und William Worth Carlin, Portland, Tex.), USA, **Herstellung von Chlor und Alkalihydroxid durch Elektrolyse** in einer Diaphragmenzelle mit wenigstens je einem Anoden- u. Kathodenraum, wobei man die Alkalichloridlsg. in den Anodenraum u. eine Alkalihydroxidlsg. in den Kathodenraum einführt u. im Kathodenraum eine Mindestkonz. von 150 g Alkalihydroxid/l aufrechterhält. (**Schwz. P. 420 078** vom 18/1. 1963, ausg. 15/3. 1967. U. S. Prior. 26/1. 1962.) — 4 S. K. Demmler H 272

1822 Diamond Alkali Co., USA (Erfinder: Clyde B. Myers), **Herstellen von nichtbackendem Alkalimetallhydroxidgranulat.** Körniges Hydroxid wird mit 50%ig. NaOH- bzw. 45%ig. KOH-Lsg. oder mit Alkalimetallsilicatlsg. behandelt. Auf die feuchte Oberfläche der Körner wird eine feinteilige, feste Substanz, wie Alkalimetallgluconat, -silicat, -phosphat, -carbonat, -borat oder -sulfat, gebracht. (**F. P. 1 452 384** vom 25/10. 1965, veröff. 9/9. 1966. U. S. Prior. 26/10. 1964.) — 3 S. J. Bardeleben H 272

1823 Allied Chemical Corp., USA (Erfinder: Carlton James Howard, Peter Sopchak und Eugene Baker Port), **Herstellung von Na_2CO_3 hoher Dichte.** In eine Suspension von 3—17% NaCl u. 30—65% $Na_2CO_3 \cdot H_2O$ in wss., mit Na_2CO_3 gesätt. Mutterlauge werden bei 20° 800—4800 g leichtes Na_2CO_3 pro Std. u. Liter Suspension gegeben. Ein Teil der Suspension wird kontinuierlich abgezogen. Der abgezogene Teil wird in eine Suspension mit kleinen u. eine mit großen $Na_2CO_3 \cdot H_2O$-Krist. geteilt. Die großen Krist. werden abgetrennt, u. wenigstens ein Teil der Mutterlauge u. ein Teil der Suspension wird mit den kleinen Krist. in die erste Stufe des Verf. zurückgeführt. Die abgetrennten großen Krist. werden gewaschen u. entwässert. — Verf.-Schema, Diagramm. (**F. P. 1 429 596** vom 12/3. 1965, ausg. 13/5. 1966. U. S. Prior. 12/3. 1964.) — 11 S. J. Bardeleben H 274

1824 Sincat Soc. Industriale Catanese S.p.A., Italien, **Herstellung von wasserfreiem Na_2SO_4.** NaCl u. $MgSO_4$ werden bei 75—110° in W. oder in einer Salzlsg., die < 25 Mol $MgCl_2$ pro 1000 Mol W. enthält, zu Vanthoffit ($3\,Na_2SO_4 \cdot MgSO_4$) umgesetzt. Das auskrist. Vanthoffit wird bei 30—75° ausgelaugt. (**F. P. 1 426 702** vom 16/3. 1965, ausg. 15/5. 1966. It. Prior. 18/3. 1964.) — 2S. J. Bardeleben H 274

1825 Kali-Chemie Akt.-Ges., Hannover (Erfinder: Paul Schmidt, Waldshut), **Kontinuierliche Herstellung von $KHCO_3$.** Triäthylamin (I) wird mit CO_2 im Rk.-Gefäß einer Füllkolonne von unten nach oben einer abwärtsströmenden Suspension von festem KCl in bei 5—30° gesätt. KCl-Lsg. entgegengeführt. Nicht umgesetztes I u. CO_2 werden vom oberen Teil der Kolonne abgezogen u. nach Zusatz von neuem I u. CO_2 dem unteren Teil des Rk.-Gefäßes zugeleitet, während von der ablaufenden Lauge *$KHCO_3$* nach Kühlen u. starkem Rühren abgetrennt wird. (**Oe. P. 252 274** vom 25/1. 1965, ausg. 10/2. 1967. D. Prior. 19/3. 1964. **Zusatz zu Oe. P. 243 824; C. 1967, 19-2230.**) — 4 S. J. Bardeleben H 275

1826 Texaco Development Corp., USA (Erfinder: Norman Downs Carter, Frank Edward Guptill jun. und Howard Vincent Hess), **Gewinnen von Salzen, besonders von KCl, aus Salzlösungen,** indem diese bei 260° mit einem organ. Lsgm., dessen Aufnahmevermögen für W. mit der Temp. steigt, z. B. KW-Stoffe, vermischt werden. Dadurch, daß ein Teil des W. der Lsg. entzogen wird, krist. *NaCl* aus. Nach dem Abtrennen der Krist. wird die Lsg. abgekühlt u. *KCl* gewonnen. — Verf.-Schema. (**F. P. 1 456 151** vom 18/11. 1965, veröff. 21/10. 1966. U. S. Prior. 19/11. 1964.) — 7 S. J. Bardeleben H 275

1827 Ministerul Industriei Petrolului şi-Chimiei, Rumänien (Erfinder: Pavel Rosinger, Mircea Gheorghe Ionescu, Dumitru Gligor, Marius Cristovici, Alexandra Prasa und Eugenia Apostolescu), **Gewinnen von K-Salz-Konzentraten** mit > 40% K_2O aus sulfat. Mineralien, wie Polyhalit, Langbeinit u. Kainit. Aus dem bei 400—500° kalzinierten Rohmaterial werden die wasserlösl. Salze ausgelaugt. Dann werden die Mg-Salze mit CaO gefällt, durch Abkühlen auf —5° wird $Na_2SO_4 \cdot 10\,H_2O$ auskrist. u. die verbleibende Lsg. eingedampft. Die anfallende Salzmischung wird unser Ausnutzung der verschiedenen Löslichkeiten der Bestandteile getrennt. (**F. P. 1 429 679** vom 31/3. 1965, ausg. 16/5. 1966. Rumän. Prior. 16/5. 1964.) — 3 S. J. Bardeleben H 275

1828 Honillères du Bassin du Nord et du Pas-de-Calais, Frankreich (Erfinder: Christian Vaniscotte), **Herstellung von Cäsiummetall** aus dem Mineral *Pollux* mit mehr als 10% *Cs-Oxid.* Das Mineral wird bei über 1200° mit *Si* u. *Kalk* umgesetzt, wobei eine Si-Menge angewandt wird, die 5—50% über der Menge liegt, die zur Rk. mit sämtlichen in dem Mineral enthaltenen Metalloxiden erforderlich ist. (**F. P. 1 510 951** vom 2/12. 1966, veröff. 18/12. 1967.) — 4 S. M. Neckermann H 277

1829 Friedrich Wolf, Leipzig, und Lothar Eckert, Halle, **Herstellung leicht trennbarer Hydroxidniederschläge,** bes. *$Mg(OH)_2$*. Der zu fällenden Metallsalzlsg. wird ein Polyelektrolyt, z. B. partiell hydrolysiertes Polyacrylamid mit hohem Molgew., in Mengen von 0,01 bis 2%, bezogen auf die Hydroxidmenge, zugesetzt u. mit Alkalihydroxid gefällt. (**D. P. [DDR] 57 116** Kl. 12i vom 12/12. 1966, ausg. 5/8. 1967 [Wirtschaftspatent].) — 2 S. W. Wittholz H 282

1830 Keiichi Murakami, Hirobumi Tanaka und Michio Hirakawa, Miyagiken, Japan, **Gewinnung von μ-Calciumcarbonat** durch Verrühren bei pH 8—12 von $CaCl_2$ oder $Ca(NO_3)_2$ mit $(NH_4)_2CO_3$ in Lsg. bei 0—30°. Zur Poptisierung läßt man das in Gelform anfallende $CaCO_3 \leq 30$ Min. stehen u. rührt dann. Nach Filtrieren u. Auswaschen trocknet man den Nd. < 2 Std. bei ca. 300°. Als Stabilisierungsmittel setzt man der Ausgangslsg. 0,01—0,1 Gew.-% Ligninsulfonsäuresalz oder eine organ. Säure zu. (**Brit. P. 1 080 729** vom 29/3. 1966, ausg. 23/8. 1967. Jap. Prior. 29/3. 1965.) — 5 S. H. Nebelsiek H 283

1831 Chattanooga Medicine Co., Chattanooga, Tenn., USA, **Gewinnung von Aluminiumverbindungen** der Formel $X_mAl_nO_xH_y$ (I), in der X für Mg oder Ca, m u. n für 1 oder 2 stehen, wobei $m + n \leq 3$, $x = 4$, 5 oder 6 u. $x-(m = n) = y-1$ ist, durch Rk. von MgO oder CaO mit Al-Alkoholat, das 2—5 C-Atome in jeder Alkoholatgruppe enthält, in alkohol. Lsg. am Rückflußkühler. Nach teilweiser Hydrolysierung werden die flüchtigen Bestandteile abdest. u. das Prod. getrocknet. Beispiele für I: $MgAl_2O_6H_4$; $MgAlO_4H_3$; $Mg_2AlO_5H_3$; $CaAl_2O_6H_4$; $CaAlO_4H_3$ u. $Ca_2AlO_5H_3$. (**Brit. P. 1 084 898** vom 8/12. 1965, ausg. 27/9. 1967. U. S. Prior. 25/3. 1965.) — 10 S. H. Nebelsiek H 294

1832 International Business Machines Corp., New York (Erfinder: Joseph H. Kucza, Monnt Kisco, und Gerald Mandel, New Rochelle), N.Y., USA, **Herstellung von Galliumphosphid (I),** indem man in einem abgeschlossenen Reaktor Ga mit P bei 500—1000° in

Ggw. von PCl_3 als Katalysator umsetzt, wobei **I** in einer Zone tieferer Temp., ggf. auf einem Träger (z. B. als epitakt. Film auf Ge) abgeschieden wird. — *Halbleiter*. — Zeichnung. (**Brit. P. 1 006 369** vom 21/11. 1963, ausg. **29/9. 1965**. U. S. Prior. 27/12. 1962. (**U. S. P. 3 301 637** vom 27/12. 1962, ausg. 31/1. 1967.)
H.-W. Wille H 295

1833 Laporte Titanium Ltd., Großbritannien, **Herstellung von TiO_2** durch Rk. von $TiCl_4$ in der Dampfphase mit oxydierenden Gasen unter getrenntem Aufheizen auf 900—1050° u. Einleiten der Komponenten in die Rk.-Zone. — 3 Zeichnungen. (**F. P. 1 442 007** vom 28/7. **1965**, veröff. 10/6. **1966**. Brit. Prior. **29/7. 1964**.) — 14 S.
W. Wittholz H 321

1834 Cabot Corp., USA (Erfinder: Charles B. Wendell und Clifford Le Roy Carpenter), **Herstellung von TiO_2** aus $TiCl_4$ in der Dampfphase u. O_2 oder O_2 enthaltenden Gasen, z. B. Luft bei > 538°, bes. ca. 816°, unter Verw. von CO als Brenngas, wobei die einzelnen Rk.-Teilnehmer getrennt in konzentr. angeordneten Rohren der Rk.-Zone zugeführt werden. — 3 Zeichnungen. (**F. P. 1 442 012** vom 28/7. 1965, veröff. 10/6. 1966. U. S. Prior. 30/7. **1964**.) — 6 S. W. Wittholz H 321

1835 National Lead Co., New York, N.Y., USA, **Herstellung von Titandioxidpigment** in *Rutilform*. Durch den Sulfatprozeß erhaltenes TiO_2-Hydrolysat wird getrocknet, calciniert u. bis zu einer Partikelgröße von $\leq 0{,}33\ \mu$ trocken vermahlen. Anschließend wird das TiO_2 in einer wss. Lsg. eines Ti-, Al- u./oder Si-Salzes aufgeschlämmt u. durch Einstellen des entsprechenden pH-Wertes ein Nd. des betreffenden Oxids auf dem TiO_2 erzeugt, worauf das umhüllte TiO_2 erneut trocken gemahlen wird. — Diagramm. (**Brit. P. 1 078 491** vom 30/12. **1963**, ausg. 28/6. **1967**. U. S. Prior. **7/1. 1963**.) — 8 S.
H. Roos H 321

1836 Comitato Nazionale per l'Energia Nucleare Italien, **Herstellung von Oxiden der Aktiniden.** Mit NH_4OH frisch gefälltes $Th(OH)_4$ wird mit einer wss. Uranylnitrat-lsg. bei 80° verrührt, dann mit H_2 bei 40 at u. Pt katalyt. red., die koll. Th(IV)- u. U(IV)-Lsg. wird in CCl_4 gesprüht, die Teilchen werden bei 80° getrocknet u. unter H_2 auf 1100° erhitzt. Man erhält $ThO_2 \cdot UO_2$. Weitere Oxide, die so hergestellt werden können, sind: UO_2, $UO_2 + Pu_2O_3$, $ThO_2 + Pu_2O_3$. (**F. P. 1 437 845** vom 14/6. 1965, veröff. 6/5. 1966. It. Prior. 24/6. 1964.) — 4 S.
W. Wittholz H 324

1837 **Albright & Wilson (Australia) Pty. Ltd.** (Erfinder: **Ralph T. Russell**), *Peroxyhydrate von kondensierten Natriumphosphaten.* (**Aust. P. 273 718** vom 22/8. 1962, ausg. 6/4. 1967. Brit. Prior. 24/8. 1961. — C. **1968,** 17-2272 [Brit. P. 990 172].)

1838 **Toyo Rayon K.K.**, Tokyo, übert. von: **Yoshakazu Ito**, Nagoya, **Ryoh Endoh**, Aichi-ken, **Fumio Nishikawa** und **Mituo Ishikawa**, Nagoya, Japan, *Herstellung von Nitrosylchlorid.* (**U. S. P. 3 336 110** vom 6/11. 1962, ausg. 15/8. 1967. Jap. Prior. 13/11. u. 27/11. 1961. — C. **1965,** 34-2063 [D. A. S. 1 182 215].)

1839 **American Metal Climax, Inc.** (Erfinder: **William A. Smith, Joseph M. Downey, Joseph J. Jacobs** und **Stanley L. Krugman**), *Salpetersäure.* (**Aust. P. 273 436** vom 22/8. 1962, ausg. 16/3. 1967. U. S. Prior. 8/1. 1962. — C. **1967,** 29-2225 [Brit. P. 1 001 615].)

1840 **Österreichische Stickstoffwerke Akt.-Ges.**, Linz, Österreich, *Durchführung katalytischer Reaktionen in der Gasphase.* (**Niederl. P. 122 998** vom 15/11. 1960, ausg. 16/10. 1967. Oe. Prior. 28/11. 1959 u. 15/4. 1960. — C. **1963,** 5613 [Oe. P. 216 533].)

1841 **Imperial Chemical Industries Ltd.** (Erfinder: **Albert Davies** und **Alfred Rudge**), *Herstellung von Fluor durch Elektrolyse.* (**Aust. P. 252 453** vom 27/9. 1960, ausg. 9/7. 1964. Brit. Prior. 2/10. 1959. — C. **1967,** 41-2121 (Can. P. 682 011].)

1842 **Siemens Akt.-Ges.**, Berlin und München (Erfinder: **Erhard Sirtl**, München), *Herstellung von hochreinem. kristallinem Bor.* (**Schwz. P. 439 232** vom 12/12. 1961, ausg. 15/12. 1967. D. Prior. 6/3. 1961. — C. **1966, 44-2038** [Brit. P. 977 847].)

1843 **Kaiser Aluminum & Chemical Corp.**, Oakland, übert. von: **Alva C. Byrns**, Lafayette, Calif., USA, *Herstellung von schwerschmelzbaren Boriden.* (**U. S. P. 3 328 127** vom 31/1. 1962, ausg. 27/6. 1967. — C. **1967,** 37-2016 [D. A. S. 1 226 548].)

1844 **General Electric Co.** (Erfinder: **Francis P. Bundy**), *Synthetische Diamanten.* (**Aust. P. 274 110** vom 24/4. 1963, ausg. 20/4. 1967. U. S. Prior. 2/5. u. 30/7. 1962. — C. **1966,** 24-2024 [D. A. S. 1 193 021].)

1845 **General Electric Co.** (Erfinder: **Francis P. Bundy**), *Synthetische Diamanten.* (**Aust. P. 273 967** vom 24/4. 1963, ausg. 13/4. 1967. U. S. Prior. 2/5. 1962. — C. **1966,** 24-2024 [D. A. S. 1 193 021].)

1846 **Ciba Ltd.**, übert. von: **Ernst Neuenschwander**, Basel, **Klaus Schuett**, Zollikerberg, und **Walter Scheller**, Münchenstein, Schweiz, *Herstellung von feinteiligen Carbiden.* (**U. S. P. 3 340 020** vom 11/8. 1964, ausg. 5/9. 1967. Schwz. Prior. 13/8. u. 29/8. 1963. — C. **1968,** 37-2395 [D. A. S. 1 250 796].)

1847 **Siemens & Halske Akt.-Ges.**, Berlin, übert. von: **Theodor Rummel**, Hans-Friedrich Quast, München, und **Joachim Hans**, Pretzfeld, Unterfranken, *Herstellung von hochreinem Silicium.* (**U. S. P. 3 232 792** vom 10/10. 1962, ausg. 1/2. 1966. D. Prior. 23/12. 1958. — C. **1967,** 40-2177 [D. A. S. 1 209 113].)

1848 **Allied Chemical Corp.** (Erfinder: **Peter Sopchak** und **Eugene B. Port**), *Soda hoher Dichte.* (**Aust. P. 274 099** vom 9/12. 1963, ausg. **20/4.** 1967. U. S. Prior. 10/12. 1962. — C. **1967,** 19-2232 [F. P. 1 376 366].)

1849 **Empresa Auxiliar de la Industria Soc. An.**, übert. von: **Angel Vian-Ortuno** und **Vicente Martin-Municio**, Madrid, Spanien, *Herstellung von Ammoniumsulfat.* (**U. S. P. 3 330 620** vom 22/4. 1963, ausg. 11/7. 1967. Span. Prior. 23/4. 1962. — C. **1966,** 30-2030 [D. A. S. 1 197 859].)

1850 **National Beryllia Corp.** (Erfinder: **Philip S. Hessinger** und **Anthony M. Solazzo**), *Berylliummaterial.* (**Aust. P. 273 650** vom 13/6. 1962, ausg. 6/4. 1967. U. S. Prior. 14/7. 1961. — C. **1967,** 18-2154 [Brit. P. 1 001 003].)

1851 **Soc. d'Électro-Chimie, d'Électro-Métallurgie et des Aciéries Électriques d'Ugine**, Paris, übert. von: **Marc Griffon du Bellay**, Saint-Genis-Laval, und **Joseph Saulaville**, Pierre-Benite, Frankreich, *Gewinnung einer wasserfreien Tonerde.* (**U. S. P. 3 336 109** vom 5/12. 1963, ausg. 15/8. 1967. F. Prior. 28/10. 1959. — C. **1964,** 41-1808 [E. P. 922 277].)

1852 **Titan Co. A/S.** (Erfinder: **Barth Hauge, Assur Gjessing Oppegard**, Fredrikstad, Norwegen, und **Helge Aas**, Town of Lewiston, N.Y., USA), *Herstellung von Titantetrachlorid.* (**Schwz. P. 438 245** vom 31/12. 1957, ausg. 30/11. 1967. Norw. Prior. 6/2. 1957. — C. **1960,** 6958 [D. A. S. 1 067 794].)

1853 **E. I. du Pont de Nemours & Co.**, Wilmington, Del., übert. von: **Robert S. Emslie**, Chadds Ford, Pa., **Hugh C. Gulledge**, Newark, **George L. Lewis** und **Oswin Burr Willcox**, Wilmington, Del., USA, *Herstellung von faserigen Alkalititanaten.* (**U. S. P. 3 328 117** vom 10/5. 1963, ausg. 27/6. 1967. — C. **1968,** 39-2293 [D. A. S. 1 252 645].)

1854 **British Titan Products Co. Ltd.** (Erfinder: **Robert Stanley**), *Titandioxidpigmente.* (**Aust. P. 269 473** vom 31/7. 1963, ausg. 8/9. 1966. Brit. Prior. 15/8. 1962. — C. **1968,** 15-2267 [Brit. P. 1 017 446].)

1855 **Standard-Messo Duisburg Ges. für Chemietechnik m.b.H. & Co.**, Duisburg, *Herstellung von Eisensulfatmonohydrat.* (**Brit. P. 1 075 447** vom 20/12. 1963, ausg. 12/7. 1967. D. Prior. 28/12. 1962. — C. **1968,** 5-2190 [D. A. S. 1 228 596].)

1856 **Standard-Messo Duisburg Gesellschaft für Chemietechnik m.b.H. & Co.**, Duisburg, *Umwandlung von Eisensulfatheptahydrat in Eisensulfatmonohydrat.* (**Brit. P. 1 093 162** vom 1/2. 1965, ausg. 29/11. 1967. D. Prior. 17/4. 1964. — C. **1967,** 37-2037 [D. A. S. 1 230 409].)

H–6. Organische Industrie

1857 **Moderne Verfahren der Verarbeitung und Verwendung von Erdgas.** I. V. Rejman. (Izvest. Akad. Nauk Tadž. SSR, Ser. fiz.-techn. chim. Nauk **1966,** 2 (20), 107—13; Inst. chim. AN Tadž. SSR; russ.) — Überblick über die Literatur zur Verarbeitung von Erdgasen u. Erdölbegleitgas. Ox. zur Gewinnung von Alkoholen, Aldehyden, Ketonen, Säuren u. Säureanhydriden; partielle Ox. zur Gewinnung von Synthesegas; Halogenierung, bes. Chlorierung, zur Gewinnung von CH_3Cl, $CHCl_3$ u. CCl_4, sowie Äthylchlorid, 1.3-Dichlorpropan u. Amylchlorid; Pyrolyse zur Gewinnung von Acetylen (Elektrokracken, therm. Spalten u. ox. Spalten). — 60 Literaturangaben. S. Brändel H 510

1858 **Kinetik der Gewinnung flüchtiger Stoffe bei der Verbrennung eines natürlichen festen Brennstoffs.** Ju. A. Finaev. (Doklady Akad. Nauk Beloruss. SSR **11** (1967) 2, 126—28; AN BSSR, Inst. teplomassoobmena; russ.) — Torfstücke mit 70,11 % flüchtige Anteile u. 11,03 % Asche auf Trockengew. werden bei 1100 u. 1270 °K im Luftstrom erhitzt. Die experimentell ermittelten Ausb. an flüchtigen Stoffen in der Zeit τ folgen der Gleichung $y = 35{,}616 \exp(-1{,}985\,\tau) + 80{,}163 \exp(-11{,}981\,\tau)$. R. K. Müller H 520

1859 **Vinylchlorid-Verfahren.** Lyle F. Albrigth. (Chem. Engng. **74** (1967) 7, 123—30; Purdue Univ.; engl.) — Hydrochlorierung von Acetylen sowie Dampf- u. Flüssigphasenchlorierung von Äthylen zu Dichloräthan mit anschließender Pyrolyse werden als Herst.-Verf. für *Vinylchlorid* in ihrem Chemismus u. der techn. Ausführung beschrieben (2 Fließschemen). — 30 Literaturangaben. G. Collin H 570△

1860 **Luftoxydation von Dodecan in Gegenwart von Borsäure.** I. Drimuş, A. Macelaru, Th. Spindler, I. Ionescu und V. Poleacov. (Bul. Inst. politehn. „Gheorghe Gheorghiu-Dej" Bucureşti **29** (1967) 2, 49—59; Bucureşti, Inst. Politehnic, Cat. de tehnol. organ.; engl.) — Auf einer dargestellten Vers.-Anlage wird mit einer Luftzufuhr von 140—150 l/h, bei einer Temp. von 155° u. 4std. Rk.-Zeit eine Umwandlung von 34,8 % Dodecan erreicht. Als Hauptprod. der Ox. werden dabei ca. 48 % *sek.-n-Dodecanole* mit OH-Gruppen größtenteils in den Stellungen 3, 4, 5 u. 6, sowie 20 % rohe Fettsäuren C_4—C_{10} erhalten. Es werden auch ca. 1 % *Dodecanone* im Rk.-Gemisch gefunden, die als Prod. von Nebenrk. angesehen werden. Die Rk.-Mechanismen

werden formuliert, wobei als Hauptrk. Veresterung der sich zuerst bildenden Hydroperoxide mit Borsäure u. anschließende Hydrolyse der Ester angenommen werden. Es wird auf die Anwendungsmöglichkeiten der Dodecanole zur Herst. von Detergenzien hingewiesen.
P. W. Kittner H 610

1861 **Oxydation von Isobuten über Selendioxid-Kupferoxidkatalysatoren.** R. S. Mann und K. C. Yao. (Ind. Engng. Chem., Product Res. Development **6** (1967) 4, 263–66; Dep. of Chem. Engng., Univ. of Ottawa, Canada; engl.) — Bei der katalyt. Luftox. von Isobuten zu *Methacrolein* in der Gasphase erhöht der SeO_2-Zusatz zum Katalysator die Selektivität; Katalysatorträger ist Bimsstein. Die Temp. variierte zwischen 350 u. 425° u. das O_2-Isobuten Verhältnis zwischen 0,7 u. 1,7. Optimale Bedingungen (50,2% Selektivität bei 30,8% Umsatz) sind: 400°- Gew.-Verhältnis Se–Cu = 0,02, O_2–Isobuten-Verhälnis = 0,717. SeO_2 wird dampfförmig dem Luftstrom beigemischt. Sämtliche Daten der Prod.-Zus., der Ausb., des Umsatzes u. der Selektivität in Abhängigkeit von den Rk.-Variablen sind in einer Tabelle aufgeführt.
M. Jatkowski H 670

1862 **Synthese von Äthylenglykolmonooleat aus Äthylenoxid und Ölsäure.** Tatsuo Kyuma, Giichi Akazome, Koichi Murai, Shizuyoshi Sakai und Yoshiro Ishii. (J. chem. Soc. Japan, ind. Chem. Sect. [Kōgyō Kagaku Zasshi] **70** (1967) 2, 169–72; Sansuiso Yashi Ind. Co., Ltd., Kyoto; jap., Auszug: engl.) — *Äthylenglykolmonooleat* wird hergestellt aus Ölsäure u. Äthylenoxid unter Verw. von KOH oder 11 tert. Aminen als Katalysatoren, wobei die Rk. in Ggw. tert. Amine 4 mal schneller verläuft als mit KOH. Der Rk.-Mechanismus wird diskutiert. Die Resultate werden verglichen mit Rk. zwischen Phenol u. Epoxiden.
Bernd Müller H 810

1863 **Acrylnitril. Herstellung, Verwendung und wirtschaftliche Aspekte.** R. Schönbeck. (Österr. Chemiker-Ztg. **68** (1967) 3, 79–88; Österr. Stickstoffwerke AG, Linz; dt.) — Übersicht über Eig., Rk.-Möglichkeiten, Herst.-Verf. von *Acrylnitril* (**I**), Nebenprod., Reinigung, Verw. u. wirtschaftliche Bedeutung von **I**.
W. Wesly H 810

1864 **Oxydation von Saccharose mittels Salpetersäure.** 3. Mitt. **Isolierung der Säuren.** Rudolf Bretschneider, Zdenka Ondráčová und Bedřich Kopřiva. (Listy Cukrovarnické **83** (1967) 10, 227–32; Praha; tschech.) — Vgl. ibid. **82** (1966) 215. — Vf. schlagen eine verbesserte Meth. zur Isolierung von aus Saccharose durch Ox. erhaltener *Oxal-* (**I**) u. *Weinsäure* (**II**) vor. Aus Kristallisations (K)-Vers. bei 0, –2, –10 u. –15° (s. Tabellen) ergeben sich die optimalen Bedingungen für Isolierung von **I**, d. h. eine K bei –2° aus 20–30%ig. HNO_3-Medium, wobei die **I**-Konz. in der Mutterlauge $<$ 3 g/100 ml beträgt. Da bei der nach Makay (U. S. P. 2 813 121) durchgeführten Isolierung, d. h. K von **II** bei –15° (aus 70%ig. HNO_3-Medium) keine von **I** spurlos befreite **II** erhalten werden konnte, wurde eine kombinierte Isolierungsmeth. für **I** u. **II** ausgearbeitet. Diese besteht aus der oben erwähnten K von **I** (–2°, 20–30%ig. HNO_3) u. darauffolgender Fällung von Kaliumhydrogentartrat bei 20° u. pH 2,9–3,2. Aus dem Tartrat kann eine für Lebensmittel anwendbare **II** erhalten werden.
C. Kozák H 820△

1865 **Hydrolyse von Cyanamid zu Harnstoff.** 2. Mitt. **Veränderungen der katalytischen Aktivität von Mangandioxid.** Luciano Radaelli und Vincenzo Bruno. (Ann. Chimica **57** (1967) 7, 865–72; Firenze, Univ.; ital.) — Vf. untersuchten die Umsetzung von Cyanamid als Funktion der MnO_2-Menge, die katalyt. Aktivität nach 6std. therm. Behandlung von $MnO_2 \cdot H_2O$ bei Temp. bis 700° u. den Einfl. der Ggw. von Montmorillonit, Kaolinit u. Illit. Die katalyt. Aktivität verringerte sich mit steigender Temp. bei der therm. Behandlung u. war bereits bei etwa 500° prakt. nicht mehr vorhanden. Bereits geringe Mengen der Mineralien setzten die Aktivität ebenfalls stark herab. Unters. über die katalyt. Aktivität von $Fe(OH)_3$–$MnO_2 \cdot H_2O$-Gemischen zeigten, daß diese stets geringer ist als die Summe der Aktivitäten der beiden Komponenten.
W. Renker H 880

1866 **Extraktion aromatischer C_9–C_{10}-Kohlenwasserstoffe durch Alkylencarbonate.** N. F. Griščenko und V. N. Pokorskij. (Chim. Technol. Topliv Masel **12** (1967) 2, 27–28; VNIIneftechim.; russ.) — Bei der Extraktion von aromat. C_9–C_{10}-KW-Stoffen werden *Propylencarbonat* (**I**) u. *Chlorpropylencarbonat* (**II**) als Lsgm. verwendet. Die Löslichkeit von *n-Dekan* (**III**) in **I** ist sehr gering (1% bei 20°), sie nimmt bei steigender Temp. wenig zu. In **II** ist die Löslichkeit von **III** ca. 1/3 derjenigen in **I**. Aromat. C_9–C_{10}-KW-Stoffe lösen sich in **I** bei 20° unbeschränkt außer *p-Cymol* (**IV**) u. höheren KW-Stoffen; für **IV** ist die krit. Temp. der Lsg. in **I** 31,1°. In **II** ist die Löslichkeit der aromat. KW-Stoffe beschränkt. Die optimale Temp. für die Extraktion der Aromaten mit **I** (**II**) beträgt 20–50° (75–100°).
R. K. Müller H 1010

1867 **Oxydation von Kohlenwasserstoffen mit Metallsalzkatalysatoren.** 2. Mitt. **Negativeffekt der Konzentration und Multiplikationseffekt der aus zwei Metallnaphthenaten bestehenden Mischkatalysatoren bei der Luftoxydation von p-Xylol in flüssiger Phase.** Kanekichi Kagami. (J. chem. Soc. Japan, ind. Chem. Sect. [Kōgyō Kagaku Zasshi] **70** (1967) 2, 162–65; Government Chem. Ind. Res. Inst., Tokyo; jap., Auszug: engl.) — Beziehungen zwischen Aktivität u. Katalysatorkonz. bei der Luftox. von *p-Xylol* in fl. Phase mit Metallnaphthenat-Mischkatalysatoren (Co + Mn, Co + Ni, Co + Cu, Co + Cr, Mn + Ni, Mn + Cu, Cr + Cu, Ni + Cu) werden untersucht. Wenn die Konz. des Katalysators über einen bestimmten krit. Wert ansteigt, tritt ein Negativeffekt auf. Im Falle des Mn–Ni-Mischkatalysators wird ein Multiplikationseffekt beobachtet, wobei das Aktivitätsmax. bei einer geringeren Konz. liegt. Aus der Beziehung zwischen Mn/Ni-Atomverhältnis u. Aktivität wird eine maximale Aktivität gefunden, wenn das Atomverhältnis Mn : Ni = 1 beträgt.
Bernd Müller H 1060

1868 **Oxydation von Kohlenwasserstoffen mit Metallsalzkatalysatoren in flüssiger Phase.** 3. Mitt. **Aktivität, Wirkung des Säureradikals und Multiplikationseffekt von Metallsalzkatalysatoren bei der Oxydation von p-Xylol.** Kanekichi Kagami. (J. chem. Soc. Japan, ind. Chem. Sect. [Kōgyō Kagaku Zasshi] **70** (1967) 2, 166–69; jap., Auszug: engl.) — 2. vgl. vorst. Referat. — Die Ox. von *p-Xylol* mit Metallsalzkatalysatoren wurde untersucht, um die Aktivität verschiedener Metallsalze (Co, Mn, Ni, Mn + Ni) u. die Wrkg. des Säureradikals (Oleat, Linoleat, Caprat, Stearat) auf den Negativeffekt u. den Multiplikationseffekt zu klären. Den größeren Einfl. auf die Effekte übt anscheinend die metall. Komponente aus, während das Säureradikal von geringerer Wrkg. ist.
Bernd Müller H 1060

1869 **Kinetisches Modell für die katalytische Gasphasenhydrolyse von Chlorbenzol.** V. D. Deo und L. K. Doraiswamy. (Indian J. Technol. **5** (1067) 6, 174–78; National Chem. Labor., Poona; engl.) — Die Kinetik der Hydrolyse von Chlorbenzol zu *Phenol* wird in Form einer Gleichung bei Verw. von Tricalciumphosphat als Katalysator gegeben. Bei Prod.-Geschw. $>$13 ft./s u. 515° ist kein Effekt des Massentransfers zu bemerken, u. die Oberflächenrk. zwischen Chlorbenzol auf dem Katalysator u. W. in der Gasphase ist der geschwindigkeitsbestimmende Schritt.
R. Hintsche H 1060

1870 **Mesitylengewinnung bei der Hydroraffination von Rohbenzol.** L. Ja. Koljandr und M. I. Tjaptina. (Koks i Chim. **1967**, 3, 32–36; UChIN; russ.) — Daten über die Zus. der Verunreinigungen in Bzl.–Toluol–Xylol-Fraktionen des Jasinov-Kokereiwerkes nach der Reinigung mit H_2SO_4 bzw. nach der katalyt. Hydrierung werden gebracht (Geh. an Äthylbenzol, m- u. p-Xylol, o-Xylol, m- u. p-Äthyltoluol, *Mesitylen* (**I**), o-Äthyltoluol, Pseudocumol). Erarbeitet wird ein Schema zur Gewinnung von **I** aus kokereichem. Lsgm. (Kp. 137 bis 202°), dessen Zus. gaschromatograph. untersucht wurde. Das Lsgm. wurde zweimal rektifiziert zur Gewinnung einer konzentrierten **I**-Fraktion. Das erhaltene *Konzentrat* (**K**) wird sulfoniert u. anschließend zur Gewinnung von **I** hydrolysiert. Der Geh. an ungesätt. Verb. im **K** (bis zu 3%) hat keinen wesentlichen Einfl. auf die Ausb. u. die Reinheit des gewonnenen **I**. Schema der Gewinnung von I aus einer Rohbenzolfraktion: Dest. zur Abtrennung einer Schwerxylolfraktion, die zur Gewinnung von Cumaron–Inden-Harzen polymerisiert wird. Abtrennung der Polymeren u. Rektifikation des erhaltenen Destillats zur Gewinnung von I-K u. Hydroraffination der verbleibenden Xylol–Solvent-Fraktion.

S. Brändel H 1210

1871 **Alkalische Hydrolyse von Benzylidenphenylacetonitrilen.** D. Zăvoianu und Angela Mori. (Rev. Chim. [Bucureşti] 18 (1967) 7, 395—98; Bucureşti, Univ., Labor. de chim. organ.; rum.) — Um die induktiven u. elektromeren Effekte der einzelnen Substituenten α,β-ungesätt. Nitrile zu ermitteln, werden *Benzylidenphenylacetonitril* (I), *o-*, *m-* u. *p-Nitrobenzylidenphenylacetonitril*, *o-* u. *p-Chlorbenzylidenphenylacetonitril*, *p-Dimethylaminobenzylidenphenylacetonitril*, *p-Methoxybenzylidenphenylacetonitril* u. *3.4-Dioxymethylenbenzylidenphenylacetonitril* alkal. hydrolysiert. Die nach verschiedenen Rk.-Zeiten gebildete NH_3-Menge wird gemessen. Es handelt sich um eine Rk. 2. Ordnung. Ferner werden die Werte für E, ΔH (Enthalpie) u. ΔS (Entropie) u. die Rk.-Geschw.-Konst. (k) gegenübergestellt u. im Vgl. zu den Werten für I beurteilt. Ebenfalls wird ΔH als Funktion von ΔS graph. dargestellt. In Ggw. von Substituenten, die Elektronen anziehen (NO_2-Gruppen), werden geringere k-Werte u. höhere E (Aktivierungsenergien) festgestellt, während bei denjenigen wie $-N\cdot(CH_3)_2$, Cl—, CH_3O— u. a. ein umgekehrter Einfl. auf die Rk.-Parameter festgestellt wird.

P. W. Kittner H 1210△

1872 **Einfluß der Reaktionsparameter auf die durch HF/BF_3-katalysierte Disproportionierung von Tetralin.** Ronald D. Bushick. (Ind. Engng. Chem., Product Res. Development 6 (1967) 3, 172—76; Res. and Dev. Div., Sun Oil Co., Marcus Hook, Pa.; engl.) — Die HF–BF_3-katalysierte Disproportionierung von Tetralin (I) ist extrem empfindlich gegen Änderungen von Temp., Kontaktzeit u. Katalysatorkonz.; bei niedrigen Temp. wird allein *6-[4-Phenylbutyl]-1.2.3.4-tetrahydronaphthalin* gebildet, während bei höheren Temp. Bzl. u. ein Gemisch von *1.2.3.4.5.6.7.8-Octahydroanthracen* u. *1.2.3.4.5.6.7.8-Octahydrophenanthren* entsteht. Das gilt für den 10fachen HF-Überschuß u. das Mol-Verhältnis $BF_3 : I = 0,5$ bis 0,6 : 1. Andere Cokatalysatoren (SbF_5, BCl_3) sind möglich, aber schlechter geeignet als BF_3.

R. Hintsche H 2600

1873 Farbwerke Hoechst Akt.-Ges. vormals Meister Lucius & Brüning, Frankfurt/M., **Fluorierung chlor- und/oder bromhaltiger aliphatischer Verbindungen** mit ≥ 4 C-Atomen, die außerdem F, H u./oder O enthalten u. bei denen 1 C-Atom ≥ 2 Halogenatome trägt, von denen $\geq$ eines nicht F bedeutet. Man setzt diese Verb. mit HF in der Gasphase, ggf. in Ggw. von Cl_2, mit einem CrO_xF_y-Katalysator, bes. bei 150—500° um (x = 1 oder 2; y = 2 oder 1; $x + y \leq 4$). — 530 g Cr(III)-Hydroxid werden im Ni-Rohr unter Durchleiten von HF 40 Min. auf 400° erhitzt u. über diesen Katalysator $7^3/_4$ Std. HF u. Trichloräthylen (I) im Mol-Verhältnis 6:1 bei 340—360° u. dann zwecks Ausb.-Erhöhung während $6^1/_4$ Std. 570 g HF u. 522 g I bei 340° geleitet. Nach der Absorption von HF u. HCl mittels W. u. Trocknung des Gasstroms erhält man in 90,8%ig. Ausb. (410 g) *Trifluoräthylchlorid.* $CHCl_3$ → *Fluoroform* (88,6% Ausb.). — Difluortrichloräthan → *Pentafluoräthan.* — Hexachloräthan → *Pentafluorchloräthan* (18%) + *Tetrafluordichloräthan* (49,6%) + *Trifluortrichloräthan* (34%) + *Difluortetrachloräthan* (8%). — Chloral → *Fluoral* (85,7% Ausb.). (**Brit. P. 1 025 759** vom 11/1. 1963, ausg. 14/4. 1966. D. Prior. 13/1., 20/6., 16/8., 25/8. u. 31/8. 1962.) — 8 S. A. Jahn H 560

1874 A. I. Subbotin, V. N. Antonov und Z. S. Smoljan, **Gewinnung von Vinylchlorid** durch Erwärmen von Cl_2, $CH_2{=}CH_2$ u. Dichloräthan (I). I gibt man erst 0,5—1 Sek. nach Chlorierungsbeginn in die Rk.-Zone. Der Prozeß wird bei 300—600° u. einem mol. Verhältnis $Cl_2 : C_2H_4 : I = 1 : 2—7 : 2—10$ durchgeführt. (**UdSSR. P. 185 897** vom 15/7. 1965, ausg. 17/10. 1966.) — 2 S.

J. Plückhan H 570

1875 V. P. Lichterov, V. S. Ėtlis, Ju. I. Tkačenko und L. N. Grobov, **Herstellung von Vinylchlorid** (I) durch Hochtemp.-Chlorierung von Äthylen (II) in Ggw. von W.-Dampf zur Vermeidung von Rußbldg. (Mol-Verhältnis II : Cl_2 : W = 1 : 1 : 4 bis 5). — In einen elektr. heizbaren Rohrreaktor wird ein zuvor auf Rk.-Temp. erwärmtes Gemisch aus II : Cl_2 : W = 1 : 1 : 4,5 geleitet (Rk.-Temp. 400—450°, Verweilzeit 2—3 Sek.). In einem Kondensator wird der W.-Dampf kondensiert unter Bldg. 25—28%ig. HCl; dann werden die Gase mit Laugen gewaschen, über $CaCl_2$ u. KOH getrocknet u. kondensiert: 90—95% I. (**UdSSR. P. 178 368** vom 6/5. 1963, ausg. 4/3. 1966.) — 2 S. F. Eßer H 570

1876 Petro-Tex Chemical Corp. (Erfinder: Laimonis Bajars), **Dehydrierung von organischen Verbindungen** erfolgt durch Rk. einer organ., <350° sd. Verb. mit 2—20 C-Atomen u. wenigstens einem >CH—CH<-Rest in der Dampfform bei 400—850° mit wenigstens 0,25 (Mol) O_2 je 1 organ. Verb. in Ggw. von wenigstens 0,001 einer Halogen in Freiheit setzenden Verb. bei deren Partialdruck <$^1/_2$ des Gesamtdruckes u. eines Katalysators, der aus Alkali- u. Erdalkalioxiden u. -hydroxiden sowie einer anorgan. Verb. (Salze, Oxide, Hydroxide) von Metallen der Gruppen des Period. Syst. Ib, IIb, IIIa, IIIb, IVa, IVb, Va, Vb, VIb, VIIb, VIIIb, der Lanthaniden u. deren Gemischen besteht. Aus Buten → Butadien-(1.3), 77%ig. Umwandlung, bezogen auf Buten. (**Aust. P. 266 920** vom 29/8. 1961, ausg. 26/5. 1966. U. S. Prior. 30/8. 1960.) — 34 S.

K. Demmler H 570

1877 V. G. Čerkaev, N. V. Bliznjak und L. B. Gurevič, **2.6-Dimethyloctadien-(2.4)-ol-(7)** (I) entsteht durch Red. von 2.6-Dimethyl-2.6- oder -3.7-diepoxyocten u. anschließender Dehydratisierung an Cu–Chromit-Katalysator. — 100 (g) 89—92%ig. Diepoxid (n_D^{20} 1,4630—1,4635) wird in Ggw. von Cu/Cr-Katalysator bei 100—120 atm u. 115—125° hydriert: Hydrogenisat mit Bromzahl 110—114, 70—76% sek. u. tert. OH-Gruppen. Dehydratisierung mit H_3PO_4 führt zu 65 eines Alkohols mit 60—63% sek. OH-Gruppen; nach Reinigung 28 96%ig. I; n_D^{20} 1,4912; *3.5-Dinitrobenzoat*, F. 147—148°. (**UdSSR. P. 178 812** vom 21/2. 1964, ausg. 30/3. 1966.) — 2 S. F. Eßer H 610

1878 E. I. du Pont de Nemours & Co., Wilmington, Del., USA, **Fluorkohlenstoffvinyläther** der allg. Formel $MSO_2CFR_fCF_2O(CFYCF_2O)_nCF{=}CF_2$ (R_f = F oder Perfluoralkyl C_{1-10}; Y = F oder CF_3; n = 1—3; M = F, OH, NH_2 oder —OMet, wobei Met Alkalimetall oder den Ammoniumrest bedeutet) erhält man durch Pyrolyse von Verb. der allg. Formeln $FSO_2CFR_fCF_2O(CFYCF_2O)_n\cdot CF(CF_3)$—COF oder —COOX (X = Alkalimetall) bei 180—600°. Das verwendete Säurefluorid wird durch Rk. von Hexafluorpropylenepoxid mit einem Fluorsulfonylacylfluorid der allg. Formel FSO_2CFR_fCOF erhalten. — Durch Pyrolyse von $FSO_2CF_2CF_2OCF(CF_3)\cdot CF_2OCF(CF_3)COONa$ bei 180° erhält man den *Perfluor-2-[2-fluorsulfonyläthoxy]-propylvinyläther*, $C_7F_{14}O_4S$, Kp. 118°, ähnlich erhält man $FSO_2CF_2CF_2O[CF(CF_3)CF_2O]_2\cdot -CF{=}CF_2$, Kp. 159° (IR-Spektrum). — *Zwischenprod. für Polymere* u. *Mischpolymere.* (**Brit. P. 1 084 197** vom 1/9. 1964, ausg. 29/6. 1966. U. S. Prior. 13/9. 1963 u. 22/7. 1964.) — 10 S. R. Bollinger H 640

1879 A. G. Polkovnikova, A. N. Šatalova und L. L. Cejtina, **Herstellung ungesättigter Aldehyde** durch Ox. von Olefinen an „Oxin"-Cu-Katalysator unter Zusatz von 0,1—1% (der Cu-Menge) nichtflüchtiger Jodsalze, bes. BiJ_3, CuJ oder $HgJ_2\cdot CuJ$. Die direkte Einführung der Jodsalze in den Katalysator erhöht die Selektivität der Ox. von Propylen (I) u. Isobutylen auf 80—85%. — 25 (ml) Cu-Katalysator wird in 25 dest. W. mit 0,4 0,1%ig. wss. CuJ-Lsg. versetzt. Die Mischung wird zur Trockne eingedampft u. bei 100° getrocknet. Nach 28std. Ox. von I mit O_2 (Vol.-Verhältnis 85:15) bei Verdünnung mit 40% W.-Dampf, einer Vol.-Geschw. von 5000 l/l · Std. erhält man in Ggw. des Katalysators bei 380° 328 g/l · Stunde. *Acrolein* (83,2% Selektivität). (**UdSSR. P. 151 323** vom 13/2. 1962, ausg. 20/12. 1966.)

F. Eßer H 670

1880 Montecatini Soc. Gen. per l'Industria Mineraria e Chimica, Mailand, Italien (Erfinder: Franco Piacenti und Piero Pino), **Herstellung von Acetalen und Aldehyden** der aliphat., cycloaliphat. oder aromat. Reihe, dad. gek., daß man entsprechende Orthoester bei 50—200°, bes. 80—130°, in Ggw. des Carbonyls eines Metalls der VII. Gruppe, bes. $Co(CO)_4$, mit H_2 u. CO (Gesamtdruck 10—300 at) formyliert. — *Diäthylacetal von Propionaldehyd*, Kp. 110—126; *n-Propylacetal von n-Butylaldehyd*, $Kp._{16}$ 87°; *Diisoamylacetal* von *3-Methylpentanal*; *Diisopropylacetal von Isobutylaldehyd*; *Diisoamylacetal von 4-Methyl-1-al*, $Kp._{118,5}$ 115—120°. (**It. P. 629 540** vom 29/4. 1960.) — 4 S.
K. Koebke H 670

1881 É. A. Bljumberg, M. G. Bulygin, G. E. Zaikov, Z. K. Majzus und N. M. Émanuel, **Gewinnung von Essigsäure** durch Fl.-Phasen-Ox. von Butan bei ca. 150° u. ca. 50 atm unter Zusatz von 10—20 Vol.-% W. bei guter Durchmischung. (**UdSSR. P. 185 883** vom 26/10. 1965, ausg. 9/11. 1966.) — 2 S.
J. Plückhan H 810

1882 Š. Mamedov und D. N. Chydyrov, **Essigsäure-α-chlormethylester** (I) entsteht durch Rk. von Acetanhydrid (II) mit Bis-chlormethyläther (III) in Ggw. von H_2SO_4 bei 50—55°. — 57 (g) **II** u. 3 ml konz. H_2SO_4 werden langsam mit 55 **III** versetzt u. 6 Std. bei 50 bis 55° gerührt: 76 **I**, Kp. 109—111°; n_D^{20} 1,4094; $D._4^{20}$ 1,1924. (**UdSSR. P. 180 583** vom 4/1. 1965, ausg. 18/5. 1966.) — 2S. F. Eßer H 810

1883 Imperial Chemical Industries Ltd., London, Großbritannien (Erfinder: Gordon Cheyne Fettis, Peter Hurst und Peter James Thomas), **Ungesättigte Aldehyde und/oder Carbonsäuren** erhält man durch Ox. von Alkenen von ≥3 C-Atomen mit O_2 in Gasphase bei 200—650° in Ggw. eines Ni–Mo–Te–P–O-Katalysators, der je g-Atom Mo 0,1—1 g-Atom P u. 0,01—0,5 g-Atom Te enthält. — *Aus Propan 19 % Acrylsäure* u. 21 % *Acrolein*. (**Brit. P. 1 037 002** vom 6/5. 1964, ausg. 20/7. 1966.) — 2 S.
A. Jahn H 810

1884 N. S. Imjanitov, B. E. Kuvaev und D. M. Rudkovskij, **Gewinnung von Penten-(3)-säure** aus Butadien, CO u. W. in Py. bei erhöhten Temp. u. Drücken in Ggw. von Metallcarbonylen, z. B. $Co_2(CO)_8$. Dem Py. werden organ. Lsgm., z. B. Dioxan, Aceton u. Bzl., zugesetzt; Ausb. bis 90 %. (**UdSSR. P. 185 900** vom 16/8. 1965, ausg. 17/10. 1966.) — 2 S.
J. Plückhan H 810

1885 Imperial Chemical Industries Ltd., London, Großbritannien, **Herstellung von Carbonsäureestern** durch Rk. von gesätt. aliphat. Alkoholen mit gesätt. aliphat. oder aromat. Aldehyden in Ggw. eines Pd-Salzes, bes. $PdCl_2$, u. ggf. eines Redoxsyst. ($CuCl_2$, $Cu[OOCCH_3]_2$, $FeCl_3$) u. eines Alkalisalzes einer Monocarbonsäure, bes. CH_3COOLi, bei 50—150° u. einem Druck, bei dem die Reaktanten fl. sind. — Beispiele für *β-Methoxymethylisobutyrat* aus *β*-Methoxyisobutyraldehyd, *Benzoesäuremethylester*, *Äthylacetat* u. *β-Methoxymethylpropionat*. (**Ind. P. 91 002** vom 26/11. 1963.) — 3 S.
C. Lüttgen H 810

1886 I. G. Chaskin, A. L. Stolper und Z. A. Vasil'eva, **Herstellung von aromatischen Dichloracetamidderivaten** aus aromat. Aminen u. Chloral in Ggw. einer Cyanverb. u. eines alkal. Mittels, dad. gek., daß Acetoncyanhydrin (I) u. Alkalicarbonat bzw. -bicarbonat oder ein tert. aliphat. Amin benutzt werden u. daß in einem organ. Lsgm. bei 20—80° (optimal bei 40—60°) gearbeitet wird. — Zu 14,25 (g) Anilinhydrochlorid u. 4 **I** in 100 ml W. (60°) tropft man in 25 Min. eine bei 5° bereitete Lsg. von 33 Chloralhydrat u. 57,2 $Na_2CO_3 \cdot 10\,H_2O$ in 400 ml W., beläßt 5 Min. bei 57—62°, kühlt auf 3° ab u. rührt $1^1/_2$ Std.: 18,85 *2.2-Dichloracetanilid*, F. 118—119° (50 %ig. Methanol). — *2.2-Dichlor-p-acetanisidin*, F. 130—131° (75 %ig. Methanol); 86,5 % (Ausb.). — *2.2-Dichlor-p-hydroxyacetanilid*, F. 125—137° ($CHCl_3$); 76,2 %. — *2.2-Dichlor-p-acetphenetidin*, F. 139,5—140,5 °(Methanol); 97 %. — *2.2-Dichloracet-β-naphthylamid*, F. 165—165,5° (Methanol); 45,5 %. (**UdSSR. P. 178 824** vom 3/6. 1964, ausg. 21/3. 1966.) — 2 S. U. Jahnke H 810

1887 Shell Internationale Research Mij. N.V., Den Haag, Niederlande, **Herstellung von Halogennitrilen** erfolgt z. B. durch 3std. Erhitzen eines Gemisches aus 1,5 (g) Cl_2CH-CN (I), 0,72 $CH_2{=}CH-CN$ (**II**), 0,15 CuCl u. 2,5 ml CH_3CN auf 115°. Man erhält bei 57 %ig. Umsatz *2.4-Dichlorglutarsäurenitril*, Kp. 257°; n_D^{25} **1,4819**. — I + $CH_2{=}CH-COOCH_3$ (**III**) → *4-Cyan-2.4-dichlorbuttersäuremethylester*, Kp. 247—248°; n_D^{25} **1,4697**. — $Cl \cdot CH_2-CN$ (**IV**) + **III** → *4-Cyan-2-chlorbuttersäurenitril*, Kp. 250°; n_D^{25} 1,4630. — I + $CH_2{=}CH-CHO$ → *4-Cyan-2.4-dichlorbutyraldehyd-Hemihydrat*, n_D^{25} 1,5095. (**Brit. P. 1 024 399** vom 9/10. 1964, ausg. 30/3. 1966. U. S. Prior. 11/10. 1963.) — 7 S.
O. Müller-Meiningen H 820

1888 I. L. Knunjanc, S. L. Varšavskij, A. P. Tomilov, L. V. Kaabak und N. T. Eskin, **Herstellung von Adiponitril** (I) durch elektrolyt. Red. von Acrylnitril (**II**) in neutralem Medium bei Raumtemperatur. — In einer Wanne ohne Diaphragma mit Rührer werden 600 ml 0,5n wss. Na_2SO_4-Lsg. u. 100 g **II** mit 5 A (Stromdichte 400 A/m²) bei 15—18° in 6 Std. elektrolysiert. Nach Filtrieren wird mit W.-Dampf dest. u. mit $CHCl_3$ extrahiert: 33,4 g **I** u. 7,3 g *Propionitril*. — Weiteres Beispiel mit Diaphragma. (**UdSSR. P. 178 807** vom 10/5. 1963, ausg. 30/3. 1966.) — 2 S. F. Eßer H 820

1889 Procter & Gamble Co., Cincinnati, O., USA, **Herstellung cyclischer Anhydride** der allg. Formel **I**

I 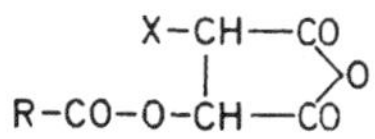

(X = H oder —O—CO—R; R = $C_{11}-C_{21}$-Alkyl oder Alkenyl). Man rührt z. B. ein Gemisch aus 20 (g) Äpfelsäurestearat (**II**), 10 ml Acetanhydrid, 100 ml Toluol u. 0,01 ml 70 %ig. wss. Perchlorsäurelsg. bei Raumtemp., verd. bei Beginn der Bldg. eines Nd. mit 250 ml Hexan, rührt 15 Min. unter Eiskühlung, inaktiviert Katalysator mit 1 ml einer Suspension von 0,09 $NaOCH_3$ in Xylol u. erhält nach Umkrist. aus 250 ml Hexan 14,5 (76 %) *II-Anhydrid*, F. 70,7°; VZ. 415 (Theorie 441). — Analog erhält man die *Anhydride* von *Weinsäure* (**III**)-*distearat*, F. 93,3°; VZ. 309 (Theorie 329), **III**-*Palmitatstearat*, **III**-*Dibehenat*. — **II**-*Palmitat*. — *Zusatz zu Backwaren* u. W., Fette, Protein u./oder Kohlehydrate emulgiert enthaltenden Füllungen. (**Brit. P. 1 051 058** vom 4/11. 1964, ausg. 14/12. 1966. U. S. Prior. 4/11. 1963.) — 3 S.
O. Müller-Meiningen H 850

1890 S. I. Čerepanov, I. L. Bogatyrev, G. N. Baukov, E. G. Bondarenko und B. Ja. Libman, **Herstellung von COS** durch Rk. von CO mit gasf. S an Metallsulfidkatalysatoren. — Ein elektr. beheizbarer Vertikalrohrreaktor wird mit FeS gefüllt u. auf 400° erhitzt. Dann wird eine Mischung von CO + S (Mol-Verhältnis CO : S_2 = 2:1) mit 250 Vol. Gas/1 Vol. Katalysator in der Std. durch den Reaktor geleitet: 95 (Vol.-%) *COS*, 4 CO, 0,5 CO_2 u. 0,5 CS_2. (**UdSSR. P. 181 064** vom 26/4. 1965, ausg. 6/6. 1966.) — 2 S. F. Eßer H 880

1891 Standard Oil Co., Cleveland, übert. von: James W. Sprague, Streetsboro, O., USA, **Elektrochemische Herstellung von Halogencyan** in einer Zelle, bei der die Anode senkrecht an der der Trennwand zum Kathodenraum abgekehrten Seite des Anodenraumes angeordnet ist u. die Trennwand anodenseitig aus einer Membran u. kathodenseitig aus einem elektrolytabsorbierenden Separator besteht, an den die ebenfalls senkrecht angeordnete Kathode anschließt. Am Boden des Anodenraums wird eine wss. HCN- u. NH_4-Halogenidlsg. eingeführt, wobei sich Halogencyan bildet u. eine halogenreiche, schwere Anolytlsg. zu Boden sinkt. Durch Zugabe von weiterem HCN wird das spezif. Gew. dieser Lsg. erniedrigt, wobei sie unter weiterer Rk. entlang der Anode nach oben steigt, wodurch eine Berührung der Membran mit dem Halogen vermieden wird. Aus der am oberen Ende der Zelle abgenommenen Lsg. wird das Halogencyanid laufend entfernt u. der restliche Anolyt im Kreislauf zurückgeführt. — *Vorrichtung.* (**U. S. P. 3 300 398** vom 12/10. 1962, ausg. 24/1. 1967.) — 5 S.

H. Roos H 890

1892 United States Rubber Co., New York, N.Y., USA, **Bis-[aminophenyl]-amine** der Formel 4.4'-$R^1R^2 \cdot NC_6H_4-NH-C_6H_4NR^3H$ (R^1, R^2 = C_1-C_8-Alkyl, C_5 bis C_8-Cycloalkyl; R^3 = C_3-C_8- sek. Alkyl; C_5-C_8-Cycloalkyl) werden hergestellt durch *reduktive Alkylierung* von 4.4'-$R^1R^2NC_6H_4-NH-C_6H_4X$ (X = NO_2, NH_2) mit dem entsprechenden Keton. — *Diphenylamine*: *4-Dimethylamino-4'-isopropylamino-*, $C_{17}H_{13}N_3$, $Kp._{0,6}$ 190 bis 200°, 72,5% (Ausb.); aus 4-Dimethylamino-4'-nitro-, $C_{14}H_{15}N_3O_2$, F. 151—152,5° (aus Nitromethan). — *4-Dimethylamino-4'-cyclohexylamino-*, $C_{20}H_{27}N_3$, F. 102,5 bis 103,5°. — *4-Dimethylamino-4'-[1.3-dimethylbutyl-amino]-*, $C_{20}H_{29}N_3$, $Kp._{0,1}$ 210—230°, 67%. — *4-Dimethylamino-4'-[2-octylamino]-*, $C_{22}H_{23}N_3$, $Kp._{0,05}$ 221 bis 230°, 93%. — *4-Diäthylamino-4'-isopropylamino-*, $C_{19} \cdot H_{27}N_3$, $Kp._{0,4}$ 196—202°, 74%; aus N.N-Diäthylamino-N'-formyl-p-phenylendiamin, $C_{11}H_{15}N_2O$, über 4-Diäthylamino-4'-nitro-, $C_{16}H_{19}N_3O_2$, F. 142,3—143,5°, 46%. — *4-Diäthylamino-4'-[2-octylamino]-*, $C_{24}H_{37}N_3$, $Kp._{0,5}$ 222 bis 234°, 66%. — *4-Dibutylamino-4'-isopropylamino-*, $C_{23}H_{35}N_3$, $Kp._{0,3}$ 214—216°, 91%; aus 4-Dibutylamino-4'-amino-, $C_{20}H_{29}N_3$, $Kp._{0,8}$ 226—238°, 26%. — *Antioxydanzien für Gummi.* (**Brit. P. 1 015 628** vom 24/8. 1964, ausg. 5/1. 1966. U. S. Prior. 25/9. 1963.) — 7 S.

A. Debo H 910

1893 United States Rubber Co., New York, N.Y., übert. von: Edward L. Wheeler, Woodbury, Conn., USA, **Substituierte 4.4'-Bis-[alkylamino]-diphenylamine** der Formel 4.4'-$R^1NHC_6H_4N(R^3)-C_6H_4NHR^2$ (R^1, R^2 = C_1-C_8-Alkyl; C_5-C_8-Cycloalkyl; R^3 = C_1-C_4-Alkyl, Phenyl, C_1-C_4-Alkylphenyl) werden hergestellt durch *reduktive Alkylierung* der entsprechenden 4.4'-Diamino- oder -Dinitrodiphenylamine mit einem entsprechenden Keton. — (*Diphenylamin* = **I**): *4.4'-Bis-[isopropylamino]-N-methyl-***I**, $C_{19}H_{27}N_3$, $Kp._{0,4}$ 187—193°, 71% (Ausb.); aus 4.4'-Dinitro-N-methyl-**I**, F. 178—179°; über 4.4'-Diamino-N-methyl-**I**, F. 172,5—174°. — *4.4'-Bis-[isopropylamino]-N-äthyl-***I**, $C_{20}H_{29}N_3$, $Kp._{0,1}$ 187°, 47%; aus 4.4'-Dinitro-N-äthyl-**I**, F. 144—145°, 92%, über 4.4'-Diamino-N-äthyl-**I**, F. 113—115°. — *4.4'-Bis-[isopropylamino]-N-p-tolyl-***I**, $C_{25}H_{31}N_3$, F. 130—133°, 72%; aus 4.4'-Dinitro-N-p-tolyl-**I**, F. 244—246°, 91,5%, über 4.4'-Diamino-N-p-tolyl-**I**, F. 145—146°. — *4.4'-Bis-[2-octylamino]-N-methyl-***I**, $C_{29}H_{47}N_3$, $Kp._{0,2}$ 245—246°, 47%. — *4.4'-Bis-[methylamino]-N-methyl-***I**, $C_{15}H_{15}N_3O_2$, F. 158 bis 161°, 93%. — *4.4'-Bis-[cyclohexylamino]-N-methyl-***I**, $C_{25} \cdot H_{35}N_3$, F. 108—110°, 76%. — *4.4'-Bis-[cyclohexylamino]-triphenylamin*, $C_{30}H_{37}N_3$; F. 139—139,5°, 92%; aus 4.4'-Dinitrophenylamin, F. 190—195°; über 4.4'-Diaminotriphenylamin, F. 184—186°. — *4.4'-Bis-[methylamino]-triphenylamin*, $C_{20}H_{21}N_3$, F. 116—118°; aus N.N'-Diformyl-4.4'-diaminotriphenylamin, F. 194—198°. — *Antioxydanzien für Gummi.* (**U. S. P. 3 277 174** vom 25/9. 1963, ausg. 4/10. 1966. **Brit. P. 1 015 629** vom 24/8. 1964, ausg. 5/1. 1966, U. S. Prior. 25/9. 1963.) — 5 S. — 9 S.

A. Debo H 910

1894 Aerojet-General Corp., Azusa, Calif., übert. von: Gustave B. Linden, Short Hills, N.J., USA, **Acetate von Trinitro-aza-alkylnitraten** der allg. Formel $RC(NO_2)_2-A-N(NO_2)-A'-OCOCH_3$ erhält man durch Rk. von Essigsäure oder deren Anhydrid mit einer Verb. der allg. Formel $RC(NO_2)_2AN(NO_2)A'OY$ [R = niederer Alkyl- oder Nitroalkylrest; A u. A' = niedere Alkylenreste; Y = H oder NO_2]. 3.5.5-Trinitro-3-aza-1-hexylnitrat → *3.5.5-Trinitro-3-aza-1-hexylacetat*, F. 55—56° (Methanol). — *Weichmacher für polymere Binder in festen Sprengstoffen.* (**U. S. P. 3 248 420** vom 9/4. 1962, ausg. 26/4. 1966.) — 2 S. A. Jahn H 920

1895 General Mills, Inc., Minneapolis, Minn., USA, **Langkettige quaternäre Ammoniumverbindungen** der allg. Formel $[R^1-(Q)^+-R'-CO-N(R'')-CH(R''')-OH] \cdot X^-$ {R^1 = aliphat. C_{4-24}-KW-Stoffrest; Q = ggf. substituierter KW-Stoffrest mit ≧1 quatern. Ammonium-N-Atom mit positiver Ladung, bes. $-N^+(R^2)(R^3)$- bzw. $-N(R^2)(R^3)-R^5-N^+[(R^4)_2]$- bzw. $-N^+(R^2)(R^3)-$ $CH-CH-OH$; R^2, R^3 u. R^4 = aliphat. C_{1-24}-KW-Stoffreste oder $-R'-CO-N(R'')-CH(R''')-OH$; R^5 = zweiwertiger aliphat. C_{1-10}-Rest; R' = zweiwertiger C_{1-14}-Alkylenrest; R'' = H oder C_{1-24}-Alkylrest; R''' = H oder C_{1-4}-Alkylrest; X = salzbildendes Anion} erhält man durch Rk. eines die quatern. Gruppe enthaltenden Amids mit einem Aldehyd (CH_2O, Acet- u. Propionaldehyd) nach dem Schema $[R-(Q)^+-R'-CO-NH-R''] \cdot X^- + OHC-R''' \rightarrow [R^1-(Q)^+-R'-CON(R'')-CH \cdot (R''')-OH] \cdot X^- + H_2O$ in wss. Lösung. — Aus Lauryldimethylamin, $ClCH_2-CONH_2$ u. $NaHCO_3$ in Isopropanol durch Erhitzen bei 70° → $\{C_{12}H_{25}-N^+[(CH_3)_2]-CH_2-CONH_2\} \cdot Cl^-$; analog aus Dimethylaminohydroxystearamid u. CH_3Cl → $[CH_3-(CH_2)_7-CH\{N^+[(CH_3)_3]\}-CH \cdot OH-(CH_2)_7-CONH_2] \cdot Cl^-$. — Durch Quaternisierung von Dimethyl-hydriertem Tallölamin mit Chloracetamid → $\{C_{18}H_{37}N^+[(CH_3)_2]-CH_2-CONH_2\} \cdot Cl^-$. — Aus N-Fettsäurealkyl-N.N-dimethylacetamid-quatern.-ammoniumchlorid u. CH_2O → *Methylolverb.* $[R-N^+[(CH_3)_2]-CH_2-CONH-CH_2OH\} \cdot Cl^-$ (R = C_{8-22}-KW-Stoffrest einer Fettsäure) zur *Imprägnierung von Baumwollwaren.* Die Prod. dienen zum *Schutz* von Textilprod. *gegen Mikroben.* (**Brit. P. 1 046 417** vom 6/8. 1964, ausg. 26/10. 1966. U. S. Prior. 6/8. 1963.) — 14 S.

Georg Vogel H 950

1896 Rohm & Haas Co., Philadelphia, Pa., USA, **Herstellung von neuen Nitrilotripropionsäureestern** der allg. Formel $N(CH_2CH_2-COOR^1)(CH_2CH_2-COOR^2)-CH_2CH_2-COOR^3$ (**I**) (R^1, R^2 u. R^3 = ggf. nitro- oder halogensubstituierte KW-Stoff- (ausgenommen äthylen. ungesätt.) Reste mit 6—18 C-Atomen, bes. Aryl, Aralkyl, Alkaryl, Alkyl oder Alkenyl) erhält man a) durch Rk. von 1 (Mol) NH_3 mit 3 eines Esters der Formel $CH_2=CH-COOR$ [R wie R^1-R^3 in geringem (bis 10%ig.) Überschuß des Acrylsäureesters] bei 5—150°, bes. 30 bis 100°, bis zum Verschwinden des Zwischenprod. der Formel $NH(CH_2CH_2-COOR^1)-CH_2CH_2-COOR^2$, bes. in einem Lsgm. für NH_3 [C_{1-14}-n-Alkanol, Dimethyl (**A**)-sulfoxid, **A**-formamid, **A**-äther, Tetrahydrofuran, 2-Methoxy- bzw. 2-Butoxyäthanol, Äthylen- oder Diäthylenglykol) in Ggw. eines Katalysators [NH_4-, Alkali- oder Erdalkalisalz oder einer Verb. der Formel $R^1-(R^2)N \cdot (R^3)-R^4 \cdot X$] ($R^1-R^4$ = H, Alkyl, Aryl oder Aralkyl; X = Anion einer Säure mit pK > 10^{-5}) oder b) durch Umesterung von **I** mit einem Alkohol R^4-OH (R^4 wie R^1-R^3, jedoch höhermol. als der niedrigstmol. R-Rest in **I**, bes. Aralkyl-, Alkyl- oder Alkenylrest), bes. in Ggw. eines Umesterungskatalysators, wie NaH–Ti-Alkylat. — Aus einem Gemisch aus NH_4-Acetat u. Methanol durch 2std. Zugabe von Acrylsäuremethylester u. NH_3 durch 6std. Erhitzen bei 70° → ziemlich reiner *Nitrilotripropionsäure* (**NTP**)*-trimethylester* (**II**), Neutralisationsäquivalent (NÄ) 273,73; analog **NTP**-*triäthylester*, NÄ 315; **NTP**-*tri-n-butylester*; **NTP**-*tri-[2-äthylhexyl]-ester*, NÄ 550,9; letzteres Prod., n_D^{25} 1,4295, auch durch Umesterung von **II** mit 2-Äthylhexanol; ferner **NTP**-*tridecyl-*, *-triisodecyl-*, *-trioctyl-*, *-tribenzyl-*, *-trioleyl-*, *-triallyl-* u. gemischte, z. B. **NTP**-*cetylstearylester* mit Ausb. von 80,6—98,3% sowie weitere C_{6-18}-Alkylester ohne Angaben über physikal. Konstanten. — *Weichmacher für Vinylchloridpolymerisate.* (**Brit. P. 1 043 054** vom 24/3. 1964, ausg. 21/9. 1966. U. S. Prior. 2/4. u. 22/7. 1963.) — 9 S.

Georg Vogel H 950

1897 Monsanto Co. (Erfinder: Edhard Peter Benzing), **Herstellung von α'-substituierten α-Cyanazoalkanen** erfolgt durch Rk. eines α-Cyan-α'-halogenazoalkans der allg. Formel $R^1(R^2)C(CN)-N=N-C(X)(R^3)-R^4$ (R^1, R^2, R^3, R^4 = ggf. substituierte aliphat., araliphat., cycloaliphat. aromat., oder heterocycl. Reste; X = Halogen, bes. Cl), das auch im Entstehungszustand umsetzbar ist, mit einer Verb., durch die an Stelle von X die Gruppe OR^6, $-OCHO$, $-OOC-R^6$, $-S-C(O)-R^5$, $-SC(S)-R^5$, $-OOCOR^6$, $-SC(S)OR^5$, $-S(O)-COR^5$, CN, $-OCN$, $-SCN$, $-SR^5$, $-OOR^6$ (R^5 = R^1-R^4; R^6 = KW-Stoffrest) eingeführt wird. Die Rk. wird in einem Lsgm. unter der Zers.-Temp. der Azoverb. u. in Ggw. eines Säurebinders durchgeführt. — Folgende *2-Cyan-2.2'-azopropane* werden hergestellt: *2'-Thiocyan-*, $C_8H_{12}N_4S$, F. 59,5°, aus NCSNa u. 2-Cyan-2'-chlor-2.2'-azopropan (**I**). — *2'-Methoxy-*, $C_8H_{15}N_3O$, $Kp._{1,7}$ 67°, aus **I**, NaOH u. abs. CH_3OH. — *2'-Äthoxy-*, $C_9H_{17}N_3O$, $Kp._{1,5}$

50–52°. — *2'-Acetyloxy-*, $C_9H_{15}N_3O_2$, Kp.$_{0,2}$ 48–51°. — *2'-Formyl-*, $C_8H_{13}N_3O_2$, Kp.$_{0,7}$ 67–69°. — *2'-Propionyloxy-*, $C_{10}H_{17}N_3O_2$, Kp.$_{0,2}$ 50–59°. — *1'-Azido-*, Kp. 84–85° (Zers.), aus 1-Cyan-1'-chlor-1.1'-azo-cyclohexan u. NaN_3. — *2'-tert.-Butylperoxy-*, gelbes Öl. — *2.2'-Di-[cyan]-2.2'-azopropan-(azo-bis-isonitril)*, F. 104–106° (Zers.). — *Polymerisationskatalysatoren* u. *Aufblähmittel* zur Herst. von *Schaumstoffen*. (**Aust. P. 266 252** vom 25/8. 1961, ausg. 21/4. 1966. Schwz. Prior. 29/8. 1960). — 11 S.
C. Lüttgen H 950

1898 General Electric Co., Schenectady, N.Y., USA, **Organosiliciumverbindungen** werden hergestellt durch Addition von Hydrogensilanen an aliphat. Mehrfachbindungen in Ggw. von Rhodiumkomplexen der Formeln $H_aRh_bOlefin_cCl_d$ oder $Rh(OOCR)_{3-n}(OH)_n$ (a = 0, 1; b = 1, 2; c = 1–4; d = 2, 3, 4; n = 0, 1; R = KW-Stoffrest). — 5 (Teile) $RhCl_3 \cdot 3 H_2O$ + 60 Octen-(1) u. 16 A. → Isomerengemisch von Rh-Octenkomplexen. 5,3 $RhCl_3 \cdot 3 H_2O$ u. 80 A. gibt man zu 400 $(C_2H_5)_3$ SiH → Komplex, der nach einer Addition noch vorhanden ist. — Cl_3SiH u. Hexen-(1) → *Hexyltrichlorsilan*, Kp. 182°; $C_6 \cdot H_5SiHCl_2$ u. Hexan-(1) → *$C_6H_5Si(C_6H_{13})Cl_2$*, Kp.$_{0,1-0,2}$ 88°; $C_2H_5Si(Cl)_2H$ u. Hexen-(1) → *$C_2H_5Si(C_6H_{13})Cl_2$*, Kp.$_7$ 81–82°. — 2,3 $RhCl_3 \cdot 3 H_2O$ in 5 W. u. 53 mol. Na-Heptanat → Komplex. — $C_2H_5Si(Cl)_2H$ u. Octen-(1) → *$C_2H_5Si(C_8H_{17})Cl_2$*; weitere Beispiele. — Zwischenprod., bes. für *Polymere*. (**Brit. P. 1 041 237** vom 19/6. 1963, ausg. 1/9. 1966. U. S. Prior. 2/7. 1962.) — 9 S.
A. Debo H 980

1899 E. F. Bugerenko, **Si-organische Verbindungen**, die P enthalten, werden durch Rk. von Verb. der allg. Formel $R_nX_{3-n}Si(CH_2)_mX$ (R = Alkyl-, Aryl-, Aralkyl- oder Alkarylgruppen; X = Halogen; n = 0–3; m = 1–3) mit PCl_3 u. $AlCl_3$ u. Zers. des gebildeten Komplexes bei –30 bis 0° erhalten. — Zu 20 (g) $AlCl_3$ u. 41,5 PCl_3 tropft man 12 $(CH_3)_3SiCH_2Cl$, rührt 2½std. bei 35–40°, fügt 250 ml CH_2Cl_2 hinzu, kühlt auf –20°, versetzt mit Trockeneis u. rührt bei –20 bis –10° 25 W. ein. Nach ¼std. Rühren u. Filtrieren wird fraktioniert: 6,4 *$(CH_3)_3SiCH_2POCl_2$*, Kp.$_3$ 75–76°; n_D^{20} 1,4745; $D._4^{20}$ 1,2494. Der Dest.-Rückstand liefert nach Behandlung mit W. u. Extraktion mit Ae. 1,6 *$(CH_3)_3 \cdot SiCH_2PO(OH)_2$*, F. 120–121° (PAe.). Analog entsteht bei Zers. mit A. *$(CH_3)_3SiCH_2PO(OC_2H_5)_2$*, Kp.$_{13}$ 101 bis 103°; n_D^{20} 1,4348; $D._4^{20}$ 0,9992. (**UdSSR. P. 184 269** vom 3/3. 1965, ausg. 17/9. 1966.) — 2 S.
J. Plückhan H 980

1900 N. P. Lobusebič, S. A. Golubcov, L. A. Malyševa, D. I. Lajner, F. I. Kosovskij, I. I. Bartovskij, V. P. Gudkova, V. G. Gerasimenko, Ju. V. Martynovskij und N. G. Ufimcev, **Methylchlorsilane** entstehen aus CH_3Cl u. einer Si–Cu-Promotorleg., wobei als Promotor As, P, Sn, Zn oder Sb im Verhältnis bis zu 2 zu Fe oder ohne dieses mit zusätzlicher Aktivierung mit $ZnCl_2$ oder Chlorsilanen verwendet wird. — Ein 10 mm starkes U-Rohr im Metallbad wird im unteren Teil mit inerten Füllkörpern u. in einem Schenkel mit der zerkleinerten Leg. beschickt; in den anderen Schenkel gibt man während 6 Std. bei 370° CH_3Cl; eine techn. Si-Leg. mit 1(%) Cu, 0,02 P u. 0,005 Sb, die mit 1,2% $ZnCl_2$ behandelt wurde, ergibt 2,2 g eines Prod. aus 61,6 *Dimethyldichlor-*, 1,8-*Methyldichlor-*, 3,4 *Trimethylchlor-* u. 32,2 *Methyltrichlorsilan*. — Weitere Beispiele. (**UdSSR. P. 178 817** vom 2/6. 1964, ausg. 21/3. 1966.) — 2 S.
U. Jahnke H 980

1901 N. K. Bliznjuk, A. F. Kolomiec, L. P. Iveršina und S. G. Žemčužin, **Herstellung von Dialkylphosphaten** aus Phosphorsäure (I) u. Alkoholen, wobei in einem inerten Lsgm. in Ggw. von Arsensäure oder deren Deriv. als Katalysator gearbeitet wird. — 0,05 (Mol) 84%ig. I, 0,12 2-Äthylhexylalkohol, 0,2 g Phenylarsonsäure u. 30 ml Xylol werden bis zur Beendigung der W.-Dest. (ca. 8 Std.) gekocht, in Bzl. wird gelöst, mit W. gewaschen, getrocknet u. dest.: 91,5% *Diisooctylphosphat*, $C_{16}H_{35}O_4P$, $D._4^{25}$ 0,9835; n_D^{25} 1,4440. — *Didecylphosphat*, F. 44°, 82% (Ausb.). — *Diheptylphosphat*, $D._4^{25}$ 0,9830; n_D^{25} 1,4397; 86,4%. — *Dinonylphosphat*, F. 30–32°, 89%. (**UdSSR. P. 178 819** vom 13/7. 1964, ausg. 21/3. 1966.) — 2 S.
U. Jahnke H 980

1902 Ch. R. Raver, A. B. Bruker und L. Z. Soborovskij, **Tri-[hydroxymethyl]-arsin** (I) wird aus AsH_3 durch Rk. mit wss. HCHO in Ggw. saurer Katalysatoren, z. B. HCl oder $CdCl_2$, gewonnen. — In zwei aufeinanderfolgende Kolonnen (Höhe 400 mm; ∅ 25 mm), versehen mit porösen Plättchen, bringt man je 100 (g) 25–36%ig. wss. HCHO u. 0,4 $CdCl_2$, wäscht mit N_2 u. leitet dann bei 150–200 mm Druck 50 AsH_3 (3 l/h) ein. Das abgeschiedene Öl wird fraktioniert: 60,2 I, Kp.$_{0,07}$ 74–76°; $D._4^{20}$ 1,7213; n_D^{20} 1,5942. (**UdSSR. P. 185 919** vom 16/6. 1965, ausg. 22/10. 1966.) — 2 S.
J. Plückhan H 980

1903 R. M. Lagidze, M. A. Ramišvili, I. G. Abesadze, D. G. Čavčanidze und R. N. Achvlediani, **Gewinnung fettaromatischer Ester oder Äther** der allg. Formel *$CH_3CH(Ar)-CH_2CH_2OR$*. Butandiol-(1.3) (I) erwärmt man in Ggw. von $AlCl_3$ mit Alkylbenzolen auf 80°. Die so dargestellten Alkohole werden veräthert bzw. verestert. — 12–14std. Erwärmen von 148 (g) $AlCl_3$, 450 p-Diisopropylbenzol u. 50 I auf 80°, Zers. mit angesäuertem W. u. Extraktion mit Ae. liefert *3-[p-Diisopropylphenyl]-butanol-(1)* (II), Kp.$_2$ 125–127°. Nach 10std. Erhitzen von 10 II, 13,4 CH_3OH u. 12,4 H_2SO_4 (D. 1,84) auf 95–100°, Verdünnen mit W. u. Extraktion mit Ae. wird *Methyl-3-[p-diisopropylphenyl]-butyläther*, Kp.$_2$ 101–102°, n_D^{20} 1,4968, $D._4^{20}$ 0,9339, erhalten. — Analog entsteht beim 4std. Erhitzen von 3 II, 1,57 HCOOH u. 5 ml H_2SO_4 *Ameisensäure-3-[p-diisopropylphenyl]-butylester*, Kp.$_2$ 113°. — *Tabakaromatisatoren*. (**UdSSR. P. 185 841** vom 18/6. 1964, ausg. 15/10. 1966.) — 2 S.
J. Plückhan H 1070

1904 Harshaw Chemical Co., Cleveland, O., USA, **N-Alkinylarylsulfonamide und N-Alkinylarylsulfonimide** der allg. Formel $C_6H_5SO_2N(R)(A)-[-N(R)O_2SC_6H_5]_n$ [n = 0 oder 1; ist n = 0, so ist A = H, Alkyl, Aralkyl, Alkenyl, Alkinyl, Alkylcarbonyl, Arylcarbonyl, Arylsulfonyl, R = (substituiertes) Alkinyl; wenn n = 1, so A = Alkinylen, p.p'-Bis-(sulfonyl)-diphenylen, p.p'-Oxy-bis-(arylsulfonyl); R = (substituiertes) Alkinyl; ist A = Alkinylen, so ist R = H) erhält man durch Rk. eines Alkinylhalogenids mit einem Benzolsulfonamid oder dessen Na-Salz in polarem Lsgm. bei 75–120°. — Aus Na-Benzolsulfonamid mit Propargylbenzolsulfonat → *N.N-Dipropargylbenzolsulfonamid*, F. 87–89°; durch Rk. von Na-Benzolsulfonamid mit 1-Chlor-4-hydroxybuten-(2) in Dimethylformamid → *1-Hydroxy-4-benzolsulfonamidbutin-(2)*, F. 73–74°, ähnlich: *1.4-Bis-(benzolsulfonamid)-butin-(2)*, F. 135–137°, *p.p'-Oxy-bis-(N-propargyldibenzolsulfonimid)*, F. 184–187°, *N-Propargyldibenzolsulfonimid*, F. 87 bis 88°. — *Weichmacher für thermoplast. Harze*. (**Brit. P. 1 051 084** vom 26/5. 1965, ausg. 14/12. 1966. U. S. Prior. 25/6. 1964.) — 7 S.
R. Bollinger H 1090

1905 Union Carbide Corp., New York, N.Y., übert. von: Cal Y. Meyers, Princeton, N.J., USA, **Wärmehärtende kristalline methylolierte 4.4'-Dihydroxydiphenylsulfone** (II) der allg. Formel I (R, R^1, R^2 = H oder $-CH_2 \cdot$

I
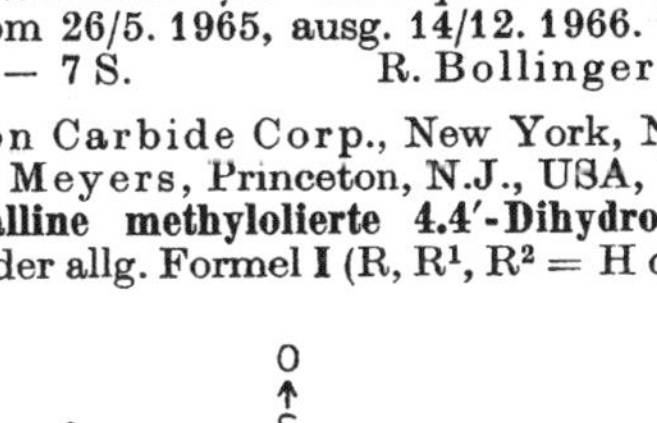

OH, jedoch mindestens 2 CH_2OH-Gruppen je Mol.) werden erhalten durch Rk. von 1 Mol II mit ≥ 2 (Mol) CH_2O u. 1–2 einer mit den OH-Gruppen von II salzbildenden Verb., Überführen der erhaltenen in eine methylolierte Verb. u. Hydrolysieren. — Zu einer wss. Lsg. von II u. NaOH wird bei 60° 37%ig. CH_2O gegeben, 20 Std. auf 60° gehalten, weiteres NaOH zugesetzt, 30 Min. auf 100° erhitzt, auf 10° abgekühlt, mit HCl pH 3–4 eingestellt → *3.3'.5.5'-Tetramethylol-*II, F. 192°. — Analog: *3.3'-Dimethylol-*, F. 77°; *Monomethylol-*, F. 150°; *3.3'.5-Trimethylol-*; *3.5-Dimethylol-4.4'-dihydroxydiphenylsulfon*. — *Zusätze für thermoplast. Polymere*, z. B. *Polyvinylacetat*. (**U. S. P. 3 230 198** vom 1/9. 1961, ausg. 18/1. 1966.) — 7 S.
E. Kürschner H 1090

1906 Standard Telephones and Cables Ltd., London, Großbritannien, (Erfinder: Alexander Hynd und Donald Alexander Ross), **Nitrosoderivate des 4.4'-Thio-bis-[2-tert.-butyl-5-methylphenol] (I)** werden erhalten durch Auflösen von I in überschüssiger 10%ig. NaOH, Behandeln mit überschüssiger gesätt. $NaNO_2$-Lsg. bei 80—90°, Ansäuern mit 10%ig. H_2SO_4, Weitererwärmen auf 80—90° bis zur Beendigung der Entw. nitroser Gase, Abtrennen der organ. Phase. — Wahlweise 1: Eine 20—50%ig. Lsg. von I in Ae. oder Toluol wird mit NO_2 gesätt. u. das Lsgm. abgedampft. — Wahlweise 2: $NaNO_2$ wird mit in A. gelöstem I aufgeschlämmt, 50 gewichtsprozentiger A.-H_2SO_4 zugegeben, eingeengt, filtriert, das Filtrat eingedampft. — Die erhaltenen Nitrosoderiv. können mit Basen in die Metallsalze übergeführt werden. — *Antioxydanzien.* — Fließbilder. (**Brit. P. 1 030 197** vom 12/7. 1963, ausg. 18/5. 1966.) — 6 S.
E. Kürschner H 1090

1907 Sicedison S.p.A., Mailand, Italien, **β.γ-Ungesättigte Carbonsäureester** erhält man durch Rk. des Alkalisalzes einer Carbonsäure mit einem 2-Alkenylhalogenid der allg. Formel $(R)_2C{=}C(R) \cdot C(R)_2 \cdot X$ (R = H, Halogen, Alkyl C_{1-8} u. ggf. substituiertes Aryl; X = Halogen) in Ggw. von Cu-Salzen u. ggf. Cu-Pulver. Das Mol-Verhältnis von Alkalicarboxylat zu Cu-Salz liegt zwischen 1,5 : 100 u. 3 : 100, wenn Cu zugegen ist beträgt das Mol-Verhältnis Cu zu Cu-Salz 0,1 : 100 bis 1 : 100. — Beispiele: Herst. von *Diallylphthalat, -terephthalat, -isophthalat, -maleat, -fumarat; Allylacrylat* u. *-benzoat.* (**Brit. P. 1 031 019** vom 30/10. 1963, ausg. 25/5. 1966. It. Prior. 31/10. 1962.) — 5 S.
R. Bollinger H 1200

1908 C. P. Hall Co. of Illinois (Erfinder: Vincent Paul Kuceski), **Herstellung von Amiden** der Formeln $R \cdot CO \cdot NR^1R^2$, $(R'' \cdot OOC)_xR'(CO \cdot NR^1R^2)_y$ u. $(R^3R^4 \cdot N \cdot OC)_xR'(CO \cdot NR^1R^2)_y$ (R u. R' = cycl. oder acycl., aliphat. oder aromat., ggf. hydroxysubstituierte KW-Stoffe; R = ggf. ketosubstituierter (außer α- oder β-substituierter) Keto-KW-Stoff; R enthält 2—21 u. R' 0—51 C-Atome; R'' = Alkoholrest mit 1—4 C-Atomen; NR^1R^2 u. R^3R^4N Dimethyl-, Diäthyl-, Di-n-propyl-, Methyläthyl-, Methyl-n-propyl- oder Äthyl-n-propylamin, Piperazin-, Piperidin- oder Morpholinreste; x u. y = 2—4) durch Erhitzen eines W. u. Säure enthaltenden, das herzustellende Amid ergebenden Esters mit Kp. > Kp. des W., auf wenigstens 75° bei höchstens 500 mm Druck u. Rk. des von W. u. Säure befreiten Esters mit dem entsprechenden Amin, Piperazin, Piperidin oder Morpholin in Ggw. eines Alkoxids eines Alkalimetalls. Beispiele: *N.N-Diäthylcaprylamid*, $Kp._{60}$ 119—121°; *N.N-Dimethyloleamid; N.N-Diäthylbenzamid*, F. 42,5—43°; *N.N.N'.N'-Tetramethylsuccinamid*, F. 83—86°; *N.N.N'-N'-Tetramethylsebacamid*, F. 89°; *N.N.N'.N'-Tetramethylmalonamid*, $Kp._8$ 157—159°; *N.N.N'.N'-Tetramethyloxalamid*, F. 79,5—84°; *N.N.N'.N'-Tetramethyl-o-phthalamid*, $Kp._1$ 146°; *N.N.N'.N'-Tetramethylisophthalamid*, F. 124 bis 129°; *N.N'-Dimethyllävulinamid*, $Kp._{10}$ 90—95°. (**Aust. P. 269 148** vom 22/1. 1963, ausg. 25/8. 1966. U. S. Prior. 12/7. 1962.) — 28 S.
K. Demmler H 1200

1909 P. M. Kočergin, L. S. Blinova und R. M. Titkova, **Herstellung von Nitrobenzoesäuren** durch Ox. von Nitroacetophenonen, -phenylmethylcarbinolen u. -styrolen, wobei man unmittelbar die Isomerengemische ox. u. erst die Säuren durch fraktionierte Kristallisation trennt. — Zu 405 ml 98%ig. HNO_3 gibt man unter Rühren bei —8 bis —2° während 100 Min. 100 (g) techn. 97%ig. Acetophenon, beläßt 90 Min. bei dieser Temp., gießt unter Rühren in 1080 W., erwärmt 2 Std. auf 60°, 2 Std. auf 80° u. kocht noch 10 Std.; nach Abkühlen u. Filtration wird aus 1250 W. (1,7 A-Kohle, 20 Min. Kochen) krist., bei 1—5° wurden 54 g *m-Nitrobenzoesäure*, F. 139—142°, erhalten; Aufarbeitung der Mutterlauge (Reinigung über das Ca-Salz) lieferte weitere 8,7 g. — Nitrostyrol (Ox. mit $KMnO_4$) → *p-* u. *o-Nitrobenzoesäure.* — Phenylmethylcarbinol u. HNO_3 → *p-* u. *m-Nitrobenzoesäure.* (**UdSSR. P. 178 816** vom 19/3. 1962, ausg. 21/3. 1966.) — 3 S. U. Jahnke H 1210

1910 Sinclair Research, Inc., Wilmington, Del., übert. von: Joseph A. Verdol, Dolton, Ill., USA, **Hydroxyester** der allg. Formel $R[-CO-O-(R^1O)_x-H]_n$ erhält man durch Erhitzen eines tert.-Alkoxyalkylesters der allg. Formel $R[-CO-O-(R^1O)_x-R^2]_n$ (R = KW-Stoffrest C_{2-20}; R^1 = aliphat. KW-Stoffrest C_{2-12}; R^2 = tert. Alkylrest C_{4-10}; x = 1—5; n = 1—6) auf 50—200° in Ggw. eines sauren Katalysators, z. B. Phosphorwolframsäure, unter Entfernung des abgespaltenen tert. Olefins, z. B. Isobutylen. — Bis-[2-tert.-butoxyäthyl]-phthalat → *Bis-[2-hydroxyäthyl]-phthalat.* — *Zwischenprod.* für Polyester. (**U. S. P. 3 250 802** vom 6/3. 1962, ausg. 10/5. 1966.) — 5 S. L. Stadelmann H 1220

1911 Union Carbide Corp., New York, N.Y., USA, übert. von: Raymond P. Kurkjy, Genf, Schweiz, Markus Matzner, Edison Township, Middlesex County, und Robert J. Cotter, New Brunswick, N.J., USA, **Herstellung von Diarylcarbonaten** durch Erhitzen eines Arylchlorameisensäureesters der allg. Formel $R_n \cdot [C_6 \cdot H_{5-n}] \cdot O \cdot CO \cdot Cl$ (R = Alkyl, Alkenyl, Aryl, Halogen, NO_2, Oxyalkyl, Cycloalkyl; n = 0—5) mit einem Carbonat, Bicarbonat, Sulfit, Bisulfit, bes. einem Na-Salz, in inertem organ. Lsgm. in Ggw. von tert. Aminbasen als Katalysator auf eine Temp., bei der sich CO_2 bzw. SO_2 entwickelt. — Phenylchlorformiat, $MgCO_3$ u. 1 Tropfen Py. werden ca. 20 Std. auf 180° bis zur Beendigung der CO_2-Entw. erhitzt, nach Erkalten mit heißem Heptan extrahiert, die Lsg. eingeengt → *Diphenylcarbonat*, F. 74—78°, Ausb. 98%. — Analog: mit o-Kresylchlorformiat, $Zn(HCO_3)_2$, o-Dichlorbenzol u. Benzyldimethylamin → *Di-o-kresylcarbonat*, Ausb. 97%. — Tabelle. — *Monomere zur Herst. von Polycarbonaten, Polyurethanen, Polyharnstoffen.* (**U. S. P. 3 234 263** vom 3/7. 1962, ausg. 8/2. 1966.) — 3 S. E. Kürschner H 1280

1912 Union Carbide Corp., New York, N.Y., USA, übert. von: Raymond P. Kurkjy, Genf, Schweiz, Markus Matzner, Edison Township, und Robert J. Cotter, New Brunswick, N.J., USA, **Diarylcarbonate** werden erhalten durch Rk. einer wasserfreien Mischung aus a) Phenol (I), Methyl-, Nitro-, Chlor- oder Brom-I, einer Verb. der allg. Formel $R_n(C_6H_{5-n})OH$ (R = gesätt. aliphat. KW-Stoffrest mit 1—10, bes. 1—3, C-Atomen; n = ganzzahlig 0—4, bes. 0 oder 1), α- oder β-Naphthol, b) $COCl_2$ oder dem Chlorameisensäureester einer der unter a) genannten Verb. u. c) dem Be-, Mg-, Ca-, Sr- oder Ba-Salz einer der unter a) genannten Verb. als Katalysator bei 50—250° unter Rückfluß in einem inerten organ. Lösungsmittel. — In ein Gemisch aus I, Chlorbenzol u. wasserfreiem $MgCl_2$ wird bei 130° $COCl_2$ bis zur Beendigung der HCl-Entw. (12 Std.) eingeleitet u. mit N_2 durchgespült → *Diphenylcarbonat* (**II**), F. 77—79°. — Wahlweise: Ein Gemisch aus I, Chlorbenzol, Phenylchlorformiat u. Mg-Spänen wird 21 Std. unter N_2 u. Rückfluß auf 135° erhitzt → **II**, Ausb. 98,1%. — Analog: *Di-α-naphthylcarbonat*, F. 127—130°, Ausb. 88%. — Zwischenprod. zur *Herst. von Polycarbonaten.* (**U. S. P. 3 251 873** vom 3/7. 1962, ausg. 17/5. 1966.) — 3 S.
E. Kürschner H 1280

1913 V. Ja. Grinštejn und A. P. Veveris, **Herstellung von m-Guanidinobenzaldehydnitrat (I)** durch Rk. von m-Aminobenzaldehyddimethylacetal (**II**) mit 3.5-Dimethyl-1-aminocarbonylpyrazolacetat (**III**) in alkohol. Lsg. u. nachfolgende Verseifung des Acetals. — 4 (g) m-Nitrobenzaldehyddimethylacetal wird in 8 ml A. mit 0,1 Adams-Katalysator bei Raumtemp. u. Normaldruck mit der theoret. Menge H_2 hydriert. 4,4 3.5-Dimethyl-1-aminocarbonylpyrazolnitrat werden in abs. A. mit 2,2 K-Acetat gekocht; KNO_3 wird abfiltriert. Zu **II** wird die **III**-Lsg. gegeben u. 3$^1/_2$ Std. gekocht. Nach Abdest. des A., Waschen mit Ae. u. Lösen in 7 W. werden 1,5 ml konz. HNO_3 zugesetzt, u. es wird auf 0° gekühlt: Aus dem Nd. 2,2 **I**, F. 198—199° (W.; Zers.), schlecht lösl. in kaltem W., A. u. CH_3OH. (**UdSSR. P. 180 585** vom 25/5. 1962, ausg. 18/5. 1966.) — 2 S. F. Eßer H 1280

1914 General Aniline & Film Corp., New York, N.Y. (Erfinder: Robert James Cox, Las Gatos, Calif., und Walter James Welch, New York, N.Y.), USA, **Lichtempfindliche Benzoldiazoniumverbindungen,** deren

Benzolring in 1-Stellung durch R, in 3-Stellung durch F u. in 4-Stellung durch R' substituiert ist ($R = -N_2^+X^-$; $R' = -NR''R''$; R'' = Alkyl mit 1–4 C-Atomen u. β-Hydroxyäthyl; X = ein Anion oder ein Doppelsalz der Diazoniumverb.) erhält man nach folgender Arbeitsweise: 2-Fluor-$N^1.N^1$-dimethyl-p-phenylendiaminhydrochlorid wird in 6 n HCl gelöst, bei 0° $NaNO_2$-Lsg., dann wss. $ZnCl_2$-Lsg. zugegeben; man erhält eine Diazoverb., in der $R = -N_2Cl \cdot (ZnCl_2/2)$; $R'' = CH_3$; F. 137–138°. — Analog die entsprechende Diazoverb. mit R'' = Äthyl, F. 128°. — Herst. von *Diazotypiematerialien.* (**Brit. P. 1 039 964** vom 8/6. 1964, ausg. 24/8. 1966. U. S. Prior. 14/6. 1963.) — 4 S. H. Roos H 1310

1915 W. R. Grace & Co., übert. von: John J. Godfrey, Silver Spring, Md., USA, **2-Phenylhydrazino-2.2-dialkylnitrile** erhält man durch Rk. eines Dialkylketonphenylhydrazons mit HCN (25–60°; 30 lb./sq. in.; 40–70 Std.), sofortiges Abtrennen des Rk.-Prod. aus der Rk.-Mischung u. Trocknen. — Diisobutylketonphenylhydrazon + HCN → *2-Phenylhydrazo-2-isobutyl-4-methylvaleronitril* (**I**), $C_{16}H_{25}N_3$, F. 80–81°. — **I** + Br_2 in A → *2-Phenylazo-2-isobutyl-4-methylvaleronitril*, $C_{16}H_{23} \cdot N_3$, gelbe Verb., F. 31–32°. — *Vorprod. für Vernetzer von Polyäthylen.* (**U. S. P. 3 250 800** vom 19/9. 1963, ausg. 10/5. 1966.) — 4 S. A. Jahn H 1350

1916 B. G. Boldyrev, **Thiosulfanilsäurealkylester** entstehen beim Erwärmen von Acetylthiosulfanilsäurealkylestern mit 15%ig. HCl auf 65–70°, Behandeln mit Aktivkohle u. Neutralisieren mit wss. NH_3. — 60 (g) Acetylthiosulfanilsäureäthylester werden mit 5700 15%ig. HCl auf dem sd. W.-Bad erwärmt, mit Aktivkohle versetzt u. weiter 10 Min. erwärmt. Nach Filtrieren u. Kühlen auf Raumtemp. wird langsam bei $\leq$40° mit 10%ig. wss. NH_3 auf pH 6–7 eingestellt; danach wird bei 10° mit W. gewaschen u. getrocknet: 32–35 *Thiosulfanilsäureäthylester*, F. 78–78,5°. — Analog *Thiosulfanilsäuremethylester*, F. 64–65°. (**UdSSR. P. 178 387** vom 13/8. 1964, ausg. 28/2. 1966.) — 2 S. F. Eßer H 1350

1917 Melpar, Inc., Fall Church, übert. von: Paul E. Ritt, Fairfax, und Lee M. Kindley, Springfield, Va., USA, **p-Chlor- bzw. p-Hydroxybenzyl-tert.-phosphinoxide** erhält man durch Rk. von CH_3POCl_2, $(CH_3)_2POCl$ bzw. $POCl_3$ mit p-Chlorbenzyl-Mg-chlorid u. ggf. nachfolgende Rk. des p-Chlorbenzylderiv. mit wss. NaOH in Ggw. von Cu_2O bei 225° (16 Std.). Es wurden erhalten: *Bis-(p-hydroxybenzyl)-methylphosphinoxid*, $C_{15}H_{17}O_3P$, F. 260 bis 263°. — *p-Chlorbenzyldimethylphosphinoxid*, $C_9H_{12}OPCl$, F. 130–132° (Bzl.). — *Tris-(p-chlorbenzyl)-phosphinoxid*, $C_{21}H_{18}OPCl_3$, F. 179–180° (Bzl.–PAe.). — *Zwischenprod.* für *flammwidrige* u. *thermostabile Epoxyharze.* (**U. S. P. 3 258 492** vom 6/12. 1960, ausg. 28/6. 1966.) — 3 S. A. Jahn H 1380

1918 Monsanto Co., St. Louis, Mo., USA, **Phosphonsäureester** erhält man nach dem Schema $RP(O)X_2$ + $2\,HOC_6H_4CF_3$ → $RP(O)(OC_6H_4CF_3)_2$ [R = C_{1-18}-KW-Stoffrest ohne aliphat. Mehrfachbindungen; X = Halogen]. — Es wurden erhalten Phosphonsäure-bis-[3-(trifluormethyl)-phenylester]: *n-Butyl-*, $Kp._{0,05-0,06}$ 113–118°. — *Phenyl-*, $Kp._{0,05}$ 144–147°. — *Äthyl-*, $Kp._{0,05}$ 101–102°. — *3'-Phenylpropyl-*, $Kp._{0,03}$ 168°. — *Flammschutzmittel, bes. für synthet. Harze.* (**Brit. P. 1 044 146** vom 26/3. 1964, ausg. 28/9. 1966. U. S. Prior. 26/3. 1963.) — 5 S. A. Jahn H 1380

1919 United States of America, Secretary of Navy, übert. von: Kazimiera I. L. Paciorek, Riverside, Calif.; USA, **Lineare Phosphonitrilverbindung** der Formel $(C_6H_5)_2P(O)[N = P(C_6H_5)_2]_2NH - P(O)(C_6H_5)_2$, $C_{48}H_{41}P_4N_3O_2$, F. 171–172° (Acetonitril), erhält man durch Rk. einer Verb. der Formel $(C_6H_5)_2P(O)[N{=}P(C_6H_5)_2]_2Cl$ mit sd. wss. Acetonitril. — Vorprod. für *thermostabile Polymere.* (**U. S. P. 3 249 635** vom 13/9. 1963, ausg. 3/5. 1966.) — 1 S. A. Jahn H 1380

1920 Shell Internationale Research Mij. N. V., Den Haag, Niederlande, **Herstellung von Halogennitrilen.** Man erhitzt z. B. ein Gemisch aus 7,1 (g) $Cl-CH_2-CN$ (**V**), 7 Penten-(1) (**I**), 1 Fe Cl_2 u. 15 ml CH_3CN ca. 12 Std. auf 120° u. erhält in 100%ig. Ausb. (24% Umsatz) *1-Chlor-1-cyanhexan*, Kp. 227°; n_D^{25} 1,4448. — Cl_3C-CN (**III**) + **I** → *1-Cyan-1.1.3-trichlorhexan*, $C_7H_{10}Cl_3N$, Kp. 224°; n_D^{25} 1,4668. — Cl_2CH-CN + Styrol → *2.4-Dichlor-4-phenylbutyronitril*, n_D^{25} 1,5422; Zers. bei 240°. Cl_2CH-CN (**II**) + 2-Penten → Gemisch aus *1-Cyan-1.3-dichlor-2-methylpentan* u. *1-Chlor-2-[1-chloräthyl]-1-cyanbutan* (beide $C_{10}H_{11} \cdot Cl_2N$); Kp. 225°; n_D^{25} 1,4669. — **II** + Allylacetat → Gemisch aus *2.4-Dichlor-4-cyanbutylacetat* u. *3-Chlor-2-chlormethyl-3-cyanpropylacetat*; n_D^{25} 1,4670; Zers. bei 273°. — **II** + Cyclohexen → *2-Chlor-1-[chlorcyanmethyl]-cyclohexan*; n_D^{25} 1,4995; Zers. bei 250°. — Allylchlorid + **II** → *Trichlorpentannitril*; n_D^{25} 1,4910; Zers. bei 250°. — **III** + Butadien (**IV**) → *5-Cyan-1.5.5-trichlor-2-penten*, $Kp._{0,1}$ 44 bis 48°; n_D^{25} 1,4948. — **II** + **IV** → *5-Cyan-1.5-dichlor-2-penten*; $Kp._{0,6}$ 68–70°; n_D^{25} 1,4920. — **V** + **IV** → *1-Chlor-5-cyan-2-penten*; Kp. 232°; n_D^{25} 1,4720. — **III** + 1.3-Cyclohexadien → *3-Chlor-6-[dichlorcyanmethyl]-cyclohexen*, $Kp._{0,4-0,5}$ 138–147°; n_D^{25} 1,5230. — 2-Chlor-**IV** + **II** → *1-Cyan-1.3.5-trichlor-3-penten*, Kp. 250° (Zers.); n_D^{25} 1,5142. (**Brit. P. 1 024 398** vom 10/8. 1964, ausg. 30/3. 1966. U. S. Prior. 12/8. u. 12/8. 1963.) — 8 S. O. Müller-Meiningen H 2010

1921 Mobay Chemical Co., Pittsburgh, Pa. (Erfinder: James Martin Cross, Sidney Henry Metzger jun., New Martinsville, und Clyde Del Campbell, Wheeling, W.Va.), USA, **Cyclohexylendiisocyanate** erhält man aus Cyclohexylendiaminen durch Rk. mit $COCl_2$. Die Cyclohexylendiamine werden durch Hydrierung entsprechender Toluylendiamine bei 25–300, bes. 50–250° u. Drücken bis zu 5000, bes. 50–1500 psig in Ggw. von Hydrierungskatalysatoren, wie Pt, Ru, Rh, Ni, Cu oder Cr-Legierungen hergestellt. — Aus 2.6- u. 2.4-Toluylendiamingemischen erhält man durch Hydrierung in Ggw. von Rh auf Al_2O_3 die entsprechenden *Cyclohexylendiamine*, daraus durch Rk. mit $COCl_2$ in o-Dichlorbenzol bei 0° u. anschließendes Erhitzen auf 160° Gemische aus *2.4-* u. *2.6-Hexahydrotoluylendiisocyanat.* — Zwischenprod. für *Polyurethane.* (**Brit. P. 1 037 340** vom 19/10. 1964, ausg. 27/7. 1966. U. S. Prior. 26/11. 1963.) — 10 S. R. Bollinger H 2090

1922 Ciba (A.R.L.) Ltd., Cambridge, Großbritannien (Erfinder: Brian Dobinson und Bernard Peter Stark), **Diels-Alder-Derivate von phosphorhaltigen Fulvenen** erhält man durch Rk. von Verb., die durch Umsetzung von Fulvenen mit Verb. der Formeln $(RO)_2P \cdot (O)H$, $RP(O)(OR)H$ oder $R_2P(O)H$ hergestellt werden, mit ungesätt. Carbonsäuren, deren Estern oder Anhydriden [R = Alkyl, Alkenyl, Cycloalkyl, Cycloalkenyl, Alkoxyalkyl, Aryl]. — Man setzt 24,4 g eines Adduktes (**I**) aus Dimethylfulven u. Diäthylphosphit mit 20 g Maleinsäure-di-n-propylester 16 Std. bei 120° um u. erhält eine nicht destillierbare Verbindung. — Acetylendicarbonsäure (**II**) + **I** → Verb., F. 168°. — **II** + Dimethylphosphit-Dimethylfulven-Addukt → Verb., F. 198–204°. — Verw. zur Herst. *flammfester Polyester* u. *Polyepoxide.* (**Brit. P. 1 031 369** vom 13/3. 1964, ausg. 2/6. 1966.) — 5 S. A. Jahn H 2180

1923 M. M. Gusejnov, D. E. Mišiev und Z. A. Gusejnova, **Gewinnung von Butenyldiphenyl,** $Kp._{15}$ 170 bis 175°, durch Alkylierung von Diphenyl (**I**) mit Butadien (**II**) in Ggw. von 70%ig. H_2SO_4 bei 95–100°; mol. Verhältnis **I** : **II** : H_2SO_4 = 4 : 1 : 0,25. (**UdSSR. P. 185 898** vom 8/10. 1965, ausg. 17/10. 1966.) — 2 S. J. Plückhan H 2210

1924 Allied Chemical Corp., New York, N.Y., USA, **Bisphenole** der allg. Formel **I** (X, Y = H, Cl, Br, C_{1-4}-Alkyl; Z = Cl, F) werden erhalten durch Rk. von $[CF_2Cl]_2 \cdot CO$ (**II**) oder $F_3C \cdot CO \cdot CF_2Cl$ (**III**) mit einem Phenol der allg. Formel **IV** im Mol-Verhältnis 1 : (3–8) u. in Ggw.

I

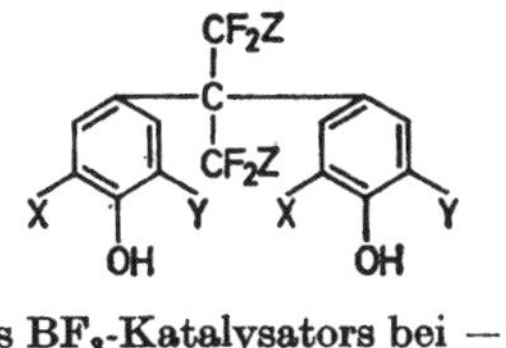

IV

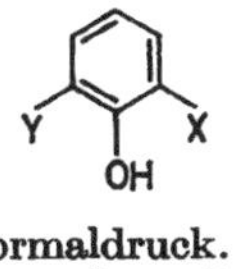

eines BF_3-Katalysators bei –10° bis 65° u. Normaldruck. — 141 g BF_3-Phenolkomplex mit ca. 26% BF_3 werden mit 100 **II** gemischt, nach 24 Tagen mit 100 W. u. 225 $CHCl_3$

versetzt, unter Rühren erhitzt u. 101 Rohprod. abfiltriert → 84 *2.2-Bis-[4-hydroxyphenyl]-1.1.3.3-tetrafluor-1.3-dichlorpropan*, F. 195–201°. Analog: **III** → *2.2-Bis-[4-hydroxyphenyl]-1.1.1.3.3-pentafluor-3-chlorpropan*, F. 169 bis 171°. — BF_3-o-Kresol-Komplex u. **II** → *2.2-Bis-[3-methyl-4-hydroxyphenyl]-1.1.3.3-tetrafluor-1.3-dichlorpropan*. BF_3-o-Chlorphenol-Komplex u. **II** → *2.2-Bis-[3-chlor-4-hydroxyphenyl]-1.1.3.3-tetrafluor-1.3-dichlorpropan*. — *Herst. von Polycarbonaten.* (**Brit. P. 1 017 988** vom 2/7. 1964, ausg. 26/1. 1966. U. S. Prior. 3/7. 1963.) — 4 S.
E. Kürschner H 2260

1925 Ethyl Corp., New York, N.Y., übert. von: Calvin J. Worrel, Detroit, Mich., USA, **α.α'-Polythio-bis-[2.6-dialkylphenole]** der allg. Formel [p-OH · m-R^1 · m'-R^2 · (C_6H_2) · $CHR^3]_2$ · S_y (R^1 = C_{1-12}-Alkyl; R^2 = α-verzweigtes C_{3-12}-Alkyl; R^3 = H, C_{1-12}-Alkyl oder einkerniges Aryl mit 6–12 C-Atomen; y = 2, 3 oder 4) werden erhalten durch Rk. einer Verb. der allg. Formel p-OH · m-R^1 · m'-$R^2(C_6H_2)$ · CHR^3 · X (X = Cl, Br oder J) mit einem Alkalisulfid der allg. Formel M_2S_y (M = Alkalimetall, bes. Na). — Eine Mischung von wss. Na_2S_2-Lsg., Isopropylalkohol u. 3.5-Di-tert.-butyl-4-hydroxybenzylchlorid, letzteres erhalten durch Rk. von 2.6-Di-tert.-butylphenol mit Paraformaldehyd u. HCl, wird 2 Std. unter Rückfluß erhitzt → *α.α'-Dithio-bis-[2.6-di-tert.-butyl-p-kresol]*. — Mengenbeispiele. — *Antioxydanzien*, bes. für *Schmieröle, Kautschuk* u. *Elastomere*. (**U. S. P. 3 253 042** vom 11/7. 1962, ausg. 24/5. 1966.) — 5 S. E. Kürschner H 2290

1926 Dow Chemical Co., Midland, Mich., USA, **Bis- und Cycloalkyliden-bis-(cycloalkylphenole)** der allg. Formel **I** (R = H, Alkyl, Cycloalkyl, Alkylcycloalkyl, R^1 =

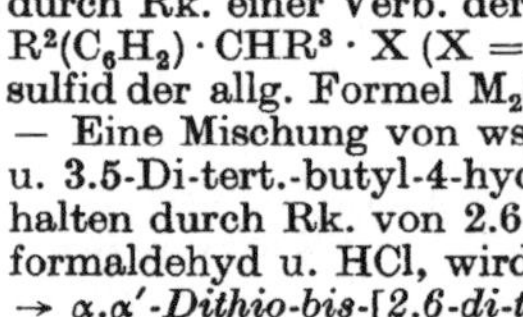

I

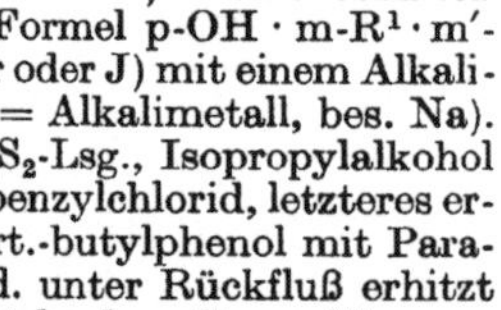

II

Cycloalkyl, Alkylcycloalkyl, A = O, S, CO, Cycloalkyliden) erhält man durch Rk. eines Diphenols der allg. Formel **II** (X = O, S oder CO) mit einem Cycloalkylen, einem Phenol, Cycloalkanon oder dessen Alkylderiv. in Ggw. eines sauren Kondens.-Katalysators, wenn A = Cycloalkyliden, oder eines sauren Alkylierungs-Katalysators, wenn A = O, S oder CO bei 75–300°. — Aus o-Cyclohexylphenol mit Cyclohexanon in Toluol in Ggw. von HCl u. Methylmercaptan bei 38–40° → *4.4'-Cyclohexyliden-bis-(2-cyclohexylphenol)*, F. 165–170° ähnlich: *4.4'-(4-tert.-Butylcyclohexyliden)-bis-(2-cyclohexylphenol)*, F. 193,5–195°, *4.4'-Cyclopentyliden-bis-(2-cyclohexylphenol)*, *4.4'-Cyclohexyliden-bis-(6-cyclohexyl-o-kresol)*, F. 189 bis 191,5°, *4.4'-Cyclohexyliden-bis-(2-cyclopentylphenol)*, F. 142–143,5°, *4.4'-Cyclopentyliden-bis-(2-cyclohexylphenol)*, F. 150–152,5°, *4.4'-Cyclooctyliden-bis-(2-cyclohexylphenol)*, F. 150,5–152°, *4.4'-Oxy-bis-(2-cyclohexylphenol)*, $Kp._{0,1-0,15}$ 230–238°. Aus o-Cyclohexylphenol mit SCl_2 in Äthylendichlorid bei 80–85° → *4.4'-Thio-bis-(2-cyclohexylphenol)*, $Kp._{0,2}$ 228–245°. Aus 4.4'-Dihydroxybenzophenon mit Cyclohexen u. konz. H_2SO_4 bei 275 bis 285° → *3.3'-Dicyclohexyl-4.4'-dihydroxybenzophenon*, $Kp._{0,1-0,2}$ 200–223°. — *Stabilisatoren* für *Polyolefine*. (**Brit. P. 1 031 486** vom 27/3. 1963, ausg. 2/6. 1966. U. S. Prior. 4/4. u. 17/5. 1962.) — 8 S.
R. Bollinger H 2360

1927 S. C. Johnson & Son, Inc., Racine, Wis., USA, **3-[1-Methyl-1-hydroxyäthyl]-6.6-bis-[hydroxyphenyl]-heptansäure-γ-lacton,** F. 161–163°, das im Benzolkern ggf. durch Alkyl C_{1-7}, NO_2 u. Halogen substituiert sein kann, erhält man durch Rk. eines Phenols mit Pinonsäure oder dem Methylhomoterpenylketon in Ggw. einer Mineralsäure als Katalysator. Durch Rk. von Br oder Cl mit dem Lacton erhält man die *Tetrabrom-*, F. 187–193°, u. die *Tetrachlor*-Verb., F. 191–192°. Dimethylsulfat gibt den *Dimethyläther des Lactons*, $Kp._{0,05}$ 231°. — *Zwischenprod.* für *Polyamide, Polyepoxide, Alkydharze, Überzüge*. (**Brit. P. 1 045 187** vom 1/8. 1963, ausg. 12/10. 1966. U. S. Prior. 2/8. 1962.) — 12 S.
R. Bollinger H 2450

1928 Hooker Chemical Corp., übert. von: Charles Francis Baranauckas und Irving Gordon, Niagara Falls, N.Y., USA, **Bisphenol–Phosphit-Derivate** der allg. Formel $[Z_2P-OAr]_2C[R][R']$ (Ar = Benzolring; Z = Halogen, bes. Cl, oder eine ggf. alkyl- oder alkenylsubstituierte Phenolestergruppe, bes. in p-Stellung zu OH, z. B. Deriv. von Phenol, Decylphenol, eines Kresols, eines Xylenols, von Propyl-, Isopropyl-, n-Butyl-, sek. Butyl-, Amyl-, Hexyl-, Heptylphenol, Cyclohexanol, Eugenol, Saligenin oder Thymol, bes. von n-Nonyl-, tert.-Butyl- oder n-Octylphenol; R, R' = H, Alkyl, Aryl, Heterocyclus, Alkaryl, Cycloalkyl, Halogenalkyl, Alkenyl; R u. R' können miteinander eine Cycloalkylgruppe bilden) werden erhalten durch Rk. einer Verb. der Formel [HO · $Ar]_2C[R][R']$ mit einem P-Trihalogenid, bes. PCl_3. — Zu 10 (Mol.) PCl_3 wird unter starkem Rühren bei 70° innerhalb 1 Std. 1 Bisphenol-A gegeben, entstehendes HCl mit N_2 ausgetrieben, noch 1 Std. bei 80° N_2 durchgeleitet, mit 2050 g Toluol verdünnt u. aufgearbeitet → 1 *Bis-phenol-A-bis-(dichlorphosphit)* (**II**). — 1 **II** u. 4 Phenol werden analog in Toluol umgesetzt → *Bisphenol-A-bis-(diphenylphosphit)*. — *Stabilisatoren u. Mittel zur Erhöhung des Flammwiderstandes für Kunstharze*, bes. *Vinylharze*. (**Brit. P. 1 018 799** vom 25/10. 1962, ausg. 2/2. 1966. U. S. Prior. 31/10. 1961.) — 9 S. E. Kürschner H 2580

1929 United States Steel Corp., übert. von: Albert W. Simon, White Oak Borough, und Myron H. Wilt, Monroeville Borough, Pa., USA, **Herstellung von Estern** der allg. Formel $R-Ar-CH_2-OOC-R^1$ (Ar = ggf. Methyl- oder Oxymethyl-, Benzyl-, Naphthyl-, Anthracen-, Phenanthren-, Pyren-, Fluoranthen-, Chrysen-, Diphenylenoxid-, Fluoren-, Acenaphthen-, Carbazol-, Diphenyl- oder Terphenylrest; R = H, Alkyl oder Alkoxy; R^1 = C_2-C_{12}-Alkyl) erfolgt durch Rk. einer Verb. der allg. Formel $R-Ar-CH_2Cl$ mit einer Fettsäure der allg. Formel R^1-COOH bei 100–180° unter Entfernung von gebildetem HCl mit einem Inertgas, z. B. N_2 oder O_2. — Beispiele: 0,057 (Mol) 1-Chlormethylnaphthalin + 0,88 CH_3COOH (**I**) im N_2-Strom bei 115° → *1-Naphthylmethyl-*(**IV**)*-acetat*. — Ferner Rk. von Benzylchlorid (**II**) u. Bis-[chlormethyl]-durol mit **I** bzw. Propionsäure (**III**), u. von p-Chlormethyltoluol u. -tetralin, sowie p-Methoxy-**II** mit **III**. — *9.10-Bis-[acetoxy]-symm.-octahydroanthracen*, F. 140 bis 150° (Literatur F. 172–175°). — **IV**-*Pelargonat*, $Kp._{0,4}$ 170–185°. — *Weichmacher für Harze*. (**U. S. P. 3 278 569** vom 25/10. 1963, ausg. 11/10. 1966.) — 2 S.
O. Müller-Meiningen H 2600

1930 Koppers Co., Inc., Del., übert. von: John O'Brochta, Pittsburgh, Pa., USA, **Bis-allyloxymethyl-naphthaline (I)**. Durch Rk. von CH_2O mit HCl u. Naphthalin erhält man *1.5-* u. *1.4-Bis-[chlormethyl]-naphthalin*, daraus durch Rk. mit Allylalkohol in Ggw. von NaOH ein Gemisch isomerer **I**, $Kp._6$ 170–177°. — *Weichmacher für Harze*. (**U. S. P. 3 290 385** vom 1/4. 1963, ausg. 6/12. 1966.) — 1 S. R. Bollinger H 2700

1931 E. I. du Pont de Nemours & Co., Wilmington, Del., übert. von: Fred M. Parham, Kinston, N.C., USA, **Decahydro-2.6-bis-[hydroxymethyl]-naphthalin,** $Kp._7$ 198°, erhält man durch Hydrierung von Dimethyl-2.6-naphthalindicarboxylat in Cyclohexan bei 150° u. 1800 psi in Ggw. von Ru auf C als Katalysator u. Rk. des dabei erhaltenen *Dimethyldecahydro-2.6-naphthalindicarboxylats*, F. 42–56°, mit $LiAlH_4$ in Tetrahydrofuran bei Raumtemp.; ähnlich erhält man das *1.4-Isomere*, $Kp._{0,5}$ 140 bis 150°, das *2.7-Isomere*, $Kp._6$ 170–175°; ferner ist noch beschrieben die Herst. der *1.2-, 1.3-, 1.5-, 1.6-, 1.7-, 1.8- u. 2.3-Isomeren* ohne Angabe von Kennzahlen. — *Zwischenprod.* für *Polyester*. (**U. S. P. 3 280 198** vom 1/2. 1962, ausg. 18/10. 1966.) — 7 S.
R. Bollinger H 2700

1932 Dow Chemical Co., übert. von: Earl A. Ebach, Edward P. Merica und Joseph C. Valenta, Midland, Mich., USA, **Kupferkatalysatoren,** bes. der allg. Formel **I**

I 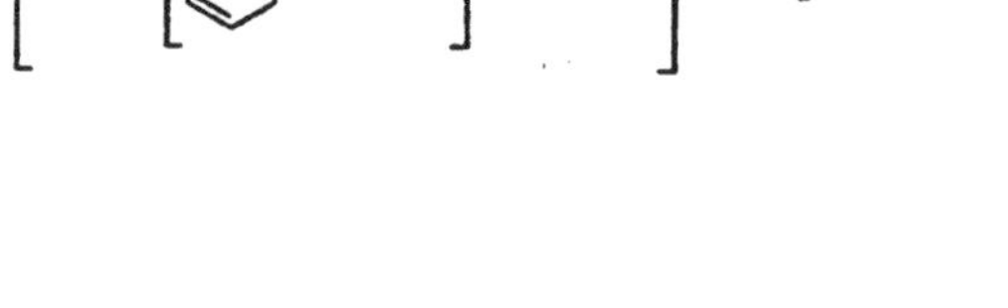

(R = > C_2-Alkyl; R′ = Aryl; n= 1—5; p = 0—5; b = 0—3; der Bzl.-Ring kann durch 1—2 Cl- oder Br-Atome substituiert sein), werden erhalten durch Rk. einer Cu-Verb., z. B. Cu_2O, CuO, $Cu(NO_3)_2$ oder Mischungen dieser Verb., bes. im stöchiometr. Überschuß, mit dem entsprechenden alkylierten aromat. Sulfonat oder dessen Alkalisalz bei 20—100°. — Wss. Dodecyldiphenyloxiddisulfonsäurelsg. wird mit CuO bis zum konst. pH 4,7 gerührt, filtriert, das Filtrat eingetrocknet → *Cu-Dodecyldiphenyloxiddisulfonat*, Ausb. 90,5%. — Analog: *Cu-Di-(nonylbenzol)-sulfonat*, *Cu-Di-(nonylnaphthalin)-sulfonat*, *Cu-Octadecyldiphenyldisulfonat*. — *Katalysatoren für die Hydrolyse von halogenaromat. Verb. im wss. alkal. Mittel.* (**U. S. P. 3 247 234** vom 3/10. 1961, ausg. 19/4. 1966.) — 2 S. E. Kürschner H 2700

1933 Phillips Petroleum Co., Del., übert. von: Gerald R. Kahle und Richard J. Sonnenfeld, Bartlesville, Okla., USA, **Dilithiumanthracene** werden hergestellt durch Rk. von ggf. alkyliertem 9.10-Dihydroanthracen mit überschüssigem RLi (R = gesätt. aliphat. oder cycloaliphat. Rest, einkerniger aromat. Rest mit 1—12 C-Atomen) in einem inerten KW-Stoff. — *9.10-Dilithium-9.10-dihydroanthracen.* — *Polymerisationsinitiatoren für konjugierte Diene.* In Abwesenheit von polaren Lsgm. ist bei Polyisopren der cis-Geh. größer u. bei Butadienpolymeren der Vinylgeh. geringer als bei den üblichen Initiatoren. (**U. S. P. 3 278 617** vom 11/9. 1961, ausg. 11/10. 1966.) — 5 S. A. Debo H 2800

1934 Secretary General of the Roumanian Ministry of Petroleum Industry and Chemistry, Bukarest, Rumänien, **Diensynthese** von schwierig reagierenden Dienophilen mit einem Dien wird durchgeführt durch Aktivierung eines Dienophils mit Metallen, Salzen oder Komplexen dieser Metalle in polarem Lsgm.; als Metalle werden solche der Gruppen Ib, II, IVb u. VIIIa des Period. Syst. verwendet. — Durch Diensynth. aus Acetylen u. Cyclopentadien bei 65° in Ggw. eines Katalysators, der Cu, HCl u. Cl enthält, erhält man *Bicyclo-(2.2.1)-hepta-2.5-dien.* (**Brit. P. 1 033 298** vom 29/7. 1963, ausg. 22/6. 1966. Rumän. Prior. 2/8. 1962.) — 2 S. R. Bollinger H 2950

1935 Pittsburgh Plate Glass Co., Pittsburgh, übert. von: Wen-Hsuan Chang, Gibsonia, Pa., USA, **Diels-Alder-Addukte des 1.2.3.4-Tetrahalogencyclopentadien-5-ketals,** bes. der Tetrachlorverb., erhält man durch Rk. des Ketals mit einem Dienophil mit der Gruppe —CH=CH—CO— bei Raum- oder erhöhter Temp., bes. 70—200°, in einem inerten Lsgm., wie Bzl., Toluol, hochsd. Ketonen u. Äthern. — 5.5-Bis-[3-acetoxybutoxy]-1.2.3.4-tetrachlorcyclopentadien gibt mit Styrol in sd. Bzl. *7.7-Bis-[3-acetoxybutoxy]-5-phenyl-1.2.3.4-tetrachlor-2-bicyclo-(2.2.1)-heptan*, $C_{25}H_{30}Cl_4O_6$, Kp.$_{0,05}$ 200—202°; ähnlich das *3-Hydroxyderiv.*, $C_{21}H_{26}Cl_4O_4$, Kp.$_{0,05-0,07}$ 205—215°; *11.11-Bis-[3-hydroxybutoxy]-2.3.4.5-tetrachlor-3.8-tricyclo-(4.4.0.1^{2.5})-dodecadien-7.10-dion*, $C_{19}H_{22}Cl_4O_6$, F. 165,5 bis 167,5°; *7.7-Bis-[3-hydroxybutoxy]-5-carbäthoxy-1.2.3.4-tetrachlor-2-bicyclo-(2.2.1)-hepten*, $C_{18}H_{26}Cl_4O_6$, Kp.$_{0,12-0,14}$ 210°; *10.10-Bis-[3-acetoxybutoxy]-2.3.4.5-tetrachlor-3.7-tricyclo-(4.3.0.1^{2.5})-decadien*, $C_{22}H_{28}Cl_4O_6$, Kp.$_{0,1}$ 210—212°, dessen *3-Hydroxyderiv.*, $C_{18}H_{25}Cl_4O_4$, F. 76—77°; *10.10-Bis-[3-acetoxypropoxy]-2.3.4.5-tetrachlor-8-phenyl-8-aza-3-tricyclo-(4.3.0.1^{2.5})-decen-7.9-dion*, $C_{25}H_{25}Cl_4O_8$, F. 110 bis 112° (IR- u. UV-Spektren). — Zwischenprod. bes. für *feuerhemmende Polyurethane.* (**U. S. P. 3 256 316** vom 11/6. 1963, ausg. 14/6. 1966.) — 4 S. R. Bollinger H 2950

1936 Pittsburgh Plate Glass Co., übert. von: Rostyslaw Dowbenko, Gibsonia, Pa., USA, **Bicyclo-[3.3.0]-octylketone** erhält man durch Rk. von Aldehyden mit 1.5-Cyclooctadien bei Temp. > 100°, bes. 150—250°, in Ggw. einer freie Radikale liefernden Verb., wie Benzoylperoxid, Azo-bis-(isobutyronitril) oder Di-(tert. butyl)-peroxid als Katalysator oder unter UV-Bestrahlung. — 1.5-Cyclooctadien gibt mit CH_3CHO in Ggw. von Benzoylperoxid bei 80° *Methyl-exo-cis-2-bicyclo-[3.3.0]-octylketon*, $C_{10}H_{16}O$, Kp.$_{10}$ 86—96°; ähnlich *Propyl-exo-cis-2-bicyclo-[3.3.0]-octylketon*, $C_{12}H_{20}O$, Kp.$_{0,9}$ 62—64°. — *Weichmacher.* (**U. S. P. 3 256 333** vom 29/1. 1963, ausg. 14/6. 1966.) — 2 S. R. Bollinger H 2950

1937 Ruhrchemie Akt.-Ges., Oberhausen, **Diamine** der allg. Formel $H_2NC_nH_{2n}AC_mH_{2m}NH_2$ (A = ein monocycl. oder polycycl. aliphat. KW-Stoff, m u. n sind ganze Zahlen von 1—5) erhält man durch Rk. von CO mit H_2 u. anschließend mit NH_3 u. H_2 bei erhöhtem Druck. Beschrieben ist die Herst. von *Di-[aminomethyl]-tricyclodecan*, Kp.$_1$ 126—130°. Verw. *zur Behandlung von Glycidylpolyäthern* zur Erhöhung ihrer Hitzebeständigkeit. (**Brit. P. 1 038 597** vom 17/11. 1964, ausg. 10/8. 1966. D. Prior. 11/12. 1963.) — 3 S. R. Bollinger H 2950

1938 Polaroid Corp., Cambridge, übert. von: Samuel Dershowitz, Brookline, Mass., USA, **Herstellung von 2.5-Dihydroxytriptycylverbindungen** der allg. Formel **I**

I

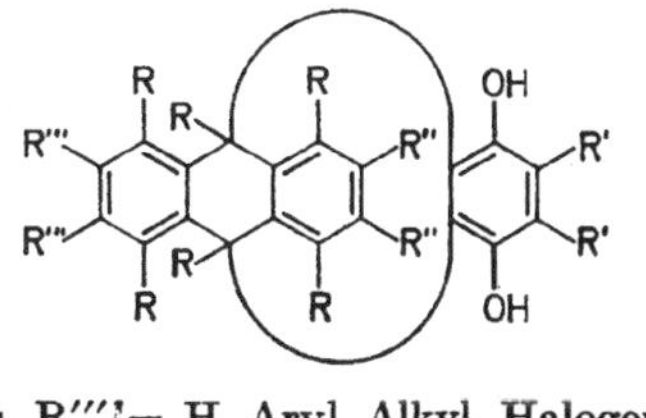

(R, R′, R″ u. R‴ = H, Aryl, Alkyl, Halogen, NH_2, CN, Acetamido, Acyl, NO_2, Carboalkoxy, Carboxyl, Sulfo, Alkoxy, HO, CO · NH_2, Aralkyl; R′ kann auch quatern. N oder P sein; R″ u. R‴ können auch annellierte Ringe sein) nach folgendem Beispiel: Durch Rk. von Anthracen mit p-Benzochinon in Xylol u. Behandlung des Addukts mit Eisessig u. konz. HBr erhält man *2.5-Triptycendiol* (**I**), F. 335—338°. — Analog wurden *3-Methyl-2.5-triptycendiol* u. *Benztriptycendiol* erhalten. Durch Ox. von **I** mit $KBrO_3$ in Eisessig u. Rk. des Chinons mit Triphenylphosphin erhält man *2.5-Dihydroxytriptycyltriphenylphosphoniumchlorid.* Analog erhält man *2.5-Dihydroxytriptycylpyridiniumchlorid.* — *Photograph. Entwickler.* — Vgl. F. P. 1 300 387; C. **1964, 44-2833.** (**U. S. P. 3 242 186** vom 13/7. 1960, ausg. 22/3. 1966.) — 3 S. R. Bauereis H 2950

1939 Monsanto Co., St. Louis, Mo., USA, **Halogenierung organischer Verbindungen.** Verb. mit „positivem" Halogen erhält man beim Durchleiten eines elektr. Stroms durch eine wss. Lsg. mit pH 1—12 u. < 80°, die eine anorgan. Halogenid (Metallhalogenid) u. eine organ. Verb. enthält, die mindestens ein an O oder N gebundenes H-Atom enthält (Alkohole, Amine, Amide, Hydantoine, Guanamine, Imide). — n-Propanol + NaCl → *n-Propylhypochlorit.* — tert.-Butanol + HCl → *tert.-Butylhypochlorit.* — NH_2CH_3 + HCl → *N-Chlormethylamin.* — p-Toluolsulfonamid + NaCl → *p-Toluol-N-chlorsulfonamid.* — 5.5-Dimethylhydantoin + HCl → *N.N′-Dichlor-5.5-dimethylhydantoin.* — Cyanursäure + HCl → *Trichlorcyanursäure* bzw. *Dichlorcyanursäure.* (**Brit. P. 1 037 984** vom 19/8. 1963, ausg. 3/8. 1966. U. S. Prior. 20/8. 1962.) — 12 S. A. Jahn H 3000

1940 E. I. du Pont de Nemours & Co., übert. von: Owen W. Webster, Wilmington, Del., USA, **Herstellung von Tetracyanäthylenoxid (I)**, C_6N_4O, erfolgt durch Rk. eines Alkali-, Erdalkali-, NH_4- oder Sulfoniumtetracyanäthylenids mit einem Hydroperoxid, bes. mit H_2O_2, bei —100 bis 250°, bes. —100 bis 200° bei pH < 7 u. in Abwesenheit von O_2. **I** subl. bei 80°/0,3 mm, F. 171 bis 176°. — *Red.-Komponente in Raketentreibstoffen.* (**U. S. P. 3 250 791** vom 29/12. 1961, ausg. 10/5. 1966.) — 2 S. O. Müller-Meiningen H 3030

1941 British Petroleum Co. Ltd., London, Großbritannien (Erfinder: Kenneth Allison), **Epoxyalkohole** mit Hydroxyl- u. Epoxygruppen an benachbarten Kohlenstoffatomen erhält man bei der katalyt. Ox. von Olefinen in fl. Phase mit mol. O_2 in Ggw. mindestens eines Katalysators aus den Gruppen IVA, VA oder VIA des Periodensyst. oder deren Verb., mit Ausnahme von Cr u. dessen Verb., wobei die Katalysatoren auf Trägern, wie Bimsstein oder Kieselsäuregel, aufgebracht sein können, bei 0—200° u. Drücken, welche die fl. Phase aufrechterhalten. Die Ggw. eines inerten Lsgm. sowie von anorgan. oder organ. Inhibitoren, wie MgO oder Py., sind ggf. vorteilhaft. — Die Herst. folgender Verb. wird beschrieben: Cyclohexen u. V-Naphthenat → *Cyclohexan-1.2-epoxid* u. *2.3-Epoxycyclohexanol-(1)*; analog: Hexen-(2) → *2.3-Epoxyhexan* u. *2.3-Epoxyhexanol-4*; 2-Methylpenten-2 → *2-Methylpentan-2.3-oxid*, *2-Methyl-2-hydroxypentan-3.4-oxid* u. *2-Methyl-4-hydroxypentan-2.3-oxid*; 3-Methylpenten-(2) u. V-Naphthenat → *2.3-Epoxy-3-methylpentan* u. *2.3-Epoxy-4-hydroxy-3-methylpenten*; 2-Äthylbuten-(1) → *1.2-Epoxy-2-äthylbutan* u. *1.2-Epoxy-3-hydroxy-2-äthylbutan* sowie *2.3-Epoxy-1-hydroxy-2-äthylbutan*; 4-Methylpenten-2 → *2.3-Epoxy-4-methylpentan, 3.4-Epoxy-2-methylpentanol-(2)* u. *2.3-Epoxy-2-methylpentanol-(4)*, bei gleicher Temp., jedoch längerer Dauer → *2.3-Epoxy-4-methylpentan, 3.4-Epoxy-2-methylpentanol-(4)* u. *2.3-Epoxy-2-methylpentanol-4* neben höhermol. Verb., bestehend vornehmlich aus *2.3.4-Trihydroxy-2-methylpentan* u. dessen Ester. — *Zwischenprod. zur Herst.* von *Epoxyharzen*. Bei Hydrolyse, z. B. mit wss. Säuren, erhält man *Triole*, die als *Vernetzungsmittel* bei der Bldg. von *Polyesterharzen* verwendet werden. (**Brit. P. 1 016 900** vom 20/11. 1962, ausg. 12/1. 1966.) — 7 S.

G. König H 3030

1942 Monsanto Co., Del., übert. von: Van R. Gaertner, Ballwin, Mo., USA, **Polyglycidylpolyamine** der allg. Formel **I**

$$\underbrace{CH_2-CH}_{O}CH_2-[N(Z)-R']_m-N(R)-[R'-N(Z)]_n-CH_2\underbrace{CH-CH_2}_{O}$$

I

(R = C_{10-25}-Alkyl, Alkenyl, alkylsubstituiertes Phenyl, Biphenylyl mit 10—25 C-Atomen in den Alkylsubstituenten; R′ = C_{2-6}-zweiwertiger Alkylenrest; n + m = 1—6; n ≧ 1; m = 0—5; Z = H, 2.3-Epoxypropenyl, wobei ≧ 50% der Z-Reste 2.3-Epoxypropenylreste sind) erhält man durch Rk. eines entsprechenden Amins mit einem Epihalogenhydrin u. Dehydrohalogenierung des Rk.-Prod. mit wss. Base. — Beispiel: Rk. von N-n-Octadecyl-1.3-propylendiamin mit Epichlorhydrin → *N.N′.N′-Tris-[3-chlor-2-hydroxypropyl]-N-octadecyl-1.3-propylendiamin*, hieraus mit wss. Base in Dimethylsulfoxid → *N.N′.N′-Tris-[2.3-epoxypropyl]-N-octadecyl-1.3-propylendiamin*. Analog *N-Dodecyl-N.N′.N′-Tris-[2.3-epoxypropyl]-diäthylentriamin*. — *Wasserabstoßende Mittel u. Ausrüstungsmittel für Celluloseprodukte*. (**U. S. P. 3 278 560** vom 25/7. 1962, ausg. 11/10. 1966.) — 8 S.

R. Bauereis H 3030

1943 Monsanto Co., Del., übert. von: Van R. Gaertner, Ballwin, Mo., USA, **Diglycidylamine** der allg. Formel $R-N=(CH_2CH-CH_2)_2$ (R = alkylsubstituierter $\diagdown O \diagup$ Phenylrest mit ≧ 10 C-Atomen in den Alkylresten) erhält man durch Rk. von alkylsubstituierten Anilinen mit einem Epihalogenhydrin u. Dehydrohalogenierung des Zwischenprod. mit einer Base. — Beispiel: Rk. von n-Dodecylamin mit Epichlorhydrin u. Abspaltung von HCl aus dem Rk.-Prod. mit NaOH in Dimethylsulfoxid → *Bis-[2.3-epoxypropyl]-dodecylamin*, Kp.$_{0,05-0,1}$ 162—163°. Analog: *N.N-Bis-[2.3-epoxypropyl]-n-octadecylamin*, Kp.$_{0,1}$ 196—216°; *N.N-Bis-[2.3-epoxypropyl]-tert.-dodecylanilin*, Kp.$_{0,05}$ 186—217°. — *Hydrophobierungsmittel für Celluloseprodukte*. (**U. S. P. 3 278 561** vom 15/6. 1962, ausg. 11/10. 1966.) — 7 S. R. Bauereis H 3030

1944 E. I. du Pont de Nemours & Co., übert. von: Julius I. Fuchs, Wilmington, Del., USA, **Diazirine** der allg. Formel $R^1C(R^2)-N=N$ (Ring) mit insgesamt ≦ 18 C-Atomen erhält man durch Rk. von Carbonylverb. mit gasförmig. NH_3 u. Cl_2 bei —25 bis +100° [R^1 = C_{1-16} Alkyl- oder Phenylrest; R^2 = H oder $-CH(R^3)R^4$; R^3 = H oder C_{1-15}-Alkylrest; R^4 = H oder CH_3; R^1 u. R^2 zusammen können bedeuten $-(CH_2)_{1-15}$-, $N=N-C\langle{}^{CH_2CH_2}_{CH_2CH_2}\rangle CH-$ (Ring N=N–C), $CH_2-CH\langle{}^{CH_2CH_2-}_{CH_2CH_2-}$, $R^5-CH-(CH_2)_4$-, $R^5-CH\cdot\langle{}^{(CH_2)_2-}_{(CH_2)_2-}$ oder $R^5-CH\langle{}^{(CH_2)_2-}_{(CH_2)_2-}$; R^5 = C_{1-4} Alkyl- oder Alkoxyrest]. — Octanon-(2) → *Methylhexyl-***I** (**I** = *diazirin*), Kp.$_{10}$ 44°. — Heptanon-(2) → *Methylamyl-***I**, Kp.$_{40}$ 50—51°. — Undecanon-(2) → *Methylnonyl-***I**, Kp.$_3$ 40 bis 41°. — Methylisobutylketon → *Methylisobutyl-***I**, Kp.$_{100}$ 40—41°. — 5-Cyanpentanon-(2) → *3-[(3-Cyan)-propyl]-3-methyl-***I**, Kp.$_{0,2}$ 36—44°, Kp.$_{0,5}$ 48—50°. — 2-Methylcyclohexanon → *3-[1-Methyl]-pentamethylen-***I**, Kp.$_{25}$ 25°. — 3-Nonanon → *3-Hexyl-3-äthyl-***I**, Kp.$_{1,4-1,5}$ 36—37°. — *Blähmittel*. (**U. S. P. 3 287 354** vom 8/10. 1964, ausg. 22/11. 1966.) — 4 S. A. Jahn H 3030

1945 Socony Mobil Oil Co., Inc., New York, N.Y., übert. von: John R. Kilsheimer, Westfield, N.J., USA, und Manfred Sander, Frankfurt/M., **Herstellung von Thietanen** von Alkalimetallsalzen von o-Phenolen mit 3-Chlorpropensulfid-(1) in wss. Lösung. — Beispiel: Rk. von Na-Phenolat mit 3-Chlorpropensulfid-(1) → *Phenoxythietan*, Kp.$_{12}$ 132—140°, F. 39°. Analog folgende Thietane (**I**): *p-Chlorphenoxy-***I**, F. 53°; *o-Chlorphenoxy-***I**, F. 27°; *2.4-Dichlorphenoxy-***I**, F. 61—62°; *2.4.5-Trichlorphenoxy-***I**, F. 72—73°; *p-tert.-Butylphenoxy-***I**, F. 25,5°; *p-Methoxyphenoxy-***I**, Kp.$_{0,05}$ 125—130°, F. 65°; *p-Nitrophenoxy-***I**, F. 105,5°. — *Stabilisatoren* u. *Weichmacher* für *Kautschuk*. (**U. S. P. 3 256 298** vom 6/3. 1963, ausg. 14/6. 1966.) — 4 S. R. Bauereis H 3040

1946 Eastman Kodak Co., Rochester, N.Y., übert. von: William H. Moore und Wayne V. McConnell, Kingsport, Tenn., USA, **Tetrahydro-2.4.4-trimethylfurfurylalkohol** erhält man durch Ox. von 2.2.4-Trimethyl-4-penten-1-ol mit einem organ. Peroxid oder durch Verseifung eines 4.5-Epoxy-2.2.4-trimethylpentylcarbonsäureesters. — Beispiel: 2.2.4-Trimethyl-4-penten-1-ol gibt mit Peressigsäure *Tetrahydro-2.4.4-trimethylfurfurylalkohol*, Kp.$_{7,3}$ 71—73° (**I**). — **I** erhält man auch durch Verseifung von 4.5-Epoxy-2.2.4-trimethylpentylisobutyrat. — Durch Veresterung von **I** mit Isobuttersäureanhydrid erhält man **I**-*Isobutyrat*, Kp.$_{3,5}$ 83—85°. — Analog wurden folgende Ester erhalten: **I**-*Stearat*, *Bis*-**I**-*adipat*, *Bis*-**I**-*o-phthalat*, **I**-*Benzoat*, Kp.$_1$ 109—116°. — Durch Erhitzen von **I** in Ggw. von Cu-Chromitkatalysator auf 250° u. unter 5000 psig H_2 erhält man *2.2.4-Trimethyl-1.5-pentandiol*, Kp.$_{1,2}$ 93—97°. — *Weichmacher* für *Polyvinylchloridharze*. (**U. S. P. 3 265 715** vom 9/9. 1964, ausg. 9/8. 1966.) — 3 S.

R. Bauereis H 3061

1947 Olin Mathieson Chemical Corp., Va., übert. von: Theodore L. Heying, Tonawanda, N.Y., USA, **Herstellung eines Natrium-decaboran-Tetrahydrofuran-Addukts** durch Rk. von Na u. Decaboran bei 40—100° in Tetrahydrofuran. — *Raketentreibstoff*. (**U. S. P. 3 268 560** vom 13/1. 1959, ausg. 23/8. 1966.) — 1 S.

R. Bauereis H 3061

1948 Atlas Chemical Industries, Inc., übert. von: Baak W. Lew, Wilmington, Del., USA, **Herstellung von Estern der cis-2.5-Tetrahydrofurandicarbonsäure** (**I**) durch Rk. von Dehydromucinsäure mit H_2 u. Alkoholen in Ggw. von 0,1—5% eines Edelmetallkatalysators, bezogen auf das Gew. des Ausgangsmaterials, während 2—6 Std. u. bei einem H_2-Druck von ≧ 30 psi u. 120—200°. — Beispiele: **I**-*Dimethylester*, Kp.$_{0,15}$ 86°; **I**-*Di-n-propylester*; **I**-*Diphenoxyäthylester*. — *Zwischenprod.* für *Kunstharze*; *Weichmacher*. (**U. S. P. 3 259 636** vom 3/6. 1963, ausg. 5/7. 1966.) — 2 S. R. Bauereis H 3061

1949 V. I. Švedov, L. B. Altuchova und A. N. Grinev, **6-Keto-7.8.9.10-tetrahydrocyclohept-(b)-indol** (**I**) erhält man beim Kochen von Cycloheptandion-(1.2)-monophenylhydrazon (**II**) in A. mit konz. H_2SO_4. — 2,5 (g) **II** werden in 70 ml A. 1½ Std. mit 94 ml konz. H_2SO_4 gekocht: 2 **I**, F. 124—125° (A.). (**UdSSR. P. 180 602** vom 29/5. 1964, ausg. 18/5. 1966.) — 2 S.

F. Eßer H 3081

1950 Merck & Co., Inc., Rahway (Erfinder: Lewis Hastings Sarett, Princeton, und Tsung-Ying Shen, Westfield), N.J., USA, **Herstellung von substituierten organischen Methylverbindungen**, dad. gek., daß man ein einen hydrolysierbaren Substituenten enthaltendes Carben mit einem Carbanion in Ggw. eines Lsgm. unter nicht hydrolyt. wirkenden Bedingungen umsetzt. — Man setzt z. B. zur 50%ig. Suspension von 7,75 (g) (0,15 [Mol]) NaH in Mineralöl u. 350 ml abs. Dimethoxyäthan (**I**) 35 (0,1) Diäthyl-α-acetonylmalonatäthylenketal (**II**) u. dann 20 (0,16) Chlf. (**III**) in 80 ml **I** zu, filtriert NaCl ab u. erhält durch Hochvakuumdest. *Diäthyl-α-dichlormethyl-α-acetonylmalonatäthylenketal*. — Na-Deriv. von Diäthylphenyl-

malonat + **III** → *Diäthyl-α-dichlormethyl-α-phenylmalonat*, $C_6H_5-C[CHCl_2][COOC_2H_5]_2$. — 0,15 Mol Äthyl-α-äthylacetessigester + 0,3 K-tert. Butoxid + 0,30 **III** in 250 ml **I** → *Äthyl-α-dichlormethyl-α-äthylacetoacetat.* — Diphenylacetonitril (**IV**) + $CCl_3-COOC_2H_5$ in Ggw. von CH_3ONa → *α-Dichlormethyl-***IV**, $[C_6H_5]_2-C[CN]-CH\cdot Cl_2$. — 2-Carbäthoxyindol (**V**) + **III** → *N-Dichlormethyl-***V**. — Dibenzylphenylmalonat, Na-tert. Butoxid + **III** → *Dibenzyl-α-dichlormethylphenylmalonat.* — Triphenylmethan (**VI**) + $CCl_3-COONa$ → *1.1-Dichlor-2.2.2-triphenylmethan.* — **VI** + $ClBrCH_2$ → *Triphenylmethyldichlorbrommethan.* — C_6H_5Li + Cl_2FCH → *Dichlorfluormethylbenzol.* — α.α-Dibenzolsulfonyläthan + CH_2Cl_2 (**VII**) → *α.α-Dibenzolsulfonyl-α-dichlormethyläthan.* — N.N-Dimethyldiphenylacetamid + **VII** → *N.N-Dimethyl-3.3-dichlor-2-diphenylpropionamid.* — $C_6H_5-C{\equiv}CH$ + **VII** → *α-Phenyl-β-dichlormethylacetylen.* — $CH_3-CO-NH-CH_3$ + **VII** → *N-Dichlormethyl-N-methylacetamid.* — N-Propionylpropionamid (**VIII**) + **VII** → *N-Dichlormethyl-***VIII**. — Analog wird erhalten: *N-Dichlormethyläthyl-N-propionylcarbamat, N-Dichlormethyldiphenylamid, N-Dichlormethylindol, N-Dichlormethyl-N-methylbenzolsulfonylamid, N-Dichlormethylsaccharin, N-Dichlormethylphthalimidin, N-Dichlormethylphthalimid.* — *Treibmittel für Aerosole*, Lösungsmittel. (**Schwz. P. 398 589** vom 27/1. 1962, ausg. 15/3. 1966. U. S. Prior. 31/1. 1961.) — 6 S.
O. Müller-Meiningen H 3081

1951 Martin-Marietta Corp., New York, N.Y., übert. von: Henry M. Grotta, Delaware, und Myron N. Lugasch, Columbus, O., USA, **Herstellung von 3.6-Diazidocarbazol** erfolgt durch Red. von 3.6-Dinitrocarbazol mit H_2 in Ggw. von Raney-Ni u. unter 1000 psig bei 95—105°, Diazotierung des entstandenen 3.6-Diaminocarbazols u. Rk. des entstandenen 3.6-Carbazoltetrazoniumchlorids mit Na-Azid. — *Blähmittel für Polymere.* (**U. S. P. 3 258 468** vom 11/9. 1963, ausg. 28/6. 1966.) — 1 S. R. Bauereis H 3081

1952 M. F. Šostakovskij, A. S. Atavin und A. N. Mirskova, **Cyclische Acetale des Dichlorketens** entstehen durch Erwärmen von 2-Trichlormethyl-1.3-dioxolan (**I**) in Bzl. mit K-tert.-Butylat (**II**) in tert.-Butanol (**III**) auf 70°. — Frisch bereitete **II**-Lsg. (aus 7,8 g K u. 200 ml **III**) wird bei Raumtemp. mit 38 **I** in Bzl. versetzt; 2 Std. wird auf 70° erwärmt. Nach Kühlen wird filtriert u. das Filtrat dest.: 26 *2-Dichlormethylen-1.3-dioxolan*, $Kp._1$ 72—73°, F. 55,5—56°. (**UdSSR. P. 177 899** vom 19/2. 1965, ausg. 23/2. 1966.) — 2 S. F. Eßer H 3102

1953 M. F. Šostakovskij, A. S. Atavin und A. N. Mirskova, **Bis-[2-dichlormethyl-1.3-dioxolanyl]-oxid (I)** entsteht beim 12std. Behandeln von 2-Dichlormethylen-1.3-dioxolan (**II**) mit W. bei Raumtemperatur. — 15,5 (g) **II** ($Kp._1$ 72—73°, F. 55,5°) wird bei Raumtemp. mit 1,8 ml W. versetzt, dabei erwärmt sich die Fl. auf 45—46°. Nach 12 Std. Stehen bei Raumtemp. wird dest.: 13,9 **I**, $Kp._1$ 176,5—177,5°; n_D^{20} 1,4950. (**UdSSR. P. 179 333** vom 19/2. 1965, ausg. 14/4. 1966.) — 2 S.
F. Eßer H 3102

1954 E. I. du Pont de Nemours & Co., übert. von: William J. Middleton, Wilmington, Del., USA, **Herstellung von 4-Imino-2.2.5.5-tetrakis-[fluoralkyl]-1.3-dioxolanen** durch Rk. von Fluorketonen mit Alkyl- oder Cycloalkylisocyaniden. Beispiel: Hexafluoraceton mit Cyclohexylisocyanid → *4-Cyclohexylimino-2.2.5.5-tetrakis-[trifluormethyl]-1.3-dioxolan*, $Kp._1$ 33—34°. Analog: *4-tert.-Butylimino-2.2.5.5-tetrakis-[trifluormethyl]-1.3-dioxolan*, $Kp._{2,6}$ 52—53°; *4-Äthylimino-2.2.5.5-tetrakis-[trifluormethyl]-1.3-dioxolan*, Kp. 120—121°; *4-Äthylimino-2.5-bis-[trifluormethyl]-2.5-bis-[chlordifluormethyl]-1.3-dioxolan*, $Kp._{10}$ 55,5—56°; *4-Äthylimino-2.5-bis-[dichlorfluormethyl]-2.5-bis-[chlordifluormethyl]-1.3-dioxolan*, $Kp._{0,25}$ 83—86°, F. 28—30°; *4-Cyclohexylimino-2.2.5.5-tetrakis-[chlordifluormethyl]-1.3-dioxolan*, $Kp._1$ 89°, *11-Äthylimino-5.10-dioxaperfluordispiro-[3.1.3.2]-undecan*, $Kp._{50}$ 72°; *11-tert.-Butylimino-5.10-dioxaperfluordispiro-[3.1.3.2]-undecan*, $Kp._{50}$ 85°; *11-tert.-Butylimino-3.3.7.7-tetrachlor-1.1.2.2.8.8.9.9-octafluor-5.10-dioxadispiro-[3.1.-3.2]-undecan*, $Kp._1$ 68°. — *Lsgm. für Polymere.* (**U. S. P. 3 287 371** vom 26/2. 1965, ausg. 22/11. 1966.) — 3 S.
R. Bauereis H 3102

1955 Polaroid Corp., Cambridge, übert. von: Milton Green, Newton Center, Mass., USA, **1-[4'-Hydrochinonylalkylphenyl]-3-N-[hydroxyalkyl]-carbamyl-4-[(N.N-dialkylsulfonamido)-phenylazo]-5-pyrazolone** erhält man folgendermaßen: m-Nitrobenzolsulfonylchlorid wird mit Diisopropylamin erhitzt → *3-Diisopropylsulfonamido-1-nitrobenzol*, das man mit H_2 in A. in Ggw. von $Pd/BaSO_4$ reduziert. Die nach dem Abfiltrieren des Katalysators erhaltene angesäuerte Lsg. wird konz. u. Ae. zugegeben. Der gebildete Nd. wird in wss. HCl aufgenommen u. bei 0—5° eine wss. $NaNO_2$-Lsg. zugegeben; nach 2std. Rühren u. Filtrieren gibt man die Lsg. unter Rühren zu einem Gemisch aus 1-[p-(2'.5'-Diacetoxyphenyläthyl)-phenyl]-3-carbäthoxy-5-pyrazolon, $NaHCO_3$, Aceton u. W., rührt über Nacht u. gibt den abgetrennten Farbstoff zu einer O_2-freien Lsg. von 3-Amino-1-propanol in Alkohol. Nach Erhitzen unter N_2 erhält man *1-[4'-Hydrochinonyläthylphenyl]-3-N-[3''-hydroxypropyl]-carbamyl-4-[(2'''-N.N-diisopropylsulfonamido)-phenylazo]-5-pyrazolon*, F. 215—218°. — Analog: das entsprechende *-[(2'''-N.N-diäthylsulfonamido)-phenylazo]-5-pyrazolon*, F. 138—140°, u. das *-[(3'''-N.N-diäthylsulfonamido)-phenylazo]-5-pyrazolon.* — Ferner: *1-[4'-Hydrochinonylpropylphenyl]-3-N-[-3''-hydroxypropyl]-carbamyl-4-[(2'''-N-N-diäthylsulfonamido)-phenylazo]-5-pyrazolon*; — *1-[4'-Hydrochinonylpropylphenyl]-3-N-[3''-α-methyl-β-hydroxypropyl]-carbamyl-4-[(2'''-N.N-diäthylsulfonamido)-phenylazo]-5-pyrazolon.* — *Photograph. Entwickler.* (**U. S. P. 3 275 617** vom 27/3. 1963, ausg. 27/9. 1966.) — 6 S.
H. Roos H 3122

1956 Eastman Kodak Co., übert. von: David J. De Marle und Thomas S. Donovan, Rochester, N.Y., USA, **2-Substituierte 3-Pyrazolidone** erhält man folgendermaßen: Morpholin, 1-Phenyl-3-pyrazolidon u. 40%ig. CH_2O in sd. Methanol → *2-Morpholinomethyl-1-phenyl-3-pyrazolidon*, F. 63—64°. — Ferner folgende -1-phenyl-3-pyrazolidone: *2-[1.2.3.4-Tetrahydrochinolylmethyl]-*, F. 88°. — *2-Piperidinomethyl-*, F. 95°. — *2-Morpholinomethyl-4.4-dimethyl-*, F. 116—117,5°. — *2-[Methyl-β-hydroxyäthyl]-aminomethyl-4.4-dimethyl-*, F. 165—167°. — *2-[Di-β-hydroxyäthyl]-aminomethyl-4.4-dimethyl-*, F. 119 bis 122°. — *Photograph. Entwickler.* (**U. S. P. 3 247 201** vom 17/2. 1965, ausg. 19/4. 1966.) — 7 S.
H. Roos H 3122

1957 Allied Chemical Corp., New York, N.Y., übert. von: Morton H. Litt und Albert L. Idelson, Morristown, N.J., USA, **4.8-Dichlorbenzo-[1.2; 4.5]-bis-benzoxazolderivate**, die in 2- u. 6-Stellung durch niedere Alkyl-, Halogenalkyl-, Phenylalkylreste oder durch Alkylen- bzw. Arylenreste substituiert sind, erhält man durch Rk. von 2.5-Diamino-3.6-dichlorhydrochinon-Dihydrochlorid (**I**) mit entsprechenden Dicarbonsäuren bzw. deren Anhydriden, Halogeniden, Estern. — **I** + Benzoesäure → *2.6-Diphenyl* **II** (**II** = 4.8-Dichlorbenzo-[1.2, 4.5]-bisbenzoxazol), subl. bei 375°. — **I** + Phenylessigsäure → *2.6-Dibenzyl-***II**, F. 237,5°. — Ferner: *2.6-Diäthyl-***II**, F. 200°. — *2.6-Di-trifluormethyl-***II**, F. 245°. — **I** + Glutarsäure → *Poly-[2.6-trimethylen-***II***).* — *Stabilisatoren für Polymere.* (**U. S. P. 3 268 545** vom 17/4. 1964, ausg. 23/8. 1966.) — 3 S. A. Jahn H 3132

1958 Ciba Ltd., Basel, übert. von: Erwin Maeder, Aesch, Peter Liechti, Binningen, und Adolf Emil Siegrist, Basel, Schweiz, **2.5-Bis-benzoxazolyl-thiophene** der allg. Formel I erhält man z. B. durch Rk. von Thio-

I 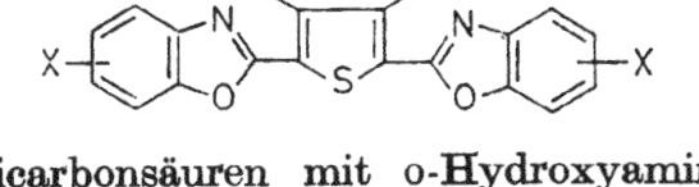

phen-2.5-dicarbonsäuren mit o-Hydroxyaminobenzolen ($X = CO_2H$, $CO_2^{\ominus}$ oder Carbonsäureester- bzw. Carbonsäureamidrest; Z^1 u. Z^2 = H oder CH_3). — Es wurden folgende Thiophene erhalten: *2.5-Bis-[5'-carbomethoxybenzoxazolyl-(2')]-*, $C_{22}H_{14}O_6N_2S$, F. 294—294,5° (Dimethylformamid = DMF). — *2.5-Bis-[6'-carbäthoxybenzoxazolyl-(2')]-*, $C_{24}H_{18}O_6N_2S$, F. 243—244° (DMF). — *2.5-Bis-[5'-carbomethoxy-7'-methoxybenzoxazolyl-(2')]-*, $C_{24}H_{18}\cdot O_8N_2S$, F. 273—276° (DMF). — *3.4-Dibutyl-2.5-bis-[5'-carbobutoxybenzoxazolyl-(2')]-*, $C_{28}H_{28}O_6N_2S$, F. 189 bis

190° (Toluol–Cyclohexan). — *2.5-Bis-[5'-(2''-äthylhexyloxycarbonyl)-benzoxazolyl-(2')]-*, gelbliche Blättchen, $C_{36}\cdot H_{42}O_6N_2S$, F. 121—122° (Cyclohexan). — *2.5-Bis-[5'-(2''-methoxyäthoxycarbonyl)-benzoxazolyl-(2')]-*, gelb, $C_{28}H_{22}\cdot O_8N_2S$, F. 185,5—186° (Bzl.). — *2.5-Bis-[5'-(n-octylaminocarbonyl)-benzoxazolyl-(2')]-*, gelbe Krist., $C_{36}H_{44}O_4N_4S$, F. 292—293° (DMF). — *2.5-Bis-[5'-carboxybenzoxazolyl-(2')]-*, $C_{20}H_{10}O_6N_2S$, F. >350°; *Di-Na*-Salz, F. >350°. — *2.5-Bis-[5'-chlorcarbonylbenzoxazolyl-(2')]-*, gelb, F. 260 bis 262°. — *2.5-Bis-{5'-[4''-(1'''.1'''.3'''.3'''-tetramethylbutyl)-phenoxycarbonyl]-benzoxazolyl-(2')}-*, gelbliche Krist., $C_{48}\cdot H_{50}N_2O_6S$, F. 251—252° (Toluol). — *2.5-Bis-[5'-(benzyloxycarbonyl)-benzoxazolyl-(2')]-*, gelbliche Nadeln, $C_{34}\cdot H_{22}O_6N_2S$, F. 229—230° (Toluol). — *2.5-Bis-[5'-(allyloxycarbonyl)-benzoxazolyl-(2')]-*, $C_{26}H_{18}O_6N_2S$, gelbliche Krist., F. 200—202° (DMF). — *2.5-Bis-[5'-(octadecyloxycarbonyl)-benzoxazolyl-(2')]-*, $C_{56}H_{82}O_6N_2S$, gelbliche Krist., F. 145—146° (Toluol). — *2.5-Bis-[5'-(β-hydroxyäthylaminocarbonyl)-benzoxazolyl-(2')]-*, $C_{24}H_{20}O_6N_4S$, F. >350° (DMF). — *Opt. Aufheller für Kunststoffe, Fasern, Farbstoffe, Bleich-* u. *Reinigungsmittel.* (**U. S. P. 3 255 199** vom 12/1. 1965, ausg. 7/6. 1966. Schwz. Prior. 17/1. 1964.) — 7 S. A. Jahn H 3132

1959 General Aniline & Film Corp., New York, übert. von: Sigmund C. Catino, Castleton, und Albert F. Strobel, Delmar, N.Y., USA, **Stilbylbenztriazole** erhält man durch Diazotierung von 4-Stilbenaminen, die ggf. in 2-, 2'- u./oder 4'-Stellung durch Cl substituiert sind, u. nachfolgende Kupplung mit 4-Methyl-m-anisidin, 3.4-Dimethoxy- oder 3.4-Methylendioxyanilinhydrochlorid u. Ox., z. B. mit $CuSO_4$. — Es wurden erhalten: 2H-Benztriazole: *2-[2'-Chlor-4-stilbyl]-5.6-dimethoxy-*. — *2-[2'-Chlor-4-stilbyl]-5.6-methylendioxy-*. — *2-[2'-Chlor-4-stilbyl]-5-methoxy-6-methyl-*. — *2-[2.4'-Dichlor-4-stilbyl]-5.6-methylendioxy-*. — *2-[2.2'.4'-Trichlor-4-stilbyl]-5.6-dimethoxy-*. — *2-[2.2'-Dichlor-4-stilbyl]-5-methoxy-6-methyl-*. — *2-[4'-Chlor-4-stilbyl]-5.6-dimethoxy-*. — *2-[4-Stilbyl]-5.6-methylendioxy-*. — *Opt. Aufheller*, bes. für Polyester. (**U. S. P. 3 287 358** vom 22/10. 1963, ausg. 22/11. 1966.) — 4 S. A. Jahn H 3153

1960 Ethyl Corp., New York, N.Y., übert. von: Gene C. Robinson, Baton Rouge, La., USA, **Dihalogencarben-Addukte** erhält man durch Rk. eines Haloforms, eines Alkalihydroxids u. eines Dihalogenakzeptors (als solcher wird eine Verb. mit ≦25 C-Atomen, mit aliphat. oder aromat. C/C-Doppelbindungen, C/C-Dreifachbindungen, C/N-Doppel- oder Dreifachbindungen oder eine Organohalogen–Metall-Verb. verwendet), in inertem Lsgm. unter Ausschluß von Wasser. — Aus Dihydropyran mit $CHCl_3$ in Ggw. von NaOH → *4-Oxa-7.7-dichlor-nor-caran.* Aus Tetramethyläthylen mit $CHCl_3$ u. Diäthylenglykoldimethyläther → *1.1-Dichlor-2.2.3.3-tetramethylcyclopropan.* (**U. S. P. 3 265 714** vom 28/6. 1962, ausg. 9/8. 1966.) 4 S. R. Bollinger H 3211

1961 Monsanto Co., Del., übert. von: James C. Wygant, Creve Coeur, und Erhard J. Prill, Des Peres, Mo., USA, **Bicyclische Esterlactone von Alkyl-Δ^4-tetrahydrophthalsäureanhydriden** erhält man durch Rk. eines Alkyl-Δ^4-tetrahydrophthalsäurelactonsalzes mit einem organ. Halogenid. — Aus dem 5-Methyl-6-oxa-7-oxobicyclo-[3.2.1]-octan-2-carbonsäuresalz mit Trimethylamin u. 1.4-Dichlorbutan bei 100—150° → *1.4-Tetramethylen-bis-[5-methyl-6-oxa-7-oxobicyclo-[3.2.1]-octan-2-carboxylat]*, $Kp._{0,3}$ 190—290°. — Analog: *Benzyl-5-methyl-6-oxa-7-oxobicyclo-[3.2.1]-octan-2-carboxylat*, $Kp._{0,1}$ 180—184°, n_D^{25} 1,5289. — *Tridecyl-5-methyl-6-oxa-7-oxobicyclo-[3.2.1]-octan-2-carboxylat.* — *Weichmacher* für Polyvinylhalogenidharze (**U. S. P. 3 256 300** vom 12/10. 1961, ausg. 14/6. 1966.) — 3 S. H. Roos H 3211

1962 Gulf Oil Corp., Pittsburgh, Pa., übert. von: Gerald J. Mantell, Kansas City, Mo., David Rankin, Kansas City, Kans., und Francis R. Galiano, Kansas City, Mo., USA, **2-Alkylen-m-dioxanyl-acrylsäureester** erhält man durch Umesterung von Acrylsäureestern mit den entsprechenden Alkoholen. — Beispiel: Durch Rk. von Neopentylglykol mit Pentaldol in Ggw. von p-Toluolsulfonsäure erhält man *β.β-Dimethyl-β-[5.5-dimethyl-2-m-dioxanyl]-äthanol* (**I**), F. 63—65°. Durch Umesterung von Acrylsäuremethylester mit **I** in Ggw. von 2.6-Di-tert.-butyl-4-methylphenol u. Tetrabutyltitanat erhält man *β.β-Dimethyl-β-[5.5-dimethyl-2-m-dioxanyl]-äthylacrylat*, $Kp._{0,25}$ 69°. — Analog erhält man das entsprechende *Methacrylat*, $Kp._{0,5}$ 80,5—82°. — *Zwischenprod.* für *Polymere.* (**U. S. P. 3 271 377** vom 23/5. 1962, ausg. 6/9. 1966.) — 5 S. R. Bauereis H 3252

1963 Gulf Oil Corp., Pittsburgh, Pa., übert. von: David Rankin, Kansas City, Kans., Gerald J. Mantell und Francis R. Galiano, Kansas City, Mo., USA, **5-Alkylen-m-dioxanyl-acrylsäureester** erhält man durch Umesterung der entsprechenden Alkohole. — Beispiel: Durch Rk. von 2-Hydroxymethyl-2-methyl-1.3-propandiol mit CH_2O in Ggw. von p-Toluolsulfonsäure entsteht *5-Hydroxymethyl-5-methyldioxan*, $Kp._{0,8}$ 72—74°. Durch Rk. dieser Verb. mit Aceton erhält man *5-Hydroxymethyl-2.2.5-trimethyl-m-dioxan* (**I**), $Kp._{0,1}$ 53—54°. Durch Umesterung von Methacrylsäuremethylester mit **I** in Ggw. von 2.6-Di-tert.-butyl-4-methylphenol u. Tetrabutyltitanat erhält man *[2.2.5-Trimethyl-5-m-dioxanyl]-methylmethacrylat*, $Kp._{0,5-1,0}$ 76—83°. — Analog wurden erhalten: *[5-Methyl-5-m-dioxanyl]-methylmethacrylat*, $Kp._{0,5}$ 72—73°, *-acrylat*, $Kp._{0,2}$ 57°; *[2.2.5-Trimethyl-5-m-dioxanyl]-methylacrylat*, $Kp._{1}$ 81°. — *Zwischenprod.* für *Polymere.* (**U. S. P. 3 267 084** vom 23/5. 1962, ausg. 16/8. 1966.) — 6 S. R. Bauereis H 3252

1964 Minnesota Mining and Mfg. Co., St. Paul, Minn., USA (Erfinder: George Frank Duffin und James Hogg), **4-Hydroxy-1.3.3a.7-tetraazaindenderivate** der allg. Formel **I** erhält man durch Rk. von 3-

I 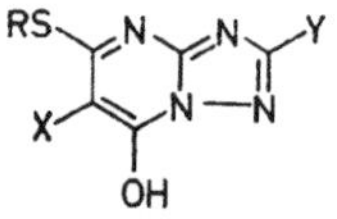

Amino-1.2.4-triazolen mit *β.β*-Di-(alkylmercapto)-acrylsäureestern [Y = H, Alkyl, Alkylmercapto, Aryl; R = Alkyl; X = H, CN]. — 3-Amino-5-methylmercapto-1.2.4-triazol + *β.β*-Di-(methylmercapto)-acrylsäureäthylester → *2.6-Dimethylmercapto-***II***-Monohydrat* (**II** = 4-Hydroxy-1.3.3a.7-tetraazainden), $C_7H_8N_4S_2O\cdot H_2O$, F. 264—265° (Eisessig). — Ferner: *2-Methyl-6-methylmercapto-***II**, $C_7H_8N_4SO$, F. >320°. — *2-Isopropylmercapto-6-methylmercapto-***II**, $C_{10}H_{18}S_2O$, F. 201—202° (A.). — *2.6-Dimethylmercapto-5-cyan-***II**, $C_8H_7N_5S_2O$, Nadeln, F. 287° (wss. A.). — *6-Isopropylmercapto-5-cyan-***II**, $C_9H_9N_5\cdot SO$, Nadeln, F. 297—300° (wss. A.). — *2-Methyl-5-cyan-***II**, $C_8H_7N_5SO$, F. 323—326° (wss. A.). — Ferner Verb. der Formel **I**: *R* = CH_3, *Y* u. *X* = *H*, F. 292—294°. — *R* = C_2H_5, *X* u. *Y* = *H*, F. 274—276°. — *R* u. *Y* = CH_3, *X* = *H*, F. 315—317°. — *R* = C_2H_5, *Y* = CH_3, *X* = *H*, F. 280°. — *R* = *Isopropyl*, *Y* = CH_3, *X* = *H*, F. 270 bis 272°. — *R* = C_2H_5, *Y* = SCH_3, *X* = *H*, F. 230°. — *R* = *Isopropyl*, *Y* = SCH_3, *X* = *H*, F. 205—206°. — *R* = CH_3, *Y* = SC_2H_5, *X* = *H*, F. 200—202°. — *R* = C_2H_5, *Y* = SC_2H_5, *X* = *H*, F. 230°. — *R* = *Isopropyl*, *Y* = SC_2H_5, *X* = *H*, F. 190—192°. — *R* = CH_3, *Y* = *Isopropylmercapto*, *X* = *H*, F. 200—201°. — *R* = C_2H_5, *Y* = *Isopropylmercapto*, *X* = *H*, F. 201—204°. — *R* = *Isopropyl*, *Y* = *Isopropylmercapto*, *X* = *H*, F. 175 bis 178°. — *R* = CH_3, *Y* = *H*, *X* = *CN*, F. 285°. — *R* = C_2H_5, *Y* = *H*, *X* = *CN*, F. 309—312°. — *R* = C_2H_5, *Y* = CH_3, *X* = *CN*, F. 294—296°. — *R* = *Isopropyl*, *Y* = CH_3, *X* = *CN*, F. 255°. — *R* = C_2H_5, *Y* = SCH_3, *X* = *CN*, F. 262—263°. — *R* = *Isopropyl*, *Y* = SCH_3, *X* = *CN*, F. 259—262°. — *R* = CH_3, *Y* = SC_2H_5, *X* = *CN*, F. 275—277°. — *R* = C_2H_5, *Y* = SC_2H_5, *X* = *CN*, F. 310—312°. — *R* = *Isopropyl*, *Y* = SC_2H_5, *X* = *CN*, F. 218—220°. — *R* = CH_3, *Y* = *Isopropylmercapto*, *X* = *CN*, F. 244—245°. — *R* = C_2H_5, *Y* = *Isopropylmercapto*, *X* = *CN*, F. 225—226°. — *R* = *Isopropyl*, *Y* = *Isopropylmercapto*, *X* = *CN*, F. 212—214°. — *Zusätze zu photograph. Ag-Emulsionen.* (**Brit. P. 1 040 161** vom 29/1. 1964, ausg. 24/8. 1966.) — 15 S. A. Jahn H 3272

1965 I. V. Smolonka, Ju. V. Migalin und V. I. Staninec, **Derivate des 1-Hydro-2-oxooxazin-[2.3-ij]-chinoliniumbromids (I)** erhält man aus 8-Hydroxychinolin bzw. seinen Deriv. u. *α*-Brom- oder *α.β*-Dibromcarbonsäuren unter Kühlung bei nachfolgendem Erwärmen in einem Lsgm. auf 60—140°. — Zu 9,1 g K-8-Hydroxychinolinat in 50 ml abs. Bzl. gibt man bei 0° unter Rühren 10,05 g Bromacetylbromid in 30 ml Bzl., rührt 1 Std. u. filtriert; aus dem Filtrat fallen nach einigen Tagen 15,6 g *Chinolyl-(8)-bromacetat*, $C_{11}H_8BrNO_2$, F. 97°. — 1 g vorst. Verb. werden in 20 ml abs. Bzl. 2 Std. auf 60° erwärmt; das ausgefallene Harz krist. nach 3 Tagen, nach Lösen in abs. A. u. Fällen mit abs. Ae. 0,6 g **I**, $C_{11}H_8BrNO_2$, F. 195°. — α.β-Dibrompropionylchlorid → *Chinolyl-(8)-dibrompropionat*, $C_{12}H_9Br_2NO_2$, F. 126°. — *1-Hydro-1-brommethyl-2-oxooxazin-[2.3-ij]-chinoliniumbromid*, $C_{12}H_9Br_2NO_2$, F. 140°. — *Chinolyl-(8)-cinnamoat*, $C_{18}H_{13}NO_2$, F. 119—120°. — *5-Bromchinolyl-(8)-cinnamoathydrobromid*, $C_{18}H_{13}Br_2NO_2$, F. 107°. — *Chinolyl-(8)-dibromhydrocinnamoat*, $C_{18}H_{13}Br_2NO_2$, F. 126—127°. — *1-Hydro-1-phenylbrommethyl-2-oxo-oxazino-[2.3-ij]-chinoliniumbromid*, $C_{18}H_{13}Br_2NO_2$, F. 160—161°. (**UdSSR. P. 178 820** vom 29/6. 1964, ausg. 21/3. 1966. — 2 S. U. Jahnke H 3282

1966 B. M. Bolitin, D. A. Drapkina, V. G. Brudz, L. S. Zerjukina und T. E. Oskina, **Herstellung von 2-[2'-(Benzoylamino)-phenyl]-benz-4H-3.1-oxazon-(4) (I)** durch Rk. von 1 Mol Anthranoylanthranilsäure (**II**) mit 2 Mol Benzoylchlorid (**III**). — 5,12 (g) **II** werden in Py. mit 5,6 **III** 10 Min. auf dem W.-Bad erwärmt. Nach Kühlen, Filtrieren u. Waschen wird aus Dichloräthan umkrist.: 3,2 **I**, F. 173—174°. (**UdSSR. P. 178 380** vom 4/3. 1965, ausg. 15/4. 1966.) — 2 S. F. Eßer H 3282

1967 Goodyear Tire & Rubber Co., Akron, übert. von: William Budd, Cuyahoga Falls, und Wellington B. Adams, Akron, O., USA, **2-(4-Morpholinyldithio)-benzthiazol** (**I**) erhält man durch Rk. von 2-Mercaptobenzthiazol oder 2.2'-Bis-(benzthiazyl)-disulfid mit Morpholin u. S in einem inerten Lsgm. (Isopropanol) über dem Kristallisationspunkt der Mischung u. Zugabe mindestens eines Äquivalents eines in W. lösl. Ox.-Mittels (NaOCl) vor dem Auskrist. von **I**, Ausb. 92%. — *Vulkanisationsbeschleuniger.* (**U. S. P. 3 281 418** vom 12/7. 1963, ausg. 25/10. 1966. **Brit. P. 1 036 345** vom 23/3. 1964, ausg. 20/7. 1966. U. S. Prior. 12/7. 1963.) — 3 S. — 4 S. A. Jahn H 3282

1968 M. V. Gorelik, T. P. Konova, L. N. Belova und T. N. Žarinova, **2-Benzthiazolsulfenmorpholid (I)** wird aus 2-Mercaptobenzthiazol (**II**), Morpholin (**III**) u. Alkalihypochlorit in wss. Medium bei 20—60° erhalten, wobei man zuerst **II** in **III** löst u. dann **III** zusetzt u. das Verhältnis **II** : **III** ≧ 1 : 3 beträgt. — In 387 (Gew.-Teile) 90%ig. wss. **III** trägt man 172 97,5%ig. **II** ein, erwärmt auf 40° bis zur Auflsg., gibt in 2 Std. bei 30° 518 18,7%ig. NaOCl-Lsg. zu, rührt 10 Min., entfernt überschüssiges Ox.-Mittel mit Na_2SO_3 u. filtriert: 244 **I**, F. 82—83°. (**UdSSR. P. 178 822** vom 4/7. 1964, ausg. 21/3. 1966.) — 2 S. U. Jahnke H 3282

1969 V. V. Šavyrina und S. V. Žuravlev, **Herstellung von 2-Dimethylsulfamidophenthiazin (I)** aus 2-Brom-2'-amino-4'-dimethylsulfamidodiphenylsulfid (**II**) in Ggw. von Cu-Pulver u. K_2CO_3, dad. gek., daß man vor der Cyclisierung mit Acetylchlorid (**III**) in $CHCl_3$ behandelt, die Cyclisierung in Nitrobenzol vornimmt u. verseift. — 3,9 (g) **II**, 7 ml $CHCl_3$ u. 1,5 ml **III** werden 3 Std. gekocht: 4 *2-Brom-2'-acetamido-4'-dimethylsulfamidophenthiazin*, F. 120—122° (A.). 8,6 davon, 2,6 wasserfreies K_2CO_3, 0,4 Cu-Pulver u. 70 ml Nitrobenzol erhitzt man (Badtemp. 160—180°) 9 Std. unter Rühren, treibt das Lsgm. mit Dampf ab, filtriert u. wäscht mit Bzl.: 6 *10-Acetylverb.* von **I**, F. 186—186,5° (A.). 6 vorst. Verb., 20 ml A. u. 10 ml konz. HCl werden 1½ Std. gekocht: 4,8 **I**, $C_{14}H_{14}N_2O_2S_2$, F. 173—175° (Toluol). (**UdSSR. P. 178 823** vom 10/7. 1964, ausg. 21/3. 1966.) — 2 S. U. Jahnke H 3292

1970 Aerojet-General Corp., Azusa, übert. von: Milton B. Frankel, Menlo Park, Calif., USA, **1-Trinitroalkyl-dinitrotriazacycloalkane** erhält man durch Rk. von Dinitrazaalkandiolen mit N-[Polynitroalkyl]-aminen. — Methylendinitramin + 3.3.3-Trinitropropylaminhydrochlorid → *1-[3'.3'.3'-Trinitropropyl]-3.5-dinitro-1.3.5-triazacyclohexan*, $C_6H_{10}N_8O_{10}$, Nadeln, F. 144—146° ($CHCl_3$). — *Sprengstoffe.* (**U. S. P. 3 228 929** vom 8/6. 1964, ausg. 11/1. 1966.) — 4 S. A. Jahn H 3313

1971 Dal Mon Research Co., Cleveland, O., übert. von: Gaetano F. D'Alelio, South Bend, Ind., USA, **Polymerisierbare symm.-Triazine** der allg. Formel X—CH = C(Y)—CO—B—A—B—C_3N_3(D)—B'—A'—CO—Z erhält man durch Rk. einer äthylen. ungesätt. Carbonsäure, deren Chlorid oder Anhydrid mit entsprechenden Triazinverb., die eine veresterbare OH-Gruppe oder einen > NH-Rest enthalten (X = CN, H, CO_2R'', CON(R')$_2$ oder —CO—B—A—B—C_3N_3(OR'')N(R')$_2$; Y = H oder Alkyl ≦ C_6, oder falls X = H, Cl, F, Br, J, CH_2CO_2R'', $CH_2CON(R')_2$ oder CH_2CO—B—A—B—C_3N_3(OR'')N · (R')$_2$; B = O oder > N(R''); A = 2wertig. KW-Stoffrest mit ≧ 2 C-Atomen zwischen beiden Valenzen u., falls an CO gebundenes B = O, ist der an B angrenzende Teil aliphat.; R u. R' = einwertiger KW-Stoffrest; 2 Reste R können zusammen mit N auch einen heterocycl. Ring bilden; R'' = R oder 2wertiger KW-Stoffrest, dessen andere Valenz an A oder B, falls dieses > N(R) bedeutet, gebunden ist; B' = B oder > N—A'—COZ; A' = 2-wertiger KW-Stoffrest; Z = OR oder N(R')$_2$; D = einwertige Gruppe, die keine polymerisierbare äthylen. ungesätt. Gruppe enthält). — Man kocht eine Verb. der Formel $HOCH_2CH_2O—C_3N_3(OCH_3)OCH_2CO_2CH_3$ mit Tributylamin u. Acrylsäurechlorid in Ae. → $CH_2{=}CH—CO_2—CH_2CH_2O—C_3N_3(OCH_3)OCH_2CO_2CH_3$. *Vorprod. für lichtstabile, gut anfärbbare Polymere.* (**U. S. P. 3 271 478** vom 24/1. 1963, ausg. 6/9. 1966.) — 10 S. A. Jahn H 3313

1972 Farbwerke Hoechst Akt.-Ges. vormals Meister Lucius & Brüning, Frankfurt/M., **4.4'-Bis-[β-hydroxyäthylsulfonylphenylamino-symm.-triazinylamino]-stilbenverbindungen** der allg. Formel I (Z = H oder

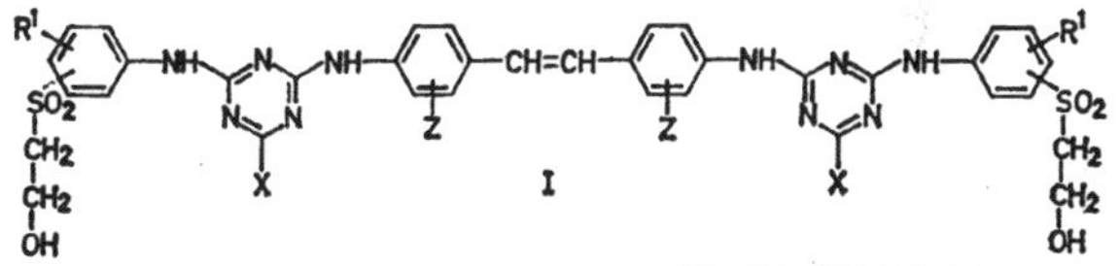

wasserlösl. machende Gruppe, z. B. CO_2H, SO_3H, SO_2NH_2, Alkylsulfon- oder β-Hydroxyäthylsulfonrest; R¹ = H, Alkyl- oder Alkoxyrest; X = NH_2 oder Rest eines prim. oder sek. Amins), erhält man durch Rk. von Cyanurchlorid mit einem Aminostilben, Aminoaryl-β-hydroxyäthylsulfon u. einem prim. oder sek. Amin. — *Na-Salz des 4.4'-Bis-[2''-chlor-4''-(3'''-β-hydroxyäthylsulfonylphenylamino)-triazinyl-(5'')-amino]-stilben-2.2'-disulfonsäure. Opt. Aufheller.* (**Brit. P. 1 042 891** vom 1/2. 1963, ausg. 14/9. 1966. D. Prior. 1/2. 1962.) — 8 S. A. Jahn H 3313

1973 M. F. Šostakovskij, V. M. Vlasov, R. G. Mirskov und A. N. Mirskova, **2.2.2-Trichlor-1-[propin-(1')-oxy]-1-[triäthylstannoxy]-äthan (I)** entsteht durch Rk. von 3-Äthylstannoxypropin-(1) (**II**) mit Chloral (**III**) bei 30—40°. — 16,75 (g) frischdest. **II** werden bei —10° mit 9,48 **III** versetzt u. ½ Std. bei 30—40° gerührt: 22,8 **I**, Kp.$_2$ 85°; n_D^{20} 1,5080; D_4^{20} 1,4341. (**UdSSR. P. 180 598** vom 5/4. 1965, ausg. 25/5. 1966.) — 2 S. F. Eßer 6680

1974 M. F. Šostakovskij, V. M. Vlasov und R. G. Mirskov, **Sn-organische acetylenische Ester** der allg. Formel $R_3SnC{\equiv}CR'OCOR''$ [R = —C_2H_5, —C_4H_9; R' = —CH_2-, —CH_2—CH_2-, —CH(CH_3)-, —C(CH_3)$_2$-; R'' = —CH_3, —C_6H_5] erhält man durch Behandlung Sn-organ. Verb. der allg. Formel $R_3SnOR'C{\equiv}CSnR_3$ mit Säurechloriden in Ggw. von Lsgm., wie Ae., Bzl. oder Toluol. — 16,33 (g) $(C_2H_5)_3SnO—CH_2—CH_2—C{\equiv}C—Sn·(C_2H_5)_3$ (Kp.$_1$ 134—135°; n_D^{20} 1,5036; D_4^{20} 1,3412) werden bei 0° mit 5,34 Acetylchlorid in 5 ml abs. Ae. versetzt. Nach ½ Std. wird auf Raumtemp. angewärmt u. dest.: 7,93 *Triäthylchlorstannan*, Kp.$_4$ 75—80°, n_D^{20} 1,5061, D_4^{20} 1,4120, u. 9,33 $(C_2H_5)_3SnC{\equiv}C—CH_2—CH_2—OCOCH_3$, Kp.$_1$ 89—90°; n_D^{20} 1,4860; D_4^{20} 1,2415. (**UdSSR. P. 181 101** vom 6/8. 1963, ausg. 1/6. 1966.) — 2 S. F. Eßer 6680

1975 I. V. Vereščinskij, V. V. Pozdeev, V. Ju. Mireckij und A. Ju. Ivanov, **Herstellung von Dialkylstannylbromiden** durch Bestrahlung von Alkylbromiden u. Sn mit γ-Strahlen in Ggw. aktivierender Zusätze, wie

Alkoholen. — 1,5 (kg) Sn-Pulver, 1,5 Butylbromid u. 75 g n-Butanol werden unter Rühren auf 85—90° erhitzt; dann wird aus einer Co-Bombe mit 100 Rad/Sek. 3 Std. bestrahlt: **90%** *Dibutylstannylbromid*. (**UdSSR. P. 181 104** vom 23/4. 1964, ausg. 1/6. 1966.) — 2 S.

F. Eßer 6680

1976 Alfred Wende und Robert Becker, Deutschland, **Herstellung von Sn-organischen Epoxidverbindungen.** Zu D. P. [DDR] 26 569; C. **1965,** 40-2789 sind folgende Verb. nachzutragen: $(C_6H_5)_2Sn[(CH_2)_3-O-CH_2-CH-CH_2]_2$ (Epoxid: CH—CH₂ über O verbrückt), $Kp._{0,5} > 150°$. — $(C_2H_5)_3Sn-(CH_2)_3-O-CH_2-CH-CH_2$ (Epoxid: CH—CH₂ über O verbrückt), $Kp._{0,2}$ 90—105°. — $C_6H_5Sn(OH)[(CH_2)_2-CH-CH_2]_2$ (Epoxid: CH—CH₂ über O verbrückt), Öl, zersetzt sich beim Destillieren. (**UdSSR. P. 181 098** u. **181 099** vom 29/8. 1960, ausg. 1/6. 1966 u. **181 100** vom 29/8. 1960, ausg. 6/6. 1966.) — 2 S. — 2 S.

F. Eßer 6680

1977 **Manfred Nicolai, Siegfried Meyer, Herbert Rost** und **Werner Nauendorf**, Deutschland, *Aktivtonerdeträger für Katalysatoren*. (**UdSSR. P. 181 628** vom 15/6. 1960, ausg. 13/7. 1966. — C. **1965,** 44-1939 [D. P. [DDR] 28 052].)

1978 **Shell Internationale Research Mij. N. V.**, Den Haag, Niederlande (Erfinder: **Thomas Austin Rodgers**, La Porte, und **Maxwell Nager**, Pasadena, Tex., USA), *Katalytische Umwandlung unverzweigter oder wenig verzweigter Olefinkohlenwasserstoffe in gesättigte mit verzweigten oder stärker verzweigten Kohlenstoffketten in Anwesenheit von H_2 und eines Ni und W auf $SiO_2-Al_2O_3$ enthaltenden Katalysators*. (**D. A. S. 1 242 200**, Kl. 12o vom 24/12. 1962, ausg. 15/6. 1967. U. S. Prior. 27/12. 1961. C. **1966,** 25-2702 [Brit. P. 962 071].)

1979 **Universal Oil Products Co.**, Des Plaines (Erfinder: **Robert Eugene Shuterland**, Chicago, und **Clarence George Gerhold**, Inverness, Palatine), Ill., USA, *Alkylierung von alkylierbaren Kohlenwasserstoffen mit Olefinen oder Alkylhalogeniden*. (**D. A. S. 1 273 512** Kl. 12o vom 5/11. 1958, ausg. 25/7. 1968. U. S. Prior. 5/11. 1957. — C. **1960,** 14 570 [U. S. P. 2 910 522].)

1980 **British Petroleum Co. Ltd.**, London (Erfinder: **Anthony George Goble** und **John Vincent Fletcher**, Sunbury-on-Thames), Großbritannien, *Chlorierung bzw. Bromierung von Kohlenwasserstoffen*. (**D. A. S. 1 261 493** Kl. 12o vom 1/3. 1963, ausg. 22/2. 1968. Brit. Prior. 2/3. 1962. — C. **1968,** 2-2341 [F. P. 1 348 262].)

1981 **Elliott Lawrence Weinberg**, USA, *Herstellung von Alkylchloriden*. (**F. P. 1 414 188** vom 29/10. 1964, ausg. 7/1. 1966. U. S. Prior. 16/12. 1963. — C. **1968,** 40-2354 [Brit. P. 1 022 737].)

1982 **Pittsburgh Plate Glass Co.**, Pittsburgh, Pa., USA, *Oxychlorierung aliphatischer Kohlenwasserstoffe*. (**Niederl. P. 122 477** vom 21/8. 1961, ausg. 15/6. 1967. U. S. Prior. 26/9. 1960. — C. **1965,** 49-2444 [Brit. P. 916 684].)

1983 **Distillers Co. Ltd.** (Erfinder: **Stuart Neil Dancer** und **Frank Christopher Newman**), *Herstellung von Butadien*. (**Aust. P. 268 255** vom 24/7. 1962, ausg. 14/7. 1966. Brit. Prior. 16/8. 1961. — C. **1966,** 15-2469 [Brit. P. 949 998].)

1984 **Commercial Solvents Corp.**, New York, N.Y., übert. von: **Ambert D. Riley**, Sterlington, und **Wilton O. Bell**, Monroe, La., USA, *Herstellung von Äthylalkohol*. (**U. S. P. 3 248 432** vom 12/12. 1961, ausg. 26/4. 1966. — C. **1966,** 17-2504 [D. A. S. 1 173 075].)

1985 **British Petroleum Co. Ltd.**, London, und **Gordon Foster**, Sunbury-on-Thames, Großbritannien, *Herstellung von Triolen*. (**Brit. P. 1 027 749** vom 2/3. 1964, ausg. 27/4. 1966. — C. **1967,** 47-2298 [D. A. S. 1 237 086].)

1986 **Henkel & Cie. G.m.b.H.**, Deutschland, *Sulfonierte Fettsäuren und Fettsäurederivate*. (**F. P. 1 337 496** vom 7/8. 1962, ausg. 20/12. 1963. D. Prior. 8/8. 1961. — C. **1966,** 5-2740 [D. A. S. 1 186 051].)

1987 **E. I. du Pont de Nemours & Co.**, USA, *Boran-Komplexverbindungen*. (**F. P. 1 386 248** vom 5/9. 1963, ausg. 12/5. 1965. — C. **1968,** 40-2413 [Brit. P. 986 047].)

1988 **Stamicarbon N. V.**, Heerlen (Erfinder: **Abraham Hermanus de Rooy**, Geleen), Niederlande, *Herstellung konzentrierter Formaldehyd-Melaminlösungen*. (**Schwz. P. 446 287** vom 16/7. 1963, ausg. 15/3. 1968. Niederl. Prior. 17/7. 1962. — C. **1965,** 43-2622 [D. A. S. 1 189 539].)

1989 **Badische Anilin- & Soda-Fabrik Akt.-Ges.**, Ludwigshafen/Rh. (Erfinder: **Herwig Freyschlag**, Ludwigshafen/Rh., **Fritz Stolp**, Limburgerhof/Pfalz, **Werner Reif** und **Horst Pommer**, Ludwigshafen/Rh.), *Herstellung von 4-Chlor- bzw. 4-Brom-2-formylbuten-*(2), *deren Acetalen oder Acylaten*. (**Schwz. P. 441 263** vom 17/8. 1964, ausg. 15/1. 1968. D. Prior. 23/8. 1963. — C. **1965,** 43-2624 [D. A. S. 1 188 577].)

1990 **Esso Research and Engineering Co.**, Elizabeth, N.J. (Erfinder: **Philip S. Bailey**, Austin, Tex.), USA, *Carbonsäuren durch Olefin-Ozonisierung und oxydative Spaltung des Ozonisierungsprodukts*. (**D. A. S. 1 268 129** Kl. 12o vom 8/1. 1960, ausg. 16/5. 1968. U. S. Prior. 13/2. 1959. Zusatz zu D. A. S. 1 093 358; C. 1965, 31-2606. — C. **1963,** 2618 [Brit. P. 880 433].)

1991 **Usines de Melle** (Erfinder: **Gilbert Sitaud** und **Paul Biarnais**), *Essigsäureanhydrid*. (**Aust. P. 270 377** vom 5/9. 1963, ausg. 20/10. 1966. F. Prior. 5/11. 1962. — C. **1966,** 44-2371 [Brit. P. 985 474].)

1992 **Distillers Co. Ltd.**, Edinburgh, Schottland, übert. von: **Edward James Gasson**, Epsom Downs, und **Rowland Harris Jenkins**, West Ewell, Surrey, Großbritannien, *Herstellung von Acryl- und Methacrylsäure durch Oxydation von Acrolein und Methacrolein mit Sb-, Co- oder Sn-Molybdat und Arsenoxid*. (**U. S. P. 3 280 182** vom 18/3. 1963, ausg. 18/10. 1966. Brit. Prior. 10/4. 1962. — C. **1968,** 2-2366 [Brit. P. 961 468].)

1993 **E. I. du Pont de Nemours & Co.**, Wilmington, übert. von: **Ross Wade Fasick**, Newark, und **Stuart Raynolds**, Wilmington, Del., USA, *Methacrylsäureester fluorhaltiger Alkohole*. (**U. S. P. 3 282 905** vom 9/2. 1965, ausg. 1/11. 1966. — C. **1968,** 12-2844 [Schwz. P. 404 638].)

1994 **Badische Anilin- & Soda-Fabrik Akt.-Ges.**, übert. von: **Walter Schweckendiek** und **Walter Schliesser**, Ludwigshafen/Rh., *Herstellung von Acrylsäureestern und -amiden*. (**U. S. P. 3 238 239** vom 26/3. 1962, ausg. 1/3. 1966. D. Prior. 29/3. 1961. — C. **1965,** 30-2620 [D. A. S. 1 179 929].)

1995 **Monsanto Co.**, St. Louis, Mo. [Erfinder: **Tommy Lyle Tolbert**, Chapel Hill, N.C., und **William Arthur Waddell jun.**, Falkville, Ala.), USA, *Kontinuierliche Herstellung von halogenierten aliphatischen Vinylestern*. (**D. A. S. 1 271 706** Kl. 12o vom 12/1. 1962, ausg. 4/7. 1968. U. S. Prior. 16/1. 1961. — C. **1967,** 16-2590 [U. S. P. 3 177 243].)

1996 **Eastman Kodak Co.**, Rochester, N.Y., übert. von: **Edgar L. McDaniel** und **Howard S. Young**, Kingsport, Tenn., USA, *Herstellung von Acrylnitril aus Olefinen, Ammoniak und Sauerstoff*. (**U. S. P. 3 262 962** vom 23/1. 1961, ausg. 26/7. 1966. — C. **1967,** 15-2647 [Brit. P. 984 370].)

1997 **UCB (Union Chimique-Chemische Bedrijven), Soc. An.**, Saint-Gilles-lez-Bruxelles (Erfinder: **Albert Verheyden**, St.-Denis-Westrem, und **Cyrille Van Eygen**, Watermael-Boitsfort), Belgien, *Herstellung ungesättigter Carbonsäurenitrile aus Olefinen, Ammoniak und Sauerstoff*. (**Schwz. P. 409 928** vom 5/9. 1962, ausg. 15/10. 1966. Brit. Prior. 7/9. 1961. — C. **1967,** 6-2588 [Brit. P. 983 755].)

1998 **M & T Chemicals, Inc.**, New York, N.Y. (Erfinder: **John R. Leebrick**, Roselle Park, **William J. Considine**, New Brunswick, und **Norman Kudisch**, Edison, N.J.), USA, *Umesterung von aus Carbonsäuren und flüchtigen Alkoholen bestehenden Estern*. (**D. A. S. 1 258 408** Kl. 12o vom 25/5. 1962, ausg. 11/1. 1968. U. S. Prior. 29/5. 1961. — C. **1967,** 34-2661 [Brit. P. 1 010 175], C. **1967,** 16-2539 [Brit. P. 1 011 660] u. C. **1967,** 7-2667 [Schwz. P. 397 634].)

1999 **Lonza Akt.-Ges.**, Gampel, Wallis (Erfinder: **Christoph Zinnsstag**, Visp), Schweiz, *Herstellung von Malonsäurenitril*. (**Ung. P. 153 937** vom 11/12. 1964, ausg. 23/5. 1967. Schwz. Prior. 19/12. 1963. — C. **1966,** 35-2643 [D. P. [DDR] 41 961].)

2000 **Halcon International, Inc.**, New York, N.Y. (Erfinder: **Mitchell Becker**, Teaneck, N.J.), USA, *Herstellung von grobkristalliner Fumarsäure*. (**D. A. S. 1 273 526** Kl. 12o vom 26/10. 1964, ausg. 25/7. 1968. U. S. Prior. 25/10. 1963. — C. **1968,** 22-2651 [U. S. P. 3 219 693 u. Belg. A. S. 654 417].)

2001 **E. I. du Pont de Nemours & Co.**, Wilmington, Del., übert. von: **Walter John Korchinsky**, Lafayette, Ind., USA, **Joseph Sikora**, St. Hilaire, und **John Murray Earls Hill**, St. Lambert, Quebec, Canada, *Adipinsäuredinitril*. (**U. S. P. 3 360 541** vom 13/4. 1965, ausg. 26/12. 1967. Can. Prior. 5/5. 1964. — C. **1968,** 36-2553 [D. A. S. 1 252 652].)

2002 **Badische Anilin- & Soda-Fabrik Akt.-Ges.**, übert. von: **Franz Reicheneder** und **Karl Dury**, Ludwigshafen/Rh., *Herstellung von Mucochlorsäure*. (**U. S. P. 3 352 907** vom 4/12. 1964, ausg. 14/11. 1967. **Brit. P. 1 081 325** vom 4/12. 1964, ausg. 31/8. 1967. Beide D. Prior. 7/12. 1963. — C. **1968,** 38-3154 [D. A. S. 1 257 773].)

2003 **Stamicarbon N. V.**, Heerlen, Niederlande, *Herstellung N-substituierter Carbonylchloride*. (**Niederl. P. 122 481** vom 25/1. 1960, ausg. 15/6. 1967. — C. **1964,** 33-2217 [D. A. S. 1 157 210].)

2004 **Upjohn Co.**, Kalamazoo, Mich., USA, *Herstellung von [1-Chlorformimidoyl]-carbamoylchloriden*. (**Brit. P. 1 049 111** vom 30/1. 1964, ausg. 23/11. 1966. U. S. Prior. 31/1. 1963. — C. **1968,** 51/52-2411 [D. A. S. 1 259 874].)

2005 **Ciba Ltd.** (Erfinder: **Robert Paul Mull**), *Herstellung von Aminoguanidinen*. (**Aust. P. 267 512** vom 19/12. 1961, ausg. 16/6. 1966. U. S. Prior. 19/12. 1960 u. 12/6. 1961. — C. **1968,** 35-1775 [Brit. P. 1 005 728].)

2006 **Badische Anilin- & Soda-Fabrik Akt.-Ges.** (Erfinder: **Karl-Heinz Koenig** und **Horst Pommer**), Ludwigshafen/Rh., *Herstellung von α.β-ungesättigten Isocyanaten und Carbamidsäurehalogeniden*. (**Schwz. P. 425 768** vom 21/5. 1962, ausg. 15/6. 1967. D. Prior. 26/5. 1961. — C. **1966,** 38-2466 [Brit. P. 946 147].)

2007 **Monsanto Co.**, USA (Erfinder: **Phillip William Evans**), *Herstellung von Aminen*. (**F. P. 1 376 091** vom 27/11. 1963, ausg. 5/2. 1965. U. S. Prior. 28/11. 1962. — C. **1968,** 40-2366 [U. S. P. 3 235 600].)

2008 **Inventa Akt.-Ges. für Forschung und Patentverwertung** (Erfinder: **Clau Berther** und **Hans-Joachim Schultze**), *Zerlegen eines Racemats oder Gemisches aus optischen Isomeren basischer Aminosäuren*. (**Aust. P. 274 309** vom 26/8. 1962, ausg. 27/4. 1967. Schwz. Prior. 26/8. 1961. — C. **1968,** 41-2699 [Brit. P. 1 007 665].)

2009 **Monsanto Co.**, St. Louis, Mo., USA, *Aminoalkylenphosphonsäuren*. (**Brit. P. 1 077 928** vom 23/4. 1965, ausg. 2/8. 1967. U. S. Prior. 24/4. 1964. Zusatz zu Brit. P. 1 023 785; C. 1967, 26-2784. — C. **1968,** 39-2571 [D. A. S. 1 259 337].)

2010 **Hooker Chemical Corp.**, Niagara Falls (Erfinder: **Charles F. Baranauckas, Russell L. K. Carr**, Grand Island, und **James J. Hodan**, Tonawanda), N.Y., USA, *Herstellung von Trimethylphosphaten*. (**Schwz. P. 441 256** vom 20/12. 1961, ausg. 15/1. 1968. U. S. Prior. 23/12. 1960. — C. **1967,** 33-2614 [U. S. P. 3 184 495].)

2011 **Universal Oil Procucts Co.**, Des Plaines, Ill., USA, *Herstellung von Alkylaromaten*. (**Brit. P. 1 039 937** vom 13/5. 1963, ausg. 24/8. 1966. U. S. Prior. 14/5. 1962. — C. **1966,** 42-2517 [Oe. P. 238 153].)

2012 **Scientific Design Co., Inc.** (Erfinder: **Joseph Russell** und **Alvid Silber**), *Katalysator zur Phenolherstellung*. (**Aust. P. 269 156** vom 24/8. 1962, ausg. 25/8. 1966. U. S. Prior: 25/8. 1961. — C. **1967,** 11-2797 [Belg. A. S. 621 338].)

2013 **Shionogi & Co. Ltd.**, Osaka (Erfinder: **Kunio Nakagawa**, Nishinomiya-shi, und **Takamori Konaka**, Amagasaki-shi), Japan, *Herstellung ungesättigter bzw. aromatischer Carbonylverbindungen*. (**Schwz. P.** 441 262 vom 21/8. 1962, ausg. 15/1. 1968. Jap. Prior. 25/8. 1961. — C. **1966,** 33-2421 [Brit. P. 967 024].)

2014 **Chemische Werke Witten G.m.b.H.**, Witten, *Herstellung von Phthalsäuredichlorid*. (**Niederl. P. 123 004** vom 29/9. 1961, ausg. 16/10. 1967. D. Prior. 1/4. 1961. — C. **1963,** 4143 [D. A. S. 1 130 432].)

2015 **Inventa Akt.-Ges. für Forschung und Patentverwertung**, Zürich, Schweiz, *Herstellung von p-Hydroxybenzoesäure*. (**Niederl. P. 123 180** vom 30/10. 1961, ausg. 15/11. 1967. Schwz. Prior. 31/10. 1960. — C. **1965,** 40-2593 [Brit. P. 942 418].)

2016 **Imperial Chemical Industries Ltd.**, London (Erfinder: **Edward Vincent Cooke** und **Harry John Thurlow**, Blackley, Manchester), Großbritannien, *Herstellung von primären Monoaminobenzolen*. (**D. A. S. 1 266 764** Kl. 12 q vom 23/9. 1963, ausg. 25/4. 1968. Brit. Prior. 24/9. 1962 u. 11/9. 1963. — C. **1967,** 6-2612 [Brit. P. 982 903].)

2017 **Farbenfabriken Bayer Akt.-Ges.**, Leverkusen (Erfinder: **Karl Nützel** und **Karl Dinges**), *Organodikaliumsilane.* (**Brit. P. 1 084 697** vom 12/7. 1966, ausg. 27/9. 1967. D. Prior. 2/8. 1965. – C. **1968,** 5-2931 [D. A. S. 1 236 506].)

2018 **Farbwerke Hoechst Akt.-Ges. vormals Meister Lucius & Brüning,** Frankfurt/M. (Erfinder: **Walter Herwig, Siegfried Sommer,** Frankfurt/M., und **Kurt Erbes,** Kelkheim), *Herstellung von Cyclohexandial-(1.4).* (**Schwz. P. 438 252** vom 31/10. 1963, ausg. 30/11. 1967. D. Prior. 3/11. 1962. – C. **1965,** 14-2534 [D. A. S. 1 173 449].)

2019 **Badische Anilin- & Soda-Fabrik Akt.-Ges.**, Deutschland (Erfinder: **Heinrich Pasedach** und **Kurt Schneider**), *Herstellung von Jonon-Verbindungen.* (**F. P. 1 318 046** vom 12/3. 1962, ausg. 10/5. 1963. D. Prior. 11/3., 11/3., 11/3. 1961 u. 8/1. 1962. – C. **1967,** 19-2706 [Brit. P. 935 412].)

2020 **Monsanto Co.** (Erfinder: **John Frank Palmer jun.**). *Oxydation von Cycloalkanen.* (**Aust. P. 268 426** vom 22/12. 1961, ausg. 21/7. 1966. U. S. Prior. 29/12. 1960. – C. **1967,** 13-2745 [Brit. P. 1 001 754].)

2021 **Montecatini Soc. Gen. per l'Industria Mineraria e Chimica** (Erfinder: **Ruggero Battisti, Gioacchino Boffa, Franco Guerrieri** und **Giovanni Francesco Sestini**), Mailand, Italien, *Herstellung von Cycloalkanonoximen.* (**D. A. S. 1 268 617** Kl. 12o vom 6/10. 1962, ausg. 22/5. 1968. It. Prior. 11/10. 1961. – C. **1966,** 15-2539 [Oe. P. 234 660].)

2022 **Allied Chemical Corp.**, New York (Erfinder: **Leon Oscar Winstrom,** East Aurora, und **Raymond Joseph Duggan,** West Seneca), N.Y., USA, *Herstellung von Cyclohexancarbonsäure.* (**D. A. S. 1 271 709** Kl. 12o vom 1/4. 1965, ausg. 4/7. 1968. U. S. Prior. 2/4. 1964. – C. **1968,** 21-2811 [Brit. P. 1 028 490].)

2023 **Chemische Werke Witten G.m.b.H.** (Erfinder: **Hans-Leo Hulsmann** und **Gustav Ronckhoff**), *Cyclohexandicarbonsäureester.* (**Aust. P. 269 147** vom 9/1. 1963, ausg. 25/8. 1966. D. Prior. 23/2. 1962. – C. **1965,** 20-2611 [D. A. S. 1 154 096].)

2024 **Koninklijke Zwavelzuurfabrieken v/h Ketjen N.V.**, Amsterdam (Erfinder: **Jan Ide de Jong,** Blaricum), Niederlande, *Reinigung von 4.4'-Dihydroxydiphenylpropan-(2.2).* (**D. A. S. 1 272 302** Kl. 12q vom 13/2. 1961, ausg. 11/7. 1968. Niederl. Prior. 12/2. 1960. – C. **1966,** 43-2767 [Aust. P. 248 093].)

2025 **L. Givaudan & Cie., Soc. An.**, Schweiz (Erfinder: **Thomas F. Wood** und **John Angiolini**), *Alkylierte 1.1-Dimethylindane.* (**F. P. 1 377 388** vom 3/9. 1963, ausg. 17/2. 1965. U. S. Prior. 11/10. 1962. – C. **1968,** 40-2395 [U. S. P. 3 240 829].)

2026 **American Cyanamid Co.** (Erfinder: **Thomas Lynn Fields, Andrew Steven Kende** und **Raymond George Wilkinson**), *Herstellung von Hydroanthracenderivaten.* (**Aust. P. 268 480** vom 23/11. 1962, ausg. 21/7. 1966. U. S. Prior. 28/11. 1961, 22/10. u. 22/10. 1962. – C. **1967,** 12-2586 [Brit. P. 1 003 648].)

2027 **Laboratoires Français de Chimiothérapie** (Erfinder: **Gerard Nominé, Julien Warnant, Robert Bucourt, Michel Vignau, Jean Jolly** und **André Pierdet.**), *Octahydronaphthalinderivate.* (**Aust. P. 268 700** vom 18/3. 1965, ausg. 4/8. 1966. – C. **1966,** 50-2471 [F. P. 1 271 997].)

2028 **E. I. du Pont de Nemours & Co.** (Erfinder: **James Charles Kauer**), Wilmington, Del., USA, *Herstellung von 1.4-Diaminobicyclo-[2.2.2]-octanen.* (**D. A. S. 1 268 142** Kl. 12o vom 26/10. 1962, ausg. 16/5. 1968. U. S. Prior. 26/10. 1961. – C. **1968,** 4-2160 [F. P. 1 345 138].)

2029 **J. P. Stevens & Co., Inc.**, New York (Erfinder: **Giuliana Cavaglieri Tesoro,** Dobbs Ferry, N.Y., und **Stephen Balthazar Sello,** Ceder Grove, N.J.), USA, *Herstellung von Aziridinverbindungen.* (**Schwz. P. 398 610** vom 10/3. 1962, ausg. 15/3. 1966. U. S. Prior. 10/3. 1961. – C. **1968,** 34-2847 [U. S. P. 3 197 463].)

2030 **Badische Anilin- & Soda-Fabrik Akt.-Ges.**, Ludwigshafen/Rh. (Erfinder: **Paul Feller,** Prien), *Herstellung von Thiophen.* (**D. A. S. 1 268 151** Kl. 12q vom 8/5. 1959, ausg. 16/5. 1968. – C. **1964,** 43-2361 [Brit. P. 887 426].)

2031 **Shell Internationale Research Mij. N. V.**, Niederlande, *Herstellung von N-Alkylpyrrolidon-(2).* (**F. P. 1 426 757** vom 19/3. 1965, ausg. 15/4. 1966. D. Prior. 20/3. u. 16/10. 1964. – C. **1968,** 43-2645 [Brit. P. 1 027 949].)

2032 **Dr. Karl Thomae G.m.b.H.** (Erfinder: **Alex Berg**), *2-[5'.6'.7'.8'-Tetrahydronaphthyl-1']-aminoimidazolin.* (**Aust. P. 268 256** vom 31/7. 1962, ausg. 14/7. 1966. D. Prior. 4/8. 1961. – C. **1965,** 34-2514 [D. A. S. 1 173 904].)

2033 **J. R. Geigy Akt.-Ges.**, Basel (Erfinder: **Hansjörg Heller,** Riehen, **Johann Rody,** Basel, und **Ernst Keller,** Binningen), Schweiz, *Herstellung von 2-[2'-Hydroxyphenyl]-benztriazolen.* (**Schwz. P. 434 280** vom 16/6. 1961, ausg. 14/10. 1967. – C. **1967,** 3-2675 [Brit. P. 980 886].)

2034 **Sandoz Akt.-Ges.**, Basel, übert. von: **Fritz Fleck,** Bottmingen, **Hans Balzer,** Munchenstein, und **Horst Aebli,** Basel, Schweiz, *Fluoreszierende 1.2.3-Triazolderivate des 3-Phenylcumarins.* (**U. S. P. 3 288 801** vom 6/6. 1963, ausg. 29/11. 1966. **F. P. 1 358 820** vom 5/6. 1963, veröff. 9/3. 1964. **Belg. A. S. 633 336** vom 6/6. 1963, bekanntgemacht 6/12. 1963. Alle Schwz. Prior. 7/6. 1962. – C. **1967,** 7-3203 [Brit. P. 990 102].)

2035 **Wilhelm Höfling, Dieter Eilhauer** und **Gerhard Reckling,** Deutschland, *Herstellung alkylsubstituierter Cyanpyridine.* (**UdSSR. P. 181 650** vom 13/12. 1962, ausg. 2/7. 1966. – C. **1966,** 9-2597 [D. P. [DDR] 33 621].)

2036 **Imperial Chemical Industries Ltd.** (Erfinder: **Ronald F. Homer**), *Quaternäre Bipyridyliumsalze.* (**Aust. P. 272 620** vom 18/4. 1963, ausg. 9/2. 1967. Brit. Prior. 25/4. 1962. – C. **1968,** 39-3101 [Brit. P. 1 035 171].)

2037 **F. Hoffmann-La Roche & Co. Akt.-Ges.**, Basel, Schweiz, *Herstellung von Pyridoxin.* (**Niederl. P. 122 484** vom 19/12. 1962, ausg. 15/6. 1967. Brit. Prior. 3/1. u. 10/10. 1962. – C. **1968,** 4-2170 [F. P. 1 343 270].)

2038 **N. V. Research Laboratorium Dr. C. Janssen** (Erfinder: **Paul Adriaan Jan Janssen**), *N-substituierte N-[2-Methoxyphenyl]-piperazine.* (**Aust. P. 269 722** vom 16/2. 1962, ausg. 15/9. 1966. U. S. Prior. 24/2. 1961. – C. **1967,** 8-2710 [F. P. 1 316 126].)

2039 **Erich Brand,** Dessau, **Peter Richter,** Delitzsch, und **Kurt Rieckhoff,** Dessau, *Herstellung von 5-Chlor-4-amino-2.6-dimethylpyrimidin.* (**Tschech. P. 125 402** vom 30/11. 1962, ausg. 15/12. 1967. Schwz. Prior. 1/12. 1961. – C. **1966,** 22-2437 [**D. P.** [**DDR**] 32 599].)

2040 **Sterling Drug Inc.**, USA (Erfinder: **Nathan Norman Crounse**) *Herstellung von Triazolo-[α]-pyrimidinen.* (**F. P. 1 237 949** vom 29/7. 1959, ausg. 28/11. 1960. U. S. Prior. 1/8. 1958. – C. **1965,** 9-2974 [U. S. P. 2 995 525].)

2041 **Farbenfabriken Bayer Akt.-Ges.**, Deutschland (Erfinder: **Hans Bodo König, Hans Brockmann, Hans Muxfeldt** und **Wilhelm Mengel**), *Phenoxazon-Derivate.* (**F. P. 1 231 623** vom 10/10. 1956, ausg. 30/9. 1960. **D.** Prior. 10/10. 1955. – C. **1960.** 7611 [Brit. P. 807 687].)

2042 **Badische Anilin- & Soda-Fabrik Akt.-Ges.**, Deutschland (Erfinder: **Robert Gehm** und **Johannes Wehnert**), *Azathiacyclohexan-4.4-dioxid und seine Derivate.* (**F. P. 1 230 866** vom 21/7. 1959, ausg. 20/9. 1960. D. Prior. 22/7. 1958. – C. **1963,** 16 496 [Oe. P. 211 837].)

2043 **VEB Farbenfabrik Wolfen,** Wolfen (Erfinder: **Wolfgang Kipping,** Dessau), *Herstellung von N-substituierten 2-Alkylmercapto-4.6-bis-amino-s-triazinen.* (**Schwz. P. 431 547** vom 5/5. 1964, ausg. 31/8. 1967. D. Prior. 21/3. 1964. – C. **1962,** 42-2427 [D. A. S. 1 224 747].)

2044 **Hibernia-Chemie G.m.b.H.** (Erfinder: **Karl Schmitt, Josef Disteldorf** und **Hans-Jürgen Haage**), *Melamin.* (**Aust. P. 268 595** vom 9/5. 1962, ausg. 28/7. 1966. D. Prior. 9/5. 1961. – C. **1966,** 19-2588 [Oe. P. 235 302].)

2045 **FMC Corp.**, New York, N.Y., USA, Erfinder: **Stephen James Kovalsky** und **Raymond August Olson,** *Herstellung stabiler Salze der Dichlorisocyanursäure.* (**Brit. P. 1 083 404** vom 10/6. 1965, ausg. 13/9. 1967. U. S. Prior. 17/6. 1964. – C. **1967,** 47-2344 [D. A. S. 1 234 730].)

2046 **Monsanto Co.,** St. Louis, Mo. (Erfinder: **Esmond Eugene Drott** und **George Davis Oliver,** Texas City, Tex.), USA, *Herstellung von Cyanurchlorid.* (**D. A. S. 1 257 151** Kl. 12p vom 11/6. 1959, ausg. 28/12. 1967. U. S. Prior. 19/6. 1958. – C. **1963,** 19 789 [F. P. 1 228 639].)

2047 **Knapsack Akt.-Ges.**, Knapsack (Erfinder: **Kurt Sennewald, Wilhelm Vogt,** Knapsack, und **Hugo Gudernatsch,** Hermülheim), *Herstellung von Trioxan.* (**D. A. S. 1 272 031** Kl. 12q vom 4/5. 1962, ausg. 18/7. 1968 – C. **1968,** 16-2591 [U. S. P. 3 201 419].)

2048 **Geigy Chemical Corp.**, Ardsley, N.Y., USA, übert. von: **Carl Max Brenner,** Riehen, und **Hans Rudolf Rickenbacher,** Basel, Schweiz, *Herstellung von L-α-Amino-ε-caprolactam.* (**U. S. P. 3 275 619** vom 31/12. 1958, ausg. 27/9. 1966. Schwz. Prior. 15/3. 1957. – C. **1962,** 12 458 [F. P. 1 205 878].)

2049 **Snia Viscosa Soc. Nazionale Industria Applicazioni Viscosa S.p.A.** (Erfinder: **Werner Muench, Luigi Notarbartolo, Teresa Argenziano** und **Mario Taverna**), *Caprolactam.* (**Aust. P. 269 360** vom 24/10. 1962, ausg. 1/9. 1966. It. Prior. 22/11. 1961. – C. **1967,** 31-2563 [U. S. P. 3 167 543].)

2050 **C. F. Spiess & Sohn,** Deutschland, *Aldosylaminester.* (**F. P. 1 238 466** vom 17/7. 1959, ausg. 2/12. 1960. D. Prior. 17/7. 1958. – C. **1964,** 46-2276 [Brit. P. 878 728].)

2051 **N. V. Chemische Fabrik Naarden,** Naarden, übert. von: **Klaas Kes,** Bussum, **Willem Berends,** Naarden, und **Harmannus Boelens,** Bussum, Niederlande, *Herstellung von β-Jonon.* (**U. S. P. 3 344 192** vom 21/9. 1964, ausg. 26/9. 1967. Niederl. Prior. 8/10. 1963. – C. **1968,** 45-2997 [Brit. P. 1 030 946].)

2052 **Pechiney Comp. de Produits Chimiques et Électrométallurgiques,** Seine, Frankreich (Erfinder: **Georges Wetroff, Émile Trébillon** und **Jean Sassoulas**), *Dialkylaluminiumverbindungen.* (**F. P. 1 313 863** vom 15/11. 1961, ausg. 10/4. 1963. – C. **1965,** 19-2059 [D. A. S. 1 175 673].)

2053 **Dow Chemical Co.** (Erfinder: **Darrell Charles Feay**), *Organotitanaluminiumverbindungen.* (**Aust. P. 267 552** vom 17/7. 1963, ausg. 16/6. 1966. U. S. Prior. 8/8. 1962. – C. **1965,** 48-2183 [D. A. S. 1 191 374].)

2054 **Metal & Thermit Corp.,** Woodbridge, N.J., USA (Erfinder: **John Randolph Leebrick**), *Herstellung von Organozinnsalzen der p-Vinylbenzoesäure.* (**Brit. P. 952 490** vom 23/5. 1961, ausg. 18/3. 1964. **Schwz. P. 419 095** vom 3/6. 1961, ausg. 28/2. 1967. **Aust. P. 261 028** vom 18/5. 1961, ausg. 19/8. 1965. Alle U. S. Prior. 6/6. 1960. – C. **1967,** 37-2675 [U. S. P. 3 167 532].)

2055 **Imperial Chemical Industries Ltd.,** London (Erfinder: **Donald Graham Wilkinson,** Manchester, Lancs.), Großbritannien, *Herstellung einer Pigmentmischung aus linearen Chinacridonen.* (**Schwz. P. 424 039** vom 25/7. 1962, ausg. 13/5. 1967. Brit. Prior. 27/7. 1961. Zusatz zu Schwz. P. 406 489; C. 1964, 22-2462. – C. **1966,** 1-2594 [Brit. P. 955 854].)

H–8. Farbstoffe

2056 Farbwerke Hoechst Akt.-Ges. vormals Meister Lucius & Brüning, Frankfurt/M. (Erfinder: Walter Staab, Offenbach), **Herstellung von konzentrierten Diazolösungen aus festen Diazoniumverbindungen.** Man löst Diazoniumsulfate aus o-Aminoazobenzolen, deren Bzl.-Reste beliebige, nicht wasserlösl. machende Substituenten enthalten können, wie von 2-Amino-4-methoxy-5-methyl-2'-chlor-4'-nitro-1.1'-azobenzol, in einer Mischung aus Harnstoff u. einer ggf. ≦ca. 75% W. enthaltenden niedrigmol. aliphat. Carbonsäure, z. B. Ameisensäure u. Essigsäure. – Farbstoffzwischenprodukte. (**D. A. S. 1 271 074** Kl. 8m vom 2/7. 1959, ausg. 27/6. 1968.) – 2 S. A. Jahn 6830

2057 Badische Anilin- & Soda-Fabrik Akt.-Ges. (Erfinder: Matthias Seefelder, Johannes Dehnert, Ludwigshafen/Rh., Herbert Armbrust, Gruenstadt, und Hans Guenter Wippel), **Herstellung von Azofarbstoffen** u. ihren quatern. Salzen der allg. Formel **I**, K = Rest eines kupplungsfähigen Amins, z. B. der Bzl.-, Naphthalin-, Diphenylamin- oder Tetrahydrochinolinreihe, oder eines Enamins, z. B. 2-Methyl-, 1.2-Dimethylindol, 2-Cyanmethylen-1.3.3-trimethyl-

I 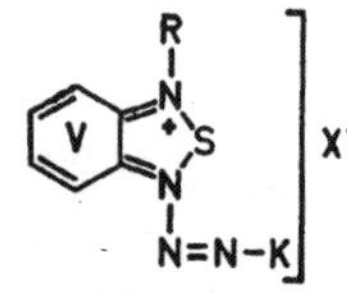

indolin, N-Methylcarbazol oder 2-Cyanmethylbenzimidazol; R = ggf. substituiertes Alkyl; X = Anion; der Ring V kann weitere nichtionogene Substituenten enthalten, erfolgt durch Diazotieren von Aminoisobenzthiazolen, Kuppeln mit Aminen oder Enaminen u. Rk. der Farbstoffe mit alkylierenden Mitteln. — Die freien Farbstoffe eignen sich in feinverteilter Form zum Färben von Celluloseacetaten (**E**), Polyestern (**P**) u. Polyamiden (**N**). Die in W. mehr oder weniger lösl. Farbstoffe **I**, die Azacyaninfarbstoffe sind, dienen zum Färben von Seide, Leder, tannierter Baumwolle, **E** u. **N** u. bes. zum Färben u. Bedrucken von Polymeren u. Mischpolymeren des Acrylnitrils u. des Dicyanäthylens. — Der Azofarbstoff *3-Amino-2.1-benzoisothiazol* (**II**) → *N-β-Hydroxyäthyl-N-äthylaminobenzol* färbt z. B. **E**, **P** u. **N** rubinrot. — *5-Nitro-***II** → *N.N-Di-[β-hydroxyäthyl]-3-methylaminobenzol* (**III**), färbt **P** marineblau, **E** blau u. **N** graublau. — *5.7-Dibrom-***II** → **III**, färbt **N** leuchtend blau. — Durch Methylieren des Azofarbstoffs **II** → *Dimethylanilin* mit Dimethylsulfat (**IV**) wird ein Farbstoff als grüngraues, in heißem W. lösl. Pulver erhalten, das Textilmaterialien aus Polyacrylnitril (**Pa**) blaugrün färbt. **II** → *1-Methyl-2-phenylindol* mit **IV** methyliert, ein in heißem W. lösl. blaugraues Pulver, das **Pa** blau färbt. — **II** → *2-Cyanmethylbenzimidazol* mit **IV** methyliert, ein in W. lösl. dunkelviolettes Pulver, das **Pa** aus essigsaurem oder schwefelsaurem Bad violett färbt. — Weitere durch Formelbilder erläuterte Tabellenbeispiele mit Farbstoffen, die rot, blau, grün u. violett färben. (**F. P. 1 482 764** vom 10/6. 1966, veröff. 17/4. 1967. D. Prior. 10/6. u. 3/7. 1965. **Oe. P. 257 008** vom 1/7. 1966, ausg. 25/9. 1967. D. Prior. 3/7. 1965.) — 10 S. — 5 S. O. Roick 6842

2058 Sandoz Akt.-Ges., Basel (Erfinder: Wolfgang Schoenauer, Riehen), Schweiz, **Herstellung reaktiver wasserlöslicher Azofarbstoffe** der allg. Formel V—[N(Z)—CO—X—R—CH_2—NH—CO—C(Hal)=CH_2]$_n$, V = Rest eines wasserlösl. Azofarbstoffes oder eines wasserlösl., mindestens eine ggf. substituierte, die Brücke zu —N(Z)—CO bildende, Alkylen- oder Arylengruppe enthaltenden Anthrachinon- oder Phthalocyaninderiv.; Z = H, ggf. substituiertes Alkyl; R = ggf. substituiertes Aryl; X = einfache Bindung, organ. lineares Brückenglied; Hal = Cl, Br; n = niedrige ganze Zahl, erfolgt durch Acylierung von wasserlösl. Farbstoffen, welche mindestens die Gruppe —N(Z)H tragen, bei niedrigen Temp. in Ggw. säurebindender Mittel mit mindestens 1 Mol eines funktionellen Deriv. einer Säure der allg. Formel CH_2=C(Hal)—CO—NH—CH_2—R—X—COOH. — Die Farbstoffe dienen zum Färben, Klotzen oder Bedrucken von Wolle (**B**), Seide, synthet. Polyamidfasern u. Leder sowie von Fasern aus natürlicher oder regenerierter Cellulose. — Der Azofarbstoff 2-Aminobenzol-1-sulfonsäure → 2-Amino-8-hydroxynaphthalin-6-sulfonsäure wird in wss. Lsg. in Ggw. von Essigsäure u. Na-Acetat bei 0—5° mit einer Lsg. von 4-Methyl-3-α-chloracrylaminomethylbenzoylchlorid (F. 122—124°, erhältlich durch Behandeln der durch Rk. von 4-Methylbenzoesäure u. α-Chloracrylsäure-N-methylolamid herstellbaren 4-Methyl-3-α-chloracrylylaminomethylbenzoesäure, F. 170—172°, in Chlf. mit $SOCl_2$ bei 45°) in Aceton benzoyliert; der Farbstoff, braunes, in heißem W. lösl. Pulver, färbt **B** aus schwach saurem Bad beim Kochen licht- u. naßecht rotorange. — Färbevorschrift. (**Schwz. P. 437 579** vom 7/9. 1961, ausg. 30/11. 1967.) — 3 S. O. Roick 6842

2059 Sandoz Akt.-Ges. (Erfinder: Hanspeter Uehlinger), Basel, Schweiz, **Herstellung metallhaltiger Reaktivfarbstoffe** der allg. Formel **I**, R = Acyl, welches mindestens einen als Anion abspaltbaren Substituenten u./oder eine additionsfähige C—C-Mehrfachbindung enthält, oder Halogenpyrimidyl; der Ring kann substituiert

I 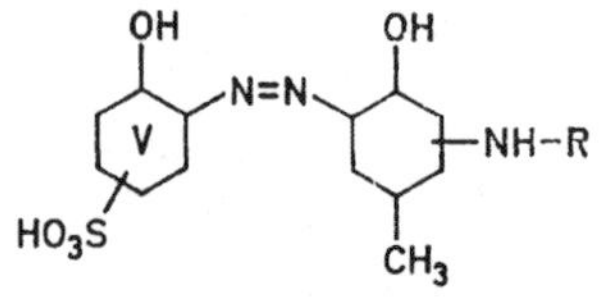

sein. Die Behandlung mit einem metall-, bes. Cr-, Co-, Cu- oder Ni-abgebenden Mittel kann während oder nach der Herst. des Farbstoffs erfolgen. — Die Reaktivfarbstoffe eignen sich zum Klotzen oder Bedrucken von Wolle, Seide, Leder, Polyamid- u. cellulosehaltigen Fasern, die sie rot, braun u. violett färben. — Der Azofarbstoff 2-Amino-6-chlor-1-hydroxybenzol-4-sulfonsäure (**II**) → 3-Amino-4-methyl-1-hydroxybenzol (**III**) wird in die Co-Komplexverb. u. diese bei pH 4—5 u. 80° in wss. Medium mit 2.4.5.6-Tetrachlorpyrimidin (**IV**) in den Reaktivfarbstoff übergeführt, der auf merzerisiertem Baumwollsatin (**A**) einen rotbraunen, naß- u. lichtechten Druck ergibt. — Im Azofarbstoff 2-Amino-4-nitro-1-hydroxybenzol-6-sulfonsäure → 2-Acetylamino-4-methyl-1-hydroxybenzol wird durch Kochen mit 5%ig. HCl die Acetylaminogruppe verseift, der ausgefallene Aminoazofarbstoff kobaltiert u. mit **IV** umgesetzt; olivbrauner Druck auf **A**. — **II** → **III** chromiert u. mit 2.4.6-Trichlorpyrimidin (**V**) acyliert, färbt violettstichigbraun. — 2-Amino-1-hydroxybenzol-4.6-disulfonsäure → **III** gekupfert u. mit **V** behandelt, färbt rot. — Als Acylierungsmittel dienen noch β-Chlorpropionsäure, Chloressigsäurechlorid, 5-Chlormethyl-2.4-dichlor-6-methyl-, 2.4.5.6-Tetrabrompyrimidin. — Weitere Tabellenbeispiele. — Druckvorschrift. (**Schwz. P. 424 036** vom 13/10. 1960, ausg. 13/5. 1967. **Zusatz zu Schwz. P. 404 028; C. 1968, 1-2595.**) — 5 S. O. Roick 6842

2060 Sandoz Akt.-Ges., Basel (Erfinder: Jakob Benz, Oberwil, und Karl Kägi, Riehen), Schweiz, **Herstellung von Reaktivfarbstoffen.** 1 (Mol) einer Diazo- oder Azokomponente, die ≧1 ggf. monosubstituierte Aminogruppe besitzt, setzt man mit ≧1 einer Verb. der Formel **I** (2X = Halogen, das restliche X = H oder

I 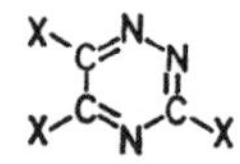

Halogen) um u. führt das erhaltene Rk.-Prod. durch Azokupplung in Farbstoffe über. — 1-Amino-8-hydroxynaphthalin-3.6-disulfonsäure setzt man bei pH 4,0 bis 5,5 in W. mit 3.5-Dichlor-1.2.4-triazin um u. kuppelt das Kondens.-Prod. mit diazotierter 1-Aminobenzol-2-sulfonsäure. Der Farbstoff (dunkelrotes Pulver) färbt Wolle aus schwach saurem Bad in gut naß- u. lichtechten leuchtend blaustichig rotenTönen. — Mit 3.5.6-Trichlor-1.2.4-triazin erhält man einen Farbstoff mit ähnlichen Eigenschaften. (**Schwz. P. 420 424** vom 8/9. 1960, ausg. 15/3. 1967. **Zusatz zu Schwz. P. 394 437; C. 1968, 29-2962.**) — 4 S. O. Roick 6842

2061 Sandoz Akt.-Ges., Basel (Erfinder: Otto Senn, Arlesheim), Schweiz, **Herstellung von Dispersionsfarbstoffen** der allg. Formel **I**, V = Rest einer Diazo-

I 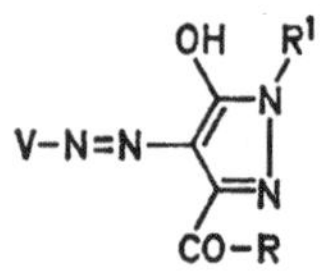

komponente; R = ggf. substituiertes Alkoxy oder ggf. substituierte Aminogruppe; R[1] = ggf. substituiertes Alkyl, Aralkyl, Cycloalkyl, wobei V, R u. R[1] von Sulfonsäure- u. Carbonsäuregruppen frei sind. Die Kupplung wird je nach der Art der verwendeten Diazoverb. wie üblich, z. B. bei pH zwischen ca. 3 u. 9, durchgeführt. — Die in W. schwer lösl. Azofarbstoffe färben in Suspension synthet. Polyamidfasern (N), Celluloseester-, Polyvinyl-, Polyäthylen- u. -propylen-, ggf. modifizierte Polyacrylnitrilfasern u. bes. lineare Polyesterfasern (P) licht-,

rauchgas-, naß-, sublimier- u. thermofixierecht, gelb u. orange. Viskose, Baumwolle u. Wolle, bes. nach einer Nachbehandlung mit Hydrosulfiten, werden reserviert. Die Farbstoffe sind auch zum Färben von Lacken, Ölen, Kunstharzen u. zum Spinnfärben geeignet. — Der Azofarbstoff *4-Nitro-1-aminobenzol* (**II**) → *1-Methyl-5-pyrazolon-3-carbonsäureamid* färbt in feiner Dispersion **P** u. **N** gelb. — Der Farbstoff **II** → *1-Methyl-5-pyrazolon-3-carbonsäureäthylester* färbt etwas grüner. — Weitere Tabellenbeispiele. — Färbevorschriften. (**Schwz. P. 432 679** vom 14/7. 1961, ausg. 15/9. 1967. **Zusatz zu Schwz. P. 386 590; C. 1967, 21-3019.**) — 3 S.
O. Roick 6842

2062 Farbwerke Hoechst Akt.-Ges. vormals Meister Lucius & Brüning, Frankfurt/M., **Herstellung von Ammoniumsalzen von sauren Schwefelsäureestern**

I 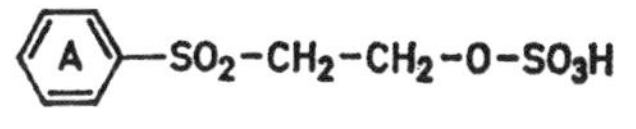

II 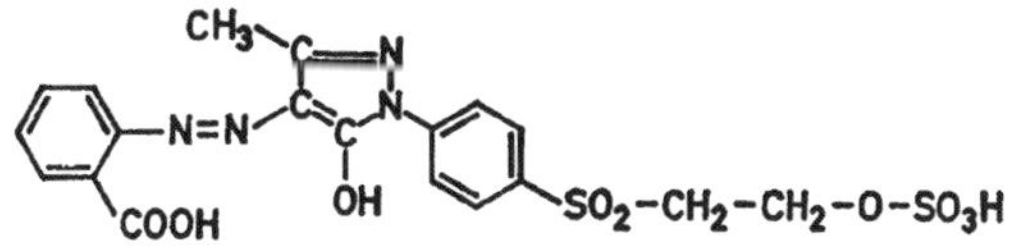

III 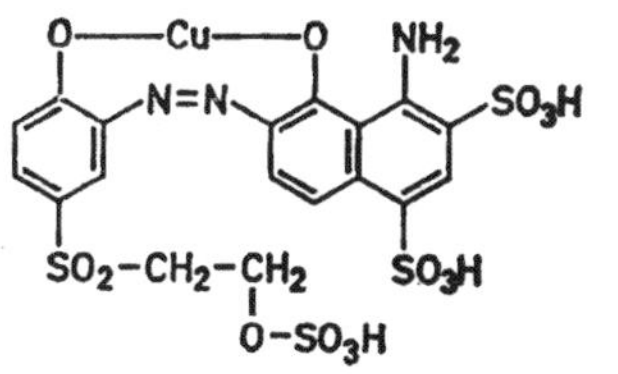

säureestern der allg. Formel **I** (A = ggf. substituierter Phenylrest) durch Rk. eines *β*-Arylsulfonyläthanols mit HSO_3-NH_2 bei 75—105° in Ggw. eines polaren organ. Lsgm., wie Dimethylformamid, Dimethylsulfoxid, Chinolin, Dimethylanilin, Py., Picolin oder Lutidin. — Man gibt z. B. bei 75° 52 (Teile) HSO_3NH_2 zu einem Gemisch aus 42,3 *1-[4'-β-Hydroxyäthylsulfonylphenyl-(1')]-3-methylpyrazolon-(5)* u. 200 Py. u. erhält fast 100% des entsprechenden Schwefelsäureesterammoniumsalzes, das mit diazotierter Anthranilsäure gekuppelt werden kann. Der entstandene *Azofarbstoff* der Formel **II** färbt Baumwolle grüngelb. — Analog liefert *3-Amino-4-hydroxyphenyl-(1)-β-hydroxyäthylsulfon* das entsprechende Schwefelsäureesterammoniumsalz, das diazotiert u. mit 1-Amino-8-hydroxynaphthalin-2.4-disulfonsäure gekuppelt wird. Der mit $CuSO_4$ behandelte, metallisierte Azofarbstoff der Formel **III** färbt Baumwolle blauviolett. — *3-[4'-Aminobenzoylamino]-phenyl-[1]-β-hydroxyäthylsulfon* liefert das entsprechende Schwefelsäureesterammoniumsalz, das indirekt diazotiert u. mit 1-Acetylamino-8-hydroxynaphthalin-3.6-disulfonsäure (**IV**) zu einem Farbstoff gekuppelt werden kann, der Baumwolle bläulichrot färbt. Beim Kuppeln mit 1-[4'-Sulfophenyl]-3-carboxypyrazolon-[5] entsteht ein gelber Baumwollfarbstoff. — 3-Amino-4-methoxyphenyl-[1]-*β*-hydroxyäthylsulfon ergibt mit $HSO_3 \cdot NH_2$ das entsprechende Schwefelsäureesterammoniumsalz, das diazotiert u. mit **IV** zu einem bläulichroten Baumwollfarbstoff gekuppelt werden kann. (**Brit. P. 1 080 764** vom 18/2. 1965, ausg. 23/8. 1967. D. Prior. 18/2. 1964.) — 5 S.
O. Schön 6842

2063 Sandoz Akt.-Ges., Basel (Erfinder: Willy Forter, Allschwil, und Fritz Kehrer, Basel), Schweiz, **Herstellung von Disazofarbstoffen.** 1 Mol eines tetrazotierten, von wasserlösl.-machenden Gruppen freien Diamins **I**, die Ringe V u./oder T tragen z. B. Halogen,

I 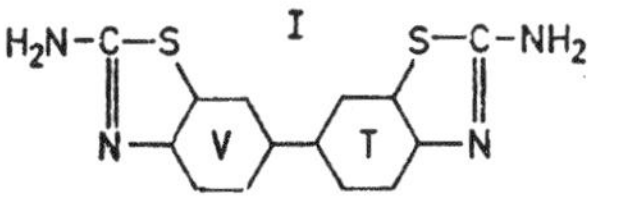

Alkyl, Alkoxy, Nitro, Carbonsäureester- oder Carbonsäureamidreste, setzt man mit 2 Mol einer von wasserlösl. machenden Gruppen freien Kupplungskomponente oder eines Gemisches aus Kupplungskomponenten um. Die Kupplung kann bei tiefer Temp., z. B. in einem Gemisch aus Propionsäure u. Essigsäure bei 0—15°, in Py. oder Dioxan oder in Gemischen organ. Lsgm. durchgeführt werden. — *Pigmentfarbstoffe*, z. B. zum Färben von Papier in der Masse, von Kunststoffmassen, von trocknenden Ölen oder Kautschuk sowie zum Bedrucken von Textilien u. Papier. — Der Disazofarbstoff *1-Acetoacetylamino-2.5-dimethoxy-4-chlorbenzol* (**II**) ← *Bis-[3.4.3'.4'-aminothiazol]-diphenyl* (**III**) ← **II**, färbt Polyvinylchlorid (**PVC**) licht- u. migrationsecht orange. — *1-Acetoacetylamino-2-methoxybenzol* (**IV**) ← *Bis-[3.4.3'.4'-aminothiazol]-5.5'-dichlorphenyl* → **IV**, färbt **PVC** in der Masse gelb. — *1-[4'-Methoxy]-phenyl-3-methyl-5-pyrazolon* (**V**) → **III** → **V** färbt einen Äthylcelluloselack rot. — *2-Hydroxynaphthalin-3-carbonsäure-[2'.4'-dimethoxy-5'-chlor]-phenylamid* (**VI**) ← *Bis-[3.4.3'.4'-aminothiazol]-5.5'-dimethoxydiphenyl* → **VI**, färbt als Disazofarbstoff Papier in der Masse tiefblau. — Färbevorschriften. (**Schwz. P. 428 040** vom 30/10. 1962, ausg. 14/7. 1967. **Zusatz zu Schwz. P. 395 393; C. 1967, 25-2631.**) — 2 S.
O. Roick 6842

2064 Farbenfabriken Bayer Akt.-Ges., Leverkusen (Erfinder: Horst Nickel, Fritz Suckfüll und Karl-Heinz Schündehütte), **Herstellung von Azofarbstoffen.** Man führt Aminoazofarbstoffe der allg. Formel **I** wie üblich, z. B. durch Ox. mit ammoniakal. Cu(II)-

I 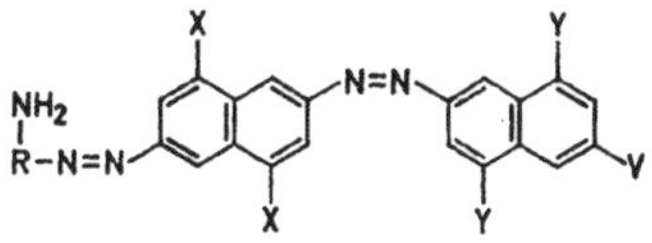

IV 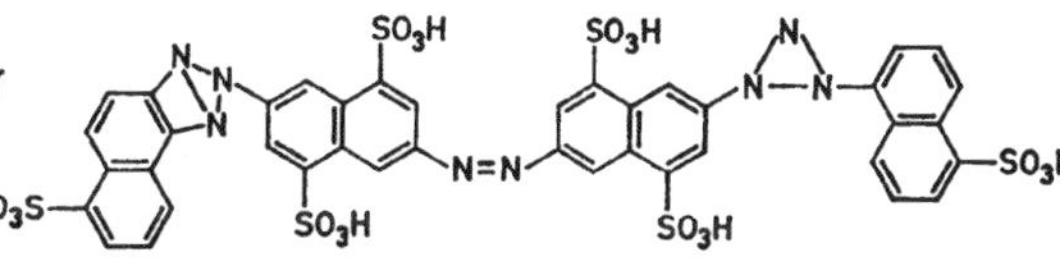

V 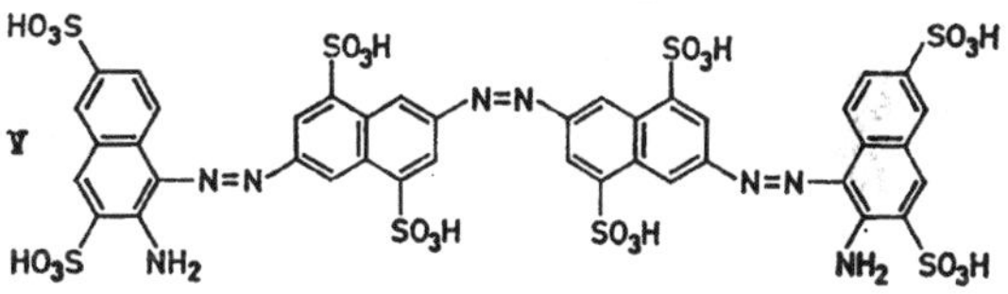

Salzlsg. oder mit wss. Hypochloritlsg. in Bis-triazolfarbstoffe über; R = aromat. Rest mit der NH_2-Gruppe in o-Stellung zur Azogruppe; ein X = SO_3H, das andere X = H, SO_3H; ein Y = SO_3H, das andere Y = H, SO_3H; V = $-N{=}N-R-NH_2$; R = in Nachbarstellung zur Azogruppe oder Triazolrest. Die Farbstoffe, die zum Färben von Baumwolle (**A**) geeignet sind, lassen sich diazotieren u. kuppeln, acylieren, kondensieren u., bei Vorhanden sein metallisierbarer Gruppen, mit metallabgebenden Mitteln umsetzen. — 58 (Gew.-Teile) der Triazolverb., die durch Kuppeln von diazotierter 6-Nitro-2-aminonaphthalin-4.8-disulfonsäure (**II**) mit 2-Aminonaphthalin-5-sulfonsäure (**III**, Triazolkomponente) u. Triazolieren erhalten wird, löst man in 2000 W., gibt bei 50—55° 155 40%ig. NaOH u. 18 Glucose in 45 W. zu, rührt 90 Min. bei 50°, erhitzt auf 85° u. versetzt unter Rühren mit 9,5 Rongalit als Red.-Mittel. Der Farbstoff **IV** ist ein in W. leicht lösl. dunkles Pulver, das **A** licht-, chlor- u. schweißecht gelb färbt u. Mischgewebe aus synthet. Polyamidfasern reserviert. — **IV** wird auch erhalten, wenn man 55 der Triazolverb. aus **II** u. **III** u. Red. der NO_2- zur NH_2-Gruppe mit einer Lsg. aus 12,6 krist. Na_2S u. 28 Na-Acetat in 100 W. verrührt u. langsam auf 80° erhitzt, bis die Rk. beendet ist. — 55 der Azoverb. **V** erhitzt man in 2000 W. auf 95°, versetzt mit einer Lsg. von 55 krist. $CuSO_4$ in 200 W. u. 140 einer 25%ig. NH_4OH, erhitzt zum Sieden u. rührt, bis die Triazolierung beendet ist. Der Farbstoff färbt **A** gelb. (**F. P. 1 445 342** vom 26/8. 1965, ausg. 19/10. 1966. **Brit. P. 1 081 797** vom 3/9. 1965, ausg. 31/8. 1967. Beide D. Prior. 11/9. 1964.) — 5 S. — 6 S. O. Roick 6842

2065 Farbwerke Hoechst Akt.-Ges. vormals Meister Lucius & Brüning (Erfinder: Otto Fuchs und Aloys Kirsch), Frankfurt/M., **Herstellung von linearem Chinacridon der γ-Kristallform** erhält man durch Erhitzen von wss. Pasten des rohen Farbstoffs mit organ. Verb., die in der Kälte oder bei der Behandlungstemp. in W. lösl. sind auf 100—200°, bes. 100—180°, z. B. mit Methanol, A., Propanol, Butanol, Glykol, Glycerin, Methylglykol, Äthyldiglykol, Aceton, Dioxan, Dimethylformamid, N-Methylacetamid, Butyrolacton, Essigsäure, Propionsäure, Benzoesäure, p-Toluolsulfonsäure, p-Toluolsulfamid, Phenol, Triäthanolamin, Anilin, Chinolin, Py., N-Methylpyrrolidon, Methyläthylketon, Tetramethylensulfon. — *Farbstoff.* (**D. A. S. 1 268 586** Kl. 8m vom 6/2. 1960, ausg. 22/5. 1968. **Zusatz zu D. A. S. 1 196 619; C. 1966, 4-2732.**) — 3 S. A. Jahn 6856

2066 K. K. Tekkosha, Tokio, Japan, **Herstellung der γ-Kristallphase von linearem Chinacridon** erfolgt dadurch, daß die α- u./oder β-Krist.-Phase von 6.13-Dihydrochinacridon zwischen 50 u. 245° (ggf. in Ggw. einer Alkaliverb.) in 2-Pyrrolidon ox. wird. — *Pigmentfarbstoff.* (**Brit. P. 1 080 850** vom 11/5. 1966, ausg. 23/8. 1967. Jap. Prior. 14/6. 1965.) — 3 S. H.-W. Wille 6856

2067 Kodak Ltd., London, Großbritannien (Erfinder: David George Saunders), **1-[4-(Benzoxazol-2-yl)-phenyl]-4-phenylbutadien-(1.3)**, $C_{22}H_{17}NO$, F. 205—208° (PAe.–Bzl.) u. in den Benzolringen durch Halogen, Alkyl, Fluoralkyl-, Aryl-, Alkoxy-, Aryloxy-, Acyloxy-, Sulfonyl-, Sulfamyl-, Carbamyl-, Carbamyloxy-, Acryl- oder NO_2-Reste substituierte Deriv., erhält man durch Rk. von 1.4-Diphenylbutadien-(1.3), das in 4-Stellung durch den Carbiminoäther-Hydrochlorid-Rest substituiert ist, mit entsprechenden o-Aminophenolen, bes. bei 240—260°. — Es wurden erhalten: *1.3-Butadiene: 1-[4-(6-Methoxybenzoxazol-2-yl)-phenyl]-4-phenyl-. — 1-[2-Methyl-4-(5-methylsulfonylbenzoxazol-2-yl)-phenyl]-4-phenyl-. — 1-[3-Carbomethoxy-4-(6-N.N-dimethylsulfamylbenzoxazol-2-yl)-phenyl]-4-phenyl-. — 1-[2-Trifluormethyl-4.4-(5-N.N-dimethylcarbamylbenzoxazol-2-yl)-phenyl]-4-phenyl-. — 1-[3-N.N-Dimethylsulfamyl-4-(6-N-acetyl-N-methylaminobenzoxazol-2-yl)-phenyl]-4-(3-chlorphenyl)-. — 1-[2-Methylsulfonyl-4-(5-phenoxybenzoxazol-2-yl)-phenyl]-4-[2-methylphenyl]-. — 1-[4-(6-Chlorbenzoxazol-2-yl)-phenyl]-4-[4-methylsulfonylphenyl]-. — 1-[4-(5-Methylthiobenzoxazol-2-yl)-phenyl]-4-[3-N.N-dimethylsulfamylphenyl]-. — 1-[4-(6-Äthylsulfonylbenzoxazol-2-yl)-phenyl]-4-[4-acetyl-N-methylaminophenyl]-. — 1-[4-(5-N-acetylaminobenzoxazol-2-yl)-phenyl]-4-[3-chlorphenyl]-. — Farbstoffe für die Farbphotographie.* (**Brit. P. 1 072 916** vom 17/12. 1962, ausg. 21/6. 1967.) — 5 S. A. Jahn 6858

2068 Farbenfabriken Bayer Akt.-Ges., Leverkusen, **Herstellung von in 2-Stellung substituierten 5.8-Diamino-1.4-dihydroxyanthrachinonen** erfolgt durch Rk. des Chinondiimins eines 5.8-Diamino-1.4-dihydroxyanthrachinons, herstellbar durch Ox. der Anthrachinone mit z. B. MnO_2 oder K-Persulfat, mit einem Phenol, einem Alkylphenyläther oder HCl in H_2SO_4. — Die Farbstoffe, die in 2-Stellung des Anthrachinonkerns Cl, einen Phenol- oder Alkylphenylätherrest tragen u. deren Aminogruppen Alkyl oder Aryl enthalten können, sind, wenn sie von SO_3H-Gruppen frei sind, zum Färben von Fasern, z. B. aus Polyestern (**P**), Polyamiden (**N**) oder Celluloseacetaten (**E**) u. mit SO_3H-Gruppen zum Färben von Wolle (**B**) geeignet. Die Farbstoffe sind thermofixier- u. lichtecht. — (Anthrachinon = **I**). 5,4 (Gew.-Teile) 1.4-Dihydroxy-5.8-diamino-I (**II**) verrührt man bei 20° in 80 78 %ig. H_2SO_4, gibt eine Suspension von 2,3 MnO_2 in 20 H_2SO_4 zu, gibt nach 1 Std. zur blauen Lsg. des Chinondiimins unter gutem Rühren bei 0—5° tropfenweise 2,4 Anisol (**III**) zu, erhöht die Temp. in 15 Std. auf 20°, vervollständigt die Rk. durch weitere Zugabe von 1,2 MnO_2 u. 1,2 **III**, trägt in ein Gemisch aus 400 W. u. 15 40 %ig. $NaHSO_3$ ein u. kocht auf; der Farbstoff färbt **P** sublimier- u. lichtecht grünstichigblau. — Ähnlich weitere Farbstoffe aus: 5.8-Di-p-toluidino-1.4-dihydroxy-I u. **III**, grüne Nadeln aus Chlorbenzol u./oder Py. 5.8-Di-[4′-methyl-2′-sulfoanilino]-1.4-dihydroxy-I (**IV**) u. **III**, färbt **B** gelbstichiggrün. 5.8-Bis-[methylamino]-1.4-dihydroxy-I u. **III** färbt **P**, **N** u. **E** grün. — Wenn man 2,6 NaCl in eine Lsg. von 140 100 %ig. H_2SO_4 u. 13,1 **IV** einträgt, mit einer Suspension von 2,6 MnO_2 in 18 konz. H_2SO_4 bei 20—22° ox. u. die Zugabe von NaCl u. MnO_2 wiederholt, bis die Rk. beendet ist, wird ein Farbstoff mit einem Cl-Atom in 2-Stellung erhalten, der **B** gelbstichiggrün färbt. — Bei Verw. von 40 **IV** in 320 Vol.-Teilen 78 %ig. H_2SO_4, Ox. mit 11 MnO_2 in 100 78 %ig. H_2SO_4 u. Zugabe von 22,5 NaCl u. 2 MnO_2 wird in ca. 12 Std. ein gelber Farbstoff erhalten, der 2 Cl-Atome im Anthrachinonkern enthält. — Wenn man 13,5 **II** bei 20° in 200 96 %ig. H_2SO_4 löst, 6 MnO_2 zugibt, bis die anfänglich rote Farbe nach Blau umgeschlagen ist u. dann HCl in die Lsg. einführt, bis die Lsg. wieder rot geworden ist, so entsteht ein Farbstoff mit einem Cl-Atom in 2-Stellung, der **P** grünstichigblau färbt. — Färbevorschriften. (**Brit. P. 1 073 282** vom 5/11. 1964, ausg. 21/6. 1967. D. Prior. 8/11. 1963.) — 4 S. O. Roick 6864

2069 Sandoz Akt.-Ges., Basel (Erfinder: Fred Müller, Münchenstein), Schweiz, **Herstellung von Anthrachinonderivaten.** 1-Amino-4-hydroxyanthrachinone, die ein Cl-Atom in 5- oder 8-Stellung enthalten, kondensiert man mit einem Amin der allg. Formel $R-NH_2$, R = ggf. substituierter KW-Stoffrest. — Die erhaltenen Verb., wenn sie frei von wasserlösl. machenden Gruppen sind, eignen sich als Dispersionsfarbstoffe zum licht-, naß-, sublimier-, thermofixier- u. rauchgasechten Färben von synthet. u. halbsynthet. hydrophoben organ. Fasern aus z. B. Celluloseacetaten, Polyamiden u. bes. Polyestern (**P**). — 20 (Gew.-Teile) 1-Amino-5-chlor-4-hydroxyanthrachinon (**I**), 80 Aminobenzol (**II**), 14 K-Acetat, 0,3 Cu-Bronze u. 0,3 Cu_2Cl_2 erhitzt man 5 Std. auf 145° u. versetzt nach dem Abkühlen mit 100 Methanol; das *1-Amino-4-hydroxy-5-phenylaminoanthrachinon* ist in Chlorbenzol violett löslich. — Ähnlich erhält man weitere Farbstoffe aus: 1-Amino-8-chlor-4-hydroxyanthrachinon (**III**) u. **II**, färbt **P** blauviolett. **I** oder **III** u. 1-Amino-4-methoxybenzol färben **P** violett, **I** oder **III** u. 1-Amino-4-methylbenzol färben **P** violett. 1-Amino-5-chlor-4-hydroxy-3-nitroanthrachinon u. **II**, färbt **P** rotstichigblau. — Färbevorschriften. (**Schwz. P. 439 531** vom 11/11. 1964, ausg. 29/12. 1967.) — 3 S. O. Roick 6864

2070 **Badische Anilin- & Soda-Fabrik Akt.-Ges.** (Erfinder: **Franz Reicheneder** und **Karl Dury**, Ludwigshafen/Rh.), *Herstellung von 4-Amino-5-hydroxypyridazonen-(6).* (**Schwz. P. 437 320** vom 22/10. 1964, ausg. 30/11. 1967. D. Prior. 26/10. 1963. — C. **1968**, 38-2800 [U. S. P. 3 256 282].)

2071 **Allied Chemical Corp.**, New York (Erfinder: **Elmore Lemuel Brement**, Buffalo), N.Y., USA, *Herstellung von Nitrodiphenylamin-Farbstoffen.* (**Schwz. P. 452 086** vom 25/4. 1963, ausg. 31/5. 1968. U. S. Prior. 4/5. 1962. — C. **1966**, 4-2692 [F. P. 1 355 988].)

2072 **Farbwerke Hoechst Akt.-Ges. vormals Meister Lucius & Brüning**, Frankfurt/M., *Herstellung wasserlöslicher Azofarbstoffe.* (**Brit. P. 1 062 122** vom 14/5. 1964, ausg. 15/3. 1967. D. Prior. 14/5. 1963. — C. **1968**, 35-2790 [D. A. S. 1 230 152].)

2073 **Farbwerke Hoechst Akt.-Ges. vormals Meister Lucius & Brüning**, Frankfurt/M., *Herstellung von wasserunlöslichen Monoazofarbstoffen.* (**Belg. A. S. 654 473** vom 16/10. 1964, bekanntgemacht 16/4. 1965. D. Prior. 16/10. 1963. Zusatz zu Belg. A. S. 633 154. — C. **1968**, 16-2762 [D. A. S. 1 235 468].)

2074 **Sandoz Akt.-Ges.**, Basel (Erfinder: **Erwin Scheitlin**, Oberwil), Schweiz, *Herstellung von Monoazofarbstoffen.* (**Schwz. P. 436 524** vom 30/12. 1964, ausg. 15/11. 1967. — C. **1967**, 31-2640 [D. P. [DDR] 45 786].)

2075 **Farbenfabriken Bayer Akt.-Ges.**, Leverkusen (Erfinder: **Dietrich Liebsch**, Leverkusen, und **Detlef Delfs**, Opladen), *Herstellung von Monoazofarbstoffen.* (**Schwz. P. 441 549** vom 22/6. 1959, ausg. 15/1. 1968. D. Prior. 8/11. 1958 u. 14/3. 1959. — C. **1963**, 14 496 [D. A. S. 1 133 051].)

2076 **Farbenfabriken Bayer Akt.-Ges.**, Leverkusen (Erfinder: **Frank Walther**, Köln), *Herstellung wasserunlöslicher Azofarbstoffe.* (**Schwz. P. 436 526** vom 14/7. 1964, ausg. 15/11. 1967. D. Prior. 22/8. 1963. — C. **1968**, 38-2801 [Brit. P. 1 016 089].)

2077 **Farbenfabriken Bayer Akt.-Ges.**, Leverkusen (Erfinder: **Horst Nickel**, **Karl-Heinz Schmidt**, Köln, **Karl-Heinz Schündehütte** und **Fritz Suckfüll**, Leverkusen), *Herstellung metallhaltiger Azofarbstoffe.* (**Schwz. P. 437 592** vom 28/8. 1959, ausg. 30/11. 1967. D. Prior. 10/9. 1958. — C. **1962**, 12 108 [D. A. S. 1 098 648].)

2078 **Farbenfabriken Bayer Akt.-Ges.** (Erfinder: **Karl-Heinz Schündehütte**, **Fritz Suckfüll** und **Horst Nickel**), Leverkusen, *Herstellung metallhaltiger Azofarbstoffe.* (**Schwz. P. 446 566** vom 30/7. 1962, ausg. 15/3. 1968. D. Prior. 26/8. 1961. — C. **1968**, 14-2716 [Brit. P. 988 958].)

2079 **Badische Anilin- & Soda-Fabrik Akt.-Ges.** (Erfinder: **Guenter Lange** und **Hans Guenter Wippel**), Ludwigshafen/Rh., *Herstellung von wasserunlöslichen Monoazofarbstoffen.* (**Brit. P. 1 052 081** vom 8/4. 1964, ausg. 21/12. 1966. D. Prior. 20/4. 1963. — C. **1968**, 47-2742 [Schwz. P. 427 093].)

2080 **Badische Anilin- & Soda-Fabrik Akt.-Ges.** (Erfinder: **Guenter Lange** und **Hans Guenter Wippel**), Ludwigshafen/Rh., *Wasserunlösliche Benzolazobenzolfarbstoffe.* (**Brit. P. 1 071 473** vom 15/9. 1964, ausg. 7/6. 1967. D. Prior. 20/9. 1963. — C. **1968**, 49/50-2781 [Oe. P. 247 486].)

2081 **Badische Anilin- & Soda-Fabrik Akt.-Ges.** (Erfinder: **Hans Baumann**), Ludwigshafen/Rh., *Disazo- und Polyazofarbstoffe und deren Metallkomplexverbindungen.* (**Brit. P. 1 053 928** vom 31/10. 1963, ausg. 4/1. 1967. D. Prior. 13/11. 1962. — C. **1968**, 14-2708 [F. P. 1 374 163].)

2082 **American Cyanamid Co.**, New York, N.Y., USA, *Azoreaktionsfarbstoffe.* (**Brit. P. 1 006 131** vom 13/4. 1962, ausg. 29/9. 1965. U. S. Prior. 11/4. 1961. Zusatz zu Brit. P. 922 403; C. 1966, 37-2849. — C. **1967**, 37-2469 [F. P. 1 322 452].)

2083 **Imperial Chemical Industries Ltd.**, London (Erfinder: **Brian Ribbons Fishwick** und **James Wardleworth**, Blackley, Lancashire), Großbritannien, *Herstellung wasserunlöslicher Azofarbstoffe.* (**D. A. S. 1 271 283** Kl. 22a vom 2/2. 1960, ausg. 27/6. 1968. **Schwz. P. 418 494** vom 10/2. 1960, ausg. 28/2. 1967. Beide Brit. Prior. 10/2. u. 30/12. 1959. — **1965**, C. 50-2732 [F. P. 1 247 768, Brit. P. 909 843 u. U. S. P. 3 097 198].)

2084 **E. I. du Pont de Nemours & Co.**, Wilmington (Erfinder: **John D. Sterling jun.**, Wenonah, N.J., USA, *Monoazofarbstoffe und deren Herstellung.* (**D. A. S. 1 268 291** Kl. 22a vom 22/12. 1961, ausg. 16/5. 1968. U. S. Prior. 22/12. 1960. — C. **1965**, 22-2692 [Brit. P. 926 710].)

2085 **Ugine Kuhlmann** (Erfinder: **Georges Raymond Henry Mingasson** und **Marcelle Henriette Ferrand**), Paris, Frankreich, *Herstellung basischer Monoazofarbstoffe.* (**D. A. S. 1 273 094** Kl. 22a vom 5/7. 1960, ausg. 18/7. 1968. — C. **1967**, 5-2942 [U. S. P. 3 092 615].)

2086 **Sandoz Akt.-Ges.**, Basel (Erfinder: **Hans Ischer**, Basel, und **Hans Siegrist**, Therwil), Schweiz, *Herstellung von wasserlöslichen Pyrimidinazofarbstoffen.* (**Schwz. P. 437 576** vom 13/5. 1960. ausg. 30/11. 1967. C. **1966**, 18-2591 [Ind. P. 76 698].)

2087 **J. R. Geigy Akt.-Ges.**, Basel, Schweiz, *Herstellung von Azopigmenten.* (**Brit. P. 1 062 256** vom 10/7. 1964, ausg. 22/3. 1967. Schwz. Prior. 12/7. 1963. — C. **1968**, 46-2468 [Schwz. P. 426 056].)

2088 **Mitsubishi Chemical Industries Ltd.**, Tokio, Japan, *Kationische Farbstoffe.* (**Brit. P. 1 051 617** vom 7/6. 1963, ausg. 14/12. 1966. Jap. Prior. 2/7. 1962. — C. **1968**, 10-2710 [F. P. 1 367 748].)

2089 **Farbenfabriken Bayer Akt.-Ges.**, Leverkusen (Erfinder: **Werner Müller** und **Kurt Triebeneck**), *Herstellung von Triarylmethanfarbstoffen.* (**Belg. A. S. 648 866** vom 5/6. 1964, bekanntgemacht 1/10. 1964. D. Prior. 5/6. 1963. — C. **1968**, 48-2915 [Brit. P. 1 024 493].)

2090 **Ciba Akt.-Ges.** (Erfinder: **Hans Rudolf Rickenbacher**), Basel, Schweiz, *Herstellung von Anthrachinonfarbstoffen.* (**D. A. S. 1 274 767** Kl. 22b vom 27/9. 1963, ausg. 8/8. 1968. Schwz. Prior. 28/9. 1962 u. 28/8. 1963. — C. **1968**, 25-2968 [Brit. P. 984 110 u. F. P. 1 375 315].)

2091 **Établissements Kuhlmann**, Paris (Erfinder: **André Albert Paul Simonnet**, Creil, Oise, und **Louis Antoine Cabut**, Nogent-sur-Oise, Oise), Frankreich, *Anthrachinonfarbstoffe für synthetische Fasern.* (**Brit. P. 1 054 766** vom 2/10. 1963, ausg. 11/1. 1967. F. Prior. 3/10. 1962. — C. **1966**, 44-2610 [F. P. 1 364 566].)

2092 **L'Oréal** (Erfinder: **Grégoire Kalopissis**, Paris, **Jacques Bertrand**, Tremblay-les-Gonesses/Seine-et-Oise, und **Andrée Bugaut**, Boulogne/Seine), Frankreich, *Herstellung von zum Färben von keratinhaltigen Fasern und von Haaren geeigneten Anthrachinonfarbstoffen.* (**Brit. P. 1 050 863** vom 5/2. 1965, ausg. 14/12. 1966. F. Prior. 5/2. 1964. — C. **1968**, 41-2893 [F. P. 1 430 091].)

2093 **J. R. Geigy Akt.-Ges.**, Basel (Erfinder: **Hans Peter Kölliker**, Münchenstein, und **Peter Hindermann**, Basel), Schweiz, *Herstellung von substituierten α-Phenylaminoanthrachinonfarbstoffen.* (**Schwz. P. 437 594** vom 19/7. 1963, ausg. 30/11. 1967. — C. **1968**, 17-3011 [F. P. 1 410 274].)

2094 **Badische Anilin- & Soda-Fabrik Akt.-Ges.**, Ludwigshafen/Rh. (Erfinder: **Willy Braun**, Heidelberg, und **Manfred Ruske**, Ludwigshafen/Rh.), *Herstellung von Aminoanthrachinonen.* (**Brit. P. 1 066 750** vom 11/8. 1964, ausg. 26/4. 1967. D. Prior. 13/8. 1963. — C. **1968**, 13-2739 [D. A. S. 1 205 550].)

2095 **Badische Anilin- & Soda-Fabrik Akt.-Ges.**, Ludwigshafen/Rh. (Erfinder: **Hans Weidinger**, Ludwigshafen/Rh., **Horst Tarnow**, Köln, und **Joachim Kranz**, Ludwigshafen/Rh.), *Herstellung eines braunen Küpenfarbstoffes.* (**Schwz. P. 435 510** vom 17/12. 1962, ausg. 31/10. 1967. D. Prior. 4/1. 1962. — C. **1966**, 1-2745 [F. P. 1 345 341].)

2096 **Farbenfabriken Bayer Akt.-Ges.**, Leverkusen (Erfinder: **Walther Wolf, Otto Bayer, Horst Jäger** und **Edgar Siegel**), *Phthalocyaninfarbstoffe.* (**Brit. P. 1 063 750** vom 12/8. 1965, ausg. 30/3. 1967. D. Prior. 12/8. 1964 u. 20/11. 1964. — C. **1968**, 27-3102 [Belg. A. S. 668 146].)

2097 **Farbenfabriken Bayer Akt.-Ges.**, übert. von **Alfred Brack** und **Roderich Raue**, Leverkusen *Neue Cyaninfarbstoffe.* (**U. S. P. 3 351 600** vom 1/4. 1965, ausg. 7/11. 1967. D. Prior. 11/4. 1964 C. **1968**, 51/52-2526 [Belg. A. S. 662 236 u. Brit. P. 1 081 542].)

2098 **J. R. Geigy Akt.-Ges.**, Basel, übert. von: **André Pugin**, Riehen, Schweiz, *Phthalocyanin-Pigmente.* (**U. S. P. 3 296 008** vom 26/2. 1963, ausg. 3/1. 1967. Schwz. Prior. 2/3. 1962. C. **1968**, 38-2728 [D. A. S. 1 254 577].)

2099 **J. R. Geigy Akt.-Ges.**, übert. von: **Jacques Voltz**, Basel, und **Werner Bossard**, Riehen, Schweiz, *Herstellung von wasserlöslichen quaternären Salzen von Triazenazofarbstoffen.* (**U. S. P. 3 290 280** vom 2/8. 1963, ausg. 6/12. 1966. Schwz. Prior. 15/8. 1962. — C. **1968**, 48-2485 [D. A. S. 1 252 826].)

H-13. Schädlingsbekämpfungsmittel

2100 Hooker Chemical Corp., Niagara Falls, übert. von: Edward D. Weil, Lewiston, und Edwin Dorfman, Grand Island, N.Y., USA, **Gemische isomerer Trichlorbenzoesäuren** erhält man durch Rk. eines techn. Gemisches nitrierter 2.5-Dichlorbenzoesäuren mit Cl_2 bei 140—220° in Ggw. einer Lewis-Säure, bes. $FeCl_3$, als Katalysator. — *Herbizide.* (**U. S. P. 3 278 591** vom 31/5. 1962, ausg. 11/10. 1966.) — 2 S.
L. Stadelmann 7365

2101 Monsanto Co., Del., übert. von: John J. D'Amico, Charleston, W.Va., USA, **Neue ungesättigte Ester von N.N-disubstituierten Thionocarbaminsäuren** der allg. Formel A'—(A)N—C(=S)—O—A'' (A u. A' = Cyclohexenyl, Cyclohexyl, Alkyl ≧ C_2, niedrigmol. Alkoxyalkyl, ggf. halogensubstituiertes niedrigmol. Alkenyl, Phenyl, C_{5-8}-Alkylen; A u. A' mit dem N-Atom zusammen auch Teile eines heterocycl. 7- oder 8gliedrigen Ringes; A'' = Cyclohexenyl, Vinyl, Allyl oder Methallyl) erhält man durch Kondens. a) eines niedrigmol. Alkenols mit einem N.N-diacycl. Thionocarbamoylchlorid mit oder ohne HCl-Akzeptor oder b) eines niedrigmol. Alkenylxanthogenats mit Na-Monochloracetat (I) u. Umsetzung des Rk.-Prod. mit einem diacycl. Amin oder c) eines Alkalisalzes der entsprechenden Thionocarbaminsäure mit Acetylen (zur Herst. von Vinylestern). — Durch exotherme Rk. von 5 (Mol.) Allylalkohol mit 1 Dipropylthionocarbamoylchlorid (28° → 65° in 2 Min.), 24std. Kochen u. Aufarbeiten → *N.N-Dipropylthionocarbaminsäureallylester*, $C_{10}H_{19}NOS$, Kp.$_6$ 130—132°, Fl., 25,4% (Ausb.); gleiches Prod., 72,9%, aus I u. K-Allylxanthogenat durch $1^1/_2$std. Rühren bei 15 bis 30°, Zugabe von Dipropylamin bei 10°, 5std. Rühren bei 25—30°, 3std. Erhitzen der gebildeten organ. Schicht bei 60° u. red. Druck (14 mm). — Analoge Thionocarbaminsäureallylester: *N.N-Diäthyl-*, $C_8H_{15}NOS$, Kp.$_{10}$ 105—107°, Fl. 18,5% nach a) bzw. 53% nach b). — N.N-Diallyl-, $C_{10}H_{15}NOS$, Öl, 46,6%, nach b). — *N-Cyclohexyl-N-methyl-*, $C_{11}H_{19}NOS$, 43,2%, nach b), Öl. — *N-Cyclohexyl-N-äthyl-*, $C_{12}H_{21}NOS$, Öl, 46 2%, nach b). — *N-Cyclohexyl-N-propyl-*, $C_{13}H_{23}NOS$, Öl, 44,5%, nach b). — Allylester: *N-Äthylthionocarbanilsäure-*, $C_{12}H_{15}NOS$, viskoses Öl, 88%. — *1-Hexamethyleniminothionokohlensäure-*, $C_{10}H_{17}NOS$, 91,6%, Öl, — *Unkrautbekämpfungsmittel.* — Toxizitätstabelle für Gräser. (**U. S. P. 3 288 782** vom 25/7. 1962, ausg. 29/11. 1966.) — 3 S.
Georg Vogel 7365

2102 Gulf Oil Corp., Pittsburgh, Pa., übert. von: Ralph P. Neighbors, Olathe, Kan., USA, **2-Methyl-2-butensäureanilide (Tiglin- und Angelicasäureanilide)** der allg. Formel I (X = CH_3, Cl, Y = H, CH_3, Cl, X = CH_3,

I

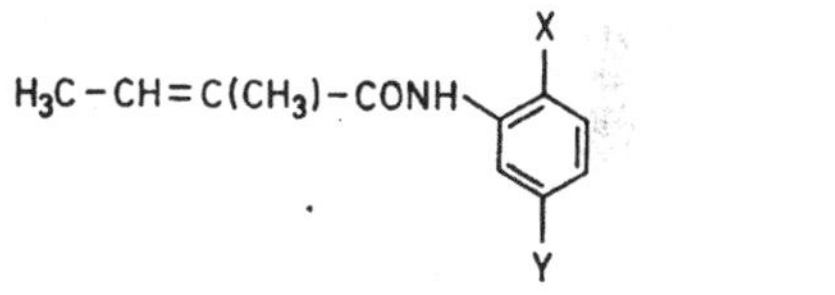

wenn Y = H) erhält man durch Rk. von Tiglin- oder Angelicasäurechlorid bzw. -ester mit einem entsprechend substituierten Anilin. — Aus 5-Chlor-2-methylanilin mit Tiglylchlorid in Bzl. in Ggw. von Py. *5'-Chlor-2'-methyltiglinanilid*, $C_{12}H_{14}ClNO$, F. 86—87°, ähnlich *2'.5'-Dimethyl-*, $C_{13}H_{17}NO$, F. 87—88°, *2'-Chlor-5'-methyl-*, $C_{12}H_{14}$·ClNO, F. 79—80°, *2'-Methyl-*, $C_{12}H_{15}NO$, F. 61—63° u. *2'.5'-Dichlortiglinanilid*, $C_{11}H_{11}Cl_2NO$, F. 64—66°; *Tiglinanilid.* — *Herbizide.* (**U. S. P. 3 278 597** vom 8/5. 1963, ausg. 11/10. 1966.) — 3 S. R. Bollinger 7365

2103 Schering Akt.-Ges., Berlin, **N-Methylcarbaminsäure-4-chlor-2-nitrophenylester,** $ClC_6H_3(NO_2)—O—CO—NH—CH_3$, F. 128—129°, erhält man durch 4std. Rk. einer Lsg. von 4-Chlor-2-nitrophenol in einem organ. Lsgm., z. B. Tetrahydrofuran, mit Methylisocyanat in Ggw. eines bas. Katalysators, bes. Triäthylamin, bei Raumtemp. u. Fällung mit PAe., Ausb. 89%. — *Fungizid*, bes. gegen *Fusarium, Tilletia, Helminthosporum, Ustilage* mit geringer Giftigkeit. — Verw.-Beispiele. (**Brit. P. 1 085 698** vom 30/8. 1966, ausg. 4/10. 1967. D. Prior. 14/9. 1965.) — 4 S.
Georg Vogel 7370

2104 Olin Mathieson Chemical Corp., New York, N.Y., USA (Erfinder: Hansjuergen A. Schroeder und Justin Herman Reinhart), **3-Trichlormethyl-1.2.4-thiadiazol (I)-derivate.** Man gibt eine Lsg. von 1,625 (Mol)

NaOH in W. tropfenweise bei —4 bis +1° zu einem Gemisch aus 0,378 Trichloracetamidinhydrochlorid u. 0,376 Trichlormethansulfenylchlorid in CH_2Cl_2 → *5-Chlor*-**I**, $C_3Cl_4N_2S$, Kp.$_{0,3}$ 73°; n_D^{21} 1,5720; (Ausb.) 56%; daraus mit Na-Äthylat im A. → *5-Äthoxy*-**I**, $C_5H_5Cl_3N_2OS$, Kp.$_1$ 94,5°; n_D^{30} 1,5355; 83%. — Analog: *5-Methoxy*-**I**, $C_4H_3 \cdot Cl_3N_2OS$, Kp.$_{0,2}$ 62%; n_D^{26} 1,5502; 89,5°. — *5-n-Butoxy*-**I**, Kp.$_{0,2}$ 93°; n_D^{25} 1,5222; 86,5%. — *5-Amino*-**I**, $C_3H_2Cl_3N_3S$, F. 196°; 74,5%. — *5-Diäthylamino*-**I**, $C_7H_{10}Cl_3N_3S$, F. 55°. — *Fungizide*. (**Brit. P. 1 025 055** vom 2/11. 1962, ausg. 6/4. 1966. **U. S. P. 3 260 725** vom 15/3. 1961, ausg. 12/7. 1966.) — 6 S. — 3 S. C. Lüttgen 7370

2105 Agripat Soc. An. (Erfinder: Ernst Hodel, Basel, Schweiz), **Herstellung neuer heterocyclischer Carbaminsäureester.** Man setzt entsprechend substituierte 8-Hydroxychinoline mit Methylisocyanat oder N-Methylcarbaminsäurechlorid oder mit einem Gemisch beider zu Verb. der allg. Formel **I** (R = H oder CH_3; X = H oder

I 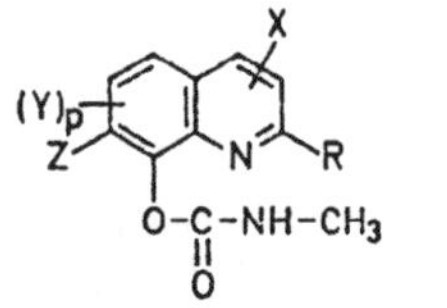

C_{1-4}-Alkyl; Y = einwertiger Substituent; Z = H, Halogen, C_{1-4}-Alkyl oder C_{3-4}-Alkenyl; p = 0, 1 oder 2) um. — Zum Beispiel tropft man zu einer Lsg. von 31,8 (Teilen) 2-Methyl-8-hydroxychinolin in 150 Dimethylformamid (**DMF**) u. 40 Py. bei 10—15° innerhalb 20 Min. eine Lsg. von 40 N-Methylcarbaminsäurechlorid in 60 **DMF**, rührt 6 Std. bei Raumtemp. u. 15 Std. bei 50—55°. — 56% *O-[2-Methylchinolyl-(8)]-N-methylcarbaminsäureester*, F. 133 bis 135° (Zers.). — Analog nachst. N-Methylcarbaminsäureester (Ausb. in % der Theorie): *O-[5.7-Dibromchinolyl-(8)]-*, F. 202—203°, (82,2). — *O-[5-n-Butyrylchinolyl-(8)]-*, F. 105—107°, (62,5). — *O-[5-Methylchinolyl-, (8)]-*, F. 148—149°, (66,6). — *O-[2.5-Dimethylchinolyl-(8)]-*, F. 146—147°, (52,1). — *O-[5-Äthylchinolyl-(8)]-*, F. 123—126°, (86,9). — *O-[3-Methylchinolyl-(8)]-*, F. 143 bis 144°, (55,0). — *O-[3-Äthylchinolyl-(8)]-*, F. 125—127°, (43,4). — *O-[2-Methyl-5-äthylchinolyl-(8)]-*, F. 139—141°, (53,2). — *O-[5-Acetylchinolyl-(8)]-*, F. 119—121°, (43,0). — O-[*5-Isovalerylchinolyl-(8)*]-, F. 104—105°, (59,4). — *O-[5-Benzoylchinolyl-(8)]-*, F. 128—129°, (60,7). — *O-[5-(2'-Chlorbenzoyl)-chinolyl-(8)]-*, F. 113—115°, (48,9). — *O-[5-(4'-Chlorbenzoyl)-chinolyl-(8)]-*, F. 216—217°, (44,6). — *O-[5-(2'-Brombenzoyl)-chinolyl-(8)]-*, F. 116—118°, (31,6). — *O-[5-(4'-Brombenzoyl)-chinolyl-(8)]-*, F. 213—215°, (47,2). — *O-[5-(2'.4'-Dichlorbenzoyl-chinolyl-(8)]-*, F. 125° (Zers.), (42,5). — *O-[2-Methyl-5-acetylchinolyl-(8)]-*, F. 129 bis 131°, (50,3). — *O-[2-Methyl-5-isovalerylchinolyl-(8)]-*, F. 108—109°, (36,6). — *O-[2-Methyl-5-lauroylchinolyl-(8)]-*, F. 87—89°, (36,1). — *O-[2-Methyl-5-benzoylchinolyl-(8)]-*, F. 152—154°, (33,4), — *O-[2-Methyl-5-(4'-chlorbenzoyl)-chinolyl-(8)]-*, F. 134—135°, (23,3). — *O-[5-Chlorchinolyl-(8)]-*, F. 142—144°, (73,5). — *O-[5.7-Dichlorchinolyl-(8)]-*, F. 180—181°, (79,3). — *O-[5-Chlor-7-jodchinolyl-(8)]-*, F. 149—150°, (60,7). — *O-[5.7-Dijodchinolyl-(8)]-*, F. 215—217°, (61,6). — *O-[2-Methyl-6-chlorchinolyl-(8)]-*, F. 130—133°, (65,2). — *O-[2.7-Dimethyl-5-chlorchinolyl-(8)]-*, F. 154—156°, (63,3). — *O-[4-Methyl-5-chlorchinolyl-(8)]-*, F. 154—156°, (55,9). — *O-[2-Methyl-5-chlorchinolyl-(8)]-*, F. 137—139°, (58,5). — *O-[2-Methyl-5.7-dichlorchinolyl-(8)]-*, F. 150—151°, (56,1). — *O-[2-Methyl-5.7-dibromchinolyl-(8)]-*, F. 147—149°, (73,5). — *O-[6-Nitrochinolyl-(8)]-*, F. 192—194°, (58,6). — *O-[2-Methyl-6-nitrochinolyl-(8)]-*, F. 141—142°, (49,8). — *O-[5-Thiocyanochinolyl-(8)]-*, F. 135—137°, (40,5). — *O-[2.6-Dimethylchinolyl-(8)]-*, F. 140—142°, (60,8). — *O-[4-Methylchinolyl-(8)]-*, F. 149—151°, (57,8). — *O-[6-Methylchinolyl-(8)]-*, F. 142—144°, (60,1). — *O-[2-Methyl-7-allylchinolyl-(8)]-*, F. 134—136°, (42,9). — *O-[6-Chlorchinolyl-(8)]-*, F. 136—139°, (58,1). — *O-[3-Methyl-5-chlorchinolyl-(8)]-*, F. 160—161°, (61,2). — *O-[5-Chlor-7-methylchinolyl-(8)]-*, F. 144—145°, (64,4). — *O-[5.7-Dichlor-6-methylchinolyl-(8)]-*, F. 172—173°, (24,5). — *O-[2.6-Dimethyl-5.7-dichlorchinolyl-(8)]-*, F. 157—158°, (64,6). — *O-[2-Methyl-5.6.7-trichlorchinolyl-(8)]-*, F. 152—154°, (63,8). — *O-[2-Methyl-5-methoxychinolyl-(8)]-*, F. 173—174° (61,0). — 2 Tabellen mit phytofungizider Wrkg. der Produkte. — *Saatgutbeizmittel* zur Bekämpfung phytopathogener Pilze. (**Schwz. P. 488 807** vom 4/6. 1964, ausg. 15/12. 1967.) — 6 S.

O. Schön 7370

2106 FMC Corp., New York, N.Y., übert. von: Theodor Weil, New Brunswick, N.J., USA, **Herstellung spirocyclischer Boratester** der allg. Formel **I** (Z = H, niedrig-

I 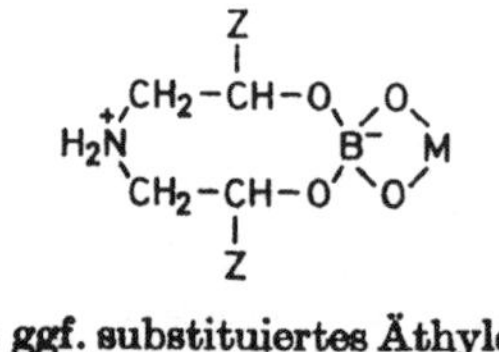

mol. Alkyl; M = ggf. substituiertes Äthylen, Trimethylen, Arylen) erfolgt durch Erhitzen eines Gemisches aus $H_3 \cdot BO_3$ oder deren Anhydrid, einem Dialkanolamin der allg. Formel $HN[CH_2–CH(Z)–OH]_2$ u. einem Diol der allg. Formel $M[OH]_2$ unter gleichzeitigem Abdest. des entstehenden Rk.-Wassers. — Ein Gemisch aus 30,9 g H_3BO_3 u. 52,5 g Diäthanolamin in Toluol wird gekocht, bis 18 ml W. abdest. sind, worauf man 52 g Neopentylglykol zugibt u. kocht bis zur Abscheidung von 9 ml W. → $C_9H_{20} \cdot NO_4B$, F. 125—126°. — Analog: $C_{14}H_{22}NO_4B$, F. 224—225°; aus 4-tert.-Butylbrenzcatechin. — Monoolein + Diäthanolamin + H_3BO_3 → $C_{25}H_{48}NO_6B$, wachsartig. Weitere Tabellenbeispiele. — *Fungizide* u. *Bakterizide*. (**U. S. P. 3 256 310** vom 8/11. 1962, ausg. 14/6. 1966.) — 5 S.

C. Lüttgen 7370

Redaktionsschluß: 5. Dezember 1968

Herausgeber: Prod. Dr. Heinrich Bertsch, Berlin, und Prof. Dr. Dr. h. c. Wilhelm Klemm, Münster
Stellvertretende Herausgeber: Prof. Dr.-Ing. Dr. rer. nat. h. c. Eberhard Leibnitz, 104 Berlin, Schiffbauerdamm 19, Fernsprecher: 42 55 71 und Prof. Dr. Bertold Reuter, 1 Berlin 30, Geisbergstraße 39, Fernsprecher: 2 11 90 91
Chefredakteure und verantwortlich für den Inhalt: Dr. Helga Völz, 104 Berlin, Schiffbauerdamm 19, Fernsprecher: 42 55 71 und Dr.-Ing. Christian Weiske, 1 Berlin 30, Geisbergstraße 39, Fernsprecher: 2 11 90 91
Stellvertretender Chefredakteur: Dr.-Ing. Günter Pötzscher, 1 Berlin 30, Geisbergstraße 39, Fernsprecher: 2119091

Akademie-Verlag GmbH, 108 Berlin, Leipziger Str. 3—4 (Fernsprecher: 22 04 41, Telex-Nr. 011 2020) und Verlag Chemie, GmbH, 6940 Weinheim/Bergstr., Pappelallee 3 (Fernsprecher: (0 6201) 36 35; Fernschreiber: 46 5516 vchwh d). Bestellnummer: 1007/140.
Das Chemische Zentralblatt erscheint wöchentlich. Preis des Jahrganges einschl. Schnellreferatedienst, Autoren-, Patent-, Sach- u. Formelregister 3200,—; einseitig bedruckte Ausgabe: 3700,—. Abgabe der Zeitschrift nur mit sämtlichen Registern. Abbestellung nur bis spätestens 6 Wochen vor Ablauf des Kalenderjahres

Satz u. Druck: VEB „Maxim Gorki", Altenburg, und VEB Leipziger Druckhaus, Leipzig
Veröffentlicht unter der Lizenznummer 1273 des Presseamtes beim Vorsitzenden des Ministerrates
Printed in Germany

Kolibri 360 GmbH
Ferdinand-Jühlke-Straße 7
99095 Erfurt, Deutschland
produktsicherheit@kolibri360.de